"十二五"普通高等教育本科国家级规划教材

"十四五"普通高等教育本科规划教材

供基础、临床、护理、预防、口腔、中医、药学、医学技术类等专业用

生物化学

Biochemistry

（第5版）

主　编　李　刚　贺俊崎

副主编（按姓名汉语拼音排序）

高国全　何　涛　倪菊华　王海生　王子梅　杨　洁

编　委（按姓名汉语拼音排序）

晁耐霞（广西医科大学基础医学院）
邓秀玲（内蒙古医科大学基础医学院）
冯嘉汶（北京大学基础医学院）
高国全（中山大学中山医学院）
葛　林（天津医科大学基础医学院）
龚明玉（承德医学院基础医学院）
巩丽云（深圳大学医学部基础医学院）
何　涛（西南医科大学基础医学院）
贺俊崎（首都医科大学基础医学院）
蒋传命（邵阳学院普爱医学院）
李　斌（包头医学院基础医学与法医学院）
李　刚（北京大学基础医学院）
廖之君（福建医科大学基础医学院）
龙石银（南华大学基础医学院）
倪菊华（北京大学基础医学院）
生　欣（遵义医科大学基础医学院）
王海生（内蒙古医科大学基础医学院）
王　杰（沈阳医学院中医药学院）
王子梅（深圳大学医学部基础医学院）
武翠玲（长治医学院基础医学部）
谢书阳（滨州医学院基础医学院）
鄢　雯（首都医科大学燕京医学院）
杨　洁（天津医科大学基础医学院）
杨晓梅（首都医科大学基础医学院）
杨　洋（北京大学基础医学院）
赵春澎（新乡医学院基础医学院）
赵　蕾（哈尔滨医科大学大庆校区医学检验与技术学院）
郑小莉（西南医科大学基础医学院）
周　倜（中山大学中山医学院）
朱德锐（青海大学医学院）

北京大学医学出版社

SHENGWU HUAXUE

图书在版编目（CIP）数据

生物化学 / 李刚，贺俊崎主编．—5 版．—北京：
北京大学医学出版社，2024.3

ISBN 978-7-5659-3065-2

Ⅰ．①生…　Ⅱ．①李…②贺…　Ⅲ．①生物化学 - 教材
Ⅳ．① Q5

中国国家版本馆 CIP 数据核字（2024）第 038066 号

生物化学（第 5 版）

主　　编：李　刚　贺俊崎

出版发行：北京大学医学出版社

地　　址：（100191）北京市海淀区学院路 38 号　北京大学医学部院内

电　　话：发行部 010-82802230；图书邮购 010-82802495

网　　址：http：//www.pumpress.com.cn

E-mail：booksale@bjmu.edu.cn

印　　刷：北京信彩瑞禾印刷厂

经　　销：新华书店

责任编辑：崔玲和　**责任校对**：靳新强　**责任印制**：李　啸

开　　本：850 mm × 1168 mm　1/16　**印张**：36.5　**字数**：1050 千字

版　　次：2003 年 3 月第 1 版　2024 年 3 月第 5 版　2024 年 3 月第 1 次印刷

书　　号：ISBN 978-7-5659-3065-2

定　　价：89.00 元

第5轮修订说明

国务院办公厅印发的《关于加快医学教育创新发展的指导意见》提出以新理念谋划医学发展、以新定位推进医学教育发展、以新内涵强化医学生培养、以新医科统领医学教育创新，要求全力提升院校医学人才培养质量，培养仁心仁术的医学人才，发挥课程思政作用，着力培养医学生救死扶伤精神。《教育部关于深化本科教育教学改革全面提高人才培养质量的意见》要求严格教学管理，把思想政治教育贯穿人才培养全过程，全面提高课程建设质量，推动高水平教材编写使用，推动教材体系向教学体系转化。《普通高等学校教材管理办法》要求全面加强党的领导，落实国家事权，加强普通高等学校教材管理，打造精品教材。以上这些重要文件都对医学人才培养及教材建设提出了更高的要求，因此新时代本科临床医学教材建设面临更大的挑战。

北京大学医学出版社出版的本科临床医学专业教材，从2001年第1轮建设起始，历经多轮修订，高比例入选了教育部"十五""十一五""十二五"普通高等教育国家级规划教材。本套教材因骨干建设院校覆盖广，编委队伍水平高，教材体系种类完备，教材内容实用、衔接合理，编写体例符合人才培养需求，实现了由纸质教材向"纸质+数字"的新形态教材转变，得到了广大院校师生的好评，为我国高等医学教育人才培养做出了积极贡献。

为深入贯彻党的二十大精神，落实立德树人根本任务，更好地支持新时代高等医学教育事业发展，服务于我国本科临床医学专业人才培养，北京大学医学出版社有选择性地组织各地院校申报，通过广泛调研、综合论证，启动了第5轮教材建设，共计53种教材。

第5轮教材建设延续研究型与教学型院校相结合的特点，注重不同地区的院校代表性，调整优化编写队伍，遴选教学经验丰富的学院教师与临床教师参编，为教材的实用性、权威性、院校普适性奠定了基础。第5轮教材主要做了如下修订：

1．更新知识体系

继续以"符合人才培养需求、体现教育改革成果、教材形式新颖创新"为指导思想，坚持"三基、五性、三特定"原则，对照教育部本科临床医学类专业教学质量国家标准，密切结合国家执业医师资格考试、全国硕士研究生入学考试大纲，结合各地院校教学实际更新教材知识体系，更新已有定论的理论及临床实践知识，力求使教材既符合多数院校教学现状，又适度引领教学改革。

2．创新编写特色

以深化岗位胜任力培养为导向，坚持引入案例，使教材贴近情境式学习、基于案例的学习、问题导向学习，促进学生的临床评判性思维能力培养；部分医学基础课教材设置“临床联系”模块，临床专业课教材设置“基础回顾”模块，探索知识整合，体现学科交叉；启发创新思维，促进“新医科”人才培养；适当加入“知识拓展”模块，引导学生自学，探索学习目标设计。

3．融入课程思政

将思政元素、党的二十大精神潜移默化地融入教材中，着力培养学生“敬佑生命、救死扶伤、甘于奉献、大爱无疆”的医者精神，引导学生始终把人民群众生命安全和身体健康放在首位。

4．优化数字内容

在第4轮教材与二维码技术结合，实现融媒体新形态教材建设的基础上，改进二维码技术，优化激活及使用形式，按章（或节）设置一个数字资源二维码，融知识拓展、案例解析、微课、视频等于一体。

为便于教师教学、学生自学，编写了与教材配套的PPT课件。PPT课件统一制作成压缩包，用微信“扫一扫”扫描教材封底激活码，即可激活教材正文二维码，导出PPT课件。

第5轮教材主要供本科临床医学类专业使用，也可供基础、护理、预防、口腔、中医、药学、医学技术类等开设相同课程的专业使用，临床专业课教材同时可作为住院医师规范化培训辅导教材使用。希望广大师生多提宝贵意见，反馈使用信息，以便我们逐步完善教材内容，提高教材质量。

序

医学关乎人类生命的存在与繁衍，医学卫生事业的发展涉及国家安全、经济发展、社会文明和人民福祉。医者德为先，能为重，技为精。医学教育应既科学、严谨、规范，又充满温情与关怀。“健康中国”的美好愿景与目标，激励着医务工作者为之奋斗。医学教育要坚守为国育才、立德树人的根本任务，落实《关于深化新时代学校思想政治理论课改革创新的若干意见》《高等学校课程思政建设指导纲要》《教育部关于深化本科教育教学改革全面提高人才培养质量的意见》《关于深化医教协同进一步推进医学教育改革与发展的意见》《关于加快医学教育创新发展的指导意见》等文件精神，以适应我国“大医学、大卫生、大健康”的发展需求，为“健康中国”筑牢人才基础。

近年来，高等院校探索新医科建设，推进现代医学教育教学新模式，坚持以人和健康为中心，建立健全覆盖生命全周期和健康全过程、“促防诊控治康”一体化的人才培养体系，高度重视身心、社会、环境等要素，融通医工理文学科，提升新时代医学生的整体素养；运用现代数字信息技术，增强情境化教学，加强临床实践教学，有效地提高了学生专业胜任力。同时，高等院校深化落实党和国家关于加强大学生思想政治教育的指示精神，将思想政治教育贯穿于人才培养体系和课程教学，使习近平新时代中国特色社会主义思想进课堂、入头脑，培养人民群众满意的、医术精湛的社会主义卫生健康事业接班人。

北京大学是经历过百年洗礼的老校，为我国建设和发展做出了杰出贡献，与全国医学教育界的同道们共同努力，在医学教育教学研究、教师培养、教材建设、实践教学规范等多方面不断改革创新。北京大学医学出版社秉承医学教育宗旨，落实党和国家对教材建设的要求和任务，立足北大医学，服务全国高等医学教育，与各院校教师一起不懈努力，打造精品教材，以高质量完成课程教学活动的“最后一公里”。本套本科临床医学专业教材是在教育及卫生健康部门领导的关心指导下，由医学教育专家顶层设计，北京大学医学部携手全国各兄弟院校群策群力、共同建设的成果。本套教材多年来与高等医学教育改革相伴而行，与时俱进，历经多轮修订，体系日趋完善，符合专业要求，编写队伍与院校构成合理，编写体例不断优化创新，实现了纸质教材与数字教学资源结合的精品新形态教材建设。实践证明，这套教材满足本科医学教育的专业标准要求，在适应多数院校的教学能力与资源的情况下，能很好地引导、深化专业教学，已成为本科医学人才培养的精品教材，为我国高等医学教育事业发展做出了突出贡献。

第5轮教材建设坚持以习近平新时代中国特色社会主义思想为指引，积极探索思政元素融入教材，落实立德树人根本任务，坚持现代医学教育理念，体现生命全周期、健康全覆盖的整体要求，与相关学科恰当融合，全面更新了医学知识和能力体系，体现了“中国本科医学教育标准—临床医学专业（2022）”的要求，配合教学模式与方法的改革，吸收“金课程”建设经验，优化教材体例，融入医学文化，重视中华医学文明，强调适用、实用，行稳致远，开创新局，锤炼精品。

在第 5 轮教材出版之际，欣为之序。相信第 5 轮教材的高质量建设一定会为我国新时代高等医学教育人才培养和健康中国事业发展做出更大贡献。

前　言

《生物化学》第4版从2018年出版至今已经使用5年，在使用过程中取得了很好的教学效果。本版教材的编写仍然是以培养普通医学本科人才为目标，坚持以深化岗位胜任力为导向，突出基础理论、基本知识和基本技能的掌握，体现思想性、科学性、先进性、启发性和适用性。本教材知识结构清晰，体系完整，完全覆盖国家执业医师资格考试大纲和硕士研究生入学考试大纲要求，并适当融入本领域最新知识，以适应生物化学与分子生物学学科快速发展的要求。

本教材配套出版应试习题集作为辅助教材，应试习题集收集近年国家执业医师资格考试和临床医学综合能力（西医）硕士研究生入学考试试题，并对试题进行解析，配合本专业理论课的学习，使学生能够更好地掌握本领域的基本知识，更好地适应本专业国家级考试。

在第4版教材体例的基础上，本版教材除以数字资源呈现的知识点外，还在正文中增加了知识拓展框的内容，以便学生进一步了解相关知识点的内容。

本版教材立足于我国基本国情，保持教材使用过程中长期以来形成的传统和特点，在此基础上以国外最新出版的权威生化教材 *Lehninger Principles of Biochemistry*（2021年，第8版，以下简称Lehninger教材）为主要参考书，同时也参考了国内外其他教材。教材中涉及的专有名词翻译和释义根据最新版《生物化学与分子生物学名词》（以下简称《生化名词》）进行修正。

本版教材在整体布局上做了一些修改，对一些章节进行了调整，章节下的标题尽量使用短句形式。在章节具体内容中补充了一些新的知识点。参照Lehninger教材，所有希腊字母均用斜体表示；全书规范了“-”的使用，即在具体物质名称前有希腊字母、英文字母和数字的用“-”，例如α-酮戊二酸；不是具体物质的情况下不加“-”，例如β氧化、N端和3′端。

将第一章蛋白质的结构与功能中原有的以数字资源呈现的朊病毒蛋白知识调整为在正文中描述；强调了结合蛋白质中对辅基的描述，以避免造成辅基只是酶组成部分的误区；正文增加了生物超分子的概念；将第4版正文中空间结构的研究方法——X射线晶体衍射法和蛋白质一级结构测定作为辅助学习内容以数字资源呈现，以减少教材的整体篇幅。第二章核酸的结构与功能中，调整了DNA二级结构类型；删除了核酸酶，将相关内容放入DNA重组技术中介绍。根据Lehninger教材，对第三章酶做了较大的调整，在可逆抑制内容中增加了混合抑制内容，这一调整目前在国内其他医学本科教材中尚属首次，但综合院校等教材（如2021年北京大学出版社《生物化学》第4版）中已经进行了补充；根据最新版《生化名词》对酶的定义进行了完善。在第四章糖代谢的有氧氧化调节内容中，强调了瓦尔堡（Warburg）效应，并在知识拓展框中分析了瓦尔堡效应和克拉布特里（Crabtree）

效应的异同，国内其他教材一般仅介绍某一个效应。在第五章脂质代谢中，修改了参与脂肪动员激素内容，完善了胆固醇合成的反馈抑制内容。根据 Lehninger 教材增加了肉碱穿梭的概念，规范了一些词的译名。在第六章生物氧化中，完善了 ATP 合酶中关于寡霉素敏感性赋予蛋白质的介绍，这一内容容易被错误理解。第七章氨基酸代谢是比较传统的内容，在具体内容上没有做过多修改，主要是规范一些写法和纠正一些错误，如根据 Lehninger 教材，将"天冬氨酸 - 精氨酸代琥珀酸穿梭"改为"天冬氨酸 - 精氨酸代琥珀酸支路（shunt）"；将"氨酰 -"改为"氨基酰 -"。对第八章核苷酸代谢中的图片进行了删减，对书中不规范的书写及编写错误的文字内容、图片做了修订，字数在总体上进行了适当缩减。对物质代谢的相互联系与调节（第九章）的文字进行了整理，在正文中增加了临床应用模块。进一步规范了关键酶的定义。"关键酶"一词在国外教材中很少见，是国内生化教师在长期教学实践中总结出来的，本书予以保留。本版教材将第 4 版第十章 DNA 合成与修复拆分为第十章 DNA 合成和第十一章 DNA 损伤与修复两章。在第十章 DNA 合成中补充了线粒体 D 环复制。对一些具体内容进行了完善，如将原核生物 DNA 聚合酶"主要有 3 种"，补充为"至少有 5 种"。对第 4 版的 DNA 修复内容另改为独立第十一章 DNA 损伤与修复，并对其中内容进行了较多的修改和补充。在第十二章 RNA 合成中，增加了二维码内容，进行了少量纠错。在第十三章蛋白质合成中，对原有密码子摆动性的描述进行了补充，并更换了图表，使之更加清晰、完善。在第十四章基因表达调控中，将原二维码中的"色氨酸操纵子的弱化作用调控"部分内容放置在正文，并进行了重新编写。本章也补充了一些内容，并根据正文增加了一些图片。第十五章基因、组学与医学的内容在第 4 版基因与组学的基础上进行了大篇幅重写，增加了基因诊断和基因治疗内容。第十六章重组 DNA 技术中，将第 4 版第一节的内容改写为知识拓展内容，这样可以使正文内容更加适当和合理，也补充了一些内容，使之更加完善。第十七章细胞信号转导中，补充和完善了表 17-2 的一些表述。第十八章癌基因与抑癌基因中，修改或增加了对一些癌基因或抑癌基因的描述，完善了抑癌基因的定义。第十九章血液的生物化学是传统内容，对其进行了一定的调整，并规范和完善了相关内容。第二十章肝的生物化学是传统内容，只对少许内容进行了调整，重新绘制了部分插图。将第 4 版维生素与矿物质一章拆分为第二十一章维生素和第二十二章矿物质。在第二十一章维生素中，除完善相应的知识内容外，还增加了 6 个典型的维生素缺乏症，作为临床知识在拓展模块中进行介绍。对表 21-1 主要维生素的活性形式、功能以及缺乏症进行了调整和完善。在第二十二章矿物质中，增加了常量元素钠和氯的介绍。根据 WHO 标准，将第 4 版中 10 个人体必需微量元素的描述增加到 14 个，即增加了对镍、钒、锡和硅的介绍。由于近些年分子生物学技术发展很快，为了适应形势的发展需要，在第二十三章常用分子生物学技术中增加了一些新内容，如"RNA 免疫沉淀""RNA-pull down""RNA- 蛋白质相互作用"，用"核酸序列分析技术"取代"DNA 序列分析技术"，对一些内容的顺序进行了调整。这一章节的内容主要供学有余力的学生和研究生学习时的参考。在教材正文后增加了名词释义内容。这部分内容参考了最新版《生化名词》的释义，使生化名词的解释更加规范。删除了第 4 版教材中附录 1 推荐的课外参考读物与专业研究类期刊，以适当减少教材的整体篇幅。

与第 4 版教材比较，本版教材的特点是对一些知识点的描述更加准确，同时根据本专业进展增加了新的知识。内容整体上仍然与国家执业医师资格考试大纲和硕士研究生入学考试大纲保持一致，使之更加实用。在本版教材编写之前，我们广泛征求了在教学第一线的老师对上一版教材的意见和建议。在编写过程中，许多老师也对本版教材提出了很好的建议。希望在今后的使用过程中，老师与同学们继续发现和指出教材中存在的问题和错误，以便重印及再版时更正，所有编者对此表示衷心的感谢。

李　刚　贺俊崎

目　录

第三篇 分子生物学基础

第四篇 专题篇

绪　论

生物化学（biochemistry）是“生命的化学”。它是研究生物的化学组成、结构与功能及生命活动过程中各种化学变化的科学，即运用化学的原理和方法，研究生物体的物质组成和生命过程中的化学变化，进而深入揭示生命活动本质的一门学科。生物化学阐述自然界生物体和生命活动共同的变化规律，因此也被认为是所有生命的共同语言。

分子生物学（molecular biology）是生物化学的一门分支学科，其主要内容为从分子水平研究核酸、蛋白质等生物大分子结构、功能及基因结构、表达与调控。

生物化学的研究手段早期主要是化学、物理学和数学的原理和方法，随后又融入了生理学、细胞生物学、遗传学和免疫学等的理论和技术，近年来又引入了生物工程学、生物信息学等的原理和手段。因此，生物化学是一门交叉学科，与众多学科有着广泛的联系。生物化学近年来得到了飞速发展，是当今生命科学领域的前沿学科，对医学的发展起着重要的促进作用。

一、生物化学发展简史

19 世纪中期细胞学说的建立揭示了整个生物界在结构上的统一性及进化上的共同起源，使人们对生命的认识进入细胞水平。生物化学萌芽于 18 世纪末，20 世纪初被视为一门独立的学科。生物化学从分子水平上阐明生命机体化学变化规律，不受细胞种类、形状以及结构等差异所体现出细胞的多样性的影响，因而可作为自然界中生命的共同语言。生物化学的发展于 20 世纪 50 年代进入分子生物学时期，将生命科学的研究带进了分子层次。近百年来，生物化学呈现蓬勃向上的发展趋势，是自然科学中发展最快、最引人注目的自然学科之一。20 世纪自然科学领域的诺贝尔奖获得者大概有 550 名，其中有 200 余位获奖者的研究领域涉及生物化学和分子生物学。生物化学是生命科学的引领学科。21 世纪将是生物化学所引领的生物学的世纪。

生物化学的发展可大致分为以下 3 个阶段。

1．发现和阐明生物的化学组成开始形成一门独立的学科　18 世纪中叶至 19 世纪末是生物化学发展的初创阶段，也称为叙述生物化学阶段（或静态生物化学阶段），主要研究生物体的化学组成，对脂质、糖类及氨基酸的性质进行了较为系统的研究。重要成果有：首次从血液中分离出血红蛋白，并制成了血红蛋白结晶；从麦芽中分离出淀粉酶；发现酵母发酵过程中存在“可溶性催化剂”；引入“酶”的概念，奠定了酶学的基础；证明蛋白质是由不同数量、种类的氨基酸组成的，采用化学方法合成了多肽，以此为底物，分析酶的催化活性，验证了酶催化作用的“锁 - 钥”学说；成功制备了尿素酶结晶，首次证明酶是蛋白质；发现了核酸。上述成果对后续的生物化学研究产生了极大的影响。

2. 探索和阐述基本物质代谢途径标志着生物化学的逐步成熟 从20世纪初开始，随着生命体化学组成和分子结构知识的积累，科学家开始研究细胞内的化学反应是如何进行的，即体内各种分子的代谢变化。这一阶段也称为动态生物化学阶段。生物化学由此进入了蓬勃发展的时期，包括酶学、物质代谢、能量代谢、营养、内分泌等诸多领域。重要成果有：发现了人类必需氨基酸、必需脂肪酸及多种维生素、激素，并将其分离、合成；认识到生物体内进行的化学反应是由一连串的酶促有机化学反应组成的；由于化学分析及同位素示踪技术的发展与应用，生物体内主要物质的代谢途径已基本确定，包括糖代谢的酶促反应过程、脂肪酸β氧化、三羧酸循环以及尿素合成的鸟氨酸循环等；描绘了物质氧化分解的过程，揭示了新陈代谢的化学本质；发现了腺苷三磷酸（ATP）；提出生物能代谢过程中的ATP循环学说；证明催化三羧酸循环反应的酶都分布在线粒体，线粒体内膜分布有电子传递体，可进行氧化磷酸化反应。此阶段奠定了现代生物能学理论的基础。

3. 分子生物学时期 20世纪中叶以来，生物化学发展的显著特征是分子生物学的兴起。这一阶段，细胞内两类重要的生物大分子——蛋白质与核酸成为研究的焦点。采用X射线衍射技术研究蛋白质结晶，发现了蛋白质分子的二级结构——α螺旋。完成了胰岛素的氨基酸全序列分析。X射线衍射技术和多肽链氨基酸序列分析技术随后成为分子生物学研究的两大技术支柱。

证明核酸与蛋白质一样，也是一种多聚物，并发现了核酸的两种类型——核糖核酸（RNA）和脱氧核糖核酸（DNA）。提出“一个基因一个酶”的假说。通过细菌转化实验证明DNA是遗传的物质基础，揭示了基因的本质。尤其具有里程碑意义的是，James D. Watson和Francis H. Crick于1953年提出的DNA双螺旋结构模型，为揭示遗传信息传递规律奠定了基础，从此生物化学的发展进入了以生物大分子结构与功能研究为主体的分子生物学时期。此后，对DNA的复制机制、基因的转录过程以及各种RNA在蛋白质合成过程中的作用进行了深入研究。发现了DNA聚合酶，揭示了DNA复制的秘密。破译了mRNA分子中的遗传密码。提出了遗传信息传递的中心法则（central dogma）。这些成果深化了人们对核酸与蛋白质的关系及其在生命活动中作用的认识。

20世纪50年代后期揭示了蛋白质生物合成的途径，确定了由合成代谢与分解代谢网络组成的“中间代谢”概念。随后认识到生物大分子三维结构与功能的关系，以及生命的基本功能表现为基本相同的生化过程，生命现象的“同一性”使科学家可以利用细菌和病毒研究演绎高等生命过程。揭示了原核基因表达的开启和关闭是如何控制的。以酶活性的“别构调节”理论解释了机体代谢功能是如何被调节的，由此引入生物调节的概念。

20世纪70年代，建立了重组DNA技术，不仅促进了对基因表达调控机制的研究，而且使主动改造生物体成为可能。随后相继获得了多种基因工程产品，极大地推动了医药工业和农业的发展。发现了核酶（ribozyme），打破了所有生物催化剂都是蛋白质的传统观念。发明了体外扩增DNA的专门技术——聚合酶链反应（polymerase chain reaction，PCR），使人们有可能在体外高效率扩增DNA，科学家们分离及操作基因的能力有了极大的提升。

目前，分子生物学已经从研究单个基因发展到对生物体整个基因组结构与功能的研究。人类基因组计划（human genome project，HGP）是生命科学领域有史以来最庞大的全球性研究计划，该计划是对人23对染色体全部DNA的核苷酸进行测序。1990年，耗资30亿美元的15年制图和测序计划正式启动。1999年底，22号染色体全序列公布。2000年3月，21号染色体全序列公布；同年6月，人类基因组序列草图提前完成。2001年2月，科学家绘制完成了人类基因组序列图，此成果无疑是人类生命科学史上的一个重大里程碑，它揭示了人类遗传学图谱的基本特点，为人类的健康和疾病的研究带来根本性的变革。

在上述研究成果的基础之上，近年来相继出现了各类组学研究，成为生物化学的新热点。

蛋白质组学（proteomics）即在大规模水平上研究蛋白质的特征，包括蛋白质的表达水平、翻译后修饰、蛋白质与蛋白质相互作用等，由此获得蛋白质水平上的关于疾病发生、细胞代谢等过程的整体而全面的认识；转录物组学（transcriptomics）主要在整体水平上研究细胞中基因转录的情况及转录调控规律；RNA 组学（RNomics）对细胞中全部 RNA 分子的结构与功能进行系统研究，从整体水平阐明 RNA 的生物学意义；代谢物组学（metabolomics）对生物体内所有代谢物进行定量分析，并寻找代谢物与病理生理变化的相关性；糖组学（glycomics）主要研究单个生物体所包含的所有聚糖的结构、功能（包括与蛋白质的相互作用）等的生物学作用。由此可见，阐明人类基因组及其表达产物的功能是一项需要多学科参与的极具挑战性的工作，它吸引着包括医学、生物学、化学、数学、统计学和计算机科学等领域的诸多学者参与，对各种数据进行整合分析并与其生物学意义相关联。

我国的科学家对生物化学的发展做出了重大贡献。生物化学家吴宪创立了血滤液的制备及血糖的测定方法。在蛋白质研究中提出了蛋白质变性学说。生物化学家刘思职创立定量分析方法研究抗原抗体反应。1965 年我国科学家首次人工合成了有生物活性的蛋白质——结晶牛胰岛素，对猪胰岛素分子的空间结构进行了精确测定；1981 年成功地合成了酵母丙氨酰转运核糖核酸；此外，我国也是人类基因组计划国际大协作的成员国。

纵观近几十年，几乎每年的诺贝尔生理学或医学奖以及一些诺贝尔化学奖都授予了从事生物化学和分子生物学研究的科学家，可见生物化学和分子生物学在生命科学中的重要地位和作用。尽管生物化学与分子生物学的发展如此迅速，探索生命的本质仍然任重而道远。

二、生物化学主要研究内容

生物化学的研究内容十分广泛，简要归纳为以下几个方面：

1．生物分子的结构与功能　生物体是由一定的物质成分按严格的规律和方式组织而成的。构成人体的主要物质包括水（55% ~ 67%）、蛋白质（15% ~ 18%）、脂质（10% ~ 15%）、无机盐（3% ~ 4%）、糖类（1% ~ 2%）等，此外，还有核酸、维生素、激素等多种化合物。由碳、氢、氧、氮等组成的在生物体内所特有的有机化合物统称为生物分子。这些生物分子有上百万种，其种类繁多，结构复杂，功能各异。将分子量较大、结构复杂的蛋白质、核酸、多糖及脂质等统称为生物大分子。对生物分子的研究，主要是针对生物大分子。生物大分子一般是由某些基本结构单位按一定顺序和方式连接而形成的多聚体（polymer）。比如由氨基酸通过肽键连接形成蛋白质，由核苷酸通过磷酸二酯键连接形成核酸等。生物大分子空间结构与功能密切相关。结构是功能的基础，功能是结构的体现。生物大分子的功能还可以通过分子之间的相互识别和相互作用来实现，例如，蛋白质与蛋白质、蛋白质与核酸、核酸与核酸的相互作用在基因表达调节中起着重要作用。所以分子结构、分子识别和分子间的相互作用是执行生物分子功能的基本要素。

2．物质代谢及其调节　生命的基本特征是新陈代谢，即生物体不断与外环境进行物质交换及维持其内环境的相对稳定。据估算，人的一生中与环境进行的物质交换：水 60 吨、糖类 10 吨、蛋白质 1.6 吨、脂质 1 吨。此外，还有其他小分子物质和无机盐类等。物质通过消化、吸收进入体内，一方面可作为机体生长、发育、修复和繁殖的原料，进行合成代谢；另一方面进行分解代谢，释放能量供生命活动。正常的物质代谢是生命过程的必要条件，体内各种代谢途径之间存在着密切而复杂的关系，生物体依靠精确的调节系统来保证各种物质代谢途径按照一定规律有条不紊地进行，若调节紊乱，物质代谢发生异常，则可能引起疾病。目前对生物体内的主要物质代谢途径已基本了解清楚。物质代谢中的绝大部分化学反应由酶催化，酶结构和

酶含量的变化对物质代谢的调节起着重要作用。细胞信息传递也参与多种物质代谢及生长、增殖、分化等生命过程的调节。但是，仍有众多的问题需要探讨。

3．基因信息传递及其调控 生物体在繁衍个体的过程中，其遗传信息代代相传，这是生命现象的又一重要特征。DNA是遗传的主要物质基础，基因即DNA分子的功能片段，作为基本遗传单位储存在DNA分子中。因此，基因信息的研究在生命科学中的作用至关重要。除研究DNA的结构与功能外，更重要的是研究DNA复制、RNA转录、蛋白质生物合成等基因信息传递过程的机制及基因表达调控的规律。遗传信息传递涉及遗传、变异、生长、分化等生命过程，与遗传病、恶性肿瘤、代谢异常性疾病、免疫缺陷性疾病、心血管病等多种疾病的发病机制有关。重组DNA技术、转基因动物及植物、基因敲除、新基因克隆、人类基因组计划及后基因组计划等将大大推动这一领域的研究进程。

三、生物化学与医学的关系

生物化学既是重要的医学基础学科，又与临床医学的发展密切相关。作为基础医学的必修课，生物化学的理论和技术已渗透到医学科学的各个领域。掌握生物化学知识，可为进一步学习免疫学、微生物学、药学、遗传学、病理学等基础医学课程打下基础。当前，基础医学各学科的研究已深入分子水平，越来越多地应用生物化学的理论与技术来解决各学科的问题，学科间相互渗透越发显著，出现诸多交叉学科，如分子免疫学、分子遗传学、分子药理学、分子病理学。同样，生物化学与临床医学的关系也很密切。各种疾病发病机制的阐明，诊断手段、治疗方案、预防措施等的实施，均大量依据生物化学的理论和技术。而且许多疾病的发病机制也需要从分子水平加以探讨。如糖代谢紊乱导致的糖尿病、脂质代谢紊乱导致的动脉粥样硬化、氨代谢异常与肝性脑病、胆色素代谢异常与黄疸、维生素A缺乏与夜盲症、苯丙酮尿症与苯丙氨酸羟化酶缺乏等的关系均早已为世人所公认。体液中各种无机盐类、有机化合物和酶类等的检测，早已成为疾病诊断的常规指标。近年来，生物化学与分子生物学的迅速发展也极大地加深了人们对恶性肿瘤、心血管疾病、神经系统疾病、免疫性疾病等重大疾病本质的认识，并出现了新的诊治方法。随着基因探针、PCR技术等在临床的应用，疾病的诊断更加特异、灵敏、简便、快捷。同时基因工程疫苗的运用也为解决免疫学问题提供了新的手段。由此可见，生物化学是一门重要的医学基础课程。作为医学生，掌握生物化学的基本知识，既有助于进一步学习其他基础医学课程，又可为将来从事临床工作奠定基础。

（贺俊崎）

第一篇

生物大分子

第一章

蛋白质的结构与功能

第一节　概　述

早在19世纪，科学家们就发现含氮天然产物对动物的生存是必需的。1838年荷兰化学家G. J. Mulder首次采用蛋白质（protein）来表示这类化合物，protein源自希腊语proteios，意为"第一重要的"。蛋白质的基本组成单位是L-α-氨基酸，常见的有20种，称为基本氨基酸。除此之外，近年来又发现了2种新的基本氨基酸，即硒半胱氨酸和吡咯赖氨酸。氨基酸可通过肽键连接形成多肽链，多肽链中氨基酸的排列顺序构成蛋白质一级结构。在此基础之上，多肽链又可折叠盘绕形成二级、三级及四级空间结构。蛋白质一级结构是其生物学功能的基础，一级结构决定空间结构，空间结构相似者往往其生物学功能也相似。

蛋白质的理化性质部分与氨基酸类似，可两性解离，有呈色反应，同时也具有高分子化合物的特点，即有胶体性质，易沉降，不易透过半透膜，可变性、沉淀、凝固等。依据这些性质，可以进行蛋白质的分离纯化，以便深入研究这一类重要的生物大分子。

蛋白质是生物体内重要的高分子有机物，是生物体结构和生命活动的重要物质基础。它不仅在生物体内含量丰富，而且具有多种多样的生物学功能。对于人体而言，蛋白质约占人体干重的45%，遍及所有的组织和器官，是机体细胞的重要组成成分，也是机体组织更新和修复的主要原料，在人体的生长、发育、运动、遗传、繁殖等生命活动中起着重要作用。可以说，没有蛋白质就没有生命活动的存在。

一、蛋白质是构成生物体的重要组成物质

生物体无论简单还是复杂，蛋白质都是其重要的组成成分。以病毒（virus）为例，它们虽不具备最简单的细胞形态或结构，却有蛋白质与核酸结合而成的核蛋白（nucleoprotein），使它们能够生长、繁殖、致病。例如烟草花叶病毒（tobacco mosaic virus，TMV），它能使烟草致病。人们将其纯化结晶，并储存数年后再接种到宿主烟叶上，它仍能够生长、繁殖并使烟叶感染花叶病，同时病毒核蛋白也大量增加。这说明在病毒这种极简单的生命形式中，蛋白质也是其重要的结构组成。再如朊病毒（prion）是一种正常编码蛋白质的异常折叠形式，可以引起同种（或异种）蛋白质构象和功能改变，从而导致动物（包括人）传染性海绵状脑病。

二、蛋白质是生物体生命活动的执行者

生物体结构越复杂，其包含的蛋白质的种类和功能也越繁多。即使在单细胞生物中，所发现的蛋白质也有数千种，而人体内大约含有30万种蛋白质。

蛋白质作为生命活动的执行者，在生物体内发挥着多种多样的功能，目前所认识到的主要功能包括以下几类：

1. 催化功能 自然界中存在的或人工合成的具有催化功能的蛋白质称为酶，生物体新陈代谢的全部化学反应都是由酶来催化完成的。如己糖激酶催化腺苷三磷酸的磷酸基团转移至葡萄糖，使葡萄糖磷酸化而活化；乳酸脱氢酶可催化乳酸脱氢转变成丙酮酸；DNA聚合酶参与DNA的复制和修复。

2. 调节功能 在生物体正常的生命活动（如代谢、生长、发育、分化、生殖）过程中，多肽和蛋白质激素起着极为重要的调节作用。如调节糖代谢的胰岛素（insulin）；与生长和生殖有关的促甲状腺激素（thyrotropin）、促生长素（somatotropin）、黄体生成素（luteinizing hormone，LH）和促卵泡激素（follicle stimulating hormone，FSH）等。其他还有转录和翻译调控蛋白质，包括与DNA紧密结合的组蛋白及某些酸性蛋白质等。

3. 运输功能 在生命活动过程中，许多小分子及离子的运输是由各种专一的蛋白质来完成的，它们携带小分子在血液循环、不同组织间运载代谢物。如血红蛋白是转运氧和二氧化碳的工具；清蛋白可运输游离脂肪酸（free fatty acid，FFA）及胆红素等。

4. 运动功能 从最低等的细菌鞭毛运动到高等动物的肌肉收缩，都是通过蛋白质实现的。某些蛋白质使细胞和器官具有收缩能力，可使其改变形状或位置。如骨骼肌收缩依靠肌动蛋白（actin）和肌球蛋白（myosin），这两种蛋白质在非肌肉细胞中也存在。微管蛋白用于构建微管，微管的作用是与鞭毛及纤毛中的动力蛋白（dynein）协同推动细胞运动。

5. 免疫和防御功能 生物体为了维持自身的生存而拥有多种类型的防御手段，其执行者大多数为蛋白质。例如抗体即是一类高度专一的蛋白质，它能识别和结合侵入生物体的外来物质，如异体蛋白质、病毒和细菌。又如凝血酶与纤维蛋白原参与血液凝固，从而防止失血。

6. 营养和储存功能 卵清蛋白和牛奶中的酪蛋白是提供氨基酸的储存蛋白质。在某些植物、细菌及动物组织中发现的铁蛋白可以储存铁。

7. 机械支持和保护功能 许多蛋白质可形成“细丝”“薄片”或“缆绳”结构，具有机械支持及保护功能。肌腱和软骨的主要成分是胶原蛋白（collagen），它具有很高的抗张强度。韧带含有弹性蛋白（elastin），形成蛋白质“缆绳”，具有双向抗拉强度。头发、指甲和皮肤主要由坚韧的不溶性角蛋白（keratin）组成。蚕丝和蜘蛛网的主要成分是纤维蛋白（fibrin）。某些昆虫的翅膀具有近乎完美无缺的回弹特性，它由节肢弹性蛋白（resilin）构成。

8. 其他功能 有些蛋白质的功能相当特异，如应乐果甜蛋白（monellin）是非洲的一种植物蛋白，很甜，可作为一种非脂肪性、非毒性的甜味剂。又如南极水域中的有些鱼类，其血液中含有抗冻蛋白（anti-freeze protein），可保护血液不被冻凝，使生物体在低温下得以生存，生命得以繁衍。还有蛋白质毒素，如蓖麻蛋白、白喉毒素、厌氧性肉毒梭菌毒素、蛇毒，微量就可使高等动物产生强烈的毒性反应。

在生命活动中，蛋白质分子之间或蛋白质分子与其他分子（如核酸、脂质或多糖）之间通过非共价键结合形成生物超分子（biosupramolecule），如端粒酶、核糖体和蛋白酶体。两个或多个生物超分子通过分子间相互作用连接又可组装成具有新功能的复合物，构成生物超分子体系（biosupramolecular system）或生物超分子复合体（biosupramolecular complex）。该复合体具有超出单一生物大分子（biomacromolecule）功能以外的新功能，在生命活动中起重要作用。

如基因转录起始阶段的转录起始复合物、蛋白质翻译过程形成的核糖体多分子复合物、蛋白质降解过程中形成的酶底物复合体和信号转导过程中形成的受体配体复合体。

第二节 蛋白质的分子组成

案例 1-1

2008年4—6月，某医院儿科收治了多名婴幼儿患者。患儿大多有不明原因哭闹，排尿时尤甚，精神状态较差，厌食，伴有呕吐；排尿量减少，甚至可见肉眼血尿。B超检查发现患儿双肾大，肾盂、输尿管、膀胱等部位有结石。临床诊断为泌尿系统结石。医生询问喂养史，发现这些患儿均食用“××”牌奶粉3～6个月。经相关部门调查，发现该品牌婴儿奶粉中添加了三聚氰胺。

问题：

1. 奶粉中为什么要加入三聚氰胺？
2. 食品中蛋白质含量检测有哪些方法？
3. 蛋白质对人体有何作用？对食品中蛋白质含量进行检测有哪些方法？

一、蛋白质是体内的主要含氮物质

从各种动、植物组织中提取的蛋白质，经元素分析可知其中各种元素的含量：碳50%～55%、氢6%～8%、氧19%～24%、氮13%～19%和硫0～4%。有些蛋白质还含有少量磷或硒以及金属元素铁、铜、锌、锰、钴、钼等，个别蛋白质还含有碘。

各种蛋白质的含氮量很接近，平均为16%，动、植物组织中含氮物又以蛋白质为主，因此只要测定生物样品中的含氮量，就可以按下式推算出样品中的蛋白质大致含量。计算公式为：

每克样品中含氮克数 ×6.25×100 = 每100克样品中的蛋白质含量（g/100 g）

二、L-α-氨基酸是蛋白质的基本结构单位

蛋白质受酸、碱或蛋白酶作用而水解成为其基本组成单位——氨基酸（amino acid）。无论是人体内的蛋白质，还是其他生物体所含的蛋白质，都主要由20种氨基酸构成，即这20种氨基酸是生物界通用的或是标准的氨基酸，也称基本氨基酸。尽管基本氨基酸的种类有限，但组成蛋白质时，由于氨基酸的数目和排列顺序不同，因而可以组装成大量不同种类的蛋白质。

（一）氨基酸的一般结构式

构成蛋白质的各种氨基酸，其化学结构式具有一个共同的特点，即在连接羧基的α-碳原子上还有一个氨基，故称α-氨基酸。α-氨基酸的一般结构式可用下式表示：

$$H_2N-\underset{\displaystyle R}{\overset{\displaystyle COOH}{C_\alpha}}-H \quad \text{或写作} \quad H_3\overset{+}{N}-\underset{\displaystyle R}{\overset{\displaystyle COO^-}{C_\alpha}}-H$$

由上式可以看出，与α-碳原子相连的4个原子或基团各不相同（当R为H时除外），即氨基酸的α-碳原子是一个不对称碳原子，因此各氨基酸都存在L和D两种构型。组成蛋白质的氨基酸均为L-α-氨基酸（甘氨酸除外），而生物界中发现的D-型氨基酸大都存在于某些细菌产生的抗生素及个别植物的生物碱中。

（二）氨基酸可以根据其侧链结构和理化性质进行分类

组成蛋白质的氨基酸已发现20余种，但绝大多数蛋白质只由20种基本氨基酸组成（表1-1）。对于20种基本氨基酸，最常用的分类方法是按它们侧链R基团的极性分类，有4种主要类型。

1．非极性R基氨基酸 这类氨基酸的特征是在水中溶解度小于极性R基氨基酸，包括4种带有脂肪烃侧链的氨基酸（丙氨酸、缬氨酸、亮氨酸和异亮氨酸）、2种含芳香环的氨基酸（苯丙氨酸和色氨酸）、1种含硫氨基酸（甲硫氨酸）和1种亚氨基酸（脯氨酸）。

2．不带电荷的极性R基氨基酸 这类氨基酸的特征是比非极性R基氨基酸易溶于水，包括3种具有羟基的氨基酸（丝氨酸、苏氨酸和酪氨酸）、2种具有酰胺基的氨基酸（谷氨酰胺和天冬酰胺）、1种含有巯基的氨基酸（半胱氨酸）和R基团只有一个氢但仍能表现一定极性的甘氨酸。

3．带正电荷的R基氨基酸 这类氨基酸的特征是在生理条件下分子带正电荷，是一类碱性氨基酸，包括在侧链含有ε-氨基的赖氨酸、含有带正电荷胍基的精氨酸和含有弱碱性咪唑基的组氨酸。

4．带负电荷的R基氨基酸 这类氨基酸的特征是在生理条件下分子带负电荷，是一类酸性氨基酸，包括侧链含有羧基的天冬氨酸和谷氨酸。

表1-1 组成蛋白质的20种基本氨基酸

中英文名称	中英文缩写	结构式	等电点 pI	pK_1 α-COOH	pK_2 α-NH_2	pK_R R-基团
		非极性R基氨基酸				
丙氨酸 alanine	丙 Ala（A）	$H_3C-CH(^+NH_3)-COO^-$	6.02	2.34	9.69	
缬氨酸 valine	缬 Val（V）	$(H_3C)_2CH-CH(^+NH_3)-COO^-$	5.97	2.32	9.62	
亮氨酸 leucine	亮 Leu（L）	$(H_3C)_2CH-CH_2-CH(^+NH_3)-COO^-$	5.98	2.36	9.60	
异亮氨酸 isoleucine	异亮 Ile（I）	$(H_3C-CH_2)(H_3C)CH-CH(^+NH_3)-COO^-$	6.02	2.36	9.68	
苯丙氨酸 phenylalanine	苯丙 Phe（F）	$C_6H_5-CH_2-CH(^+NH_3)-COO^-$（苯环）	5.48	1.83	9.13	
色氨酸 tryptophane	色 Trp（W）	吲哚环（N-H）$-CH_2-CH(^+NH_3)-COO^-$	5.89	2.38	9.39	

续表

中英文名称	中英文缩写	结构式	等电点 pI	pK_1 α-COOH	pK_2 α-NH_2	pK_R R-基团
甲硫氨酸 methionine	甲硫 Met（M）	$CH_2—CH_2—CH—COO^-$（CH_2 接 $S—CH_3$，CH 接 $^+NH_3$）	5.75	2.28	9.21	
脯氨酸 proline	脯 Pro（P）	吡咯烷环（$\overset{+}{N}H_2$）接 COO^-	6.48	1.99	10.96	
不带电荷的极性 R 基氨基酸						
丝氨酸 serine	丝 Ser（S）	$CH_2—CH—COO^-$（CH_2 接 OH，CH 接 $^+NH_3$）	5.68	2.21	9.15	13.60
苏氨酸 threonine	苏 Thr（T）	$H_3C—CH—CH—COO^-$（CH 接 OH，CH 接 $^+NH_3$）	5.60	2.11	9.62	13.60
酪氨酸 tyrosine	酪 Tyr（Y）	HO—苯环—$CH_2—CH—COO^-$（CH 接 $^+NH_3$）	5.66	2.20	9.11	10.07 苯酚羟基
谷氨酰胺 glutamine	谷胺 Gln（Q）	$H_2N—C(=O)—CH_2—CH_2—CH—COO^-$（CH 接 $^+NH_3$）	5.65	2.17	9.13	
天冬酰胺 asparagine	天胺 Asn（N）	$H_2N—C(=O)—CH_2—CH—COO^-$（CH 接 $^+NH_3$）	5.41	2.02	8.80	
半胱氨酸 cysteine	半胱 Cys（C）	$CH_2—CH—COO^-$（CH_2 接 SH，CH 接 $^+NH_3$）	5.07	1.96	10.28	8.18 巯基
甘氨酸 glycine	甘 Gly（G）	$H—CH—COO^-$（CH 接 $^+NH_3$）	5.97	2.34	9.60	
带正电荷的 R 基氨基酸（碱性氨基酸）						
精氨酸 arginine	精 Arg（R）	$H—N—CH_2—CH_2—CH_2—CH—COO^-$（N 接 $C=\overset{+}{N}H_2$，C 接 NH_2；CH 接 $^+NH_3$）	10.76	2.17	9.04	12.48 胍基
赖氨酸 lysine	赖 Lys（K）	$CH_2—CH_2—CH_2—CH_2—CH—COO^-$（$CH_2$ 接 $^+NH_3$，CH 接 $^+NH_3$）	9.74	2.18	8.95	10.53 ε-氨基
组氨酸 histidine	组 His（H）	咪唑环（HN、N）—$CH_2—CH—COO^-$（CH 接 $^+NH_3$）	7.59	1.82	9.17	6.00 咪唑基
带负电荷的 R 基氨基酸（酸性氨基酸）						
天冬氨酸 aspartic acid	天冬 Asp（D）	$^-OOC—CH_2—CH—COO^-$（CH 接 $^+NH_3$）	2.98	2.09	9.60	3.86 β-羧基
谷氨酸 glutamic acid	谷 Glu（E）	$^-OOC—CH_2—CH_2—CH—COO^-$（CH 接 $^+NH_3$）	3.22	2.19	9.67	4.25 γ-羧基

（三）特殊氨基酸

除20种基本氨基酸外，生物体中尚存在多种特殊氨基酸，它们的来源不同，在生物体内或充当蛋白质和生物活性肽的重要成分，或独立发挥多种生物学作用。

1．硒代半胱氨酸和吡咯赖氨酸 是生物体内组成蛋白质的第21种和第22种基本氨基酸。

对于20种基本氨基酸的认识，从1806年发现第一个氨基酸天冬酰胺开始，直到1938年发现最后一个氨基酸苏氨酸，其间经历了漫长的1个多世纪，此后科学家们一直认为直接由遗传基因编码的氨基酸只有这20种。然而事实并非如此，1986年发现了硒代半胱氨酸（selenocysteine，Sec），随后的研究证实它是直接由遗传密码指导合成的，而非翻译后修饰所产生，是组成蛋白质的第21种基本氨基酸，存在于生物体内20余种含硒蛋白质分子中，多数含硒蛋白质是氧化还原酶。2002年，在一种古细菌中发现了第22种基本氨基酸——吡咯赖氨酸（pyrrolysine，Pyl），它在细菌甲烷合成过程中具有重要作用。科学家们推测这种氨基酸也可能存在于产甲烷菌以外的其他生物体中。

硒代半胱氨酸和吡咯赖氨酸均属于L-α-氨基酸。硒代半胱氨酸与半胱氨酸的区别在于硒元素取代了半胱氨酸中的硫元素，而吡咯赖氨酸则是4-甲基吡咯-5-甲酰基在ε-氨基上修饰的赖氨酸。二者虽已证实属于基本氨基酸，但目前发现其所存在的范围有限，有关其分类、理化性质、合成方式等尚待进一步研究确定。

上述两种新的基本氨基酸的发现具有重要意义，启发人们重新审视以前所认识到的一些概念和现象，同时也激励科学家们去寻找更多的基本氨基酸。

2．非基本氨基酸 除上述直接由遗传基因编码的基本氨基酸外，生物体内尚存在多种非基本氨基酸，包括蛋白质分子中的氨基酸衍生物、不构成蛋白质的生物活性氨基酸等。

蛋白质分子中的氨基酸衍生物，如羟脯氨酸、羟赖氨酸、羧基谷氨酸、磷酸丝氨酸、乙酰赖氨酸，它们一般是肽链合成后通过对基本氨基酸残基专一修饰而成的。这些修饰包括某种小的化学基团简单加合到某些氨基酸的侧链基团上，如羟基化、甲基化、乙酰化、羧基化和磷酸化，或者其他一些更为精细的加工。这些氨基酸的加工修饰对蛋白质行使功能是非常重要的。

不构成蛋白质的生物活性氨基酸，顾名思义，即不构成多肽的氨基酸残基，而具有独立的功能，常作为体内代谢过程中间物等，如瓜氨酸、鸟氨酸。此外，还存在多种D-氨基酸，作为细菌多肽的组成部分，存在于细菌细胞壁或细菌产生的抗生素中。

迄今为止已发现了大约300种不同的氨基酸，它们并不都用于构成蛋白质，而是发挥多种功能，并且某些种类之间可经化学反应而互相转化，这是大自然合理利用现成的材料达到新目的的一个例子。不过这300种左右的氨基酸中大部分的生物学功能尚不清楚，有待于深入研究。

3．脯氨酸和半胱氨酸 脯氨酸是亚氨基酸，在蛋白质合成后经过加工修饰可以产生羟脯氨酸。2分子半胱氨酸通过脱氢后，以二硫键（disulfide bond）相连，形成胱氨酸。在蛋白质分子中，一些半胱氨酸是以胱氨酸形式存在的。

（四）氨基酸的理化性质

氨基酸的α-COOH、α-NH_2及各种侧链R基团可以进行多种化学反应，以下着重讨论几个生物化学中广泛应用的鉴定和测定氨基酸的重要反应。

1．两性解离及等电点 所有氨基酸都含有碱性的氨基（或亚氨基）和酸性的羧基，因而能在酸性溶液中与质子（H^+）结合而呈阳离子（NH_3^+）；也能在碱性溶液中与OH^-结合，失去质子而变成阴离子（COO^-），所以它们是一种两性电解质，具有两性解离的特性。氨基酸的解离方式取决于其所处环境的酸碱度。在某一pH条件下，氨基酸解离成阳离子及阴离子的程度和趋势相等，净电荷数为零，成为兼性离子（zwitterion），它在电场中既不移向负极，又不移向正极。此时，氨基酸所处环境的 pH 称为该氨基酸的等电点（isoelectric point，pI）。

$$R-\underset{NH_2}{\underset{|}{CH}}-COOH$$

$$\updownarrow$$

$$\underset{\substack{\text{阳离子}\\ pH<pI}}{R-\underset{NH_3^+}{\underset{|}{CH}}-COOH} \xleftarrow{H^+} \underset{\substack{\text{氨基酸的兼性离子}\\ pH=pI}}{R-\underset{NH_3^+}{\underset{|}{CH}}-COO^-} \xrightarrow{OH^-} \underset{\substack{\text{阴离子}\\ pH>pI}}{R-\underset{NH_2}{\underset{|}{CH}}-COO^-}$$

等电点的计算：R 为非极性基团或虽为极性基团但并不解离，氨基酸的等电点是由 α-COOH 和 α-NH_2 的解离常数的负对数 pK_1 和 pK_2 来决定的。pI 计算方法为：$pI = 1/2\ (pK_1 + pK_2)$。如甘氨酸 $pK_{-COOH} = 2.34$，$pK_{-NH_2} = 9.60$，故 $pI = 1/2 \times (2.34 + 9.60) = 5.97$。

酸性和碱性氨基酸的 R 基团上均有可解离的极性基团，其等电点由 α-COOH、α-NH_2 及 R 基团的解离情况共同决定。

如天冬氨酸的 pI 为：$pI = 1/2\ (pK_1 + pK_R) = 1/2 \times (2.09 + 3.86) = 2.98$

而赖氨酸的 pI 为：$pI = 1/2\ (pK_2 + pK_R) = 1/2 \times (8.95 + 10.53) = 9.74$

各种氨基酸的解离常数常通过实验测得，它们的 pI、pK_1、pK_2 及 pK_R 列于表 1-1。需要说明的是，Cys 的 -SH 和 Tyr 的酚羟基具有弱酸性，当 pH = 7 时，Cys 的 -SH 大约解离 8%；Tyr 苯环上的 -OH 大约解离 0.01%。Cys 的 pI 按酸性氨基酸计算，Tyr 的解离程度较小，按 R 为极性非解离情况计算。

2. 紫外吸收性质 芳香族氨基酸色氨酸、酪氨酸分子内含有共轭双键，在 280 nm 波长附近具有最大的光吸收峰（图 1-1）。由于大多数蛋白质均含有酪氨酸、色氨酸残基，所以测定蛋白质溶液 280 nm 波长处的吸光度，是分析溶液中蛋白质含量的一种最快速、简便的方法。

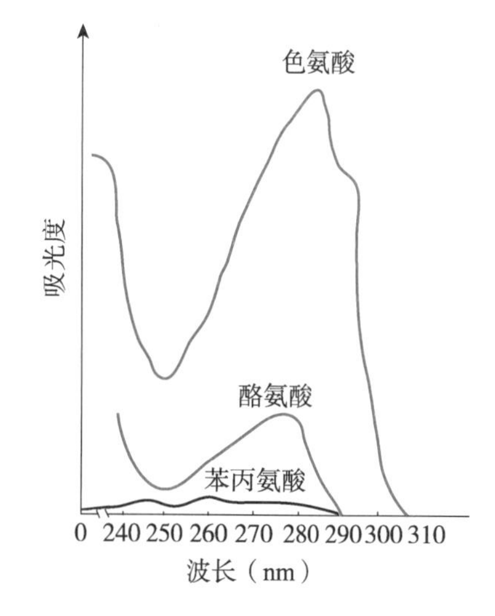

图 1-1 芳香族氨基酸的紫外吸收

3. 茚三酮反应 该反应是检测和测定氨基酸和蛋白质的重要反应（图 1-2）。氨基酸与茚三酮（ninhydrin）的水合物共同加热，氨基酸可被氧化分解，生成醛、氨及二氧化碳，茚三酮水合物则被还原。在弱酸性溶液中，茚三酮的还原产物可与氨基酸加热分解产生的氨及另 1 分子还原茚三酮缩合，成为蓝紫色化合物，其最大吸收峰在 570 nm 波长处（$\lambda_{max} = 570$ nm）。在一定的反应条件下，产生的蓝紫色化合物颜色的深浅（溶液中的吸光度）与氨基酸浓度呈正比，因此可作为氨基酸的定量分析方法，该反应的灵敏度为 1 μg。因为凡具有氨基、能放出氨的化合物几乎都有此反应，故此法也广泛适用于多肽与蛋白质的定性及定量分析。但脯氨酸和羟脯氨酸与茚三酮反应呈黄色（$\lambda_{max} = 440$ nm）；天冬酰胺与茚三酮反应生成棕色产物，同样具有定量、定性意义。

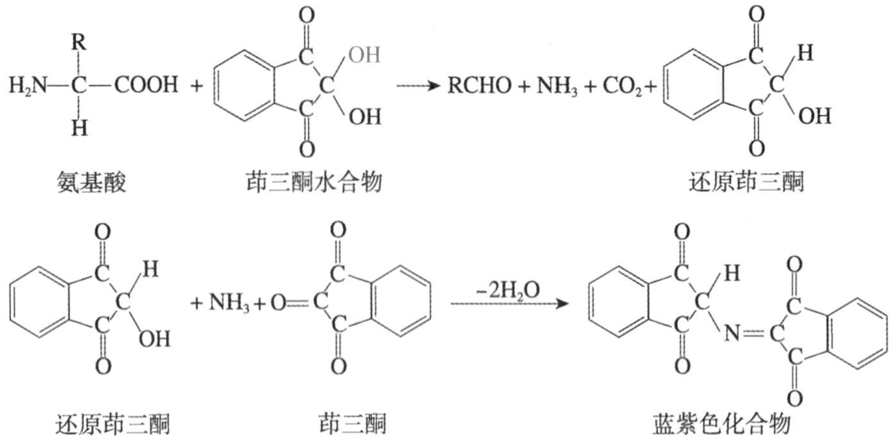

图 1-2 氨基酸的茚三酮反应

三、氨基酸通过肽键连接而形成蛋白质或肽

（一）氨基酸的成肽反应

2 分子氨基酸可由一个分子中的α- 氨基与另一个分子中的α- 羧基脱水缩合成为最简单的肽，即二肽（dipeptide）。在这两个氨基酸之间形成的酰胺键（—CO—NH—）称为肽键（peptide bond）。二肽分子的两端仍有自由的氨基和羧基，故能同样以肽键与另 1 分子氨基酸缩合成为三肽，三肽可再与氨基酸缩合依次生成四肽、五肽等。一般来说，由 20 ~ 30 个氨基酸连成的肽称为寡肽（oligopeptide）。而更多的氨基酸连接而成的肽称为多肽（polypeptide）。这种由许多氨基酸相互连接形成的长链称为多肽链（polypeptide chain）。多肽链中的氨基酸分子因脱水缩合而基团稍有残缺，称为氨基酸残基（residue）。蛋白质就是由许多氨基酸残基组成的多肽链，通常将分子量在 10 kDa 以上的称为蛋白质，分子量为 10 kDa 以下的称为多肽（胰岛素的分子量虽为 5733 Da，但习惯上称为蛋白质）。多肽链具有方向性，其中有自由α- 氨基的一端称为氨基末端（amino-terminal）或 N 端；有自由α- 羧基的一端称羧基末端（carboxyl-terminal）或 C 端。书写短肽时，按照惯例从 N 端开始指向 C 端（图 1-3）。

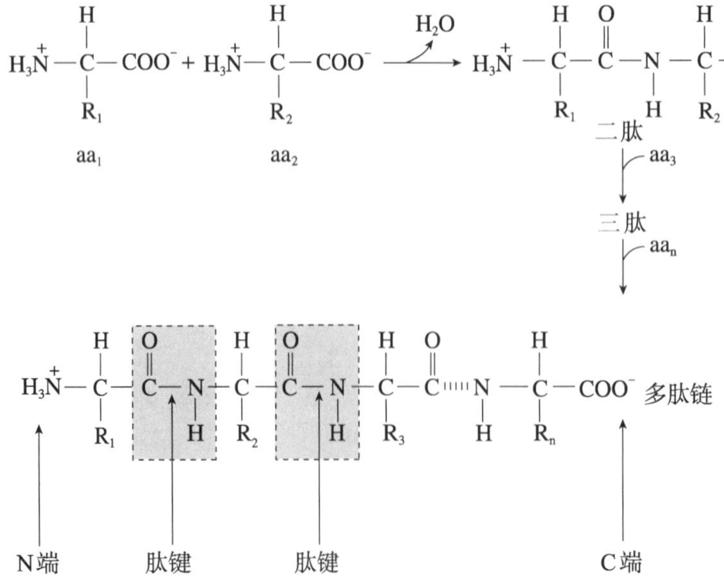

图 1-3 肽与肽键

（二）生物活性肽具有生理活性

自然界的动物、植物和微生物中存在某些小肽或寡肽，它们有着各种重要的生物学活性。常见的有肽类激素如催产素；与神经传导等有关的神经肽如P物质、脑啡肽；抗生素肽类如短杆菌肽S；还有广泛存在于细胞中的谷胱甘肽（glutathione，GSH）（表1-2）。通过重组DNA技术还可得到肽类药物、疫苗等。

缩宫素注射液

缩宫素注射液的主要成分是催产素（又称缩宫素），活性成分是猪或牛的脑神经垂体提取（或化学合成）的九肽，临床上主要用于引产、催产、产后及流产后因宫缩无力或缩复不良而引起的子宫出血。禁用于有剖宫产史、子宫肌瘤剔除术及臀位产者。偶有恶心、呕吐、心率加快或心律失常等不良反应。

谷胱甘肽是由谷氨酸、半胱氨酸和甘氨酸组成的三肽。第一个肽键是非α-肽键，由谷氨酸γ-羧基与半胱氨酸的氨基组成，半胱氨酸的巯基是该化合物的主要功能基团。GSH的巯基具有还原性，可作为体内重要的还原剂保护体内蛋白质或酶分子中的巯基免遭氧化，使蛋白质或酶处于活性状态。在谷胱甘肽过氧化物酶的催化下，GSH可还原细胞内产生的H_2O_2为H_2O，同时GSH被氧化成氧化型谷胱甘肽（GSSG），后者在谷胱甘肽还原酶的催化下再生成GSH。

临床应用

谷胱甘肽与神经肽

谷胱甘肽在临床上可作为解毒、抗辐射和治疗肝病的药物。

神经肽含量低，但活性高、作用广泛而复杂，参与痛觉、睡眠、情绪、学习与记忆等生理活动的调节，尤其与中枢神经系统产生的痛觉抑制关系密切，在临床上被用于镇痛治疗。

此外，一些多肽类抗生素的研究和开发，已成为世界上研究新型抗生素产品的新途径。

表1-2　几种生物活性肽的序列及功能

名称	氨基酸序列		来源与生物学作用
催产素 （oxytocin）	┌S—S┐ CYIQNCPLG	（九肽）	神经垂体分泌，刺激子宫收缩
抗利尿激素 （vasopressin）	┌S—S┐ CYFQNCPRG	（九肽）	神经垂体分泌，使肾保水

Note

续表

名称	氨基酸序列		来源与生物学作用
胰高血糖素（牛）（glucagon）	HSQGTFTSDYSLYLD—SRRAQDFVQWLMDT	（二十九肽）	胰腺分泌，参与调节葡萄糖代谢
缓激肽（牛）（bradykinin）	RPPGFSPFR	（九肽）	抑制组织的炎症反应，降低平滑肌张力
促甲状腺激素释放因子（thyrotropin-releasing factor）	*pyroEHP（焦谷氨酰组氨酰脯氨酸）	（三肽）	在下丘脑形成，刺激腺垂体释放甲状腺激素
胃泌素（人）（gastrin）	*pyroE·GPWLEEEE EAYGWMDF	（十七肽）	胃黏膜内G细胞分泌，引起壁细胞分泌酸
血管紧张素Ⅱ（马）（angiotensin Ⅱ）	DRVYIHPF	（八肽）	刺激肾上腺释放醛固酮
P物质（P substance）	RPKPQFFGLM	（十肽）	神经递质
脑啡肽（enkephalin）	1．YGGFM 2．YGGFL	（五肽）	在中枢神经系统生成，抑制痛觉
短杆菌肽S（gramicidin S）	**dFL → Orn → VP → dFL → Orn → PV →（回到 dFL）	（环十肽）	细菌产生，抗生素
谷胱甘肽（glutathion）	δ-ECG	（三肽）	动、植物细胞，参与氧化还原反应

注：*pyroE：焦谷氨酸；**dF：D型苯丙氨酸；Orn：鸟氨酸。

四、蛋白质具有多样性

蛋白质是由氨基酸以肽键连接形成的高分子化合物，所有生物都是利用20余种基本氨基酸作为构件组装成各种蛋白质分子的。尽管氨基酸的种类有限，但是由于氨基酸在蛋白质中连接的次序以及氨基酸种类、数目的不同，理论上可以组装成几乎无限的不同种类的蛋白质。例如人体内就含有大约30万种蛋白质；一个大肠埃希菌的蛋白质也有1000种以上。整个生物界有10^{10}~10^{12}种蛋白质。蛋白质的结构多种多样，生物学功能千变万化。为研究方便，有必要对蛋白质进行分类。可以根据蛋白质不同的性质特点（如分子的组成、分子的溶解性质、分子的形状或空间结构及功能）进行分类。

根据分子的组成，可将蛋白质分为单纯蛋白质（simple protein）和结合蛋白质（conjugated protein）。单纯蛋白质只由氨基酸组成，其水解的最终产物只有氨基酸。单纯蛋白质按其溶解性质不同可分为清蛋白（或白蛋白）、球蛋白、谷蛋白、精蛋白、组蛋白、醇溶蛋白和硬蛋白等。

结合蛋白质则是由单纯蛋白质与非蛋白质物质结合而成的，其中的非蛋白质物质称为该结合蛋白质的辅基（prosthetic group）。辅基可以是小分子有机物质，也可以是金属离子。辅基以共价键的方式与蛋白质结合在一起。结合蛋白质可按其辅基的不同分为核蛋白、色蛋白、糖蛋白、磷蛋白、脂蛋白和金属蛋白等（表1-3）。

表 1-3　结合蛋白质

分类	辅基	举例
核蛋白（nucleoprotein）	核酸	病毒，DNA 结合蛋白质
色蛋白（chromoprotein）	色素	血红蛋白，细胞色素类，琥珀酸脱氢酶
糖蛋白与蛋白聚糖（glycoprotein and proteoglycan）	糖类	免疫球蛋白 G，黏蛋白，蛋白聚糖，胶原蛋白，弹性蛋白
磷蛋白（phosphoprotein）	磷酸	酪蛋白，卵黄蛋白
脂蛋白（lipoprotein）	脂类	β- 脂蛋白
金属蛋白（metalloprotein）	金属离子	铁蛋白（Fe），血浆铜蓝蛋白（Cu），钙调蛋白（Ca），醇脱氢酶（Zn）

按照分子形状或空间构象的不同，可将蛋白质分为纤维状蛋白质和球状蛋白质两大类。纤维状蛋白质分子很不对称，其分子长轴 / 短轴长度＞ 10，溶解性差别较大，例如肌肉的结构蛋白质和血纤维蛋白原可溶于水，而角蛋白、丝心蛋白则不溶于水。球状蛋白质的溶解性较好，其分子形状接近球形；分子长轴 / 短轴长度＜ 10；空间结构比纤维状蛋白质更复杂，生物体内的蛋白质多属于这一类。

按蛋白质的功能，可将蛋白质分为催化性蛋白质（酶）、调节蛋白质、运输蛋白质等（详见本章第一节）。

值得一提的是，随着对蛋白质、多肽结构和功能认识的深入，20 世纪 80 年代以后出现了一种新的分类方法——“家族”分类法。蛋白质的特定模体（motif）和域（domain）（又称结构域）常与其某种生物学功能相关，根据结构与功能的关系，常将具有相同或类似模体或域的蛋白质归为大类、类或组，分别称为超家族（super family）、家族（family）或亚家族（subfamily）。例如：螺旋 - 环 - 螺旋超家族、锌指结构蛋白质、含 PDZ 结构域蛋白质。这种分类方法包含了蛋白质的结构和功能两方面的特性，是目前对多肽、蛋白质进行分类的新趋势，在当前的蛋白质数据库中很常用。

第三节　蛋白质的分子结构

蛋白质作为生物大分子，结构比较复杂。为了研究方便，1952 年丹麦科学家 L. Lang 建议将蛋白质复杂的分子结构分成 4 个层次，即一级结构、二级结构、三级结构和四级结构。蛋白质一级结构又称为初级结构或基本结构；蛋白质的二级结构、三级结构、四级结构统称为空间结构、高级结构或空间构象。并非所有蛋白质都有四级结构，由一条肽链形成的蛋白质只有一级结构、二级结构和三级结构；由两条以上肽链形成的蛋白质才可能有四级结构。

一、氨基酸的排列顺序决定蛋白质一级结构

蛋白质多肽链上各种氨基酸从 N 端至 C 端的排列顺序称为蛋白质一级结构（protein primary structure），不涉及蛋白质分子的立体结构，肽键是其基本化学键，有些含有二硫键，

Note

后者由两个半胱氨酸的巯基（—SH）脱氢氧化而生成。

英国化学家 F. Sanger 于 1953 年首先测定了胰岛素的一级结构。胰岛素是由胰岛 β 细胞分泌的一种激素，分子量为 5733 Da，由 51 个氨基酸残基组成 A 和 B 两条肽链，A 链有 21 个氨基酸残基，B 链有 30 个氨基酸残基，两条链通过两个链间的二硫键相连，另外，在 A 链的第 6 位和第 11 位半胱氨酸残基之间还形成了一个链内二硫键，使 A 链部分环合（图 1-4）。

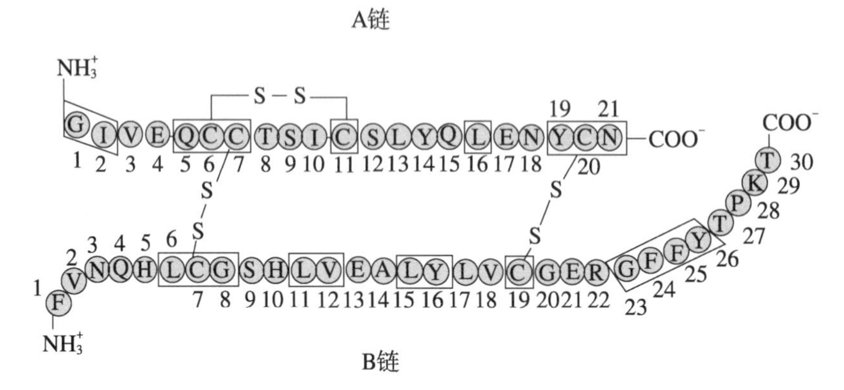

图 1-4 胰岛素的一级结构
□内为保守序列

蛋白质一级结构是其生物学活性及特异空间结构的基础。各种蛋白质之间的差别是由其氨基酸的组成、数目以及在蛋白质多肽链中的排列顺序不同所决定的。其实，不同的蛋白质都有相同的多肽链骨架，但是从多肽链骨架伸出的侧链 R 基团却是不同的，体现为氨基酸排列顺序的差别。蛋白质多肽链侧链 R 基团的性质和顺序在不同的蛋白质之间是特异的，体现在 R 基团有不同的大小、带不同的电荷、对水的亲和力也不相同，因而能够形成不同的空间结构。因而蛋白质分子中氨基酸的排列顺序决定其空间结构。

二、多肽链构建的空间三维结构

蛋白质分子多肽链并非呈线形伸展，而是在三维空间折叠和盘曲，构成特有的空间构象（conformation）。蛋白质特定的空间结构是其发挥各种生物学功能的结构基础。如血红蛋白肽链的特有折叠方式决定其运送氧的功能，核糖核酸酶具有的特定结构，决定了它能与核糖核酸结合，并使之降解。

构象与构型（configuration）的概念不同。构型的改变需有共价键的断裂与生成，从而形成立体异构中原子或基团在空间的新取向；而构象的改变则不然，只涉及单键的旋转和非共价键的改变。

（一）多肽链的局部有规则的主链构象为蛋白质二级结构

蛋白质二级结构（protein secondary structure）是指蛋白质分子中某一段肽链的局部空间结构，即该段肽链主链骨架原子的相对空间位置，并不涉及氨基酸残基侧链的结构。在所有已测定空间结构的蛋白质中，均有二级结构的存在，主要形式包括 α 螺旋（α helix）、β 片层（β sheet）（又称 β 折叠）和 β 转角（β turn）等。

1. 肽单元 20 世纪 30 年代末，L. Pauling 和 R. Corey 开始应用 X 射线晶体衍射法研究氨基酸和二肽、三肽的精细结构，其目的是获得蛋白质构件单元的标准键长和键角，从而推导蛋白质的结构。他们的重要发现是：①肽键（—CO—NH—）中的四个原子和与之相邻的两个

α-碳原子（C_α）位于同一刚性平面（rigid plane），构成一个肽单元（peptide unit）（图 1-5a）；②肽键上—NH—的 H 与—C ═ O 上的 O，它们的方向几乎总是相反；③肽单元中的 C—N 键不能自由旋转，因为它们有部分双键性质（图 1-5b），其键长为 0.132 nm，这个长度介于 C—N 单键长 0.149 nm 和 C ═ N 双键长 0.127 nm 之间。相反，C_α 与羰基碳原子及 C_α 与氮原子之间的连结（C_α—CO—NH—C_α）均为纯粹单键，因而这些键在刚性肽单元的两边有很大的自由旋转度。C_α—C 单键旋转的角度用 ψ 表示，C_α—N 单键旋转的角度用 φ 表示。不论是 ψ 还是 φ，从 N 端看去，顺时针旋转用“+”号表示，逆时针旋转用“-”号表示。它们的旋转角度决定肽平面之间的相对位置，若肽链完全伸展，则 ψ 和 φ 均为 180°（图 1-5c）。

绝大多数肽单元连续的 C_α 原子处于连结它们的肽链的相反方向，称为反式肽单元（*trans*-peptide unit，图 1-5a）。由于空间干扰的原因，少部分可形成顺式肽单元（*cis*-peptide unit，图 1-5d），蛋白质中脯氨酸残基有时形成顺式肽单元。由于顺式肽单元肽键能量高，故不如反式肽单元稳定。

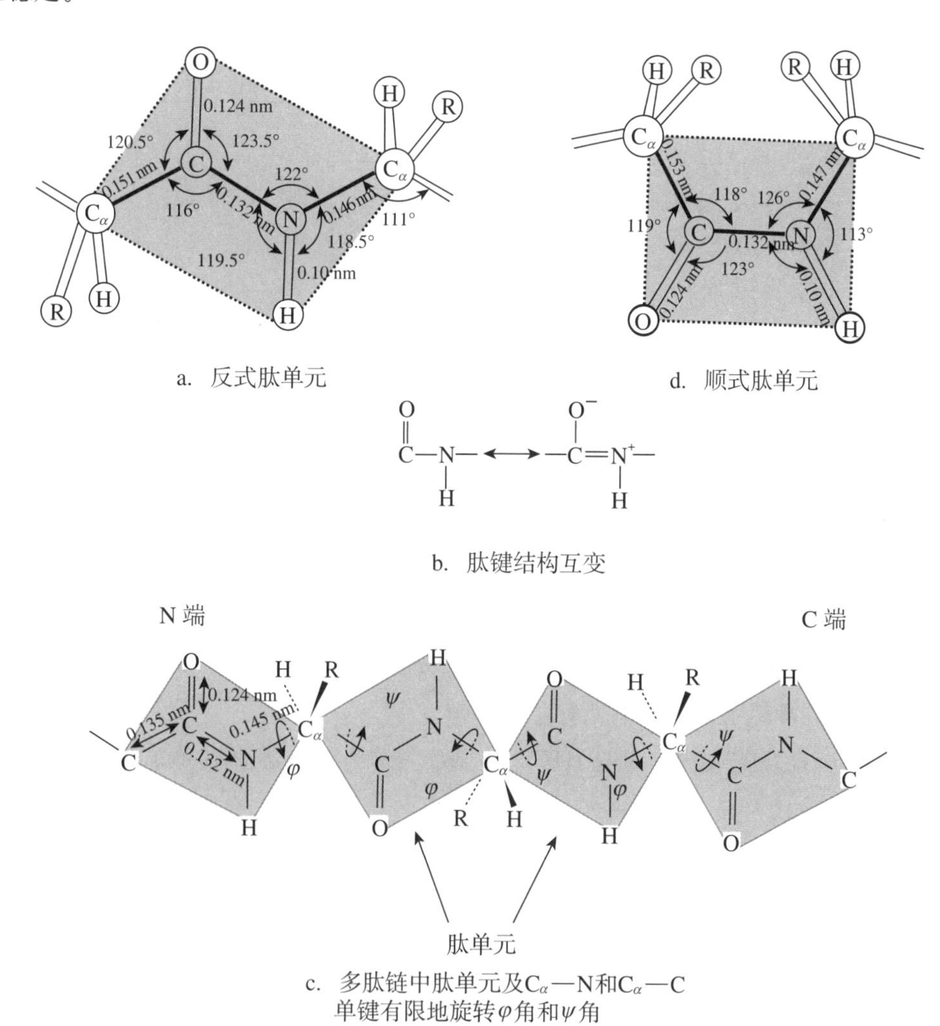

a. 反式肽单元　　d. 顺式肽单元

b. 肽键结构互变

c. 多肽链中肽单元及 C_α—N 和 C_α—C 单键有限地旋转 φ 角和 ψ 角

图 1-5　肽单元

2. α 螺旋（α helix）结构　1951 年，Pauling 和 Corey 根据多肽链骨架中刚性肽平面及其他可以旋转的原子推测了多肽结构，认为最简单的排列方式是螺旋结构，称为 α 螺旋（图 1-6）。其特点如下：

（1）多肽链主链围绕中心轴有规律地螺旋式上升，每隔 3.6 个氨基酸残基螺旋上升一圈，每个氨基酸残基向上移动 0.15 nm，故螺距为 0.54 nm。

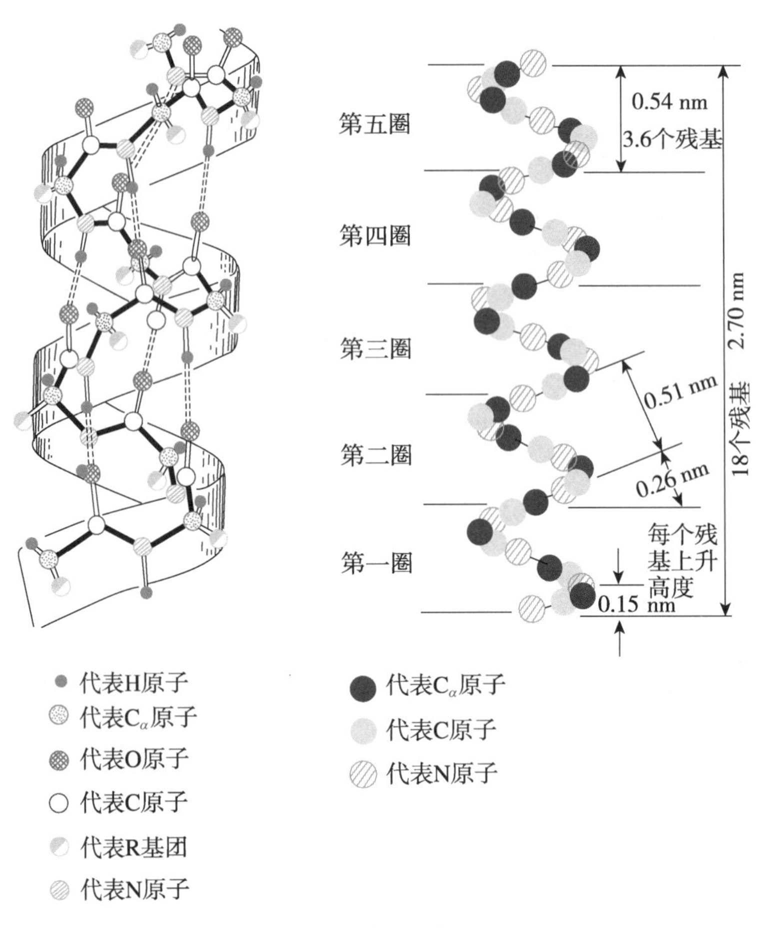

图 1-6 右手 α 螺旋

（2）第一个肽平面羰基（—CO）上的氧与第四个肽平面亚氨基（—NH—）上的氢形成氢键。氢键的方向与螺旋长轴基本平行。氢键是一种很弱的次级键，但由于主链上所有肽键都参与了氢键的形成，所以 α 螺旋很稳定。

（3）组成人体蛋白质的氨基酸都是 L-α- 氨基酸，形成右手螺旋，φ = -57°，ψ = -47°。侧链 R 基团伸向螺旋外侧。根据多肽链主链旋转方向不同，α 螺旋也可有左手螺旋，其 φ = +57°，ψ = +47°，如嗜热菌蛋白酶中就有左手 α 螺旋。

在蛋白质表面存在的 α 螺旋常具有两性特点，这种两性 α 螺旋可见于血浆脂蛋白、多肽激素和钙调蛋白质激酶等。肌红蛋白和血红蛋白分子中有许多肽段呈 α 螺旋结构。毛发的角蛋白、肌组织的肌球蛋白以及血凝块中的纤维蛋白，它们的多肽链几乎全长都卷曲呈 α 螺旋。数条 α 螺旋状的多肽链可缠绕起来形成缆索，从而增加其机械强度，并具有弹性。

3．β 片层（β sheet，β pleated sheet）结构 也是 Pauling 于 1951 年提出的一种多肽主链规律性的结构（图 1-7）。其特点如下：

（1）多肽链充分伸展，各肽键平面之间折叠成锯齿状结构，侧链 R 基团交错位于锯齿状结构的上、下方。

（2）两条以上肽链或一条肽链内的若干肽段平行排列，它们之间靠肽键羰基氧和亚氨基氢形成链间氢键维系，使结构稳定。氢键的方向与 β 片层的长轴垂直。

（3）若两条肽链走向相同，均从 N 端指向 C 端，称为顺平行折叠，其两残基间距为 0.65 nm。反之，两条肽链走向相反，一条从 N 端指向 C 端，另一条从 C 端指向 N 端，称为反平行折叠，两残基间距为 0.70 nm。由一条肽链折返形成的 β 片层为反平行方式，反平行折叠较顺平行折叠更加稳定。

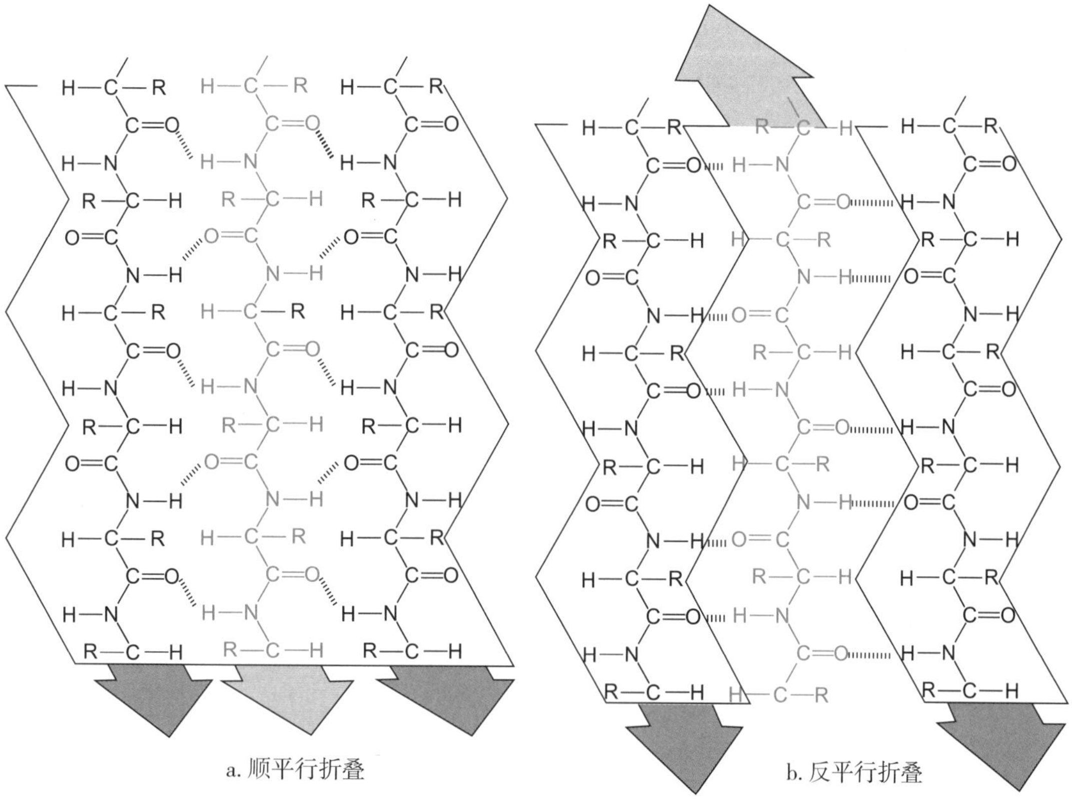

a. 顺平行折叠　　　　b. 反平行折叠

图 1-7　β 片层

β 片层一般与结构蛋白质的空间结构有关，但在有些球状蛋白质的空间结构中也存在。如天然丝心蛋白中就同时具有 β 片层和 α 螺旋，溶菌酶、羧肽酶等球状蛋白质中也都存在 β 片层结构。

4. β 转角（β turn）和 Ω 环　除 α 螺旋和 β 片层外，蛋白质二级结构还包括 β 转角（图 1-8）和 Ω 环（Ω loop）。β 转角常发生于肽链进行 180° 回折时的转角上。β 转角通常由 4 个氨基酸残基组成，其第一个残基的羰基氧（O）与第四个残基的氨基氢（H）可形成氢键。β 转角的结构较特殊，第二个残基常为脯氨酸，其他常见残基有甘氨酸、天冬氨酸、天冬酰胺和色氨酸。Ω 环是存在于球状蛋白质中的一种二级结构，这类肽段形状像希腊字母 Ω，所以称为 Ω 环。Ω 环这种结构总是出现在蛋白质分子的表面，而且以亲水残基为主，在分子识别中可能起重要作用。

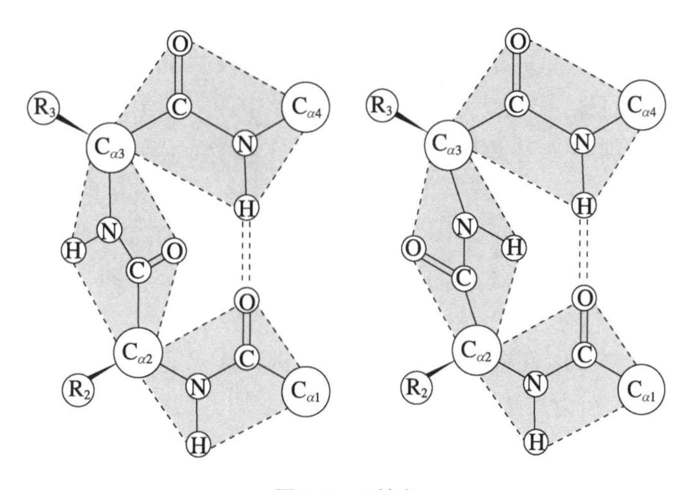

图 1-8　β 转角

Note

（二）多肽链进一步折叠成蛋白质三级结构

蛋白质三级结构（protein tertiary structure）是指整条肽链中全部氨基酸残基的相对空间位置，也就是整条肽链所有原子在三维空间的排布位置。球状蛋白质的三级结构具有某些共同特征，如折叠成紧密的球状或椭球状，含有多种二级结构，并具有明显的折叠层次，即一级结构上相邻的二级结构常在三级结构中彼此靠近并形成超二级结构，进一步折叠成相对独立的三维空间结构，以及疏水侧链常分布在分子内部等。

存在于红色肌肉组织中的肌红蛋白（myoglobin，Mb）是由 153 个氨基酸残基构成的单链蛋白质，含有一个血红素辅基，能够进行可逆的氧合与脱氧。晶体 X 射线衍射法测定了它的空间结构：多肽链中 α 螺旋占 75%，形成 A 至 H 8 个螺旋区，两个螺旋区之间有一段卷曲结构，脯氨酸位于拐角处（图 1-9）。由于侧链 R 基团的相互作用，多肽链盘绕、折叠成紧密的球状结构。亲水 R 基团大部分分布在球状分子的表面，疏水 R 基团位于分子内部，形成一个疏水“口袋”。血红素位于“口袋”中，它的 Fe 原子与 F8 组氨酸以配位键相连。Mb 的空间结构与血红蛋白（hemoglobin，Hb）的一条 β 链的空间结构基本相同。但 Hb 是由 2 条 α 肽链和 2 条 β 肽链（$\alpha 2\beta 2$）组成的，α 肽链的 141 个氨基酸残基构成 7 个螺旋区（没有 D 区），β 肽链的 146 个氨基酸残基构成 8 个螺旋区。4 条肽链分别在三维空间盘曲折叠，各自形成紧密的球状结构，即每一条肽链均形成独立的三级结构。

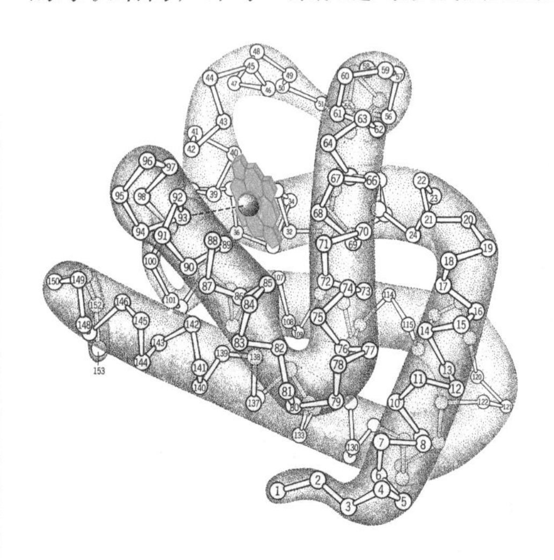

a．肌红蛋白的三维构象

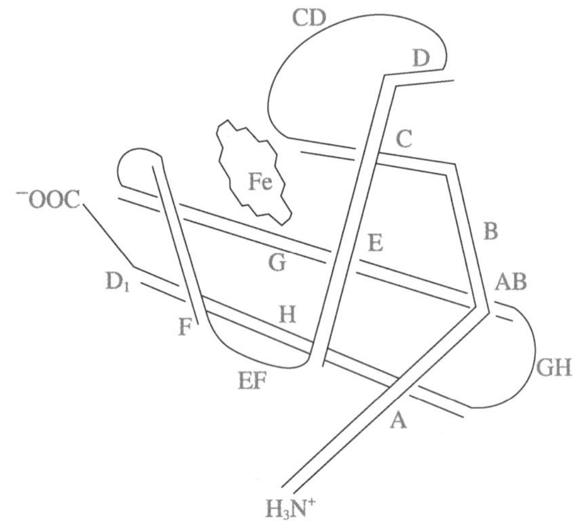

b．肌红蛋白的 8 个螺旋区（A → H）及非重复二级结构（AB、CD、EF、GH）

图 1-9　肌红蛋白的三级结构

三级结构中多肽链的盘曲方式由氨基酸残基的种类及排列顺序决定。三级结构主要依靠一些非共价键相互作用而稳定（表 1-4）。蛋白质分子中的某些氢原子可以和其他负电性原子（如氧、氯或氟原子）形成相互作用的氢键。氢键可以在分子内，也可以在分子间形成。蛋白质分子中含有许多疏水基团，如 Leu、Ile、Phe、Val 等氨基酸残基的 R 基团。这些基团具有一种避开水相、聚合而藏于蛋白质分子内部的自然趋势，这种结合力称为疏水效应，它是维持蛋白质三级结构的最主要的稳定力量。酸性和碱性氨基酸的 R 基团可以带电荷，正负电荷互相吸引或排斥而形成离子相互作用。当分子中两个不带电的原子非常靠近时，由于周围的电子云相互影响，可以形成瞬间电偶极子，两个相反电偶极子可以形成微弱的相互吸引，使两个原子核更接近，这些弱吸引力被称为范德瓦耳斯相互作用。这些非共价相互作用尽管作用力很弱，但数量颇多，可以维持三级结构的稳定。邻近的两个半胱氨酸也可以共价结合形成二硫键，参与蛋白质空间结构的稳定。

表 1-4 维持蛋白质分子构象的各种化学键

化学键	示例
氢键	
中性基团之间	>C=O⋯⋯H—O—
肽键之间	>C=O⋯⋯H—N<
离子相互作用	
相互吸引	$—^{+}NH_3$ →← $^{-}O—\overset{O}{\overset{\Vert}{C}}—$
相互排斥	$—^{+}NH_3$ ←→ H_3N^{+}
疏水效应	Water；CH_3 CH_3 / CH / CH_2；苯环—CH_2
范德瓦耳斯相互作用	相邻的任意两个原子

结构模体（structural motif）是2个或2个以上具有二级结构的肽段在空间上相互接近而形成的一个特殊的空间结构，也称蛋白质的超二级结构。有的模体结构较为复杂，由大量蛋白质片段结合在一起而形成，甚至有的模体包含整个蛋白质分子。值得注意的是，结构模体是蛋白质三级结构中的局部结构，并非介于二级结构和三级结构之间的结构层次。

有的模体结构相对简单，在其所在蛋白质分子中仅占很小一部分。常见的结构模体形式如 α 螺旋组合（$\alpha\alpha$）、β 片层组合（$\beta\beta\beta$）和 α 螺旋-β 片层组合（$\beta\alpha\beta$）等（图 1-10a、b、c）。有的结构模体复杂一些，可由小的模体形成大的模体。如 α-溶血素（α-hemolysin）上的多个 β 折叠形成 β 筒（β-barrel）的筒状结构（图 1-10d）。多个 $\beta\alpha\beta$ 模体也可形成 α/β 筒（α/β barrel）（图 1-10e）。

常见的结构模体形式还有锌指（zinc finger）、亮氨酸拉链（leucine zipper）和螺旋-环-螺旋（helix-loop-helix）结构。锌指（图 1-11a）由1个 α 螺旋和1对反向 β 片层组成，形似手指，具有结合锌离子的功能。在多数锌指的两端，分别有2个Cys残基和2个His残基，此4个保守的氨基酸残基在空间上形成一个洞穴，恰好容纳一个 Zn^{2+}，使锌指结构得以稳定，而它的 α 螺旋适合与DNA双螺旋的大沟结合。锌指模体经常出现在DNA或RNA结合蛋白质的结构域中，一个蛋白质可以有多个锌指模体，如非洲蟾蜍的DNA结合蛋白质有37个锌指模体。

亮氨酸拉链（图 1-11b）由伸展的氨基酸组成，每7个氨基酸中的第7个氨基酸是亮氨酸，亮氨酸是疏水性氨基酸，排列在螺旋的一侧，所有带电荷的氨基酸残基排在另一侧。当2个蛋白质分子平行排列时，亮氨酸之间相互作用形成二聚体，形成“拉链”。在“拉链”式的蛋白质分子中，亮氨酸以外带电荷的氨基酸形式同DNA结合。亮氨酸拉链结构常出现于真核生物DNA结合蛋白质的羧基端，它们往往与癌基因表达调控功能有关。这类蛋白质的主要代表为转录因子JUN、FOS、MYC和增强子结合蛋白质C/EBP等。

结构域（domain）由Jane Richardson于1981年提出，是多肽链中稳定存在且相对独立，在空间上可以明显区别的局部区域。较大蛋白质分子中的结构域具有独立的三维结构，在蛋白质被蛋白酶水解时也可被单独分离。但在具有多个结构域的蛋白质分子中，结构域之间的广泛

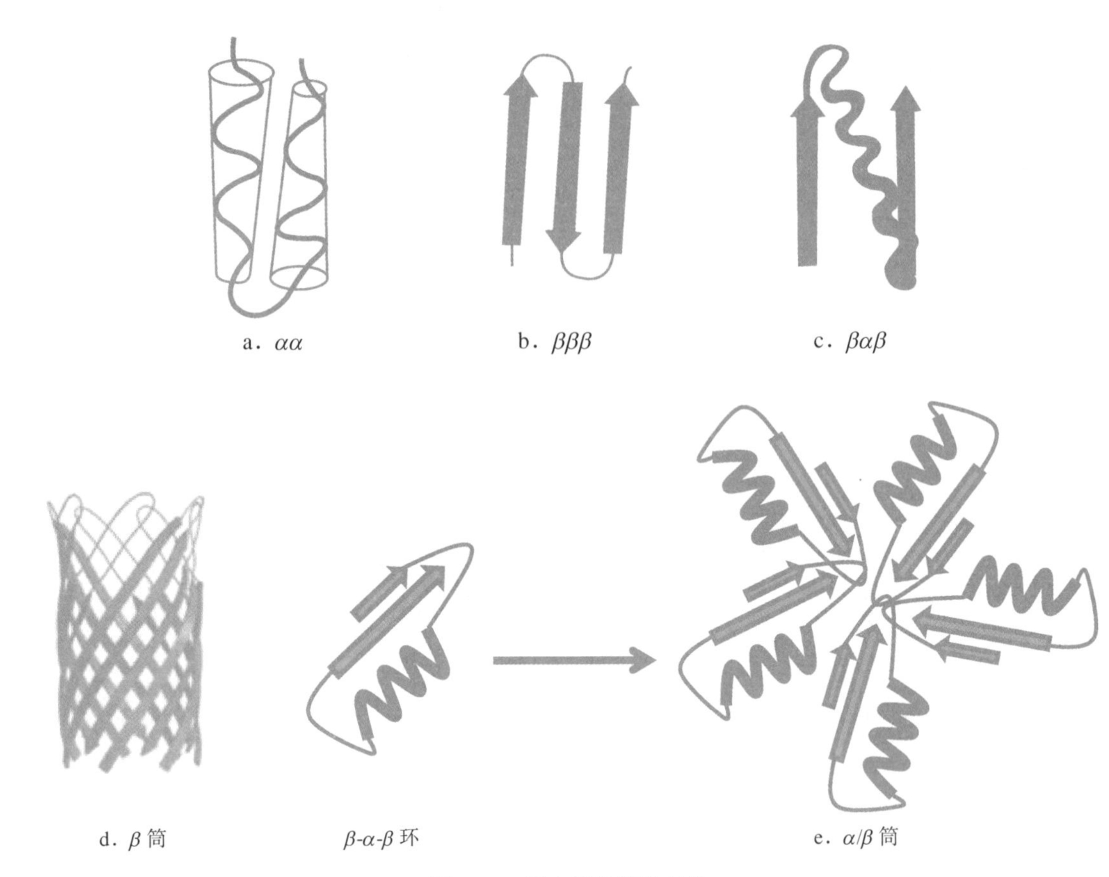

图 1-10 蛋白质的模体结构

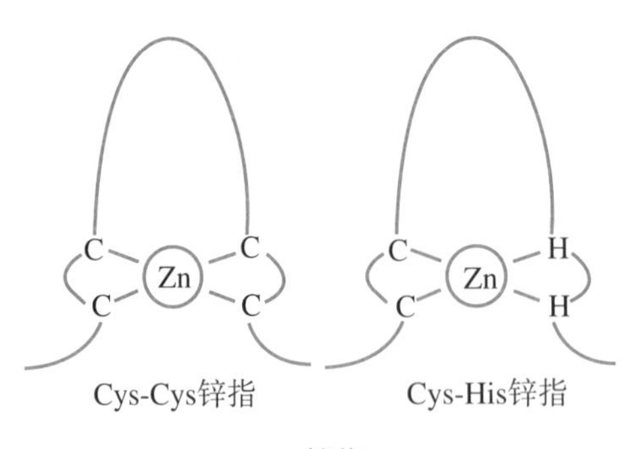

C/EBP --DKNSNEYRVRRERNNIAVRKSRDKA------T QQKVLE L TSDNDR L RKRVEQ L SRELDT L RG—

JUN --SQERIKAERKRMRNRIAASKCRKRK------L EEKV KT L KAQNSE L ASTANM L TEQVAQ L KQ—

FOS --EERRRIRRIRRERNKMAAAKCRNRR------L QAETDQ L EDKKSA L QTEIAN L LKEKEK L EF--

b. 亮氨酸拉链

图 1-11 锌指和亮氨酸拉链

接触使单个结构域很难与蛋白质其他部分分离，结构域与分子整体以共价键相连，这是它与蛋白质亚基结构的区别。一般每个结构域由 100 ~ 300 个氨基酸残基组成，各有独特的空间结构，并承担不同的生物学功能。

不同结构域的功能往往不同。蛋白质分子中的几个结构域有的相同，有的不同，而不同蛋白质分子中的各结构域也可以相似。如乳酸脱氢酶、甘油醛 -3- 磷酸脱氢酶、苹果酸脱氢酶等

均属以 NAD^+ 为辅酶的脱氢酶类，它们各由 2 个不同的结构域组成，但它们与 NAD^+ 结合的结构域结构则基本相同。

知识拓展

分子伴侣

蛋白质空间构象的正确形成，除一级结构为决定因素外，还需要一类称为分子伴侣的蛋白质参与。蛋白质多肽链合成后，由于某些肽段有许多疏水基团暴露在外，这些疏水基团在疏水作用力的作用下具有向分子内或分子间聚集的倾向，从而使蛋白质不能正确折叠。分子伴侣能可逆地与这样肽段的疏水部分结合，随后松开，如此重复，进而防止他们相互聚集，使肽链正确折叠。分子伴侣也可以与错误聚集的肽段结合，使之解聚，再诱导其正确折叠。此外，已发现有些分子伴侣可以促使二硫键形成，这对蛋白质分子中特定位置二硫键的形成起到重要的作用。

（三）含有两条以上多肽链的蛋白质可具有四级结构

许多具有生物活性的蛋白质由两条或多条肽链构成，肽链与肽链之间并不是通过共价键相连的，而是由非共价键维系。每条肽链都具有各自的一级、二级、三级结构。这种蛋白质的每条肽链形成的相对独立的三级结构被称为一个亚基（subunit）。由亚基构成的蛋白质称为寡聚蛋白质。寡聚蛋白质中亚基的立体排布、亚基之间的相互关系称为蛋白质四级结构（protein quaternary structure）。分子量 55 kDa 以上的蛋白质几乎都具有四级结构，具有四级结构的蛋白质其亚基单独存在时一般没有生物学活性，只有完整的四级结构寡聚体才有生物学活性。如血红蛋白（Hb）是由 4 个两种不同的亚基组成，这两种亚基的三级结构颇为相似，都呈四面体形式。4 个四面体通过 8 个离子键相互结合，构成 Hb 的四级结构（图 1-12a），具有运输 O_2 和 CO_2 的功能。实验证明：它的任何一个亚基单独存在都无此功能，可见蛋白质四级结构非常重要。寡聚蛋白质的亚基可以相同，也可以不同，例如，过氧化氢酶由 4 个相同的亚基组成，而天冬氨酸氨甲酰基转移酶由 12 个亚基组成，其中有 6 个催化亚基和 6 个调节亚基（图 1-12b）。

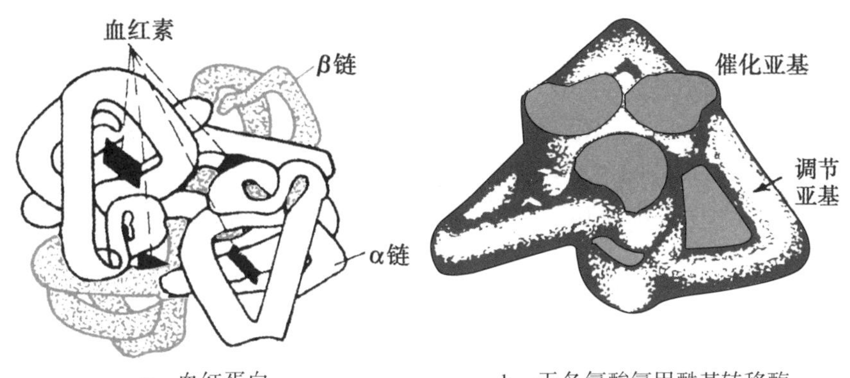

a. 血红蛋白　　b. 天冬氨酸氨甲酰基转移酶

图 1-12　蛋白质四级结构示意图

Note

第四节 蛋白质结构与功能的关系

案例 1-2

某患儿，男性，1岁。发热、咳嗽、呼吸困难、胸腹疼痛、肝大、脾大，反复出现手足肿痛、贫血、黄疸，抗风湿治疗效果欠佳。实验室检查发现红细胞呈镰刀状，有家族史。诊断为镰状细胞贫血。

问题：

1. 镰状细胞贫血的发病机制是什么？
2. 什么是分子病？
3. 对镰状细胞贫血患儿的临床护理及健康指导内容应注意哪些问题？

蛋白质的分子结构纷纭万象，其功能也多种多样。每种蛋白质都执行着特异的生物学功能，而这些功能又与其特异的一级结构和空间结构密切联系。研究蛋白质结构与功能的关系是生物化学需要解决的重要问题。

一、蛋白质一级结构是高级结构与功能的基础

（一）蛋白质一级结构是空间构象的基础

20世纪60年代，C. Anfinsen以牛胰核糖核酸酶A（RNase A）为对象，研究了二硫键的还原和重新氧化，发现特定三级结构是以氨基酸序列为基础的。RNase A是由124个氨基酸残基组成的一条多肽链，其依靠分子中8个半胱氨酸的巯基形成4个二硫键，从而成为具有一定空间结构的蛋白质，它的结晶已被测定。

在天然RNase A溶液中加入适量变性剂尿素和还原剂β-巯基乙醇，使蛋白质空间结构被破坏，酶即变性失去活性。再将尿素和β-巯基乙醇经透析除去，酶活性及其他一系列性质可恢复到与天然酶一致。若不经透析除去尿素，而是直接将还原状态RNase A中8个巯基全部重新氧化成二硫键，其产物的酶活性仅恢复1%。经实验证实，重新氧化形成的二硫键的位置与天然酶中的二硫键位置不同，产物是随机产生的"杂乱"RNase A。在无变性剂的"杂乱"产物水溶液中加入痕量β-巯基乙醇，"杂乱"产物10 h后又逐渐恢复了天然酶的活性（图1-13）。8个巯基随机组合形成二硫键可有105种方式，天然活性的RNase A只是其中的一种。痕量的β-巯基乙醇仅可加速随机组合形成的二硫键打开重排，重排后的二硫键位置之所以选择了有活性的天然酶中的方式，则是由肽链中氨基酸排列顺序决定的。可见，蛋白质一级结构是空间结构形成的基础。

从以上对天然蛋白质变性与复性的分析研究所得出的"一级结构决定高级结构"这一规律，还需从合成途径来检验与证实。人工合成胰岛素的成功说明：一条只包含氨基酸种类和排列顺序信息的小分子多肽链，在特定条件下，可自动地形成具有正确的空间结构的天然胰岛素。这就从另一个角度证明了一级结构决定高级结构这一规律的正确性（详见第十三章蛋白质合成）。

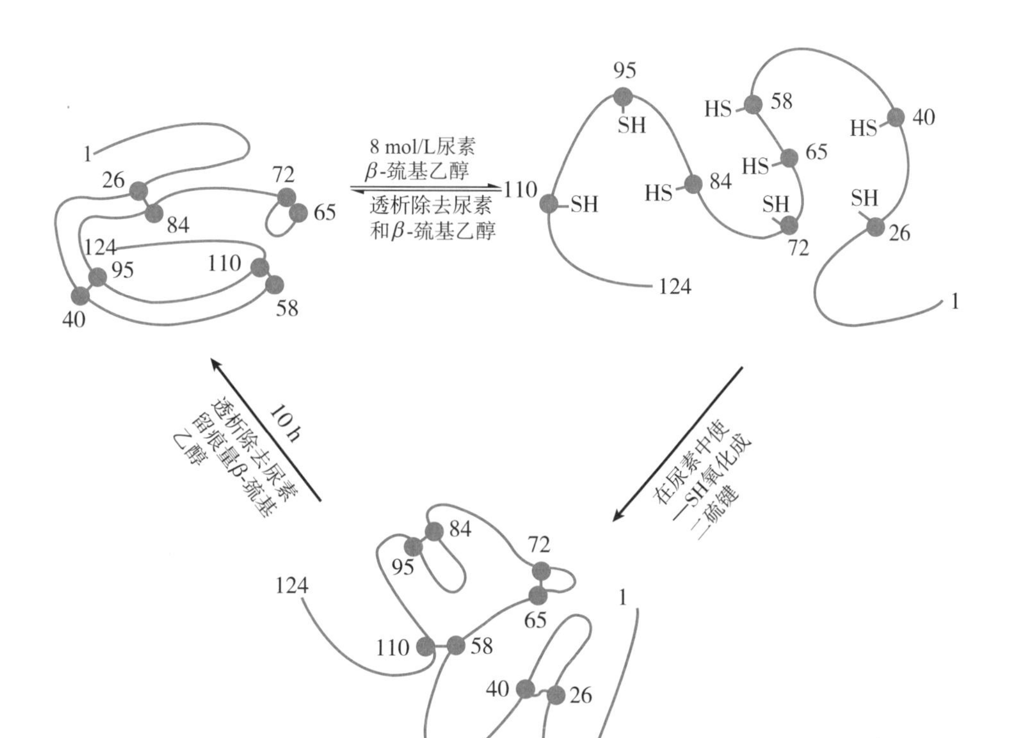

图 1-13　RNase A 的空间结构与功能的关系

（二）蛋白质一级结构的种属差异

对于不同种属来源的同种蛋白质进行一级结构测定和比较，发现存在种属差异。来源于不同哺乳类动物的胰岛素都具有 A、B 两条链，且连接方式相似，都具有调节糖代谢的功能，X 射线晶体衍射证明其空间结构也很相似。但是仔细比较、分析其一级结构，发现它们在氨基酸组成上有些差异。在 51 个氨基酸残基中，A 链的 10 个（第 1、2、5 ～ 7、11、16、19 ～ 21 位）残基及 B 链的 12 个（第 6 ～ 8、11、12、15、16、19、23 ～ 26 位）残基为不同来源的胰岛素所共有（图 1-4），属于保守序列。而 A 链第 8 ～ 10 位、B 链第 30 位残基为易变序列。在分析了胰岛素的空间结构之后，发现这 22 个保守残基对于维持胰岛素的空间结构非常重要。例如，3 个二硫键的连结方式未变；其他保守残基大多属于非极性侧链氨基酸，也处于稳定空间结构的重要位置。而其他易变或可变残基（B 链第 1 ～ 3、27 ～ 30 位）则一般处于胰岛素的“活性部位”之外，对维持活性并不重要，可能与免疫活性有关。

另一个研究蛋白质一级结构的差异与功能的关系的有意义的例子就是细胞色素 *c*。人的细胞色素 *c* 是由 104 个氨基酸残基组成的单链蛋白质，以共价键与其血红素辅基相连。不同来源的细胞色素 *c* 功能相同，都参与线粒体呼吸链的组成，并在细胞色素还原酶和细胞色素氧化酶之间传递电子。现已测定了 60 余种不同种属来源的细胞色素 *c* 的一级结构（表 1-5），其中有的氨基酸残基易变；有的属于保守替换（conservative substitution）（如 Arg → Lys，因都带正电荷）；还有 27 个氨基酸残基不变。此 27 个残基是维持细胞色素 *c* 的生物活性所必需的。如第 14 位和第 17 位两个半胱氨酸、第 18 位的组氨酸、第 80 位的甲硫氨酸等直接与血红素相连；3 个脯氨酸（第 30、71、76 位）和 5 个甘氨酸（第 29、34、45、77、84 位）处在肽链的拐弯处；还有酪氨酸（第 67、74 位）、色氨酸（第 59 位）围绕血红素形成疏水区；带电荷的赖氨酸、精氨酸多分布于分子表面，它们都处于不变的位置。总之，27 个保守氨基酸残基是保证结合血红素、识别与结合细胞色素氧化酶和细胞色素还原酶、维持分子结构和传递电子所必需的。

表 1-5 人细胞色素 *c* 的氨基酸序列

人细胞色素 *c* 的氨基酸序列
[G] DVEK [G] KKI [F] IMK [C] SQ [CH] T VEKGG KH [K] T [GP] N [L] H [G] LFG [R] K T [G]
QAP [G] YS [Y] TA [AN] KNKGII [W] GEDTL ME [YL] E [N] [PKKYIPGTKM] I [F] V [G] IK [K]
KE E [R] ADL IAYLK KATNE

注：□内为保守序列（35/50 种）。

另外，不同种属来源的细胞色素 *c*，其分子中氨基酸残基数目不同。对 30 种不同原核生物细胞色素 *c* 的一级结构的分析发现，其氨基酸残基的数目为 82 ~ 143 个；而真核生物的细胞色素 *c* 氨基酸残基数目差别较小，为 103 ~ 112 个。同时发现，不同来源的细胞色素 *c* 亲缘关系越远的，其氨基酸残基种类差别越大，如马与酵母有 48 个氨基酸残基不同；鸭和鸡仅有 2 个氨基酸残基不同；鸡和火鸡的氨基酸残基则完全相同；马、猪、牛、羊的氨基酸残基也完全相同。

总之，蛋白质特定的结构执行特定的功能。比较种属来源不同而功能相同的蛋白质一级结构，可能存在某些差异，但与功能相关的结构却总是相同的。若一级结构显著改变，蛋白质的功能可能发生很大的变化。

（三）蛋白质一级结构与分子病

人类有很多种分子病已被查明是由于某种蛋白质缺乏或异常所导致的（表 1-6）。这些异常蛋白质与正常蛋白质相比可能仅有一个氨基酸发生改变。如镰状细胞贫血（sickle cell anemia），就是患者的血红蛋白（HbS）与正常人的血红蛋白（HbA）在 β 链的第 6 位有一个氨基酸之差。

	N →							
HbA	Val -	His -	Leu -	Thr -	Pro -	Glu -	Glu -	Lys···
HbS	Val -	His -	Leu -	Thr -	Pro -	Val -	Glu -	Lys···
	1	2	3	4	5	6	7	8

HbA 的 β 链第 6 位为谷氨酸，而患者 HbS 的 β 链第 6 位换成了缬氨酸，导致在低氧分压下，脱氧 HbS 分子容易发生聚合作用，生成的双链聚合物再凝聚成长的螺旋纤维，这些不溶的聚合物使红细胞变形，即红细胞从正常的双凹盘状变为镰刀状。镰刀状红细胞不能像正常细胞那样通过毛细血管，可能发生堵塞，导致永久性组织损伤甚至坏死的氧隔绝。同时，镰刀状红细胞易破裂，导致红细胞减少，产生溶血性贫血。

首次发现镰状细胞贫血是在 1904 年，对于它的病因研究花费了 40 余年的时间，于 1949 年才确定是血红蛋白内氨基酸替换的结果。首先获得这种替换线索的是著名美国化学家 L. Pauling。由于该类疾病是由遗传基因的突变引起蛋白质的分子结构或合成异常而导致疾病的，故称为分子病（molecular disease）。现在已知几乎所有遗传病都与正常蛋白质的分子结构改变有关，即都是分子病（表 1-6）。

表 1-6 分子病举例

病 症	受影响的蛋白质
莱施 - 奈恩（Lesch-Nyhan）综合征	次黄嘌呤鸟嘌呤磷酸核糖转移酶
免疫缺陷病	嘌呤核苷磷酸化酶
ADA 缺陷病	腺苷酸脱氨酶
戈谢（Gaucher）病	葡萄糖脑苷脂酶
痛风	磷酸核糖焦磷酸合成酶
维生素 D 依赖性佝偻病	25（OH)-D_3-1- 羟化酶
家族性高胆固醇血症	低密度脂蛋白受体
泰 - 萨克斯（Tay-Sachs）病	氨基己糖苷酶 A
镰状细胞贫血	血红蛋白
同型半胱氨酸尿症	胱硫醚合成酶
白化病	酪氨酸酶
蚕豆病	葡萄糖 -6- 磷酸脱氢酶
肝豆状核变性	血浆蛋白质
苯丙酮尿症	苯丙氨酸羟化酶

二、蛋白质的功能依赖其特定的空间结构

X 射线晶体衍射法是研究蛋白质大分子空间结构与功能关系的经典方法。球状蛋白质——血红蛋白（hemoglobin，Hb）、肌红蛋白和细胞色素等，其血红素辅基都可与氧可逆性结合。这类蛋白质与氧结合时空间结构的变化有共同之处，现以血红蛋白为例进行介绍。

血红蛋白 A（hemoglobin A，HbA）是由 4 个亚基（即 $\alpha_2\beta_2$）组成的寡聚蛋白质，每个亚基的三级结构与肌红蛋白（Mb）（图 1-9）相似，中间有一个疏水“口袋”，亚铁血红素位于“口袋”中间，血红素上的 Fe^{2+} 能够与氧可逆性结合。Hb 亚基间有许多氢键与离子相互作用（图 1-14），使 4 个亚基紧密结合在一起，形成亲水的球状蛋白质，球状 Hb 中间形成一个“中心空穴”（central cavity）。未结合 O_2 时，Hb 的 α_1/β_1 和 α_2/β_2 呈对角排列，处于一种紧凑状

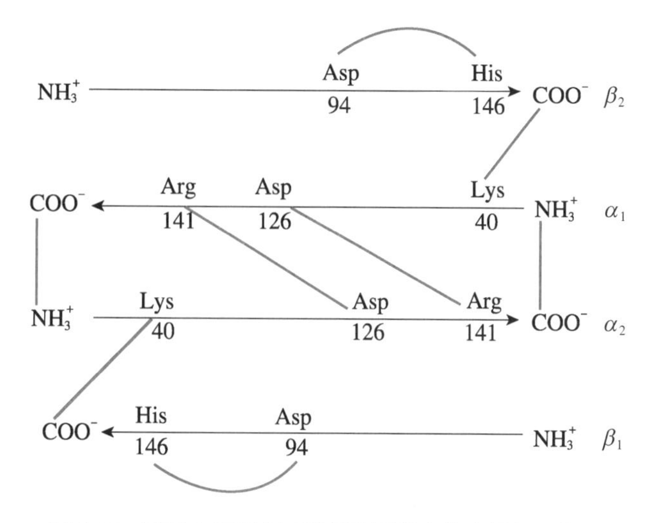

图 1-14 脱氧血红蛋白亚基间和亚基内的离子相互作用

Note

态，称为紧张态（tense state），又称 T 态。T 态的 Hb 与 O_2 的亲和力小。当其结合 O_2 时，伴随与 O_2 的结合，4 个亚基羧基末端之间的离子相互作用解离，同时这些变化也引起 Hb 的二级结构、三级结构和四级结构改变。一对 α_2/β_2 相对于另一对 α_1/β_1 之间旋转 15°（图 1-15）。这使 α_1/β_1 之间发生变化，即未结合 O_2 时，α_1 第 42 位 Tyr 与 β_2 第 99 位 Asp 以氢键相连，此氢键对维持 T 态很重要，起着“开关”作用。当结合 O_2 时，上述氢键断裂，在 α_1、β_2 亚基间，α_1 第 94 位 Asp 与 β_2 第 102 位 Asn 残基间形成氢键（图 1-16），使束缚紧密的 T 态改变为易与 O_2 结合的松弛态（relaxed state），又称 R 态（图 1-17）。第一个 O_2 先与 α 亚基结合，然后是 β 亚基。这是由于 β 亚基 E 螺旋区第 11 位 Val 妨碍 O_2 与 Fe^{2+} 接近，而 α 亚基三级结构与 β 亚基稍有区别，α 亚基无 D 螺旋区，其“口袋”相对 β 亚基也宽敞一些。当第一个 O_2 与 Hb 结合成氧合血红蛋白（HbO_2）后，整个分子发生构象改变，犹如松开了整个 Hb 分子构象的扳机，导致第二个、第三个和第四个 O_2 很快结合。这种带 O_2 的血红蛋白亚基协助不带 O_2 的 Hb 亚基结合氧的现象，称为协同效应（cooperative effect）。协同效应是指一个亚基与其配体结合

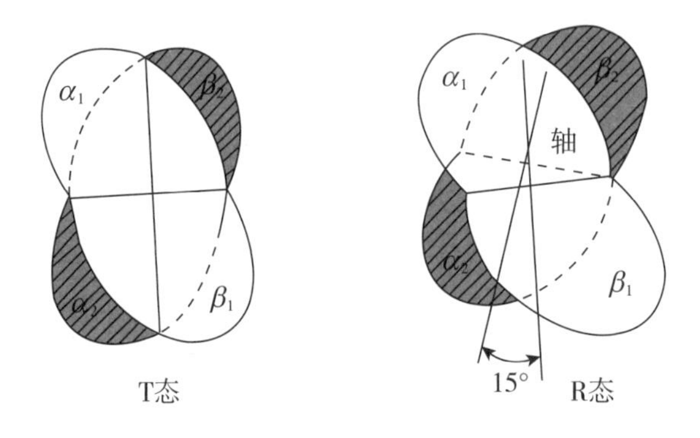

图 1-15 血红蛋白 T 态与 R 态互变

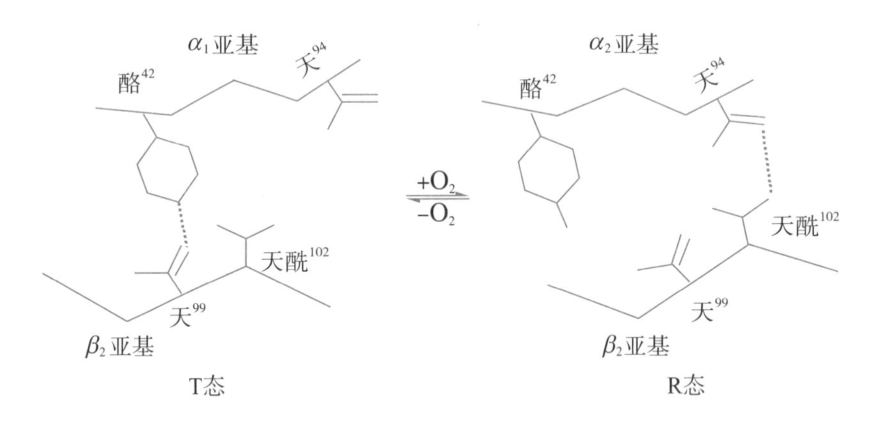

图 1-16 氧合作用引起 α_1/β_2 间氢键位置改变

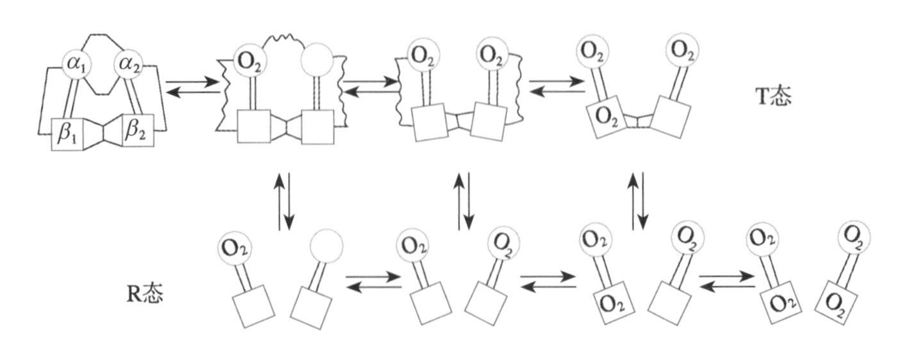

图 1-17 血红蛋白氧合与脱氧构象转换示意图

后影响该寡聚体中另一个亚基与配体的结合能力。如果是促进作用，称为正协同效应；反之，称为负协同效应。O_2 与 Hb 结合后引起 Hb 的构象变化，这种蛋白质分子在表现功能的过程中，一个配体与特定部位的结合会使蛋白质分子发生构象改变，进而影响蛋白质分子的功能，称为别构效应（allosteric effect），通常都需要寡聚蛋白质亚基间的相互作用。小分子的 O_2 称为别构剂或效应剂（effector），Hb 则称为别构蛋白质（allosteric protein）。别构作用在酶活性的调节中也很常见，存在许多重要的别构酶，例如具有 6 个催化亚基和 6 个调节亚基的天冬氨酸氨甲酰基转移酶即是一个与代谢调节有关的别构酶（详见第九章物质代谢的相互联系与调节）。别构酶与它们的底物结合、Hb 与 O_2 结合均呈特征性“S”形曲线（图 1-18）。

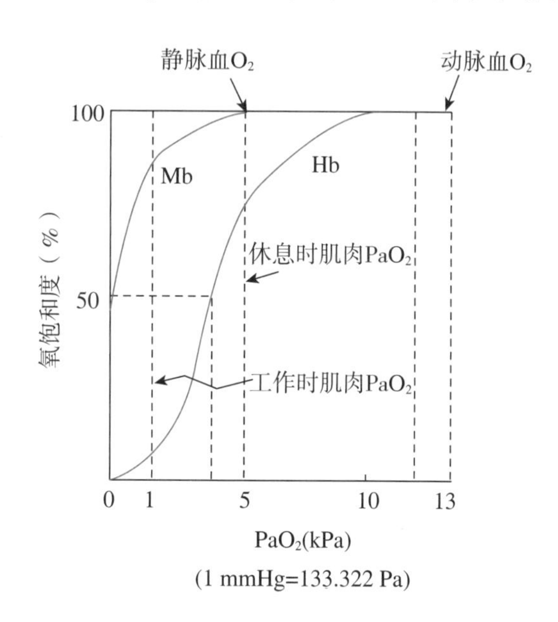

图 1-18 肌红蛋白（Mb）与血红蛋白（Hb）的氧合曲线

肌红蛋白（Mb）是只有三级结构的单链蛋白质，它与 Hb 的空间结构不同，功能也不同。Hb 的功能是在肺和肌肉等组织间运输 O_2，而 Mb 则主要是储存 O_2。Mb 比 Hb 对 O_2 的亲和力大。Mb 和 O_2 结合达 50% 饱和度时的氧分压（PaO_2）为 0.15 ~ 0.30 kPa；而 Hb 与 O_2 结合达 50% 氧饱和度时的 PaO_2 为 3.5 kPa。动脉血和肺部的 PaO_2 为 13 kPa，Hb 和 Mb 在肺部和动脉血都能达到 95% 氧饱和度。但在肌肉组织中，静息状态时毛细血管内 PaO_2 大约为 5 kPa，肌肉运动时因消耗 O_2，PaO_2 仅为 1.5 kPa。尽管 Hb 在肌肉休息时的氧饱和度能达到 75%，但肌肉活动时，Hb 的氧饱和度仅达 10%，因此它可以有效地释放 O_2，供肌肉活动需要。Mb 在肌肉活动即 PaO_2 为 1.5 kPa 时，仍能保持 80% 氧饱和度，不释放 O_2 而贮存 O_2。

生物体内蛋白质的合成、加工和成熟是一个复杂的过程，其中多肽链的正确折叠对其正确的构象形成和功能发挥至关重要。若蛋白质的折叠发生错误，尽管其一级结构不变，但蛋白质的构象发生改变，仍可影响其功能。严重时可导致疾病发生，因此将此类疾病称为蛋白质构象病。有些蛋白质错误折叠后相互聚集，常形成抗蛋白水解酶的淀粉样纤维沉淀，产生毒性而致病，这类疾病包括人纹状体脊髓变性病、阿尔茨海默病、亨廷顿病及牛海绵状脑病等。

牛海绵状脑病是一种蛋白质构象病。正常朊病毒蛋白（prion protein，PrP^C）是表达于脊椎动物细胞表面的一种糖蛋白，可能与神经系统功能、淋巴细胞信号转导及核酸代谢等有关。致病性朊病毒蛋白（PrP^{SC}）是 PrP^C 的构象异构体，两者之间没有共价键差异，PrP^{SC} 可引起一系列致病性神经变性疾病。PrP^C 对蛋白酶敏感，在非变性去垢剂中可溶；而 PrP^{SC} 具有部分抗蛋白酶特性，在非变性去垢剂中不溶，对热稳定，紫外线、电离辐射或羟胺均不能使其完全丧失侵染能力。已经证实，PrP^C 呈 α-螺旋的部分肽键在 PrP^{SC} 的类似区域中为 β 片层，应是折叠

Note

错误导致空间构象改变。朊病毒本身不能繁殖，PrP^{SC} 可能是通过胁迫 PrP^{C} 畸变进行自我复制的。人类朊病毒病主要包括脑合并新型克 - 雅病、家族性失眠症等。共同症状是痴呆、丧失协调性以及神经系统障碍，具有遗传性、传染性和偶发性。对朊病毒致病机制的研究将使这类致命的神经功能退化症的治疗成为可能。

知识拓展

功能蛋白质组学

蛋白质组学是在整体水平上研究细胞内所有蛋白质的种类、数量及其动态变化规律的新领域。同一生物个体的不同细胞中基因组相同，而蛋白质有其自身的组成及活动规律，如蛋白质的修饰、定位、结构变化，蛋白质之间相互作用，蛋白质与其他生物分子相互作用，均无法在基因水平上获知。不同发育阶段的细胞内或同一个体的不同细胞中，蛋白质种类和数量也各不相同。功能蛋白质组学首先锁定蛋白质群体，继而将不同的蛋白质群体统计组合，逐步描绘出细胞的“全部蛋白质”图谱。然后，利用计算机图像分析技术进行比较，从中发现重要的蛋白质群体及其活动规律和关键蛋白质，并创建各种细胞的蛋白质组数据库。21 世纪生命科学的重心将从基因组学转到蛋白质组学。

第五节　蛋白质的理化性质及其分离纯化

蛋白质既然是由氨基酸组成的，其理化性质必定有一部分与氨基酸相同或相关，如两性解离及等电点、紫外吸收性质、呈色反应。同时蛋白质又是由许许多多氨基酸组成的高分子化合物，也必定有一部分理化性质与氨基酸不同，如高分子量、胶体性质、沉淀、变性和凝固。认识蛋白质在溶液中的性质，对于蛋白质的分离纯化以及结构与功能的研究等都极为重要。

一、蛋白质具有两性解离性质

（一）两性解离及等电点

蛋白质由氨基酸组成，其分子末端有自由的 α-NH_3^+ 和 α-COO^-；蛋白质分子中氨基酸残基侧链也含有可解离的基团，如赖氨酸的 ε-NH_3^+、精氨酸的胍基、组氨酸的咪唑基、谷氨酸的 γ-COO^- 和天冬氨酸的 β-COO^-。这些基团在一定 pH 的溶液中可以结合或释放 H^+，这就是蛋白质两性解离的基础。在酸性溶液中，蛋白质解离成阳离子；在碱性溶液中，蛋白质解离成阴离子。在某一 pH 条件的溶液中，蛋白质解离成阴、阳离子的趋势相等，净电荷数为零，即成兼性离子。此时溶液的 pH 称为蛋白质的等电点（isoelectric point，pI）。

$$P\begin{matrix}NH_3^+\\COOH\end{matrix} \underset{+H^+}{\overset{+OH^-}{\rightleftharpoons}} P\begin{matrix}NH_3^+\\COO^-\end{matrix} \underset{+H^+}{\overset{+OH^-}{\rightleftharpoons}} P\begin{matrix}NH_2\\COO^-\end{matrix}$$

蛋白质阳离子　　蛋白质兼性离子（等电点）　　蛋白质阴离子

人体内各种蛋白质的等电点不同，但大多数接近 5.0。所以在体液 pH 7.4 环境下，大多数蛋白质解离成阴离子。少数蛋白质含碱性氨基酸较多，因而其分子中含有较多自由氨基，故其等电点偏于碱性，此类蛋白质称为碱性蛋白质，如鱼精蛋白和细胞色素 c。也有少数蛋白质含酸性氨基酸较多，其分子也因之含有较多的羧基，故其等电点偏于酸性，此类蛋白质称为酸性蛋白质，如丝蛋白和胃蛋白酶。在等电点，蛋白质为兼性离子，带有相等的正、负电荷，成为中性微粒，故不稳定而易于沉淀。

（二）等电点沉淀法分离提取蛋白质

可以利用蛋白质在其等电点附近溶解度最小、容易沉淀析出的特性以及各种蛋白质等电点的差异，从混合蛋白质溶液中分离出不同的蛋白质。例如，利用猪胰腺组织提取胰岛素（pI = 5.30 ~ 5.35），可先调节组织匀浆的 pH 呈碱性，使碱性杂蛋白质沉淀析出；再调节 pH 至酸性，使酸性杂蛋白质沉淀。然后再调节含有胰岛素的上清液的 pH 至 5.3，得到的蛋白质沉淀即为胰岛素的粗制品。

（三）蛋白质的电泳分离和分子量测定

带电颗粒在电场中泳动的现象称为电泳（electrophoresis）。目前电泳技术已经成为分离蛋白质及其他带电颗粒的一种重要技术。带电颗粒在电场中泳动的速度主要取决于所带电荷的性质、数目、颗粒的大小和形状等因素。可用下式表示：

$$\upsilon = EZ/Mf$$

式中，υ 为泳动速度；E 为电场强度；Z 为颗粒所带净电荷；f 为摩擦系数；M 为颗粒的质量。

一般来说，在同一电场强度下，颗粒所带净电荷越多、分子量越小及为球状分子，泳动速度越快；反之，则慢。由于各种蛋白质的等电点不同、分子量不同，在同一 pH 缓冲液中带电荷多少不同，在电场中的泳动方向和速度也不相同，这样就可将蛋白质混合液中各种蛋白质彼此分开。若将蛋白质混合液点在浸润有缓冲液的固体支持物上进行电泳，不同的组分形成几个区带，称为区带电泳。支持物有多种，如滤纸、醋酸纤维素薄膜、聚丙烯酰胺凝胶和琼脂糖凝胶。不同的支持物其电泳分辨率不同，如正常人血清蛋白质在醋酸纤维素薄膜上电泳可分为清蛋白、α_1- 球蛋白、α_2- 球蛋白、β- 球蛋白和 γ- 球蛋白 5 种组分，而用聚丙烯酰胺凝胶电泳（polyacrylamide gel electrophoresis，PAGE）则可分出 30 余种组分。

PAGE 不仅分辨率高，而且可用于样品的纯度鉴定和分子量测定。SDS-PAGE 是实验室常用的测定蛋白质分子量的方法。十二烷基硫酸钠（SDS）是一种阴离子去垢剂，它能破坏活性蛋白质中的非共价键，从而使蛋白质变性。SDS 和变性蛋白质结合形成的复合物带有大量负电荷，使蛋白质原有分子间电荷差异消失。由于聚丙烯酰胺凝胶具有分子筛的功能，所以较小的多肽链比较大的多肽链泳动速度快。大多数肽链的迁移率和它们相应分子量的对数呈直线比例关系，若以已知分子量的一组蛋白质作标准，在同样条件下对未知蛋白质进行电泳，就可推算出未知蛋白质的分子量（图 1-19）。

（四）蛋白质的离子交换层析

离子交换层析（ion exchange chromatography）是利用蛋白质两性解离和等电点的特性分离蛋白质的一种技术。此技术需利用阴离子和阳离子交换剂。分离蛋白质常用的阳离子交换剂有弱酸型羧甲基纤维素（CM 纤维素），在 pH 7.0 时带有稳定的负电荷，可与蛋白质的阳离子结合。分离蛋白质常用的阴离子交换剂有弱碱型二乙基氨乙基纤维素（DEAE 纤维素），在 pH

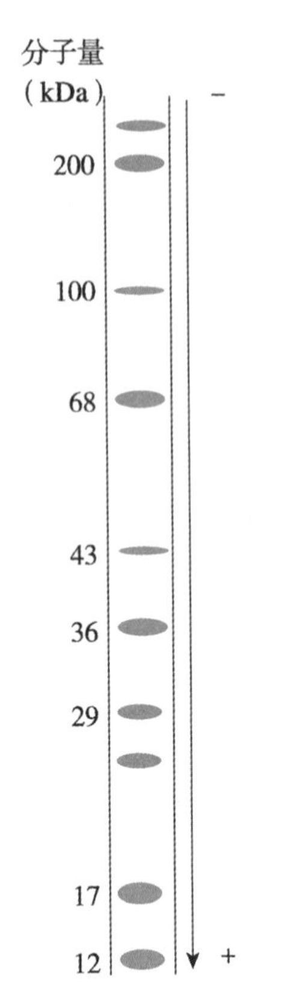

a. 未知蛋白质和标准蛋白质电泳图谱

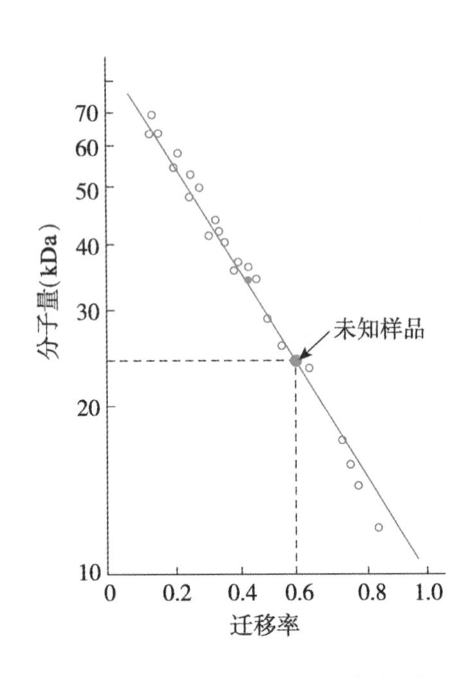

b. 蛋白质分子量（对数坐标）与迁移率关系曲线图

图 1-19 SDS-PAGE 测定蛋白质分子量

7.0 时带有稳定的正电荷，可与蛋白质的阴离子结合。当被分离的蛋白质溶液流经离子交换层析柱时，带有相反电荷的蛋白质可因静电吸引力而吸附于柱内，随后又可被带同样性质电荷的离子所置换而被洗脱。由于蛋白质的等电点不同，在某一 pH 时所带电荷多少不同，与离子交换剂结合的紧密程度也不同，所以用一系列 pH 递增或递减的缓冲液或者高离子强度的洗脱液洗脱，可以降低蛋白质与离子交换剂的亲和力，将不同的蛋白质逐步由层析柱上洗脱下来。

二、蛋白质具有胶体性质

（一）蛋白质亲水胶体的稳定因素

蛋白质的分子量颇大，为 10 ~ 100 kDa，其分子的大小已达到胶体颗粒的大小（直径 1 ~ 100 nm）。又因为蛋白质分子表面多为亲水基团，故具有亲水胶体的特性，其分子表面有多层水分子包围，一般每 1 g 蛋白质可结合 0.3 ~ 0.5 g 水，形成水化膜。水化膜是维持蛋白质胶体稳定的重要因素之一。蛋白质胶粒可因本身的解离而带有电荷，这是胶体稳定的第二种因素。若去掉这两个稳定因素，蛋白质就极易从溶液中沉淀析出（图 1-20）。

（二）透析与超滤分离纯化蛋白质

利用蛋白质的高分子性质，可将它与小分子物质分开，也可以将大小不同的蛋白质分离。

蛋白质胶体的颗粒很大，不能透过半透膜。半透膜的特点是只允许小分子物质通过，而大分子物质不能通过，如各种生物膜及人工制造的火棉胶、玻璃纸、塑料薄膜，可用于做成透析

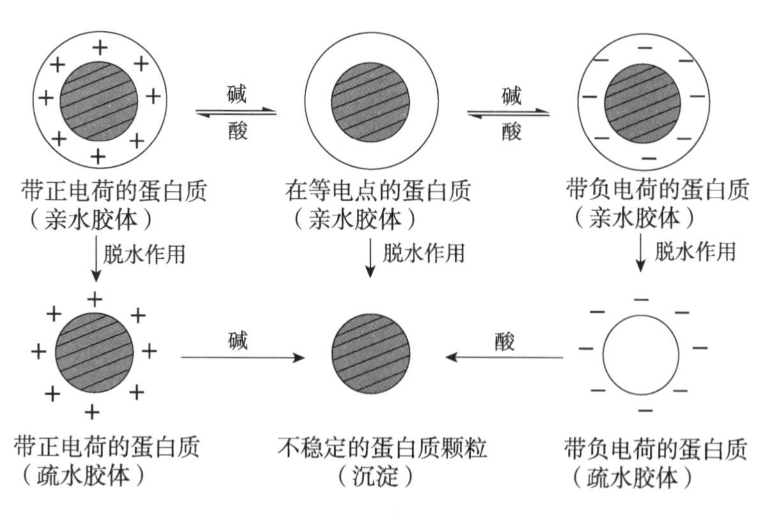

图 1-20　蛋白质胶体颗粒的沉淀

"+"和"−"分别代表正、负电荷；颗粒外层代表水化膜

袋，把含有小分子杂质的蛋白质溶液放于袋内，将袋置于流动的水或缓冲液中，小分子杂质从袋中透出，大分子蛋白质留于袋内，蛋白质得以纯化，称为透析（dialysis）。透析常用于除去以盐析法纯化的蛋白质中带有的大量中性盐及以密度梯度离心法纯化蛋白质混入的氯化铯、蔗糖等小分子物质。

临床应用

血液透析

血液透析简称血透，通俗的说法也称为人工肾、洗肾，是血液净化技术的一种。其利用半透膜原理，通过扩散，对血液内各种有害以及多余的代谢废物和过多的电解质移出，达到净化血液、纠正水及电解质代谢紊乱和酸碱失衡的目的。

超滤（ultrafiltration）是利用一种压力活性膜，在外界推动力（压力）作用下截留水中分子量相对较高的大分子蛋白质，而小分子物质颗粒和溶剂透过膜的分离过程。可选择不同孔径的超滤膜以截留不同分子量的蛋白质。此法的优点是在选择的分子量范围内进行分离，没有相态变化，有利于防止变性，并且可以在短时间内进行大体积稀溶液的浓缩。由于制膜技术和超滤装置的不断发展和改进，此技术逐渐向简便、快速、大容量和多用途方面发展，可应用于各种高分子溶液的脱盐、浓缩、分离和纯化等。

（三）蛋白质的沉降与超速离心分离

蛋白质溶液具有许多高分子溶液的性质，其中扩散慢、易沉降性质可用于蛋白质的超速离心分离。

将一种溶质放在可使其溶解的溶剂中，溶质分子便会向溶剂的各个方向移动，最终在溶剂中均匀分布，这种现象称为分子扩散。扩散力来自溶质和溶剂分子的相互碰撞，即布朗运动。分子运动的快慢与分子大小、形状有关。蛋白质分子颗粒大、分子形状基本不对称，故较一般小分子晶体扩散速度慢。溶质分子同时还受重力的作用，若重力大于扩散力，分子颗粒就可沉降。但一般情况下，蛋白质分子在溶液中的扩散力大于重力，如分子量 50 kDa 的蛋白质，在室温下布朗运动的能量比受重力下沉的能量大 200 倍，故不致沉降，通过自由扩散基本能够达到均匀分布，因而称之为蛋白质（真）溶液。但若将蛋白质溶液放在强大的离心力场中，蛋白质颗粒就会沉降，这与真溶液（如 NaCl）的性质又有所不同。各种蛋白质沉降所需的离心力不同：分子量小的，所需离心力大；分子量大的，所需离心力小。故可用超速离心法分离蛋白质以及测定其分子量。

离心时，每分钟转速（revolutions per minute，r/min，rpm）60 000 以上者称为超速离心。超速离心机可以产生比地心吸引力（g）大 60 万倍以上的离心力（即 600 000 *g*）。此离心力超过蛋白质分子的扩散力，所以蛋白质分子可以在此力场中沉降。沉降的速度与蛋白质分子量的大小、分子的形状和密度以及溶剂的密度有关。

目前，超速离心法是分离和分析生物高分子普遍使用的、有效的方法。应用沉降平衡技术测定蛋白质等生物高分子的分子量，其结果既精确，又可不解聚多亚基蛋白质而保留其活性。相比之下，SDS-PAGE 是在蛋白质变性情况下进行的，只能提供蛋白质变性后亚基的分子量。

以下对超速离心法分离蛋白质作一简要介绍。

蛋白质颗粒在离心力场中的沉降速度直接与离心力场强及分子量呈正比，还与颗粒及溶剂的性质有关。沉降系数（sedimentation coefficient）用 *s* 表示，是指单位离心力场强下的沉降速度，常用于表示沉降分子的大小，用 Svedberg 单位表示。蛋白质颗粒在离心力场中的沉降行为具有如下特点：

（1）颗粒的沉降速度与它的分子量呈正比，在同样溶剂密度条件下，同样形状的蛋白质，$Mr = 200 \times 10^3$ 的蛋白质移动速度是 $Mr = 100 \times 10^3$ 的蛋白质移动速度的 2 倍。

（2）密集的颗粒比疏松颗粒移动速度快，因为密集颗粒的反向浮力小。

（3）分子形状可影响黏滞阻力。若分子量相同，紧密颗粒的摩擦系数小于伸展颗粒的摩擦系数。这犹如一名跳伞者，应用有缺陷未张开的伞比用功能好、张开的降落伞下降速度快得多。

（4）沉降速度依赖于溶剂的密度（ρ）。当 $\upsilon\rho < 1$ 时，颗粒下沉；当 $\upsilon\rho > 1$ 时，颗粒上浮；当 $\upsilon\rho = 1$ 时，颗粒不动。

如何将不同沉降系数的蛋白质分离？图 1-21 简要表示出密度梯度离心（或称区带离心）的 4 个步骤。首先，制备有连续密度梯度的蔗糖或氯化铯（CsCl）溶液，装入离心管时从管底

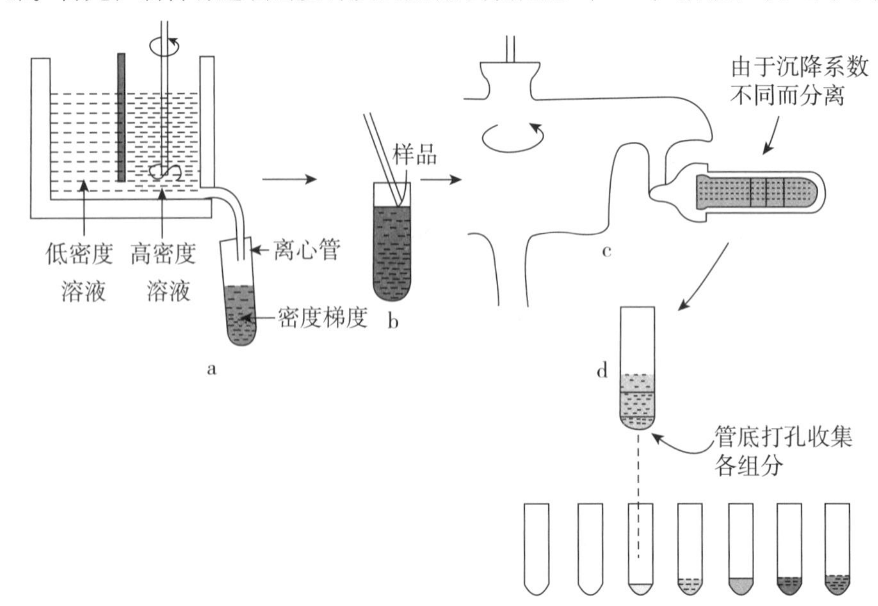

图 1-21 密度梯度离心步骤示意图
a. 形成密度梯度；b. 将样品置于密度梯度管液面上；c. 离心；d. 收集样品

到管口密度渐小。其次，将待分离的蛋白质混合液加在最上层。再次，将离心管放入离心机角转头并以一定速度离心一定时间，不同沉降系数的蛋白质即停留在密度与之相同的区带处，在沉降最快的蛋白质到达管底之前停止离心。最后，用一定的方法（如管底打孔）将不同的蛋白质区带取出，即可分离得到不同沉降系数的蛋白质。

（四）凝胶过滤法分离纯化蛋白质

凝胶过滤（gel filtration）又称分子筛层析。该方法与离子交换层析是目前层析法中应用最广的分离纯化蛋白质的方法。它是依据蛋白质相对分子质量大小进行分离的技术。层析柱内的填充物是带有小孔的颗粒（一般由葡聚糖制成），将蛋白质溶液加入柱的顶部后，小分子物质进入颗粒的孔内，向下流动的路径加长，移动速度缓慢；大分子物质不能进入孔内，通过颗粒的空隙向下流动，移动速度较快，通过层析柱的时间较短。根据蛋白质流出层析柱的时间不同，可将溶液中各组分按相对分子质量的不同分开（图 1-22）。

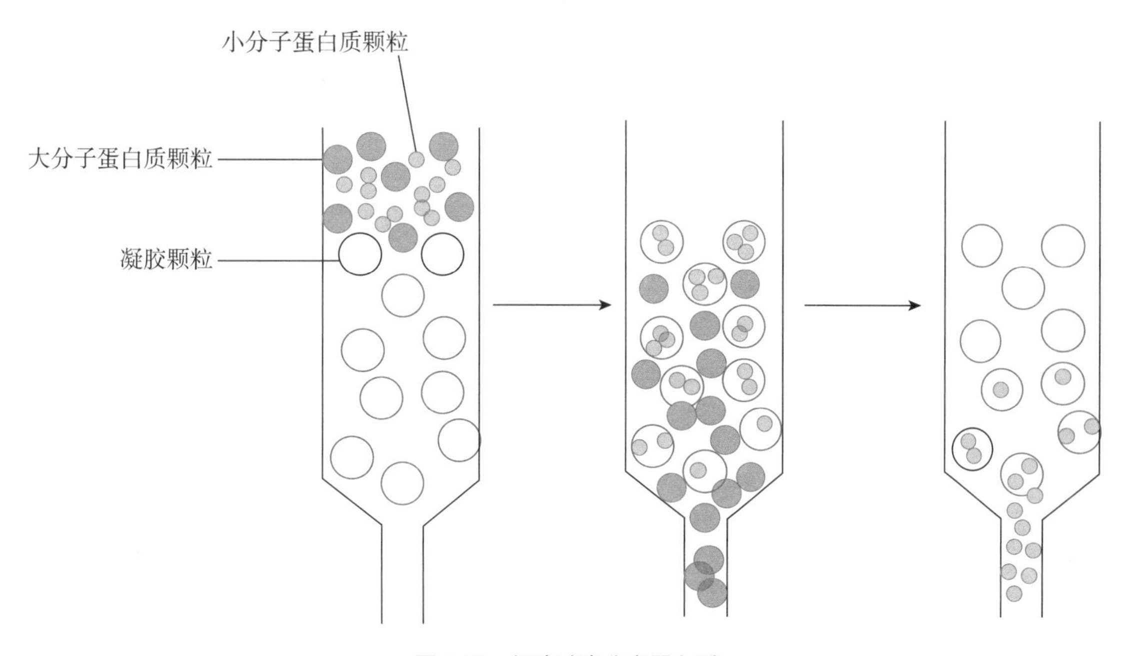

图 1-22　凝胶过滤分离蛋白质

三、蛋白质具有沉淀现象

蛋白质从溶液中析出的现象，称为沉淀（precipitation）。沉淀蛋白质的方法有以下几种。

（一）盐析

蛋白质溶液中若加入大量中性盐，蛋白质胶体的水化膜即被破坏，其所带电荷也被中和，蛋白质胶体因失去这两种稳定因素而沉淀。此种沉淀过程称为盐析（salting out）。盐析蛋白质常用的中性盐有硫酸铵、硫酸钠和氯化钠等。盐析时，若溶液的 pH 在蛋白质的等电点，则效果最好。各种蛋白质分子的颗粒大小、亲水程度不同，故盐析所需的盐浓度也不一样，若调节盐析所用的盐浓度，常可将溶液中的几种混合蛋白质分离。此种盐析分离称为分段盐析。例如，在人血清中加入硫酸铵达到半饱和，球蛋白（globulin）即可沉淀析出；继续加硫酸铵达到饱和，清蛋白（albumin）才可沉淀析出。因此，硫酸铵分段盐析可用于患者血清蛋白质的清/球蛋白（A/G）比值测定。盐析沉淀的蛋白质通常不发生变性，故此法常用于天然蛋白质的分离，但是沉淀的蛋白质中混有大量中性盐，必须经透析、超滤等方法除去。

（二）重金属盐沉淀蛋白质

重金属离子如 Ag^+、Hg^{2+}、Cu^{2+}、Pb^{2+}（用 M^+ 代表），可与呈负电状态的蛋白质结合，形成不溶性蛋白质盐沉淀。沉淀的条件以 pH 稍大于蛋白质的 pI 为宜。

$$P\begin{matrix}COO^-\\NH_3^+\end{matrix} \xrightarrow{OH^-} P\begin{matrix}COO^-\\NH_2\end{matrix} \xrightarrow{M^+} P\begin{matrix}COOM\\NH_2\end{matrix}\downarrow$$

临床上利用蛋白质与重金属盐结合形成不溶性沉淀这一性质，抢救重金属盐中毒患者。给患者口服大量酪蛋白、清蛋白等，然后再用催吐剂将与蛋白结合的重金属盐呕吐出来以解毒。

（三）生物碱试剂与某些酸沉淀蛋白质

能沉淀各类生物碱的化学试剂称为生物碱试剂，如苦味酸、鞣酸、钨酸；还有某些酸，如三氯醋酸、磺酸水杨酸、硝酸（用 X^- 代表），均可与呈正电状态的蛋白质结合成不溶性的盐而沉淀。沉淀的条件是 pH 小于蛋白质的 pI。

$$P\begin{matrix}COO^-\\NH_3^+\end{matrix} \xrightarrow{H^+} P\begin{matrix}COOH\\NH_3^+\end{matrix} \xrightarrow{X^-} P\begin{matrix}COOM\\NH_3^+X^-\end{matrix}\downarrow$$

血液化学分析时，常利用此原理除去血液中的干扰蛋白质，制备无蛋白质的血滤液。如测血糖时，可用钨酸沉淀蛋白质。另外，此类反应也可用于检测尿中的蛋白质。

（四）有机溶剂沉淀蛋白质

可与水混合的有机溶剂（如乙醇、甲醇、丙酮）能与蛋白质争夺水分子，破坏蛋白质胶体颗粒的水化膜，使蛋白质沉淀析出。在常温下，有机溶剂沉淀蛋白质往往引起变性，如用乙醇可消毒灭菌。若在低温、低浓度、短时间条件下，则变性进行缓慢或不变性，可用于提取生物材料中的蛋白质。若适当调节溶液的 pH 和离子强度，则可以使分离效果更好。该法的优点是有机溶剂易蒸发除去。

四、蛋白质的变性与复性

蛋白质的结构决定了它的性质和功能，在某些物理或化学因素作用下，蛋白质的空间结构破坏（但不包括肽链的断裂等一级结构变化），导致蛋白质若干理化性质的改变、生物学活性的丧失，这种现象称为蛋白质的变性（denaturation）。

使蛋白质变性的因素有很多，如高温、高压、紫外线、X 线、超声波、剧烈振荡与搅拌等物理因素；强酸、强碱、重金属盐、有机溶剂、浓尿素和十二烷基硫酸钠（SDS）等化学因素。球状蛋白质变性后的明显改变是溶解度降低；本来在等电点时能溶于水的蛋白质经过变性就不再溶于原来的水溶液。蛋白质变性后，其他理化性质的改变，如结晶能力丧失、黏度增加、呈色性增强和易被蛋白酶水解，与蛋白质的空间结构被破坏、结构松散、分子伸长、分子的不对称性增加以及氨基酸残基侧链外露等密切相关。结构的破坏必然导致生物学功能的丧失，如酶失去催化活性；激素不能调节代谢反应；抗体不能与抗原结合。但生物学活性的丧失并不一定完全是变性的结果，如蛋白质肽链水解断裂、去除辅基（Hb 失去血红素）及抑制剂的存在，均可导致失活。

如蛋白质变性程度较轻，在消除变性因素后可使蛋白质恢复或部分恢复其原有的构象和功能，称为蛋白质的复性（renaturation）。但是许多蛋白质由于结构复杂或变性后空间构象严重破坏，不可能发生复性，称为不可逆性复性。例如，核糖核酸酶经尿素和β-巯基乙醇作用变性后，再透析去除尿素和β-巯基乙醇，又可恢复其酶活性。又如，被强碱变性的胃蛋白酶也可在一定条件下恢复其酶活性；被稀盐酸变性的 Hb 也可在弱碱性溶液中变回天然 Hb。但经 100 ℃高温变性的胃蛋白酶和 Hb 就不能复性。

蛋白质被强酸或强碱变性后，仍能溶于强酸或强碱溶液中。若将此强酸或强碱溶液的 pH 调至等电点，则变性蛋白质立即结成絮状的不溶解物，这种现象称为变性蛋白质的絮凝作用（flocculation）。絮凝作用所生成的絮状物仍能再溶于强酸或强碱中。如再经加热，则絮状物变为比较坚固的凝块，此凝块不易再溶于强酸或强碱中，这种现象称为蛋白质的凝固作用（coagulation）。鸡蛋煮熟后，原本流动的蛋清变成固体状，豆浆中加少量氯化镁变成豆腐，都是蛋白质凝固的典型例子。

了解变性理论具有重要的实际意义：一方面，注意低温保存生物活性蛋白质，避免其变性失活；另一方面，可利用变性因素消毒灭菌。

五、蛋白质的呈色反应

蛋白质由氨基酸组成，氨基酸的呈色反应性质必然会在蛋白质高分子上表现出来。因此，蛋白质也能呈多种颜色反应。此外，蛋白质还能产生阳性双缩脲反应（biuret reaction）。因为当将尿素直接加热时，放出氨，并产生双缩脲。

$$2H_2N-\overset{\overset{O}{\|}}{C}-NH_2 \xrightarrow{\text{加热}} H_2N-\overset{\overset{O}{\|}}{C}-\underset{H}{N}-\overset{\overset{O}{\|}}{C}-NH_2 + NH_3$$

尿素　　　　双缩脲　　　　氨

临床应用

蛋白质变性与临床

在临床上，高热灭菌、乙醇消毒就是使细菌等病原体中的蛋白质变性来达到消毒、抗感染的目的。而疫苗等蛋白质生物制剂则需要保存于低温（4 ℃）环境，以防止蛋白质变性，从而有效保持其生物学活性。

双缩脲在稀 NaOH 溶液中与稀 $CuSO_4$ 溶液共热时呈现紫色或红色，而取名为双缩脲反应。蛋白质和多肽中均有两个以上肽键，与双缩脲结构相似，也能发生这一呈色反应。而氨基酸无此反应，故此法还可用于检测蛋白质的水解程度。水解越完全，则颜色越浅。

Note

思考题

1. 为什么通过测定人体摄入食物中的含氮量和排泄物中的含氮量可以间接了解摄入食物和排泄物中的蛋白质含量？前提是什么？实验中如何通过含氮量计算蛋白质含量？

2. 试根据天冬氨酸和谷氨酸的结构分析它们为什么在生理条件下带负电荷。

3. 为什么茚三酮反应既可以用于氨基酸的定性、定量分析，又可以用于多肽与蛋白质的定性、定量分析？其原理是什么？

4. 根据蛋白质结构与功能的关系解释什么是蛋白质超家族、家族和亚家族。

5. 举例说明蛋白质结构与功能的关系。

6. 蛋白质变性的因素有哪些？蛋白质变性作用有何临床意义？

7. 蛋白质的理化性质有哪些？蛋白质的分离纯化方法有哪几种？每种分离纯化方法是基于蛋白质的什么理化性质？

8. 举例说明什么是蛋白质的别构效应。

（赵 蕾）

第二章

核酸的结构与功能

第一节　概　述

核酸（nucleic acid）是生物遗传信息的储存库，也是生物遗传信息功能性表达的重要生物大分子。核酸以核苷酸为基本组成单位，按照核苷酸类别的不同分为两类，即脱氧核糖核酸（deoxyribonucleic acid，DNA）和核糖核酸（ribonucleic acid，RNA）。这两类核酸在生物体的生命活动过程中都起着极其重要的作用。DNA 主要存在于细胞核和线粒体内，携带着决定个体基因型的遗传信息，通过复制的方式进行遗传信息传代。RNA 主要存在于胞质溶胶、细胞核和线粒体内，一般是 DNA 转录的产物，可指导蛋白质合成，参与生物遗传信息的传递。在某些病毒中，RNA 也可以作为遗传信息的携带者。不论是 DNA 还是 RNA，其功能的发挥都与结构密切相关。核酸在执行生物功能时，总是伴随有结构和构象的变化，核酸结构和构象的微小差异与变化都可能影响遗传信息的传递和生物体的生命活动。

知识拓展

DNA 是遗传信息的携带者

肺炎球菌实验在揭示 DNA 作为遗传信息携带者的研究中发挥了极为重要的作用。早在 1928 年，F.Griffith 就发现非致病的 R 型肺炎球菌可以转变为致病的 S 型肺炎球菌。他将活的 R 型肺炎球菌与经过热灭活的 S 型肺炎球菌共同注射到小鼠体内，引起小鼠发病；而将这两种细菌分别注射给小鼠，则小鼠不发病。同时他还从发病的小鼠血液内检测到活的 S 型肺炎球菌。因此他推测某种物质从灭活的 S 型肺炎球菌转移到了 R 型肺炎球菌，并将 S 型肺炎球菌的致病性带给了 R 型肺炎球菌。1944 年，O.Avery 等利用灭活的 S 型肺炎球菌的无细胞提取液进行了一系列分析，证实了 DNA 就是将 S 型肺炎球菌的致病性转移给 R 型肺炎球菌的物质。

1952 年 A.Hershey 和 M.Chase 进一步证实了 DNA 是遗传信息的携带者。他们将噬菌体 DNA 用 ^{32}P 标记，将蛋白质用 ^{35}S 标记，经过感染细菌后发现噬菌体 DNA 存在于细菌体内，而噬菌体蛋白质残留在上清液中，感染噬菌体 DNA 的细菌具有产生子代病毒的能力。这一实验进一步证实了 O.Avery 等在 1944 年前利用肺炎球菌作为研究体系得出的结论：DNA 是遗传信息的携带者。

Note

第二节 核酸的分子组成

核酸在核酸酶的作用下生成核苷酸，核苷酸（nucleotide）水解生成核苷（nucleoside）和磷酸，核苷再进一步水解，产生戊糖（pentose）和碱基（base）。DNA 的基本组成单位是脱氧核糖核苷酸（deoxyribonucleotide），RNA 的基本组成单位是核糖核苷酸（ribonucleotide）。核苷酸的基本组成成分是戊糖、碱基和磷酸。

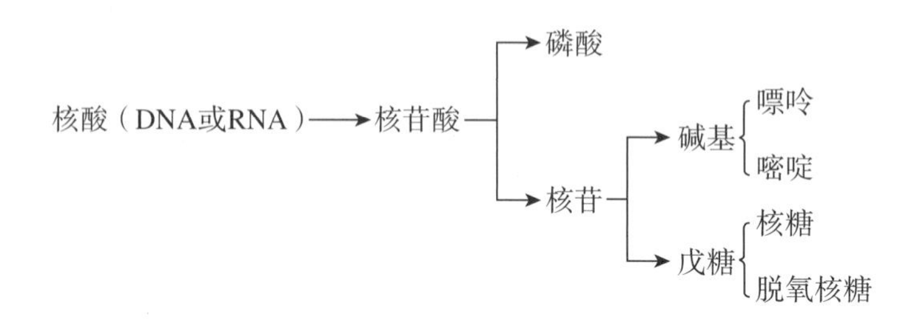

从元素组成上来讲，核酸由 C、H、O、N、P 等元素组成。其中 P 的含量较为恒定，为 9% ~ 10%。因此，可以通过测定核酸样品中 P 的含量对核酸进行定量分析。

一、核酸的基本组成单位——核苷酸

1. 碱基 是含氮杂环化合物，分为嘌呤（purine）和嘧啶（pyrimidine）。组成 DNA 的碱基有腺嘌呤（adenine，A）、鸟嘌呤（guanine，G）、胞嘧啶（cytosine，C）和胸腺嘧啶（thymine，T）。组成 RNA 的碱基有腺嘌呤（adenine，A）、鸟嘌呤（guanine，G）、胞嘧啶（cytosine，C）和尿嘧啶（uracil，U）。组成碱基的原子通常加以数字标记，以便更好地区分碱基的结构式（图 2-1）。

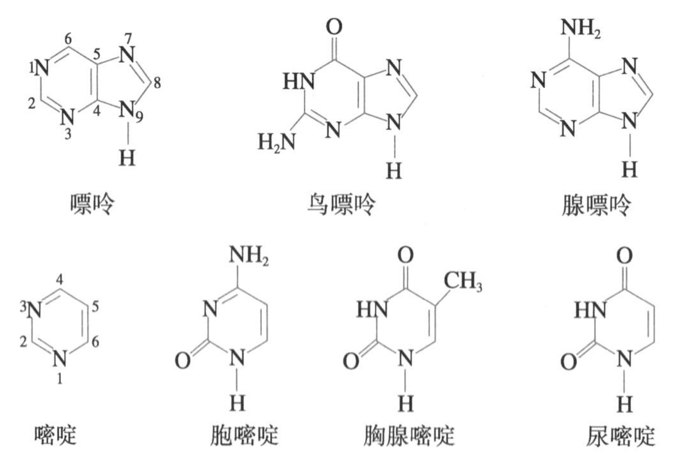

图 2-1 碱基的结构式

除上述碱基外，核酸分子中还含有少量其他碱基，称为稀有碱基（rare base）（图 2-2）。稀有碱基含量虽少，但有着重要的生物学意义。DNA 中的稀有碱基多数是常规碱基的甲基化产物（如 5- 甲基胞嘧啶、7- 甲基鸟嘌呤），某些病毒 DNA 含有羟甲基化碱基（如 5- 羟甲基胞嘧啶），它们具有保护遗传信息和调节基因表达的作用。RNA 特别是转运 RNA（tRNA）中含有较多的稀有碱基（如 5, 6- 二氢尿嘧啶、假尿嘧啶核苷）。

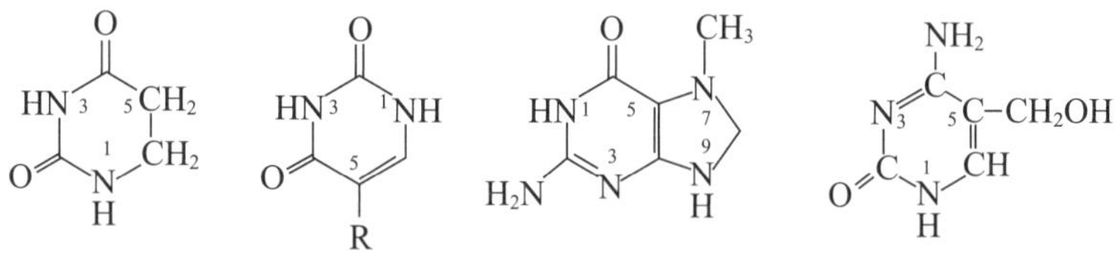

二氢尿嘧啶　假尿嘧啶核苷　7–甲基鸟嘌呤　5–羟甲基胞嘧啶

图 2-2　稀有碱基结构式

核酸中碱基的酮基或氨基均连接在氮原子邻位的碳原子上，可以发生酮式 - 烯醇式或氨式 - 亚氨式结构互变（图 2-3）。这种互变异构可以引起 DNA 结构的变化，在基因突变和生物进化中具有重要意义。

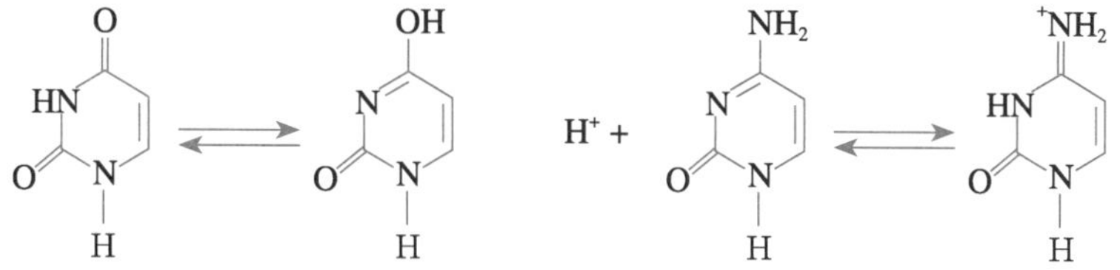

酮式　烯醇式　氨式　亚氨式

图 2-3　碱基的互变异构

2．戊糖　核酸中的戊糖有核糖（ribose）和脱氧核糖（deoxyribose）两种，均为 β- 呋喃型环状结构。为了与含氮碱基中的碳原子相区别，戊糖中碳原子顺序以 1′ ~ 5′ 表示。RNA 中的戊糖为 β-D- 核糖；在 DNA 分子的戊糖中，与第 2 位碳原子（C-2′）相连的羟基上缺少一个氧原子，为 β-D-2′- 脱氧核糖（图 2-4）。

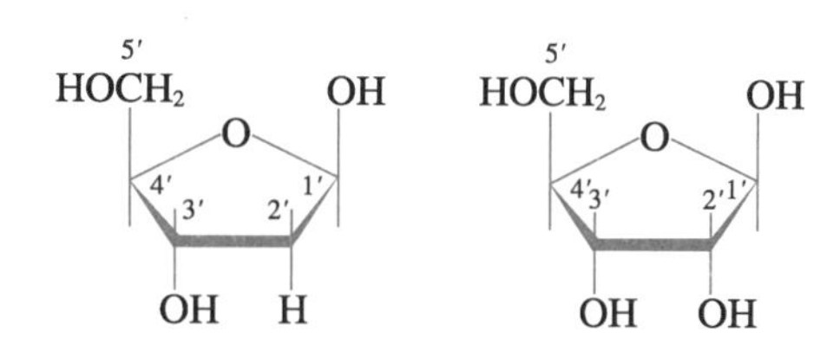

图 2-4　构成 DNA（左）和 RNA（右）的戊糖的结构式

3．核苷　是核苷酸水解的中间产物，由戊糖的第 1 位碳原子（C-1′）上的羟基和嘧啶的第 1 位氮原子（N-1）或嘌呤的第 9 位氮原子（N-9）上的氢缩合脱水，以糖苷键相连构成核苷或脱氧核苷（图 2-5）。

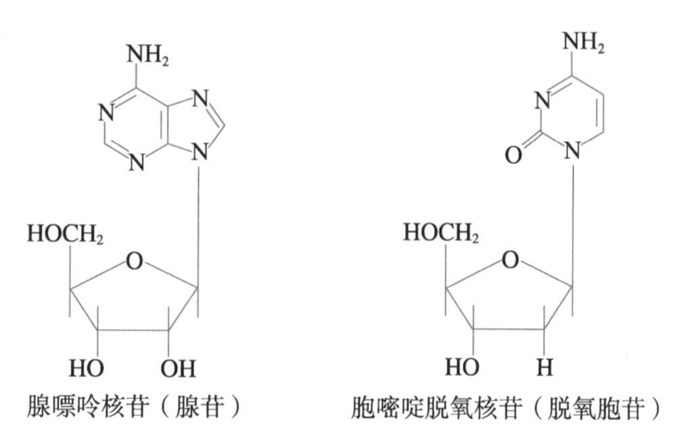

图 2-5　核苷的结构式

4．核苷酸　其是核酸的基本构成单位。核苷中，戊糖分子的第5位碳原子（C-5′）上的羟基与一个磷酸分子缩合脱水形成磷酯键生成核苷酸，即核苷一磷酸（nucleoside monophosphate，NMP）。这一个磷酸分子（5′-磷酸）还可以与另一个磷酸分子以酸酐的方式缩合成核苷二磷酸（nucleoside diphosphate，NDP），再结合1分子磷酸则生成核苷三磷酸（nucleoside triphosphate，NTP）（图2-6）。核苷酸还有环化形式，主要是3′,5′-环腺苷酸（adenosine 3′,5′-cyclic monophosphate，cAMP）和3′,5′-环鸟苷酸（guanosine 3′,5′-cyclic monophosphate，cGMP），它们在细胞内代谢调节和跨细胞膜信号转导中具有十分重要的作用（图2-7）。

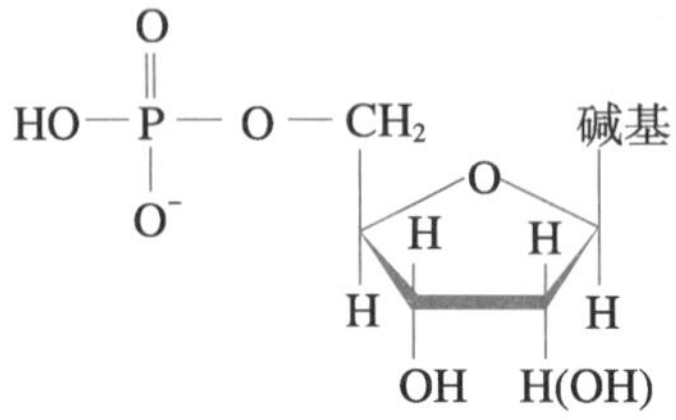

核苷一磷酸

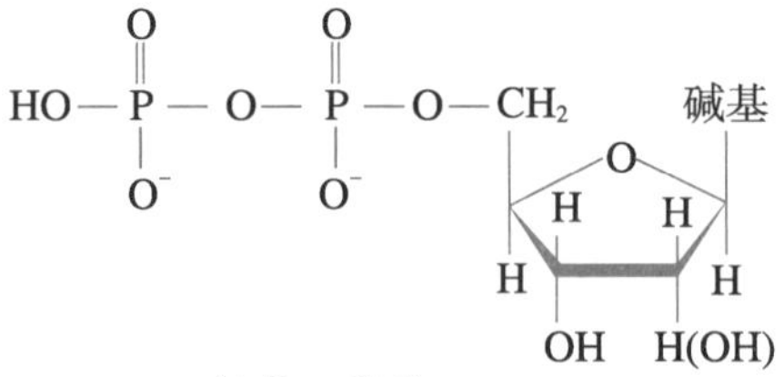

核苷二磷酸

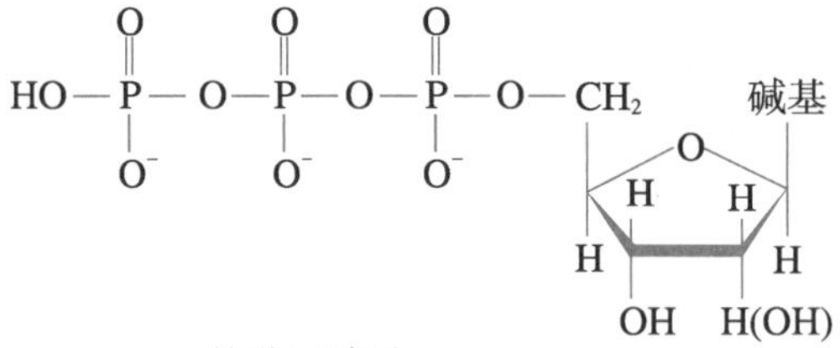

核苷三磷酸

图2-6　核苷酸的结构式

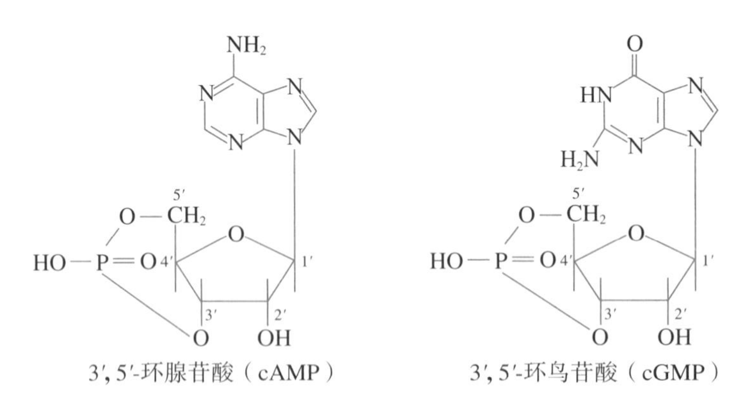

3′, 5′-环腺苷酸（cAMP）　3′, 5′-环鸟苷酸（cGMP）

图2-7　环核苷酸的结构式

二、多核苷酸的连接方式

核酸是由许多核苷酸分子连接而成的，其连接方式都是由一个核苷酸第3位碳原子（C-3′）上的羟基与另一个核苷酸第5位碳原子（C-5′）上的磷酸缩合形成3′，5′-磷酸二酯键

(图 2-8)。在常见的核酸分子中，不存在 5′-5′ 或 3′-3′ 的核苷酸连接方式。这一连接方式决定了核酸的多核苷酸链具有特定的方向性，每条核苷酸链具有两个不同的末端，戊糖 C-5′ 上带有游离磷酸基的称为 5′ 端，C-3′ 上带有游离羟基的称为 3′ 端，以 5′ → 3′ 或 3′ → 5′ 表示。

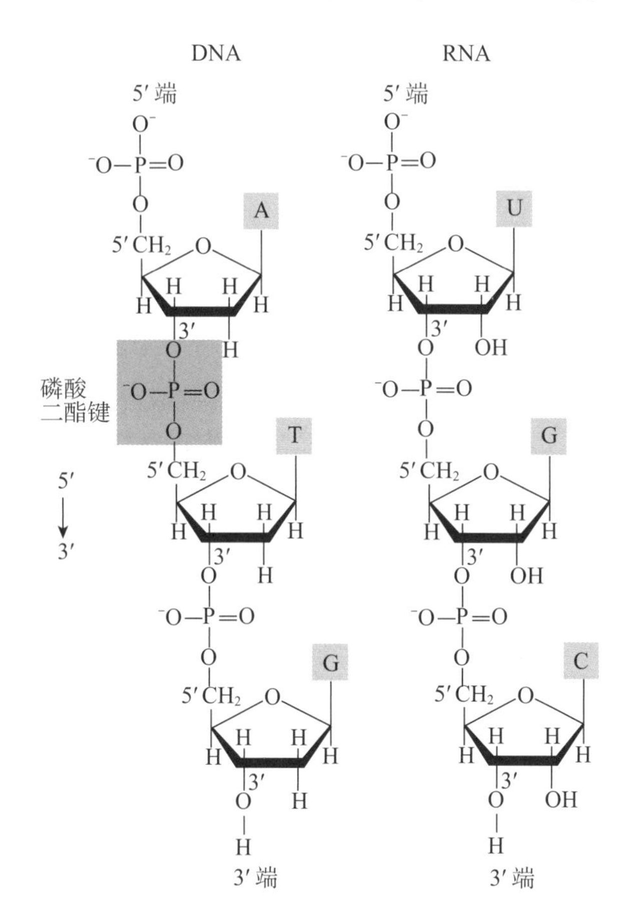

图 2-8　核酸分子中核苷酸的连接方式

多核苷酸链的表示方式有多种（图 2-9）。由于核酸分子中除两个末端及碱基排列顺序不同外，戊糖和磷酸都是相同的，因此在表示核酸分子时，只需注明其 5′ 端和 3′ 端以及碱基顺序。如未注明 5′ 端和 3′ 端，碱基顺序的书写方式一般为由左向右，左侧是 5′ 端，右侧是 3′ 端。

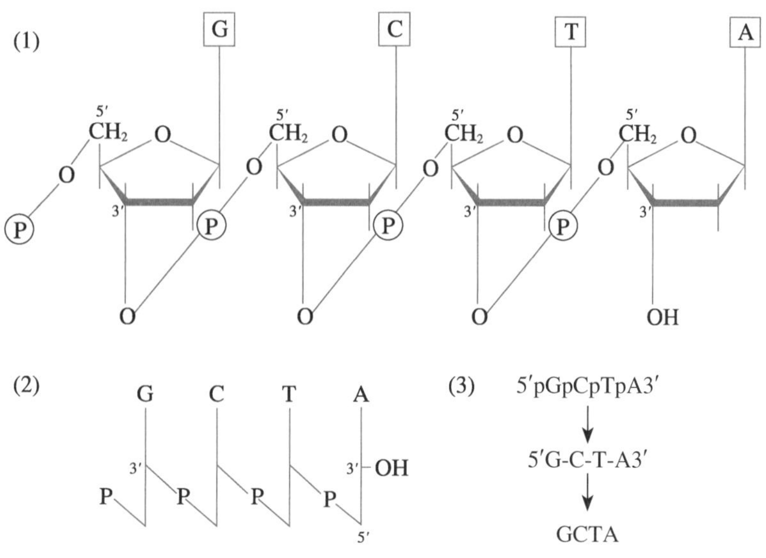

图 2-9　DNA 多核苷酸链的一个片段及其缩写法

Note

第三节　核酸的分子结构

与蛋白质一样，在研究核酸时，通常将其结构分为一级结构、二级结构和三级结构。核酸的一级结构是指组成核酸的核苷酸分子的排列顺序；核酸的二级结构是指组成核酸的部分或全部核苷酸形成的相对稳定的空间结构；核酸的三级结构是指在二级结构的基础上进一步盘绕、折叠、螺旋而形成的空间结构。

一、核酸的一级结构

对于DNA而言，其一级结构是脱氧核糖核苷酸链从5′端到3′端的排列顺序。对于RNA来讲，其一级结构是核糖核苷酸从5′端到3′端的排列顺序。由于组成DNA或RNA 4种核苷酸间的差异主要是碱基的不同。因此，核酸的一级结构就是它的碱基序列（base sequence）。核酸一级结构的书写方式如图2-10所示。

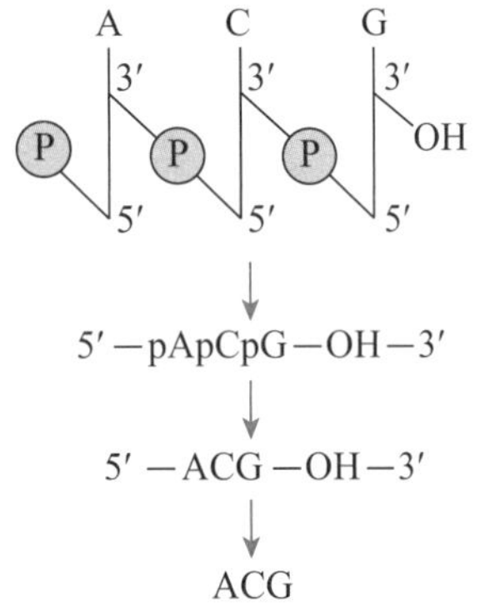

A　C　G
3′　3′　3′
P　P　P　OH
5′　5′　5′
↓
5′−pApCpG−OH−3′
↓
5′ −ACG −OH−3′
↓
ACG

图2-10　核酸一级结构及其书写方式

大多数生物（除RNA病毒外）的遗传信息储存在DNA分子中。这些信息以特定的核苷酸排列顺序作为载体储存于DNA分子中，如果核苷酸排列顺序发生变化，它所携带的遗传信息将会改变。DNA分子主要携带两类遗传信息：一类是有功能活性的DNA序列，这些DNA序列能够通过转录过程而转变成RNA，其中信使RNA（mRNA）又含有指导多肽链生成过程中氨基酸排列顺序的信息；另一类信息为调控信息，这是一些特定的DNA区段，能够被各种蛋白质分子特异性识别和结合并调控基因的表达（详见第十四章基因表达调控）。

知识拓展

DNA甲基化

DNA的一级结构中，有一些碱基可以通过加上一个甲基而被修饰，称为DNA甲基化（methylation of DNA）。甲基化修饰在原核生物DNA中多为对一些酶切位点的修饰，其作用是对自身DNA产生保护作用。真核生物中的DNA甲基化则在基因表达调控中具有重要作用。DNA甲基化的一个特点是它经过细胞许多代分裂之后仍保持稳定。真核生物DNA中，几乎所有甲基化均发生在二核苷酸序列5′-CG-3′中的C上，即5′-mCG-3′（mC表示甲基化胞嘧啶）。在脊椎动物基因组中，CG二核苷酸序列中有50%～90%的C被甲基化。DNA甲基化的方式可以通过一对限制性内切酶来判定：Hpa Ⅱ识别并水解CCGG位点，但不能水解CmCGG位点；而Msp Ⅰ对这两种位点均可识别并水解。通过凝胶电泳和DNA印迹法（Southern blotting）分析，比较这两种酶的DNA水解片段，即可对其甲基化方式做出一定的判断。甲基化程度随组织发育阶段以及DNA区域的不同而不同。一般而言，基因越活跃，DNA甲基化程度越低。值得指出的是，DNA甲基化并不是真核生物基因表达的普遍调控机制，如果蝇DNA就没有甲基化。

二、DNA的空间结构与功能

在特定的环境条件下，DNA 分子中的功能基团通过离子相互作用、疏水效应、氢键等作用，使得 DNA 的所有原子在三维空间具有确定的相对位置，称为 DNA 的空间结构（spatial structure）。DNA 的空间结构又分为二级结构和高级结构。

（一）DNA 的二级结构——双螺旋结构

1．DNA 双螺旋结构的研究基础　20 世纪中期，科学家们就已经发现 DNA 在不同菌种之间的转移可以将遗传信息从一个菌种转移到另一个菌种，证实了 DNA 是遗传信息的载体。E. Chargaff 等采用层析和紫外吸收分析等技术分析了 DNA 分子的碱基成分，提出了 DNA 分子中 4 种碱基组成的夏格夫（Chargaff）法则：①对于一个特定的生物体，腺嘌呤（A）与胸腺嘧啶（T）的摩尔数相等，而鸟嘌呤（G）与胞嘧啶（C）的摩尔数相等。② DNA 的碱基组成有种属和个体差异性，无组织和器官差异性。不同种属、不同个体生物的 DNA，其碱基组成不同；对于同一生物个体不同组织、器官的 DNA，其碱基组成相同。③ DNA 的碱基组成不随个体的年龄、营养和环境改变而改变。夏格夫法则揭示了 DNA 分子中碱基之间存在着某种对应的关系，为 DNA 分子中碱基之间互补配对规律的提出奠定了基础。随后，R. Franklin 应用 X 射线衍射技术研究 DNA 分子的空间结构，获得了大量的 DNA 分子 X 射线衍射照片，进一步解析衍射图像，得出 DNA 分子的空间结构为螺旋状。

1953 年，J. D. Watson 和 F. H. Crick 通过一系列对 DNA 空间结构的研究，并综合了前人的研究成果，提出了 DNA 双螺旋结构（double helix structure）模型。

2．DNA 双螺旋结构模型的要点

（1）两条多核苷酸单链以相反的方向互相缠绕形成右手螺旋结构，其中一条链的走向是 5′ → 3′，另一条链的走向是 3′ → 5′。螺旋链的直径为 2.0 nm，每一个螺旋含 10.5 个碱基对，螺距约为 3.54 nm。从外观上看，DNA 双螺旋分子表面存在大沟（major groove）和小沟（minor groove）（图 2-11）。

（2）在 DNA 双螺旋结构中，亲水性的脱氧核糖与磷酸基团位于螺旋的外侧，而疏水性的碱基位于螺旋内侧，碱基平面与螺旋长轴垂直。

（3）由疏水作用造成的碱基堆积力（base stacking force）和两条链间碱基配对形成的氢键是维持双螺旋结构稳定性的主要作用力。

（4）DNA 两条多核苷酸单链之间形成了互补碱基对，由于 DNA 分子内部碱基化学结构特征决定了两条链之间特有的碱基配对方式。其中一条链的腺嘌呤与另一条链的胸腺嘧啶配对，形成 2 对氢键；一条链的鸟嘌呤与另一条链的胞嘧啶配对，形成 3 对氢键（图 2-11）。

3．DNA 双螺旋结构的多样性　DNA 的结构受溶液的离子强度或相对湿度的影响而发生改变。J. Watson 和 F. Crick 提出的 DNA 双螺旋结构是在相对湿度为 92%，通过 X 射线衍射图像分析得到的，该双螺旋结构称为 B 型 DNA，是生理条件下最稳定的 DNA 结构形式。当溶液的离子强度、相对湿度改变时，B 型 DNA 双螺旋结构会发生一些变化。当相对湿度降低后，相对湿度为 75% 时，B 型 DNA 结构参数发生变化，可出现 A 型 DNA。1979 年，A. Rich 在研究人工合成的寡核苷酸链 CGCGCGD 的晶体结构时，发现左手螺旋 DNA 结构特征，在生物基因组中也发现了左手双螺旋 DNA，称为 Z 型 DNA。A 型、B 型、Z 型 3 种 DNA 双螺旋结构参数列于表 2-1。

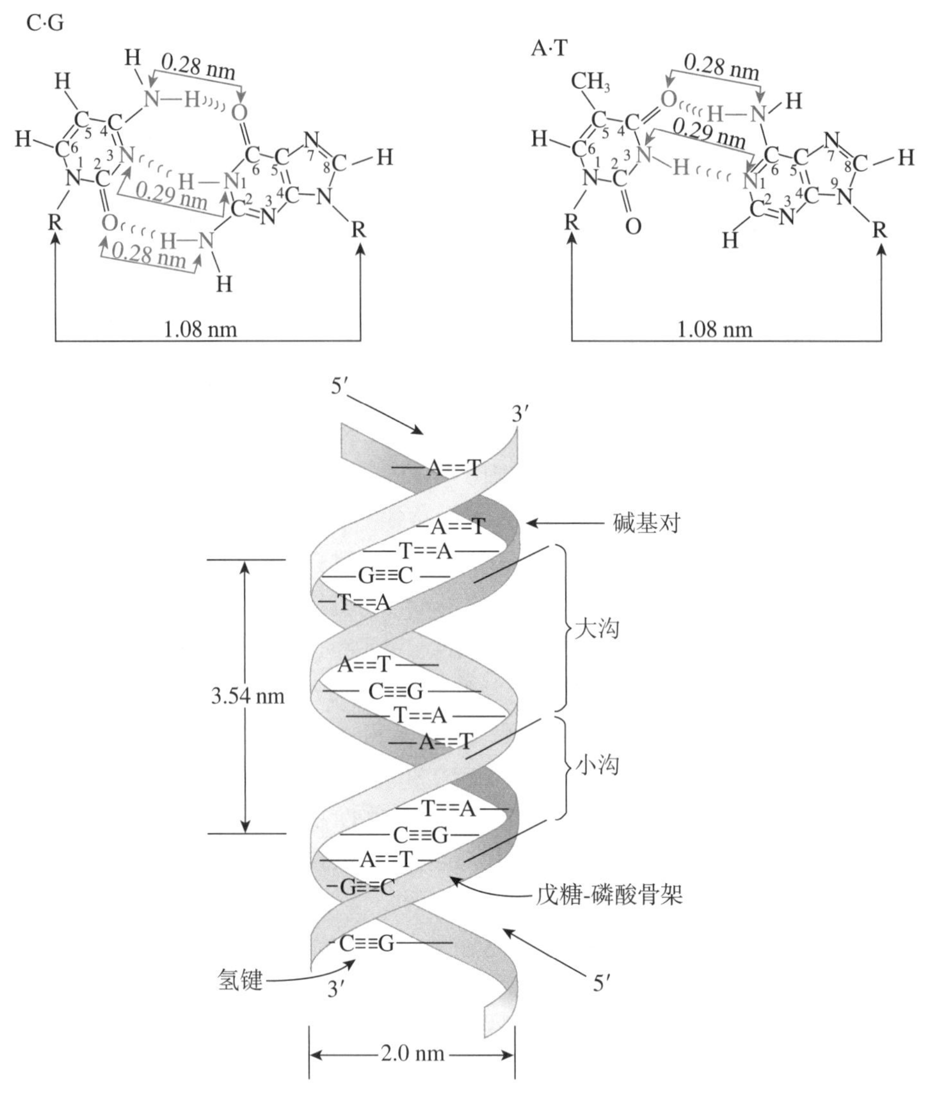

图 2-11 DNA 分子中碱基配对及双螺旋结构模型
R 代表戊糖

表 2-1 DNA 双螺旋结构的主要参数

类型	每个螺旋所含的碱基对数	相邻碱基高度（nm）	直径（nm）	螺旋方向	戊糖构象
A	11	0.26	2.6	右手螺旋	C3 内型
B	10.5	0.34	2.0	右手螺旋	C2 内型
Z	12	0.37	1.8	左手螺旋	外型

DNA 双螺旋结构不同构型的意义并不在于其螺旋直径及高度的变化，关键是由于这些变化而引起的表面结构的改变（图 2-12），进而影响其生物学功能。B 型 DNA 的表面并不是完全平滑的，而是沿其长轴有两种不同大小的沟。其中一种相对较深、较宽，称为大沟；另外一种相对较浅、较窄，称为小沟。A 型 DNA 也有两种沟，其中大沟更深，小沟更浅、但较宽。Z 型 DNA 的大沟不明显，小沟是一个又窄又深的沟。DNA 双螺旋的这种表面结构有助于 DNA 结合蛋白质识别并结合特定的 DNA 序列。而这种表面构型的变化对于基因组 DNA 与特异性 DNA 结合蛋白质的相互作用具有重要的意义。

4．DNA 的多链螺旋结构 DNA 双螺旋结构中的核苷酸除 A/T、G/C 之间的氢键外，还

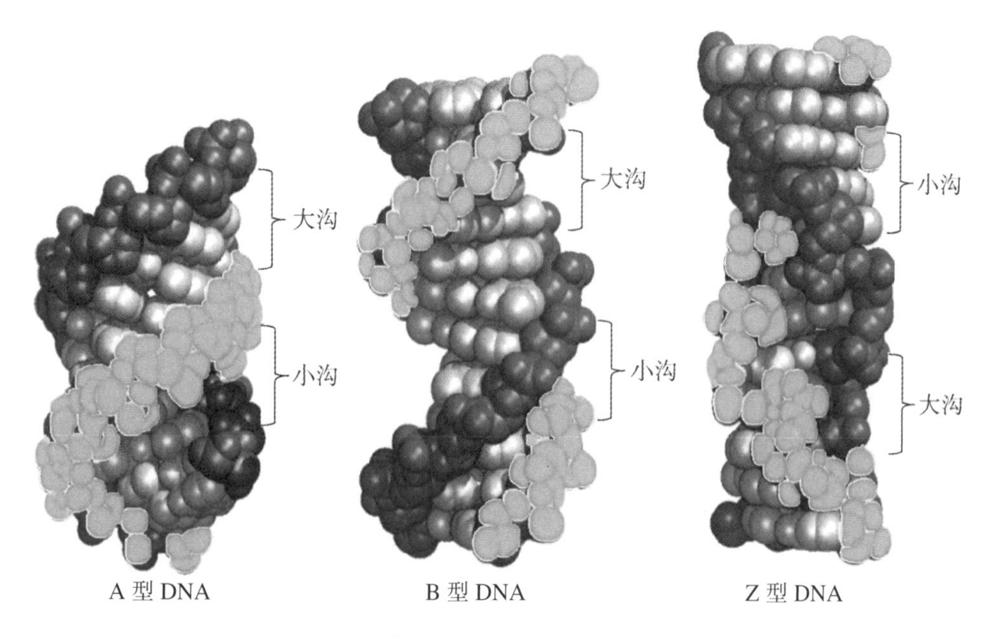

图 2-12　A 型、B 型、Z 型 DNA 的结构示意图

能形成一些附加氢键，如另一个 T 与 A/T 碱基对的 A 之间，可形成额外的 2 个氢键，使得这 3 个碱基形成了 T*A/T 配对；在酸性溶液中，胞嘧啶的 N-3 可以质子化，质子化的胞嘧啶与 G/C 碱基对的 G 又可以形成 2 个氢键，3 个碱基形成了 C^+ *G/C 配对。这种氢键是 K. Hoogsteen 在 1963 年发现的，因此称为胡斯坦（Hoogsteen）碱基对。胡斯坦碱基对的形成并不破坏沃森 - 克里克（Watson-Crick）氢键，这样 DNA 分子就可以形成 C ≡ G*C^+ 或 T ═ A*T 的三链结构（图 2-13）。真核生物染色体 DNA 的 3′ 端的结构称为端粒。端粒结构常呈 GT 序列的数十次乃至数百次的重复，重复序列中的鸟嘌呤之间通过胡斯坦碱基对形成特殊的四链结构（图 2-13）。

在生物体内，不同构象的 DNA 在功能上可能是有差异的，与其基因表达和调控是相适应的。

知识拓展

DNA 双螺旋结构模型的发现

1951 年春天，正在哥本哈根做博士后研究的美国生物学家 J.D.Watson 在一次学术会议上被英国生物物理学家 M.H.Wilkins 所作的关于 DNA 的 X 射线衍射方面的报告所吸引，激发了他研究核酸结构的兴趣。随后他申请进入剑桥大学 Cavendish 实验室继续做博士后研究，在这里，他结识了正在攻读生物学博士的 F.H.Crick。而 F.H.Crick 的研究课题是关于利用 X 射线衍射研究蛋白质分子的结构，两人一拍即合，开始了揭示 DNA 分子结构的合作。根据 R.Franklin 和 M.H.Wilkins 的 DNA 分子 X 射线衍射图像和前人的研究成果，他们提出 DNA 双螺旋结构模型，并发表于 1953 年的 *Nature*。DNA 双螺旋结构的提出为 DNA 作为复制模板和基因转录模板奠定了结构基础，揭示了 DNA 作为遗传信息载体的物质本质。1962 年 J.D. Watson、F.H.Crick 和 M.H.Wilkins 共同获得诺贝尔生理学或医学奖。

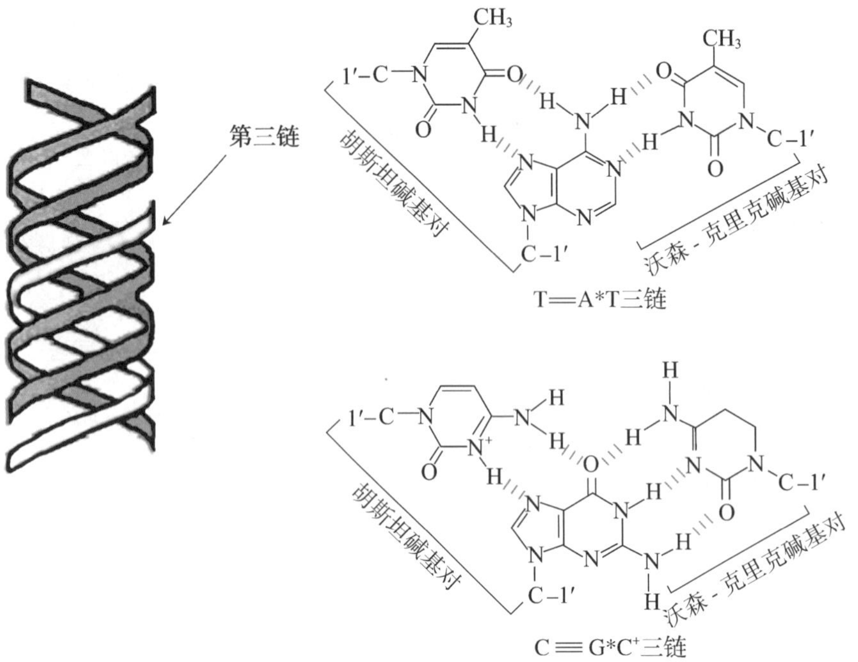

Note

a．三链结构

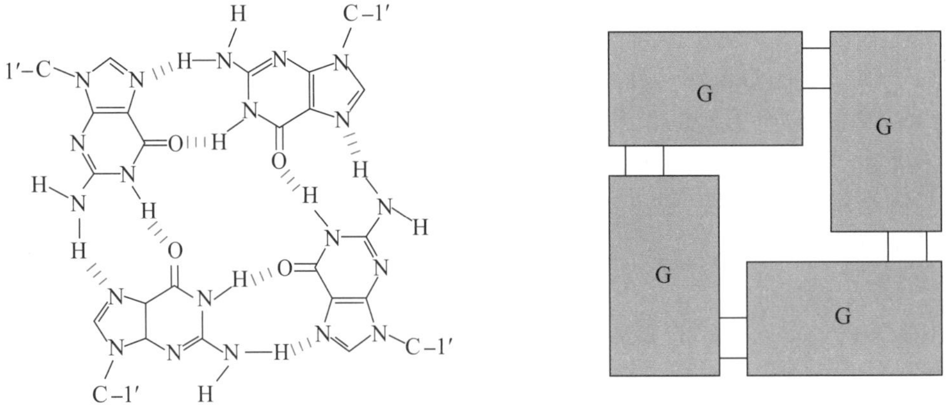

b．四链结构

图 2-13 DNA 多链螺旋结构

（二）DNA 的高级结构——超螺旋结构

由于 DNA 分子发生形变或螺旋状态改变，导致 DNA 分子内部应力变大，必须通过结构上的改变释放应力，使 DNA 分子形成低能量的稳定状态。这一结构改变过程是在拓扑异构酶的参与下，形成 DNA 超螺旋结构。当盘绕方向与 DNA 双螺旋方向相同时，这种超螺旋称为正超螺旋（positive supercoil）；当盘绕方向与 DNA 双螺旋方向相反时，这种超螺旋称为负超螺旋（negative supercoil）。自然条件下，DNA 双链主要以负超螺旋的形式存在。

原核生物的类核 DNA、真核生物的线粒体 DNA、质粒 DNA 以双链闭合环状形式存在于细胞内。这些双链闭合环状 DNA 进一步盘绕可以形成超螺旋结构。超螺旋结构是 DNA 分子高度压缩、致密的存在形式。超螺旋结构缩短了 DNA 的长度，同时也增加了 DNA 的稳定性。如果 DNA 分子其中一条链有缺口，不能形成超螺旋结构，这种结构称为松弛的 DNA 双链结构（图 2-14）。

各种不同的生物，其 DNA 长度、大小不同。人类的染色体 DNA 大约由 3×10^9 个碱基

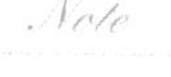

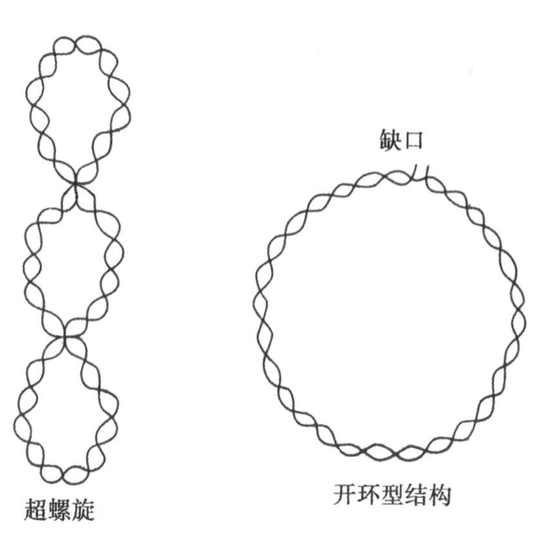

图 2-14　环状 DNA 的超螺旋及开环结构

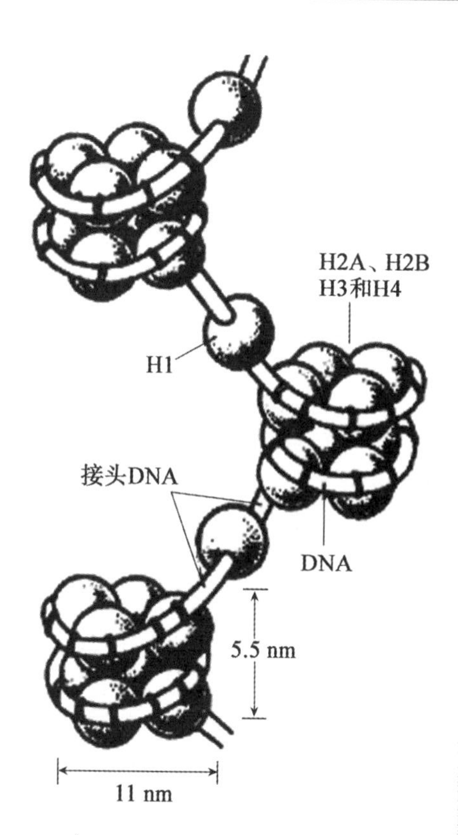

图 2-15　真核生物核小体结构

对组成，是一条长度约为 1.7 m 的线性生物大分子。这一线性双链 DNA 分子不是刚性的，它具有一定程度的柔韧性。这也是 DNA 分子进一步折叠、盘绕、弯曲的基础。就人的染色体 DNA 而言，要将其组装在细胞核内，必须进一步折叠、盘绕、压缩形成更为致密的结构才能够存在于细胞核内。在细胞周期的大部分时间里，细胞核内的 DNA 以松散的染色质的形式存在，只有在细胞分裂期间，细胞核内的 DNA 才以致密的染色体的形式存在。

真核生物 DNA 与蛋白质形成的复合物以非常致密的形式存在于细胞核内，基本结构单位是核小体（nucleosome）。核小体由 DNA 和 5 种组蛋白共同构成，核小体中的 5 种组蛋白包括 H1、H2A、H2B、H3 和 H4。H2A、H2B、H3 和 H4 各 2 分子构成八聚体的核心组蛋白，长度约 146 bp 的双链 DNA 在这一核心组蛋白盘绕 1.75 圈，形成核小体的核心颗粒。核小体的核心颗粒之间的接头 DNA（0~50 bp）和组蛋白 H1 构成连接区，通过连接区将核小体核心颗粒相连形成串珠状结构（图 2-15），该结构也称为染色质纤维。

染色质纤维中每个核小体重复单位的 DNA 长度约为 200 bp，这是双螺旋 DNA 在核内形成高级结构的第一次折叠，DNA 长度被压缩至 6~7 倍。核小体进一步折叠、卷曲，形成外径为 30 nm、内径为 10 nm 的中空状螺线管（每圈 6 个核小体），这一过程使 DNA 的体积又压缩至 1/40，染色质纤维空管进一步卷曲、折叠形成直径为 400 nm 的超螺线管，再进一步折叠、包装即为染色质和染色体（图 2-16）。

超螺旋可能有两方面的生物学意义：①超螺旋 DNA 比松弛型 DNA 更紧密，使 DNA 分子体积变得更小，对其在细胞的包装过程更为有利；②超螺旋能影响双螺旋的解链程序，因而影响 DNA 分子与其他分子（如蛋白质）之间的相互作用。

Note

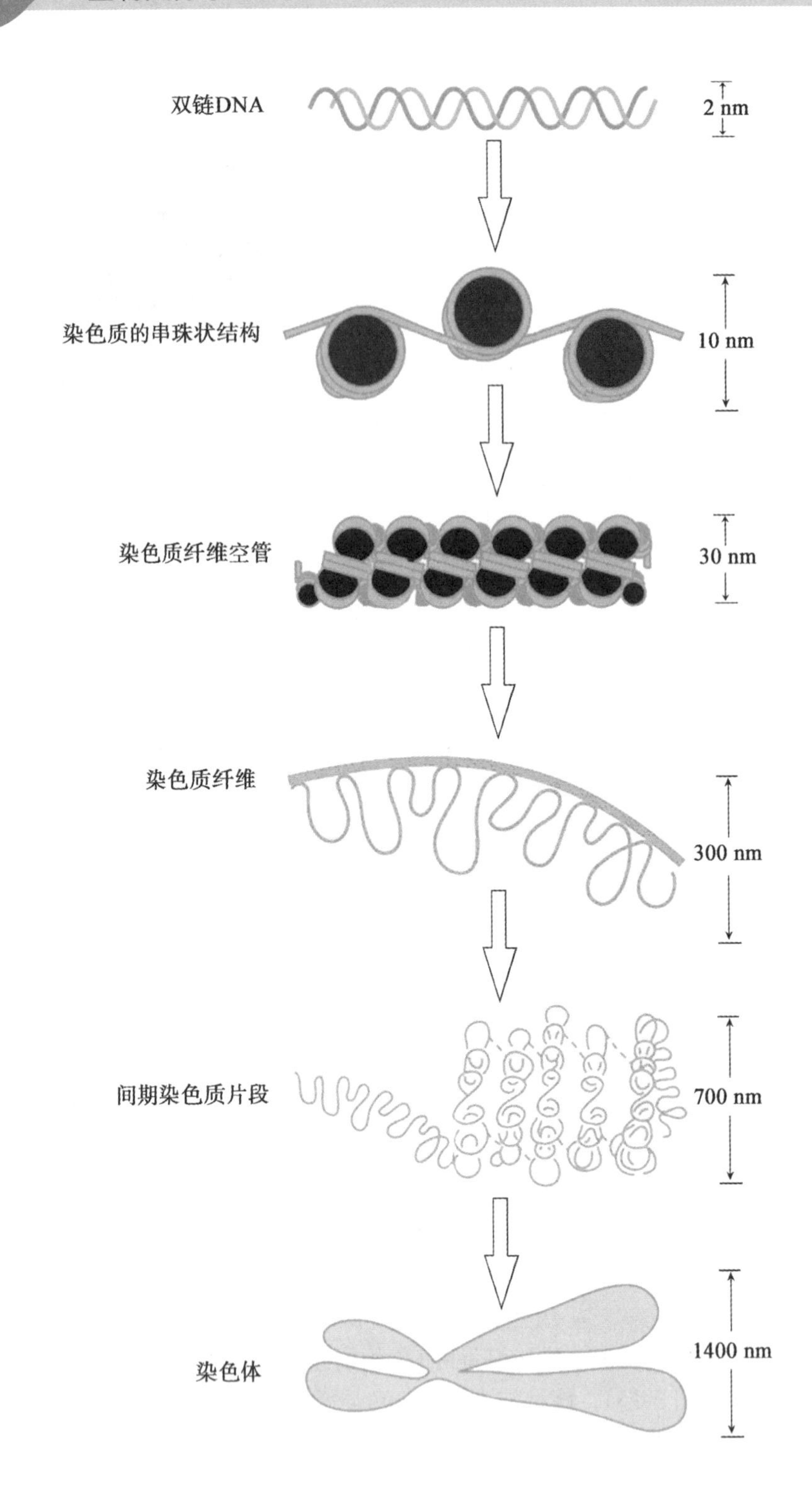

图 2-16 DNA 被压缩成染色体示意图

三、RNA 的结构和功能

RNA 的化学结构与 DNA 类似，也是由 4 种核苷酸以 3′, 5′- 磷酸二酯键连接形成的长链。与 DNA 的不同之处是，组成 RNA 的核苷酸是核糖核苷酸，其中戊糖是核糖而不是脱氧核糖，碱基由尿嘧啶（U）取代了胸腺嘧啶（T）。RNA 分子也遵循碱基配对原则，G 与 C 配对，由于没有T的存在，U取代T与A配对。RNA分子通常是单链结构，因此不存在A与U、C与G等量比例关系。RNA分子局部可以形成发夹结构（图2-17），在这些结构中，RNA可以在局部形成双链，双链之间的碱基按照A与U、C与G的原则配对。在RNA的发夹结构中，有时可以发生非标准碱基配对，G有时也可以与U配对，但是这种配对不如G与C配对稳定。

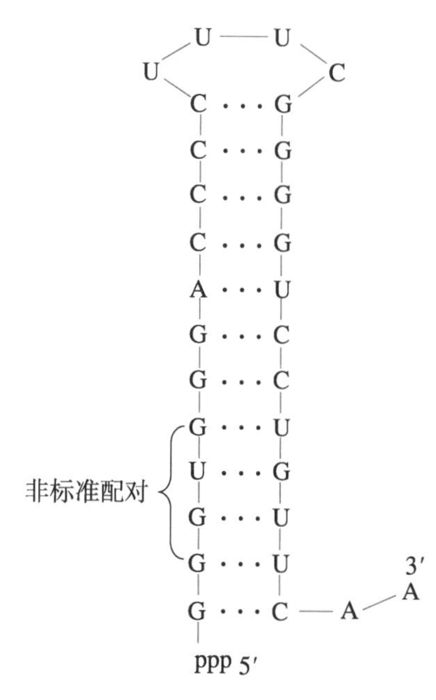

图 2-17　RNA 的发夹结构

一般情况下，RNA是DNA的转录产物。对于生命体而言，与DNA具有同样重要的功能。RNA可分为编码RNA和非编码RNA，编码RNA由DNA指导经转录生成，又作为翻译的模板指导蛋白质的合成。信使RNA（messenger RNA，mRNA）是唯一一种编码蛋白质氨基酸序列的RNA。非编码RNA不编码蛋白质，分为两大类：一类是确保基本生物学功能的RNA，称为组成性非编码RNA，包括核糖体RNA（ribosomal RNA，rRNA）、转运RNA（transfer RNA，tRNA）；另一类是调控性非编码RNA，包括非编码小RNA（small non-coding RNA，sncRNA）、长非编码RNA（long non-coding RNA，lncRNA）等。

（一）mRNA

在生物体内，mRNA是蛋白质合成的模板，仅占细胞中RNA总重量的2%~5%，不同基因的mRNA大小、丰度和稳定性差异很大。mRNA的分子大小变化非常大，小到几百个核苷酸，大到近2万个核苷酸。mRNA是细胞内种类最多的RNA，约含有多达10^5个分子。真核生物mRNA的初级产物比成熟mRNA大得多，而且其分子大小不一，因此被称为核不均一RNA（heterogeneous nuclear RNA，hnRNA）。hnRNA是细胞核内的初级转录产物，由外显子（exon）和内含子（intron）交替排列形成。外显子是构成成熟mRNA的编码序列片段。内含子为非编码序列，不出现在成熟mRNA分子中。hnRNA在细胞核内存在时间较短，经过剪接编辑加工成为成熟的mRNA，并转移到胞质溶胶中。mRNA一般都不稳定，代谢活跃，更新迅速，寿命较短。原核生物和真核生物的mRNA结构不完全一样。

1．真核生物mRNA结构的特点

（1）5′端有帽子（cap）结构：所谓帽子结构，就是5′端第1个核苷酸都是甲基化鸟嘌呤核苷酸，它以5′端三磷酸酯键与第2个核苷酸的5′端相连，形成一个5′, 5′-磷酸酯键（图2-18）。帽子结构中的核苷酸大多数为7-甲基鸟苷（m^7G），但也有少量的2, 2, 7-三甲基鸟苷（m_3，$^{2,2,7}G$）或$m^{2,2,7}G$。在第2个和第3个核苷酸的核糖第2位羟基上有时也有甲基化。因此，通常帽子结构可见3种类型，即帽子0型m^7G（5′）ppp（5′）Np、帽子1型m^7G（5′）ppp（5′）NmpNp和帽子2型m^7G（5′）ppp（5′）NmpNmpNp，其中N指核苷酸。mRNA的帽子结构可以与一类称为帽结合蛋白质（cap binding protein，CBP）的分子结合形成复合体，这种复合体有助于mRNA稳定性的维持，协助mRNA从细胞核向胞质溶胶的转运，以及在蛋白质生物合成中促进核糖体和翻译起始因子的结合，在翻译中起重要作用。

（2）3′端绝大多数带有多聚腺苷酸尾（3′polyadenylate tail，poly A tail），其长度为20～200个腺苷酸。多聚腺苷酸尾是以无模板的方式添加的，因为在基因的3′端并没有多聚腺苷酸序列。mRNA的多聚腺苷酸尾在细胞内与poly（A）结合蛋白质［poly（A）-binding protein，PABP］结合存在，每10～20个腺苷酸结合一个PABP单体。目前认为，mRNA 3′-多聚腺苷

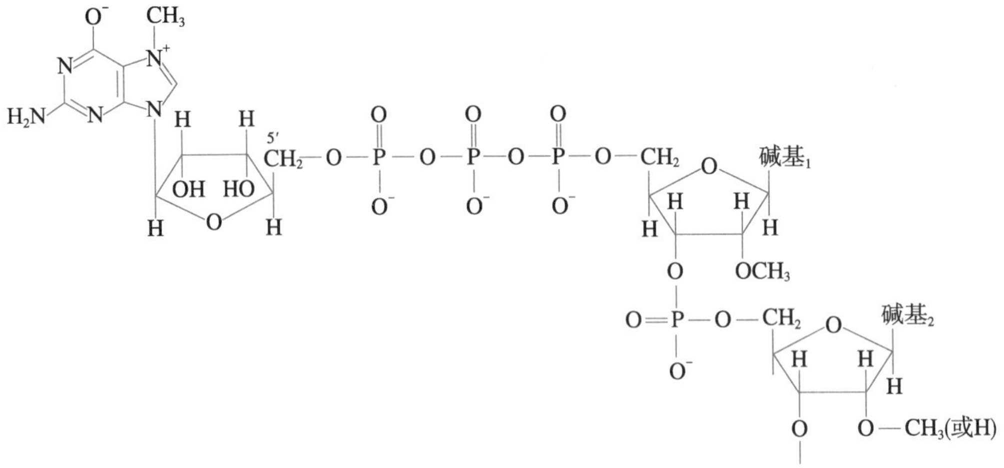

图 2-18 mRNA 的 5′- 帽子结构

酸尾和 5′- 帽子结构共同负责 mRNA 从细胞核向胞质溶胶的转运，维持 mRNA 的稳定性以及翻译起始的调控。

（3）分子中有编码区与非编码区。从 mRNA 分子 5′ 端起的第一个 AUG（起始密码子）开始，每 3 个核苷酸为一组，决定肽链上一个氨基酸，称为三联体密码（triplet code）或密码子（codon），直到终止密码子（UAA、UGA、UAG）结束。位于起始密码子和终止密码子之间的核苷酸序列称为多肽链编码区或开放可读框（open reading frame，ORF）。非翻译区（untranslated region，UTR）位于编码区的两端，即 5′ 端和 3′ 端。5′UTR 是 mRNA 的 5′ 帽子结构到核苷酸序列中第一个 AUG（起始密码子）的核苷酸序列，其长度在不同的 mRNA 中差别很大，5′UTR 有翻译起始信号。3′UTR 是 mRNA 的开放可读框下游一直到 3′ 多聚腺苷酸尾的区域。有些 mRNA 3′ 端 UTR 中含有丰富的 AU 序列，这些 mRNA 的寿命都很短。因此推测 3′ 端 UTR 中丰富的 AU 序列可能与 mRNA 的不稳定性有关（图 2-19）。

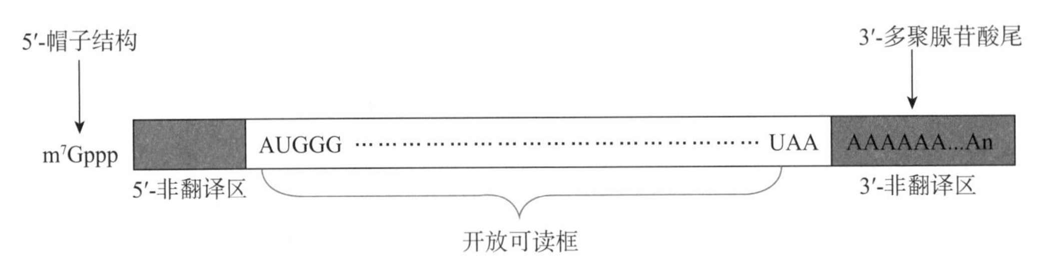

图 2-19 真核生物 mRNA 的一级结构

2．原核生物 mRNA 结构的特点

（1）原核生物 mRNA 往往是多顺反子，即每分子 mRNA 带有编码几种蛋白质的遗传信息（来自几个结构基因）。在编码区的序列之间有间隔序列，间隔序列中含有核糖体识别、结合部位。在 5′ 端和 3′ 端也有非翻译区。

（2）mRNA 5′ 端无帽子结构。

（3）mRNA 一般没有修饰碱基，其分子链完全不被修饰。

（二）tRNA

在蛋白质的合成过程中，tRNA 按照 mRNA 指定的顺序将氨基酸运送到核糖体进行肽链的合成。细胞内 tRNA 种类很多，每种氨基酸至少有一种相对应的 tRNA 与之结合，有些氨基酸可由几种相应的 tRNA 携带。

tRNA 约占总 RNA 的 15%，大部分 tRNA 具有以下共同特征：

（1）tRNA 是单链小分子，由 74 ～ 95 个核苷酸组成（分子量约 25 kDa）。

（2）tRNA 含有稀有碱基，每个分子中有 7 ～ 15 个稀有碱基，包括二氢尿嘧啶（dihydrouracil，DHU）、假尿苷（pseudouridine）（符号记为 Ψ）和甲基化的碱基等，一般的嘧啶核苷以杂环的 N-1 原子与戊糖的 C-1′ 原子连接形成糖苷键，而假尿苷则是杂环的 C-5 原子与戊糖的 C-1′ 原子相连。稀有碱基中有些是修饰碱基，是在转录后经酶促修饰形成的。

（3）tRNA 的 3′ 端都以 CCA 结束，氨基酰 tRNA 连接酶催化氨基酸的 α- 羧基与 tRNA 的 3′ 端 CCA-OH 序列中的腺嘌呤 A 的 C-3 形成酯键，进而生成氨基酰 -tRNA。tRNA 成为了氨基酸的载体，活化的氨基酸用于蛋白质的合成。

（4）tRNA 分子中约半数的碱基通过链内碱基配对互相结合，形成局部的链内双螺旋结构，局部双螺旋以外不能形成碱基互补配对的片段则膨出形成环状结构。这样的结构被称为茎环结构或发夹结构。从而构成 tRNA 的二级结构，形状类似于三叶草，含 4 个环和 4 个臂（图 2-20a）。其中二氢尿嘧啶环（D 环）、D 臂及可变环的碱基数目在不同的 tRNA 分子中有变化，其他一般不变。在 tRNA 第 54 ～ 56 位是 TψC，因而这部分形成的环称为 TψC 环，该处在 tRNA 与 5S rRNA 的结合及维持 tRNA 高级结构中起重要作用。真核生物的起始 tRNA 第 54 ～ 57 位碱基是 AψCG 或 AUCG，而不是通常的 TψCG。氨基酸接受臂由 tRNA 分子的 5′ 端和 3′ 端构成，包含 7 个碱基对和 3′ 端的 4 个核苷酸单链区。tRNA3′ 端 CCA 可结合氨基酸。反密码环由 7 ～ 9 个核苷酸组成，其中中间 3 个碱基构成反密码子（anticodon）。

（5）tRNA 的三级结构呈倒 L 形（图 2-20b）。其中一端是 CCA 末端，结合氨基酸部位；另一端为反密码环；D 环和 TψC 环在倒 L 形的拐角上。维持三级结构的力，除与 DNA 双螺旋结构维持力相同的碱基堆积力和氢键外，还有碱基的非标准配对（如 AA、GG 或 AC 配对）及核糖 -2′- 羟基与其他基团形成的氢键。

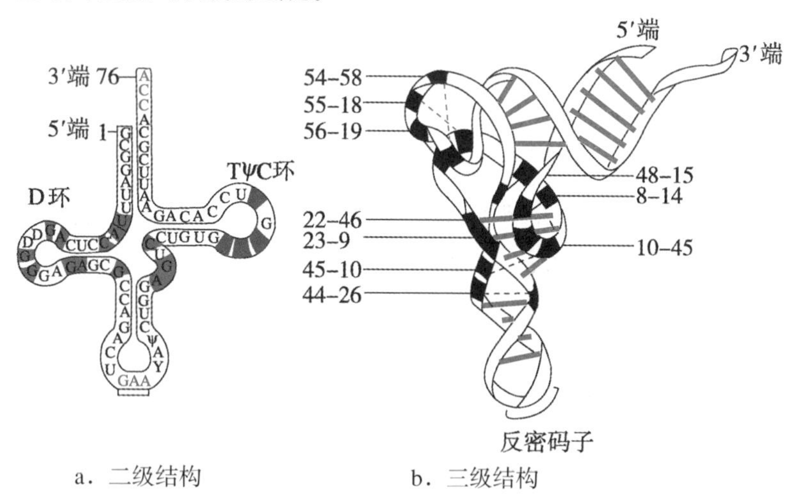

a．二级结构　　b．三级结构

图 2-20　tRNA 的二级结构及三级结构

tRNA 分子某些部位的核苷酸序列非常保守，如 3′ 端的 CCA-OH、TψC、二氢尿嘧啶以及反密码子两侧的核苷酸。这些保守序列位于 tRNA 的二级结构中的单链区，它们参与 tRNA 立体结构的形成及与其他 RNA、蛋白质的相互作用。

（三）rRNA

rRNA 是细胞内含量最丰富的 RNA，占细胞总 RNA 的 80% 以上。它们与蛋白质共同构成超分子结构的核糖体（ribosome）。核糖体是蛋白质合成的场所。

Note

各种原核细胞核糖体的性质及特点极为相似。大肠埃希菌核糖体的分子量约为 2700 kDa，直径约为 20 nm，沉降系数为 70S，由 50S 和 30S 两个大、小亚基组成。真核细胞的核糖体较原核细胞核糖体大得多。真核细胞核糖体的沉降系数为 80S，也由大、小两个亚基构成。40S 小亚基含 18S rRNA 及 33 种蛋白质，60S 大亚基含 3 种 rRNA（28S、5.8S、5S）以及大约 46 种蛋白质。核糖体的这些 rRNA 以及蛋白质折叠成特定的结构，并具有许多短的双螺旋区域（图 2-21）。核糖体在蛋白质合成中起装配机的作用，在此装配过程中，mRNA 或 tRNA 都必须与核糖体中相应的 rRNA 进行适当的结合，氨基酸才能有序地进入特定位点，肽链合成才能启动和延伸。

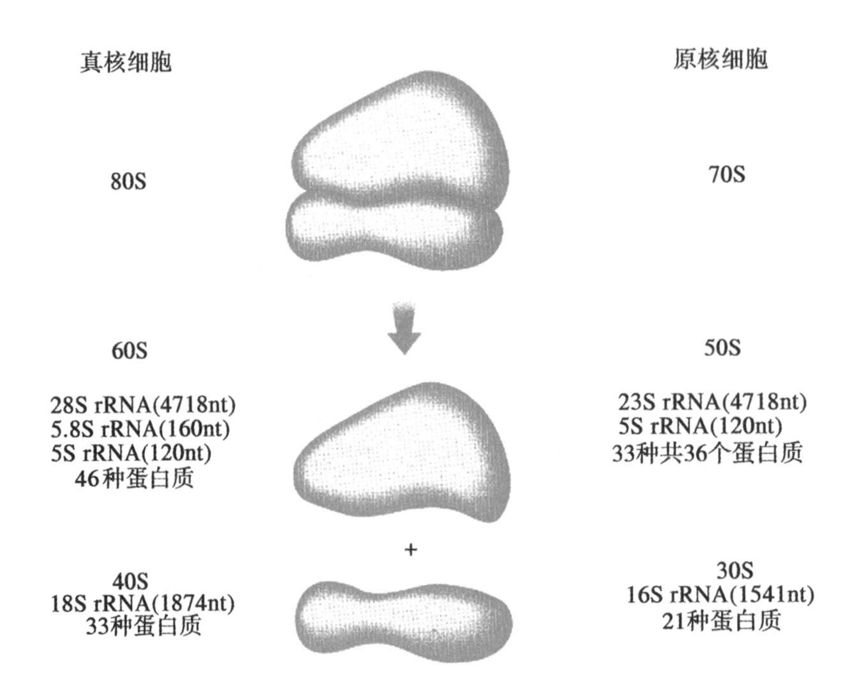

图 2-21　真核细胞和原核细胞核糖体的结构

（四）其他组成性非编码 RNA

1. 催化性小 RNA　T. Cech 和他的同事在研究四膜虫 26S rRNA 的剪接成熟过程中发现，在没有任何蛋白质（酶）存在的情况下，26S rRNA 前体的 414 个碱基的内含子也可以被剪切掉而成为成熟的 26S rRNA。他们进而证实 rRNA 前体本身具有酶样的催化活性，这种具有催化活性的 RNA 被命名为核酶（ribozyme）（详见第三章酶）。

2. 核仁小 RNA（small nucleolar RNA，snoRNA）　定位于核仁，主要参与 rRNA 的加工和 tRNA 的化学修饰。

3. 核内小 RNA（small nuclear RNA，snRNA）　存在于细胞核内，与 20 余种蛋白质形成核小核糖核蛋白颗粒（small nuclear ribonucleoprotein，snRNP）。不同的真核生物中，同源 snRNA 的序列高度保守，由于序列中尿嘧啶含量较高，因此又用 U 命名，称为 U-RNA。U1、U2、U4、U5 和 U6 位于核质内，以 snRNP 的形式识别 hnRNA 上外显子和内含子接点的保守序列，切除内含子，参与真核细胞中 mRNA 的成熟过程。

4. 胞质小 RNA（small cytoplasmic RNA，scRNA）　存在于胞质溶胶中，与蛋白质结合形成胞质内小核蛋白颗粒（small cytoplasmic ribonucleoprotein particle，scRNP），进而发挥特定的生物学功能。例如：scRNA 存在于胞质溶胶中，参与形成信号识别颗粒，引导含有信号肽的蛋白质进入内质网定位合成。

（五）调控性非编码 RNA

1. 长非编码 RNA（long non-coding RNA，lncRNA） 是一种大于 200 个核苷酸的调控性非编码 RNA。lncRNA 位于细胞核或胞质溶胶内，在结构上类似于 mRNA，但序列中不存在可读框，多数由 RNA 聚合酶Ⅱ转录并经可变剪切形成，通常被多聚腺苷酸化。与编码 RNA 相比，lncRNA 序列保守性差，但其分子内部含有一些相对高度保守的区段，这些相对保守的结构区段发挥其广泛的生物学功能。lncRNA 可在多级水平即转录起始、转录后及表观遗传水平调控基因的表达，参与细胞分化、器官形成、胚胎发育、物质代谢等重要生命活动以及某些疾病（如肿瘤、神经系统疾病）的发生和发展过程。

2. 微 RNA（microRNA，miRNA） 是一大家族小分子非编码单链 RNA，长度为 20 ~ 25 个核苷酸，由一段具有发夹结构、长度为 70 ~ 90 个核苷酸的单链 miRNA 前体（pre-miRNA）经 Dicer 剪切后形成。成熟的 miRNA 与其他蛋白质一起组成 RNA 诱导沉默复合物（RNA-induced silencing complex，RISC），通过与其靶 mRNA 分子的 3′ 端非翻译区（3′UTR）互补匹配，抑制该 mRNA 分子的翻译。miRNA 通过下调靶基因的表达实现对靶基因的调控，进而参与细胞的生长、分化、衰老、凋亡、侵袭及迁移等多种过程。

3. 干扰小 RNA（small interfering RNA，siRNA） 分为内源性和外源性。外源性 siRNA 是外源性双链 RNA（double-stranded RNA，dsRNA），在特定情况下通过一定的酶切机制，转变为具有特定长度（21 ~ 23 个核苷酸）和特定序列的小片段 RNA。双链 siRNA 参与 RISC 的组成，与特异的靶 mRNA 完全互补结合，导致靶 mRNA 降解，进而阻断基因表达的过程。这种由 siRNA 介导的基因表达抑制作用被称为 RNA 干扰（RNA interference，RNAi）。miRNA 与 siRNA 具有许多相同之处，但也有明显的区别。这些异同点列于表 2-2。

表 2-2　miRNA 和 siRNA 的比较

特点	miRNA	siRNA
前体	内源性发夹环结构的转录产物	内源或外源双链 RNA 诱导产生
结构	22nt 左右单链分子	22nt 左右双链分子
加工酶	Dicer 或类似 Dicer 的酶复合体	Dicer
功能	抑制翻译	降解 mRNA
作用位点	mRNA 的 3′-UTR	mRNA 的任何部位
靶 mRNA 结合	不需完全互补	需完全互补
生物学效应	调控分化发育过程	抑制转座子活性和病毒感染

知识拓展

RNA 组学

RNA 组学（RNomics）是伴随着对非编码 RNA（non-coding RNA，ncRNA）研究的深入而发展起来的一个新的研究领域。RNA 组学的研究对象包括细胞内各种 ncRNA 的表达、结构与功能。长链非编码 RNA（lncRNA）和短链非编码 RNA（sncRNA）包括：核内小 RNA（snRNA）、胞质小 RNA（scRNA）、核仁小 RNA（snoRNA）、催化性小 RNA（small catalytic RNA）、干扰小 RNA（siRNA）、微 RNA（miRNA）等，均属

Note

于 RNA 组学的研究对象。RNA 组学是后基因组时代重要的科学前沿，它有可能揭示一个全新的由 RNA 介导的遗传信息表达调控网络。已经发现的 lncRNA、miRNA、siRNA 等非编码 RNA 在基因的转录和翻译、细胞分化和个体发育、遗传和表观遗传等生命活动中发挥重要的调控作用，并参与某些疾病的发生、发展过程。因此，RNA 组学研究可以从不同于蛋白质编码基因的角度来注释和阐明人类基因组的结构与功能。同时，基于 RNA 组学研究所获得的新发现将为人类疾病的研究和治疗提供新的技术和思路。1989 年的诺贝尔化学奖和 2006 年的诺贝尔生理学或医学奖分别授予了研究催化性小 RNA（即核酶）的 T.Cech、S.Altman 和发现 siRNA 现象并发展了 RNAi 技术的 A.Fire、C.Mello。

第四节 核酸的理化性质

一、核酸的一般理化性质

核酸为多元酸，具有较强的酸性，在酸性条件下比较稳定，而在碱性条件下容易降解。真核生物的 DNA 和 RNA 都是线性高分子，它们的溶液黏度极大。一般来讲，RNA 分子的长度较 DNA 分子要小得多，RNA 溶液的黏度较 DNA 溶液小。线形高分子 DNA 的黏度极大，在机械力的作用下容易发生断裂。因此在提取完整的基因组 DNA 时，一定要注意保持 DNA 的完整性。RNA 分子远小于 DNA，黏度也比较小，但由于细胞中 RNA 酶的广泛存在，在提取时 RNA 极易发生降解。

二、紫外吸收

核酸所含的嘌呤和嘧啶分子中都含有共轭双键，使核酸分子在 250 ~ 280 nm 紫外波段有光吸收，其最大吸收峰在 260 nm 附近（图 2-22），这个性质可用于核酸的定量测定。核酸在 260 nm 的吸光度（absorbance at 260 nm，A_{260}）可以判断核酸溶液的浓度。当 A_{260} = 1.0 时，溶液中所含的核酸量对单链 DNA、双链 DNA、RNA 以及寡核苷酸溶液浓度均有所不同。例如，A_{260} = 1.0 相当于 50 μg/ml 的双链 DNA、40 μg/ml 的 RNA 或单链 DNA、20 μg/ml 的寡核苷酸。根据 260 nm 和 280 nm 光吸收值的比值（A_{260}/A_{280}）可以判断核酸样品的纯度，纯 DNA 样品 A_{260}/A_{280} 应为 1.8，而纯 RNA 样品 A_{260}/A_{280} 应为 2.0。

三、变性、复性与核酸杂交

（一）变性

在某些理化因素（温度、pH、离子强度、有机溶剂等）的影响下，DNA 双螺旋之间的氢键断裂、碱基堆积力被破坏，DNA 双链解离成为两条单链，这一现象称为变性（denaturation）（图 2-23）。DNA 变性只涉及二级结构的改变——双螺旋的解体，不涉及一级结构的改变。

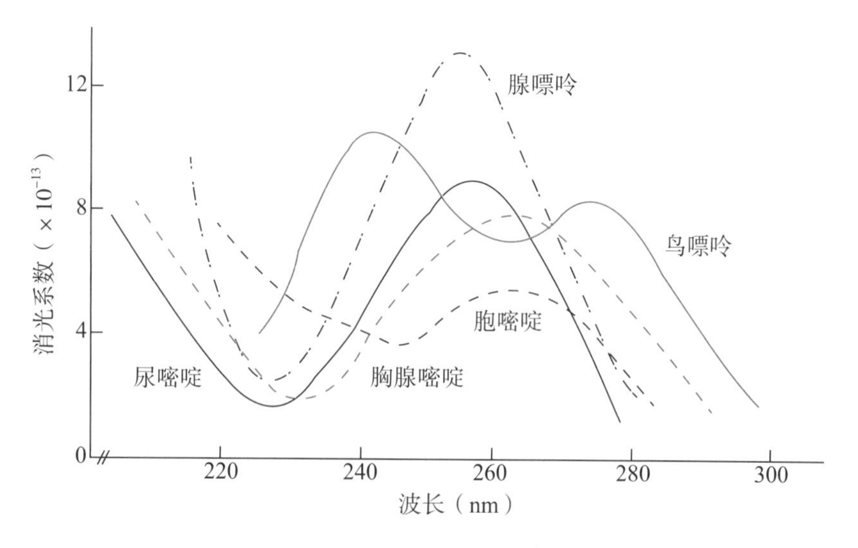

图 2-22 各种碱基的紫外吸收光谱

DNA 变性时，DNA 分子内部的氢键断裂，碱基堆积力遭到破坏，但 3′, 5′- 磷酸二酯键并未断裂。DNA 变性不同于 DNA 一级结构破坏引起的 DNA 降解过程。

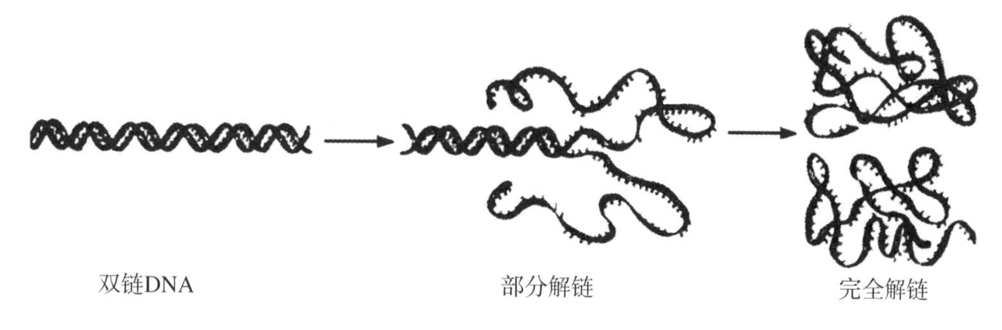

图 2-23 DNA 解链过程

DNA 变性常伴随一些理化性质的改变，如黏度降低，浮力、密度、A_{260} 增加。在 DNA 变性过程中，包埋在双螺旋内部的碱基充分暴露，使得 DNA 在 260 nm 处的吸光度增加，这种现象称为增色效应（hyperchromic effect）（图 2-24）。增色效应是检测 DNA 变性的一个最常用的指标。

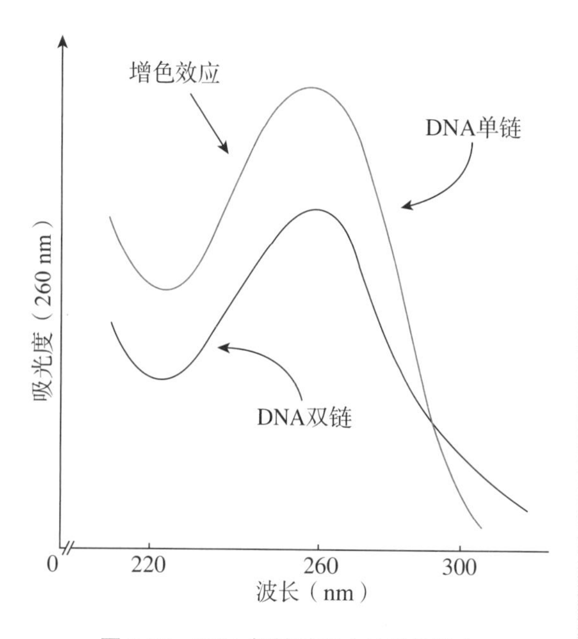

图 2-24 DNA 解链过程中的增色效应

加热是实验室常用的 DNA 变性的方法之一，DNA 的变性从开始解链到完全解链，是在一个相当狭窄的温度范围内完成的。在 DNA 解链过程中，260 nm 吸光度的变化达到最大变化值的一半时所对应的温度称为 DNA 的解链温度（melting temperature），解链温度可用 T_m 表示（图 2-25）。当温度达到解链温度时，DNA 分子内 50% 的双螺旋结构被破坏。T_m 值与 DNA 的长度、GC 含量、离子强度等有关。GC 含量越高，T_m 值越高；离子强度越

Note

高，T_m 值越高；DNA 分子越长，T_m 值越高。T_m 值可以根据 DNA 的长度、GC 含量以及离子浓度来进行估算。

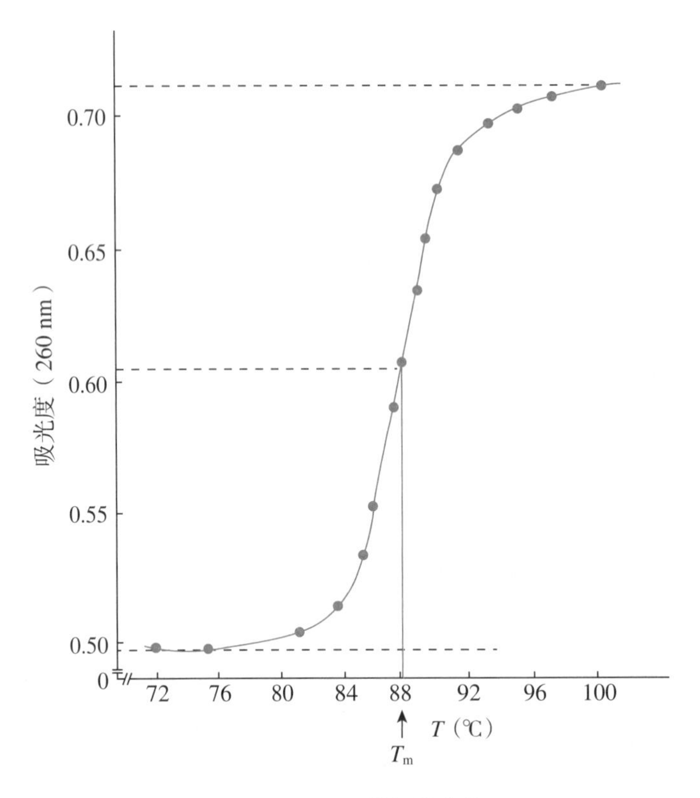

图 2-25 DNA 的解链曲线

（二）复性

DNA 的变性是一个可逆的过程。在适宜的条件下，两条解离的 DNA 按照碱基互补配对重新形成双链，恢复原有的双螺旋结构。这一过程称为复性（renaturation）。例如：热变性的 DNA 经过缓慢降温后可以复性，这一过程称为退火（annealing），复性过程的发生主要与温度、盐浓度以及两条链之间碱基互补的程度有关。降温过快，来不及复性，形成无规线团，因此，将热变性的 DNA 迅速降温到 4 ℃以下，DNA 几乎不能发生复性，这一特性被用于保持 DNA 的变性状态。DNA 最适复性温度一般比 T_m 低 20 ~ 25 ℃。DNA 复性时，两条单链重新按照碱基配对的方式形成双螺旋结构，大量碱基被包埋在螺旋的内侧，导致 A_{260} 吸光度减小，这一现象称为减色效应（hypochromic effect）。减色效应可以用于检测 DNA 的复性程度。

（三）核酸杂交

复性作用表明变性分开的两个互补序列之间的反应。复性的分子基础是碱基配对。因此，不同来源的 DNA 单链或者 RNA 单链混合在一起，只要这两种核酸单链之间存在一定程度的碱基互补关系，就可能形成异源双链体（heteroduplex），这个过程称为核酸杂交（nucleic acid hybridization）（图 2-26）。这种异源双链体可能由两条不同来源的 DNA 单链、一条 DNA 单链与一条 RNA 单链、两条 RNA 单链之间形成。常见的核酸杂交技术有 DNA（Southern）印迹法、RNA（Northern）印迹法、原位杂交、基因芯片等。这类技术被广泛应用于基因诊断、基因治疗、研究 DNA 片段在基因组中的定位、鉴定核酸序列的相似性、检测靶基因的存在等。通常情况下，应用核酸杂交技术时需要探针。探针是用放射性核素、荧光物质等标记的已知序列的核酸片段。通过待测核酸分子与探针的杂交反应，就可以确定待测核酸是否含有与探针相同或互补的序列。

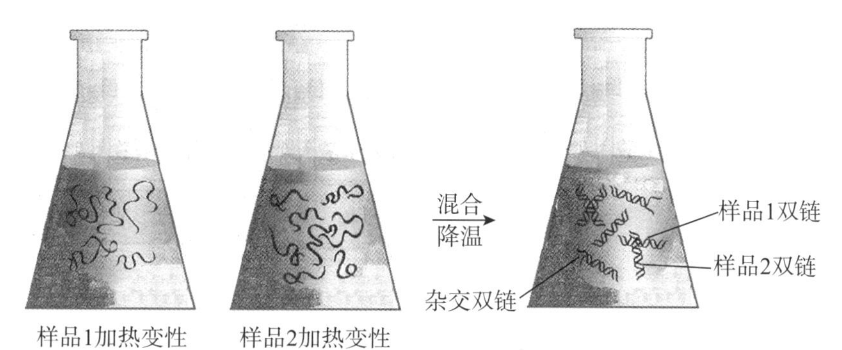

图 2-26　核酸杂交

思 考 题

1. 比较 RNA 和 DNA 在结构上的异同点。
2. 简述 DNA 双螺旋结构模型的要点及其与 DNA 生物学功能的关系。
3. 简述 RNA 的种类及其生物学作用。
4. 比较 hnRNA 与 mRNA 在结构上的异同点。
5. 小分子非编码 RNA 包括哪些?
6. 什么是解链温度? 影响解链温度的因素有哪些?
7. 简述核酸杂交的基本原理。

（王海生）

第三章

酶

第三章数字资源

第一节 概 述

生物体内的新陈代谢是由一系列复杂而有序的化学反应完成的。生命存在的基本条件之一就是能够有选择地、有效地进行化学反应。这些化学反应在体外进行时需要高温、高压、强酸、强碱等剧烈的条件；而在生物体内温和的环境下，几乎所有的反应都需要催化剂的作用，这些催化剂被称为生物催化剂。酶（enzyme）是生物体内催化各种代谢反应的生物催化剂。酶的研究历史已有 150 余年。随着近些年生产实践和科学研究的进展，人们发现了一些新的生物催化剂，如核酶（ribozyme）和抗体酶（abzyme）。人工合成的生物催化剂（如模拟酶和人工酶）也相继问世，极大地丰富了原有生物催化剂的概念。传统意义上的天然酶仍是机体内物质代谢最重要的生物催化剂，生命活动离不开酶。酶的存在及其活性的调节是生物体能够进行物质代谢和生命活动的必要条件，也是许多疾病治疗的基础。

一、酶的化学本质

酶是指自然界存在的或人工合成的能够催化特定化学反应的蛋白质。也有学术观点认为酶的组成除催化性蛋白质外，还应包括催化性的 RNA（核酶）等生物催化剂。通常酶催化的化学反应称为酶促反应（enzymatic reaction）。在酶促反应中，被酶催化发生化学变化的物质称为底物（substrate），反应后生成的物质称为产物（product）。

二、生物体内酶以多种形式存在并发挥作用

生物体内酶以多种形式发挥作用，包括单体酶、寡聚酶、多酶复合物以及多功能酶等。有些酶只由一条多肽链组成，这类酶称为单体酶（monomeric enzyme），如核糖核酸酶、溶菌酶。而有些酶是由多个相同或不同的亚基组成的，称为寡聚酶（oligomeric enzyme），如蛋白质激酶 A、乳酸脱氢酶。生物体代谢途径是由许多酶通过连续催化完成的，这些催化不同化学反应，但功能相关、彼此嵌合在一起的酶，称为多酶复合物（multienzyme complex）或多酶体系（multienzyme system）。例如，催化丙酮酸脱氢反应的丙酮酸脱氢酶复合物就是由 3 种酶和 5 种辅酶组成的多酶复合物（详见第四章糖代谢）。组成多酶复合物的酶通常由不同基因编码而来。此外，有些酶在进化过程中由于基因融合，多种催化功能相关的酶融合成一条多肽链，这类酶称为多功能酶（multifunctional enzyme），一个多功能酶可以有多个酶的活性中心，分别

催化不同的化学反应，增大反应效率。如哺乳动物参与脂肪酸合成代谢的脂肪酸合酶，即是7种具有不同催化功能的酶融合在一条多肽链中形成的多功能酶（详见第五章脂质代谢）。

三、酶的分子结构与功能密切相关

（一）按分子组成酶可分为单纯酶和结合酶两大类

1．单纯酶（simple enzyme） 是指分子组成中仅含有蛋白质的酶，如脲酶、核糖核酸酶、一些消化酶和淀粉酶。单纯酶仅由氨基酸按一定排列顺序组成，没有非蛋白质成分。

2．结合酶（conjugated enzyme） 是指除蛋白质部分外，还含有非蛋白质部分的酶。其中，蛋白质部分称为脱辅基酶（apoenzyme），非蛋白质部分称为辅因子（cofactor），酶蛋白与辅因子结合后所形成的复合物称为全酶（holoenzyme）。结合酶在催化化学反应时，只有全酶具有催化作用，酶蛋白和辅因子各自单独存在时，均无催化活性。酶蛋白的主要功能是决定酶促反应的特异性及其催化机制，多数辅因子的主要功能是决定反应的性质与类型。结合酶的辅因子包括小分子有机物质和金属离子。其中小分子有机物质被称为辅酶（coenzyme）。有些辅酶和金属离子与酶蛋白牢固结合，甚至与酶蛋白共价结合，符合结合蛋白质中辅基的结构特点，因此也属于辅基（prosthetic group）。辅基不能用透析等简单的物理方法除去，在反应中不能离开酶蛋白，如黄素腺嘌呤二核苷酸（FAD）、黄素单核 苷酸（FMN）及生物素。小分子有机化合物组成的辅酶列于表3-1。

表3-1　小分子有机化合物组成的辅酶

辅酶	缩写名	转移基团	所含维生素成分
焦磷酸硫胺素	TPP	羰基	维生素 B_1
黄素腺嘌呤二核苷酸	FAD	氢原子	维生素 B_2
黄素单核苷酸	FMN	氢原子	维生素 B_2
辅酶Ⅰ / 辅酶Ⅱ	NAD^+/$NADP^+$	H^+、电子	尼克酰胺
辅酶A	CoASH	酰基	泛酸
磷酸吡哆醛		氨基	维生素 B_6
辅酶 B_{12}		氢原子、烷基	维生素 B_{12}
生物素		CO_2	生物素
四氢叶酸	FH_4	一碳单位	叶酸
硫辛酸		酰基	硫辛酸
辅酶Q	CoQ	氢原子	辅酶Q

辅酶结构中常含有某种B族维生素的衍生物或卟啉物质等小分子有机化合物，在酶促反应中起着传递某些化学基团、电子或原子的作用。虽然体内结合酶很广泛，但辅酶的种类却有限，通常一种辅酶可与多种不同的酶蛋白结合，形成多种特异性的酶，以催化不同的化学反应。例如，B族维生素烟酰胺（尼克酰胺）所构成的辅酶Ⅰ（NAD^+，烟酰胺腺嘌呤二核苷酸）可作为L-乳酸脱氢酶、醇脱氢酶、L-谷氨酸脱氢酶等多种脱氢酶的辅酶，其结合不同的酶蛋白组分，从而形成发挥不同催化作用的特异性结合酶。

以金属离子为辅因子的酶有两类。一类是金属离子与酶结合紧密，在纯化过程中金属离子一直与酶蛋白结合，多称为金属酶（metalloenzyme），如羧基肽酶含 Zn^{2+}、固氮酶含钼离子（Mo^{3+}）；另一类为金属激活酶（metal activated enzyme），需加入金属离子方具有酶活性，金属离子与酶蛋白结合不牢固，纯化过程中易丢失，如各种激酶催化反应必须有 Mg^{2+} 的存在。金属离子大多参与构成结合酶的辅基，如 Zn^{2+} 为胰凝乳蛋白酶的辅基、K^{+} 为丙酮酸激酶的辅基。它们在酶促反应中所起的作用有如下几个方面。①维持酶分子的活性构象：金属离子与酶蛋白结合成活性构象的复合物后，才具有催化作用。如谷氨酰胺合成酶需二价的金属离子方能有稳定的活性构象。②传递电子：酶催化的氧化还原反应中，金属离子通过它本身的电子得失而传递电子，如各种细胞色素中的 Fe^{3+}/Fe^{2+} 与 Cu^{2+}/Cu^{+}。③在酶与底物之间以及底物与底物之间起桥梁作用：金属离子带有较多正电荷，能同时与两个或多个配基结合，使底物反应趋于定向；另外，金属离子也是将酶与底物连接起来的中介离子，如各种激酶依赖 Mg^{2+} 与 ATP 结合，再发挥作用。④利用离子的电荷影响酶的活性：中和电荷，降低反应中静电排斥作用等。

（二）酶的活性中心是酶分子执行其催化功能的部位

1．必需基团是与酶活性密切相关的化学基团 酶是具有一定空间构象的大分子物质，虽然酶分子中有大量不同氨基酸残基的化学基团，但其中只有一小部分基团与酶的催化活性直接相关。将酶分子中与酶活性密切相关的化学基团称为必需基团（essential group）。常见的必需基团有组氨酸残基的咪唑基、丝氨酸残基的羟基、半胱氨酸残基的巯基及谷氨酸残基的 γ- 羧基等。

2．酶的活性中心能够特异性结合并催化底物 某些必需基团在一级结构上可能相隔甚远，但在空间结构上十分接近，构成特定的具有三维结构的区域，能够特异地结合底物并催化底物转变为产物，这一区域称为酶的活性中心（active center）或活性部位（active site）。必需基团有的位于活性中心内，有的位于活性中心外。活性中心内的必需基团分为结合基团（binding group）和催化基团（catalytic group）。其中结合基团的作用是识别底物并与之专一性结合，形成酶 - 底物复合物，决定酶的专一性；催化基团负责催化底物键的断裂和形成新键，使底物发生化学反应转变为产物。在结合酶中，辅酶与金属离子也常参与活性中心的组成。例如，羧肽酶（carboxypeptidase，CP）是一类肽链端水解酶，作用于肽链的游离羧基末端，释放单个氨基酸，酶活性与锌离子有关。生物体内羧肽酶可分为 A、B、C 及 Y 四类，其中羧肽酶 A 水解由芳香族或中性脂肪族氨基酸，如酪氨酸、苯丙氨酸、丙氨酸形成的羧基末端。其反应式如下：

$$-\text{NH}-\text{CHR}-\text{CO}-\text{NH}-\text{CH}(\text{CH}_2\text{C}_6\text{H}_4\text{OH})-\text{COO}^- + \text{H}_2\text{O} \xrightarrow{\text{羧肽酶}} -\text{NH}-\text{CHR}-\text{COO}^- + {}^{+}\text{H}_3\text{N}-\text{CH}(\text{CH}_2\text{C}_6\text{H}_4\text{OH})-\text{COO}^-$$

如图 3-1 所示，羧肽酶 A 的活性中心主要是由 Arg^{145}、Tyr^{248} 以及 Zn^{2+}、His^{196}、Glu^{72}、His^{69} 所组成的特定狭小的空间结构，结合底物并催化底物释放游离的羧基末端氨基酸。当底物多肽链进入羧肽酶 A 活性中心部位时，Arg^{145} 的侧链移动，与带负电的羧基端形成离子相互作用，底物的疏水残基落入活性中心疏水“口袋”中。在羧肽酶 A 的催化部位，Zn^{2+} 与 His^{196}、Glu^{72} 及 His^{69} 结合，再逐步完成肽链羧基末端氨基酸的水解。

酶的活性中心对维持酶的活性至关重要，当酶蛋白变性时，活性中心被破坏，酶的催化活性也因此而丧失。

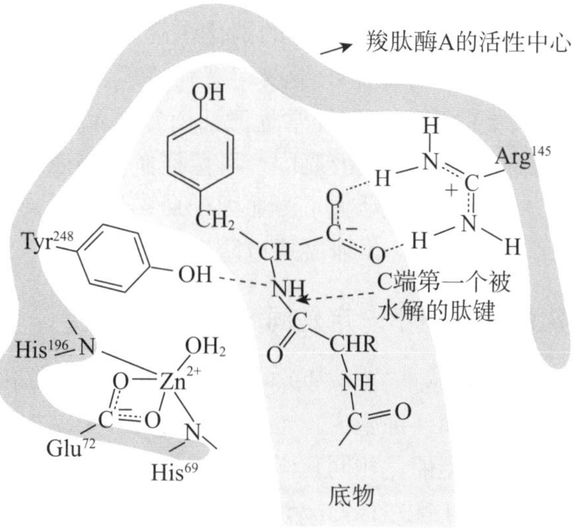

图 3-1　羧肽酶 A 的活性中心

酶活性中心以外的必需基团虽然不直接参与催化作用，但却为维持酶活性中心的空间构象所必需。酶分子中，除活性中心外的其他结构也具有重要的作用，它们不仅是维系活性中心三维结构的骨架，有的还具有调节区，使酶活性可受某些因子的正、负调控。

（三）酶原是酶的前体形式，激活后才具有活性

1．酶原是酶的前体形式　多数酶合成时即具有活性，但有少部分酶在细胞内初合成时并无活性，这类无活性的酶的前体，称为酶原（proenzyme，zymogen）。当酶原到达特定部位和在特定环境时，在蛋白酶等的作用下，经过一定的加工剪切，肽链重新盘绕折叠，蛋白质空间构象改变，形成或暴露酶的活性中心。这种由无活性的酶前体转变成有活性的酶的过程，称为酶原激活。例如，胰腺 α 细胞合成的胰凝乳蛋白酶原并无蛋白水解酶的活性，但当它被分泌进入小肠后，在胰蛋白酶等因素的作用下，Arg^{15} 与 Ile^{16} 之间的肽键断裂，生成具有活性的 π- 胰凝乳蛋白酶，但性质极不稳定。通过进一步自身激活，中间切除两段二肽（14 ~ 15 及 147 ~ 148），形成三条肽段（1 ~ 13，16 ~ 146 及 149 ~ 245），重新折叠盘绕成有活性的 α- 胰凝乳蛋白酶，这是因为将催化基团 Ser^{195}、His^{57} 及 Asp^{102} 等集中靠拢，形成了活性中心（图 3-2）。

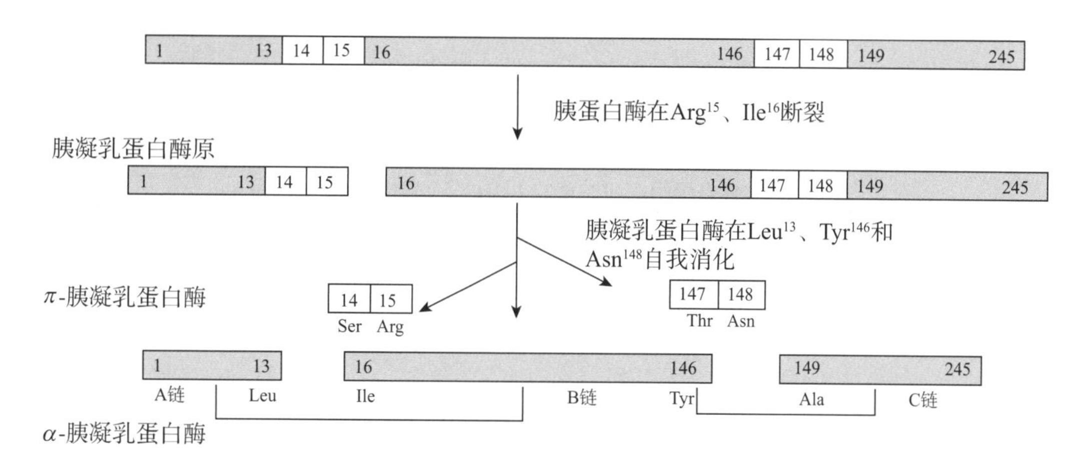

图 3-2　胰凝乳蛋白酶原的激活过程

Note

2．酶原激活具有重要的生理意义 酶原激活一方面保证组织和细胞本身的蛋白质不致因酶的催化而破坏；另一方面保证合成的酶在特定部位和环境中发挥其生理作用。例如胰腺合成胰凝乳蛋白酶是为了帮助肠中食物蛋白质的消化水解。设想在胰细胞中胰凝乳蛋白酶刚合成时就具有活性，则将使胰腺本身的组织蛋白均遭到破坏。急性胰腺炎就是因为存在于胰腺中的胰凝乳蛋白酶原及胰蛋白酶原等被异常地激活所致。又如，在正常生理情况下，血管内虽有凝血酶原，但不被激活，不发生血液凝固，可保证血流畅通。一旦血管破裂，血管内皮损伤，暴露的胶原纤维所含的负电荷就活化了凝血因子Ⅻ，进而将凝血酶原激活成凝血酶，后者催化纤维蛋白原转变为纤维蛋白，产生血凝块以防出血不止。

（四）具有相同催化作用的酶不一定是同一种蛋白质

1．同工酶催化相同的化学反应 在体内，并非所有具有相同催化作用的酶都是同一种蛋白质。在不同的器官中，甚至在同一细胞内，也常含有几种分子结构不同、理化性质迥异但却可催化相同化学反应的酶。将这类催化相同化学反应，但酶蛋白的分子结构、理化性质和免疫学特性各不相同的一组酶称为同工酶（isoenzyme）。同工酶存在于同一种属的不同个体、同一个体的不同组织、同一细胞的不同亚细胞结构或细胞的不同发育阶段。同工酶的存在使不同组织和生命发育的不同阶段同工酶基因表达得到精细调节，合成亚基的种类和数量也不同，以形成不同的同工酶谱。例如，乳酸脱氢酶（lactate dehydrogenase，LDH）主要参与糖代谢，催化乳酸生成丙酮酸，或可逆性催化丙酮酸生成乳酸。LDH 同工酶是由 4 个亚基组成的蛋白质。亚基有两种基本类型：一种主要分布在心肌中，称为 H 亚基；另一种则分布于骨骼肌及肝中，称为 M 亚基。存在于心肌中的 LDH 主要由 4 个 H 亚基构成 LDH_1，LDH_1 对乳酸的亲和力大，适合于有氧环境，可以从血液中获取乳酸作为心肌的能源；存在于骨骼肌及肝中者则主要由 4 个 M 亚基构成 LDH_5（M_4），LDH_5 对丙酮酸的亲和力大，肌肉可以在无氧条件下还原丙酮酸，将其生成乳酸释放入血。不同的组织中所存在的 LDH，其 H 亚基及 M 亚基的组成比例各有不同，可组成 LDH_1（H_4）、LDH_2（H_3M）、LDH_3（H_2M_2）、LDH_4（HM_3）及 LDH_5（M_4）5 种 LDH 同工酶（图 3-3）。这一次序也是它们向电泳正极泳动速度递减的顺序，可借以鉴别 5 种同工酶。5 种 LDH 同工酶在各器官中的分布和含量不同，各组织和器官都有其各自特定的分布酶谱（表 3-2）。

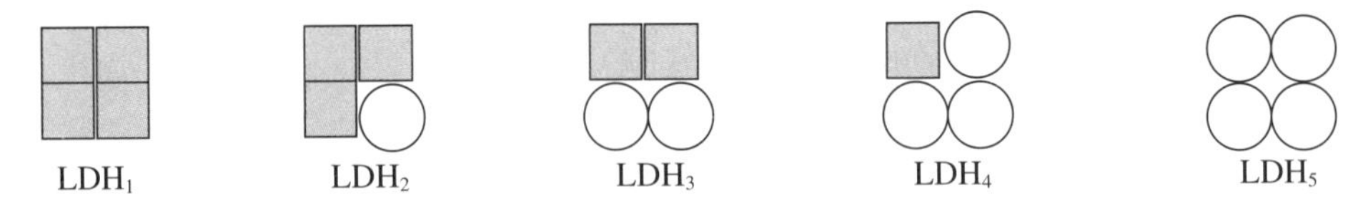

图 3-3 乳酸脱氢酶的同工酶组成
□．H 亚基；○．M 亚基

表 3-2 人体各个组织和器官的 LDH 同工酶谱（活性，%）

LDH 同工酶	血清	骨骼肌	心肌	肝	肺
LDH_1（H_4）	27.1	0	73	2	14
LDH_2（H_3M）	34.7	0	24	4	34
LDH_3（H_2M_2）	20.9	5	3	11	35
LDH_4（HM_3）	11.7	16	0	27	5
LDH_5（M_4）	5.7	79	0	56	12

2．同工酶具有重要的临床意义　当组织细胞病变时，该组织细胞特异的同工酶可释放入血。血清同工酶活性和同工酶谱分析有助于对疾病的诊断。肌酸激酶（creatine kinase，CK）是由 M 型和 B 型亚基组成的二聚体酶，有 3 种同工酶，分别为 CK_1、CK_2 和 CK_3，分别主要存在于脑、心肌和骨骼肌中。心肌梗死 3 ~ 6 h 后，血清中 CK_2 活性升高，24 h 达到高峰，3 d 才恢复至正常水平。所以，血清肌酸激酶同工酶谱是早期诊断心肌梗死的可靠生化指标。心肌也富含 LDH_1，当急性心肌梗死或心肌细胞损伤 24 h 后，血清 LDH_1 活性才出现增高，所以 LDH_1 的诊断敏感性不如 CK_2，但其酶活性增高在血清中维持时间较长。另外，心肌梗死 12 h 后，血清谷草转氨酶（glutamic-oxaloacetic transaminase，GOT）[又称天冬氨酸转氨酶（aspartate aminotransferase，AST）] 活性也出现明显增高（图 3-4)，此酶将在第七章详细介绍。

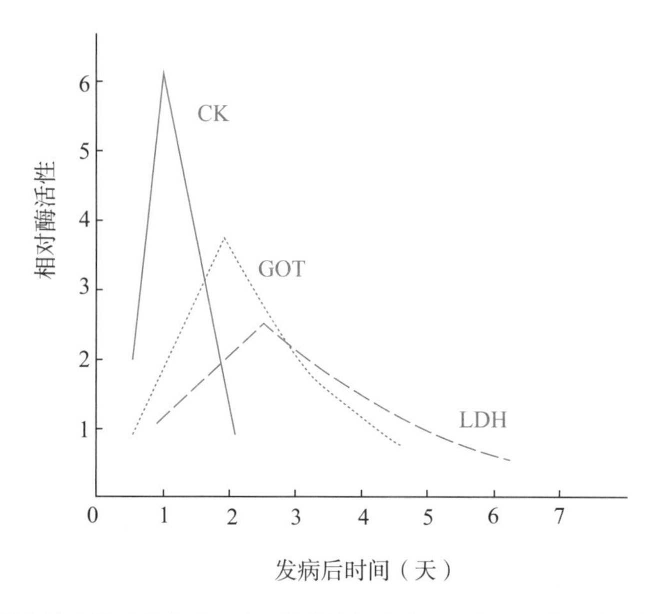

图 3-4　心肌梗死后血清中肌酸激酶（CK）、谷草转氨酶（GOT）以及乳酸脱氢酶（LDH）活性变化

第二节　酶促反应的特点

酶作为一类生物催化剂，既遵守一般催化剂的共同规律，又有其独特的特点。

一、酶与一般催化剂具有催化共性

酶只能催化热力学允许进行的反应，在反应前后酶的质和量不会发生变化。酶的作用只能使反应到达平衡点的速度加快，即加速反应进程，而不能改变反应的平衡点。这些都是酶与一般催化剂的相同之处。

二、酶具有自己独特的催化特点

（一）酶具有高效率的催化性

酶可将反应速率提高 10^5 ~ 10^{17} 倍。碳酸酐酶可催化 H_2CO_3 分解生成 H_2O 和 CO_2，其加速反应的数量级可达 10^7（表 3-3）。一般来说，酶的催化效率可以用催化常数（catalytic constant）来表示。催化常数又称转换数（turnover number）。酶的催化常数是指在酶被底物饱和条件下，每个酶分子每秒可催化底物转变为产物的分子数。碳酸酐酶的催化常数可以达到 4×10^5/s。酶的高效催化性是通过其降低反应所需的活化能（activation energy）实现的。

任何热力学允许的化学反应均有自由能的改变。如图 3-5 所示，在反应体系中，底物处于基态，所含自由能平均水平较低，很难发生反应。只有将底物转化为高能的中间产物，即过渡态（transition state）时，才有可能发生化学反应，而过渡态中间产物比基态底物高出的能量即为活化能。酶能够比一般催化剂更有效地降低反应的活化能。当酶活性中心以次级键（氢键、离子相互作用、疏水效应）与底物结合时，形成了过渡态中间产物酶 - 底物复合物（enzyme-substrate complex，ES），释放出能量（即结合能），每形成 1 个次级键，可以释放 4 ～ 30 kJ/mol 的能量，该能量可以抵消部分活化能，这是酶促反应降低活化能的主要能量来源。通过降低活化能，更多的底物分子可以进入过渡态，从而提高反应速率。

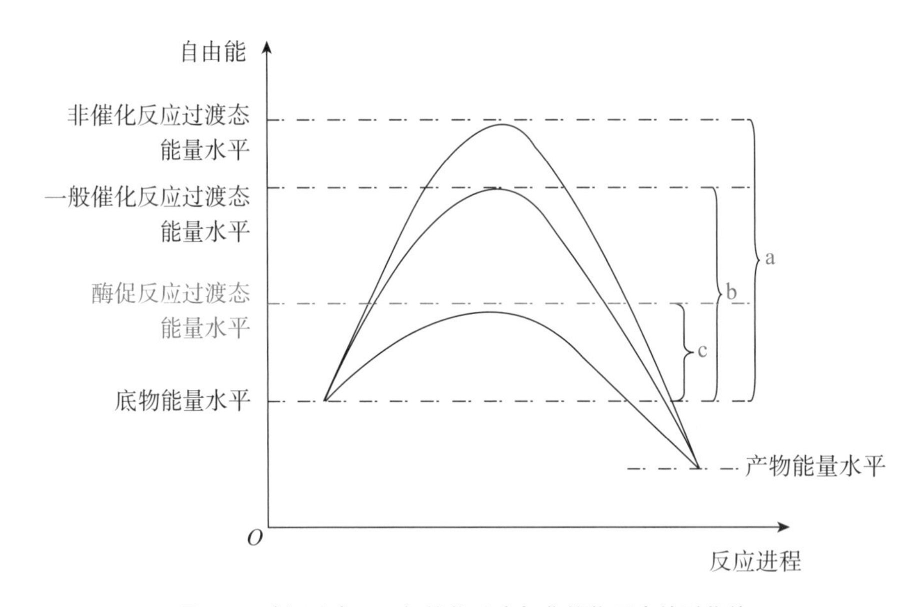

图 3-5 酶促反应、一般催化反应与非催化反应的活化能

表 3-3 酶提高反应速率的数量级

酶	反应速率的数量级
碳酸酐酶	10^7
磷酸葡萄糖变位酶	10^{12}
琥珀酰辅酶 A 转移酶	10^{13}
脲酶	10^{14}

（二）酶具有高度的特异性

与一般催化剂不同，酶对其所催化的底物具有严格的选择性。一种酶只作用于一种或一类化合物，进行特定的化学反应，生成特定的产物，这种现象称为酶特异性（enzyme specificity）。根据酶对底物结构要求的严格程度不同，酶的特异性可大致分为以下 3 种类型。

1. 绝对特异性 有的酶只能作用于特定结构的底物，进行一种专一的反应，生成一种特定结构的产物，称为绝对特异性（absolute specificity）。如脲酶只能催化尿素水解为 CO_2 和 NH_3。

2．相对特异性（relative specificity） 是指某种酶可作用于一类化合物或一种化学键，如磷酸酶能催化一般的磷酸酯的酯键水解，无论是甘油磷酸酯、葡萄糖磷酸酯，还是酚磷酸酯，其水解速度当然会有所差别；蔗糖酶对蔗糖和棉子糖中的同一种糖苷键都具有水解作用。

3．立体异构特异性（stereospecificity） 是指酶对底物的立体异构体具有严格的选择性，只能与立体异构体中的一种类型发生反应。例如，延胡索酸酶只能对反 - 丁烯二酸（延胡索酸）发挥作用生成苹果酸，对顺 - 丁烯二酸则无作用。所以，延胡索酸酶为具有立体异构特异性的酶。又如，体内代谢氨基酸的酶绝大多数只能作用于 L- 氨基酸，而不能作用于 D- 氨基酸。

（三）酶的活性具有可调性

酶的活性和含量受代谢物或激素的调节。例如，ATP 可别构激活糖原合酶，而 AMP 可别构抑制糖原合酶，胰高血糖素可以抑制糖原合酶的活性。酶蛋白的合成可以被诱导或阻遏，从而影响体内酶的含量，例如糖皮质激素对磷酸烯醇式丙酮酸羧激酶的诱导作用、胆固醇对羟甲基戊二酰辅酶 A 的阻遏作用。机体通过对酶活性和含量的调节来调控体内的代谢，进而适应内、外环境的变化。

（四）酶具有不稳定性

酶蛋白在某些物理因素（如高温、紫外光）和化学因素（如强酸、强碱）的作用下极易发生变性而失去催化活性，故很不稳定。这与酶的温和的反应环境（常温、常压、pH 接近中性）相适应。

第三节　酶促反应的机制

酶通过促进底物形成过渡态来提高反应速率，但以何种方式实现其高效催化作用，迄今尚未完全阐明。不同的酶，其催化作用的机制各不相同，可能分别受一种或几种因素的影响。

一、酶与底物作用的诱导契合学说

研究发现，酶在与底物结合之前，酶分子的构象与其所催化的底物结构并非完全吻合。当与底物分子结合时，酶与底物的结构相互诱导、相互形变、相互适应，进而使酶活性中心与底物紧密结合，这就是诱导契合学说（induced-fit theory）（图 3-6）。换句话说，酶分子的构象与底物的结构原来并不完全吻合，只有当底物与酶接近时，结构上才相互诱导适应，更紧密地多点结合，此时酶与底物均有形变。同时，酶在底物的诱导下，其活性中心进一步形成，并与底物受催化攻击的部位密切靠近，易于反应。这种诱导契合作用还可使底物处于不稳定的过渡态，易受酶的催化攻击。

在设计酶的抑制剂时，最有效的与酶有高度亲和力的抑制剂莫过于过渡态类似物（transition state analogue），这为药物设计（包括解毒剂的设计）开辟了一个新的方向。

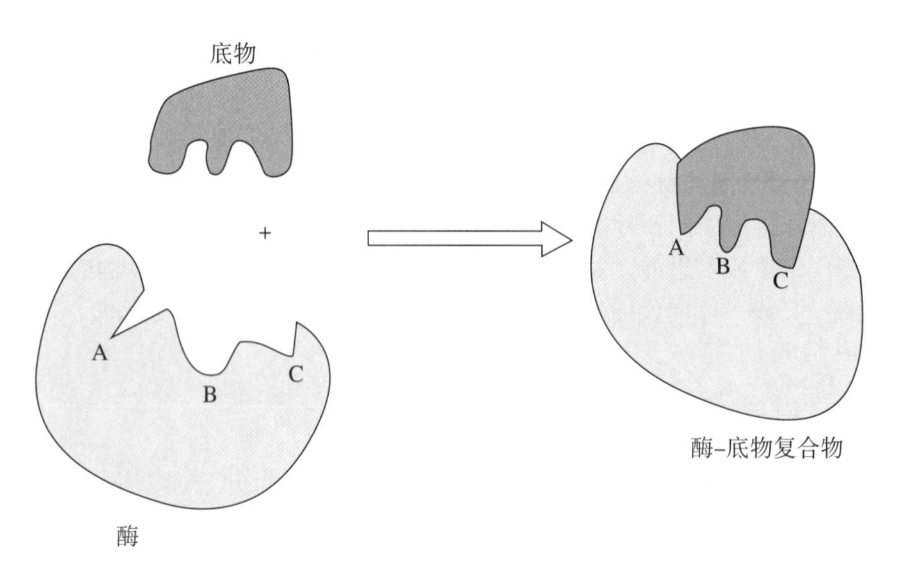

图 3-6 酶与底物的诱导契合模型

二、酶与底物作用的邻近效应及定向排列

在溶液中，通常底物之间碰撞到一起的机会较少，分子之间必须接触后才能进行反应，而进行反应又需要有一定的接触时间，常常反应还来不及进行，底物又匆匆分开了。但在酶的帮助下，底物可聚集到酶分子的表面，使底物的局部浓度得到极大提高。结合在酶分子表面的底物分子有充裕的时间进行反应，这就是邻近效应（proximity effect）。邻近效应实际上是将分子间的反应变成类似于分子内的反应，可提高催化效率。当底物与酶结合时，其受催化攻击的部位定向地对准酶的活性中心，使酶的活性中心易于诱导底物分子中的电子轨道按有利于反应的方式排列，这被称为定向排列（orientation）。正确的定向排列在游离的反应物之间很难形成，而当反应体系由分子间反应变成分子内反应时，这种定向排列便可以形成，因此提高了催化效率。

三、酶与底物作用的表面效应

酶的活性中心疏水性氨基酸较丰富，常形成疏水性“口袋”。底物与酶的结合，消除了周围大量水分子对底物和酶的功能基团的干扰性吸引或排斥，阻碍了底物与水的结合，导致底物分子去溶剂化（desolvation），防止水化膜形成，这种现象称为表面效应（surface effect）。

四、酶与底物作用的多元催化作用

1．一般酸碱催化作用（general acid-base catalysis） 酶分子中含有多种功能基团，其解离常数不同，解离程度不一。同种功能基团在不同微环境下解离程度也会发生变化。酶活性中心的基团有些是酸性基团（质子供体），有些是碱性基团（质子受体），它们参与质子的转移，进而提高反应速率。一般的催化剂进行催化反应时，通常只限于一种解离状态。

2．亲核催化（nucleophilic catalysis）和亲电子催化（electrophilic catalysis） 酶活性中心的某些基团，如巯基酶的Cys—OH、胆碱酯酶的Ser—OH，均属于亲核基团，其释放出的电子在攻击过渡态底物上正电性的基团或原子时会形成瞬时共价键，此时底物被激活，更易转变为产物，这种催化作用称为亲核催化。在亲核催化过程中有瞬时共价键的形成，因此也同时表现出共价催化（covalent catalysis）。亲电子催化即酶活性中心的亲电子基团与含电子的过渡态底物瞬时共价结合。但在酶分子中有效的亲电子基团缺乏，常需要辅因子发挥作用。

第四节　酶促反应的动力学

一切有关酶催化活性的研究均以测定酶促反应的速率为依据。酶促反应的动力学就是研究酶促反应速率及其影响因素的科学。体外试验研究表明：很多因素（如底物浓度、酶浓度、pH、温度、激活剂及抑制剂）都会影响酶促反应速率。通常，当研究一种因素对酶促反应速率的影响时，要保证其他影响因素是恒定的。酶促反应动力学所研究的速率通常是指反应开始时的速率，即初速率（initial velocity）。

一、底物浓度是影响酶促反应速率最主要的因素

（一）酶促反应速率对底物浓度作图呈矩形双曲线

底物浓度是影响酶促反应速率最主要的因素。在其他影响因素不变的条件下，大多数酶的反应速率（V）对底物浓度（[S]）作图呈矩形双曲线（图 3-7）。

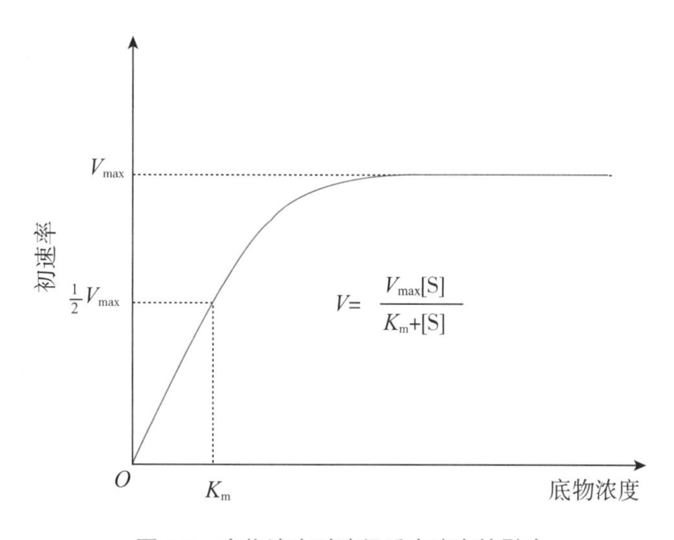

图 3-7　底物浓度对酶促反应速率的影响

如图 3-7 所示，当［S］很低时，V 随［S］的增大呈正比例增大，呈现一级反应，这是曲线的第一段；随着［S］的增大，V 增大的幅度趋缓，呈混合级反应，此即曲线的第二段；［S］增大到一定程度，V 不再随［S］的增大而增大，达到了最大值，称为最大反应速率（maximum velocity，V_{max}），此时呈零级反应，此为曲线的平坦段，即第三段。上述现象可以用中间产物学说来解释，该学说由 Henri 和 Wurtz 于 1903 年提出。该学说认为：当酶催化某一化学反应时，酶首先和底物结合，形成酶 - 底物复合物，之后再转化为产物，同时释放出酶。

$$E + S \underset{k_{-1}}{\overset{k_1}{\rightleftharpoons}} ES \xrightarrow{k_2} E + P \tag{3-1}$$

Note

式中，k_1 为ES生成的反应速率常数，k_{-1} 和 k_2 分别代表了ES分解为E + S和E + P的反应速率常数。

（二）酶促反应速率对底物浓度的关系可用米氏方程表示

1913年，L. Michaelis和M. Menten根据中间产物学说推导出了一个方程式，以此方程式作图所得到的曲线与通过实验测定所作图形完全相同，进一步证明了中间产物学说的正确性。其推导过程如下：

假设在反应初速率的条件下，反应产物P的浓度很低，因此由E + P逆向生成ES的过程可忽略不计，故上述反应的速率为：

$$V = k_2 [ES] \tag{3-2}$$

鉴于反应过程中不断有ES生成和分解，通过实验测得在一段反应时间内，[ES] 是保持不变的，即ES生成和分解的速率相等，该反应状态为稳态。当酶促反应趋于稳态时，ES生成速率等于ES分解速率。

$$\text{ES生成速率} = k_1([E]-[ES])[S] \tag{3-3}$$

$$\text{ES分解速率} = k_{-1}[ES] + k_2[ES] \tag{3-4}$$

因此
$$k_1([E]-[ES])\cdot[S] = k_{-1}[ES] + k_2[ES] \tag{3-5}$$

进一步推导得：

$$\frac{([E]-[ES])[S]}{[ES]} = \frac{k_{-1}+k_2}{k_1}$$

设

$$K_m = \frac{k_{-1}+k_2}{k_1}$$

则 $[E][S]-[ES][S] = K_m [ES]$

$$[ES] = \frac{[E][S]}{K_m+[S]} \tag{3-6}$$

因 $V = k_2 [ES]$

代入上式得：$\dfrac{V}{k_2} = \dfrac{[E][S]}{K_m+[S]}$，即 $V = \dfrac{k_2[E][S]}{K_m+[S]}$ (3-7)

当 [S] 达到能使此反应体系中所有的酶都与之结合成ES时，V 达到了最大反应速率 V_{max}，此时 $[E] = [ES]$，即 $V_{max} = k_2 [E]$ (3-8)

代入上式可得

$$V = \frac{V_{max}\cdot[S]}{K_m+[S]} \tag{3-9}$$

此方程即米氏方程（Michaelis-Menten equation）。该方程描述了底物浓度与酶促反应速率之间的关系。方程中的 K_m 被称为米氏常数（Michaelis constant），表示在特定酶浓度条件下，反应速率达到最大反应速率一半（$V_{max}/2$）时的底物浓度（图 3-7）。

（三）米氏方程动力学参数对评价酶的特性具有重要意义

米氏方程中 K_m 和 V_{max} 是酶的动力学参数，对评价酶的特性具有重要意义。

1．米氏常数（K_m）的意义

（1）K_m：是酶的特征性常数，与酶的结构有关，而与酶的浓度无关。K_m 随底物、反应温度、环境 pH 及离子强度的差异而改变。不同的酶其 K_m 不同，针对不同底物的同一种酶或同一底物的不同的酶，其 K_m 也不相同（表 3-4）。

表 3-4 一些酶的 K_m 值

酶	底物	K_m（mmol/L）
过氧化氢酶	H_2O_2	25
己糖激酶（脑）	ATP	0.4
	D- 葡萄糖	0.05
	D- 果糖	1.5
碳酸酐酶	H_2CO_3	9
糜蛋白酶	甘氨酰酪氨酰甘氨酸	108
β- 半乳糖苷酶	D- 乳糖	4.0

（2）K_m 值在一定条件下可作为反映酶与底物亲和力大小的指标。如前所述，$K_m=\dfrac{k_{-1}+k_2}{k_1}$，当 $k_2 \ll k_{-1}$ 时，$K_m \approx k_{-1}/k_1$，相当于ES分解为E和S的解离常数。此时，K_m 越小，E与S的亲和力越大；相反地，K_m 越大，E与S的亲和力越小。

例如，两种葡萄糖代谢酶，己糖激酶的 K_m 是 0.1 mmol/L，而葡萄糖激酶的 K_m 是 5 mmol/L。己糖激酶相比葡萄糖激酶，其与葡萄糖的亲和力更大。

2．V_{max} 的意义 当全部的E均与S结合形成ES时，V 即为 V_{max}。因此，V_{max} 是E被S完全饱和时的反应速率。

3．米氏方程与矩形双曲线的一致性 当［S］远大于 K_m 时，米氏方程中的 K_m 可忽略不计，则 $V \approx V_{max}$，即反应速率等于最大反应速率。当［S］远小于 K_m 时，米氏方程分母中的［S］可忽略不计，则 $V \approx \dfrac{V_{max}[S]}{K_m}$。而 V_{max} 及 K_m 均为常数，所以，反应速率与底物浓度呈正比。

4．K_m 及 V_{max} 的求取 由图 3-7 可知，该曲线系双曲线，很难从图中求得确切的 V，因而也不易确定 K_m 值。Lineweaver 和 Burk 将米氏方程作双倒数变换处理，得下式：

$$\frac{1}{V}=\frac{K_m}{V_{max}}\cdot\frac{1}{[S]}+\frac{1}{V_{max}} \tag{3-10}$$

以 $1/V$ 对 $1/[S]$ 作图，可得到 Lineweaver-Burk 双倒数图（图 3-8）。从纵轴截距 $1/V_{max}$ 及横轴相交处的 $-1/K_m$，可准确求得 V_{max} 及 K_m。

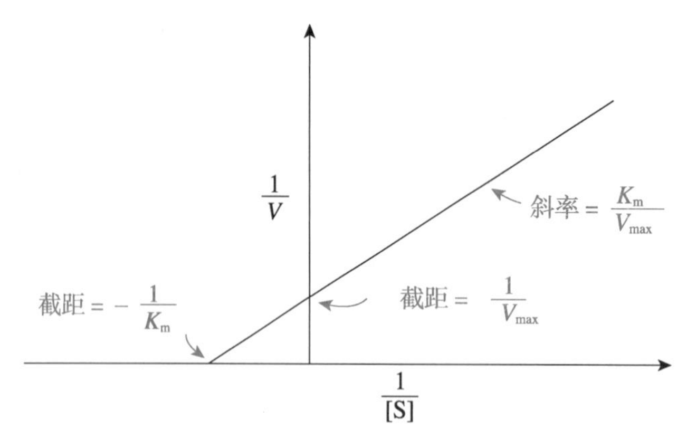

图 3-8 Lineweaver-Burk 双倒数图

二、酶全部被底物饱和时，反应速率与酶浓度呈正比

在酶促反应体系中，当底物的浓度足够大，即酶全部被底物饱和时，反应速率与酶浓度呈正比（图 3-9）。

$V_{max}=k_2[E]$，代入米氏方程可得：$V=\frac{k_2[E][S]}{K_m+[S]}$

式中，k_2、K_m 均为常数，当底物浓度恒定时，V 与［E］呈正比（图 3-9）。

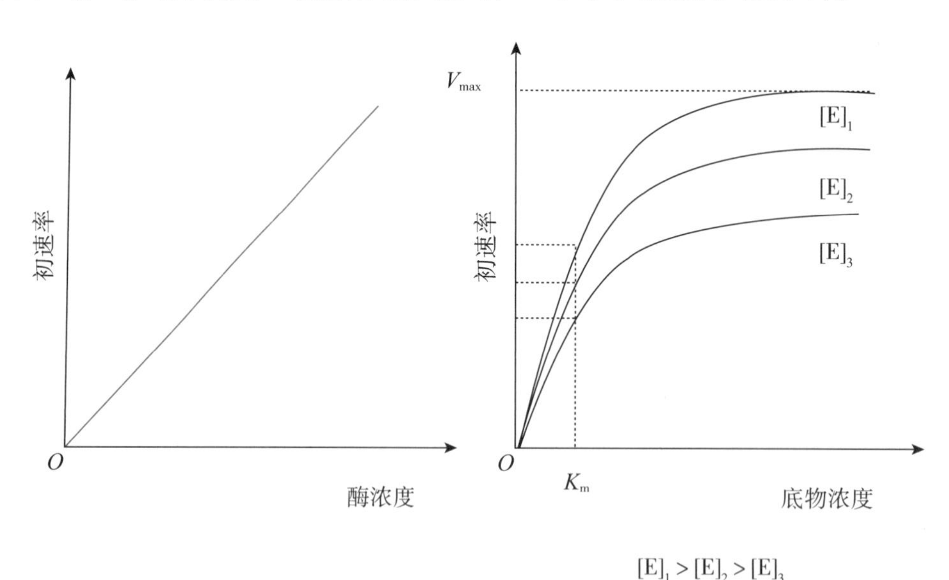

图 3-9 酶浓度对酶促反应速率的影响

三、酶催化活性最高时反应体系的 pH 为酶的最适 pH

酶是蛋白质，具有两性解离性质，其活性受所在环境 pH 的影响。在不同 pH 条件下，酶蛋白中可解离基团的解离状态不同，尤其是活性中心的一些必需基团的解离状态有所差异。此外，pH 也会影响酶的特异底物的解离状态、某些辅因子的解离状态以及酶活性中心的结构，

进而影响酶的活性。酶分子中各必需基团通常在特定的解离状态时才最容易结合底物，或使酶发挥最大活性。酶催化活性最高时反应体系的 pH 称为酶的最适 pH（optimum pH）。人体内多种酶的最适 pH 多在 6.5 ～ 8.0，近于中性。少数酶例外，如溶酶体酶的最适 pH 多为酸性，胃蛋白酶的最适 pH 为 1.6，碱性磷酸酶的最适 pH 为 8.9（图 3-10）。几种常见酶的最适 pH 列于表 3-5。

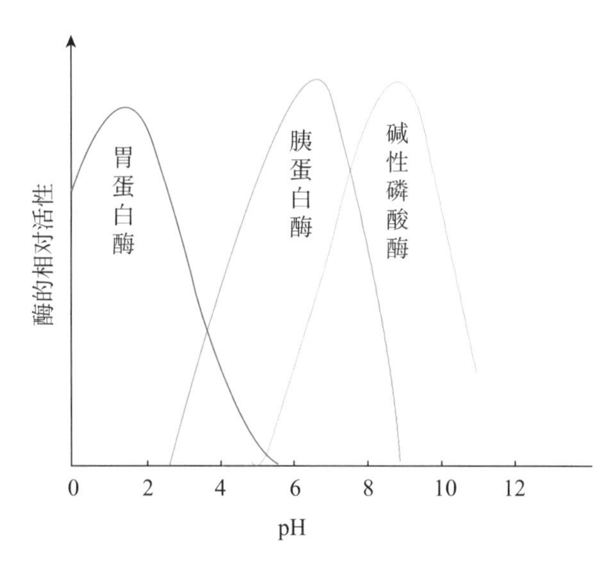

图 3-10　pH 对 3 种酶活性的影响

酶的最适 pH 与缓冲液的种类、浓度以及酶纯度等相关。酶在高于或低于最适 pH 的溶液中活性下降，当缓冲液 pH 远离酶的最适 pH 时，酶会发生变性失活。

表 3-5　常见酶的最适 pH

酶	底物	最适 pH	酶	底物	最适 pH
胃蛋白酶	鸡卵清蛋白	1.6	羧基肽酶（胰）	蛋白质	7.4
淀粉酶（唾液）	淀粉	6.8	麦芽糖酶（肠）	麦芽糖	6.1
脲酶	尿素	6.4 ～ 6.9	胰蛋白酶	蛋白质	7.8
过氧化氢酶（肝）	过氧化氢	6.8	蔗糖酶（肠）	蔗糖	6.2
脂肪酶（胰）	丁酸乙酯	7.0	精氨酸酶（肝）	精氨酸	9.8

四、温度对酶促反应速率具有双重影响

温度对酶促反应速率具有双重影响。一方面，按照化学反应规律，升高温度可以增加分子碰撞机会，提高酶促反应速率。另一方面，酶对温度的变化极敏感，当达到一定温度后，随着温度的升高，酶促反应速率逐渐下降；温度过高，酶蛋白会变性而失活（图 3-11）。酶促反应速率最大时的反应体系温度，称为酶的最适温度（optimum temperature）。温血动物组织中，酶的最适温度一般在 37 ～ 40 ℃，仅有极少数的酶能耐稍高的温度，大多数酶加热到 60 ℃即变性失活，而 80 ℃时变性不可逆。嗜热杆菌（*Taq*）DNA 聚合酶则例外，其酶促反应的最适温度为 72 ℃。因其特殊的最适温度，常作为工具酶用于基因工程研究方面。而酶的最适温度与酶促反应进行的时间有关。如果酶促反应进行的时间很短暂，则其最适温度可能比反应进行

时间较长者偏高。

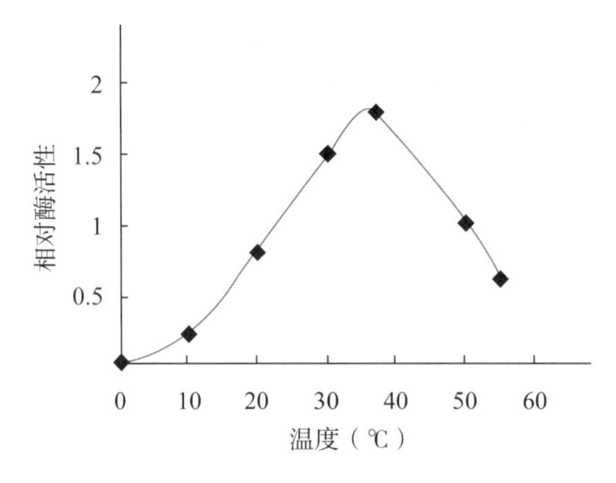

图 3-11 温度对唾液淀粉酶活性的影响

五、抑制剂对酶促反应速率的影响分为不可逆抑制与可逆抑制

酶的抑制剂（inhibitor，I）是与酶结合使酶催化活性降低或丧失，而不引起酶蛋白变性的一类化合物。根据抑制剂与酶是否共价结合，酶的抑制作用分为不可逆抑制与可逆抑制两类。

（一）不可逆抑制剂通常与酶活性中心以共价键牢固结合

有些抑制剂通常与酶活性中心以共价键牢固结合，不能用透析、超滤等方法将其除去，这种抑制作用称为不可逆抑制（irreversible inhibition）。最常见的不可逆抑制剂是基团特异性抑制剂，该类抑制剂常与酶分子中特异的基团共价结合。

酶活性中心催化基团是丝氨酸残基上含羟基（—OH）的一类酶，称为羟基酶，如胆碱酯酶和丝氨酸蛋白酶。有机磷化合物能够专一性地与胆碱酯酶活性中心丝氨酸残基上的—OH共价结合，使胆碱酯酶失活。胆碱酯酶的失活导致乙酰胆碱堆积，引起迷走神经高度持续兴奋的中毒状态。患者可出现恶心、呕吐、多汗、瞳孔缩小等一系列症状。有机磷农药中毒时，可采用胆碱酯酶复活剂解磷定，置换出失活的酶，从而达到治疗目的。

$$\mathrm{RO{-}\underset{OR}{\underset{|}{\overset{O}{\overset{\|}{P}}}}{-}X} + \text{HO—丝—酶} \longrightarrow \mathrm{RO{-}\underset{OR}{\underset{|}{\overset{O}{\overset{\|}{P}}}}{-}O{-}}\text{酶} + \mathrm{HX}$$

半胱氨酸残基上的巯基（—SH）是许多酶的必需基团。重金属离子（Hg^{2+}、Ag^{+}、Pb^{2+}等）以及砷化物（As^{3+}）等可与巯基酶分子中的—SH结合，使之失活。例如，含As^{3+}的化学毒气路易士气能够与巯基酶分子中的—SH共价结合，从而抑制体内巯基酶的活性。

$$\mathrm{Cl_2As{-}CH{=}CHCl} + \text{酶}\mathrm{(SH)_2} \longrightarrow \text{酶}\mathrm{(S)_2As{-}CH{=}CHCl + 2HCl}$$

二巯丙醇（dimercaprol，BAL）富含—SH，与重金属离子及砷化物具有更大的亲和力，能将失活的巯基酶恢复活性。

$$\underset{\text{（失活的酶）}}{\text{酶}\mathrm{(S)_2As{-}CH{=}CHCl}} + \mathrm{\underset{CH_2OH}{\underset{|}{\overset{CH_2SH}{\overset{|}{CHSH}}}}} \longrightarrow \underset{\text{（复活的酶）}}{\text{酶}\mathrm{(SH)_2}} + \mathrm{\underset{CH_2OH}{\underset{|}{\overset{CH_2{-}S}{\overset{|}{CH{-}S}}}}{>}As{-}CH{=}CHCl}$$

（二）可逆抑制剂与酶呈非共价结合

可逆抑制（reversible inhibition）是酶与抑制剂非共价结合，可以采用透析、超滤等方法除去抑制剂而恢复酶的催化活性。

一般来说，可逆抑制分为两类：一类为别构抑制，抑制剂只能与别构酶结合而抑制其活性，反应速率与底物浓度关系不遵循米氏方程（见本章第六节）；另一类可逆抑制则遵循米氏方程，该类型抑制作用可根据抑制剂与酶蛋白结合的特点不同，分为竞争性抑制、反竞争性抑制和非竞争性抑制（混合性抑制的一种）。

1. 竞争性抑制（**competitive inhibition**） 是最常见的一种可逆抑制。有些抑制剂（I）和底物（S）结构相似，共同竞争酶的活性中心，从而影响酶与底物的正常结合，这种抑制作用称为竞争性抑制（图 3-12），其抑制程度取决于底物及抑制剂的相对浓度及抑制剂与酶的相对亲和力。

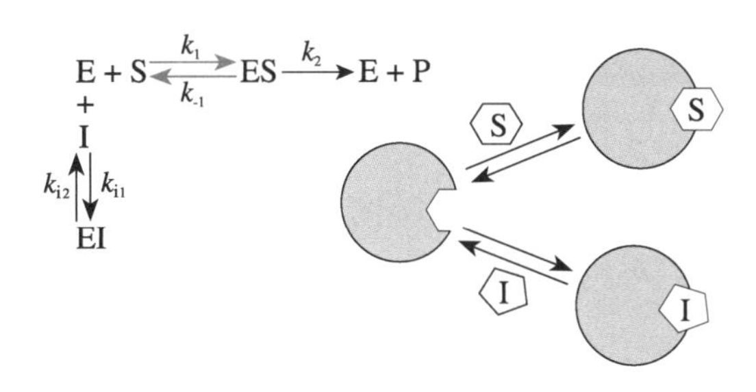

图 3-12　竞争性抑制剂与酶的结合

在图 3-12 的反应式中，$K_i=\frac{k_{i2}}{k_{i1}}$，其中 K_i 为抑制剂常数，是 EI 的解离常数。ES 的解离常数为 $K_m=\frac{k_{-1}}{k_1}$。

酶不能同时与 S、I 结合，所以，有 ES 和 EI，而没有 ESI。

$$[E]=[E_f]+[ES]+[EI] \tag{3-11}$$

式中，[E*f*] 为游离酶的浓度，[E] 为酶的总浓度。

根据式（3-2），（3-8）

$$V=k_2[ES]$$

$$V_{max}=k_2[E]$$

所以 $$\frac{V_{max}}{V}=\frac{[E]}{[ES]} \tag{3-12}$$

将式（3-11）代入式（3-12）得

$$\frac{V_{max}}{V}=\frac{[E_f]+[ES]+[EI]}{[ES]} \tag{3-13}$$

为了消去［ES］项，根据 K_m 和 K_i 的平衡式求出［E_f］及［EI]：

因为 $K_m=\frac{[E_f][S]}{[ES]}$　　所以 $[E_f]=\frac{K_m}{[S]}[ES]$

因为 $K_i=\frac{[E_f][I]}{[EI]}$　　所以 $[EI]=\frac{[E_f][I]}{[K_i]}$

将 $[E_f]$ 代入 $[EI]$ 式中，则

$$[EI]=\frac{K_m}{[S]}\cdot[ES]\cdot\frac{[I]}{K_i}=\frac{K_m[I]}{K_i[S]}[ES]$$

再将 $[E_f]$ 及 $[EI]$ 代入式（3-13）得：

$$\frac{V_{max}}{V}=\frac{\frac{K_m}{[S]}[ES]+[ES]+\frac{K_m[I]}{K_i[S]}[ES]}{[ES]}$$

整理后得

$$V=\frac{V_{max}[S]}{K_m\left(1+\frac{[I]}{K_i}\right)+[S]} \tag{3-14}$$

当 $1+\frac{[I]}{K_i}=\alpha$ 时

$$V=\frac{V_{max}[S]}{\alpha K_m+[S]} \tag{3-15}$$

对式（3-15）两边同取倒数，以 $1/V$ 对 $1/[S]$ 作图，与无抑制剂存在的情况相比，竞争性抑制函数图像的斜率增大，纵轴截距不变，横轴截距（表观 K_m）增大，即最大反应速率不变，而酶与底物的亲和力下降。

在竞争性抑制过程中，若相对增加底物的浓度，则底物占竞争优势，抑制作用可以降低，甚至解除，这是竞争性抑制的特点。例如琥珀酸脱氢酶可催化琥珀酸的脱氢反应，与琥珀酸结构类似的丙二酸可与琥珀酸脱氢酶活性中心结合，但却不能发生脱氢反应，丙二酸为琥珀酸脱氢酶的竞争性抑制剂。

酶促反应的竞争性抑制作用早已应用于临床实践。很多抗生素就是微生物中某种酶的竞争性抑制剂。例如，磺胺类药物是细菌二氢蝶酸合酶的竞争性抑制剂。对磺胺类药物敏感的细菌不能直接利用环境中的叶酸，必须以对氨基苯甲酸等为底物，在菌体二氢蝶酸合酶催化下合成二氢叶酸。二氢叶酸是四氢叶酸的前体，四氢叶酸是核酸合成过程中所需的一碳单位的必需载体。磺胺类药物的化学结构与对氨基苯甲酸相似，因而能竞争二氢蝶酸合酶的活性中心，抑制细菌内二氢叶酸的合成，从而达到抑菌目的。而人体可以直接利用食物来源的叶酸，故体内核酸合成不会受磺胺类药物的干扰。另外，一些抗肿瘤药物，如甲氨蝶呤、氟尿嘧啶、巯基嘌呤都是核酸合成的某些酶的竞争性抑制剂，分别通过抑制四氢叶酸、脱氧胸苷酸、嘌呤核苷酸的合成来发挥抗肿瘤作用。

2. 反竞争性抑制（uncompetitive inhibition） 某些抑制剂只能与酶-底物复合物结合，而不能与游离的酶相结合。当ES与I结合后，产物不能生成。这种抑制作用称为反竞争性抑制（图3-13），抑制程度取决于抑制剂的浓度及底物的浓度。

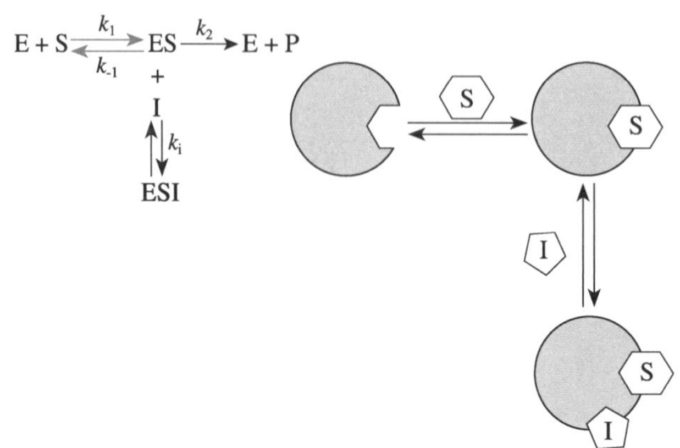

图3-13 反竞争性抑制剂与酶的结合

反竞争性抑制剂与酶结合的中间产物有 ES、ESI，而无 EI。

$$[E] = [E_f] + [ES] + [ESI]$$

按稳态处理可以推导出：

$$[ES] = \frac{[E][S]}{K_m} \qquad [ESI] = \frac{[E][S]}{K_m} \cdot \frac{[I]}{k_i'}$$

代入式（3-12），$\frac{V_{max}}{V} = \frac{[E]}{[ES]}$，再经推导后得出以下方程：

$$V = \frac{V_{max}[S]}{K_m + [S]\left(1 + \frac{[I]}{k_i'}\right)} \tag{3-16}$$

当 $1 + \frac{[I]}{k_i'} = \alpha'$ 时

$$V = \frac{V_{max}[S]}{K_m + \alpha'[S]} \tag{3-17}$$

对式（3-17）两边同取倒数，以 1/*V* 对 1/［S］作图，与无抑制剂存在的情况相比，反竞争性抑制函数图像的斜率不变，纵轴截距增大，横轴截距（表观 K_m）减小，即最大反应速率减小，而酶与底物的亲和力增大。

3．非竞争性抑制（noncompetitive inhibition） 某些抑制剂的结合位点在酶活性中心以外的某一部位，其结构与底物无共同之处，与酶的结合不存在竞争关系。此时由于抑制剂与酶或酶 - 底物复合物的结构存在不同情况，因此将这类抵制称为混合性抑制（mixed inhibition）。非竞争性抑制是指抑制剂与酶的结合能力同与酶 - 底物复合物结合能力相同所形成的可逆抑制作用，是混合性抑制的一种特殊情况。非竞争性抑制剂既可与酶 - 底物复合物相结合，也可与游离酶结合，但形成酶 - 底物 - 抑制剂复合物（ESI）时产物不能生成（图 3-14），抑制程度取决于抑制剂的浓度。

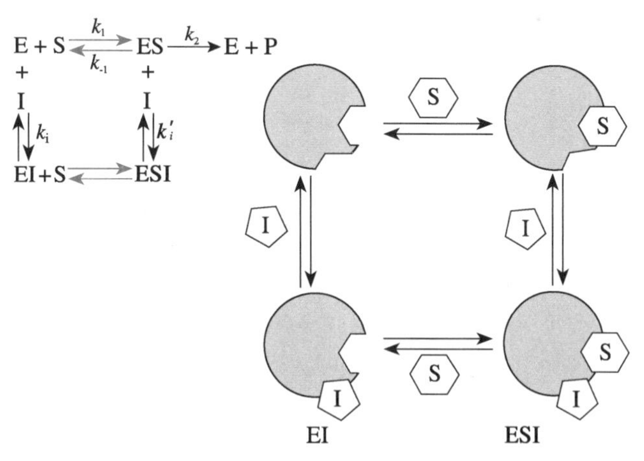

图 3-14　非竞争性抑制剂与酶的结合

酶与底物结合后，可再与抑制剂结合；酶与抑制剂结合后，也可再与底物结合。在非竞争性抑制中，$k_i = k_i'$。

$$ES + I \rightleftharpoons ESI \qquad k_i = \frac{[ES] \cdot [I]}{[ESI]}$$

$$EI + S \rightleftharpoons ESI \qquad K_m = \frac{[EI] \cdot [S]}{[ESI]}$$

Note

所以，与酶结合的中间产物有 ES、EI 及 ESI。

$$[E] = [E_f] + [ES] + [EI] + [ESI]$$

按平衡态处理，在非竞争性抑制中：

$$[ES] = \frac{[E_f][S]}{K_m}$$

$$[EI] = \frac{[E_f][I]}{k_i}$$

$$[ESI] = \frac{[ES][I]}{k_i} = \frac{[EI][S]}{K_m}$$

代入式（3-12），$\frac{V_{max}}{V} = \frac{[E]}{[ES]}$，再经过推导后，得到：

$$V = \frac{V_{max}[S]}{(K_m + [S])\left(1 + \frac{[I]}{k_i}\right)} \tag{3-18}$$

当 $1 + \frac{[I]}{k_i} = \alpha$　　$1 + \frac{[I]}{k_i'} = \alpha'$

因 $k_i = k_i'$，所以 $\alpha = \alpha'$

$$V = \frac{V_{max}[S]}{\alpha K_m + \alpha'[S]} \tag{3-19}$$

对式（3-19）两边同取倒数，以 1/*V* 对 1/［S］作图，与无抑制剂存在的情况相比，非竞争性抑制函数图像的斜率增大，纵轴截距增大，横轴截距（表观 K_m）不变，即最大反应速率减小，而酶与底物的亲和力不变。例如，胆碱酯酶催化乙酰胆碱水解时可被 NHR_3^+ 类化合物非竞争性抑制。

知识拓展

混合性抑制——复杂的双底物或多底物酶促反应

在非竞争性抑制作用中，是假设底物和抑制剂与酶的结合互不影响，但实际上有很多抑制剂与酶结合后会部分影响酶与底物的结合，其结果介于竞争性抑制和反竞争性抑制之间，称为混合性抑制（mixed inhibition）（图 3-15）。混合性抑制多见于双底物和多底物酶促反应，包括非竞争性抑制、非竞争性 - 反竞争性混合抑制和非竞争性 - 竞争性混合抑制三种类型。

在混合性抑制剂存在时，米氏方程为：

$$\alpha = 1 + \frac{[I]}{k_i}$$

$$V = \frac{V_{max}[S]}{\alpha K_m + \alpha'[S]} \qquad \alpha' = 1 + \frac{[I]}{k_i'}$$

混合性抑制时，如果 $\alpha = \alpha'$，称为非竞争性抑制，这种情况实际比较少见；如果 α

> α'，代表非竞争性 - 竞争性混合抑制；如果 $\alpha < \alpha'$，则为非竞争性 - 反竞争性混合抑制。非竞争性 - 竞争性混合抑制的表观 K_m 增大，表观 V_{max} 减小。非竞争性 - 反竞争性混合抑制的表观 K_m 减小，表观 V_{max} 减小。

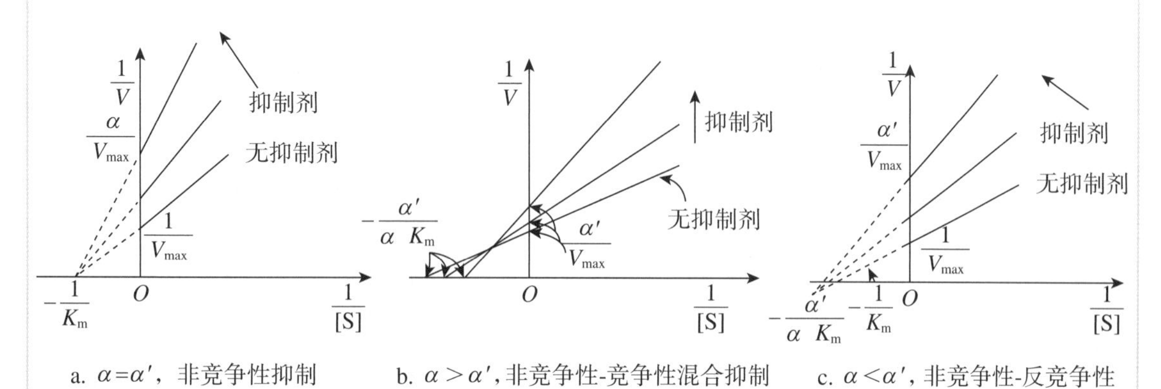

图 3-15 混合性抑制

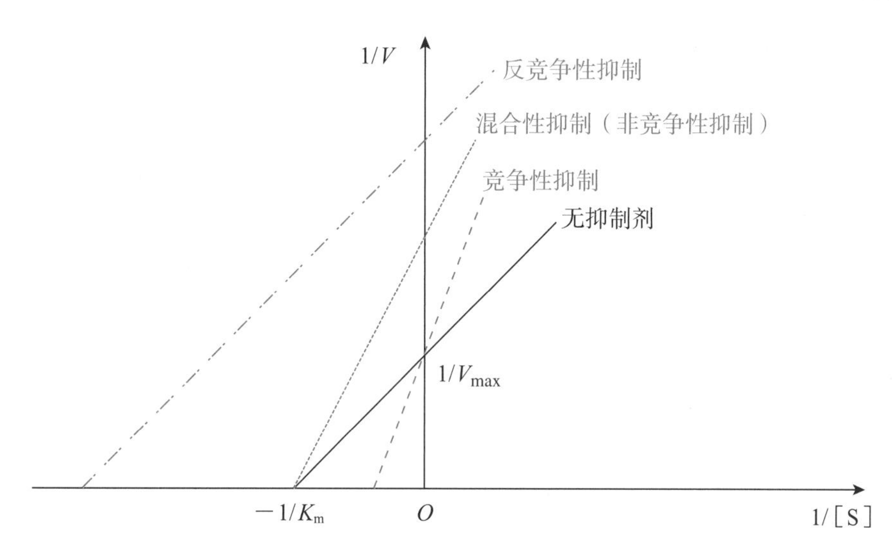

图 3-16 各种抑制剂对底物浓度与酶促反应速率的影响

表 3-6 3 种可逆抑制剂的比较

作用特点		无抑制剂	竞争性抑制剂	非竞争性抑制剂	反竞争性抑制剂
I 的结合物质			E	E、ES	ES
酶促动力学特点	表观 K_m	K_m	增大	不变	减小
	V_{max}	V_{max}	不变	减小	减小
双倒数作图	横轴截距	$-1/K_m$	增大	不变	减小
	纵轴截距	$1/V_{max}$	不变	增大	增大
	斜率	K_m/V_{max}	增大	增大	不变

六、激活剂能增强酶的活性

有些物质能增强酶的活性，称为酶激活剂（activator of enzyme）。酶激活剂大多为金属离子，如 Mg^{2+}、K^{+}、Mn^{2+}；少数为阴离子，如 Cl^{-} 能增强唾液淀粉酶的活性，胆汁酸盐能增强胰脂肪酶的活性。其激活作用的机制有的可能是激活剂与酶及底物结合成复合物而起促进作用；有的可能参与酶的活性中心的构成等。有些激活剂是酶具备活性所必需的，称为酶的必需激活剂，例如 Mg^{2+} 是激酶的必需激活剂。

第五节 酶活性的调节

酶的调节包括酶活性的调节与酶量的调节。酶活性的调节是通过改变酶的结构，使已有酶的活性发生变化，由此调节代谢。这类调节方式效应快，分秒之间即发生作用，但不持久，故又称为快速调节。酶量的调节则通过改变酶的生成与降解速度以改变酶的总活性。在哺乳动物中，此方式产生效应比酶的活性调节慢，需几小时至数日，但较为持久，所以又称为慢速调节（详见第九章物质代谢的相互联系与调节）。

细胞内的物质代谢途径往往是由多个连续的酶促反应组成的。在多个酶催化的代谢途径中，会有一个或几个酶活性易于受外界刺激而改变活性，进而对整条代谢途径的反应速率产生重大影响。这些因环境因素的作用表现出催化活性变化，进而调整代谢途径反应速率或方向的酶，统称为关键酶（key enzyme）。这些酶通常是催化不可逆反应的酶，或是催化代谢途径中限速反应的酶（活性低），或是通过构象或结构改变而活性发生改变的酶，如调节酶（regulatory enzyme）。

在代谢途径各反应中，关键酶所催化的反应具有下述特点：①反应速率最慢，它的活性决定了整个代谢途径的总速率；②常催化单向反应或非平衡反应，因此其活性决定整个代谢途径的方向；③酶活性除受底物控制外，还受多种代谢物或效应剂的调控。关键酶一般可分为别构酶和化学修饰调节酶。

一、别构酶的活性通过构象改变而调节

（一）别构效应剂引起别构酶的构象改变

细胞内有些酶活性中心以外的某个部位可与一些代谢物分子可逆性结合，引起酶的空间构象发生改变，进而影响酶的催化活性。这些通过构象改变而影响其活性的酶称为别构酶（allosteric enzyme）。别构酶常由多亚基组成多聚体，各亚基之间以非共价键相连。能引起酶发生此种构象改变的代谢物分子称为别构效应剂（allosteric effector），其中由于别构调节导致酶催化活性升高的物质称为别构激活剂；反之，称为别构抑制剂。别构效应剂通常是代谢途径的终产物或中间产物，也可以是酶的底物。别构效应剂与酶结合的部位称为调节部位（regulatory site）。有的酶的调节部位与催化部位在同一亚基，有的则分别存在于不同亚基，分别称为调节亚基和催化亚基。

别构酶受别构效应剂的调节，调控整个代谢途径的反应速率。在多数情况下，别构酶作为关键酶常出现在代谢途径的关键调节点上。当产物堆积时，它们可作为别构效应剂抑制上游的别构酶。别构酶也可接受产物匮乏的信号刺激而被激活。别构效应剂与酶的结合属于非共价结合，以适应快速调节的需要。

（二）别构酶分子的各亚基之间存在协同效应

由于别构酶的各亚基之间次级键维系稳定，因此别构酶某一亚基构象的改变可以引发其

他亚基的构象变化。别构效应剂与酶的调节亚基结合后，会引起此亚基发生构象变化，进而影响相邻亚基的构象改变，从而影响酶的催化活性，发生协同效应（cooperative effect）。如果后续亚基的构象变化使酶对别构效应剂的亲和力增加，此协同效应为正协同效应；反之，为负协同效应。不同的别构酶，其调节物分子也不相同。有的别构酶的别构效应剂就是底物分子，酶分子上有两个以上底物分子结合部位，这种由底物分子作为别构效应剂所产生的协同作用称为同种协同效应；反之，别构效应剂为其他代谢物分子所产生的协同效应称为异种协同效应。其中，异种协同效应为别构调节中最常见的现象。

（三）别构酶的反应初速率与底物浓度的关系不遵从米氏方程

1．别构酶的反应初速率与底物浓度的关系不遵从米氏方程　如果底物为别构效应剂，正协同效应的别构酶反应速率与底物浓度的关系呈 S 形曲线（图 3-17）。S 形曲线表明，酶分子上一个功能位点的活性影响另一个功能位点的活性，显示协同效应的存在。底物一旦与酶结合，导致酶分子构象改变，这种构象改变大大提高了酶对后续的底物分子的亲和力。结果底物浓度发生微小变化，导致酶促反应速率极大地改变。别构激活剂可使曲线左移，别构抑制剂可使曲线右移。

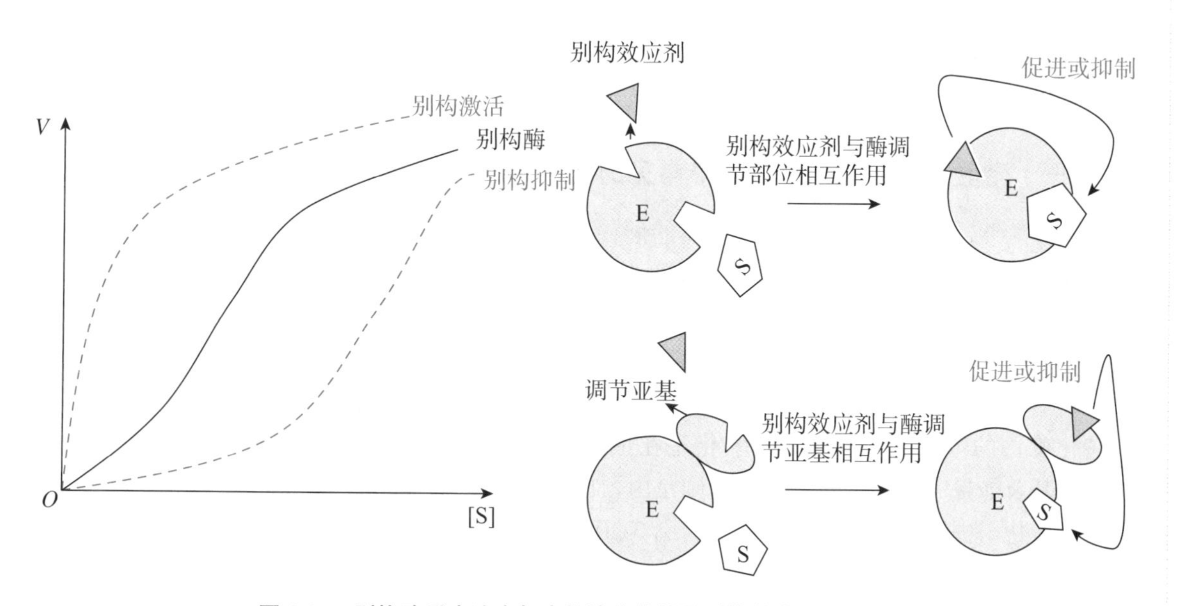

图 3-17　别构酶反应速率与底物浓度曲线及别构效应剂作用机制

2．别构酶反应速率与底物浓度关系呈 S 形曲线的机制　S 形曲线是各亚基间协同效应的反应。为了解释别构酶协同效应机制，曾提出多种别构酶分子模型，其中最重要的有两种。其一是齐变模型（concerted model，symmetry model，MWC model），这是用别构酶构象改变来解释协同效应的最早的模型。按照齐变模型，构成酶的诸亚基只呈现一种构象，或具有活性，或无活性；当结合别构效应剂后，无活性的酶构象转变为有活性的酶构象。这样，随着别构效应剂的增多，具有活性的酶也随之增多，因而反应越来越快。反之，若别构效应剂为抑制性的，则使有活性的酶转变成无活性的酶，反应将越来越慢（图 3-18）。其二是序变模型（sequential model，KNF model）。按照序变模型，构成酶的诸亚基中，活性构象和无活性构象可并存，而有别于齐变模型中酶分子各亚基或是全为活性形式，或是全为无活性形式的“全或无”格局。在序变模型中，当一个亚基结合别构效应剂时，可诱导其邻近的亚基不同程度地转变成活性形式。例如，由 4 个亚基组成的酶，当其中 1 个亚基结合了别构效应剂后，可顺序诱导邻近的亚基也成为活性形式，分别形成含 1 个、2 个、3 个、4 个活性亚基的酶分子。当所

Note

有的酶分子中的亚基都变成活性形式后，酶的活性达到最大（图 3-19）。

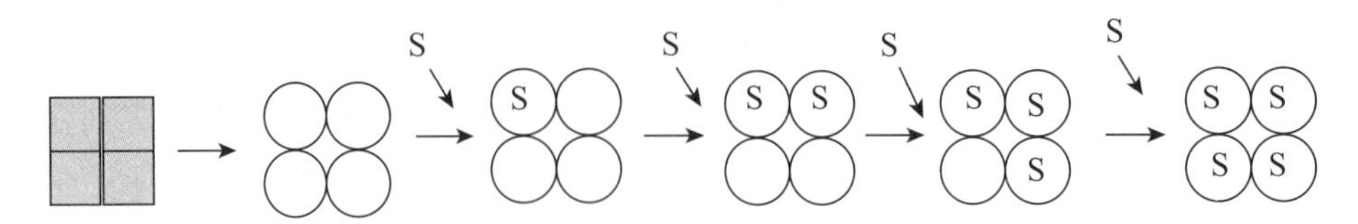

图 3-18　别构酶的齐变模型

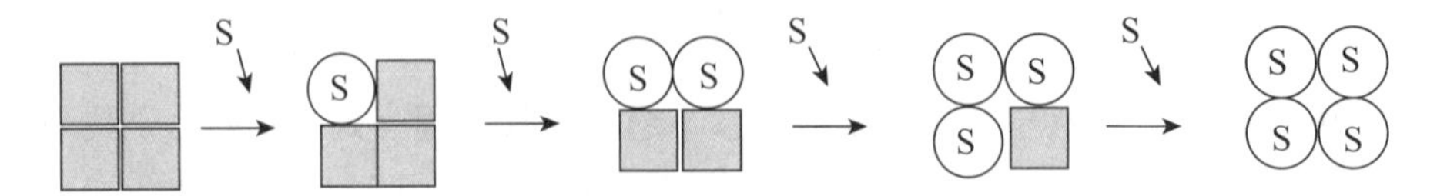

图 3-19　别构酶的序变模型

二、化学修饰是体内快速调节酶活性的另一种重要方式

化学修饰是体内快速调节酶活性的另一种重要方式，为高等生物体内所特有，是激素发挥作用的基础。

（一）磷酸化与去磷酸化是酶最常见的化学修饰

一种酶肽链上的某些基团在其他酶的催化下发生可逆的共价修饰（covalent modification），从而引起酶活性发生改变，这种调节称为酶的化学修饰（chemical modification）。酶的化学修饰主要有磷酸化与去磷酸化、乙酰化与去乙酰化、甲基化与去甲基化、腺苷化与去腺苷化、—SH 与—S—S—的互变等，其中磷酸化与去磷酸化在代谢调节中最多见。

磷酸化是酶的化学修饰调节的常见方式。酶蛋白分子中丝氨酸、苏氨酸及酪氨酸的羟基是磷酸化修饰的位点。酶蛋白的磷酸化是在蛋白质激酶（protein kinase）的催化下，由 ATP 提供磷酸基及能量完成的，而去磷酸化则是由蛋白质磷酸酶（protein phosphatase）催化的水解反应。磷酸化与去磷酸化反应均不可逆（图 3-20）。

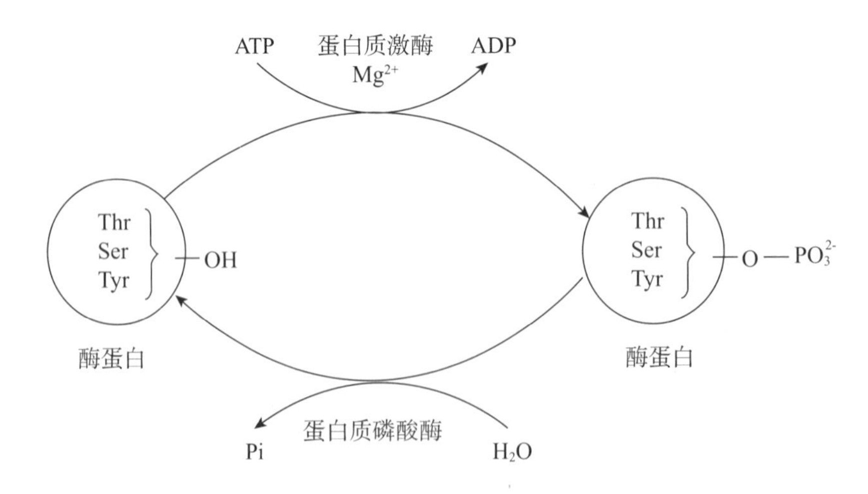

图 3-20　酶的磷酸化与去磷酸化

例如，糖原分解与合成的调节酶分别为糖原磷酸化酶和糖原合酶。肝糖原磷酸化酶有磷酸化和去磷酸化两种形式。当该酶 14 位丝氨酸被磷酸化时，活性很低的磷酸化酶（称为磷酸

化酶 b）就转变为活性强的磷酸型磷酸化酶（称为磷酸化酶 a）。这种磷酸化过程由磷酸化酶 b 激酶催化。磷酸化酶 b 激酶也有两种形式。去磷酸的磷酸化酶 b 激酶没有活性，在依赖 cAMP 的蛋白质激酶作用下转变为具有活性的磷酸型磷酸化酶 b 激酶。其去磷酸化由磷蛋白磷酸酶 -1 催化。糖原合酶的活性同样受磷酸化和去磷酸化的化学修饰，方式与磷酸化酶相似，但效果不同，磷酸化酶磷酸化后有活性，而糖原合酶磷酸化后活性降低。这种精细的调节避免了由于分解、合成两个途径同时进行造成的 ATP 浪费。

（二）化学修饰可以引起酶活性的改变

（1）除黄嘌呤氧化（脱氢）酶外，属于这类调节方式的酶都有无活性（或低活性）和有活性（或高活性）两种形式。它们互变反应的正、逆两个方向由不同的酶催化，而催化这种互变反应的酶又受体内调节因素（如激素）的控制。

（2）与别构调节不同，化学修饰会引起酶分子共价键的变化，且因其是酶促反应，故有放大效应。只要催化量的调节因素存在，就可通过加速这种酶促反应，使大量的另一种酶发生化学修饰，因此其催化效率常较别构调节高。

（3）磷酸化与去磷酸化是最常见的酶促化学修饰反应，一般是耗能的。如 1 分子亚基发生磷酸化反应通常需要 1 分子 ATP，但比酶蛋白的合成所消耗的 ATP 要少得多，且作用迅速，又有放大效应，因此是体内调节酶活性较经济、有效的方式。

应当指出，别构调节与化学修饰调节只是调节酶活性的两种不同方式，而对某一具体酶而言，它可同时受这两种方式的调节。例如，糖原合酶既可受葡萄糖 -6- 磷酸的别构激活，又可在磷蛋白磷酸酶的作用下去磷酸化而被激活。

第六节　酶活性的测定

一、酶活性用于衡量酶含量的多少，而酶的比活性则通常用于衡量酶的纯度

通常，在生物组织中，酶蛋白的含量极微小，很难直接测定。更何况在生物组织（或体液）中，酶蛋白又多与其他蛋白质共存，因此，酶含量主要通过酶活性大小来衡量。

酶活性（enzyme activity）又称酶活力，是指酶催化一定化学反应的能力。酶活性的大小可用在一定条件下酶催化某一化学反应的速率来表示。酶催化反应速率越大，酶活性越高；反之，酶活性越低。测定酶活性实际就是测定酶促反应速率。酶促反应速率可用单位时间内单位体积中底物的减少量或产物的增加量来表示。1963 年，国际酶学委员会推荐用酶的活性单位统一表示酶活性的大小。在标准条件下，酶活性的 1 个国际单位（international unit，IU）为在 1 min 内能催化 1 μmol 的底物转变为产物的酶量。1979 年，国际生物化学协会为了使酶活性单位与国际单位制的反应速率相一致，推荐用催量单位（Katal，Kat)，即在标准条件下，1 s 内催化 1 mol 底物转变为产物的酶量定义为 1 个催量单位。$1\text{Kat} = 60 \times 10^6$ IU。

酶的比活性（specific activity）是指每毫克酶蛋白所含的酶活性单位数，代表单位质量蛋白质的催化能力。酶活性用于衡量酶含量的多少，而酶的比活性则通常用于衡量酶的纯度。

Note

二、酶活性的测定在最适条件下进行

所谓规定的实验条件，是指影响酶促反应速率的各种因素（除酶活性待测外）均需恒定，如底物的种类和浓度，反应体系的pH、温度，缓冲液的种类和浓度，辅因子，激活剂或抑制剂。通常要求：①底物要有足够量，一般相当于20 ~ 100倍K_m，但并不是越高越好。有时过高浓度的底物反而会对酶有抑制作用，这是因为同一酶分子上同时结合几个底物分子，使酶分子中的诸多必需基团不能针对一个底物分子进行催化攻击。②最适pH的确定。最适pH可随底物的种类和所用缓冲液的种类不同而有所不同。③最适温度随反应的时间而定。若待测酶的活性低、含量少，必须延长保温时间，方有足够量的产物可被检测，温度应适当低一些；反之，则可适当升高其温度。④缓冲液的种类和浓度均可对酶活性有所影响，因为缓冲液中的正、负离子可影响酶活性中心的解离状态，有的缓冲盐类或对酶活性有一定的抑制作用，或能结合产物而加速反应的进行。⑤辅因子或辅酶是某些酶表现活性的必要条件。⑥有的酶可受激活剂的激活而增强其活性者，需在反应体系中加入激活剂。⑦有的酶对反应体系中存在的微量抑制剂极为敏感，为避免其抑制作用，必须小心除去或避免抑制剂的污染。⑧反应的终止。当反应体系温育一定时间后，可加酶的抑制剂以终止反应，或加热使酶灭活，然后测定其产物的生成量或底物的消耗量，以求得酶促反应速率。

三、酶活性的测定方法主要有3种测定

单位时间内底物的减少量或产物的增加量的测定手段主要取决于这些底物或产物的理化性质。目前，对酶活性主要有3种方法进行测定，分别是直接测定法、间接测定法和酶偶联测定法。

（一）直接测定酶促反应的底物或产物的含量变化

直接测定法（direct assay）是指对参与酶促反应的底物或产物的含量变化进行直接检测，不需任何辅助反应即可测定反应物或底物的浓度。主要采用分光光度法进行检测。如还原型（Fe^{2+}）细胞色素*c*在波长550 nm处有明显的吸收峰，而氧化型（Fe^{3+}）细胞色素c则没有该吸收峰，所以催化细胞色素*c*发生氧化反应的细胞色素氧化酶的活性测定，可以直接检测在波长550 nm处还原型细胞色素*c*的减少过程，即可直接测出细胞色素氧化酶的酶活性。

（二）间接测定酶促反应的底物或产物的含量变化

间接测定法（indirect assay）利用非酶辅助反应对底物或产物的变化进行间接测定。有些酶促反应的底物或产物不能直接进行测定，必须增加一些辅助试剂来达到测定目的。如加入某种染料，通过呈色反应来间接测定酶的活性。例如，二氢乳清酸脱氢酶催化二氢乳清酸脱氢生成乳清酸，同时，辅酶泛醌接受氢还原成泛醇。在此反应中，底物和产物均不能直接测定，但加入另外一种还原剂染料，如2, 6-二氯酚靛酚，此染料氧化型为亮蓝色，在610 nm处有最大吸收峰。反应生成物泛醇可以定量地将2, 6-二氯酚靛酚还原，通过吸光度下降便可以间接测定二氢乳清酸脱氢酶的活性。

（三）酶偶联测定的方法

1．酶偶联测定法的原理 许多酶促反应的底物或产物虽然不能直接检测，但可以与另外的酶偶联，偶联的酶利用上一个酶催化的产物为底物，以此类推，最后一个反应后的产物可以

直接测定，这种间接测定酶活性的方法称为酶偶联测定法（enzyme coupled assay）。该测定方法需要在反应体系中加入一个或几个工具酶，将待测酶生成的某一产物转化为新的可直接测定的产物，当加入酶的反应速率与待测酶反应速率达到平衡时，可以用最后一个指示酶的反应速率来代表待测酶的活性。

$$A \xrightarrow{Ex} B \xrightarrow{Ea} C \xrightarrow{Ei} P$$

式中，A 为底物，B、C 为中间产物，P 为产物（必须能够直接测定），Ex 为待测酶，Ea、Ei 为工具酶。按照工具酶作用的不同，Ea 又称为辅助酶，Ei 又称为指示酶，C 生成 P 的反应称为指示反应。

2．酶偶联反应常用的指示酶

（1）脱氢酶：不少脱氢酶所催化的反应需要 $NAD^+/NADH$ 或 $NADP^+/NADPH$ 作为辅酶，其中，NADH 及 NADPH 在 340 nm 处有吸收峰，而其氧化型（NAD^+ 及 $NADP^+$）则无此吸收峰，因而可通过 340 nm 处吸光度的变化，检测这类脱氢酶所催化的氧化还原反应（$A + NADH + H^+ \rightarrow AH_2 + NAD^+$）速率；利用脱氢酶的辅酶在 340 nm 处有吸收峰的特性，还可将脱氢酶反应与其他酶促反应偶联起来，以检测后者的酶活性。例如，为检测己糖激酶活性，可采用下列偶联反应：

$$\text{葡萄糖} + ATP \xrightarrow{\text{己糖激酶}} \text{葡萄糖-6-磷酸} + ADP$$

$$\text{葡萄糖-6-磷酸} + NADP^+ \xrightarrow{\text{葡萄糖-6-磷酸脱氢酶}} \text{葡萄糖酸-6-磷酸} + NADPH$$

式中，己糖激酶为待测酶，而葡萄糖 -6- 磷酸脱氢酶（glucose-6-phosphate dehydrogenase，G6PD）则作为指示酶，与辅酶 $NADP^+$、底物葡萄糖及 ATP 一起加至反应体系中。若待测酶（己糖激酶）活性高，则生成的葡萄糖 -6- 磷酸也多，经葡萄糖 -6- 磷酸脱氢酶及 $NADP^+$ 催化生成的 NADPH 也相应增多，340 nm 处的吸光度也呈正比增大。通过测定 340 nm 处吸光度的改变以检测酶活性，无须加入呈色试剂使产物显色，而且可以连续追踪、监测反应过程，在酶活性测定中是一种十分有效的方法。

（2）过氧化物酶（peroxidase，POD）：可催化过氧化氢与某些物质反应，例如与无色的还原型 4- 氨基安替比林（4-AAP）和酚反应，将其偶联氧化为有色物质，该反应（称为 Trinder 反应）方程式如下：

$$2H_2O_2 + \text{4-AAP} + \text{酚} \xrightarrow{POD} \text{醌亚胺（红色）} + 4H_2O$$

甘油氧化酶、尿酸酶（属于氧化酶类）等都可以将各自的底物氧化为过氧化氢，因此都可以与过氧化物酶偶联，通过 Trinder 反应加以定量测定。蛋白质印迹试验中很多抗体则采用过氧化物酶标记，以进行抗原抗体结合的定量分析。

（3）荧光素酶：自然界中能够以荧光素为底物发出荧光的酶，统称为荧光素酶（luciferase）。荧光素或荧光素酶不是特定的分子，而是对于所有能够产生荧光的底物和其相应酶的统称，不同的荧光素酶催化不同的荧光素产生发光反应。在相应的化学反应中，荧光的产生一般来自荧光素的氧化，有些情况下反应体系中需要腺苷三磷酸（ATP）的参与，而且钙离子的存在常可以进一步加速反应。

$$\text{荧光素} + ATP \xrightarrow{\text{荧光素酶}} \text{荧光素化腺苷酸} + PPi$$

$$\text{荧光素化腺苷酸} + O_2 \longrightarrow \text{氧化荧光素} + AMP + \text{荧光}$$

Note

荧光素酶常可以作为“报告蛋白质”被用于分子生物学研究中，例如，在转染过荧光素酶质粒的细胞中检测特定启动子的转录情况或用于探测细胞内的 ATP 水平，这一技术被称为报告基因检测法或荧光素酶检测法（luciferase assay）。

第七节 酶的命名与分类

一、酶的习惯命名不属于科学分类命名

酶的习惯命名法：①绝大多数的酶是依据其所催化的底物命名的，在底物的英文名词上加上尾缀“ase”作为酶的名称。如分解脂肪的酶，称为脂肪酶（lipase）；水解蔗糖的酶，称为蔗糖酶（sucrase）。②有些酶则是根据其所催化的反应类型或方式命名的，如转氨酶（transaminase）是将氨基从一个化合物转移到另一个化合物上的一类酶；脱氢酶（dehydrogenase）是催化氢反应的酶。③也有一些酶是根据上述两项原则综合命名的，如将丙氨酸上的氨基转移到 α- 酮戊二酸上的酶，称为丙氨酸转氨酶（alanine transaminase），此酶也称谷丙转氨酶（GPT）。④在上述命名的基础上，有时还加上酶的来源或酶的其他特点。例如胃蛋白酶及胰蛋白酶，指出这两种蛋白水解酶的来源；碱性磷酸酶（alkaline phosphatase）及酸性磷酸酶（acid phosphatase）则指出这两种酶在催化反应时所要求的酸碱度。

习惯命名法常常一酶数名，或从酶的名称上难以看出它所催化的反应类型和性质，以致无法区分催化同一类型反应的不同的酶。例如，过氧化氢酶（catalase）的另一习惯名为触酶，从酶的名称看，不知其是对何种底物起何种反应。又如蔗糖酶又名转化酶（invertase），转化什么也未指明。淀粉酶（amylase）究竟是催化合成反应还是分解反应也不清楚。为避免混乱，必须进行科学分类命名，因现在已发现的酶接近 7000 种，新的酶还在不断被发现，根据习惯命名原则很难一致。

二、根据酶的系统命名原则，将酶分为七大类

国际生物化学与分子生物学联盟命名委员会（Nomenclature Committee of the International Union of Biochemistry and Molecular Biology，NC-IUBMB）制定了统一的系统命名原则，共区分为七大类，即氧化还原酶类（oxido-reductase）、转移酶类（transferases）、水解酶类（hydrolases）、裂合酶类（lyases）、异构酶类（isomerases）、连接酶类（ligases）和易位酶类（translocases）。在每一大类下，又分为若干亚类及亚亚类，并给予每种酶以特定的名称和编号（表 3-7、表 3-8）。

表 3-7 酶的国际系统分类简介

类别	催化反应类型	亚类（举例）	亚亚类（举例）
1. 氧化还原酶类	氢或电子转移	1. 作用于—OH（醇） 2. 作用于—CHO/—CH═O 3. 作用于—CH_2—CH_2—	受氢体为：1. $NAD^+/NADP^+$ 2. 细胞色素 3. 分子氧
2. 转移酶类	基团转移反应	1. 转移甲基、羟甲基 2. 转移醛 / 酮基 3. 含氮基团	含氮基团：1. 氨基 2. 脒基 3. 氧亚氨基

续表

类别	催化反应类型	亚类（举例）	亚亚类（举例）
3．水解酶类	水解反应	1．作用于酯键 2．作用于糖苷键	1．羧酸酯
4．裂合酶类	一分为二或合二为一	1．作用于C—C键 2．作用于C—O键 3．作用于C—N键	1．羧基 2．醛基
5．异构酶类	同分异构体的相互转化	1．消旋易向 2．顺反异构	氨基酸、羟基酸糖等顺反异构
6．连接酶类	伴有高能磷酸键的水解而形成共价键	1．形成C—O键 2．形成C—S键	氨基酰与tRNA连接酸-硫连接
7．易位酶类	离子或分子跨膜转运或膜内易位	1．质子易位 2．无机阳离子易位 3．无机阴离子易位 4．氨基酸或肽易位 5．糖及衍生物易位 6．其他化合物易位	1．与氧化还原酶反应相关的易位反应 2．与三磷酸核苷水解相关的易位反应 3．与二磷酸水解相关的易位反应 4．与脱羧反应相关的易位反应

表 3-8 酶的国际系统命名举例

类别	酶名称（1）推荐名 （2）系统名	催化反应	编号
1．氧化还原酶类 亚类1（作用于—OH） 亚亚类1（NAD^+受氢） 编号27	（1）L-型乳酸脱氢酶 （2）L-乳酸：NAD^+氧化还原酶	L-乳酸 + NAD^+ $\rightleftharpoons$ 丙酮酸 + NADH + H^+	EC 1.1.1.27
2．转移酶类 亚类6（含氮基团） 亚亚类1（氨基） 编号2	（1）谷丙转氨酶 （2）L-丙氨酸：α-酮戊二酸转氨酶	L-丙氨酸+α-酮戊二酸 $\rightleftharpoons$ 丙酮酸+L-谷氨酸	EC 2.6.1.2
3．水解酶类 亚类2（α-糖苷酶） 亚亚类1 编号23	（1）β-半乳糖苷酶 （2）β-D-半乳糖苷：半乳糖水解酶	β-D-半乳糖苷 + H_2O $\rightleftharpoons$ 醇 + D-半乳糖	EC 3.2.1.23
4．裂合酶类 亚类1（C—C键） 亚亚类2 编号13	（1）二磷酸果糖醛缩酶 （2）果糖-1,6-二磷酸：3-磷酸甘油醛裂合酶	果糖-1,6-二磷酸 $\rightleftharpoons$ 磷酸二羟丙酮 + 3-磷酸甘油醛	EC 4.1.2.13
5．异构酶类 亚类2（顺反异构） 亚亚类1 编号3	（1）视黄醛异构酶 （2）全反视黄醛顺反异构酶	全反视黄醛 $\rightleftharpoons$ 顺视黄醛	EC 5.2.1.3
6．连接酶类 亚类3（C—N键） 亚亚类1 编号2	（1）谷氨酰胺合成酶 （2）L-谷氨酰：氨连接酶（形成ADP）	L-谷氨酸 + ATP + NH_3 $\rightleftharpoons$ L-谷氨酰胺 + ADP+H_3PO_4	EC 6.3.1.2
7．易位酶类 亚类1	（1）泛醇氧化酶	2泛醇 + O_2 + nH^+ → 2泛醌 + $2H_2O$ + nH^+	EC 7.1.1.3
亚类2	（2）抗坏血酸铁还原酶	抗坏血酸 + Fe^{3+} →单脱氢抗坏血酸 + Fe^{2+}	EC 7.2.1.3

国际系统命名原则包括所参与的底物及反应类型，若底物有2个，则需将2个底物均写上，中间用冒号隔开，如L-乳酸：NAD^+氧化还原酶。并赋予每个酶以专有的编号，包括属于第几大类、第几亚类、第几亚亚类及在该亚亚类中的编号。编号由4个数字组成，前面以EC（Enzyme Commission）开头。如上述L-乳酸：NAD^+氧化还原酶属于第1类、第1亚类、第1亚亚类，在第1亚亚类中的编号为27，故此酶的专有编号为EC 1.1.1.27。这种命名和编号是相当严谨的，没有"同名同姓"，而且从酶的名称中就可直观地知道其所催化的是何种底物，属于何种反应类型。其缺点是名称过长且烦琐，多数学者还是喜欢沿用习惯命名。为此，国际生物化学协会变通地选用一种公认的习惯命名作为推荐名，如L-乳酸：NAD^+氧化还原酶的推荐名为L-型乳酸脱氢酶。

在酶命名和翻译上，有些地方容易混淆，需注意。如"synthetase"为"合成酶"（催化缩合反应需要ATP或其他核苷三磷酸参加），而"synthase"为"合酶"（催化缩合反应不需要ATP参加）。NC-IUBMB从1983年以后不再使用"synthetase"一词，现在使用的"synthetase"应属"曾称"，限于连接酶类（ligases）。"phosphatase"为"磷酸酶"（H_2O参与水解磷酸基团），而"phosphorylase"为"磷酸化酶"（无机磷参与生成磷酸化产物）；"dehydrogenase"为"脱氢酶"（在氧化还原反应中需NAD/FAD作为电子受体），"oxidase"为"氧化酶"（O_2是受体，氧原子不掺入底物中），"oxygenase"为"加氧酶"（1个或2个氧原子掺入底物中）。

第八节 其他具有催化作用的生物分子

一、核酶是具有催化活性的RNA

核酶的底物通常为RNA分子

1982年，T. Cech和同事在研究四膜虫（tetrahymena）的rRNA的内含子自我剪接时发现，rRNA内含子的剪接不需要任何蛋白质的参与，这说明该过程是由非蛋白质类酶催化完成的，后来证明RNA具有自身催化作用。人们将具有催化活性的RNA统称为核酶（ribozyme），又称催化性RNA。例如，在生物体内蛋白质生物合成中的肽酰转移酶就是核酶。

核酶的底物通常为RNA分子，也可以是核酶自身。当底物为RNA分子时，RNA分子通过碱基配对进行序列比对完成催化反应。由于核酶具有内切酶活性，切割位点高度特异，因此可以用于切割特定的基因转录产物。只要设计时使核酶的配对区域碱基与靶RNA有合适的配对，就能进行特异切割，从而破坏mRNA，抑制基因表达。这为基因功能研究、病毒感染和肿瘤治疗提供了一个可行的途径。

目前，对众多核酶的研究中，自剪接组Ⅰ内含子核酶、RNA酶P核酶（RNase P）和锤头状核酶的研究是相对成熟和深入的。

二、脱氧核酶是一类具有酶活性的DNA分子

Gerald Joyce在1994年发现了脱氧核酶（DNAzyme）。脱氧核酶是一类具有酶活性的DNA分子。脱氧核酶可以催化水解特定的核糖核苷酸或脱氧核糖核苷酸的磷酸二酯键，通过以Mg^{2+}、Pb^{2+}、Zn^{2+}、Mn^{2+}等金属离子作为辅因子依赖性切割，参与催化多种类型的生化反

应。迄今为止已经发现了数十种脱氧核酶。

相关研究表明：脱氧核酶都是单链DNA分子通过自身卷曲、折叠形成的三维结构，在某些特殊的辅助因子作用下与底物结合并发挥催化功能。根据催化功能的不同，可以将脱氧核酶分为以下七类：①具有DNA水解活性的脱氧核酶，不仅具有RNA切割作用，而且能切割DNA分子；②具有N-糖基化酶活性的脱氧核酶；③具有DNA连接活性的脱氧核酶；④具有RNA切割活性的脱氧核酶；⑤具有DNA激酶活性的脱氧核酶；⑥具有DNA戴帽活性的脱氧核酶；⑦具有卟啉环金属化酶活性和过氧化酶活性的脱氧核酶。

目前，脱氧核酶在不对称催化、生物传感器、DNA纳米技术以及临床诊断和基因治疗等方面得到了广泛应用。

三、抗体酶具有抗体和酶的特性

具有催化作用的抗体称为抗体酶（abzyme），又称为催化性抗体（catalytic antibody）。抗体酶具有抗体和酶的特性。在抗体酶的免疫球蛋白的易变区具有某种酶的特性，如催化性、底物专一性、pH依赖性以及可被抑制剂抑制。抗体与酶尽管功能不同，但都是蛋白质，并可专一地结合各自的配体形成相应的复合物。

抗体与酶在结合配体方面的差别是：抗体专一结合的是稳定的、低能级的分子；酶专一结合的是具有活化的、高能级的过渡态结构分子。若能找到抗过渡态的抗体，并加入该反应体系中，就可观察到抗体对应的催化效应。1969年，有人尝试利用免疫系统制造特异的、高亲和力的、具有催化功能的免疫球蛋白，即抗体酶。现已在许多情况下发现这种具有催化作用的抗体亚类，如自体免疫性疾病，正常人和动物、底物的免疫反应，底物类似物的免疫反应，抗酶表型抗体，抗过渡态类似物抗体，呼吸系统疾病抗体的轻链（L），多发性骨髓瘤。

四、人工方法合成的一些其他生物催化剂

现在可以通过化学合成的方法合成一些非蛋白质、非核酸的生物催化剂，这些生物催化剂的结构比蛋白质酶的结构简单得多，可以模拟酶对底物的结合和催化过程，既可以达到酶催化的高效率，又可以克服酶的不稳定性，这样的生物催化剂称为模拟酶（mimic enzyme）。如利用环糊精已成功地模拟了谷胱甘肽过氧化物酶、胰凝乳蛋白酶、核糖核酸酶、氨基转移酶、碳酸酐酶等。其中对胰凝乳蛋白酶的模拟，其活性已接近天然胰凝乳蛋白酶。

在一些研究中合成的EDTA · Fe（Ⅱ）· X可以像探针一样与单链DNA的任意区域进行结合并切割DNA，有人将其称为探针酶。其中X为探针，能与DNA结合。探针酶与限制性内切酶相比，其特点是切割位点不够精确，但具有较大的灵活性，可在任意选定的位置切割DNA。可以期望探针酶破坏致病基因（病毒RNA和DNA、癌基因等），用于治疗疾病。人工合成的具有催化活性的蛋白质或多肽，称为人工酶（artificial enzyme）。例如，Steward等使用酪氨酸乙酯作为胰凝乳蛋白酶的底物，用计算机模拟胰凝乳蛋白酶的活性部位，构建出一种由73个氨基酸残基组成的多肽，此多肽具有底物专一性以及对胰凝乳蛋白酶抑制剂的敏感性，对烷基酯的水解活力为天然胰凝乳蛋白酶的1%。Schultz将一小段人工合成的含14个核苷酸的多核苷酸（5′-TTCGCGGTGGTGGC-3′）的3′端，经化学方法连接到RNA酶的Cys^{116}上，改造成RNA限制性内切酶，它只能水解与上述多核苷酸碱基配对的RNA。将这种连有多核苷酸的RNA酶称为杂交酶（hybrizyme）。

Note

用基因工程技术生产的酶称为克隆酶。用于医药或工业上的青霉素G酰化酶、α-淀粉酶、尿激酶原、凝乳酶、组织型纤溶酶原激活剂等都已应用于工业生产。用基因定位突变技术修饰天然酶基因，然后用基因工程技术生产该突变基因的酶，称为突变酶。例如，运用蛋白质工程技术将枯草杆菌蛋白酶的 Asp^{99} 和 $Glu1^{56}$ 替换成Lys后，产生了活性很高的枯草杆菌突变蛋白酶。

第九节 酶与医学的关系

一、酶参与多种疾病的发生

酶的催化作用是机体实现物质代谢以维持生命活动的必要条件。当某种酶在体内的生成或作用发生障碍时，机体的物质代谢过程常可失常，失常的结果则表现为疾病。如急性胰腺炎时，许多由胰腺合成的蛋白水解酶在胰腺细胞内就被异常激活，导致胰腺组织被严重破坏。又如，体内生物氧化过程中不断产生超氧阴离子，它可以损伤细胞，而超氧化物歧化酶则可以消除超氧阴离子，细胞衰老的机制可能与超氧化物歧化酶的活力降低有关；有先天性乳糖酶缺乏的婴儿，不能水解乳汁中的乳糖，引起腹泻等胃肠道紊乱，导致乳糖酶缺乏症。所以，许多疾病的发病机制或病理生理变化都直接或间接地与酶的参与有关。

二、酶可用于疾病的诊断

遗传病由于先天性缺乏某种有活性的酶所致。在胎儿出生前，可从羊水或绒毛膜中检出某种酶的缺陷或其基因表达的缺失，从而采取早期流产措施，防患于未然。当某些器官或组织发生病变时，由于细胞的坏死或破损，或细胞膜通透性增高，可使原存在于细胞内的某些酶进入体液中，使体液中这些酶的含量增高。通过对血、尿等体液和分泌液中某些酶活性的测定，可以了解某些组织和器官的病损情况，从而有助于疾病的诊断。血中某些酶活性的增高还可见于：①细胞的转换率增加，或细胞的增殖速度加快。当恶性肿瘤生长速度快时，其标志酶的释出也增多。②酶的合成或诱导增加。如胆道堵塞时，胆汁反流，可诱导肝合成大量碱性磷酸酶。肝中的γ-谷氨酰转移酶可被巴比妥盐类（一类镇静催眠药）或乙醇等诱导而生成增加。③酶的清除减少，或分泌受阻等。血清中酶的清除主要通过受体介导的内吞作用实现。如肝细胞中存在以半乳糖苷基为末端的糖蛋白受体，它可以结合循环中末端含半乳糖苷基的糖蛋白；来自小肠的碱性磷酸酶属于这类糖蛋白，因而可被清除。肝硬化时，具有此类受体的细胞减少，血中碱性磷酸酶活性增高。肿瘤标志性碱性磷酸酶的末端糖基为唾液酸（而非半乳糖苷基），故不被上述机制所清除，其在血液中存在的持续时间长、活性高。所以，临床上通过测定血中一些酶的活性以诊断某些疾病，具有重要的诊断价值。

三、酶可用于疾病的治疗

1. 替代治疗 因消化腺分泌不足所致的消化不良，可补充胃蛋白酶、胰蛋白酶、胰脂肪酶及胰淀粉酶等助消化。中药助消化药鸡内金是鸡的胃黏膜，含有丰富的活力极强的胃蛋白酶。因某些酶的基因缺陷所致的先天性代谢障碍，正在试用相应酶的替代疗法，如以脂质体包裹酶基因引入体内，或设法引入该酶的基因。

2．抗菌治疗 凡能抑制或阻断细菌重要代谢途径中的酶活性，即可达到抑菌或杀菌的目的。如磺胺类药物可竞争性抑制细菌中的二氢叶酸合酶，使细菌的核酸代谢障碍而阻遏其生长、繁殖。氯霉素因可抑制某些细菌的肽酰转移酶活性，而抑制其蛋白质的合成。某些对青霉素耐药的细菌，是因为这些细菌生成一种能水解青霉素的β-内酰胺酶。新设计的青霉素衍生物具有不被该酶水解的结构特点，如头孢西丁，其被β-内酰胺酶分解的速度只有青霉素V的十万分之一。

3．抗癌治疗 肿瘤细胞具有独特的代谢方式，若能阻断相应的酶活性，就可达到遏制肿瘤细胞生长的目的。L-Asn是某些肿瘤细胞的必需氨基酸，若给予能水解L-Asn的左旋天冬酰胺酶，则肿瘤细胞将因其必需的营养素被剥夺而趋于死亡。又如甲氨蝶呤可抑制肿瘤细胞的二氢叶酸还原酶，使肿瘤细胞的核酸代谢受阻而抑制其生长、繁殖。

4．对症治疗 如菠萝蛋白酶可用于溶解及清除炎症渗出物，消除组织水肿，溶解纤维蛋白血凝块。链激酶及尿激酶可溶解血栓，多用于心脏、脑血管栓塞的治疗。DNA酶可水解呼吸道黏稠分泌液中的DNA，使痰液变稀，易于引流咳出。

5．调整代谢，纠正紊乱 如抑郁症由脑中兴奋性神经递质（如儿茶酚胺）与抑制性神经递质的不平衡所致，给予单胺氧化酶抑制剂，可减少儿茶酚胺类的代谢灭活，提高突触中的儿茶酚胺含量而抗抑郁，这是许多抗抑郁药的设计依据。

四、酶在医药学中的用途广泛

酶在医药学上的应用是极其广泛的。例如，药物设计中寻找某些酶的特异抑制剂或激活剂，如抗代谢物。用化学方法将酶交联在惰性物质表面，构成固相酶，用处很大。如对于慢性肾衰竭患者，含氮废物（如尿素）不能从肾中滤出，需要进行人工透析以清除血液中的含氮废物，若在透析管上存在固相化的脲酶，则流经透析管的血液易于将尿素清除，这是因为尿素经脲酶作用后生成的氨和CO_2透过透析管的速度远比尿素的透过速度快。又如，临床实验室检测中常用酶作为工具，以分析血液中的某些可受酶作用的物质的含量。例如将葡萄糖氧化酶固定在玻璃电极上，可测定血中葡萄糖的含量，称为酶电极。将不同的酶固定在不同的酶电极上，可分别测定许多不同的物质。

案例分析

甲醇是一种气体管线防冻剂，导致甲醇中毒最常见的原因就是饮用假酒。甲醇对人体的毒性作用是由甲醇及其代谢产物甲醛和甲酸引起的，以中枢神经系统损害、眼部损害及代谢性酸中毒为主要特征。肝的乙醇脱氢酶可以将甲醇转化为甲醛，由于眼对甲醛特别敏感，因此失明是摄入甲醇的常见结果。乙醇作为乙醇脱氢酶的底物，可以与甲醇竞争结合乙醇脱氢酶。乙醇在乙醇脱氢酶的作用下转化为乙醛，乙醇的作用类似于竞争性抑制剂，减少甲醛和甲酸的生成。因此甲醇中毒的治疗方法是缓慢静脉注射乙醇，使乙醇在血液中保持数小时的受控浓度。这减缓了甲醛的形成，使甲醇从肾过滤并无害地从尿液中排出。

Note

思考题

1. 简述酶活性中心的结构特点及其与功能的相关性。
2. 以乳酸脱氢酶（LDH）为例，说明同工酶的生理及病理意义。
3. 举例说明酶原与酶原激活的意义。
4. 阐述磺胺类药抗菌作用的基本原理。
5. 酶的可逆抑制特点是什么？

（巩丽云）

第二篇

物质代谢与调节

第四章

糖代谢

案例 4-1

某患者，男性，52 岁，近期体重明显下降，为进一步诊治入院。患者自述 2 年前出现全身无力，排尿增多，常口渴，体重减轻 6 kg，食欲佳，睡眠尚可。患者是中学教师，平时锻炼少，吸烟 20 年，平均每日 20 支，偶少量饮啤酒。查体合作。体格检查：T 36.3 ℃，P 72 次 / 分，R 16 次 / 分，BP 135/89 mmHg，身高 170 cm，体重 75 kg。神志清醒，营养中等，偏胖，其余未见异常。患者的母亲和祖母均患有糖尿病。实验室检查：空腹血糖 10.6 mmol/L，餐后 2 h 血糖 13.6 mmol/L，糖化血红蛋白 10.3%。空腹血脂：胆固醇 7.8 mmol/L（< 5.5 mmol/L）。尿液检查：葡萄糖 2+，酮体 –，蛋白 –。经进一步辅助检查，初步确诊为糖尿病。

糖尿病是以持续性高血糖和糖尿为主要症状，特别是空腹血糖和糖耐量曲线异常的代谢性疾病。近年来，我国糖尿病患者数量大幅攀升，总人数达 1.298 亿。我国糖尿病防治工作任重道远。

问题：

1．血糖的来源和去路有哪些？

2．调控血糖的激素有哪些？其是如何调节机体血糖浓度维持相对恒定的？

3．什么是糖尿病？糖尿病的发病机制是什么？

4．糖代谢与其他物质代谢存在何种联系？

第一节　概　述

糖是自然界存在的一大类有机化合物，其化学本质是多羟基醛或多羟基酮及其衍生物或多聚物。绝大多数生物体内均含有糖，其中以植物体内含量最多，占其干重的 85% ~ 95%。糖约占人体干重的 2%。葡萄糖是体内最重要的糖类物质，体内所有组织细胞都可利用葡萄糖，在糖代谢中，糖的运输、贮存、分解供能与转变均以葡萄糖为中心。葡萄糖可转变成多种非糖物质，某些非糖物质也可转变为葡萄糖。因此，在机体的糖代谢中，葡萄糖的代谢居主要地位。本章主要介绍葡萄糖在体内的代谢。

Note

一、糖具有多种生理功能

（一）糖最主要的生理功能是氧化供能

糖最主要的生理功能是提供生命活动所需要的能量。正常情况下，人体 50% ~ 70% 的能量靠糖提供。1 mol 葡萄糖完全氧化为二氧化碳和水可释放能量 2840 kJ（679 kcal），其中约 34% 转变为 ATP，以供各种生理活动所需。

（二）糖可以转变为其他非糖含碳物质

糖是机体重要的碳源，它的中间产物可转变成其他非糖含碳物质，如营养非必需氨基酸、脂质和核苷，它们在体内具有重要的生理功能。

（三）糖是构成组织细胞的重要结构成分及活性物质

体内重要的生物大分子（如核酸、糖蛋白、蛋白聚糖和糖脂）均含有糖。核糖或脱氧核糖是 DNA 和 RNA 的组成成分，参与遗传信息的贮存与传递；糖蛋白的功能多样，寡糖链不但能影响蛋白质部分的构象、聚合及降解，还参与糖蛋白的相互识别和结合等；蛋白聚糖主要作为结构成分，分布于软骨、结缔组织、角膜等基质内，也参与构成关节的滑液、眼玻璃体的胶状物，分别起润滑作用和透光作用；糖脂是细胞膜的组分。除此之外，糖还参与构成体内某些重要的生物活性物质，如激素、酶、免疫球蛋白、血型物质和血浆蛋白质。

二、糖的消化与吸收

人体摄入的糖类物质主要有植物淀粉、动物糖原、蔗糖、麦芽糖、乳糖和葡萄糖等，其中主要是淀粉及纤维素。淀粉分子中的葡萄糖通过 α-1, 4- 糖苷键及 α-1, 6- 糖苷键相连，纤维素分子中的葡萄糖通过 β- 糖苷键相连。多糖必须经过消化道中各种酶的作用，水解成葡萄糖等单糖后才能被吸收入体内，这个水解过程称为消化。人体内无 β- 糖苷酶，故不能消化食物中的纤维素，但后者有促进肠蠕动等作用，为人类健康所必需。

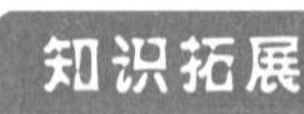

糖的分类

糖类物质可以根据其水解情况分为：

- 单糖（葡萄糖、果糖、半乳糖、甘露糖等）
- 寡糖（二糖：蔗糖、乳糖、麦芽糖等）
- 多糖（淀粉、糖原、纤维素）
- 结合糖（糖脂、糖蛋白、蛋白聚糖）

淀粉的消化从口腔开始，唾液中含有 α- 淀粉酶（α-amylase），催化淀粉分子中的 α-1, 4- 糖苷键水解，将淀粉水解为麦芽糖、麦芽三糖及含分支的异麦芽糖和 α- 极限糊精。食物在口腔中停留的时间很短，食糜进入胃后，胃酸逐渐渗入食糜内，使唾液淀粉酶失去活性，故淀粉在胃中基本不消化。因此，淀粉消化主要在小肠内进行。在肠腔中有胰腺分泌的α-胰淀粉酶，小肠黏膜上皮细胞刷状缘含有α-极限糊精酶、异麦芽糖酶、α-葡萄糖苷酶及各种二糖酶（乳糖酶、蔗糖酶和麦芽糖酶），其中α-极限糊精酶、异麦芽糖酶可水解α-1, 4-糖苷键和α-1, 6-糖苷键，这些酶能使相应的糖水解为葡萄糖、果糖和半乳糖。有些成人缺乏乳糖酶，在食用牛奶后发生乳糖消化障碍，可引起腹胀、腹泻等症状，此时停止食用牛奶，或改食酸奶，能防止其发生。单糖在小肠被吸收，经门静脉入肝。虽然各种单糖均可被吸收，但其吸收速度不同。若葡萄糖吸收率为100，单糖吸收率顺序如下：

D-半乳糖 > D-葡萄糖 > D-果糖 > D-甘露糖 > L-木酮糖 > L-阿拉伯糖
（110）（100）（43）（19）（15）（6）

这种吸收率的差别表明，除简单扩散外，主要依赖于耗能的特定载体转运的主动吸收，在这个过程中同时伴有Na^+的转运。这类葡萄糖载体被称为Na^+依赖型葡萄糖转运蛋白（sodium-dependent glucose transporter，SGLT），它们主要存在于小肠黏膜和肾小管上皮细胞，以主动转运方式逆浓度梯度转运葡萄糖。葡萄糖等与Na^+分别结合在转运蛋白的不同部位，形成葡萄糖-Na^+-转运蛋白复合物（图4-1）。由于肠腔内钠离子浓度高于细胞内浓度而形成钠离子浓度梯度，使葡萄糖-Na^+-转运蛋白复合物顺钠离子浓度梯度差转运入细胞内，葡萄糖随之由细胞扩散入血液，而Na^+被ATP供给能量的钠钾ATP酶（钠泵）泵出细胞，K^+则进入细胞，使细胞内外离子浓度达到平衡。人体中已发现的葡萄糖转运蛋白（glucose transporter，GLUT）至少有12种，分别在不同的组织细胞中发挥转运葡萄糖的作用，且不同组织中的GLUT分布不同，生物功能不同，决定了各组织葡萄糖代谢有差异。转运蛋白对单糖分子结构有选择性，要求单糖为C-2上有自由羟基的吡喃型单糖，故半乳糖、葡萄糖等能与载体蛋白结合而被迅速吸收，而果糖、甘露糖等不能与载体蛋白结合，所以吸收速度较低。糖尿病患者要严格控制主食摄入量，尤其是葡萄糖的摄入量，并减少摄入动物性脂肪，多进食蔬菜和豆制品，以防止血糖浓度过高。

三、糖代谢可以分为合成代谢和分解代谢

糖代谢主要是指葡萄糖在体内的一系列复杂的化学变化。在不同的生理条件下，葡萄糖在组织细胞内代谢的途径也不同。供氧充足时，葡萄糖进行有氧氧化；缺氧时，葡萄糖进行无氧氧化。此外，葡萄糖还可通过戊糖磷酸途径及糖醛酸途径代谢。当体内血糖充足时，肝、肌肉等组织可以把葡萄糖合成糖原储存；反之，则进行糖原分解。有些非糖物质（如乳酸、丙酮酸、生糖氨基酸）能经糖异生转变成葡萄糖或糖原。糖代谢的概况见图4-2。

知识拓展

已知功能的葡萄糖转运蛋白在人体的分布

人体中已发现的葡萄糖转运蛋白（glucose transporter，GLUT）至少有12种，分别在不同的组织细胞中发挥转运葡萄糖的作用，且不同组织中的GLUT分布不同，生物功能不同，决定了各组织葡萄糖代谢有差异。现已明确功能的为GLUT1 ~ GLUT5。GLUT1和GLUT3是细胞基本的葡萄糖转运蛋白，广泛分布于全身各组织中。GLUT2主要分布于肝细胞和胰岛β细胞中，因与葡萄糖亲和力较低，故肝细胞能在餐后血液葡

Note

葡糖浓度较高时摄取过量葡萄糖，同时调节胰岛素分泌。而GLUT4主要分布于脂肪及肌组织中，依赖胰岛素调节、摄取葡萄糖，耐力训练可增加肌组织细胞膜上GLUT4的数量。GLUT5主要分布于小肠，为转运果糖进入细胞的重要载体。

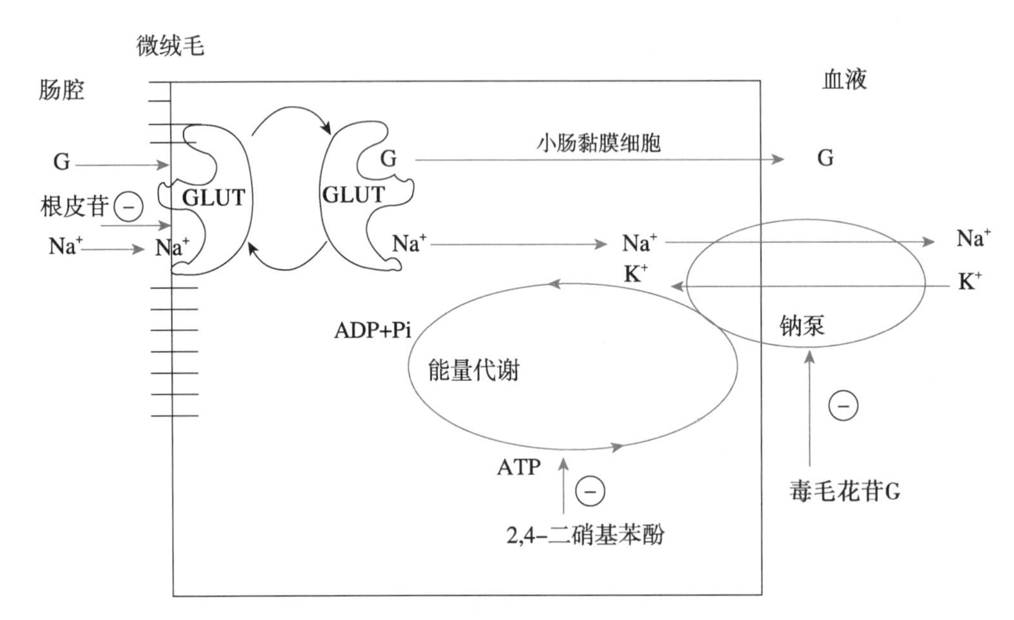

图 4-1 小肠中葡萄糖主动吸收示意图
G：葡萄糖

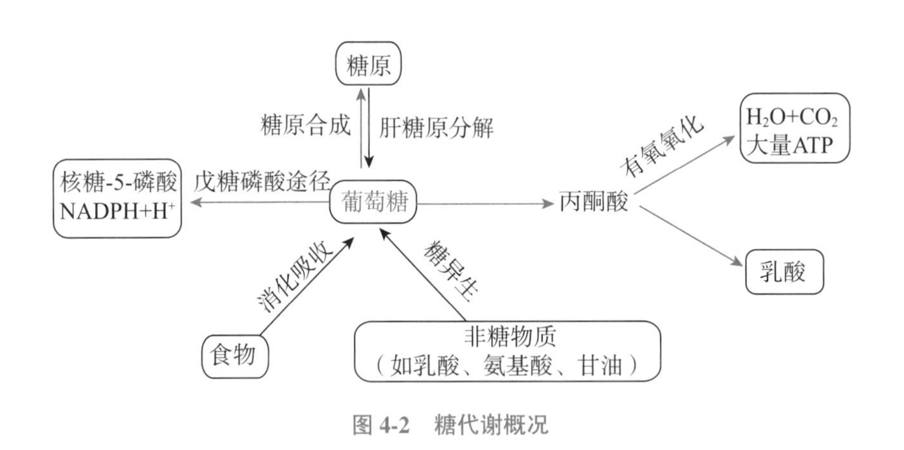

图 4-2 糖代谢概况

第二节 糖的分解代谢

体内糖的分解代谢方式根据其反应条件和反应途径的不同可分为4种：①在有氧时进行糖的有氧氧化，是供能的主要途径，1 mol 葡萄糖经有氧氧化生成二氧化碳和水，并生成32 mol或30 mol ATP；②在氧供应不足时，进行糖无氧氧化，提供部分急需的能量，同时也是少数组织（如红细胞）生理情况下的供能途径；③通过戊糖磷酸途径，提供有重要生理功能的磷酸核糖和 $NADPH + H^+$；④糖醛酸途径，主要在肝内进行，提供尿苷二磷酸葡萄糖醛酸（uridine diphosphate glucuronic acid，UDPGA），它是蛋白多糖的重要成分和生物转化中最重要的结合剂。

一、葡萄糖在无氧或缺氧情况下分解生成乳酸和 ATP

葡萄糖或糖原在无氧或缺氧情况下分解生成乳酸和 ATP 的过程，称为糖无氧氧化（anaerobic oxidation of glucose）。糖无氧氧化分为糖酵解和乳酸生成两个阶段。第一阶段是糖酵解（glycolysis）。1 分子葡萄糖在胞质溶胶一系列酶的催化下产生 2 分子丙酮酸，并生成 2 分子 ATP 和 2 分子 NADH。糖酵解是葡萄糖无氧氧化和有氧氧化的共同起始途径。全身各组织细胞内均可进行糖酵解，尤其以肌肉组织、红细胞、皮肤和肿瘤组织中活跃。第二阶段为丙酮酸还原生成乳酸，即在人体组织不能利用氧或氧供应不足时，将糖酵解生成的丙酮酸进一步在胞质溶胶中还原生成乳酸。糖无氧氧化反应过程如下：

（一）葡萄糖经糖酵解分解生成丙酮酸

第一阶段：1 分子葡萄糖分解为 2 分子丙酮酸，此阶段包括 10 步反应。

1. 葡萄糖磷酸化生成葡萄糖 -6- 磷酸（glucose-6-phosphate，G-6-P） 在己糖激酶（hexokinase，HK）的催化下，把 ATP 的磷酸基团转移给葡萄糖，Mg^{2+} 作为激活剂，生成葡萄糖 -6- 磷酸。反应一般不可逆，是糖酵解的第一个限速步骤。己糖激酶为关键酶。哺乳动物体内已发现 4 种己糖激酶同工酶，分别称为 Ⅰ ～ Ⅳ 型。肝细胞中存在的是Ⅳ型，也称为葡萄糖激酶（glucokinase，GK）。它对葡萄糖的亲和力很低，K_m 值为 10 mmol/L。其他己糖激酶的 K_m 值约为 0.1 mmol/L，可催化果糖和半乳糖的磷酸化。GK 的另一个特点是受激素调控。这些特点使葡萄糖激酶在维持血糖水平中起重要的生理作用。

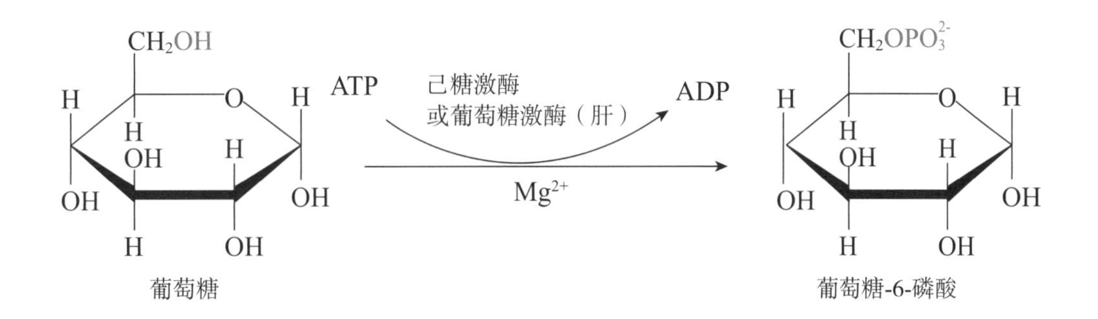

2. 果糖 -6- 磷酸（fructose-6-phosphate，F-6-P）的生成 这是由磷酸己糖异构酶（phosphohexoisomerase）催化的醛糖与酮糖的异构反应，反应是可逆的，需 Mg^{2+} 参加。

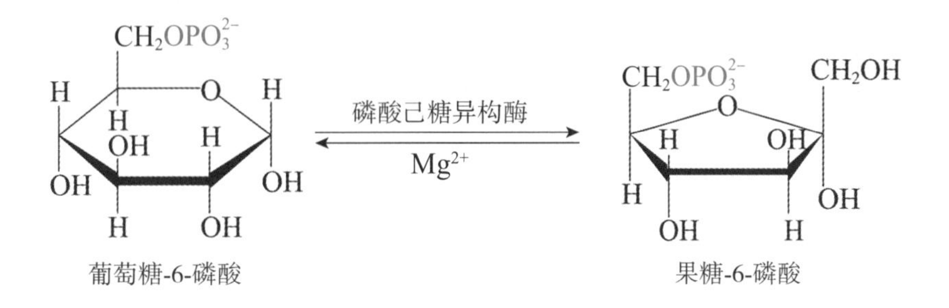

3. 果糖 -6- 磷酸磷酸化生成果糖 -1, 6- 二磷酸（1, 6-fructose-bisphosphate，F-1, 6-BP 或 FBP） 这是糖酵解途径中第二次磷酸化反应，在关键酶磷酸果糖激酶 -1（phosphofructokinase-1，PFK-1）的催化下，同样需要 ATP 和 Mg^{2+} 参加，生成果糖 -1, 6- 二磷酸。该反应也是不可逆的。

果糖-6-磷酸 $\xrightarrow[Mg^{2+}]{ATP\ \ 磷酸果糖激酶-1\ \ ADP}$ 果糖-1,6-二磷酸

体内还有磷酸果糖激酶 -2（phosphofructokinase-1，PFK-2），催化果糖 -6- 磷酸的 C-2 磷酸化，生成果糖 -2, 6- 二磷酸，它不是糖酵解途径的中间产物，但在糖酵解的调控上具有重要作用（详见第四章第二节）。

4．果糖 -1, 6- 二磷酸裂解为 2 分子磷酸丙糖　在醛缩酶的催化下，1 分子果糖 -1, 6- 二磷酸裂解为 1 分子甘油醛 -3- 磷酸和 1 分子磷酸二羟丙酮，反应是可逆的。

果糖-1,6-二磷酸 $\xrightleftharpoons{醛缩酶}$ 磷酸二羟丙酮 + 甘油醛-3-磷酸

5．甘油醛 -3- 磷酸和磷酸二羟丙酮可互相转变　甘油醛 -3- 磷酸与磷酸二羟丙酮是同分异构体，在磷酸丙糖异构酶的催化下可相互转变。当甘油醛 -3- 磷酸在下一步反应中被消耗时，磷酸二羟丙酮迅速转变成甘油醛 -3- 磷酸，继续反应，故相当于 1 分子果糖 -1, 6- 二磷酸裂解为 2 分子的甘油醛 -3- 磷酸。其他己糖（如果糖、半乳糖和甘露糖）也可以转变成甘油醛 -3- 磷酸。

磷酸二羟丙酮 $\xrightleftharpoons{磷酸丙糖异构酶}$ 甘油醛-3-磷酸

6．甘油醛 -3- 磷酸氧化为甘油酸 -1, 3- 二磷酸　此步反应由甘油醛 -3- 磷酸脱氢酶（glyceraldehyde-3-phosphate dehydrogenase）催化，以 NAD^+ 为辅酶接受氢和电子生成 $NADH^+ + H^+$，这是糖酵解中唯一的一次脱氢反应。参加反应的还有无机磷酸，此步反应可逆。甘油醛 -3- 磷酸的醛基氧化脱氢为羧基，即与磷酸形成混合酸酐，此酸酐的水解自由能很高。甘油酸 -1, 3- 二磷酸的能量可转移给 ADP 生成 ATP。

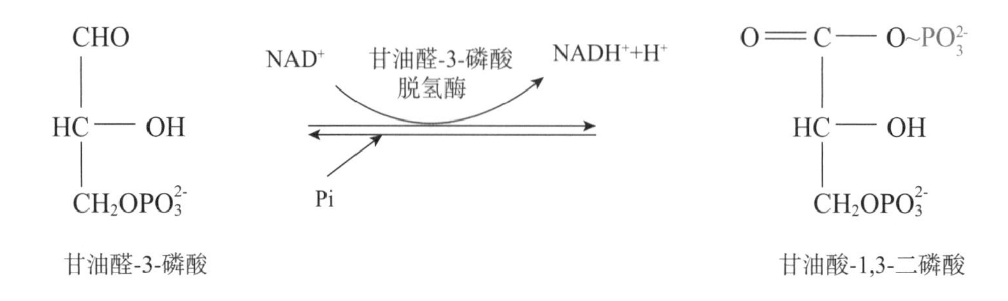

甘油醛-3-磷酸　　甘油酸-1,3-二磷酸

Note

7．甘油酸 -1, 3- 二磷酸转变成甘油酸 -3- 磷酸　甘油酸 -1, 3- 二磷酸在磷酸甘油酸激酶（phosphoglycerate kinase）和 Mg^{2+} 存在时，其混合酸酐上的磷酸基转移至 ADP 生成 ATP，并生成甘油酸 -3- 磷酸。这是糖酵解过程中第一个产生 ATP 的底物水平磷酸化反应。由于底物分子内能量重新分布，产生高能键，此底物分子中的高能磷酸键直接转移给 ADP 生成 ATP 的过程称为底物水平磷酸化（substrate level phosphorylation）。这是体内产生 ATP 的次要方式，不需要氧。

$$\begin{array}{c} O{=}C{-}O\sim PO_3^{2-} \\ | \\ HC{-}OH \\ | \\ CH_2OPO_3^{2-} \end{array} \quad \xrightleftharpoons[Mg^{2+}]{ADP \ \text{磷酸甘油酸激酶}\ ATP} \quad \begin{array}{c} COO^- \\ | \\ HC{-}OH \\ | \\ CH_2OPO_3^{2-} \end{array}$$

甘油酸-1,3-二磷酸　　　　甘油酸-3-磷酸

8．甘油酸 -3- 磷酸转变为甘油酸 -2- 磷酸　这步反应由磷酸甘油酸变位酶（phosphoglycerate mutase）催化，磷酸基团在甘油酸 C-2 和 C-3 上可逆转移，Mg^{2+} 是必需的离子。

$$\begin{array}{c} COO^- \\ | \\ HC{-}OH \\ | \\ CH_2OPO_3^{2-} \end{array} \quad \xrightleftharpoons[Mg^{2+}]{\text{磷酸甘油酸变位酶}} \quad \begin{array}{c} COO^- \\ | \\ HCOPO_3^{2-} \\ | \\ CH_2{-}OH \end{array}$$

甘油酸-3-磷酸　　　　甘油酸-2-磷酸

9．甘油酸 -2- 磷酸转变为磷酸烯醇式丙酮酸　烯醇化酶（enolase）催化甘油酸 -2- 磷酸脱水生成磷酸烯醇式丙酮酸（phosphoenol-pyruvate，PEP）。此步反应引起分子内部的能量重新分布，形成含有一个高能磷酸键的磷酸烯醇式丙酮酸。

$$\begin{array}{c} COO^- \\ | \\ HC{-}O{-}PO_3^{2-} \\ | \\ CH_2{-}OH \end{array} \quad \xrightleftharpoons{\text{烯醇化酶}} \quad \begin{array}{c} COO^- \\ | \\ C{-}O\sim PO_3^{2-} \\ \| \\ CH_2 \end{array} + H_2O$$

甘油酸-2-磷酸　　　　磷酸烯醇式丙酮酸

10．丙酮酸的生成　由丙酮酸激酶（pyruvate kinase，PK）催化磷酸烯醇式丙酮酸的高能磷酸键转移到 ADP 上，生成烯醇式丙酮酸和 ATP。但烯醇式丙酮酸迅速非酶促转变成为酮式丙酮酸。反应需要 K^+ 和二价阳离子（Mg^{2+} 或 Mn^{2+}）参与，生理条件下该反应不可逆，丙酮酸激酶为催化这一反应的关键酶。这是糖酵解中第二次底物水平磷酸化生成 ATP。

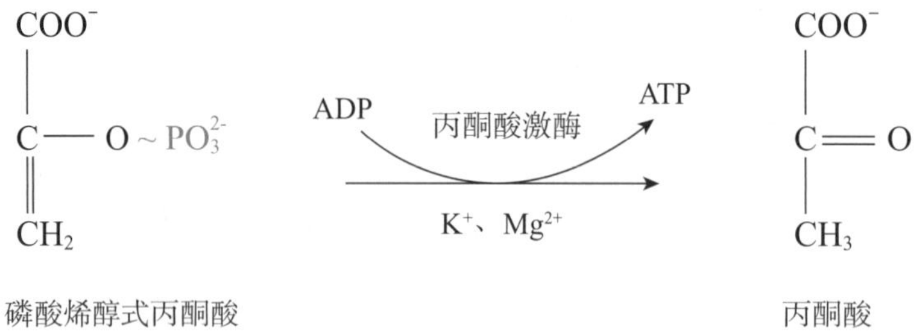

$$COO^- -C(-O\sim PO_3^{2-})=CH_2 \xrightarrow[K^+、Mg^{2+}]{丙酮酸激酶,\ ADP \rightarrow ATP} COO^- -C(=O)-CH_3$$

磷酸烯醇式丙酮酸　　　　丙酮酸

糖酵解的前五步反应有两次活化反应，共消耗 2 分子 ATP，其特点是耗能和碳链断裂；后五步反应的特点是产能，2 分子的甘油醛 -3- 磷酸转变为 2 分子的丙酮酸，通过底物水平磷酸化，共生成 4 分子 ATP。

（二）丙酮酸被还原生成乳酸

乳酸脱氢酶（lactate dehydrogenase，LDH）催化丙酮酸还原为乳酸，供氢体 NADH + H^+ 来自第 6 步甘油醛 -3- 磷酸脱下的氢，这步反应可逆。故无氧氧化过程中虽然有氧化还原反应，但不需要氧。

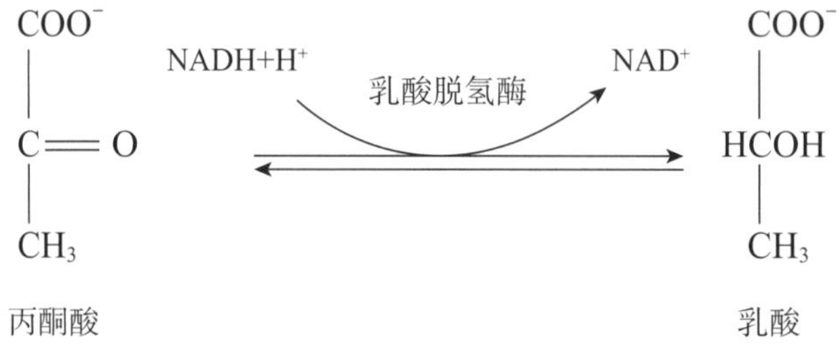

$$COO^- -C(=O)-CH_3 \underset{}{\overset{乳酸脱氢酶,\ NADH+H^+ \rightarrow NAD^+}{\rightleftharpoons}} COO^- -HCOH-CH_3$$

丙酮酸　　　　乳酸

糖无氧氧化的全部反应见图 4-3。

糖无氧氧化的特点：

（1）糖无氧氧化的起始物是葡萄糖或糖原，终产物是乳酸和少量 ATP，每分子葡萄糖经过糖酵解净生成 2 分子 ATP，列于表 4-1。若从糖原开始，每个葡萄糖净生成 3 分子 ATP。

（2）反应在胞质溶胶中进行。

（3）在糖酵解途径中，除了己糖激酶、磷酸果糖激酶 -1 和丙酮酸激酶催化的反应不可逆外，其他反应均可逆。这 3 个酶均是糖酵解途径的关键酶，其中磷酸果糖激酶 -1 的 K_m 值最大，催化效率最低，催化糖酵解中的限速反应。

表 4-1　糖酵解过程中 ATP 的生成

反应	生成 ATP 数
葡萄糖 ⟶ 葡萄糖 -6- 磷酸	-1
果糖 -6- 磷酸 ⟶ 果糖 -1, 6- 二磷酸	-1
2× 甘油酸 -1, 3- 二磷酸 ⟶ 2× 甘油酸 -3- 磷酸	2×1
2× 磷酸烯醇式丙酮酸 ⟶ 2× 烯醇式丙酮酸	2×1
净生成	2

葡萄糖以外的己糖经转变为磷酸化衍生物也可以进入糖酵解过程。果糖存在于水果中，也可由蔗糖水解而来。在肌肉和肾中，果糖在己糖激酶的催化下，同样需 Mg^{2+} 激活，消耗

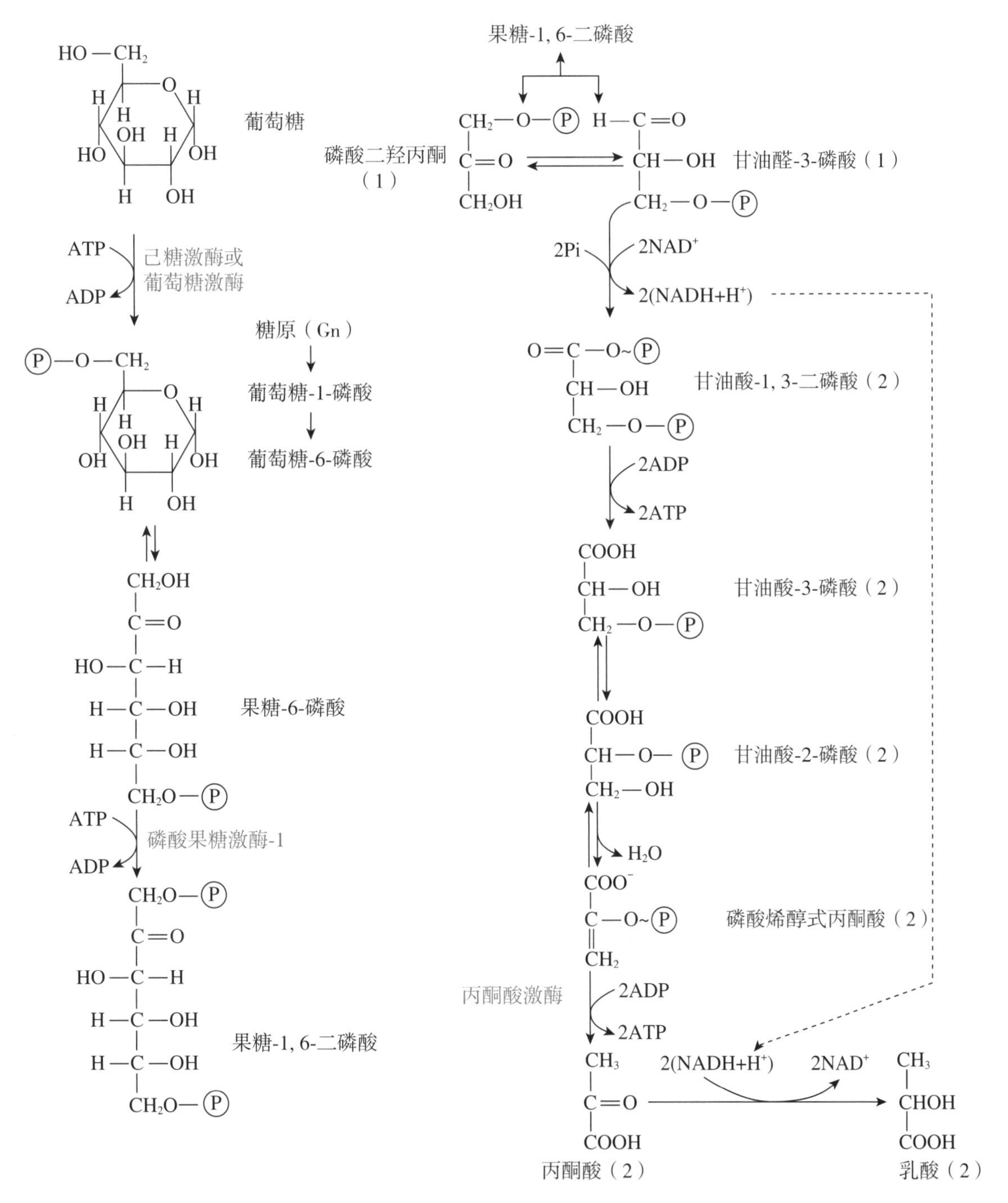

图 4-3　糖酵解的代谢途径
括号内数字代表参与和生成的摩尔数

ATP，生成果糖 -6- 磷酸，进入糖酵解过程。但在肝中，果糖在肝的果糖激酶催化下，在 C1 位上发生磷酸化生成果糖 -1- 磷酸，此反应也需要 Mg^{2+}，生成果糖 -1- 磷酸，随后在果糖 -1- 磷酸醛缩酶的催化下，裂解为磷酸二羟丙酮和甘油醛。甘油醛再在甘油醛激酶催化下（也需要 ATP 和 Mg^{2+} 参与）生成甘油醛 -3- 磷酸，进入糖酵解过程。

（三）糖无氧氧化受关键酶的调控

代谢途径中的关键酶在细胞内起着控制代谢途径的阀门作用。酶活性受别构效应剂和激素的调节，根据生理功能的需要而随时改变，影响整个代谢途径的速度与方向。

1．磷酸果糖激酶-1 该酶是一个四聚体，活性受多种别构效应剂调节。ATP 和柠檬酸等是该酶的别构抑制剂，而 AMP、ADP、果糖-1,6-二磷酸和果糖-2,6-二磷酸等则是别构激活剂。果糖-1,6-二磷酸是该酶的反应产物，是少见的产物性正反馈调节剂，有利于糖的分解。果糖-2,6-二磷酸是磷酸果糖激酶-1 最强的别构激活剂，它的合成与分解见图 4-4。研究发现，磷酸果糖激酶-2 是既具有激酶活性，又具有其对应磷酸酶活性的双功能酶。此酶可在胰高血糖素的作用下，通过 cAMP-蛋白质激酶 A 系统磷酸化，磷酸化后的磷酸果糖激酶-2 活性降低，而其对应的磷酸酶活性升高。磷蛋白磷酸酶将其脱磷酸后，酶活性变化则相反。

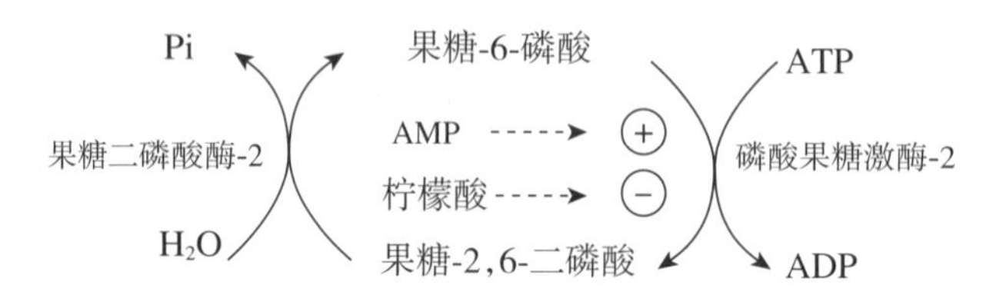

图 4-4 果糖-2,6-二磷酸的合成与分解

2．丙酮酸激酶 该酶是第二个重要的调节点。果糖-1,6-二磷酸是其别构激活剂，而 ATP、丙氨酸、乙酰辅酶 A 和长链脂肪酸是其别构抑制剂。胰高血糖素可通过 cAMP 抑制此酶活性。

3．己糖激酶 该酶有 4 种同工酶，在脂肪、脑和肌肉组织中的己糖激酶与底物亲和力较高，其活性受葡萄糖-6-磷酸的负反馈调节。肝内为葡萄糖激酶，对底物的亲和力低，而且分子上无结合葡萄糖-6-磷酸的别构位点，故其活性不受葡萄糖-6-磷酸浓度的调节。当葡萄糖-6-磷酸浓度很高时，肝细胞内的葡萄糖激酶未被抑制，从而保证葡萄糖在肝内将葡萄糖-6-磷酸转变为糖原贮存或合成其他非糖物质，以降低血糖浓度，具有生理意义。胰岛素可诱导葡萄糖激酶基因的转录，促进酶的合成，故在肝细胞损伤或糖尿病时，此酶活性降低，影响葡萄糖磷酸化，进而影响糖的氧化分解与糖原合成，使血糖浓度升高。

（四）糖无氧氧化有着重要的生理意义

1．迅速提供能量 正常生理情况下，人体主要靠有氧氧化供能。但当氧供应不足，如剧烈运动、心肺疾患、呼吸受阻时，需靠无氧氧化提供一部分急需的能量，这对肌肉收缩极为重要。如机体缺氧时间较长，可造成酵解产物乳酸堆积，可能引起代谢性酸中毒。

2．红细胞供能的主要方式 成熟红细胞由于没有线粒体，故以无氧氧化为其唯一供能途径。中间产物甘油酸-2,3-二磷酸（2,3-bisphosphoglycerate，2,3-BPG）对于调节红细胞的携氧功能具有重要意义。

3．某些组织生理情况下的供能途径 少数组织即使在氧供应充足的情况下仍然主要进行无氧氧化，如视网膜、肾髓质和皮肤。神经、肿瘤细胞中无氧氧化活跃。

二、糖的有氧氧化是糖氧化分解供能的主要方式

葡萄糖或糖原在有氧的条件下彻底氧化成二氧化碳和水并产生 ATP 的过程称为有氧氧化（anaerobic oxidation）。有氧氧化是糖氧化分解供能的主要方式，绝大多数细胞都通过有氧氧化获得能量。

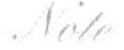

（一）糖有氧氧化的反应过程分为 3 个阶段

糖有氧氧化可分为 3 个阶段，见图 4-5。第一阶段，葡萄糖或糖原分解为丙酮酸，即糖酵解。与无氧氧化的糖酵解阶段不同之处仅是甘油醛 -3- 磷酸脱氢产生的 NADH + H^+ 在有氧条件下，不再交给丙酮酸使其还原为乳酸，而是经呼吸链氧化生成水并放出能量。第二阶段，丙酮酸氧化脱羧生成乙酰辅酶 A。第三阶段，三羧酸循环及氧化磷酸化生成二氧化碳和水，并放出能量。氧化磷酸化将在第六章中述及，下面主要介绍丙酮酸的氧化脱羧和三羧酸循环。

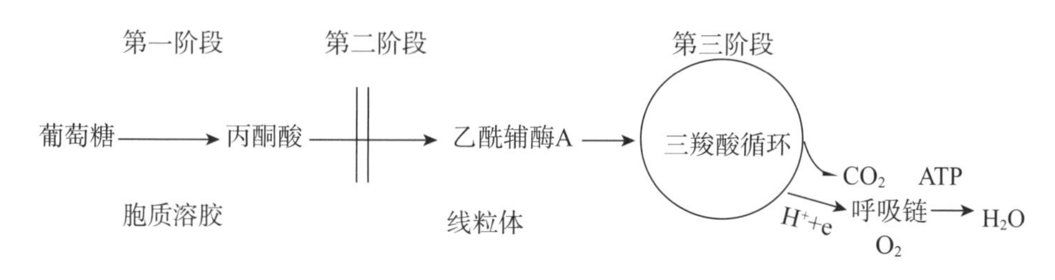

图 4-5 有氧氧化的 3 个阶段

1. 丙酮酸氧化脱羧生成乙酰辅酶 A 此反应由具有超分子结构的丙酮酸脱氢酶复合物（pyruvate dehydrogenase complex，PDC）催化。在真核细胞中，该复合体主要由丙酮酸脱氢酶（pyruvate dehydrogenase，PDH）、二氢硫辛酰胺转乙酰酶（dihydrolipoamide transacetylase，DLT）和二氢硫辛酰胺脱氢酶（dihydrolipoamide dehydrogenase，DLDH）3 种酶按一定比例组合而成（表 4-2）。

表 4-2 丙酮酸脱氢酶复合物的主要组成

酶	辅酶（所含维生素）
丙酮酸脱氢酶	TPP（维生素 B_1）
二氢硫辛酰胺转乙酰酶	硫辛酸、HSCoA（泛酸）
二氢硫辛酰胺脱氢酶	FAD（维生素 B_2）、NAD^+（维生素 PP）

知识拓展

哺乳动物中丙酮酸脱氢酶复合物的组成

在真核细胞中，丙酮酸脱氢酶复合物（PDC）主要由丙酮酸脱氢酶、二氢硫辛酰胺转乙酰酶和二氢硫辛酰胺脱氢酶组成，3 种酶在复合物中的组合比例随生物体的不同而异。在哺乳类动物中，酶复合物由 60 个二氢硫辛酰胺转乙酰酶组成核心，周围排列着 12 个丙酮酸脱氢酶和 6 个二氢硫辛酰胺脱氢酶，并有硫胺素焦磷酸、硫辛酸、FAD、NAD^+ 和 CoASH 5 种辅酶参与反应。其中硫辛酸是带有二硫键的 8 碳羧酸。通过与转乙酰酶的赖氨酸 ε- 氨基相连，形成与酶结合的硫辛酰胺而成为酶的柔性长臂，可将乙酰基从酶复合物的一个活性部位转到另一个活性部位。此外，PDC 还包括另外 3 种蛋白质对酶复合物的活性进行调节，即丙酮酸脱氢酶激酶、丙酮酸脱氢酶磷酸酶和二氢硫辛酰胺脱氢酶结合蛋白质。

丙酮酸脱氢酶复合物催化的反应如图 4-6 所示，其总反应如下：

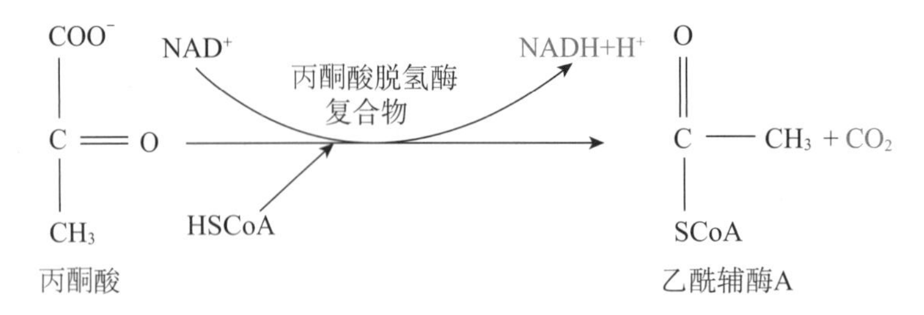

图 4-6 丙酮酸脱氢酶复合物的作用机制

反应分 5 步进行，但中间产物并不从酶复合物上脱下，可使各步反应迅速完成。因无游离的中间产物，整个反应是不可逆的。

知识拓展

丙酮酸氧化脱羧生成乙酰辅酶 A 的具体步骤

丙酮酸氧化脱羧生成乙酰辅酶 A 共分 5 步进行，但中间产物并不从酶复合物上脱下，可使各步反应迅速完成。

第 1 步，PDH 分子上 TPP 噻唑环的活泼 C 原子与丙酮酸上酮基反应产生 CO_2，同时形成羟乙基 TPP。

第 2 步，TPP 上的羟乙基和 2 个电子被转移至 DLT 上的氧化型硫辛酸，形成乙酰还原型硫辛酸。

第 3 步，乙酰基从 DLT 上转移至 CoASH，形成乙酰辅酶 A，离开酶复合物。

第 4 步，DLT 上的二氢硫辛酸把氢转移至 DLDH 的 FAD，又恢复为氧化型硫辛酸。

第 5 步，DLDH 上的 $FADH_2$ 脱氢交与 NAD^+ 生成 $NADH + H^+$。

从这一阶段的反应可以看到，多种维生素参与辅酶的组成，进而催化反应。故需要通过饮食或药物补充维生素，使代谢正常进行。

2. 乙酰辅酶 A 经三羧酸循环彻底氧化 从乙酰辅酶 A 与草酰乙酸缩合生成含有 3 个羧基的柠檬酸开始，经过一系列反应，最终仍生成草酰乙酸而构成循环，故称为三羧酸循环（tricarboxylic acid cycle，TAC）或柠檬酸循环（citric acid cycle）。由于最早由 Krebs 提出，故此循环又称为 Krebs 循环。三羧酸循环在线粒体中进行，包括 8 步酶促反应。

（1）柠檬酸的生成：由柠檬酸合酶（citrate synthase）催化乙酰辅酶 A 与草酰乙酸缩合成柠檬酸，此反应不可逆，柠檬酸合酶为关键酶。在此反应中，乙酰辅酶 A 上的甲基 C 与草酰乙酸的酰基 C 连接为柠檬酰辅酶 A，后者迅速水解，释放出柠檬酸和 CoASH。这样大的负值自由能改变对循环的进行很重要，因为在生理条件下，草酰乙酸浓度虽然很低，但柠檬酰辅酶 A 的不可逆水解推动柠檬酸合成。

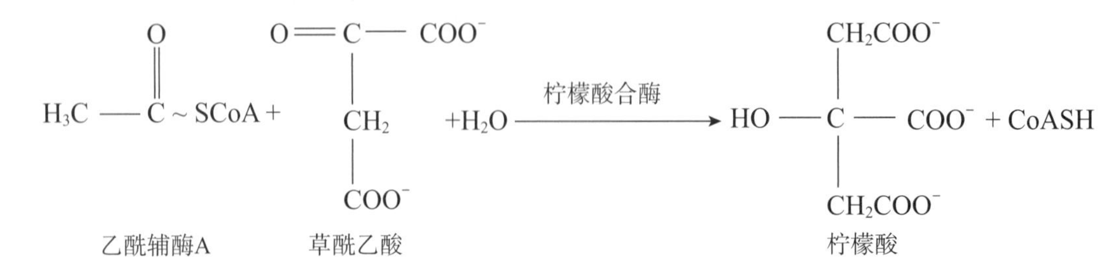

（2）异柠檬酸的生成：柠檬酸与异柠檬酸是同分异构体。在顺乌头酸酶的催化下，柠檬酸先脱水生成顺乌头酸，后者再水化成异柠檬酸，反应结果使 C-3 上的羟基转移到 C-2 上，此反应可逆。

$$COO^- - CH_2 - C(OH)(COO^-) - CH_2COO^- \underset{顺乌头酸酶}{\overset{-H_2O}{\rightleftharpoons}} [COO^- - CH = C(COO^-) - CH_2COO^-] \underset{顺乌头酸酶}{\overset{+H_2O}{\rightleftharpoons}} COO^- - CH(OH) - CH(COO^-) - CH_2COO^-$$

柠檬酸　　　　顺乌头酸　　　　异柠檬酸

（3）异柠檬酸氧化脱羧：在异柠檬酸脱氢酶（isocitrate dehydrogenase）的催化下，异柠檬酸氧化脱羧转变为 α- 酮戊二酸，脱下的氢由 NAD^+ 接受生成 $NADH + H^+$。此反应不可逆，异柠檬酸脱氢酶是关键酶，催化三羧酸循环中的限速步骤。

$$COO^- - CH(OH) - CH(COO^-) - CH_2COO^- \xrightarrow[Mg^{2+}]{NAD^+ \rightarrow NADH+H^+,\ 异柠檬酸脱氢酶} COO^- - C(=O) - CH_2 - CH_2COO^- + CO_2$$

异柠檬酸　　　　α- 酮戊二酸

（4）α- 酮戊二酸氧化脱羧：在 α- 酮戊二酸脱氢酶复合体（α-ketoglutarate dehydrogenase complex）的催化下，α- 酮戊二酸氧化脱羧生成琥珀酰辅酶 A、CO_2 和 $NADH + H^+$。其反应过程和机制与丙酮酸氧化脱羧反应类似，酶复合体也由 3 个酶组成，有 5 步反应，所需辅因子相同。该酶复合体为关键酶，催化的反应不可逆，这是三羧酸循环反应中的第二次氧化脱羧。

$$COO^- - C(=O) - CH_2 - CH_2COO^- \xrightarrow[HSCoA]{NAD^+ \rightarrow NADH+H^+,\ \alpha-酮戊二酸脱氢酶复合体} O = C \sim SCoA - CH_2 - CH_2COO^- + CO_2$$

α- 酮戊二酸　　　　琥珀酰辅酶A

（5）琥珀酰辅酶 A 转变为琥珀酸：在此反应中，琥珀酰辅酶 A 的硫酯键断开，释放出的能量用于合成 GTP 的磷酸酐键，催化此反应的酶是琥珀酰辅酶 A 合成酶（succinyl-CoA synthetase），又称为琥珀酸硫激酶，反应是可逆的。这是三羧酸循环中唯一经底物水平磷酸化生成的高能化合物，生成的 GTP 再将其高能磷酸键转给 ADP 生成 ATP。

$$\begin{matrix} O=C\sim SCoA \\ | \\ CH_2 \\ | \\ CH_2COO^- \end{matrix} \xrightleftharpoons[\quad HSCoA]{GDP+Pi \quad 琥珀酰辅酶A合成酶（琥珀酸硫激酶） \quad GTP} \begin{matrix} COO^- \\ | \\ CH_2 \\ | \\ CH_2COO^- \end{matrix}$$

琥珀酰辅酶A　　　　　　　　　　　　　　　　　　　　琥珀酸

$$GTP + ADP \xrightleftharpoons{核苷二磷酸激酶} ATP + GDP$$

（6）琥珀酸脱氢生成延胡索酸：由琥珀酸脱氢酶（succinate dehydrogenase）催化，脱下的氢由 FAD 接受生成 $FADH_2$。该酶结合在线粒体内膜上，是三羧酸循环中唯一与内膜结合的酶。其辅酶是 FAD，还含有铁硫中心，来自琥珀酸的电子通过 FAD 和铁硫中心，经电子传递链被氧化，只能生成 1.5 分子 ATP（详见第六章生物氧化）。丙二酸与琥珀酸脱氢酶的底物琥珀酸结构相似，是此酶的竞争性抑制剂。

$$\begin{matrix} COO^- \\ | \\ CH_2 \\ | \\ CH_2COO^- \end{matrix} \xrightleftharpoons{FAD \quad 琥珀酸脱氢酶 \quad FADH_2} \begin{matrix} COO^- \\ | \\ CH \\ \| \\ CHCOO^- \end{matrix}$$

琥珀酸　　　　　　　　　　　　　　　　延胡索酸

（7）延胡索酸水合形成苹果酸：延胡索酸酶（fumarase）催化延胡索酸可逆地转变为 L-苹果酸。它只能催化具有反式双键的延胡索酸发生反应，对于顺丁烯二酸（马来酸）则无催化作用，因而是具有立体异构特异性的酶。

$$\begin{matrix} COO^- \\ | \\ CH \\ \| \\ CHCOO^- \end{matrix} + H_2O \xrightleftharpoons{延胡索酸酶} \begin{matrix} COO^- \\ | \\ HO-CH \\ | \\ CH_2COO^- \end{matrix}$$

延胡索酸　　　　　　　　　　　　　　　　L-苹果酸

（8）草酰乙酸的再生：苹果酸在苹果酸脱氢酶（malate dehydrogenase）的催化下生成草酰乙酸，脱下的氢由 NAD^+ 接受生成 $NADH + H^+$。在细胞内，草酰乙酸不断地被用于柠檬酸的合成，故这一可逆反应向生成草酰乙酸的方向进行。再生的草酰乙酸可再一次进入三羧酸循环。

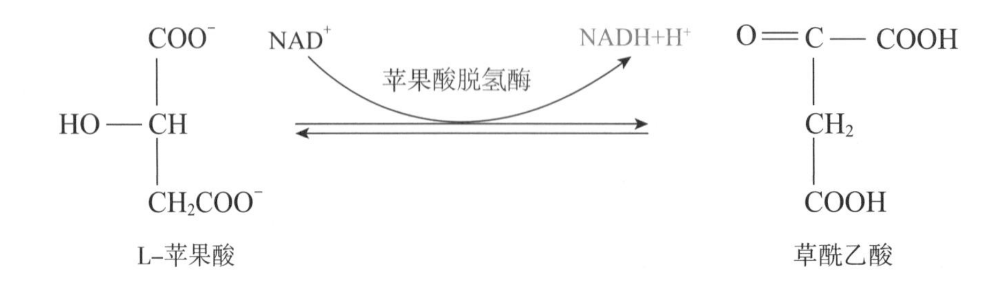

三羧酸循环总反应过程可归纳如图 4-7 所示。

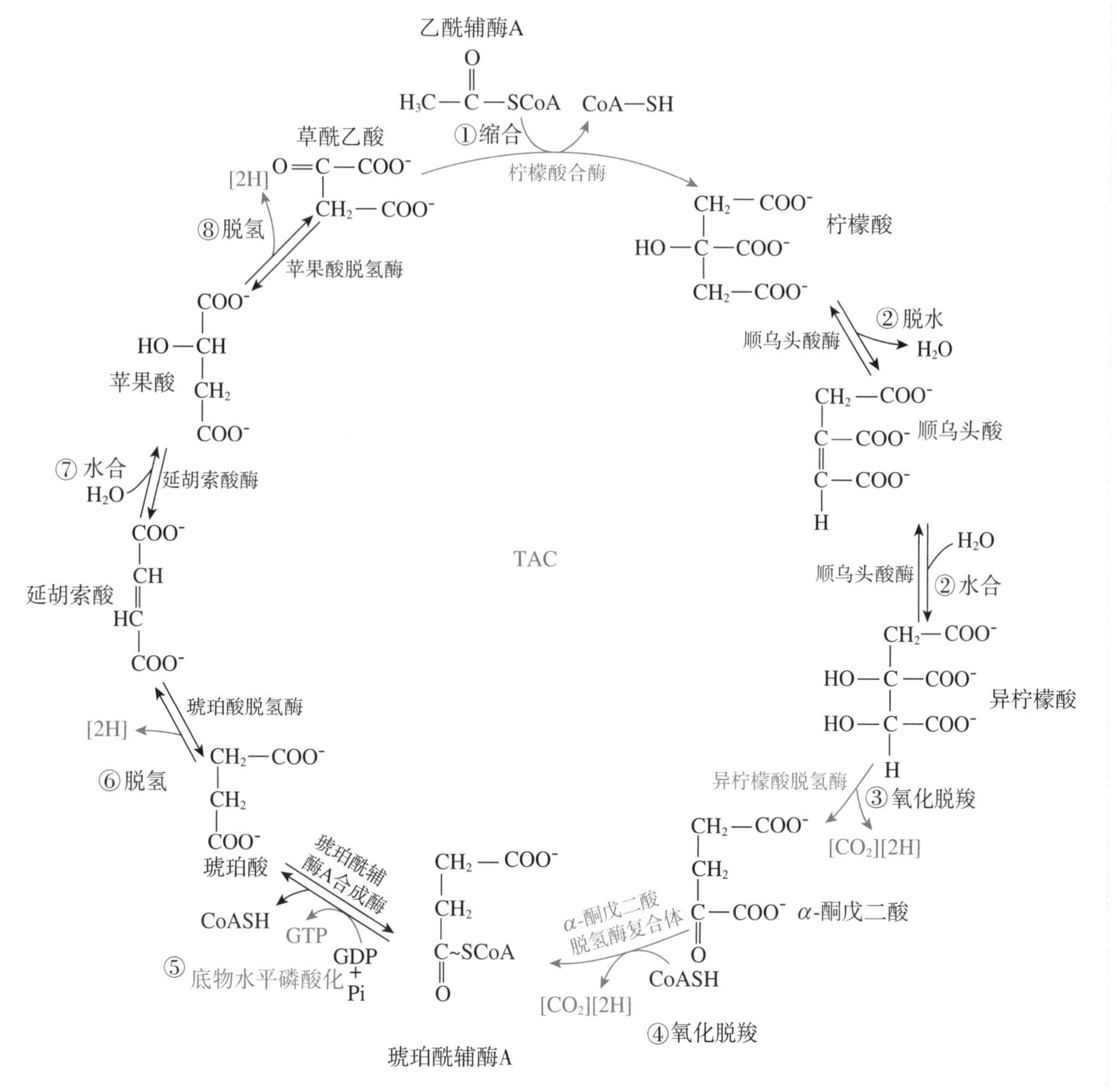

图 4-7　三羧酸循环（TAC）

三羧酸循环过程特点可总结如下：

（1）三羧酸循环一周，1 分子乙酰辅酶 A 通过脱氢，经呼吸链传递，与氧生成水，并释放能量（详见第六章生物氧化），通过脱羧，生成 2 分子 CO_2。

（2）整个三羧酸循环不可逆，在线粒体中进行。3 个关键酶或调节酶（柠檬酸合酶、异柠檬酸脱氢酶和 α- 酮戊二酸脱氢酶复合体）催化三步不可逆反应，其中异柠檬酸脱氢酶催化三羧酸循环中的限速步骤。

（3）三羧酸循环中有 4 次脱氢反应，其中 3 次以 NAD^+ 为受氢体，生成的每分子 NADH + H^+ 经呼吸链氧化产生 2.5 分子 ATP，1 次以 FAD 为受氢体，生成的 $FADH_2$ 经呼吸链可生成 1.5 分子 ATP，加上底物水平磷酸化生成的一个高能磷酸键（GTP），1 分子乙酰辅酶 A 经三羧酸循环氧化产生 10 分子 ATP（$3 \times 2.5 + 1 \times 1.5 + 1 = 10$）。

（4）三羧酸循环的中间产物必须不断更新和补充。从理论上讲，三羧酸循环中间产物可以循环使用而无量的变化，但这是一种动态平衡，这些中间产物随时都有参与其他代谢反应而被消耗的可能性，也随时都有从其他代谢反应生成的可能性。在一般情况下，草酰乙酸主要来自糖代谢的中间产物丙酮酸的羧化反应，其次可通过苹果酸脱氢或天冬氨酸转氨基生成。这就是临床上常见到糖代谢异常使丙酮酸来源减少，进而使羧化而来的草酰乙酸减少，累及脂肪和蛋白质分解代谢产生的乙酰辅酶A不能进入三羧酸循环彻底氧化的原因。

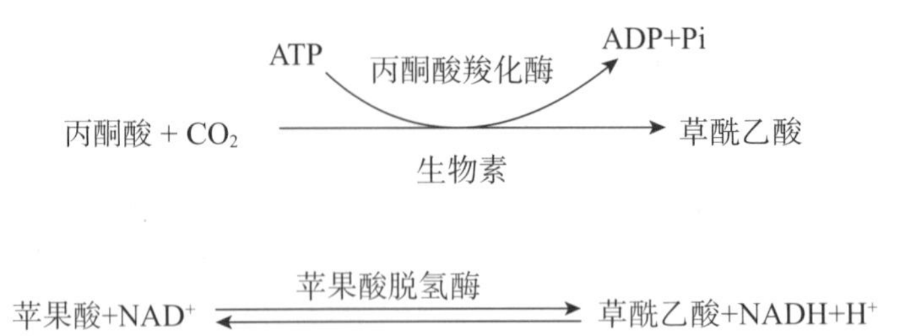

（二）糖有氧氧化的调节受到严格的调控

糖有氧氧化是机体获得能量的主要方式，机体对能量的需求量变动很大，因此有氧氧化的速度和方向必须受到严格的调控。有氧氧化的几个阶段中，糖酵解途径的调节前面已叙述，这里主要叙述丙酮酸脱氢酶复合物的调节和三羧酸循环的调节。

1. 丙酮酸脱氢酶复合物的调节 通过别构调节和共价修饰两种方式进行快速调节。丙酮酸脱氢酶复合物的反应产物乙酰辅酶A、NADH + H^+、ATP及长链脂肪酸是其别构抑制剂，而CoASH、NAD^+、ADP是其别构激活剂。另外，胰岛素和Ca^{2+}可促进丙酮酸脱氢酶的去磷酸化作用，使酶转变为活性形式，通过共价修饰，加速丙酮酸氧化（图4-8）。

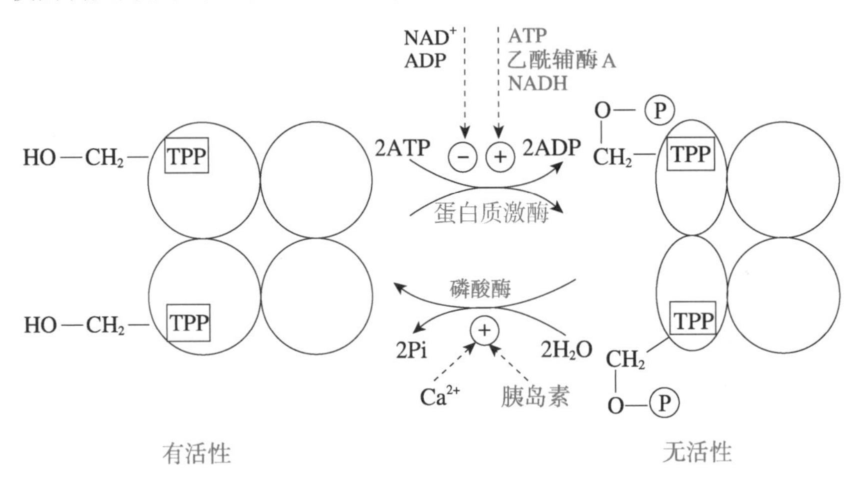

图4-8 丙酮酸脱氢酶复合物的调节
⊕表示激活；⊖表示抑制

2. 三羧酸循环的调节 三羧酸循环的速率受多种因素调控。关键酶催化的反应产物如柠檬酸、NADH + H^+、ATP、琥珀酰辅酶A或脂肪分解产物长链脂肪酰辅酶A是其别构抑制剂；反之，其底物（如ADP和Ca^{2+}）是别构激活剂。另外，氧化磷酸化的速率对三羧酸循环的运转也起着非常重要的作用。三羧酸循环4次脱氢产生的NADH + H^+或$FADH_2$经氧化磷酸化生成H_2O和ATP，才能使脱氢反应继续进行。三羧酸循环的调控见图4-9。

3. 糖有氧氧化和糖酵解途径之间存在互相制约的调节 1861年，法国科学家Pasteur发现酵母菌在无氧时可进行生醇发酵，而将其转移至有氧环境，生醇发酵即被抑制，这种有氧氧化抑制生醇发酵的现象称为巴斯德效应（Pasteur effect）。此效应也存在于人体组织中，即在供氧充足的条件下，组织细胞中糖有氧氧化对糖酵解有抑制作用。1924年，德国生理学家Otto Warburg发现在某些肿瘤细胞或植物细胞中，不论有氧与否，都有很强的糖酵解作用。即使在有氧时，葡萄糖也不被彻底氧化，而是被分解生成乳酸，此现象称为瓦尔堡效应（Warburg effect）。

克拉布特里效应（Crabtree effect）与瓦尔堡效应（Warburg effect）

克拉布特里效应和瓦尔堡效应都是肿瘤细胞能量代谢的典型特征。克拉布特里效应被定义为葡萄糖诱导的呼吸流和氧化磷酸化的抑制。向克拉布特里敏感细胞添加外部葡萄糖，在几秒钟内就会抑制大部分氧气的消耗。克拉布特里效应是一个短期的可逆事件，这种可逆的转变可以使快速生长的肿瘤细胞的代谢更快地适应不同的微环境，使肿瘤细胞在体内处于生长优势地位。而瓦尔堡效应则是一个相对较长的代谢重组事件。瓦尔堡效应源于肿瘤细胞对葡萄糖摄取和糖酵解的增加或线粒体代谢的下调。肿瘤细胞中瓦尔堡效应的发生一般需要数小时或几日，伴随着线粒体氧化代谢的下降，氧化呼吸减慢，乳酸产量增加。瓦尔堡效应使肿瘤细胞获得生存优势，其重要原因之一是无氧氧化可避免将葡萄糖全部分解成 CO_2，为肿瘤快速生长积累大量的生物合成原料，从而支持肿瘤的迅速发展。目前，关于瓦尔堡效应发生机制的研究相对较多。研究表明，多种因素都参与这个过程，其中包括葡萄糖转运蛋白 Glut1 和 Glut2 的高表达、参与糖酵解反应的关键酶己糖激酶、磷酸果糖激酶等的过度活跃及线粒体呼吸复合体Ⅰ、Ⅲ、Ⅳ水平下降、线粒体 ATP 合酶活性的抑制等，这些相关调控因素的改变引发了肿瘤细胞中瓦尔堡效应的发生，在肿瘤细胞的发生、发展中发挥了重要的作用。

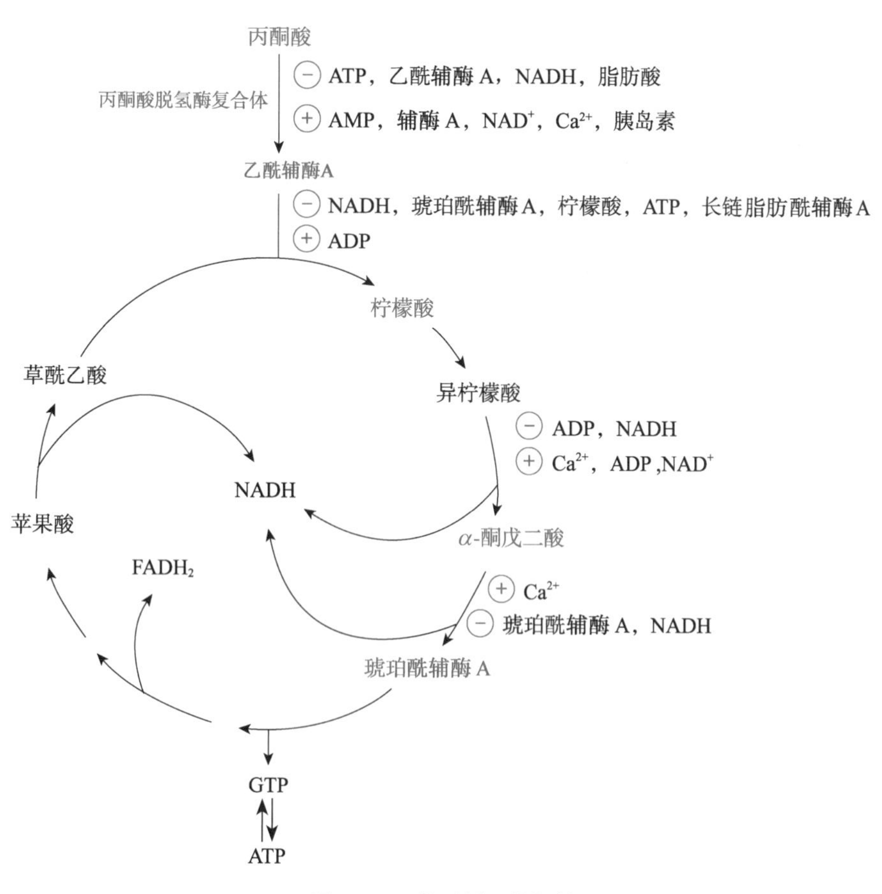

图 4-9　三羧酸循环的调控
⊕表示激活；⊖表示抑制

（三）糖有氧氧化最主要的生理意义是为机体供能

1．糖有氧氧化是体内供能的主要途径 1分子葡萄糖经有氧氧化，有6次脱氢，其中5次以 NAD^+ 为氢受体，1次以FAD为氢受体，1分子六碳的葡萄糖可裂解为2分子磷酸丙糖，再加上第一阶段同糖酵解一样，通过底物水平磷酸化净生成2分子ATP，故糖的有氧氧化净生成32或30分子ATP（表4-3）。

2．三羧酸循环是糖、脂肪、氨基酸分解代谢的共同途径 三大营养物质糖、脂肪和蛋白质在代谢过程中均可转变成乙酰辅酶A或三羧酸循环的中间产物，如草酰乙酸、α-酮戊二酸，最后经三羧酸循环和氧化磷酸化，彻底氧化为 CO_2 和 H_2O，并生成大量ATP。

3．三羧酸循环是糖、脂肪和氨基酸代谢联系的枢纽 糖分解代谢产生的丙酮酸、草酰乙酸等均可通过联合脱氨基作用逆行反应（详见第七章氨基酸代谢），分别转变成丙氨酸和天冬氨酸；同样，这些氨基酸也可脱氨基转变成相应的 α-酮酸。脂肪分解产生甘油和脂肪酸，前者在甘油磷酸激酶的催化下，生成甘油-3-磷酸，脱氢氧化为磷酸二羟丙酮，后者可降解为乙酰辅酶A，进而进入三羧酸循环彻底氧化，故三羧酸循环是糖、脂肪、氨基酸代谢联系的枢纽。

4．三羧酸循环提供生物合成的前体 三羧酸循环中的某些成分可用于合成其他物质，例如琥珀酰辅酶A可用于血红素的合成，草酰乙酸通过糖异生转变为葡萄糖，乙酰辅酶A可用于合成脂肪酸和胆固醇。

表4-3 葡萄糖有氧氧化生成的ATP

反应	辅酶	生成ATP数
第一阶段		
葡萄糖 ⟶ 葡萄糖-6-磷酸		−1
果糖-6-磷酸 ⟶ 果糖-1,6-二磷酸		−1
2×甘油醛-3-磷酸 ⟶ 2×甘油酸-1,3-二磷酸	NAD^+	2×2.5（或2×1.5）①
2×甘油酸-1,3-二磷酸 ⟶ 2×甘油酸-3-磷酸		2×1
2×磷酸烯醇式丙酮酸 ⟶ 2×烯醇式丙酮酸		2×1
第二阶段		
2×丙酮酸 ⟶ 2×乙酰辅酶A	NAD^+	2×2.5
第三阶段		
2×异柠檬酸 ⟶ 2×α-酮戊二酸	NAD^+	2×2.5
2×α-酮戊二酸 ⟶ 2×琥珀酰辅酶A	NAD^+	2×2.5
2×琥珀酰辅酶A ⟶ 2×琥珀酸		2×1
2×琥珀酸 ⟶ 2×延胡索酸	FAD	2×1.5
2×苹果酸 ⟶ 2×草酰乙酸	NAD^+	2×2.5
总计		32（30）

注：①在胞质溶胶中糖酵解产生的 $NADH+H^+$，若经苹果酸-天冬氨酸穿梭作用进入线粒体氧化，1分子 $NADH+H^+$ 产生2.5个ATP；若经甘油-3-磷酸穿梭作用，则产生1.5个ATP（详见第六章生物氧化）。

三、戊糖磷酸途径是细胞内葡萄糖分解代谢的另一个重要途径

细胞内绝大部分葡萄糖的分解代谢是通过有氧氧化生成ATP而供能的，这是葡萄糖分解代谢的主要途径。戊糖磷酸途径（pentose-phosphate pathway）或称葡萄糖酸磷酸支路（phosphogluconate shunt）是另一个重要途径。葡萄糖经此途径生成的磷酸核糖和 $NADPH+H^+$

具有重要意义。

（一）戊糖磷酸途径的反应过程

戊糖磷酸途径在胞质溶胶中进行，反应过程被人为地分为两个阶段。第一个阶段是脱氢氧化反应生成戊糖磷酸和 NADPH + H^+；第二阶段则是一系列的基团转移反应，最终生成果糖 -6- 磷酸和甘油醛 -3- 磷酸。

1. 戊糖磷酸和 NADPH + H^+ 的生成　1 分子葡萄糖 -6- 磷酸在葡萄糖 -6- 磷酸脱氢酶和葡萄糖酸 -6- 磷酸脱氢酶的作用下，经过 2 次脱氢、1 次脱羧，生成核酮糖 -5- 磷酸及 2 分子 NADPH + H^+ 和 1 分子 CO_2。核酮糖 -5- 磷酸在异构酶的作用下转变为核糖 -5- 磷酸，也可在差向异构酶的作用下转变为木酮糖 -5- 磷酸。葡萄糖 -6- 磷酸脱氢酶是戊糖磷酸途径的关键酶。本途径的速率由 NADPH + H^+/$NADP^+$ 含量比例调控，比值大，则反馈抑制此途径。NADPH + H^+ 对葡萄糖 -6- 磷酸脱氢酶具有强烈的抑制作用，故戊糖磷酸途径的速率取决于对 NADPH + H^+ 的需求。

葡萄糖-6-磷酸 —（$NADP^+$ → NADPH+H^+；葡萄糖-6-磷酸脱氢酶）→ 葡萄酸-6-磷酸内酯 —（H_2O；内酯酶）→ 葡萄糖酸-6-磷酸

—（$NADP^+$ → NADPH+H^+，CO_2；葡萄糖酸-6-磷酸脱氢酶）→ 核酮糖-5-磷酸 ⇌（异构酶）核糖-5-磷酸

2. 基团转移反应　第一阶段生成的核糖 -5- 磷酸是合成核苷酸的原料，部分磷酸核糖通过一系列基团转移反应，进行酮基和醛基的转换，产生含三碳、四碳、五碳、六碳及七碳的多种糖的中间产物，最终都转变为果糖 -6- 磷酸和甘油醛 -3- 磷酸。它们可转变为葡萄糖 -6- 磷酸继续进行戊糖磷酸途径代谢，也可以进入糖的有氧氧化或糖酵解继续氧化分解（图 4-10）。

（二）戊糖磷酸途径有着重要的生理意义

1. 为核酸的生物合成提供核糖　核糖是核酸的基本组成成分，体内的核糖主要通过戊糖磷酸途径获得。葡萄糖既可经葡萄糖 -6- 磷酸脱氢，脱羧氧化反应生成磷酸核糖，又可通过糖酵解途径的中间产物甘油醛 -3- 磷酸和果糖 -6- 磷酸经过前述的基团转移反应而生成磷酸核糖。肌肉组织中缺乏葡萄糖 -6- 磷酸脱氢酶，磷酸核糖靠基团转移反应生成。

2. 提供 NADPH + H^+，作为供氢体参与多种代谢反应　NADPH + H^+ 与 NADH + H^+ 不同，前者携带的氢作为供氢体参与多种代谢反应，发挥不同的功能，而不是主要通过呼吸链传递生成 ATP。

（1）作为供氢体参与胆固醇、脂肪酸、皮质激素和性激素等的生物合成。

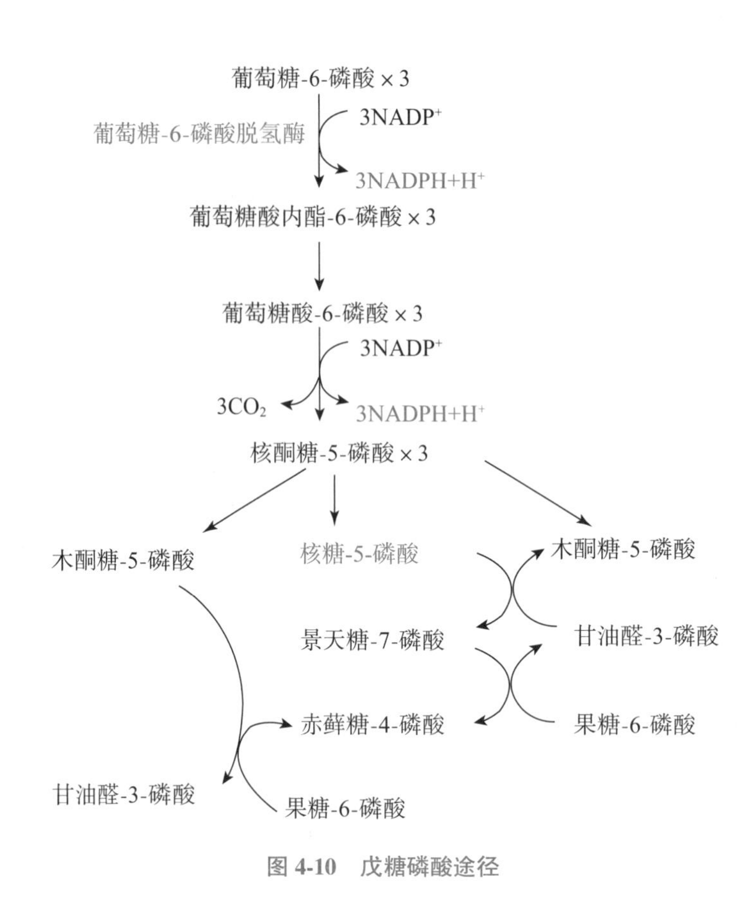

图 4-10 戊糖磷酸途径

（2）NADPH + H^+ 是单加氧酶系（羟化反应）的供氢体，因而与药物、毒物和某些激素等的生物转化有关（详见第二十章肝的生物化学）。

（3）NADPH + H^+ 用于维持还原型谷胱甘肽（GSH）的量。GSH 是一个三肽，2 分子 GSH 可脱氢氧化成为 1 分子氧化型谷胱甘肽（GSSG），而后者可在谷胱甘肽还原酶的催化下，被 NADPH + H^+ 重新还原为还原型谷胱甘肽。这对维持细胞中还原型 GSH 的正常含量，从而保护含巯基的蛋白质或酶免受氧化剂的损害起重要作用，并可保护红细胞膜的完整性，因为还原型谷胱甘肽是体内重要的抗氧化剂。蚕豆病患者因缺乏葡萄糖 -6- 磷酸脱氢酶，不能经戊糖磷酸途径得到充足的 NADPH + H^+ 用于维持 GSH 的量，故红细胞易破裂，发生溶血性贫血。

四、糖醛酸途径主要在肝中进行

糖醛酸途径（glucuronate pathway）是葡萄糖分解代谢的另一种途径，主要在肝进行，但仅占很小一部分。葡萄糖经葡萄糖醛酸转变为木酮糖 -5- 磷酸后与戊糖磷酸途径相衔接。从葡萄糖 -6- 磷酸开始，先生成尿苷二磷酸葡萄糖（UDPG），经 UDPG 脱氢酶（NAD^+）催化氧化为尿苷二磷酸葡萄糖醛酸（uridine diphosphate glucuronic acid，UDPGA），再在酶的作用下生成葡萄糖醛酸，后者代谢生成木酮糖 -5- 磷酸进入戊糖磷酸途径代谢（图 4-11）。在大鼠等非灵长类动物体内，葡萄糖醛酸还可还原为 L- 古洛糖酸，再进一步合成维生素 C。灵长类动物和豚鼠体内缺乏此完整酶系（古洛糖酸内酯氧化酶），故不能合成维生素 C，必须由食物供给。

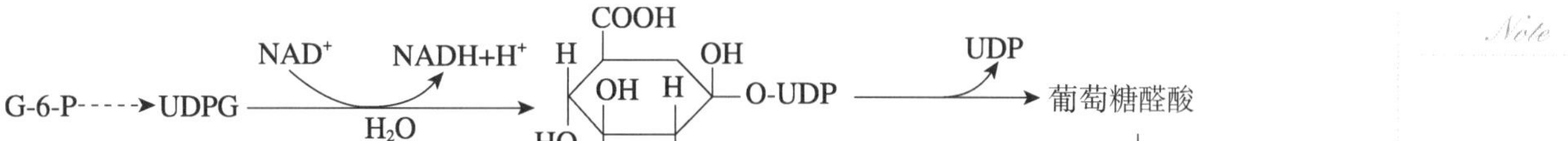

图 4-11　糖醛酸途径

对人类而言，糖醛酸途径的主要生理意义是生成活化的尿苷二磷酸葡萄糖醛酸（UDPGA）。它是硫酸软骨素、透明质酸、肝素等蛋白聚糖的重要组分。在这些蛋白聚糖的生物合成过程中，UDPGA 为葡萄糖醛酸的供体。UDPGA 还是生物转化中（详见第二十章肝的生物化学）最重要的结合剂，可与许多代谢产物（胆红素、类固醇等）、药物和毒物等结合，促进其排泄。糖醛酸途径生成的 $NADH + H^+$ 是红细胞内高铁血红蛋白还原系统中还原剂的重要来源。

第三节　糖原的合成与分解

体内由葡萄糖合成糖原（glycogen）的过程称为糖原合成（glycogenesis）。肝糖原分解为葡萄糖的过程称为糖原分解（glycogenolysis）。糖原是动物体内贮存糖的形式。糖原主要储存在肝、肌肉组织。当机体需要葡萄糖时，它可以被迅速动用以供急需。肝糖原约占肝重的 5%，总量约为 100 g；肌糖原占肌肉重量的 1% ～ 2%，总量约为 300 g；肾糖原含量极少（主要参与肾的酸碱平衡调节）。人体糖原总量约为 400 g，如仅靠糖原供能，只能消耗 8 ～ 12 h。肝糖原的主要作用是维持空腹血糖浓度的恒定，供全身利用；而肌糖原的分解则提供肌肉本身收缩所需的能量。

糖原与植物淀粉结构相似，是由 α-1,4- 糖苷键（直链）与 α-1,6- 糖苷键（分支处）连接形成的大分子葡萄糖聚合物。糖原分子量在 10 ～ 100 kDa，故糖原是具有高度分支的不均一分子。糖原分支结构不仅增加了糖原的水溶性，有利于贮存，而且增加了非还原端数目，糖原合成及分解均是从非还原端开始的，因而增加了糖原合成与分解时的作用点。糖原以不溶性颗粒贮存于胞质溶胶中，糖原颗粒上结合有参与糖原代谢的酶。糖原分子合成与分解的过程，实际是使糖原分子变大与变小的过程。

一、糖原合成成为动物体内贮存糖的主要形式

（一）机体多种器官可以合成糖原

肝、肌肉组织和肾都能合成糖原，前两者的含量最高。

Note

（二）糖原合成的过程包括四步反应

1．葡萄糖磷酸化

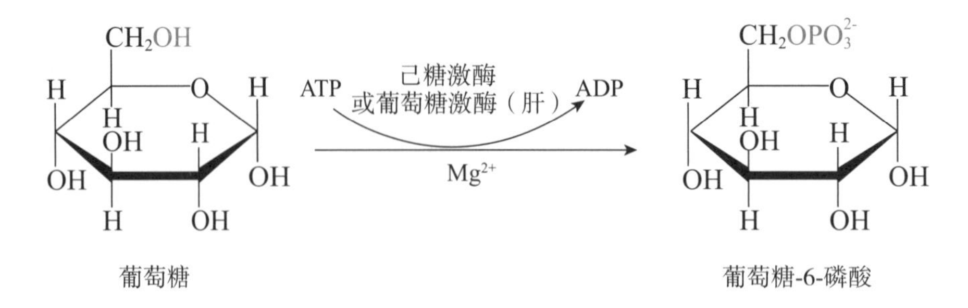

2．葡萄糖 -1- 磷酸的生成

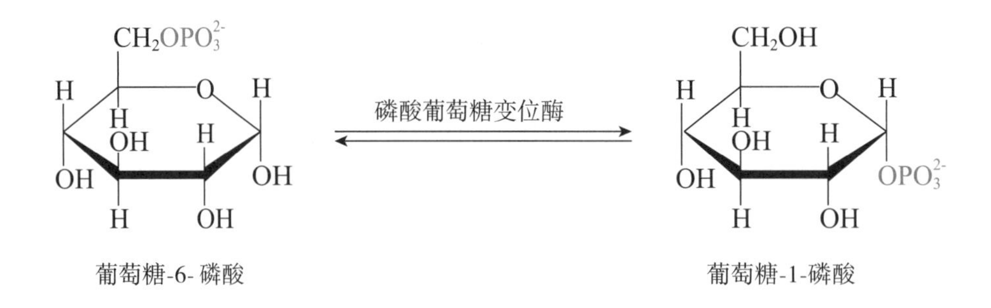

3．尿苷二磷酸葡萄糖的生成 此反应在UDPG焦磷酸化酶的催化下进行，反应是可逆的，但由于细胞内焦磷酸化酶分布广、活性强，极易将焦磷酸分解为2分子磷酸，使反应主要向右进行。这一过程消耗的UTP可由ATP和UDP通过转磷酸基团生成，故糖原生成是耗能过程。糖原分子上每增加1分子葡萄糖，需消耗2分子ATP。UDPG可看作"活性葡萄糖"，在体内作为葡萄糖供体。

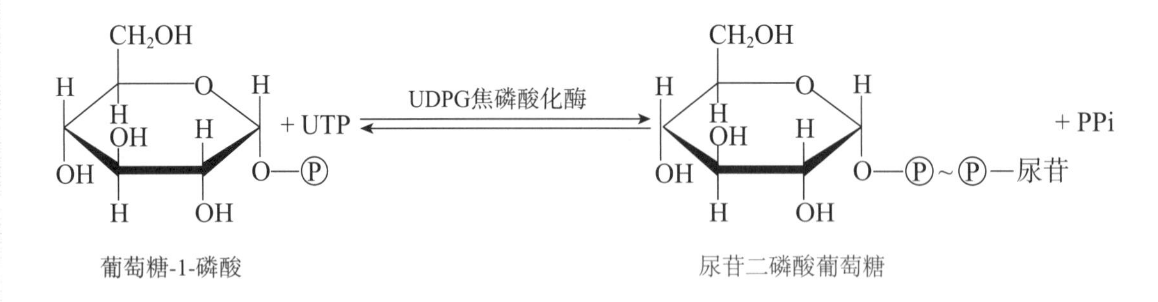

4．糖链的生成 糖原引物是指原有细胞内的较小糖原分子。游离的葡萄糖不能作为UDPG的葡萄糖基的接受体。上述反应可在糖原合酶（glycogen synthase）的作用下反复进行，使糖链不断延长，但不能形成分支。当链长增至超过11个葡萄糖残基时，分支酶就将长约6个葡萄糖残基的寡糖链转移至另一段糖链上，将α-1，4- 糖苷键转变为α-1，6- 糖苷键，从而形成糖原分子的分支（图4-12）。在糖原合酶和分支酶的交替作用下，糖原分子变长，分支变多，分子变大。糖原合成过程的关键酶是糖原合酶。从葡萄糖合成糖原是一个耗能过程。葡萄糖磷酸化时消耗1分子ATP，焦磷酸水解成2分子磷酸时又损失1个磷酸酐键，共消耗2分子ATP。

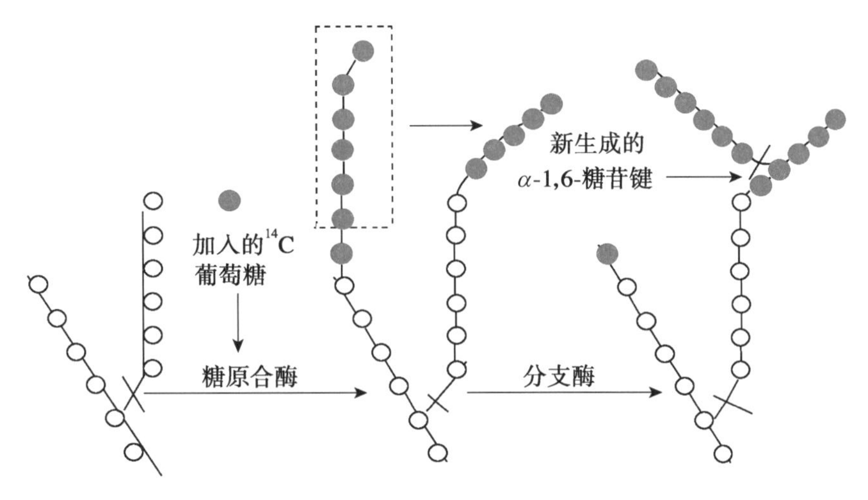

图 4-12 分支酶的作用

为 α-1,6- 糖苷键；为 α-1,4- 糖苷键

知识拓展

第一个糖原引物分子从哪里来？

在糖原合成过程中，作为引物的第一个糖原分子从何而来，过去一直不太清楚。近年来，人们在糖原分子的核心发现了一种名为糖原蛋白（glycogenin）的糖基转移酶，它可对其自身进行共价修饰，将 UDPG 分子的 C-1 结合到糖原蛋白分子的酪氨酸残基上，从而使它糖基化。这个结合上去的葡萄糖分子即成为糖原合成时的引物。

二、糖原分解生成葡萄糖或葡萄糖 -6- 磷酸

（一）糖原分解可以分为肝糖原分解和肌糖原分解

肝糖原能直接分解成葡萄糖以补充血糖，但因肌肉中缺乏葡萄糖 -6- 磷酸酶，肌糖原分解生成的葡萄糖 -6- 磷酸不能直接分解补充血糖，只能通过酵解生成乳酸以利用。糖原分解与糖原合成是由不同的酶催化的两个方向相反而又保持相互联系的反应途径。

（二）糖原分解从糖原分子的非还原端开始

1．糖原分解为葡萄糖 -1- 磷酸 从糖原分子的非还原端开始，经糖原磷酸化酶（glycogen phosphorylase）催化，分解出 1 个葡萄糖基，生成 1 分子葡萄糖 -1- 磷酸。

$$\text{糖原}(G_n) + H_3PO_4 \xrightarrow{\text{糖原磷酸化酶}} \text{糖原}(G_{n-1}) + \text{葡萄糖-1-磷酸}$$

糖原磷酸化酶是糖原分解的关键酶，该酶只能水解 α-1，4- 糖苷键，而对 α-1，6- 糖苷键无作用。当糖链上的肝糖原葡萄糖基逐个磷酸化至离开分支点约 4 个葡萄糖基时，由脱支酶将 3 个葡萄糖基转移到邻近糖链的末端，仍以 α-1，4- 糖苷键连接。剩下 1 个以 α-1，6- 糖苷键与糖链形成分支的葡萄糖基被脱支酶水解成游离葡萄糖（图 4-13）。糖原在磷酸化酶与脱支酶的交替作用下分解，分子越变越小。

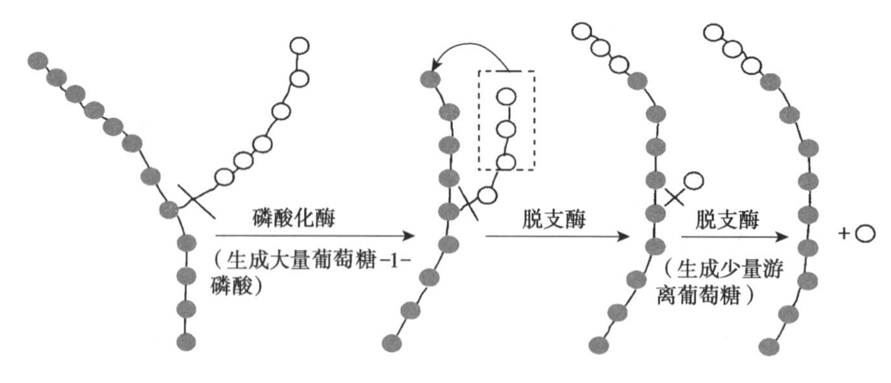

图 4-13 脱支酶的作用

○╳○ 为 α-1,6- 糖苷键；○—○ 为 α-1,4- 糖苷键

2．葡萄糖 -1- 磷酸转变成葡萄糖 -6- 磷酸 在磷酸葡萄糖变位酶的催化下，葡萄糖 -1- 磷酸转变成葡萄糖 -6- 磷酸，此步反应可逆。

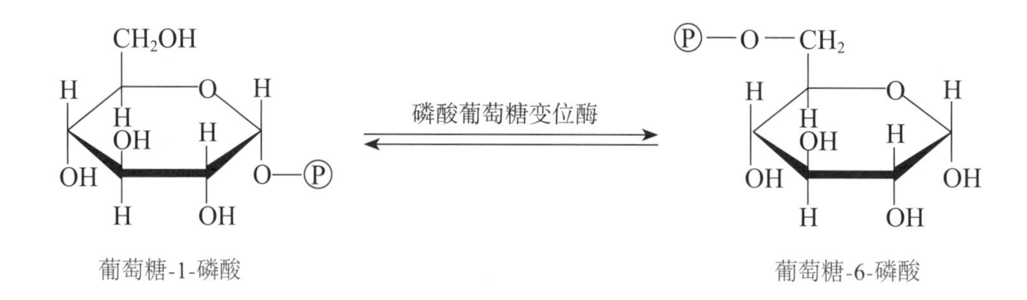

3．葡萄糖 -6- 磷酸转变为葡萄糖 在葡萄糖 -6- 磷酸酶的催化下，加水，脱磷酸，转变为葡萄糖。葡萄糖 -6- 磷酸酶仅存在于肝中，而不存在于肌肉中，所以只有肝糖原可直接补充血糖。

Ⓟ—O—CH_2 H_2O Pi $HOCH_2$

葡萄糖-6-磷酸酶

葡萄糖-6-磷酸 葡萄糖

糖原合成及分解代谢途径可归纳为图 4-14。

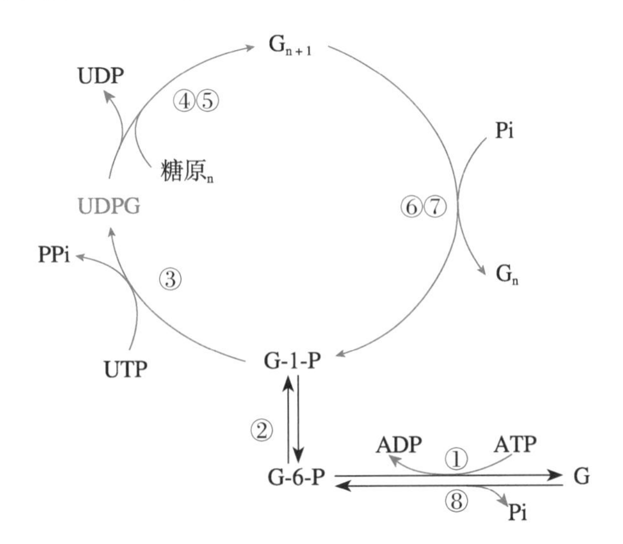

图 4-14　糖原的合成与分解

①己糖激酶或葡萄糖激酶（肝）；②磷酸葡萄糖变位酶；③ UDPG 焦磷酸化酶；④糖原合酶；⑤分支酶；⑥磷酸化酶；⑦脱支酶；⑧葡萄糖 -6- 磷酸酶（肝）

三、糖原合成与分解的调节很精细

糖原的合成与分解不是简单的可逆反应，而是分别通过两条途径进行的，这样便于进行精细的调节。糖原合成与分解的生理性调节主要靠胰岛素和胰高血糖素。前者抑制糖原分解，促进糖原合成；后者可诱导生成 cAMP，促进糖原分解。肾上腺素也可通过 cAMP 促进糖原分解，但可能仅在应激状态下发挥作用。肌糖原与肝糖原代谢调节略有不同，肝主要受胰高血糖素的调节，而肌肉主要受肾上腺素调节。糖原合成和分解代谢的关键酶分别是糖原合酶和糖原磷酸化酶，这两种酶都存在有活性和无活性两种形式。机体通过激素介导的蛋白质激酶 A 使两种酶都磷酸化，但活性表现不同，即磷酸化的糖原合酶处于无活性状态，而磷酸化的糖原磷酸化酶处于活性状态，从而调节糖原合成和分解的速率，以适应机体的需要。糖原合酶和糖原磷酸化酶活性均有共价修饰和别构调节两种快速调节方式，以前者为主。

（一）糖原合酶和糖原磷酸化酶的共价修饰受激素的调节

糖原合酶和糖原磷酸化酶的共价修饰均受激素的调节。例如饥饿时，血糖含量下降，可使胰高血糖素和肾上腺素分泌增加，激活腺苷酸环化酶（adenylate cyclase，AC），使 ATP 转变为 cAMP，cAMP 再激活蛋白质激酶 A。蛋白质激酶 A 既催化有活性的糖原合酶 a 磷酸化后转变为无活性的糖原合酶 b，使糖原合成减少；又通过磷酸化激活磷酸化酶 b 激酶，再催化无活性的磷酸化酶 b 磷酸化后转变为有活性的磷酸化酶 a，促进糖原分解，使血糖浓度上升，从而维持血糖浓度恒定。另外，蛋白质激酶 A 还催化磷蛋白磷酸酶抑制剂（胞内的一种蛋白质）磷酸化后转变为其活性形式。活性形式的抑制剂与磷蛋白磷酸酶结合后，可抑制酶活性，这与糖原合酶及糖原磷酸化酶的调节相协调。糖原合成与分解的共价修饰归纳如图 4-15 所示。

Ca^{2+} 浓度的升高可引起肌糖原分解增加。当神经冲动使胞质溶胶内 Ca^{2+} 浓度升高时，因为磷酸化酶 b 激酶 δ 亚基就是钙调蛋白，Ca^{2+} 与其结合，即可激活磷酸化酶 b 激酶，促进磷酸化酶 b 磷酸化为磷酸化酶 a，加速糖原分解。在神经冲动引起肌肉收缩的同时，也加速糖原的分解，使肌肉获得收缩所需要的能量。

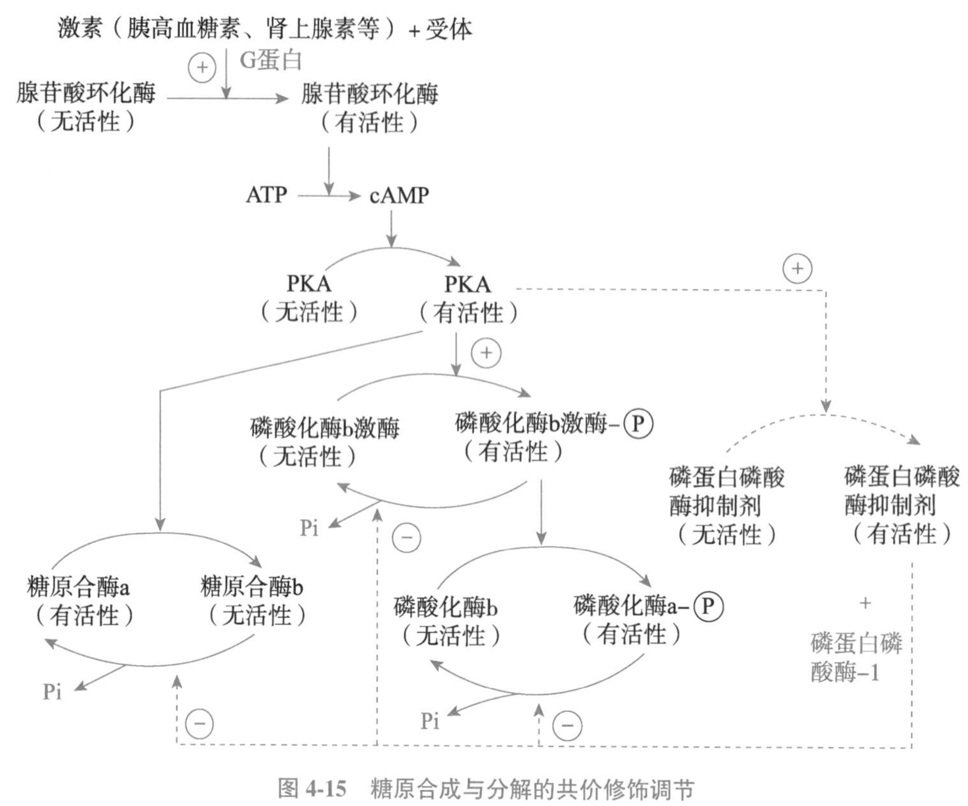

图 4-15　糖原合成与分解的共价修饰调节

⊕表示激活；⊖表示抑制

（二）糖原合成与分解受别构剂的调节

产物葡萄糖、ATP 是糖原磷酸化酶的别构抑制剂，而 AMP 则是糖原磷酸化酶的别构激活剂。葡萄糖 -6- 磷酸和 ATP 是糖原合酶的别构激活剂，使无活性的糖原合酶 b 别构为有活性的糖原合酶 a，糖原合成增加。

第四节　糖 异 生

体内糖原的储备有限，正常成年人每小时可由肝释放出葡萄糖 210 mg/kg，如果不补充，8 ～ 12 h 肝糖原即被耗尽，此后如继续禁食，则主要靠糖异生维持血糖浓度恒定。非糖物质（乳酸、甘油、生糖氨基酸等）转变为葡萄糖或糖原的过程，称为糖异生（gluconeogenesis）。糖异生进行的主要场所是肝，而肾在正常情况下糖异生能力只有肝的 1/10。长期饥饿时，肾糖异生的能力会大大增强。

一、糖异生途径可以将非糖物质转变为葡萄糖

糖异生途径与糖酵解的多数反应是共有的可逆反应，但糖异生途径不完全是糖酵解的逆反应。糖酵解途径中的 3 个关键酶——己糖激酶、磷酸果糖激酶 -1 催化的 2 步不可逆反应，只要以另外的酶催化即能绕过所产生的“能障”；而丙酮酸激酶催化的不可逆反应，由于丙酮酸羧化酶只存在于线粒体内，因此，胞质溶胶中的丙酮酸必须进入线粒体，才能羧化生成草酰乙酸，以及其产物再回到胞质溶胶，均需通过线粒体膜所产生的“膜障”。在另外的 4 个关键酶（表 4-4）催化下，即可绕过这三步不可逆反应，使非糖物质顺利转变为葡萄糖，这个过程就是糖异生途径。

表 4-4　糖酵解和糖异生之间相对应的酶

糖酵解关键酶	糖异生关键酶
己糖激酶（肝中为葡萄糖激酶）	葡萄糖 -6- 磷酸酶
磷酸果糖激酶 -1	果糖 -1, 6- 二磷酸酶
丙酮酸激酶	丙酮酸羧化酶 磷酸烯醇式丙酮酸羧激酶

（一）丙酮酸生成磷酸烯醇式丙酮酸

此步骤由两步反应组成。在线粒体中，丙酮酸在以生物素为辅酶的丙酮酸羧化酶（pyruvate carboxylase）的催化下，并在 CO_2 和 ATP 存在时，羧化为草酰乙酸。通过苹果酸穿梭作用，草酰乙酸从线粒体转移到胞质溶胶，在磷酸烯醇式丙酮酸羧激酶（phosphoenolpyruvate carboxykinase）催化下，由 GTP 供能，脱羧生成磷酸烯醇式丙酮酸。上述两步反应共消耗 2 分子 ATP。

COOH–C(=O)–CH_3（丙酮酸）$\xrightarrow[\text{丙酮酸羧化酶（线粒体）}]{CO_2 \ \ ATP \ \ \rightarrow ADP+Pi}$ O=C(COOH)–CH_2–COOH（草酰乙酸）

草酰乙酸 $\xrightarrow[\text{磷酸烯醇式丙酮酸羧激酶（胞质溶胶）}]{GTP \rightarrow GDP, \ CO_2}$ COOH–C(–O ~ PO_3H_2)=CH_2（磷酸烯醇式丙酮酸）

（二）果糖 -1,6- 二磷酸水解为果糖 -6- 磷酸

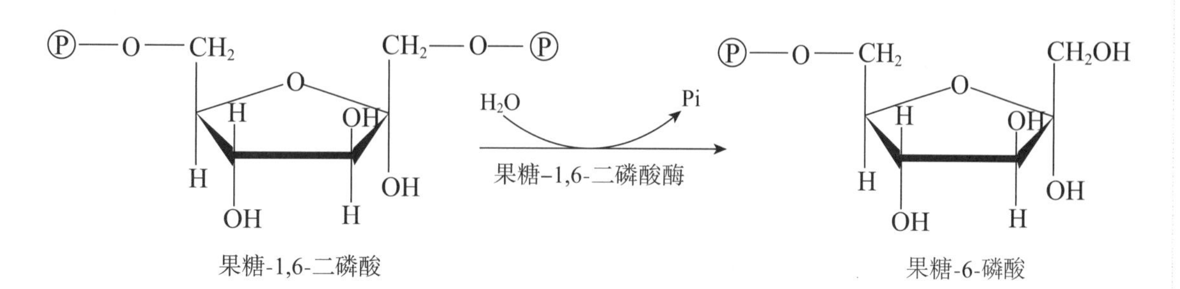

这是糖异生途径的第 2 个不可逆反应，在果糖 -1,6- 二磷酸酶的催化下，果糖 -1,6- 二磷酸转变为果糖 -6- 磷酸。

Note

（三）葡萄糖 -6- 磷酸水解为葡萄糖

葡萄糖-6-磷酸 ——（H_2O → Pi，葡萄糖-6-磷酸酶）→ 葡萄糖

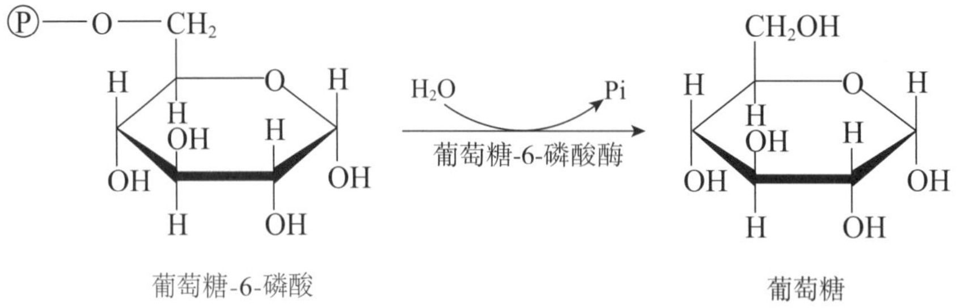

此步反应与糖原分解的最后一步相同，在肝（肾）中存在的葡萄糖 -6- 磷酸酶的催化下，葡萄糖 -6- 磷酸水解为葡萄糖。

在以上 3 个反应过程中，底物互变分别由不同的酶催化其单向反应，这种互变循环被称为底物循环（substrate cycle）。糖异生的原料为乳酸、甘油及生糖氨基酸等。乳酸可脱氢生成丙酮酸；甘油先磷酸化为甘油 -3- 磷酸，再脱氢生成磷酸二羟丙酮；丙氨酸等生糖氨基酸通过联合脱氨基作用的逆行反应（见第七章氨基酸代谢）转变成丙酮酸或草酰乙酸。然后三者均可通过糖异生转变为糖，故糖异生是体内维持血糖浓度的最重要途径。糖异生途径可归纳如图 4-16 所示。

二、糖异生受多种别构效应剂及激素的调节

糖异生的 4 个关键酶，即丙酮酸羧化酶、磷酸烯醇式丙酮酸羧激酶、果糖 -1,6- 二磷酸酶及葡萄糖 -6- 磷酸酶受多种别构效应剂及激素的调节。同时糖酵解与糖异生是方向相反的两条代谢途径，促进糖异生的别构剂或激素，必然抑制糖酵解，以达到最大生理效应。

（一）多种别构效应剂调节糖异生

许多代谢的底物或产物都是别构剂，参与别构调节，详见图 4-17。

1．ATP 和柠檬酸促进糖异生作用 ATP 和柠檬酸是磷酸果糖激酶 -1 的别构抑制剂，是果糖 -1,6- 二磷酸酶的别构激活剂，促进糖异生作用；ADP、AMP 和果糖 -2,6- 二磷酸（F-2,6-BP）是果糖 -1,6- 二磷酸酶的别构抑制剂，抑制糖异生作用。目前认为果糖 -2,6- 二磷酸的水平是肝内调节糖的分解或糖异生反应方向的主要信号，ATP/AMP 含量比值也是一个重要的调节因素。

2．乙酰辅酶 A 促进糖异生作用 脂肪酸大量氧化时，线粒体内乙酰辅酶 A 堆积，并释放 ATP。乙酰辅酶 A 是丙酮酸羧化酶的别构激活剂，促进糖异生；它又能反馈性抑制丙酮酸脱氢酶复合物的活性。

（二）多种激素调节糖异生

激素诱导合成糖异生的关键酶，并通过 cAMP 介导的酶的共价修饰作用改变酶的活性，使糖异生与糖酵解两条途径得以协调，从而满足机体的生理需要。

1．糖皮质激素 是重要的调节糖异生的激素，既可诱导肝内糖异生的 4 个关键酶的合成，又能促进肝外组织蛋白质分解为氨基酸，通过增加糖异生原料来促进糖异生作用。

2．肾上腺素和胰高血糖素 这两种激素均可激活肝细胞膜上的腺苷酸环化酶，使 cAMP 水平提高，进而提高磷酸烯醇式丙酮酸羧激酶的活性，促进糖异生。另外，它们促进脂肪分

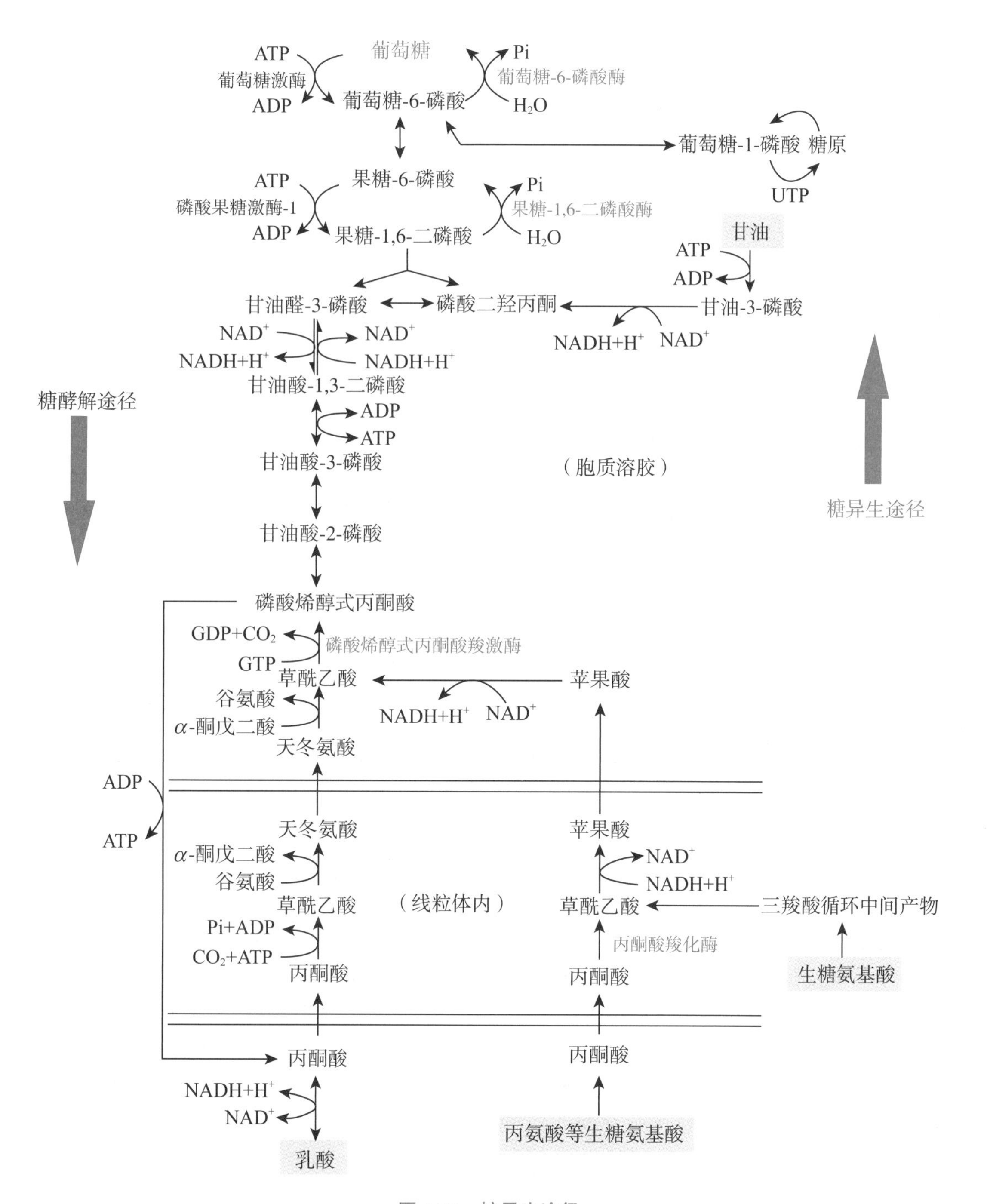

图 4-16　糖异生途径

解为甘油和脂肪酸，而甘油是糖异生的原料，脂肪酸氧化产生的乙酰辅酶 A 也可促进糖异生作用。胰高血糖素能诱导磷酸烯醇式丙酮酸羧激酶基因的表达，增加酶的合成，促进糖异生。此外，它还可抑制果糖 -2,6- 二磷酸（F-2,6-BP）的合成，从而减少果糖 -1,6- 二磷酸（F-1,6-BP）的合成，进而降低丙酮酸激酶的活性。

3．胰岛素　降低磷酸烯醇式丙酮酸羧激酶 mRNA 的水平，同时抑制腺苷酸环化酶的活性，使 cAMP 水平下降，抑制糖异生作用。

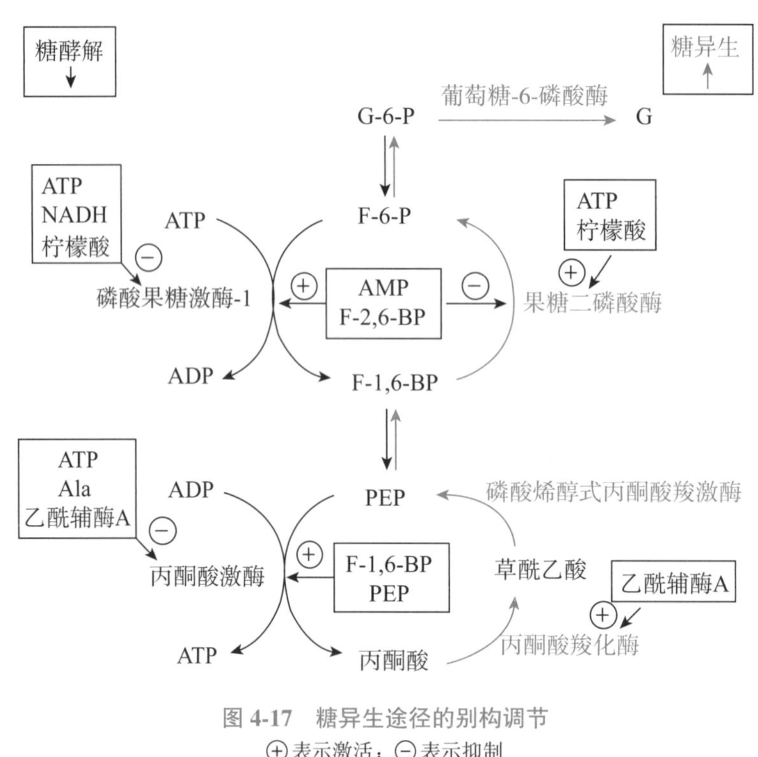

图 4-17 糖异生途径的别构调节
⊕表示激活；⊖表示抑制

三、糖异生的生理意义之一是维持血糖浓度恒定

（一）维持血糖浓度恒定是糖异生最主要的生理功能

当空腹或饥饿时，肝糖原分解产生的葡萄糖仅能维持 8 ~ 12 h，此后，机体基本依靠糖异生作用来维持血糖浓度恒定，这是糖异生最主要的生理功能。饥饿时，肌肉产生的乳酸量较少，糖异生的原料主要为生糖氨基酸（每日生成 90 ~ 120 g 葡萄糖）和甘油（每日约生成 20 g 葡萄糖），经糖异生转变为葡萄糖，维持血糖水平，保证脑等重要组织和器官的能量供应。因为正常成年人的脑组织不能直接利用脂肪酸，主要靠葡萄糖供给能量。红细胞无线粒体，完全通过糖无氧氧化获得能量。骨髓、神经等组织由于代谢活跃，经常进行糖酵解，故即使在饥饿状况下，机体也需要消耗一定量的糖，以维持生命活动。

（二）糖异生的其他作用是回收乳酸或补充肝糖原

当肌肉在缺氧或剧烈运动时，肌糖原经无氧氧化产生大量乳酸，但由于肌肉组织内无葡萄糖 -6- 磷酸酶，不能进行糖异生作用，所以乳酸经细胞膜弥散入血液后再入肝，在肝内异生为葡萄糖。葡萄糖释放入血液后又可被肌肉摄取，这就构成了一个循环，称为乳酸循环（lactic acid cycle），也称为 Cori 循环（Cori cycle）（图 4-18）。乳酸循环的形成是由于肝和肌肉组织中酶的特点所致。乳酸循环的生理意义是防止和改善乳酸堆积引起的酸中毒及乳酸的再利用。乳酸循环是耗能的过程。糖异生也是肝补充或恢复肝糖原储备的重要途径，这在饥饿后进食更为重要。长期以来，人们认为进食后肝糖原储备丰富是肝直接利用葡萄糖合成糖原的结果。但后来的放射性核素标记等实验结果表明，摄入的葡萄糖先分解为丙酮酸、乳酸等三碳化合物，后者再异生为糖原。生成糖原的这条途径称为三碳途径或者间接途径，而葡萄糖经 UDPG 合成糖原的过程称为直接途径。

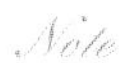

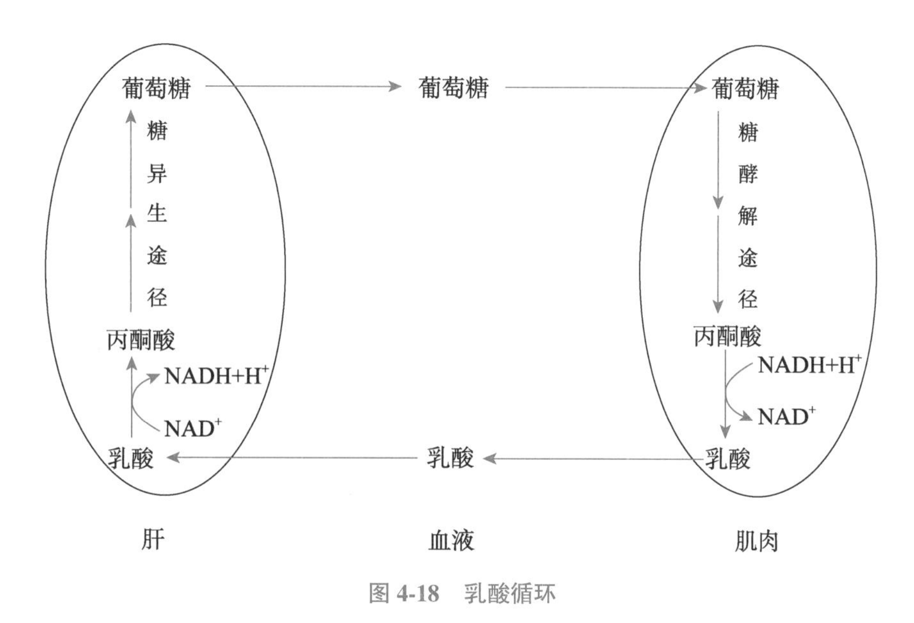

图 4-18 乳酸循环

（三）肾糖异生可以调节酸碱平衡

当长期饥饿时，肾糖异生增强，可促进肾小管细胞分泌氨，使 NH_3 与 H^+ 生成 NH_4^+ 排出体外，这有利于肾的排 H^+ 保 Na^+；另外，乳酸经糖异生作用转变为糖，可防止乳酸堆积引起的代谢性酸中毒，这些均对维持机体酸碱平衡具有一定的意义。

第五节 血糖及其调节

一、血液中葡萄糖浓度相对稳定

血液中的葡萄糖称为血糖（blood sugar）。血糖是糖的运输形式，可供各组织和器官利用。正常人空腹时血糖浓度较为稳定。临床测定的血糖值因所用方法而异：用葡萄糖氧化酶法，正常人空腹血糖浓度为 3.89 ~ 6.11 mmol/L（70 ~ 110 mg/dl），而用 Folin- 吴宪法则为 4.44 ~ 6.67 mmol/L（80 ~ 120 mg/dl）。血糖浓度保持相对恒定具有重要的生理意义，特别是对脑和红细胞，它们在生理条件下主要靠血糖供能。如果血糖过低，会出现脑功能障碍，甚至出现低血糖昏迷。

血液中葡萄糖的实际浓度是由其来源和去路两方面的动态平衡所决定的（图 4-19）。

二、血糖浓度的相对恒定受多种因素的协同调节

在正常情况下，血糖浓度的相对恒定依赖于血糖来源与去路的平衡，这种平衡需要体内多种因素的协同调节。

（一）神经系统对血糖的调节属于整体调节

神经系统对血糖的调节属于整体调节。通过对各种促激素或激素分泌的调节，进而影响各代谢中的酶活性或酶含量而完成调节作用。如脑垂体可分泌促肾上腺皮质激素等促激素。当情

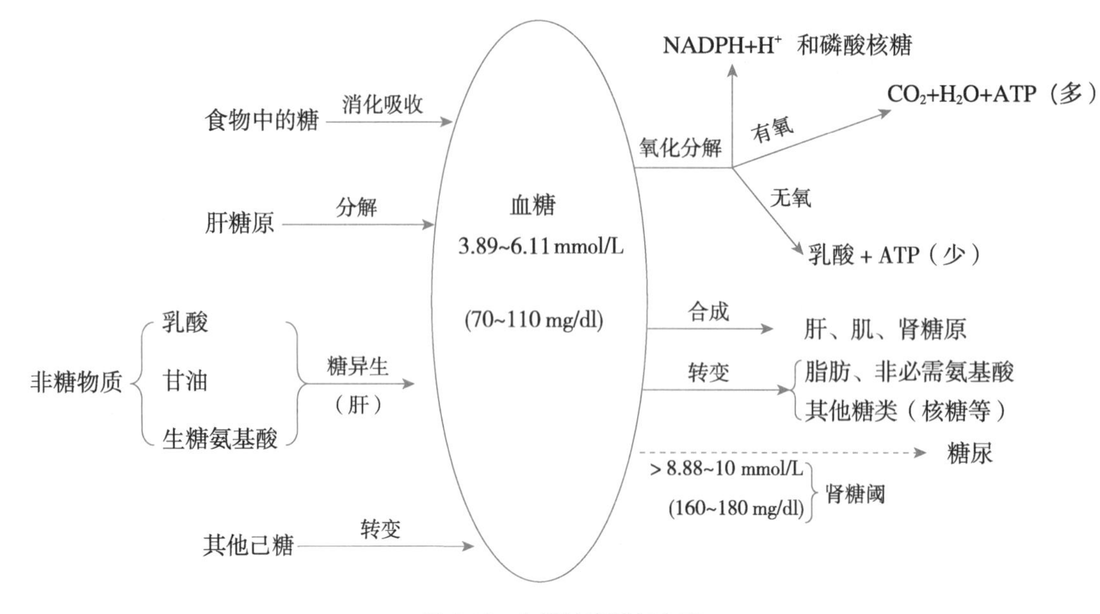

图 4-19 血糖的来源与去路

绪激动时，交感神经兴奋，肾上腺素分泌增加，促进肝糖原分解、肌糖原酵解和糖异生作用，使血糖升高；当处于静息状态时，迷走神经兴奋，胰岛素分泌增加，血糖水平降低。

（二）多种激素调节血糖的相对恒定

调节血糖的激素有两大类：一类是降血糖激素，即胰岛素（insulin）；另一类是升血糖激素，有肾上腺素、胰高血糖素（glucagon）、糖皮质激素和生长激素等。这两类激素的作用相互对抗、相互制约，它们通过调节糖原生成和分解、糖氧化分解、糖异生等途径的关键酶的活性或含量来调节血糖浓度恒定。各种激素调节糖代谢的机制列于表 4-5。

表 4-5 激素对血糖浓度的影响

激素	作用机制
降血糖激素	
胰岛素	1. 促进肌肉、脂肪细胞摄取葡萄糖 2. 诱导糖酵解的 3 个关键酶合成，通过激活丙酮酸脱氢酶复合物来促进糖的氧化分解 3. 通过增强磷酸二酯酶活性，降低 cAMP 水平，从而使糖原合酶活性增加，磷酸化酶活性下降，加速糖原合成，抑制糖原分解 4. 通过抑制糖异生作用的磷酸烯醇式丙酮酸羧激酶合成及促进氨基酸进入肌组织合成蛋白质，减少糖异生的原料以抑制糖异生 5. 减少脂肪动员，促进糖转变为脂肪
胰岛素样生长因子	在结构上与胰岛素相似，具有类似于胰岛素的代谢作用和促生长作用
升血糖激素	
胰高血糖素	1. 通过细胞膜受体激活依赖 cAMP 的蛋白质激酶 A，从而抑制糖原合酶和激活磷酸化酶，使糖原合成下降，促进肝糖原分解 2. 通过减少磷酸果糖激酶 -1 的别构激活剂 F-2, 6-BP 的合成量来抑制糖酵解 3. 通过促进磷酸烯醇式丙酮酸羧激酶合成和使 F-2, 6-BP 的合成量减少来减轻对果糖 -1, 6- 二磷酸酶的抑制作用以促进糖异生 4. 加速脂肪动员，进而促进糖异生

续表

激素	作用机制
肾上腺素	1. 通过细胞膜受体激活依赖 cAMP 的蛋白质激酶 A，促进肝糖原分解、肌糖原酵解 2. 促进糖异生
糖皮质激素	1. 抑制肝外组织摄取和利用葡萄糖 2. 促进蛋白质和脂肪分解为糖异生原料，促进糖异生（只有糖皮质激素存在时，其他促进脂肪动员的激素才能发挥最大的效果）
生长激素	1. 早期有胰岛素样作用 2. 晚期有抗胰岛素作用

（三）血糖的恒定受器官水平的调节

肝是体内调节血糖浓度的主要器官。肝通过肝糖原的生成、分解和糖异生作用维持血糖浓度恒定。

三、耐糖现象反映机体调节糖代谢的能力

正常人食糖后血糖浓度仅暂时升高，经体内调节血糖机制的作用，约 2 h 内即可恢复到正常水平，此现象称为耐糖现象。机体处理摄入葡萄糖的能力称为葡萄糖耐量，它反映机体调节糖代谢的能力，临床上常用口服葡萄糖耐量试验（oral glucose tolerance test，OGTT）鉴定机体利用葡萄糖的能力。常用方法是先测定受试者清晨空腹血糖浓度，然后一次进食 75 g 葡萄糖（或葡萄糖 1.5 ~ 1.75 g/kg）。进食后隔 0.5 h、1 h、2 h 和 3 h 再分别测血糖一次。以时间为横坐标，血糖浓度为纵坐标绘成的曲线称为糖耐量曲线（图 4-20）。

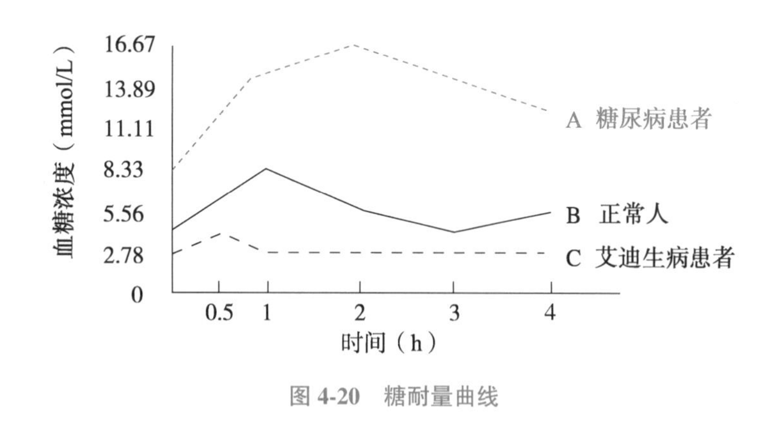

图 4-20 糖耐量曲线

临床应用

口服葡萄糖耐量试验（OGTT）方法

1. 早晨 7 ~ 9 时开始，受试者空腹（最后一餐后 8 ~ 10 h）口服溶于 300 ml 水内的无水葡萄糖粉 75 g，如用 1 分子水葡萄糖则为 82.5 g。儿童则给予 1.75 g/kg，总量不超过 75 g。糖水在 5 min 之内服完。

2. 从服糖第一口开始计时，分别测进食前和进食后 0.5 h、1 h、2 h 和 3 h 的血糖。

Note

3．试验过程中，受试者不饮茶及咖啡，不吸烟，不做剧烈运动，但也无需绝对卧床。

4．血标本应尽早送检。

5．试验前 3 日内，每日糖类摄入量不少于 150 g。

6．试验前停用可能影响 OGTT 的药物，如避孕药、利尿药或苯妥英钠 3 ～ 7 d。

正常人的糖耐量曲线特点是：空腹血糖浓度正常；食糖后血糖浓度升高，1 h 内达高峰，但不超过肾糖阈（8.88 ～ 10 mmol/L 或 160 ～ 180 mg/dl）；此后血糖浓度迅速降低，在 2 h 之内降至正常水平。

糖尿病患者胰岛素分泌不足，或机体对胰岛素的敏感性下降。其糖耐量曲线常表现为：①空腹血糖浓度较正常值高；②进食糖后血糖水平迅速升高，并超过肾糖阈；③在 2 h 内不能恢复至正常空腹血糖水平。其中食糖后 2 h 的血糖水平变化是最重要的判断指标。

艾迪生病（原发性慢性肾上腺皮质功能减退症）患者由于肾上腺皮质功能低下，其糖耐量曲线表现为：空腹血糖浓度低于正常值；进食糖后血糖浓度升高不明显；短时间即恢复至原有低血糖水平。

四、糖代谢障碍引发血糖水平紊乱

神经系统疾患、内分泌失调、肝及肾功能障碍、某些酶的遗传缺陷等均可影响血糖浓度的调节或引起糖代谢障碍，导致高血糖、糖尿病或低血糖等代谢异常。

（一）脑组织对低血糖极为敏感

非糖尿病者空腹血糖低于 2.80 mmol/L（50 mg/dl）称为低血糖（hypoglycemia）。脑组织对低血糖极为敏感，低血糖时可出现头晕、心悸、出冷汗等虚脱症状。如果血糖持续下降至低于 2.53 mmol/L（45 mg/dl），可出现昏迷，称为低血糖休克。如不能及时给患者静脉滴注葡萄糖，可导致死亡。

引起低血糖的病因有：①胰性因素（胰岛 β 细胞器质性病变，如胰岛 β 细胞肿瘤可导致胰岛素分泌过多，胰岛 α 细胞功能低下等）；②内分泌异常（垂体功能低下、肾上腺皮质功能减退，使糖皮质激素分泌不足等）；③肝性因素（肝癌、糖原贮积症）；④饥饿或因病不能进食时间过长、治疗时使用胰岛素过量和持续的剧烈体力活动等均可引起低血糖；⑤肿瘤（胃癌等）。

（二）糖尿病以持续性高血糖和糖尿为主要症状

空腹血糖浓度持续超过 7.22 mmol/L（130 mg/dl）时称为高血糖（hyperglycemia）。当血糖浓度超过肾糖阈时，即超过了肾小管的重吸收能力，葡萄糖从尿中排出，则可出现尿糖。正常人偶尔也可出现高血糖和尿糖，如进食大量糖或情绪激动时交感神经兴奋，引起肾上腺素分泌增加等，均可导致一过性高血糖，甚至尿糖，分别称为饮食性糖尿和情感性糖尿，但这只是暂时的，且空腹血糖浓度正常，是属于生理性的。病理性高血糖及糖尿多见于下列两种情况。

1．肾性糖尿 由于肾疾患导致肾小管重吸收葡萄糖能力下降，即使血糖浓度不高，也因肾糖阈下降出现尿糖，称为肾性糖尿，如慢性肾炎、肾病综合征。妊娠期妇女有时也会有暂时性肾糖阈降低，出现肾性糖尿，但血糖浓度与糖耐量曲线正常。

Note

2．糖尿病 以持续性高血糖和糖尿为主要症状，特别是空腹血糖和糖耐量曲线异常的疾病主要是糖尿病（diabetes mellitus）。糖尿病是因胰岛素相对或绝对缺乏，或胰岛素分子结构异常（称为变异胰岛素），或胰岛素受体数目减少，或胰岛素受体基因突变，或胰岛素受体与胰岛素的亲和力降低而致病的。我国糖尿病以成年人多发的2型糖尿病为主，胰岛细胞功能缺陷和胰岛素作用抵抗性是其基本特征。一般认为2型糖尿病具有更强的遗传性。糖尿病常伴有多种并发症，如足病（足部坏疽）、肾病（肾衰竭、尿毒症）、眼病（视物模糊、失明）、脑病（脑血管病变）、心脏病、皮肤病、性病，这些并发症是导致糖尿病患者死亡的主要因素，这些并发症的严重程度与血糖水平升高的程度直接相关。

临床应用

糖尿病与代谢综合征

代谢综合征是一组以肥胖、高血糖（糖尿病或糖调节受损）、血脂异常［高甘油三酯血症和（或）低HDL-C血症］以及高血压等聚集发病，严重影响机体健康的临床症候群，是一组在代谢上相互关联的危险因素的组合。这些因素直接促进了动脉粥样硬化性心血管疾病的发生，也增加了发生2型糖尿病的风险。目前研究结果显示，代谢综合征患者是发生心脑血管疾病的高危人群，与非代谢综合征者相比，其罹患心血管疾病和2型糖尿病的风险均显著增加。

思考题

1．试述血糖的来源与去路以及相关激素是如何调节血糖浓度维持相对恒定的。

2．试列表比较糖酵解与有氧氧化进行的部位、反应条件、关键酶、终产物、ATP生成数量与方式及其生理意义。

3．三羧酸循环的特点及生理意义是什么？

4．机体是如何调节糖原的生成与分解使其满足生理需要的？

5．糖尿病患者出现高血糖与糖尿的生化机制是什么？

6．王某某，女性，48岁。平时喜甜食，很少吃肉，近10年体重逐渐增加，近2年尤为明显，体重增至85 kg。入院经过一系列检查，除发现血脂相关指标异常外，其他均正常。医生嘱咐她要合理减肥，在饮食上也要注意少吃甜食。为什么减肥也要少吃甜食？试从物质代谢角度解释为什么减肥者要减少糖类物质的摄入。相关的代谢途径是什么？

（杨　洋）

第五章

脂质代谢

第五章数字资源

案例 5-1

某患者，男性，62 岁，因“发作性胸骨后疼痛 1 h”入院。患者于 1 h 前劳累后出现胸骨下段剧烈压榨样痛，向左肩背部放散，伴大汗淋漓，口服硝酸甘油未见缓解。既往身体健康。心电图显示：窦性心律，下壁导联 Q 波，V_1 ~ V_4 ST 段弓背向上抬高 0.2 mV 以上。肌钙蛋白 I 阳性 1.04 ng/ml。冠状动脉造影显示：左前降支狭窄 90%。临床诊断为冠状动脉粥样硬化性心肌梗死。

问题：

1．动脉粥样硬化与脂质代谢异常有何关系？

2．从血浆脂蛋白代谢角度分析动脉粥样硬化的发病机制。

第一节　概　述

一、脂质的概念与组成

脂质（lipid）是生物体内重要的有机化合物，包括脂肪（fat）、类脂（lipoid）及其衍生物。这类物质的共同特征是不溶于水，而易溶于乙醚、氯仿、苯等有机溶剂。脂质不仅参与机体的物质和能量代谢，而且广泛地参与机体代谢的调节。脂质代谢与机体许多疾病的发生和发展密切相关，因此成为基础医学和临床医学广泛关注的重要内容之一。

脂肪是由 1 分子甘油和 3 分子脂肪酸通过酯键连接而成的化合物，故又称为甘油三酯（triglyceride，TG）。类脂主要包括磷脂（phospholipid，PL）、糖脂（glycolipid）、胆固醇（cholesterol）及胆固醇酯（cholesterol ester，CE）等。

二、脂质的生理功能

机体内的脂质种类多、分布广，具有多种重要的生理功能，主要表现在：

1．供能和储能　首先，甘油三酯是机体重要的供能物质，氧化 1 g 甘油三酯所释放的能量约为同等质量糖类或蛋白质氧化所释放能量的 2 倍。其次，甘油三酯是机体最有效的储能形式，它是疏水性物质，几乎以无水形式储存于细胞中，储存 1 g 甘油三酯所占的体积仅为同质量糖原所占体积的 1/4，而相同体积的甘油三酯彻底氧化所释放的能量却是糖原的 8 倍。最后，甘油三酯主要分布在皮下、肠系膜、大网膜及脏器周围的脂肪组织（脂库）内，其中皮下甘油三酯不易导热，可以起到抵御寒冷、保持体温的作用，脏器周围脂肪可在受到外力作用时起到保护脏器的作用。

2．维持生物膜的正常结构与功能 生物膜是阻隔极性小分子和离子的重要屏障，它主要由一些两性脂质物质所构成，如磷脂、糖脂和胆固醇，其中以磷脂最多。磷脂分子具有亲水端和疏水端，在水溶液中可聚集成具有空间结构的脂质双层，是生物膜的基础结构；而胆固醇的环戊烷多氢菲环使胆固醇的结构更具刚性，具有增强细胞膜稳定性、降低细胞膜流动性、调节细胞膜生理功能的作用。

3．脂肪组织是内分泌器官 随着脂肪源性的瘦素、脂联素和抵抗素等相继被发现，脂肪组织的分泌功能备受关注。目前认为，脂肪组织已不仅是供能和储能物质的聚集部位，还是一个具有内分泌、自分泌和旁分泌功能的器官。瘦素（leptin）是肥胖基因（obesity genes）在脂肪组织中的表达产物，故又称 OB 蛋白，是由脂肪组织中的脂肪细胞合成和分泌的一种肽类激素，具有广泛的生物学功能。瘦素通过作用于下丘脑等组织的瘦素受体调节食欲、能量代谢和平衡体重，其结构和功能异常是产生肥胖的重要原因之一。

4．脂质是机体众多信号分子的前体 磷脂酰肌醇的第 4、5 位羟基被磷酸化后生成的磷脂酰肌醇 -4,5- 二磷酸是构成细胞膜的重要磷脂，可在细胞外信号的刺激下水解为肌醇 -1,4,5- 三磷酸和甘油二酯，二者均可作为第二信使在胞内传递细胞信号；前列腺素、血栓素和白三烯是二十碳多不饱和脂肪酸的衍生物，它们通过旁分泌的方式参与机体炎症、免疫、过敏、血栓的形成和溶解等许多生理和病理过程；胆固醇可以转化为维生素 D_3 和类固醇激素，在生长发育和物质代谢等方面有重要作用。

5．其他功能 胆固醇在肝转化生成胆汁酸，在脂质消化吸收中具有不可替代的重要作用；脂质化合物是脂溶性维生素的消化、吸收和转运所必需的；肺表面活性物质和血小板活化因子均是特殊的磷脂酰胆碱，前者缺乏可导致呼吸窘迫综合征，而后者则具有很强的致炎作用。

第二节 脂质的消化与吸收

一、脂质的消化

普通膳食中的脂质主要是甘油三酯，约占 90 %，此外还含有少量的磷脂、胆固醇和胆固醇酯等。

脂质的消化部位主要在小肠上段，该处有胆汁和胰液的流入。脂质不溶于水，不能与消化酶充分接触。肝细胞分泌的胆汁中的胆汁酸盐是较强的乳化剂，可明显地降低脂 - 水界面（lipid-water interface）的表面张力，将甘油三酯及胆固醇酯等脂质乳化成细小的微团（micelle），增加了脂质与消化酶的接触面积，有利于脂质的消化和吸收。消化脂质的酶主要来自胰液，胰液中含有胰脂酶（pancreatic lipase）、磷脂酶 A_2（phospholipase A_2）、胆固醇酯酶（cholesterol esterase）和辅脂肪酶（colipase）等消化酶。胰脂酶能够特异地水解甘油三酯的第 1、3 位酯键，生成 2- 甘油一酯及 2 分子脂肪酸；辅脂肪酶本身不具有脂酶的活性，但具有与甘油三酯及胰脂酶结合的结构域，可以将胰脂酶锚定在乳化微团的脂 - 水界面，从而使胰脂酶与甘油三酯充分接触，是胰脂酶消化甘油三酯必不可少的辅助因子；磷脂酶 A_2 可特异地水解磷脂的第 2 位酯键，生成溶血磷脂（lysophosphatide）和脂肪酸；胆固醇酯酶促进胆固醇酯水解生成游离胆固醇和脂肪酸。脂质的消化过程如图 5-1 所示。

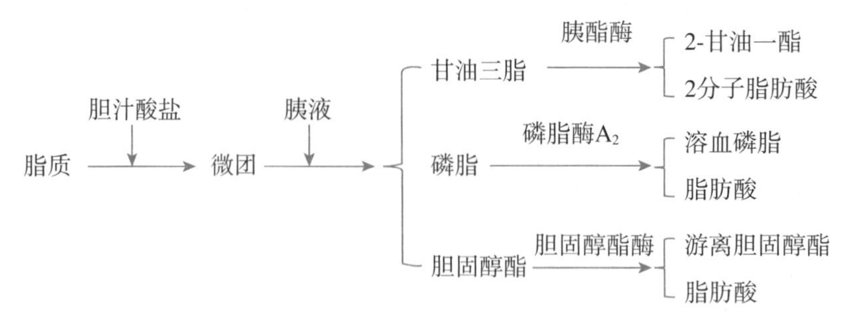

图 5-1 脂质的消化

溶血磷脂、胆固醇可协助胆汁酸盐将膳食中的脂质乳化成体积更小、极性更大的混合微团，这种微团更容易被小肠黏膜细胞吸收。

二、脂质的吸收

脂质及其消化产物主要在十二指肠下段及空肠上段被吸收。脂质中的少量由短链（2 ~ 4 个碳原子）和中链（6 ~ 12 个碳原子）脂肪酸构成的甘油三酯经胆汁酸盐乳化后可直接被小肠黏膜细胞吸收，然后在细胞内脂肪酶的作用下水解为脂肪酸和甘油，通过门静脉进入血液循环。

2- 甘油一酯、溶血磷脂、胆固醇及长链（12 ~ 26 个碳原子）脂肪酸等消化产物随微团被吸收进入小肠黏膜细胞后，重新合成甘油三酯、磷脂和胆固醇酯。这些产物再与粗面内质网合成的载脂蛋白 B-48、C、A- Ⅰ、A- Ⅳ等结合成乳糜微粒（chylomicron，CM），经淋巴系统进入血液循环。脂质的吸收过程如图 5-2 所示。

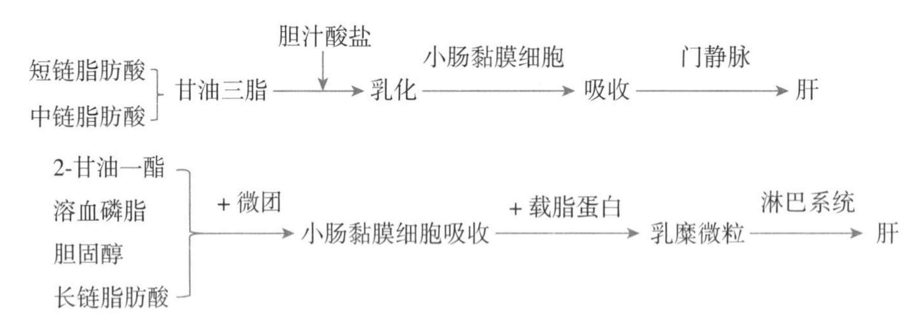

图 5-2 脂质的吸收

第三节 甘油三酯的代谢

甘油三酯是由甘油和 3 分子脂肪酸通过酯键连接而形成的脂肪酸酯，又称脂肪，是体内含量最丰富的脂质物质，占体重的 10% ~ 20%。

一、脂肪动员是甘油三酯分解代谢的起始

甘油三酯在体内发生分解代谢，为机体提供生命所需能量。甘油三酯分解代谢的第一步是脂肪动员（fat mobilization）。储存在脂肪组织中的脂肪在各种脂肪酶的作用下被水解为游离脂肪酸和甘油，水解产物释放入血并被机体组织利用的过程称为脂肪动员。脂肪在细胞内分解的第一步主要由脂肪组织甘油三酯脂肪酶（adipose triglyceride lipase，ATGL）催化，水解成甘油二酯及脂肪酸。第二步主要由激素敏感性脂肪酶（hormone sensitive lipase，HSL）催化，主要水解甘油二酯，生成甘油一酯和脂肪酸。最后由甘油一酯脂肪酶（monoacylglycerol lipase，MGL）催化甘油一酯生成甘油和脂肪酸。

当空腹、饥饿或交感神经兴奋时，肾上腺素、胰高血糖素和促肾上腺皮质激素等分泌增加，作用于脂肪细胞膜受体，通过激活腺苷酸环化酶使得腺苷酸环化成 cAMP，激活 cAMP 依赖性蛋白质激酶，使胞质溶胶内 HSL 磷酸化而激活，分解脂肪。这些能够激活脂肪酶，促进脂肪动员的激素称为脂解激素。而胰岛素、前列腺素 E_2 等能对抗脂解激素的作用，抑制脂肪动员，称为抗脂解激素。通过激素对各种物质代谢的不同影响，机体物质代谢协调进行，适应机体的状况和需求。

脂肪动员过程及其调节如图 5-3 所示。

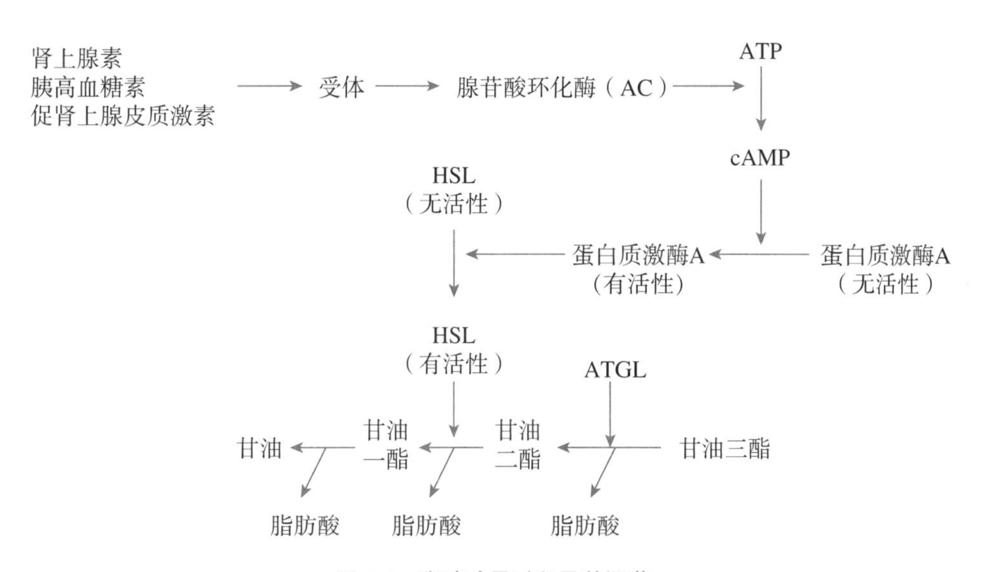

图 5-3 脂肪动员过程及其调节

脂肪动员生成的甘油可在血液中游离运输，主要被运输到肝，经甘油激酶催化生成甘油 -3- 磷酸，然后进入糖酵解氧化分解或异生成糖。肾、肠等组织细胞中也含有甘油激酶，可以利用甘油；脂肪组织和骨骼肌缺乏甘油激酶，不能利用甘油。

脂肪动员生成的游离脂肪酸释放入血，与清蛋白结合形成脂肪酸 - 清蛋白复合物，随血液循环运输至心脏、肝、骨骼肌等各组织进一步分解利用。

知识拓展

激素敏感性脂肪酶（HSL）与脂肪组织甘油三酯脂肪酶（ATGL）

激素敏感性脂肪酶（hormone sensitive lipase，HSL）长期以来被认为是甘油三酯分解代谢的关键酶。但近年的研究表明，*HSL* 基因敲除动物模型仍能进行有效的脂肪动员，提示在HSL之外体内还存在有更为重要的参与脂肪动员的酶。随后的研究证实，ATGL才是脂肪动员最为重要的酶，在脂肪组织和非脂肪组织脂质代谢过程中都发挥着重要作用。而HSL主要在甘油二酯的分解代谢中发挥关键作用。

ATGL属于非钙依赖磷酸酯酶蛋白家族。人的*ATGL*基因定位于染色体11p15.5，由10个外显子和9个内含子组成，其2.44 kb的mRNA序列所编码的蛋白质分子量为54 kDa，并由486个氨基酸组成。目前研究显示，ATGL表达具有组织和时序差异特性。*ATGL* mRNA在小鼠白色和棕色脂肪组织中高度表达，在睾丸、骨骼肌和心肌中也有一定量的表达，而脑、肝、肾等组织表达量极低。研究表明，ATGL对甘油三酯的亲和力比对甘油二酯高10倍以上，可特异性水解甘油三酯，是甘油三酯水解的关键酶。ATGL虽有酰基转移酶及磷脂酶活性，但活性较低。因此，ATGL与HSL相比，不能水解甘油二酯、甘油一酯及胆固醇酯等。ATGL介导的脂肪动员过程与肥胖、糖尿病、脂肪肝等代谢疾病密切相关。ATGL功能缺陷，将会导致全身各组织、器官广泛的脂肪沉积，尤其是白色脂肪组织和棕色脂肪组织，导致严重肥胖。

二、脂肪酸的化学

不同结构和不同来源的甘油三酯，其物理性质、代谢及生理功能的区别是由其所含脂肪酸的不同而决定的。脂肪酸是含有羧基的有机烃类化合物，机体内天然存在的脂肪酸多是含有偶数碳原子且仅含有一个羧基的直链脂肪酸（表5-1）。

表5-1 常见脂肪酸的命名、分类和主要来源

习惯命名	系统命名	ω族	主要来源
月桂酸	12 : 0		动物和植物食物
豆蔻酸	14 : 0		动物和植物食物
棕榈酸	16 : 0		动物和植物食物
硬脂酸	18 : 0		动物和植物食物
花生酸	20 : 0		动物和植物食物
棕榈油酸	16 : $1\Delta^{9}$	ω-7	动物和植物食物
油酸	18 : $1\Delta^{9}$	ω-9	动物和植物食物
亚油酸	18 : $2\Delta^{9,12}$	ω-6	大豆、花生等植物油
α-亚麻酸	18 : $3\Delta^{9,12,15}$	ω-3	芝麻、胡桃等油脂
γ-亚麻酸	18 : $3\Delta^{6,9,12}$	ω-6	芝麻、胡桃等油脂
花生四烯酸	20 : $4\Delta^{5,8,11,14}$	ω-6	花生等植物油
EPA	20 : $5\Delta^{5,8,11,14,17}$	ω-3	深海鱼类，人乳
DPA	22 : $5\Delta^{7,10,13,16,19}$	ω-3	深海鱼类，人乳
DHA	22 : $6\Delta^{4,7,10,13,16,19}$	ω-3	深海鱼类，人乳

注：EPA．二十碳五烯酸；DPA．二十三碳五烯酸；DHA．二十二碳六烯酸。

（一）脂肪酸的分类

脂肪酸主要有如下分类方法。

1．根据脂肪酸所含碳原子数目多少分类 分为短链（2 ~ 6 个碳原子）、中链（8 ~ 12 个碳原子）及长链（14 ~ 26 个碳原子）脂肪酸。

2．根据有无双键分类 分为饱和脂肪酸（saturated fatty acid）和不饱和脂肪酸（unsaturated fatty acid）。碳链以单键相连、不含有双键的脂肪酸称为饱和脂肪酸，而碳链含有 1 个或 1 个以上双键的脂肪酸称为不饱和脂肪酸。在不饱和脂肪酸中，根据分子中所含双键的数目不同而分为仅含 1 个双键的单不饱和脂肪酸和含 2 个或 2 个以上双键的多不饱和脂肪酸。

3．根据双键的构型分类 分为顺式脂肪酸和反式脂肪酸。氢原子在双键同侧称为顺式构象，氢原子在双键对侧称为反式构象。具有顺式构象的不饱和脂肪酸称为顺式脂肪酸，具有反式构象的不饱和脂肪酸称为反式脂肪酸。绝大多数天然存在的不饱和脂肪酸为顺式脂肪酸。顺式脂肪酸经氢化或高温加热可以产生反式脂肪酸。研究显示，反式脂肪酸具有升高血清总胆固醇和低密度脂蛋白胆固醇、降低高密度脂蛋白胆固醇、诱发动脉粥样硬化的危险，因此应该大力提倡减少摄入或忌食反式脂肪酸。世界卫生组织（WHO）建议，每日来自反式脂肪的热量应不超过食物总热量的 1%（大致相当于 2 g）。

（二）脂肪酸的命名

通常可采用习惯命名法和系统命名法对脂肪酸进行命名。在系统命名法中，应先说明所含碳原子数目，再指明不饱和双键的位置和数目。脂肪酸中碳原子的位置有多种不同的表示方法：第一种是 Δ 编码体系：命名原则是从脂肪酸的羧基碳开始计算碳原子的顺序，然后写出双键数量，最后用 Δ 标注双键位置；第二种是字母编号法，把邻近羧基碳的碳原子标记为 α 碳原子，向甲基碳方向依次标记为 β 和 γ 碳原子等；第三种是 ω 编码体系，把甲基碳原子标记为 ω-1 碳原子，向羧基碳方向依次标记为 ω-2 和 ω-3 碳原子等。以亚油酸的命名为例，依据 Δ 编码体系，其表示为 $18:2\ \Delta^{9,12}$；依据 ω 编码体系，亚油酸归属为 ω-6 脂肪酸。在人体内，相同 ω 族的不饱和脂肪酸可以相互转化，而不同 ω 族的不饱和脂肪酸则不可以相互转化。换言之，ω-3 族和 ω-6 族不饱和脂肪酸不仅不能相互转化，而且也都不能从 ω-7 族和 ω-9 族不饱和脂肪酸转化生成。

（三）脂肪酸的来源

机体内脂肪酸的来源有 2 条途径：一是自身合成，二是从食物中摄取。有些脂肪酸既可以从膳食摄入，又可以自身合成，这样的脂肪酸称为营养非必需脂肪酸（nutritionally nonessential fatty acid）。而有些脂肪酸机体不能自身合成，只能从膳食中获得。这些机体需要但是自身不能合成、必须由膳食摄入的脂肪酸被称为营养必需脂肪酸（nutritional essential fatty acid）。常见的人体营养必需脂肪酸有亚油酸、亚麻酸、花生四烯酸等。

三、脂肪酸的分解代谢

脂肪酸是机体主要的供能物质之一。当机体糖供应不足时，甘油三酯分解生成脂肪酸。在氧供应充足的条件下，脂肪酸可在体内氧化分解成 CO_2 和 H_2O，释放出大量能量，以 ATP 形式供机体利用。除脑、神经组织及红细胞外，机体大多数的器官和组织均能分解利用脂肪酸，其中以肝和肌肉反应最为活跃。大多数脂肪酸（特别是长链脂肪酸）的氧化分解代谢可分为脂肪酸的活化、脂肪酰辅酶 A 转运进入线粒体、β 氧化（β oxidation）生成乙酰辅酶 A 以及乙酰辅酶 A 进入三羧酸循环彻底氧化生成 ATP 4 个阶段。

Note

（一）脂肪酸的活化

脂肪酸在氧化分解前需要活化，生成的脂肪酰辅酶A能够提高反应的速率，增加自身的水溶性。催化该反应的酶是位于内质网和线粒体外膜的脂肪酰辅酶A合成酶（acyl CoA synthetase），又称硫激酶（thiokinase），故脂肪酸的活化过程发生在胞质溶胶中。该反应是脂肪酸氧化分解代谢中唯一消耗ATP的反应。

$$H_3C—(CH_2)_n—COOH + ATP + HSCoA \xrightarrow{\text{脂肪酰辅酶A合成酶}} H_3C—(CH_2)_n—CO \sim SCoA + AMP + PPi$$

反应产物焦磷酸（PPi）的迅速分解可以阻止逆向反应的进行，从而促进活化反应进行完全。活化反应虽然仅1分子ATP参与反应，但是由于其产物是AMP，故实际上消耗了2分子高能磷酸键。

（二）脂肪酰辅酶A转运进入线粒体

脂肪酰辅酶A是在胞质溶胶中形成的，催化其进一步代谢的酶系统却存在于线粒体基质。短链或中链10个碳原子以下的脂肪酰辅酶A能直接通过线粒体内膜，但长链脂肪酰辅酶A不能穿越线粒体内膜，需要特定物质的介导才能进入线粒体，该物质就是肉碱（carnitine），即L-3-羟基-4-三甲氨基丁酸。在线粒体膜的两侧分别存在肉碱脂肪酰转移酶1（carnitine acyl transferase 1，CAT1）和肉碱脂肪酰转移酶2（carnitine acyl transferase 2，CAT2），二者为同工酶。位于外膜上的肉碱脂肪酰转移酶1催化脂肪酰辅酶A转变为脂肪酰肉碱，脂肪酰肉碱借助线粒体内膜上的脂肪酰-肉碱/肉碱协同转运蛋白（acyl-carnitine/carnitine cotransporter）转运到线粒体基质。位于内膜上的肉碱脂肪酰转移酶2催化其重新转变为脂肪酰辅酶A，同时释放出肉碱。肉碱可借助脂肪酰-肉碱/肉碱协同转运蛋白的转运重回到内膜外侧，这就完成了脂肪酰辅酶A的转运。这一过程称为肉碱穿梭（carnitine shuttle），如图5-4所示。

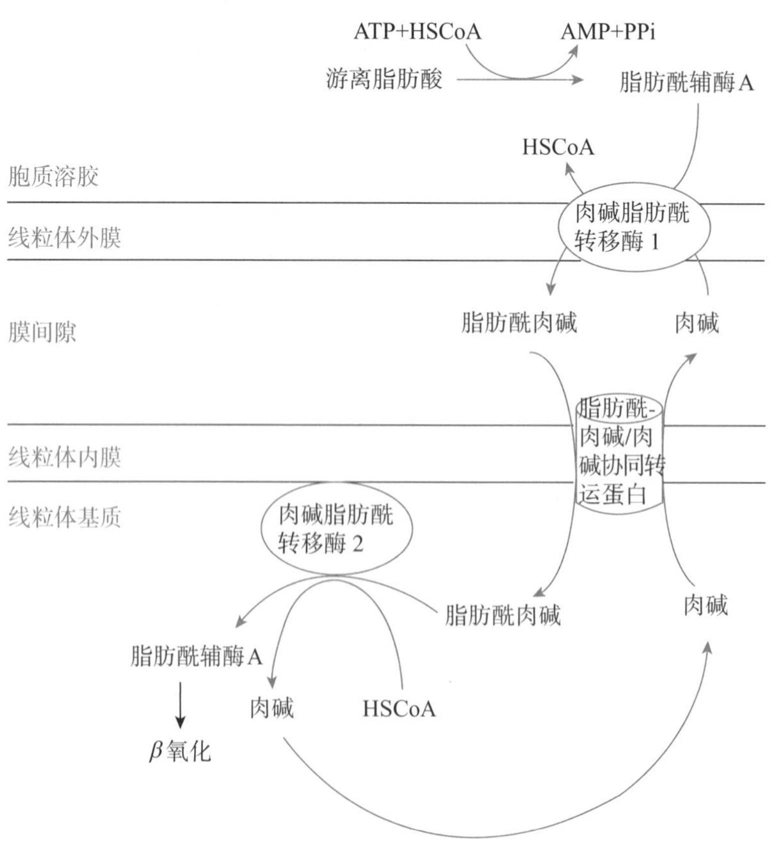

图5-4 脂肪酰辅酶A转运进入线粒体的肉碱穿梭过程

脂肪酰辅酶 A 转移进入线粒体是脂肪酸β氧化的限速步骤，其中肉碱脂肪酰转移酶 1 活性低，是脂肪酸β氧化的关键酶，受脂肪酸合成中间产物——丙二酰辅酶 A 的抑制。胰岛素可诱导丙二酰辅酶 A 浓度增加，进而抑制肉碱脂肪酰转移酶 1。另外，肉碱脂肪酰转移酶 2 也受胰岛素抑制。当饥饿或禁食时，胰岛素分泌减少，肉碱脂肪酰转移酶 1 和 2 的活性增高，长链脂肪酸进入线粒体氧化加快，脂肪酸的氧化会增强。

知识拓展

肉碱脂肪酰转移酶

肉碱脂肪酰转移酶（carnitine acyl transferase，CAT）是存在于线粒体内膜的一类酰基转移酶，可逆地催化酰基辅酶 A 的酰基转移至肉碱的反应，在转运脂肪酸通过线粒体内膜的过程中起重要作用。肉碱脂肪酰转移酶包括肉碱乙酰转移酶（编号：EC 2.3.1.7）、肉碱辛酰转移酶（编号：EC 2.3.1.137）和肉碱棕榈酰转移酶（carnitine palmitoyl transferase，CPT）（编号：EC 2.3.1.21）。其中肉碱棕榈酰转移酶转运 C8 ~ C18 范围的脂肪酰辅酶 A，最适底物是棕榈酰辅酶 A。肉碱棕榈酰转移酶又分为 CPT1 和 CPT2，CPT1 存在于线粒体外膜，CPT2 存在于内膜。CPT2 在组织中广泛存在，而 CPT1 的同工酶又分为 CPT1A（肝）、CPT1B（肌肉）和 CPT1C（脑）等。CPT1 缺乏可导致线粒体脂肪酸氧化障碍。

（三）脂肪酸的β氧化

德国化学家 Franz Knoop 于 1904 年设计了一个实验，以研究体内脂肪酸的氧化，以不被机体分解的苯基标记脂肪酸喂养犬并检测其尿中的代谢产物。实验表明，若饲喂带标记的奇数碳脂肪酸，不论脂肪酸碳链长短，尿液代谢物中均有苯甲酸的衍生物马尿酸；若饲喂带标记的偶数碳脂肪酸，尿液代谢物中均有苯乙酸的衍生物苯乙尿酸。据此，Knoop 提出脂肪酸在体内的氧化分解是从羧基端β碳原子开始的，每次断裂 2 个碳原子，以乙酰辅酶 A 的形式释放。由于脂肪酸氧化过程的各步反应均发生在脂肪酰基羧基端的β碳原子上，故称为脂肪酸β氧化（β oxidation）。后来，该学说得到了酶学和同位素示踪技术证明，到 20 世纪 50 年代已基本阐明了具体的各步酶促反应。

当脂肪酰辅酶 A 进入线粒体基质后，在脂肪酸β氧化酶系的有序催化下进行氧化分解。由于体内脂肪酸的组成和结构各不相同，其氧化分解过程也各有差异。

1．偶数碳饱和脂肪酸的氧化 进入线粒体基质的脂肪酰辅酶 A 在脂肪酸β氧化酶系多个酶依次催化下进行氧化分解。含有偶数碳原子的饱和脂肪酸的主要氧化方式是α-β碳原子间的裂解和β碳原子的氧化。完成一次β氧化的具体过程包括脱氢、加水、再脱氢和硫解四步连续反应。

（1）脱氢：脂肪酰辅酶 A 在脂肪酰辅酶 A 脱氢酶（acyl CoA dehydrogenase）的催化下，其烃链的α、β位碳原子各脱去一个氢原子，生成反式Δ^2-烯脂肪酰辅酶 A，而脱下的 2 个氢原子由该酶的辅基 FAD 接受，生成 $FADH_2$。后者可经 $FADH_2$ 氧化呼吸链传递给氧生成水，同时生成 1.5 分子 ATP。

（2）加水：反式Δ^2-烯脂肪酰辅酶 A 在Δ^2-烯脂肪酰辅酶 A 水化酶（enoyl CoA hydratase）的催化下，加水生成 L（+）-β-羟脂肪酰辅酶 A。

（3）再脱氢：L（+）-β-羟脂肪酰辅酶 A 在 L（+）-β-羟脂肪酰辅酶 A 脱氢酶［L（+）-β-hydroxyacyl CoA dehydrogenase］的催化下，脱去β碳原子上的 2 个氢生成β-酮脂肪酰辅酶

Note

A，而脱下的 2 个氢原子由该酶的辅酶 NAD^+ 接受，生成 $NADH + H^+$。后者可经 NADH 氧化呼吸链传递给氧生成水，同时生成 2.5 分子 ATP。

（4）硫解：生成的 β- 酮脂肪酰辅酶 A 在 β- 酮脂肪酰辅酶 A 硫解酶（thiolase）的催化下，α-β 碳原子间的烃链断裂，加上 1 分子的辅酶 A，生成 1 分子乙酰辅酶 A 和少 2 个碳原子的脂肪酰辅酶 A。

经过上述四步反应，1 分子脂肪酰辅酶 A 分解生成 1 分子乙酰辅酶 A 和 1 分子比原来少了 2 个碳原子的脂肪酰辅酶 A。后者重复上述反应，使含偶数碳原子的脂肪酰辅酶 A 最终全部转化成乙酰辅酶 A。具体的反应过程见图 5-5。

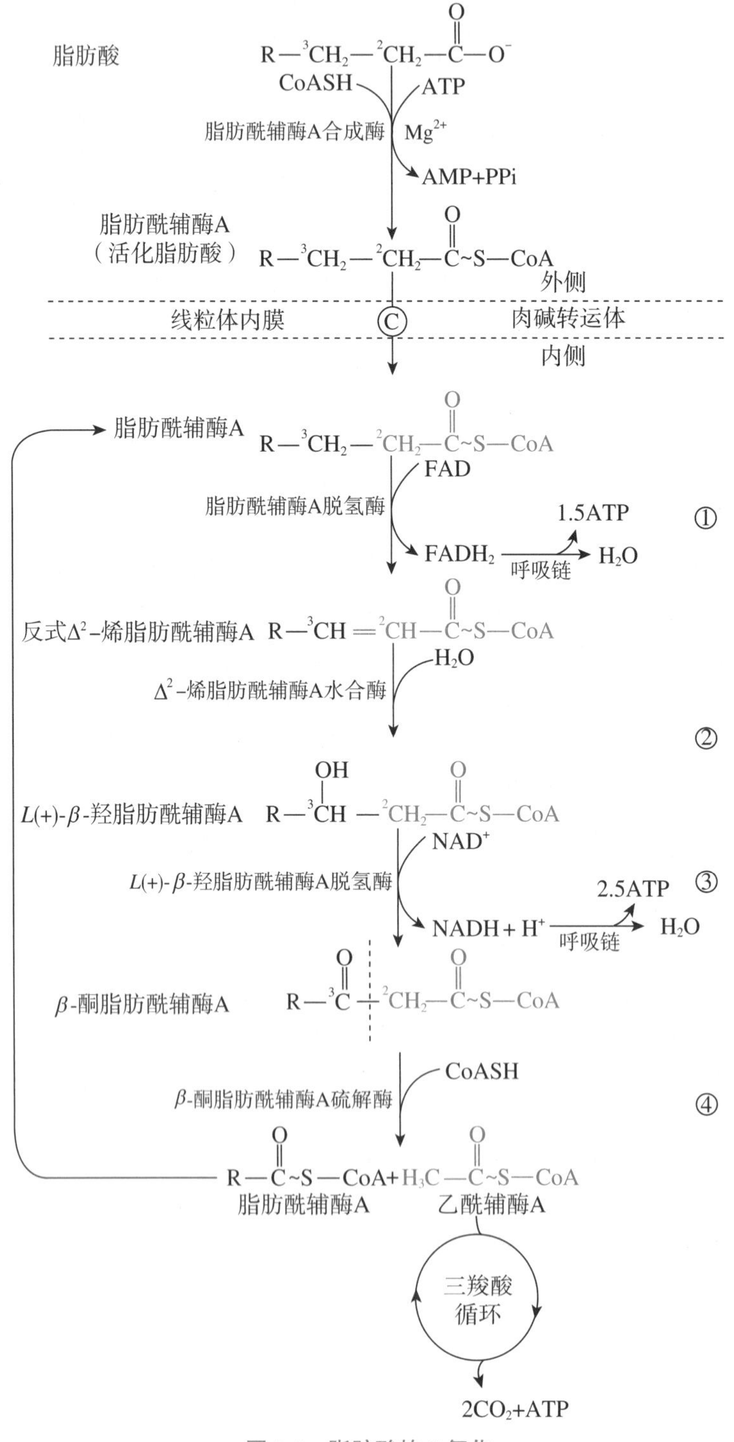

图 5-5 脂肪酸的 β 氧化

2. 不饱和脂肪酸的氧化 除饱和脂肪酸外，人体和食物中还含有大量的不饱和脂肪酸。在线粒体内，不饱和脂肪酸的氧化与饱和脂肪酸的氧化基本相同，也可按β氧化进行。所不同的是，天然不饱和脂肪酸的双键均为顺式构型，而脂肪酸β氧化酶系只能氧化反式不饱和脂肪酸，因此需要特异性烯脂肪酰辅酶A顺反异构酶（*cis-trans* isomerase）将顺式烯脂肪酰辅酶A转变成反式构型的烯脂肪酰辅酶A，β氧化过程才能继续进行。由于不饱和脂肪酸的还原程度较饱和脂肪酸低，彻底氧化成CO_2和H_2O时产生的ATP比相同碳原子数的饱和脂肪酸少。

3. 奇数碳脂肪酸的氧化 人体内存在少量奇数碳脂肪酸，该类脂肪酸活化转运入线粒体后也可按β氧化方式进行。唯一不同的是，经过连续多次β氧化后，除生成多个乙酰辅酶A外，最终还会生成1分子丙酰辅酶A。丙酰辅酶A首先经过丙酰辅酶A羧化酶催化生成甲基丙二酰辅酶A，然后在甲基丙二酰辅酶A变位酶的作用下经过分子内重排转变成琥珀酰辅酶A，后者或进入三羧酸循环氧化分解，或经草酰乙酸异生成糖。

（四）脂肪酸β氧化中ATP的生成

脂肪酸β氧化产生的还原当量经氧化磷酸化生成ATP。以软脂酸（十六碳饱和脂肪酸）为例，其活化为软脂酰辅酶A转移入线粒体后，经7轮β氧化循环，产生7分子的$FADH_2$、7分子的$NADH+H^+$和8分子的乙酰辅酶A。前两者经呼吸链生成28分子（$1.5\times7+2.5\times7=28$）ATP，后者经三羧酸循环和呼吸链可产生80分子（$10\times8=80$）ATP。软脂酸完全氧化可生成108分子ATP，除去其活化消耗的2个高能磷酸键（相当于2分子ATP），净生成106分子ATP，约占软脂酸氧化释放总能量的40%；其余60%的能量以热量形式释放，用于维持体温，热效率高达40%。软脂酸分子量为256 Da，葡萄糖分子量为180 Da，单位质量软脂酸与葡萄糖产生的ATP数的比值为2.33 ∶ 1（106/256 ∶ 32/180），这是脂肪有效供能和作为储能物质的重要原因。

（五）脂肪酸氧化的其他方式

脂肪酸的其他氧化方式主要是指脂肪酸的α氧化（α oxidation）和ω氧化（ω oxidation）。

脂肪酸的α氧化发生在脂肪酸α碳原子上，先由α-羟化酶催化生成α-羟脂肪酸，再由脱羧酶催化脱去1分子CO_2，生成少了1个碳原子的脂肪酸。α氧化主要在脑和肝细胞的过氧化物酶体中进行。脂肪酸α氧化对生物体内奇数碳脂肪酸的形成、3-甲基支链脂肪酸的降解、α-羟脂肪酸的降解起着重要的作用。一些长链脂肪酸在O_2和Fe^{2+}存在的情况下，以维生素C或四氢叶酸为供氢体，经α氧化生成α-羟脂肪酸。α-羟脂肪酸既可以作为脑苷脂和硫脂的重要成分，又可以继续氧化脱羧生成奇数碳脂肪酸。植烷酸（3-甲基支链脂肪酸，由食物中的植醇转变而来）经α氧化脱去1分子CO_2生成降植烷酸，再通过β氧化分解。先天性的α-羟化酶缺乏则不能氧化植烷酸等支链脂肪酸，造成其在组织和血液中蓄积，引起雷夫叙姆病（Refsum disease），表现为色素视网膜炎、末梢神经炎及小脑运动失调等神经症状。

脂肪酸的ω氧化是指脂肪酸从远离羧基的甲基端进行氧化，是脂肪酸的一种次要氧化方式，在肝内质网中发生，主要是对一些中短链脂肪酸（2 ~ 12个碳）进行加工改造。在脂肪酸ω氧化酶系催化下，脂肪酸ω-碳被氧化形成α，ω-二羧酸，然后可从α端和ω端或一侧活化并进行β氧化，最后生成琥珀酰辅酶A。反应需要NADPH与分子氧、细胞色素P-450和非血红素铁硫蛋白参与，其终产物多为琥珀酸、己二酸或辛二酸。这些产物有的可经三羧酸循环彻底氧化，有的则随尿排出体外。

四、酮体的生成和利用

酮体（ketone body）是脂肪酸在肝线粒体不完全氧化的中间产物，包括乙酰乙酸（acetoacetic acid）、β-羟丁酸（β-hydroxybutyric acid）和丙酮（acetone）3种有机化合物。其中前两者是主要成分，丙酮含量极微。

（一）酮体的生成

脂肪酸β氧化产生的乙酰辅酶A是合成酮体的主要原料。在肝细胞的线粒体内含有催化合成酮体反应的酶系，主要是HMG-CoA合酶和HMG-CoA裂解酶，因此生成酮体是肝细胞特有的功能。酮体主要合成反应如图5-6所示。

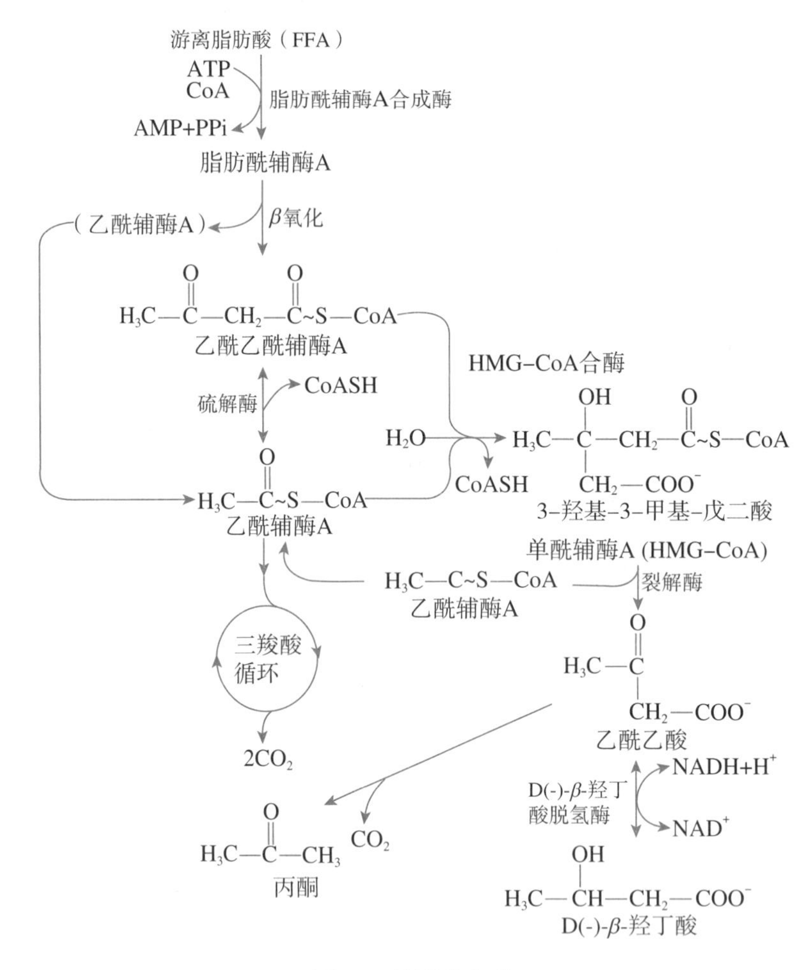

图5-6 酮体的生成

1．乙酰乙酰辅酶A的生成 2分子的乙酰辅酶A在乙酰乙酰辅酶A硫解酶（acetoacetyl-CoA thiolase）的作用下缩合成乙酰乙酰辅酶A，并释放出1分子的CoASH。

2．HMG-CoA的生成 乙酰乙酰辅酶A在3-羟甲基戊二酸单酰辅酶A合酶（3-hydroxy-3-methyl glutaryl coenzyme A synthase，HMG-CoA synthase）的催化下，再与1分子的乙酰辅酶A缩合，生成HMG-CoA，并释放出1分子的CoASH。HMG-CoA合酶是合成酮体的关键酶。

3．乙酰乙酸的生成 HMG-CoA在裂解酶（lyase）的催化下裂解生成乙酰乙酸和1分子的乙酰辅酶A。

4．β-羟丁酸和丙酮的生成 乙酰乙酸在线粒体内膜D(-)-β-羟丁酸脱氢酶的催化下被还原生成β-羟丁酸，还原所需要的氢由 NADH + H^+ 提供。一般情况下，血液中乙酰乙酸含量约占酮体总量的 30%，β-羟丁酸含量最高，约占酮体总量的 70%。部分乙酰乙酸可自发地脱羧生成微量丙酮。

（二）酮体的利用

肝是酮体生成的主要器官，但由于肝细胞氧化酮体的酶活性很低，因此肝不能氧化利用酮体。肝细胞生成的酮体透过肝细胞膜进入血液，随血液循环输送到肝外组织进一步氧化分解，所以酮体的代谢特点是肝内生成、肝外利用。心脏、脑、肾和骨骼肌等肝外组织的线粒体中含有利用酮体的酶系。酮体中的β-羟丁酸首先在β-羟丁酸脱氢酶的催化下脱氢生成乙酰乙酸。乙酰乙酸在琥珀酰辅酶 A 转硫酶（存在于心脏、肾、脑及骨骼肌中）或乙酰乙酸硫激酶（存在于心脏、肾、脑中）的催化下，重新转变为乙酰乙酰辅酶 A，进而在硫解酶的催化下裂解生成 2 分子乙酰辅酶 A。乙酰辅酶 A 进入三羧酸循环可彻底氧化成 CO_2 和 H_2O，并生成 ATP。丙酮的代谢活性极低，一般可经肾随尿排出。当血液中酮体浓度升高时，其中的丙酮也可经肺直接呼出，因此重症酮血症患者呼出的气体中可有丙酮特有的特殊气味（类似烂苹果味）。在正常的情况下，酮体的肝内生成与肝外利用协调平衡，所以血液中酮体正常值维持在 0.03 ～ 0.5 mmol/L 的范围内。

（三）酮体生成的生理意义

酮体是肝特有的脂肪酸代谢中间产物，它们一方面保存了脂肪酸 3/4 以上的能量；另一方面，其分子小、溶于水，能够透过血脑屏障、毛细血管壁及线粒体内膜，是肝向肝外组织输送能源的一种有效形式。当饥饿或糖供能不足时，脂肪动员加强，所产生的脂肪酸转变为乙酰辅酶 A 氧化供能，以减少葡萄糖和蛋白质的消耗，维持血糖浓度的恒定。肝同时将脂肪酸分解转化成酮体，以替代葡萄糖为脑组织提供能量保障。在脑组织不能从葡萄糖获得足够能量的情况下，所需能量的 75% 是由酮体提供的，这对确保大脑功能正常具有积极意义。

在生理条件下，血液中的酮体水平很低，浓度不超过 0.2 mmol/L，通过尿液排出的酮体总量不超过 1 mg/d。饥饿、妊娠中毒症、糖尿病以及高脂低糖膳食人群肝酮体的生成超过肝外酮体的利用，可造成血液中酮体水平升高。如在严重糖尿病等糖代谢异常情况下，葡萄糖得不到有效利用，脂肪动员而来的脂肪酸被转化成大量酮体导致酮症酸中毒。酮体在血液中的蓄积超过正常浓度则称为酮血症（ketonemia）；此时如果尿中检测出酮体，则称为酮尿症（ketonuria）。酮体中的乙酰乙酸和β-羟丁酸均是较强的酸，在体内蓄积会造成血液 pH 下降，由此引起的酸中毒称为酮症酸中毒（ketoacidosis）。严重的酮症酸中毒可威胁患者的生命，在因糖尿病等代谢性疾病以及胃肠道手术不能进食患者的治疗中具有特别重要的意义。由于酮血症起因是糖供能不足（如饥饿）或糖利用障碍（如糖尿病），在临床处理酮症酸中毒时，不仅要及时纠正酸中毒，更要注意建立和恢复机体的正常糖代谢。

（四）酮体生成的调节

酮体的生成受多种因素影响。

1．激素的调节作用　餐食状态可以通过激素来调节酮体代谢。饱食后，胰岛素分泌增加，脂解作用抑制、脂肪动员减少，进入肝的脂肪酸减少，从而抑制酮体生成。而饥饿时，胰高血糖素等脂解激素分泌增多，脂肪动员加强，血中游离脂肪酸浓度升高，肝摄取游离脂肪酸增多，有利于酮体生成。

2．糖代谢的调节作用　当饱食及糖供给充足时，糖代谢旺盛，脂肪酸氧化分解减少。另外，糖代谢生成的乙酰辅酶 A 进入肝细胞主要酯化甘油 -3- 磷酸反应生成甘油三酯及磷脂，酮

体合成减少。当饥饿或糖供给不足时，糖代谢减少，同时脂肪酸分解增加而酯化减少。糖代谢生成的乙酰辅酶A进入三羧酸循环受阻，导致乙酰辅酶A堆积，酮体生成增加。

3．丙二酸单酰辅酶A的调节作用　当糖代谢旺盛时，生成的乙酰辅酶A及柠檬酸增加，能别构激活乙酰辅酶A羧化酶，促进丙二酸单酰辅酶A合成。后者能竞争性抑制脂肪酸肉碱脂肪酰转移酶1，从而阻止脂肪酰辅酶A进入线粒体分解生成酮体。

五、脂肪酸的合成

当糖供能充足时，人体能够进行脂肪酸生物合成储存能量。但机体合成脂肪酸的能力是有限的。如人体及哺乳动物由于缺乏Δ^9及以上去饱和酶，不能自身合成2个以上双键的不饱和脂肪酸，如亚油酸、亚麻酸、花生四烯酸，只能从含有Δ^9及以上去饱和酶的植物食物中获取，因此把这些人体需要而自身不能合成，只能通过食物获得的脂肪酸称为必需脂肪酸；而机体可以自身合成，不必依靠食物供应的脂肪酸，如饱和脂肪酸和一些单不饱和脂肪酸则称为非必需脂肪酸。人体内非必需脂肪酸的种类很多，当合成时，都是先由脂肪酸合成酶系催化生成含有十六碳的软脂酸，再进一步通过改变链的长短或添加不饱和键等方式转化成其他各种各样的非必需脂肪酸。

（一）合成部位

在肝、肾、脑、乳腺和脂肪等组织胞质溶胶中存在脂肪酸合成酶系，均可合成脂肪酸，其中肝的脂肪酸合成酶系活性最高，是机体合成脂肪酸最主要的场所，其合成能力较脂肪组织大8～9倍。脂肪组织是脂肪酸的储存场所。

（二）合成原料及来源

脂肪酸合成的原料包括乙酰辅酶A、NADPH + H^+、ATP、HCO_3^-、生物素及Mn^{2+}等辅因子。

1．乙酰辅酶A的来源　乙酰辅酶A是合成脂肪酸的主要原料，也是体内合成脂肪酸时碳原子的唯一来源，主要来自葡萄糖的分解代谢。因为糖代谢产生的乙酰辅酶A位于线粒体内，而脂肪酸合成酶系定位于胞质溶胶中，且线粒体内膜为选择透过性膜，所以线粒体内的乙酰辅酶A需通过特殊的机制转运到胞质溶胶中才能合成脂肪酸，这个转运过程称为柠檬酸-丙酮酸穿梭（citrate-pyruvate shuttle），具体过程如图5-7所示。

（1）在线粒体内，乙酰辅酶A首先与草酰乙酸缩合生成柠檬酸，在相应的载体介导下后者转运进入胞质溶胶。

（2）在胞质溶胶中柠檬酸裂解酶的作用下，柠檬酸重新裂解生成乙酰辅酶A和草酰乙酸。

（3）乙酰辅酶A可用于脂肪酸的合成。草酰乙酸则需返回线粒体补充合成柠檬酸的消耗。草酰乙酸也不能自由通过线粒体内膜，首先在苹果酸脱氢酶的作用下被还原为苹果酸，接着再在苹果酸酶的催化下氧化脱羧，生成可穿透线粒体内膜的丙酮酸，脱下的氢将$NADP^+$还原成NADPH。苹果酸也可在苹果酸-α-酮戊二酸转运蛋白的协助下通过线粒体膜进入线粒体基质，再生成草酰乙酸。

（4）返回线粒体的丙酮酸可重新羧化为草酰乙酸，再参与乙酰辅酶A的转运。

柠檬酸-丙酮酸穿梭不仅完成了乙酰辅酶A从线粒体到胞质溶胶的转运，而且使胞质溶胶内的$NADP^+$转变为NADPH + H^+，为脂肪酸的合成提供了供氢体。循环每运转一次，将1分子乙酰辅酶A从线粒体中带入胞质溶胶，同时消耗2分子ATP，并为机体提供1分子

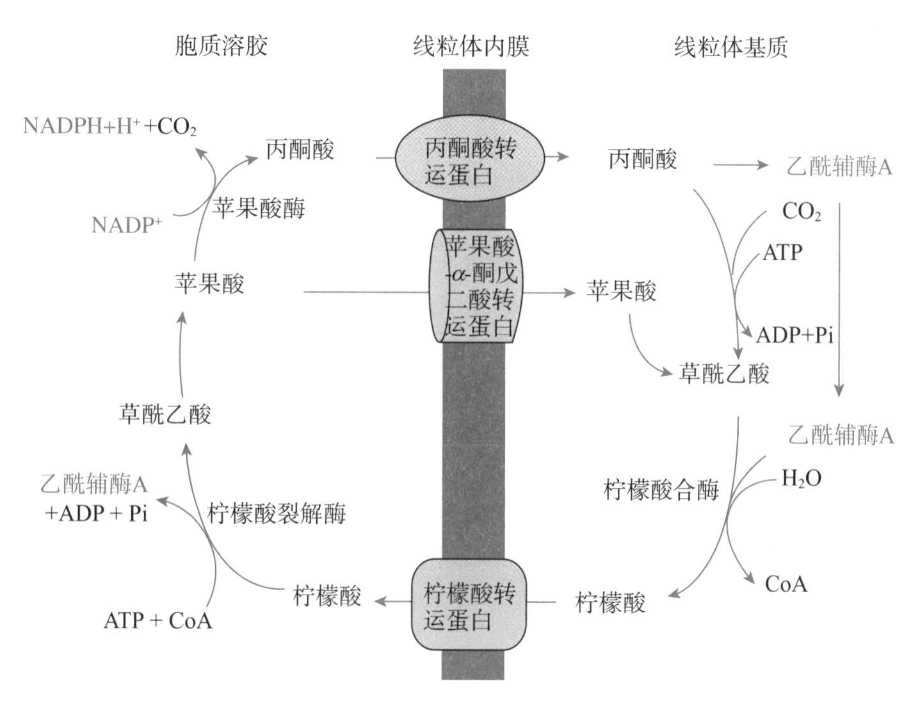

图 5-7 柠檬酸 - 丙酮酸穿梭

NADPH + H^+，以补充合成反应的需要。正是通过乙酰辅酶 A 这一重要的中间代谢物，体内的三大营养物质的相互转化才成为可能。

2．NADPH + H^+ 的来源 在脂肪酸的合成过程中，有多次加氢还原反应，所需氢是以 NADPH + H^+ 的形式提供的。合成所需的 NADPH + H^+ 主要来源于葡萄糖的戊糖磷酸途径。此外，柠檬酸 - 丙酮酸穿梭转运乙酰辅酶 A 过程中也可提供少量 NADPH + H^+。

（三）合成反应及催化酶系

机体内脂肪酸的合成是一个相当复杂的过程，虽然合成脂肪酸的所有碳原子均来源于乙酰辅酶 A，但仅有 1 分子乙酰辅酶 A 能够直接参与合成反应，其余的乙酰辅酶 A 均需先羧化为丙二酸单酰辅酶 A，然后才能进入脂肪酸的合成途径。

1．丙二酸单酰辅酶 A 的合成 乙酰辅酶 A 在乙酰辅酶 A 羧化酶的催化下不可逆地生成丙二酸单酰辅酶 A，反应如下：

$$CH_3CO \sim SCoA+HCO_3^-+ATP \xrightarrow{\text{乙酰辅酶 A 羧化酶}} HOOCCH_2CO \sim SCoA+ADP+Pi$$

乙酰辅酶 A 羧化酶（carboxylase）存在于胞质溶胶中，其辅基是生物素，在反应过程中起到携带和转移羧基的作用。该酶是脂肪酸合成的关键酶，受别构效应剂的调节。柠檬酸、异柠檬酸是该酶的别构激活剂，可使无活性的单体聚合成有活性的多聚体，而软脂酰辅酶 A 及其他长链脂肪酰辅酶 A 是该酶的别构抑制剂，能将有活性的多聚体解聚成无活性的单体。此外，乙酰辅酶 A 羧化酶还受磷酸化、去磷酸化的共价修饰调节。胰高血糖素通过蛋白质激酶的磷酸化作用抑制乙酰辅酶 A 羧化酶的活性，而胰岛素通过蛋白质磷酸酶的去磷酸化作用恢复其活性。

2．软脂酸的合成 是由脂肪酸合酶系催化完成的。不同进化程度的生物，脂肪酸合酶系的组成和结构不同。在低等生物大肠埃希菌中，脂肪酸合酶系是一个由 7 种不同功能的酶与酰基载体蛋白质（acyl carrier protein，ACP）聚合形成的多酶复合体。7 种酶分别是 β- 酮脂肪酰合酶、乙酰转移酶、丙二酸单酰转移酶、β- 酮脂肪酰还原酶、β- 羟脂肪酰脱水酶、烯脂肪酰

Note

还原酶和硫酯酶。ACP 的辅基是 4′- 磷酸泛酰氨基乙硫醇（4′-phosphopantetheine），起脂肪酰基载体作用，脂肪酸合成的各步反应均在 ACP 的辅基上进行。在高等哺乳动物中，这 7 种酶和酰基载体蛋白质融合到一条多肽链中，由一个基因编码，属于多功能酶。人体的脂肪酸合酶系由这样 2 条相同肽链首尾相连形成同源二聚体，当两个亚基结合形成二聚体时酶才具有活性，而二聚体解聚成 2 个独立的亚基时酶则失去催化功能。

无论是高等生物还是低等生物，脂肪酸合酶系中的 ACP 均以 4′- 磷酸泛酰氨基乙硫醇为辅基，其末端巯基可与脂肪酰基结合形成硫酯键。此外，酶系中的 β- 酮脂肪酰合酶分子中半胱氨酸的巯基也能携带脂肪酰基。在相应的转移酶的催化下，乙酰辅酶 A 和丙二酸单酰辅酶 A 分别形成硫酯键而结合在 β- 酮脂肪酰合酶和 ACP 的巯基上，完成酶和底物的结合。

结合在脂肪酸合酶上的乙酰辅酶 A 和丙二酸单酰辅酶 A 依次进行缩合、还原、脱水和再还原等步骤，形成与 ACP 相连的丁酰基。中间产物丁酰基从 ACP 上转移到 β- 酮脂肪酰合酶的巯基上，空出的 ACP 再结合 1 分子丙二酸单酰辅酶 A，开始下一轮循环。每轮循环延长 2 个碳原子，7 轮循环后，ACP 上生成含 16 个碳原子的软脂酰碳链。在硫酯酶的催化下，软脂酰 -ACP 的硫酯键水解断裂，将软脂酸从酶复合体中释放出来。软脂酸的合成反应如下：

$$7\ CH_3CO \sim SCoA + 7\ CO_2 + 7\ ATP \longrightarrow 7\ HOOCCH_2CO \sim SCoA + 7\ ADP + 7\ Pi$$

$$CH_3CO \sim SCoA + 7\ HOOCCH_2CO \sim SCoA + 14\ NADPH + 14\ H^+ \longrightarrow$$
$$CH_3(CH_2)_{14}COOH + 7\ CO_2 + 14\ NADP^+ + 8\ HSCoA + 6\ H_2O$$

（四）脂肪酸碳链延长

十六碳以上长链脂肪酸的合成是以软脂酸为前体，在滑面内质网或线粒体中的脂肪酸碳链延长酶系的催化下进行的。

1. 滑面内质网脂肪酸延长 在滑面内质网脂肪酸延长酶系的催化下，以丙二酸单酰辅酶 A 为二碳单位的供体，$NADPH + H^+$ 作为供氢体，也经缩合脱羧、还原等过程延长碳链，与胞液中脂肪酸合成过程基本相同。但催化反应的酶体系不同，其脂肪酰基不是以 ACP 为载体，而是与 CoA-SH 相连参加反应。该途径可延长脂肪酸碳链使其至二十四碳，但以合成十八碳的硬脂酸最多。

2. 线粒体脂肪酸延长 线粒体中的脂肪酸碳链延长酶系以乙酰辅酶 A 为二碳单位的供体，按照脂肪酸 β 氧化逆反应相似的过程，通过缩合、加水、脱水、再加氢的反应步骤，使软脂酸碳链延长。每一轮反应可加上 2 个碳原子。通过这种方式，不仅可以合成硬脂酸，也可以合成碳链更长的二十四碳或二十六碳脂肪酸，但仍以硬脂酸最多。短链脂肪酸可由软脂酸发生 β 氧化使碳链缩短生成。

（五）不饱和脂肪酸的合成

脂肪酸的去饱和过程是一个脱氢过程，需要有黄素蛋白和细胞色素 b_5 等线粒体外电子传递系统参与。哺乳动物在滑面内质网脂肪酸去饱和酶的作用下，可以合成一些不饱和脂肪酸，但该酶只能在 Δ^9 与羧基碳之间催化形成双键，而不能在 Δ^9 与末端甲基之间形成双键，因此只能合成单不饱和脂肪酸。

由于缺乏 Δ^9 以上的去饱和酶，机体不能合成多不饱和脂肪酸，如前所述，称为必需脂肪酸。传统的必需脂肪酸多是指亚油酸 [18∶2（$\Delta^{9,12}$），属于 ω-6 脂肪酸]、α- 亚麻酸 [18∶3（$\Delta^{9,12,15}$），属于 ω-3 脂肪酸] 和花生四烯酸 [20∶4（$\Delta^{5,8,11,14}$），属于 ω-6 脂肪酸] 三类。实际上，这种必需脂肪酸的组成是不全面的，应该认定所有的 ω-3 脂肪酸和 ω-6 脂肪酸均是必需

脂肪酸。近年来备受关注和推崇的 EPA［20∶5（$\Delta^{5,8,11,14,17}$）］、DPA［22∶5（$\Delta^{7,10,13,16,19}$）］和 DHA［22∶6（$\Delta^{4,7,10,13,16,19}$）］也应该归属为必需脂肪酸的范畴。植物组织和一些以浮游生物为食的深海鱼类含有较多的 EPA、DPA 和 DHA，人体可以通过食用植物油或深海鱼油等食物而获得这些必需脂肪酸。

六、甘油的来源

甘油三酯合成代谢中的甘油主要来自甘油 -3- 磷酸，后者的来源主要有以下两种途径：一是从糖代谢生成。糖酵解产生的磷酸二羟丙酮在甘油 -3- 磷酸脱氢酶的催化下，由 NADH + H^+ 提供氢原子还原成甘油 -3- 磷酸。此反应普遍存在于人体内各组织，是甘油 -3- 磷酸的主要来源。二是细胞内甘油再利用。内源性或外源性甘油三酯分解产生的甘油，在肝、肾、哺乳期乳腺及小肠黏膜所富含的甘油激酶的催化下，活化形成甘油 -3- 磷酸。

七、甘油三酯的合成

（一）合成的部位及原料

甘油三酯的合成主要在肝、小肠和脂肪等细胞的内质网进行。肝的合成能力最强，但不能储存甘油三酯，其合成的甘油三酯与载脂蛋白 B-100、载脂蛋白 C 及磷脂、胆固醇等组装成极低密度脂蛋白（VLDL），经血液循环向肝外组织输出。若磷脂合成不足或载脂蛋白合成障碍，甘油三酯就会在肝细胞中聚集，导致脂肪肝的形成。脂肪组织既能合成、又能贮存甘油三酯。小肠主要以外源性脂质物质的降解产物为原料合成甘油三酯，以乳糜微粒形式分泌入血。

甘油三酯合成的原料是甘油 -3- 磷酸和脂肪酰辅酶 A，它们分别是甘油和脂肪酸的活性形式，主要来源于糖代谢。甘油三酯中 3 个脂肪酸可以是相同的，也可以是不同的，但在一般情况下，甘油三酯的 C-2 常为多不饱和脂肪酸——花生四烯酸。

（二）合成的途径

甘油三酯合成有甘油二酯和甘油一酯两种不同的途径，不同的组织采取不同的合成途径。肝和脂肪组织细胞通过甘油二酯途径（diacylglycerol pathway）合成甘油三酯，小肠黏膜细胞则通过甘油一酯途径（monoacylglycerol pathway）合成甘油三酯。

1．甘油二酯途径 糖酵解的中间代谢产物磷酸二羟丙酮经甘油 -3- 磷酸脱氢酶催化还原生成甘油 -3- 磷酸，后者在酰基转移酶（acyl transferase）的催化下与 2 分子脂肪酰辅酶 A 反应生成 3- 磷酸 -1,2- 甘油二酯，即磷脂酸（图 5-8），它是合成甘油酯类的共同前体。磷脂酸在磷脂酸磷酸酶的作用下，水解释放出无机磷酸并转变为甘油二酯。然后在酰基转移酶的催化下，甘油二酯与 1 分子脂肪酰辅酶 A 反应生成甘油三酯。反应过程因为中间产物甘油二酯而得名。

2．甘油一酯途径 食物脂肪的代谢产物 2- 甘油一酯在肠黏膜细胞内质网甘油一酯酰基转移酶（monoacylglycerol acyltransferase，MOGAT）的催化下，与另一个脂肪酰辅酶 A 反应生成 1,2- 甘油二酯，并进而合成甘油三酯。

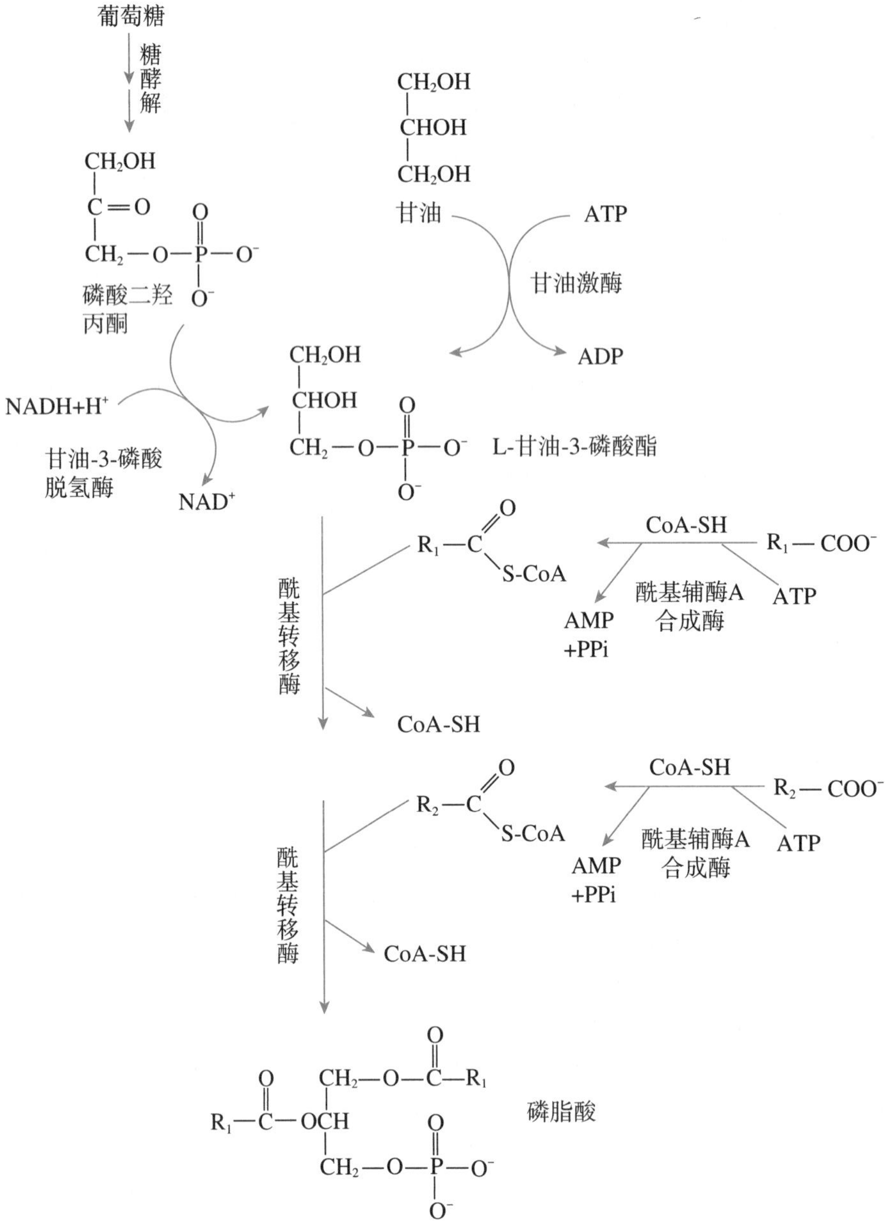

Note

葡萄糖
糖酵解
CH_2OH
C=O
$CH_2-O-PO_3^{2-}$
磷酸二羟丙酮
CH_2OH
CHOH
CH_2OH
甘油
ATP
甘油激酶
ADP
$NADH+H^+$
甘油-3-磷酸脱氢酶
NAD^+
L-甘油-3-磷酸酯
$R_1-CO-S\text{-}CoA$
CoA-SH
R_1-COO^-
酰基辅酶A合成酶
ATP
AMP +PPi
酰基转移酶
CoA-SH
$R_2-CO-S\text{-}CoA$
CoA-SH
R_2-COO^-
酰基辅酶A合成酶
ATP
AMP +PPi
酰基转移酶
CoA-SH
磷脂酸

图 5-8 甘油三酯的合成

（三）甘油三酯合成与临床的关系

机体脂肪的含量可受遗传、性别、年龄、饮食、职业、疾病、运动和生活方式等多种因素的影响。机体由于脂肪堆积所导致的体重增加，称为肥胖。判断人体体重是否正常最常使用的方法有两种：一是简易计算方法，标准体重（kg）= 身高（cm）- 110，大于标准体重 25% 为肥胖，低于标准体重 15% 为消瘦。二是使用体重指数（body mass index，BMI）表示，BMI = 体重（kg）/ 身高 ^{2}（m^2）。如果 BMI < 24 kg/m^2，视为正常；如果 BMI 介于 24 ~ 26 kg/m^2，就视为超重；如果 BMI > 26 kg/m^2，则可诊断为肥胖。世界卫生组织全球 BMI 监测数据库的资料显示，各国居民的 BMI 在近几十年呈逐年增长趋势，超重和肥胖率也呈持续上升势头。我国的情况也大致相同，特别是近 30 年来随着人们膳食结构的改变、体力活动的减少和生活方式的改变等，人群中超重和肥胖的发生率不断升高，这种状况在儿童尤为突出。《中国居民营养与慢性病状况报告（2020 年）》显示：我国居民超重肥胖的形势严峻，逾 3 亿人属于超重与肥胖人群，其中 18 岁及以上成年人超重率和肥胖率分别由 2015 年的 12.8% 和 3.3%，增加至 2020 年的 34.3% 和 16%（超重率和肥胖率超过 50%）；6 ~ 17 岁儿童和青少年超重率和肥胖率达到 19%；6 岁以下儿童超重率和肥胖率达到 10.4%。肥胖不仅影响形象，更为重要的是它是心脑血管疾病、糖尿病和多种癌症等慢性病的重要危险因素，因此肥胖已经成为我国和世界当前重要的公共卫生问题之一。

膳食营养和体力活动是影响 BMI 的核心因素，因此食不过量和天天运动就是预防和治疗大多数肥胖的关键措施和有效途径。依据《中国居民膳食指南（2022）》，建议每人每日烹调油用量为 25 ~ 30 g，尽量少食用动物油，每日反式脂肪酸摄入量不超过 2 g。烹调油也应多样化，应经常更换种类，食用多种植物油。此外，食用零食要适量。

八、甘油三酯代谢的调节

（一）饱食和饥饿时激素的调节

1．饱食状况下 当糖供能充足时，血糖水平升高，胰岛素分泌增强。胰岛素是抗脂解激素，能够抑制激素敏感性脂肪酶的活性，脂肪动员水平下降，血中游离脂肪酸浓度降低，肉碱脂肪酰转移酶 1 活性减弱，脂肪酸 β 氧化减弱，酮体生成减少。与此同时，胰岛素增强软脂酸合成酶系和甘油三酯合成酶系的活性，利用糖代谢产生的甘油和乙酰辅酶 A 合成脂肪酸和甘油三酯。

2．饥饿状况下 当糖供能不足时，胰岛素分泌下降，胰高血糖素分泌增加。胰高血糖素是脂解激素，能够激活激素敏感性脂肪酶的活性，促进脂肪动员，血中游离脂肪酸浓度升高，肉碱脂肪酰转移酶 1 活性增强，β 氧化增强，酮体生成增多。

（二）关键酶的调控作用

1．乙酰辅酶 A 羧化酶的调节 乙酰辅酶 A 羧化酶是脂肪酸合成的关键酶，该酶活性的调节方式主要有别构调节和共价修饰调节。

（1）别构调节：乙酰辅酶 A 羧化酶有两种存在形式，一种是无活性的单体，另一种是有活性的多聚体。柠檬酸、异柠檬酸作为别构激活剂，而软脂酰辅酶 A 和其他长链脂肪酰辅酶 A 作为其别构抑制剂。柠檬酸水平的升高是机体葡萄糖供能充足、乙酰辅酶 A 和 ATP 较为丰富的结果，故糖供能充足时软脂酸和甘油三酯合成增加。软脂酰辅酶 A 水平的升高，意味着葡萄糖供能不足和脂肪动员增强，此时脂质合成受到抑制。

（2）共价修饰调节：乙酰辅酶 A 羧化酶也受磷酸化、去磷酸化的调节。如胰岛素是调节甘油三酯合成的主要激素，它可通过促进酶蛋白的脱磷酸化而增强乙酰辅酶 A 羧化酶的活性，从而促进脂质合成；而胰高血糖素和肾上腺素等则可通过促进酶蛋白的磷酸化抑制乙酰辅酶 A 羧化酶的活性，抑制脂质合成。

2．肉碱脂肪酰转移酶 1 的调节 当糖代谢旺盛时，产生的乙酰辅酶 A 和柠檬酸通过别构调节激活乙酰辅酶 A 羧化酶，促进丙二酰辅酶 A 的生物合成。丙二酰辅酶 A 能竞争性抑制肉碱脂肪酰转移酶 1，阻止长链脂肪酰辅酶 A 进入线粒体，使脂肪酸 β 氧化水平降低，酮体生成减少。

Note

第四节 磷脂的代谢

一、磷脂的组成与分类

磷脂（phospholipid，PL）是含有磷酸的脂质的总称，按化学组成分为两大类磷脂：一类是以甘油为骨架的甘油磷脂（glycerophosphatide），另一类是以鞘氨醇（sphingosine）为骨架的神经鞘磷脂（sphingomyelin）。甘油磷脂是体内含量最多、分布最广的磷脂，鞘磷脂主要分布在脑和神经髓鞘中。本节主要介绍甘油磷脂的代谢。

甘油磷脂由甘油、脂肪酸、磷酸及含氮化合物等组成。以甘油为骨架，甘油的C-1位和C-2位羟基上各结合1分子脂肪酸。通常C-1位上多为饱和脂肪酸，而C-2位上多为不饱和脂肪酸，以花生四烯酸为最多见，C-3位羟基与磷酸基团结合，此即为磷脂酸，它是最简单的甘油磷脂。根据磷酸羟基相连的取代基团（-X基团）不同，常见的甘油磷脂可分为磷脂酰胆碱（phosphatidylcholine，PC）（俗称卵磷脂）、磷脂酰乙醇胺（phosphatidyl ethanolamine，PE）（俗称脑磷脂）、磷脂酰丝氨酸（phosphatidylserine，PS）、磷脂酰肌醇（phosphatidylserine，PI）、磷脂酰甘油（phosphatidyl glycerol，PG）和双磷脂酰甘油（diphosphatidyl glycerol）（俗称心磷脂）等（图5-9）。其中磷脂酰胆碱含量最高，是细胞膜磷脂双分子结构的主要成分。

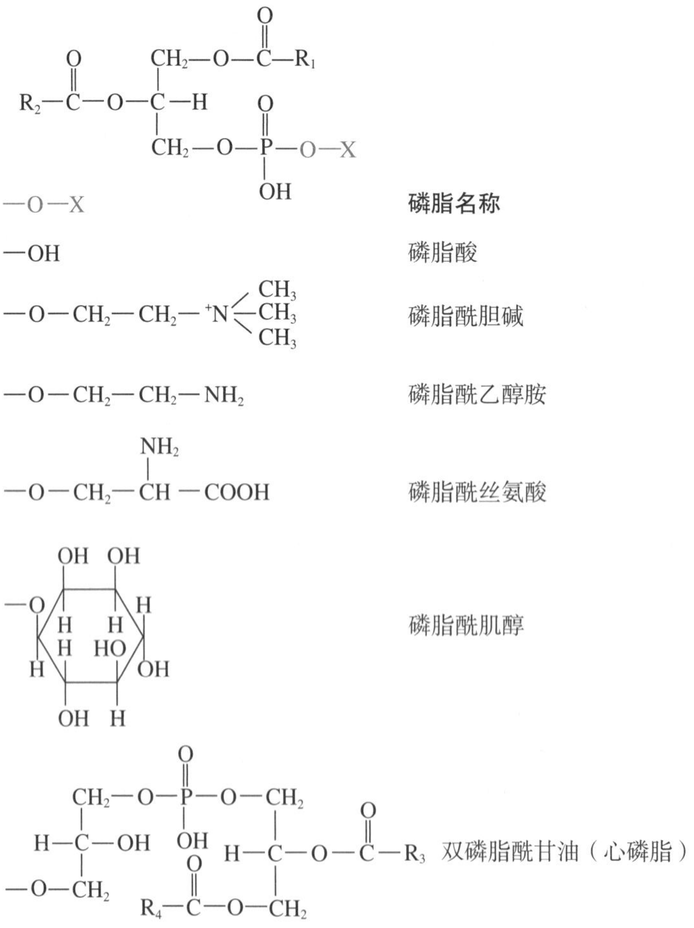

$$\begin{array}{l} CH_2-O-CO-R_1 \\ R_2-CO-O-CH \\ CH_2-O-P(=O)(OH)-O-X \end{array}$$

—O—X	磷脂名称
$-OH$	磷脂酸
$-O-CH_2-CH_2-{}^{+}N(CH_3)_3$	磷脂酰胆碱
$-O-CH_2-CH_2-NH_2$	磷脂酰乙醇胺
$-O-CH_2-CH(NH_2)-COOH$	磷脂酰丝氨酸
—O—肌醇环（OH、H 取代）	磷脂酰肌醇
$-O-CH_2-CH(OH)-CH_2-O-P(=O)(OH)-O-CH_2-CH(O-CO-R_3)-CH_2-O-CO-R_4$	双磷脂酰甘油（心磷脂）

图5-9 常见甘油磷脂的结构

二、甘油磷脂的代谢

甘油磷脂 C-1 位、C-2 位上的脂肪酸是疏水性的非极性基团，C-3 位上的磷酸含氮基团或羟基是亲水性的。这样的结构特点使甘油磷脂成为双极性化合物，既能与极性基团结合，又能与非极性基团结合，可以作为水溶性蛋白质和非极性脂质之间的结构桥梁，因而甘油磷脂不仅是细胞膜、核膜、线粒体膜的重要结构成分，还是胆汁和膜表面活性物质等的成分之一，并参与细胞膜对蛋白质的识别和信号传导。

（一）甘油磷脂的合成代谢

人体几乎所有组织细胞的内质网均含有合成甘油磷脂的酶系，均能合成甘油磷脂，其中肝、肾和肠等组织最为活跃。肝不仅合成自身组织更新需要的磷脂，而且将磷脂组成血浆脂蛋白向肝外组织运输。

合成甘油磷脂的原料主要包括甘油磷酸、脂肪酸、胆碱、乙醇胺、丝氨酸和肌醇等物质，此外还需要 ATP、胞苷三磷酸（cytidine triphosphate，CTP）等能源物质的参与。其中，甘油磷酸和脂肪酸主要来源于糖代谢，但由于甘油磷脂 C-2 位的多不饱和脂肪酸为必需脂肪酸，必须从植物油中摄取。胆碱可由食物中摄取，也可在体内以丝氨酸和甲硫氨酸为原料合成。丝氨酸在丝氨酸脱羧酶的催化下脱羧生成乙醇胺，乙醇胺再由 *S*- 腺苷甲硫氨酸（*S*-adenosylmethionine，SAM）提供 3 个甲基即可生成胆碱。ATP 主要用于提供合成磷脂所需的能量，CTP 则主要用于甘油磷脂合成过程中中间产物的活化。

甘油磷脂的合成虽有不同的途径，但都具有共同的特征：第一，甘油二酯是甘油磷脂合成的共同前体。第二，甘油磷脂的合成过程需要 CTP 的参与。根据被 CTP 活化的部分不同，可分为两种不同的合成途径：一种途径称为甘油二酯途径，磷脂酰胆碱（卵磷脂）和磷脂酰乙醇胺（脑磷脂）主要经此途径合成。该途径中磷酸胆碱或磷酸乙醇胺首先被 CTP 活化生成 CDP-胆碱或 CDP- 乙醇胺，再与甘油二酯缩合生成甘油磷脂；另一途径称为 CDP- 甘油二酯途径。该途径是甘油二酯首先被 CTP 活化，生成 CDP- 甘油二酯，后者在相应酶的作用下再与肌醇、丝氨酸或磷脂酰甘油等反应，分别生成磷脂酰肌醇、磷脂酰丝氨酸或心磷脂。甘油磷脂的合成反应见图 5-10。

（二）甘油磷脂的分解代谢

甘油磷脂的分解代谢主要是由体内存在的磷脂酶（phospholipase）催化的水解过程。生物体内存在多种水解甘油磷脂的磷脂酶，这些磷脂酶因其水解甘油磷脂中的不同酯键，可分为磷脂酶 A_1、A_2、B_1、B_2、C 和 D 等。甘油磷脂的作用部位和代谢产物列于表 5-2。

表 5-2　甘油磷脂的作用部位和代谢产物

磷脂酶	作用部位	代谢产物
磷脂酶 A_1	甘油磷脂分子 C-1 位酯键	饱和脂肪酸及溶血磷脂 2
磷脂酶 A_2	甘油磷脂 C-2 位酯键	溶血磷脂 1 及多不饱和脂肪酸
磷脂酶 B_1、B_2	溶血磷脂 C-1 位、C-2 位酯键	甘油磷酸胆碱、甘油磷酸乙醇胺及脂肪酸
磷脂酶 C	甘油磷脂 C-3 位酯键	甘油二酯及磷酸胆碱或磷酸乙醇胺等
磷脂酶 D	磷酸与取代基间的酯键	释放出取代基团

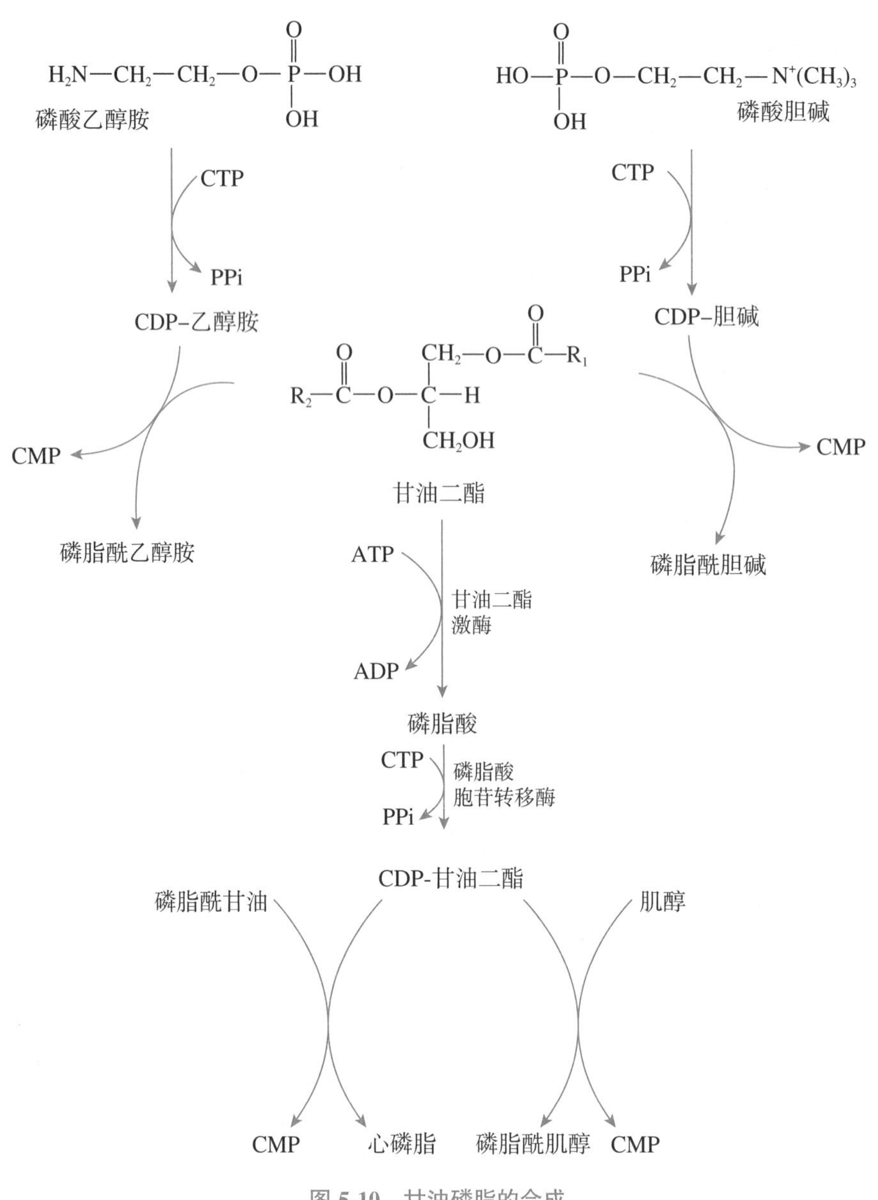

图 5-10　甘油磷脂的合成

磷脂酶 A 的底物是甘油磷脂，特异性水解甘油磷脂 C-1 位和 C-2 位酯键，水解 C-1 位酯键的是磷脂酶 A_1，水解 C-2 位酯键的是磷脂酶 A_2。甘油磷脂经磷脂酶 A_1 或 A_2 水解脱去一个脂肪酰基后生成溶血磷脂 2 或溶血磷脂 1。溶血磷脂 2 或溶血磷脂 1 均具有较强的表面活性，可溶解红细胞膜，引起溶血。

磷脂酶 B 的底物是溶血磷脂，即磷脂酶 A 催化反应的产物。磷脂酶 B_1 或 B_2 可以特异性水解溶血磷脂中的 C-1 位或 C-2 位酯键，都生成 1 分子脂肪酸和 1 分子甘油磷酸取代基（甘油磷脂 -X，如甘油磷酸胆碱）。

磷脂酶 C 特异性水解甘油磷脂分子中的 C-3 位磷酸酯键，产物包括甘油二酯和磷酸胆碱、磷酸乙醇胺或磷酸肌醇等。一些激素可通过膜受体调节细胞膜上磷脂酶 C 的活性，进而控制细胞内甘油二酯和三磷酸肌醇等第二信使的水平而影响细胞内的代谢。

磷脂酶 D 特异性水解取代基团与磷酸间的磷酸酯键（DO-X 酯键），生成磷脂酸和相应的有机化合物。

各种磷脂酶催化作用部位见图 5-11。

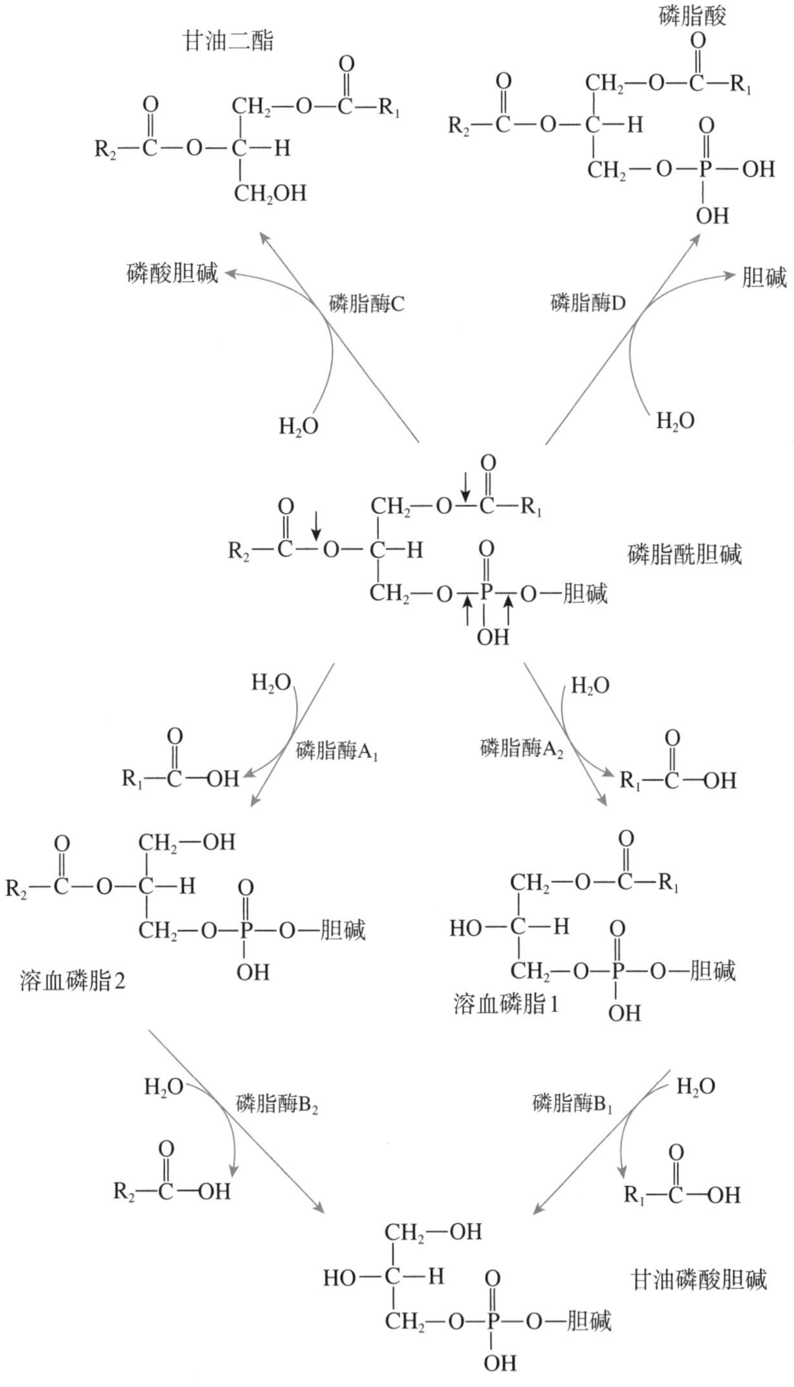

图 5-11　不同磷脂酶催化作用部位

第五节　胆固醇的代谢

胆固醇（cholesterol）是具有环戊烷多氢菲烃核及一个羟基的固醇类化合物，因最早在动物胆石中分离出，故称为胆固醇，又称胆甾醇。胆固醇是机体多种重要生理活性物质的前体，高胆固醇血症与动脉粥样硬化和心脏及脑血管等疾病的发病密切相关。

Note

一、胆固醇的结构与生理功能

(一) 胆固醇的结构

胆固醇是一个以环戊烷多氢菲为骨架的二十七碳有机化合物，其化学结构及分子中碳原子的编号如图 5-12 所示。胆固醇具有两种存在形式：游离胆固醇（free cholesterol，FC）和胆固醇酯（cholesteryl ester，CE）。前者是胆固醇的代谢形式，后者则是胆固醇的储存和运输形式。胆固醇与植物固醇等的主要区别在于侧链长短的不同，有时在固醇核骨架上也可有一定的差别。图 5-12 同时给出见于许多植物的豆固醇和见于某些真菌的麦角固醇的结构，以资比较。

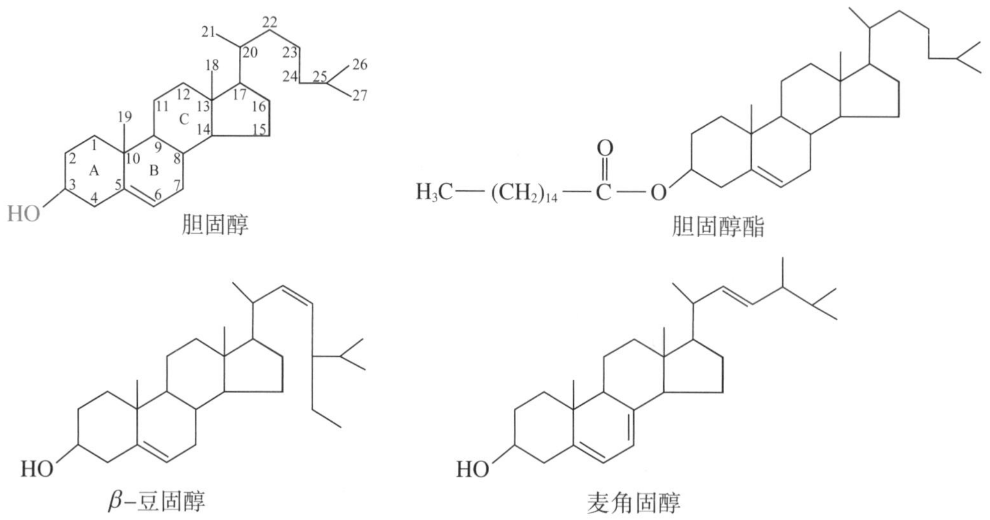

胆固醇

胆固醇酯

β-豆固醇

麦角固醇

图 5-12　胆固醇、胆固醇酯、β- 豆固醇和麦角固醇的结构

(二) 胆固醇的生理功能

胆固醇广泛存在于全身各组织中，其中 1/4 位于脑及神经组织中，约占脑组织总质量的 2%。肝、肾、肠等内脏以及皮肤、脂肪组织也含较多的胆固醇。

机体内的胆固醇具有多种重要的生理功能，主要表现在以下 4 个方面。①构成生物膜：脂质双层是生物膜的共同特征，主要由磷脂构成。胆固醇穿插在生物膜磷脂之间，可以加强膜脂质双层的稳定性，降低其流动性。②转变为胆汁酸：在肝中，胆固醇可以转变为胆汁酸，这是胆固醇代谢的主要去路。一个正常成年人每日合成的胆固醇大约有 40% 在肝中转化为胆汁酸，胆汁酸再生成的胆汁酸盐进入肠道后可以促进脂质物质消化和吸收，抑制胆汁中胆固醇的析出。③合成类固醇激素及维生素 D_3：在肾上腺皮质中，胆固醇可以转变为类固醇激素，如皮质醇、醛固酮。在性腺中，胆固醇可以转变为性激素，其中睾丸间质细胞合成睾酮，卵巢的卵泡内膜细胞及黄体分别合成雌二醇和孕酮。这些激素在调节机体内各种物质代谢、维持人体正常生理功能方面具有重要的作用。在皮肤中，胆固醇可先脱氢生成 7- 脱氢胆固醇，后者再经紫外光照射转变为维生素 D_3。维生素 D_3 在肝、肾羟化后形成具有生理活性的 1,25- 二羟维生素 D_3，参与调节体内的钙磷代谢。④调节脂蛋白代谢：胆固醇还参与脂蛋白组成，引起血浆脂蛋白关键酶活性的改变，调节血浆脂蛋白代谢。当胆固醇代谢发生障碍时，可引起高胆固醇血症，诱发脑血管、冠状动脉及周围血管病变，导致动脉粥样硬化的产生。因此，探索和研究胆固醇代谢与这些疾病之间的关系，已成为当今医学研究的重要问题。

二、胆固醇的外源性摄取和影响因素

胆固醇的来源有两种，即食物的消化吸收（外源性）和体内合成（内源性）。

（一）胆固醇外源性摄取

外源性胆固醇主要来自动物内脏、蛋黄、奶油及肉类等动物性食物，正常成年人每日摄入胆固醇 0.3 ～ 0.5 g，多数为游离胆固醇，少数为胆固醇酯。虽然外源性摄取是胆固醇的重要来源之一，但机体的健康维系和生存并不依赖外源性的胆固醇，目前尚无因机体胆固醇摄入不足而产生任何临床症状的病例报告。食物中的胆固醇酯经胰腺胆固醇酯酶的作用水解为游离胆固醇，后者与脂肪和磷脂共同经胆汁酸的乳化形成微团被小肠黏膜细胞吸收。

（二）影响胆固醇吸收的因素

影响机体胆固醇吸收的因素是多元的。第一，机体胆固醇的吸收有明显的个体差异，提示有遗传因素的存在；第二，下述一些环境因素也可以影响机体对胆固醇的吸收。

1. 膳食中胆固醇的含量　食物中胆固醇不能完全被吸收，通常吸收率为 30% 左右。膳食中胆固醇量越多，肠道吸收率越低，但吸收总量仍有所增加。一般情况下，伴随外源性摄取的减少，机体多有代偿性内源性合成增强。基于上述认识，对高胆固醇血症患者，低胆固醇摄入的饮食治疗是必要的，但其疗效也是有限的，多需要适当的药物治疗。

2. 植物固醇　植物性食品不含胆固醇，但含植物固醇。植物固醇本身不能被吸收，但其可通过竞争性地抑制胆固醇在微团中的位置来抑制胆固醇的吸收，因此增加膳食中植物固醇的含量有助于降低胆固醇的吸收，但一些学者提出植物固醇需较大量才能产生一定的效果，故就其实际应用价值而言，说法尚不统一。

3. 胆汁酸盐　既有促进脂质的乳化和增强胰胆固醇酯酶活性等作用，又有利于混合微团的形成，促进胆固醇的吸收。因此，凡是能够减少或消除胆汁酸盐的物质均可减少胆固醇的吸收，例如膳食中的纤维素、果胶。

4. 膳食中脂肪的质和量　食物中的脂肪能增加胆固醇的吸收。首先，脂肪可以促进胆汁的分泌，有利于胆固醇酯的水解和吸收；其次，脂肪的水解产物脂肪酸可为游离胆固醇的重新酯化提供必要的脂肪酰基，有利于乳糜微粒的形成。脂肪对胆固醇吸收的影响与脂肪酸的饱和度关系密切，一些研究资料显示，增加膳食中多不饱和脂肪酸的含量或提高不饱和脂肪酸与饱和脂肪酸含量的比值能有效地降低血胆固醇的水平，作用机制尚不明确。

5. 药物及其他　一些药物可以影响胆固醇的吸收，如依折麦布可以附着在小肠绒毛上皮刷状缘的边缘，抑制小肠对胆固醇的吸收，从而降低血液胆固醇的水平。作为阴离子交换树脂的考来烯胺，在肠道内与胆酸结合生成不溶性化合物，抑制其胆固醇的吸收和胆汁酸的肠肝循环。肠道细菌能抑制胆固醇的合成、促进胆固醇的降解和转化，因此临床长期应用广谱抗生素的患者常能增加胆固醇的吸收，这在高胆固醇血症患者治疗时应给予应有的关注。

三、胆固醇的内源性合成和调节

一般情况下，内源性合成是机体胆固醇最主要的来源，成人机体每日合成胆固醇 1.0 ～ 1.5 g，约占机体内胆固醇总量的 2/3。

Note

（一）合成原料

胆固醇合成的原料主要是乙酰辅酶 A 和 NADPH + H^+、ATP。乙酰辅酶 A 来自葡萄糖、脂肪以及某些氨基酸在线粒体内的分解，其中以葡萄糖代谢为主。与脂肪酸合成相似，葡萄糖分解产生的乙酰辅酶 A 全部在线粒体中，需经柠檬酸 - 丙酮酸穿梭从线粒体转移至胞质溶胶，才能作为合成胆固醇的原料。NADPH + H^+ 是胆固醇合成所需还原性氢的供体，主要来自戊糖磷酸途径。ATP 是胆固醇合成的能量保证，大多来自线粒体中糖的有氧氧化。糖是胆固醇合成原料的主要来源，故高糖饮食的人也可能出现血浆胆固醇增高的现象。

（二）合成部位

除脑组织和成熟的红细胞外，几乎全身各种组织均能合成胆固醇，其中肝的合成能力最强，合成量占体内胆固醇总量的 70% ～ 80%；其次为小肠，合成量占 10%。肝合成的胆固醇除在肝内被利用及代谢外，还可参与组成脂蛋白，随血液输送到肝外各组织。在细胞水平，胆固醇的合成定位于胞质溶胶和内质网。

（三）合成反应

胆固醇的合成过程比较复杂，有近 30 步反应，整个过程可概括为 3 个阶段（图 5-13）。

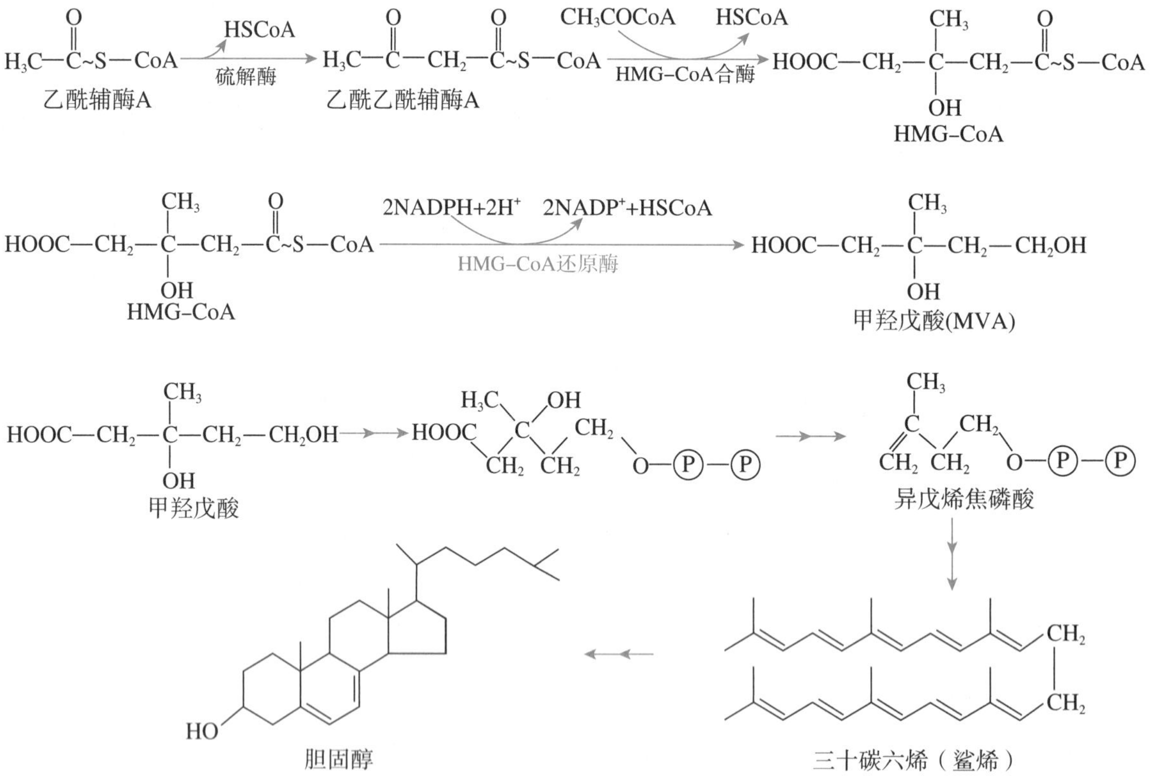

$$H_3C-\overset{O}{\overset{\|}{C}}\sim S-CoA \xrightarrow[\text{硫解酶}]{HSCoA} H_3C-\overset{O}{\overset{\|}{C}}-CH_2-\overset{O}{\overset{\|}{C}}\sim S-CoA \xrightarrow[\text{HMG-CoA合酶}]{CH_3COCoA \quad HSCoA} HOOC-CH_2-\underset{OH}{\overset{CH_3}{C}}-CH_2-\overset{O}{\overset{\|}{C}}\sim S-CoA$$

乙酰辅酶A　　乙酰乙酰辅酶A　　HMG-CoA

$$HOOC-CH_2-\underset{OH}{\overset{CH_3}{C}}-CH_2-\overset{O}{\overset{\|}{C}}\sim S-CoA \xrightarrow[\text{HMG-CoA还原酶}]{2NADPH+2H^+ \quad 2NADP^+ + HSCoA} HOOC-CH_2-\underset{OH}{\overset{CH_3}{C}}-CH_2-CH_2OH$$

HMG-CoA　　甲羟戊酸(MVA)

甲羟戊酸 → → 异戊烯焦磷酸 → 三十碳六烯（鲨烯） → → 胆固醇

图 5-13　胆固醇的生物合成

1．第一阶段——甲羟戊酸的生成　此阶段发生在胞质溶胶中，2 分子乙酰辅酶 A 在乙酰乙酰辅酶 A 硫解酶催化下缩合成乙酰乙酰辅酶 A。生成的乙酰乙酰辅酶 A 在 3- 羟甲基戊二酸单酰辅酶 A 合酶（3-hydroxy-3-methylglutaryl-coenzyme A synthase，HMG-CoA synthase）的催化下，再与 1 分子乙酰辅酶 A 缩合成 HMG-CoA。后者经羟甲基戊二酰辅酶 A 还原酶（HMG-CoA reductase）催化，生成甲羟戊酸（mevalonic acid，MVA）。HMG-CoA 还原酶是胆固醇合

成的关键酶。

2．第二阶段——鲨烯的生成　MVA 先经磷酸化，再脱羧、异构而成为活性极强的五碳焦磷酸化合物，然后 3 分子五碳焦磷酸化合物缩合成十五碳的焦磷酸法尼酯，2 分子十五碳焦磷酸法尼酯再缩合成三十碳的多烯烃——鲨烯。

3．第三阶段——胆固醇的合成　鲨烯与胞质溶胶中的固醇载体蛋白结合进入内质网，经鲨烯单加氧酶、鲨烯环化酶等催化环化成羊毛固醇，再经过一系列氧化、脱羧和还原等反应，脱去 3 个羧基生成二十七碳的胆固醇。

（四）合成调节

HMG-CoA 还原酶是胆固醇合成途径中的关键酶，其活性的调节主要涉及两个方面，即别构调节和共价修饰调节。该酶活性的调节不仅是机体胆固醇合成代谢调节中的关键所在，而且也是调血脂药作用的中心环节。

1．别构调节　胆固醇的生成产物甲羟戊酸、胆固醇以及胆固醇的氧化产物 7β- 羟胆固醇和 25- 羟胆固醇是 HMG-CoA 还原酶的别构抑制剂。HMG-CoA 还原酶抑制剂与底物 HMG-CoA 具有相似的结构片段，抑制剂与 HMG-CoA 还原酶的亲和力大于底物，能够竞争性抑制 HMG-CoA 生成甲羟戊酸，降低胆固醇的生成和体内含量，从而显著降低了致命性和非致命性心血管疾病事件的发生率。近年来，广泛应用于临床的他汀类调血脂药正是通过竞争性抑制该酶的活性，从而达到减少胆固醇合成、降低机体血胆固醇水平、预防动脉粥样硬化和冠心病形成的目的。

2．共价修饰调节　HMG-CoA 还原酶的共价修饰调节主要发生在该酶第 871 位丝氨酸的磷酸化和去磷酸化。细胞内 cAMP 依赖的蛋白质激酶可使其磷酸化而丧失活性，磷蛋白磷酸酶可使磷酸化的 HMG-CoA 还原酶去磷酸化从而恢复酶活性。一些激素正是通过信号转导系统调节蛋白质激酶或磷蛋白磷酸酶的活性而影响和调控细胞内的胆固醇合成。胰岛素能促进 HMG-CoA 还原酶的去磷酸化，同时能诱导该酶的合成，从而增强该酶的活性，促进胆固醇合成。甲状腺激素除能诱导 HMG-CoA 还原酶合成，促进胆固醇合成外，还能促进胆固醇在肝转化为胆汁酸。由于后一作用明显强于前者，故甲状腺功能亢进患者血清胆固醇水平多表现为降低。

四、胆固醇的酯化

胆固醇酯化是胆固醇吸收转运的重要步骤，在细胞内和血浆中的游离胆固醇都可以接受脂肪酰基酯化成胆固醇酯，但不同的部位催化胆固醇酯化的酶及其反应过程不同。催化胆固醇酯化的酶主要有两种，一种是血浆中的卵磷脂胆固醇酰基转移酶（lecithincholesterol acyltransferase，LCAT），催化卵磷脂第 2 位碳原子的脂肪酰基转移至胆固醇分子上进行酯化，载脂蛋白 A-I（apoA-I）是其激活剂。LCAT 由肝合成释放入血液，以游离或与脂蛋白结合的形式存在，故当肝实质细胞有病变或损伤时，可使 LCAT 活性降低，引起血浆胆固醇酯含量下降。LCAT 在 HDL 的代谢和胆固醇的逆向转运中也发挥重要作用。另一种是胞质溶胶中的脂肪酰辅酶 A 胆固醇酰基转移酶（acyl CoA-cholesterol acyltransferase，ACAT），细胞内胆固醇水平是该酶活性的重要调节因子。ACAT 可催化游离胆固醇与脂肪酰辅酶 A 结合，酯化生成胆固醇酯，在调节细胞内胆固醇的合成和平衡中发挥重要作用。

血浆和胞质溶胶中的酯化胆固醇均可在胆固醇酯酶的催化下水解为游离胆固醇和脂肪酸。胆固醇的酯化和胆固醇酯的水解反应见图 5-14。

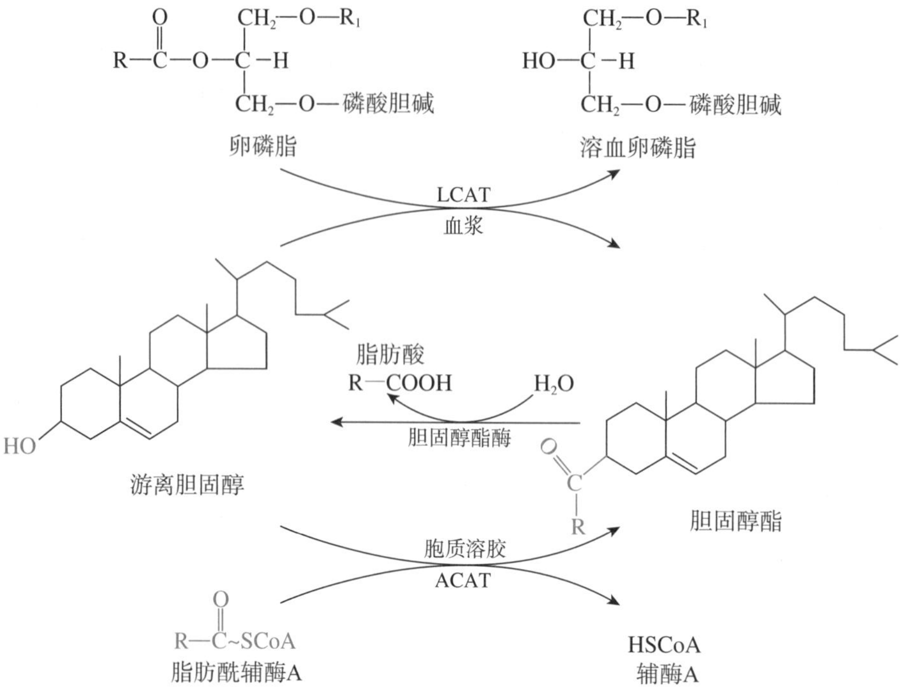

图 5-14 胆固醇的酯化和胆固醇酯的水解

五、胆固醇的转化与排泄

无论是外源性摄入的，还是内源性合成的胆固醇，其母核均为不能降解的环戊烷多氢菲，因此胆固醇在体内均不能被彻底氧化分解成 CO_2 和 H_2O，而只能通过氧化、还原转化成其他含环戊烷多氢菲的化合物，或直接或转化后排出体外。胆固醇的转化产物不仅是其主要的排泄形式，更为重要的是它们还具有重要的生理功能。胆固醇的转化产物包括维生素 D_3、类固醇激素和胆汁酸。其中，有关胆汁酸的内容详见第十九章血液的生物化学。

（一）胆汁酸

胆固醇在肝中转化成胆汁酸是胆固醇在体内代谢的主要去路。正常成年人每日合成的胆固醇约 2/5 在肝中转变为胆汁酸，随胆汁排入肠道，具有调节脂质消化和吸收、抑制胆汁中胆固醇析出等作用。

（二）维生素 D_3

人皮肤细胞内的胆固醇经 7- 脱氢酶催化生成 7- 脱氢胆固醇，即维生素 D_3 前体，然后在紫外线的作用下可转变为维生素 D_3（又称胆钙化醇）。无活性的维生素 D_3 经肝、肾的代谢转化才能生成有活性的 1,25（-OH）$_2$-D_3。1,25（-OH）$_2$-D_3 具有显著的调节钙、磷代谢的活性。人体每日可合成 200 ~ 400 IU 维生素 D_3，所以只要充分接受阳光照射，基本上可以满足生理需要。

（三）类固醇激素

人体所有的类固醇激素均由胆固醇转化产生，转化部位主要在肾上腺皮质和性腺。

类固醇激素对机体具有重要的作用，依其合成部位，可分为肾上腺皮质激素和性激素。肾上腺皮质激素是由肾上腺皮质合成的，主要包括醛固酮、皮质醇、皮质酮及雄激素等。合成时，首先合成类固醇激素的共同前体孕烯醇酮，该过程发生在线粒体中。在肾上腺皮质铁氧还原蛋白和肾上腺皮质铁氧还原蛋白还原酶的作用下，胆固醇转化为二羟胆固醇，再在二羟胆固醇碳链酶的作用下转化为孕烯醇酮。孕烯醇酮进一步转化为各种类固醇类激素。肾上腺皮质激素对糖、脂肪、蛋白质及水盐代谢具有调节作用。性激素主要由性腺合成，包括睾酮、雌激素和孕酮等，具有促进性器官的发育、生殖细胞的形成和维持副性征等作用。主要类固醇激素的合成和结构特征见图 5-15。

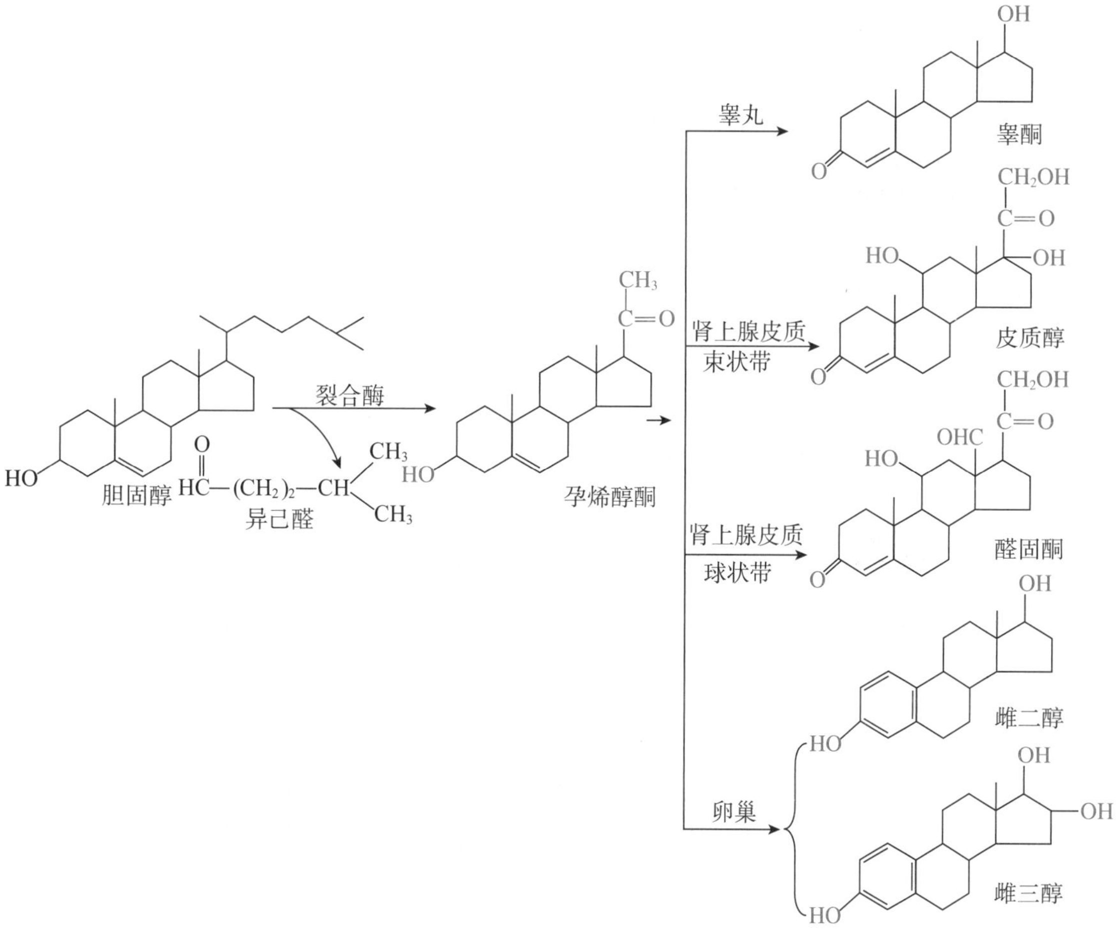

图 5-15　主要类固醇激素的合成和结构特征

（四）胆固醇的排泄

体内合成的大部分胆固醇在肝氧化生成胆汁酸盐，随胆汁排出，每日排出量约占胆固醇合成量的 40%。还有部分胆固醇与胆汁酸盐结合形成混合微团而溶于胆汁，直接随胆汁排出，或随肠黏膜细胞脱落而排出肠道。胆固醇还可被肠道细菌还原为粪固醇后排出体外。

六、高胆固醇血症的治疗策略

高胆固醇血症主要指血液总胆固醇（TC）和低密度脂蛋白胆固醇（LDL-Ch）水平的升高，事实上也应包括高密度脂蛋白胆固醇（HDL-Ch）水平的降低，此处仅讨论高 TC 和高

LDL-Ch的治疗策略。高胆固醇血症的治疗策略主要包括三个方面：控制外源性胆固醇的摄入、减少内源性胆固醇的合成、增加胆固醇的转化和排泄。

1．控制外源性胆固醇的摄入 低胆固醇饮食是高胆固醇血症治疗的最基本手段，其中心内容是尽可能降低膳食中胆固醇的含量和减少胆固醇的吸收。高胆固醇血症患者应在保证营养价值和照顾饮食习惯的同时，严格限制膳食中胆固醇的含量，同时对影响胆固醇吸收的因素也应给予必要的关注。

2．减少内源性胆固醇的合成 内源性合成是机体胆固醇的最重要来源，减少内源性胆固醇的合成就成为治疗高胆固醇血症的中心环节。他汀类药物作为HMG-CoA还原酶的竞争性抑制剂，能够减少胆固醇的合成，上调细胞表面低密度脂蛋白受体，加速血清低密度脂蛋白的分解、代谢，另外，它还可以抑制极低密度脂蛋白的合成。因其疗效明显和副作用较少，已成为目前临床治疗高胆固醇血症的首选药物。

3．增加胆固醇的转化和排泄 胆汁酸是机体胆固醇的主要转化产物，也是机体排出胆汁固醇的主要途径，阻断胆汁酸的肠肝循环是较常用的治疗措施之一。考来烯胺是一种胆酸螯合剂，可以与肠道内的胆酸结合，阻碍其吸收，促使肝中的胆固醇向胆酸转化，可以降低总胆固醇以及冠心病的发病概率。

少数严重的高胆固醇血症患者可使用血浆交换法和血浆去除法等治疗措施。它们利用体外循环设备直接去除血液中富含胆固醇的LDL，以达到清除机体胆固醇的目的。肝移植也已应用于LDL受体缺陷患者的高胆固醇血症的治疗。切除胆汁酸的主要吸收部位（回肠）对于严重的高胆固醇血症患者也有一定的疗效。

第六节 多不饱和脂肪酸的重要衍生物

多不饱和脂肪酸的衍生物主要包括前列腺素（prostaglandin，PG）、血栓素（thromboxan，TX）、白三烯（leukotriene，LT）和脂氧素（lipoxin，LX），均由二十碳不饱和脂肪酸——花生四烯酸衍生而来。细胞膜上的磷脂含有丰富的花生四烯酸，当细胞受到一些外界刺激时，细胞膜中的磷脂酶A_2被激活，水解磷脂释放出花生四烯酸，后者在一系列酶的作用下合成PG、TX、LT和LX。这几种衍生物虽然都具有激素的特征，均不属于蛋白质多肽激素或类固醇激素，但它们在生物体内具有重要的生理功能，几乎参与了所有机体和细胞的代谢活动，且与炎症、免疫、过敏、血栓的形成和溶解等重要病理生理过程有关，对调节细胞代谢也具有重要作用。

一、结构与分型

多不饱和脂肪酸衍生物根据其结构特征和代谢合成途径可分为两大类：一类是经环加氧酶催化生成的、具有特征环式结构的前列腺素和血栓素；另一类是经脂加氧酶催化生成的、不具有环式结构的白三烯和脂氧素。

1．前列腺素的结构与分型 前列腺素因最早发现于人体的精液而命名，是以前列腺酸为基本骨架，具有一个五碳环和两条侧链（R_1和R_2），但无不饱和双键的有机化合物。如果以花生四烯酸为前体，其共同的中间产物就是如图5-16所示的前列腺酸。

根据五碳环上取代基团和双键位置不同，前列腺素可分为A、B、C、D、E、F、G、H和I九型（图5-17）。各型前列腺素根据R_1和R_2侧链上双键的数目，又可分为1、2和3三类，并将阿拉伯数字标在英文大写字母的右下角表示，见图5-18。类别的不同实质上反映了它们

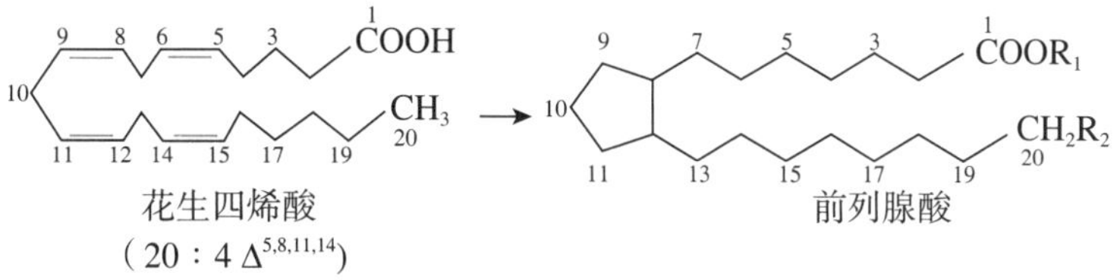

花生四烯酸
（$20:4\ \Delta^{5,8,11,14}$）

前列腺酸

图 5-16　花生四烯酸与前列腺酸的结构

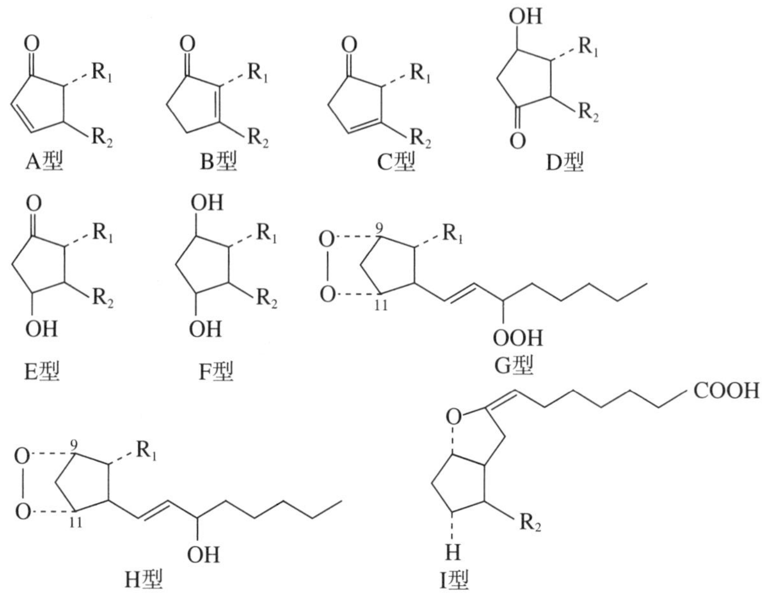

A型　B型　C型　D型

E型　F型　G型

H型　I型

图 5-17　前列腺素的分型

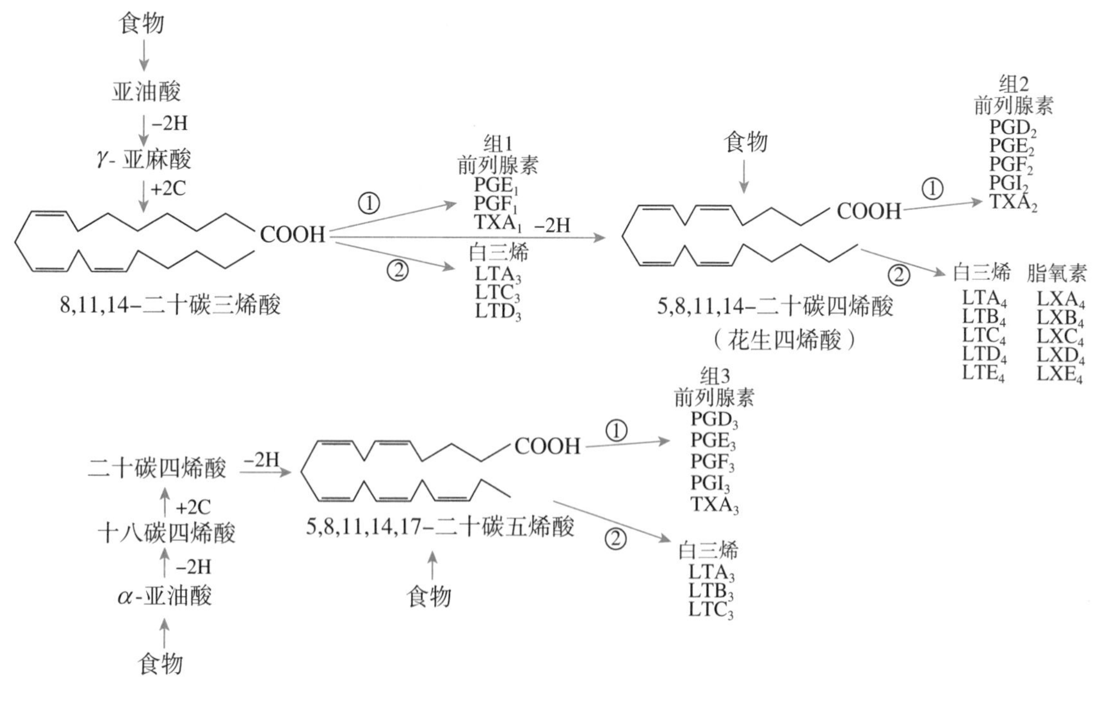

图 5-18　脂肪酸源激素分类与合成前体的关系
①环加氧酶；②脂加氧酶

前体的不同，如二十碳三烯酸合成的是 PG_1，而二十碳五烯酸合成的是 PG_3。

2．血栓素的结构与分型　血栓素 A_2 是由血小板微粒体合成并释放的一种生物活性物质，具有强烈的促进血管收缩和血小板聚集的作用。它也是二十碳多不饱和脂肪酸衍生物，虽有前列酸样骨架，但分子中的五碳环被一环醚结构的六元环（烷环）所取代。血栓素可以分为 A 型和 B 型，两者的区别在于六元环上是否存在一个含氧的四元环，B 型是 A 型水化的产物。血栓素同样依据两个侧链中双键的数目分为 1、2 和 3 三类，它们的结构如图 5-19 所示。与前列腺素相同，血栓素的分类也同样反映了它们合成前体的差别。

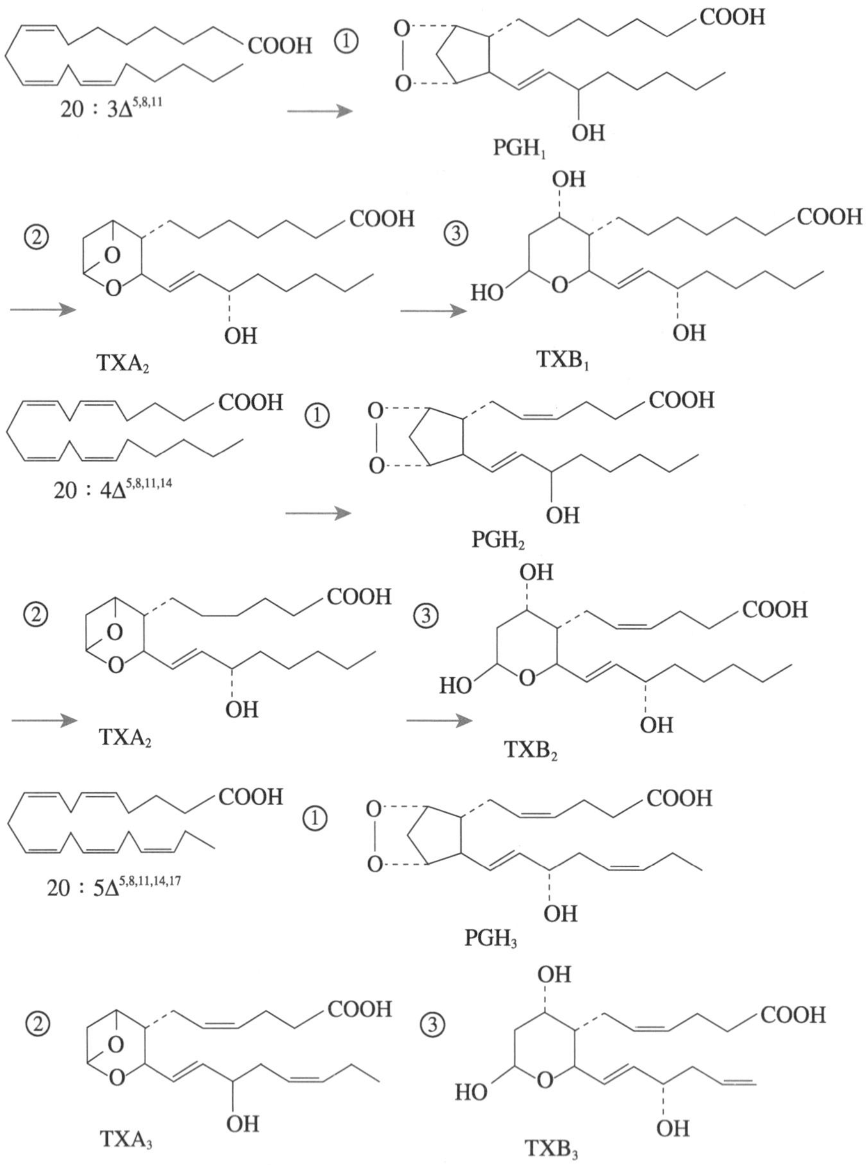

$20:3\Delta^{5,8,11}$ ① PGH_1 ② TXA_2 ③ TXB_1

$20:4\Delta^{5,8,11,14}$ ① PGH_2 ② TXA_2 ③ TXB_2

$20:5\Delta^{5,8,11,14,17}$ ① PGH_3 ② TXA_3 ③ TXB_3

图 5-19 血栓素的合成代谢与分型及其分类与合成前体的关系
①环加氧酶；②血栓素合酶；③水化酶

3．白三烯的结构与分型 白三烯是由 Samuelson 和 Borgreat 等于 1979 年从人白细胞中分离获得的一类具有共轭三烯结构而无前列腺酸骨架和任何形式环形结构的二十碳多不饱和酸，因其具有 3 个共轭双键而得名。根据脂肪酸侧链主要是 C-6 位碳原子上取代基团的不同，白三烯可分为 A、B、C、D 和 E 五型，见图 5-19；根据分子中双键的数目可分为 3、4 和 5 三类。与前列腺素和血栓素相同，这种分类也反映了它们合成前体的不同，见图 5-18。

4．脂氧素的结构与分型 脂氧素又名三羟二十碳四烯酸，是由 Sherhan 等于 1984 年在人的白细胞中发现的不具有任何形式环形结构的二十碳多不饱和酸。与白三烯不同的是，脂氧素含有 4 个共轭双键。根据共轭双键和羟基取代位置的不同，脂氧素也可分为 A、B、C、D 和

E 五型，其中 A 型脂氧素的结构参见图 5-20。

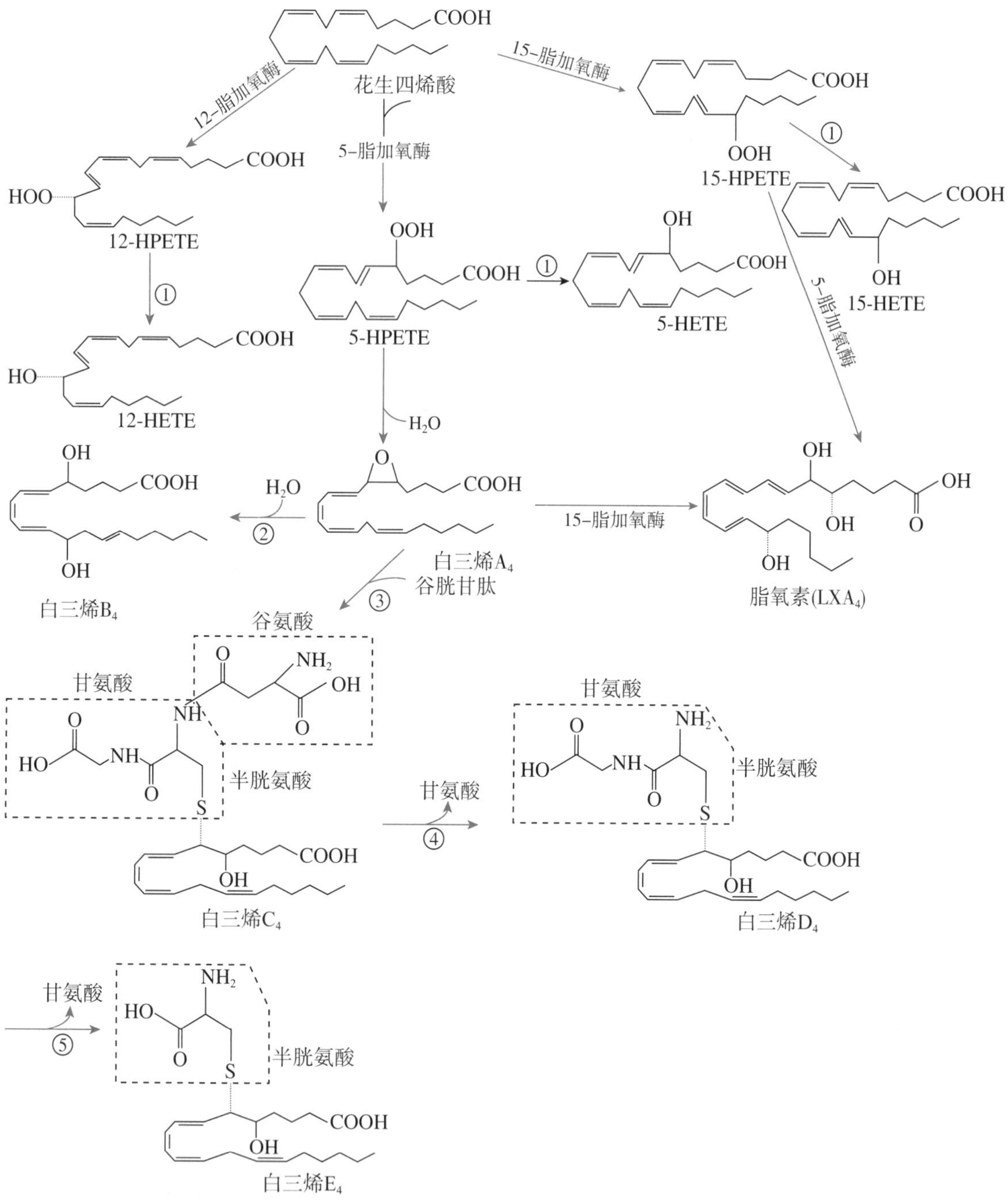

图 5-20　白三烯的分型及白三烯与脂氧素的生物合成

①过氧化物酶；②环氧水化酶；③谷胱甘肽 -S- 转移酶；④γ- 谷氨酰肽转移酶；⑤半胱氨酰甘氨酸二肽酶

二、前列腺素、血栓素、白三烯和脂氧素的合成

1．前列腺素和血栓素的合成　前列腺素和血栓素的合成前体都是多不饱和脂肪酸，特别是花生四烯酸。该脂肪酸主要存在于细胞膜的甘油磷脂中，是甘油磷脂上甘油第 2 位的主要脂肪酸组成成分。当细胞受到外界刺激时，如血管紧张素 Ⅱ、缓激肽、肾上腺素、凝血酶及某些抗原 - 抗体复合物或一些病理因素，能激活细胞膜磷脂酶 A_2，催化水解磷脂释放出花生四烯

酸，然后在环加氧酶的作用下生成前列腺素、血栓素，在脂加氧酶的作用下生成白三烯。糖皮质激素和吲哚美辛等药物能抑制磷脂酶 A_2 的活性，从而减少花生四烯酸的释放，故能抑制前列腺素的合成。

花生四烯酸合成前列腺素的第一步反应是在前列腺 H 合酶（prostaglandin H synthase，PGHS）的催化下环化、加氧，该酶是前列腺素合成过程中的关键酶（图 5-18）。催化该反应的 PGHS 具有环加氧酶（cyclo-oxygenase）和过氧化物酶（peroxidase）活性。花生四烯酸在环加氧酶的催化下导入 2 分子氧生成前列腺素 G_2（PGG_2），其中 1 分子加在花生四烯酸的 C-9 和 C-11 上，使之发生环氧化；另 1 分子则加在 C-15 上并形成 15- 羟内过氧化物。PGG_2 不稳定，在过氧化物酶的催化下进一步转化为前列腺素 H_2（PGH_2）。PGH_2 不仅是合成各种前列腺素的共同中间体，同时也是合成血栓素的前体。PGH_2 的合成及进一步的转化见图 5-21。PGH_2 在不同异构酶的催化下可分别生成 PGD_2 和 PGE_2，在还原酶的催化下则生成 PGF_2，在前列环素合酶（prostacyclin synthase）的催化下生成前列环素（PGI_2），在血栓素合酶（thromboxane synthase）的催化下则生成血栓素 A_2（TXA_2）。TXA_2 极不稳定，半衰期仅约 30 s，迅速代谢为活性较低但稳定的血栓素 B_2（TXB_2）。阿司匹林可以通过促进酶活性中心丝氨酸（Ser^{530}）的乙酰化抑制环加氧酶的活性，从而减少前列腺素的合成。大多数非甾体抗炎药（如吲哚美辛和布洛芬）的结构与花生四烯酸有一定的相似性，可以竞争性抑制 PGHS 的活性，减少前列腺素的合成，进而制止炎症组织痛觉神经冲动的形成，并且抑制白细胞的趋化性及溶酶体酶的释放，发挥镇痛、抗炎的作用。

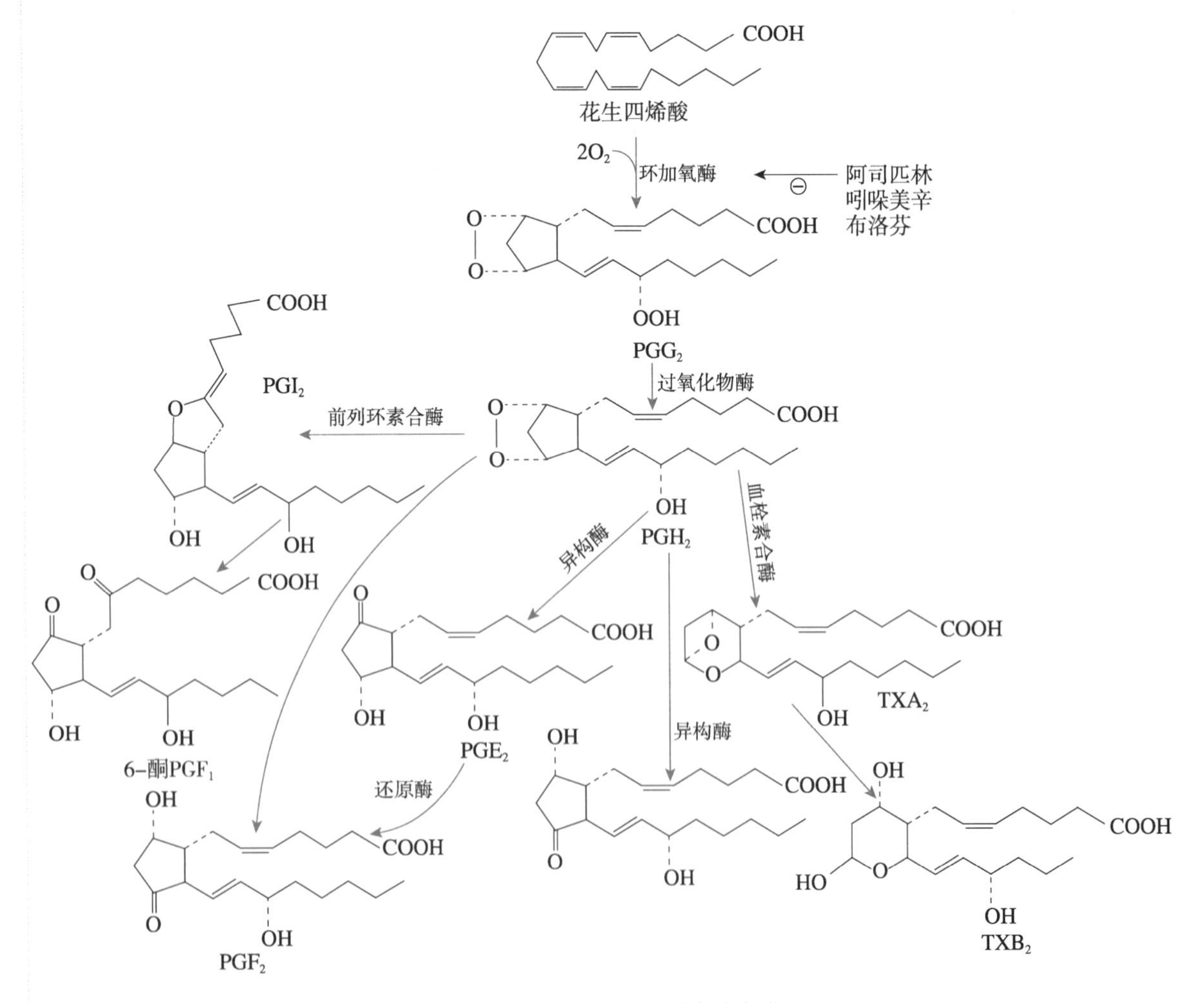

图 5-21　前列腺素与血栓素的合成

如上所述，PGH_2 是合成各种前列腺素和血栓素的共同中间体，在不同细胞所具有不同酶的催化下可生成不同的前列腺素。一般每一种类型的细胞只能合成一种前列腺素，如在动脉内皮细胞，由于具有前列环素合酶（prostacyclin synthase）而合成 PGI_2；在脑细胞，由于前列腺素 D 合酶（prostaglandin D synthase）的存在而合成 PGD_2；在血小板，由于血栓素合酶（thromboxane synthase）的存在而合成血栓素。由于各种不同类型的细胞具有不同的酶，因而可催化 PGH_2 生成不同的前列腺素和血栓素，并显示各不相同的生物学功能。

2. 白三烯和脂氧素的合成 白三烯和脂氧素是花生四烯酸经脂加氧酶途径生成的多不饱和脂肪酸。机体内有 5- 脂加氧酶、12- 脂加氧酶和 15- 脂加氧酶 3 种不同的加氧酶，在不同的部位催化加氧。白三烯是经 5- 脂加氧酶途径合成的，5- 脂加氧酶是其合成的关键酶。白三烯的生物合成见图 5-20。花生四烯酸在 5- 脂加氧酶的催化下，首先生成 5- 氢过氧化二十碳四烯酸（5-HPETE），接着在 C-5 脱去 1 分子水生成白三烯 A_4（LTA_4）。LTA_4 在环氧水化酶的催化下，C-5 和 C-6 位上不稳定的环氧键断裂，并在 C-12 位加水脱氢导入羟基，生成白三烯 B_4（LTB_4）。LTA_4 也可在谷胱甘肽 -S- 转移酶的催化下，在 C-6 位引入 1 分子谷胱甘肽（glutathione，GSH）而生成白三烯 C_4（LTC_4）。后者在 γ- 谷氨酰肽酰转移酶的催化下脱去 1 分子谷氨酸生成白三烯 D_4（LTD_4），继而在半胱氨酸甘氨酸二肽酶的作用下脱去甘氨酸生成白三烯 E4（LTE_4）（图 5-20）。

脂氧素则需经不止一种脂加氧酶的催化才能合成，15- 脂加氧酶是合成脂氧素的关键酶。在 15- 脂加氧酶的催化下，首先生成 15- 氢过氧化二十碳四烯酸（15-HPETE），接着在 5- 脂加氧酶的催化下生成 5,15- 二氢过氧化二十碳四烯酸（5，15-DHPETE），顺序生成脂氧素 A_4（LXA_4）和脂氧素 B_4（LXB_4）。

三、前列腺素、血栓素、白三烯和脂氧素的生理功能

1. 前列腺素和血栓素的生理功能和临床应用 前列腺素和血栓素的特点为细胞内水平低（一般仅为 10 ~ 11 mol/L）、体内分解代谢迅速（一般半衰期仅为 30 s 至数分钟）和生理作用极强，合成后能够迅速释放到细胞外，以自分泌或旁分泌的方式与它们产生部位邻近的细胞膜受体结合而发挥作用。每种前列腺素有特定的受体，已经克隆出所有的前列腺素受体，它们均属于跨膜 G 蛋白偶联受体家族。前列腺素和血栓素的功能是多方面的，可影响心血管、呼吸、消化、神经和生殖等全身组织系统，也可作用于炎症、过敏和免疫等多种生理和病理过程。例如，血管内的溶血和凝血甚至血栓形成与血中 TXA_2 和 PGI_2 的平衡密切相关。血管内皮细胞合成的 PGI_2 不仅可以扩张冠状动脉血管，而且是体内活性最强的血小板聚集抑制剂，可以通过多条途径抑制血小板聚集和黏附。然而，血小板合成的 TXA_2 作用正相反，具有收缩冠状动脉、促进血小板聚集、促进凝血和血栓形成的功能。二者的此消彼长在冠心病的发生和发展中具有重要作用，同时也成为防治冠心病的重要靶点。鉴于 PGI_2 和 TXA_2 在凝血和血栓形成进而在冠心病发病危险及治疗效果评估中的重要作用，二者含量比值（PGI_2/TXA_2）的测定已经被引入临床检验。临床上，治疗心血管疾病的多种药物以前列腺素与血栓素的合成途径为靶点。例如，阿司匹林促使环加氧酶活性中心部位的丝氨酸（Ser^{530}）残基发生不可逆的乙酰化而显著抑制环加氧酶活性，进而影响前列腺素和血栓素前体的生成，故服用小剂量肠溶阿司匹林预防冠心病已经被国内外许多临床医师所推荐和应用。当然，阿司匹林部分拮抗纤维蛋白原溶解导致的血小板激活和抑制组织型纤溶酶原激活因子（t-PA）的释放也是其应用的重要药理学基础。

早在 20 世纪中期，科学家们就注意到居住在格陵兰岛上的爱斯基摩人冠心病的发病率和

Note

死亡率都较低，同时显示有较低的血小板聚集能力且出血时间延长。科学家们把这一现象归因于当地居民食用较多富含 ω-3 脂肪酸鱼类。高纬度深海鱼类含有较丰富的 ω-3 脂肪酸，主要是二十碳五烯酸（EPA）和少量二十二碳六烯酸（DHA）。EPA 经环加氧酶作用生成的是 PGI_3 和 TXA_3。这两种产物又可抑制花生四烯酸从膜磷脂的释放，进一步减少 PGI_2 和 TXA_2 的合成。实验证实，PGI_3 和 PGI_2 具有相同的抗血小板聚集的作用，而 TXA_3 则无 TXA_2 所具有的促进血小板聚集的功能，因而其综合效果是不利于凝血而有利于防止血栓形成，列于表 5-3。该项流行病学调查结果也为使用 ω-3 脂肪酸防治冠心病奠定了基础，服用富含二十碳五烯酸和二十二碳六烯酸等 ω-3 脂肪酸的食物和相关药物在冠心病防治中也备受推崇和关注。此外，ω-3 脂肪酸降低血甘油三酯和胆固醇（特别是低密度脂蛋白胆固醇）的功能也是其重要的药理作用之一。

表 5-3 前列腺素和血栓素的生物合成部位及对血小板聚集作用的影响

前列腺素和血栓素	合成部位	对血小板聚集作用的影响
TXA_2	血小板	促进
PGI_2	血管内皮细胞	抑制
TXA_3	血小板	无
PGI_3	血管内皮细胞	抑制

2．白三烯和脂氧素的生理功能和临床应用 白三烯和脂氧素作为局部激素，在炎症、过敏和免疫反应中的作用尤为突出。现已证实，过敏反应的慢反应物质（slow reacting substance of anaphylaxis，SRS-A）是 LTC_4、LTD_4 和 LTE_4 的混合物。这种混合物使人冠状动脉和支气管平滑肌收缩的作用比组胺及前列腺素强 100 ~ 1000 倍，而且缓慢和持久，具有“慢反应”的特性。LTB_4 能调节白细胞的功能，促进其游走和趋化作用，刺激腺苷酸环化酶，诱发多形核白细胞中颗粒脱落，促使溶酶体释放水解酶类，促进炎症、过敏反应的发展。IgE 与肥大细胞表面受体结合，可促进肥大细胞释放 LTC_4、LTD_4 和 LTE_4，后三者引起支气管及胃肠平滑肌剧烈收缩，LTD_4 还可使毛细血管通透性增加，LTB_4 使中性粒细胞和嗜酸性粒细胞游走，引起炎症细胞的浸润。

前列腺素和白三烯均是重要的炎性介质。糖皮质激素能有效地抑制磷脂酶 A_2 的活性，减少花生四烯酸的释放，导致前列腺素和白三烯的合成减少，这是糖皮质激素具有抗炎作用的重要原因之一。

脂氧素是体内最重要的内源性脂质抗炎介质之一，广泛参与多种疾病的病理生理过程，在炎症调控及免疫调节等方面的作用已得到广泛的关注，尤其是在炎症消退机制的研究中。近年的研究证实，LXA_4 和 LXB_4 对血管平滑肌有舒张作用，且 LXA_4 可通过激活蛋白质激酶 C 调节细胞代谢，作用强于甘油二酯。

第七节 血浆脂蛋白代谢

一、血脂

血浆中的脂质统称为血脂，主要包括甘油三酯、各类磷脂、胆固醇和胆固醇酯以及游离脂肪酸等。血脂总量并不多，只占体内总脂质的极少部分，但由于外源性和内源性脂质物质都需经过血液转运到各组织，因此血脂的含量在一定程度上反映了体内各组织和器官的脂质代谢情况，对血脂的检测有利于疾病的诊断和对一些疾病易患性的评估，因此血脂测定广泛地应用于临床检验。血脂含量不及血糖稳定，受年龄、性别、饮食等因素的影响，波动范围较大，空腹状态下个体血脂水平相对稳定，临床血脂检测常在禁食 12 ~ 14 h 后抽血化验，这样才能可靠地反映血脂水平。正常成年人空腹血脂水平列于表 5-4。

表 5-4 正常成年人空腹血脂的组成及含量

组成	血浆含量		空腹时主要来源
	mg/dl	mmol/L	
总脂	400 ~ 700（500）		
甘油三酯	10 ~ 150（100）	0.11 ~ 1.69（1.13）	肝
总胆固醇	100 ~ 250（200）	2.59 ~ 6.47（5.17）	肝
胆固醇酯	70 ~ 200（145）	1.81 ~ 5.17（3.75）	
游离胆固醇	40 ~ 70（55）	1.02 ~ 1.81（1.42）	
总磷脂	150 ~ 250（200）	48.44 ~ 80.73（64.58）	肝
卵磷脂	50 ~ 200（100）	16.1 ~ 64.6（32.3）	
鞘磷脂	50 ~ 130（70）	16.1 ~ 42.0（22.6）	
脑磷脂	15 ~ 35（20）	4.8 ~ 13.0（6.4）	
游离脂肪酸	5 ~ 20（15）		脂肪组织

注：括号内为均值。

1. 血脂的来源 血液中的脂质有两种来源：一是外源性，食物中的脂质经消化吸收进入血液；二是内源性，脂库中甘油三酯动员释放的脂质及体内合成的脂质。

2. 血脂的主要去路 包括 4 个方面：①氧化分解；②构成生物膜；③进入脂库储存；④转变为其他物质。

血浆脂质种类不一，结构和功能各异，但其共同特点是难溶于水，必须与载脂蛋白（apolipoprotein，apo）结合，形成可溶性的血浆脂蛋白（plasma lipoprotein）才能在血液中运输，因此血浆脂蛋白是血脂在血浆中的存在及运输形式。

二、血浆脂蛋白的分类

各种血浆脂蛋白所含脂质及载脂蛋白的种类和含量不同，其密度、颗粒大小、表面电荷、电泳速率及免疫性也各不相同。利用超速离心法和电泳法可将血浆脂蛋白分为 4 类。

（一）超速离心法

超速离心法的分类基础是血浆脂蛋白分子密度的差别。各种脂蛋白具有不同的化学组成，使得不同脂蛋白的密度不同。由于蛋白质的密度比脂质大，故血浆脂蛋白的密度随蛋白质组成比例的增加而升高。根据血浆脂蛋白在特定密度溶液中超速离心时各种脂蛋白因密度不同表现出不同的漂浮或沉降状态而被分离，可将血浆脂蛋白分为四类，即密度小于 0.950 g/ml 的乳糜微粒（chylomicron，CM）、密度介于 0.950 ~ 1.006 g/ml 的极低密度脂蛋白（very low density lipoprotein，VLDL）、密度介于 1.019 ~ 1.063 g/ml 的低密度脂蛋白（low density lipoprotein，LDL）和密度介于 1.063 ~ 1.210 的高密度脂蛋白（high density lipoprotein，HDL）。

Note

（二）电泳法

不同脂蛋白的质量和表面电荷不同，导致在电场中迁移速率存在差异。在常见的以琼脂糖凝胶为支持介质的电泳中，根据电泳迁移率从小到大排列，血浆脂蛋白可分为 CM、β- 脂蛋白（β-lipoprotein）、前 β- 脂蛋白（pre-β-lipoprotein）和 α- 脂蛋白（α-lipoprotein）。这四类脂蛋白分别与超速离心法的四类脂蛋白 CM、LDL、VLDL 和 HDL 相对应。不同的电泳支持介质和电泳条件下，血浆脂蛋白可产生不同的分离效果（图 5-22）。

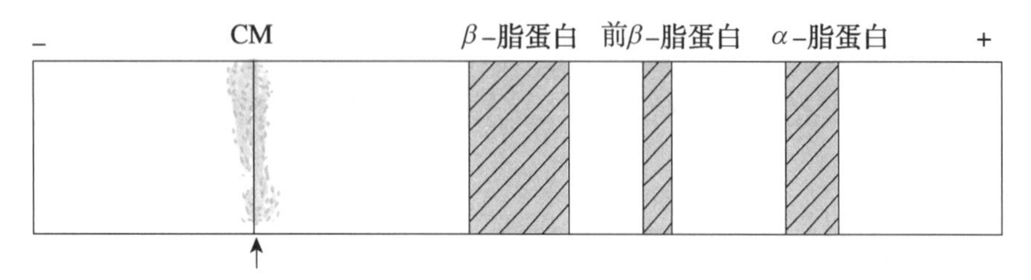

图 5-22　血浆脂蛋白琼脂糖凝胶电泳示意图
缓冲液 pH=8.6，↑表示血浆加样位置

两种不同分类方法下，四类血浆脂蛋白的对应关系及其组成、性质和主要生理功能列于表 5-5。除上述四类主要脂蛋白外，还有一种中间密度脂蛋白（intermediate density lipoprotein，IDL），它是 VLDL 在血浆中向 LDL 转化的中间代谢产物，其组成及密度介于 VLDL 和 LDL 之间，密度为 1.006 ~ 1.019 g/ml。由于超速离心法和电泳法分离血浆脂蛋白所依据的物理参数不同，其所分离脂蛋白的排列顺序有所差异，是完全合理和正常的。

HDL 分子在代谢过程中蛋白质与脂质成分会发生变化，据此可将 HDL 再分为 HDL_1、HDL_2 与 HDL_3。HDL_1 仅在高胆固醇膳食时出现。正常人血浆中主要含 HDL_2 和 HDL_3。其中 HDL_2 密度较低，为成熟的 HDL。HDL_3 是新生的 HDL，由于其分子中蛋白质成分含量高，因此密度稍高。

表 5-5　各种血浆脂蛋白的组成、性质和主要生理功能

分类	超速离心法 电泳法	CM CM	VLDL 前 β- 脂蛋白	LDL β- 脂蛋白	HDL α- 脂蛋白
物理性质	密度（g/ml）	< 0.950	0.950 ~ 1.006	1.019 ~ 1.063	1.063 ~ 1.210
	颗粒大小 (nm)	90 ~ 1000	30 ~ 90	20 ~ 30	7.5 ~ 10
	S_f 值	> 400	20 ~ 400	0 ~ 20	沉降
	电泳位置	原点	α_2- 球蛋白	β- 球蛋白	α_1- 球蛋白
化学组成（%）	蛋白质	1 ~ 2	5 ~ 10	20 ~ 25	45 ~ 55
	脂质	98 ~ 99	90 ~ 95	75 ~ 80	45 ~ 55
	甘油三酯	84 ~ 88	50 ~ 54	8 ~ 10	6 ~ 8
	磷脂	8	16 ~ 20	20 ~ 24	21 ~ 23
	总胆固醇	4	20 ~ 22	43 ~ 47	18 ~ 20
	游离型	1	6 ~ 8	6 ~ 10	4
	酯化型	3	12 ~ 16	37 ~ 39	15
主要载脂蛋白		B-48 A-Ⅰ C、E	B-100 C-Ⅱ E	B-100	A-Ⅰ A-Ⅱ C-Ⅰ
合成部位		小肠	肝	在血中由 VLDL 转化	肝、肠
主要生理功能		转运外源性甘油三酯	转运内源性甘油三酯	转运胆固醇到全身组织	逆向转运胆固醇回肝

三、血浆脂蛋白的组成

所有的血浆脂蛋白均由脂质和载脂蛋白组成。脂质主要包括甘油三酯、磷脂、胆固醇和胆固醇酯。如表 5-5 所示，各种脂蛋白虽然均含有上述脂质，但含量和比例差别巨大。如 CM 中脂质含量可高达 98% ~ 99%，而 HDL 中脂质含量仅为 45% ~ 55%。载脂蛋白在不同脂蛋白中质和量也存在显著差异，这就导致不同脂蛋白代谢途径和生理功能的不同。

目前发现的人载脂蛋白至少有 20 种，分为 A、B、C、D、E 五大类。每类载脂蛋白又可分为若干亚类。如 apoA 又可分为 A- Ⅰ、A- Ⅱ和 A- Ⅳ；apoB 可分为 B-48 和 B-100；apoC 可分为 C- Ⅰ、C- Ⅱ和 C- Ⅲ，而 C- Ⅲ又可进一步根据蛋白质翻译后的修饰，主要是所含唾液酸的数目，再分为 C- Ⅲ 0、C- Ⅲ 1 和 C- Ⅲ 2；apoE 根据其一级结构和等电点的不同也可分为 E-2、E-3 和 E-4，不同 apoE 异构体（isoform）与受体结合时活性有明显的差别。绝大多数载脂蛋白的一级结构已经阐明。研究显示，载脂蛋白不仅具有运载脂类物质及稳定脂蛋白的结构的功能，在激活脂蛋白代谢酶、识别脂蛋白受体等方面也发挥着重要作用。人体主要的载脂蛋白的性质和功能列于表 5-6。

表 5-6　人体主要的载脂蛋白的性质和功能

载脂蛋白	氨基酸残基数	分子量	主要来源	主要功能
A-Ⅰ	243	28.3 kDa	肝、肠	LCAT 激活剂
A-Ⅱ	154	17.5 kDa	肝、肠	LCAT 抑制剂
B-48	2152	260 kDa	肠	促进 CM 的合成
B-100	4536	513 kDa	肝	LDL 受体的配体
C-Ⅰ	57	6630 Da	肝	?
C-Ⅱ	78	8837 Da	肝	LPL 激活剂
C-Ⅲ	79	9532 Da	肝	LPL 抑制剂
E	299	34.1 kDa	肝	乳糜微粒残粒受体配体

1. 载脂蛋白能够结合和转运脂质，稳定脂蛋白的结构　载脂蛋白的基本功能是结合和转运脂质。作为脂蛋白结构成分的载脂蛋白之所以能结合和转运脂质，是因为它们多具有双性 α 螺旋（amphipathic α-helix）结构。在载脂蛋白的氨基酸排列顺序中，每间隔 2 ~ 3 个氨基酸残基，通常出现一个带极性侧链的氨基酸残基。当这种多肽链形成 α 螺旋时，极性氨基酸残基集中在 α 螺旋一侧，形成极性（亲水）侧面；非极性氨基酸残基集中在 α 螺旋的另一侧，形成非极性（疏水）侧面，即形成所谓双性 α 螺旋结构。这种双性 α 螺旋结构有利于载脂蛋白结合和转运脂质以及在构成和稳定脂蛋白结构上起重要作用。亲水的极性面可与水溶剂及磷脂或胆固醇极性区结合，构成脂蛋白的亲水面；疏水的非极性面可与非极性的脂质结合，构成脂蛋白的疏水核心区。这种结构有利于载脂蛋白与脂质的结合，稳定脂蛋白的结构。不同的血浆脂蛋白中包含一种或多种载脂蛋白，但多以某一种为主，且各种载脂蛋白之间维持一定的比例。如 HDL 中主要是 apoA-Ⅰ和 apoA-Ⅱ；LDL 中绝大部分是 apoB-100，也有少量的 apoE（< 5%）；VLDL 除含有 apoB-100 外，还含有 apoC-Ⅰ、C-Ⅱ、C-Ⅲ及 apoE；CM 由多种载脂蛋白组成，但不含 apoB-100 及 apoD。

2. 载脂蛋白是许多脂蛋白代谢关键酶的调控因子　已知 apoA-Ⅰ是磷脂酰胆碱 - 胆固醇酰基转移酶（lecithin-cholesterol acyltransferase，LCAT）的激活因子；apoC-Ⅱ是脂蛋白脂肪酶

Note

(lipoprotein lipase，LPL）的激活因子；而 apoC-Ⅲ则可能是 LPL 的抑制因子等。

脂质多是载脂蛋白所调节的关键酶的底物，因此载脂蛋白可以通过调节关键酶的活性，调控脂蛋白的代谢。

3．载脂蛋白是其所在脂蛋白被相应受体识别和结合的信号 受体介导的代谢途径是脂蛋白代谢的最主要途径。apoA-Ⅰ、apoB-100 和 apoE 分别是 HDL 受体、LDL 受体和乳糜微粒残粒受体识别结合的信号与标志，因此载脂蛋白能影响并决定脂蛋白的代谢。

配体（载脂蛋白）和受体的结构变异均有可能造成脂蛋白代谢异常，这已在临床医学得到广泛证实，如 LDL 受体结构功能缺陷会导致家族性高胆固醇血症。

四、血浆脂蛋白的结构

各类血浆脂蛋白的结构虽然存在着若干差异，但也有共同的基本特征（图 5-23)。除新生的 HDL 为圆盘状外，脂蛋白的结构一般为球状结构，可分为两部分：非极性（疏水）的核心和极性（亲水）的表面。非极性（疏水）的核心由疏水的甘油三酯和胆固醇酯构成，在 CM 和 VLDL 主要是甘油三酯，在 LDL 和 HDL 则主要是胆固醇酯；极性（亲水）的表面是包绕脂质核心的单层外壳，主要由两性脂质（磷脂和游离胆固醇）和载脂蛋白组成。依据物质相似相溶原理，外壳中的两性脂质的排列与质膜相似，其非极性部分向内与脂质核心相互作用，而其极性部分向外与水溶液相互作用。绝大多数的载脂蛋白具有双性 α 螺旋结构。它们以双性 α 螺旋的非极性面向内与脂质核相互作用，而以双性 α 螺旋的极性面向外与水溶液相互作用。载脂蛋白可分为两类：一类是镶嵌于外壳并结合紧密的内在载脂蛋白，在血液运输和代谢过程中从不脱离脂蛋白分子，如 VLDL 和 LDL 中的 apoB-100；另一类是与外壳结合较松散的外在载脂蛋白，在血液运输和代谢过程中可在不同脂蛋白之间穿梭，促进脂蛋白的成熟和代谢，如 apoE 和 apoC。

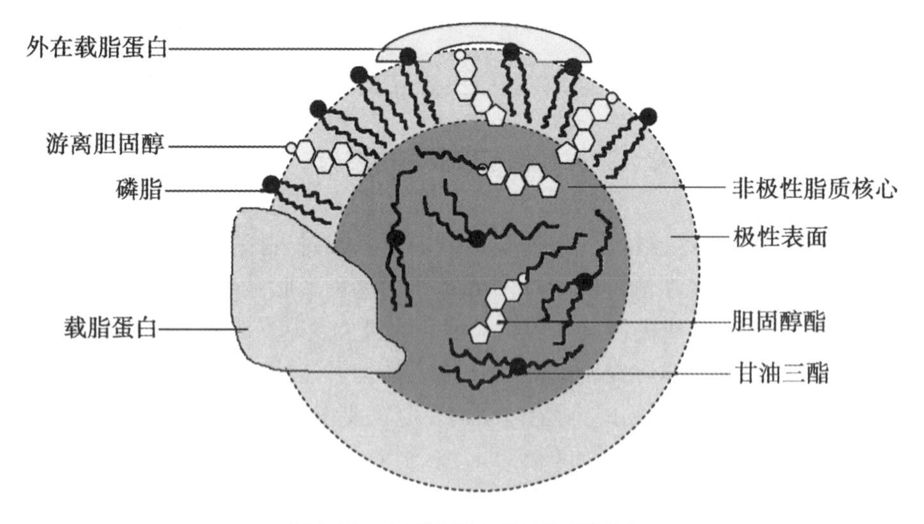

图 5-23 血浆脂蛋白的结构示意图

五、血浆脂蛋白的代谢

血浆脂蛋白的代谢是一个相当复杂的生化过程，它不仅涉及脂蛋白分子本身，同时也涉及许多脂蛋白分子以外的因素，如参与脂蛋白代谢的酶类和脂蛋白受体。此外，各类血浆脂蛋白的代谢也不是彼此孤立，而是互相关联的，如脂蛋白之间载脂蛋白和脂质成分的穿梭和交换。有关血浆脂蛋白的代谢研究虽然已经取得了巨大的进展，但仍然有不少问题需要进一步阐明。

（一）乳糜微粒（CM）的代谢

CM 由小肠黏膜细胞合成，是机体转运外源性甘油三酯及胆固醇的主要形式。小肠黏膜细胞将膳食中吸收摄取的长链脂肪酸再酯化成甘油三酯，连同磷脂和胆固醇与细胞核糖体合成的 apoB-48、apoA-Ⅰ和 apoA-Ⅱ等组装成新生的 CM。

经淋巴系统进入血液循环的新生 CM 从 HDL 获得转运来的 apoE 和 apoC，特别是 apoC-Ⅱ，转变为成熟的 CM。成熟的 CM 分子上的 apoC-Ⅱ可激活脂蛋白脂肪酶（LPL），催化 CM 中甘油三酯水解为甘油，释放的游离脂肪酸被心脏、肌肉、肝和脂肪组织所摄取利用。随着 LPL 的脂解作用和甘油三酯的水解、释放，CM 颗粒明显变小，胆固醇和胆固醇酯的含量相对增加，颗粒密度也有所增加，其外层的 apoA 和 apoC 离开 CM，形成新的 HDL。而 apoE 和 apoB-48 仍保留在 CM，形成以含胆固醇酯为主的乳糜微粒残粒（chylomicron remnant）。乳糜微粒残粒可通过其所含的 apoE 与肝细胞表面的乳糜微粒残粒受体（又称 apoE 受体）结合而被肝细胞吞噬、降解。因此，CM 的主要功能是将外源性甘油三酯转运至心脏、肌肉和脂肪组织等肝外组织进行利用，同时将食物中外源性胆固醇转运至肝进行转化。

血液中的 CM 代谢迅速，半衰期为 5 ~ 15 min。因此正常人空腹后血液中不含有 CM。若在空腹血液中检测出 CM，则意味着血浆脂蛋白代谢异常。脂蛋白脂肪酶结构和功能异常或 apoC-Ⅱ结构和功能缺陷可能是导致严重乳糜微粒血症最常见的原因。乳糜微粒的代谢如图 5-24 所示。

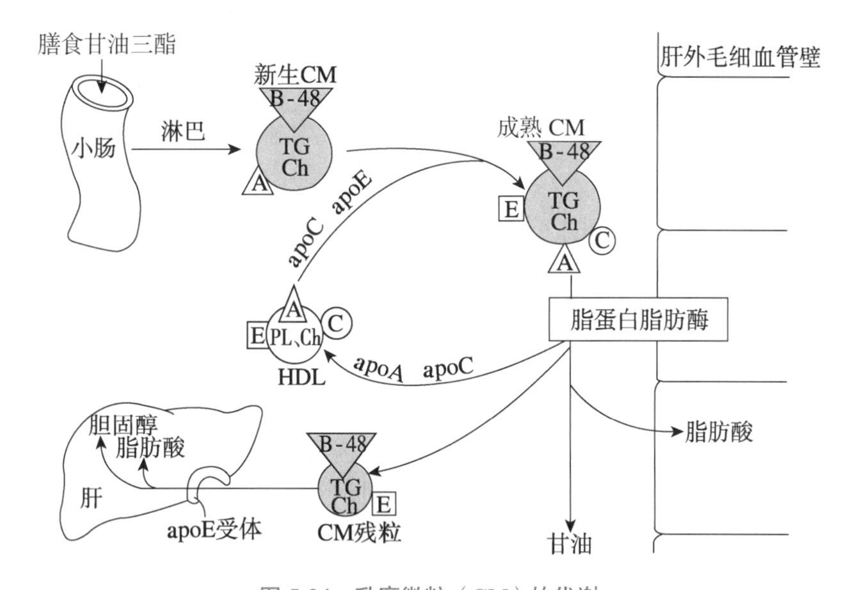

图 5-24 乳糜微粒（CM）的代谢

A：载脂蛋白 A；B-48：载脂蛋白 B-48；C：载脂蛋白 C；E：载脂蛋白 E；CM：乳糜微粒；TG：甘油三酯；PL：磷脂；Ch：胆固醇；HDL：高密度脂蛋白

（二）极低密度脂蛋白（VLDL）的代谢

VLDL 在肝内合成，是机体转运内源性甘油三酯和胆固醇的主要形式。肝细胞合成甘油三酯的主要原料来源于葡萄糖，部分来源于乳糜微粒残粒及脂肪动员产生的游离脂肪酸的酯化。肝细胞利用自身合成的 apoB-100 及 apoE 与甘油三酯、磷脂和胆固醇组装成 VLDL，并直接分泌入血液循环。小肠黏膜细胞也可以生成少量 VLDL。

VLDL 在血液中的经历与 CM 十分相似。分泌入血的 VLDL 从 HDL 获得 apoC 和 apoE，特别是 apoC-Ⅱ。apoC-Ⅱ激活 LPL，催化 VLDL 的甘油三酯水解，产物被肝外组织利用。随着甘油三酯的水解，VLDL 颗粒体积变小，同时载脂蛋白、磷脂和胆固醇的含量相对增加，颗粒密度加大，转变为中间密度脂蛋白（IDL）。一部分 IDL 通过 apoE 介导的受体代谢途径被肝细胞摄取和利用。而未被肝细胞摄取的 IDL 进一步在 LPL 的作用下转变为密度更大且仅含胆固醇酯和 apoB-100 的 LDL。因此，IDL 既是 VLDL 的中间代谢物，又是 LDL 的前体。换言之，LDL 是在血液中由 VLDL 转变产生的。

apoE 是 LDL 受体的配体，在 VLDL 经 IDL 转变为 LDL 的复杂过程中发挥了十分重要的作用。apoE 与 LDL 受体结合活性低下或完全缺失会造成 IDL 在血液中的蓄积，是形成Ⅲ型高脂蛋白血症的生化基础。在 apoE 的 3 种异构体中，apoE-2 与受体的结合活性只相当于 apoE-4 和 apoE-3 的 1% ~ 2%，既往的研究发现，Ⅲ型高脂蛋白血症患者几乎均为 apoE-2 的纯合子。VLDL 在血液中的半衰期为 6 ~ 12 h。正常人的空腹血液含有 VLDL，其浓度与血液的甘油三酯的水平呈明显的正相关。VLDL 的代谢如图 5-25 所示。

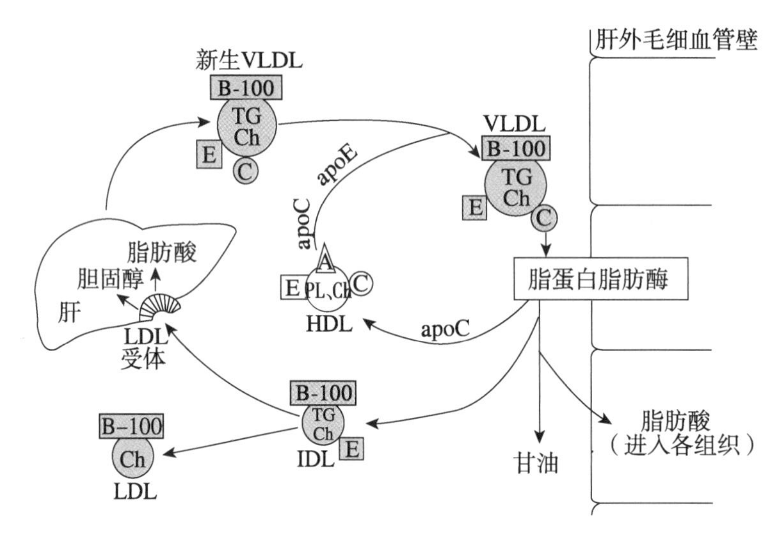

图 5-25 极低密度脂蛋白（VLDL）的代谢

B-100：载脂蛋白 B-100；TG：甘油三酯；Ch：胆固醇；PL：磷脂；E：载脂蛋白 E；LDL：低密度脂蛋白；IDL：中间密度脂蛋白；HDL：高密度脂蛋白

肝作为 VLDL 的合成器官，在脂肪的代谢中具有重要而独特的作用。肝细胞中甘油三酯由于代谢迅速，因此含量有限。如果甘油三酯供应增加，如高脂膳食、饥饿或糖尿病等所致脂肪动员增强，或者肝细胞载脂蛋白、磷脂及 VLDL 合成障碍，以及肝炎等所致肝功能损伤及胆碱缺乏等，均可能导致脂肪在肝中蓄积，形成脂肪肝。长时间的脂肪过度蓄积将损害肝细胞的功能，形成脂肪肝性肝炎。CM 和 VLDL 因为甘油三酯含量丰富，被统称为富含甘油三酯的脂蛋白（triglyceride-rich lipoprotein），其水平决定了血液中甘油三酯的水平。血脂异常已经成为我国居民的一个重要的公共卫生问题。据估计，目前全国血脂异常患者人数已经超过 2 亿，甚至更高。由于我国居民膳食结构的改变，人群中的血脂异常以高甘油三酯血症为最多。脂蛋白脂肪酶（lipoprotein lipase，LPL）是代谢富含甘油三酯脂蛋白的关键酶，载脂蛋白 C-Ⅲ可以抑制 LPL 的活性，它们共同构成影响富含甘油三酯脂蛋白的主要因素。调控这些蛋白质的表达就成为治疗高甘油三酯血症的一个重要靶点和可行途径。苯氧芳酸类调血脂药［如吉非罗齐（商品名诺衡）和苯扎贝特（必降脂）］是核因子过氧化物酶体增殖物激活受体（peroxisome proliferator-activated receptor，PPAR）的激活剂，通过激活 PPARα 增强 LPL、apoA-Ⅰ和 A-Ⅱ的表达，同时抑制 apoC-Ⅲ基因的表达，因此该类药物不但可以降低血液甘油三酯水平，而且有利于提升 HDL-Ch 的水平，成为临床治疗高甘油三酯 PPAR 与血脂调整的重点药物之一。

Note

（三）低密度脂蛋白的代谢

如上所述，LDL 是在血液中由 VLDL 经 IDL 转化而来的。LDL 中的主要脂质成分是胆固醇及胆固醇酯，是机体转运内源性胆固醇的主要运输形式，载脂蛋白为 apoB-100。LDL 在血浆中的半衰期为 2 ～ 4 d，因此它又是血液中胆固醇最主要的存在形式。血液中总胆固醇水平的升高绝大多数原因是 LDL 的升高而导致的。LDL 水平升高可促进动脉内皮细胞下的胆固醇酯堆积而加重动脉粥样硬化，因此 LDL 被认为是致动脉粥样硬化的危险因子。

LDL 代谢有两条途径：受体介导途径和非受体介导途径。受体介导途径是其代谢的最主要途径。在正常情况下，大约 2/3 的 LDL 通过此途径降解，其余 1/3 则主要通过巨噬细胞等非受体介导途径清除。LDL 受体能特异地识别和结合脂蛋白中的 apoB-100，因此又称为 apoB-100 受体。全身组织细胞几乎均具有 LDL 受体，但以肝细胞最为丰富，约占全身 LDL 受体总数的 3/4，因此肝是降解 LDL 最主要的器官。此外，能够以胆固醇为原料合成类固醇激素的器官和组织，如肾上腺、卵巢和睾丸，摄取和降解 LDL 的能力也较强。血液中 LDL 的水平在很大程度上依赖于 LDL 受体结构与功能的正常。

LDL 受体是一种膜镶嵌糖蛋白，由 839 个氨基酸残基构成了 5 个各具功能的结构域。LDL 受体广泛分布于肝、动脉壁等全身各组织的细胞膜表面，能特异性识别、结合含有 apoE 或 apoB-100 的脂蛋白。Brown 与 Goldstein 在研究胆固醇的代谢调节过程中发现了细胞表面的 LDL 受体，并发现 LDL 受体控制细胞对 LDL 的摄取，从而保持血液 LDL 浓度正常，防止胆固醇在动脉血管壁的沉积。这一研究成果是对胆固醇代谢调节研究的伟大贡献，Brown 与 Goldstein 因此共同获得 1985 年的诺贝尔生理学或医学奖。这些研究为相关疾病（如冠心病）的预防和治疗提供了崭新的手段。

在 LDL 代谢过程中，血浆中的 LDL 与受体结合后被吞入细胞内并与溶酶体融合。在溶酶体蛋白酶的作用下，LDL 中的 apoB-100 水解为氨基酸，而胆固醇酯在胆固醇酯酶的催化下水解为游离胆固醇及脂肪酸。生成的游离胆固醇既可以参与细胞生物膜的构成，又可以在不同的组织参与类固醇激素、胆汁酸和维生素 D_3 的合成，并且通过启动下列 3 个反应，有效地调节细胞内的胆固醇代谢（图 5-26）。

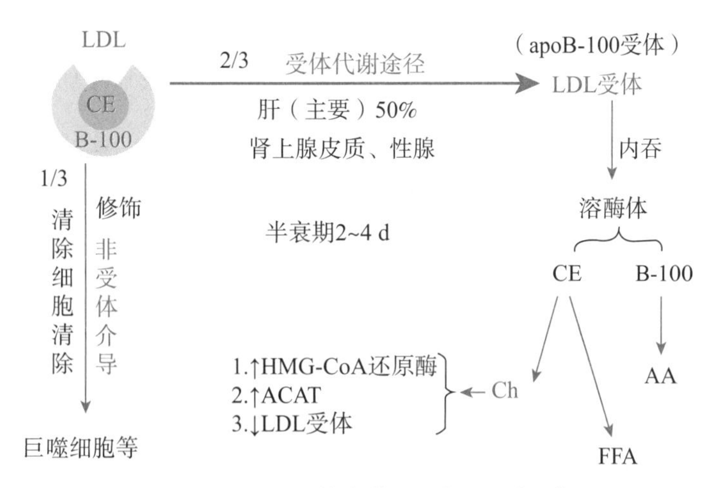

图 5-26　LDL 受体代谢及细胞胆固醇调节

B-100：载脂蛋白 B-100；CE：胆固醇酯；ACAT：脂肪酰辅酶 A- 胆固醇酰基转移酶；FFA：游离脂肪酸；AA：氨基酸；LDL：低密度脂蛋白

（1）通过反馈调节抑制细胞内质网 HMG-CoA 还原酶的活性，降低细胞内源性胆固醇的合成。

（2）激活细胞内脂肪酰辅酶 A- 胆固醇酰基转移酶（acyl CoA-cholesterol acyltransferase，

ACAT）的活性，使游离胆固醇重新酯化为胆固醇酯，并储存于胞质溶胶中备用。当细胞需要时，胆固醇酯酶重新水解为游离胆固醇，供细胞代谢的需要。

（3）在转录水平抑制细胞 LDL 受体蛋白质的合成，从而抑制 LDL 的结合，降低细胞外胆固醇的摄取和利用。

（四）高密度脂蛋白的代谢

HDL 主要由肝合成，小肠也能少量合成。HDL 的主要功能是逆向转运（cholesterol reverse transport）胆固醇，即将肝外组织细胞中的胆固醇通过血液循环转运到肝，在肝内转化为胆汁酸排出。

新生的 HDL 呈圆盘状，主要由载脂蛋白、磷脂和胆固醇构成。载脂蛋白种类多样且含量高，包括 apoA Ⅰ、apoA Ⅱ、apoC 等，以 apoA Ⅰ为主。apoA Ⅰ是磷脂酰胆碱 - 胆固醇酰基转移酶（LCAT）的激活因子，而磷脂中的主要成分磷脂酰胆碱则是该酶的主要底物之一。在肝合成的 LCAT 的催化下，HDL 表面磷脂酰胆碱第 2 位上的脂肪酰基被转移到游离胆固醇的第 3 位羟基上，从而使游离胆固醇转化为胆固醇酯。胆固醇酯因其失去极性而移入 HDL 的非极性脂质核心（图 5-27），由此形成 HDL 和外周组织间游离胆固醇的浓度梯度，并促进外周组织游离胆固醇向 HDL 流动。随着 LCAT 的反复作用，进入 HDL 内部的胆固醇酯逐步增加，使磷脂双层伸展分离，新生的圆盘状 HDL 逐渐转变为密度较大、颗粒较小的 HDL_3。随着胆固醇含量的增加，颗粒变大，密度变小，HDL_3 逐步转变为 HDL_2，即成熟的 HDL。在此过程中，血浆中的胆固醇酯转运蛋白（cholesteryl ester transfer protein，CETP）也参与并促进胆固醇逆向转运。当周围组织细胞膜的游离胆固醇与 HDL 结合后，被 LCAT 酯化成胆固醇酯，移入 HDL 核心，并可通过 CETP 转移给 VLDL、LDL，再被肝的 LDL 及 VLDL 受体摄取入肝细胞，至此，完成了胆固醇从周围组织细胞经 HDL 转运到肝细胞的过程。由于 LCAT 的高活性，正常人血液中很少见到圆盘状的新生 HDL，但在遗传性 LCAT 活性低或完全缺失的患者中，HDL 则主要以圆盘状的形式存在，说明了 LCAT 在 HDL 成熟和胆固醇逆向转运中的作用。

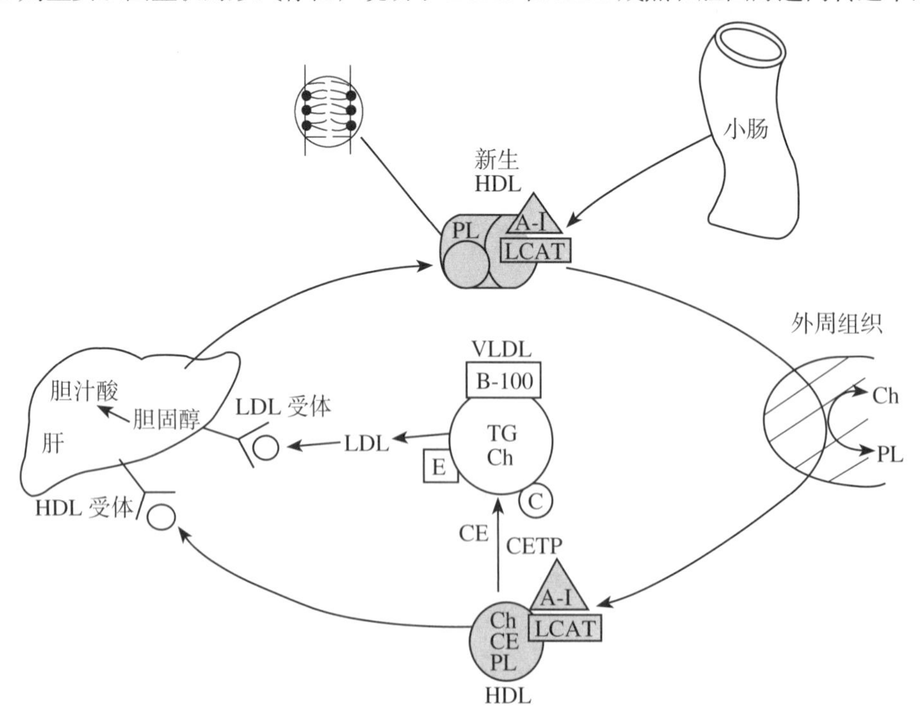

图 5-27 高密度脂蛋白的代谢

PL：磷脂；A-Ⅰ：载脂蛋白 A-Ⅰ；TG：甘油三酯；Ch：胆固醇；CE：胆固醇酯；CETP：胆固醇酯转运蛋白；LCAT：磷脂酰胆碱 - 胆固醇酰基转移酶；HDL：高密度脂蛋白；VLDL：极低密度脂蛋白

成熟的 HDL 可与肝细胞的 apoA- Ⅰ受体结合后被摄取，完成了胆固醇由肝外向肝内的转运。与 LDL 转运胆固醇的方向相反，HDL 将胆固醇由肝外组织运回肝内，因此称为胆固醇的逆向转运。胆固醇的这种双向转运既保证了全身组织对胆固醇的需要，又避免了过量胆固醇在外周组织的蓄积，具有重要的生理意义。血液中 LDL 和 HDL 的水平常用胆固醇含量表示，分别称为 LDL-Ch 和 HDL-Ch。HDL-Ch 水平越高，反映机体逆向转运胆固醇的能力越强，动脉血管壁等外周组织胆固醇蓄积的可能性越小。这就合理地解释了流行病学调查和临床医学研究的重要发现：HDL-Ch 的水平与动脉粥样硬化的发病率呈明显的负相关。基于上述的认识和理解，HDL 被认为是抗动脉粥样硬化因子。LDL-Ch 和 HDL-Ch 的含量比值（LDL-Ch/HDL-Ch）称为动脉粥样硬化指数（atherosclerosis index，AI），它反映了机体对动脉粥样硬化的易患性，一些学者认为其临床判断价值优于单纯的总胆固醇测定。LDL-Ch 和 HDL-Ch 的测定已经广泛地应用于临床检验。

除上述功能外，HDL 的重要功能还包括作为 apoE 和 apoC 的储存库。apoE 和 apoC 不断地穿梭于 CM、VLDL 和 HDL 之间，这不仅有利于激活 LPL，促进脂蛋白中甘油三酯的水解，而且有利于这些脂蛋白的进一步代谢，特别是在肝细胞受体介导的结合和摄取中发挥了关键的作用。由此可见，各类脂蛋白的代谢并不是彼此孤立的，而是相互联系和相互促进的，它们都是若干个循环的组成部分，彼此协调配合，共同完成血浆脂质转运和代谢的复杂过程。

六、血脂测定与血脂异常

血脂的组成和水平可以在一定程度上反映机体脂质代谢的状况，血脂测定有助于疾病的预判和诊断。高脂血症是脂质代谢异常引起血脂浓度高于正常值上限。目前，临床上以成年人空腹 12 ～ 14 h 血浆甘油三酯超过 2.26 mmol/L（200 mg/dl）、胆固醇超过 6.2 mmol/L（240 mg/dl），儿童胆固醇超过 4.14 mmol/L（160 mg/dl）作为高脂血症的诊断标准。实际上，在高脂血症患者，血浆中一些脂蛋白脂质增高，而另外一些脂蛋白脂质含量可能降低或缺如，因此将“高脂蛋白血症”称为“异常脂蛋白血症（dyslipoproteinemia）”更为合理，相应的药理学也应将降血脂药易名为调血脂药。

一些学者认为在低密度脂蛋白和高密度脂蛋白水平的测定中，特定载脂蛋白的测定可能优于其所含胆固醇的测定，因此建议和补充了 apoA-Ⅰ和 apoB-100 的测定。但是，在医疗资源有限的情况下，apoA-Ⅰ和 apoB-100 的测定价值有待商榷。一方面，LDL-Ch 与 apoB-100、HDL-Ch 与 apoA-Ⅰ测定结果之间存在高度的相关性；另一方面，载脂蛋白的测定无论精确性，还是准确性，均低于脂质测定。

影响血脂水平的因素是多元的，既包括遗传因素，又包括膳食和生活方式等环境因素，此外与血脂水平相关的疾病在不同的国家和民族发病率也有很大的不同。基于上述原因，不仅不同的民族和国家可以有不同的血脂测定参考值，而且同一民族和国家的血脂参考值也不是固定不变的。血脂参考值的确定是一项复杂的系统工程，包含流行病学、基础医学和临床医学等众多学科的研究成果。2022 年我国专家及学者进一步修订了 2016 版《中国成人血脂异常防治指南》，并制定了新的中国成年人血脂水平分层标准，列于表 5-7 中。

Note

表 5-7 中国成年人血脂水平分层标准 [mmol/L（mg/dl）]

分层	TC	LDL-C	HDL-C	非 HDL-C	TG
理想范围	-	< 2.29（100）	-	< 3.37（130）	-
合适范围	< 5.18（200）	2.59 ~ 3.37（100 ~ 130）	-	< 4.14（160）	< 1.70（150）
边缘增高	5.18 ~ 6.22（200 ~ 240）	3.37 ~ 4.14（130 ~ 160）	-	4.14 ~ 4.92（160 ~ 190）	1.70 ~ 2.26（150 ~ 200）
升高	≥ 6.20（240）	≥ 4.14（160）	-	≥ 4.92（190）	≥ 2.26（200）
降低	-	-	< 1.04（40）	-	-

注：TC：总胆固醇；LDL-C：低密度脂蛋白胆固醇；HDL-C：高密度脂蛋白胆固醇；TG：甘油三酯。血脂项目的不同单位相互转换系数 TC、HDL-C、LDL 为 1 mg/dl = 0.025 9 mmolL，TG 为 0.011 3 mmol/L。

目前，临床上根据血浆脂蛋白和血脂变化，将血脂异常疾病分为高胆固醇血症、高甘油三酯血症、混合型高脂血症和低 HDL-C 血症四型，临床分类标准列于表 5-8 中。

表 5-8 高脂血症的临床分类标准

类型	TC	TG	HDL-C	对应 WHO 分类
高胆固醇血症	↑↑	→	→	Ⅱa
高甘油三酯血症	→	↑↑	→	Ⅳ、Ⅰ
混合型高脂血症	↑↑	↑↑	→	Ⅱb、Ⅲ、Ⅳ、Ⅴ
低 HDL-C 血症	→	→	↓	

注：TC：总胆固醇；TG：甘油三酯；HDL-C：高密度脂蛋白胆固醇。

高脂血症可分为原发性和继发性两大类。原发性高脂血症多与遗传因素有关，如参与脂质代谢的调节酶、脂蛋白转运和代谢的受体等的遗传性缺陷，导致血浆脂蛋白代谢异常，引起高脂血症；而继发性高脂血症的病因有很多，如糖尿病、肝病、甲状腺功能减退、肾病综合征、库欣综合征，可导致患高脂血症。此外，雌激素缺乏或长期服用激素类、β- 受体阻断药以及部分抗肿瘤药等也可能诱发高脂血症。

长期的高脂血症会造成血浆中过多的脂质沉积于血管壁上，形成脂肪斑或纤维斑块，导致动脉管腔狭窄，管壁硬化并产生功能障碍，因此高脂血症与动脉粥样硬化、心肌梗死、脑梗死及高血压等心脑血管疾病密切相关。

高脂血症的防治措施包括非药物治疗和药物治疗。非药物治疗包括饮食和其他生活方式的调节，通过减少脂肪（尤其是胆固醇和饱和脂肪酸）的摄入量，从而达到降低血脂的目的，这是高脂血症治疗的基础。如经非药物治疗后血脂水平仍不正常，或伴有动脉粥样硬化等症状，则需药物治疗。临床上用于治疗高脂血症的药物有：他汀类药物，包括阿托伐他汀、普伐他汀、辛伐他汀、匹伐他汀等，主要用于减低低密度脂蛋白、减少冠心病的发生率；贝特类调脂药，如非诺贝特类药物，主要用于降低甘油三酯。

思考题

1. 简述脂质的组成和重要的生理功能。
2. 试比较脂肪酸降解和合成途径的重要区别。

3．试述软脂酸的氧化分解过程及能量的生成情况。

4．何为酮体？根据所学酮体代谢的生化知识，讨论临床酮症酸中毒产生的可能原因和应采取的治疗措施。

5．血脂测定应包括哪几项？如何评价其临床意义？

6．根据所学的胆固醇代谢知识，试讨论治疗高胆固醇血症应采取的措施及其生化基础。

7．脂肪酸源激素主要包括哪些激素？试简述其结构特点和主要生理功能。

8．阐述血浆脂蛋白的主要分类，不同脂蛋白的化学组成特点、代谢途径和主要的生理功能。

9．为何说载脂蛋白是决定脂蛋白结构、功能和代谢的核心组分？

（王　杰）

第六章

生物氧化

第六章数字资源

第一节　概　述

一切生物都必须依靠能量来维持生存，而生物体所需的能量大都来自体内糖、脂肪、蛋白质等有机物的氧化。糖、脂肪、蛋白质在生物体内经加氧、脱氢、失电子的方式被氧化，这些物质彻底氧化生成 CO_2 和 H_2O。这一过程的完成首先要经过分解代谢，在不同的分解代谢过程中，代谢物的脱氢反应和辅酶 NAD^+ 或 FAD 的还原反应能够产生 $NADH + H^+$ 或 $FADH_2$。这些携带着氢离子和电子的还原型辅酶，再将氢离子和电子传递给氧，最终生成水。这一系列的反应过程伴随着能量的释放，其中一部分能量以底物水平磷酸化和氧化磷酸化的方式转化到 ATP 分子中，供机体肌肉收缩、物质转运、化学合成等各种生命活动的需要。此外，分解过程还伴有脱羧反应生成 CO_2。

一、生物氧化就是物质在生物体内氧化分解的过程

糖、蛋白质、脂肪等物质在生物体内氧化分解生成 CO_2 和 H_2O 并释放能量的过程称为生物氧化（biological oxidation）。因为这一过程在组织细胞中进行，消耗氧，生成二氧化碳，与细胞呼吸有关，因此生物氧化又称为细胞呼吸或组织呼吸。生物氧化遵循氧化还原反应的一般规律，物质通常是以加氧、脱氢、失去电子的方式被氧化的。线粒体内进行的生物氧化是机体产生 ATP 的主要途径。微粒体和过氧化物酶体等中进行的生物氧化则与机体内代谢物、药物及毒物的清除、排泄有关。

二、生物氧化在体温及近中性 pH 环境中需要酶的催化进行

生物体内的氧化和体外燃烧生成的终产物相同，都是 CO_2 和 H_2O，释放的总能量也完全相同。但生物氧化具有与体外燃烧不同的特点：在体温及近中性 pH 生理状态下通过一系列酶促反应完成，同时能量逐步释放，有相当一部分能量驱动 ADP 磷酸化生成 ATP，从而将能量以化学能的形式储存在高能化合物中，以供机体生理生化活动之需。另外一部分则以热能的形式散发，用于维持体温。人体内 CO_2 的生成并不是物质中所含的碳原子和氧直接化合的结果，而是物质代谢生成的中间产物有机酸经过脱羧基作用（decarboxylation）生成的。催化氧化还原反应的酶类包括氧化酶类、脱氢酶类、加氧酶类和过氧化物酶类。生物氧化的特点列于

Note

表 6-1。

表 6-1　生物氧化的特点

内容	特点
生物氧化反应条件	酶催化、体温、pH 中性、逐步释放能量
生物氧化方式	加氧、脱氢、失电子
CO_2 生成的方式	脱羧
生物氧化场所	线粒体、微粒体、过氧化物酶体等
能量释放的形式	ATP、热能
H_2O 的生成方式	主要是通过 NADH 氧化呼吸链、$FADH_2$ 氧化呼吸链

第二节　线粒体氧化体系与呼吸链

线粒体（mitochondria）是需氧细胞内营养物质进行生物氧化的主要场所。在物质氧化为 CO_2 和 H_2O 的过程中，代谢物脱下的氢（$FADH_2$ 和 NADH + H^+）在线粒体内通过电子传递彻底氧化生成水并释放能量，后者以 ATP 的形式储存用于各种生命活动，故将线粒体比作细胞的“动力工厂”。

一、呼吸链由具有传递氢 / 电子能力的蛋白质复合体组成

代谢物脱下的成对氢原子（2H）以还原当量形式（NADH + H^+、$FADH_2$）存在，经一系列有序排列于线粒体内膜上的由酶和辅酶复合体构成的递氢体和递电子体的逐步传递，最终将电子传递给分子氧。在传递电子的过程中，NADH + H^+ 或 $FADH_2$ 上的一对氢给出 2e 被氧化为 $2H^+$，氧则获得 2e 被还原为 O^{2-}，最终 $2H^+$ 和 O^{2-} 结合生成水，释放的能量被 ADP 捕获用于形成 ATP。这一系列有序排列于线粒体内膜上的酶和辅酶复合体形成一个连续传递电子 / 氢的反应链，称为电子传递链（electron transfer chain）。传递氢的酶或辅酶被称为递氢体，传递电子的酶或辅酶被称为递电子体。由于递氢的过程中也需要递电子（$2H^+$+ 2e），所以递氢体同时又是递电子体。电子传递链催化进行的一系列连锁反应与细胞摄取氧的呼吸过程有关，故又称为呼吸链（respiratory chain）。

用胆酸类表面活性剂处理线粒体内膜，呼吸链主要由位于线粒体内膜上的Ⅰ、Ⅱ、Ⅲ、Ⅳ 4 种蛋白质复合体组成。每个复合体都由多种酶蛋白、金属离子、辅酶组成，它们镶嵌于线粒体内膜上，并按照一定顺序排列（表 6-2）。复合体通过电子的传递实现能量的转换，驱动 ADP 磷酸化生成 ATP。而电子传递过程的本质是由电势能转变为化学能的过程，电子传递所释放的电化学势能驱动 H^+ 由线粒体基质侧转移到线粒体内外膜的膜间隙，从而形成线粒体内膜两侧的 H^+ 浓度梯度差。当 H^+ 顺浓度跨越线粒体内膜回流时，驱动 ATP 的生成。下面将分别叙述呼吸链各组成成分的氧化还原作用和相应的电子传递过程。

Note

表 6-2 组成呼吸链的复合体

名称	质量（kDa）	多肽链数	辅基
复合体Ⅰ（NADH- 泛醌还原酶）	850	43	FMN，Fe-S
复合体Ⅱ（琥珀酸 - 泛醌还原酶）	140	4	FAD，Fe-S
复合体Ⅲ（泛醌 - 细胞色素 *c* 氧化还原酶）	250	11	血红素 bL，bH，c1，Fe-S
复合体Ⅳ（细胞色素 *c* 氧化酶）	162	13	血红素 a，血红素 a3，CuA，CuB

（一）复合体Ⅰ将 NADH 中的电子传递给泛醌

复合体Ⅰ又称 NADH- 泛醌还原酶或 NADH 脱氢酶。复合体Ⅰ嵌在线粒体内膜上，其 NADH + H^+ 结合面朝向线粒体基质，这样就能与基质内经脱氢酶催化产生的 NADH + H^+ 相互作用。复合体Ⅰ由黄素蛋白、铁硫蛋白等蛋白质及其辅基组成，辅基主要有黄素单核苷酸（FMN）和 Fe-S。NADH + H^+ 脱下的氢经复合体Ⅰ中的 FMN、铁硫蛋白后，再传递到泛醌，与此同时，伴有质子从线粒体内膜基质侧泵到膜间隙。

现已发现烟酰胺腺嘌呤二核苷酸（nicotinamide adenine dinucleotide，NAD^+）或称辅酶Ⅰ（coenzyme Ⅰ，CoⅠ）为 100 余种脱氢酶的辅酶（图 6-1）。

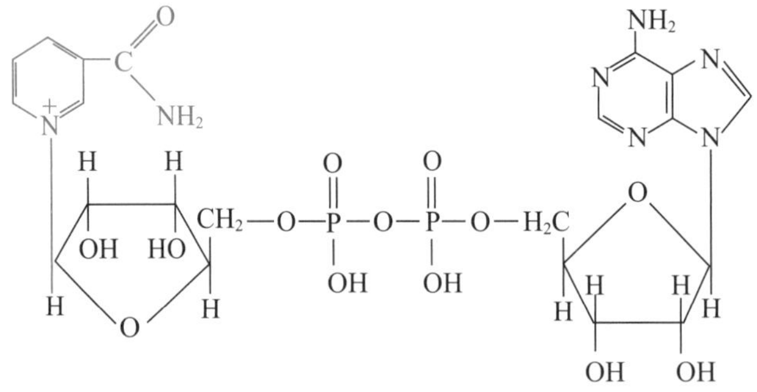

图 6-1 NAD^+ 结构

NAD^+ 的主要功能是接受从底物上脱下的 2H（$2H^+$+ 2e），然后传递给黄素蛋白辅基 FMN。在生理 pH 条件下，烟酰胺中的氮（吡啶氮）为五价氮，它能可逆地接受电子而成为三价氮，与氮对位的碳也较活泼，能可逆地加氢还原，故可将 NAD^+ 视为递氢体。反应时，NAD^+ 中的烟酰胺部分可接受 1 个氢原子和 1 个 e，尚有 1 个质子（H^+）留在介质中（图 6-2）。

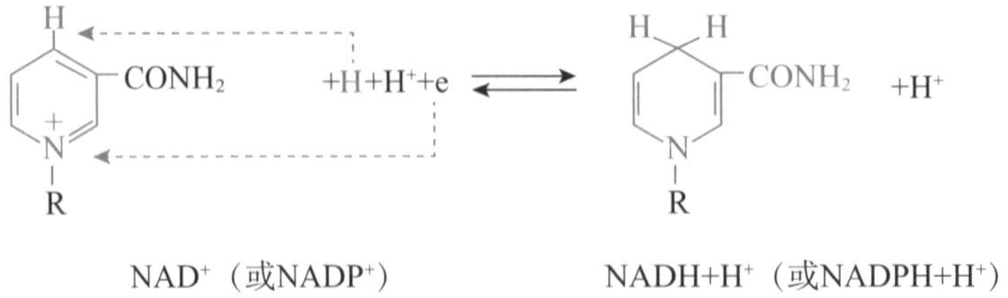

NAD^+（或$NADP^+$） NADH+H^+（或NADPH+H^+）

图 6-2 NAD^+（$NADP^+$）的加氢和 NADH（NADPH）的脱氢反应

此外，尚有不少脱氢酶的辅酶为烟酰胺腺嘌呤二核苷酸磷酸（nicotinamide adenine dinucleotide phosphate，$NADP^+$），或称辅酶Ⅱ（coenzyme Ⅱ，Co Ⅱ）。当此类酶催化底物脱氢后，$NADP^+$ 被还原为 NADPH + H^+。NADPH + H^+ 一般为合成代谢或羟化反应提供氢。

黄素蛋白（flavoprotein，FP）种类很多，其辅基有黄素单核苷酸（flavin mononucleotide，FMN）和黄素腺嘌呤二核苷酸（flavin adenine dinucleotide，FAD）两种，两者均含有核黄素（图

6-3)。FMN、FAD 分子异咯嗪环上的两个氮原子可反复进行加氢或脱氢反应，是递氢体（图 6-4）。

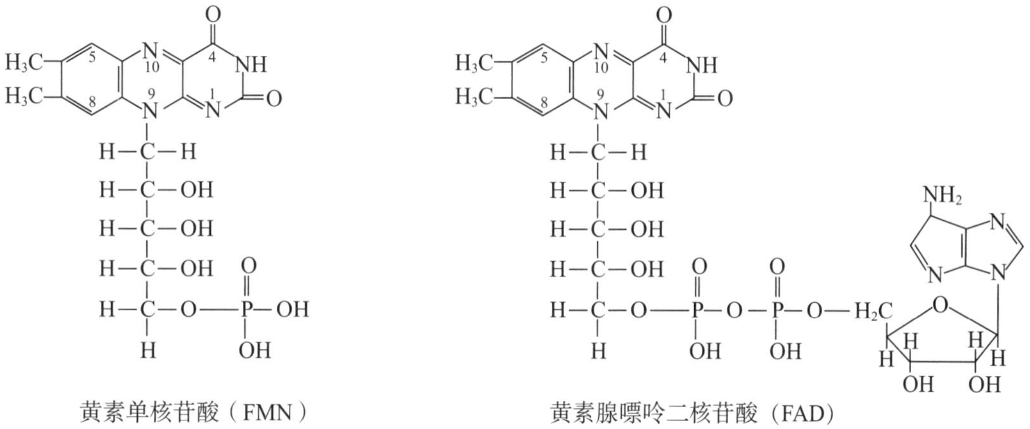

黄素单核苷酸（FMN）　　黄素腺嘌呤二核苷酸（FAD）

图 6-3　FMN、FAD 的结构

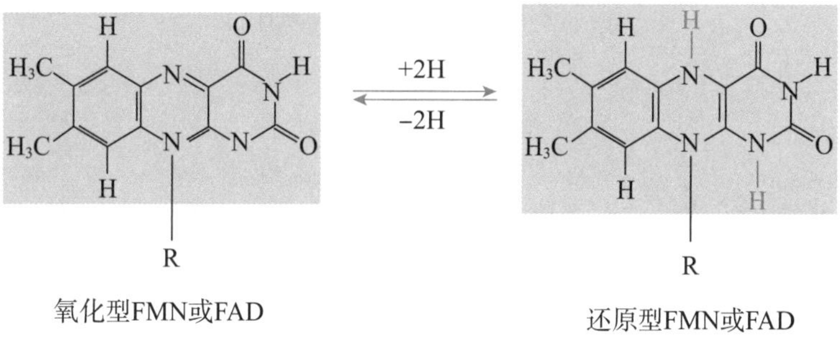

氧化型FMN或FAD　+2H / −2H　还原型FMN或FAD

图 6-4　FMN 或 FAD 的加氢及 $FMNH_2$ 或 $FADH_2$ 脱氢反应
R：异咯嗪环外的其他部分

黄素蛋白可催化底物脱氢，脱下的氢可被辅基 FMN 或 FAD 接受。复合体 I 所含的黄素蛋白的辅基为 FMN，参与催化 NADH 脱氢，它将氢由 NADH + H^+ 转移到 FMN 上，使 FMN 还原为 $FMNH_2$。复合体 Ⅱ 所含的黄素蛋白的辅基为 FAD，参与催化琥珀酸脱氢。

铁硫簇（iron-sulfur center，Fe-S）又称铁硫中心，是铁硫蛋白（iron-sulfur protein）的辅基，Fe-S 与蛋白质结合为铁硫蛋白。Fe-S 是 NADH- 泛醌还原酶的第二种辅基。铁硫簇含有等量的铁原子与硫原子，有几种不同的类型（图 6-5）：FeS、Fe_2S_2 和 Fe_4S_4 均通过铁原子与半胱氨酸残基的 S 原子相连。

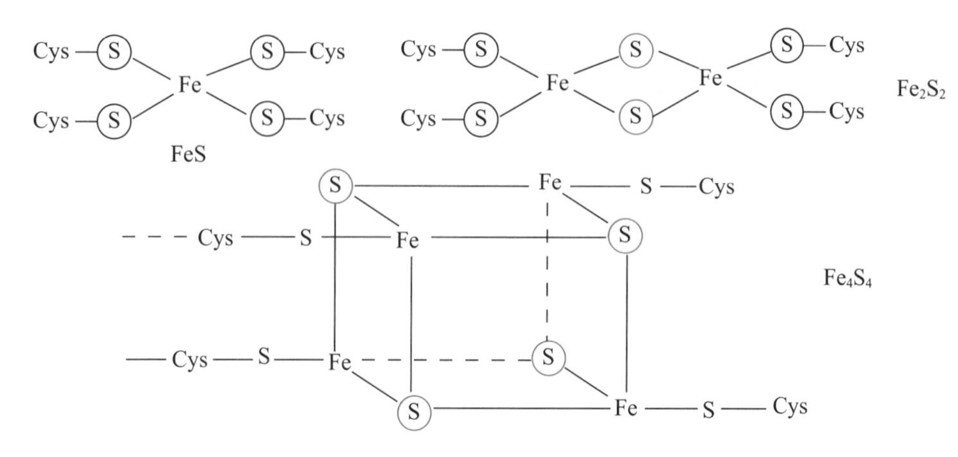

图 6-5　线粒体中铁硫中心的结构
Ⓢ 表示无机硫

Note

铁硫蛋白分子中的一个铁原子能可逆地进行氧化还原反应，每次只能传递一个电子，为单电子传递体。

$$Fe^{3+} \underset{-e}{\overset{+e}{\rightleftharpoons}} Fe^{2+}$$

在呼吸链中，铁硫蛋白多与黄素蛋白或细胞色素 *b* 结合成复合物存在。铁硫蛋白也是复合体Ⅱ、复合体Ⅲ的组成成分。

泛醌（ubiquinone，UQ）是一类脂溶性醌类化合物，因为广泛分布于生物界而得名，又称为辅酶 Q（coenzyme Q，CoQ）。CoQ 中有一个长的多聚异戊二烯尾，异戊二烯单位的数目因物种而异（图 6-6）。哺乳动物体内的泛醌常见形式是含 10 个异戊二烯单位，因此其符号为 Q_{10}。

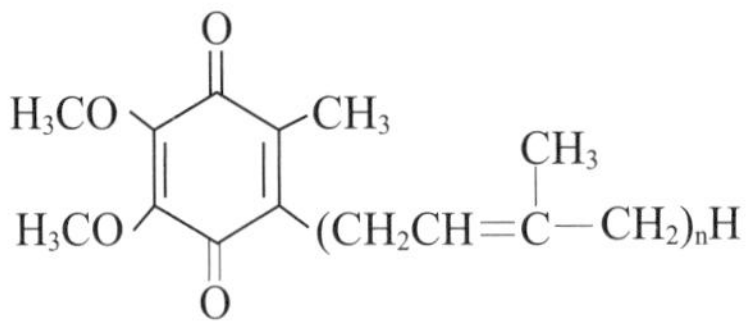

图 6-6　泛醌的结构

UQ 的侧链由具有的较强疏水多聚异戊二烯构成，因此它在线粒体内膜中能够自由移动。UQ 是呼吸链中唯一不与蛋白质紧密结合的递氢体，其分子的苯醌结构能可逆地加氢而还原成对苯二酚衍生物。还原时，泛醌先接受 1 个电子和 1 个质子还原成半醌，再接受 1 个电子和 1 个质子还原成二氢泛醌（图 6-7）。UQ 在电子传递过程中的作用是将电子从 NADH- 泛醌还原酶（复合体Ⅰ）或从琥珀酸 - 泛醌还原酶（复合体Ⅱ）转移到泛醌 - 细胞色素 *c* 氧化还原酶（复合体Ⅲ）上。

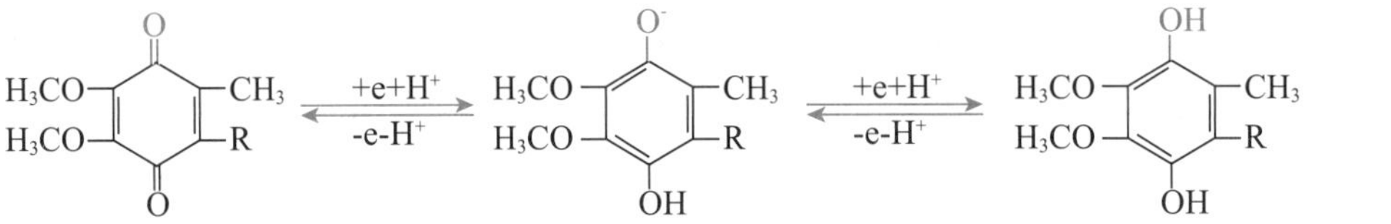

泛醌（UQ）氧化型　　半醌（UQH）　　二氢泛醌（UQH_2）（还原型）

图 6-7　泛醌的加氢和脱氢反应

（二）复合体Ⅱ将电子从琥珀酸传递至泛醌

复合体Ⅱ又称琥珀酸 - 泛醌还原酶，其功能是将电子从琥珀酸传递给泛醌。以 FAD 为辅基的琥珀酸脱氢酶、甘油 -3- 磷酸脱氢酶、脂肪酰辅酶 A 脱氢酶等催化相应底物脱氢后，使 FAD 还原为 $FADH_2$，然后电子由 $FADH_2$ 传递到铁硫中心，再到泛醌。该过程传递电子释放的自由能较小，不足以将 H^+ 泵出线粒体内膜，因此复合体Ⅱ没有 H^+ 泵功能。

（三）复合体Ⅲ将电子从还原型泛醌传递至细胞色素 *c*

复合体Ⅲ又称泛醌 - 细胞色素 *c* 氧化还原酶（ubiquinone：cytochrome *c* oxidoreductase）。人复合体Ⅲ含有 1 个 Cyt b_{562}，1 个 Cyt b_{566}、1 个 Cyt c_1、1 个铁硫蛋白辅基参与电子传递，其功能是将电子从 UQ 传递给细胞色素 *c*，同时将质子从线粒体内膜基质侧转移至膜间隙。

细胞色素（cytochrome，Cyt）是以血红素（heme，又称为铁卟啉）为辅基的电子传递蛋白质（图 6-8），因具有颜色，故名细胞色素。在呼吸链中，其功能是将电子从 UQ 传递到氧。细胞色素广泛存在于各种生物中，种类很多。线粒体中的细胞色素根据其吸收光谱的吸收峰波长不同而分为三大类，分别为 Cyt *a*、Cyt *b*、Cyt *c*，每类又有不同亚类。在呼吸链中的细胞色素有 *b*、c_1、*c*、*a*、a_3。复合体Ⅲ中细胞色素 *b* 有两种，最大吸收峰波长在 562 nm 的写作 b_{562}，因其还原电位高也称为 b_H；最大吸收峰波长在 566 nm 的写作 b_{566}，因其还原电位低，也称为 b_L。细胞色素各辅基中的铁离子可以得失电子，进行可逆的氧化还原反应，因此起到传递电子的作用，为单电子传递体。

细胞色素 *c* 是呼吸链唯一的水溶性球状蛋白，不包含在上述复合体中。它可在线粒体内膜的胞质面自由移动，从复合体Ⅲ中的 Cyt c_1 获得电子传递给复合体Ⅳ。

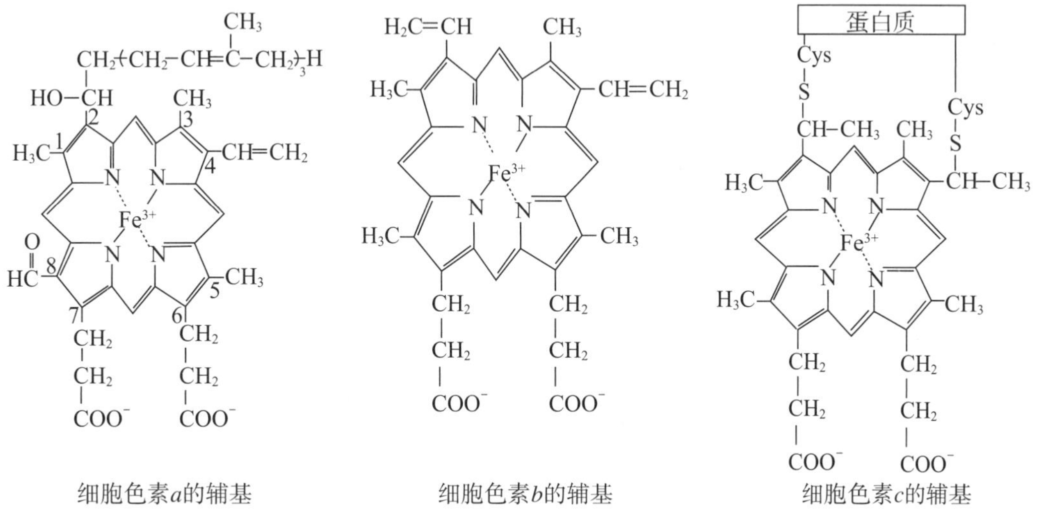

细胞色素*a*的辅基　　细胞色素*b*的辅基　　细胞色素*c*的辅基

图 6-8　细胞色素 *a*、*b*、*c* 的辅基

（四）复合体Ⅳ将电子从细胞色素 *c* 传递给氧

复合体Ⅳ又称为细胞色素 *c* 氧化酶（cytochrome *c* oxidase）。人复合体Ⅳ包含 13 个亚基、2 个辅基 Cyt *a* 和 Cyt a_3，2 个 Cu 离子位点 Cu_A 和 Cu_B。其中亚基Ⅰ～Ⅲ是电子传递的功能性亚基，由线粒体基因编码，其他 10 个亚基起调节作用。Cyt *a* 与 Cyt a_3 很难分开，组成一复合体，细胞色素 a_3 和 Cu_B 定位接近形成 1 个 Fe-Cu 中心。此外，亚基Ⅱ通过 2 个半胱氨酸残基稳定结合 2 个 Cu^{2+}，形成类似 Fe_2S_2 铁硫中心的结构，称为 Cu_A；亚基Ⅰ结合 1 个 Cu^{2+}，称为 Cu_B。复合体Ⅳ的功能是将电子从 Cyt *c* 通过复合体Ⅳ传递到氧，同时引起质子从线粒体内膜基质侧向胞质溶胶侧移动。复合体Ⅳ中有 4 个氧化还原中心：Cyt *a*、Cyt a_3、Cu_B、Cu_A。电子传递顺序如下：

$$还原型\ Cyt\ c \rightarrow Cu_A \rightarrow Cyt\ a \rightarrow Cyt\ a_3\text{-}Cu_B \rightarrow O_2$$

底物氧化后脱下的氢通过以上呼吸链组成成分将电子传递到氧（图 6-9），从而激活氧。氢由于给出电子被氧化而激活形成 H^+，最终被激活的氢和氧结合成水。

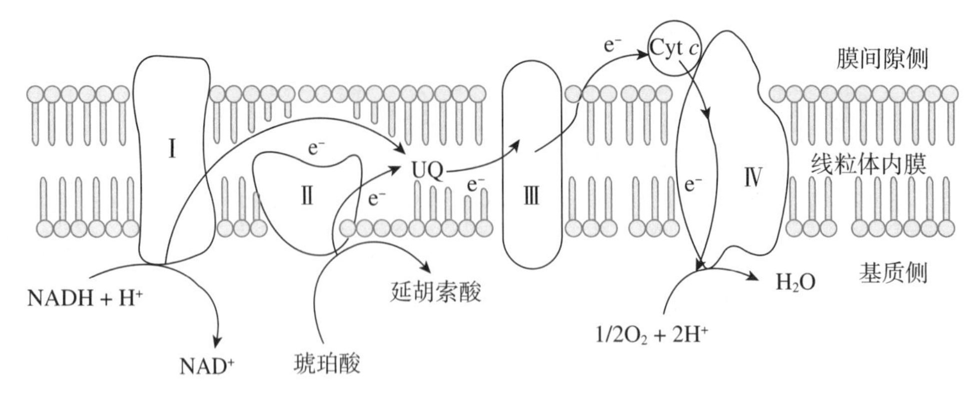

图 6-9　呼吸链 4 个复合体传递顺序示意图

二、呼吸链中各组分按一定顺序排列

在呼吸链中，各种电子传递体是按一定顺序排列的。呼吸链各组分的排列顺序由下列实验确定。

（一）根据呼吸链各组分的标准氧化还原电位进行排序

氧化还原电位表示氧化剂得到电子的能力或还原剂失去电子的能力（表 6-3），呼吸链中电子流动趋向从还原电位低（电子亲和力弱）的组分向还原电位高（电子亲和力强）的组分方向流动，所以，E'^{o} 的数值越低，即负值越大或者正值越小，则该物质越容易失去电子而位于呼吸链的前面。据此可以推论呼吸链中电子传递的方向。

表 6-3　呼吸链相关电子传递体的标准氧化还原电位

氧化还原反应	E'^{o}（V）	氧化还原反应	E'^{o}（V）
$2H^{+} + 2e^{-} \rightarrow 2H$	–0.41	Cyt c_1（Fe^{3+}）+ e^{-} → Cyt c_1（Fe^{2+}）	0.22
$NAD^{+} + 2H^{+} + 2e^{-} \rightarrow NADH + H^{+}$	–0.32	Cyt c（Fe^{3+}）+ e^{-} → Cyt c（Fe^{2+}）	0.25
$FMN + 2H^{+} + 2e^{-} \rightarrow FMNH_2$	–0.22	Cyt a（Fe^{3+}）+ e^{-} → Cyt a（Fe^{2+}）	0.29
$FAD + 2H^{+} + 2e^{-} \rightarrow FADH_2$	–0.22	Cyt a_3（Fe^{3+}）+ e^{-} → Cyt a_3（Fe^{2+}）	0.35
$UQ + 2H^{+} + 2e^{-} \rightarrow UQH_2$	0.06	$1/2O_2 + 2H^{+} + 2e^{-} \rightarrow H_2O$	0.82
Cyt b（Fe^{3+}）+ e^{-} → Cyt b（Fe^{2+}）	0.077		

注：E'^{o} 表示在 pH = 7.0，25 ℃，1 mol/L 反应物浓度测得的标准氧化还原电位。

（二）根据呼吸链各组分得失电子后吸收光谱发生改变进行排序

呼吸链不少组分有特殊的吸收光谱，而且得失电子后光谱发生改变，如 NAD^{+} 因含腺苷酸，故在 260 nm 处有一吸收峰，而还原成 $NADH + H^{+}$ 后，在 340 nm 处可出现一个新的吸收峰；再如各种细胞色素，在还原状态时各具有一种特殊吸收光谱，而氧化后则消失。因此可利用这种特殊性，通过分光光度法来观察各组分的氧化还原状态。将分离得到的完整线粒体置于无氧、有过量底物存在的条件下，使呼吸链各组分全部处于还原状态，然后缓慢给氧，观察各组分被氧化的顺序。

（三）利用呼吸链抑制剂阻断实验进行排序

呼吸链某些组分的电子传递可被一些特异的抑制剂阻断，用抑制剂抑制呼吸链某个电子载体，阻断部位之前的电子传递体处于还原状态，而在阻断部位之后的电子传递体则呈氧化状态。因此，采用不同的抑制剂，阻断不同部位的电子传递，分析各组分的氧化还原状态，就可以推断出呼吸链各组分的排列顺序。

（四）根据呼吸链拆开和重组实验进行排序

在体外将呼吸链进行拆开和重组，呼吸链四个复合体按一定组合及顺序完成电子传递过程，这也进一步证实了呼吸链的排列顺序。

三、NADH 和 $FADH_2$ 是呼吸链的电子供体

目前已知线粒体内的呼吸链有两条，即 NADH 氧化呼吸链和 $FADH_2$ 氧化呼吸链。

（一）NADH 氧化呼吸链以 NADH 为电子供体，经复合体Ⅰ到氧生成水

在生物氧化过程中，绝大多数脱氢酶都以 NAD^+ 为辅酶，所以 NADH 氧化呼吸链是体内最常见的一条呼吸链。代谢物（如苹果酸、异柠檬酸）在相应酶的催化下，脱下 2H，交给 NAD^+ 生成 NADH + H^+。NADH + H^+ 经复合体Ⅰ将 2H 传递给 UQ 形成 UQH_2。UQH_2 在复合体Ⅲ的作用下脱下 2H，其中 $2H^+$ 游离于介质中，而 2e 则通过一系列细胞色素递电子体的逐步传递，并沿着 $b \rightarrow c_1 \rightarrow c \rightarrow aa_3 \rightarrow O_2$ 顺序逐步传递给氧生成氧离子（O^{2-}），后者与介质中的 $2H^+$ 结合生成水。电子传递顺序是：

$$NADH + H^+ \rightarrow \text{复合体Ⅰ} \rightarrow CoQ \rightarrow \text{复合体Ⅲ} \rightarrow Cyt\ c \rightarrow \text{复合体Ⅳ} \rightarrow O_2$$

每 2H 通过此呼吸链氧化生成水时，所释放的能量可以生成 2.5 分子 ATP。

（二）$FADH_2$ 氧化呼吸链以 $FADH_2$ 为电子供体，经复合体Ⅱ到氧生成水

底物脱下的氢交给 FAD，使 FAD 还原为 $FADH_2$。以 $FADH_2$ 为氢和电子的供体，经复合体Ⅱ开始，最终传递电子到氧生成 H_2O 的途径称为 $FADH_2$ 氧化呼吸链。此呼吸链最早发现于琥珀酸生成 $FADH_2$ 参与的电子传递，因此又称为琥珀酸氧化呼吸链。其电子传递顺序是：

$$\text{琥珀酸} \rightarrow \text{复合体Ⅱ} \rightarrow CoQ \rightarrow \text{复合体Ⅲ} \rightarrow Cyt\ c \rightarrow \text{复合体Ⅳ} \rightarrow O_2$$

参与生物氧化的一部分代谢物以与琥珀酸类似的方式把 2H 通过 FAD 传给 CoQ，如脂肪酰辅酶 A 脱氢酶和甘油 -3- 磷酸脱氢酶催化底物脱下的氢均通过此呼吸链氧化。每 2H 经此呼吸链所释放的能量可以生成 1.5 分子 ATP。

第三节　ATP 的生成、利用和储存

一、ATP 在能量代谢中起核心作用

在机体的能量代谢中，生物体不能直接利用糖、脂肪、蛋白质等营养物质的化学能，需要将它们氧化分解转变成可利用的能量形式，如 ATP 等高能磷酸化合物的化学能。因此，ATP

Note

被喻为能量的“通用货币”，是应用最广的高能化合物。它是机体各种生理活动的直接能量供应者，在机体能量代谢中处于中心地位。

不同化学物质水解时释放的自由能各不相同。生物体内，普通的磷酸化合物水解时释放的标准自由能（$\Delta G^{\prime o}$）为 1.91 ~ 2.87 kcal/mol，而 ATP 水解释放的 $\Delta G^{\prime o}$ 为 30.5 kJ/mol（7.3 kcal/mol）。在生物化学中，把水解时释出的自由能大于 5.98 kcal/mol 的化学键称为高能键，用“~”表示，主要包括高能磷酸键和高能硫酯键。含有高能键的化合物称为高能化合物，包括高能磷酸化合物和高能硫酯化合物。因为一个化合物水解时释放的自由能多少取决于这个化合物整个分子的结构以及反应体系的情况，而不是由哪个特殊化学键的断裂所致。实际上，高能磷酸键水解释放的能量是底物在转变成产物的过程中，产物的自由能远低于底物的自由能，因而释放较多的自由能。但是，为了方便解释一些生物化学反应，高能化合物或高能键仍被生物化学界广泛采用。常见的高能化合物归纳如表 6-4 所示。

表 6-4 高能化合物及其种类

类型	通式	举例	$\Delta G^{\prime o}$（kJ/mol）
酸酐类（焦磷酸化合物）	R—O—Ⓟ~Ⓟ~Ⓟ R—O—Ⓟ~Ⓟ	ATP、GTP 等 ADP、GDP 等	−30.5
烯醇磷酸	CH_2 ‖ R—C—O ~Ⓟ	磷酸烯醇式丙酮酸	−60.9
混合酐（酰基磷酸）	O ‖ R—C—O ~Ⓟ	甘油酸 -1,3- 二磷酸	−61.9
磷酸胍类	NH ‖ R—C—NH ~Ⓟ	肌酸磷酸	−43.9
高能硫酯类	RCO ~ SCoA	乙酰辅酶 A	−34.3

二、ATP 通过底物水平磷酸化和氧化磷酸化生成

体内 ATP 的生成方式有两种，即底物水平磷酸化和氧化磷酸化，其中以氧化磷酸化为主。

（一）底物水平磷酸化直接将高能代谢物的能量转移至 ADP 生成 ATP

代谢物在氧化分解过程中，有少数反应因脱氢或脱水而引起分子内部能量重新分布产生高能键，直接将代谢物分子中的高能键转移给 ADP（或 GDP）生成 ATP（或 GTP）的反应称为底物水平磷酸化（substrate level phosphorylation）。糖代谢一章中提到过 3 个底物水平磷酸化反应：

$$\text{甘油酸-1,3-二磷酸} + \text{ADP} \xrightleftharpoons{\text{磷酸甘油酸激酶}} \text{甘油酸-3-磷酸} + \text{ATP}$$

$$\text{磷酸烯醇式丙酮酸} + \text{ADP} \xrightarrow{\text{丙酮酸激酶}} \text{烯醇式丙酮酸} + \text{ATP}$$

$$\text{琥珀酰辅酶A} + \text{GDP} + H_3PO_4 \xrightleftharpoons{\text{琥珀酰辅酶A合成酶}} \text{琥珀酸} + \text{GTP} + \text{CoA}$$

（二）氧化磷酸化通过氧化与磷酸化相偶联生成 ATP

氧化磷酸化又称为电子传递水平磷酸化。在生物氧化过程中，代谢物脱下的氢经呼吸链氧

化生成水的同时，所释放出的能量驱动 ADP 磷酸化生成 ATP，这种氧化与磷酸化相偶联的过程称为氧化磷酸化（oxidative phosphorylation）。氧化是放能反应，而 ADP 磷酸化生成 ATP 是吸能反应，所以体内的吸能反应与放能反应总是偶联进行的（图 6-10）。这种方式生成的 ATP 约占 ATP 生成总量的 80%，是维持生命活动所需能量的主要来源。

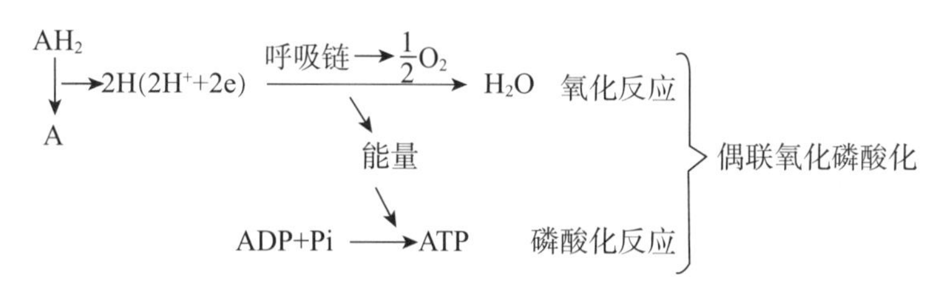

图 6-10　氧化与磷酸化的偶联

1. 氧化磷酸化偶联部位　根据下述实验方法及数据可以大致确定氧化磷酸化偶联部位，即 ATP 的生成部位。

（1）P/O 比值（P/O ratio）：是指物质氧化时，每消耗 1/2 mol O_2（1 mol 氧原子）所需的无机磷的摩尔数（或 ADP 摩尔数），即生成 ATP 的摩尔数。由于无机磷酸的消耗伴随 ATP 的生成（ADP + H_3PO_4 → ATP），因此从 P/O 比值可以了解物质氧化时每消耗 1/2 mol O_2 所生成 ATP 的摩尔数。通过测定几种物质氧化时的 P/O 比值，可大致推测出偶联部位（表 6-5）。β- 羟丁酸的氧化是通过 NADH 呼吸链，测得 P/O 比值接近于 2.5。琥珀酸氧化时，经 FAD、CoQ 到 O_2，测得 P/O 比值接近 1.5，因此表明在 NAD^+ 与 UQ 之间存在偶联部位。抗坏血酸经 Cyt *c* 进入呼吸链，P/O 比值接近 1，而还原型 Cyt *c* 经 Cyt aa_3 被氧化，P/O 比值也接近 1，表明在 Cyt aa_3 到氧之间存在偶联部位。β- 羟丁酸、琥珀酸和还原型 Cyt *c* 氧化时 P/O 比值的比较表明，在 UQ 与 Cyt *c* 之间存在另一偶联部位。研究证实，一对电子经 NADH 呼吸链传递，P/O 比值约为 2.5；一对电子经 $FADH_2$ 呼吸链传递，P/O 比值约为 1.5。也就是说，1 mol NADH 经过 NADH 氧化呼吸链可生成 2.5 分子的 ATP，而 1 mol $FADH_2$ 经过琥珀酸氧化呼吸链可生成 1.5 分子的 ATP。

表 6-5　线粒体离体试验测得的一些底物的 P/O 比值

底物	呼吸链的组成	P/O 比值	偶联部位数量
β- 羟丁酸	NAD+ → FMN → UQ → Cyt → O_2	2.4 ~ 2.8	3
琥珀酸	FAD → UQ → Cyt → O_2	1.7	2
抗坏血酸	Cyt *c* → Cyt aa_3 → O_2	0.88	1
细胞色素 *c*（Fe^{2+}）	Cyt aa_3 → O_2	0.61 ~ 0.68	1

（2）自由能变化：在生物化学中，通常将 pH = 7.0 时的标准自由能称为生物体内的标准自由能（$\Delta G'^{o}$）。在氧化还原反应或电子传递反应中，自由能变化和电位变化（$\Delta E'^{o}$）之间的关系如下：

$$\Delta G'^{o} = -nF\Delta E'^{o}$$

n 为传递电子数；F 为法拉弟常数，F = 96.5 kJ/（mol · V），现已知每产生 1 mol ATP，需要能量 30.5 kJ（或 7.3 kcal），根据以上公式计算电子传递链有 3 处较大的自由能变化（图 6-11）。

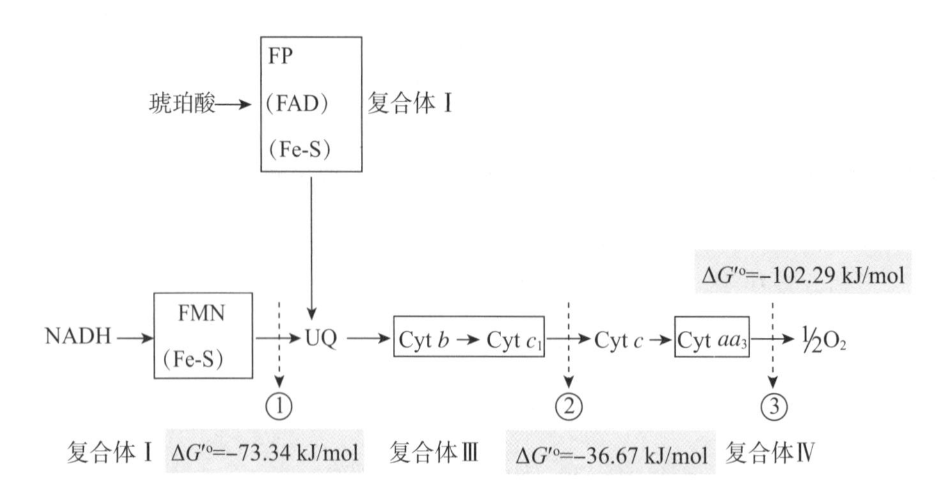

图 6-11 氧化磷酸化偶联部位

部位①在 NADH 和 CoQ 之间：$\Delta E'^{\circ}=0.38$ V，相应的 $\Delta G'^{\circ}=-73.34$ kJ/mol；

部位②在 CoQ 和 Cyt *c* 之间：$\Delta E'^{\circ}=0.19$ V，相应的 $\Delta G'^{\circ}=-36.67$ kJ/mol；

部位③在 Cyt aa_3 和 O_2 之间：$\Delta E'^{\circ}=0.53$ V，相应的 $\Delta G'^{\circ}=-102.29$ kJ/mol。

电子传递链的其他部位释出的能量不足以合成一个 ATP，故以热能形式散发。

2．氧化磷酸化偶联机制 目前尚不清楚。被普遍接受的是化学渗透假说（chemiosmosis hypothesis）。该假说是 1961 年由英国生物化学家 P. Mitchell 提出的。他于 1978 年获诺贝尔化学奖。化学渗透假说的基本要点是：电子经呼吸链传递时将质子（H^+）从线粒体内膜基质侧泵到膜间隙，而线粒体内膜不允许质子自由回流，因此产生膜内外两侧电化学梯度（H^+ 浓度梯度和跨膜电位差），将化学能转换为质子动力，以此储存能量。当质子顺浓度梯度通过特殊蛋白通道回流到基质时，驱动 ADP 生成 ATP，由转移的质子数可以计算出呼吸链生成 ATP 数，即电子传递和 ATP 合成是通过跨线粒体内膜的质子动力偶联的。在标准条件下，每传递 1 对电子，复合体Ⅰ、Ⅲ、Ⅳ分别泵出 4 个、4 个和 2 个质子。而每生成 1 个 ATP，需要 4 个质子通过 ATP 合酶返回线粒体基质。NADH 氧化呼吸链和琥珀酸氧化呼吸链每传递一对电子，分别泵出 10 个和 6 个质子，因此 NADH 氧化呼吸链可生成 2.5 分子 ATP；$FADH_2$ 氧化呼吸链可生成 1.5 分子 ATP。

3．ATP 合酶

（1）ATP 合酶的组成及功能：ATP 合酶（ATP synthase）又称复合体Ⅴ，位于线粒体内膜基质面和脊的表面（图 6-12）。其结构包括位于膜间隙疏水的 F_o 部分和位于基质亲水的 F_1 部分。这里注意 F_o 的“o”是字母 o，不是数字 0。F_o 是抗生素寡霉素（oligomycin）结合的部位，寡霉素与 F_o 结合后可抑制 ATP 合酶活性。F_1 代表第一个被鉴定的与氧化磷酸化有关的因子，为线粒体内膜的基质侧颗粒状突起，由 $\alpha_3\beta_3\gamma\delta\varepsilon$ 亚基组成，其功能是催化生成 ATP。催化部位在 β 亚基，但 β 亚基必须与 α 亚基结合才有活性。F_1 顶部还结合一个蛋白质分子，即寡霉素敏感性赋予蛋白质（oligomycin sensitivity conferring protein，OSCP），在细菌称为 δ 亚基。OSCP 保证 F_1 能与 F_o 结合，寡霉素和二环己基碳二亚胺（dicyclohexylcarbodiimide，DCCD）可以与 F_o 结合而破坏这种结合，从而抑制 ATP 合成。F_o 镶嵌在线粒体内膜中，由 *a*、b_2、$c_{9\text{-}12}$ 亚基组成，形成跨膜质子通道，允许质子通过。当质子顺梯度经 F_o 回流时，F_1 的 β 亚基催化 ADP 和磷酸缩合成 ATP。

（2）ATP 合酶的工作机制：1979 年 Paul Boyer 提出一种结合 - 变换机制（binding-change mechanism）。ATP 合酶 β 亚基有 3 种构象（图 6-13）：第一种是开放型（O，open），对底物的亲和力极低，可释放合成的 ATP，转换为疏松型构象。第二种是疏松型（L，loose），可疏松

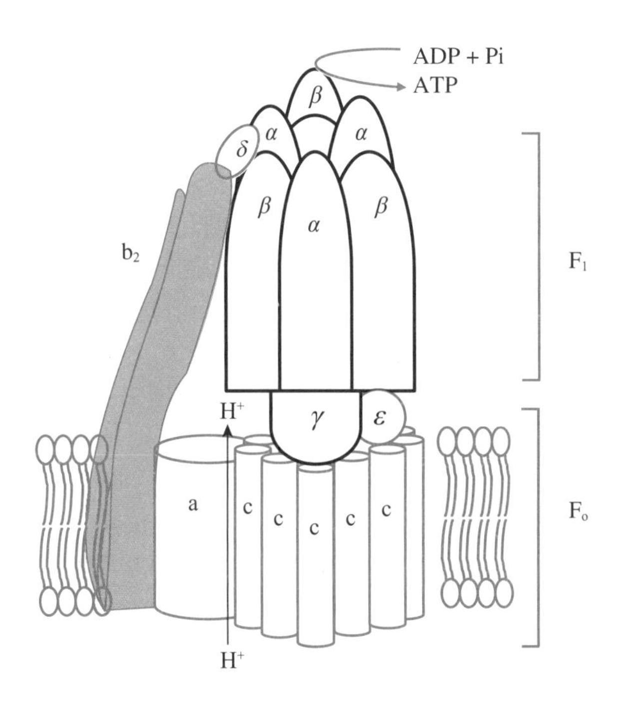

图 6-12 ATP 合酶结构模式图

结合 ADP 和 H_3PO_4，无催化活性，可转换为紧密型构象。第三种是紧密型（T，tight），与底物结合紧密，可催化 ADP 和 H_3PO_4 生成 ATP，但与产物 ATP 结合紧密，不能释放，可转换为开放型构象。所有 ATP 合酶的作用是由质子动力所驱动的。由于 F_o、F_1 亚基复合体中 $\gamma\varepsilon c$ 亚基利用 H^+ 回流能量驱动旋转，影响周围三组 α、β 亚基分别处于 L、T、O 3 种构象，并周期性反复变构，不断结合 ADP 和 H_3PO_4 生成 ATP 并释放。

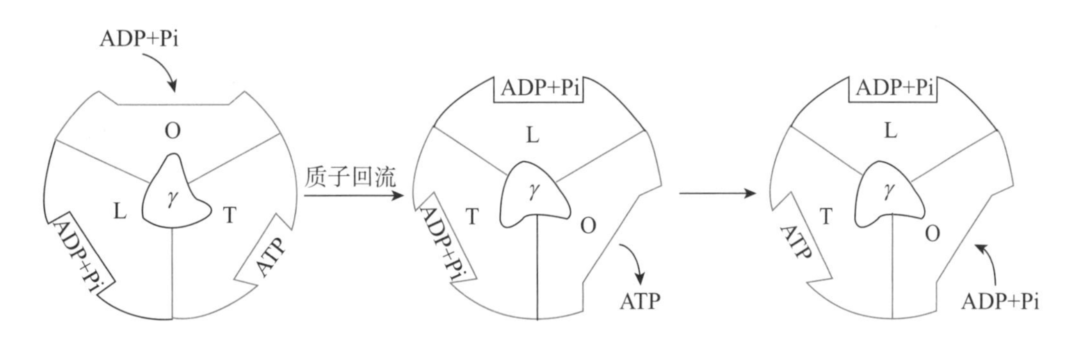

图 6-13 ATP 合酶的工作机制

4．影响氧化磷酸化的因素

案例 6-1

某患者，女性，34 岁，靠煤炉取暖，门窗紧闭。早晨起床出现了剧烈的头痛、恶心、呕吐、活动困难，于是勉强爬出门外求救。患者颜面潮红，口唇呈樱桃红色，其余皮肤、黏膜未见异常。体格检查：T 36.1℃，P 96 次 / 分，R 20 次 / 分，BP 90/60 mmHg。

问题：

1．患者的诊断是什么？

2．其发病的生化机制是什么？

（1）ADP 和 ATP 浓度的调节：氧化磷酸化速度主要受机体对能量需求的影响。当细胞需要能量时，ATP 分解为 ADP 和 H_3PO_4。若细胞内 ATP 缺乏，ADP 增加，ADP/ATP 比值增大，氧化磷酸化速度加快。反之，ATP 充足，ADP/ATP 比值减小，氧化磷酸化速度减慢。机体对氧化磷酸化的调节作用可使 ATP 的生成速度适应生理需要，合理利用并节约能量。

（2）激素的调节：甲状腺激素可活化许多组织细胞膜上的 Na^+-K^+-ATP 酶，使 ATP 加速分解为 ADP 和 H_3PO_4，ADP 增加促进氧化磷酸化，因此 ATP 的合成和分解速度均增加。另外，甲状腺激素（T_3）还可使解偶联蛋白基因表达增加，因而引起耗氧和产热均增加。所以甲状腺功能亢进的患者基础代谢率增高，出现怕热和易出汗等症状。

（3）氧化磷酸化抑制剂：氧化磷酸化为生命活动提供所需的 ATP。抑制氧化磷酸化，无疑会对机体造成严重后果。氧化磷酸化抑制剂主要有三类。

1）解偶联剂（uncoupler）：不影响呼吸链的电子传递，只抑制由 ADP 生成 ATP 的磷酸化过程。解偶联剂中最常见的是 2,4- 二硝基苯酚（2,4-dinitrophenol，DNP），它是脂溶性物质，在线粒体内膜中可以自由移动，在胞质溶胶侧结合 H^+，返回基质侧释出 H^+，从而破坏了线粒体内膜两侧的电化学梯度，故导致氧化磷酸化偶联过程解离，不能生成 ATP。当患感冒或某些传染性疾病时，由于病毒或细菌产生一种解偶联剂，使呼吸链释放的能量较多地以热能的形式散发，导致体温升高。

新生儿及冬眠动物体内存在棕色脂肪组织，其线粒体内膜上有解偶联蛋白 1（uncoupling protein 1，UCP1）。它是由 2 个分子量为 32 kDa 的亚基组成的二聚体蛋白质，具有质子通道的功能。线粒体内膜两侧的 H^+ 顺浓度梯度经解偶联蛋白回流到基质，破坏了膜两侧的质子梯度，从而以质子动力形式储存的自由能会转换为热能，用于维持体温。新生儿硬肿症是因为缺乏棕色脂肪组织，不能维持正常体温而使皮下脂肪凝固所致。

2）呼吸链抑制剂：可分别抑制呼吸链中的不同部位，使电子传递受阻，偶联的磷酸化也无法进行（图 6-14）。常见的呼吸链抑制剂有鱼藤酮（rotenone）、粉蝶霉素 A（piericidin A）、异戊巴比妥（amobarbital）等，它们与复合体 Ⅰ 中的铁硫蛋白结合，从而阻断电子传递。抗霉素 A（antimycin A）、二巯丙醇（dimercaprol，BAL）抑制复合体Ⅲ中 Cyt *b* 与 Cyt c_1 间的电子传递。CN^-、叠氮化合物（N_3^-）与复合体Ⅳ氧化型 Cyt a_3 紧密结合，CO 与还原型 Cyt a_3 结合，所以 CN^-、N_3^-、CO 均可阻止细胞色素氧化酶和氧之间的电子传递。建筑装饰材料中含有 N 和 C，遇到火灾高温可形成 HCN，加上燃烧不完全的 CO，会抑制呼吸链电子传递，引起人员迅速死亡。

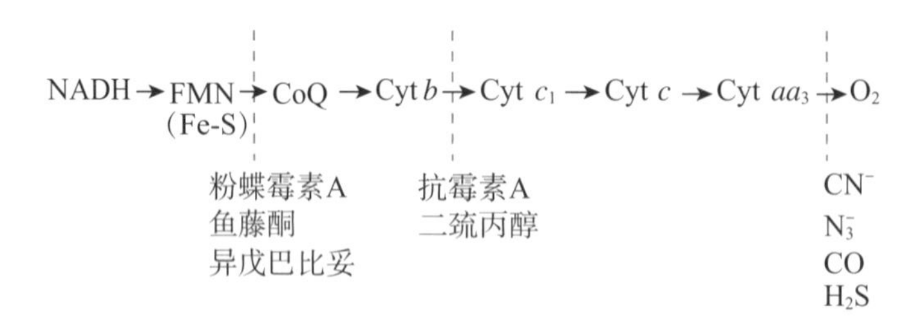

图 6-14　呼吸链抑制剂的作用部位

3）ATP 合酶抑制剂：对电子传递及 ADP 磷酸化生成 ATP 均有抑制作用。寡霉素和二环己基碳二亚胺可阻止 H^+ 从 F_0 质子通道回流。由于线粒体内膜两侧质子化学梯度增高，影响氧化呼吸链质子泵的功能，继而抑制电子传递及磷酸化过程。

（4）线粒体 DNA 突变对氧化磷酸化的影响：有 13 种参与氧化磷酸化蛋白质的亚基是由线粒体 DNA（mitochondrial DNA，mtDNA）编码的。它们是复合体 Ⅰ（7 种）、复合体Ⅲ（1 种）、复合体Ⅳ（3 种）和 ATP 合酶（2 种）的组成成分。另外，mtDNA 还编码 22 个 tRNA 和 2 个

rRNA。mtDNA 为裸露环状双链结构，没有组蛋白保护，线粒体内也没有完善的 DNA 修复系统，所以氧自由基等因素容易损伤 mtDNA，使 mtDNA 发生突变。mtDNA 突变率比细胞核 DNA 高 10 倍以上。mtDNA 突变影响氧化磷酸化，使 ATP 合成减少而导致疾病，耗能较多的器官更容易发生功能障碍。mtDNA 突变与聋、哑、盲、阿尔茨海默病、肌无力、糖尿病、帕金森病等的发生有关。

知识拓展

莱伯（Leber）视神经萎缩

莱伯视神经萎缩是第一种被阐明的线粒体疾病，分子机制是复合体 Ⅰ 突变导致 NADH 不能利用或电子不能向辅酶 Q 传递。每个卵细胞中有数十万个 mtDNA 分子，而每个精细胞中只有几百个 mtDNA 分子，受精卵的 mtDNA 主要来自卵细胞，因此卵细胞对 mtDNA 影响大，mtDNA 病以母系遗传居多。

三、ATP 是能量捕获和释放利用的重要分子

糖、脂肪、蛋白质在分解代谢过程中释放的能量大约有 40% 以化学能的形式储存在 ATP 分子中。ATP 在能量代谢中起核心作用，它是体内最重要的高能磷酸化合物，是细胞可以直接利用的能量形式。ATP 是生物体能量转移的关键物质，能够直接参与细胞中各种能量代谢的转移，既可储存代谢反应释出的能量，又可供给代谢需要的能量。ATP 分子中有两个高能磷酸键，在标准状态下，ATP 水解释放的自由能为 30.5 kJ/mol。但在生理条件下，受 pH、离子强度、2 价金属离子以及反应物浓度的影响，人体内 ATP 水解时释放的自由能可达 52.3 kJ/mol。释放的能量供肌肉收缩、生物合成、离子转运、信息传递等生命活动的需要。

（一）肌酸磷酸是储存能量的高能化合物

ATP 是肌肉收缩的直接能源，但其浓度很低，每千克肌肉内的含量以 mmol 计，当肌肉急剧收缩时，ATP 的消耗速度可高达 6 mmol/（kg · s），远远超过营养物氧化时生成 ATP 的速度，这时肌肉收缩的能源就依赖于肌酸磷酸（creatine phosphate）。肌酸磷酸是肌肉和脑组织中能量的贮存形式，肌酸在肌酸激酶（creatine kinase，CK）的作用下，由 ATP 提供能量转变成肌酸磷酸。当肌肉收缩时，ATP 不足，肌酸磷酸的～ P 又可转移给 ADP，使 ADP 重新生成 ATP，供机体需要（图 6-15）。

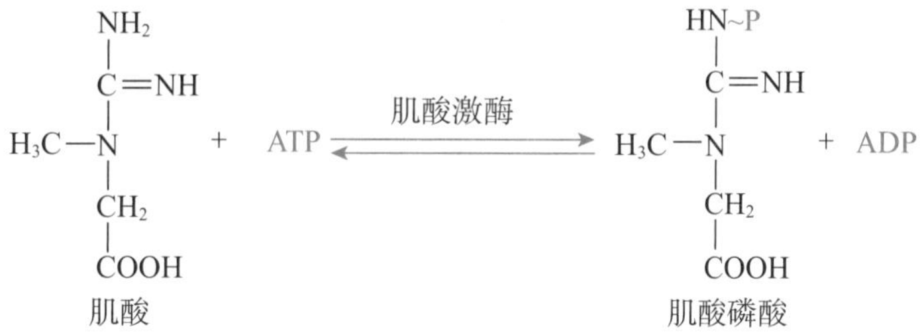

$$\underset{\text{肌酸}}{H_3C-N(CH_2COOH)-C(=NH)-NH_2} + ATP \underset{}{\overset{\text{肌酸激酶}}{\rightleftharpoons}} \underset{\text{肌酸磷酸}}{H_3C-N(CH_2COOH)-C(=NH)-HN{\sim}P} + ADP$$

图 6-15　肌酸磷酸的生成

与骨骼肌不同，心肌是持续性节律性收缩与舒张。在细胞结构上，心肌细胞线粒体丰富，几乎占细胞总体积的1/2，能直接利用葡萄糖、游离脂肪酸和酮体为燃料，经氧化磷酸化产生ATP，供心肌利用。但心肌既不能大量贮存脂肪和糖原，又不能贮存很多的肌酸磷酸，因此一旦心血管受阻导致缺氧，则极易造成心肌坏死，即心肌梗死。

（二）ATP是能量转移和核苷酸相互转变的核心

糖、脂肪、蛋白质的合成除需要ATP外，还需要其他核苷三磷酸，如糖原合成需要UTP、磷脂合成需要CTP、蛋白质合成需要GTP。这些核苷三磷酸的生成和补充，不能从物质氧化过程中直接生成，而主要来源于ATP。由核苷单磷酸激酶（nucleoside monophosphate kinase）和核苷二磷酸激酶（nucleoside diphosphate kinase）催化ATP的磷酸基转移，生成相应的核苷三磷酸，参与各种物质代谢，包括用于合成核酸。

$$\text{NMP}\xrightarrow[\text{ATP}\quad\text{ADP}]{\text{核苷单磷酸激酶}}\text{NDP}\xrightarrow[\text{ATP}\quad\text{ADP}]{\text{核苷二磷酸激酶}}\text{NTP}$$

体内ATP的转移、储存和利用的关系总结如图6-16所示。

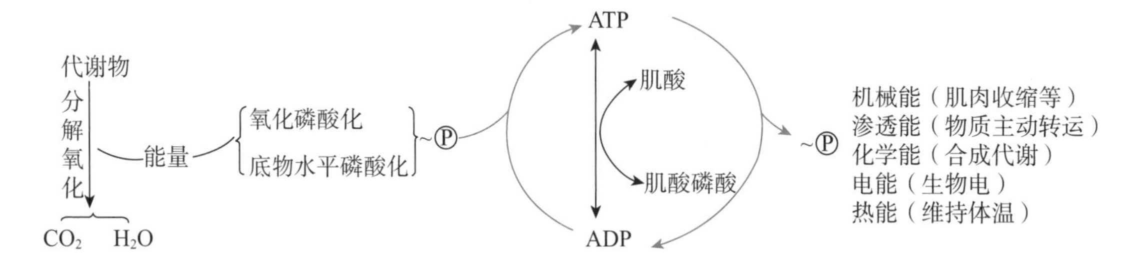

图6-16 ATP的生成、储存和利用

四、线粒体内膜选择性协调转运氧化磷酸化相关代谢产物

线粒体基质和胞质溶胶之间有线粒体内、外膜隔开。外膜对物质的通透性高，大多数小分子化合物都可以自由进入线粒体膜间隙。但线粒体内膜对物质的通过有严格的选择性，几乎所有不带电荷的小分子化合物都不能自由通过，线粒体内膜两侧物质的转运主要依赖内膜上的转运蛋白。

（一）胞质溶胶中的NADH通过穿梭机制进入线粒体呼吸链

线粒体内生成的NADH可直接进入呼吸链参与氧化磷酸化过程，但胞质溶胶中生成的NADH不能直接通过线粒体内膜，故线粒体外NADH必须通过某种转运机制才能进入线粒体内，重新生成NADH或$FADH_2$，再进入呼吸链进行氧化磷酸化，这种转运机制主要有甘油-3-磷酸穿梭和苹果酸-天冬氨酸穿梭。

1．甘油-3-磷酸穿梭（glycerol 3-phosphate shuttle） 主要存在于脑和骨骼肌中。线粒体外NADH + H^+在胞质溶胶中的甘油-3-磷酸脱氢酶（辅酶为NAD^+）的催化下，使磷酸二羟丙酮还原成甘油-3-磷酸，后者通过线粒体外膜进入膜间隙，再经位于线粒体内膜近胞质溶胶侧的甘油-3-磷酸脱氢酶（辅基FAD）催化下氧化生成磷酸二羟丙酮，FAD接受2H生成$FADH_2$（图6-17）。磷酸二羟丙酮可穿出线粒体外继续利用。$FADH_2$则进入琥珀酸氧化呼吸链，生成 1.5 分子 ATP。1 分子葡萄糖在胞质溶胶中经糖酵解产生的 NADH 可以通过甘油 -3- 磷酸穿梭进入线粒体，因此，1 分子葡萄糖在脑和骨骼肌彻底氧化产生 30 分子 ATP。

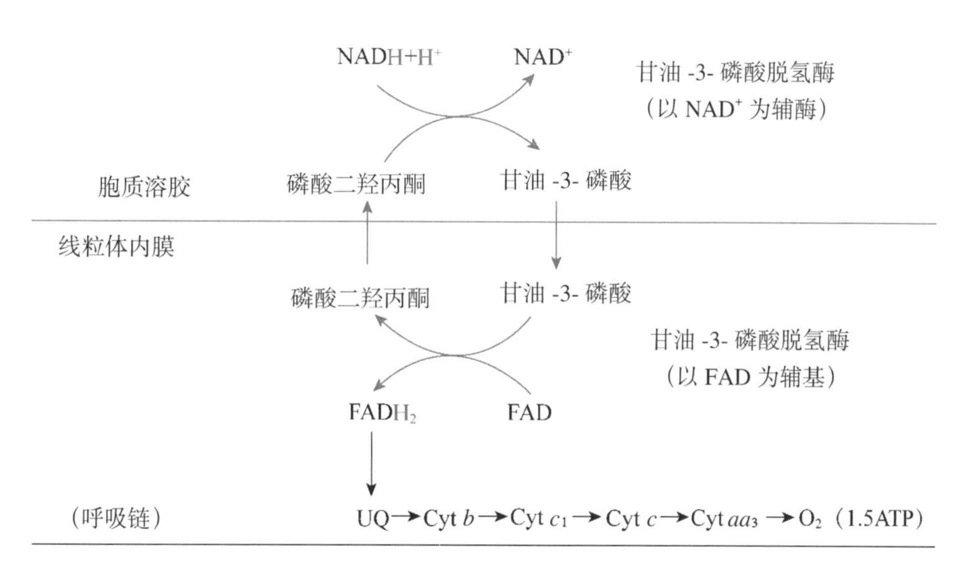

图 6-17　甘油 -3- 磷酸穿梭作用

2．苹果酸 - 天冬氨酸穿梭（malate-aspartate shuttle） 主要存在于肝和心肌中。胞质溶胶中的 NADH + H^+ 在苹果酸脱氢酶的催化下，草酰乙酸还原为苹果酸，后者通过线粒体内膜上的 α- 酮戊二酸 - 苹果酸转运蛋白进入线粒体，又在线粒体内苹果酸脱氢酶的作用下重新生成草酰乙酸和 NADH + H^+。NADH + H^+ 进入 NADH 氧化呼吸链，生成 2.5 分子 ATP。草酰乙酸不能穿过线粒体内膜，于是在谷草转氨酶的催化下，与谷氨酸进行转氨基作用，生成天冬氨酸和 α- 酮戊二酸，由转运蛋白转运至胞质溶胶再进行转氨基作用生成草酰乙酸和谷氨酸，又可重新参与穿梭作用（图 6-18）。1 分子葡萄糖在这些组织中经糖酵解产生的 NADH 通过苹果酸 - 天冬氨酸穿梭进入线粒体，因此，1 分子葡萄糖在肝和心肌彻底氧化产生 32 分子 ATP。

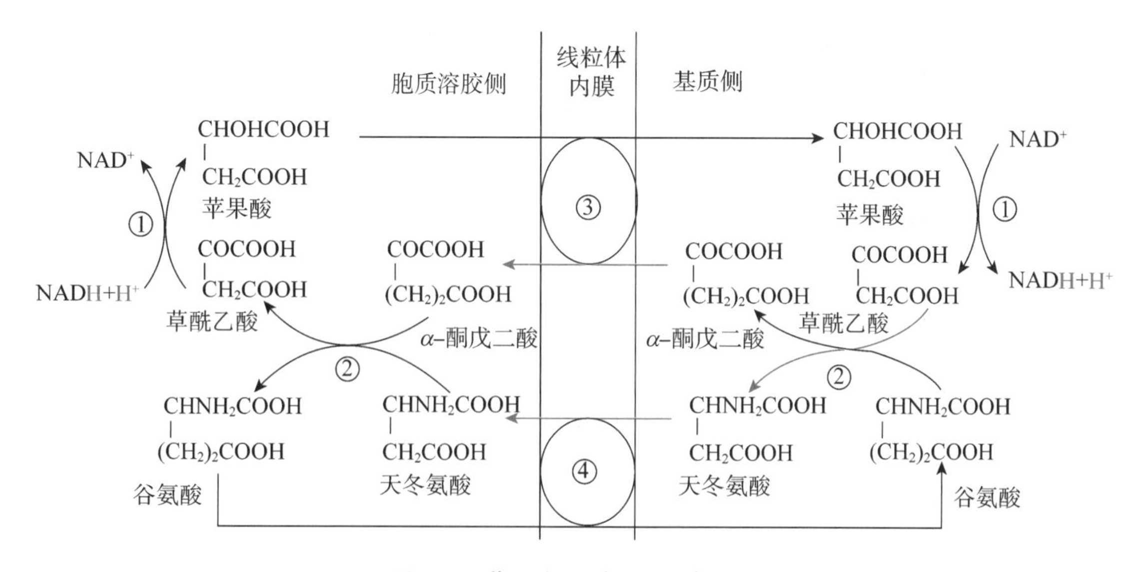

图 6-18　苹果酸 - 天冬氨酸穿梭作用

①苹果酸脱氢酶；②谷草转氨酶；③苹果酸 -α- 酮戊二酸转运蛋白；④天冬氨酸 - 谷氨酸转运蛋白

（二）ATP-ADP 易位酶协调转运 ATP 和 ADP 出入线粒体

ATP 主要在线粒体外分解成 ADP 和磷酸被利用，所以在线粒体内合成的 ATP 要运出

Note

线粒体，ADP 和磷酸也要从线粒体外运入。线粒体内膜含有 ATP-ADP 易位酶（ATP-ADP translocase）又称为腺苷易位酶，由两个分子量为 30 kDa 的亚基组成，含有一个腺苷酸结合位点，是一种反向转运蛋白，催化线粒体生成的 ATP 转运到内膜胞质溶胶侧，同时将胞质溶胶侧的 ADP 转运到基质（图 6-19）。

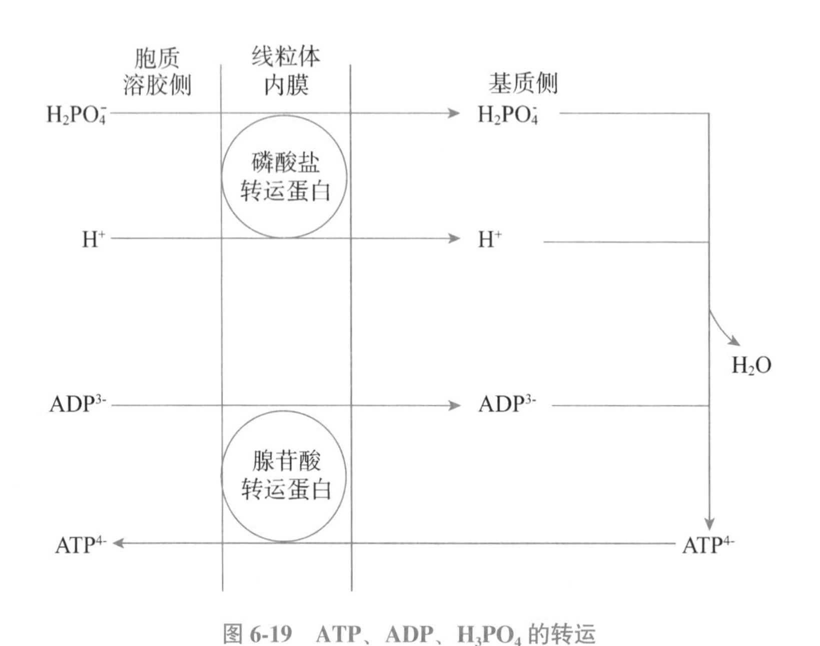

图 6-19 ATP、ADP、H_3PO_4 的转运

第四节 非线粒体氧化体系

线粒体氧化体系是高等生物的主要氧化体系，此外还有在微粒体、过氧化物酶体以及细胞其他部位存在的氧化体系。这些线粒体以外的氧化体系统称为非线粒体氧化体系。该体系参与呼吸链以外的氧化作用，如自由基清除、H_2O_2 代谢。这些氧化体系不伴有 ATP 的生成（氧化无磷酸化偶联），主要与体内代谢物、毒物和药物的生物转化有关。

细胞色素 P-450 基因多态性与氯吡格雷的临床应用

氯吡格雷是一种临床常用的血小板聚集抑制剂，通过与血小板膜表面 ADP 受体选择性的不可逆结合，继而抑制 ADP 介导的通路活化而发挥作用。氯吡格雷为药物前体，本身无活性，需被细胞色素 P-450（CYP）酶系转化为活性状态发挥作用。真核生物和原核生物已经发现 500 余种细胞色素 P-450 基因，根据结构可分为 74 个家族，其中 20 个家族已经完成基因组定位。氯吡格雷临床应用效果存在明显的个体差异，其原因主要是细胞色素 P-450 CYP2C19 基因多态性，基因多态性可影响对氯吡格雷的转化能力，其中 CYP2C19*1（野生型）转化效率最高，CYP2C19*2（突变型杂合子）次之，CYP2C19*3（突变型纯合子）最差。通过对受试者基因分型检测，可以实现临床个体化用药，降低药物不良反应，对提高药物的有效性具有重要意义。

一、微粒体氧化体系（加氧酶系）催化氧直接转移并结合到底物分子中

微粒体（microsome）中存在加氧酶（oxygenase）。催化氧直接转移并结合到底物分子中的酶称为加氧酶，根据向底物分子中加入氧原子数目的不同，又分为单加氧酶（monooxygenase）和双加氧酶（dioxygenase）。

（一）单加氧酶催化底物分子羟基化

单加氧酶催化的化学反应，反应时向底物分子中加入一个氧原子，生成的产物带有羟基，也称为羟化酶（hydroxylase）。该酶系可使氧分子中的一个氧原子加到底物分子上，使 RH 生成 ROH；而另一个氧原子从 NADPH + H^+ 中获得 H 被还原成水。由于氧分子的两个氧原子发挥两种不同的功能，故又称为混合功能氧化酶（mixed-function oxidase）。单加氧酶的主要作用是：参与类固醇激素、胆汁酸、胆色素的生成，维生素 D_3 的羟化，药物、毒物的生物转化。反应中需要 NADPH、FAD、细胞色素 P-450 等参与。

细胞色素 P-450（cytochrome P-450，Cyt P-450）属于细胞色素 *b* 类，通过辅酶血红素中 Fe 离子进行单电子传递。还原型 P-450 与 CO 结合的产物在 450 nm 波长处有最大吸收峰，故名细胞色素 P-450。细胞色素 P-450 在生物体内广泛分布，哺乳动物 Cyt P-450 分属 10 个基因家族。人细胞色素 P-450 有 100 余种同工酶，对被羟基化的底物各有其特异性。它的作用类似于 Cyt aa_3，也是处于电子传递链的终端部位，能与氧直接反应。

单加氧酶催化的反应过程如下：

$$RH + O_2 + NADPH + H^+ \xrightarrow{\text{单加氧酶}} ROH + NADP^+ + H_2O$$

底物与氧化型 P-450 · Fe^{3+} 结合成氧化型复合物 RH · P-450 · Fe^{3+}，NADPH + H^+ 将电子交给黄素蛋白辅基 FAD 生成 $FADH_2$，$FADH_2$ 再将电子交给以 Fe-S 为辅基的铁氧还蛋白，使 2（Fe_2S_2）$^{3+}$ 还原为 2（Fe_2S_2）$^{2+}$，RH · P-450 · Fe^{3+} 接受铁氧还蛋白一个 e 后转变为还原型复合物 RH · P-450 · Fe^{2+}，后者与 O_2 结合后将电子交给 O_2 形成 RH · P-450 · Fe^{3+} · O_2^-，再接受铁氧还蛋白的第二个 e，形成 RH · P-450 · Fe^{3+} · O_2^{2-}。此时一个氧离子使底物 RH 羟化为 ROH，另一个氧离子与来自 NADPH 中的质子结合成 H_2O（图 6-20）。

（二）双加氧酶催化氧分子直接加到底物分子中

双加氧酶也称氧转移酶（oxygen transferase）。这类酶含铁离子，催化氧分子直接加到底物分子上，如色氨酸双加氧酶（tryptophan dioxygenase）、*β*- 胡萝卜素双加氧酶催化 2 个氧原子加到底物带双键的碳原子上。

基本反应如下：

$$A + O_2 \xrightarrow{\text{双加氧酶}} AO_2$$

二、活性氧清除体系清除机体产生的活性氧

生物氧化过程中 O_2 必须接受细胞色素氧化酶传递的 4 个电子被彻底还原，最后生成 H_2O。但是有的时候产生一些部分还原的氧的形式。O_2 得到 1 个电子生成超氧阴离子（superoxide

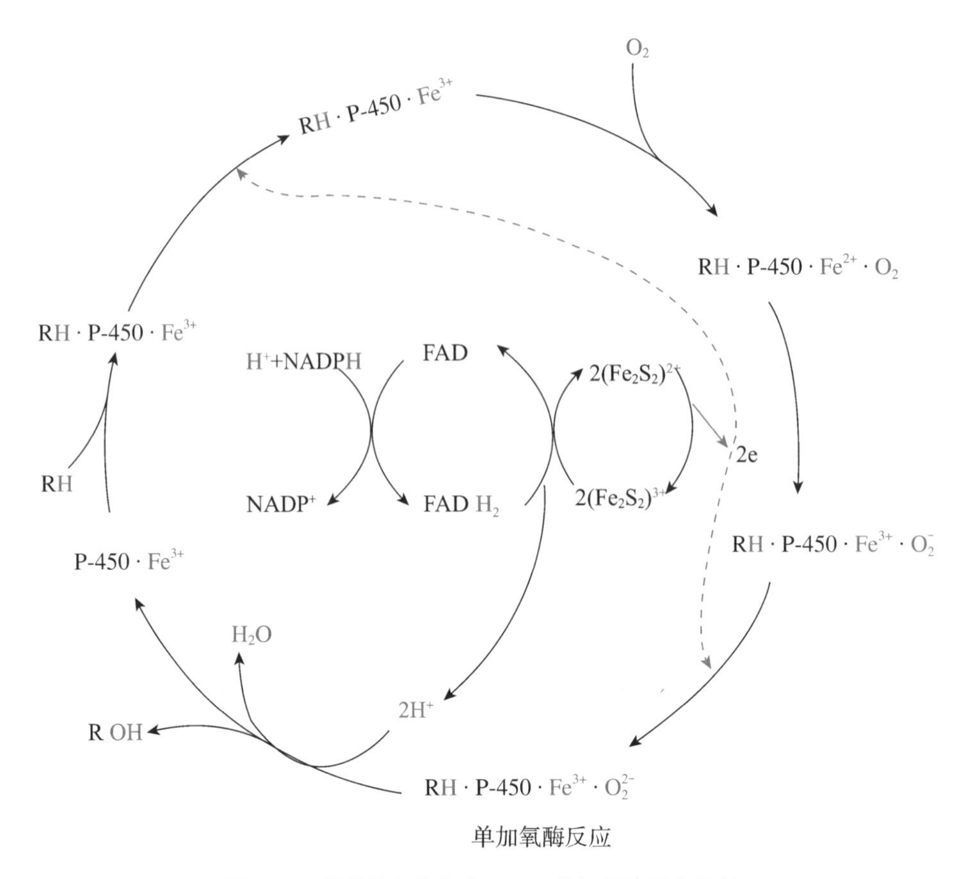

图 6-20 微粒体细胞色素 **P-450** 单加氧酶反应机制

anion，$^{\cdot}O_2^-$），接受 2 个电子生成过氧化氢（hydrogen peroxide，H_2O_2），接受 3 个电子生成羟自由基（hydroxyl free radical，$^{\cdot}OH$）。$^{\cdot}O_2^-$、H_2O_2、$^{\cdot}OH$ 这些未被完全还原的氧分子，其氧化能力远大于 O_2，统称为活性氧簇，又称为反应活性氧类（reactive oxygen species，ROS）。其中 $^{\cdot}O_2^-$ 和 $^{\cdot}OH$ 称为自由基。H_2O_2 不是自由基，但是可以转变成羟自由基。线粒体的呼吸链是机体产生 ROS 的主要部位。呼吸链在传递电子的过程中部分从各复合体漏出的电子直接传递给 O_2，产生了不完全还原的氧，这些分子就是反应活性氧类，也可看作线粒体氧化呼吸链的“副产物”。

正常情况下，物质在细胞线粒体、胞液、过氧化物酶体代谢可生成活性氧。在细菌感染、组织缺氧等病理情况下，辐射、服用药物、吸入烟雾等外源因素也可导致细胞产生活性氧。

H_2O_2 在体内有一定的生理作用，如中性粒细胞产生的 H_2O_2 可用于杀死吞噬的细菌，甲状腺中产生的 H_2O_2 可使酪氨酸碘化生成甲状腺激素。但对于大多数组织来说，活性氧则会对细胞有毒性作用。活性氧反应性极强，羟自由基是其中最强的氧化剂，也是最活跃的诱变剂。活性氧使 DNA 氧化、修饰，甚至断裂，破坏核酸结构；氧化某些具有重要生理作用的含巯基的酶和蛋白质，使之丧失活性；还可以将生物膜的磷脂分子中高度不饱和脂肪酸氧化成脂质过氧化物，造成生物膜损伤，引起严重后果。如红细胞膜损伤容易发生溶血，线粒体膜损伤则能量代谢受阻。脂质氧化物与蛋白质结合成复合物进入溶酶体后不易被酶分解或排出，就可能形成一种棕色的称为脂褐素（lipofuscin）的色素颗粒，这与组织的老化有关。机体含有多种清除活性氧的酶，将它们及时处理和利用。

Note

（一）过氧化物酶体氧化体系清除 H_2O_2 等活性氧

过氧化物酶体是一种特殊的细胞器，存在于动物组织的肝、肾、中性粒细胞中。过氧化物酶体主要通过过氧化氢酶和过氧化物酶发挥作用。

1．过氧化氢酶（catalase） 又称触酶，是一种含有4个血红素的血红素蛋白。它可以催化1分子 H_2O_2 作为电子供体，另1分子 H_2O_2 作为氧化剂或电子受体。催化2分子 H_2O_2 反应生成水，并放出 O_2。过氧化氢酶还具有过氧化物酶的催化活性。

$$2H_2O_2 \xrightarrow{\text{过氧化氢酶}} 2H_2O + O_2$$

2．过氧化物酶（peroxidase） 辅基是血红素，是一类催化抗氧化剂（GSH、维生素C等）还原过氧化氢的酶。临床上通过分析粪便嗜酸性粒细胞过氧化物酶的活性判断有无潜血。

$$RH_2 + H_2O_2 \xrightarrow{\text{过氧化物酶}} R + 2H_2O$$

或者

$$R + H_2O_2 \xrightarrow{\text{过氧化物酶}} RO + H_2O$$

在红细胞和某些组织中，含硒代半胱氨酸残基的谷胱甘肽过氧化物酶（glutathione peroxidase，GSH-Px），通过还原型谷胱甘肽将 H_2O_2 还原为 H_2O，或者将其他过氧化物（ROOH）转变为醇类化合物，同时产生氧化型谷胱甘肽（图6-21），起到了保护膜脂质和血红蛋白免受过氧化物氧化的作用。

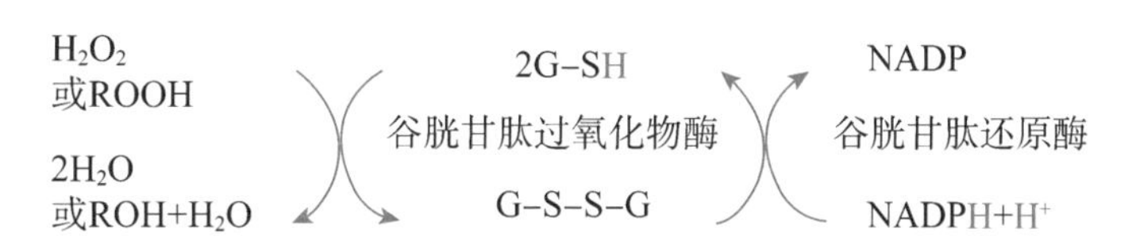

图6-21　谷胱甘肽过氧化物酶作用机制

（二）超氧化物歧化酶清除超氧阴离子活性氧

超氧化物歧化酶（superoxide dismutase，SOD）是1969年Fridovich发现的一种普遍存在于生物体内所有需氧组织中可以清除超氧阴离子的酶，是人体防御内、外环境中超氧离子对人体侵害的重要的酶。SOD半衰期极短，在胞质溶胶中，该酶由2个相似的亚基所组成，以 Cu^{2+}、Zn^{2+} 为辅基，称为CuZn-SOD，原核细胞和真核细胞线粒体内中的酶相似，均以 Mn^{2+} 为辅基，称为Mn-SOD。在原核细胞，还有以 Fe^{2+} 为辅基的Fe-SOD。它们是同工酶，均能催化超氧阴离子的氧化还原，生成 H_2O_2 与分子氧。

$$2\cdot O_2^- + 2H^+ \xrightarrow{\text{SOD}} H_2O_2 + O_2$$

在反应过程中，1分子超氧阴离子还原成 H_2O_2，另1分子则氧化成 O_2，故名歧化。如果SOD活性下降或含量减少，会引起 O_2^- 堆积，使机体免疫力降低，诱发多种疾病（如癌、动脉粥样硬化）。所以，及时补充SOD可避免疾病发生或减轻疾病。研究证明：SOD可以抑制肿瘤的生长，也可减少因缺血所造成的心肌区域性梗死的范围和程度。除酶对自由基清除作用外，许多抗氧化剂（如维生素E、维生素C、谷胱甘肽、*β*-胡萝卜素、不饱和脂肪酸）也有清除自由基的作用。这些抗氧化剂的医疗保健功能越来越受到人们的重视。

Note

思考题

1. 何为生物氧化？生物氧化与体外氧化有何异同？
2. 何为呼吸链？简述线粒体内两条呼吸链组成成分及作用。
3. 常见的呼吸链抑制剂有哪些？CO中毒可以导致呼吸停止，其作用机制是什么？
4. 线粒体外的NADH如何进行氧化磷酸化？
5. 影响氧化磷酸化的因素有哪些？

（龚明玉）

第七章

氨基酸代谢

第七章数字资源

第一节 概 述

氨基酸具有重要的生理功能，不仅是组成蛋白质的基本单位，还是体内许多重要活性物质的前体或来源。此外，氨基酸在体内的物质代谢和能量代谢中也具有重要的意义，氨基酸代谢障碍往往伴随着其他代谢的改变。体内蛋白质的合成与分解都以氨基酸为中心进行，因此氨基酸代谢是蛋白质分解代谢的核心内容。氨基酸代谢包括合成代谢和分解代谢，本章重点介绍氨基酸的分解代谢。体内氨基酸主要来源于食物蛋白质的消化、吸收，所以在介绍氨基酸分解代谢之前，首先介绍蛋白质的营养价值，外源蛋白质的消化、吸收及腐败。

第二节 蛋白质的营养和氨基酸的生理作用

蛋白质是生命的物质基础。体内组织细胞的生长、更新、修补以及一些重要的生理活动（如催化、运输、代谢调节）均需要蛋白质的参与。因此，摄入足量且优质的食物蛋白质对维持机体正常的生命活动十分重要，特别是对处于生长发育期的儿童和康复期患者更为重要。

一、氮平衡

机体内蛋白质代谢的概况可根据氮平衡（nitrogen equilibrium）实验来确定。蛋白质的平均含氮量约为 16%。食物中的含氮物质绝大部分是蛋白质，因此测定食物的含氮量可以估算其所含蛋白质的量。蛋白质在体内分解代谢所产生的含氮物质主要由尿、粪排出。测定尿与粪中的含氮量（排出氮）及摄入食物的含氮量（摄入氮），可以反映人体蛋白质的代谢概况。

1．氮的总平衡 摄入氮 = 排出氮，反映正常成年人的蛋白质代谢情况，即氮的“收支”平衡。

2．氮的正平衡 摄入氮＞排出氮，反映了体内蛋白质的合成大于分解。儿童、孕妇及疾病恢复期患者属于此种情况。

3．氮的负平衡 摄入氮＜排出氮，常见于蛋白质摄入量不足或过量降解，如饥饿或消耗性疾病患者。

Note

二、蛋白质的生理需要量

根据氮平衡实验计算，当不进食蛋白质时，成年人每日最低分解约 20 g 蛋白质。由于食物蛋白质与人体蛋白质组成的差异，蛋白质不可能全部被吸收利用，故成年人每日蛋白质最低生理需要量为 30 ~ 50 g。为了长期保持总氮平衡，仍需增量才能满足要求，因此中国营养学会推荐成年人每日蛋白质需要量为 80 g。

三、蛋白质的营养价值

在营养方面，不仅要注意膳食蛋白质的量，还必须注意蛋白质的质。由于各种蛋白质所含氨基酸的种类和数量不同，因此它们的质不同。有的蛋白质含有体内所需要的各种必需氨基酸，并且含量充足，此种蛋白质的营养价值（nutrition value）高；有的蛋白质缺乏体内所需要的某种必需氨基酸，或含量不足，则其营养价值较低。人体内有 9 种氨基酸不能自身合成或合成不够，这些体内需要而又不能自身合成或合成不够，必须由食物供应的氨基酸，称为营养必需氨基酸（nutritionally essential amino acid）。它们是赖氨酸、色氨酸、缬氨酸、亮氨酸、异亮氨酸、苏氨酸、甲硫氨酸、苯丙氨酸和组氨酸（表 7-1）。其余 11 种氨基酸可以在体内合成，不一定必须由食物供应，称为营养非必需氨基酸（nutritionally non-essential amino acid）。在营养非必需氨基酸中，有的氨基酸在某些特定条件下或者特殊情况下，如疾病、妊娠、婴儿期或创伤时就很重要，但自身合成的量不能满足需要，称为“条件必需”氨基酸（conditionally essential amino acid），如精氨酸、半胱氨酸、谷氨酰胺、甘氨酸、脯氨酸和酪氨酸。酪氨酸在体内可以由苯丙氨酸代谢产生，半胱氨酸可以由甲硫氨酸代谢产生，如果酪氨酸和半胱氨酸摄入充足，可以节省苯丙氨酸和甲硫氨酸。一般来说，营养价值高的蛋白质含有营养必需氨基酸的种类多且数量足，营养价值低的则反之。由于动物性蛋白质所含营养必需氨基酸的种类和比例与人体所需的相近，故其营养价值较高。营养价值较低的几种蛋白质混合食用，则营养必需氨基酸可以互相补充，从而提高其营养价值，称为食物蛋白质的互补作用。例如，谷类蛋白质含赖氨酸较少而色氨酸较多，豆类蛋白质含赖氨酸较多而色氨酸较少，两者混合食用可提高其营养价值。在某些疾病情况下，为保证患者对氨基酸的需要，可进行混合氨基酸输液。

表 7-1 人体营养必需氨基酸和营养非必需氨基酸

营养必需氨基酸	营养非必需氨基酸
赖氨酸	丙氨酸
色氨酸	天冬酰胺
缬氨酸	天冬氨酸
亮氨酸	谷氨酸
异亮氨酸	丝氨酸
苏氨酸	精氨酸*
甲硫氨酸	酪氨酸*
苯丙氨酸	半胱氨酸*
组氨酸	谷氨酰胺*
	甘氨酸*
	脯氨酸*

注：*在某些情况下是必需的。

四、氨基酸的来源

体内氨基酸的来源主要有食物供应、体内合成及组织蛋白质分解 3 种，其中以食物供应最为重要。机体除自食物中获取的氨基酸外，体内每日也可以合成一定数量的氨基酸，这种作用主要在肝中进行。组织中的蛋白质经常不断地更新，因此机体氨基酸的来源也包括由体内蛋白质降解所产生的氨基酸。正常成年人的组织蛋白质的分解速度和合成速度相等，这种状态称为组织蛋白质的动态平衡，也称为蛋白质转换（protein turnover）。人体每日更新体内蛋白质总量的 1% ~ 2%，而分解释放的氨基酸有 70% ~ 80% 又会被重新利用来合成蛋白质，剩下的 20% ~ 25% 被降解。

五、氨基酸的生理功能

氨基酸是蛋白质的基本组成单位，所以它的重要生理功能之一是合成蛋白质，以满足机体生长发育及组织修复更新的需要。除此之外，氨基酸还可以参与能量代谢，氨基酸分解代谢产能占机体产能的 10% ~ 15%。氨基酸还是合成生物体内许多含氮化合物（如核酸、烟酰胺、甲状腺激素及儿茶酚胺类神经递质）的重要原料。某些氨基酸在体内还起着一些独特的作用，如甘氨酸参与生物转化作用、丙氨酸及谷氨酰胺参与组织间氨的转运等。

第三节　蛋白质的消化、吸收及腐败

蛋白质是具有高度种属特异性的大分子化合物，不易被吸收，若未经消化而直接进入体内，常会引起过敏反应。蛋白质的消化起始于胃，主要在小肠中进行。在多种蛋白质水解酶的催化下，蛋白质被水解成以氨基酸为主的消化产物，进而被吸收和利用。

一、胃中的消化作用

食物蛋白质进入胃后，刺激胃黏膜分泌胃泌素，胃泌素刺激壁细胞分泌盐酸、主细胞分泌胃蛋白酶原（pepsinogen）。在生理条件下，胃液（pH 1.0 ~ 2.5）中的胃蛋白酶原经盐酸或胃蛋白酶的自身催化作用，生成有活性的胃蛋白酶（pepsin）。胃蛋白酶对肽键的特异性较差，主要催化由苯丙氨酸、酪氨酸、色氨酸及亮氨酸参与形成的肽键的断裂。婴儿胃内有凝乳酶（chymosin），其最适 pH 为 4.0，主要作用于乳汁中的酪蛋白，使其转变成可溶的副酪蛋白，再与钙结合成副酪蛋白钙后进一步被胃蛋白酶消化。因为食物在胃中停留的时间较短，所以对食物蛋白质的消化不完全，其主要产物为多肽及少量的氨基酸。

二、小肠中的消化作用

蛋白质在小肠中被水解成氨基酸和寡肽。在小肠中，除小肠黏膜细胞分泌的消化液外，还有胰液。它们的共同作用可进一步将蛋白质水解为氨基酸和寡肽，所以小肠是消化蛋白质的主要场所。

小肠液中的主要蛋白质水解酶除有氨肽酶（aminopeptidase）及二肽酶（dipeptidase）

等寡肽酶外，还有肠激酶（enterokinase）。胰液中有关蛋白质消化的酶主要有胰蛋白酶原（trypsinogen）、胰凝乳蛋白酶原（chymotrypsinogen）、弹性蛋白酶原（proelastase）和羧肽酶原A及B（procarboxypeptidase A and B）。由胰腺细胞分泌的酶原进入十二指肠后会被激活，例如胰蛋白酶原由肠激酶激活，肠激酶是由十二指肠黏膜细胞分泌的一种蛋白质水解酶，被胆汁激活后，特异地作用于胰蛋白酶原，自其N端水解出1分子六肽而使胰蛋白酶原转变成有活性的胰蛋白酶（trypsin）。胰蛋白酶可激活胰凝乳蛋白酶原、弹性蛋白酶原和羧肽酶原，但其自身激活作用较弱（图7-1）。

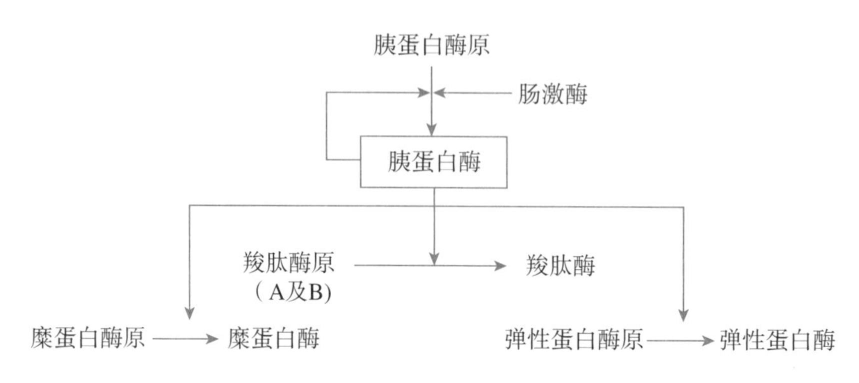

图7-1 胰液中蛋白酶原的激活过程

胰蛋白酶、胰凝乳蛋白酶（chymotrypsin）及弹性蛋白酶（elastase）属于内肽酶（endopeptidase），可以特异性水解蛋白质多肽链内部的肽键。胰蛋白酶特异性较强，只作用于赖氨酸和精氨酸残基的羧基侧肽键。胰凝乳蛋白酶特异性相较于胰蛋白酶弱一些，可作用于苯丙氨酸、色氨酸、酪氨酸等疏水性氨基酸残基的羧基侧肽键。弹性蛋白酶特异性最低，主要作用于缬氨酸、亮氨酸、丝氨酸及丙氨酸等脂肪族氨基酸羧基侧肽键。羧肽酶（carboxypeptidase）及氨肽酶分别自肽链的C端及N端开始作用，每次水解掉1个氨基酸。因为它们自肽链末端开始水解，所以被称为外肽酶（exopeptidase）。羧肽酶A主要水解除脯氨酸、精氨酸和赖氨酸外的多种中性氨基酸为羧基端构成的肽键。羧肽酶B主要水解由碱性氨基酸为羧基端构成的肽键。

蛋白质在上述各种内肽酶及外肽酶的协同作用下，被水解成氨基酸及二肽。小肠分泌的二肽酶类可水解二肽生成氨基酸。所以蛋白质的最终消化产物是氨基酸。

三、氨基酸的吸收

蛋白质的消化产物主要是氨基酸和一些小分子肽，其吸收部位主要在小肠（十二指肠和空肠）。氨基酸通过转运蛋白质转运系统（carrier protein transport system）被吸收（图7-2）。小肠黏膜上皮细胞的细胞膜有氨基酸转运蛋白质（carrier protein），又称转运蛋白（transporter），可以与氨基酸和Na^+结合形成三联体。氨基酸及Na^+在转运蛋白上结合的部位不同，结合后可能使转运蛋白的构象发生改变，从而把氨基酸及Na^+都转运入肠黏膜上皮细胞。目前发现至少有7种转运蛋白参与了氨基酸和小分子肽的吸收，包括中性氨基酸转运蛋白、酸性氨基酸转运蛋白、碱性氨基酸转运蛋白、亚氨基酸转运蛋白、β-氨基酸转运蛋白、二肽转运蛋白和三肽转运蛋白。结构相似的氨基酸，其相应的转运蛋白可能相同。消化道中Na^+的浓度比细胞内的浓度高，离子梯度形成的势能支持这种转运，转运之后可借助Na^+-K^+-ATP酶（Na^+-K^+-ATPase，即Na^+泵）水解ATP释放的能量，将Na^+泵出细胞，从而使细胞内的Na^+浓度维持在一个较低的水平，促进氨基酸的吸收。氨基酸的主动转运不仅存在于小肠黏膜上皮细胞，而且肾小管细胞、肌细胞对氨基酸的吸收也是采取这种方式。

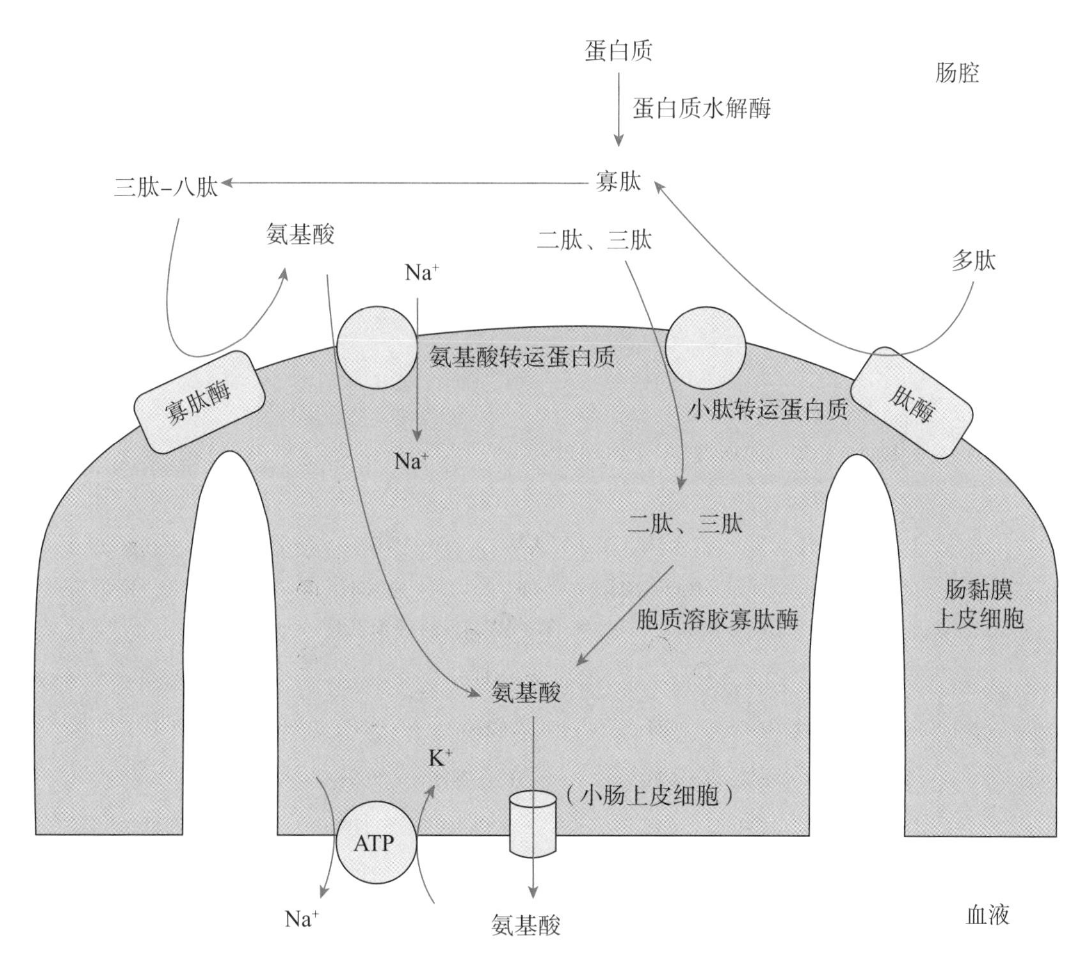

图 7-2　氨基酸的消化和吸收

四、蛋白质的腐败作用

食物中的蛋白质平均有 95% 被消化、吸收。未被消化的蛋白质及未被吸收的氨基酸，在大肠下部受到肠道细菌的分解，称为腐败（putrefaction）作用。腐败作用实际上就是肠道细菌对这部分氨基酸及蛋白质的代谢作用。腐败作用的产物有一些是有一定营养价值的，例如腐败作用产生的少量脂肪酸和维生素可被人体利用，但绝大多数腐败产物［如胺类（amine）、酚类（phenol）、吲哚（indole）及硫化氢］对人体是有害的，这些有害产物主要随粪便排出体外，少部分会被吸收，并经肝的生物转化作用以无毒形式排出体外。

肠道细菌对氨基酸的作用主要有两种方式，即脱氨基作用（deamination）及脱羧基作用（decarboxylation）。其他如氧化、还原、水解当然也能进行。这些反应都是由肠道细菌分泌的酶所催化的。以丙氨酸为例，它经脱氨基作用产生氨及丙酸，若经脱羧作用则生成二氧化碳及乙胺。因为氨基酸的碳骨架各不相同，其腐败产物也不相同。酪氨酸经上述几种方式进行分解，可产生酪胺、苯乙酚、对羟苯乙酸、苯酚等。半胱氨酸的腐败产物有硫化氢、甲烷、甲硫醇、乙硫醇等。尸胺及腐胺是赖氨酸的腐败产物，组胺则来自组氨酸。色氨酸产生色胺、甲基吲哚、吲哚等。

Note

$$CH_3-CH(NH_2)-COOH \xrightarrow{\text{脱氨基作用}} CH_3-CH_2-COOH + NH_3$$

丙氨酸　　丙酸

$$CH_3-CH(NH_2)-COOH \xrightarrow{\text{脱羧基作用}} CH_3-CH_2-NH_2 + CO_2$$

乙胺

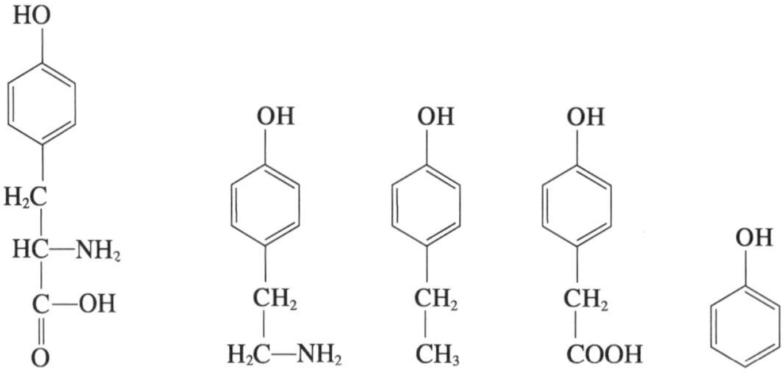

酪氨酸　酪胺　苯乙酚　对羟苯乙酸　苯酚

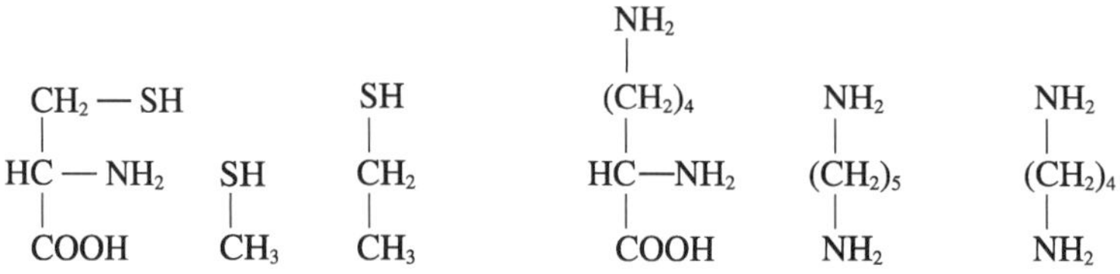

半胱氨酸　甲硫醇　乙硫醇　赖氨酸　尸胺　腐胺

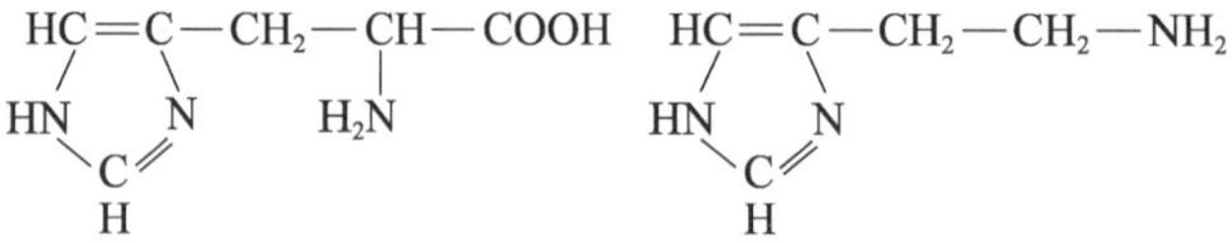

组氨酸　组胺

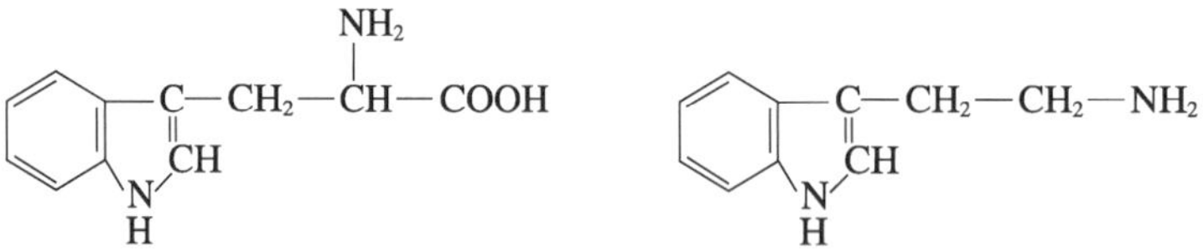

色氨酸　色胺

甲基吲哚　吲哚

五、氨的生成

肠道中氨的来源主要有两种：一是未被吸收的氨基酸在肠道细菌的作用下脱去氨基生成氨。上述苯酚、吲哚及硫化氢的产生过程都伴有氨的生成。二是血液中的尿素可渗入肠道，受

肠道细菌尿素酶的作用，水解成氨，并被吸收入体内。平均每日有 7 g 尿素渗入肠道，而粪便中几乎不含有尿素，所以渗入肠道的尿素全部被肠道细菌分解，每日以这种循环方式进入体内的氨约有 4 g。

自肠道吸收入体内的氨是血氨的重要来源之一。正常人将吸收入体内的氨在肝合成尿素而排出，所以不会发生氨中毒。而严重肝病患者因肝功能不正常，不能及时处理吸收入体内的氨，常可引起肝性脑病。因此，对肝病患者，应采取适宜措施，力求减少肠道中氨的产生及体内的吸收。

第四节　氨基酸的一般代谢

一、体内蛋白质的降解

（一）体内蛋白质降解的一般情况

人体内蛋白质处于不断降解和合成的动态平衡中，成年人体内蛋白质每日有 1% ~ 2% 被降解（degradation）。组织蛋白质的更新速度因种类不同而差异很大，因此不同蛋白质的寿命差异也很大，短则数秒，长则数周。蛋白质的寿命通常用半衰期（half-life，$t_{1/2}$）表示，即蛋白质降解到其原浓度一半所需要的时间。例如，人血浆蛋白质的 $t_{1/2}$ 约 10 d，肝中大部分蛋白质的 $t_{1/2}$ 为 1 ~ 8 d，结缔组织中一些蛋白质的 $t_{1/2}$ 可达 180 d 以上，而许多关键酶的 $t_{1/2}$ 均很短。

（二）体内蛋白质的降解途径

体内蛋白质的降解是由一系列蛋白酶（protease）和肽酶（peptidase）完成的。真核细胞中蛋白质的降解有两条途径：一是不依赖 ATP 的过程，在溶酶体内进行。溶酶体是单层膜围绕内含多种酸性水解酶的囊泡状细胞器，功能是进行细胞内消化，主要降解细胞外来源的蛋白质、膜蛋白和长寿命的细胞内蛋白质。二是依赖 ATP 和泛素（ubiquitin，Ub）的途径，在蛋白酶体中进行，该途径是降解体内蛋白质的主要途径，主要降解错误折叠的蛋白质和短寿命的蛋白质，该途径对于不含溶酶体的红细胞尤为重要。

泛素是一种分子量为 8.5 kDa（含 76 个氨基酸残基）的小分子蛋白质，由于普遍存在于真核细胞中而得名，其一级结构高度保守，酵母泛素与人体泛素比较，只有 3 个氨基酸的差别。泛素介导的蛋白质降解是一个复杂的过程。泛素首先共价结合于被选择降解的蛋白质，将蛋白质标记，该标记过程称为泛素化（ubiquitination）。之后蛋白酶体特异性地识别泛素化的蛋白质，将其降解。在泛素化蛋白质降解过程中，泛素通过三步反应与被降解的蛋白质形成共价连接，从而使之激活，反应需要 ATP 参加。参与反应的 3 个酶是泛素激活酶、泛素结合酶和泛素 - 蛋白质连接酶。1 个泛素分子一旦与靶蛋白质结合，其他的泛素分子即结合上去，形成泛素链 - 靶蛋白质复合体（图 7-3）。泛素化的蛋白质进入蛋白酶体被降解。蛋白酶体存在于细胞核和胞质溶胶，是 1 个 26S 的蛋白质复合物，由 20S 的核心颗粒（core partical，CP）和 19S 的调节颗粒（regulatory partical，RP）组成。CP 是由 4 个堆积环形成的中空圆柱状结构，每个环由 7 个亚基组成，其中个别亚基具有蛋白酶活性，可以催化蛋白质的降解。RP 位于 CP 的上、下两端，就像是空心圆柱的盖子（图 7-4）。泛素化的蛋白质首先被 RP 识别，RP 使得靶蛋白质去折叠，去折叠后的靶蛋白质被输入 CP，靶蛋白质在蛋白酶体核心区被降解成由 3 ~ 25 个氨基酸残基构成的肽段，然后出蛋白酶体。

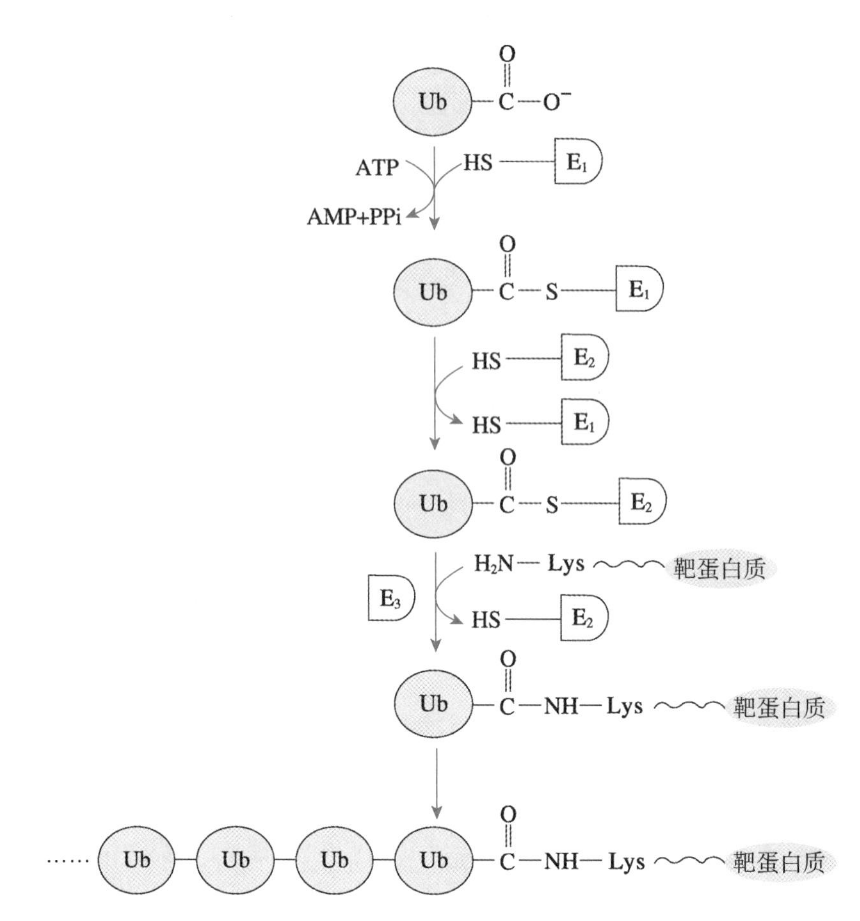

图 7-3 蛋白质降解的泛素化反应

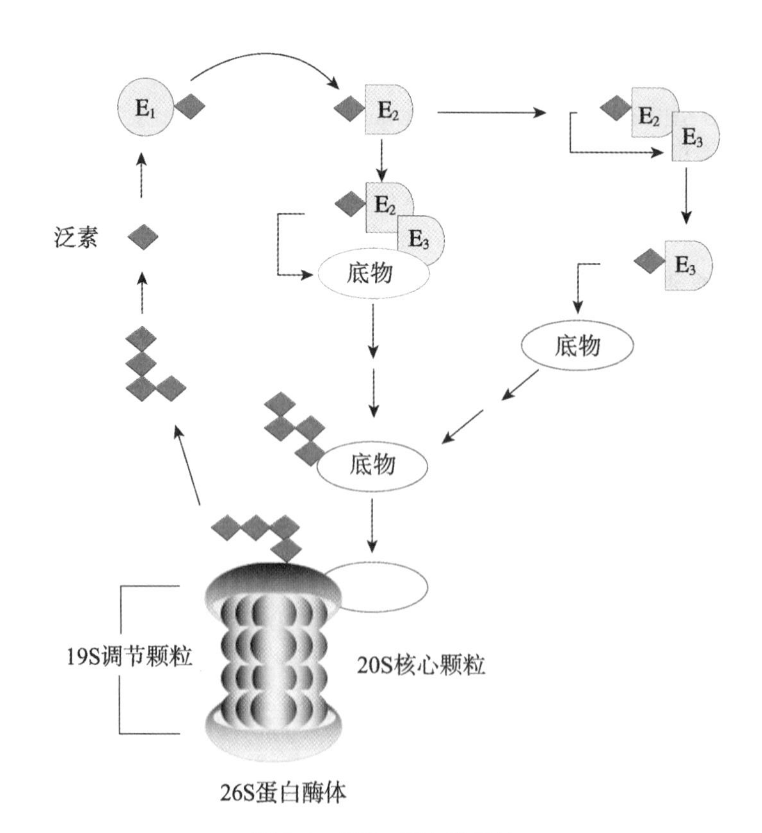

图 7-4 泛素 - 蛋白酶系统

（三）氨基酸代谢库

食物蛋白质经消化、吸收的外源性氨基酸，与体内组织蛋白质降解产生的氨基酸及体内合成的非必需氨基酸等内源性氨基酸混在一起，分布于体内各处，参与代谢，称为氨基酸代谢库（amino acid metabolic pool）或氨基酸库（amino acid pool）。氨基酸代谢库通常以游离氨基酸总量计算。由于氨基酸不能自由通过细胞膜，所以在体内的分布也不均匀。例如，肌肉中的氨基酸占总氨基酸库的 50% 以上，肝约占 10%，肾约占 4%，血浆占 1% ~ 6%。由于肝、肾体积较小，实际上它们所含游离氨基酸的浓度很高，氨基酸的代谢也很旺盛。消化吸收的大多数氨基酸（如丙氨酸、芳香族氨基酸）主要在肝中分解，而支链氨基酸的分解代谢主要在骨骼肌中进行，肌肉和肝在维持血浆氨基酸浓度的相对稳定中起着重要作用。血浆游离氨基酸是体内各组织之间氨基酸转运的主要形式，各组织、器官不断向血浆释放和摄取氨基酸，正常人血浆氨基酸浓度并不高，但其更新速度却很快，平均 $t_{1/2}$ 为 15 min。

体内氨基酸的主要代谢去路是合成蛋白质和多肽，除此之外，还可以转变成其他含氮化合物，正常人尿中排出的氨基酸极少。因为各种氨基酸具有共同的结构特点，所以它们也有着共同的代谢途径，从量上讲，氨基酸的分解代谢以脱氨基作用为主，氨基酸脱氨基生成氨及相应的 α- 酮酸。除此之外，还有部分氨基酸可经脱羧基作用形成二氧化碳及胺类。体内氨基酸的代谢概况见图 7-5。

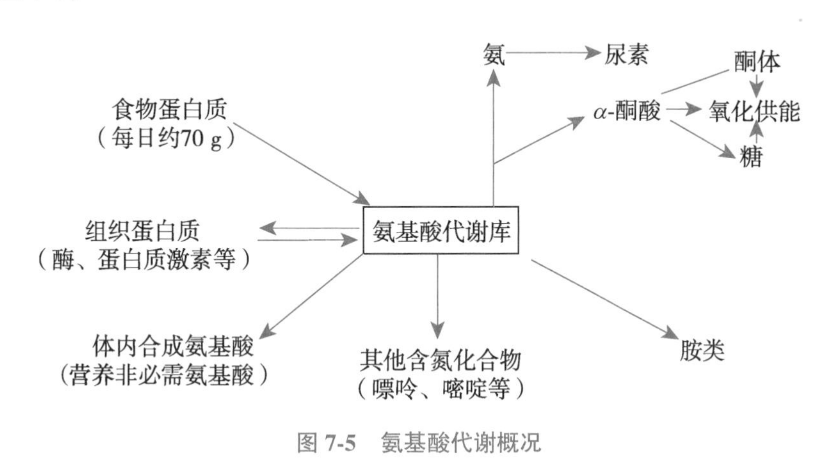

图 7-5　氨基酸代谢概况

二、氨基酸的脱氨基作用

除少数氨基酸可被直接氧化脱氨基外，多数氨基酸需要通过转氨基和 L- 谷氨酸氧化脱氨基作用进行脱氨基代谢。

（一）转氨基作用和转氨酶

1. 转氨基作用　转氨基作用（transamination）是在转氨酶（transaminase）的催化下，可逆地把 α- 氨基酸的氨基转移给 α- 酮酸。反应的结果是氨基酸脱去其氨基，转变成相应的 α- 酮酸，而作为受体的 α- 酮酸则因接受氨基而转变成其相应的另一种氨基酸。由于反应的实质是氨基的转移，所以该反应被命名为转氨基作用。

2. 转氨酶及其辅酶　转氨酶也称氨基转移酶（aminotransferase），广泛分布于几乎所有的组织中，其中以肝及心肌含量最为丰富。转氨基作用的平衡常数接近 1.0，所以反应是可逆的。转氨基作用不仅可以促进氨基酸的脱氨基作用，也可由 α- 酮酸合成相应的氨基酸，这是机体合成营养非必需氨基酸的重要途径。除赖氨酸、苏氨酸、脯氨酸、羟脯氨酸外，大多数组织蛋白质中的 L- 氨基酸都可经转氨酶的催化进行转氨基作用。大多数的转氨酶都是以谷氨酸作为氨基的供体或以 α- 酮戊二酸作为氨基的受体。最重要的转氨酶有两种，分别是丙氨酸转氨酶（alanine transaminase，ALT）[又称谷丙转氨酶（glutamate-pyruvate transaminase，GPT）]，谷草转氨酶（glutamic-oxaloacetic transaminase，GOT）[又称天冬氨酸转氨酶（aspartate aminotransferase，AST）]。下式说明 ALT 及 AST 催化的反应：

$$\text{谷氨酸+丙酮酸} \xrightleftharpoons{\text{ALT}} \alpha\text{-酮戊二酸+丙氨酸}$$

$$\text{谷氨酸+草酰乙酸} \xrightleftharpoons{\text{AST}} \alpha\text{-酮戊二酸+天冬氨酸}$$

所有转氨酶催化反应时都必须有辅酶，即维生素 B_6 的磷酸酯——磷酸吡哆醛（pyridoxal phosphate，PLP）[其氨基形式是磷酸吡哆胺（pyridoxamine phosphate）] 参加。磷酸吡哆醛作为转氨酶活性中心的氨基中间载体而发挥作用，磷酸吡哆醛参与氨基酸 α、β、γ 碳上的转氨基反应。

3．转氨酶的作用机制 转氨酶通过位于其活性中心的赖氨酸残基的 ε- 氨基和磷酸吡哆醛的醛基结合形成 Schiff 碱（图 7-6）。当转氨基作用进行时，底物氨基酸替代转氨酶分子中的赖氨酸残基生成新的 Schiff 碱。新生成的 Schiff 碱经分子内部重排及水解作用，生成磷酸吡哆胺

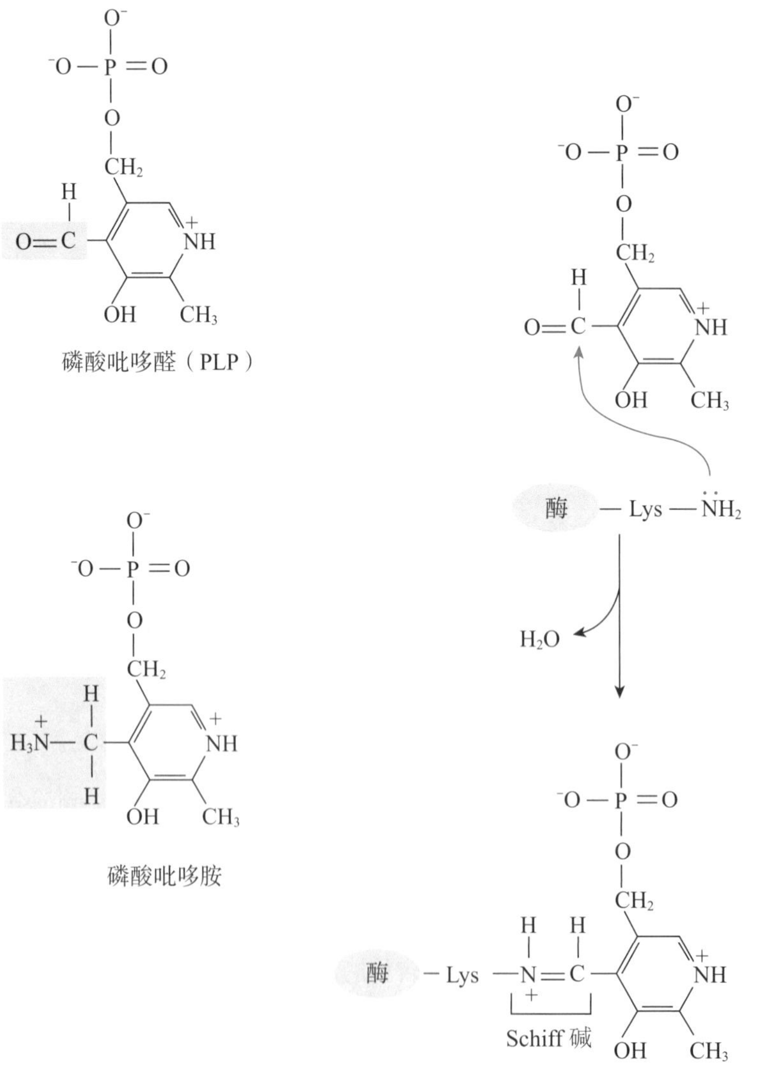

磷酸吡哆醛（PLP）

磷酸吡哆胺

酶 — Lys — $\ddot{N}H_2$

H_2O

酶 — Lys — N=C —

Schiff 碱

图 7-6 Schiff 碱的形成过程

及相应的 α- 酮酸（图 7-7）。经转氨酶的作用，磷酸吡哆胺以相同方式把氨基酸脱下来的氨基传递给 α- 酮戊二酸，α- 酮戊二酸接受氨基形成谷氨酸，而磷酸吡哆胺失去氨基重新生成磷酸吡哆醛。总的结果是原来的氨基酸脱去氨基转变成相应的 α- 酮酸，α- 酮戊二酸接受氨基形成谷氨酸，而磷酸吡哆醛在其中起转运氨基的作用。

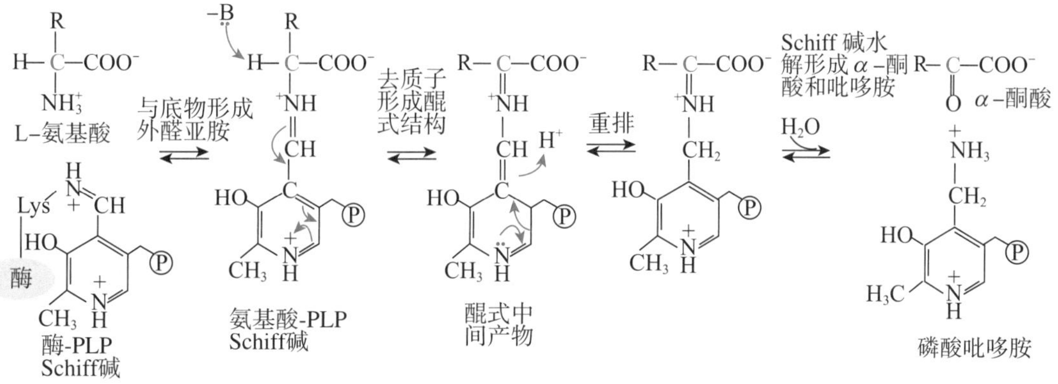

图 7-7　磷酸吡哆醛（胺）在转氨基中的作用

4．转氨酶的临床意义　人体各组织中转氨酶的含量差别很大（表 7-2）。转氨酶主要分布于细胞内，正常人血清中含量甚微，但若因疾病造成组织细胞破损或细胞膜通透性有所改变，细胞中的转氨酶将释放到血液中，导致血清转氨酶的活性升高。例如心肌梗死患者血清 AST 异常升高；肝病（如传染性肝炎）患者可引起血清 AST 及 ALT 升高。

表 7-2　正常成年人各组织中 AST 及 ALT 活性（U/g 湿组织）

组织	AST	ALT	组织	AST	ALT
心脏	156 000	7100	胰	28 000	2000
肝	142 000	44 000	脾	14 000	1200
骨骼肌	99 000	4800	肺	10 000	700
肾	91 000	19 000	血清	20	16

肝功能检查——血清转氨酶

血清转氨酶活性在某些疾病的诊断中具有重要的参考价值。正常情况下，转氨酶主要存在于细胞内，血清中的活性很低。当组织受损时，细胞膜通透性增加，转氨酶从受损的细胞释放到血液中，使血清中转氨酶活性明显升高。

血清中 ALT 和 AST 活性可以作为肝损伤、感染和药物毒性评价的重要参考指标。ALT 以肝细胞含量最多，主要存在于肝细胞胞质溶胶中，肝细胞内 ALT 活性较血清中约高 100 倍，故只要有 1% 的肝细胞坏死，就可使血清中的 ALT 增高 1 倍，因此 ALT 是最敏感的肝功能检测指标之一。AST 以心肌细胞含量最多，肝细胞次之，且 80% 存在于线粒体内，20% 存在于胞质溶胶中。在轻、中度肝损伤时，胞质溶胶内的 ALT 和 AST 释放入血，导致血液中 ALT 与 AST 升高，此时以 ALT 升高显著；在肝损害严重时，线粒体受损，导致线粒体内酶释放入血，此时 AST 升高更明显。

Note

（二）氧化脱氨基作用

L- 氨基酸氧化酶（L-amino acid oxidase）和 D- 氨基酸氧化酶（D-amino acid oxidase）是两个非专一性的氨基酸氧化酶，均属于黄素蛋白，L- 氨基酸氧化酶以 FMN 或 FAD 为辅基，D- 氨基酸氧化酶以 FAD 为辅基，分别催化 L- 氨基酸及 D- 氨基酸的氧化反应。L- 氨基酸氧化酶在生物体内的分布并不广泛，且最适 pH 远离生理 pH。D- 氨基酸氧化酶只作用于并不常见的 D- 氨基酸。所以，氨基酸氧化酶催化的氧化脱氨基作用（oxidative deamination）不是氨基酸的主要脱氨基方式。

哺乳类动物的大多数组织（如肝、肾和脑）广泛存在 L- 谷氨酸脱氢酶（L-glutamate dehydrogenase）。该酶是参与氨基酸氧化脱氨基作用的主要酶，其活性较强，是一种不需氧脱氢酶。L- 谷氨酸脱氢酶既可以利用 NAD^+，又可以利用 $NADP^+$ 作为辅酶，催化 L- 谷氨酸氧化脱氨生成 α- 酮戊二酸。其中，NAD^+ 主要参与氧化脱氨基反应，而 $NADP^+$ 主要参与氨基还原反应（图 7-8）。L- 谷氨酸脱氢酶是由 6 个相同亚基构成的别构酶，其活性受到严格的调控，ADP 是其别构激活剂，GTP 是其别构抑制剂。如果该酶的 GTP 结合位点突变，会使酶活性持续增高，可引起一种以血氨升高和低血糖为特征的高胰岛素 - 高血氨综合征（hyperinsulinism-hyperammonemia syndrome）。在真核细胞中，L- 谷氨酸脱氢酶存在于线粒体基质中，其催化的反应是可逆的。但是，由于 L- 谷氨酸脱氢酶对于 NH_4^+ 的亲和力非常低，且体内生成的氨可以被迅速处理，所以反应的方向趋向于脱氨基作用。

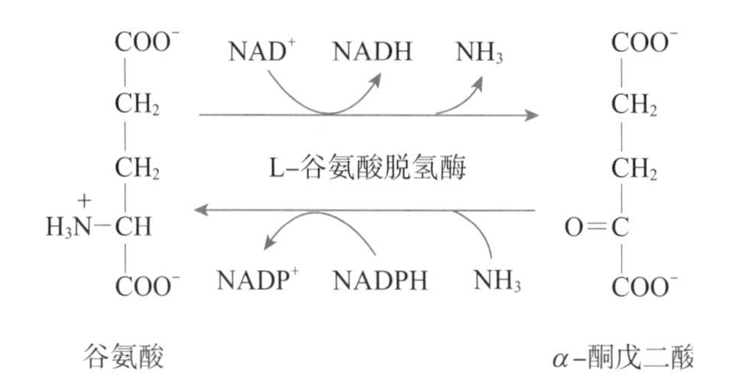

图 7-8 L- 谷氨酸氧化脱氨基作用

（三）联合脱氨基作用

转氨酶催化的转氨基作用只是把氨基酸分子中的氨基转移给 α- 酮戊二酸或其他 α- 酮酸，并没有经脱氨基生成氨。若是转氨酶和 L- 谷氨酸脱氢酶协同作用，即转氨基作用和谷氨酸的氧化脱氨基作用偶联进行，则氨基酸转变成氨及相应的 α- 酮酸（图 7-9）。联合脱氨基是体内重要的脱氨基方式，主要在肝、肾等组织中进行。据估计，被摄入人体的蛋白质约有 75% 是通过这种方式进行氨基代谢的。

三、α- 酮酸的代谢

脱氨基作用生成的 α- 酮酸在体内的代谢途径主要有 3 条：一是经转氨基作用的逆反应合成氨基酸；二是转变成糖类或脂质；三是通过三羧酸循环氧化生成二氧化碳及水并提供能量。转氨基作用形成氨基酸见前文，不再赘述，这里只讲述 α- 酮酸怎样转变成糖类、脂质或完全氧化。

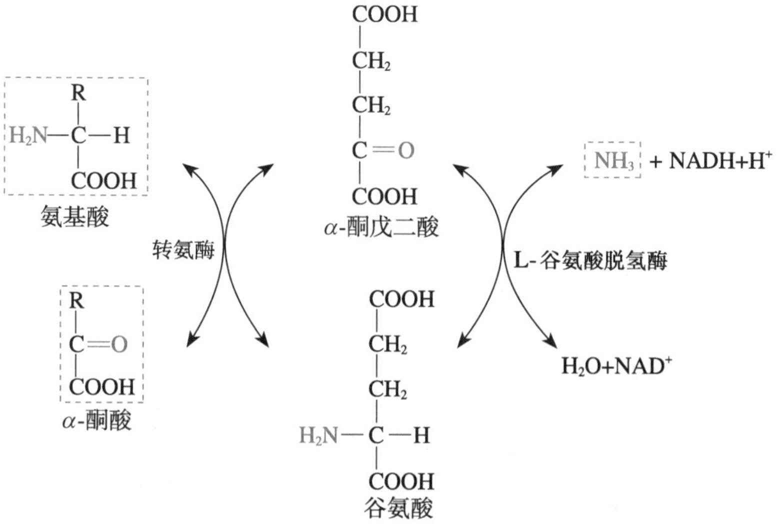

图 7-9 联合脱氨基作用

早期营养学的研究明确证实氨基酸可以转变成糖类及脂肪。例如，分别用各种氨基酸饲喂人工糖尿病犬，有些氨基酸可增加尿中葡萄糖的排泄量；有些增加尿中酮体的排泄量；也有些氨基酸既增加葡萄糖，又增加酮体的排泄量。根据这种性质，可以将氨基酸分为三大类，即生糖氨基酸（glucogenic amino acid）、生酮氨基酸（ketogenic amino acid）及生酮生糖氨基酸（ketogenic and glucogenic amino acid）（表 7-3）。

表 7-3 氨基酸生糖及生酮性质的分类

类别	氨基酸
生糖氨基酸	甘氨酸、丝氨酸、缬氨酸、组氨酸、精氨酸、半胱氨酸、脯氨酸、谷氨酸、丙氨酸、谷氨酰胺、天冬酰胺、天冬氨酸、甲硫氨酸
生酮氨基酸	亮氨酸、赖氨酸
生酮生糖氨基酸	异亮氨酸、苏氨酸、苯丙氨酸、色氨酸、酪氨酸

用含放射性核素的氨基酸做实验证明营养学研究的结果是正确的，那么氨基酸如何转变成葡萄糖或酮体？很明显，氨基酸在转变之前必先脱去氨基而成为其碳骨架 α- 酮酸，α- 酮酸再经代谢转变，最后生成葡萄糖或酮体。各种氨基酸的碳骨架差异很大，其分解代谢途径当然各不相同，但经过转变可以形成 6 种主要产物：丙酮酸、乙酰辅酶 A、α- 酮戊二酸、琥珀酰辅酶 A、延胡索酸和草酰乙酸，所有这些都可以进入三羧酸循环进一步代谢。有关这些代谢作用的详细过程，将在个别氨基酸代谢一节中讨论，本节只述及 α- 酮酸代谢的基本方式。例如，丙氨酸脱去氨基后生成丙酮酸，丙酮酸的代谢去向就是丙氨酸碳骨架的代谢途径，丙酮酸可通过糖异生转变成葡萄糖，所以丙氨酸是生糖氨基酸。亮氨酸的碳骨架经一系列代谢反应，最后转变成乙酰乙酰辅酶 A 和乙酰辅酶 A，两者都可合成酮体，这就说明亮氨酸是生酮氨基酸。

综上所述，氨基酸代谢与糖代谢和脂肪代谢密切相关，氨基酸可以转化为糖和脂肪，糖也可转化为脂肪和多数非营养必需氨基酸的碳骨架部分。三羧酸循环是三大营养物质代谢的总枢纽，通过它，可以使糖、脂肪及氨基酸完全氧化或相互转变，形成完整的代谢体系（图 7-10）。

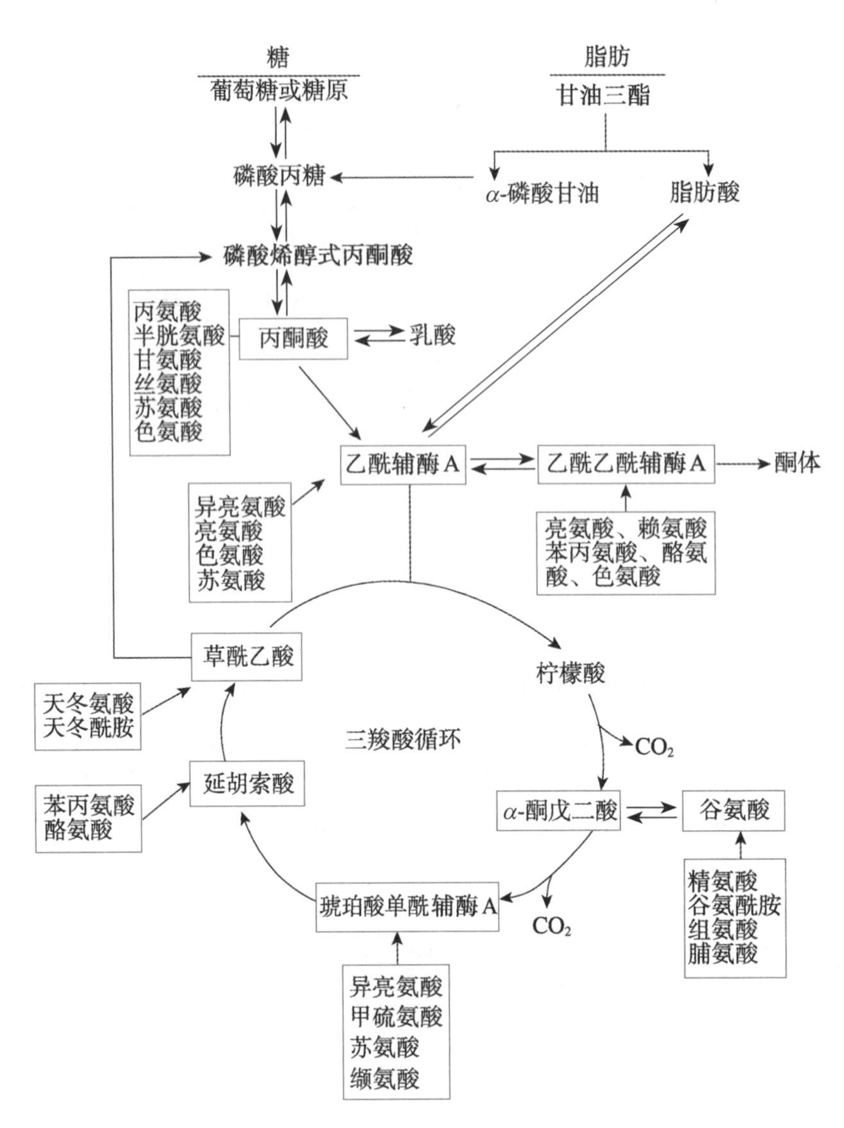

图 7-10 氨基酸、糖及脂肪代谢的关系

第五节 氨的代谢

案例 7-1

某患者，男性，58 岁，12 年前因上腹部隐痛及食欲缺乏住院治疗。住院检查肝功能异常，经保肝治疗好转后出院。2 年前上述症状逐渐加重并伴有皮肤、巩膜黄染，有时伴恶心、呕吐、稀便。近 2 个月患者进行性消瘦，乏力，皮肤、巩膜黄染加深，时有黑便。2 d 前患者因进食肉食后恶心、呕吐、神志恍惚，急诊入院。既往史：35 年饮酒史，日饮酒半斤以上。无疟疾和血吸虫疫水接触史。体格检查：T 36 ℃，P 90 次 / 分，BP 99/68 mmHg，注意力减退，定向力差。皮肤、巩膜黄染，扑翼样震颤（+）。腹部于右肋缘下可触及肝，质硬。实验室检查：黄疸指数 24 U，丙氨酸转氨酶 160 U，血氨 88 μmol/L。食道钡餐 X 线显示食道下段和胃底静脉曲张，B 超显示肝纤维化和腹水。

问题：

1. 该患者所患疾病可能是什么？诊断依据是什么？
2. 该疾病的生化机制是什么？

正常生理 pH 范围内，体液中 98.5% 的氨以铵盐（NH_4^+）的形式存在。氨对生物体而言是有毒性的，家兔血液若每 100 ml 中氨含量达到 5 mg，即中毒死亡。正常人血浆中氨的含量是 18 ~ 72 μmol/L。因氨生成后迅速被处理，正常人不超过这个范围。哺乳类动物体内氨的主要去路是在肝合成尿素，再经过肾随尿液排出。成年人排氮的 80% ~ 90% 是尿素。另外，氨与 α- 酮戊二酸反应转变成谷氨酸也是氨代谢环节中的一个重要途径。

一、氨的来源

（一）氨基酸脱氨基及胺类分解

组织细胞内氨基酸经脱氨基作用产生的氨是体内氨的主要来源。氨基酸脱羧基产生的胺类物质的氧化分解也会产生氨。此外，嘌呤及其衍生物分子中的氨基经代谢，也可以生成氨，嘧啶类的最终代谢产物也有氨（详见第八章核苷酸代谢）。

（二）肠道吸收

食物蛋白质或氨基酸经肠道细菌的腐败作用可以生成氨，血液中的尿素渗入肠道经肠道细菌尿素酶水解也可产生氨。肠道中氨的吸收与肠道 pH 有关，在碱性环境中，NH_4^+ 偏向于转变成 NH_3，由于 NH_3 比 NH_4^+ 更易于穿过细胞膜而被吸收，因此肠道偏碱性时，氨的吸收加强。临床上对高血氨患者采用弱酸性透析液做结肠透析，而禁止用碱性肥皂水灌肠，以减少对氨的吸收。

（三）肾小管上皮细胞分泌

肾小管上皮细胞分泌的氨主要来自谷氨酰胺，谷氨酰胺在谷氨酰胺酶的催化下水解成谷氨酸和氨，这部分氨分泌到肾小管腔中，主要与尿中的 H^+ 结合成 NH_4^+，以铵盐的形式随尿排出体外。肾用泌氨的方法降低肾小管管腔中尿液的 pH，以增进 H^+ 的排泄，这对调节机体的酸碱平衡起着重要作用。酸性尿有利于肾小管细胞中的氨扩散入尿，碱性尿则会妨碍肾小管细胞内氨的分泌，此时氨被吸收入血，成为血氨的另一来源。因此，临床上对因肝硬化而产生腹水的患者，不宜使用碱性利尿药，以免血氨升高。

二、氨的转运

氨对人体有很大的毒性，尤其对中枢神经系统有剧毒。机体各组织、器官产生的氨如何以无毒的形式经血液运输到肝合成尿素，或者运输到肾以铵盐的形式排出？目前研究发现，氨在血液中主要以丙氨酸和谷氨酰胺两种形式进行转运。

Note

（一）葡萄糖 - 丙氨酸循环

肌肉组织主要通过葡萄糖 - 丙氨酸循环（glucose-alanine cycle）向肝组织转运氨。肌肉中的氨基酸经转氨基作用将氨基转给丙酮酸生成丙氨酸，丙氨酸经血液运到肝，在肝中丙氨酸通过联合脱氨基作用，释放出氨，用于合成尿素。转氨基后生成的丙酮酸可经糖异生途径生成葡萄糖，葡萄糖由血液输送到肌肉组织，沿糖酵解途径转变成丙酮酸，后者再接受氨基而生成丙氨酸。葡萄糖和丙氨酸反复地在肌肉和肝之间进行氨的转运，故将这一途径称为葡萄糖 - 丙氨酸循环（图 7-11）。通过这个循环，既将肌肉中的氨以无毒的丙氨酸形式运输到肝，而肝又为肌肉提供了生成丙酮酸的葡萄糖。该循环的进行将糖异生的能量消耗负担转移到了肝，而不是肌肉，使得肌肉中的 ATP 用于肌肉收缩。

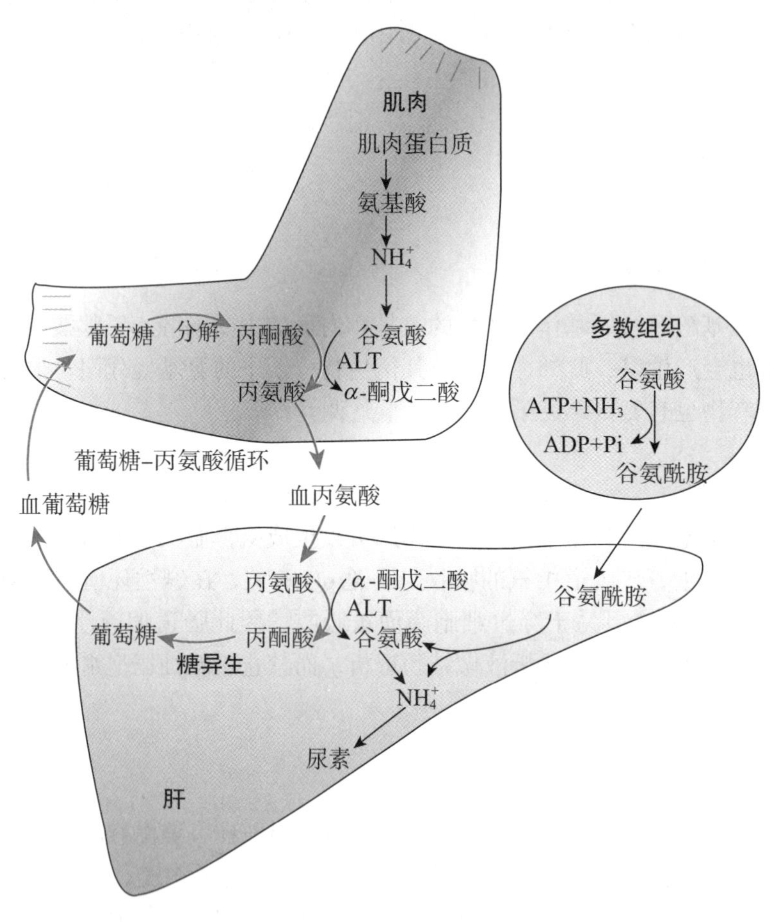

图 7-11 葡萄糖 - 丙氨酸循环

（二）谷氨酰胺的生成及分解

脑和骨骼肌等组织以谷氨酰胺的形式向肝或肾转运氨。谷氨酸带有负电荷，不能自由穿过细胞膜，而谷氨酰胺是中性无毒的物质，容易透过细胞膜，是氨的主要运输形式。催化合成谷氨酰胺的酶是谷氨酰胺合成酶（glutamine synthetase），主要分布于脑、心脏及肌肉等组织中，该酶的活性受其反应产物的反馈性抑制，而被 α- 酮戊二酸所促进。谷氨酰胺的合成需要消耗 ATP（图 7-12）。谷氨酰胺的分解由谷氨酰胺酶（glutaminase）催化，该酶主要分布于肾、肝及小肠等组织和器官中。谷氨酰胺在脑组织固定和转运氨的过程中起着重要作用，中枢神经对氨非常敏感，氨在中枢神经生成后，立即被转变成谷氨酰胺。在组织中生成的谷氨酰胺可及时经血液运向肝、肾、小肠等组织，以便利用。在肾中，谷氨酰胺释放氨，可以中和肾小管腔的

H^+，以铵盐的形式随尿排出，同时促进机体排泄多余的酸。临床上，谷氨酸盐常被用于降低氨中毒患者的血氨浓度。除此之外，谷氨酰胺还是体内嘌呤、嘧啶等含氮化合物合成的原料。可以认为谷氨酰胺是氨的解毒产物，也是氨的储存、运输及利用的形式。

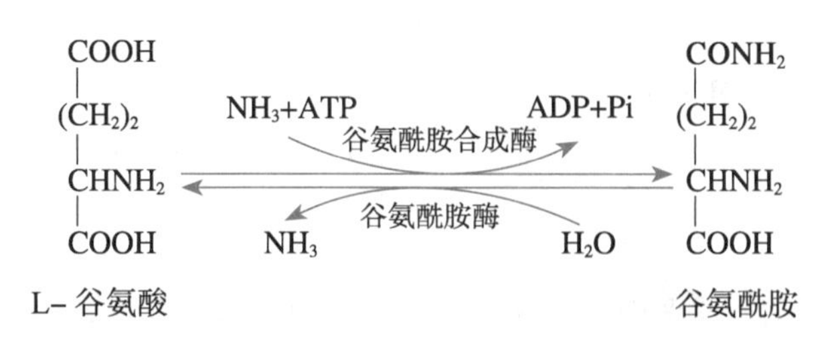

图 7-12　谷氨酰胺的生成及分解

三、尿素的生成

（一）合成尿素的部位

将多余的氨合成尿素，从量上讲是氨的主要去路，尿素的合成是在肝组织中进行的，临床上发现急性重型肝炎患者的血及尿中几乎都无尿素而只有氨基酸。犬切除肝后，其血液及尿中尿素的含量也甚微，这种动物若饲以氨基酸，则会因血液中氨含量过高而中毒死亡。因此，临床观察及动物实验都证明肝是合成尿素的器官。

（二）尿素合成假说的提出

合成尿素的代谢途径称为鸟氨酸循环（ornithine cycle），也称尿素循环（urea cycle），该途径是最早被发现的循环式代谢途径。20 世纪 30 年代，组织切片技术已经较普遍地被应用于中间代谢的研究，这就为研究尿素合成的机制提供了有利条件。1932 年，H. Krebs 和 K. Henseleit 发现在有氧条件下将大鼠肝组织切片与铵盐共同保温可以合成尿素。合成速率可因加入少量的鸟氨酸（ornithine）、瓜氨酸（citrulline）或精氨酸（arginine）而大大提高，而这三种氨基酸的量并不减少。每 1 mol 的鸟氨酸可以催化 30 mol 尿素的合成。赖氨酸的结构和鸟氨酸非常近似，却无这种作用。所以最合理的解释应当是，在合成尿素的一系列反应中，应当包括 NH_3、CO_2 和鸟氨酸化合生成一中间化合物，这个中间化合物在肝中能以合理的速度生成尿素，同时再生成鸟氨酸，而精氨酸符合作为这个中间化合物的要求。下式表示这种关系：

$$H_2N\text{-}CH(COOH)\text{-}(CH_2)_3\text{-}NH_2 + 2NH_3 + CO_2 \longrightarrow H_2N\text{-}CH(COOH)\text{-}(CH_2)_3\text{-}NH\text{-}C(=NH)\text{-}NH_2 \longrightarrow H_2N\text{-}CH(COOH)\text{-}(CH_2)_3\text{-}NH_2 + O{=}C(NH_2)_2$$

鸟氨酸　　　精氨酸　　　鸟氨酸　　　尿素

上述两个反应的结果是鸟氨酸催化 NH_3 和 CO_2 化合生成尿素，这个假说说明鸟氨酸在合成尿素时起着催化作用，还符合前人有关尿素合成的发现，即只有以尿素为主要氮代谢最终产物的哺乳类动物，肝中才含有精氨酸酶（arginase），精氨酸酶催化精氨酸水解生成尿素及鸟氨酸。

$NH_2-(CH_2)_3-CH(NH_2)-COOH$

鸟氨酸

$NH_2-C(=O)-NH-(CH_2)_3-CH(NH_2)-COOH$

瓜氨酸

$NH_2-C(=NH)-NH-(CH_2)_3-CH(NH_2)-COOH$

精氨酸

实验还发现，将大量鸟氨酸和铵盐及大鼠肝组织切片共保温，有瓜氨酸生成。同时，结合对鸟氨酸、瓜氨酸、精氨酸结构关系的分析，H. Krebs 和 K. Henseleit 提出了尿素循环的设想：首先，鸟氨酸和 NH_3 及 CO_2 结合生成瓜氨酸；其次，瓜氨酸接受 1 分子氨形成精氨酸；最后，精氨酸水解生成尿素，同时产生的鸟氨酸进入下一轮循环（图 7-13）。

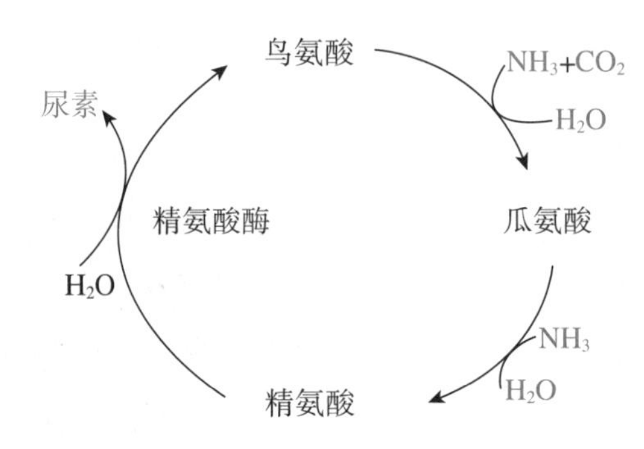

图 7-13 尿素合成的鸟氨酸循环

知识拓展

鸟氨酸循环的证实

20 世纪 40 年代，放射性核素标记技术普遍应用于中间代谢的研究，利用该技术进一步证实尿素是通过鸟氨酸循环合成的。

1. 用 ^{15}N 标记的铵盐饲喂大鼠，食入的 ^{15}N 大部分都以 ^{15}N 尿素形式随尿排出。用 ^{15}N 标记的各种氨基酸饲喂大鼠，结果相同。这说明尿素是氨基酸代谢的终产物，氨是氨基酸转变成尿素的中间物。

2. 用 ^{15}N 标记的氨基酸饲喂大鼠，则从其肝提取出的精氨酸含 ^{15}N，用精氨酸酶和提取出的精氨酸共同保温，发现生成的尿素分子中的两个氮原子都含 ^{15}N，而鸟氨酸不含 ^{15}N。

3. 用第 3、4 及 5 位上含重氢的鸟氨酸饲喂小白鼠，则从其肝提取出的精氨酸也含重氢，且放射性核素分布的位置和量与鸟氨酸相同。

4. 用 $H^{14}CO_3^-$、鸟氨酸和大鼠肝匀浆共同保温，生成的尿素及瓜氨酸的 C＝O 基都含 ^{14}C，其量相等。

（三）鸟氨酸循环的详细步骤

鸟氨酸循环学说虽然有足够而又令人信服的证据，但是很难想象相当稳定的 CO_2 可以在生理条件下直接和鸟氨酸化合。研究表明，鸟氨酸循环的具体过程远比上述过程复杂，详细步骤可分为以下四步。

1．氨基甲酰磷酸的合成　在肝线粒体中，在Mg^{2+}、ATP及*N*-乙酰谷氨酸（*N*-acetyl glutamic acid，AGA）存在时，NH_3与CO_2可在氨基甲酰磷酸合成酶Ⅰ（carbamoyl phosphate synthetase-Ⅰ，CPS-Ⅰ）的催化下，合成氨基甲酰磷酸，这是尿素循环启动的第一步。

$$CO_2 + NH_3 + H_2O + 2ATP \xrightarrow[N\text{-乙酰谷氨酸}，Mg^{2+}]{\text{氨基甲酰磷酸合成酶 I}} H_2N-\overset{\overset{\displaystyle O}{\|}}{C}-O\sim PO_3^{2-} + 2ADP + Pi$$

$$\begin{array}{l} \qquad\qquad\quad COOH \\ \qquad\qquad\quad | \\ H_3CC-NH-CH \\ \quad\ \| \qquad\qquad | \\ \quad\ O \qquad\quad (CH_2)_2 \\ \qquad\qquad\quad | \\ \qquad\qquad\quad COOH \end{array}$$

N-乙酰谷氨酸（AGA）

此反应不可逆，消耗2分子ATP。CPS-Ⅰ是别构酶，AGA是此酶的别构激活剂，AGA的确切作用尚不清楚，可能是使酶的构象改变，从而增加了酶与ATP的亲和力，CPS-Ⅰ和AGA都存在于肝线粒体中。此反应的产物氨基甲酰磷酸是高能化合物，性质活泼，在酶的催化下易与鸟氨酸反应生成瓜氨酸。膳食中蛋白质含量高，则肝中CPS-Ⅰ的活性和AGA的含量都增加，这与调节尿素合成有关。

2．瓜氨酸的合成　在肝线粒体中，在鸟氨酸氨基甲酰转移酶（ornithine carbamoyl transferase，OCT）的催化下，氨基甲酰磷酸与鸟氨酸缩合成瓜氨酸。此反应不可逆，瓜氨酸合成后由线粒体内膜上的氨基酸转运蛋白运送至胞质溶胶进行后续反应。

$$\begin{array}{l} NH_2 \\ | \\ (CH_2)_3 \\ | \\ CH-NH_2 \\ | \\ COOH \end{array} + \begin{array}{l} NH_2 \\ | \\ C=O \\ | \\ O\sim PO_3^{2-} \end{array} \xrightarrow{\text{鸟氨酸氨基甲酰转移酶}} \begin{array}{l} NH_2 \\ | \\ C=O \\ | \\ NH \\ | \\ (CH_2)_3 \\ | \\ CH-NH_2 \\ | \\ COOH \end{array} + H_3PO_4$$

鸟氨酸　　氨基甲酰磷酸　　瓜氨酸

3．精氨酸的合成　由瓜氨酸转变成精氨酸的反应分两步进行。第一步，瓜氨酸在线粒体合成后，即被转运到线粒体外，在胞质溶胶中经精氨酸代琥珀酸合成酶（argininosuccinate synthetase）催化，与天冬氨酸生成精氨酸代琥珀酸，此反应由ATP供能。第二步，精氨酸代琥珀酸再经精氨酸代琥珀酸裂合酶（arginino-succinate lyase）催化，裂解成精氨酸和延胡索酸。

$$\begin{array}{l} \boxed{\begin{array}{l} NH_2 \\ | \\ C=O \end{array}} \\ | \\ NH \\ | \\ (CH_2)_3 \\ | \\ CH-NH_2 \\ | \\ COOH \end{array} + \begin{array}{c} COOH \\ | \\ H_2N-C-H \\ | \\ CH_2 \\ | \\ COOH \end{array} \xrightarrow[ATP \ \to \ AMP + PPi]{\text{精氨酸代琥珀酸合成酶}，Mg^{2+}} \begin{array}{l} NH_2 \quad\ COOH \\ | \qquad\quad\ | \\ C=N-C-H \\ | \qquad\quad\ | \\ NH \qquad CH_2 \\ | \qquad\quad\ | \\ (CH_2)_3 \quad COOH \\ | \\ CH-NH_2 \\ | \\ COOH \end{array}$$

瓜氨酸　　天冬氨酸　　精氨酸代琥珀酸

Note

$$\xrightarrow{\text{精氨酸代琥珀酸裂合酶}} \begin{array}{c} \boxed{\begin{array}{c} NH_2 \\ | \\ C{=}NH \end{array}} \\ | \\ NH \\ | \\ (CH_2)_3 \\ | \\ CH{-}NH_2 \\ | \\ COOH \\ \text{精氨酸} \end{array} + \begin{array}{c} COOH \\ | \\ CH \\ \| \\ CH \\ | \\ COOH \\ \text{延胡索酸} \end{array}$$

在上述反应过程中，天冬氨酸起着供给氨基的作用。天冬氨酸可由草酰乙酸与谷氨酸经转氨基作用生成，而谷氨酸的氨基又可以来自体内多种氨基酸。由此可见，多种氨基酸的氨基也可以通过转变成天冬氨酸的形式参与尿素合成。此外，精氨酸代琥珀酸裂解产生的延胡索酸可以经过三羧酸循环的中间步骤转变成草酰乙酸，后者与谷氨酸进行转氨基反应，又重新生成天冬氨酸，并被运送至胞质溶胶中参与尿素循环，这一过程被称为天冬氨酸 - 精氨酸代琥珀酸支路（aspartate-argininosuccinate shunt）。通过该途径，将鸟氨酸循环与三羧酸循环联系起来（图 7-14）。

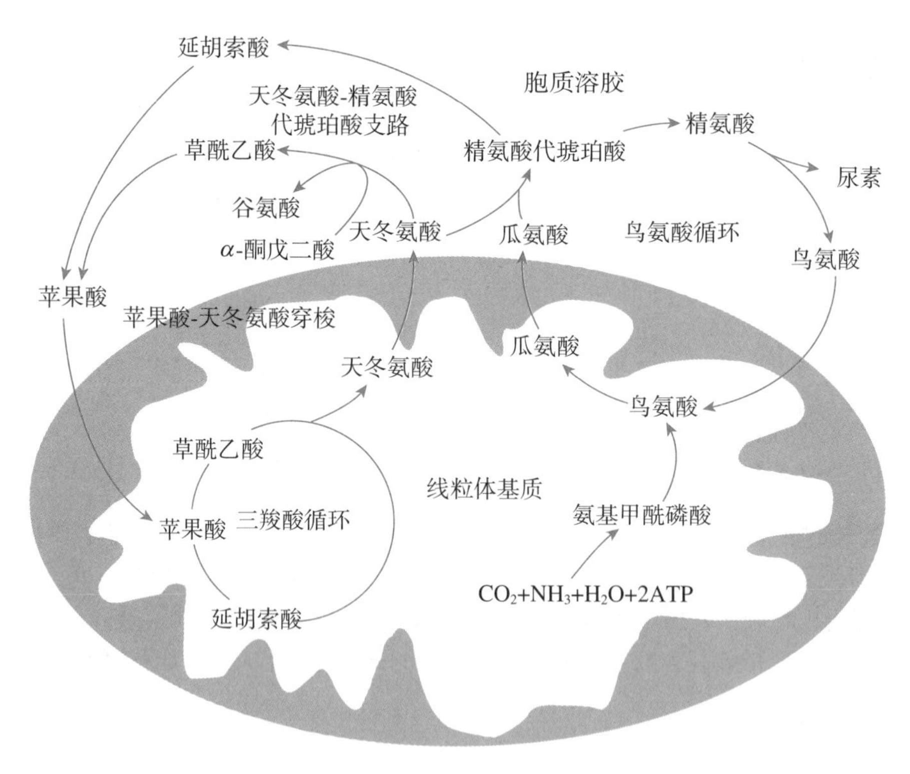

图 7-14 鸟氨酸循环和三羧酸循环的联系

4．精氨酸水解生成尿素 在胞质溶胶中，精氨酸受精氨酸酶的作用，水解生成尿素和鸟氨酸，鸟氨酸通过线粒体内膜上转运蛋白运送再进入线粒体，并参与瓜氨酸的合成，如此反复，完成尿素循环。

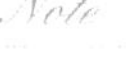

$$\underset{\text{精氨酸}}{\mathrm{NH_2{-}C({=}NH){-}NH{-}(CH_2)_3{-}CH(NH_2){-}COOH}} + H_2O \xrightarrow{\text{精氨酸酶}} \underset{\text{尿素}}{\mathrm{NH_2{-}CO{-}NH_2}} + \underset{\text{鸟氨酸}}{\mathrm{NH_2{-}(CH_2)_3{-}CH(NH_2){-}COOH}}$$

（四）尿素合成的调节

体内尿素的合成受到精密调控，以保证及时、充分地解除氨中毒。尿素合成的速度可受多种因素的调节。

1．食物蛋白质的影响　当高蛋白质膳食时，尿素的合成速度加快，排出的含氮物中尿素约占 90%；反之，当低蛋白质膳食时，尿素合成速度减慢，尿素排出量可低于含氮物排泄量的 60%。

2．CPS-Ⅰ的调节　氨基甲酰磷酸的生成是尿素循环启动的重要步骤。如前所述，AGA 是 CPS-Ⅰ的别构激活剂，它由乙酰辅酶 A 和谷氨酸通过 AGA 合酶（*N*-acetylglutamate synthase）催化生成。精氨酸是 AGA 合酶的激活剂。富蛋白质饮食既可增加 AGA 合酶的底物谷氨酸，也可增加激活剂精氨酸，从而加速尿素的生成。

3．尿素合成酶系的调节　参与尿素合成的酶系中，每种酶的相对活性相差很大，其中精氨酸代琥珀酸合成酶的活性最低，是尿素合成启动以后的关键酶，可调节尿素的合成速度（表 7-4）。

表 7-4　正常人肝尿素合成酶的相对活性

酶	相对活性
氨基甲酰磷酸合成酶	4.5
鸟氨酸氨基甲酰转移酶	163.0
精氨酸代琥珀酸合成酶	1.0
精氨酸代琥珀酸裂合酶	3.3
精氨酸酶	149.0

（五）高氨血症和氨中毒

在正常生理情况下，血氨浓度处于较低的水平，血氨的来源与去路保持动态平衡。氨在肝中合成尿素是维持这种平衡的关键。当肝功能严重损伤或尿素合成相关酶遗传性缺陷时，会导致尿素合成障碍，血氨浓度升高，称为高氨血症（hyperammonemia）。高氨血症会导致脑功能障碍，发生氨中毒。人类氨中毒的特点是嗜睡伴有脑水肿和颅内压增加，以及脑细胞 ATP 缺乏。一般认为，氨通过血脑屏障进入脑组织，与脑中的 α- 酮戊二酸结合生成谷氨酸，氨再与谷氨酸进一步结合生成谷氨酰胺，脑中氨的增加可以使脑细胞中的 α- 酮戊二酸减少，导致三羧酸循环减弱，从而使脑组织中 ATP 生成减少，引起大脑功能障碍。同时，脑中谷氨酰胺增加，会使得脑星状胶质细胞渗透压增加，导致脑水肿和昏迷。此外，谷氨酸转变成谷氨酰胺后使得谷氨酸减少，谷氨酸和其衍生物 γ- 氨基丁酸是重要的神经递质，它们的减少又进一步加重大脑对氨的敏感性。

知识拓展

肝性脑病

肝性脑病是由严重肝病引起的以代谢紊乱为基础，中枢神经功能失调的综合征。临床表现轻者可仅有轻微的智力减退，严重者可出现意识障碍、行为失常，甚至昏迷、死亡。关于肝性脑病的发病机制尚不明确。其中氨中毒学说、假性神经递质学说、γ-氨基丁酸学说和血浆氨基酸失衡学说从一定角度解释了肝性脑病的发生、发展，为临床治疗提供了理论依据。

对于肝性脑病，目前尚无特效疗法，常采用综合治疗的方法。在饮食方面，禁止或低蛋白质饮食，需补充氨基酸。治疗时，要尽量减少血氨的来源，如通过口服乳果糖可减少氨的来源。乳果糖为人工合成的二糖，在肠道内不被吸收，在结肠中可被细菌分解为乳酸及醋酸，从而降低肠道 pH，减少氨的吸收。同时，也可以给予谷氨酸钠来增加血氨的去路。由于患者血脑屏障通透性增强、脑敏感性增加，因此要慎用止痛、麻醉、镇痛等药物。

高氨血症主要分为两种类型：

1．获得性高氨血症 常见于肝功能严重受损，如酒精中毒、肝炎或胆道阻塞引起肝硬化后形成侧支循环，门静脉血分流绕过肝直接进入体循环，血氨不被肝解毒而导致血氨升高。

2．先天性高氨血症 由尿素循环中酶的先天性缺陷引起，发病率为 1/30 000。鸟氨酸氨基甲酰转移酶缺陷最为常见，主要影响男性。临床表现为智力发育障碍。治疗包括限制蛋白质饮食，服用药物苯丁酸钠。苯丁酸钠是前体药物，在体内转变成苯乙酸盐后与谷氨酸和 NH_3 结合形成苯乙酰谷氨酰胺，可降低血液中氨的含量，减少高血氨性脑病的发作频率。

第六节　个别氨基酸代谢

前面论述了氨基酸代谢的一般过程。由于氨基酸侧链具有差异性，所以一些氨基酸还存在特殊的代谢途径，并具有重要的生理意义。

一、氨基酸的脱羧基作用

体内部分氨基酸可以在脱羧酶（decarboxylase）的催化下脱去羧基生成相应的胺。氨基酸脱羧酶的辅酶是磷酸吡哆醛。胺类含量虽然不高，但具有重要的生理功能。另外，体内广泛存在着胺氧化酶（amine oxidase），能将胺氧化成为相应的醛类，再进一步氧化成羧酸，从而避免胺类在体内蓄积。胺氧化酶属于黄素蛋白，在肝中活性最强。下面列举几种氨基酸脱羧基产生的重要胺类物质。

（一）γ-氨基丁酸

谷氨酸脱羧基生成γ-氨基丁酸（γ-aminobutyric acid，GABA），催化此反应的酶是谷氨酸脱羧酶，此酶在脑组织和肾中的活性非常高，所以脑中 GABA 的含量较多。GABA 是抑制性神经递质，对中枢神经有抑制作用，GABA 分泌不足与癫痫发作有关。GABA 的类似物被用于癫痫和高血压的治疗。

$$\underset{\text{谷氨酸}}{\begin{array}{l}COOH\\ |\\ (CH_2)_2\\ |\\ CH-NH_2\\ |\\ COOH\end{array}} \xrightarrow[\searrow CO_2]{\text{L-谷氨酸脱羧酶}} \underset{\gamma\text{-氨基丁酸}}{\begin{array}{l}COOH\\ |\\ (CH_2)_2\\ |\\ CH_2-NH_2\end{array}}$$

（二）牛磺酸

体内牛磺酸由半胱氨酸代谢转变而来，半胱氨酸首先氧化成磺基丙氨酸，再脱去羧基生成牛磺酸，牛磺酸是结合型胆汁酸的组成成分。此外，活性硫酸根（见含硫氨基酸的代谢）转移也可产生牛磺酸。现已发现脑组织中含有较多的牛磺酸，表明它可能具有非常重要的生理功能。

$$\underset{\text{L-半胱氨酸}}{\begin{array}{l}CH_2SH\\ |\\ CH-NH_2\\ |\\ COOH\end{array}} \xrightarrow{3[O]} \underset{\text{磺基丙氨酸}}{\begin{array}{l}CH_2SO_3H\\ |\\ CH-NH_2\\ |\\ COOH\end{array}} \xrightarrow[\searrow CO_2]{\text{磺基丙氨酸脱羧酶}} \underset{\text{牛磺酸}}{\begin{array}{l}CH_2SO_3H\\ |\\ CH_2NH_2\end{array}}$$

（三）组胺

组氨酸通过组氨酸脱羧酶催化生成组胺（histamine）。组胺在体内分布广泛，乳腺、肺、肝、肌肉及胃黏膜中组胺含量较高，主要存在于肥大细胞中。

$$\underset{\text{L-组氨酸}}{\begin{array}{l}HC=C-CH_2CHCOOH\\ \;|\quad\;\;|\qquad\quad\;|\\ HN\;\;\;N\qquad\;\;NH_2\\ \;\;\diagdown\!C\!\diagup\\ \quad\;\;H\end{array}} \xrightarrow[\searrow CO_2]{\text{组氨酸脱羧酶}} \underset{\text{组胺}}{\begin{array}{l}HC=C-CH_2CH_2NH_2\\ \;|\quad\;\;|\\ HN\;\;\;N\\ \;\;\diagdown\!C\!\diagup\\ \quad\;\;H\end{array}}$$

组胺是一种强烈的血管舒张剂，能增加毛细血管的通透性，创伤性休克、过敏或炎症病变部位均有组胺释放。组胺还可以刺激胃酸的分泌，常被作为研究胃活动的物质。组胺受体拮抗剂西咪替丁（tagamet）是组胺的结构类似物，通过抑制胃酸分泌，促进十二指肠溃疡的愈合。

（四）5- 羟色胺

色氨酸首先通过色氨酸羟化酶的作用生成 5- 羟色氨酸，再经脱羧酶作用生成 5- 羟色胺（5-hydroxytryptamine，5-HT）。

5- 羟色胺分布于神经组织以及胃、肠、血小板及乳腺细胞中。脑内的 5- 羟色胺可作为神经递质，具有抑制神经传导的作用；而在外周组织，5- 羟色胺具有收缩血管的作用。经单胺氧化酶作用，5- 羟色胺可以生成 5- 羟色醛，进一步氧化生成 5- 羟吲哚乙酸，类癌患者尿中 5- 羟吲哚乙酸的排出量明显升高。

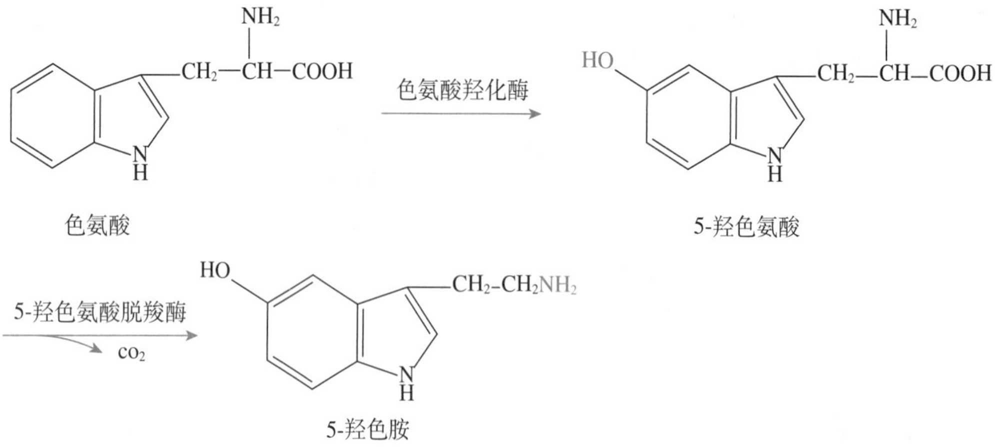

色氨酸 —色氨酸羟化酶→ 5-羟色氨酸 —5-羟色氨酸脱羧酶（CO_2）→ 5-羟色胺

（五）多胺

某些氨基酸的脱羧基作用可以产生多胺（polyamine）类物质。例如，鸟氨酸脱羧基生成腐胺，然后再转变成亚精胺（spermidine）和精胺（spermine）（图 7-15）。

亚精胺与精胺是调节细胞生长的重要物质。在生长旺盛的组织（如胚胎、再生肝、生长激素作用的细胞及肿瘤组织等）中，作为多胺合成关键酶的鸟氨酸脱羧酶（ornithine decarboxylase）的活性均较强，多胺的含量也较高。多胺促进细胞增殖的机制可能与其稳定细胞结构、与核酸分子结合并增强核酸与蛋白质合成有关，目前临床上利用测定肿瘤患者血、尿中多胺含量作为观察病情的指标之一。

L-鸟氨酸 —鸟氨酸脱羧酶（CO_2）→ $H_2N—(CH_2)_4—NH_2$（腐胺）

S-腺苷甲硫氨酸（SAM）—SAM脱羧酶（CO_2）→ 腺苷$-S^+(CH_3)—(CH_2)_3—NH_2$（脱羧基SAM）

腐胺 + 脱羧基SAM —丙胺转移酶（腺苷-SCH_3）→ $H_2N—(CH_2)_4—NH—(CH_2)_3—NH_2$（亚精胺）

亚精胺 + 脱羧基SAM —丙胺转移酶（腺苷-SCH_3）→ $H_2N—(CH_2)_3—NH—(CH_2)_4—NH—(CH_2)_3—NH_2$（精胺）

图 7-15 多胺的生成

二、产生一碳单位的氨基酸代谢

某些氨基酸在分解代谢过程中可以产生含有一个碳原子的有机基团，称为一碳单位（one carbon unit），但是 CO_2 不属于一碳单位。体内的一碳单位有甲基（$—CH_3$，methyl）、亚甲基（$—CH_2—$，methylene）、次甲基（$=CH—$，methenyl）、甲酰基（$—CHO$，formyl）及亚氨甲基（$—CH=NH$，formimino）等。

（一）一碳单位与四氢叶酸

体内含一个碳原子的物质的转运涉及 3 种辅因子，其中生物素转运 CO_2，*S*-腺苷甲硫氨酸转运甲基，而一碳单位常与四氢叶酸（tetrahydrofol，FH_4）结合而转运并参与代谢。在哺乳动物体内，FH_4 可由叶酸经二氢叶酸还原酶（dihydrofolate reductase）催化，通过两步还原反应而生成（图 7-16），一碳单位通常结合在 FH_4 分子的 N^5 位、N^{10} 位上（图 7-17）。

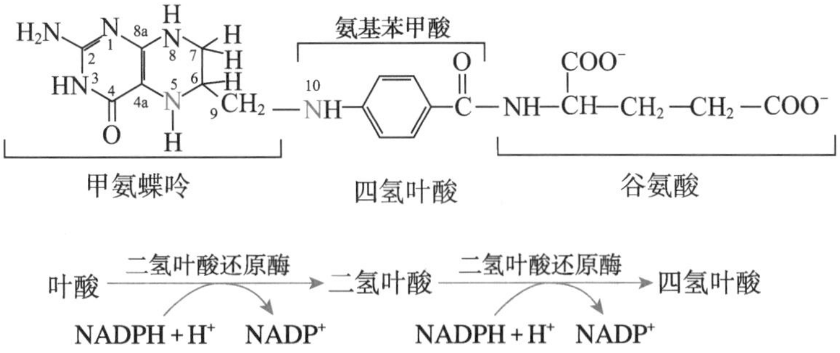

甲氨蝶呤　四氢叶酸　谷氨酸　氨基苯甲酸

叶酸 —二氢叶酸还原酶（NADPH + H^+ → $NADP^+$）→ 二氢叶酸 —二氢叶酸还原酶（NADPH + H^+ → $NADP^+$）→ 四氢叶酸

图 7-16　四氢叶酸的生成

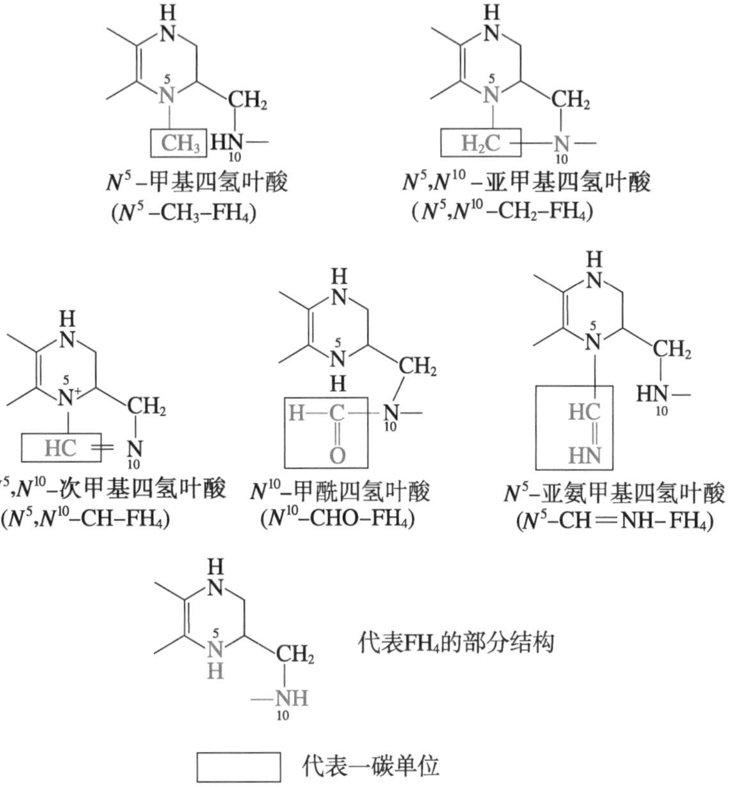

N^5-甲基四氢叶酸（N^5-CH_3-FH_4）

N^5,N^{10}-亚甲基四氢叶酸（N^5,N^{10}-CH_2-FH_4）

N^5,N^{10}-次甲基四氢叶酸（N^5,N^{10}-CH-FH_4）

N^{10}-甲酰四氢叶酸（N^{10}-CHO-FH_4）

N^5-亚氨甲基四氢叶酸（N^5-CH=NH-FH_4）

代表FH_4的部分结构

代表一碳单位

图 7-17　一碳单位与四氢叶酸

（二）一碳单位的生成

一碳单位主要来源于丝氨酸。丝氨酸在羟甲基转移酶的催化下生成 N^5，N^{10}-CH_2-FH_4 和甘氨酸，另外，甘氨酸、组氨酸和色氨酸代谢也可产生一碳单位（图 7-18）。苏氨酸代谢转变成 2- 氨基 -3- 酮丁酸，再转变成甘氨酸，理论上讲也是一碳单位的来源，但在哺乳动物意义不大。

（三）一碳单位的相互转变

各种不同形式一碳单位中碳原子的氧化状态不同，在适当条件下，它们可以通过氧化还原反应而彼此转变（图 7-19），但是，在这些转化反应中，N^5- 甲基四氢叶酸的生成是不可逆的。

（四）一碳单位的生理功能

一碳单位的主要生理功能是作为合成嘌呤及嘧啶的原料，在核酸生物合成中占有重要地位。例如，N^{10}-CHO-FH_4 可作为嘌呤合成时 C-2 与 C-8 的来源，N^5，N^{10}-CH_2-FH_4 提供脱氧胸苷酸（dTMP）合成时甲基的来源（详见第八章核苷酸代谢）。由此可见，与乙酰辅酶 A 在联

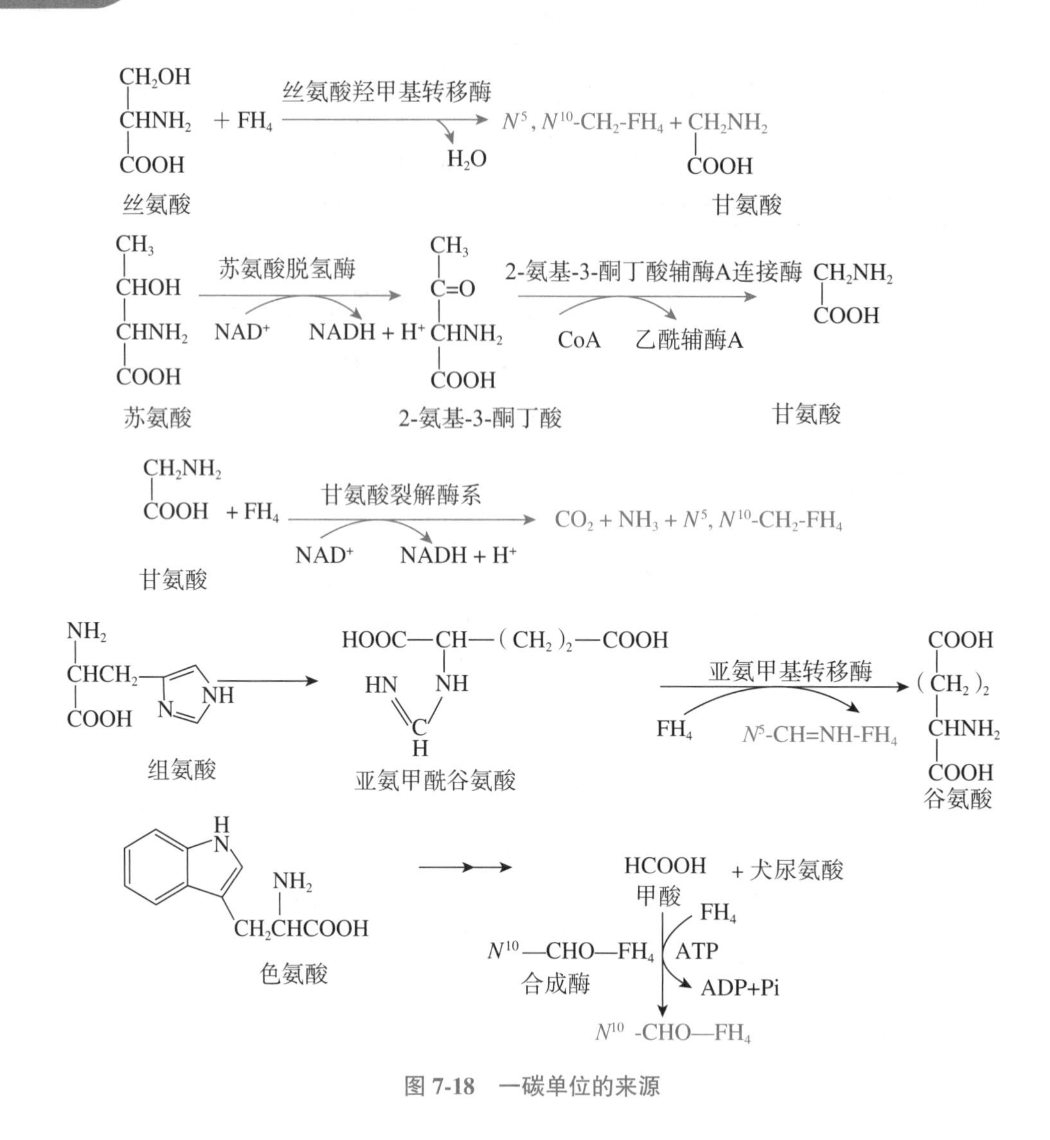

图 7-18 一碳单位的来源

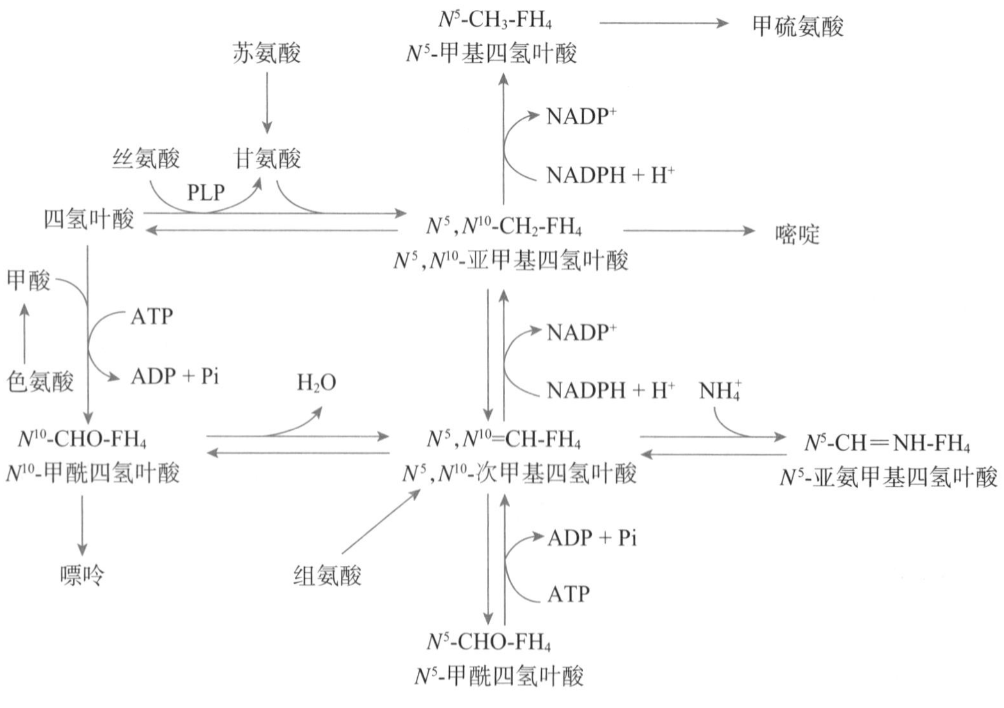

图 7-19 一碳单位的相互转变

系糖、脂质、氨基酸代谢中所起的枢纽作用相类似，一碳单位将氨基酸与核酸代谢密切联系起来。磺胺类药及某些抗恶性肿瘤药如甲氨蝶呤（methotrexate，MTX）等分别通过干扰细菌及恶性肿瘤细胞的叶酸、四氢叶酸合成而影响一碳单位代谢，进而影响核酸合成，从而发挥其药理作用。一碳单位代谢障碍会导致某些疾病的发生，如巨幼细胞贫血。

三、含硫氨基酸的代谢

体内的含硫氨基酸有 3 种，即甲硫氨酸、半胱氨酸和胱氨酸。这三种氨基酸的代谢是相互联系的，甲硫氨酸可以转变为半胱氨酸和胱氨酸，半胱氨酸和胱氨酸也可以互变，但后两者不能变为甲硫氨酸，所以甲硫氨酸是营养必需氨基酸。

（一）甲硫氨酸的代谢

1．甲硫氨酸与转甲基作用　甲硫氨酸分子中含有 *S*- 甲基，通过各种转甲基作用可以生成多种含甲基的重要生理活性物质，如肾上腺素、肌酸、肉碱。但是，甲硫氨酸在转甲基之前，首先必须与 ATP 作用，在甲硫氨酸腺苷转移酶的催化下生成 *S*- 腺苷甲硫氨酸（*S*-adenosylmethionine，SAM）。SAM 中的甲基称为活性甲基，SAM 称为活性甲硫氨酸。SAM 上带正电荷的硫原子使甲基很不稳定，容易受到亲核物质的攻击，其甲基的活性是 N^5-CH_3-FH_4 上甲基活性的 1000 倍。SAM 在甲基转移酶（methyl transferase）的作用下，可将甲基转移至另一种物质，使其甲基化（methylation）。而 SAM 转甲基后变成 *S*- 腺苷同型半胱氨酸，后者进一步脱去腺苷，生成同型半胱氨酸，也称高半胱氨酸（homocysteine）（图 7-20）。甲基化是体内重要的代谢反应，具有广泛的生理意义，而 SAM 则是体内最重要的甲基直接供体（表 7-5）。

甲硫氨酸 + ATP —腺苷转移酶（PPi+Pi）→ *S*-腺苷甲硫氨酸

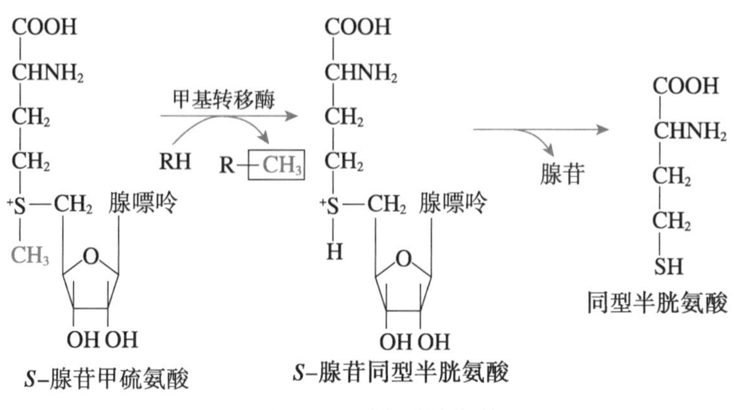

图 7-20　甲硫氨酸的代谢
式中 RH 代表接受甲基的物质

表 7-5 由 SAM 参与的一些转甲基作用

甲基接受体	甲基化合物	甲基接受体	甲基化合物
去甲肾上腺素	肾上腺素	RNA	甲基化 RNA
胍乙酸	肌酸	DNA	甲基化 DNA
磷脂酰乙醇胺	磷脂酰胆碱	蛋白质	甲基化蛋白质
γ- 氨基丁酸	肉碱	烟酰胺	*N*- 甲基烟酰胺

2．甲硫氨酸循环 甲硫氨酸在体内最主要的分解代谢途径是通过上述转甲基作用提供甲基，与此同时，产生的 *S*- 腺苷同型半胱氨酸进一步转变成同型半胱氨酸。同型半胱氨酸可以接受 N^5—CH_3—FH_4 提供的甲基，重新生成甲硫氨酸，形成一个循环过程，称为甲硫氨酸循环（methionine cycle）（图 7-21）。这个循环的生理意义是由 N^5—CH_3—FH_4 供给甲基合成甲硫氨酸，再通过此循环的 SAM 提供甲基，以进行体内广泛存在的甲基化反应。由此可见，N^5—CH_3—FH_4 可以被看成体内甲基的间接供体。

尽管通过甲硫氨酸循环可以生成甲硫氨酸，但体内不能合成同型半胱氨酸，它只能由甲硫氨酸转变而来，所以实际上体内仍然不能合成甲硫氨酸，必须由食物供给。

值得注意的是，由 N^5—CH_3—FH_4 提供甲基使同型半胱氨酸转变成甲硫氨酸的反应，是目前已知的哺乳动物体内能利用 N^5—CH_3—FH_4 的唯一反应。催化此反应的是 N^5—CH_3—FH_4 转甲基酶，又称甲硫氨酸合酶（methionine synthase），其辅酶是维生素 B_{12}，参与甲基的转移。这个反应是哺乳动物体内唯一有维生素 B_{12} 参与的反应，当维生素 B_{12} 缺乏时，N^5—CH_3—FH_4 上的甲基不能转移。这不仅不利于甲硫氨酸的生成，而且影响 FH_4 的再生，使组织中游离的 FH_4 含量减少，不能重新利用它来转运其他一碳单位，导致核酸合成障碍，影响细胞分裂。因此，维生素 B_{12} 不足时可以产生巨幼细胞贫血，其症状包括贫血和神经疾病。这种贫血并不常见，往往发生于肠道维生素吸收障碍的人和严格的素食主义者（植物中不含维生素 B_{12}）。人体维生素 B_{12} 需要量很少，而且维生素 B_{12} 可以在肝贮存 3 ～ 5 年，因此巨幼细胞贫血病情进展缓慢。

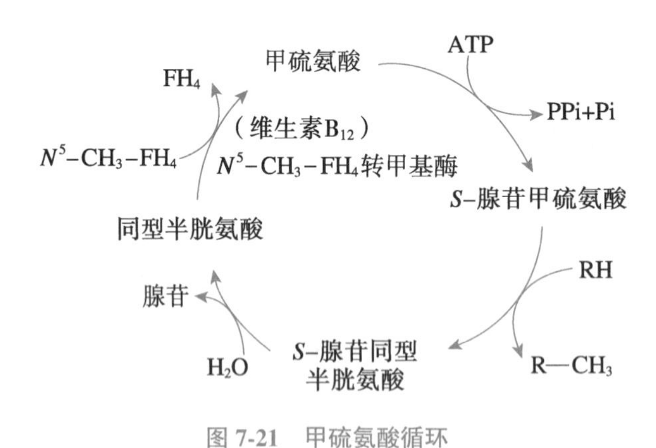

图 7-21 甲硫氨酸循环

知识拓展

同型半胱氨酸和心血管疾病

1969 年，美国哈佛大学的病理学博士 K. S. McCully 首次撰文描述了同型半胱氨酸患者的血管病变特征，指出同型半胱氨酸可能与动脉粥样硬化和血栓的形成有关。1976 年，Wicken 通过流行病学调查提出同型半胱氨酸是心血管疾病的独立危险因子。

同型半胱氨酸在体内主要通过甲基化途径和转硫途径进行代谢。同型半胱氨酸可以在以维生素 B_{12} 为辅酶的 N^5—CH_3—FH_4 转甲基酶催化下转变为甲硫氨酸。也可以在以维生素 B_6 为辅酶的胱硫醚 β 合酶催化下转化为胱硫醚，再经 γ- 胱硫醚酶催化生成半胱氨酸。同型半胱氨酸代谢相关酶的功能障碍，如 N^5—CH_3—FH_4 转甲基酶，胱硫醚 β 合酶的遗传性缺陷及叶酸、维生素 B_6 和维生素 B_{12} 缺乏都有可能导致血浆同型半胱氨酸升高，增加心脑血管疾病发生的危险。对于原发性高血压患者，如果同时伴随血浆同型半胱氨酸升高（$>10\ \mu$mol/L），则该患者的脑卒中死亡风险将增加 12 倍。研究发现，通过补充维生素 B_6、B_{12}、叶酸等可降低血中同型半胱氨酸水平，对心脑血管疾病的防治有积极的意义。

3．肌酸的合成　肌酸（creatine）和肌酸磷酸（creatine phosphate）是能量储存和利用的重要化合物。肌酸以甘氨酸为骨架，由精氨酸提供脒基，*S*- 腺苷甲硫氨酸供给甲基而合成（图 7-22）。肝是合成肌酸的主要器官。在肌酸激酶（creatine kinase，CK）的催化下，肌酸转变成肌酸磷酸，并储存 ATP 中的高能磷酸键，肌酸磷酸在心肌、骨骼肌和脑中的含量丰富。肌酸激酶由两种亚基组成，即 M 亚基（肌型）与 B 亚基（脑型），有 3 种同工酶：MM 型、MB 型和 BB 型，它们在体内各组织中的分布不同，MM 型主要分布在骨骼肌，MB 型主要分布在心肌，BB 型主要分布在脑。当心肌梗死时，血中 MB 型肌酸激酶活性增高，可作为辅助诊断的指标之一。

肌酸和肌酸磷酸代谢的终产物是肌酸酐（creatinine）。肌酸酐主要在肌肉中通过肌酸磷酸的非酶促反应生成。正常成年人每日尿中肌酸酐的排出量恒定。当肾有严重病变时，肌酸酐排泄受阻，血中肌酸酐浓度升高。

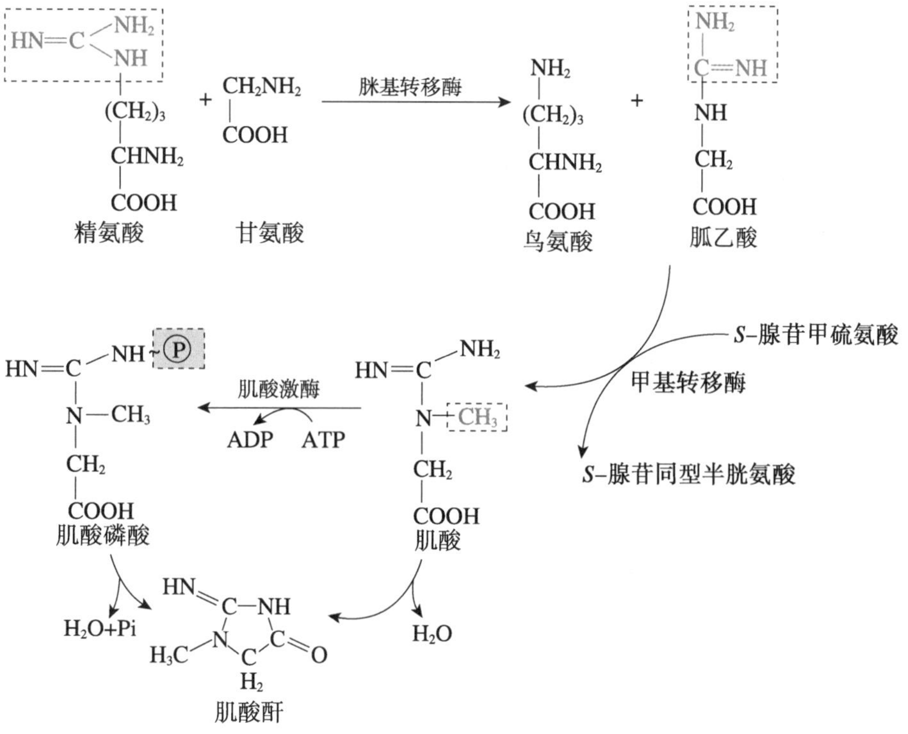

图 7-22　肌酸的代谢

Note

（二）半胱氨酸与胱氨酸的代谢

1. 半胱氨酸与胱氨酸的互变 半胱氨酸含有巯基（—SH），胱氨酸含有二硫键（—S—S—），二者可以相互转变。蛋白质中两个半胱氨酸残基之间形成的二硫键对维持蛋白质的结构具有重要作用。体内许多重要酶的活性均与其分子中半胱氨酸残基上巯基的存在直接相关，故有巯基酶之称。有些毒物，如芥子气、重金属盐，能与酶分子的巯基结合而抑制酶活性，从而发挥其毒性作用。二巯丙醇可以使结合的巯基恢复其游离状态，所以有解毒作用。体内存在的还原型谷胱甘肽能保护酶分子上的巯基，因而具有重要的生理功能。

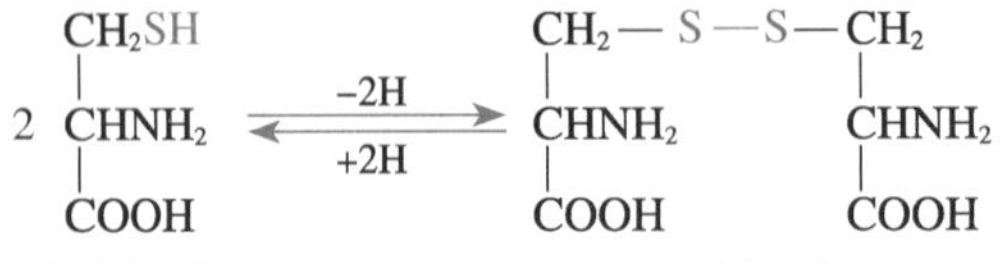

$$2\ \begin{matrix}CH_2SH\\ |\\ CHNH_2\\ |\\ COOH\end{matrix} \underset{+2H}{\overset{-2H}{\rightleftharpoons}} \begin{matrix}CH_2 - S - S - CH_2\\ |\qquad\qquad\quad |\\ CHNH_2\qquad CHNH_2\\ |\qquad\qquad\quad |\\ COOH\qquad\ COOH\end{matrix}$$

半胱氨酸 胱氨酸

2. 硫酸根的代谢 含硫氨基酸氧化分解均可以产生硫酸根，半胱氨酸是体内硫酸根的主要来源。例如，半胱氨酸直接脱去氨基和巯基，生成丙酮酸、NH_3 和 H_2S，后者再经氧化而生成 H_2SO_4。体内的硫酸根一部分以无机盐的形式随尿排出，另一部分则经 ATP 活化成活性硫酸根，即 3′- 磷酸腺苷 -5′- 磷酰硫酸（3′-phospho-adenosine-5′-phosphosulfate，PAPS），反应过程见图 7-23。

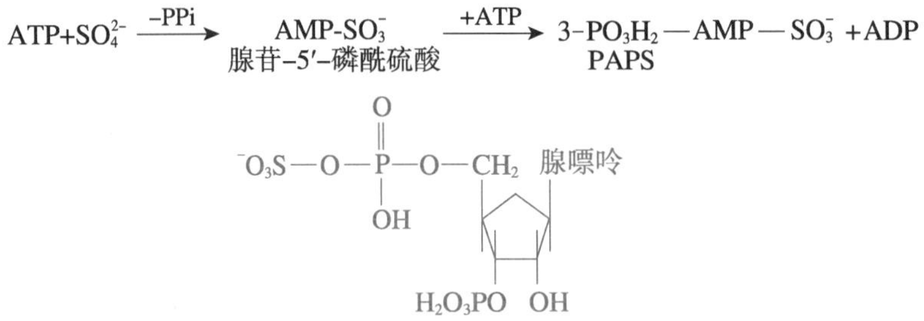

$$ATP+SO_4^{2-} \xrightarrow{-PPi} \underset{\text{腺苷-5′-磷酰硫酸}}{AMP\text{-}SO_3^-} \xrightarrow{+ATP} \underset{PAPS}{3\text{-}PO_3H_2 - AMP - SO_3^-} + ADP$$

$$^-O_3S-O-\overset{\overset{O}{\|}}{\underset{\underset{OH}{|}}{P}}-O-CH_2\ \text{腺嘌呤}$$

H_2O_3PO OH

PAPS的结构

图 7-23 PAPS 的生成

PAPS 的性质比较活泼，可使某些物质形成硫酸酯。例如，类固醇激素可形成硫酸酯而被灭活，一些外源性酚类化合物也可以形成硫酸酯而排出体外，这些反应在肝生物转化作用中有重要意义。此外，PAPS 还可参与硫酸角质素及硫酸软骨素等分子中硫酸化氨基糖的合成。

四、芳香族氨基酸的代谢

芳香族氨基酸包括苯丙氨酸、酪氨酸和色氨酸。苯丙氨酸在结构上与酪氨酸相似，在体内苯丙氨酸可变成酪氨酸，所以合并在一起叙述。

（一）苯丙氨酸和酪氨酸的代谢

在正常情况下，苯丙氨酸的主要代谢途径是在苯丙氨酸羟化酶（phenylalanine hydroxylase）的催化作用下生成酪氨酸，之后再进一步代谢。苯丙氨酸羟化酶的辅酶是四氢生物蝶呤，催化反应不可逆，因而酪氨酸不能转化为苯丙氨酸。

苯丙氨酸 + O_2 —(苯丙氨酸羟化酶；四氢生物蝶呤 → 二氢生物蝶呤；NADPH + H^+ → $NADP^+$)→ 酪氨酸 + H_2O

1．儿茶酚胺与黑色素的合成　酪氨酸的进一步代谢与合成某些神经递质、激素及黑色素有关。酪氨酸经酪氨酸羟化酶作用，以四氢生物蝶呤为辅酶，生成3,4-二羟苯丙氨酸（3,4-dihydroxy phenylalanine，DOPA），简称多巴。通过多巴脱羧酶的作用，多巴转变成多巴胺（dopamine）。多巴胺是脑中的一种神经递质，帕金森病（Parkinson disease）患者多巴胺生成减少，左旋多巴是传统的治疗药物。在肾上腺髓质中，多巴胺侧链的β碳原子可进一步被羟化，生成去甲肾上腺素（norepinephrine），后者经*N*-甲基转移酶催化，SAM提供甲基，转变成肾上腺素（epinephrine）（图7-24）。多巴胺、去甲肾上腺素、肾上腺素统称为儿茶酚胺（catecholamine），儿茶酚胺的水平与血压变化密切相关。酪氨酸羟化酶是儿茶酚胺合成的关键酶，受终产物的反馈调节。

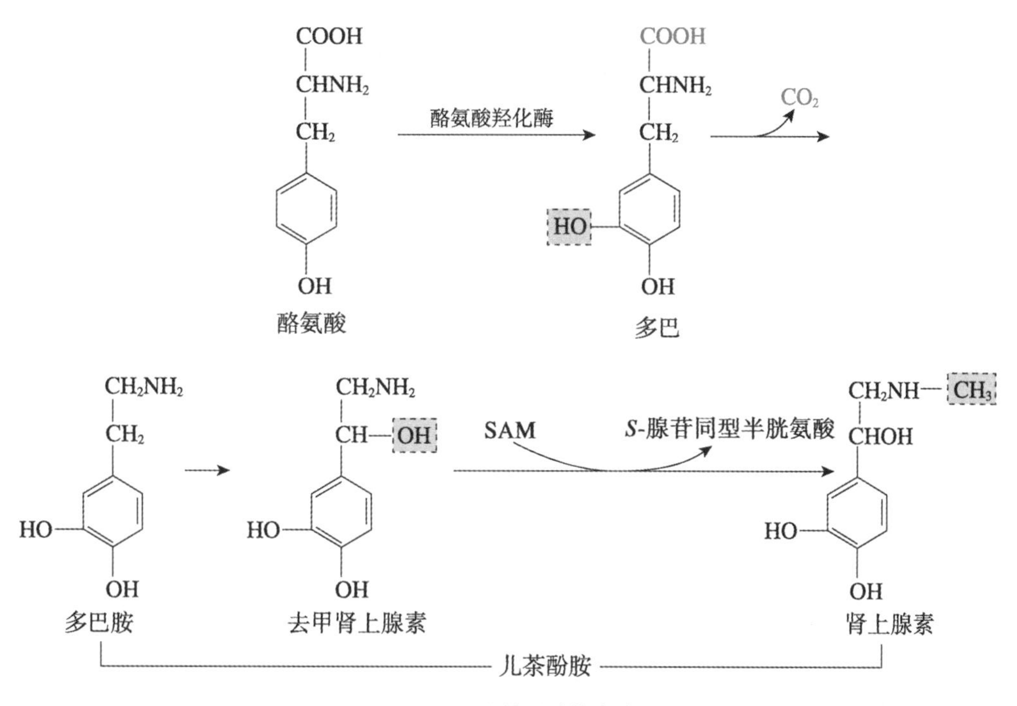

图7-24　儿茶酚胺的合成

酪氨酸代谢的另一条途径是合成黑色素（melanin）。在黑色素细胞中，在酪氨酸酶（tyrosinase）的催化下，酪氨酸可羟化生成多巴，后者经氧化、脱羧等反应转变成吲哚醌。黑色素即是吲哚醌的聚合物。人体缺乏酪氨酸酶，黑色素合成障碍，皮肤、毛发等发白，称为白化病（albinism）。

2．酪氨酸的分解代谢　除上述代谢途径外，酪氨酸还可在酪氨酸转氨酶的催化下，生成对羟苯丙酮酸，后者经尿黑酸等中间产物进一步转变成延胡索酸和乙酰乙酸。延胡索酸可进入糖代谢中进一步分解，而乙酰乙酸则循脂肪酸代谢进行分解。因此，苯丙氨酸和酪氨酸均属于生酮生糖氨基酸。当体内尿黑酸分解代谢的酶遗传性缺陷时，尿黑酸的分解受阻，可出现尿黑酸尿症（alkaptonuria），尿黑酸尿症患者同时还易患关节炎。

3．苯丙酮尿症（phenylketonuria，PKU） 是一种常见的遗传性氨基酸代谢疾病。苯丙氨酸羟化酶先天性缺乏是苯丙酮尿症最常见的病因，发病率约为 1/11 000，特点是高血苯丙氨酸、神经发育障碍和低色素。正常情况下，苯丙氨酸代谢的主要途径是羟化成酪氨酸，当苯丙氨酸羟化酶先天性缺陷时，苯丙氨酸不能转变成酪氨酸，体内的苯丙氨酸蓄积，可经转氨基作用生成苯丙酮酸，后者可以进一步转变成苯乙酸等衍生物。此时，尿中出现大量苯丙酮酸及其代谢产物，因此称为苯丙酮尿症。苯丙氨酸羟化酶以四氢生物蝶呤（BH_4）为辅酶，如果催化 BH_4 再生的酶（如二氢蝶呤还原酶或二氢蝶呤合成酶）缺乏，则会导致 BH_4 生成减少，苯丙氨酸不能羟化为酪氨酸，也会间接提高苯丙氨酸浓度。苯丙氨酸及其代谢物苯丙酮酸的蓄积对中枢神经系统有毒性，会损害大脑的正常发育，导致严重的智力缺陷。对类该患儿，要早发现、早治疗。苯丙氨酸和酪氨酸的代谢见图 7-25。

知识拓展

苯丙酮尿症

苯丙酮尿症是由苯丙氨酸代谢途径中的酶缺陷所致的氨基酸代谢病，为常染色体隐性遗传病。对苯丙氨酸羟化酶先天性缺乏所致的苯丙酮尿症患儿，往往通过给予低苯丙氨酸饮食来预防智力障碍，如特制的低苯丙氨酸奶粉、低蛋白辅食。但是，对于患者来说，一生都坚持这种有限制的饮食非常困难，而且饮食疗法的依从性也会逐渐下降。酶替代疗法是 2018 年被批准使用的一种治疗手段。该方法是将苯丙氨酸解氨酶经聚乙二醇修饰后，通过皮下注射，可以将饮食蛋白质中的苯丙氨酸降解成反式肉桂酸和少量氨，从而降低患者体内的苯丙氨酸水平，该疗法的长期效果仍在继续研究。对于由二氢蝶呤还原酶或二氢蝶呤合成酶缺乏所致的 PKU，单纯限制苯丙氨酸摄入并不能逆转中枢神经系统的改变，因为 BH_4 缺乏还会影响 5- 羟色胺和儿茶酚胺类神经递质的合成，补充 BH_4 或 3,4- 二羟苯丙氨酸和 5- 羟色胺可以在一定程度上改善这种类型高苯丙氨酸血症的临床症状。

（二）色氨酸的代谢

色氨酸除生成 5- 羟色胺外，在肝中还可以通过色氨酸加氧酶（tryptophan oxygenase）的作用生成一碳单位和多种酸性中间代谢物。色氨酸分解可产生丙酮酸与乙酰乙酰辅酶 A，所以色氨酸是一种生酮生糖氨基酸。此外，色氨酸分解代谢的中间产物还是许多其他重要物质生物合成的前体，如中间产物 3- 羟邻氨基苯甲酸就是合成烟酸的前体，而烟酸则是合成 NAD^+ 和 $NADP^+$ 的前体。

五、支链氨基酸代谢

支链氨基酸包括缬氨酸、亮氨酸和异亮氨酸，它们都是营养必需氨基酸，主要在肝外组织分解。这 3 种氨基酸分解代谢的开始阶段基本相同，即首先经转氨基作用将氨基转给 α- 酮

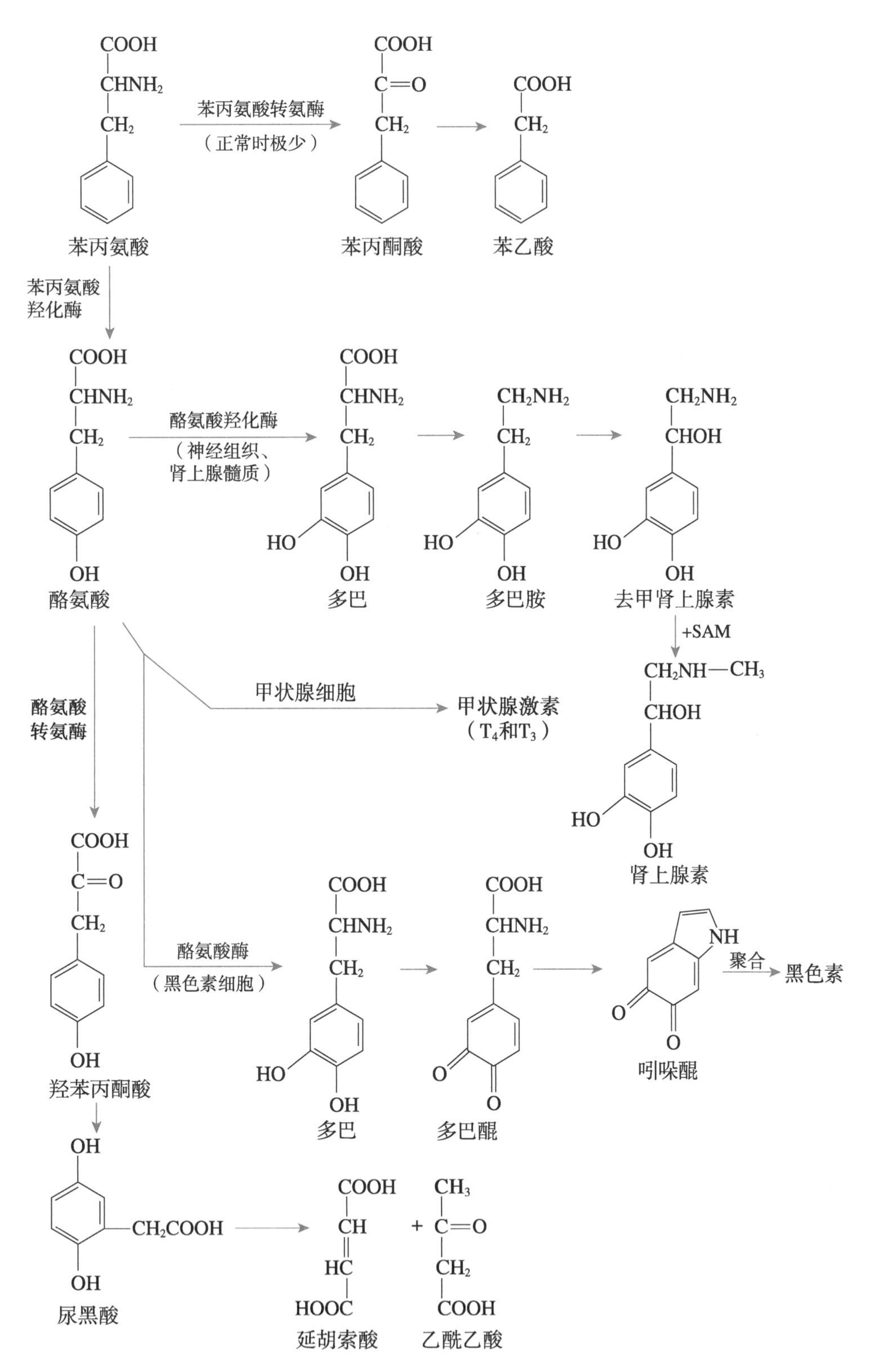

图 7-25 苯丙氨酸和酪氨酸的代谢

戊二酸，生成谷氨酸，3 种氨基酸则转化为相应的支链 α- 酮酸。之后，支链 α- 酮酸在支链 α- 酮酸脱氢酶复合体的作用下氧化脱羧，并有辅酶 A 参与，生成脂肪酰辅酶 A。支链 α- 酮酸脱氢酶复合体与前面章节提到的丙酮酸脱氢酶复合物结构非常相似，催化机制也基本相同。3 种脂肪酰辅酶 A 经脂肪酸 β 氧化过程生成不同的中间产物，参与三羧酸循环。缬氨酸经转氨基和脱羧基，然后进行一系列氧化反应，生成琥珀酰辅酶 A，亮氨酸产生乙酰辅酶 A 及乙酰乙

Note

酰辅酶 A，异亮氨酸产生乙酰辅酶 A 及琥珀酰辅酶 A。所以，这 3 种氨基酸分别是生糖氨基酸、生酮氨基酸及生酮生糖氨基酸。虽然多数氨基酸在肝进行分解代谢，但支链氨基酸的分解代谢主要在骨骼肌、脂肪、肾和脑组织中进行，这是由于肝外组织有支链 α- 酮酸脱氢酶复合体，而肝中缺乏，肝中的支链氨基酸需要通过血液转运到肌肉等组织代谢。支链 α- 酮酸脱氢酶复合体缺乏会导致枫糖尿症（支链酮酸尿症）。枫糖尿症患者血液及尿液中出现大量支链氨基酸及相应酮酸，因其尿液具有类似枫糖的气味而得名。枫糖尿症患儿日常饮食要严格限制支链氨基酸的摄入量，如果不加以干预，会导致大脑发育异常，并在婴儿期即死亡。

综上所述，各种氨基酸除作为合成蛋白质的原料外，还可以转变成其他多种含氮的生理活性物质，表 7-6 列举了这些重要的化合物。此外，在氨基酸代谢过程中，酶的遗传性缺陷也会引发一些疾病的发生，表 7-7 列举的是一些可以影响氨基酸代谢的遗传病。

表 7-6 氨基酸衍生的重要含氮化合物

化合物	生理功能	氨基酸前体
嘌呤碱	含氮碱基、核酸成分	天冬氨酸、谷氨酰胺、甘氨酸
嘧啶碱	含氮碱基、核酸成分	天冬氨酸
卟啉化合物	血红素、细胞色素	甘氨酸
肌酸、肌酸磷酸	能量贮存	甘氨酸、精氨酸
烟酸	维生素	色氨酸
多巴胺、肾上腺素、去甲肾上腺素	神经递质、激素	苯丙氨酸、酪氨酸
甲状腺激素	激素	酪氨酸
黑色素	皮肤色素	苯丙氨酸、酪氨酸
5- 羟色胺	血管收缩剂、神经递质	色氨酸
组胺	血管舒张剂	组氨酸
γ- 氨基丁酸	神经递质	谷氨酸
精胺、亚精胺	细胞增殖促进剂	甲硫氨酸、鸟氨酸

表 7-7 影响氨基酸代谢的遗传病

疾病	发病率（每 10 万人）	影响环节	缺陷酶	症状和影响
白化病	< 3.0	黑色素合成	酪氨酸酶	缺乏色素，白头发，粉红色皮肤
尿黑酸尿症	< 0.4	酪氨酸降解	尿黑酸 1,2- 双加氧酶	尿色发黑，迟发性关节炎
精氨酸血症	< 0.5	尿素合成	精氨酸酶	智力发育障碍
精氨酸代琥珀酸血症	< 1.5	尿素合成	精氨酸代琥珀酸合成酶	呕吐，惊厥
氨基甲酰磷酸合成酶 Ⅰ 缺乏症	< 0.5	尿素合成	氨基甲酰磷酸合成酶 Ⅰ	昏睡，惊厥，早夭
同型半胱氨酸血症	< 0.5	甲硫氨酸降解	胱硫醚 β 合酶	骨、智力发育障碍
枫糖尿症	< 0.4	亮氨酸、异亮氨酸和缬氨酸降解	支链 α- 酮酸脱氢酶复合体	呕吐，惊厥，智力发育障碍，早夭
甲基丙二酸血症	< 0.5	丙酰辅酶 A 转变为琥珀酰辅酶 A	甲基丙二酰辅酶 A 异构酶	呕吐，惊厥，智力发育障碍，早夭
苯丙酮尿症	< 8.0	苯丙酮酸转变为酪氨酸	苯丙酮酸羟化酶	新生儿呕吐，智力发育障碍

思考题

1. 简述血氨的来源和去路。
2. 哪些维生素与氨基酸的代谢有关？为什么缺乏叶酸和维生素 B_{12} 会导致巨幼细胞贫血？
3. 为什么对高血氨患者禁用碱性肥皂水灌肠且不宜用碱性利尿药？

（武翠玲）

第八章

核苷酸代谢

第八章数字资源

案例 8-1

某患者，男性，52 岁，3 年前出现四肢关节肿痛，无发热，在当地医院按照关节炎治疗，症状缓解，但反复发作。近 1 年，患者跖趾关节、掌指关节处出现肿块，行走时疼痛。医师对患者双侧跖趾关节肿块行手术治疗，病理检查示“痛风石”。实验室检查：尿酸 836 μmol/L。诊断为痛风。患者经手术切除痛风石后继续服用别嘌呤醇治疗。

问题：

1．痛风的发病机制是什么？

2．别嘌呤醇治疗痛风的生化机制是什么？

核苷酸是核酸的基本组成单位。人类的食物中一般含有足量的核酸，但是组成人体的核苷酸主要由自身合成，只有极少部分由食物核酸降解而来，因此核苷酸不是营养必需物质。本章主要从代谢的角度讲述核苷酸的合成和分解及核苷酸抗代谢物。

第一节　概　述

一、核苷酸具有多种生物学功能

核苷酸在体内分布广泛，具有多种生物学功能：①作为构成核酸的基本结构单位，这是核苷酸的最主要功能；②参与能量代谢，是体内高能化合物的主要形式，如 ATP 是细胞的主要能量形式，GTP 也参与提供能量；③活化中间代谢物，如 UDP- 葡萄糖与 CDP- 甘油二酯分别是合成糖原与磷脂的活性前体，*S*- 腺苷甲硫氨酸是活性甲基的载体；④参与辅酶组成，如腺苷酸可作为多种辅酶（$NAD^+/NADP^+$，FAD，辅酶 A）的组成部分；⑤参与代谢调节，如核苷酸衍生物 cAMP 和 cGMP 是多种激素的第二信使，参与代谢调节；⑥ ATP 作为磷酸基团的供体参与蛋白质的磷酸化修饰，如糖原合酶的磷酸化。

二、细胞内核酸的降解与食物中核酸的消化都由核酸酶水解

在人体内，食物中核酸的消化以及细胞内核酸的降解都是由核酸酶（nuclease）催化的。食物中的核酸主要在小肠中进行消化。首先由核酸内切酶（endonuclease）切割核酸内部磷酸二酯键生成寡核苷酸（oligonucleotide），然后非特异性核酸外切酶（exonuclease）[如磷酸二酯酶（phosphodiesterase）] 切割寡核苷酸末端磷酸二酯键生成单核苷酸，核苷酸酶（nucleotidase）进一步水解单核苷酸生成磷酸和相应的核苷。核苷可以被吸收或者继续降解生成碱基和戊糖（图 8-1）。分解产生的戊糖被吸收而参与体内的戊糖代谢，大部分嘌呤和嘧啶碱基则在小肠黏膜细胞进一步被分解而排出体外。因此，食物来源的嘌呤和嘧啶碱基很少被机体利用。

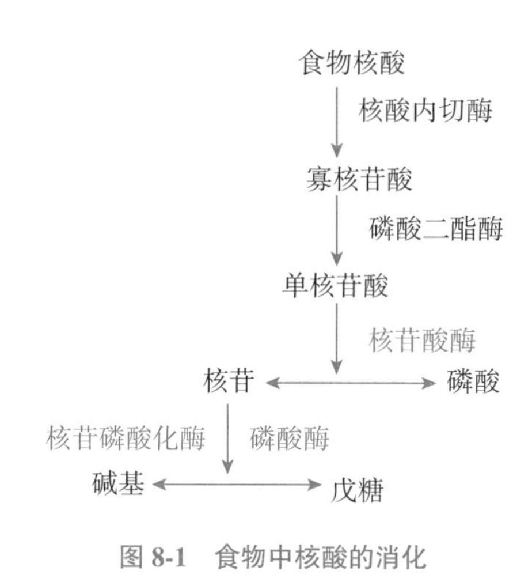

图 8-1　食物中核酸的消化

三、核酸酶可分为核酸内切酶和核酸外切酶

所有能水解核酸的酶都是核酸酶。依据核酸酶作用的底物不同，可以将核酸酶分为脱氧核糖核酸酶（deoxyribonuclease，DNAase）（简称 DNA 酶）和核糖核酸酶（ribonuclease，RNAase）（简称 RNA 酶）两类。DNA 酶能够专一性催化脱氧核糖核酸的水解，而 RNA 酶能够专一性催化核糖核酸的水解。

依据对底物作用方式不同，可将核酸酶分为核酸外切酶和核酸内切酶。核酸外切酶仅能水解位于核酸分子链末端的磷酸二酯键。根据其作用的方向性，又有 5′ → 3′ 核酸外切酶和 3′ → 5′ 核酸外切酶之分。从 5′ 端切除核苷酸的称为 5′ → 3′ 核酸外切酶；从 3′ 端切除核苷酸的称为 3′ → 5′ 核酸外切酶。核酸内切酶只可以在 DNA 或 RNA 分子内部切断磷酸二酯键。

能识别并切割特异性 DNA 序列的核酸内切酶，称为限制性核酸内切酶（restriction endonuclease，RE）。一般而言，限制性核酸内切酶的酶切位点的核酸序列具有回文结构，识别长度为 4 ~ 8 bp（详见第十六章重组 DNA 技术）。有些核酸内切酶则没有序列特异性的要求。由于限制性核酸内切酶能够特异性地识别并切割 DNA 特异性位点，已经成为分子生物学中的重要工具。目前已发现的限制性核酸内切酶已经有 6 000 余种。

Note

第二节 核苷酸的合成代谢

根据碱基组成不同，核苷酸分为嘌呤核苷酸和嘧啶核苷酸两大类。这两种核苷酸的代谢都包括合成代谢和分解代谢。体内嘌呤核苷酸的生物合成有两条途径：①从头合成（*de novo* synthesis），即利用磷酸核糖、氨基酸和一碳单位等简单物质为原料合成嘌呤核苷酸；②补救合成（salvage synthesis），是通过嘌呤碱基的磷酸核糖化或者嘌呤核苷的磷酸化生成嘌呤核苷酸。

一、嘌呤核苷酸的合成存在从头合成和补救合成两条途径

（一）嘌呤核苷酸的从头合成利用简单物质为原料进行合成

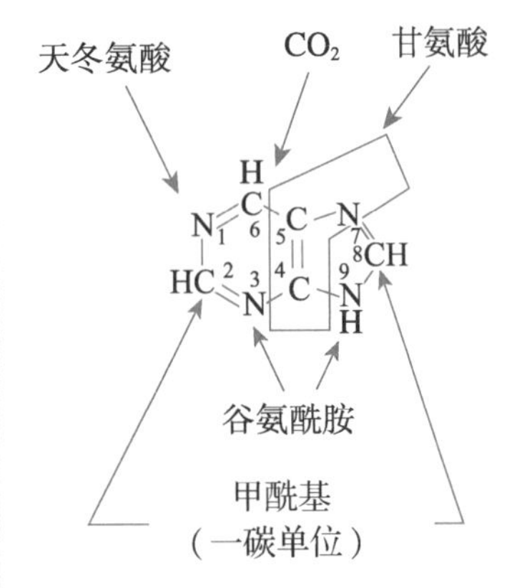

图 8-2 嘌呤碱合成的元素来源

1．嘌呤核苷酸合成的原料是小分子物质 机体可利用磷酸核糖、氨基酸、一碳单位和 CO_2 等小分子物质为原料，经过一系列酶促反应，从头合成嘌呤核苷酸，称为从头合成。从头合成是体内合成核苷酸的主要途径。除某些细菌外，几乎所有的生物体均能够从头合成嘌呤核苷酸。

以放射性核素标记的小分子化合物饲养实验动物，并鉴定低分子量的嘌呤前体，然后测定不同前体物被标记的位置，可以确定嘌呤环不同原子的来源（图 8-2）。

2．嘌呤核苷酸从头合成反应步骤比较复杂 嘌呤核苷酸从头合成在胞质溶胶中进行，反应步骤比较复杂。首先合成次黄嘌呤核苷酸（inosinemonophosphate，IMP），然后 IMP 再转变成为腺嘌呤核苷酸（AMP）与鸟嘌呤核苷酸（GMP）。

（1）IMP 的合成：IMP 是嘌呤核苷酸合成的重要中间产物，合成过程比较复杂，共需 11 步反应完成。①磷酸核糖焦磷酸合成酶（phosphoribosyl pyrophosphate synthetase，PRPP synthetase）催化核糖 -5- 磷酸与 ATP 反应生成 5- 磷酸核糖 -1- 焦磷酸（PRPP）。②磷酸核糖酰胺转移酶（phosphoribosyl amidotransferase）催化谷氨酰胺的酰胺基取代 PRPP 核糖上的第 1 位碳原子的焦磷酸，生成核糖胺 -5- 磷酸（phosphoribosylamine，PRA）。③由 ATP 供能，甘氨酰胺核苷酸合成酶催化甘氨酸与 PRA 缩合生成甘氨酰胺核苷酸（glycinamide ribonucleotie，GAR）。④由 N^{10}- 甲酰四氢叶酸提供甲酰基，GAR 甲酰基转移酶催化 GAR 甲酰化，生成甲酰甘氨酰胺核苷酸（formylglycinamide ribonucleotide，FGAR）。⑤谷氨酰胺提供酰胺氮，由 FGAR 酰胺转移酶催化 FGAR 生成甲酰甘氨脒核苷酸（formylglycinamide ribonucleotide，FGAM）。⑥ AIR 合成酶催化 FGAM 经过分子内重排，环化生成 5- 氨基咪唑核苷酸（5-aminoimidazole ribonucleotide，AIR），至此合成了嘌呤环中的咪唑环。⑦ AIR 羧化酶催化 AIR 与 CO_2 生成 5- 氨基咪唑 -4- 羧酸核苷酸（carboxyaminoimidazole ribonucleotide，CAIR）。⑧天冬氨酸借助氨基与 CAIR 的羧基缩合生成 5- 氨基咪唑 -4- 琥珀酸甲酰胺核苷酸（*N*-succinyl-5-aminoimidazole ribonucleotide，SAICAR），反应过程由 ATP 供能。⑨ SAICAR 脱掉 1 分子延胡索酸裂解成 5- 氨基咪唑 -4- 甲酰胺核苷酸（5-aminoimidazole -4-carboxamide ribonucleotide，AICAR）。⑩ N^{10}- 甲酰四氢叶酸提供甲酰基，生成 5- 甲酰氨基咪唑 -4- 甲酰胺核苷酸（*N*-formylaminoimidazole-4-carboxamide ribonucleotide，FAICAR）。11 在 IMP 合酶的作用下，FAICAR 脱水环化生成 IMP（图 8-3）。

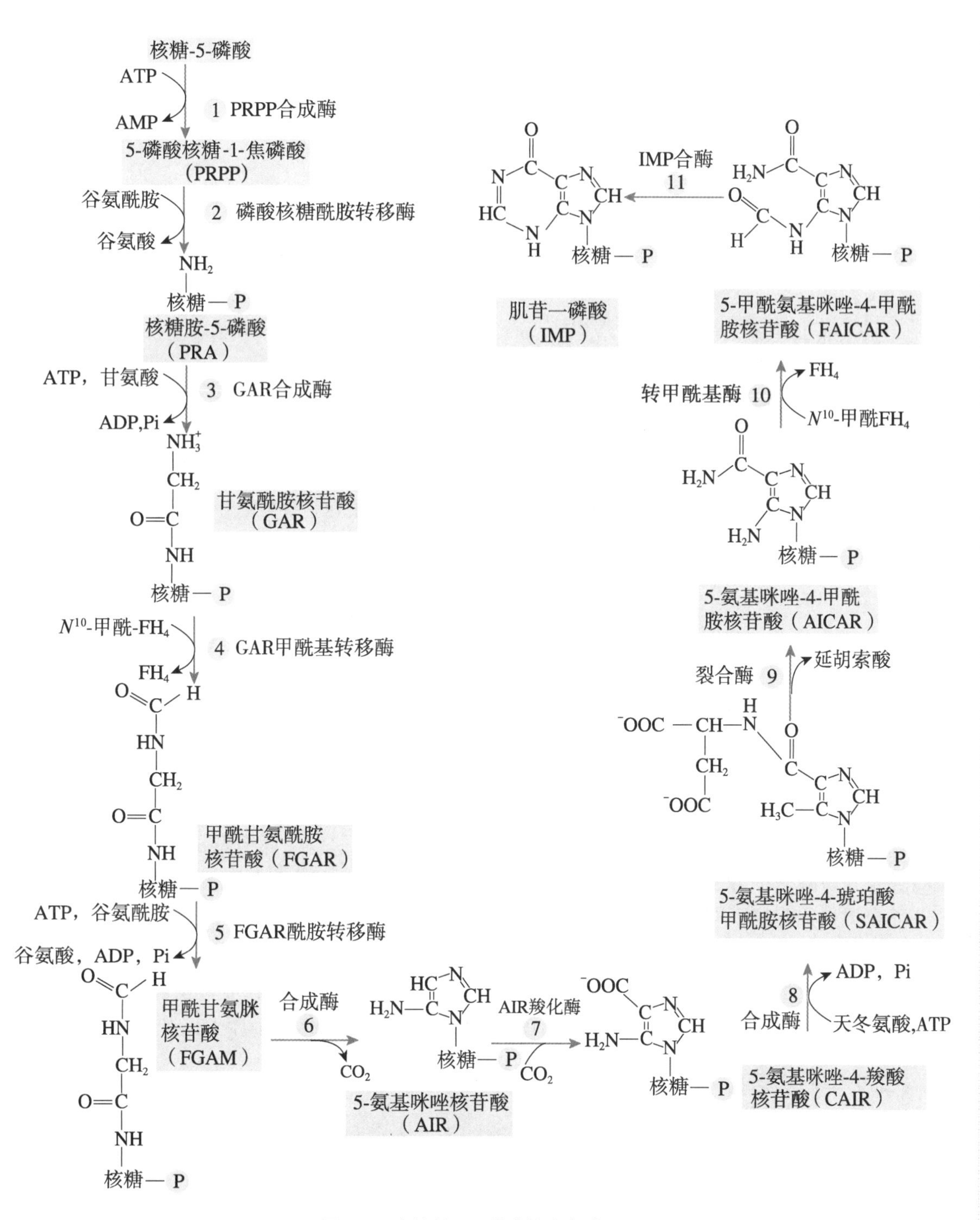

图 8-3 由核糖 -5- 磷酸从头合成 IMP

核苷酸从头合成第 2 步反应是从头合成嘌呤核苷酸的关键步骤，催化该反应的磷酸核糖酰胺转移酶是关键酶，该步反应也是嘌呤核苷酸合成的调节位点。

(2) AMP 和 GMP 的生成：IMP 是从头合成途径的中间产物，IMP 生成后，通过两条不同途径分别生成 AMP 和 GMP。IMP 由天冬氨酸提供氨基，脱去延胡索酸，生成 AMP。另外，IMP 先氧化生成黄苷一磷酸（XMP），然后再由 ATP 供能，谷氨酰胺提供氨基生成 GMP（图 8-4）。

(3) ATP 与 GTP 的生成：AMP 和 GMP 在激酶的作用下，经过两步磷酸化反应，分别生成 ATP 和 GTP，从而参与核酸的合成。

次黄嘌呤核苷酸（IMP） 腺苷酸代琥珀酸 腺嘌呤核苷酸（AMP） 黄嘌呤核苷酸（XMP） 鸟嘌呤核苷酸（GMP）

①腺苷酸代琥珀酸合成酶；②腺苷酸代琥珀酸裂解酶；③ IMP 脱氢酶；④ GMP 合成酶

图 8-4　由 IMP 转变为 AMP 和 GMP

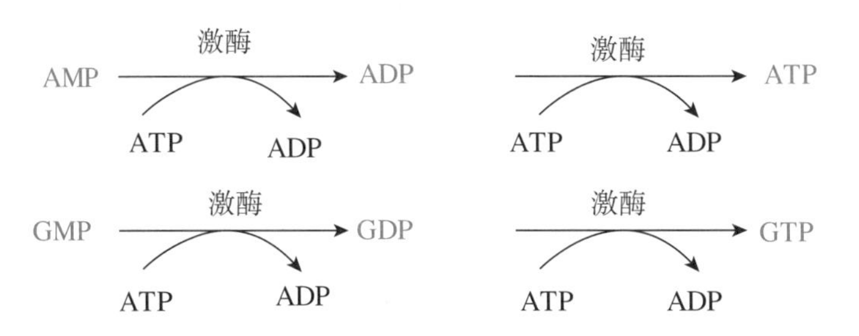

从上述反应过程中可以看出嘌呤核苷酸合成的重要特征。嘌呤核苷酸的从头合成过程中，嘌呤环是在磷酸核糖分子上逐步合成的，而不是先合成嘌呤碱基再与磷酸核糖结合，这与嘧啶核苷酸合成过程明显不同。

肝是体内从头合成嘌呤核苷酸的主要器官。细胞内核苷酸代谢池非常小，是 DNA 合成所需量的 1%，甚至更少。因此，在核酸合成中，细胞必须不断合成核苷酸，核苷酸合成的快慢会限制 DNA 复制和转录的速度，抑制核苷酸合成的化合物可以作为临床上抗肿瘤的药物。

（二）嘌呤核苷酸从头合成受到精确调节

嘌呤核苷酸的从头合成是体内嘌呤核苷酸的主要来源，但这个过程需要消耗氨基酸等原料及大量 ATP。机体对其合成速度进行着精确的调控，其调节机制主要是反馈调节（图 8-5）。被调节的酶分别为：① PRPP 合成酶；②磷酸核糖酰胺转移酶；③腺苷酸代琥珀酸合成酶；④ IMP 脱氢酶；⑤ GMP 合成酶。

1. PRPP 合成酶　是一种别构酶，IMP、GMP 与 AMP 是其别构抑制剂，而核糖 -5- 磷酸是别构激活剂。PRPP 还是合成嘌呤核苷酸与嘧啶核苷酸的前体物质，因此 PRPP 合成酶同时受其他多条代谢途径产物的调节。

2. 磷酸核糖酰胺转移酶　受到 AMP、GMP 与 IMP 的反馈抑制，而 PRPP 是其别构激活剂。

3. 腺苷酸代琥珀酸合成酶和 IMP 脱氢酶　AMP 抑制腺苷酸代琥珀酸合成酶的活性，阻止 IMP 向腺苷酸代琥珀酸的转化。同样，GMP 抑制 IMP 脱氢酶的活性，调节 IMP 向 XMP 的转化。

4. 交互调节作用　GTP 是合成 AMP 的底物，而 ATP 是合成 GMP 的底物，这种互为底物的作用方式使得一种嘌呤核苷酸缺乏时能够降低另外一种嘌呤核苷酸的合成，以保障嘌呤核苷酸的平衡生成。

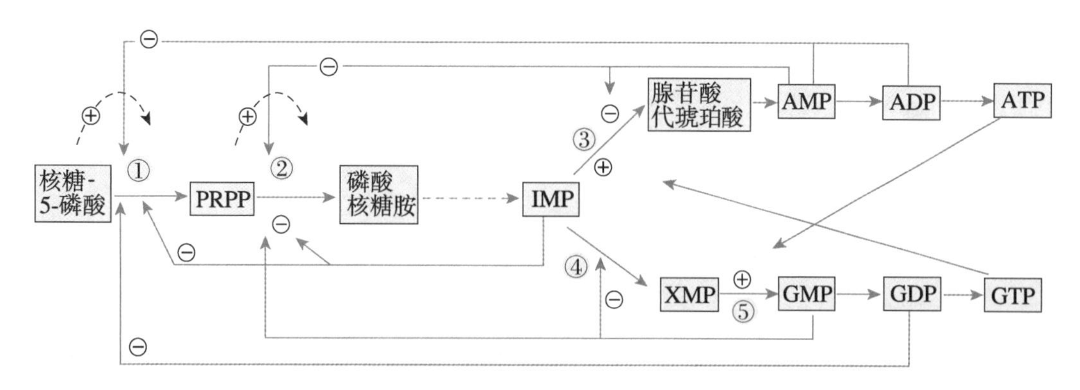

① PRPP 合成酶；②磷酸核糖酰胺转移酶；③腺苷酸代琥珀酸合成酶；④ IMP 脱氢酶；⑤ GMP 合成酶
⊖表示负反馈调节；⊕表示正反馈调节

图 8-5 嘌呤核苷酸从头合成的调节

（三）嘌呤核苷酸的补救合成有两种方式

嘌呤核苷酸的补救合成是利用嘌呤碱基或嘌呤核苷重新合成嘌呤核苷酸的反应过程。体内存在两种方式的补救合成反应：①依赖 PRPP 的嘌呤磷酸核糖化补救合成反应；②当 ATP 存在时，由激酶直接催化嘌呤核苷的磷酸化补救合成反应。在第一种补救反应中，由 PRPP 提供核糖 -5- 磷酸，腺嘌呤磷酸核糖转移酶（adenine phosphoribosyl transferase，APRT）催化腺嘌呤补救生成 AMP；次黄嘌呤 - 鸟嘌呤磷酸核糖转移酶（hypoxanthine-guanine phosphoribosyl transferase，HGPRT）催化次黄嘌呤、鸟嘌呤分别生成 GMP 与 IMP。在第二种补救合成反应中，由特异性腺苷激酶（adenosine kinase）催化 ATP 的磷酸基团转移到腺苷或者脱氧腺苷，分别生成 AMP 或者 dAMP。

$$\text{腺嘌呤} + \text{PRPP} \xrightarrow{\text{APRT}} \text{AMP} + \text{PPi}$$

$$\text{次黄嘌呤} + \text{PRPP} \xrightarrow{\text{HGPRT}} \text{IMP} + \text{PPi}$$

$$\text{鸟嘌呤} + \text{PRPP} \xrightarrow{\text{HGPRT}} \text{GMP} + \text{PPi}$$

$$\text{腺嘌呤核苷} \xrightarrow[\text{ATP} \to \text{ADP}]{\text{腺苷激酶}} \text{AMP}$$

知识拓展

莱施 - 奈恩综合征

莱施 - 奈恩综合征（Lesch-Nyhan syndrome）是指由于 HGPRT 完全缺乏，引起以强迫性自毁行为为典型临床特征的一种疾病。该病患儿临床表现为自毁行为，对他人有攻击性，智力发育缺陷，同时伴有高尿酸血症，引起早期肾结石，逐渐出现痛风症状。其病因是编码 HGPRT 的基因突变，HGPRT 完全缺乏，嘌呤核苷酸补救合成途径不能进行，引起主要依赖嘌呤核苷酸补救合成的脑组织发育障碍，同时由于 IMP 与 GMP 含量下降，PRPP 含量增加，嘌呤核苷酸从头合成速率升高，尿酸过度生成。患者大多难以正常存活到成年。目前科学家正研究将正常的 HGPRT 基因转移至患者的细胞中，以达到基因治疗的目的。

在嘌呤核苷酸的补救合成途径中，以磷酸核糖转移酶催化的反应为主。嘌呤核苷酸补救合成的生理意义：一方面，可以节省从头合成时所消耗的能量和氨基酸的消耗；另一方面，体内某些组织和器官（如脑和骨髓）由于缺乏从头合成嘌呤核苷酸的酶系，只能通过补救合成途径合成嘌呤核苷酸。研究表明，由于 HGPRT 完全缺乏引起的痛风伴随严重的神经系统障碍，可能与脑组织不能补救合成嘌呤核苷酸密切相关。

肝是嘌呤核苷酸合成的主要器官，并且可以为那些不能进行从头合成的组织提供补救合成的原料。

（四）体内嘌呤核苷酸可以相互转变

体内嘌呤核苷酸可以相互转变，以保证彼此平衡。前已述及，IMP 可以转变为 XMP、AMP 及 GMP。此外，AMP、GMP 也可以转变为 IMP。由此，AMP 和 GMP 之间也是可以相互转变的。

（五）嘌呤核苷酸的抗代谢物以竞争性抑制方式阻断嘌呤核苷酸的合成

嘌呤核苷酸的各类抗代谢物是一些嘌呤、氨基酸或叶酸的类似物，能以竞争性抑制的方式干扰或阻断嘌呤核苷酸的合成代谢，从而进一步影响核酸与蛋白质的合成，包括以下类型：①叶酸类似物；②嘌呤类似物；③谷氨酰胺类似物。这三类物质分别在从头合成的不同部位阻断嘌呤核苷酸的合成过程，从而抑制快速生长肿瘤细胞的核酸合成，起到抗肿瘤作用。

1．叶酸类似物　有氨基蝶呤（aminopterin）与甲氨蝶呤（methotrexate，MTX），能竞争性抑制二氢叶酸还原酶，从而阻断二氢叶酸和四氢叶酸的生成，最终干扰嘌呤核苷酸的合成。氨基蝶呤与甲氨蝶呤广泛应用于多种肿瘤的治疗（图 8-6）。

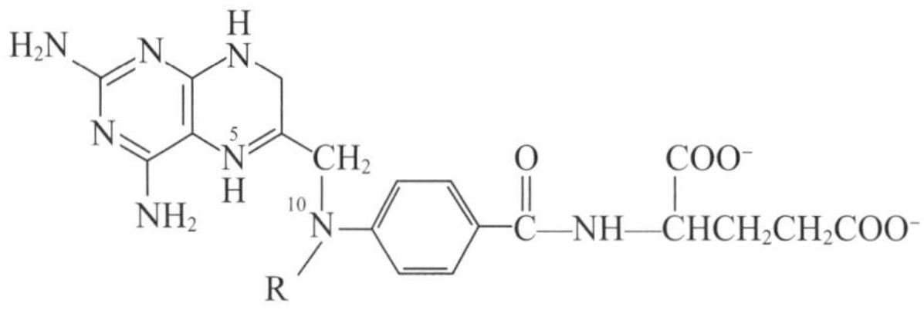

图 8-6　叶酸类似物

氨蝶呤：R═H；甲氨蝶呤：R═CH_3

2．嘌呤类似物　包括 6- 巯基嘌呤（6-MP）、6- 巯基鸟嘌呤、8- 氮杂鸟嘌呤等，临床上应用较多的是 6- 巯基嘌呤。6- 巯基嘌呤的结构与次黄嘌呤相似（图 8-7），唯一不同的是分子中 C_6 上被巯基取代。6-MP 通过竞争性抑制的方式干扰次黄嘌呤 - 鸟嘌呤磷酸核糖转移酶的活性，从而干扰嘌呤核苷酸的合成。6- 巯基嘌呤也可以经磷酸核糖化转变为 6- 巯基嘌呤核苷酸，该产物竞争性抑制 IMP 向 AMP 与 XMP 转化的过程；6- 巯基嘌呤也可以通过反馈抑制磷酸核糖酰胺转移酶的活性，干扰嘌呤核苷酸的从头合成。

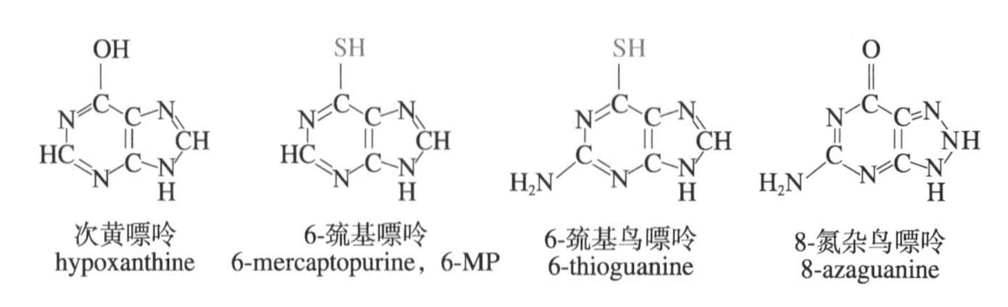

图 8-7　嘌呤类似物的结构

3．谷氨酰胺类似物 有氮杂丝氨酸和6-重氮-5-氧正亮氨酸，它们能以竞争性抑制的方式干扰嘌呤核苷酸从头合成过程中谷氨酰胺参与的反应过程（图8-8）。

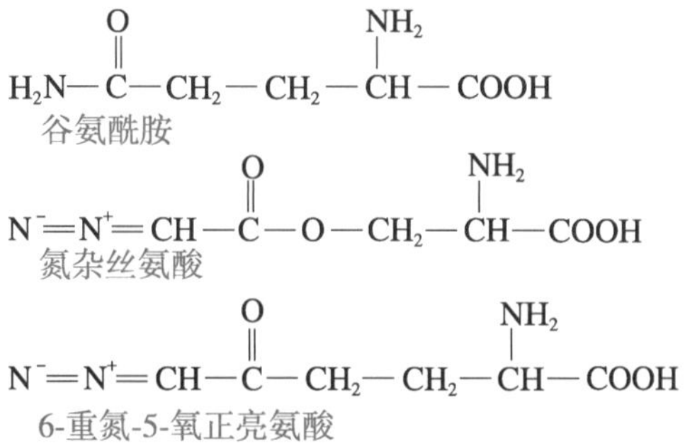

$$H_2N-\overset{\overset{O}{\|}}{C}-CH_2-CH_2-\overset{\overset{NH_2}{|}}{CH}-COOH$$

谷氨酰胺

$$N^{-}=N^{+}=CH-\overset{\overset{O}{\|}}{C}-O-CH_2-\overset{\overset{NH_2}{|}}{CH}-COOH$$

氮杂丝氨酸

$$N^{-}=N^{+}=CH-\overset{\overset{O}{\|}}{C}-CH_2-CH_2-\overset{\overset{NH_2}{|}}{CH}-COOH$$

6-重氮-5-氧正亮氨酸

图8-8 氨基酸的类似物

应该指出的是，上述药物缺乏对肿瘤细胞的特异性，故对增殖速度较为旺盛的某些正常组织也有杀伤性，因而具有较大的毒性反应及副作用。

二、嘧啶核苷酸的合成也有从头合成与补救合成两条途径

与嘌呤核苷酸合成一样，嘧啶核苷酸的合成也有从头合成和补救合成两条途径。

（一）嘧啶核苷酸从头合成比嘌呤核苷酸简单

放射性同位素示踪实验证明，嘧啶核苷酸中嘧啶碱合成的原料来自谷氨酰胺、CO_2和天冬氨酸（图8-9）。嘧啶核苷酸的合成主要在肝中进行，反应过程在胞质溶胶和线粒体中进行。

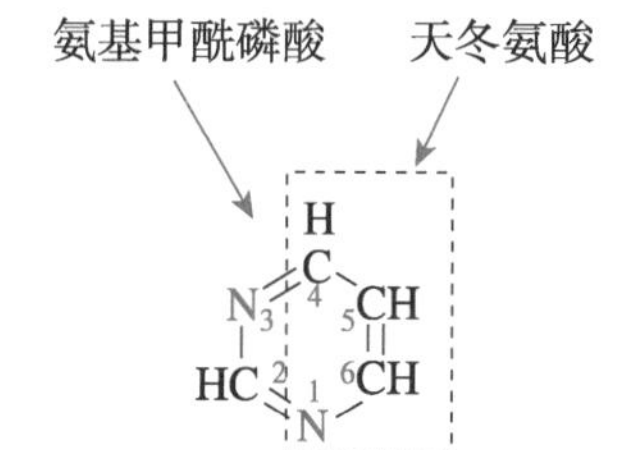

图8-9 嘧啶环原子的来源 C-2与N-3来源于氨基甲酰磷酸，天冬氨酸提供其他原子

嘧啶核苷酸与嘌呤核苷酸从头合成的不同点在于嘧啶核苷酸合成首先进行嘧啶环的合成，然后再与磷酸核糖结合生成嘧啶核苷酸。嘧啶核苷酸合成的过程如图8-10所示。

1．嘧啶环的形成 嘧啶环比嘌呤环的结构简单，经过4步完成：①由氨基甲酰磷酸合成酶Ⅱ（carbamoyl phosphate synthetase-Ⅱ，CPS-Ⅱ）催化谷氨酰胺与CO_2合成氨基甲酰磷酸，反应在胞质溶胶内进行。②由天冬氨酸氨基甲酰转移酶（aspartate transcarbamoylase，ATC）催化天冬氨酸与氨基甲酰磷酸生成氨甲酰天冬氨酸。③由二氢乳清酸酶（dihydroorotase，DHO）催化氨甲酰天冬氨酸脱水环化形成二氢乳清酸（dihydroorotate），至此形成了嘧啶环。④由二氢乳清酸脱氢酶催化二氢乳清酸生成乳清酸（orotic acid）。

氨基甲酰磷酸同样也是尿素合成的中间产物。与尿素合成过程比较：尿素合成中所需的氨基甲酰磷酸是在肝线粒体中产生的，由CPS-Ⅰ催化生成，氮的供体是NH_3，*N*-乙酰谷氨酸是其别构激活剂；而嘧啶核苷酸合成所需的氨基甲酰磷酸是在胞质溶胶中产生的，由CPS-Ⅱ催化生成，氮的供体是谷氨酰胺，*N*-乙酰谷氨酸不能调节该酶的活性。这两种酶的性质不同构成了氨基甲酰磷酸合成的区域化分布及组织特异性。

2．嘧啶核苷酸的生成 以PRPP为磷酸核糖的供体，乳清酸磷酸核糖转移酶（orotate phosphoribosyl transferase）催化乳清酸与PRPP反应生成乳清酸核苷酸（orotidine monophosphate，OMP），然后脱羧生成尿嘧啶核苷酸（UMP）。

3．尿苷三磷酸（UTP）的生成 UMP向UDP和UTP转化的过程与嘌呤核苷酸的转化方

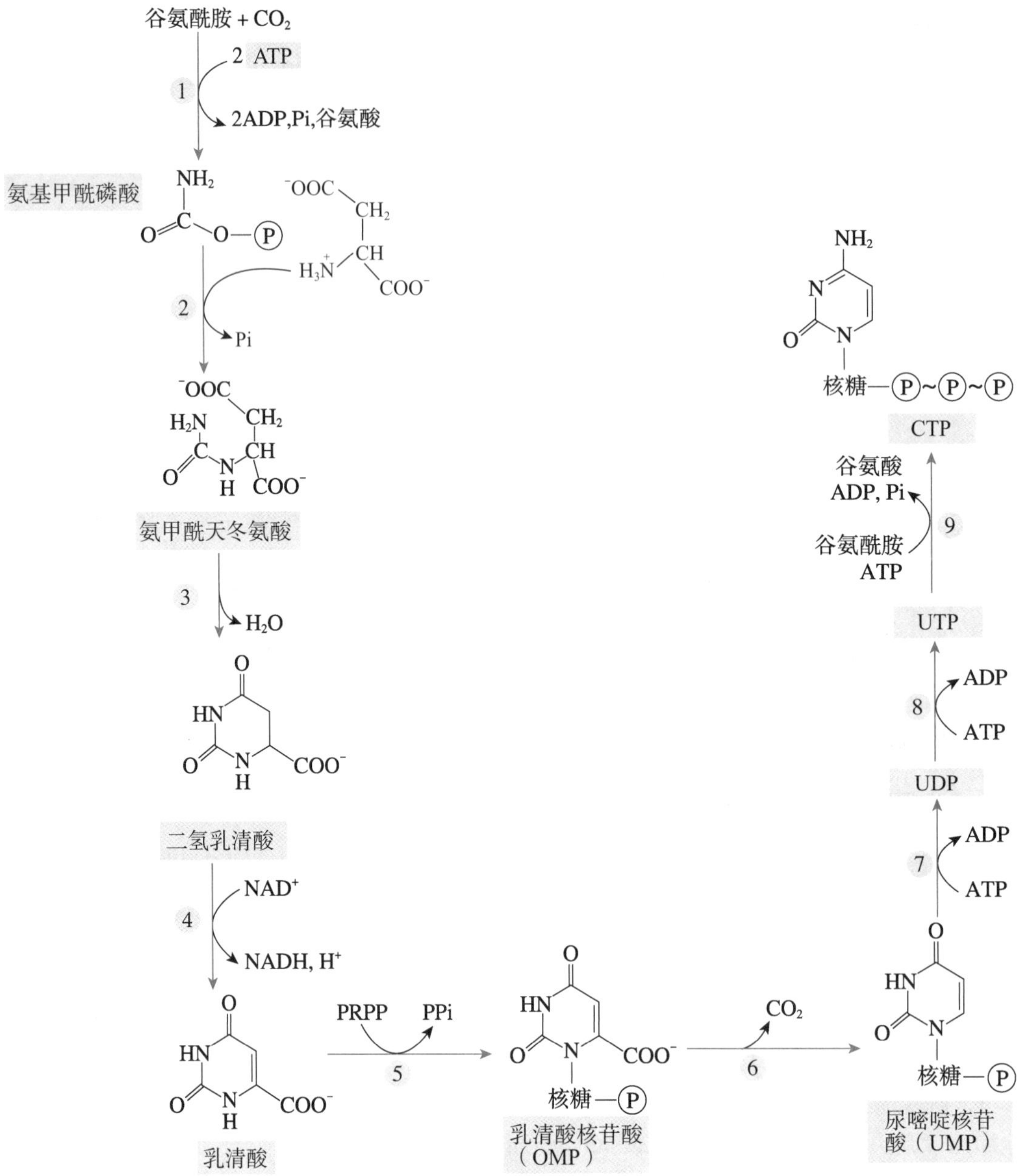

图 8-10　嘧啶核苷酸的合成过程

①氨基甲酰磷酸合成酶Ⅱ；②天冬氨酸氨基甲酰转移酶；③二氢乳清酸酶；④二氢乳清酸脱氢酶；⑤乳清酸磷酸核糖转移酶；⑥乳清酸核苷酸脱羧酶；⑦尿嘧啶核苷酸激酶；⑧核苷二磷酸激酶；⑨ CTP 合成酶

式相同，分别由特异性尿嘧啶核苷酸激酶与非特异性核苷二磷酸激酶催化完成。

4．胞苷三磷酸（CTP）的生成　在 CTP 合成酶的催化下，尿苷三磷酸中尿嘧啶第 4 位碳的羰基氧被氨基取代，生成胞苷三磷酸。

在真核细胞中，催化第 1 ~ 3 步反应的 3 种酶（CPS-Ⅱ、ATC、DHO）是一种多功能酶，由一条多肽链完成。催化第 5 ~ 6 步反应的乳清酸磷酸核糖转移酶和乳清酸核苷酸脱羧酶也是位于同一条多肽链上的多功能酶。这种多功能酶存在的意义在于能最大限度地发挥催化效率，更有利于以均匀的速度合成嘧啶核苷酸。

（二）嘧啶核苷酸从头合成的调节

嘧啶核苷酸的从头合成主要受到反馈调节。在细菌中，天冬氨酸氨甲酰基转移酶是关键酶，CTP 负反馈抑制其活性，但是 ATP 激活此酶的活性。在哺乳动物细胞中，氨基甲酰磷酸合成酶Ⅱ则是关键酶，UMP 负反馈调节其活性，而 PRPP 提高此酶的活性（图 8-11）。

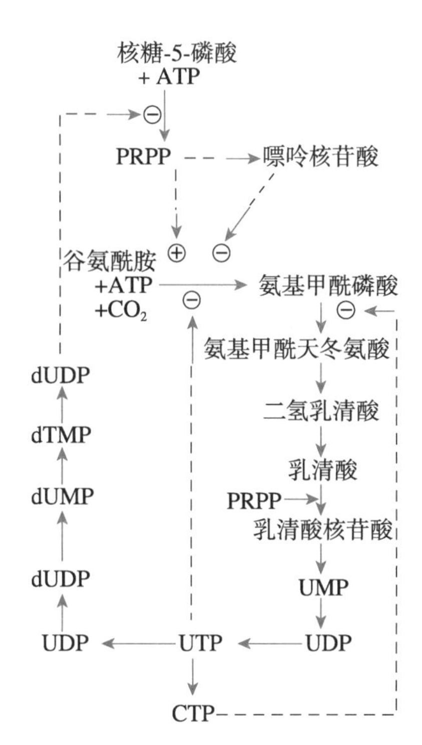

图 8-11 嘧啶核苷酸从头合成的调控
实线表示代谢途径，虚线代表：⊕正反馈；⊖负反馈

PRPP 合成酶催化生成的 PRPP 是合成嘌呤核苷酸与嘧啶核苷酸共同的前体物质，嘌呤核苷酸与嘧啶核苷酸都可以反馈抑制 PRPP 合成酶的活性，形成对两类核苷酸合成过程的协同调节。

（三）嘧啶核苷酸的补救合成途径

嘧啶磷酸核糖转移酶是嘧啶核苷酸补救合成的主要酶。此外，还有尿苷磷酸化酶和核苷激酶，相对而言，嘧啶核苷酸补救合成意义较小，且胞嘧啶核苷酸不能进行补救合成。补救合成反应如下：

$$\text{嘧啶} + \text{PRPP} \xrightarrow{\text{嘧啶磷酸核糖转移酶}} \text{磷酸嘧啶核苷} + \text{PPi}$$

$$\text{尿嘧啶核苷} + \text{ATP} \xrightarrow{\text{核苷激酶}} \text{UMP} + \text{ADP}$$

$$\text{胸腺嘧啶核苷} + \text{ATP} \xrightarrow{\text{胸苷激酶}} \text{TMP} + \text{ADP}$$

（四）脱氧核苷酸由核糖核苷酸在二磷酸核苷水平上转变而来

DNA 由各种脱氧核糖核苷酸组成，细胞分裂旺盛时，脱氧核苷酸的含量明显增加，以适应合成 DNA 的需要。

1．脱氧核糖核苷酸的生成 脱氧核糖核苷酸是在核糖核苷二磷酸水平上，由核糖核苷酸还原酶（ribonucleotide reductase）催化生成的（图 8-12）。核糖核苷酸还原酶催化 4 种核糖核苷二磷酸（ADP、GDP、UDP、CDP）转变成为对应的脱氧核糖核苷二磷酸（dADP、dGDP、dUDP、dCDP）。然后，由激酶催化 4 种脱氧核糖核苷二磷酸的磷酸化反应，进一步生成脱氧核糖核苷三磷酸。

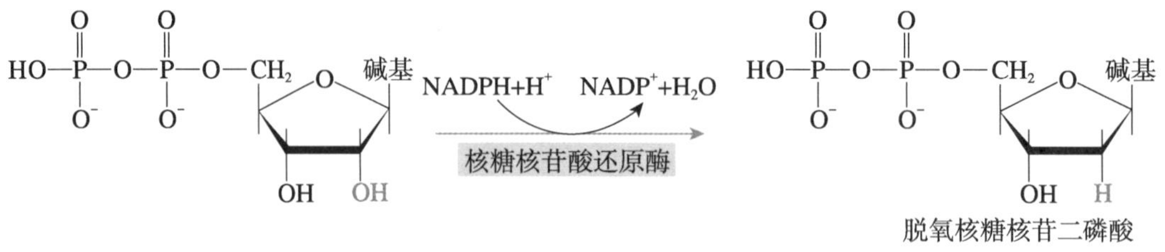

碱基 $\xrightarrow[\text{核糖核苷酸还原酶}]{NADPH+H^+ \quad NADP^+ + H_2O}$ 碱基

OH OH → OH H

脱氧核糖核苷二磷酸

图 8-12 脱氧核苷酸的生成

核糖核苷酸还原酶催化的反应过程比较复杂。当核糖核苷二磷酸的核糖部分 2′- 羟基被还原生成相应的脱氧核糖核苷二磷酸时，需要由 NADPH 提供一对氢原子，此过程通过硫氧还原蛋白（thioredoxin）作为氢载体完成（图 8-13）。

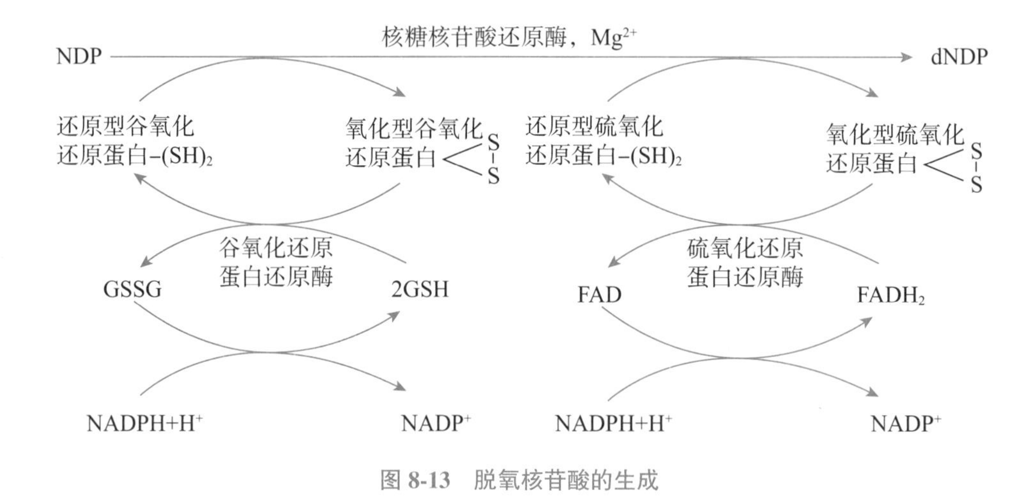

图 8-13 脱氧核苷酸的生成

核糖核苷酸还原酶是一种别构酶，由 R1 与 R2 两个亚基组成，只有当两个亚基结合并有 Mg^{2+} 存在时才有活性。在 DNA 合成旺盛、分裂速度较快的细胞中，核苷酸还原酶体系活性较强。该酶受 dATP、dGTP、dTTP、ATP 的别构调节，由此保证用于 DNA 合成的各种脱氧核糖核苷酸的均衡生成。

2．脱氧胸腺嘧啶核苷酸的生成 脱氧胸腺嘧啶核苷酸（dTMP 或 TMP）是由脱氧尿嘧啶核苷酸（dUMP）经甲基化生成的，反应由胸苷酸合酶（thymidylate synthase）催化，反应过程中甲基的供体是 N^5，N^{10}- 亚甲四氢叶酸。dUMP 可来自两条途径：一是 dUDP 水解生成脱磷酸；二是 dCMP 脱氨基生成，以后一种为主。胸苷酸合酶和二氢叶酸还原酶可被用于肿瘤化疗的靶点。

（五）嘧啶核苷酸的抗代谢物也是嘧啶、氨基酸或叶酸等的类似物

与嘌呤核苷酸一样，嘧啶核苷酸的抗代谢物是一些嘧啶、氨基酸或叶酸的类似物（图 8-14），它们对代谢的影响及抗肿瘤作用与嘌呤核苷酸抗代谢物相似。5- 氟尿嘧啶（5-fluorouracil，5-FU）是重要的嘧啶类似物，它的结构与胸腺嘧啶相似，是目前临床常用的一种抗癌药。5-FU 本身并无生物学活性，在乳清酸磷酸核糖转移酶催化下可形成氟尿嘧啶

核苷一磷酸，最终转变成 dUMP 的类似物——脱氧氟尿嘧啶核苷一磷酸（FdUMP）。FdUMP 是胸苷酸合酶抑制剂，阻断 dTMP 的合成。5-FU 也能在体内转变为氟尿嘧啶核苷三磷酸（FUTP），FUTP 可以 FUMP 的形式掺入 RNA 分子中，异常核苷酸的掺入破坏了 RNA 的结构与功能。

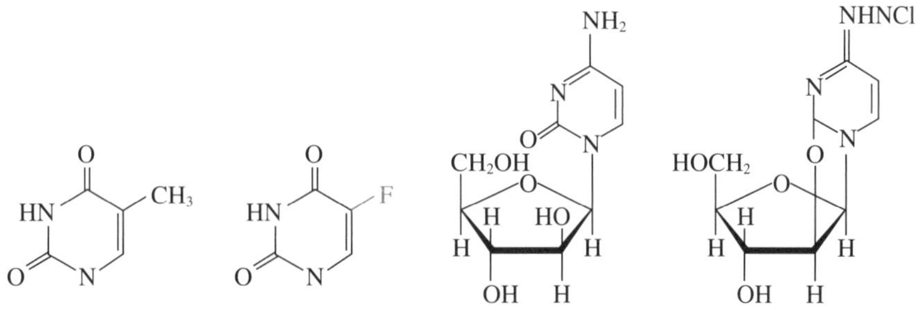

胸腺嘧啶　5-氟尿嘧啶（5-FU）　阿糖胞苷　环胞苷

图 8-14　嘧啶类似物及核苷类似物

案例 8-2

某患者，男性，70 岁。主诉胃部不适，偶感隐痛半年，饮食差，偶有呕吐现象，体重减轻 5 kg。有慢性胃病史。T 37.2 ℃，血压正常。生化检查：血清清蛋白 25 g/L，前清蛋白 105 mg/L，电解质代谢紊乱，肝功能正常，尿素氮和肌酐正常。胃镜检查示胃窦部增殖性病灶，病理检查胃窦部腺癌。入院诊断为胃窦部癌，幽门梗阻。手术治疗后，采取卡培他滨 [5- 氟尿嘧啶（5-FU）的前药] ＋顺铂方案继续治疗。

问题：

卡培他滨＋顺铂治疗胃癌的生化机制是什么？

氨基蝶呤与甲氨蝶呤在嘌呤核苷酸的抗代谢物中已经述及，它们是二氢叶酸还原酶的抑制剂，以竞争性的方式抑制四氢叶酸再生的方式阻止 dTMP 的合成。这两种药物对治疗多种快速生长的肿瘤有重要价值。

阿糖胞苷（cytosine arabinoside）和环胞苷（cyclocytidine）是改变了核糖结构的核苷类似物，也是重要的抗癌药物。阿糖胞苷能抑制 CDP 还原为 dCDP，也能影响 DNA 的合成。

第三节　核苷酸的分解代谢

机体内的核苷酸可以在一系列酶的作用下分解生成嘌呤碱基与嘧啶碱基，嘌呤碱基氧化为尿酸（uric acid），由尿液排出。嘧啶碱基生成 β- 丙氨酸、β- 氨基异丁酸、CO_2 与 NH_3。

一、嘌呤核苷酸分解代谢的终产物是尿酸

（一）嘌呤核苷酸分解代谢的过程

人体嘌呤核苷酸分解代谢的终产物是尿酸，分三步完成，简化过程如图 8-15 所示。

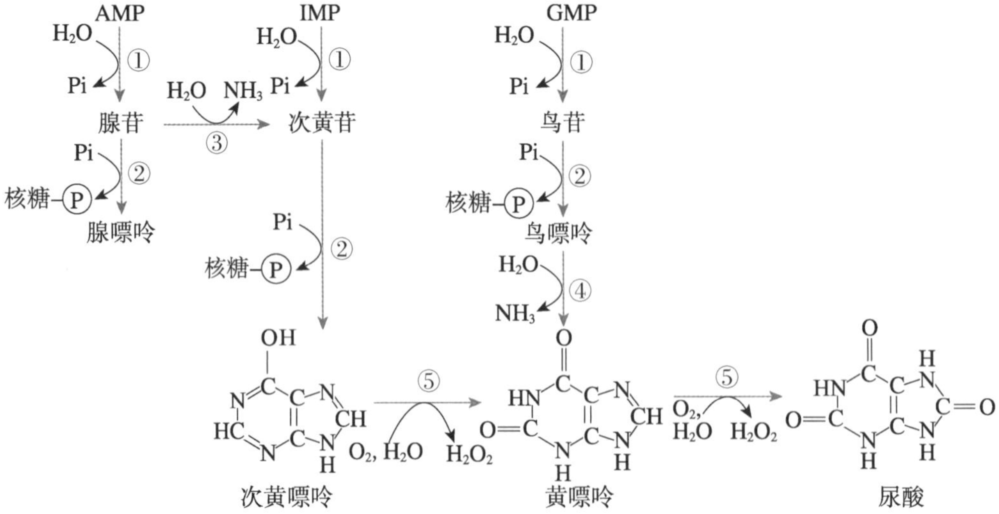

图 8-15 嘌呤核苷酸的分解代谢

① 5′- 核苷酸酶；②嘌呤核苷磷酸化酶；③腺苷脱氨酶；④鸟嘌呤脱氨酶；⑤黄嘌呤氧化酶

（1）由 5′- 核苷酸酶（5′-nucleotidase）催化 AMP、IMP、GMP 脱磷酸，分别生成腺苷、次黄苷和鸟苷。

（2）嘌呤核苷磷酸化酶（purine nucleoside phosphorylase，PNP）催化腺苷等糖苷键的磷酸解反应，释放出核糖 -1- 磷酸与嘌呤碱，后者分别为腺嘌呤、次黄嘌呤、鸟嘌呤。反应生成的核糖 -1- 磷酸由磷酸核糖变位酶（phosphoribomutase）异构为核糖 -5- 磷酸，可再用于合成 PRPP，然后 PRPP 重新用于核苷酸的从头合成与补救合成。生成的嘌呤碱也可以参与嘌呤核苷酸的补救合成。此外，腺苷也可以由腺苷脱氨酶（adenosine deaminase，ADA）催化脱氨反应，生成次黄苷。鸟嘌呤脱氨酶（guanine deaminase）催化鸟嘌呤脱氨生成黄嘌呤（xanthine）。

（3）黄嘌呤氧化酶（xanthine oxidase）催化次黄嘌呤氧化成黄嘌呤，并进一步氧化成尿酸。嘌呤核苷酸的分解代谢主要在肝、小肠、肾中进行，黄嘌呤氧化酶在这些组织中活性较高，是嘌呤分解代谢的关键酶。

在人体内，尿酸是嘌呤分解的最终产物，并由尿排泄。在生理 pH 条件下，尿酸主要以尿酸盐形式存在。尿酸盐是一种非常有效的抗氧化剂，在机体内起到对抗各种自由基、保护细胞的作用。

（二）嘌呤核苷酸代谢障碍引起的疾病

正常人血浆尿酸含量为 120 ~ 360 μmol/L，主要以尿酸盐的形式存在。由于尿酸的水溶性小，当进食高嘌呤饮食、体内核酸大量分解（如白血病、恶性肿瘤）或因肾病而使尿酸排泄障碍时，导致血中尿酸含量升高（超过 480 μmol/L），尿酸盐从血液中析出，以尿酸盐结晶的形式沉淀于关节、软组织及肾等处，导致关节炎、尿路结石及肾病，引起痛风（gout）。痛风的急性发作表现为患者就寝时正常，午夜后剧烈疼痛使得患者突然惊醒；疼痛部位集中出现在足趾、踝关节与足背部位；初起伴随寒战、颤抖、低热；逐渐增强的疼痛使患者辗转不安，彻夜不眠。急性痛风性关节炎经反复发作可形成慢性痛风性关节炎。痛风形成的原因尚不明确，可能与嘌呤核苷酸补救合成和从头合成途径中一些酶的缺失有关。

HGPRT 不完全缺乏是形成痛风的主要原因之一。HGPRT 不完全缺乏导致 GMP 与 IMP 补救合成减少，并伴随 PRPP 浓度明显升高。PRPP 的浓度升高将增加嘌呤核苷酸的从头合成速率。同时，过多的 PRPP 的存在将干扰核苷酸对磷酸核糖酰胺转移酶的反馈抑制，加速磷酸核糖胺的生成，也进一步增加嘌呤核苷酸的从头合成速率，最终表现为嘌呤核苷酸过度生成。编码 PRPP 合成酶基因突变也是形成痛风的原因之一，变异后的 PRPP 合成酶提高嘌呤核苷酸合成速率。因此，其降解生成的尿酸量也相应增加。

临床上广泛应用别嘌呤醇（allopurinol）治疗痛风。别嘌呤醇与次黄嘌呤的结构类似，只是分子中 N-7 与 C-8 位置交换（图 8-16）。在体内，别嘌呤醇抑制黄嘌呤氧化酶的活性，从而抑制尿酸生成。同时，别嘌呤醇与 PRPP 进行磷酸核糖化反应生成别嘌呤醇核苷酸，别嘌呤醇核苷酸与 IMP 结构类似，一方面反馈抑制嘌呤核苷酸从头合成的酶，另一方面消耗 PRPP 也导致了嘌呤核苷酸从头合成速率的降低。

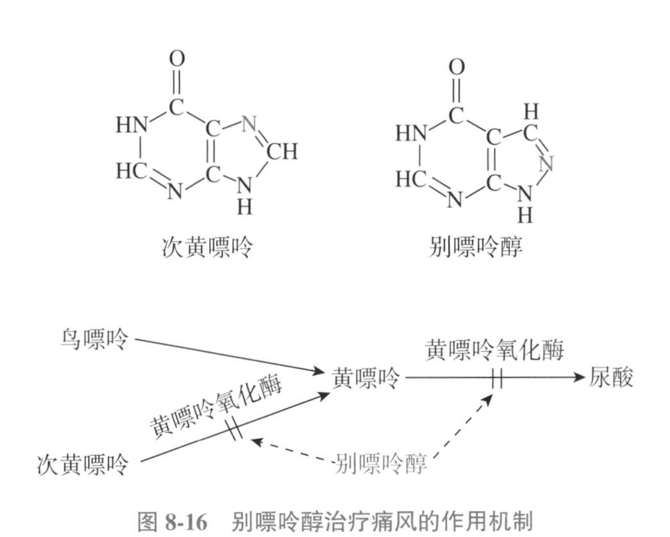

图 8-16 别嘌呤醇治疗痛风的作用机制

二、嘧啶核苷酸的分解代谢

嘧啶核苷酸（UMP、CMP、dTMP）在核苷酸酶的作用下除去磷酸生成嘧啶核苷，再由核苷磷酸化酶催化嘧啶核苷发生磷酸解反应，断裂磷酸糖苷键，释放出磷酸核糖与嘧啶碱基，胞嘧啶脱氨基转变成尿嘧啶，然后还原成为二氢尿嘧啶，水解开环后分解成为 β- 丙氨酸、CO_2、NH_3。胸腺嘧啶降解成为 β- 氨基异丁酸、CO_2、NH_3。其产物可以直接随尿排出或进一步分解（图 8-17）。

嘧啶碱的分解主要在肝进行，与嘌呤碱的分解产生尿酸不同，嘧啶代谢的最终产物是高度水溶性的物质，嘧啶过度生成几乎不导致明显的临床异常表现。某些病理过程和药物治疗可能引起嘧啶核苷酸代谢物生成过多，排出量增多。高尿酸血症患者伴随 PRPP 过度生成，促进嘧啶核苷酸的生成，引起嘧啶核苷酸分解代谢产物量增加；合成尿素过程中氨基甲酰磷酸利用不足，会促进嘧啶核苷酸生物合成，分解代谢产物增多；白血病患者接受放疗或化疗时使 DNA 破坏增加，导致嘧啶核苷酸分解代谢速率增强，尿液中 β- 氨基异丁酸排出量增多。

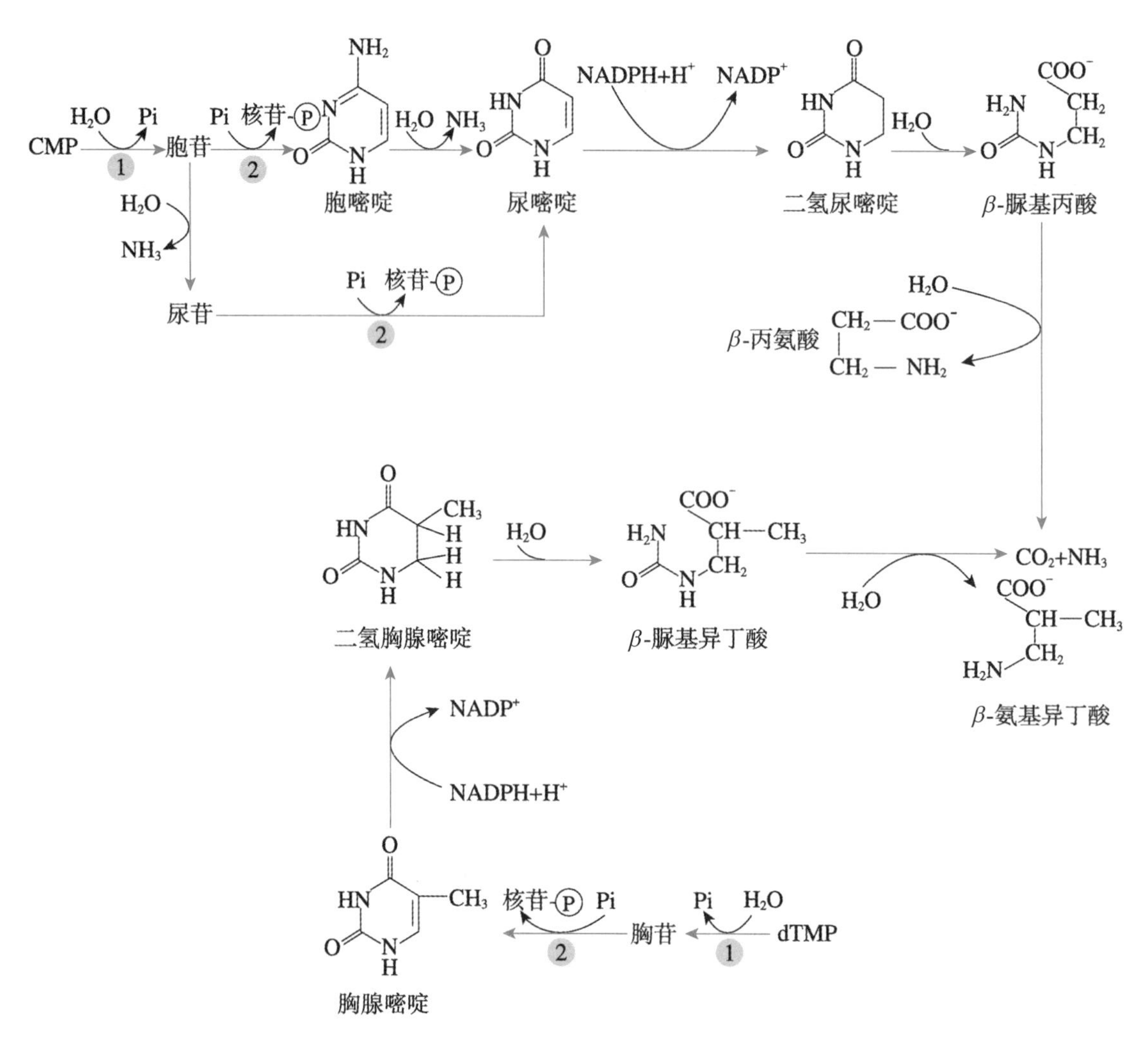

图 8-17 嘧啶碱的分解代谢
① 5′- 核苷酸酶；②核苷磷酸化酶

思考题

1. 请根据所学内容归纳出核苷酸的生理、生化功能。
2. 核苷酸抗代谢物有哪些？举例说明核苷酸抗代谢物的抗癌作用机制。
3. 简述嘌呤核苷酸和嘧啶核苷酸从头合成的主要原料、关键酶以及二者的主要差别。
4. 简述嘌呤核苷酸补救合成的意义。
5. 解释痛风发生的生化机制以及别嘌呤醇的治疗机制。

（蒋传命）

第九章

物质代谢的相互联系与调节

第九章数字资源

案例 9-1

某患者，男性，52岁。自述工作忙，应酬多，40岁开始出现肥胖，但从不忌口。患者以“口干、多饮、多尿、乏力，伴双下肢水肿1个月余”为主诉就诊。患者神疲乏力，畏寒怕冷，口黏腻，双下肢水肿，双足时有针刺样疼痛。体格检查：发育正常，身高170 cm，体重88 kg，腰围94 cm，BMI 30.4 kg/m^2，BP 142/90 mmHg，空腹血糖8.2 mmol/L，餐后2 h血糖11.1 mmol/L，空腹甘油三酯1.89 mmol/L，高密度脂蛋白胆固醇0.83 mmol/L，低密度脂蛋白胆固醇3.47 mmol/L，诊断为代谢综合征。治疗方案：①饮食控制；②运动减肥；③使用胰岛增敏剂。

问题：

1．诱发该患者代谢综合征可能的诱因是什么？

2．以糖、脂质和蛋白质为例，具体说明代谢综合征患者体内可能发生哪些代谢途径的改变？

第一节 概 述

人体内的物质代谢多样化，涉及生物大分子物质（如糖、脂质、蛋白质和核酸）、小分子物质（如维生素、血红素、胆汁酸和胆红素）、无机盐、钙离子、磷离子、微量元素等。机体内这些物质代谢并不是孤立反应，多种物质代谢在同一时间内并联进行，彼此间协调互作，供求制衡，以确保细胞、组织乃至器官的正常功能。

通常单细胞水平内物质代谢主要涉及糖、脂质、氨基酸和核苷酸的合成与分解代谢，几乎所有的细胞都参与其中，且遵循核心的代谢途径（metabolic pathway）。三大营养物质（糖、脂质和蛋白质）是机体的主要能量物质，虽然代谢途径、反应定位、组织器官的代谢偏好等各不相同，但都有共同的中间代谢物（乙酰辅酶A），参与三羧酸循环和氧化磷酸化，释放能量供机体使用或以ATP形式储存。除此之外，其中的许多中间代谢物还可以通过三羧酸循环分别转化为糖、脂肪和氨基酸。生命活动依赖于物质代谢，食物中的糖、脂质及蛋白质，经消化、吸收进入人体后，进行分解代谢以供能，或合成体内的细胞结构成分，这些物质也在不断地进行新陈代谢，且井然有序。为了全面地了解机体的代谢途径及其意义，必须考虑这些代谢途径在整个机体的整合与调节作用。

机体内有一整套精细的代谢调节机制，维持各种代谢处于动态平衡。在细胞水平代谢调节上，物质代谢途径反应总是受到酶促反应的诸多调节，如底物的有效性、细胞内酶的分布、酶的活性及含量。内分泌细胞及内分泌器官通过激素水平调节代谢，促使物质代谢调节更为精细、复杂。同时，人体各种激素信号的整合和协调作用不仅调节不同组织的代谢过程，而且驱动每个器官的功能调节，以及物质代谢的相互联系、相互转变、相互制约，实现机体的整体水平代谢调节。如果物质代谢之间的协调关系受到破坏，机体便会发生代谢紊乱，甚至引起疾病。

目前，相关科学研究发现，机体的内环境及外环境变化、神经内分泌改变、细胞分子信号转导、功能酶的结构变化、基因转录表达、代谢途径和能量代谢变化等整合在一起，形成了复杂的代谢调控网络。随着转录物组学（transcriptomics）、蛋白质组学（proteomics）和代谢物组学（metabonomics）的深入研究，我们将会更加系统地认识分子、细胞、组织和器官等层次上各种物质代谢的特点和整合关系，及其与内、外环境的变化规律。

第二节　物质代谢的相互联系

一、物质代谢有序互通形成有机整体

1．代谢途径的整体性　各类物质在体内代谢时并非互不相关、孤立进行，而是常常利用或共享同一代谢途径，或分享部分代谢途径。物质间可互相转变，彼此制约，构成整体。

2．物质代谢有可调节性　物质代谢速度控制以及哪条代谢途径被激活，取决于机体生理状态的需要，同时伴随神经、激素及反馈调节等机制进行精确调控。

3．物质代谢有共同的代谢池　无论是来自体外还是体内的物质，在进行中间代谢时，不分彼此，参与到共同的代谢池中去。

4．物质代谢处于动态平衡　体内的各种组成成分总是在不断更新。虽然体内的物质面临着多条代谢途径，或分解，或合成，但是它们总能获得适时的补充，维持动态平衡。

5．物质代谢需要共同的能量载体　机体的各种代谢过程，无论以直接还是间接方式，均离不开能量的参与。ATP 作为机体可直接利用的能量载体，将物质代谢与生命活动紧密相连。

二、物质代谢彼此协调供求制衡

1．糖、脂质和蛋白质三大营养物质参与能量代谢　乙酰辅酶 A 是三大营养物质分解共同的中间代谢物，三羧酸循环和氧化磷酸化是糖、脂质和蛋白质彻底分解的共同代谢途径。在能量供应上，三大营养物质可以相互代替，并相互制约。通常而言，糖是机体的主要供能物质，脂肪是机体储能的主要物质形式，而蛋白质是组成细胞的重要物质，通常并无多余的储存。由于糖、脂肪、蛋白质分解代谢有共同的终末途径，所以任何一种供能物质的代谢占优势，常能抑制和节约其他供能物质的降解。例如脂肪酸代谢旺盛，生成的 ATP 增多（ATP/ADP 比值增高），可别构抑制糖分解代谢中的关键酶——磷酸果糖激酶 -1（PFK-1），从而抑制糖的分解代谢。相反，若非糖供能物质供应不足，体内能量匮乏，ADP 积存增多，则可别构激活磷酸果糖激酶 -1，以加速体内糖的分解代谢。

2．糖、脂质、氨基酸和核酸代谢相互联系　体内糖、脂质、蛋白质和核酸等的代谢不是彼此独立，而是相互关联的。它们通过共同的中间代谢物，即两种代谢途径交汇时的中间产

物，将三羧酸循环和氧化磷酸化等连成整体。三种营养物质之间互相转变，当一种物质代谢障碍时，可引起其他物质代谢的紊乱，如糖尿病患者体内糖代谢的障碍，可引起脂质代谢、蛋白质代谢、甚至水及电解质代谢紊乱。

（1）葡萄糖可转变为脂肪：当摄入的糖量超过体内能量消耗时，除合成少量糖原储存在肝及肌肉组织外，生成的柠檬酸及 ATP 可别构激活乙酰辅酶 A 羧化酶，使由糖代谢产生的乙酰辅酶 A 羧化生成丙二酸单酰辅酶 A，进而合成脂肪酸以至脂肪，即糖可以转变为脂肪。所以，摄取不含脂肪的高糖膳食同样可以使人肥胖及血脂（甘油三酯）升高。而脂肪绝大部分不能在体内转变为糖，这是因为丙酮酸转变成乙酰辅酶 A 这步反应是不可逆的，故脂肪酸分解生成的乙酰辅酶 A 不能转变为丙酮酸。尽管脂肪动员产物之一甘油可以在肝、肾、肠等组织中的甘油激酶作用下转变为甘油 -3- 磷酸，进而转变成糖，但其量和脂肪中大量分解生成的脂肪酸相比是微不足道的。此外，脂肪分解代谢的强度及顺利进行还依赖于糖代谢的正常进行。当饥饿或糖供给不足或代谢障碍时，可引起脂肪大量动员，脂肪酸进入肝，β 氧化生成的酮体量增加；同时由于糖的不足，致使草酰乙酸相对不足，由脂肪酸分解生成的过量酮体不能及时通过三羧酸循环氧化，造成血酮体升高，易产生高酮血症。

（2）葡萄糖与大部分氨基酸可互相转变：体内蛋白质中的 20 种氨基酸，除生酮氨基酸（亮氨酸、赖氨酸）外，都可通过转氨基或脱氨作用，生成相应的 α- 酮酸。这些 α- 酮酸可通过三羧酸循环及氧化磷酸化生成 CO_2 和 H_2O 并释放能量，也可转变成某些中间代谢物（如丙酮酸），经糖异生途径转变为糖。同时，糖代谢的一些中间产物也可氨基化生成某些营养非必需氨基酸。但是赖氨酸、色氨酸、缬氨酸、亮氨酸、异亮氨酸、苏氨酸、甲硫氨酸、苯丙氨酸和组氨酸 9 种氨基酸不能由糖中间代谢物转变而来，必须由食物供给，因此称为营养必需氨基酸。由此可见，20 种氨基酸除亮氨酸及赖氨酸外，均可转变为糖，而糖代谢中间代谢物仅能在体内转变成 11 种营养非必需氨基酸，其余 9 种营养必需氨基酸必须从食物中摄取。

（3）氨基酸可转变为脂质，但脂质不能直接转变为氨基酸：无论生糖氨基酸、生酮氨基酸还是生酮生糖氨基酸（异亮氨酸、苯丙氨酸、色氨酸、酪氨酸、苏氨酸），分解后均生成乙酰辅酶 A，后者经还原缩合反应可合成脂肪酸，进而合成脂肪，即氨基酸可以转变为脂肪。乙酰辅酶 A 也可合成胆固醇以满足机体的需要。此外，某些氨基酸也可作为合成磷脂的原料。但脂质不能转变为氨基酸，仅脂肪的甘油部分可循糖异生途径生成糖，再转变为某些营养非必需氨基酸。

（4）一些氨基酸代谢、糖代谢为核苷酸代谢提供原料：氨基酸是体内合成核苷酸的重要原料，如嘌呤的合成需甘氨酸、天冬氨酸、谷氨酰胺及一碳单位，嘧啶的合成需以天冬氨酸、谷氨酰胺及一碳单位为原料。合成核苷酸所需的磷酸核糖由糖代谢中的戊糖磷酸途径提供。

3．三羧酸循环是物质代谢的核心枢纽　三羧酸循环不仅是糖、脂质和氨基酸分解代谢的最终共同途径，其中的许多中间产物还可以分别转化成糖、脂肪和氨基酸。因此，三羧酸循环是联系糖、脂肪和氨基酸代谢的纽带。通过一些枢纽性中间产物（如乙酰辅酶 A），可以联系及沟通几条不同的代谢途径（图 9-1）。值得注意的是，糖、脂质和氨基酸之间并非可以无条件地互变，某些代谢反应是不可逆的，或缺乏转变所需的酶，因而该类物质之间是不能互相转变的。如体内乙酰辅酶 A 不能转变成丙酮酸，偶数碳原子脂肪酸不能转化为糖或氨基酸。

三、组织与器官的物质代谢特点及联系

机体各组织和器官，由于细胞内酶的组成（或含量）、细胞分化（或结构）与功能差异，致使代谢既有共同之处，又各具特点。同时，体内各组织和器官的代谢并非孤立进行，而是相

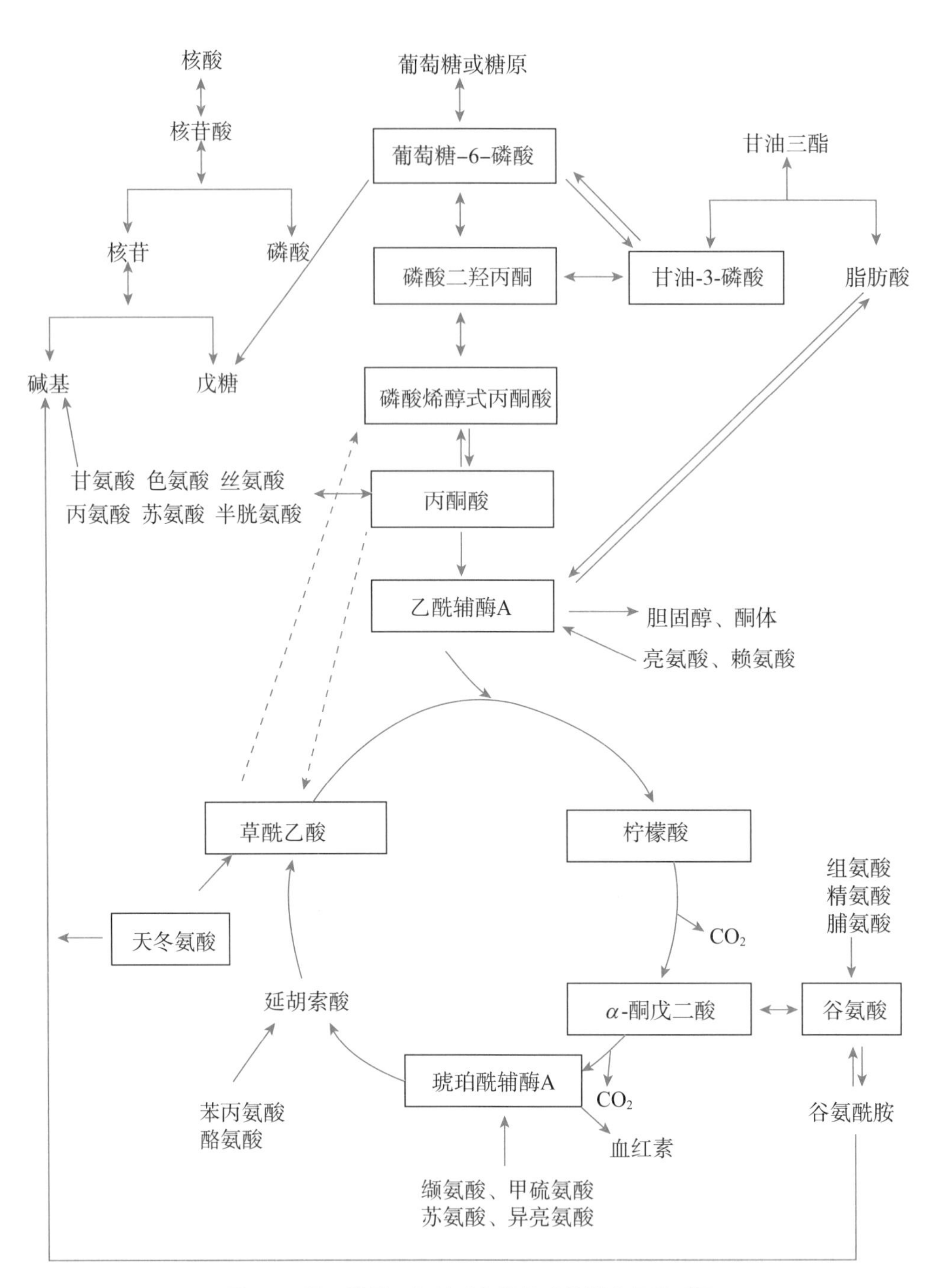

图 9-1　糖、脂质、氨基酸和核苷酸代谢途径联系图

互联系，将机体构成一个整体。其中以肝为调节和联系全身代谢的枢纽，如乳酸循环将肌肉、肝代谢联系起来；又如脂肪组织分解脂肪产生的甘油运至肝，可生成糖；大量脂肪酸可在肝中生成酮体，酮体又可成为肝外组织很好的能源物质。重要器官及组织氧化供能的特点列于表 9-1 中。

表 9-1 重要器官及组织氧化供能的特点

器官组织	特有的酶	功能	主要代谢途径	主要供能物质	代谢和输出产物
肝	葡萄糖激酶，葡萄糖-6-磷酸酶，甘油激酶，磷酸烯醇式丙酮酸羧激酶	代谢枢纽	糖异生，脂肪酸β氧化，糖有氧氧化，糖原代谢，酮体合成等	葡萄糖，脂肪酸，乳酸，甘油，氨基酸	葡萄糖，VLDL，HDL，酮体等
脑		神经中枢	糖有氧氧化，糖无氧氧化，氨基酸代谢	葡萄糖，脂肪酸，酮体，氨基酸等	乳酸，CO_2，H_2O
心脏	脂蛋白脂肪酶，呼吸链丰富	泵出血液	有氧氧化	脂肪酸，葡萄糖，酮体，VLDL	CO_2，H_2O
脂肪组织	脂蛋白脂肪酶，激素敏感性脂肪酶	储存及脂肪动员	酯化脂肪酸，脂解	VLDL，CM	游离脂肪酸，甘油
骨骼肌	脂蛋白脂肪酶，呼吸链丰富	收缩	有氧氧化，糖酵解	脂肪酸，葡萄糖，酮体	乳酸，CO_2，H_2O
肾	甘油激酶，磷酸烯醇式丙酮酸羧激酶	排泄尿液	糖异生，糖酵解，酮体生成	脂肪酸，葡萄糖，乳酸，甘油	葡萄糖
红细胞	无线粒体	运输氧	糖酵解	葡萄糖	乳酸

肝是机体物质代谢的枢纽，是人体的中心生化工厂，是维持血糖水平相对恒定和糖异生的重要器官。它的耗氧量占全身耗氧量的 20%，在糖、脂肪、蛋白质、水、无机盐及维生素代谢中具有独特且重要的作用。肝合成和储存的糖原相对量最多，可达肝重的 10%。由于肝含有葡萄糖 -6- 磷酸酶，可分解糖原为葡萄糖，以维持血糖含量恒定。此外，肝还可以进行糖异生作用。肌肉因缺乏葡萄糖 -6- 磷酸酶而不能使肌糖原降解为葡萄糖（肝在脂肪和蛋白质等物质代谢中的特点详见第二十章肝的生物化学）。

心脏依次以脂肪酸、葡萄糖、酮体等为能源物质，并主要以有氧氧化途径生成能量。心肌细胞含有多种硫激酶（thiokinase），可催化不同长度的碳链脂肪酸转变成脂肪酰辅酶 A，所以心脏优先利用脂肪酸氧化分解供能。

脑是机体耗氧量最大的器官，几乎以葡萄糖为唯一的供能物质，每日消耗葡萄糖约 100 g，由于脑无糖原储存，其耗用的葡萄糖主要由血糖供应。当长期饥饿或葡萄糖供应不足时，则主要利用肝生成的酮体作为能源，这种能源占脑能量来源的 25% ~ 75%。

肌肉组织通常以糖的有氧氧化为主要供能方式，在剧烈运动时则以无氧氧化产生乳酸为主，实现快速供能。由于肌肉缺乏葡萄糖 -6- 磷酸酶，肌糖原不能直接分解补充血糖，因此乳酸循环是整合肝糖异生与肌肉糖酵解途径的重要机制。

成熟红细胞的能量只能来自葡萄糖无氧氧化。由于红细胞没有线粒体，不能进行糖的有氧氧化，也不能利用脂肪酸及其他非糖物质。

脂肪组织是合成及储存脂肪的重要组织。机体膳食摄入的脂肪和糖，除部分氧化供能外，其余均以脂肪形式储存。当饥饿时，在激素敏感性甘油三酯脂肪酶的作用下，脂肪动员过程将脂肪分解成甘油和脂肪酸进入血液循环。脂肪酸在肝内生成酮体，供肝外组织利用，以补充能源物质的消耗。

肾也可进行糖异生和生成酮体，它是除肝外可进行这两种物质代谢的器官。在正常情况下，肾生成的糖量仅占肝糖异生的 10%，而饥饿 5 ~ 6 周后肾异生的葡萄糖几乎与肝生成的量相等。

Note

第三节 物质代谢的调节

物质代谢是生物的重要特征，也是生物进化过程中逐步形成的一种适应能力。进化程度越高的生物，其代谢调节方式越复杂。高等动物的代谢调节可分为三级水平，即细胞水平代谢调节、激素水平代谢调节和以中枢神经为主导的整体水平代谢调节。细胞水平代谢调节是基础，是对单细胞生物内代谢物浓度的变化、酶活性和酶量的原始调节。激素水平代谢调节，可以协调细胞、组织以及器官之间的代谢，是较为复杂的生物才具有的。人等哺乳类高等生物则出现了更复杂、更高级的，由细胞内酶、激素以及神经系统共同构成的综合调节网络，即所谓的整体水平代谢调节。激素及整体水平代谢调节是通过细胞水平代谢调节来实现的，因此细胞水平代谢调节是主要的。

一、对关键酶活性调节是细胞水平代谢调节的主要形式

细胞水平代谢调节实质上就是对细胞内酶的调节。酶的调节包括酶活性的调节与酶量的调节。酶活性的调节是通过改变酶的结构，导致酶的活性发生变化，进而调节代谢。这类调节方式效应快，分秒之间即发生作用，但不持久，故又称为快速调节。酶量的调节则通过改变酶的生成与降解速度以改变酶的总活性。在哺乳类动物中，此方式产生的效应比酶的活性调节慢，需几小时至数日，但较为持久，所以又称为慢速调节。酶在细胞内的分布是区域化的。细胞内催化同一代谢途径的酶通常组成多酶体系。同一多酶体系的酶通常集中存在于一定的亚细胞结构中，如糖酵解、糖原合成、脂肪酸合成酶系在胞质溶胶；而三羧酸循环、脂肪酸 β 氧化、呼吸链的相关酶集中在线粒体；核酸合成的酶则在细胞核内（表 9-2）。区域化不仅可避免代谢途径之间相互干扰，还有利于调节因素对不同代谢途径的特异性调节。

表 9-2 细胞内分布的多酶体系

多酶体系	分布	多酶体系	分布
核酸合成	细胞核	尿素合成	线粒体及胞质溶胶
糖酵解	胞质溶胶	血红素合成	线粒体及胞质溶胶
戊糖磷酸途径	胞质溶胶	三羧酸循环	线粒体
糖原合成	胞质溶胶	氧化磷酸化	线粒体
脂肪酸合成	胞质溶胶	脂肪酸氧化	线粒体
蛋白质合成	内质网及胞质溶胶	水解酶	溶酶体
胆固醇合成	内质网及胞质溶胶	嘌呤从头合成	胞质溶胶

在各个代谢途径中，有些酶是调节关键步骤的关键酶（key enzyme）（表 9-3）。这些酶通常是催化代谢途径中限速反应的酶（活性低），或是催化不可逆反应的酶，或是通过构象或结构改变而活性发生改变的酶［调节酶（regulatory enzyme）］。在代谢途径各反应中，关键酶所催化的反应具有下述特点：①反应速率最慢，它的活性决定了整个代谢途径的总速率；②常催化单向反应或非平衡反应，因此其活性决定整个代谢途径的方向；③酶活性除受底物控制外，还受多种代谢物或效应剂的调控。一般可分为别构酶和化学修饰调节酶。

表 9-3 物质代谢途径的关键酶

代谢途径	关键酶	代谢途径	关键酶
糖原分解	磷酸化酶	脂肪酸分解	肉碱脂肪酰转移酶 1
糖原合成	糖原合酶	脂肪酸合成	乙酰辅酶 A 羧化酶
糖酵解	磷酸果糖激酶、己糖激酶、丙酮酸激酶	胆固醇合成	HMG-CoA 还原酶
糖有氧氧化	丙酮酸脱氢酶系、柠檬酸合酶、异柠檬酸脱氢酶	嘌呤核苷酸合成	PRPP 合成酶、酰胺转移酶
糖异生	丙酮酸羧化酶、磷酸烯醇式丙酮酸羧激酶、果糖二磷酸酶	嘧啶核苷酸合成	天冬氨酸氨甲酰基转移酶、氨基甲酰磷酸合成酶Ⅱ、PRPP 合成酶

(一) 关键酶的活性决定物质代谢途径的速度和方向

1. 别构剂与关键酶结合产生别构效应，迅速改变酶活性 酶的别构调节是细胞内最原始、最基本的酶活性调节方式，在生物界普遍存在。一些小分子别构效应剂（如代谢产物）与酶分子的非催化部位或亚基结合后，引起酶分子空间构象变化，从而使酶的活性发生改变。代谢途径中的关键酶大多是别构酶，其别构效应剂可以是酶体系的底物、终产物或其他小分子代谢物。某些代谢途径中的别构酶及其别构效应剂列于表 9-4。

表 9-4 代谢途径中的别构酶及别构效应剂

酶系	别构激活剂	别构抑制剂
糖分解与氧化		
糖原磷酸化酶	AMP、Pi、葡萄糖 -1- 磷酸	ATP、葡萄糖、葡萄糖 -6- 磷酸
己糖激酶	—	葡萄糖 -6- 磷酸
磷酸果糖激酶	AMP、ADP、Pi、果糖二磷酸	ATP、柠檬酸
丙酮酸激酶	果糖二磷酸、丙氨酸	ATP、乙酰辅酶 A
柠檬酸合酶	AMP、ADP	ATP、NADH、长链脂肪酰辅酶 A
异柠檬酸脱氢酶	AMP、ADP	ATP
糖异生与糖原合成		
丙酮酸羧激酶	ATP、乙酰辅酶 A	AMP
果糖 -1,6- 二磷酸酶	ATP	AMP、果糖 -6- 磷酸、果糖 -2,6- 二磷酸
糖原合酶	葡萄糖 -6- 磷酸	—
脂肪酸合成		
乙酰辅酶 A 羧化酶	柠檬酸、异柠檬酸	长链脂肪酰辅酶 A

别构调节是细胞水平代谢调节中一种较常见的快速调节方式。代谢途径终产物常可使催化该途径起始反应的酶受到抑制，即反馈抑制（feedback inhibition）。而这类抑制多为别构抑制，这是因为代谢产物的过量生成不仅是一种浪费，而且对机体有害。例如长链脂肪酰辅酶 A 可反馈抑制乙酰辅酶 A 羧化酶，从而抑制脂肪酸的合成，这样可使代谢物的生成不致过多。别构调节还可使能量得以有效利用，不致浪费。例如，ATP 可别构抑制磷酸果糖激酶 -1、丙酮酸激酶及柠檬酸合酶，从而阻断糖酵解、有氧氧化及三羧酸循环，使 ATP 的生成不致过多。此外，别构调节还可使不同代谢途径相互协调，例如柠檬酸既可别构抑制磷酸果糖激酶，又可别构激活乙酰辅酶 A 羧化酶，使多余的乙酰辅酶 A 合成脂肪酸。

2. 化学修饰关键酶快速调节酶活性 高等生物体内广泛存在着酶的化学修饰调节，酶的化学修饰也是体内快速调节酶活性的一种重要方式。化学修饰是指酶与其他化学基团发生可逆的共价连接，酶因此发生活性改变。酶的化学修饰主要有磷酸化与去磷酸、乙酰化与去乙酰、甲基化与去甲基、腺苷化与去腺苷以及巯基（—SH）与二硫键（—S—S—）的互变等，其中磷酸化与去磷酸在代谢调节中最为多见（表 9-5）。

表 9-5 酶促化学修饰对酶活性的调节

酶	化学修饰类型	酶活性改变
糖原磷酸化酶	磷酸化 / 去磷酸	激活 / 抑制
磷酸化酶 b 激酶	磷酸化 / 去磷酸	激活 / 抑制
糖原合酶	磷酸化 / 去磷酸	抑制 / 激活
丙酮酸脱羧酶	磷酸化 / 去磷酸	抑制 / 激活
磷酸果糖激酶	磷酸化 / 去磷酸	抑制 / 激活
丙酮酸脱氢酶	磷酸化 / 去磷酸	抑制 / 激活
HMG-CoA 还原酶	磷酸化 / 去磷酸	抑制 / 激活
HMG-CoA 还原酶激酶	磷酸化 / 去磷酸	激活 / 抑制
乙酰辅酶 A 羧化酶	磷酸化 / 去磷酸	抑制 / 激活
脂肪细胞甘油三酯脂肪酶	磷酸化 / 去磷酸	激活 / 抑制
黄嘌呤氧化（脱氢）酶	—SH/—S—S—	脱氢酶 / 氧化酶

例如，细胞内某些酶蛋白的丝氨酸、苏氨酸或酪氨酸残基的羟基可以被上游蛋白质激酶催化发生磷酸化修饰，致使该酶的活性发生改变。如果该修饰酶的下游底物还是蛋白质激酶，则下游蛋白质激酶也可被进一步磷酸化而发生活性改变。如此，导致酶的级联放大效应（cascade effect）则是细胞信号转导的分子基础。此外，磷酸化酶的去磷酸作用则是由蛋白质磷酸酶（protein phosphatase）催化的水解反应。

在某一代谢途径，别构调节和化学修饰调节作用可以同时存在。例如，在糖原合成与分解调节中，无活性的蛋白质激酶 A 的调节亚基与别构效应剂 cAMP 非共价结合后，别构转变成有活性的蛋白质激酶 A。有活性的蛋白质激酶 A 又进一步催化下游糖原合酶和磷酸化酶 b 激酶发生磷酸化共价修饰，由此引起酶的级联放大效应，促进了糖原分解和抑制糖原合成，最终导致血糖水平升高（详见第四章糖代谢）。此外，对于某一具体酶，可以受到别构调节，同时也可以受到化学修饰调节，例如糖原合酶受到葡萄糖 -6- 磷酸的别构激活，也可同时受到蛋白质磷酸酶的去磷酸作用而被激活。

（二）细胞控制酶蛋白含量调节酶活性

酶蛋白含量的调节包括对酶的合成与降解的调节。

1. 细胞通过诱导或阻遏调节酶蛋白的含量 酶蛋白的合成包括酶的诱导（induction）与阻遏（repression）。诱导使酶的生成增多、增快；阻遏则使酶的生成减少、减慢。但体内也存在一些酶，其浓度在任何时间、任何条件下基本不变，称为组成酶（constitutive enzyme），如甘油醛 -3- 磷酸脱氢酶（glyceraldehyde 3-phosphate dehydrogenase，GAPDH）和磷酸甘油酸激酶 1（phosphoglycerate kinase 1，PGK1），常作为基因表达差异研究的内参照（internal control）。

某些小分子物质，如代谢物（常是酶的底物）、激素和药物等对酶有诱导作用，使酶蛋白合成增加，由此使酶量增多，该酶催化的代谢反应速率随之加快。例如，单加氧酶系易被诱导，苯巴比妥等催眠药久服引起耐药，因苯巴比妥不仅可使单加氧酶系合成增加，还可诱导葡萄糖醛酸转移酶的生成，使肝对苯巴比妥的生物转化能力增强。

通常，酶的阻遏由代谢物引起，代谢途径产生的小分子终产物常对关键酶进行反馈阻遏。如 HMG- 辅酶 A 还原酶是胆固醇合成中的关键酶，肝中该酶可被胆固醇反馈阻遏。血胆固醇升高不反馈抑制肠黏膜胆固醇的合成，因而食物胆固醇吸收进入体内，或体内合成的胆固醇对肠黏膜胆固醇的合成都影响不大。食物胆固醇增加，则小肠相对对其吸收增多，使血胆固醇升高。

2．细胞改变酶蛋白降解速度调节酶的含量　酶蛋白的降解速度也能调节细胞内酶的含量。细胞内溶酶体蛋白水解酶影响酶蛋白的降解。此外，细胞内由多种水解酶组成的蛋白酶体可降解与泛素结合的蛋白质。蛋白酶体是细胞中存在的一种 26S 蛋白水解酶的复合物。泛素是进化上高度保守的蛋白质，由 76 个氨基酸残基构成。

二、激素与特异性受体结合调节细胞内物质代谢

激素水平代谢调节是通过激素的代谢信号来控制体内物质代谢的，也是高等动物体内代谢调节的重要方式。不同激素作用于不同组织产生不同的生物效应，表现出较高的组织特异性和效应特异性，这是激素作用的一个重要特点。激素（hormone）是一类由特殊的细胞合成并分泌的化学物质，它随血液循环分布于全身，作用于特定的靶组织（target tissue）或靶细胞（target cell），指导细胞物质代谢沿着一定的方向进行。对于每一个细胞来说，激素是外源性调控信号，而对于机体整体而言，它仍然属于内环境的一部分。

激素之所以能对特定的组织或细胞发挥作用，是由于组织或细胞存在特异识别和结合相应的激素受体（hormone receptor）。按激素受体在细胞的部位不同，可将激素分为两大类：细胞膜受体激素和胞内受体激素。细胞膜受体是存在于细胞表面质膜上的跨膜糖蛋白，膜受体激素包括胰岛素、肾上腺素、胰高血糖素、生长激素、促性腺激素、促甲状腺激素和甲状旁腺激素等蛋白质类激素，生长因子等肽类及肾上腺素等儿茶酚胺类激素。这些亲水的激素难以越过脂质双层构成的细胞表面质膜传递信号，而是作为第一信使与相应的靶细胞膜受体结合后，通过跨膜传递将所携带的信息传递到细胞内，然后通过第二信使及信号蛋白质的级联放大产生生物效应。胞内受体激素包括类固醇激素、甲状腺激素、1，25（OH）$_2$- 维生素 D$_3$ 及视黄酸等脂溶性激素。这些激素可透过脂质双层细胞膜进入细胞，它们的受体大多数位于细胞核内，激素与胞质溶胶中受体结合后再进入核内或与核内特异性受体结合，引起受体构象改变，然后与 DNA 的特定序列［即激素应答元件（hormone response element，HRE）］结合，调节相应的基因转录，进而影响蛋白质或酶的合成，从而对细胞代谢进行调节（详见第十七章细胞信号转导），常见激素类型及其作用方式列于表 9-6。

表 9-6　参与代谢调节的常见激素类型

激素类型	举例	合成来源	作用方式
蛋白质类激素	胰岛素、胰高血糖素	激素原的酶水解加工	细胞膜受体、第二信使作用
儿茶酚胺类激素	肾上腺素、去甲肾上腺素	酪氨酸的衍生物	
脂肪酸源激素	前列腺素、血栓素、白三烯	花生四烯酸衍生物	
类固醇类激素	睾酮、雌二醇、孕酮	胆固醇的生物转化	细胞核受体 基因转录调节
维生素 D	1，25-(OH)$_2$- 维生素 D$_3$	胆固醇的生物转化	
类维生素 A	视黄醇、视黄酸、视黄醛	维生素 A 活性产物	
一氧化氮	NO	精氨酸 + O$_2$ 氧化生成	胞质溶胶受体 第二信使 cGMP

Note

三、以中枢神经为主导的整体水平代谢调节

为适应内、外环境变化，人体接受相应刺激后，将其转换成各种信息，通过神经体液途径将代谢过程适当调整，以保持内环境的相对恒定。这种整体调节在饥饿及应激状态时表现得尤为明显。在整体调节中，神经系统的主导作用十分重要。神经系统可通过协调各内分泌腺的功能状态间接调节代谢，也可以直接影响器官、组织的代谢。在饱食情况下，血糖浓度升高，刺激胰岛 β 细胞分泌胰岛素，胰岛素可促进肝合成糖原，也可将糖转变为脂肪，并抑制糖异生；胰岛素还增加肌肉和脂肪组织的细胞膜对葡萄糖的通透性，使血糖容易进入细胞，并被氧化利用，从而使血糖浓度回落。过低的血糖又可刺激间脑的糖中枢，通过交感神经刺激肾上腺素分泌，使血糖浓度有所回升。在神经系统的协调下，通过激素的交互作用，达到血糖浓度的相对恒定。当早期饥饿时，血糖浓度有下降趋势，这时肾上腺素和胰高血糖素的调节占优势，促进肝糖原分解和肝糖异生，在短期内维持血糖浓度的恒定，以保证脑组织和红细胞等重要组织对葡萄糖的需求。若饥饿时间继续延长，则肝糖原被消耗殆尽，这时糖皮质激素也参与发挥调节作用，促进肝外组织蛋白质分解为氨基酸，便于肝利用氨基酸、乳酸和甘油等物质生成葡萄糖，这在一定程度上维持了血糖浓度的恒定。这时，脂肪动员也加强，分解为甘油和脂肪酸，肝将脂肪酸分解生成酮体，酮体在此时是脑组织和肌肉等器官重要的能量物质。图 9-2、图 9-3 和图 9-4 示意饱食、早期饥饿和饥饿情况下机体的代谢调节过程。

应激（stress）是人体受到创伤、剧痛、冻伤、中毒、严重感染等强烈刺激时所做出的一系列反应的总称。在应激状态下，交感神经兴奋，肾上腺素分泌增多，血胰高血糖素和生长激素水平增加，胰岛素分泌减少，引起一系列代谢改变，如血糖升高，这对保证脑、红细胞的供

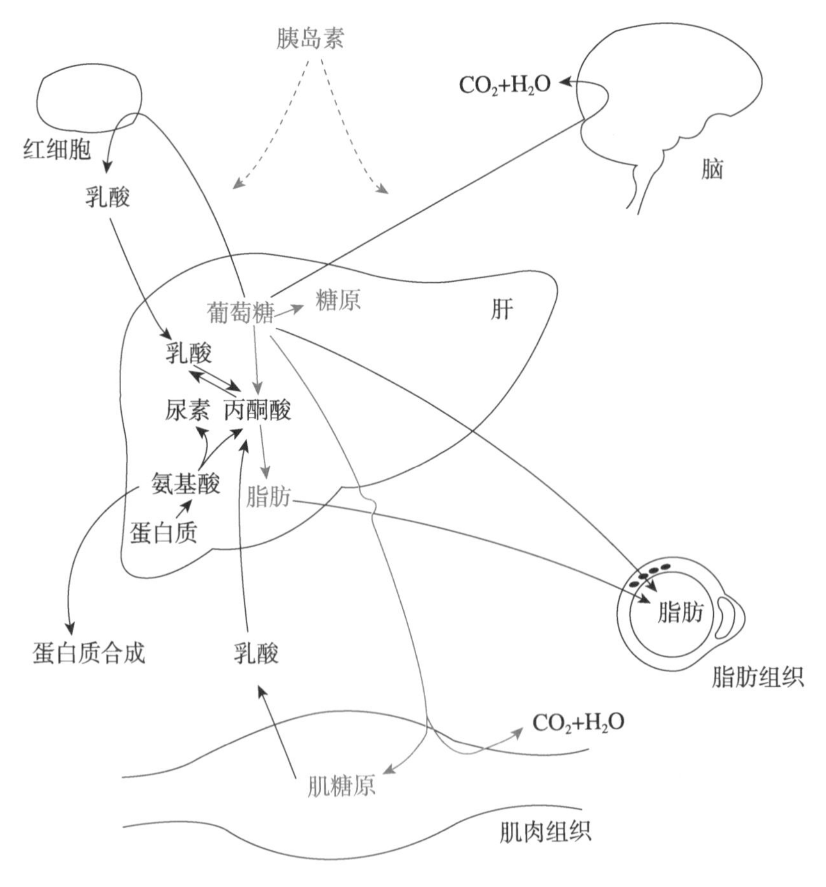

图 9-2 饱食情况下机体主要组织间代谢关系

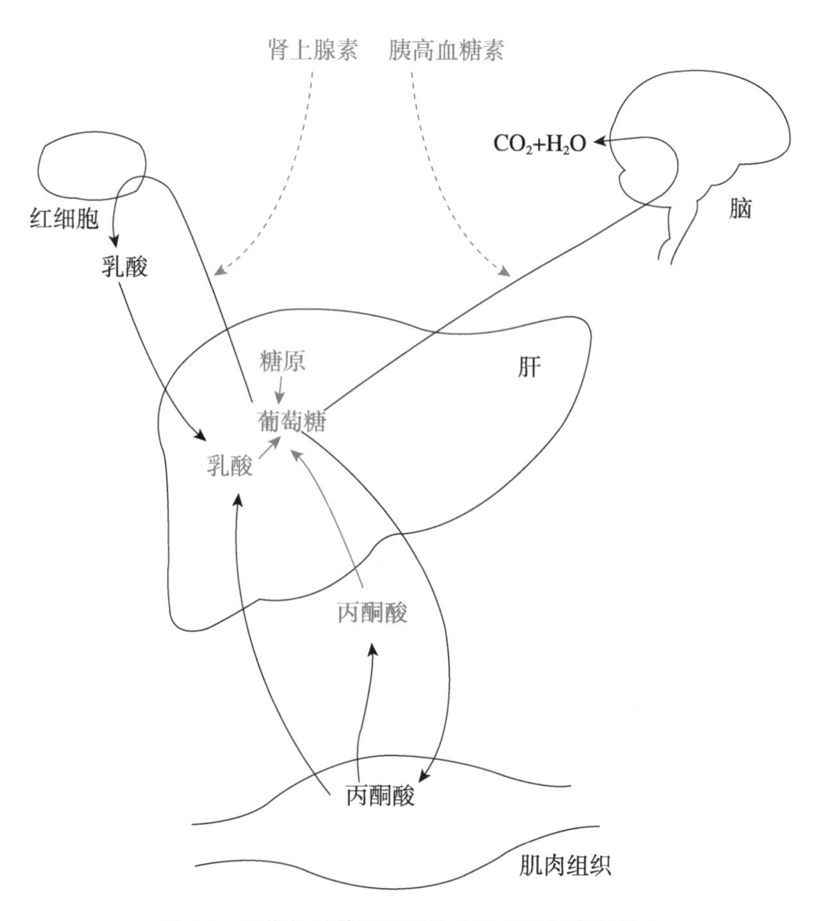

图 9-3 早期饥饿情况下机体主要组织间代谢关系

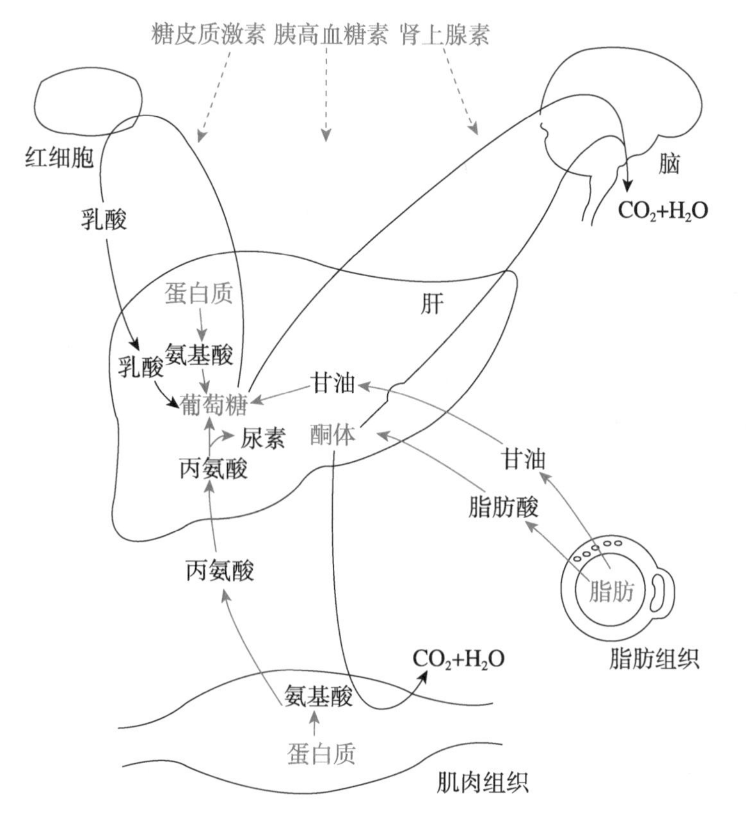

图 9-4 饥饿情况下机体主要组织间代谢关系

Note

能具有重要意义；脂肪动员加强，血浆脂肪酸水平升高，成为骨骼肌、肾等组织的主要能量来源；蛋白质分解加强，尿素生成及尿氮排出增加，呈负氮平衡。总之，应激时机体代谢特点是分解代谢增强，合成代谢受到抑制，以满足机体在紧张状态下对能量的需求。

第四节 物质代谢调节异常与疾病

代谢综合征与代谢紊乱

代谢综合征（metabolic syndrome，MS）是指人体的糖、脂肪、蛋白质等物质发生代谢紊乱的一种病理状态，是一种复杂的代谢紊乱症候群，包括中心性肥胖、胰岛素抵抗、动脉粥样硬化、血脂异常和高血压等。代谢综合征可明显增加糖尿病、心脑血管疾病等慢性疾病的发病危险。目前，诊断代谢综合征的指标包括中心性肥胖、FPG、空腹 TG、空腹 HDL-C 和血压。代谢综合征的发病机制尚未明确，但其主要诱因是肥胖和胰岛素抵抗，预防和改善代谢综合征的首选方法是改善生活方式，适当有氧运动，减少久坐。

从神经系统、激素到细胞内的酶，代谢调节各个环节只要有所异常，即可引起疾病。胰岛 β 细胞功能减退，胰岛素分泌不足，可引起糖尿病。胰岛素受体异常也可以导致疾病。例如，某些胰岛素抵抗的糖尿病患者的血胰岛素浓度正常，但有受体数量减少、受体与胰岛素亲和力降低现象。个别胰岛素抵抗的糖尿病患者是由于其受体 β 链的酪氨酸激酶区发生了突变，丧失了激酶活性所致。某些先天性甲状腺功能减退患者，是因其甲状腺细胞表面受体对促甲状腺激素的敏感性低于正常导致的。甲状腺激素分泌过多可引起能量代谢紊乱等甲状腺功能亢进的症状。有些代谢性疾病是由于先天性缺乏某种酶引起的。例如，黑色素是毛发、皮肤等组织的色素，由酪氨酸氧化生成。酪氨酸在酪氨酸酶的催化下，首先转变成二羟苯丙氨酸，二羟苯丙氨酸继续氧化，最后聚合为黑色素。白化病患者的黑色素细胞中缺乏酪氨酸酶，致使黑色素不能生成。

对物质代谢调节的探索不仅有助于理解疾病的发病机制，而且可用于指导疾病治疗。例如，某些乳腺癌的生长依赖雌激素。他莫昔芬（tamoxifen）是一种人工合成的雌激素类似物，可竞争性地与雌激素受体结合。雌激素受体如与他莫昔芬结合，即丧失其转录因子活性。因此，他莫昔芬常在乳腺癌术后或化疗后用作辅助治疗，以抑制癌细胞生长，延长患者寿命。

肥胖是一种由多种因素引起的食欲和能量调节紊乱性疾病，与遗传、环境、膳食、体力活动等有关，其发病过程复杂，可继发多种疾病，危害严重。肥胖者常表现为胰岛素分泌异常、功能紊乱和糖脂代谢异常。正常人体通过神经、内分泌系统的复杂调节，使食欲、进食和能量平衡，进而调节体重，这涉及胃、肝、胰腺、脂肪组织及消化道分泌的多种激素。肥胖的诊断可有不同的方法，常用的标准是体重指数（body mass index，BMI），BMI = 体重（kg）/ 身高的平方（m^2），如体重超过标准体重的 20% 或 BMI ＞ 28 kg/m^2 即为肥胖。

Note

思考题

1．糖、脂质和蛋白质在机体内是否可以相互转变?

2．酶的别构调节与化学修饰的异同是什么?

3．肝、肾、骨骼肌和大脑的物质和能量代谢各有何特点?

4．探险家在荒野求生过程会遇到诸多挑战，其中食物短缺是常见的情况之一。食物短缺会给探险家体内激素水平和物质代谢带来哪些影响?

（晁耐霞）

第三篇

分子生物学基础

第十章

DNA 合成

第一节 概 述

自从 1869 年 F. Miescher 首次从细胞核中发现了 DNA 后，直至 1944 年 O. T. Avery 等才通过肺炎双球菌转化实验向人们首先报告了 DNA 携带遗传信息。随后，又有多种实验从不同的角度支持以上结论。诸如发现同种属生物细胞 DNA 的含量是恒定的，它既不因外界环境或营养、代谢的变化而改变，又不随生物体的成长发育、衰老而改变。而不同种属生物细胞内的 DNA 含量不同。

在生物界，单细胞生物依靠细胞分裂增殖繁衍后代；高等生物从一个受精卵分裂、增殖、分化，发育为一个生物个体，每一个体细胞的 DNA 均与受精卵的 DNA 相同。所以 DNA 是生物遗传的物质基础。生物体的全部遗传信息编码在 DNA 分子上，表现为特定的核苷酸排列顺序。DNA 的生物合成主要包括以下 3 种情况。① DNA 复制（replication）：当细胞增殖时，双链 DNA 分别作为模板指导子代 DNA 的新链合成，亲代 DNA 的遗传信息便准确地传至子代。这种以 DNA 为模板指导的 DNA 合成称为 DNA 复制。② DNA 修复（repair）合成：当 DNA 序列中出现局部损伤或错误时，去除异常序列后进行 DNA 局部合成以弥补缺损，称为 DNA 修复合成。③逆转录（reverse transcription）：某些 RNA 病毒侵入宿主细胞后，以其自身 RNA 为模板指导 DNA 的合成。因这与生物遗传中心法则中“转录”的信息流向相反，故称之为逆转录。本章主要介绍 DNA 复制和 DNA 的逆转录合成，DNA 的修复合成将在下一章讨论。

第二节 DNA 的复制

1953 年，J. D. Watson 和 F. H. C. Crick 提出的 DNA 双螺旋学说不仅阐明了 DNA 的结构，并为探讨一个 DNA 分子如何复制成两个相同的子链 DNA 分子以及 DNA 如何传递生物遗传信息提供了科学依据。DNA 双螺旋学说为现代分子生物学的发展起到了关键性的奠基作用，因此，两位科学家于 1962 年荣获诺贝尔生理学或医学奖。

DNA 复制是指以母链 DNA 为模板合成子链 DNA 的过程。任何细胞在分裂、增殖前，首先是其染色体 DNA 进行复制合成，然后出现细胞分裂，这时复制的 DNA 会平均分配到两个子代细胞中去，同时将亲代的全部遗传信息传递给子代。

Note

一、DNA 复制具有的基本特征

（一）DNA 复制以半保留方式进行

1．半保留复制的概念 DNA 复制时，亲代双链 DNA 解链为单链，并以各单链为模板（template），以 4 种 dNTP 为原料，在 DNA 聚合酶的作用下，按碱基互补原则（A-T、C-G）合成新的 DNA 链，新链与模板链互补，二者构成子代 DNA。如此合成的子代细胞的 DNA，一条单链为亲代模板，另一条为与之互补的新链，两个子细胞的 DNA 与亲代的完全相同，故称为 DNA 的半保留复制（semiconservative replication）。

2．DNA 半保留复制的证明 关于 DNA 复制方式的设想，在 DNA 双螺旋模型确立后，即推测并提出 3 种可能的 DNA 复制方式：全保留式、半保留式和混合式复制（图 10-1）。1958 年，M. Messelson 和 S. W. Stahl 巧妙地设计并进行了如下实验：首先应用放射性核素标记的 ^{15}N-NH_4Cl 为唯一氮源的培养液培养大肠埃希菌。传代 15 次以上，使菌体内包括 DNA 在内的所有含氮组分均含 ^{15}N。然后将这些菌转移至 ^{14}N 标记的 NH_4Cl 为唯一氮源的培养液中继续培养。实验中，从完全的 ^{15}N-DNA 菌中和在 ^{14}N- 基质中分别培养一代、两代及继续传代后的菌液中取样，提取 DNA，进行 CsCl 密度梯度离心。其结果如图 10-2 所示。该实验充分证明了 DNA 的复制方式为半保留复制。

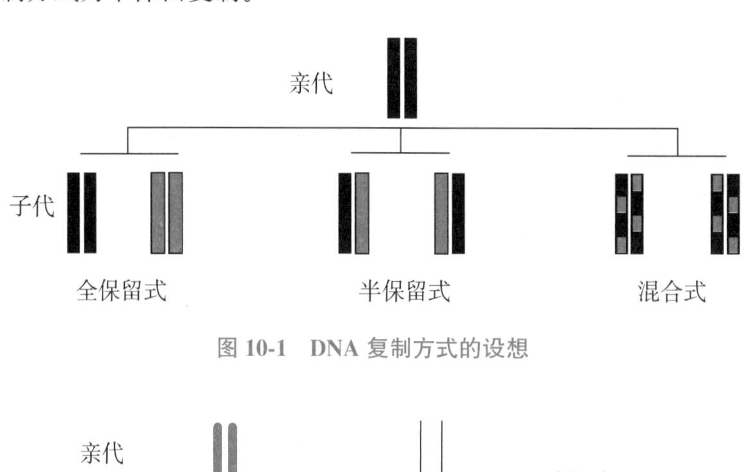

图 10-1 DNA 复制方式的设想

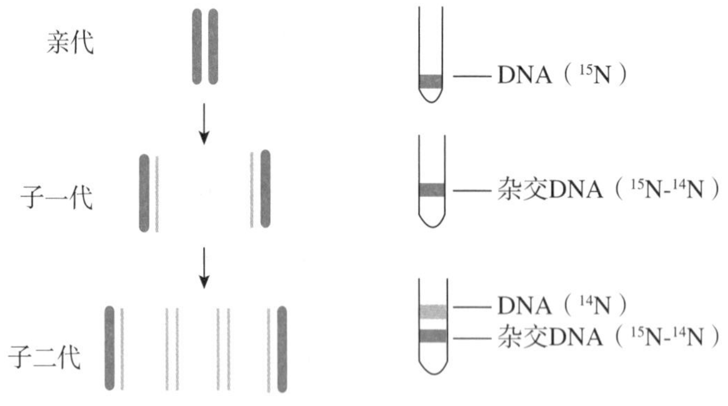

图 10-2 DNA 半保留复制的证明

3．半保留复制的意义 DNA 的半保留复制见于细胞分裂增殖，如在人体内的受精卵细胞、造血细胞的分裂增殖，成长发育中的组织细胞增殖，以及组织水平的损伤修复等。半保留复制的意义主要在于它维护了种系遗传的高保真性。由于 DNA 分子中两条链的碱基互补，走向相反，所以以其中一条链为模板合成的新链的碱基序列与原互补链完全相同。可见子代 DNA 确实保留了亲代 DNA 的遗传信息，而且这些信息可通过转录、翻译，即基因表达（gene expression）来决定蛋白质的结构、功能，并通过蛋白质表现出细胞乃至生物体各自的形态、功能、特性，即表现出遗传的相对保守性。即使如此，在生物界也普遍存在着遗传的变异现象。良性的变异使物种进化，不良的变异使物种退化，甚至导致死亡。由此可见，遗传的保守性是物种稳定性的分子基础，但不是绝对的。

（二）DNA 复制从固定起点双向进行

DNA 复制是从 DNA 分子上的某一特定位点开始的，这一位点称为 DNA 复制起点（DNA replication origin）。含有一个复制起点的完整 DNA 分子或 DNA 分子上的某段区域被看作一个独立的复制单元，称为复制子（replicon）。原核生物基因组 DNA 为环状，只有一个复制起点，因此为单复制子生物。真核生物基因组复杂、庞大，有多个复制起点，具有多个复制子（图 10-3）。

DNA 双链从复制起点向两个方向解链，因此复制沿两个方向同时进行，称为双向复制（bidirectional replication）（图 10-3）。解开的两条单链模板和尚未解旋的 DNA 双链模板形成了 Y 形的叉状结构，称为复制叉（replication fork）（图 10-4）。原核生物进行的是单点起始双向复制，真核生物每个染色体呈多起点双向复制。

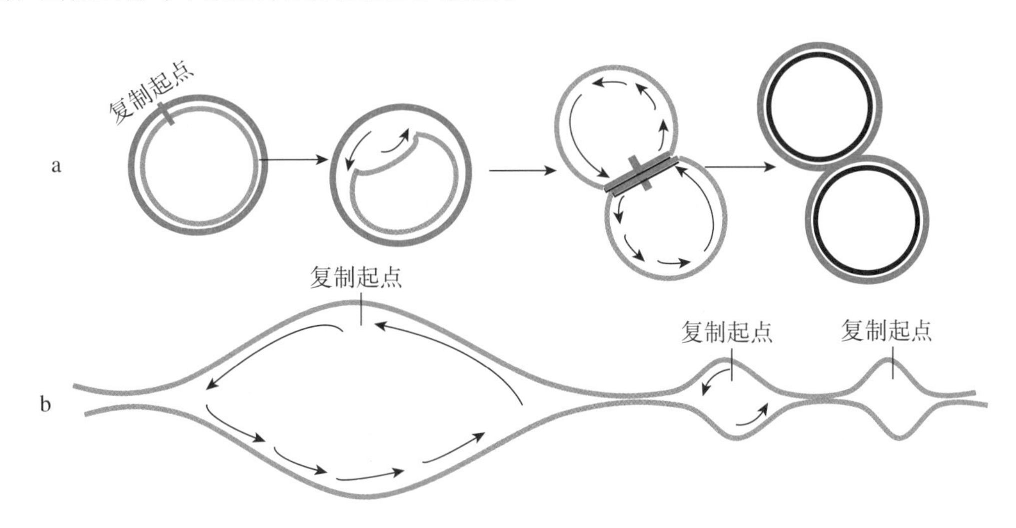

图 10-3 双向复制和复制起点
a. 原核生物单复制子复制；b. 真核生物多复制子复制

（三）DNA 复制以半不连续方式进行

由于 DNA 聚合酶只能按 5′ → 3′ 的方向催化合成 DNA，所以新链的合成方向均为 5′ → 3′。而模板 DNA 的两条链为反向平行的，新链和模板链之间也是反向平行的关系，所以在 DNA 复制过程中一条新链的合成方向与解链的方向相同，能连续合成；而另一条新链的合成方向与解链方向相反，不能连续合成。这种复制方式称为半不连续复制（semidiscontinuous replication）。

DNA 复制过程中能连续合成的链称为前导链（leading strand）或领头链，不能连续合成的链称为后随链（lagging strand）或滞后链。后随链在合成过程中需要等待模板 DNA 解开足够的长度才能合成一段新链，所以该链的合成略迟缓，会形成多个不连续的 DNA 片段。1968 年，日本学者 Reji Okazaki 利用电子显微镜和放射自显影技术观察到 DNA 复制过程中后随链生成多个 DNA 片段的现象，后人将其称为冈崎片段（Okazaki fragment）（图 10-4）。原核生物冈崎片段的长度为 1000 ~ 2000 个核苷酸残基，而真核生物则只有 100 ~ 200 个核苷酸残基。复制完成后，冈崎片段被连接酶连接成完整的长链。

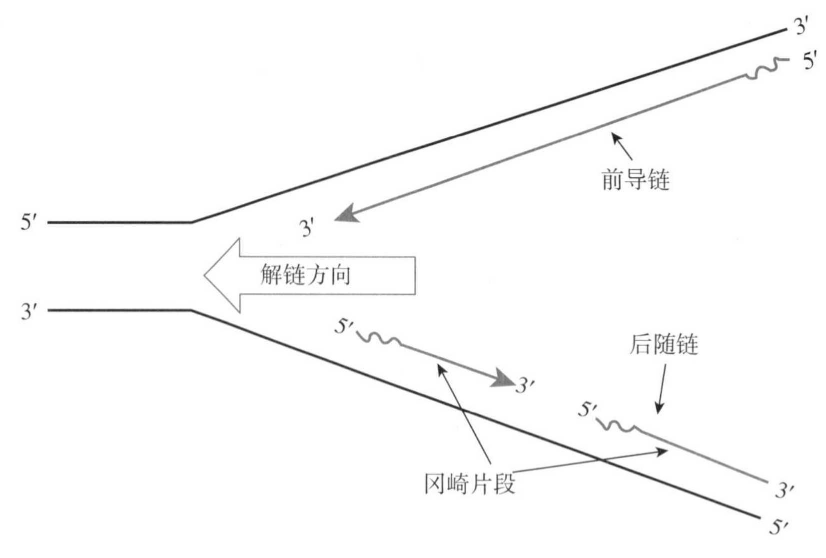

图 10-4 半不连续复制与复制叉

（四）DNA 复制具有高保真性

DNA 的复制具有高保真性，以保证遗传信息能准确无误地传递至子代。高保真性复制主要取决于以下 3 个方面：① DNA 复制时遵循严格的碱基配对规律；② DNA 聚合酶在复制中对底物碱基的严格选择性；③ DNA 聚合酶 3′ → 5′ 核酸外切酶活性的校对（proofreading）作用。

二、参与 DNA 复制的酶类及蛋白质因子

DNA 复制过程复杂，需多种酶及蛋白质因子参与，参与 DNA 复制的体系包括 DNA 模板、4 种 dNTP 底物（既作为原料，又提供合成反应所需的能量）、RNA 引物、DNA 聚合酶、其他酶类、蛋白质因子和无机离子（如 Mg^{2+}、Mn^{2+}）。

（一）DNA 聚合酶催化脱氧核苷酸间的聚合

DNA 聚合酶全称为依赖 DNA 的 DNA 聚合酶或 DNA 指导的 DNA 聚合酶（DNA-dependent DNA polymerase，DDDP，DNA pol），现已发现多种 DNA pol，且原核细胞与真核细胞的不同。它们的共同作用是在 DNA 模板、引物、dNTP 存在的条件下，催化与模板互补的 DNA 新链合成，合成的方向为 5′ → 3′。

1．原核生物 DNA 聚合酶 原核生物 DNA 聚合酶至少有 5 种，按发现顺序分别为 DNA pol Ⅰ、DNA pol Ⅱ、DNA pol Ⅲ、DNA pol Ⅳ和 DNA pol Ⅴ，主要的是 DNA pol Ⅰ、DNA pol Ⅱ、DNA pol Ⅲ（表 10-1）。

表 10-1 大肠埃希菌 3 种 DNA 聚合酶的比较

DNA pol	DNA pol Ⅰ	DNA pol Ⅱ	DNA pol Ⅲ
酶活性			
5′ → 3′ 聚合酶	+	+	+
3′ → 5′ 核酸外切酶	+	+	+
5′ → 3′ 核酸外切酶	+	–	–
构成（亚基数）	单体	7	18 ~ 20

续表

DNA pol	DNA pol Ⅰ	DNA pol Ⅱ	DNA pol Ⅲ
分子量（kDa）	103	88	792
体外聚合速度（核苷酸/秒）	10 ~ 20	40	250 ~ 1000
分子数/细胞	400	40	10 ~ 20
主要功能	修复合成、去除引物、填补空缺	复制中的校对、DNA修复	复制（新链延长）

1957年，A. Kornberg首先从大肠埃希菌中发现并分离了DNA聚合酶Ⅰ。随后，从大肠埃希菌变异株中发现DNA pol Ⅰ基因缺陷的菌株虽不能表达出DNA pol Ⅰ，却能合成DNA，而且这类菌体对X线、紫外线非常敏感，易受损伤，常表现出由于对DNA损伤的修复能力下降而导致的突变率增加。由此推断菌体内存在DNA pol Ⅰ以外的DNA聚合酶，进而从这类菌中陆续发现了DNA pol Ⅱ和DNA pol Ⅲ。

菌体内DNA pol Ⅰ、DNA pol Ⅱ、DNA pol Ⅲ的分子数量比为20∶2∶1，以DNA pol Ⅰ最多。而DNA pol Ⅲ活力最强，其比活性为DNA pol Ⅰ的40倍以上，且聚合速度最快。DNA pol Ⅰ的作用应以对DNA损伤的修复合成为主。

原核生物DNA复制并不是由单一的DNA pol催化完成的，而是由超过20种不同的酶和蛋白质共同完成的，它们各自执行不同的任务。

DNA pol Ⅰ的分子量约为103 kDa，是由单一多肽链构成的多功能酶。酶分子的不同结构域分别具有DNA聚合酶、3′→5′核酸外切酶及5′→3′核酸外切酶活性。DNA pol Ⅰ能催化以DNA为模板的dNTP聚合反应，但反应速度远不及DNA pol Ⅲ（DNA pol Ⅰ 10 ~ 20个核苷酸/秒，DNA pol Ⅲ 250 ~ 1000个核苷酸/秒），而且合成的DNA片段短，链仅延伸约20个核苷酸后聚合酶便从模板上脱落。在活细胞内，其真正的作用是辅助复制、修复合成DNA。即依赖5′→3′核酸外切酶活性去除复制中5′端的引物，同时依赖DNA聚合酶活性从相邻DNA片段3′-OH引导片段延伸，或在DNA损伤修复中出现的空缺处合成DNA，起填补空缺的作用。该酶的3′→5′核酸外切酶活性则对片段延伸起着即时校对作用，能及时识别并切除聚合过程中错配的碱基。该酶的5′→3′核酸外切酶既水解DNA新链合成中的5′端引物，又能对DNA分子的变异及损伤局部从5′端逐一外切水解，为修复做准备。以上对维护DNA的完整和准确复制起着重要的校对作用。

克列诺酶——DNA pol Ⅰ受某些特异的蛋白酶的有限水解，分为大、小两个片段。近N端为小片段，分子量为35 kDa（323个氨基酸残基），仅具有5′→3′核酸外切酶活性。近C端为大片段，又称克列诺片段（Klenow fragment），分子量为68 kDa（604个氨基酸残基），具有DNA聚合酶和3′→5′核酸外切酶活性。克列诺酶是实验室合成DNA、进行分子生物学研究中常用的工具酶。

实验发现，DNA pol Ⅱ仅在缺乏DNA pol Ⅲ和DNA pol Ⅰ的情况下催化DNA聚合，可能参与DNA损伤的应急修复。

DNA pol Ⅲ是原核细胞内复制过程中起主要作用的DNA聚合酶。全酶分子量为900 kDa，由10种亚基（α、β、γ、δ、δ'、ε、θ、τ、χ、ψ）组成两个亚单位，聚合成不完全对称的二聚体（图10-5）。按功能分为四部分。①核心酶（α，ε，θ）：α亚基最大，具有聚合酶活性，ε亚基有3′→5′核酸外切酶活性；②β亚基二聚体：具有使酶与模板DNA结合的“滑动钳”作用（去掉β二聚体，核心酶只能聚合10 ~ 50个核苷酸便从模板上脱落下来）；③γ复合物（γ、δ、δ'、χ、ψ）：通过水解ATP获能，介导β二聚体转移并结合到“DNA双螺旋引物”上；④τ亚基：起连接作用（图10-5，表10-2）。

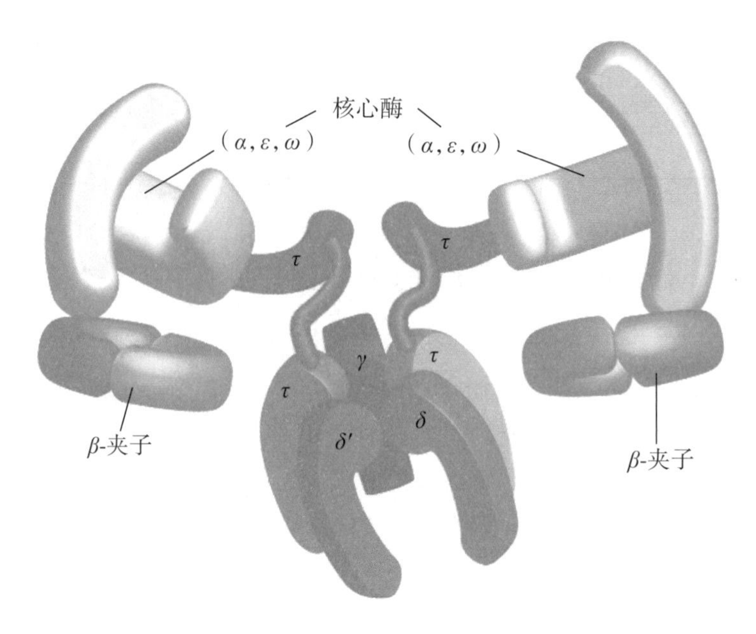

图 10-5　大肠埃希菌 DNA 聚合酶Ⅲ全酶模型

表 10-2　大肠埃希菌 DNA 聚合酶Ⅲ全酶的亚基

亚基	分子量（kDa）	功能	
α	129.9	$5' \to 3'$ 聚合酶	核心酶
ε	27.5	$3' \to 5'$ 核酸外切酶	
θ	8.6	稳定 ε 亚基	
β	40.6	滑动钳：连接 DNA 聚合酶Ⅲ与模板	
γ	47.5	ATP 酶	γ 复合物
δ	38.7	结合 β 亚基	
δ'	36.9	结合 γ、δ 亚基	
χ	16.6	结合单链结合蛋白质	
Ψ	15.2	结合 γ、χ 亚基	
τ	71.1	聚合核心酶、结合 γ 复合物	

另外，在大肠埃希菌中还发现了 DNA pol Ⅳ和 DNA pol Ⅴ，它们可能参与 DNA 的修复合成。当 DNA 受到较严重损伤时，即可诱导细菌合成这两种酶，进行跨越损伤的合成，但修复缺乏准确性，因而出现高突变率。

2．真核生物的 DNA 聚合酶　真核生物的 DNA 聚合酶至少有 15 种，其中主要的有 5 种，分别命名为 α、β、γ、δ 和 ε。其各自的特性与功能列于表 10-3。

表 10-3　真核生物 DNA 聚合酶

DNA 聚合酶	α	β	γ	δ	ε
酶活性					
$5' \to 3'$ 聚合酶	+	+	+	+	+
$3' \to 5'$ 核酸外切酶	-	+	+	+	+

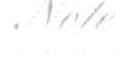

续表

DNA 聚合酶	α	β	γ	δ	ε
5′ → 3′ 核酸外切酶	-	-	-	+	+
构成（亚基）	4	4	4	2	5
分子量（kDa）	300	36 ~ 38	160 ~ 300	170	250
细胞内定位	细胞核	细胞核	线粒体	细胞核	细胞核
主要功能	引发	修复	复制	复制	复制、修复

真核生物中 DNA pol α 只能聚合延长几百个核苷酸，但能催化 RNA 链的合成，因此认为 DNA pol α 有引发酶活性，参与 DNA 链合成的引发；DNA pol δ 可催化后随链合成，DNA pol ε 负责合成前导链，二者都有很强的 3′ → 5′ 核酸外切酶活性，发挥即时校对作用；DNA pol γ 是线粒体 DNA 合成的聚合酶；DNA pol β（相当于原核生物 DNA pol Ⅱ）主要在 DNA 应急修复过程中起作用。

知识拓展

病毒 DNA 合成的抑制剂——阿昔洛韦

许多 DNA 病毒编码产生自己的 DNA 聚合酶，其中一些已成为抗病毒药物治疗的靶点。阿昔洛韦又称无氧鸟苷，是鸟苷类似物。它被病毒感染的细胞摄取之后，由病毒胸苷激酶（TK）催化其磷酸化生成三磷酸化产物 acyclo-GTP，通过两种机制抑制病毒 DNA 的合成：一是竞争性抑制病毒 DNA 聚合酶；二是作为底物掺入病毒 DNA，但由于其缺乏 3′ 羟基，从而抑制 DNA 链的延伸。阿昔洛韦主要用于治疗单纯疱疹病毒（HSV）、水痘 - 带状疱疹病毒（VZV）等的感染。

（二）多种酶参与 DNA 的解链和稳定单链状态

双螺旋的 DNA 复制时必须首先打开双链，使隐藏在结构内部的碱基暴露出来，才具有指导核苷酸碱基正确配对的模板作用。参与 DNA 解链和解旋的有解旋酶和拓扑异构酶。

1．解旋酶（helicase） 这类酶有多种，利用 ATP 供能，作用于碱基间的氢键，使 DNA 双链打开成为两条单链。平均每打开一对碱基消耗 2 个 ATP。大肠埃希菌参与复制的解旋酶主要是 DnaB，沿着模板 5′ → 3′ 移动解链。真核生物目前未确定有独立的解旋酶存在。

2．拓扑异构酶（topoisomerase） “拓扑”（topo）是几何学一名词的译音，指物体或图像作弹性变形（如环形橡皮筋的放大、缩小、扭曲），而构成它的各点（或组分）彼此间的连接关系并未改变的性质。通常 DNA 双链沿中心轴适度旋绕，复制时的解链会导致邻近部位的过度旋绕，形成正超螺旋而不利于进一步解链。拓扑异构酶便是松解超螺旋、改变 DNA 拓扑结构的酶，广泛存在于原核及真核生物中。拓扑异构酶有两种类型，分别称为Ⅰ型拓扑异构酶和Ⅱ型拓扑异构酶。Ⅰ型拓扑异构酶的作用是使超螺旋处的 DNA 一条链的磷酸二酯键断开，消除过度的扭力后再使两断端以磷酸二酯键相连，反应不需要 ATP；Ⅱ型拓扑异构酶则使 DNA 两条链水解断开，待消除扭力后断端连接，恢复原有核苷酸的连接顺序，反应需要 ATP 供能，引入负超螺旋为继续解链提供持续性的帮助。此外，拓扑异构酶还具有环连、解环连以及打结、解结作用。以上有利于 DNA 双链不断打开复制，在复制完成后又可对 DNA 分子引入超螺旋，以便DNA缠绕、折叠、压缩形成染色质。

3. 松弛蛋白质（relaxation protein） 又称单链结合蛋白质（single strand binding protein，SSB），能与单链DNA结合，1分子SSB可覆盖DNA单链上7～8个核苷酸残基。一般有若干SSB同时结合在解开的DNA单链模板上，并随着DNA双链的打开，通过结合、解离不断沿着复制方向移动，在复制中维持模板处于单链状态并保护单链部分不被核酸酶降解，起到稳定DNA单链模板的作用。

（三）引发酶催化引物的合成

DNA聚合酶不能催化两个游离的dNTP聚合，只能在与DNA模板链互补的多核苷酸链的3′-OH端后逐一聚合新的互补核苷酸。这种在复制时提供3′-OH端的多核苷酸短片段的RNA称为引物（primer）。引物是在一种特殊的依赖DNA的RNA聚合酶作用下合成的，该酶不同于转录中的RNA聚合酶，故特称为引发酶（primase），也称引物酶。大肠埃希菌的引发酶是DnaG，真核生物DNA pol α 有引发酶活性。引发酶以复制起点的DNA序列为模板，NTP为原料，按照5′ → 3′方向催化合成RNA短片段，即引物（长十余至数十核苷酸），为DNA合成提供3′-OH；在体外试验中也可应用DNA短片段作引物。

（四）DNA连接酶连接复制中产生的单链缺口

DNA连接酶（ligase）可连接DNA链3′-OH末端和相邻DNA链5′-P末端，使二者生成磷酸二酯键，从而把两段相邻的DNA链连接成一条完整的链。

所有多核苷酸链的合成方向均为5′ → 3′，DNA也不例外。由多个复制起点进行的DNA合成或在填补DNA空隙时的DNA合成，总会出现一个DNA片段的3′-OH与相邻片段5′-P间的缝隙。对此，连接酶特异催化二者之间形成3′，5′-磷酸二酯键。连接反应首先需要AMP结合连接酶，使酶激活。所需活性AMP在真核细胞由ATP提供，在原核细胞则由NAD^+提供。

实验证明，连接酶不能催化游离的单链DNA或RNA连接，只催化互补双链DNA中的单链缺口进行连接。若DNA的两条链都存在缺口，只要缺口两侧邻近，连接酶便可使之连接。该酶不仅在DNA复制、修复、重组及剪接中起接合缺口作用，而且是基因工程中不可缺少的工具酶之一。

催化3′,5′-磷酸二酯键生成的酶有连接酶、DNA聚合酶、RNA聚合酶、引发酶、逆转录酶及拓扑异构酶。它们的底物、作用各不相同（表10-4）。

表10-4 催化磷酸二酯键形成的酶

酶	底物	反应结果
连接酶	双链DNA中有缺口的单链片段	连接DNA片段为连续链
DNA pol	模板DNA + 引物 + dNTP	合成互补DNA链
RNA pol	模板DNA + NTP	合成RNA新链
引发酶	模板DNA + NTP	合成RNA引物
逆转录酶	模板RNA	合成cDNA
拓扑异构酶	复制时使超螺旋的DNA解旋	使复制中的DNA解开螺旋、连环，达到适度盘绕

三、DNA 复制过程

由于对 DNA 复制的研究多取材于原核细胞，故以原核生物为主介绍复制过程，至于真核生物的复制过程，仅对比介绍其特点。DNA 的复制是一个复杂的连续过程，为便于了解，将它分为起始、延长和终止 3 个阶段。

（一）复制的起始

复制起始阶段要进行双链 DNA 解链，展现模板形成复制叉并合成 RNA 引物，为复制做准备。这一阶段需要多种酶和蛋白质因子的参与。

1. DNA 解为单链 在复制起点，解旋酶（大肠埃希菌为 DnaB）耗能打断碱基对之间的氢键，使 DNA 双链局部打开，由此形成的超螺旋则由Ⅰ型或Ⅱ型拓扑异构酶进行松解，以利于进一步解链形成复制叉（图 10-7）。在解链的同时，单链结合蛋白质与打开的 DNA 单链结合，以稳定 DNA 单链，使模板碱基序列得以充分展现。

2. 引物合成和引发体形成 在 DNA 复制起点解开的单链上，引发酶催化 NTP 聚合，形成与模板 DNA 链 3′ 端互补的 RNA 引物，引物合成的方向仍为 5′ → 3′，其 3′-OH 末端为复制提供聚合反应的起点。

（1）引发体前体：生物细胞内引物的合成远非如此简单。复制起点有特定的核苷酸序列，例如大肠埃希菌的复制起点（ori C）跨度为 245 bp，包括 3 组 13 bp 串联的重复序列和 5 组 9 bp 的反向重复序列，复制起点富含 A 和 T，因为 A 和 T 之间通过 2 个氢键连接，便于复制时解链（图 10-6）。在合成引物之前，至少要有 6 种蛋白质因子构成复合体，不同原核生物体内的蛋白质因子略有差异。这种促进引物合成的蛋白质因子复合体称为引发体前体（preprimosome）。这些蛋白质因子在单链结合蛋白质协助下依次与单链 DNA 结合生成中间复合物，促成复制前的引发过程。由于这些蛋白质因子与引发（priming）或 DNA 模板相关，故将其名称分别冠以 Pri- 或 Dna-，如 PriA、PriB、PriC，DnaA、DnaB、DnaC、DnaT。它们的作用分别是识别复制起点重复序列（DnaA）、结合并解开 DNA 双链（DnaB）、运送和协同 DnaB（DnaC）等，总的作用是聚集 NTP、结合引发酶以及合成引物后与引物分离等。

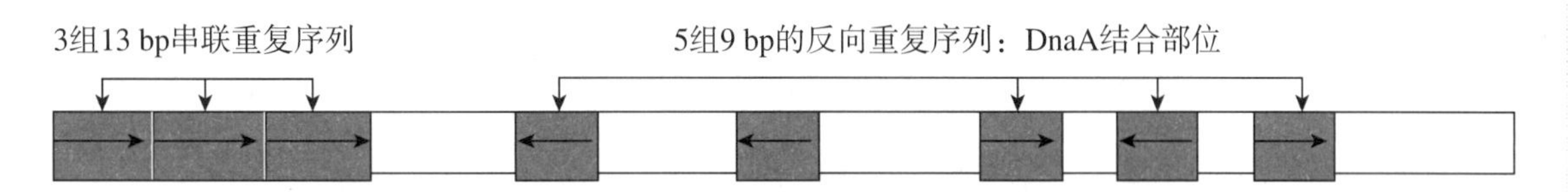

图 10-6 大肠埃希菌复制起始位点

（2）引发体：引发体前体与引发酶结合形成的复合物称为引发体（primosome），包含解旋酶、DnaC、引发酶（大肠埃希菌为 DnaG）和 DNA 复制起始区域。由此可见，引发酶需多种蛋白质因子辅助才能发挥催化引物合成的作用。

（3）引物合成：由于模板 DNA 双链反向互补，故当两链分开形成复制叉时，前导链沿着模板以 5′ → 3′ 方向合成 RNA 引物。而后随链则只能在模板打开足够长度后，从模板 DNA 3′ 端合成引物，然后引导 5′ → 3′ 方向合成互补的一段新链。随着复制叉的前移，需再打开足够长的一段距离后才能以相同的方式再次合成新的引物，引导又一个 DNA 片段的合成，所以在这条模板链上需间断地合成多个引物。合成的引物必留有游离的 3′-OH 末端。

Note

（二）DNA 链的延长

引物合成后，DNA 聚合酶（原核生物为 DNA pol Ⅲ，真核生物为 DNA pol δ 与 ε）依赖模板将脱氧单核苷酸（dNTP）依次连接到引物 3′-OH 末端，不断延长 DNA 新链。即 DDDP 催化 dNTP 中的 α- 磷酸基与引物或延长中的 DNA 新链的 3′-OH 缩合形成磷酸二酯键，新链的合成方向为 5′ → 3′。前导链连续合成，后随链不连续合成（图 10-7），后随链上形成许多不连续的冈崎片段。

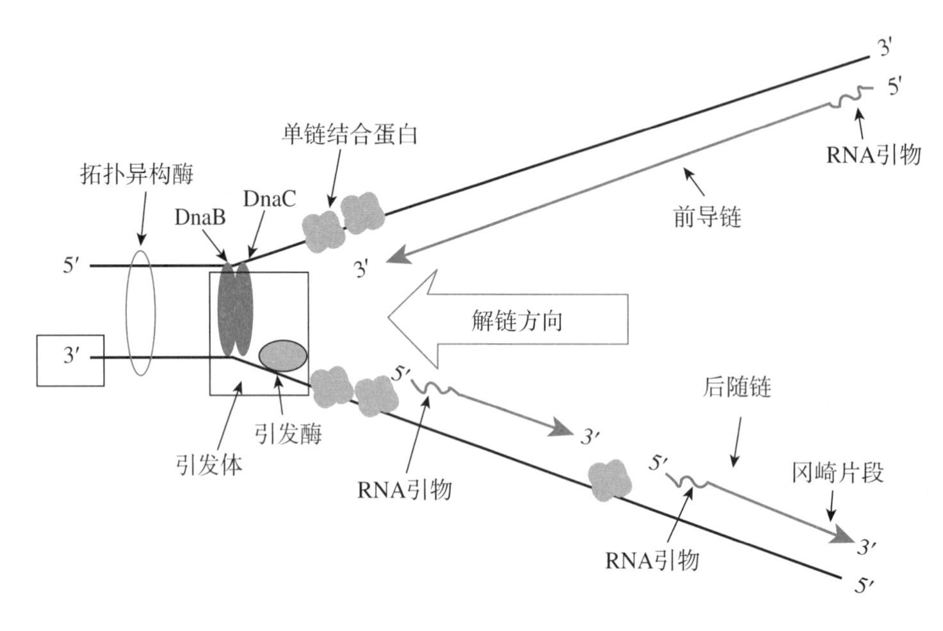

图 10-7　DNA 链的延长

（三）DNA 复制的终止

当 DNA 链延长至一定长度时，复制进入终止阶段：水解引物、填补空缺以及连接 DNA 片段。以上主要由 DNA pol Ⅰ和连接酶催化完成。DNA pol Ⅰ利用 5′ → 3′ 核酸外切酶活性水解 RNA 引物，由此造成的空缺由其利用 5′ → 3′ 聚合酶活性从缺口一侧的 3′-OH 端催化 DNA 延伸，直至空缺另一侧的 5′-P 端（图 10-8）。体外试验发现，DNA pol Ⅰ的 5′ → 3′ 核酸外切

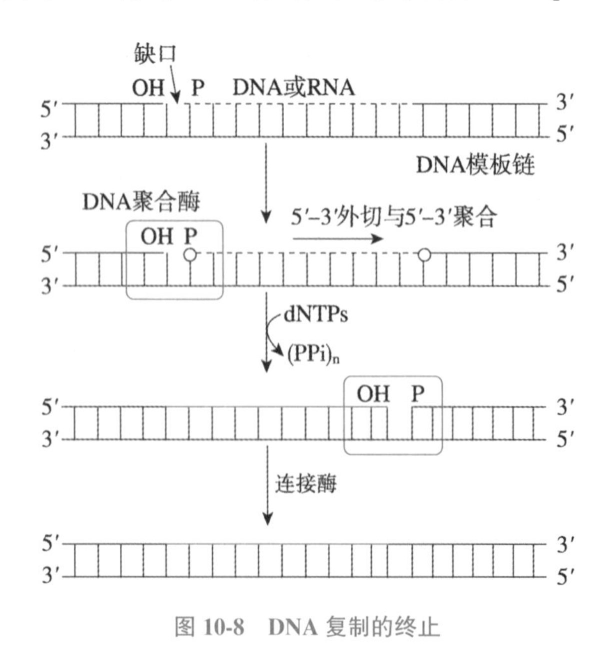

图 10-8　DNA 复制的终止

酶与聚合酶活性相继并相伴起作用，结果是缺口沿着 DNA5′ → 3′ 合成方向移动，故称这一反应现象为切口平移（nick translation）。最后由连接酶催化 DNA 两断端相邻的 3′-OH 与 5′-P 之间以磷酸二酯键相连，形成完整的链。

DNA 合成的速度很快，尤其是原核生物。以大肠埃希菌为例，当营养充足、生长条件适宜时，约每 20 min 便可繁殖一代。其基因组 DNA 约为 4600 kbp（千碱基对）。由此可推算出大约每秒有 3800 bp 掺入到 DNA 链的延长中。

DNA 复制的终止过程如图 10-8 所示。DNA 复制全过程中所需的多种蛋白质列于表 10-5。

表 10-5　DNA 复制过程需要的酶和蛋白质

酶和蛋白质	作用
拓扑异构酶	松解（理顺）DNA 超螺旋
解链酶（解旋酶）	解开 DNA 双链
单链结合蛋白质	稳定已解开的 DNA 单链
引发酶	合成 RNA 引物
DNA 聚合酶Ⅲ	DNA 新链的延伸
DNA 聚合酶Ⅰ	填补 DNA 空隙、水解引物及校对
连接酶	连接 DNA 片段

真核 DNA 的复制与细胞周期（cell cycle）密切相关。真核生物的典型细胞周期分为 4 期，即 G1 期（合成前期）、S 期（DNA 合成期）、G2 期（合成后期）及 M 期（有丝分裂期）。体内各种细胞的细胞周期长短差异悬殊，关键在于从 G1 期进入 S 期的时限，这又取决于多种因素的调节。在 S 期，细胞内的 dNTP 含量、DNA pol 活性以及 DNA 合成速率均达高峰。

真核生物的 DNA 复制过程大体与原核生物相同，但更复杂，其特点主要有：①真核生物基因组较原核生物大，DNA 聚合酶的催化速率远比原核生物慢；②真核生物的 DNA 不是裸露的，而是与组蛋白紧密结合，以染色质核小体的形式存在，复制过程中涉及核小体的解聚与重新组装，因而减慢了复制叉行进的速度；③真核生物是多复制子复制，利用多个复制起点可提高整体复制速度；④真核生物的冈崎片段比原核生物短得多，因此引物合成的频率也相当高；⑤真核生物 DNA 复制延长发生 DNA 聚合酶转换（目前认为真核生物的 DNA pol α 不具有持续聚合能力，催化引物合成后迅速被具有持续聚合能力的 DNA pol δ 和 ε 替换，称为聚合酶转换）；⑥真核生物的复制终止具有特殊性，需要端粒酶延伸端粒 DNA（见本章第三节）。

（四）DNA 的其他复制方式

生物体内 DNA 的复制除上述方式外还有其他复制方式，例如真核生物线粒体 DNA 的 D 环复制（图 10-9）和原核生物的滚环复制（图 10-10）。真核生物线粒体 DNA（mitochondrial DNA，mtDNA）为闭合环状双链结构，两条链的复制不同步进行，具有时序性。开链后第一

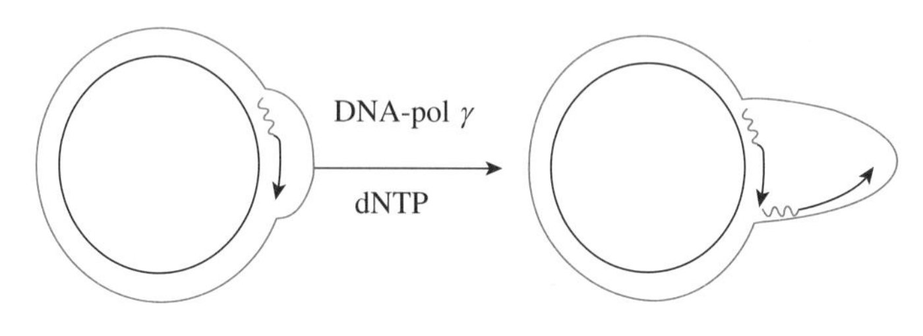

图 10-9　D 环复制

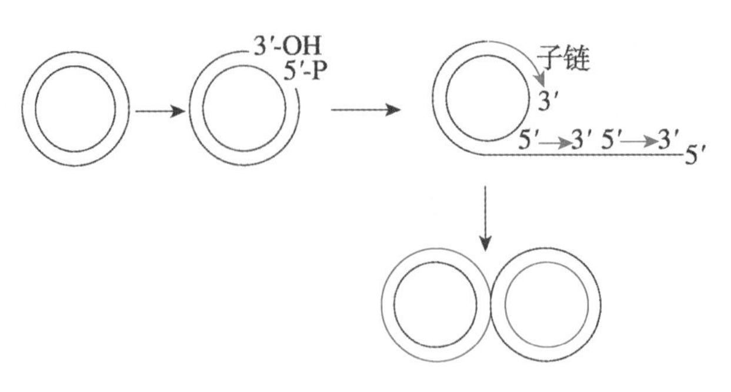

图 10-10 滚环复制

个引物以内环为模板延伸，到达第二个复制起点时，再合成一个反向引物，以外环为模板进行延伸。因在复制过程中呈字母 D 形状而得名（图 10-9）。

第三节 逆转录作用

逆转录（reverse transcription）是以 RNA 为模板在逆转录酶的作用下催化生成 DNA 的过程，生成的 DNA 称为互补 DNA（complementary DNA，cDNA），因其生物遗传信息流向与转录相反而得名。

一、逆转录与逆转录酶

逆转录是在研究某些 RNA 病毒侵入宿主细胞后发现的。这些病毒含有逆转录酶，依靠宿主细胞的各种营养条件，以病毒 RNA 单链为模板、宿主 dNTP 为原料，在逆转录酶的作用下合成双链 DNA（图 10-11）。逆转录酶兼有 3 种酶的活性，催化逆转录的全过程，推测其分子结构中包括 3 种不同催化功能的结构域。①逆转录酶活性：以 RNA 为模板、dNTP 为原料，催化互补 DNA 的合成，产物为 RNA-DNA 异源双链体；② RNA 酶活性：催化“DNA-RNA”杂交链中的 RNA 水解，保留 DNA 链（称 DNA 第一链）；③ DNA 聚合酶活性：以 DNA 第一链为模板，催化互补的 DNA 第二链合成。以上各链延伸方向均为 5′ → 3′，引物由病毒自身的一种 tRNA 代用。

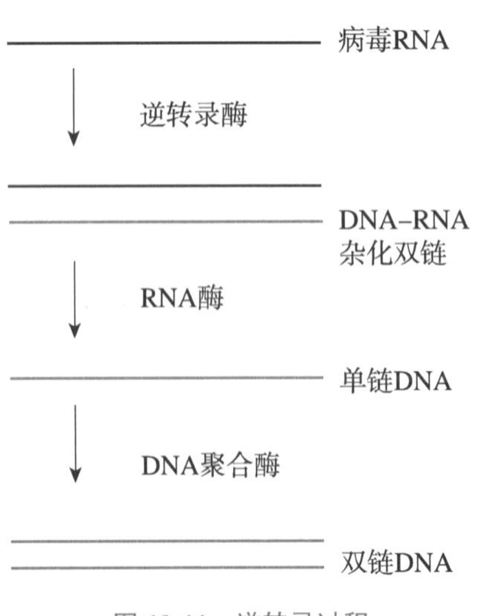

图 10-11 逆转录过程

病毒RNA经逆转录形成的双链DNA在宿主细胞内具有如下作用：①可通过基因重组（gene recombination）插入宿主基因组中，并随宿主细胞复制表达。这种在活细胞内的基因重组又称为整合（integration）。这可打乱宿主细胞遗传信息的正常秩序，甚至由此导致细胞恶性变。②以DNA为模板，转录生成大量病毒RNA。③以DNA为模板，转录生成病毒mRNA，进一步翻译生成若干种病毒蛋白质，用以包装病毒，使之成为有感染力的病毒颗粒，扩大感染。

知识拓展

逆转录现象和逆转录酶的发现及其意义

劳斯肉瘤病毒（Rous sarcoma virus，RSV）属RNA病毒。1963年，美国科学家H.M. Temin观察到抑制DNA合成的抑制剂能阻断RSV增殖，由此推测RSV的生活周期中可能出现DNA这种中间环节产物。1970年，H. M.Temin和另一位科学家D. Baltimore分别从某些致癌的RNA病毒中发现了逆转录现象，并分离出逆转录酶。该项工作为进一步研究病毒致癌机制、肿瘤病因等树立了一个新的里程碑。它不仅补充、完善了生物遗传中心法则，而且为探索肿瘤、艾滋病等的病因和设计治疗策略起到了重要的推动作用。此外，在基因工程中，逆转录酶已成为重要的工具酶之一，具有重要的应用价值（诸如构建cDNA文库筛选目的基因、应用逆转录聚合酶链反应技术扩增目的基因）。因此，H. M. Temin和D. Baltimore荣获1975年诺贝尔生理学或医学奖。

二、端粒与端粒酶

端粒（telomere）是真核生物线性染色体两端的天然结构，呈膨大粒状，由染色体末端DNA与蛋白质组成。端粒DNA长约10 kbp，为简单的富含G、C的非编码重复序列。根据对多种生物端粒DNA测序发现，一般为TxGy与AxCy，x、y为1～4。人的端粒是含6个碱基的重复序列（TTAGGG）n。此处DNA双链不等长，TG链长导致3′端有一突出的单链，并弯折成发夹结构（图10-12）。

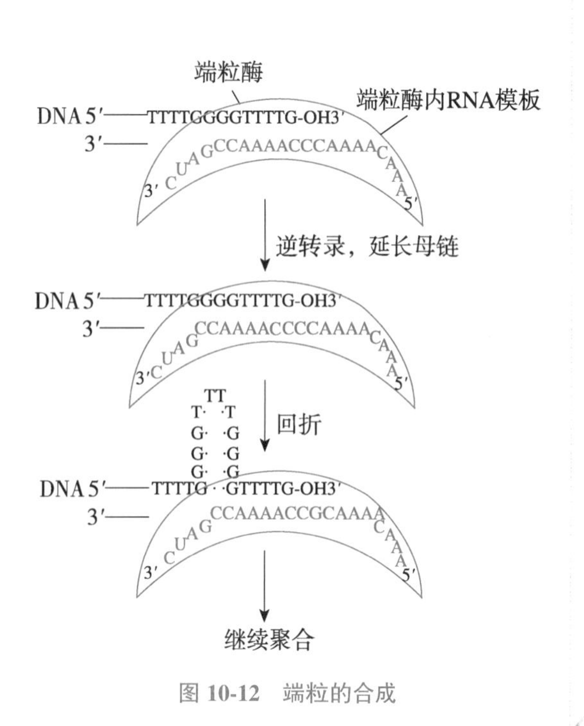

图10-12 端粒的合成

线性DNA复制时，每条新链的5′端因去掉引物后，任何一种DNA聚合酶都不能催化3′→5′ DNA的合成，无法填补此处空缺。因此，新合成的DNA链5′端便缩短相当于一个引物的长度。此外，后随链的合成是不连续的，总是到DNA双链打开足够长的一段后，才能合成引物及引导合成DNA片段（冈崎片段）。因此，当复制叉到达染色体末端时，只有前导链能连

Note

续合成到模板链的5′端，而不能保证后随链的最后一个冈崎片段的合成。故如此复制下去，势必造成DNA不断缩短，乃至失去某些基因信息而不能生存。但实际情况不会如此严重。一方面，正常细胞在传代过程中端粒处DNA有缩短趋势，人随着年龄增长，端粒长度确实逐渐缩短；另一方面，端粒处还存在具有特殊复制功能的端粒酶（telomerase），它依逆转录机制使该处DNA长度恢复。可见，端粒的重复序列结构和端粒酶对基因组的稳定起着双重保护作用。

端粒酶于20世纪80年代中期被发现，是由RNA和蛋白质组成的超分子复合体，二者均为酶活性所必需。端粒酶具有逆转录酶活性，RNA起逆转录的模板作用。该RNA链含有与端粒重复序列CyAx相类似的序列。

端粒TxGy链的合成已明确，如图10-12所示：①端粒酶附着于端粒上，端粒DNA末端的TxGy为引物，端粒酶的RNA部分与引物互补，其余部分为模板；②在端粒酶的逆转录作用下，聚合延伸DNA链；③端粒处新合成的DNA链可回折为发夹状，于是牵动后面（3′端）的序列前移至RNA模板链前端，然后继续聚合延伸，直至达到足够长度，端粒酶脱离。此合成过程因为类似于尺蠖的爬行，因此称为尺蠖模型（inchworm model），又称为爬行模型。端粒AC链的合成由RNA引发酶以新合成的端粒末端为模板合成引物，再招募DNA pol，以上述富含TG的端粒序列为模板催化而成，最后引物被去除。

研究发现，随着细胞分裂次数增多、年龄增长，端粒的DNA长度会逐渐缩短，甚至消失，这使染色体的稳定性随之下降。由此认为，细胞水平的老化与端粒酶活性降低有关。在对肿瘤的研究中发现，某些肿瘤的端粒比正常细胞显著缩短，以至发生变异或融合现象。在另一些肿瘤细胞中，端粒酶活性反而高于正常，使肿瘤细胞能无限分裂增殖不死亡。目前，端粒、端粒酶方面的研究方兴未艾，现已将端粒长度作为细胞衰老的一个标志；将端粒酶作为诊断某些肿瘤的标志酶之一；将端粒酶作为筛选肿瘤化疗药物的一种工具，并加以应用研究。

思考题

1. DNA的半保留复制是如何被证明的？
2. 试比较原核生物与真核生物DNA pol的种类、生物学作用及其特性的异同。
3. DNA复制的高保真性主要取决于哪些因素？
4. DNA复制体系包括哪些物质？各有何主要功能？
5. 简述原核生物DNA复制的过程。真核生物DNA复制有何不同？
6. 能催化核苷酸之间形成磷酸二酯键的酶有哪些？试比较这些酶的底物、产物各有何不同。
7. 简述逆转录的概念和基本过程。
8. 端粒和端粒酶有何作用？

（邓秀玲）

第十一章

DNA 损伤与修复

第一节 概 述

1953 年，DNA 双螺旋结构的发现奠定了现代分子生物学的基础，它从分子结构的角度解释了 DNA 分子的相对稳定性。然而，T. Lindahl 等随后研究发现，DNA 分子在 37 ℃的中性溶剂中，其碱基（尤其是嘌呤类碱基）会自发丢失，而有的碱基尽管没有丢失，也会发生脱氨基反应，例如胞嘧啶（C）会发生脱氨基反应转换为尿嘧啶（U）。鉴于 DNA 分子在遗传过程中所表现出的稳定性，而在 37 ℃的中性溶剂里所表现出的不稳定性，提示生物体内必然存在 DNA 损伤修复的机制。

生物演进的过程伴随 DNA 分子不断地发生变化，DNA 分子的不断变化是生物进化的基础，也是生物多样性的基础。虽然 DNA 分子的化学性质相对惰性，但各种体内外因素依然可以促使 DNA 分子发生组成或结构的变化，这被称为 DNA 损伤（DNA damage）。

生物体内存在着感应 DNA 损伤的机制。为了使 DNA 损伤得到充分的修复，细胞会启动 DNA 损伤反应（DNA damage response，DDR）。此时，细胞周期会发生阻滞，以确保 DNA 损伤被 DNA 修复系统充分修复后再进入细胞周期的下一阶段。如果 DNA 损伤的程度过于严重，修复系统无法使其得到充分修复以致不能维持生命活动，细胞就会死亡。DNA 修复在很多情况下并不能使 DNA 完全恢复其损伤前的状态，只能最大限度地维护基因组的完整性，以保证生命活动能够继续进行，此时基因组 DNA 可能发生突变（mutation）、缺失（deletion）、插入（insertion）、染色体易位（chromosome translocation）、染色体畸变（chromosome aberration）等，而细胞则可能发生老化、增殖异常、细胞周期检验点失调等各种功能异常，进而可能导致衰老、炎症和癌症等疾病的发生。

知识拓展

与 DNA 损伤修复相关的诺贝尔化学奖和拉斯克基础医学研究奖

2015 年的诺贝尔化学奖颁发给以下三位对 DNA 损伤修复机制研究具有突出贡献的科学家。T. Lindahl 的主要贡献为发现 DNA 内在不稳定性及碱基切除修复机制；P. Modrich 的主要贡献为阐明了碱基错配修复的系列分子机制；A. Sancer 的工作阐明了光裂合酶的生物化学特性，并阐明了核苷酸切除修复的过程。而 2015 年的拉斯克基础医学研究奖则颁给了 E. Witkin 和 S. J. Elledge，前者的贡献在于阐明原核细胞中以 SOS 反应为主线的 DNA 损伤反应，后者则阐明了一系列真核细胞的 DNA 损伤反应，尤其是 ATM 和 ATR 这两个核心激酶的信号转导过程。

Note

第二节 DNA 损伤的诱发因素和类型

一、DNA 在生物体内不可避免地发生自发损伤

DNA 在生物体内可发生自发损伤，这可以理解为 DNA 损伤的内因，即 DNA 分子的内在不稳定性（intrinsic lability）。

（一）DNA 分子中的碱基可发生自发突变

碱基的自发突变包括碱基丢失和脱氨基。DNA 分子会自发丢失碱基，尤其是嘌呤类碱基，其自发丢失的速率约为嘧啶类碱基的 30 倍。这是由于与嘌呤碱相比，嘧啶碱能够与脱氧核糖之间形成更稳定的糖苷键。碱基丢失后，DNA 分子上形成无碱基位点（apurine or apyrimidine site，AP site），这会导致遗传信息的丢失。另外，无碱基位点处的脱氧核糖 3′ 磷酸二酯键容易发生水解反应，DNA 链会因此发生断裂。

DNA 分子还会自发地发生碱基脱氨基反应，常见的有胞嘧啶和 5- 甲基胞嘧啶脱氨基。碱基脱氨后会转化成为其他类型的碱基，如胞嘧啶 C 脱氨基后会转化为尿嘧啶 U，腺嘌呤 A 脱氨基后会转化为次黄嘌呤 I，如果这些碱基的转变不能及时得到修复，在下一次 DNA 复制的时候则会由于 U 与 A 配对、I 与 A 或 C 配对而在子细胞中引起碱基突变。

（二）DNA 复制时可能发生 DNA 聚合酶介导的碱基错配

不同类型的 DNA 聚合酶其碱基错配率有所不同，有的 DNA 聚合酶具备 3′-5′ 外切酶活性，能够在 DNA 复制过程中进行错配碱基校正，但即便如此，仍然会有一小部分的错配碱基无法得到校正，一般认为 DNA 复制过程的最终错配率在 10^{-10} ~ 10^{-9}。一些参与 DNA 损伤修复的 DNA 聚合酶并不具备校正功能，其错配率会相对较高，这类 DNA 聚合酶在修复 DNA 损伤的同时会引入新的错配碱基。此外，如果 DNA 聚合酶处于非正常的离子环境，如 Mg^{2+} 浓度不足，其错配率也会相应提高。

（三）细胞内代谢物也可导致 DNA 损伤

细胞代谢过程中会产生活性物质，这些活性物质对 DNA 分子进行攻击可以导致 DNA 损伤。其中比较有代表性的是氧自由基。氧自由基攻击 DNA 分子可破坏碱基或戊糖的结构，最终导致 DNA 链断裂。*S*- 腺苷甲硫氨酸作为活性物质攻击 DNA 分子可导致其甲基化（烷基化）的发生，从而改变其化学性质。此外，水作为生物体内最广泛存在的溶剂，也会攻击 DNA 分子，导致 DNA 分子自发损伤。

二、环境因素可诱导 DNA 损伤的发生

（一）电离辐射和紫外线是导致 DNA 损伤的常见物理因素

电离辐射可以直接断裂 DNA 分子，或通过增加细胞内自由基浓度使 DNA 分子受到更多自由基攻击，从而造成 DNA 损伤。因此，利用钴 -60 进行一定剂量的电离辐射处理可以有效灭菌。紫外线（ultraviolet，UV）可根据波长不同分为 UVA（320 ~ 400 nm）、UVB

（290 ~ 320 nm）和 UVC（100 ~ 290 nm），不同波长的紫外线可造成不同类型的 DNA 损伤，其中低波长的 UVC 常引发嘧啶二聚体（pyrimidine dimer）的形成。常见的嘧啶二聚体有胸腺嘧啶二聚体（图 11-1）、胞嘧啶二聚体和胸腺嘧啶 - 胞嘧啶异二聚体，这是常见的 DNA 链内交联（intrastrand cross-linking）形式。此外，低波长的 UVC 也可以直接使 DNA 发生断裂，或导致细胞内自由基的产生，从而间接导致 DNA 损伤。足够剂量的紫外线照射可杀死大部分微生物，其原理就是利用 UVC 促使 DNA 损伤的发生。

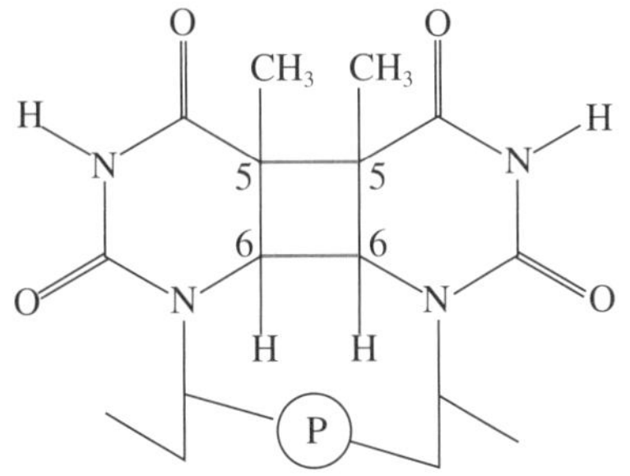

O O CH$_3$ CH$_3$ H N 5 5 N H 6 6 O N N O H H P

图 11-1 胸腺嘧啶二聚体的结构示意图

（二）多种化学因素可造成 DNA 损伤

造成 DNA 损伤的常见化学因素有活性自由基、碱基类似物、碱基修饰物以及 DNA 嵌入染料等。这些化合物有的是致癌物质，如亚硝胺、黄曲霉素、工业排放污染物、部分禁用的农药和食品添加剂，它们可通过诱导 DNA 损伤促进癌症的发生与发展。此外，还有很多 DNA 损伤诱导剂可作为癌症化疗药物，包括导致 DNA 分子烷基化的烷化剂，如氮芥类药物、环磷酰胺类药物、亚硝脲类烷化剂卡莫司汀和双甲基磺酸酯类双功能烷化剂白消安；导致 DNA 链间交联（DNA intrastrand cross-linking，ICL）的 DNA 交联剂，如铂类配合物顺铂和卡铂；导致 DNA 单链断裂的抗生素类药物，如丝裂霉素和博来霉素；导致 DNA 双链断裂的拓扑异构酶抑制剂，如拓扑异构酶 Ⅰ 抑制剂喜树碱和拓扑异构酶 Ⅱ 抑制剂依托泊苷。这些药物可以导致肿瘤细胞的基因组发生大范围不可逆的 DNA 损伤，从而促使肿瘤细胞死亡。但由于这些药物也可以导致正常细胞的基因组发生大范围损伤，所以一般产生比较严重的副作用。

三、DNA 损伤有多种类型

DNA 损伤的类型复杂多样，但基本可以概括为以下 4 种类型中的一种或组合：DNA 链的异常共价交联；碱基或糖基损伤；互补碱基对之间的错配；DNA 单链或双链断裂。

（一）DNA 链的异常共价交联包括链内交联和链间交联

DNA 链的异常共价交联通常分为链内交联和链间交联两种。最常见的链内交联是嘧啶二聚体，通常由低波长紫外线 UVC 照射导致（图 11-2）。而链间交联被认为是一种更难以修复的 DNA 损伤状态，其修复过程非常复杂，至今仍未被完全阐明。导致链间交联的常见化合物有顺铂、卡铂、丝裂霉素以及氮芥类化合物等（图 11-3）。

图 11-2 DNA 的链内交联结构示意图

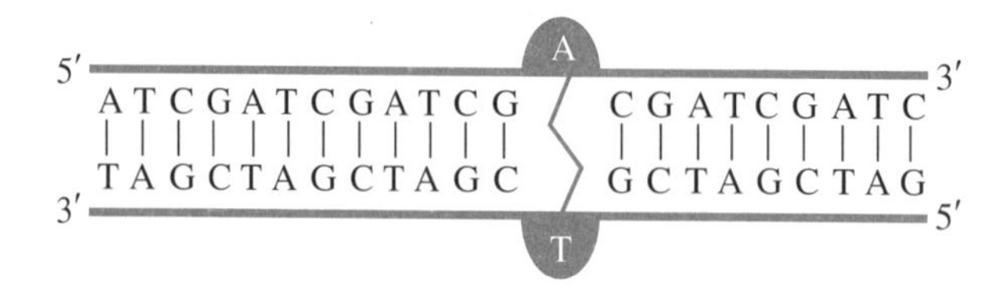

图 11-3 DNA 的链间交联结构示意图

（二）内源性或外源性化学物质可导致 DNA 分子的碱基或糖基损伤

DNA 分子虽然呈现出相对的化学惰性，但很多内源性或外源性的活性化学物质仍然可以攻击其中的碱基或糖基，使之发生损伤。攻击碱基或糖基的内源性活性物质一般被认为包括水分子、氧自由基、*S*- 腺苷甲硫氨酸等，这些活性物质可以导致碱基发生水解、氧化或甲基化。糖基的化学性质比碱基更加稳定，一般只会受到氧自由基的攻击。可攻击碱基或糖基的外源性活性化学物质有很多，常见的有亚硝酸盐和烷化剂，它们可分别导致碱基的脱氨和烷基化。

（三）DNA 双链的碱基对之间可发生错配

DNA 双链之间的碱基对通常以互补配对的形式存在。DNA 的半保留复制基本上严格按照碱基互补配对原则进行，但在正常情况下仍存在一定的错配率，常见的有尿嘧啶替代胸腺嘧啶。在 DNA 复制过程中，微卫星重复序列（microsatellite repeat sequence）很容易发生滑移错位（slipped misalignment），形成 DNA 双螺旋外的插入 / 缺失环（insertion/deletion loops，IDLs），从而导致微卫星重复序列拷贝数的改变，这也被认为是碱基错配的一种形式（图 11-4）。此外，如果模板链上存在尚未来得及修复的损伤碱基，由于保真性高的 DNA 聚合酶严格遵守碱基互补配对原则，所以无法根据模板链上的错误碱基完成子链的合成。为了保持子链 DNA 的完整性，此时需要保真性低的 DNA 聚合酶参与子链合成，这样的 DNA 合成过程称为跨损伤合成（translesion synthesis，TLS）。经跨损伤合成的 DNA 子链与模板链之间也存在碱基错配。

（四）DNA 链可发生单链或双链断裂

电离辐射和较大剂量的低波长紫外线均可导致 DNA 链断裂。一些常见的癌症化疗药（如依托泊苷和喜树碱）也能够导致 DNA 链发生断裂。DNA 链的断裂通常分为单链断裂和双链断裂两种，单链断裂通常以互补链为模板进行修复，修复过程比较容易进行；而双链断裂通常以同源重组和非同源末端连接的方式进行修复，修复过程较为复杂，DNA 分子不容易被完全恢复为原来的状态。

将 DNA 损伤大致分为以上 4 种类型有助于理解各类 DNA 损伤的修复途径，但值得注意的是，这 4 类 DNA 损伤并非彼此孤立存在：单一因素可能导致多种类型 DNA 损伤的发生，而修复一种 DNA 损伤的过程还可能引起另一种 DNA 损伤的发生。如最常被提及可导致链间交联的化合物顺铂和丝裂霉素，它们同时可以导致链内交联的发生，而且链内交联的占比远远高于链间交联。另一个典型的例子是，低波长紫外线 UVC 的照射可以导致嘧啶二聚体的产

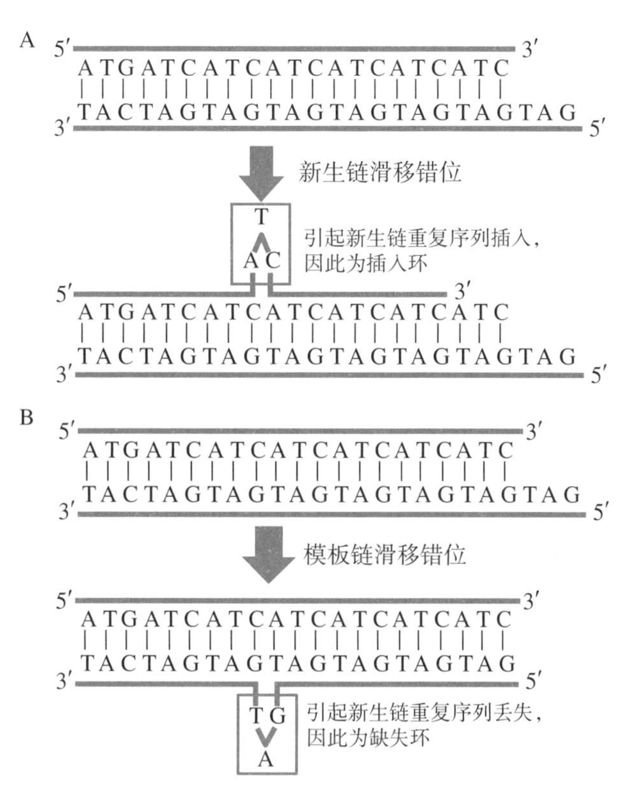

图 11-4　模板链滑移错位所致碱基错配
A．DNA 双螺旋外插入环的形成；B．DNA 双螺旋外缺失环的形成

生，这是链内交联中的一种主要形式，在修复这种损伤的过程中，会产生 DNA 单链断裂的中间状态，如果 DNA 单链断裂同时发生在 DNA 双链的两侧，则可能形成 DNA 双链断裂。低波长紫外线 UVC 照射还可以导致细胞内氧自由基浓度增加，氧自由基可以攻击碱基和糖基并导致其发生损伤。

DNA 损伤如果未能得到完全修复，就可能导致 DNA 分子上的碱基发生改变。DNA 损伤所致碱基的改变如果出现在基因编码区，则可能导致蛋白质密码子的改变，如错义突变（missense mutation）、移码突变（frameshift mutation）和整码突变（inframe mutation），甚至导致染色体结构发生变异，如染色体易位、缺失或重复，从而影响蛋白质的正常翻译过程。如果 DNA 突变或者染色体畸变发生在基因组的非编码区，则可能导致基因的转录功能异常，例如抑癌基因 PTEN 的启动子区发生的某些突变，可以导致其转录活性降低，从而促进癌症的进展。

第三节　DNA 损伤反应和 DNA 损伤修复途径

一、DNA 损伤反应是生物体应对 DNA 损伤的信号级联反应

要对 DNA 损伤进行修复，生物体首先要感知 DNA 损伤的发生，再动员相关的 DNA 损伤修复系统对其进行修复。当 DNA 损伤达到一定程度时，细胞就会启动一系列信号级联反应，以尽量对损伤的 DNA 进行修复。这些信号级联反应通常被称为 DNA 损伤反应（DNA damage response，DDR）。广义的 DNA 损伤反应涉及的方面非常广泛，下面将对原核细胞和人体内的

重要DNA损伤反应进行简要介绍。

(一)在大肠埃希菌中，SOS反应被认为是最重要的DNA损伤反应

大肠埃希菌体内存在一套级联反应系统，以引导细胞修复所遭受的严重DNA损伤，称为SOS反应（SOS response）。SOS是国际摩尔斯电码救难信号，生物体内的SOS反应首先由Radman于1971年提出，而Witkin于1976年对此概念进行了系统梳理，其核心是RecA蛋白和LexA蛋白的相互作用，以及其引发的后续生物学事件。Witkin的系统梳理引发了DNA损伤修复研究领域被广泛关注，也大大推动了DNA损伤修复研究领域的发展，至今已有超过40个SOS反应相关蛋白质被鉴定出来。

LexA蛋白是一个重要的转录抑制蛋白质，在正常生理情况下，LexA蛋白抑制了SOS反应相关基因的表达。在大肠埃希菌遭遇严重DNA损伤后，RecA蛋白通过与LexA蛋白结合引发LexA蛋白自水解，使得LexA蛋白对SOS反应相关基因的转录抑制得以解除，一系列SOS反应相关蛋白质得以迅速表达，其中包括参与同源重组修复的RecA和参与跨损伤修复的DNA聚合酶Ⅳ和DNA聚合酶Ⅴ等。当DNA损伤修复完成后，LexA蛋白重新恢复正常的表达水平，SOS反应相关蛋白质的表达重新被关闭。

(二)在人类细胞中，ATM和ATR是介导DNA损伤反应的关键激酶

ATM和ATR是参与人类细胞DNA损伤反应的重要激酶，在DNA损伤发生后，它们可以对下游的众多靶分子进行磷酸化修饰，由此促使DNA损伤被顺利修复。ATM对DNA损伤反应至关重要，它可以磷酸化重要的抑癌蛋白质p53，从而介导细胞周期G1/S检验点的激活，为DNA损伤修复争取足够的时间；它还可以磷酸化CHK2、MDC1、BRCA1和53BP1等众多DNA损伤反应信号级联相关蛋白质，从而调控DNA损伤反应的进程。ATR作为ATM的旁系同源物于1996年被报道鉴定出来（其芽殖酵母同源物Mec1/Sad3/Esr1于1994年被报道，其裂殖酵母同源物被追溯为早在1975年就曾被报道的*Rad3*基因）。ATR主要通过磷酸化CHK1蛋白介导细胞周期S期检验点和G2/M检验点的激活，为DNA损伤修复争取足够的时间。

二、不同的DNA损伤修复途径应对不同的DNA损伤类型

在漫长的生物演化进程中，生物体进化出多种类型的修复途径以应对可能发生的不同类型的DNA损伤，这些不同的修复途径有时候可以相互补充。DNA损伤的类型并非与修复途径一一对应，一种DNA损伤类型往往可以对应不同的修复途径。DNA损伤修复的系统性研究大约从20世纪40年代开始，这些研究融合了微生物学、分子生物学、生物化学、生物物理学、遗传学、病理学、系统生物学等技术手段，使人类对DNA分子演进过程的认识越发深刻。

(一)DNA链内交联的修复途径包括光复活和核苷酸切除修复

1. 光复活可以修复嘧啶二聚体 嘧啶二聚体是DNA链内交联的常见类型，由UVC照射DNA后产生。可见光能够让微生物在致死剂量的紫外线照射后得以光复活（photoreactivation），其原理是微生物体内的光裂合酶（photolyase）可以利用可见光的部分能量，促使紫外线诱导形成的具有环丁烷基团结构的嘧啶二聚体解开，从而使DNA分子恢复正常结构，由此使紫外线照射后的微生物能够继续存活。人类细胞并不表达光裂合酶，但人类细胞中表达光裂合酶的同源物，这些同源物并不具备光裂合酶活性，但可能与生物钟的调控相关。

知识拓展

光裂合酶在人体内的旁系同源物

人类细胞并不表达光裂合酶，但是存在光裂合酶的旁系同源物CRY1和CRY2，这两个蛋白质在二级序列和三维结构上都与光裂合酶有很高的相似度，它们同样属于光感应蛋白质。深入的分子生物学研究和体内试验结果表明，CRY1和CRY2是核心昼夜节律调控蛋白质群中的感光因子，作为转录抑制子，它可以抑制与昼夜节律相关的蛋白质表达，从而实现对昼夜节律的调控。*CRY1*基因和*CRY2*基因敲除小鼠表现出昼夜节律紊乱。有趣的是，参与核苷酸切除修复的*XPA*基因的转录水平受昼夜节律影响，其表达水平大约在下午5时最高，而在凌晨5时最低。最近有研究显示，在生物钟紊乱的睡眠时相延迟综合征患者中*CRY1*基因的突变率达到100%。

2．核苷酸切除修复是修复嘧啶二聚体的主要途径　在大肠埃希菌和人类细胞中，*uvr*基因和*XP*基因分别主导核苷酸切除修复（nucleotide excision repair，NER）。事实上，无论在大肠埃希菌中还是在人体内，核苷酸切除修复都是清除以嘧啶二聚体为代表的链内交联的主要途径。有趣的是，*uvr*基因和*XP*基因并不同源，两套核苷酸切除修复系统在进化上似乎是相互独立的。

在大肠埃希菌中，UvrA识别DNA损伤位点并招募UvrB，通过消耗ATP，UvrA使UvrB与DNA形成稳定的复合物。随后UvrA离开损伤位点，UvrB则招募UvrC，UvrC在损伤位点的5′和3′端切割损伤DNA链，然后UvrD利用其解旋酶活性帮助UvrC和已切开的寡核苷酸链从DNA双链上解离，之后DNA聚合酶Ⅰ将UvrB替换下来，把空缺填补上，最后由DNA连接酶完成最后的连接修复（图11-5）。

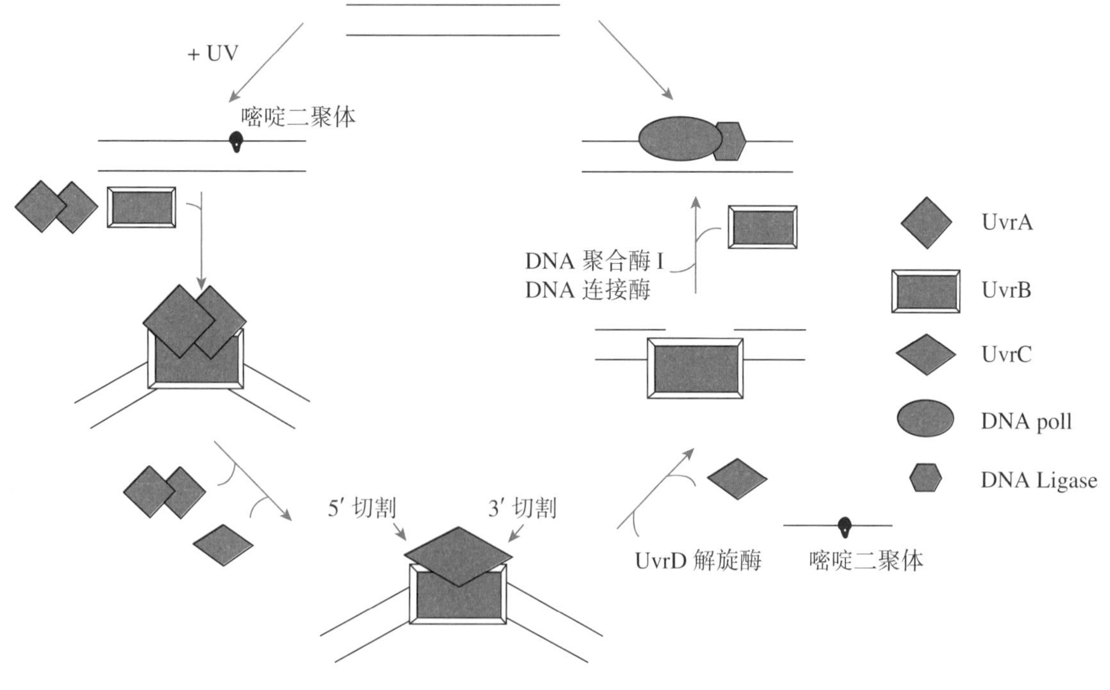

图11-5　大肠埃希菌的核苷酸切除修复示意图

在人类细胞中，切割嘧啶二聚体附近的核苷酸需要 XPA、RPA、TFⅡH 等至少 16 种蛋白质的参与，其基本过程如下：XPA、XPC 和 RPA 复合物识别损伤位点，TFⅡH 复合物（包括 XPB 和 XPD 等 7 种蛋白质）被招募并结合。TFⅡH 复合物中的 XPB 和 XPD 具有解旋酶活性，它们可对损伤部位附近的 DNA 进行解旋使之形成凸起结构，并进一步招募具有核酸酶活性的 XPF 和 XPG，从而实现在损伤位点的 5′ 和 3′ 端切割损伤 DNA 链，在增殖细胞核抗原（proliferating cell nuclear antigen，PCNA）的帮助下，受损的寡核苷酸会被释放出来，缺损区由 DNA 聚合酶 ε 或 δ 填补，DNA 连接酶负责完成最后的连接修复（图 11-6）。

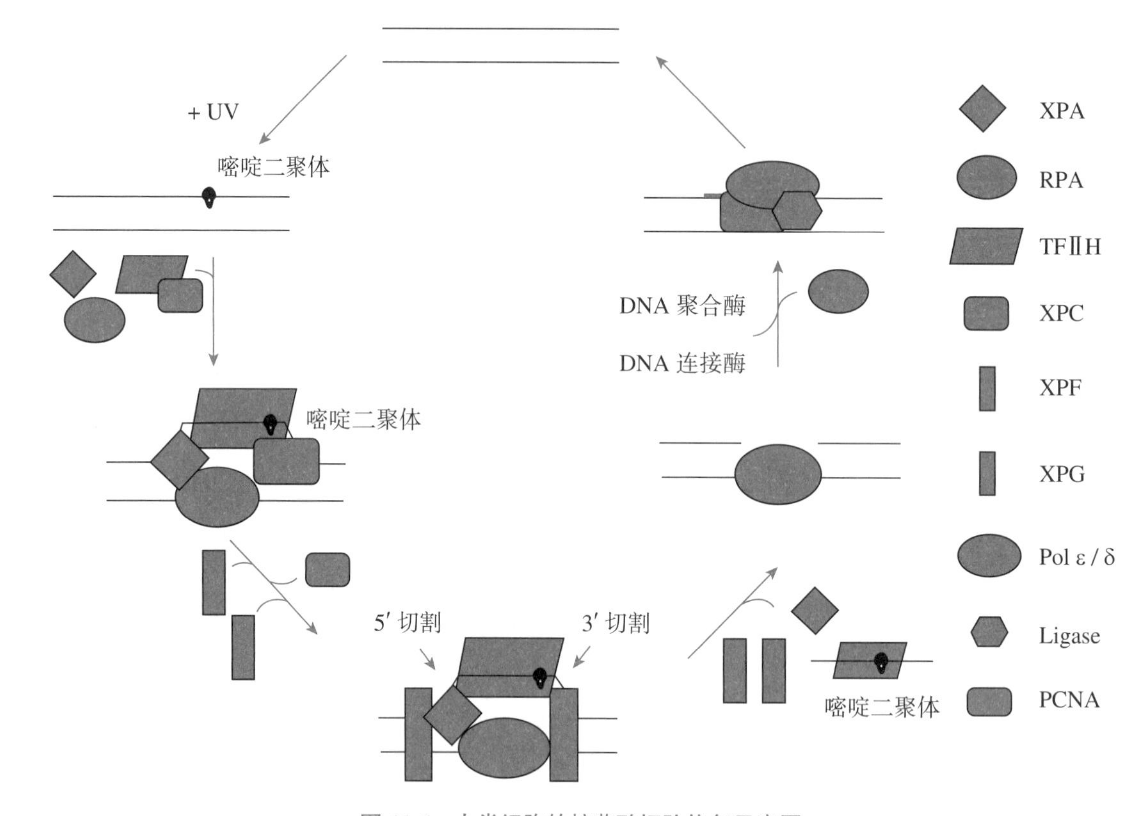

图 11-6 人类细胞的核苷酸切除修复示意图

与 DNA 链内交联的修复相比，DNA 链间交联的修复过程非常复杂，至今尚未完全阐明，但已明确该过程在人体内由范科尼贫血（Faconi anemia，FA）致病基因编码的相关蛋白质所介导。

（二）碱基损伤及糖基破坏在不同情况下有不同的修复途径

1．烷基转移酶和 ALKB 氧化酶直接修复被甲基化修饰的碱基 在生理条件下，DNA 分子上的碱基容易受到细胞内的活性甲基供体 *S*- 腺苷甲硫氨酸的攻击而被甲基化修饰，从而改变原本的结构。烷基转移酶，如 O^6- 烷化鸟嘌呤 -DNA 烷基转移酶（O^6-alkylguanine-DNA alkyltransferases，AGTs），可将碱基上的烷基直接转移到自身的巯基上；而 ALKB 氧化酶则可以把碱基上的修饰甲基通过氧化去甲基作用（oxidative demethylation）去除。这两类酶都可以实现受损碱基的直接修复。

2．碱基切除修复 核苷酸切除修复系统识别的是造成 DNA 双螺旋结构扭曲的损伤结构，如嘧啶二聚体以及能够引起 DNA 双螺旋结构扭曲的碱基共价修饰，而当 DNA 分子上的脱氧核糖受氧自由基攻击或者单个碱基发生缺失、脱氨基或烷基化时，需要碱基切除修复（base excision repair，BER）系统进行识别和修复。DNA 糖苷酶（glycosylase）可以识别单个碱基的脱氨基或烷基化，通过水解糖苷键去除受损碱基，形成一个无碱基位点，即 AP 位点，AP 核酸内切酶识别 AP 位点后，可把剩余的磷酸核糖切除，产生一个单核苷酸切口，DNA 聚合酶之后会把缺口补齐，再由 DNA 连接酶将切口连接起来，DNA 分子重新成为一条完整的 DNA 链。至今，已经有多达 11 种和 8 种不同的 DNA 糖苷酶分别在人类和大肠埃希菌中被鉴定出来，它们可以识别不同类型的受损碱基并将其去除，产生 AP 位点。

（三）碱基错配修复途径针对 DNA 复制过程中产生的碱基错配损伤

碱基错配一般是指在 DNA 复制过程中子链上的碱基未能按照碱基互补配对原则与模板链上的碱基进行配对。尽管碱基切除修复也可以对某些碱基错配进行修复，但是在 DNA 复制过程中，子链上产生的碱基错配一般并不通过碱基切除修复进行修复，而是通过碱基错配修复（mismatch repair，MMR）途径进行修复。如前所述，生物体内还存在另外一种较为复杂的碱基错配：在微卫星重复序列上，在 DNA 复制过程因打滑而形成导致重复序列拷贝数发生改变的双螺旋外插入 / 缺失环。这也需要 MMR 系统进行修复纠正。在碱基错配修复中，是 DNA 子链上的错配需要被纠正，因此准确区分、识别 DNA 复制的模板链和子链是修复成功的关键。

1．大肠埃希菌中碱基错配修复的子链识别和修复过程　在大肠埃希菌中，模板链中 d（GATC）序列上的腺嘌呤通常都被甲基化修饰，该修饰由 DNA 腺嘌呤甲基化酶（DNA adenine methylase，Dam）完成。在 DNA 复制过程中，新生子链一般还未被 Dam 甲基化修饰，MMR 系统根据这一特点能够正确区分出模板链和子链。MMR 系统包括至少 10 种蛋白质，其基本过程如下：MutS 二聚体结合到错配位点上并招募 MutL 二聚体，随后二者激活具有潜在核酸内切酶活性的 MutH。MutH 可识别半甲基化的 d（GATC）序列，并在未甲基化的子链上造成切口。随后，在适当的核酸外切酶（若切口在错配点的 5′ 端，该核酸酶为 RecJ 或 Exo Ⅶ；若切口在错配点的 3′ 端，该核酸酶为 ExoI 或 ExoX）、松弛蛋白质、DNA 解旋酶 UvrD、DNA 聚合酶Ⅲ和 DNA 连接酶的共同作用下，完成包含错配点在内的一段 DNA 子链的解旋、水解，并对缺口 DNA 进行合成及连接。

2．人体内的碱基错配修复途径　人与大肠埃希菌的 MMR 系统高度同源。人的 MutS 同源二聚体有 hMutSα 和 hMutSβ 两种，MutS 亚基是由 MSH2 和 MSH6 组成的异二聚体，主要负责识别碱基 - 碱基的错配以及 1 ～ 3 个拷贝的双螺旋外 IDLs，而 MutS 亚基则是由 MSH2 和 MSH3 组成的异二聚体，主要负责识别 2 ～ 10 个拷贝的双螺旋外 IDLs。人的 MutL 亚基是 PMS2 和 MLH1 组成的异二聚体，具有潜在的核酸内切酶活性。此外，人的 MMR 系统只有 EXO1 一种核酸外切酶的参与。目前的研究结果显示，人的 MMR 系统并不依赖模板链的甲基化区分子链，可能是通过 MSH6 与滑动夹 PCNA 之间的相互作用得以实现的，其具体机制尚不明确。

知识拓展

碱基错配修复领域的开创者 P. Modrich

P. Modrich 首次鉴定出碱基错配修复如何识别模板链的分子机制，通过巧妙的体外试验，发现大肠埃希菌的碱基错配修复机器可以通过识别母链上 d（GATC）序列上的甲基化修饰，从而准确地在子链上进行切割，并将 DNA 复制过程中引入的碱基错配去除。他的课题组后续鉴定出大肠埃希菌碱基错配修复机器的大多数组分，由此揭示了大肠埃希菌碱基错配修复机制的大部分细节。在其他课题组报道了林奇综合征患者的肿瘤细胞存在微卫星不稳定的表型后，P. Modrich 课题组迅速在微卫星不稳定的肿瘤细胞中

鉴定出了碱基错配修复机器在人类细胞中的系列同源物，从而揭示了哺乳动物细胞碱基错配修复机器的大部分工作机制。

在他的诺贝尔奖演说中，他几乎把自己课题组的每一项重要发现都归功于论文的第一作者，他如数家珍地诉说每一位论文第一作者的发现和贡献，这里面就包括在碱基错配修复领域做出杰出贡献的华裔科学家李国民（G. M. Li）教授。

知识拓展

微卫星不稳定与肿瘤的发生

目前已知微卫星不稳定比率比较高的肿瘤类型有大肠癌（15%）、子宫内膜癌（20%～30%）、胃癌（22%）和卵巢癌（12%），林奇综合征主要由于*MSH2*、*MSH6*、*PMS2*或者*MLH1*的突变引起。在散发性肿瘤中，相较于基因突变引起的微卫星不稳定，有研究表明，*MLH1*启动子的甲基化是引起微卫星不稳定的常见原因。近年的系统生物学研究表明，WRN可能是一个非常有潜力的针对微卫星不稳定肿瘤的治疗靶点。

（四）DNA单链断裂可以直接修复，而双链断裂修复较为复杂

DNA单链断裂（single-strand break，SSB）被认为是比较轻微的DNA损伤，因为DNA连接酶可以直接把断开的DNA单链重新连接上。而DNA双链断裂（double-strand break，DSB）被认为是相对严重的DNA损伤形式，相比NER、BER和MMR，DNA双链断裂由于其两条链都已断开，因此失去了能够提供参考序列的完整对侧模板链。此时，细胞需要使用其他的修复途径对断开的DNA双链进行修复。

在大肠埃希菌中，DNA双链断裂的修复方式通常是同源重组（homologous recombination，HR）修复，而真核细胞尤其是哺乳动物，除同源重组修复外，还经常使用与同源重组修复互斥的非同源末端连接（non-homologous end joining，NHEJ）对DNA双链断裂进行修复。非同源末端连接修复除了提高双链断裂修复的效率外，还在免疫细胞中促进淋巴细胞受体基因和免疫球蛋白基因的构建和重排。

1. 同源重组修复 同源重组是修复双链断裂的重要途径，无论是在大肠埃希菌还是在真核细胞中，同源重组修复都是唯一能够修复双链断裂且完全不引入错误的修复途径，但其修复依赖附近序列完全一致的DNA分子。同源重组修复的步骤包括：①末端切除（resection），形成3′悬挂单链DNA（ssDNA）末端；②重组酶包被3′悬挂ssDNA末端，形成重组酶-ssDNA细丝（filament）；③重组酶-ssDNA细丝寻找与这段ssDNA序列完全互补的对侧DNA分子，并侵入形成D环结构；④利用完全互补的对侧DNA为模板，启动DNA合成，完成修复过程（图11-7）。

在大肠埃希菌中，DNA单链断裂若未及时修复，就会在DNA复制时形成双链断裂，此时复制叉另一侧的新生完整DNA双链就可以成为同源重组的模板。在真核细胞中，同源重组一般发生在细胞周期的S/G2期，与大肠埃希菌类似，此时DNA已经完成复制，邻近的新生完整DNA双链可以作为断裂DNA双链的模板。在大肠埃希菌中，完成末端切除的主要是RecBCD（由RecB、RecC和RecD组成）复合物，重组酶是RecA；而在人类细胞，完成末端切除的主要是MRN复合物（由MRE11、RAD50和NBS1组成），重组酶则是RAD51。

2. 非同源末端连接修复 非同源末端连接修复是真核细胞尤其是哺乳动物细胞经常使用

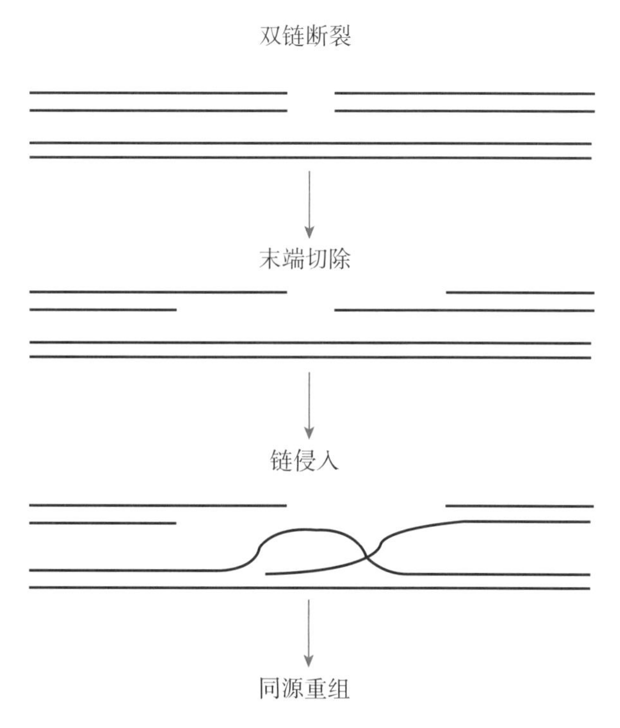

图 11-7 同源重组修复的主要步骤

的 DNA 双链断裂修复途径，是完成 V（D）J 基因重排以及免疫球蛋白重链类别转换所依赖的 DNA 双链断裂修复途径。研究测算显示，处于 G1 期的哺乳动物细胞更倾向于以非同源末端连接的方式修复 DNA 双链断裂，其使用率是同源重组修复的 50 倍以上，而处于 S/G2 期的哺乳动物细胞则更倾向于以同源重组的方式进行修复，此时同源重组修复的使用率大约为非同源末端连接修复的 4 倍，可见非同源末端连接修复在哺乳动物细胞中的使用率非常高。经典非同源末端连接修复的关键步骤包括：① Ku70/80 蛋白加载到双链断裂 DNA 的两个末端；② Ku70/80 蛋白招募 DNA-PKcs 蛋白，DNA-PKcs 通过结合两个断裂末端，把两个断裂末端的距离拉近；③继续招募非同源末端连接相关的下游共作用因子，包括 LIG4、XRCC4、Artemis、PAXX 和 XLF 等蛋白质，实现两个断裂末端的连接（图 11-8）。

知识拓展

同源重组与非同源末端连接的选择

在哺乳动物细胞中，同源重组与非同源末端连接基本上是相互拮抗的，在经典的拮抗模型中，53BP1-RIF1 复合物如果在 DNA 双链断裂位点上处于主导地位，DNA 末端切除（resection）就会受到抑制，修复方式就会朝非同源末端连接的方向发展，而如果处于主导地位的是 BRCA1 蛋白，则会朝同源重组的方向发展。直到 2018 年，53BP1-RIF1 复合物抑制 DNA 末端切除的分子机制被 4 个独立的课题组几乎同时报道，直接结合在单链 DNA 上抑制 DNA 末端切除的 shieldin 复合物被鉴定出来。

（五）跨损伤合成能够维护 DNA 分子的完整性

跨损伤合成（translesion synthesis，TLS）特指一类忽略模板链上的 DNA 损伤部位强行进

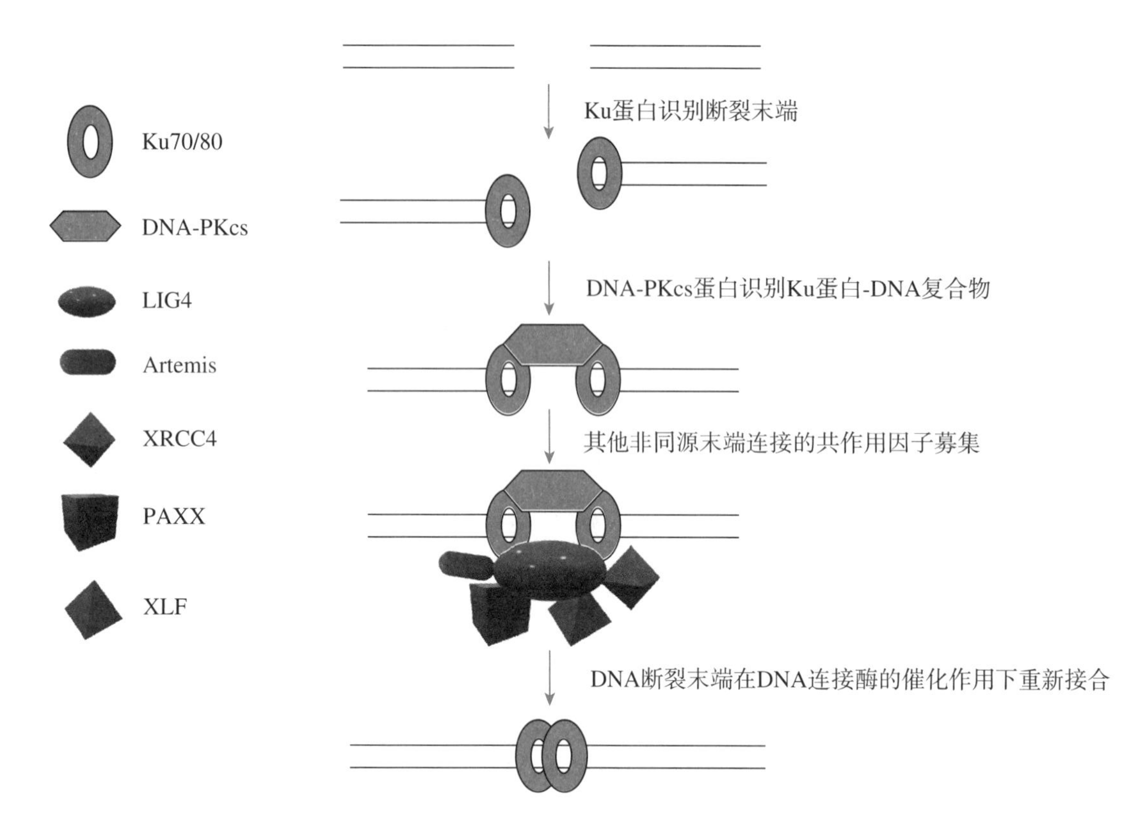

图 11-8 非同源末端连接修复的主要步骤

行 DNA 合成的过程，由一类没有校对功能的 DNA 聚合酶（也称为 TLS 相关 DNA 聚合酶）负责执行。在某种程度上，跨损伤合成不算是一种修复途径，因为它不仅不能修复旧的 DNA 损伤，还会引入更多的碱基错配，所以在很多文献中，它仅被称为跨损伤合成，而非跨损伤合成修复。即便如此，由于跨损伤合成能够保证 DNA 分子的大致完整性，所以通常也被认为是一种广义的 DNA 损伤修复途径。跨损伤合成通常发生在其他类型的 DNA 损伤修复过程，如同源重组修复的过程中，如果模板链上存在损伤的 DNA（如模板链上存在嘧啶二聚体、损伤的核糖或碱基），具备校正功能的 DNA 聚合酶就会在损伤位点前脱落，跳过损伤位点继续合成，而容错率高的跨损伤合成相关 DNA 聚合酶会结合到损伤位点前，完成损伤位点附近的 DNA 合成（图 11-9A）。跨损伤合成还可以发生在其他修复场景中，如核苷酸切除修复（图 11-9B）。跨损伤合成相关 DNA 聚合酶可以忽略模板链上的 DNA 损伤进行子链的合成，在模板链损伤的部分，它在子链上随机地添加上新的核苷酸，而在损伤部位附近的正常模板处，它由于没有校对功能，也会经常引入新的碱基错配。跨损伤合成相关 DNA 聚合酶一般活性较低，所以在损伤部位后方不远处很快就会被其他活性高、合成速度快的 DNA 聚合酶阻截并继续进行 DNA 合成。在大肠埃希菌中，跨损伤合成相关 DNA 聚合酶通常是 DNA 聚合酶Ⅳ或Ⅴ，而在真核细胞中则通常是 Pol。

第四节 DNA 损伤与修复的生物学及医学意义

一、DNA 损伤与修复是生物性状进化、维持和遗传的重要基础

在生物的进化与演变历程中，DNA 的结构及组装方式都在逐步发生改变，这些改变建立

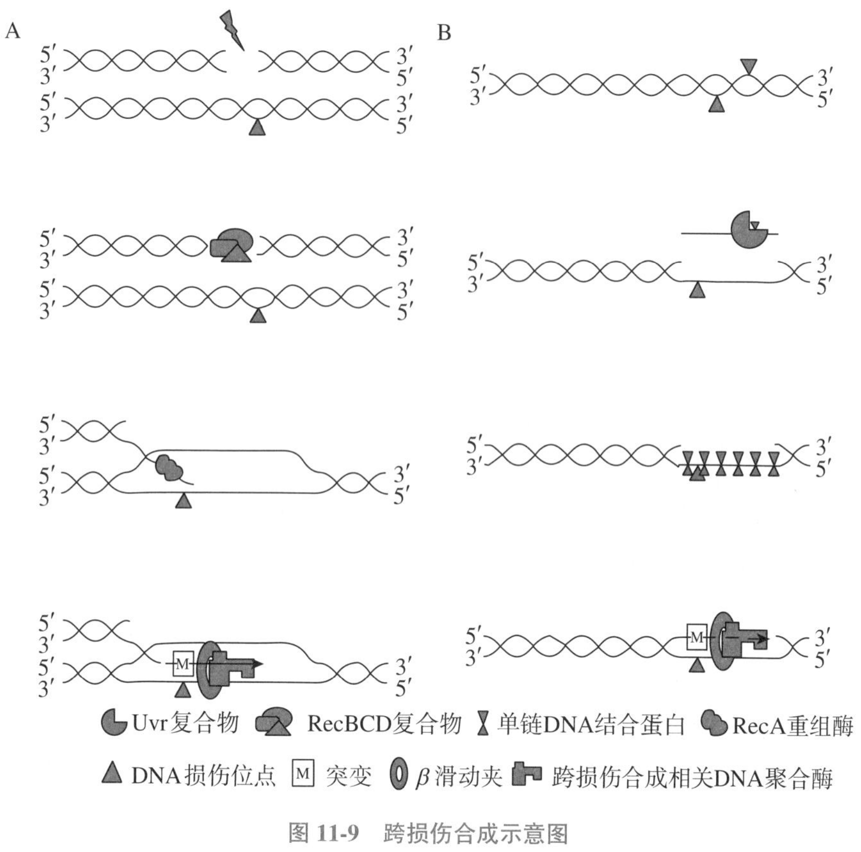

图 11-9 跨损伤合成示意图

A．同源重组过程中的跨损伤合成；B．核苷酸切除修复过程中的跨损伤合成

在 DNA 损伤的基础上——DNA 与细胞内外因素不断发生交互作用而不断发生损伤，从而获得发生改变的机会，这是生物性状多样性的分子生物学基础。而 DNA 损伤能够得到相当程度的修复，是维持生物体内 DNA 分子相对稳定的重要前提，是生物性状得以维持并实现代际遗传的分子生物学基础。

二、DNA 损伤与修复在重要生理病理过程中发挥关键作用

对于细胞和个体而言，DNA 损伤与修复贯穿以生老病死为主轴的生命全周期。生殖细胞在减数分裂过程中依赖 DNA 双链断裂和同源重组修复，从而实现姐妹染色单体交叉互换，这是 DNA 损伤和修复与“生”的关键联系。在衰老的过程中，细胞及个体的生理功能逐步退化，很大程度是由于 DNA 损伤未被充分修复并不断累积。不同器官的生理功能退化都可能导致功能退行性疾病的发生，如心力衰竭、慢性阻塞性肺疾病、糖尿病、神经退行性疾病。免疫系统的衰老更是一个与 DNA 损伤和修复密切联系的过程。由于免疫细胞的 V（D）J 基因重排和免疫球蛋白重链类别转换均依赖于 DNA 双链断裂和非同源末端连接，衰老不仅可以引发免疫细胞发生一般性的功能减退，甚至可能造成 V（D）J 基因重排以及免疫球蛋白重链类别转换无法进行，进而引发更为严重的免疫功能退化。免疫系统的衰老可导致机体免疫力下降，从而使感染性疾病和癌症更容易发生，并最终可能导致死亡。

Note

三、DNA 损伤与修复和肿瘤发生、发展密切相关

肿瘤细胞是一种突破生老病死生命周期并具有无限增殖潜力的细胞。DNA 损伤的积累使正常细胞可能获得致癌性基因突变，这些突变让正常细胞获得逃逸衰老和死亡的能力，从而导致其转化为肿瘤细胞。肿瘤细胞通常具有旺盛的增殖及代谢能力，这使其经受更大的细胞代谢压力，因而更频繁地发生 DNA 损伤。但与此同时，肿瘤细胞中的 DNA 损伤修复相关蛋白质表达水平通常都比较高，这能够帮助肿瘤细胞避免经历衰老和死亡，使其在不断产生新的 DNA 变异的情况下无限增殖下去，从而有机会进一步获得转移、抵抗放化疗、躲避免疫监视等能力，成为一种难以治愈的复杂恶性疾病。

DNA 损伤反应以及损伤修复相关基因的突变与多种癌症易感性遗传病的发生有关，针对这类遗传病的致病基因及致病机制的研究往往是理解人体 DNA 损伤反应以及损伤修复机制的重要研究突破口。下面将举例介绍这些推动 DNA 损伤与修复研究的重要癌症易感性遗传病。

共济失调毛细血管扩张症（ataxia telangiectasia，AT）是一种常染色体隐性遗传病，于 1967 年被首次报道，其致病突变基因为共济失调毛细血管扩张突变基因（ataxia telangiectasia-mutated gene，*ATM*），直到 1995 年才被报道。这类患者表现为毛细血管扩张和进行性神经系统衰退所导致的共济失调，还表现出免疫缺陷和癌症易感性，特别是易感淋巴瘤。早期研究还表明，这类患者罹患癌症后接受放疗会引发严重的并发症。如前所述（本章第三节），ATM 是 DNA 损伤反应中的一种关键蛋白质激酶，针对它的研究是理解人体 DNA 损伤反应的重要突破口。

着色性干皮病（xeroderma pigmentosum，XP）也是一种常染色体隐性遗传病，相关研究是理解人体核苷酸切除修复机制的重要突破口。该病患者对阳光照射异常敏感，在正常光照条件下患皮肤癌的概率比正常人高大约 5000 倍。对这种遗传病的研究促使了参与人体核苷酸切除修复的 7 个 *XP* 基因的鉴定，这 7 个基因被分别命名为 *XP-A/B/C/D/E/F/G*。

范科尼贫血是一种罕见的常染色体隐性遗传性血液系统疾病，其主要表现为再生障碍性贫血，另外还表现出生育能力弱、先天性畸形以及易感白血病和鳞状细胞癌等。该疾病早在 1967 年就被报道，但直到 1987 年研究人员发现该病患者的外周血淋巴细胞对 DNA 交联剂非常敏感（一类肿瘤化疗药物），这才探索到了研究 DNA 链间交联修复的突破口。目前，已知有 22 个范科尼贫血的致病突变基因，主要致病基因包括 *FANCA*（65%）、*FANCC*（15%）和 *FANCG*（10%），其他致病基因还包括同源重组相关基因 *BRCA1*、*BRCA2*（*FANCD1*）、*PALB2*（*FANCN*）和 *RAD51* 等。其中两个调控同源重组修复的重要基因 *BRCA1/2* 的突变还可以导致常染色体显性的遗传性乳腺癌 - 卵巢癌综合征（hereditary breast and ovarian cancer syndrome，HBOC）的发生，这两个致病突变基因分别于 1990 年和 1994 年被鉴定报道。

林奇综合征（Lynch syndrome）是一类常染色体显性的家族遗传癌症易感综合征，其表现为易感遗传性非息肉病性结直肠癌（hereditary non-polyposis colon cancer，HNPCC）以及子宫内膜、卵巢、胃、小肠、肝、胆、上尿道、脑和皮肤等部位的恶性肿瘤，患者通常携带碱基错配修复相关基因突变。在微卫星不稳定的肿瘤细胞中，也往往可以鉴定出碱基错配修复相关基因的突变或表达缺陷。林奇综合征相关研究是理解人体碱基错配修复的关键突破口。

Note

思 考 题

1. 大肠埃希菌有可能以何种方式修复DNA分子中的嘧啶二聚体?

2. 碱基切除修复与核苷酸切除修复之间有什么区别?在进化演变过程中,生物体为什么要形成这两套截然不同的修复途径?

3. 碱基错配修复能够修复哪些类型的DNA损伤?

4. 跨损伤合成(TLS)的关键特点是什么?它是一种DNA损伤修复途径吗?跨损伤合成有可能发生在其他DNA修复途径的过程中吗?

5. DNA修复途径的缺陷可能导致哪些遗传病?相关的修复途径和致病突变基因有哪些让你感到印象深刻?

(冯嘉汶 倪菊华)

第十二章

RNA 合成

第一节 概 述

RNA 与 DNA 一样，在生命活动中发挥着重要作用。目前已知 RNA 是唯一一类既可以贮存并传递遗传信息，又有催化功能的生物大分子。RNA 与蛋白质共同承担着基因表达及调控功能。RNA 分子通常以单链形式存在，在链内还可通过碱基配对形成局部双链二级结构或更高级结构，其结构的复杂性、多样性与其功能多样性密切相关。

RNA 合成是遗传信息表达的重要内容。贮存于 DNA 分子中的遗传信息经由 RNA 传递至蛋白质。mRNA、tRNA 和 rRNA 是参与蛋白质合成的三类主要 RNA。此外，还有一些 RNA 具有调节或催化功能，或者是前述三类 RNA 的前体分子。

以 DNA 为模板合成 RNA 的过程称为转录（transcription），这是生物体内合成 RNA 的主要方式。通过转录，遗传信息从染色体的贮存状态转送至胞质溶胶，从功能上衔接了 DNA 和蛋白质这两种生物大分子。转录是基因表达调控的重要环节，对转录过程的调节可以导致蛋白质合成速率的改变，并由此引发一系列细胞功能变化。因此，理解转录机制对于认识许多生物学现象和医学问题具有重要意义。

生物界还存在以 RNA 为模板合成 RNA 的方式，称为 RNA 复制（RNA replication）。RNA 复制常见于病毒，是除逆转录病毒外的 RNA 病毒在宿主细胞合成 RNA 的方式。

几乎所有真核生物的初级转录物（transcript）都要经过加工（processing），才能成为有活性的成熟 RNA 分子。原核生物的 mRNA 初级转录物无需加工就可作为翻译的模板，而 rRNA 和 tRNA 的初级转录物则需要进行加工。本章将着重介绍转录作用及 RNA 前体的加工过程。

第二节 转录体系

一、转录是 DNA 指导 RNA 合成过程

转录是指 DNA 指导的 RNA 合成过程。反应以 DNA 为模板，以 ATP、GTP、CTP 及 UTP（简称 NTP）为原料，在 RNA 聚合酶的催化下，各核苷三磷酸以 3′，5′- 磷酸二酯键相连。合成反应的方向为 5′ → 3′。反应体系中还有 Mg^{2+}、Mn^{2+} 等金属离子。与 DNA 合成不同的是，转录过程不需要引物参与。

与 DNA 复制类似，转录产物的 RNA 序列也是依据碱基互补配对原则由模板 DNA 序列决定的，即 T-A、C-G，但如果 DNA 模板上出现了 A，对应 RNA 链上则是 U，即在 RNA 分子

中由 U 代替 T 与模板 DNA 的 A 互补。

DNA 复制时，DNA 双链均作为模板，而转录时只有其中的一条 DNA 链作为模板，此 DNA 链称为模板链（template strand）；与模板链互补的另一条链不作为转录的模板，称为非模板链（nontemplate strand）。非模板链的序列与转录物 RNA 的序列基本相同（仅 T 代替 U），由于转录物 mRNA 对基因表达产物有编码功能，非模板链也由此命名为编码链（coding strand）（图 12-1）。

5′-CGCATATTGCGTTAA-3′　　DNA编码链（非模板链）
3′-GCGTATAACGCAATT-5′　　DNA模板链
⇩ 转录
5′-CGCAUAUUGCGUUAA-3′　　DNA转录物

图 12-1　模板链和编码链

复制和转录过程有很多相似之处，但又有各自的特点，二者的异同列于表 12-1 中。

表 12-1　复制和转录的异同

		复制	转录
相同点		以 DNA 为模板	
		需要依赖 DNA 的聚合酶	
		聚合反应遵循碱基互补配对原则	
		聚合反应生成 3′, 5′- 磷酸二酯键	
		新链延伸方向均为 5′ → 3′	
不同点	原料	dNTP	NTP
	模板	DNA 两条链均可作为模板	DNA 的一条链作为模板
	聚合酶	DNA 聚合酶	RNA 聚合酶
	引物	需要	不需要
	碱基配对	T-A，C-G	A-U，T-A，C-G
	产物	DNA	RNA

在同一 DNA 分子中，不同基因的模板链并不固定。对同一条 DNA 单链而言，在某个基因区段可作为模板链，而在另一个基因区段则可能是编码链。例如，在腺病毒基因组（3.6×10^4bp）中，大多数蛋白质以一条 DNA 链为模板，少数蛋白质则以另一条互补的 DNA 链为模板（图 12-2）。

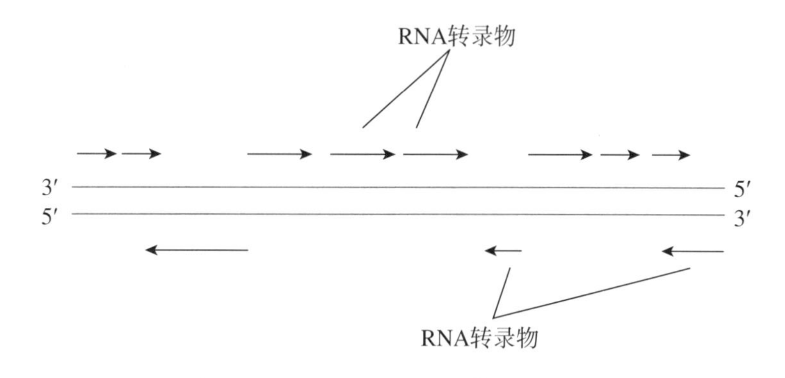

图 12-2　在同一 DNA 分子中，不同基因的模板链并不固定

转录开始时，RNA 聚合酶结合于基因的特定部位，在此附近 DNA 双链打开，形成一转录泡（transcription bubble），进行核苷酸的聚合反应。随着 RNA 聚合酶在 DNA 模板链上向着转录方向移动，核苷酸的聚合反应持续进行（图 12-3）。

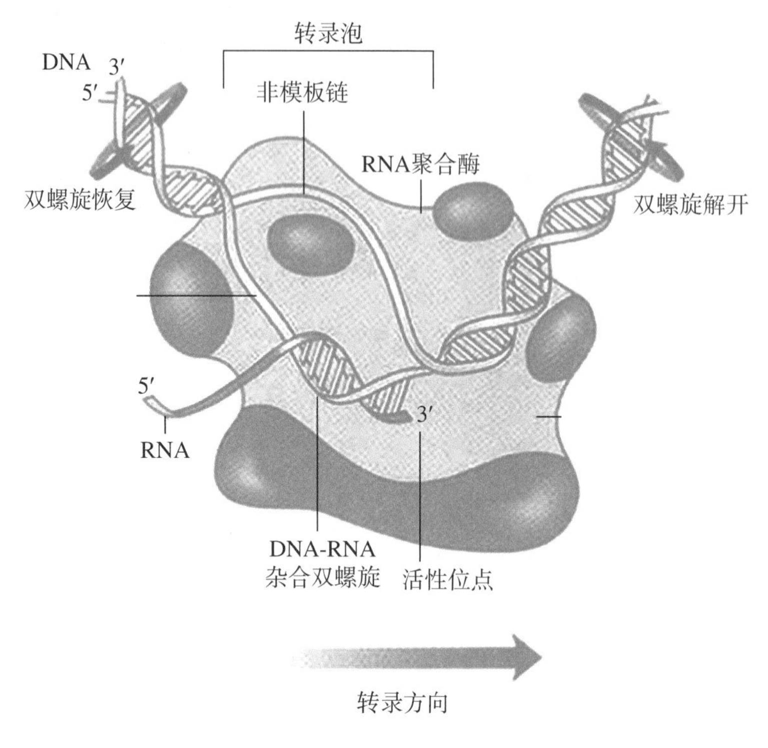

图 12-3 转录示意图

二、RNA 聚合酶催化 RNA 合成

RNA 合成的化学机制与 DNA 聚合酶催化 DNA 合成相似。催化 RNA 合成的酶是 RNA 聚合酶（RNA polymerase，RNA pol），也称依赖 DNA 的 RNA 聚合酶（DNA-dependent RNA polymerase）。RNA 聚合酶通过在新生 RNA 的 3′-OH 端加入核苷酸延长 RNA 链，从 5′ → 3′ 方向合成 RNA，总的反应可表示为：

$$\underset{\text{RNA}}{(\text{NMP})_n} + \text{NTP} \rightarrow \underset{\text{延长的 RNA}}{(\text{NMP})_{n+1}} + \text{PPi}$$

该反应以 DNA 为模板，以 ATP、GTP、UTP 和 CTP 为原料，需要 Mg^{2+} 和 Mn^{2+} 作为辅基。与 DNA 复制不同的是，RNA 聚合酶不需要引物就能直接启动 RNA 链的延长。

（一）原核生物的 RNA 聚合酶由核心酶和 σ 亚基组成

大肠埃希菌 RNA 聚合酶是目前研究得较为透彻的一种酶，含 6 个亚基，分别是 2 个相同的 α 亚基、1 个 β 亚基、1 个 β' 亚基、1 个 ω 亚基以及 1 个 σ 亚基，其中 $\alpha_2\beta\beta'\omega$ 称为核心酶（core enzyme），加上 σ 亚基称为全酶（holoenzyme）。σ 亚基与核心酶结合较为疏松，很容易从全酶分离。核心酶的形状类似于蟹螯，β 亚基和 β' 亚基构成蟹螯。真核生物 RNA 聚合酶的核心酶也有类似的结构（图 12-4）。

σ 亚基的功能是识别启动子，启动转录，并参与 RNA 聚合酶与部分调节因子的相互作用。

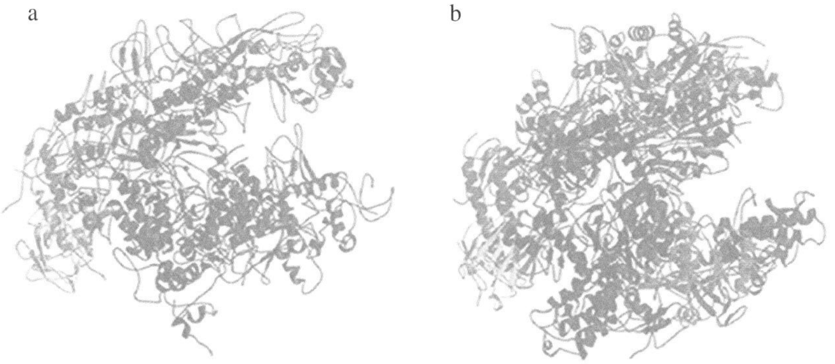

a　　b

图 12-4　RNA 聚合酶核心酶的晶体结构示意图
a. 水生嗜热菌（原核生物）；b. 酿酒酵母（真核生物）

在某些情况下，σ 亚基也能与 DNA 相互作用控制转录的速率。核心酶的作用是延长 RNA 链，其中 α 亚基参与转录速率的调控；β 亚基的主要功能是结合底物 NTP，催化聚合反应；β' 亚基的功能是与 DNA 模板结合，解开双螺旋；ω 亚基的作用是促进 RNA 聚合酶的组装并稳定之（表 12-2）。

表 12-2　原核生物 RNA 聚合酶各亚基的功能

亚基	分子量（Da）	亚基数	功能
σ	70 263	1	识别启动子；控制转录速率
α	36 512	2	调控转录速率
β	150 618	1	催化聚合反应
β'	155 613	1	解开 DNA 双螺旋
ω	11 000	1	促进 RNA 聚合酶的组装并稳定之

原核生物 RNA 聚合酶的活性可以被某些药物（如利福霉素）特异性抑制，利福霉素与 RNA 聚合酶的 β 亚基结合而影响其活性，临床上将此药作为抗结核药。

转录的错误发生率为 $10^{-5}\sim10^{-4}$，比染色体 DNA 复制的错误发生率（$10^{-10}\sim10^{-9}$）要高很多。因为单个基因可以转录产生许多 RNA 拷贝，并且 RNA 最终要被降解和替换，所以转录产生的错误 RNA 远没有复制所产生的错误 DNA 对细胞的影响大。实际上，RNA 聚合酶也有一定的校对功能，可以将转录过程中错误加入的核苷酸切除。

其他原核生物的 RNA 聚合酶与大肠埃希菌的 RNA 聚合酶在结构和功能上相似，能催化 mRNA、tRNA 和 rRNA 的合成。

（二）真核生物的 RNA 聚合酶主要有 RNA 聚合酶Ⅰ、Ⅱ和Ⅲ

真核生物的转录机制比原核生物更为复杂。真核生物的细胞核内主要有 3 类 RNA 聚合酶，分别命名为 RNA 聚合酶Ⅰ、RNA 聚合酶Ⅱ和 RNA 聚合酶Ⅲ（RNA pol Ⅰ、Ⅱ、Ⅲ），其结构远比原核生物复杂，每类 RNA 聚合酶都各自有十几个亚基。例如 RNA 聚合酶Ⅱ至少含 12 个亚基，最大的亚基称为 RPB1，分子量为 2.4×10^5，与大肠埃希菌 RNA 聚合酶的 β' 亚基具有高度同源性。第二大亚基 RPB2 的分子量为 1.4×10^5，与大肠埃希菌 RNA 聚合酶的 β 亚基具有同源性。虽然 RNA 聚合酶各亚基的具体作用尚未完全阐明，但是每一种亚基对真核生物 RNA 聚合酶发挥正常功能都是必需的。

RNA 聚合酶Ⅱ最大亚基的羧基末端有一段由 7 个氨基酸残基（Tyr-Ser-Pro-Thr-Ser-Pro-

Ser）构成的重复序列，称为羧基末端结构域（carboxyl-terminal domain，CTD）。所有真核生物的 RNA 聚合酶Ⅱ都具有 CTD 结构，只是 7 个氨基酸序列的重复程度不同，如酵母 RNA 聚合酶Ⅱ的 CTD 有 27 个重复序列，其中 18 个与上述 7 个氨基酸序列完全一致。哺乳动物 RNA 聚合酶Ⅱ的 CTD 有 52 个重复序列，其中 21 个与上述 7 个氨基酸序列完全一致。转录起始阶段，RNA 聚合酶Ⅱ的 CTD 处于非磷酸化状态，当 RNA 聚合酶Ⅱ启动转录进入延长阶段后，CTD 的多个 Ser 和一些 Tyr 残基被磷酸化。

真核生物的 3 类 RNA 聚合酶分布于细胞核的不同部位，分别催化不同的基因转录，合成不同种类的 RNA。RNA 聚合酶Ⅰ位于核仁，催化合成 18S、5.8S 和 28S rRNA 前体；RNA 聚合酶Ⅱ位于核质，主要催化合成 mRNA 前体；RNA 聚合酶Ⅲ也位于核质，催化合成 tRNA、5S rRNA 和一些核内小 RNA（small nuclear RNA，snRNA）。此外，3 类 RNA 聚合酶对一种毒蕈含有的环八肽毒素——α-鹅膏蕈碱的敏感性也不同。最敏感的是 RNA 聚合酶Ⅱ，其次是 RNA 聚合酶Ⅲ，最不敏感的是 RNA 聚合酶Ⅰ（表 12-3）。近年来，在植物中还发现了另外两种 RNA 聚合酶，即 RNA pol Ⅳ和Ⅴ，它们催化干扰小 RNA（small interfering RNA，siRNA）合成。

表 12-3 原核生物 RNA 聚合酶各亚基的功能

	RNA pol Ⅰ	RNA pol Ⅱ	RNA pol Ⅲ
定位	核仁	核质	核质
转录产物	45S rRNA（5.8S，18S，28S rRNA 前体）	hnRNA（mRNA 前体） lncRNA piRNA miRNA	tRNA 5S rRNA snRNA
对 α-鹅膏蕈碱的敏感性	耐受	极敏感	中度敏感

三、启动子及终止子位于 DNA 分子的特定部位

RNA 聚合酶通过识别并结合基因的启动子而启动基因转录。DNA 模板链上开始转录的部位称为转录起始点（transcription start site），通常标记为 +1。从转录起始点开始顺转录方向的区域称为下游（downstream），核苷酸序号以正数表示，如 +2、+3、+4；与起始点反方向的区域称为上游（upstream），核苷酸序号以负数表示，如 -1、-2、-3。

（一）RNA 聚合酶结合启动子而启动转录

启动子（promoter）是指在转录开始时，RNA 聚合酶与模板 DNA 分子结合的特定部位，一般位于转录起始点的上游，只有真核生物 RNA 聚合酶Ⅲ的启动子位于转录起始点的下游序列中。启动子在转录调节中发挥重要作用。每一个基因均有自己特异的启动子。

大肠埃希菌含有 σ^{70} 亚基的 RNA 聚合酶最为常见，其识别、结合的启动子通常包含两段 6 bp 的共有序列（consensus sequence），分别位于 -35 位和 -10 位，因此，被命名为 -35 区和 -10 区，两者以 17 ~ 19 bp 非特异序列间隔。-35 区的共有序列是 5′-TTGACA-3′，RNA 聚合酶的 σ 亚基能识别此区并使核心酶与启动子结合，故 -35 区是 RNA 聚合酶的识别部位。-10 区的共有序列是 5′-TATAAT-3′，又称普里布诺框（Pribnow box），是 RNA 聚合酶的结合部位。转录起始时，RNA 聚合酶与 DNA 在此处结合并将 DNA 双链打开，形成开放转录复合体（图 12-5a）。

有些基因的启动子还存在其他种类的共有序列，如 rRNA 编码基因启动子含有上游启动子

元件（upstream promoter element，UPE），可增强 RNA 聚合酶与 DNA 的结合（图 12-5b）。有些启动子缺乏 -35 区，而以 -10 区上游的“extended-10”元件取代（图 12-5c）。还有些启动子共有序列存在于 -10 区的下游，称为识别器（discriminator），它与 RNA 聚合酶相互作用的强度影响转录起始复合物的稳定性（图 12-5d）。

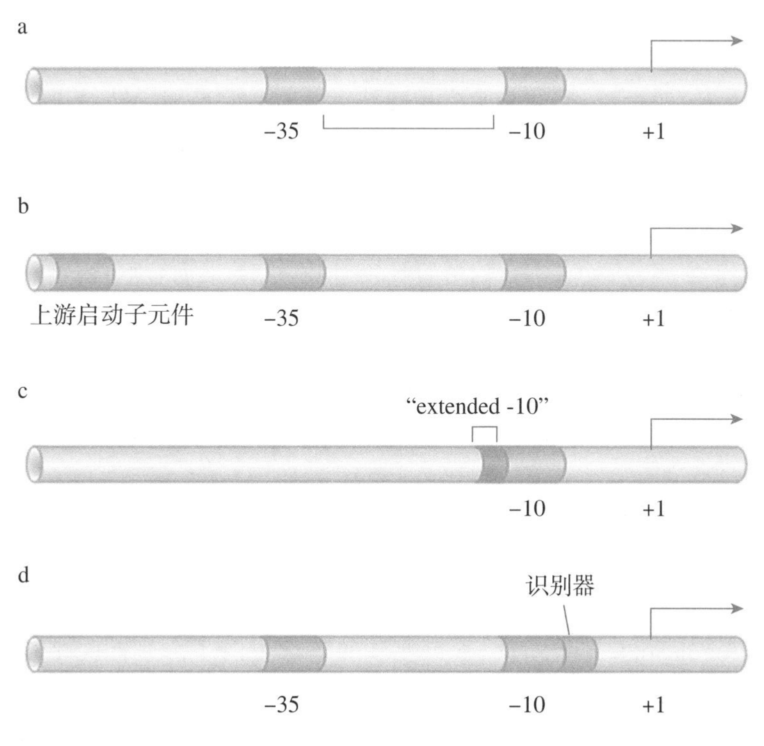

图 12-5　原核生物启动子

真核生物 RNA 聚合酶有多种类型，它们识别的启动子也各有特点。RNA 聚合酶Ⅱ识别的核心启动子位于转录起始点附近，长度为 40 ~ 60 bp。核心启动子包括 TFⅡB 识别元件（TFⅡB recognition element，BRE）、TATA 盒（TATA box）、起始子（initiator，Inr）以及转录起始点下游的一些元件，如下游启动子元件（downstream promoter element，DPE）、下游核心元件（downstream core element，DCE）。多数基因的核心启动子包括 Inr、TATA 盒、DPE 和 DCE 等。TATA 盒通常与 DCE 共存于同一启动子，但不与 DPE 共存（图 12-6）。

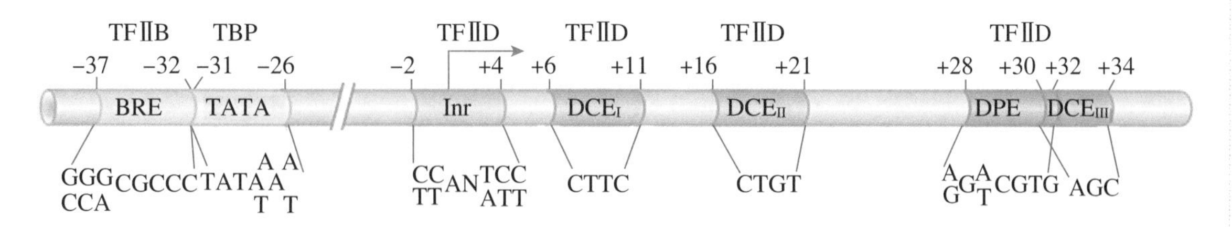

图 12-6　RNA 聚合酶Ⅱ识别的核心启动子

RNA 聚合酶Ⅱ启动转录时需要一些蛋白质辅助才能形成有活性的转录复合体，这些蛋白质称为转录因子（transcription factor，TF）。能直接、间接辨认和结合转录上游区段 DNA 或增强子的蛋白质，统称为反式作用因子（*trans*-acting factor），又称反式作用元件（*trans*-acting element）。前缀 *trans*- 有“分子外”的意义，指的是它们从 DNA 分子之外影响转录过程。反式作用因子包括通用转录因子（general transcription factor，GTF）和特异转录因子。通用转录因子又称基本转录因子（basal transcription factor），是直接或间接结合 RNA pol 的一类转录调控因子。RNA 聚合酶Ⅱ启动转录需要的通用转录因子包括 TFⅡA、TFⅡB、TFⅡD、TFⅡF、

TFⅡH 等，它们与 RNA 聚合酶Ⅱ组成转录任何基因所需的基本转录结构，在生物进化过程中高度保守。

此外，还有与启动子上游元件（如 GC 盒、CAA 盒）顺式作用元件结合的转录因子，称为上游因子（upstream factor），如 SP1 结合到 CC 盒上，C/BP 结合到 CAAT 盒上。这些转录因子调节通用转录因子与 TATA 盒的结合、RNA pol 在启动子的定位及起始复合物的形成，从而协助调节基因的转录效率。

特异转录因子是在特定类型的细胞中高表达，并对一些基因的转录进行时间和空间特异性调控的转录因子。与远隔调控序列（如增强子）结合的转录因子是主要的特异转录因子。例如，属于特异转录因子的可诱导因子（inducible factor）是与增强子等远端调控序列结合的转录因子。它们只在某些特殊生理或病理情况下才被诱导产生，如 MyoD 在肌肉细胞中高表达，HF-1 在缺氧时高表达。可诱导因子在特定的时间和组织中表达而影响转录。

RNA 聚合酶Ⅰ和 RNA 聚合酶Ⅲ参与转录起始复合体形成的过程与 RNA 聚合酶Ⅱ在许多方面都很相似，它们也有各自特异的通用转录因子，识别各自特异的 DNA 调控元件。与 RNA 聚合酶Ⅱ不同的是，RNA 聚合酶Ⅰ和 RNA 聚合酶启动转录不需要水解 ATP，而 RNA 聚合酶Ⅱ则需要水解 ATP。

（二）终止子分为依赖 ρ 因子和不依赖 ρ 因子两种

DNA 模板除具有启动子外，也有终止转录的特殊部位，称为终止子（terminator）。原核生物基因转录终止的方式有两种，即依赖 ρ 因子的终止和不依赖 ρ 因子的终止。ρ 因子又称终止因子（termination factor），是一种含 6 个亚基的环状蛋白质，具有 ATP 依赖的 RNA-DNA 解旋酶活性，可以允许 ρ 因子沿着 RNA 移动，使转录产物从复合体释放，从而终止转录。

不依赖 ρ 因子的终止子，也称内在终止子（intrinsic terminator），包含一个约 20 bp 的反向重复序列（inverted repeat sequence），后接 8 个 A-T 碱基对。反向重复序列的转录产物因自身碱基配对而呈发夹结构，该结构通过阻断转录复合物前进而终止转录（图 12-7）。

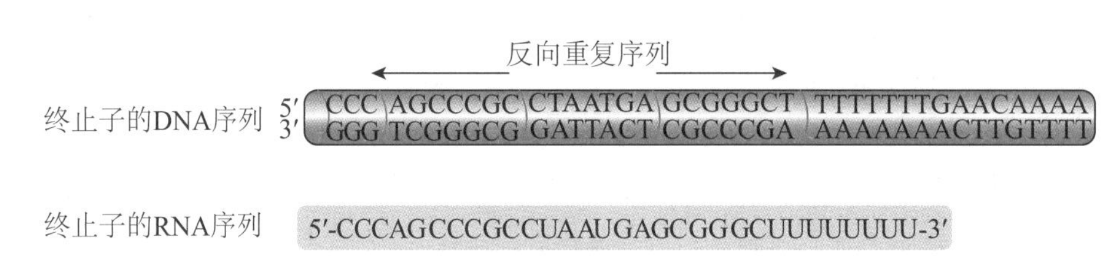

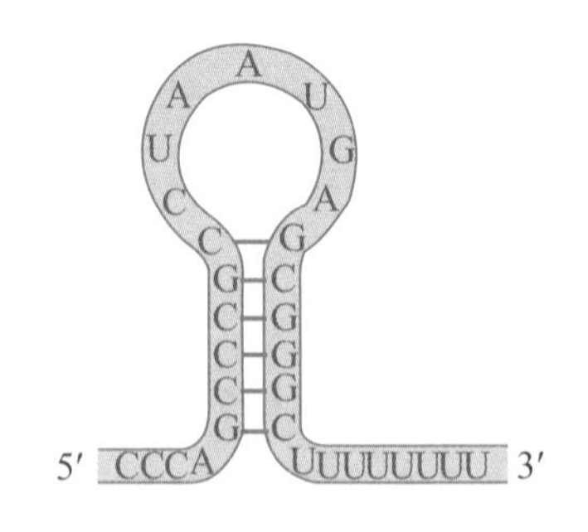

图 12-7 原核生物转录作用的终止信号

第三节 转录过程

转录过程可以分为起始（initiation）、延长（elongation）及终止（termination）3 个阶段。

以下主要介绍了解得较多的大肠埃希菌的转录过程。

一、转录起始阶段需要 RNA 聚合酶全酶

在转录起始阶段，RNA 聚合酶的 σ 因子首先识别 DNA 启动子的识别部位，即 -35 区。RNA 聚合酶全酶则结合在启动子的结合部位，即 -10 区。此区域的 DNA 发生构象变化，结构变得较为松散，特别是结合了 RNA 聚合酶全酶的普里布诺框附近，双链暂时打开约 13 bp（从 -11 到 +2），暴露出 DNA 模板链，有利于 RNA 聚合酶进入转录泡，催化 RNA 聚合作用。

转录起始不需引物，两个与模板配对的相邻核苷酸在 RNA 聚合酶催化下直接生成 3′,5′-磷酸二酯键即可相连，这是 RNA 聚合酶与 DNA 聚合酶作用的明显不同之处。转录产物的第一位核苷酸通常为 GTP 或 ATP，又以 GTP 更为常见。第一个磷酸二酯键生成后，σ 因子从模板及 RNA 聚合酶上脱落，核心酶沿着模板向下游移动，转录作用进入延长阶段。脱落下的 σ 因子可以再次与核心酶结合而循环使用。

原核生物 RNA 聚合酶在脱离启动子进入延长阶段前，合成并释放一系列长度小于 10 个核苷酸的转录物，称为流产性起始（abortive initiation）。转录物长度超过 10 个核苷酸才有可能进入延长阶段继续合成。目前尚不清楚 RNA 聚合酶脱离启动子前为何需经历流产性起始阶段。

真核生物的转录起始远比原核生物复杂，需要各种转录因子与顺式作用元件（*cis*-acting element）相互结合，同时转录因子之间也要相互识别、结合。例如，真核生物 mRNA 的转录起始，首先由 TFⅡD 识别 TATA 盒。TFⅡD 是一个多亚基复合物，其中与 TATA 盒结合的部分称为 TATA 结合蛋白质（TATA-binding protein，TBP），其他亚基称为 TBP 相关因子（TBP-associated factors，TAFs）。有些 TAFs 识别 Inr、DPE 和 DCE 等启动子元件。TBP-DNA 复合物形成后，可募集其他转录因子和 RNA 聚合酶的加入，其加入顺序依次为 TFⅡA、TFⅡB、TFⅡF 和 RNA 聚合酶，然后是 TFⅡE 和 TFⅡH，最终形成转录前起始复合物（transcriptional preinitiation complex，TPIC）（图 12-8）。

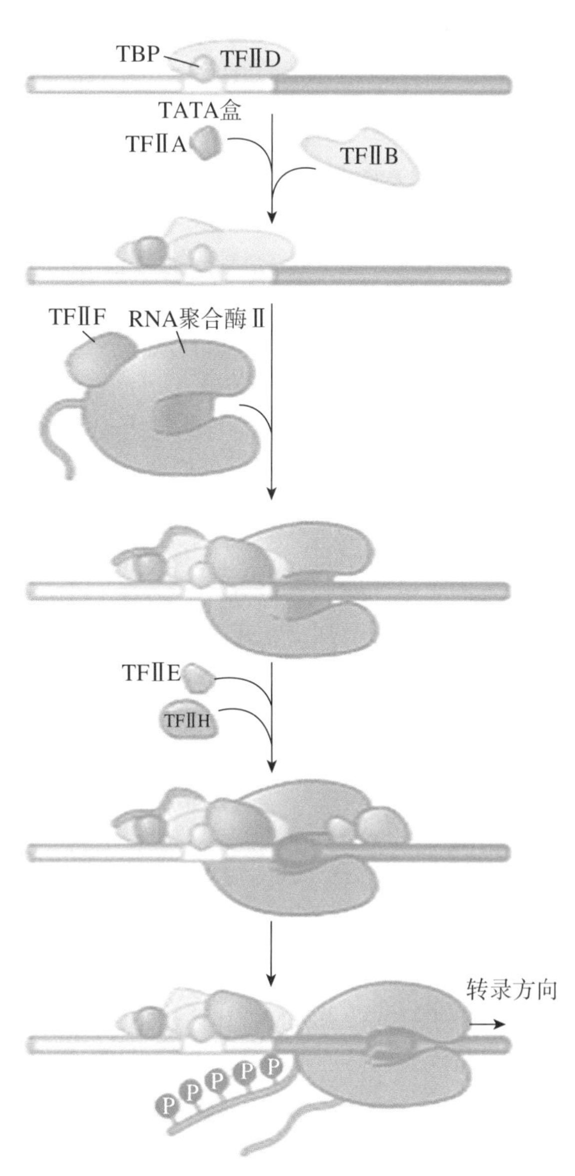

图 12-8　真核生物转录前起始复合物的形成

TFⅡH 具有解旋酶（helicase）的活性，能使转录起始点附近的 DNA 双螺旋解开，使闭合复合物转变为可转录的开放复合物。TFH 还具有激酶的活性，它的一个亚基能使 RNA 聚合酶Ⅱ的 CTD 磷酸化。CTD 磷

酸化能使开放复合物的构象发生改变，启动转录。此外，CTD磷酸化在转录延长期及转录后加工过程中也发挥重要的作用。当RNA合成长度达60 ~ 70个核苷酸时，TFⅡE和TFⅡH释放，RNA聚合酶Ⅱ进入转录延长期。

二、RNA聚合酶核心酶独立延长转录

在原核生物转录起始阶段第一个磷酸二酯键形成后，σ因子脱离DNA模板及RNA聚合酶。RNA聚合酶的核心酶沿DNA模板向下游移动。与DNA模板链序列互补的核苷酸按碱基互补配对规律逐一进入反应体系。在RNA聚合酶的催化下，相邻核苷酸以3′,5′-磷酸二酯键相连，转录物RNA以5′ → 3′方向逐步延长。

在转录过程中，新合成的RNA链仅有8 ~ 9个核苷酸暂时与DNA模板链形成DNA-RNA杂化链，此结构中的DNA与RNA的结合并不紧密，RNA链很容易脱离DNA模板链。RNA链脱离后，DNA模板链与编码链重新形成DNA双链分子。

在转录延长过程中，局部打开的DNA双链、RNA聚合酶及新生RNA转录物局部形成了转录泡。随着RNA聚合酶的移动，转录泡也行进并贯穿延长过程的始终（图12-3）。

三、原核生物转录有依赖ρ因子的终止和不依赖ρ因子的终止两种方式

前已述及，原核生物转录有依赖ρ因子的终止和不依赖ρ因子的终止两种方式。当RNA聚合酶在延长阶段行进至终止子（terminator）部位时，RNA聚合酶就不再前行，聚合作用也即停止。终止子是大肠埃希菌等生物DNA中作为转录终止信号的DNA碱基序列。正在转录的产物有多个连续的U，可形成茎环状或发夹结构，此发夹结构可阻碍RNA聚合酶的行进，由此停止RNA聚合作用，可使转录终止（图12-7）。转录生成的mRNA 3′端有多个U与DNA序列中的A配对，在碱基配对中，U-A配对最不稳定，致使新合成的DNA与RNA的杂化链解离，转录终止。

有些原核基因的转录终止需要ρ因子参与。在大肠埃希菌等生物中，转录终止因子ρ可以识别RNA产物上含有CA富集序列，称为rut元件（rho utilization element）。ρ因子与产物RNA的rut元件结合，以5′ → 3′方向移动，直到到达转录终止部位。当行进至转录终止部位时，使RNA-DNA的杂化链解离，同时将新生RNA链从RNA聚合酶和DNA模板上脱离下来，转录终止。

四、真核生物的转录过程远比原核生物复杂

真核生物的转录过程远比原核生物复杂。真核生物的转录过程同样可分为起始、延长和终止3个阶段。前已述及，真核生物的RNA聚合酶种类更多，与模板的结合模式更为复杂。在转录起始阶段，真核生物RNA聚合酶并不直接识别、结合转录模板，而是与多种转录因子结合，形成有活性的转录复合体。真核生物基因组DNA与组蛋白形成核小体结构，RNA聚合酶在转录前行过程中处处遇到核小体，因此延长过程会出现核小体移位和解聚的现象。真核生物的转录终止与转录后修饰密切相关，例如真核生物mRNA的加尾修饰与转录终止同时进行。

此外，原核生物因不存在核膜，所以转录和翻译过程偶联，即转录未结束，翻译过程就已开始。而真核生物因有核膜相隔，转录过程在细胞核内进行，翻译过程在胞质溶胶进行，并不存在转录和翻译偶联的现象。真核生物的转录还受复杂机制的调控，以确保各基因严格按组织特异性和阶段特异性表达（详见第十四章基因表达调控）。

第四节　转录后的加工过程

由 RNA 聚合酶转录产生的新生 RNA 分子称为初级 RNA 转录物（primary RNA transcript），一般需要经过加工才能成为有功能的成熟 RNA 分子。在真核细胞中，几乎所有的初级转录物都要经过加工。真核生物的 RNA 加工主要在细胞核内进行，也有少数反应在胞质溶胶中进行。原核生物没有核膜的间隔，转录和翻译偶联进行，其 mRNA 初级转录物无需加工就可作为翻译的模板，而 rRNA 和 tRNA 的初级转录物则需要进行加工，才能成为有功能的成熟分子。

一、mRNA 前体需加工才能形成成熟的 mRNA

mRNA 可以通过转录获得储存于 DNA 分子的遗传信息，又可以通过翻译将携带的遗传信息传递到蛋白质分子中。因此，它是遗传信息传递的中介物，具有重要的生物学意义。

（一）mRNA 生成的特点

1．原核生物 mRNA 属于多顺反子　原核生物转录生成的 mRNA 属于多顺反子 mRNA（polycistronic mRNA），即数个结构基因转录时利用共同的启动子及终止信号，转录生成的一条 mRNA 分子可编码多种蛋白质（图 12-9a）。例如乳糖操纵子上的 *lacZ*、*lacY* 及 *lacA* 基因转录产物位于同一条 mRNA 上，可翻译生成 3 种酶，即 β- 半乳糖苷酶、透酶及乙酰转移酶。又如参与组氨酸合成的 10 种酶，它们的编码信息全在同一个 mRNA 分子上。原核生物 mRNA 的半衰期很短，如大肠埃希菌的 mRNA 半衰期仅为几分钟。

2．真核生物 mRNA 属于单顺反子　与原核生物不同的是，真核生物基因转录生成单顺反子 mRNA（monocistronic mRNA），即一个 mRNA 分子只编码一条多肽链（图 12-9b）。

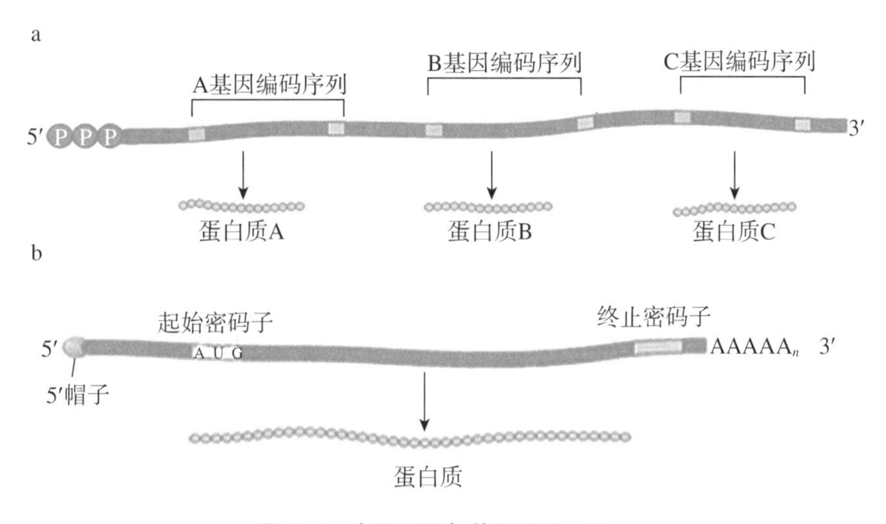

图 12-9　多顺反子与单顺反子 mRNA
a．多顺反子 mRNA；b．单顺反子 mRNA

真核生物的结构基因中包含编码蛋白质的序列，称为外显子（exon）。外显子之间以非编码序列间隔，称为内含子（intron）。转录生成的 mRNA 前体中有来自外显子部分的序列，也有来自内含子部分的序列，在加工时，需要对 mRNA 前体进行剪接，即切除内含子，连接相邻外显子。有些非编码序列虽然不编码蛋白质，但转录后的序列依然出现于成熟 mRNA，称为非编码外显子（non-coding exon），如 mRNA 的 5′ 非编码区、3′ 非编码区、microRNA 编码基因。

（二）真核生物 mRNA 前体经首尾修饰、剪接和编辑

真核生物 mRNA 的初级转录产物称为核不均一 RNA（heterogeneous nuclear RNA，hnRNA），需经过 5′ 端加帽、3′ 端加尾、剪去内含子并连接外显子、甲基化修饰以及核苷酸编辑等复杂的加工过程，才能成为成熟的 mRNA。

1. 5′ 端加帽 大多数真核生物 mRNA 的 5′ 端有 7- 甲基鸟嘌呤的帽子结构，即 5′ 端的核苷酸与 7- 甲基鸟嘌呤核苷通过不常见的 5′,5′- 三磷酸结构相连。5′ 帽子结构的形成过程是：当新生 RNA 链的长度达 20 ~ 30 个核苷酸时，首先由 RNA 三磷酸酶移去 RNA 链 5′ 端第一个核苷酸的 γ- 磷酸基，其次由鸟苷转移酶催化 GMP（GTP 水解产物）与 RNA 5′ 端的 β- 磷酸基相连，最后由 *S*- 腺苷甲硫氨酸提供甲基，使帽子结构中 GMP 的鸟嘌呤 N7 甲基化。通常与帽子结构紧密相邻的第 1、2 位核苷酸的核糖 2′-O 也发生甲基化，这两步甲基化反应由不同的甲基转移酶催化完成（图 12-10）。5′ 帽子结构可以保护 mRNA 免受核酸酶降解，并参与 mRNA 与核糖体的结合，启动蛋白质的合成。

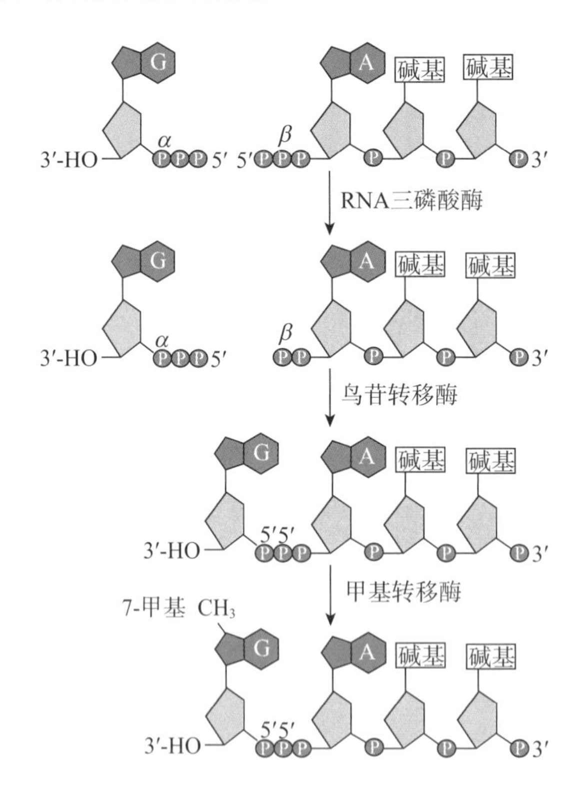

图 12-10 真核生物 mRNA5′ 帽子结构及加帽过程

2. 3′ 端加尾 真核生物 mRNA 的加工还包括在 3′ 端添加多聚腺苷酸（polyA）尾结构，这一过程涉及多个步骤，并且有多种酶和多亚基蛋白质组成的复合物参与。mRNA 前体在 3′ 端含有切割信号序列（cleavage signal sequence，CSS），一般在切割位点的上游 10 ~ 30 个核苷酸处有高度保守的 5′-AAUAAA-3′ 信号序列，在切割位点的下游 20 ~ 40 个核苷酸处有富含

G 和 U 的序列。首先，由多亚基蛋白质识别切割信号序列，多酶复合物与之结合；其次，多酶复合物中的核酸内切酶在 mRNA 前体的 3′ 端进行切割，所产生的断裂点即为多聚腺苷酸化的起始点。最后，多酶复合物中的多聚腺苷酸聚合酶（polyA polymerase）在 mRNA 断裂产生的游离 3′-OH 上进行多聚腺苷酸化，形成含 80 ～ 250 个腺苷酸的尾结构。

3．剪接作用 高等真核生物的大多数基因都由外显子和内含子组成。将内含子剪切除去，将外显子连接起来，这种 RNA 前体的加工过程称为剪接（splicing）。如图 12-11 所示，内含子可通过连续两次转酯反应以自我剪接（self-splicing）的方式被切除：①鸟苷或鸟苷酸的 3′-OH 作为亲核基团，攻击内含子 5′ 端的磷酸基团，外显子 1 与内含子相连接的磷酸二酯键断裂，鸟苷或鸟苷酸与内含子 5′ 端连接，这是第一次转酯反应。②已与内含子断开的外显子 1 的 3′-OH 作为亲核基团，使内含子与外显子 2 之间的磷酸二酯键断裂，同时外显子 1 和外显子 2 相连，完成第二次转酯反应。这类内含子存在于某些编码 mRNA、tRNA 和 rRNA 的基因中，其剪接过程并不需要蛋白质类的酶参与反应。

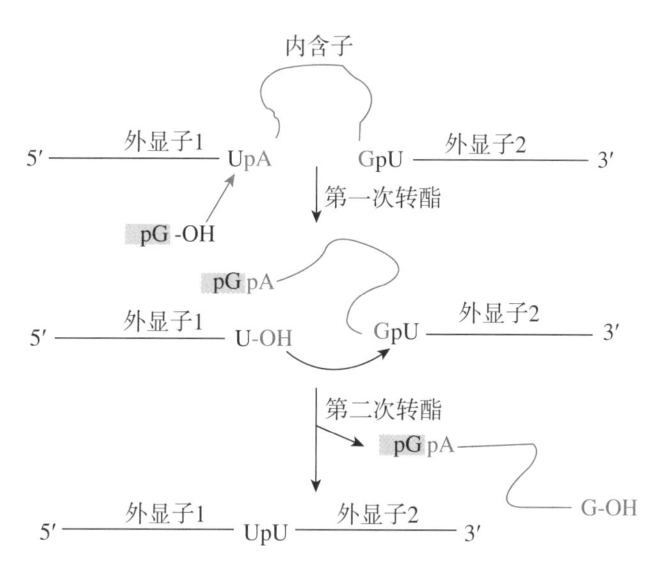

图 12-11 剪接过程的两次转酯反应

大多数真核生物 mRNA 前体的剪接是在一个被称为剪接体（spliceosome）的复合体中进行的。该复合体由 5 种 RNA 及上百种蛋白质组成。其中 5 种 RNA 分别是 U1、U2、U4、U5 和 U6，统称为核内小 RNA（small nuclear RNA，snRNA），它们的长度在 100 ～ 200 个核苷酸之间，各自与多个蛋白质结合为核小核糖核蛋白（small nuclear ribonuclear protein，snRNP）。真核生物 snRNP 中的 RNA 和蛋白质都高度保守。在内含子剪接过程中，各种 snRNP 先后结合到 mRNA 前体分子上，使内含子形成套索，从而拉近相邻外显子。剪接体的组装需要 ATP 供能，剪接体中起催化作用的多为其 RNA 组分。

有些 mRNA 的初级转录物在不同的组织中可因剪接方式的不同而产生具有不同遗传密码的 mRNA，从而翻译生成不同的蛋白质产物，这种加工方式称为可变剪接（alternative splicing）。哺乳动物基因组的大多数基因可通过可变剪接产生一种以上的蛋白质。例如甲状腺中的降钙素（calcitonin）及脑中的降钙素基因相关肽（calcitonin gene-related peptide，CGRP）就是来自同一个初级转录物。在甲状腺中，初级转录物进行剪接后，由外显子 1、2、3、4 连接而成的 mRNA，翻译产物为降钙素。而在脑中，经剪接作用由外显子 1、2、3、5、6 连接而成的 mRNA，翻译产物为 CGRP（图 12-12）。

4．RNA 编辑 另有一种加工方式也可以改变 mRNA 初级转录物的序列，称为 RNA 编辑（RNA editing），包括单个碱基的插入、缺失或改变。常见的 RNA 编辑包括两种方式：特

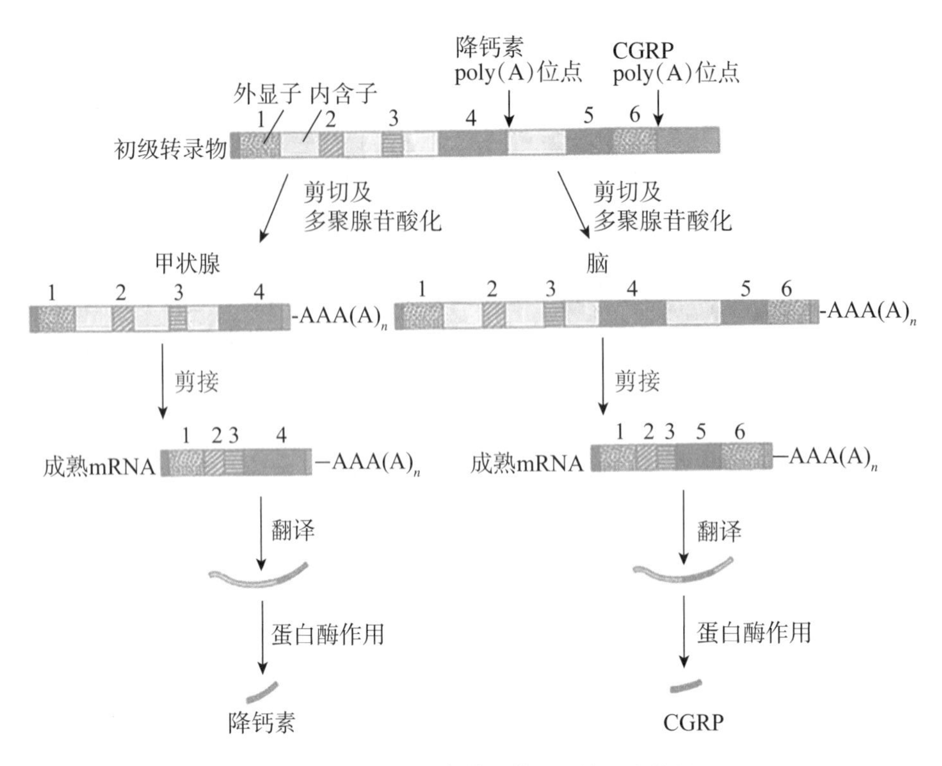

图 12-12 大鼠降钙素基因转录物的可变剪接

异位点的腺嘌呤（A）或胞嘧啶（C）的脱氨基，分别变为次黄嘌呤（I）和尿嘧啶（U）；指导RNA（guide RNA）指导的尿苷插入或缺失。如此，经 RNA 编辑产生的 mRNA 模板，其携带的编码信息也就发生了改变。

哺乳动物的载脂蛋白 B（apolipoprotein B，apoB）mRNA 就存在 C → U 转换。apoB 有 apoB-100（分子量为 511 000 kDa）和 apoB-48（分子量为 240 000 kDa）两种形式。apoB-100 在肝内合成，apoB-48 含有与 apoB-100 完全相同的 N 端 2152 个氨基酸残基，在小肠合成。apoB 基因在小肠转录生成 mRNA 前体后，第 26 个外显子上某位点的 C 经脱氨基反应变为 U，使得原来 2153 位上的谷氨酰胺密码子 CAA 变成了终止密码子 UAA，从而生成较短的 apoB-48（图 12-13）。催化这一反应的脱氨酶仅存在于小肠，肝细胞不含此酶。

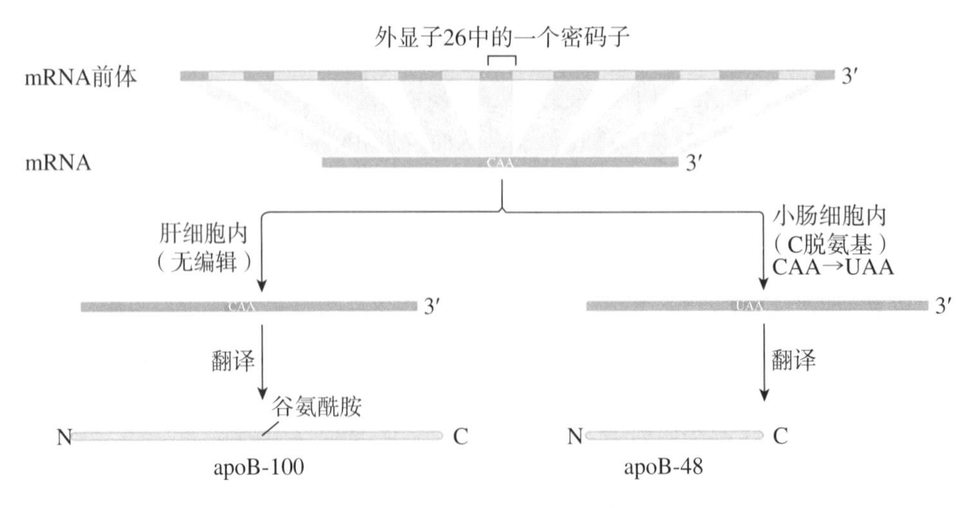

图 12-13 apoB mRNA 编辑

mRNA 前体的加工过程可简单总结于图 12-14。

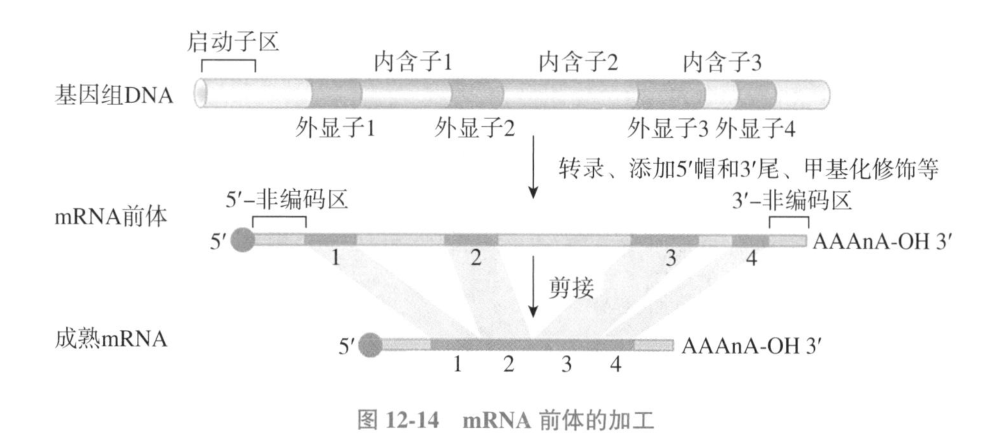

图 12-14 mRNA 前体的加工

二、tRNA 前体加工包括碱基修饰

原核生物和真核生物的大多数细胞有 40 ~ 50 种不同的 tRNA 分子。真核生物 tRNA 编码基因一般具有多个拷贝。成熟的 tRNA 分子来自 tRNA 前体的加工，主要由酶切除 tRNA 前体 5′ 端和 3′ 端的一些核苷酸序列。有些真核生物 tRNA 前体包含内含子序列，在加工过程须被切除。有的 tRNA 前体包含 2 种或 2 种以上 tRNA，加工时通过酶切分开。tRNA 前体分子加工时，5′ 端核苷酸序列的切除由核酸内切酶 RNase P 完成。RNase P 在所有生物中广泛存在，由蛋白质和 RNA 组成，其中 RNA 组分为酶活性所必需，并且在细菌中无需蛋白质参与即可进行精确的加工，因此，RNase P 被看成是 RNA 具有催化活性的又一个例证，即核酶（ribozyme）。tRNA 前体的 3′ 端核苷酸序列由核酸内切酶 RNase D 等切除。

tRNA 前体加工的第二种形式是在 3′ 端添加 CCA 序列，该序列在有些细菌及所有真核生物的 tRNA 初级转录物中并不存在，而是在加工时添加。先由 tRNA 核苷酸转移酶催化 3 个游离的核苷三磷酸缩合成 CCA 序列，然后添加于 tRNA 前体 3′ 端，此过程不依赖 DNA 或 RNA 模板。

tRNA 前体加工的第 3 种形式是将有些碱基修饰为稀有碱基，包括甲基化、脱氨基、还原反应等。例如，尿苷的核糖从 N-1 转至 C-5 位上，就变成了假尿苷，由异构酶催化；尿苷 C-5、C-6 之间的双键还原后变为双氢尿苷（图 12-15）。其他的稀有碱基还包括次黄嘌呤、胸腺嘧啶和甲基化鸟嘌呤等。

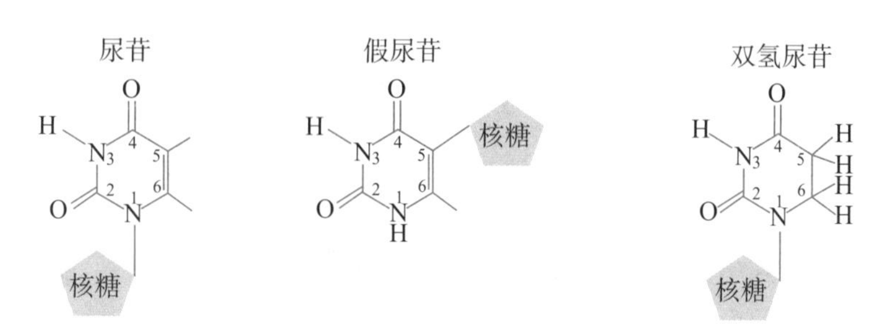

图 12-15 稀有碱基的生成

tRNA 前体的主要加工形式总结于图 12-16。

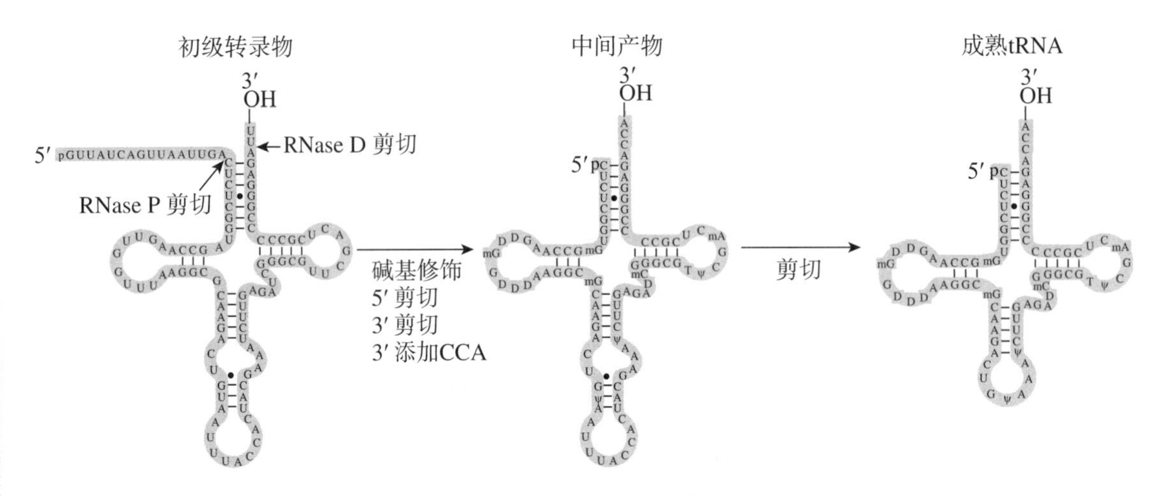

图 12-16 tRNA 前体加工的主要形式

三、rRNA 前体经过剪切形成不同类别的 rRNA

原核生物和真核生物的 rRNA 转录物也需要进行加工。在细菌中，16S、23S 和 5S rRNA 以及某些 tRNA 序列来源于约有 6500 个核苷酸的 30S rRNA 前体。30S rRNA 前体分子两端的序列以及 rRNA 之间的内含子序列在加工中被去除。大肠埃希菌的基因组有 7 个前核糖体 RNA 分子的基因拷贝，这些基因中编码 rRNA 的区域有相同序列，而内含子间隔区则不同。在 16S rRNA 和 23S rRNA 之间有 1 个或 2 个编码 tRNA 的序列，不同的 rRNA 前体分子所含的 tRNA 也不同。有些 rRNA 前体分子的 5S rRNA 的 3′端也有 tRNA 序列。30S rRNA 前体分子的加工可分为 3 个阶段：首先是一些特异核苷酸的甲基化，其中核糖 2′位羟基的甲基化最为常见；其次分别通过 RNase Ⅲ、RNase P 和 RNase E 的作用，产生 rRNA 和 tRNA 前体分子；最后通过各种特异的核酸酶作用，产生 16S、23S 和 5S rRNA 及 tRNA（图 12-17）。

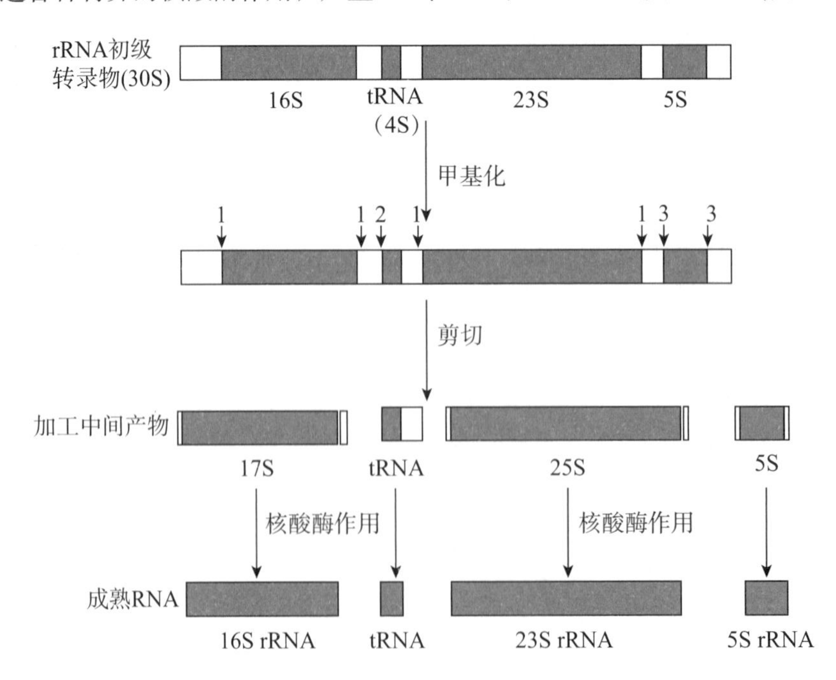

图 12-17 原核生物 rRNA 的加工

1．RNase Ⅲ作用位点；2．RNase P 作用位点；3．RNase E 作用位点

真核生物 rRNA 基因的转录初级产物为 45S rRNA，由 RNA 聚合酶 Ⅰ 催化合成，在核仁中经甲基化、剪切等方式加工为核糖体 18S、28S 和 5.8S rRNA；而核糖体的另一组分 5S rRNA 则来源于由 RNA 聚合酶Ⅲ催化合成的转录产物。45S rRNA 的甲基化反应和断裂都需要核仁小 RNA（small nucleolar RNA，snoRNA）参与，核仁小 RNA 与蛋白质结合形成小核仁核糖核蛋白颗粒（small nucleolar ribonucleoprotein particle，snoRNP）。45S rRNA 合成后很快与核糖体蛋白和核仁蛋白结合，形成 90S 前核糖核蛋白颗粒，随后在细胞核内加工过程中形成一系列中间产物，最后在胞质溶胶内形成核糖体的大亚基和小亚基（图 12-18）。

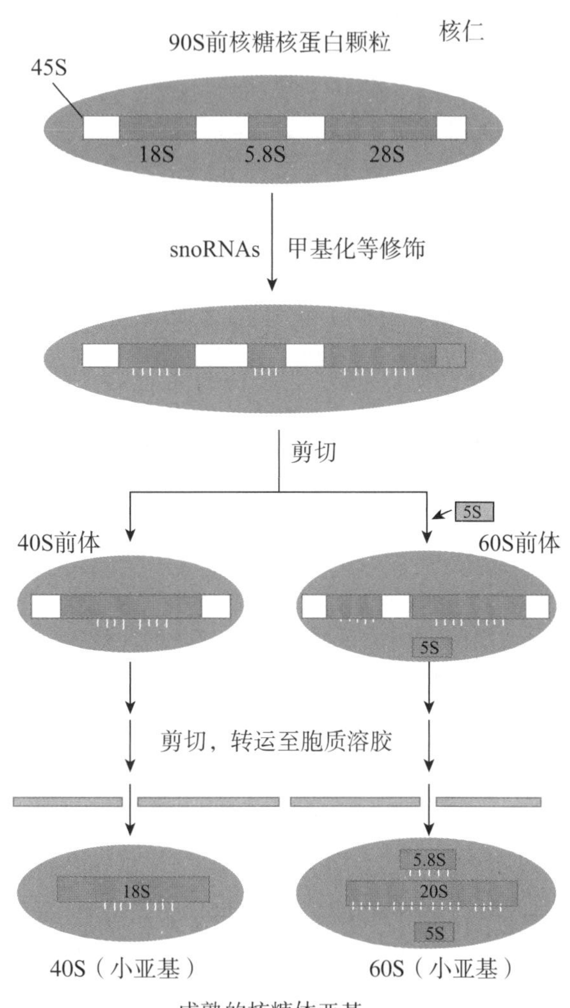

图 12-18 真核生物 rRNA 前体的加工

研究发现，四膜虫 rRNA 前体的加工可以通过“自我剪接”的方式进行，最终成为成熟的 rRNA。四膜虫 26S rRNA 前体在剪接后产生了内含子 L-19 IVS，L-19 IVS 是一种核酶，它可以催化数种以 RNA 为作用物的反应。

第五节 RNA 的复制

有些病毒或噬菌体具有 RNA 基因组，被称为 RNA 病毒，如流感病毒、噬菌体 f2、MS2、R17 和 Qβ。某些 RNA 病毒的基因组 RNA 在病毒蛋白质的合成中具有 mRNA 的功能。病毒 RNA 进入宿主细胞后，还可以进行复制，即在 RNA 指导的 RNA 聚合酶（RNA-directed RNA polymerase）或称 RNA 复制酶（RNA replicase）的催化下进行 RNA 合成反应。

大多数RNA噬菌体的RNA复制酶由4个亚基组成。其中只有1个分子量为65 000的亚基，是病毒RNA复制酶基因的产物，其结构中具有复制酶的活性位点，其他3个亚基则由宿主细胞合成，它们分别是延伸因子Tu（分子量30 000 Da）、Ts（分子量45 000 Da）以及S1（分子量70 000 Da），可能起帮助RNA复制酶定位于病毒RNA的作用。

RNA复制酶催化的合成反应是以RNA为模板，由5′→3′方向进行RNA链的合成。反应机制与其他核酸模板指导的核酸合成反应相似。RNA复制酶缺乏校对活性，因此RNA复制的错误率较高。RNA复制酶只是特异地对病毒的RNA起作用，而宿主细胞RNA一般并不进行复制，这就可以解释在宿主细胞中虽含有多种类型的RNA，但病毒RNA被优先复制。

思考题

1. 在遗传信息流动中，转录作用有何重要意义？
2. DNA复制和RNA转录过程有何异同？
3. DNA聚合酶、RNA聚合酶、逆转录酶及RNA复制酶有何异同？
4. 启动子在转录时有何功能？原核生物和真核生物启动子的结构各有何特点？
5. 各种RNA前体的加工方式主要有哪些？
6. 为什么转录生成错误RNA远没有复制产生错误DNA对细胞的影响大？

（郑小莉）

第十三章

蛋白质合成

第一节 概 述

蛋白质合成（protein synthesis）是指DNA中携带的遗传信息通过转录生成mRNA，再指导相应氨基酸序列的多肽链合成的过程。在这一过程中，多肽链上氨基酸的排列顺序是由mRNA链的核苷酸序列决定的，此过程也称为翻译（translation）。蛋白质的合成包括氨基酸的活化及其与特异tRNA的连接、肽链的合成和新生肽链加工为成熟的蛋白质3个步骤，其核心环节是肽链的合成。

蛋白质合成与医学密切相关。蛋白质合成障碍可导致相关疾病的发生，蛋白质合成的阻断剂（如抗生素、抗肿瘤药）常用于生命科学和医学研究，部分已应用于临床治疗。对蛋白质合成过程和调控的深入研究，为揭示生命奥秘及疾病本质提供新的思路和线索。

第二节 蛋白质合成体系

蛋白质的合成体系极为复杂，除原料氨基酸外，还包括mRNA、tRNA、核糖体、有关的酶、蛋白质因子、ATP及GTP等供能物质和必需的无机离子（图13-1）。如真核生物蛋白质的合成过程就至少需要300余种生物大分子的协同作用。

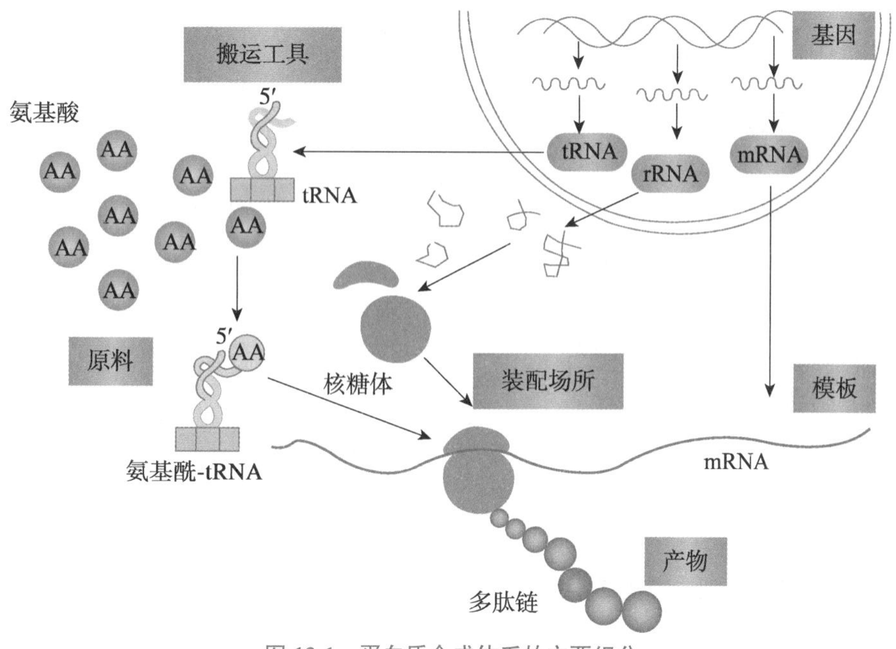

图13-1 蛋白质合成体系的主要组分

Note

一、携带遗传密码的 mRNA 是蛋白质合成的模板

1953 年 J. D. Watson 和 F. H. C. Crick 提出 DNA 双螺旋模型时指出，DNA 中的碱基配对原则有可能与遗传物质的复制机制有关。自此，人们普遍接受了这样的概念，即遗传信息是用 4 种核苷酸构成的。可是 DNA 分子中的核苷酸只有 4 种，而蛋白质中的氨基酸却有 20 种。那么 DNA 如何得以承载蛋白质中氨基酸排列的遗传信息呢？1954 年，理论物理学家 G. Gamov 通过数学推算，认为在翻译时 3 个核苷酸决定 1 个氨基酸，并首次提出“遗传密码”的概念。

mRNA 是蛋白质合成的模板，其分子结构由 5′ 非翻译区（5′ untranslated region，5′ UTR）、可读框（open reading frame，ORF）和 3′ 非翻译区（3′ untranslated region，3′ UTR）三部分构成。一个 mRNA 分子至少包含一个 ORF。每个 mRNA 的 ORF 数量在原核细胞和真核细胞中是有区别的。真核细胞的每个 mRNA 几乎只有 1 个 ORF，只能编码一条多肽链，称为单顺反子（monocistron）。而原核细胞的每个 mRNA 往往含有 2 个或 2 个以上 ORF，因此可编码多条多肽链，称为多顺反子（polycistron）。

mRNA 可读框，即 5′ 端翻译起始和 3′ 端翻译终止之间的核苷酸序列。每相邻的 3 个核苷酸组成一组，形成三联体，编码一种氨基酸，称为遗传密码（genetic code）或密码子（codon）。由 3 个核苷酸排列组合的密码子共有 64 个，其中只有 61 个密码子分别代表 20 种不同的氨基酸（表 13-1）。AUG 除可编码甲硫氨酸外，在 mRNA 5′ 端出现的第一个 AUG 还代表肽链合成的启动信号，称为起始密码子（initiation codon）。原核生物的起始密码子还有少数为 GUG 和 UUG。而 UAA、UAG、UGA 则不编码任何氨基酸，只作为肽链合成的终止信号，称为终止密码子（termination codon）。

表 13-1 遗传密码

第一个核苷酸（5′）	第二个核苷酸				第三个核苷酸（3′）
	U	C	A	G	
U	苯丙氨酸	丝氨酸	酪氨酸	半胱氨酸	U
	苯丙氨酸	丝氨酸	酪氨酸	半胱氨酸	C
	亮氨酸	丝氨酸	终止信号	终止信号	A
	亮氨酸	丝氨酸	终止信号	色氨酸	G
C	亮氨酸	脯氨酸	组氨酸	精氨酸	U
	亮氨酸	脯氨酸	组氨酸	精氨酸	C
	亮氨酸	脯氨酸	谷氨酰胺	精氨酸	A
	亮氨酸	脯氨酸	谷氨酰胺	精氨酸	G
A	异亮氨酸	苏氨酸	天冬酰胺	丝氨酸	U
	异亮氨酸	苏氨酸	天冬酰胺	丝氨酸	C
	异亮氨酸	苏氨酸	赖氨酸	精氨酸	A
	甲硫氨酸*	苏氨酸	赖氨酸	精氨酸	G
G	缬氨酸	丙氨酸	天冬氨酸	甘氨酸	U
	缬氨酸	丙氨酸	天冬氨酸	甘氨酸	C
	缬氨酸	丙氨酸	谷氨酸	甘氨酸	A
	缬氨酸	丙氨酸	谷氨酸	甘氨酸	G

注：*. 位于 mRNA 起始部位的 AUG 为肽链合成的起始信号。作为起始信号的 AUG 具有特殊性，在细菌中此种密码子代表甲酰甲硫氨酸，在高等动物中则代表甲硫氨酸。

知识拓展

含硒蛋白质和 $tRNA^{sec}$

在哺乳类动物胞质溶胶内的含硒蛋白质（如谷胱甘肽过氧化物酶）及大肠埃希菌中的某些脱氢酶皆含有天然的含硒氨基酸，如硒代半胱氨酸（selenocysteine，Sec）。硒代半胱氨酸在大肠埃希菌中的密码子为 UGA，可为特殊的 tRNA（$tRNA^{sec}$）所识别。

遗传密码具有以下特点：

1．方向性 mRNA 中密码子的排列具有方向性，即起始密码子总是位于可读框 5′ 端，而终止密码子位于 3′ 端，每个密码子的 3 个核苷酸也是按照 5′ → 3′ 方向阅读，不能倒读。这种方向性决定了翻译过程从 5′ → 3′ 方向阅读密码子，也决定了多肽链合成的方向是从氨基端到羧基端。

2．连续性 是指两个密码子之间没有任何核苷酸加以分隔，即密码子是无标点的。相邻的密码子彼此也不会共用相同的核苷酸，密码子之间没有交叉或重叠。翻译从起始密码子开始，按顺序由一个密码子挨着一个密码子连续阅读，直至终止密码子。若在 mRNA 中插入或删去一个或两个碱基，就会导致后续密码子可读框的改变，产生异常的多肽链或翻译终止，称为移码突变（frameshift mutation）。

3．简并性 已知的 61 个密码子编码 20 种氨基酸。从遗传密码表可以看出，除 Trp 和 Met 各有 1 个密码子外，其他 18 种氨基酸均有 2 个或多个密码子，这种同一个氨基酸由不同的密码子所编码的特性，称为密码子简并性（codon degeneracy）（表 13-2）。比较编码同一氨基酸的几个密码子可以发现：各密码子 5′ 端的 2 个碱基一般不变，而第 3 个碱基可以不同，即密码子的特异性主要是由前 2 个碱基决定的。如脯氨酸的 4 个密码子（CCU、CCC、CCA、CCG），其 5′ 端的 2 个碱基相同，不同的是 3′ 端的碱基，这意味着第三位碱基的变动可以不影响正常的翻译。密码子简并性和它的特殊排列，对于防止突变的影响、保证种属稳定性具有一定意义。

表 13-2 氨基酸对应的密码子数量

氨基酸	密码子数量	氨基酸	密码子数量
Met	1	Tyr	2
Trp	1	Ile	3
Asn	2	Ala	4
Asp	2	Val	4
Cys	2	Pro	4
Gln	2	Gly	4
Glu	2	Thr	4
Lys	2	Ser	6
His	2	Leu	6
Phe	2	Arg	6

4．摆动性 在翻译过程中，氨基酸需要 tRNA 搬运至核糖体的对应位置，其正确与否依赖于 mRNA 上的密码子与 tRNA 上的反密码子的相互辨认。这种辨认主要由碱基互补配对决

Note

定，但密码子的第三位碱基（3′）与反密码子的第一位碱基（5′）配对并不完全遵照沃森 - 克里克碱基互补规律。这种 tRNA 反密码子 5′ 端碱基可以与一种以上密码子 3′ 端碱基形成非沃森 - 克里克碱基对的现象称为摆动（wobble）。

5．通用性 从最简单的病毒、原核生物直至人类都使用着同一套遗传密码，因此遗传密码具有密码子通用性（codon universality）。但近年的研究发现，在哺乳动物线粒体的蛋白质合成体系中，除 AUG 外，AUA 也可用作起始密码子，代表甲硫氨酸。UGA 不代表终止信号，代表色氨酸。AGA 与 AGG 不代表精氨酸，却代表终止信号，故密码子的通用性也有例外。

二、tRNA 是蛋白质合成的“搬运工”

体内的 20 种氨基酸各有其特定的 tRNA，而且一种氨基酸常对应数种 tRNA。由于密码子和反密码子的摆动配对，翻译 61 个密码子共需要 32 个 tRNA。其中 31 个 tRNA 携带编码氨基酸，还有 1 个 tRNA 携带起始氨基酸。

tRNA 含有较多稀有碱基，主要由 4 个功能区组成：① 3′ 端的 CCA 氨基酸结合位点；②氨基酰 tRNA 连接酶结合位点；③核糖体识别位点；④密码子识别部位，即反密码子（anticodon）（详见第二章核酸的结构与功能）。在 ATP 和酶的存在下，tRNA 可与特定的氨基酸结合，并通过其分子中的反密码子与 mRNA 上对应的密码子互补配对，将氨基酸准确地搬运至核糖体对应位置。

知识拓展

酵母丙氨酰转运核糖核酸的合成

酵母丙氨酰转运核糖核酸由 76 个核苷酸组成，中国科学院组织数个研究所和单位开始合成工作，于 1981 年 11 月完成了该项研究，所合成的酵母丙氨酰转运核糖核酸分子中包括了 9 个 7 种稀有核苷酸，结构和生物活性与天然分子相同，为世界上首次人工合成。

在蛋白质的合成中，mRNA 密码子 5′ 端的前两个碱基总是与 tRNA 反密码子的相应碱基形成强沃森 - 克里克碱基对，保证了编码的特异性，但 tRNA 反密码子第一位（5′ 端）碱基可以与 mRNA 密码子末位（3′ 端）一种以上的碱基形成碱基对，称为碱基的摆动配对（wobble pairing）。

当反密码子 5′ 端第一个碱基是 C 或 A 时，只与密码子第三位 G 或 U 配对，即识别一个密码子。当反密码子 5′ 端第一个碱基为 U 或 G 时，可以分别识别第三位为 A/G，或 C/U 的两个不同的密码子。当反密码子 5′ 端第一个碱基为 I 时，可以识别第三位为 A、U 或 C 的 3 个密码子（表 13-3）。由于摆动配对的存在，密码子与反密码子中的对应碱基配对相对松散，因此在蛋白质合成中 tRNA 可以与密码子快速解离，这有助于提高蛋白质的合成速率。

表 13-3 密码子与反密码子的摆动配对

1	识别一个密码反密码	(3′) X—Y—**C** (5′)	(3′) X—Y—**A** (5′)
	密码	(5′) X′—Y′—**G** (3′)	(5′) X′—Y′—**U** (3′)
2	识别两个密码反密码	(3′) X—Y—**U** (5′)	(3′) X—Y—**A** (5′)
	密码	(5′) X′—Y′—$\begin{smallmatrix}\mathbf{A}\\ \mathbf{G}\end{smallmatrix}$ (3′)	(5′) X′—Y′—$\begin{smallmatrix}\mathbf{C}\\ \mathbf{U}\end{smallmatrix}$ (3′)
3	识别三个密码反密码	(3′) X—Y—**I** (5′)	
	密码	(5′) X′—Y′—$\begin{smallmatrix}\mathbf{A}\\ \mathbf{U}\\ \mathbf{C}\end{smallmatrix}$ (3′)	

注：反密码碱基 X 和 Y 与密码碱基 X′ 和 Y′ 按沃森 - 克里克碱基配对原则配对。

三、核糖体是蛋白质合成的“装配机”

核糖体（ribosome）是蛋白质合成的场所，由 rRNA 和多种核糖体蛋白（ribosomal protein，RP）组成。核糖体的结构包括大、小两个亚基，分别称为大亚基和小亚基（详见第二章核酸的结构与功能）。

核糖体小亚基是一个扁平不对称的颗粒，外形类似哺乳类动物的胚胎，长轴上有一个凹陷的颈沟，将其分为头部和体部，分别占小亚基的 1/3 和 2/3。颈部有 1 ~ 2 个突起，称为叶或平台。大亚基呈半对称性皇冠状或对称性肾状，由半球形主体和 3 个大小与形状不同的突起组成。中间的突起称为鼻，呈杆状；两侧的突起分别称为柄和脊。当大、小亚基缔合时，其间形成一个腔，像隧道一样贯穿整个核糖体（图 13-2）。蛋白质的合成就在腔内进行。

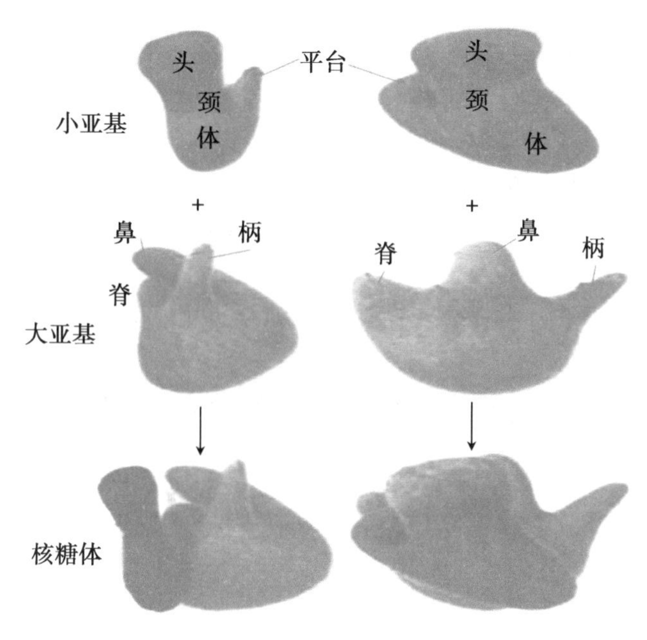

图 13-2 核糖体的三维结构模式图

Note

核糖体相当于“装配机”，能够促进 tRNA 所携带的氨基酸缩合成肽。其中，核糖体小亚基上包含有 mRNA 的结合位点，主要负责对模板 mRNA 进行序列特异性识别，如起始部位的识别、密码子与反密码子的相互作用。大亚基主要负责肽键的形成、氨基酰 -tRNA 和肽酰 -tRNA 的结合等（图 13-3）。核糖体的主要功能部位包括：

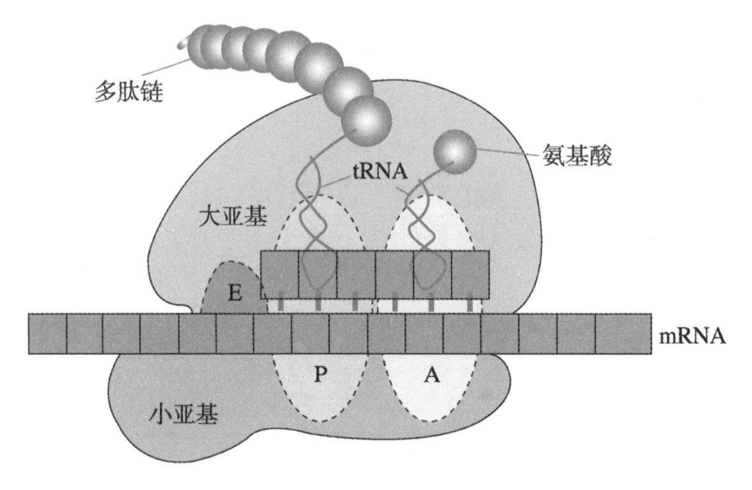

图 13-3 核糖体的主要功能位点

1．mRNA 结合部位 位于核糖体的小亚基上，负责对模板 mRNA 进行序列特异性识别与结合。在原核生物中，mRNA 结合部位和 16S rRNA 的 3′ 端定位于小亚基（30S 亚基）与大亚基（50S 亚基）接触的平台区。起始因子也结合在此部位。

2．受位（acceptor site）或氨基酰位（aminoacyl site，A-site） 氨基酰位简称 A 位，是氨基酰 -tRNA 的结合部位，供携有氨基酸的 tRNA 附着。

3．给位（donor site）或肽酰位（peptidyl site，P-site） 肽酰位简称 P 位，是肽酰 -tRNA 的结合部位，供携有新生肽链的 tRNA 及携有起始氨基酸的 tRNA 附着。在原核生物中，P 位与 A 位均由小亚基与大亚基的特异位点共同组成，位于小亚基平台区形成的裂缝处。

4．出口位（exit site，E-site） 出口位简称 E 位，可与肽酰转移后空载的 tRNA 特异结合。在 A 位进入新的氨基酰 -tRNA 后，E 位上空载的 tRNA 随之脱落。在原核生物中，E 位主要位于大亚基中。

5．肽酰转移酶（peptidyl transferase）活性部位 位于中心突（鼻）和脊之间形成的沟中，可使附着于 P 位上的肽酰 -tRNA 与 A 位 tRNA 所带的氨基酸缩合，形成肽键，P 位只保留脱氨基酰 tRNA。

6．GTPase 位点 是与肽酰 -tRNA 从 A 位转移到 P 位有关的转移酶（即延伸因子 EF-G）的结合位点。核糖体大、小亚基结合后，结合有 mRNA 和 tRNA 的小亚基平台与含有 GTPase 和肽酰转移酶活性的大亚基表面非常靠近。

7．其他位点 是与蛋白质合成有关的其他起始因子、延伸因子和终止因子的结合位点。

第三节 蛋白质的合成过程

蛋白质合成的反应步骤包括：①氨基酸的活化与转运；②肽链合成的起始；③肽链延长；④肽链合成的终止。其中，氨基酸的活化在胞质溶胶中进行，而肽链合成的起始、延长和终止阶段均发生在核糖体上，并伴随核糖体大、小亚基的聚合和分离。因此，氨基酸活化后，在核糖体上缩合形成多肽链的过程形成一个循环，包括肽链合成的起始、延长和终止。此外，蛋白质合成后还需要加工修饰和定向运输。

一、氨基酸活化为氨基酰 tRNA

氨基酸是蛋白质生物合成的基本原料。在蛋白质合成的第一阶段，20 种不同的氨基酸在氨基酰 tRNA 连接酶（aminoacyl tRNA ligase）［又称氨基酰 -tRNA 合成酶（aminoacyl-tRNA synthetase)］的催化下，其 α- 羧基与特异 tRNA 的 3′ 端 CCA-OH 发生酯化反应，生成氨基酰 -tRNA。该反应为可逆反应，需要 Mg^{2+} 和 ATP 参与。其反应步骤如下：

$$\text{tRNA+ 氨基酸 + ATP} \xrightleftharpoons{\text{氨基酰 -tRNA 合成酶}} \text{氨基酰 - tRNA + AMP + PPi}$$

氨基酰 tRNA 连接酶催化的氨基酸活化和转运过程分两步进行：

第一步，在氨基酰 tRNA 连接酶催化下，ATP 分解为焦磷酸与 AMP，氨基酸与 AMP 及酶形成中间复合物（氨基酰 -AMP-E 复合物）（图 13-4）。

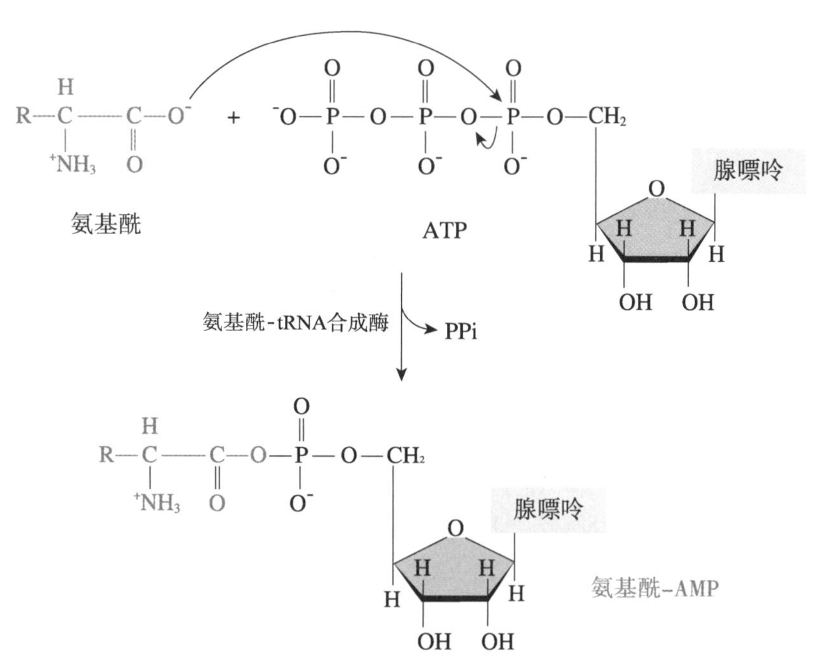

图 13-4　氨基酰 -AMP 中间复合物的形成

第二步，氨基酰 tRNA 连接酶将氨基酸从氨基酰 -AMP 转移至 tRNA 分子上，生成氨基酰 -tRNA，同时释放 AMP（图 13-5）。氨基酸与 tRNA 分子的正确结合是保证遗传信息准确表达为蛋白质的关键步骤之一，氨基酰 tRNA 连接酶对维持翻译保真性至关重要。氨基酰 tRNA 连接酶分布在胞质溶胶中，对底物氨基酸和 tRNA 都具有高度特异性，既能识别特异的氨基酸，又能辨认特异的 tRNA 分子，从而保证某种氨基酸只能与携带该氨基酸的特异 tRNA 分子连接。这种对氨基酸和 tRNA 的高度特异性是保证遗传信息准确翻译的要素之一。此外，氨基酰 tRNA 连接酶还具有校对活性，即酯酶活性。它能把错配的氨基酸水解下来，再换上与反密码子相对应的氨基酸。正是由于氨基酰 tRNA 连接酶具有上述两种性质，从而保证了蛋白质合成的错误率小于 10^{-4}。

二、起始复合体形成后肽链合成起始

在蛋白质合成的起始阶段，核糖体大亚基、小亚基、mRNA 与携带起始氨基酸的氨基

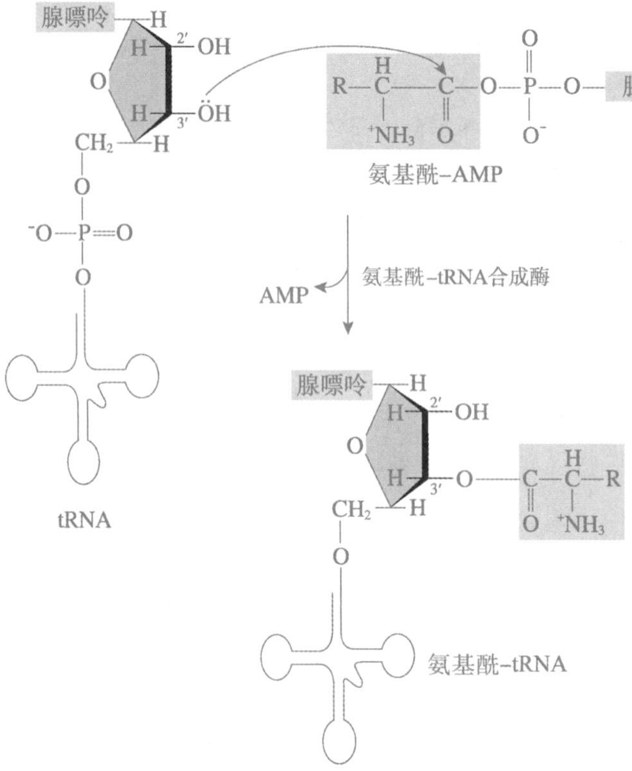

图 13-5　氨基酰 -tRNA 的生成

酰 -tRNA 共同构成起始复合体。这一过程需要一些称为起始因子（initiation factor，IF）的蛋白质以及 GTP 与 Mg^{2+} 的参与。

起始 tRNA 一般表示为 $tRNA_i^{Met}$，其中下标“i”代表起始 tRNA，上标“Met”表示该 tRNA 可携带甲硫氨酸。原核生物的起始 tRNA 携带甲酰甲硫氨酸后表示为 $fMet\text{-}tRNA_i^{fMet}$，其中“fMet”代表甲酰甲硫氨酰（formyl methionyl）。而携带普通甲硫氨酸的 tRNA 表示为 $tRNA^{Met}$，携带甲硫氨酸后表示为 $Met\text{-}tRNA^{Met}$。

$fMet\text{-}tRNA_i^{fMet}$ 能与起始因子 IF2 反应，促使 $fMet\text{-}tRNA_i^{fMet}$ 与起始密码子结合；而 $Met\text{-}tRNA^{Met}$ 只能与延伸因子 Tu 反应。在原核生物中，已发现以 $fMet\text{-}tRNA_i^{fMet}$ 为底物的转甲酰酶。该甲酰基的存在阻碍了 fMet 以 $\alpha\text{-}NH_2$ 与其他氨基酸形成肽键的可能性，故 fMet 必然位于肽链的 N 端。当肽链合成达 15 ~ 30 个氨基酸残基时，经甲硫氨酸肽酶的作用，N 端的 fMet 被水解。因此肽链合成后，70% 的肽链 N 端没有 fMet，而 N 端为 fMet 的仅占 30%。

原核生物和真核生物的起始因子分别用 IF 和 eIF 表示（表 13-4）。原核生物 IF3 结合于小亚基 E 位，阻止小亚基与大亚基的结合，并促进 $fMet\text{-}tRNA_i^{fMet}$ 结合至核糖体的 P 位。IF2 是 GTP 酶（结合和水解蛋白质），它与起始过程的 3 个主要成分（小亚基、IF1 和 $fMet\text{-}tRNA_i^{fMet}$）相互作用。通过与这些成分相互作用，IF2 催化 $fMet\text{-}tRNA_i^{fMet}$ 结合至小亚基，并阻止其他负载 tRNA 与小亚基结合。IF1 直接结合到小亚基 A 位，阻止 tRNA 过早与 A 位结合。

表 13-4 蛋白质合成所需要的起始因子

	因子	功能
原核生物	IF1	阻止 tRNA 与 A 位结合
	IF2	促使 fMet-$tRNA_i^{fMet}$ 与小亚基结合，并具有 GTP 酶的活性
	IF3	与小亚基结合；促进 fMet-$tRNA_i^{fMet}$ 结合至 P 位；阻止大亚基与小亚基结合
真核生物	eIF1	促进 40S 亚基与 mRNA 结合并稳定之
	eIF2	与 fMet-$tRNA_i^{fMet}$ 及 GTP 形成三元复合物，促进 fMet-$tRNA_i^{fMet}$ 与 40S 亚基结合
	eIF3	促进起始 tRNA 与 mRNA 结合，使 80S 核糖体保持解离状态
	eIF4A	具有解链酶活性，可解开 RNA 分子中的部分双螺旋，促进 mRNA 与 40S 亚基结合
	eIF4B	与 mRNA 结合并定位于起始 AUG 区域
	eIF4C	使 80S 核糖体解离为亚基，使起始 tRNA 与小亚基稳定结合
	eIF4D	促进甲硫氨基酰 - 嘌呤霉素合成，正常功能不清楚
	eIF4E	与 mRNA 帽结合，又称帽结合蛋白质 I
	eIF4F	与 mRNA 帽结合，使 mRNA 5′ 端解旋，具有 ATP 酶活性，又称帽结合蛋白质 II
	eIF5	形成 80S 起始复合体所必需，促使 GTP 水解

原核生物蛋白质的合成起始阶段的具体步骤如下：

1．大、小亚基分离后三元复合物（trimer complex）形成 小亚基首先与起始因子 IF3、IF1 结合，使核糖体大、小亚基分离，其中 IF1 结合于核糖体的 A 位，防止 tRNA 在起始阶段与 A 位结合。IF3 与小亚基 E 位结合，促进其与大亚基分离，并附着于 mRNA 的起始信号部位，形成 IF3- 小亚基 -mRNA 三元复合物（图 13-6）。IF3 与小亚基结合还可以提高 P 位对起始氨基酰 -tRNA 的敏感性。

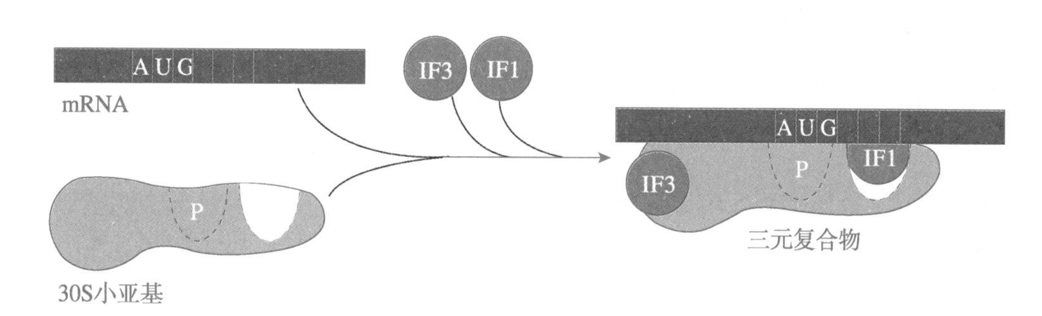

图 13-6 起始三元复合物的形成

2．mRNA 与小亚基定位结合 在 mRNA 起始密码子的上游 8 ～ 13 个核苷酸处，有一段由 4 ～ 9 个核苷酸组成的富含嘌呤核苷酸的序列，以 AGGA 为核心，它可与核糖体小亚基中的 16S rRNA 3′ 端富含嘧啶的序列（UCCU）互补，因而有助于 mRNA 从起始密码子处开始指导翻译。mRNA 分子的这一序列特征由 J. Shine 和 L. Dalgarno 发现，故称为 SD 序列（Shine-Dalgarno sequence），也称核糖体结合位点（ribosomal binding site，RBS）（图 13-7）。真核生物的 mRNA 无 SD 序列，18S rRNA 3′ 端也无与 SD 序列互补的碱基序列，这也是真核生物与原核生物在起始机制上的重要差异。

3．起始氨基酰 -tRNA（fMet-$tRNA_i^{fMet}$）准确定位在 P 位 原核生物核糖体有 3 个 tRNA 结合部位：氨基酰 -tRNA 的结合部位为 A 位，肽酰 -tRNA 的结合部位为 P 位，排出卸载 tRNA 的部位为 E 位。大、小亚基均参与 A 位和 P 位形成。起始密码子 AUG 只有在 P 位才

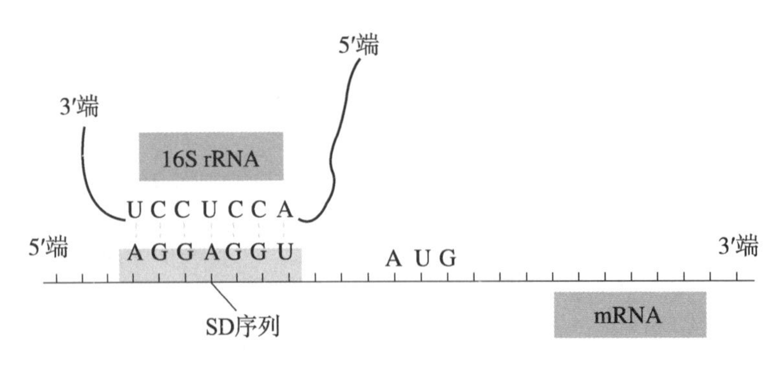

图 13-7 原核生物 mRNA 中的 SD 序列

能与 fMet-$tRNA_i^{fMet}$ 结合。fMet-$tRNA_i^{fMet}$ 是唯一一个直接结合到 P 位上的氨基酰 -tRNA。在此后的延长过程中，所有进位的氨基酰 -tRNA 均先与 A 位结合，然后到 P 位和 E 位。起始因子 IF1 结合在 A 位，阻止任何氨基酰 -tRNA 在翻译起始阶段与该位结合。

在 IF2-GTP 的促进与 IF1 的辅助下，fMet-$tRNA_i^{fMet}$ 进入 P 位，其反密码子与 mRNA 的起始密码子互补配对，形成小亚基前起始复合体。小亚基前起始复合体由小亚基、mRNA、fMet-$tRNA_i^{fMet}$ 及 IF1、IF2、IF3 与 GTP 共同构成（图 13-8）。

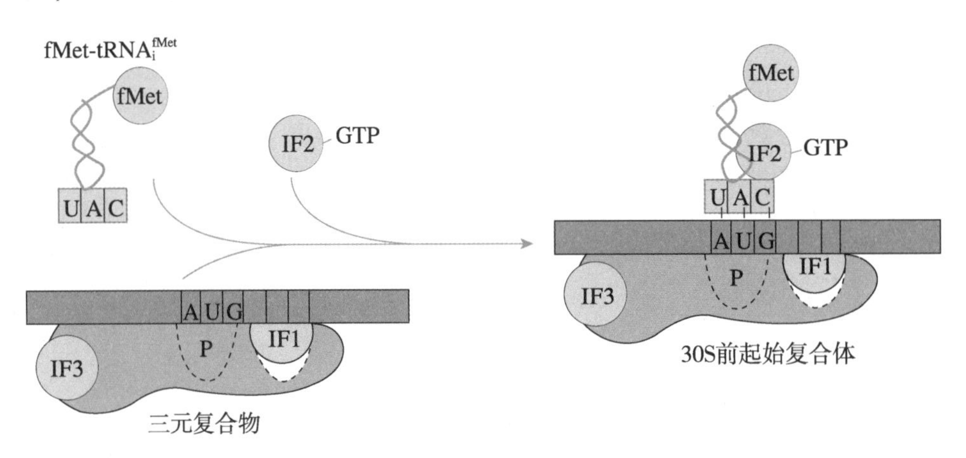

图 13-8 30S 前起始复合体的形成

fMet-$tRNA_i^{fMet}$ 能够准确定位于 P 位，至少有 3 个影响因素：① mRNA 的 SD 序列与核糖体小亚基 16S rRNA 的相互作用；②起始密码子与 fMet-$tRNA_i^{fMet}$ 反密码子的相互作用；③核糖体 P 位和 tRNA fMet-$tRNA_i^{fMet}$ 的相互作用。

4．起始复合体（initiation complex）形成 小亚基前起始复合体一经形成，IF3 即脱落，同时大亚基随之与前起始复合体结合，形成了大、小亚基，mRNA，fMet-$tRNA_i^{fMet}$ 及 IF1、IF2 与 GTP 共同构成的大、小亚基前起始复合体（preinitiation complex）。大亚基的结合激活了 IF2-GTP 的 GTP 酶活性，导致 GTP 水解释出 GDP 与磷酸。水解后的 IF2-GDP 与核糖体和 fMet-$tRNA_i^{fMet}$ 的亲和力降低，导致 IF2-GDP 和 IF1 脱落，形成了起始复合体（图 13-9），其 P 位有 fMet-$tRNA_i^{fMet}$，而 A 位是空的，可以结合负载 tRNA，为多肽链的合成做好准备。

三、进位、成肽和易位重复进行延长肽链

肽链延长（elongation）过程是一个循环过程，每个循环包括进位、成肽、易位 3 个步骤。在此循环中，根据 mRNA 密码子的要求，新的氨基酸不断被相应的 tRNA 转运至核糖体的 A

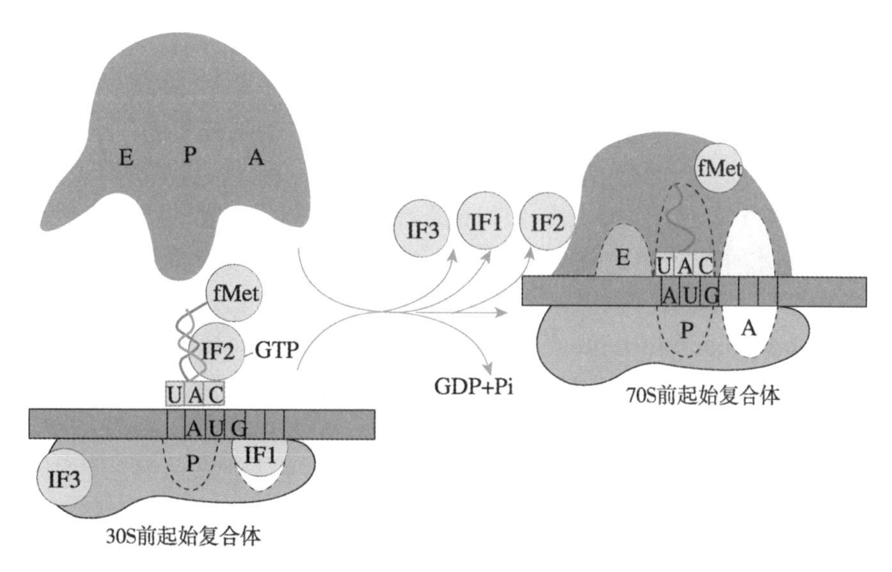

图 13-9　原核生物蛋白质合成的起始过程

位，形成新的肽键。同时，核糖体相对于 mRNA 从 5′ 端向 3′ 端不断移位。每完成一个循环，肽链上即可增加一个氨基酸残基。

肽链延长阶段除需要 mRNA、tRNA 和核糖体外，还需要延伸因子（elongation factor，EF）以及 GTP 和某些无机离子的参与。原核生物延伸因子有 3 种，分别称为 EF-Tu、EF-Ts 和 EF-G；真核生物延伸因子有 3 种，分别称为 eEF1α、eEF1$\beta\gamma$ 和 eEF2。eEF1α、eEF1$\beta\gamma$ 分别具有原核生物 EF-Tu 和 EF-Ts 的作用。eEF2 相当于 EF-G 的作用。

1．进位（entrance）或注册（registration）　起始复合物形成以后，第二个氨基酰 -tRNA 首先与结合着延伸因子 EF-Tu 的 GTP 复合物结合，生成氨基酰 -tRNA-EF-Tu-GTP 复合物，然后结合到核糖体的 A 位。EF-Tu 具有 GTP 酶活性，可促使 GTP 水解为 GDP，驱使 EF-Tu-GDP 复合物从核糖体中释放出来。在 EF-Ts 和 GTP 作用下，EF-Tu-GTP 重新形成，继续催化下一个氨基酰 -tRNA 进位。新进入 A 位的氨基酰 -tRNA 与 mRNA 起始密码子后的第二个密码子结合（图 13-10）。

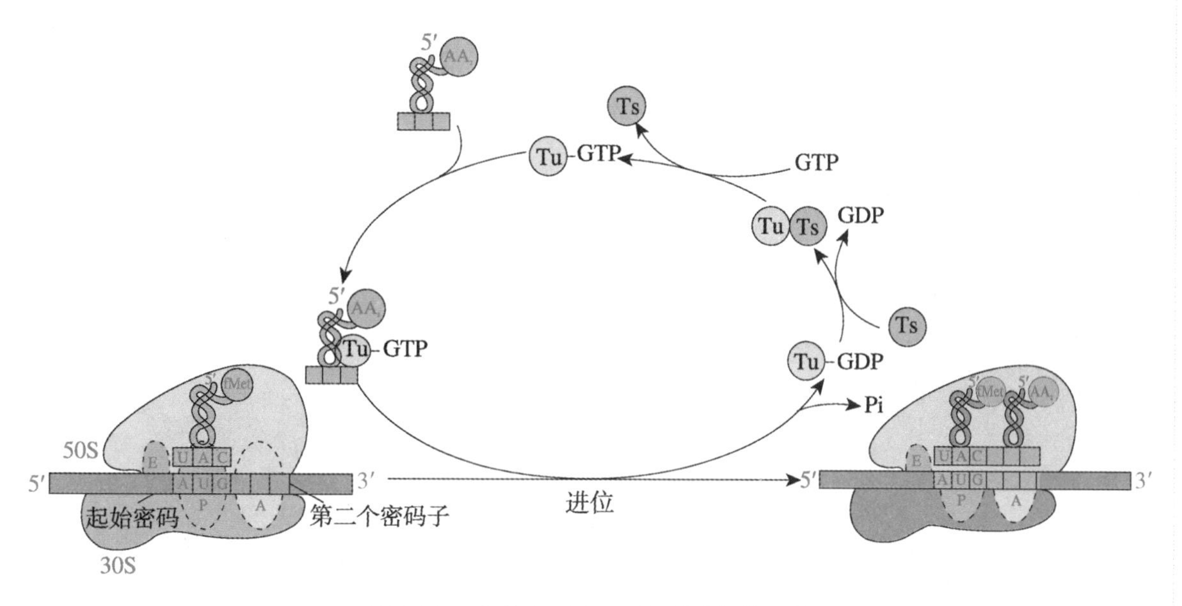

图 13-10　氨基酰 -tRNA 进入核糖体的 A 位

核糖体利用3种不同机制对氨基酰-tRNA的进位进行校对，促进翻译的高准确率：其一是小亚基16S rRNA存在两个相连的腺苷酸残基。这两个腺嘌呤与反密码子和密码子的前两个碱基之间分别正确配对所形成的小沟有紧密的相互作用。只有当反密码子和密码子正确配对时，16S rRNA的两个腺苷酸残基与小沟之间才能形成氢键，大大降低了正确配对的氨基酰-tRNA从核糖体解离的速度。其二是EF-Tu的GTP酶活性。正确的碱基配对可以激活GTP酶活性，诱发GTP水解和EF-Tu释放。其三是EF-Tu释放后的校对机制。只有碱基配对正确的氨基酰-tRNA在肽键形成过程中旋转进入正确位置，才能保持其与核糖体的结合。

2. 成肽（peptide bond formation） 氨基酰-tRNA进位后，核糖体的A位和P位上各结合了一个氨基酰-tRNA（或P位结合肽酰-tRNA），在肽酰转移酶（peptidyl transferase）的催化下，P位上tRNA所携带的甲酰甲硫氨酰基（或肽酰基）转移给A位上新进入的氨基酰-tRNA的氨基酸上，甲酰甲硫氨酰基的α-羧基与A位氨基酸的α-氨基形成肽键。此后，在P位上的tRNA成为空载的tRNA，而A位上的tRNA负载的是二肽酰基或多肽酰基（图13-11）。

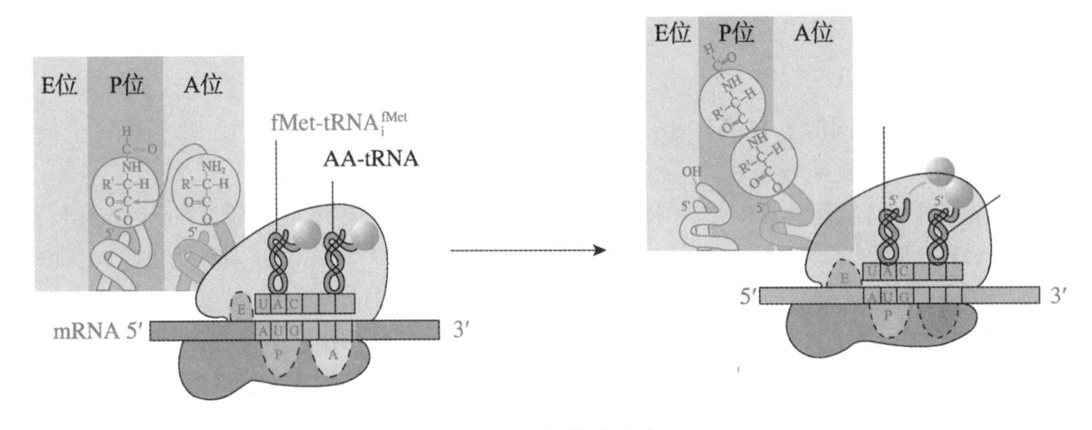

图13-11 肽键的形成

肽酰转移酶在化学本质上属于催化性RNA，即核酶，反应还需Mg^{2+}及K^+的存在。肽酰转移酶位于原核生物核糖体50S大亚基，其23S rRNA在肽酰转移酶活性中起主要作用。在真核生物，肽酰转移酶则是核糖体60S大亚基的28S rRNA。

3. 易位（translocation）及tRNA脱落 延伸因子EF-G在结构上与EF-Tu-tRNA类似，可竞争结合核糖体的A位，替换肽酰-tRNA。在EF-G的催化下，核糖体沿mRNA链向3′端移动，反应消耗1分子GTP。每移动一次，相当于一个密码子的距离，使得下一个密码子准确定位于A位。与此同时，原来处于A位点上的二肽酰-tRNA转移到P位，空出A位（图13-12）。而P位上空载的tRNA进入E位，随后从E位脱落（图13-13）。

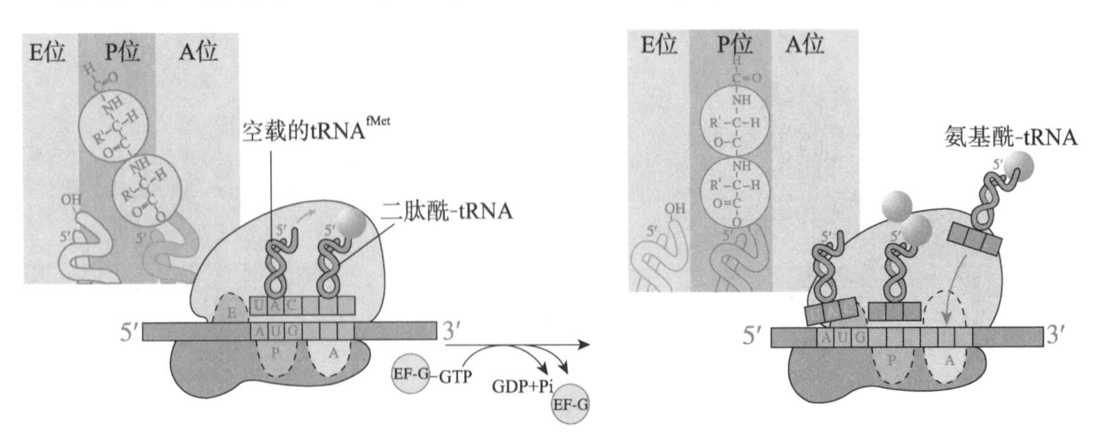

图13-12 核糖体沿mRNA相对移位

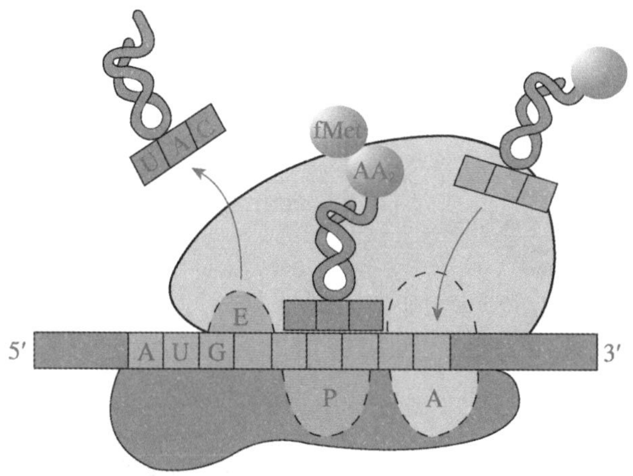

图 13-13　空载的 tRNA 从 E 位脱落

依次重复上述的进位、成肽和易位脱落的循环步骤，每循环一次，肽链就延伸一个氨基酸残基，称为肽链延长循环（elongation cycle）。经过多次重复，肽链不断由 N 端向 C 端延长，直至核糖体的 A 位对应到 mRNA 的终止密码子上。

在肽链延长阶段，核糖体有三步获能过程：一是转肽作用，受核糖体本身介导；二是 EF-Tu 介导 GTP 水解为 GDP 和 Pi；三是由 EF-G 介导的 GTP 水解。现在认为，由 EF 介导的两步 GTP 水解的能量主要用于 3 个方面：①在延长步骤中，加速核糖体的循环速度；②增强核糖体对抑制剂的抵抗力；③有利于翻译的保真性。

氨基酸活化生成氨基酰 -tRNA 时需消耗 2 个高能磷酸键。如果氨基酸活化过程中产生错误，水解错误的氨基酰 -tRNA 也需要消耗 ATP。在进位和易位阶段，共需要从 2 分子 GTP 获得能量，消耗 2 个高能磷酸键。所以在蛋白质合成过程中，每生成一个肽键，至少需要消耗 4 个高能磷酸键。

当肽链合成到一定长度时，在肽脱甲酰基酶（peptide deformylase）和一种对甲硫氨酸残基比较特异的氨肽酶（aminopeptidase）的依次作用下，氨基端的甲酰甲硫氨酰残基即从肽链上水解脱落。

四、释放因子识别终止密码子致肽链合成终止

肽链合成的终止（termination）需要释放因子（release factor，RF）或称终止因子（termination factor）的参与。随着 mRNA 与核糖体相对移位，肽链不断延长。当肽链延伸至终止密码子 UAA、UAG 或 UGA 出现在核糖体的 A 位时，由于没有相应的氨基酰 -tRNA 与之结合，肽链无法继续延伸。此时，RF 识别终止密码子，进入 A 位，促进 P 位的肽酰 -tRNA 的酯键水解。新生的肽链和 tRNA 从核糖体上释放，核糖体大、小亚基解聚，蛋白质合成结束。

释放因子的功能是识别终止密码子，并催化多肽链从 P 位的 tRNA 中水解释放出来，该过程需要 GTP 参与。原核生物有 3 种 RF：RF1 识别终止密码子 UAA 和 UAG；RF2 识别 UAA 和 UGA；RF3 则与 GTP 结合并使其水解，协助 RF1 和 RF2 与核糖体结合。真核生物仅有一种能识别 3 个终止密码子的 eRF。

终止阶段的基本过程如下：

mRNA 指导多肽链合成完毕，在核糖体的 A 位出现终止密码子 UAA、UAG 或 UGA。RF 识别终止密码子，与核糖体的 A 位结合。RF 在核糖体上的结合部位与 EF 的结合部位相同，

可防止 EF 与 RF 同时结合于核糖体上而扰乱正常功能（图 13-14）。

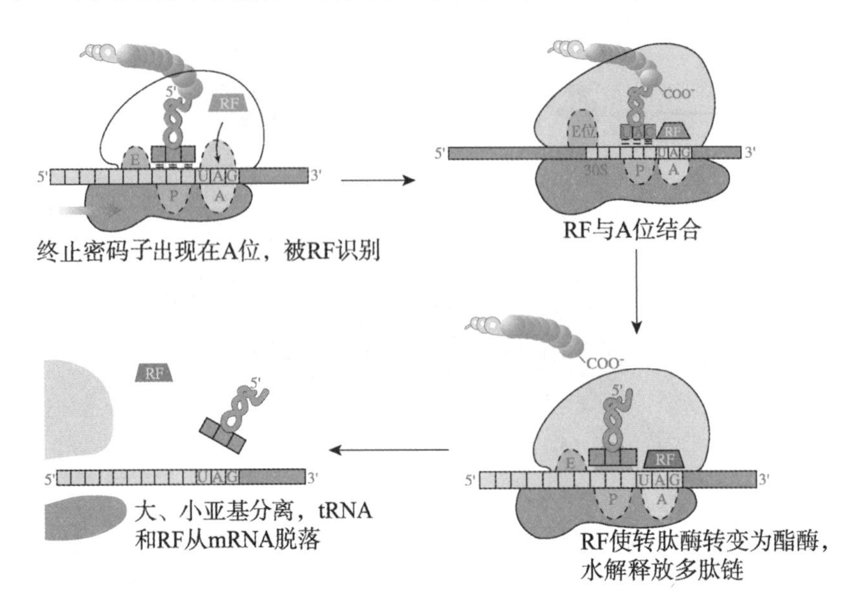

图 13-14 肽链的终止与释放

RF 使核糖体 P 位上的肽酰转移酶构象改变，转变为酯酶，水解多肽链与 tRNA 之间的酯键，多肽链从核糖体释放出来。

核糖体与 mRNA 分离，核糖体 P 位上的 tRNA 和 A 位上的 RF 脱落。在起始因子 IF3 的作用下，核糖体解离为大、小亚基，重新进入核糖体再循环（ribosomal recycling）。

细胞内蛋白质的合成往往并不是单个核糖体，而是多个核糖体聚在一起，与同一个 mRNA 相连，形成多聚核糖体（polyribosome，polysome）（图 13-15）。故在一条 mRNA 上可以同时合成多条同样的多肽链。多聚核糖体合成肽链的效率甚高，每一个核糖体每秒可翻译约 40 个密码子，即每秒可以合成相当于一个由 40 个左右氨基酸残基组成的、分子量约为 4 kDa 的多肽链。

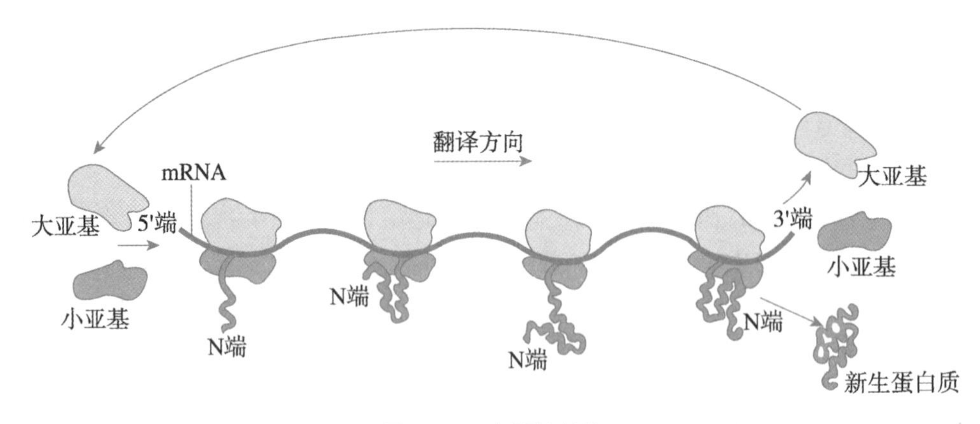

图 13-15 多聚核糖体

多聚核糖体中的核糖体数目视其所附着的 mRNA 大小，可由数个到数十个不等。例如血红蛋白多肽链的 mRNA 分子较小，只能附着 5 ~ 6 个核糖体，而合成肌球蛋白肽链重链的 mRNA 较大，可以附着 60 ~ 80 个核糖体（表 13-5）。

表 13-5 多肽链分子量与多聚核糖体上核糖体数的关系

多肽链	多肽链分子量（Da）	多核糖体上核糖体数	mRNA 分子量（Da）
珠蛋白	16 500	5 ~ 6	170 000 ~ 220 000
肌红蛋白	17 000	5 ~ 6	-
肌球蛋白轻链	17 000	5 ~ 9	-
原肌球蛋白	30 000 ~ 50 000	5 ~ 9	-
免疫球蛋白轻链	22 500	6 ~ 8	410 000
免疫球蛋白重链	55 000	16 ~ 25	700 000
肌纤蛋白	60 000 ~ 70 000	15 ~ 25	-
原胶原	100 000	30	-
β- 半乳糖苷酶	135 000	50	-
肌球蛋白重链	200 000	60 ~ 80	-

五、真核生物蛋白质合成体系和过程更为复杂和精细

以哺乳类动物为代表的真核生物的蛋白质合成，与以细菌为代表的原核生物的蛋白质合成有很多共同点，但也有差别，这些差别有些已应用于医药学方面（表 13-6）。

表 13-6 真核生物蛋白质合成与原核生物蛋白质合成的异同

	真核生物蛋白质合成	原核生物蛋白质合成
遗传密码	相同	相同
翻译体系	相似	相似
转录与翻译	不偶联，转录和翻译的间隔约 15 min；mRNA 前体需加工，从细胞核运至胞质溶胶	偶联
起始因子	多，起始复杂	少
mRNA	需剪接，加 5′ 端帽子和 3′ 端尾，单顺反子，无 SD 序列，代谢慢，哺乳类动物 mRNA 的典型半衰期为 4 ~ 6 h	无需加工，多顺反子，5′ 端有 SD 序列，细菌的 mRNA 半衰期仅为 1 ~ 3 min
核糖体	80S	70S
起始 tRNA	Met-$tRNA_i^{Met}$	fMet-$tRNA_i^{fMet}$
起始阶段	需 ATP、起始因子 eIF，小亚基先与 Met-$tRNA_i^{Met}$ 结合	需 ATP、GTP、起始因子 IF，小亚基先与 mRNA 结合
延长阶段	延长的主要因子为 eEF1α 和 eEF1$\beta\gamma$，移位的因子为 eEF2，空载 tRNA 从 E 位释放	延长的主要因子为 EF-Tu 和 EF-Ts，移位因子为 EF-G，空载 tRNA 从 E 位释放
终止阶段	1 种 eRF 识别所有终止密码子	3 种 RF

六、蛋白质合成后需要进一步加工修饰

刚从核糖体释放的新生多肽链一般没有蛋白质生物活性，多数需在合成进行中或合成后，经过一次或多次不同的翻译后加工过程才能逐步形成具有天然构象的功能蛋白质，并靶向运送

Note

至特定的亚细胞部位，发挥各自的生物学作用。蛋白质多肽链的主要加工形式包括：

1．氨基端和羧基端被修饰 在原核生物中，几乎所有蛋白质都是从*N*-甲酰甲硫氨酸开始，真核生物从甲硫氨酸开始。当肽链合成达15～30个氨基酸残基时，脱甲酰基酶水解除去N端的甲酰基，然后氨肽酶再切除一个或多个N端氨基酸。因此原核生物肽链合成后，70%的肽链N端没有fMet。真核生物成熟的蛋白质分子，其N端也多数没有甲硫氨酸。去除N端甲酰甲硫氨酸的基本步骤如下：

$$N\text{-甲酰甲硫氨基酰-肽} \xrightarrow{\text{脱甲酰基酶}} \text{甲酸} + \text{甲硫氨基酰-肽}$$

$$\text{甲硫氨基酰-肽} \xrightarrow{\text{氨肽酶}} \text{甲硫氨酸} + \text{肽}$$

此外，在真核细胞中，约有50%的蛋白质在翻译后会发生N端乙酰化。还有些蛋白质分子的羧基端也需要进行修饰。

2．氨基酸侧链被化学修饰 在特异性酶的催化下，蛋白质多肽链中的某些氨基酸侧链进行化学修饰，类型包括磷酸化、羟基化、羧基化、甲基化、乙酰化、糖基化和泛素化等（图13-16）。

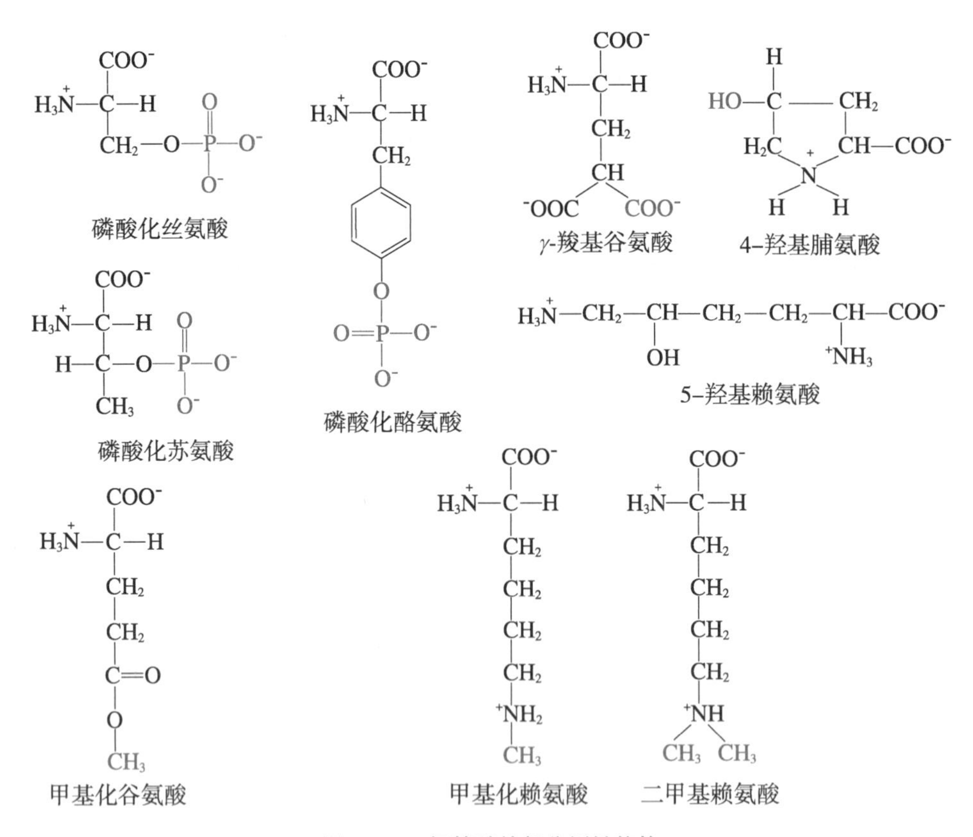

图 13-16 氨基酸的部分侧链修饰

（1）磷酸化（phosphorylation）：某些蛋白质分子中的丝氨酸、苏氨酸、酪氨酸残基的羟基，在酶催化下被ATP磷酸化。磷酸化在酶的活性调节中具有重要意义。

（2）羟基化（hydroxylation）：胶原中羟脯氨酸和羟赖氨酸是脯氨酸和赖氨酸经羟化反应形成的。

（3）羧基化（carboxylation）：在需要维生素K的酶的催化下，某些蛋白质（如凝血酶原等凝血因子）在谷氨酸残基上额外引入羧基。这些羧基与Ca^{2+}结合是启动凝血机制所必需的。

(4) 甲基化（methylation）：肌动蛋白、肌球蛋白、细胞色素 *c* 和组蛋白的赖氨酸残基等可以被甲基化，组蛋白甲基化在转录调控中发挥作用。某些蛋白质中谷氨酸残基的羧基也可以被甲基化。蛋白质的甲基化修饰反应中，*S*- 腺苷甲硫氨酸（SAM）是主要的甲基供体。

(5) 乙酰化（acetylation）：真核细胞蛋白质可以发生 *N*- 乙酰化，乙酰基由乙酰辅酶 A 提供。组蛋白等的赖氨酸残基也可以被乙酰化。组蛋白乙酰化在转录调控和基因组稳定性维持中发挥作用。

(6) 糖基化（glycosylation）：游离的核糖体合成的多肽链一般不带糖链，膜结合的核糖体所合成的多肽链通常带有糖链。糖蛋白（glycoprotein）是一类含糖的结合蛋白质，由蛋白质和糖两部分以共价键相连。糖蛋白中的糖链与多肽链之间的连接方式可分为 *N*- 连接和 *O*- 连接两种类型。*N*- 连接糖蛋白的寡糖链通过 *N*- 乙酰葡萄糖胺与多肽链中天冬酰胺残基的酰胺氮以 *N*- 糖苷键连接。*O*- 连接糖蛋白的寡糖链通过 *N*- 乙酰半乳糖胺与多肽链中丝氨酸或苏氨酸残基的羟基以 *O*- 糖苷键连接。

(7) 泛素化（ubiquitination）：泛素分子由 76 个氨基酸组成，分子量约 8.5 kDa。泛素羧基末端的甘氨酸残基可与靶蛋白质的赖氨酸残基侧链的氨基共价结合，其他泛素可与此泛素结合形成多聚泛素化，随后多聚泛素化靶蛋白质可被 26S 蛋白酶体识别并降解。

蛋白质的翻译后修饰还包括其他修饰，如脂化（lipidation），即蛋白质分子与脂类分子共价结合。同一蛋白质可以有不同的翻译后修饰，如胶原蛋白的前体在细胞内合成后，需经羟化（肽链中的脯氨酸及赖氨酸残基分别转变为羟脯氨酸及羟赖氨酸残基）、三股肽链彼此聚合并结合糖链，转至细胞外并去除部分肽段后，才构成结缔组织中的胶原纤维。

3．二硫键形成　一些蛋白质折叠成天然构象之后，在半胱氨酸残基间形成链内或链间二硫键，在稳定蛋白质空间构象、防止蛋白质变性和逐渐氧化中起重要作用（详见第一章蛋白质的结构与功能）。

4．肽链中肽键水解产生多种活性肽　有些无活性的蛋白质前体可经蛋白酶水解，生成多种不同的活性肽，如垂体产生的几种肽激素来源于同一个大的蛋白质前体（图 13-17）。

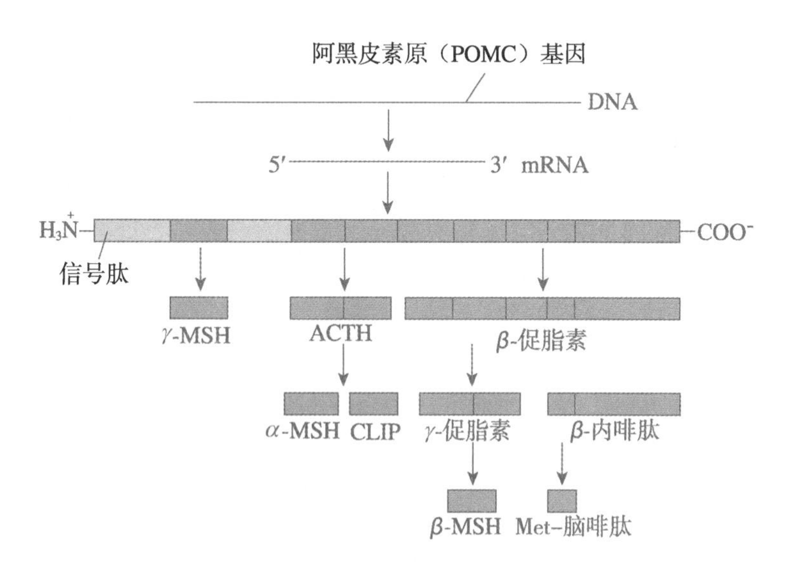

图 13-17　阿黑皮素原（proopiomelanocortin，POMC）的剪切加工

还有许多蛋白质合成时是没有生物学功能的前体分子，经剪切后成为有活性的成熟蛋白质，如前胰岛素原（preproinsulin）由 110 个氨基酸残基构成，N 端 24 个氨基酸残基为信号肽，在内质网中切除后成为胰岛素原（proinsulin），随后在高尔基体囊泡中 C 端 57 ~ 87 位氨基酸残基构成的 C 肽被水解，形成由 A 链和 B 链组成的胰岛素（insulin）（图 13-18）。也有一

些蛋白质以酶原或蛋白质前体的形式分泌，在细胞外进一步加工剪切，如胰蛋白酶原、胃蛋白酶原、胰凝乳蛋白酶原。

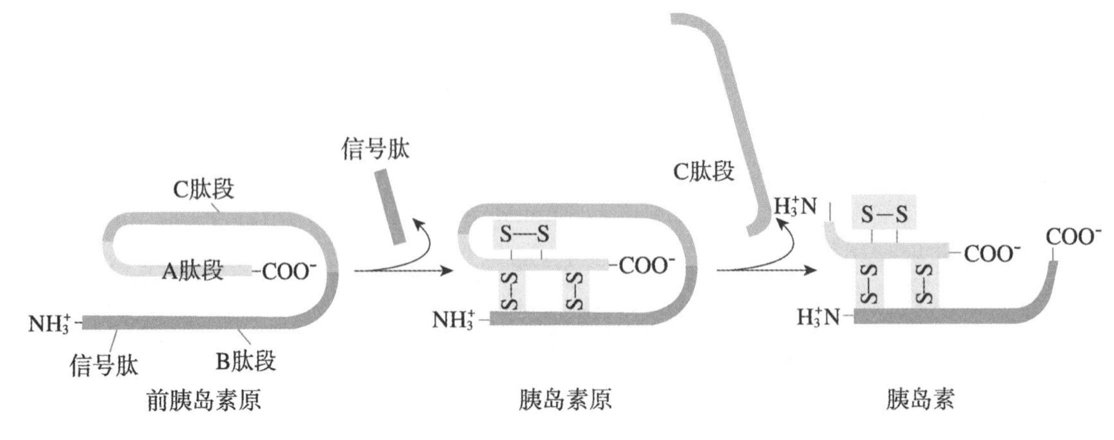

图 13-18 前胰岛素原的剪切加工

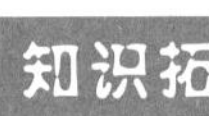

知识拓展

蛋白质的自我剪接

1990 年，R. Hirata 等首次报道了一种新的蛋白质加工方式——蛋白质剪接（protein splicing），也称为蛋白质自我剪接（protein self-splicing）。蛋白质剪接是翻译后由蛋白质分子内部的内含肽（intein）介导，催化其自身从蛋白质前体中裂解出来，两侧的外显肽（extein）重新连接成为成熟的蛋白质。此发现丰富了翻译后加工的理论，也具有应用前景。

5．蛋白质合成后被靶向输送至特定部位

（1）分泌性蛋白质（secretory protein）的靶向输送：分泌性蛋白质（如清蛋白、免疫球蛋白、催乳素）合成时其 N 端带有一段信号序列（signal sequence），又称为信号肽（signal peptide）。信号肽由 15 ～ 30 个氨基酸残基构成，其氨基端为亲水区段，常为 1 ～ 7 个氨基酸残基；中心区以疏水氨基酸为主，由 15 ～ 19 个氨基酸残基构成，在分泌时起决定作用。信号肽的一级结构见图 13-19。

N端碱性区　　疏水核心区　　C端加工区

		剪切位点
人生长激素	MATGSRTSLLLAFGLLCLPWLQEGSA	FPT
人胰岛素原	MALWMRLLPLLALLALWGPDPAAA	FVN
牛白蛋白原	MKWVTFISLLLFSSAYS	RGV
鼠抗体H链	MKVLSLLYLLTAIPHIMS	DVQ
鸡溶解酶	MRSLLILVLCFLPKLAALG	KVF
蜜蜂蜂毒原	MKFLVNVALVFMVVYISYIYA	APE
果蝇胶蛋白	MKLLVVAVIACMLIGFADPASG	CKD
酵母转化酶	MLLOAFLFLLAGFAAKISA	SMT
人流感病毒A	MKAKLLVLLYAFVAG	DQI

碱性氨基酸　疏水氨基酸

图 13-19 信号肽的一级结构

信号肽引导蛋白质运输至内质网的过程见图 13-20：①分泌性蛋白质在核糖体开始合成；②合成信号肽；③信号肽在核糖体中与信号识别颗粒（signal recognition particle，SRP）结合，诱导 SRP 与 GTP 结合，防止多肽链延伸；④核糖体 -SRP 复合物与内质网上的受体结合；⑤ SRP 分离并重新进入循环；⑥伴随着 GTP 水解，蛋白质合成重新开始；⑦新生肽链合成完成后，信号肽在信号肽酶的催化下被切除；⑧核糖体解聚。新生肽链在内质网中折叠完成后随内质网囊泡转移至高尔基体，形成分泌小泡，转运到细胞外。

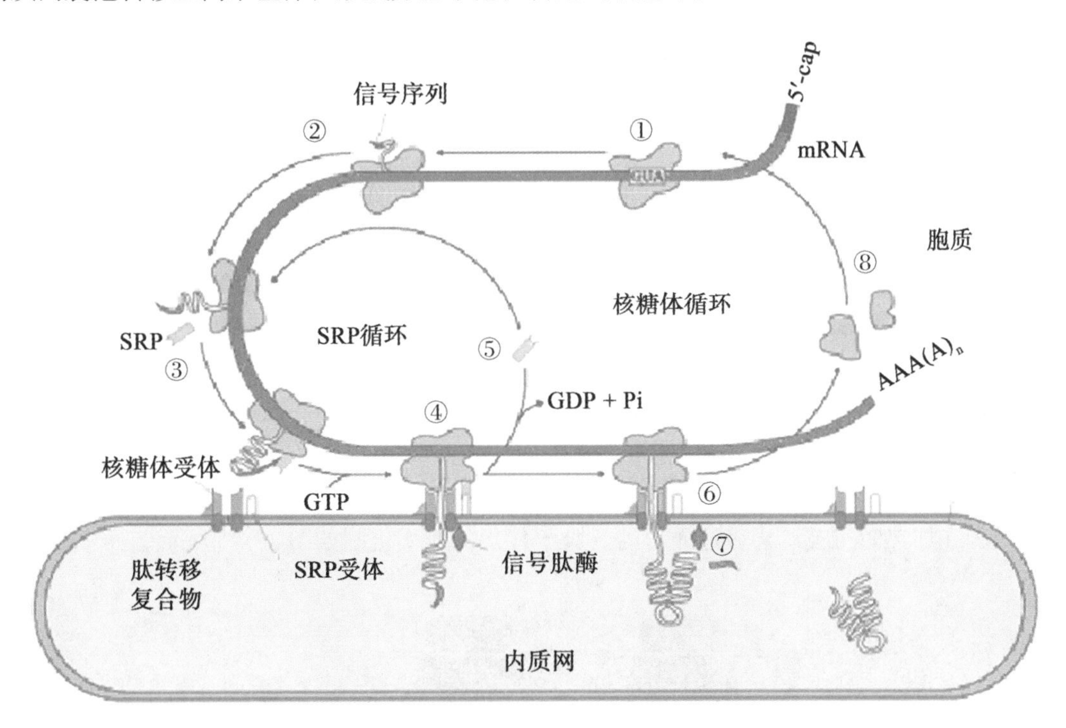

图 13-20　信号肽引导蛋白质运输至内质网

①蛋白质开始合成；②信号肽合成；③信号肽与 SRP 结合后，SRP 结合 GTP，多肽链延伸终止；④核糖体 -SRP 复合物与 SRP 受体结合；⑤ SRP 分离进入循环；⑥伴随着 GTP 水解，蛋白质合成重新开始；⑦新生肽链合成后，信号肽被水解；⑧核糖体解聚

（2）蛋白质合成后被靶向输送至细胞内特定部位：结合在粗面内质网的核糖体除合成分泌性蛋白质外，还合成一定比例的细胞固有蛋白质，其中主要是膜蛋白质。它们进入内质网腔后，需要经过复杂机制，定向输送到最终发挥生物学功能的亚细胞间隔，这一过程称为蛋白质的靶向输送。所有靶向输送的蛋白质在其一级结构中均存在分选信号序列（signal sequence），它们可引导蛋白质运送到细胞的特定部位。有的信号序列存在于肽链的 N 端，有的在 C 端，有的在肽链内部；有的输送完成后切除，有的保留（表 13-7）。

表 13-7　靶向输送蛋白质的信号序列

细胞器蛋白质	信号序列
内质网腔蛋白质	N 端信号肽，C 端 KDEL 序列（-Lys-Asp-Glu-Leu-COO-）
线粒体蛋白质	N 端 20 ~ 35 个氨基酸残基
核蛋白	核定位序列（-Pro-Pro-Lys-Lys-Lys-Arg-Lys-Val-，SV40T 抗原）
过氧化物酶体蛋白质	PST 序列（-Ser-Lys-Leu-）
溶酶体蛋白质	甘露糖 -6- 磷酸

Note

6．多肽链正确折叠形成天然构象 新生肽链只有正确折叠、形成空间构象才能实现其生物学功能（详见第一章蛋白质的结构与功能）。体内蛋白质的折叠与肽链合成同步进行，新生肽链N端在核糖体上一出现，肽链的折叠即开始。随着序列的不断延伸，肽链逐步折叠，产生正确的二级结构、模体、结构域直至完整的空间构象。

细胞中大多数天然蛋白质的折叠都不能自动完成，多肽链准确折叠和组装需要两类蛋白质：折叠酶和分子伴侣。

折叠酶包括蛋白质二硫键异构酶（protein disulfide isomerase，PDI）和肽-脯氨酰顺反异构酶（peptide prolyl *cis-trans* isomerase，PPI）。蛋白质二硫键异构酶在内质网腔活性很高，可以识别和水解错配的二硫键，重新形成正确的二硫键，辅助蛋白质形成热力学最稳定的天然构象。

多肽链中肽-脯氨酸间的肽键存在顺、反两种异构体，两者在空间构象上存在明显差别。肽-脯氨酰顺反异构酶是蛋白质三维构象形成的调节酶，可促进这两种顺、反异构体之间的转换。当肽链合成需形成顺式构型时，此酶可在各脯氨酸弯折处形成准确折叠。

分子伴侣（molecular chaperone）广泛存在于从细菌到人的细胞中，是蛋白质合成过程中形成空间结构的控制因子，在新生肽链的折叠和穿膜进入细胞器的转位过程中起关键作用。有些分子伴侣可以与未折叠的肽段（疏水部分）进行可逆的结合，防止肽链降解或侧链非特异聚集，辅助二硫键的正确形成；有些则可引导某些肽链正确折叠并集合多条肽链成为较大的结构。常见的分子伴侣包括热激蛋白质（heat shock protein，Hsp）和伴侣蛋白（chaperonin）。热激蛋白质因在加热时可被诱导表达而得名。分子伴侣的作用机制如图13-21所示。

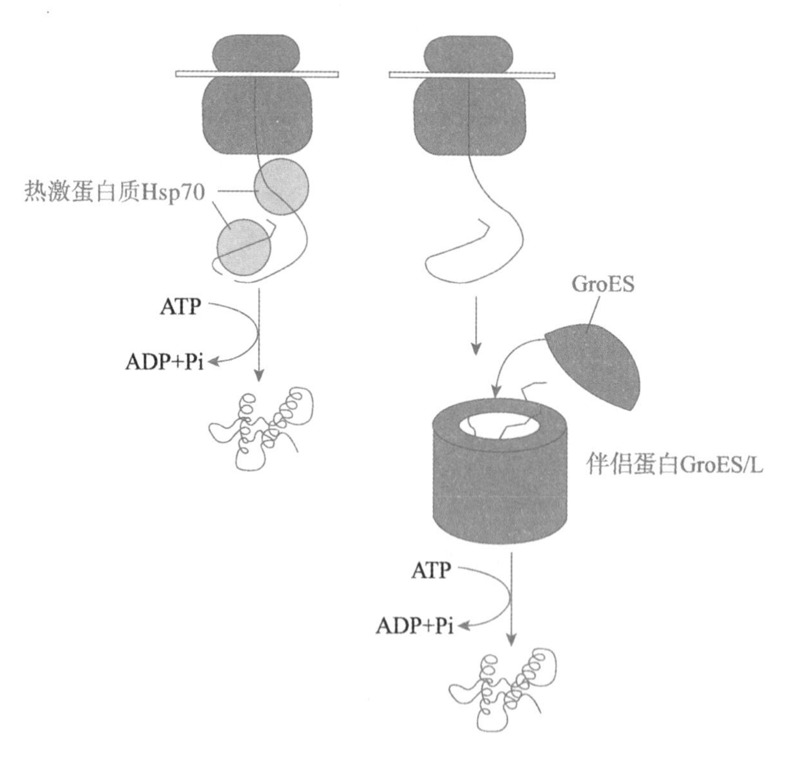

图13-21 热激蛋白质及伴侣蛋白GroES/L的作用机制

7．辅基结合及亚基聚合 结合蛋白质除多肽链外，还含有各种辅基。故其蛋白质多肽链合成后，还需要通过一定的方式与特定的辅基结合。

寡聚蛋白质则由多个亚基组成，各个亚基相互聚合时所需要的信息蕴藏在每条肽链的氨基酸序列之中，而且这种聚合过程往往又有一定的先后顺序，前一步聚合常可促进后一聚合步骤的进行。如成人血红蛋白 HbA 由 2 条 α 链、2 条 β 链及 4 个血红素辅基组成。从多聚核糖体合成释放的游离 α 链可与尚未从多聚核糖体释放的 β 链相连，然后一起从多聚核糖体上脱落，再与线粒体内生成的 2 分子血红素结合，形成 $\alpha\beta$ 二聚体。然后，2 个 $\alpha\beta$ 二聚体聚合形成完整的血红蛋白分子（图 13-22）。

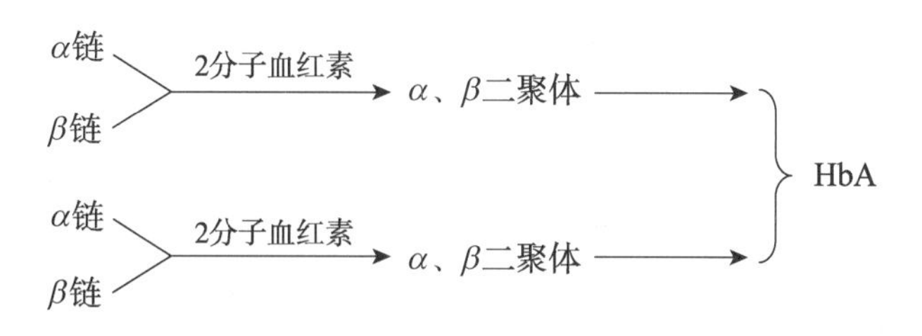

图 13-22　血红蛋白的辅基结合及亚基聚合过程

第四节　蛋白质的合成与医学

一、蛋白质分子变异导致分子病

蛋白质是遗传信息表达的终点站，其原始信息储藏在 DNA 分子中，故如果 DNA 分子的遗传信息发生改变，也可能影响细胞内 RNA 与蛋白质的合成，导致机体的某些结构异常与功能障碍。由于基因 DNA 结构的缺陷，致使蛋白质合成出现异常，从而导致蛋白质的功能障碍，并出现相应的临床症状，这类遗传病称为分子病（molecular disease）。该类病有些可随个体繁殖而传给后代。如镰状细胞贫血患者体内 β- 珠蛋白基因异常，由 GAA 变为 GTA，致使合成的血红蛋白 β 链 N 端第 6 个氨基酸由谷氨酸突变为缬氨酸，患者的血红蛋白构象异常，在氧分压较低的情况下容易在红细胞中析出，使红细胞呈镰刀形状并极易破裂（图 13-23）。

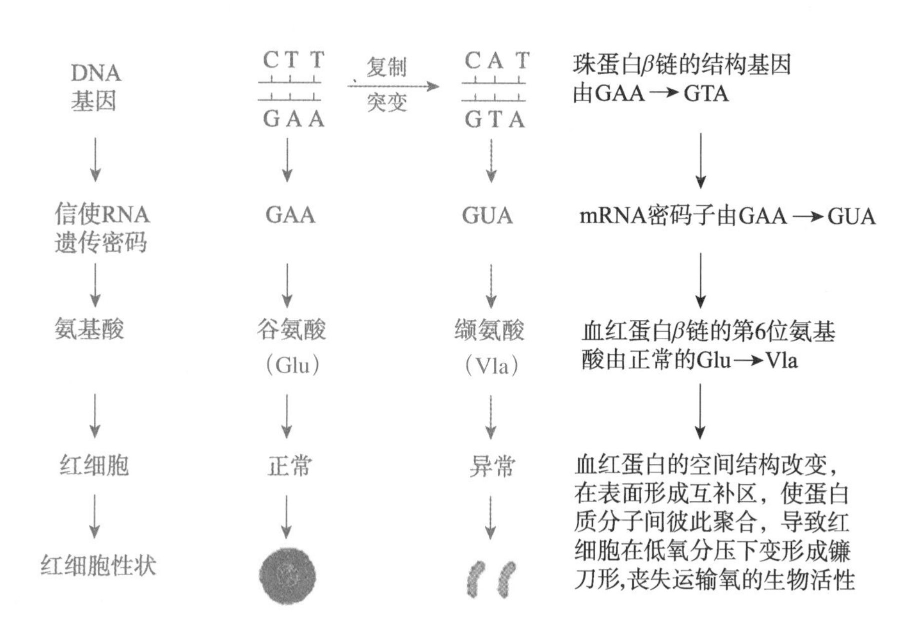

图 13-23　镰状细胞贫血的分子机制

二、抗生素和某些毒素是蛋白质生物合成的阻断剂

蛋白质是生命活动的物质基础，故蛋白质的合成被阻断时，生命活动也会受到影响。不同的蛋白质阻断剂，其作用的生物类型也有所不同。如链霉素、氯霉素主要抑制细菌的蛋白质合成，临床上可用作抗菌药物；环己酰亚胺作用于哺乳类动物，对人体具有毒性。

（一）抗生素类阻断剂

抗生素（antibiotics）是由某些微生物产生的代谢物或者人工合成的化合物，主要用于抑制或杀死病原微生物。四环素、金霉素、土霉素等四环素类抗生素（tetracyclines）可以通过与核糖体的 A 位特异结合而阻断氨基酰 -tRNA 的结合，从而抑制细菌蛋白质的合成；链霉素是一种碱性三糖，低浓度时会造成细菌密码子的错误阅读，高浓度时可与核糖体小亚基结合，抑制蛋白质合成的起始；氯霉素则可以通过阻断细菌核糖体中肽基的转移来抑制蛋白质合成过程中肽链的延伸，但对真核生物蛋白质的合成影响不大（表 13-8）。而个别抗生素如放线菌酮（actidione）则可特异性抑制真核生物核糖体的肽酰转移酶，而不抑制细菌核糖体中的肽酰转移酶，因此对人体是一种毒物。此外，嘌呤霉素是由链霉菌产生的一种抑制性抗生素，其结构与氨基酰 -tRNA 的结构类似，可竞争结合核糖体的 A 位，使肽链合成提前终止并脱落，因而对真核生物与原核生物的蛋白质合成都有抑制作用（图 13-24）。

表 13-8 抗生素对蛋白质合成的抑制作用

抗生素	作用阶段	作用原理	主要用途
四环素、土霉素、金霉素	翻译起始	可与原核生物核糖体小亚基结合，抑制氨基酰 -tRNA 与小亚基结合	抗菌药
链霉素、新霉素、巴龙霉素	翻译起始	结合原核生物核糖体小亚基，改变构象，引起读码错误	抗菌药
氯霉素、林可霉素、红霉素	肽链延长	结合原核生物核糖体大亚基，抑制肽酰转移酶，阻断肽链延长	抗菌药
伊短菌素	翻译起始	结合原核生物、真核生物核糖体小亚基，阻碍翻译起始复合物的形成	抗病毒药
嘌呤霉素	肽链延长	与酪氨基酰 -tRNA 结构类似，可与原核生物、真核生物核糖体 A 位结合，使肽酰 -tRNA 脱落	抗肿瘤药
放线菌酮	肽链延长	结合真核生物核糖体大亚基，抑制肽酰转移酶，阻断肽链延长	医学研究
夫西地酸	肽链延长	抑制 EF-G，阻止易位	抗菌药
大观霉素	肽链延长	结合原核生物核糖体小亚基，阻止易位	抗菌药

综上所述，某些抗生素除能抑制细菌的蛋白质合成外，也有可能抑制哺乳类动物线粒体蛋白质的合成，或与其副作用有关。

（二）毒素蛋白

常见的抑制人体蛋白质生物合成的毒素蛋白包括细菌毒素及植物毒蛋白。

1. 细菌毒素 细菌毒素与细菌的致病性密切相关，可以分为两种：外毒素（exotoxin）和内毒素（endotoxin）。菌体的外毒素大多是蛋白质，如白喉棒状杆菌、破伤风梭菌、肉毒梭菌

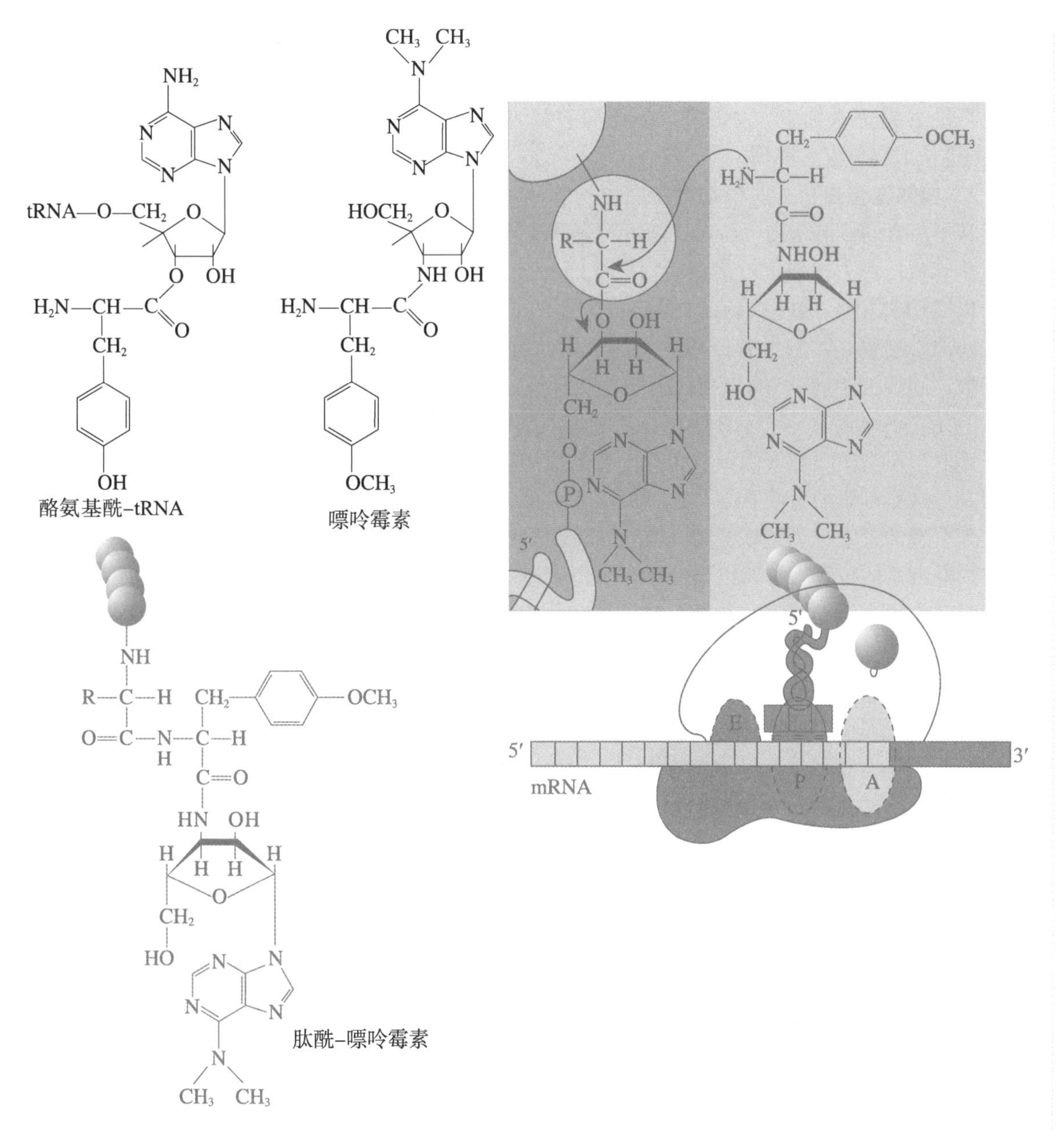

图 13-24　嘌呤霉素抑制蛋白质合成的分子机制

分泌的毒素。而菌体的内毒素是脂多糖和蛋白质的复合体，如赤痢杆菌、霍乱弧菌及铜绿假单胞菌产生的毒素。

白喉毒素是白喉棒状杆菌产生的毒蛋白，由 A、B 两链组成。A 链有催化作用；B 链可与细胞表面特异受体结合，帮助 A 链进入细胞。进入胞质溶胶的 A 链可催化延伸因子 eEF2 进行 ADP 糖基化修饰，生成 eEF2-ADP- 核糖衍生物，使 eEF2 失活，从而抑制真核生物的蛋白质合成。白喉毒素的毒性很大，对豚鼠、兔类甚至人类的致死剂量为 50 ~ 100 μg/kg。

$$NAD^{+} + \text{eEFT2（有活性）} \xrightarrow{\text{白喉毒素 A 链}} \text{eEFT2- 核糖 -ADP（无活性）} + \text{烟酰胺}$$

铜绿假单胞菌也是毒力很强的细菌，它的外毒素 A（exotoxin A）与白喉毒素相似，通过分子中的糖链与细胞表面相互作用而进入细胞，裂解为 A、B 两条链。A 链具有酶活性，以白喉毒素 A 链同样的作用方式抑制蛋白质的合成。

志贺杆菌可引起肠伤寒，其毒素也可抑制脊椎动物的肽链延长，其作用机制与白喉毒素有所不同。志贺毒素不含糖，由1条A链与6条B链构成。B链介导毒素与靶细胞受体结合，帮助A链进入细胞。A链进入细胞后裂解为A1与A2。A1具有酶活性，使大亚基灭活，tRNA进位或移位发生障碍。

2. 植物毒蛋白 某些植物毒蛋白也是肽链延长的抑制剂。如红豆所含的红豆碱（abrine）与蓖麻子所含的蓖麻蛋白（ricin）都可与真核生物核糖体大亚基结合，抑制其肽链的延长。

蓖麻蛋白毒力很强，对某些动物仅0.1 μg/kg即足以致死。该蛋白质也由A、B两链组成，两者以二硫键相连。B链具有凝集素的功能，可与细胞膜上含乳糖苷的糖蛋白（或糖脂）结合，还原二硫键；A链具有核糖苷酶的活性，可与大亚基结合，切除28S rRNA的第4324位腺苷酸，间接抑制eEF2的作用，阻断肽链延长。A链在无细胞蛋白质合成体系时可单独起作用，但在完整细胞中必须有B链存在才能进入细胞，抑制蛋白质的合成。

蓖麻蛋白与白喉毒素两条链相互配合的作用模式给予人们启示，提出以抗肿瘤抗体起引导作用，与这类毒素的毒性肽结合，然后引入人体，定向附着于癌细胞而起抗肿瘤的作用。这种经人工改造的毒素称为免疫毒素（immunotoxin）。然而，由于对传染病的预防注射，人体内常具有白喉毒素的抗毒素，所以当使用白喉毒素制备免疫毒素时，可因人体内白喉抗毒素的存在而削弱其作用。但人体内通常没有对抗蓖麻蛋白的抗毒素，故使用蓖麻蛋白制备免疫毒素优于白喉毒素。

除蓖麻蛋白等由两条肽链组成的植物毒素外，还有一类单肽链、分子量为30 kDa左右的碱性植物蛋白质，也起到核糖体灭活蛋白质（ribosome-inactivating protein）的作用，如天花粉蛋白、皂草素和苦瓜素。这类毒素具有RNA糖苷酶的活性，可使真核生物核糖体大亚基失活，其原理与蓖麻蛋白A链相同。

三、蛋白质合成障碍导致相关疾病的发生

1. 缺铁性贫血 当缺铁时，血红素合成减少。血红素的不足可引起网织红细胞中蛋白质的合成障碍，其机制与磷酸化真核生物蛋白质合成的起始因子eIF2有关。

哺乳动物起始因子eIF2可与GTP及Met-tRNA$_i^{Met}$组成三元复合物，然后与40S小亚基结合，形成40S前起始复合体。随后，GTP水解为GDP，40S前起始复合体与60S大亚基缔合成80S起始复合体，并释放无活性的GDP-eIF2。在鸟嘌呤核苷酸转换因子（guanine nucleotide exchange factor，GEF）的作用下，eIF2上的GDP被GTP取代，成为有活性的eIF2-GTP。

当网织红细胞中缺乏血红素时，可激活eIF2蛋白质激酶，催化eIF2-GDP中的蛋白质磷酸化。eIF2被磷酸化后与GEF的亲和力大为增强，两者黏着，互不分离，妨碍GEF发挥催化作用，因而eIF2-GDP难以转变为eIF2-GTP。由于网织红细胞所含GEF较少，所以只要有30%的eIF2被磷酸化，GEF即失去活性，使包括血红蛋白在内的所有蛋白质合成完全停止，临床易出现贫血（图13-25）。

2. 脊髓灰质炎 又称小儿麻痹症，因脊髓灰质炎病毒感染引起，涉及一种翻译启动因子组分的降解。

脊髓灰质炎病毒曾造成千百万儿童的残障。现在人类已用疫苗成功地控制了脊髓灰质炎的发生。但脊髓灰质炎病毒感染细胞引起该病的致病机制，仍是一个有待回答的问题。研究发现，该病毒感染细胞后，能有效地抑制宿主细胞的蛋白质合成，这种抑制发生在翻译水平。进一步分析发现宿主细胞中的翻译起始因子eIF4F中的一个亚基（分子量为220 kDa）被降解。该起始因子在正常情况下可促使mRNA 5′端解旋，以利于翻译的起始。真核细胞mRNA5′端

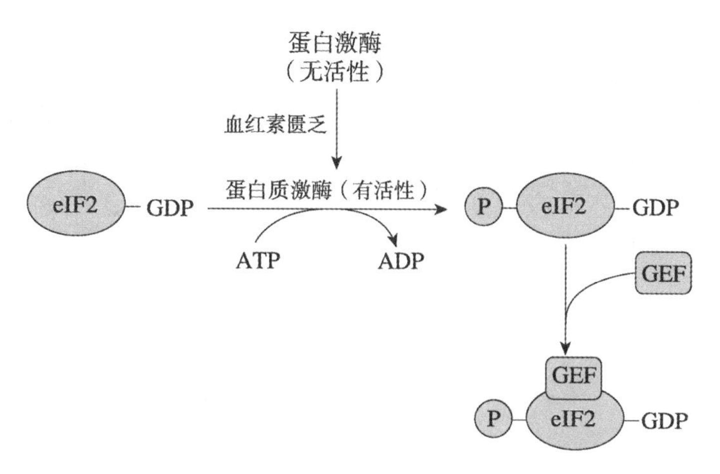

图 13-25　血红素匮乏抑制蛋白质合成的分子机制

带有帽子结构；这些有“帽”mRNA 的翻译需要起始因子 eIF4F 的参与。脊髓灰质炎病毒属于 RNA 病毒，它的 mRNA 较特殊，无帽子结构。因此不少学者认为该病毒感染细胞后，使帽结合蛋白质失去作用，从而特异地抑制了宿主细胞的蛋白质合成。而病毒自身的 mRNA 无帽子结构，其翻译起始不依赖于 eIF4F 的存在，仍可进行，使病毒能有效地利用宿主细胞的能量及蛋白质合成其结构而生存和繁殖。

思考题

1. 遗传密码如何编码氨基酸？有哪些基本特性？
2. 蛋白质的合成体系主要包含哪些物质？分别起什么作用？
3. 在蛋白质合成过程中，保证多肽链翻译准确性的机制有哪些？
4. 简要说明蛋白质合成的过程。
5. 蛋白质合成都有哪些翻译后修饰？

（杨晓梅）

第十四章

基因表达调控

第一节 概 述

基因表达调控是指生物体内通过特定的蛋白质-DNA、蛋白质-蛋白质之间的相互作用来控制细胞内基因是否表达或表达多少的过程及分子机制。除某些 RNA 病毒外，生物体内决定细胞特性的全部遗传信息都来自 DNA，DNA 的某一区段（如基因）可以转录成 mRNA，并指导蛋白质的合成，这既是中心法则的核心，又是基因表达的过程。在 1958 年 F. H. Crick 提出遗传信息传递的中心法则基础上，1961 年法国科学家 F. Jacob 和 J. Monod 通过对细菌和噬菌体的研究提出了关于基因表达调控的操纵子学说，从此开创了基因表达调控新领域。

基因表达调控是多细胞生物细胞分化、形态发生和个体发育的分子基础，也是了解生物体生命活动和功能多样性的理论基础。基因表达调控的目的是满足生物体自身发育的需求和适应环境的变化。这些调节过程都是在严格、有序的控制下进行的。基因表达过程的异常或失控往往会导致疾病的发生。基因表达调控不仅是现代分子生物学研究的主要方向之一，而且是人们认识生命体不可或缺的重要内容，其所涉及的很多基本概念和原理也已成为一些分子生物学技术的基本原理。本章主要围绕一些基本概念和原理介绍基因表达调控的内容和相关新进展，并分别介绍原核生物和真核生物基因表达调控的特点。

第二节 基因表达及其调控的概念及特点

基因表达是一个过程，基因表达调控是对基因表达过程的控制，二者结合起来可以保证基因表达的有序、适度及有效。

一、基本概念

基因表达和基因表达调控具有不同的含义。

1. 基因表达（gene expression） 是指细胞将储存在 DNA 中的遗传信息（基因）经过转录和翻译转变为具有生物学活性分子（RNA 或蛋白质）的过程（图 14-1）。生物的中心法则就是蛋白质编码基因表达的主干流程，每个环节都涉及分子间的相互作用以及酶蛋白的催化反应。

2. 基因表达调控（gene expression regulation） 指生物体为适应环境变化和维持自身生存、生长和发育的需要，调控基因的表达。不同生物的基因组含有不同数量的基因，而且基因表达的水平也不是固定不变的。在不同环境、不同生长阶段和发育时期，基因表达水平高低不同，多数情况下，只有一小部分基因处于表达活性状态。这依赖于机体内存在一套完整、精细、严密的基因表达调控机制，以适应环境、维持生长和发育的需要。基因表达调控大致经历基因激活、转录及翻译等过程，产生具有特定生物学功能的蛋白质分子，赋予细胞或个体一定形态表型和生物学功能。基因表达调控包括基因水平调控、转录水平调控、转录后水平调控、翻译水平调控、翻译后水平调控。基因水平调控可通过基因丢失、基因修饰、基因重排、基因扩增、染色体结构变化等方式影响基因的表达；转录水平调控可通过控制 mRNA 的拷贝数来调节基因表达产物的量；转录后水平调控主要指真核生物的初转录产物经过加工成为成熟的 mRNA，包括加帽、加尾、甲基化修饰等；翻译水平调控是调节 mRNA 稳定性以及核糖体与 mRNA 结合效率；翻译后水平调控主要体现在蛋白质加工修饰环节。在 DNA 上的基因表达调控元件（如启动子、增强子）可以直接影响基因表达的开启或关闭，使基因表达呈现出时间特异性、组织特异性，并受到环境影响，这些特性以组成型表达或适应性表达方式表现出来，从而保证生物体内的基因表达有序进行。

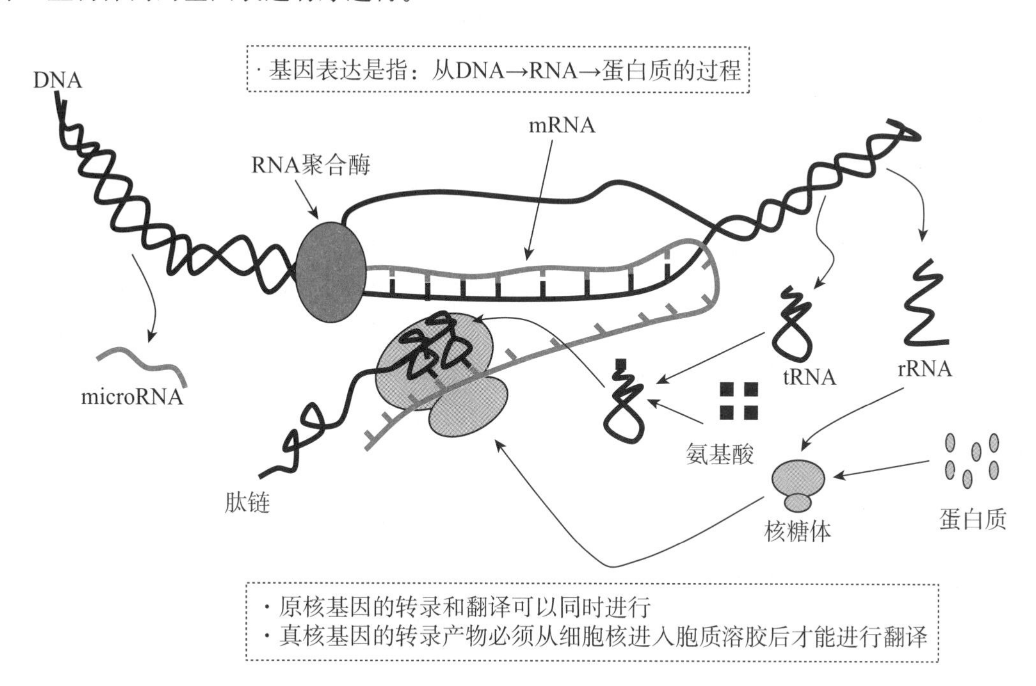

图 14-1　基因表达的基本过程

二、基因表达根据生物体的需要有规律地进行

生物体内储存在 DNA 上的遗传信息并不是同时释放出来的，而是根据生物体的需要有规律地表达释放。细菌基因组上大约有 4000 个基因，一般只有 5% ~ 10% 的基因处于活跃状态；人的基因组上有 3.5 万~ 4 万个基因，但在一个组织细胞中一般也只有一小部分基因处于表达状态，即使在功能活跃的肝细胞中，也只有不超过 20% 的基因表达。

（一）基因表达的时空特异性

所有生物的基因表达都具有严格的时间特异性和空间特异性。

1. 基因表达具有时间特异性（temporal specificity） 基因表达的时间特异性是指生物体内某一特定基因的表达严格按照一定的时间顺序发生。例如，噬菌体感染细菌后所呈现的规

律性生活周期是特定基因在特定时期开启或关闭的结果。又如，人的肝细胞内编码甲胎蛋白（α-fetoprotein，AFP）的基因在胚胎时期活跃表达，合成大量 AFP，成年后该基因表达水平降低，几乎测不到 AFP。但是，当肝细胞发生转化形成肝癌细胞时，AFP 的基因又重新被激活，合成大量 AFP。因此，成人血浆中 AFP 的水平可以作为肝癌早期诊断的一个重要指标。

多细胞生物从受精卵发育成为生物体，需要经历很多不同的发育阶段，每个阶段都有一些基因严格按特定的时间顺序开启和关闭，表现出与生物体生长、发育和分化相一致的时间特异性，从而逐步生成形态和功能各不相同的、协调有序的组织。多细胞生物基因表达的这种时间特异性又称为阶段特异性（stage specificity）。

2．基因表达具有空间特异性（spatial specificity） 基因表达的空间特异性是指多细胞生物在个体生长、发育过程中，在不同组织和细胞中特定基因表达的数量、强度和种类各不相同。这种基因伴随时间或阶段顺序所表现出来的空间特异性又称细胞特异性（cell specificity）或组织特异性（tissue specificity）。如乳酸脱氢酶同工酶不同亚基的编码基因在不同组织和器官表达程度不同，使得不同组织中出现不同的同工酶谱（详见第三章）。基因表达的空间特异性可以保证组织和器官在发育、分化、成熟过程中能够适应其特殊的功能需要。例如，红细胞能高水平地表达血红蛋白，是因为其需要以此携带氧气并运送二氧化碳；肝细胞中编码鸟氨酸循环相关酶的基因表达水平高于其他组织和细胞，从而使这些酶能够满足肝的特定功能需要。

（二）不同的基因在生物体内的表达方式具有不同的特点

1．有些基因的表达方式为组成型表达（constitutive expression） 组成型表达是指生物体内一些基因的表达参与生命全过程，在生物体所有细胞中持续表达，产物对生命的组成和功能的体现是必需的，也称为基本基因表达。以组成型方式表达的基因被称作持家基因（housekeeping gene）。持家基因的表达只受细胞基因的启动子与 RNA 聚合酶相互作用的影响，不受环境和其他因素的影响，产物一般是细胞或生物体在整个生命过程中必不可少的。持家基因以一个相对恒定的速率持续表达，因此也成为检测基因表达水平时的参照标准，如细胞骨架蛋白质的编码基因、核糖体蛋白质基因以及三羧酸循环反应相关酶基因，其表达水平受环境因素的影响小，常作为基因表达水平的参照物。

2．有些基因的表达方式为适应性表达（adaptive expression） 适应性表达是指生物体内一些基因表达容易受环境因素影响，根据生长、发育及繁殖的需要，有规律地、选择性地适度表达。若环境信号刺激能激活相应的基因表达上调，称作诱导性表达（inducible expression），这类基因属可诱导基因（inducible gene）；若环境因素能下调或抑制基因的表达，称作阻遏性表达（repressible expression），这类基因属可阻遏基因（repressible gene）。例如，DNA 损伤时，DNA 修复酶基因表达可在体内被诱导激活，同时阻断 DNA 聚合酶编码基因的表达，使修复酶的表达量增加，促进 DNA 的损伤修复过程。又如，当培养基中色氨酸供应充足时，细菌依赖培养基中的色氨酸生存，无需自身合成，细菌体内与色氨酸合成有关酶的编码基因表达就会被阻遏。

诱导和阻遏是两种不同类型的适应性表达，在生物界普遍存在，也是生物体适应环境的基本途径，在原核生物和单细胞生物尤为突出和重要，因为它们生存的环境经常发生变化。可诱导基因或可阻遏基因除受基因启动子（或启动序列）与 RNA 聚合酶相互作用的控制外，尚受其他机制的调节，这类基因的调控序列通常含有针对特异刺激的反应元件。例如，在应激状态下，人体会在短时间内产生大量激素或细胞因子。

三、基因表达调控具有多层次的复杂性

基因表达调控体现在基因表达的全过程，以便有序且适量地表达相应基因产物。

原核生物基因表达的调控可以发生在基因激活、转录和翻译3个层次，以及RNA、蛋白质的稳定性方面；真核生物基因表达调控层次更复杂，包括基因水平、转录水平、转录后水平、翻译水平和翻译后水平等。就整个基因表达调控而言，无论是真核生物还是原核生物，对转录水平，尤其是转录起始水平的调节是最主要的调节方式，即转录起始是基因表达的最基本、最关键的控制点。

（一）基因表达受转录起始的调控

转录起始是RNA聚合酶与DNA序列相互作用的结果。基因表达的转录起始调节与基因的结构及性质、细胞内存在的转录调节蛋白及生物个体或细胞所处的内、外环境均有关。原核生物的RNA聚合酶可以直接与DNA序列结合，而真核生物的RNA聚合酶需要转录调节蛋白质（即转录因子）的帮助才能识别并结合DNA序列，可见，RNA聚合酶与DNA序列之间的亲和性是转录起始调控的关键环节。由于不同基因所使用的RNA聚合酶活性相似，DNA序列差异和真核生物辅助RNA聚合酶的转录因子就成为转录起始调控的重要对象。

（二）基因表达受翻译起始的调控

翻译起始是核糖体与mRNA相互作用的结果。原核生物核糖体小亚基能直接识别mRNA上的核糖体结合位点，真核生物的核糖体需要有蛋白质复合物的帮助才能识别mRNA上的核糖体结合位点。可见，核糖体与mRNA序列之间的亲和性和可及性是翻译起始调控的关键环节。由于不同mRNA翻译时所用的核糖体是相似的，mRNA序列上的核糖体结合位点和mRNA局部结构等就成为翻译起始的调控要点。

（三）基因表达调控还可表现为对转录或翻译产物的调控

基因的转录产物之一是mRNA，mRNA与核糖体相遇并结合才有机会翻译。原核生物没有细胞核，转录和翻译都在同一个细胞空间，相遇不难，由于mRNA半衰期短，因此mRNA的降解快慢就成为一种调节方式。真核生物有细胞核，转录和翻译分别在细胞核和胞质溶胶中进行，mRNA必须从细胞核进入胞质溶胶才有机会遇到核糖体，因此，mRNA的加工修饰及运输成为调节真核基因表达的一种方式。

mRNA的翻译产物是蛋白质，有功能的蛋白质不但需要完整的一级结构，而且很多蛋白质还需要正确折叠及修饰，真核生物的蛋白质一般还需要靶向输送和定位。因此，蛋白质的折叠、修饰及靶向输送成为调节基因表达的重要方式。

四、基因表达调控具有重要的生物学意义

基因表达调控是生物体适应环境及维持生长的重要分子机制，对于认识生命及疾病发病机制等有着广泛的生物学意义。

（一）基因表达调控使生物体适应环境、维持生长和增殖

生物体处在不断变化的内、外环境中，为了适应各种环境变化，生物体必须通过调整自身

状态从而对内、外环境的变化做出适当的反应，这种适应性是通过调节生物体内基因表达的速率和产量实现的。

生物体的这种适应能力总是与某种或某些蛋白质分子的功能有关。细胞内功能蛋白质分子的有或无、多或少的变化则由编码这些蛋白质分子的基因表达与否、表达水平高低等状况决定。通过一定的基因表达调控机制，可使生物体表达出适应性的蛋白质分子，以适应环境，维持生长和增殖。例如，当环境中葡萄糖供应充足时，细菌中利用葡萄糖的酶的基因表达增强，利用其他糖类的酶的基因关闭；当葡萄糖耗尽而有乳糖存在时，利用乳糖的酶的基因则表达，此时细菌利用乳糖作为碳源，维持生长和增殖。高等动物体内更加普遍地存在适应性表达的方式。

（二）基因表达调控能更好地维持细胞分化与个体发育

多细胞生物在生长和发育的不同阶段对蛋白质种类和含量的要求不同，为了适应这种需求，多细胞生物体就需要对基因表达进行更加复杂、精细和完善的调控，其意义除可使生物体更好地适应环境、维持生长和增殖外，还在于维持细胞分化和个体发育。高等哺乳类动物各组织和器官的发育、分化都是由一些特定基因控制的。当某种基因缺陷或表达异常时，则会出现相应组织或器官的发育异常，如人类的先天性心脏病、唇腭裂。

第三节　原核生物的基因表达调控

原核生物（prokaryote）大多是单细胞生物，没有成形的细胞核，亚细胞结构及其基因组结构要比真核生物简单得多，单倍体基因组一般是一个闭合环状的双链 DNA 分子，存在于细胞中央的一个相对致密的区域，该区域称作类核（nucleoid），这种结构特征使原核生物基因的转录和翻译可以同时进行。另外，原核生物基因是连续的，通常几个功能相关的结构基因紧密地串联在一起，受同一个控制区调节，从而形成了原核生物基因组上特有的操纵子结构。操纵子（operon）是原核生物基因表达及调控的基本单位。以操纵子模型为单位在转录和翻译相关环节上的调控就成为原核生物基因表达调控的重要内容。

一、原核生物基因表达调控的重要方式是转录水平的调控

转录（transcription）是 RNA 聚合酶以 DNA 为模板合成 RNA 的过程。原核生物基因的基本转录单位是操纵子，转录水平调控主要围绕 RNA 聚合酶和操纵子的工作原理。

（一）转录调控序列和 RNA 聚合酶是转录调控的关键

原核生物基因的转录调控主要涉及转录调控序列和 RNA 聚合酶。

1. 转录调控序列（transcription regulatory sequence） 是指能影响 RNA 聚合酶转录活性的 DNA 序列。

原核生物的多数基因以操纵子为转录单位（transcription unit）。操纵子通常由 2 个以上功能相关的结构基因串联在一起，共同受其上游的调控区调节。调控区是由启动子、操纵序列及其他调节序列成簇串联组成的转录调节序列。

启动子（promoter，P）是原核生物 RNA 聚合酶识别及结合的一段 DNA 序列，一般位于结构基因的上游，在 -10 和 -35 区域存在共有序列（consensus sequence），主要以序列本身影响 RNA 聚合酶的转录活性。例如，有些细菌的启动子在 -10 区域，通常是 TATAAT 序列，

也称作普里布诺框（Pribnow box）。在 -35 区域是 TTGACA 序列。这些序列之间的差异可通过辨认、结合 RNA 聚合酶调节基因的转录起始（图 14-2）。

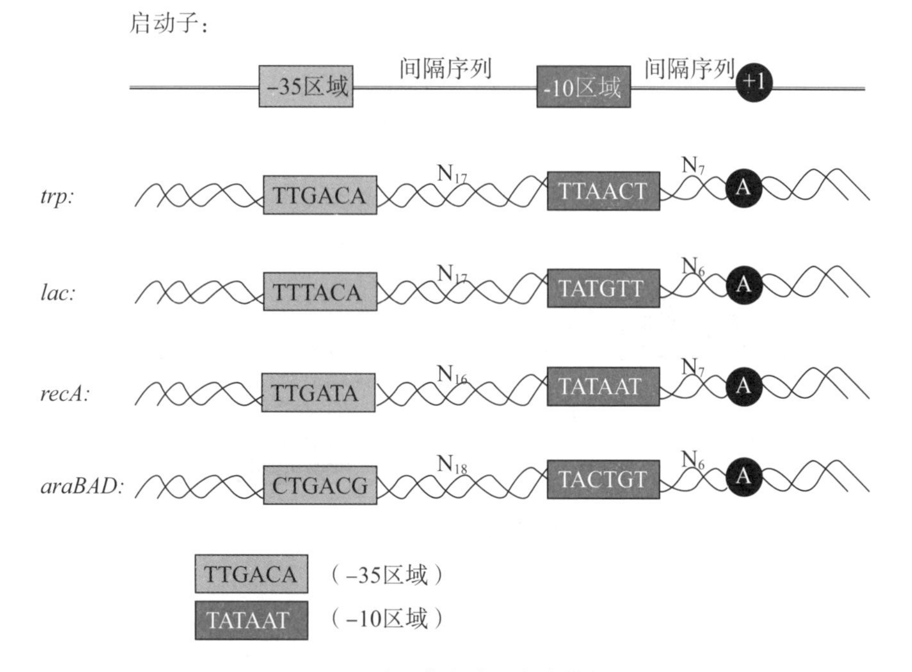

图 14-2　4 种细菌启动子中的共有序列

trp：色氨酸操纵子；*lac*：乳糖操纵子；*recA*：组氨酸操纵子：*araBAD*：阿拉伯糖操纵子

操纵序列（operator，O）常与启动子 P 序列交错、重叠，它是原核阻遏物的结合位点。当 O 序列上结合有阻遏物时，会阻遏 RNA 聚合酶与 P 序列的结合，或使 RNA 聚合酶不能沿 DNA 向下游移动，阻遏转录，介导负性调节，所以可认为 O 序列是控制 RNA 聚合酶能否转录的“开关”。

有些操纵子还含有其他调节序列，可影响 RNA 聚合酶的活性，如乳糖操纵子的分解代谢物基因活化蛋白质（catabolite gene activation protein，CAP），又称 cAMP 受体蛋白质（cAMP receptor protein，CRP）结合位点。在操纵子的上游常存在表达阻遏物的阻遏基因（repressor gene），阻遏物与 O 序列的结合与否是影响 O 序列“开关”的调控因素。

2．RNA 聚合酶（RNA polymerase，RNA pol） 是一种能以 DNA 为模板催化 RNA 合成的蛋白复合物。大肠埃希菌只有一种 RNA 聚合酶，其特点是：① 6 个亚基组成 RNA 聚合酶全酶：原核生物的 RNA 聚合酶是由 5 种亚基组成的 6 聚体（含有 2 个 α 亚基），其中 α 亚基决定被转录的基因，β 亚基具有聚合酶活性，β' 亚基与 DNA 模板结合，σ 亚基辨认转录起始位点，ω 亚基促进组装和稳定 RNA 聚合酶；② RNA 聚合酶直接识别和结合启动子，所覆盖的序列范围一般为 -40 ~ +20 区域，一旦其他蛋白质结合到这一区域，则可影响 RNA 聚合酶的活力。例如，RNA 聚合酶结合区与阻遏物结合区有部分重叠，则阻遏物的结合可影响 RNA 聚合酶的结合（图 14-3）。

（二）原核生物转录调控具有与真核生物不同的特点

原核生物没有细胞核，而且原核生物基因序列是连续的。通常几个功能相关的结构基因串联在一起，因此，原核生物基因的转录调控有如下特点：

1．σ 因子决定基因的转录　原核生物的 RNA 聚合酶全酶由 6 个亚基组成，其中 σ 亚基负责识别特异性启动子，是决定基因转录起始的关键因素。

2．操纵子是转录调控的基本单位　原核生物的绝大多数基因是按其功能相关性串联排列

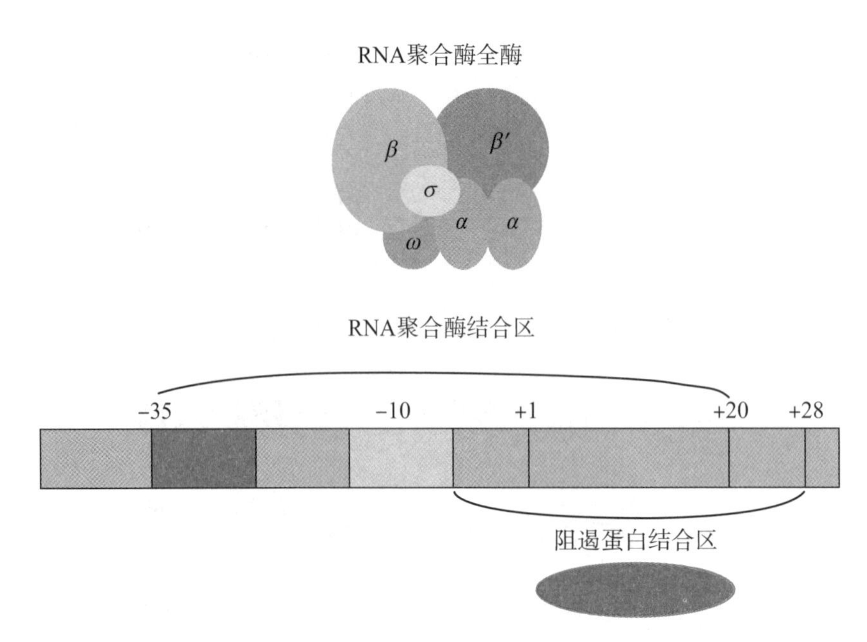

图 14-3 原核生物 RNA 聚合酶的结合覆盖区

在染色体上的，与调控序列共同构成转录单位，即操纵子。以操纵子为单位的基因表达调控是原核生物基因表达的基本模式，具有普遍意义。一个操纵子一般含 2 ~ 6 个结构基因，有的含多达 20 个以上结构基因，但一般只有一个启动子，在同一启动子控制下，可转录产生几个结构基因的串联转录产物，这种由几个结构基因串联在一起的转录产物被称作多顺反子 RNA（polycistronic RNA）（图 14-4）。

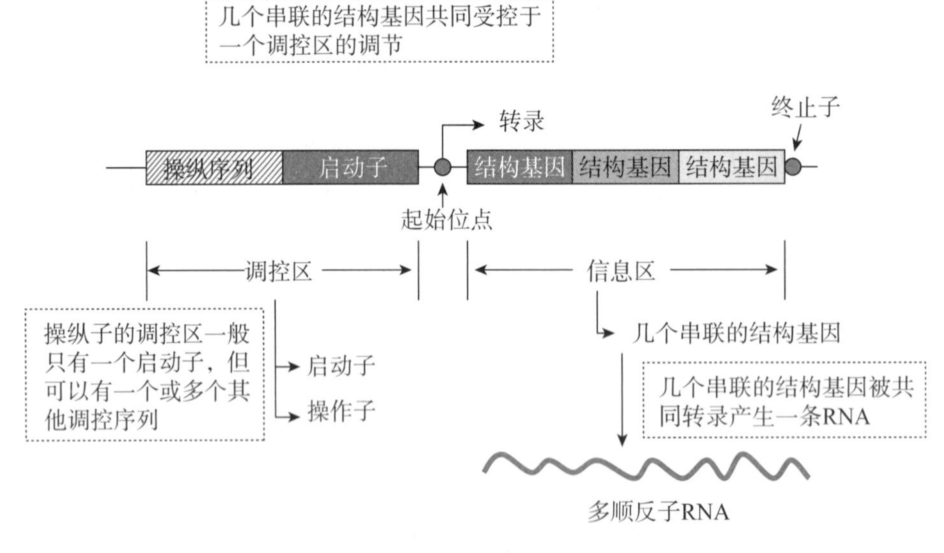

图 14-4 原核生物基因的操纵子结构

3．阻遏调控是原核生物基因表达调控的重要机制 在很多原核生物基因的操纵子系统中都有阻遏元件，如对于乳糖操纵子（*lac* operon）中的操纵序列，阻遏物可以特异地与操纵序列结合或解离，从而引起结构基因的阻遏或去阻遏，这种阻遏物参与的基因开关调控是原核生物基因表达调控的重要机制。

（三）操纵子模式是原核生物转录调控的典型形式

原核生物基因表达调控的基本单位是操纵子。不同操纵子的工作原理各不相同，本文以乳糖操纵子为例进行介绍。

1. 乳糖操纵子的基本结构 大肠埃希菌的乳糖操纵子由5′端到3′端依次为CAP结合位点、启动子P和操纵序列O形成的调控区及*lac Z*、*lac Y*和*lac A* 3个结构基因组成（图14-5），是目前应用最普遍的原核生物基因表达框架。

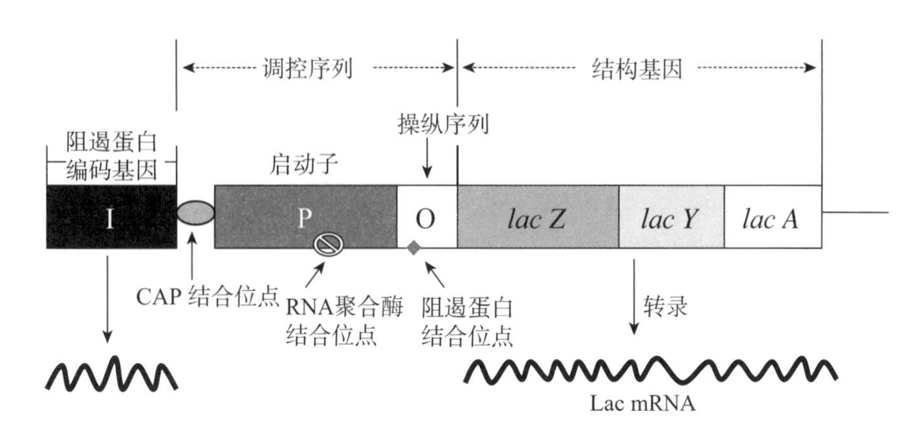

图14-5 乳糖操纵子的结构模式图

（1）乳糖操纵子的结构基因：乳糖操纵子有3个结构基因*lac Z*、*lac Y*和*lac A*，分别编码与利用乳糖有关的3种酶，其中*lac Z*基因编码β-半乳糖苷酶，*lac Y*基因编码通透酶，*lac A*基因编码半乳糖苷乙酰基转移酶，3种酶的作用使细菌开始利用乳糖作为能源物质。调控区调节控制3个结构基因共同转录产生一条多顺反子mRNA（lac mRNA）。但3个结构基因有各自独立的可读框（open reading frame，ORF），即从起始密码子（start codon）到终止密码子（stop codon）之间的一段编码序列。

（2）乳糖操纵子的调控序列：乳糖操纵子主要有启动子P和操纵序列O以及远端的阻遏基因（*lac I*）。启动子P位于操纵序列的上游，有RNA聚合酶识别和结合的位点；操纵序列O位于启动子的下游，部分序列与启动子重叠，有阻遏物的结合位点；*lac I*编码阻遏物，可与O序列结合，控制基因的转录。此外，在启动子上游还有一个CAP结合位点，能与CAP结合，促进RNA聚合酶的转录活性。

2. 乳糖操纵子的转录调控 乳糖操纵子由结构基因和调控序列两部分组成，调控序列中的P和O是两个关键的调控点，可称得上是两个调控开关。从基因表达的角度来看，乳糖操纵子的表达顺序应该是RNA聚合酶与P结合，经过O，到达3个串联结构基因，转录一条多顺反子Lac mRNA，最终产生3种不同的蛋白质Lac Z、Lac Y和Lac A。然而，从基因表达调控的角度出发，结构基因能否顺利转录为mRNA是受到调控序列控制的，而阻遏物是否与O结合是决定基因开启或关闭的关键。所以，乳糖操纵子的调控其实是对P-O两个开关的调节。

（1）基本原理：乳糖操纵子是调节乳糖分解代谢相关酶的生物合成的操纵子，转录调控主要涉及正、负两种调控模式，从而促进或抑制基因的表达。原核生物基因表达以负性调节为主。

1）阻遏物的负性调节：乳糖操纵子上的O是阻遏物四聚体的结合位点，阻遏物与O结合可阻碍RNA聚合酶与P的结合。这种由以阻遏物为主导的负性调节系统主要涉及阻遏物、O位点和别乳糖（allolactose）。别乳糖能结合在阻遏物四聚体上，使阻遏物发生构象变化，从而使阻遏物从O上解离，可见，别乳糖在阻遏物的负性调节系统中充当诱导剂的角色。①当

环境（培养基）中没有乳糖时，大肠埃希菌没有必要产生利用乳糖的酶，此时，*lac* 操纵子上游阻遏基因产物阻遏物特异地与操纵序列 O 结合，阻碍 RNA 聚合酶与启动序列 P 结合，或 RNA 聚合酶不能沿 DNA 向前移动，此时操纵子被阻遏物阻遏，处于关闭状态，结构基因不能表达出利用乳糖的 3 种酶，即负性调节。②当环境中有乳糖时，少量乳糖可被菌体内原先存在的少量通透酶催化、转运进入细胞，再经少数 β- 半乳糖苷酶催化，转变成异构体别乳糖，别乳糖与阻遏物结合，使阻遏物构象改变，不能与操纵序列 O 结合，操纵子去阻遏，RNA 聚合酶与启动序列 P 结合并移向结构基因，启动基因的转录，继而表达出 3 种利用乳糖的酶，其中 *lac Z* 基因所编码的 β- 半乳糖苷酶水解乳糖产生葡萄糖和半乳糖，使乳糖成为细胞的能量来源（图 14-6）。半乳糖的类似物异丙基硫代半乳糖苷（isopropylthiogalactoside，IPTG）是一种作用极强的诱导剂，不被细菌代谢而十分稳定，因此在实验室被广泛应用于具有 *lac* 启动子表达载体的表达诱导。

在没有乳糖存在的情况下：

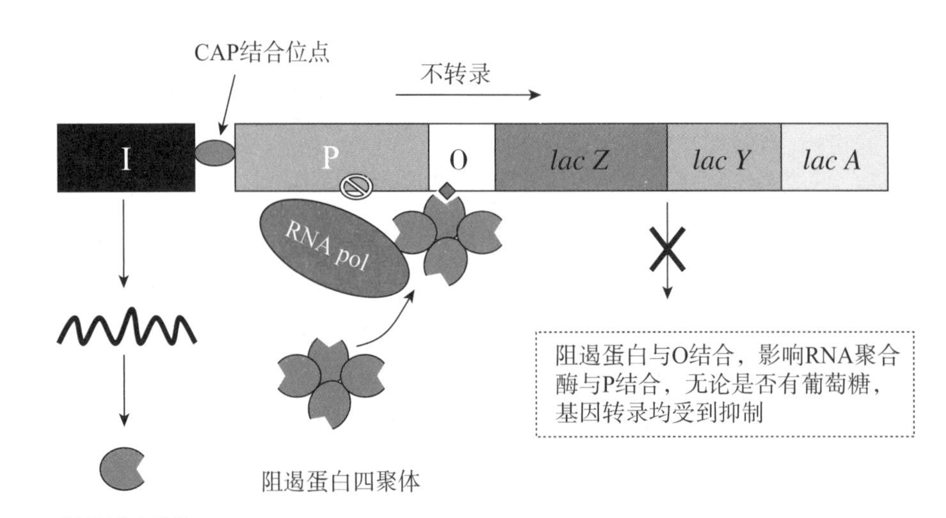

在有乳糖存在的情况下：

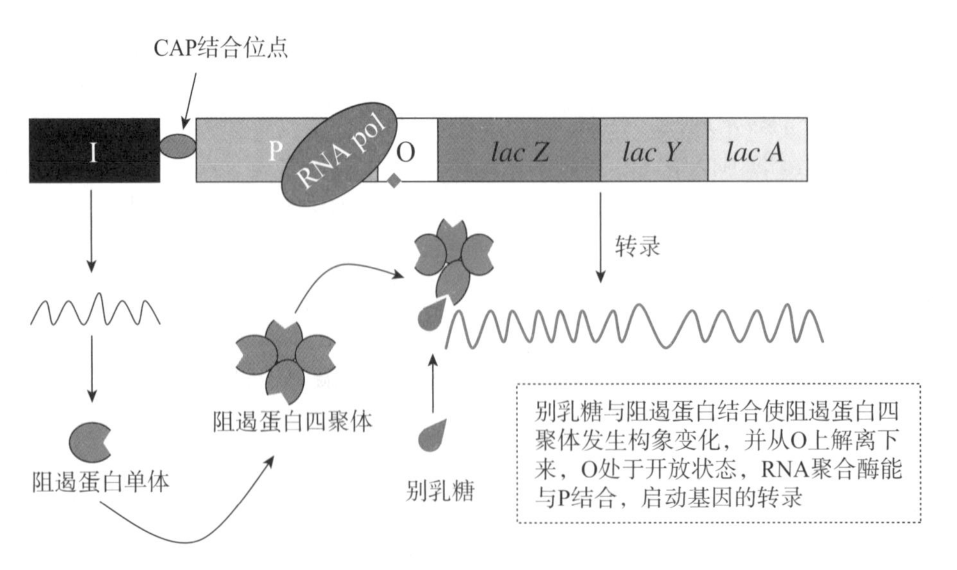

图 14-6 阻遏物和别乳糖对乳糖操纵子的调节

2）cAMP-CAP 的正性调节：乳糖操纵子中有分解代谢物基因活化蛋白 CAP 结合位点，位于 P 上游。葡萄糖是细菌生长时可利用的最简单碳源，不需要任何酶的产生即可为细菌提供能量，虽然大肠埃希菌等一些细菌既可以利用葡萄糖，又可以利用乳糖，但当环境中同时存在葡萄糖和乳糖时，细菌总是优先利用葡萄糖。葡萄糖的代谢产物抑制腺苷酸环化酶的活性，腺苷酸环化酶催化 ATP 形成 3′,5′- 环腺苷酸（cAMP）的量减少，细胞内 cAMP 的浓度降低；反之，如果没有葡萄糖，细胞内的 cAMP 浓度升高。cAMP 的作用是通过与 CAP 结合形成 cAMP-CAP 复合物并结合到乳糖操纵子的 CAP 结合位点上，促进 RNA 聚合酶转录活性。可见，环境中葡萄糖的含量与 cAMP-CAP 对 RNA 聚合酶转录调控有关。①当环境中葡萄糖含量升高时，细胞内的 cAMP 含量降低，cAMP-CAP 复合物形成减少，不能通过结合 CAP 结合位点促进 RNA 聚合酶的转录活性。②当环境中葡萄糖含量降低时，葡萄糖的代谢产物减少，腺苷酸环化酶的活性增高，促进 ATP 形成 cAMP，cAMP-CAP 复合物增多，通过靶向 CAP 结合位点促进 RNA 聚合酶的转录活性。可见，葡萄糖的浓度与 cAMP 的浓度呈负相关。

3）阻遏物和 CAP 共同参与的协同调控：乳糖操纵子受阻遏物的负性调节和 CAP 的正性调节两种调节机制控制。当阻遏物封闭转录时，CAP 对该系统不能发挥作用；但是，如果没有 CAP 存在来加强转录活性，即使阻遏物从操纵序列上解聚，仍无转录活性。可见，*lac* 操纵子的开放既需要去除阻遏物的负性调节，又要具有 CAP 的正性调节。两种机制相辅相成、互相协调、互相制约，以满足细菌对能量的需求。①在没有乳糖存在的情况下，不管葡萄糖存在与否，都不能启动基因的转录，因为阻遏物与操纵序列 O 结合，关闭了 O 开关。只有当 O 处于开放状态时，RNA 聚合酶与 P 结合才能启动结构基因的转录，合成 Lac mRNA，所以，只要阻遏物结合在 O 上，乳糖操纵子就处于关闭状态（图 14-6）。②当乳糖和葡萄糖共同存在时，阻遏物与别乳糖结合，O 处于开放状态，但葡萄糖代谢产物抑制腺苷酸环化酶的活性，cAMP 处于低水平，cAMP-CAP 复合物形成受阻，不能发挥激活转录的作用，因此，只有很少量的 Lac mRNA 被合成（图 14-7）。③在有乳糖而葡萄糖缺乏的情况下，阻遏物与别乳糖结合，O 处于开放状态；葡萄糖缺乏，cAMP 含量增高，cAMP-CAP 复合物形成增多，结合到乳糖操纵子 CAP 结合位点，促进 RNA 聚合酶与 P 结合，合成大量的 Lac mRNA（图 14-7）。

（2）乳糖操纵子转录调控原理的应用：乳糖操纵子是原核生物基因表达调控的典型代表，已经广泛用于基因工程中原核生物表达载体的构建，从而可以采用乳糖操纵子的基因表达调控原理对外源基因的表达进行诱导。

当利用乳糖操纵子原理设计原核生物表达载体时，一般是将乳糖操纵子的调控序列（如启动子和操纵序列）构建到原核生物表达载体上，在其下游构建用于插入外源基因的酶切位点，相当于用外源基因替代乳糖操纵子的结构基因。当利用这种表达系统时，乳糖或乳糖类似物异丙基巯基半乳糖就作为开启基因转录的诱导剂。

（四）弱化作用调控是操纵子调控的重要机制

蛋白质合成需要大量的 20 种常见氨基酸，而大肠埃希菌可以合成所有这些氨基酸。合成特定氨基酸所需的酶的编码基因通常聚集在一个操纵子中，并在该氨基酸的供应不足以满足细胞需求时表达。当该氨基酸含量丰富时，不需要生物合成，操纵子被抑制。这类操纵子的表达与细胞内氨基酸的含量密切相关，受到阻遏作用和弱化作用两种机制的协调调控。

大肠埃希菌色氨酸（*trp*）操纵子是比较典型的受到阻遏作用和弱化作用协调调控的操纵子。该操纵子（图 14-8）包含 5 个结构基因，编码产物为合成色氨酸所需的酶。当色氨酸含量丰富时，色氨酸与 *trp* 阻遏物结合，导致构象变化，使阻遏物与 *trp* 操纵子结合并抑制 *trp* 操纵子的表达。当色氨酸浓度低时，抑制作用解除，操纵子表达。但这个过程并不是简单的开关式调控过程，不同细胞浓度的色氨酸可以在 700 倍范围内改变生物合成酶的合成速率。一旦抑

Note

在有乳糖和葡萄糖存在的情况下：

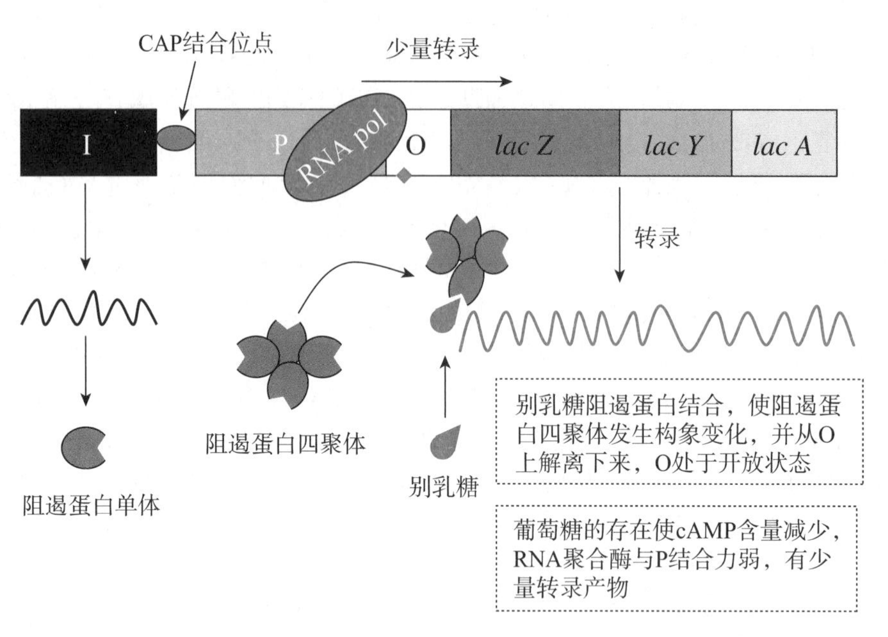
CAP结合位点
少量转录
I
P
RNA pol
O
lac Z
lac Y
lac A
转录
阻遏蛋白四聚体
阻遏蛋白单体
别乳糖
别乳糖阻遏蛋白结合，使阻遏蛋白四聚体发生构象变化，并从O上解离下来，O处于开放状态
葡萄糖的存在使cAMP含量减少，RNA聚合酶与P结合力弱，有少量转录产物

在有乳糖存在而缺乏葡萄糖的情况下：

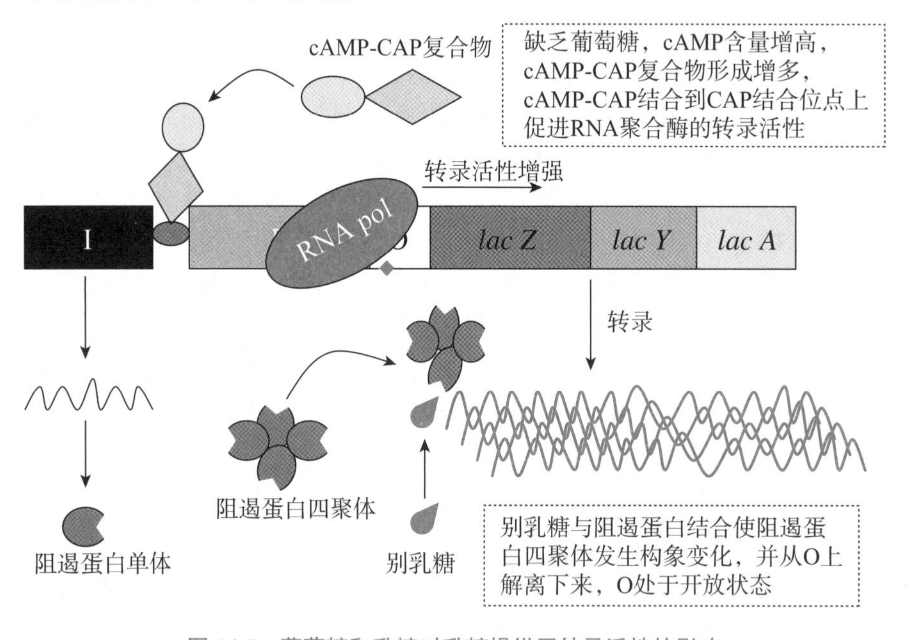
cAMP-CAP复合物
缺乏葡萄糖，cAMP含量增高，cAMP-CAP复合物形成增多，cAMP-CAP结合到CAP结合位点上促进RNA聚合酶的转录活性
转录活性增强
I
RNA pol
lac Z
lac Y
lac A
转录
阻遏蛋白四聚体
阻遏蛋白单体
别乳糖
别乳糖与阻遏蛋白结合使阻遏蛋白四聚体发生构象变化，并从O上解离下来，O处于开放状态

图 14-7 葡萄糖和乳糖对乳糖操纵子转录活性的影响

制被解除并开始转录，转录的速率会受到细胞内色氨酸含量的精细调节，以满足细胞对色氨酸的需求。这种调节方式称为弱化作用（attenuation）。在这个过程中，转录通常可以正常启动，但在操纵子结构基因开始转录前突然停止。弱化作用的频率由色氨酸的可用性调节，并且依赖于细菌中转录和翻译过程的紧密偶联。

在 *trp* 操纵子 mRNA 5′ 端含有一段由 162 个核苷酸构成的前导序列（图 14-8），位于第一个基因的起始密码子之前，在此前导序列内包含 4 个小的调节序列。其中序列 3 和序列 4 具有互补碱基，可形成富含 G ≡ C 的茎环结构，紧随其后的是一系列 U 残基。此结构功能类似于转录终止子，称为弱化子（attenuator）。序列 2 与序列 3 之间也可以形成互补配对。如果序列 2 和序列 3 之间形成碱基互补配对，则会阻止序列 3 和序列 4 之间形成弱化子结构，转录继续进行。而调节序列 1 对于色氨酸浓度敏感，决定了序列 3 是与序列 2（允许转录继续）还是与序列 4（减弱转录）配对。

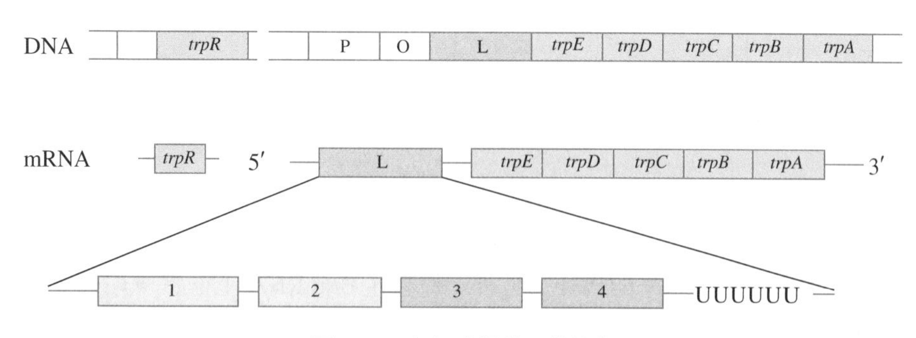

图 14-8　色氨酸操纵子的结构

trpR：阻遏基因；P：启动子；O：操纵子；L：前导序列；*trp A*、*B*、*C*、*D*、*E*：结构基因

弱化子茎环结构的形成取决于调节序列 1 翻译过程中发生的事件。调节序列 1 编码含有 14 个氨基酸的前导肽，其中两个是色氨酸残基。当色氨酸浓度高时，携带色氨酸的 tRNA（Trp-tRNA）含量丰富，翻译快速进行，序列 2 很快被核糖体覆盖，导致序列 3 和序列 4 形成弱化子结构，转录终止。而当色氨酸浓度较低时，携带色氨酸的 tRNA（Trp-tRNA）的浓度低，核糖体停止在序列 1 中的两个色氨酸密码子处，序列 2 和序列 3 形成发夹结构，阻止了序列 3 和序列 4 之间形成弱化子结构，转录继续进行，细胞合成色氨酸增加（图 14-9）。

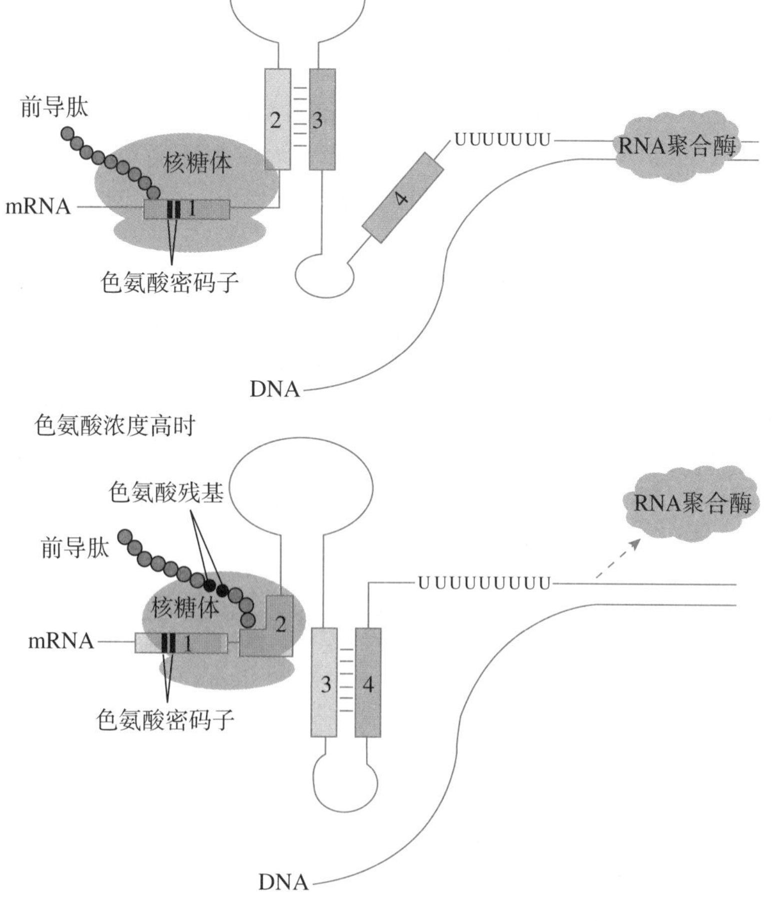

图 14-9　色氨酸浓度对色氨酸操纵子转录活性的影响

Note

许多其他氨基酸生物合成操纵子使用类似的衰减策略来微调生物合成酶的表达以满足普遍的细胞需求，例如 *phe* 操纵子产生的 15 个氨基酸的前导肽含有 7 个 Phe 残基，*leu* 操纵子前导肽具有 4 个连续的 Leu 残基，*his* 操纵子的前导肽包含 7 个连续的 His 残基。

二、原核生物基因表达在翻译水平的调控

原核生物基因表达也可以在翻译水平上进行调控，具有调节作用的蛋白质（调节蛋白质）与 mRNA 靶位点结合，从而阻止核糖体识别翻译起始位点，是一种阻断翻译的机制，RNA 分子也可作为阻遏物参与翻译水平的调控。另外，原核生物 mRNA 上的特殊序列（如 SD 序列）对翻译有直接影响。

（一）SD 序列是翻译起始的重要调控位点

原核生物基因表达的翻译起始是指 mRNA、起始氨基酰 -tRNA 和核糖体三者结合形成翻译起始复合体的过程，其中核糖体与 mRNA 上游的 SD 序列结合是精确识别起始密码子的重要步骤。

SD 序列是位于 mRNA 的起始密码子 AUG 上游 8 ～ 13 个核苷酸处的一段由 4 ～ 9 个核苷酸组成的共有序列，核心序列 AGGA 可被核糖体小亚基特异性识别和结合，调控翻译起始。SD 序列的位置对蛋白质翻译效率影响很大，不同 mRNA 的 SD 序列与 AUG 之间的距离不同，序列长短有差异，对核糖体小亚基的结合能力及精确定位有影响，从而控制单位时间内翻译起始复合体的形成。原核生物采用这种机制在翻译水平控制蛋白质的表达水平。

（二）反义 RNA 是翻译水平的重要调节因子

反义 RNA（antisense RNA）是一类能与特定 mRNA 互补结合的小 RNA 分子，能通过位阻效应阻断 mRNA 的翻译过程。反义 RNA 的调控可通过与特定 mRNA 翻译起始部位的互补序列结合，阻断核糖体小亚基对起始密码子的识别或与 SD 序列的结合，从而抑制翻译的起始。

原核生物利用反义 RNA 原理调控基因表达的一个例子是渗透压调节基因 *ompR* 的表达调控。*ompR* 基因的产物 OmpR 蛋白质在不同渗透压条件下有不同的构象，分别作用于渗透压蛋白质 OmpF 和 OmpC 编码基因的调控区。低渗时，OmpF 合成增高，OmpC 合成受抑制；高渗时，OmpF 合成受抑制，OmpC 合成增高。这种调控是通过反义 RNA 实现的。当 *ompC* 基因转录时，在 *ompC* 基因的启动子上游有一个反义 RNA 基因 *micF*，可以利用同一个启动子反方向转录一条反义 RNA，此反义 RNA 能与 *ompF* mRNA 的 5′ 端（包含 SD 序列和 AUG 附近序列）10 互补结合，从而抑制 *ompF* 的翻译（图 14-10）。

第四节　真核生物的基因表达调控

真核生物基因表达调控远比原核生物的基因表达调控复杂，一方面是因为真核生物的基因组结构庞大，哺乳类基因组的长度为 10^9 bp，有 3 万～ 3.5 万个基因，真核生物染色体和基因本身的结构复杂；另一方面是真核生物细胞有细胞核，使转录和翻译在细胞内的不同空间进行。真核生物基因表达调控是在多级水平上进行的，包括基因水平调控、转录水平调控、转录后水平调控、翻译水平调控、翻译后水平调控，属于多级调控系统（multistage regulation system）。真核生物基因表达调控主要通过顺式作用元件（*cis*-acting element）与反式作用因子

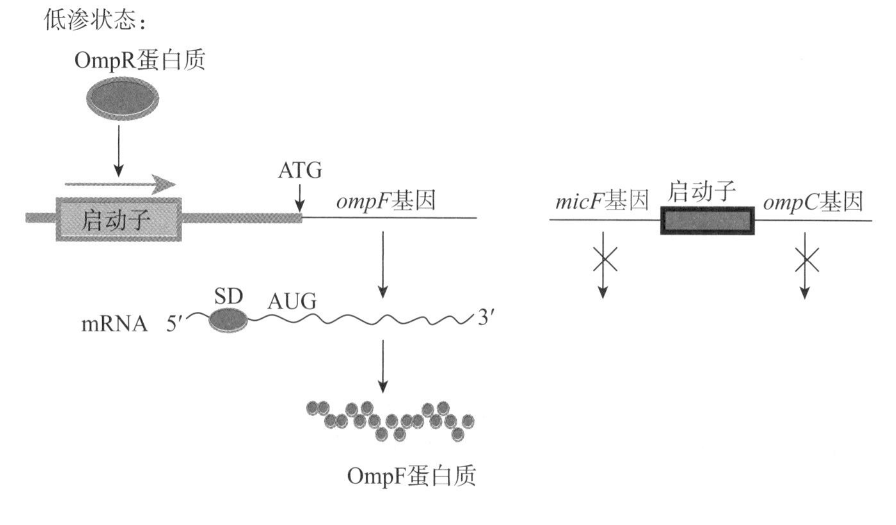

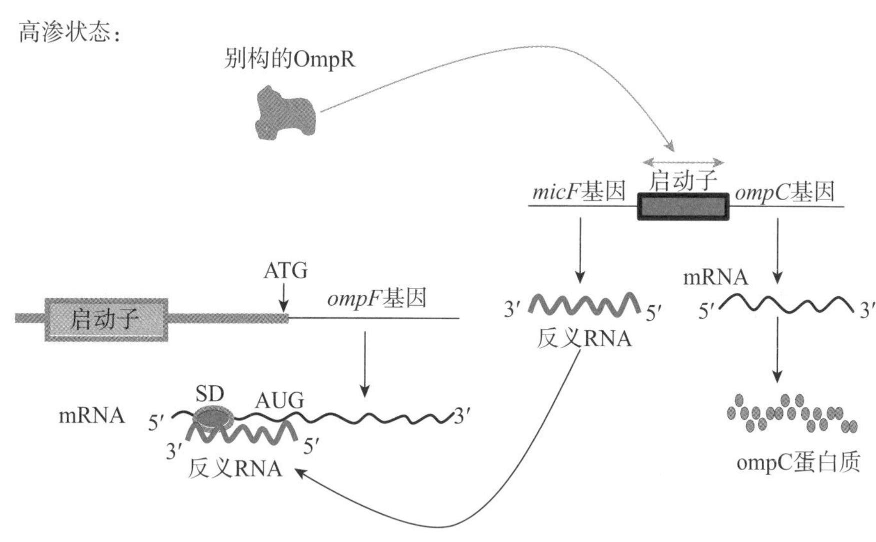

图 14-10 大肠埃希菌渗透压诱导的反义 RNA 调控

（*trans*-acting factor）的相互作用，影响 RNA 聚合酶活性而进行。虽然基因的转录起始仍然是非常重要的调控环节，但转录前基因的表观遗传调控和微 RNA（miRNA）参与的转录后调控研究进展很快，并显得越来越重要。

一、真核生物基因的结构和表达更加复杂多样

真核生物基因的结构与其表达方式紧密相关，因此需要回顾一下真核基因的结构特点，便于理解真核基因的表达特点。

（一）真核基因具有不连续性的结构特点

真核基因以断裂基因的形式存在，由编码序列和非编码序列共同组成。

1. 真核基因的编码序列 原核生物基因组的大部分序列都是编码基因，而真核生物基因组中只有 10% 左右的序列编码蛋白质、rRNA 和 tRNA 等，其余约 90% 的序列功能至今

仍不清楚。真核基因的编码序列（coding sequence）在基因组水平被非编码序列（non-coding sequence）间隔开来，呈不连续方式排列，因此将真核基因的这种形式称为断裂基因（split gene），断裂基因是基因在真核细胞中的存在形式。编码序列能体现在成熟 mRNA 序列中，因此属于外显子（exon）。但外显子与编码序列不等同，因为有些非编码序列也出现在 mRNA 序列中，如 mRNA 的 5′ 非编码区（5′ untranslated regions，5′UTR）和 3′ 非编码区（3′ untranslated regions，3′UTR）。因此，外显子是特指能出现在成熟 mRNA 序列中作为模板指导蛋白质翻译的序列。

2. 真核基因的非编码序列 真核基因的非编码序列主要包括内含子、5′ 非编码区和 3′ 非编码区。内含子（intron）是指位于基因外显子之间的 DNA 序列，能体现在基因的初级转录产物中，在 mRNA 成熟过程中被剪切去除。内含子的存在增加了基因表达调控的复杂性。

3. 真核基因的转录单位 真核基因的转录单位一般由一个结构基因及其调控序列组成。调控序列主要包括启动子（promoter）、增强子（enhancer）和沉默子（silencer）等顺式作用元件（图 14-11）。

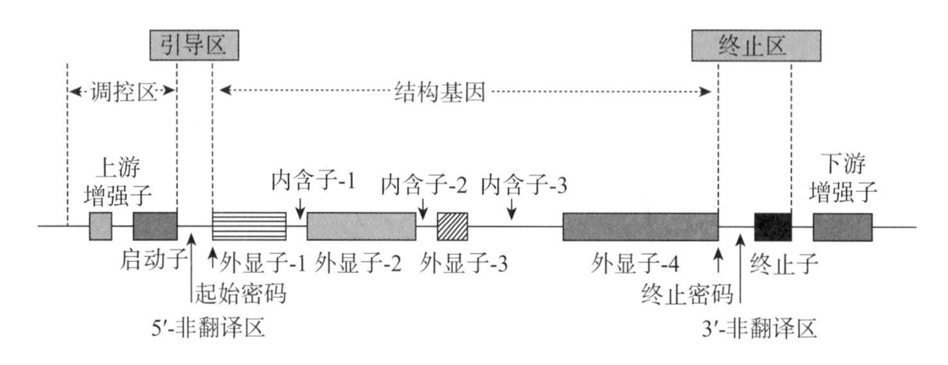

图 14-11 真核基因的结构特点

（二）真核基因的表达涉及多个层次及其在细胞内的不同定位

真核生物有细胞核，因此真核基因的转录和翻译在不同空间进行。

1. 转录在细胞核中进行 真核基因的转录是在细胞核中进行的，使得转录和翻译过程表现出空间和时间上的差异性。初级转录产物是从转录起始位点一直到终止位点之间的全部基因序列。不同基因的内含子和外显子数目各不相同，但 5′ 非翻译区和 3′ 非翻译区总是存在的，因此，真核基因的初级转录产物可以写成 5′ 非翻译区 - 外显子与内含子交替排列 -3′ 非翻译区。真核生物是一个结构基因转录生成一条 mRNA，即 mRNA 是单顺反子（monocistron）。

2. mRNA 需要剪接和运输 真核基因的初级转录产物是由内含子和外显子序列信息组成的，去掉内含子、连接外显子的过程称作 RNA 剪接（RNA splicing）。另外，真核生物 mRNA 的 3′ 端通常有多聚腺苷酸尾（polyA tail），5′ 端有帽子结构，这种带有帽子结构和去掉内含子的 mRNA 是成熟 mRNA，需要从细胞核运输到胞质溶胶中才能作为合成蛋白质的模板。

3. 翻译在胞质溶胶中进行 真核生物 mRNA 的翻译是在胞质溶胶中进行的，来自细胞核的成熟 mRNA 在核糖体的作用下翻译成蛋白质，再经过加工、折叠、运输及定位，最后生成有生物学活性的蛋白质。

综上所述，真核基因表达的过程历经 DNA 别构、RNA 合成、RNA 剪接及出核、蛋白质合成和加工修饰多个环节，各个环节相加才构成真核基因表达的全过程。

二、基因水平调控对真核基因的表达具有重要的影响

真核基因位于真核细胞染色体中，除基因序列本身对基因表达有影响外，染色体结构和表观遗传改变都会影响基因的表达。

（一）基因重排和基因扩增可以调控基因的转录

基因重排和基因扩增是通过改变DNA序列的排列顺序或数目而调节基因表达的两种机制。

1．基因重排（gene rearrangement） 是指在基因转录前DNA序列被重新排列的一种调控方式。如哺乳动物B淋巴细胞表达免疫球蛋白是在DNA水平上通过基因重排调控基因表达的一个典型例证。免疫球蛋白（Ig）的编码基因包含V、D、J三类片段，每类片段都有一种以上，在对抗原应答的过程中，B淋巴细胞先在DNA水平上通过删除和连接的方式选择V、D、J片段并组成新的编码基因，从而表达出针对抗原的特异性免疫球蛋白。

2．基因扩增（gene amplification） 是通过增加基因在基因组上的数目达到增加基因表达量的一种调控方式。在许多肿瘤细胞中，癌基因采用基因扩增机制上调其表达量。

（二）染色质变构可影响基因转录

真核细胞的染色质有两种状态，即活化状态和异染色质化状态。当染色质活化时，基因组DNA和组蛋白的结合变松散，有利于转录因子接近，也利于双链DNA的解链，从而促进基因转录；当染色体处于异染色质化状态时，染色质凝集成致密结构，既不利于双链DNA的解链，也不利于转录因子靠近，从而抑制基因转录。可见，基因转录伴随着染色质结构的动态变化。

核小体（nucleosome）是组成真核生物染色体的基本单位，具有串珠形的核小体再经盘绕和浓缩后形成染色质，这种结构为染色质变构提供了便利，也成为调控基因表达的一种特殊方式。例如，改变核小体在基因启动子区域的排列就可影响启动子的易接近性。研究发现，核小体在易受调控的基因启动子区域分布比较密集，周转率高，有利于转录因子与启动子的结合。

（三）表观遗传通过化学修饰对基因转录产生影响

表观遗传（epigenetic）是指在DNA序列不变的情况下通过修饰改变基因功能的一种可遗传现象。表观遗传修饰包括对DNA的修饰（如DNA甲基化）和对组蛋白的修饰（如组蛋白乙酰化）。

1．DNA甲基化修饰 DNA甲基化是最常见的表观修饰方式，一般甲基化程度越高，基因的转录活性越低。绝大多数甲基化修饰发生在CG序列中，哺乳动物细胞的基因组DNA中有2% ~ 7%的胞嘧啶在嘧啶环的5位碳原子（C-5）上有甲基化修饰。如果甲基化修饰发生在启动子序列中，转录因子或RNA聚合酶与启动子的亲和性就会受到影响，基因转录就受到抑制，这是一些基因在发育不同阶段被关闭的机制之一。

2．组蛋白的修饰 真核生物的染色质以核小体为基本单位，组蛋白的修饰可以直接影响核小体的结构，从而影响基因转录。研究发现，组蛋白在N端的修饰状态有一定的规律，这种规律被定义为组蛋白密码（histone code），可以预测组蛋白修饰能否为其他蛋白质创造结合位点。最常见的组蛋白修饰是乙酰化修饰和甲基化修饰。

3．印记基因 表观遗传修饰相当于在基因上打上印记，例如，来自双亲的等位基因，一个没有甲基化修饰，具有转录活性，另一个有甲基化修饰，处于沉默状态，从而调控等位基因的表达水平，这种通过修饰被打上标记的基因称作印记基因（imprinted gene）。印记基因在生

Note

物个体发育过程中扮演了重要角色，同时也可以解释环境因素影响基因表达的内在分子机制。

综上所述，表观遗传现象使我们有理由认为，基因组上携带两类遗传信息，一类是DNA序列所提供的遗传信息，另一类是表观遗传信息，后者在不改变DNA序列的情况下提供了何时、何地、以何种方式启用序列遗传信息的指令。因此，表观遗传学（epigenetics）是揭示生命奥秘的另一个有前景的领域，并将最终阐述多种复杂疾病的发病机制。

知识拓展

表观遗传治疗：针对组蛋白和DNA修饰的肿瘤药物治疗

DNA甲基化和组蛋白修饰均可影响基因表达。目前已经在一些肿瘤中发现某些抑癌基因的启动子区域存在DNA的高甲基化现象。DNA甲基转移酶（DNA methyltransferase，DNMT）介导的DNA甲基化能被5-氮杂胞苷等核苷类似物所抑制。其中一些化合物已被批准用于临床治疗白血病。

人们也在寻找组蛋白脱乙酰酶（histone deacetylase，HDAC）的抑制剂，目的是通过保留组蛋白的乙酰化作用和更松弛开放的染色质结构来重新激活肿瘤抑制基因的表达。HDAC抑制剂伏林司他（vorinostat）已被批准用于治疗皮肤T细胞淋巴瘤。

这些抑制剂无论是单独使用，还是作为肿瘤联合疗法的一部分，都显示出巨大的应用前景。

三、转录水平调控是真核生物基因表达的关键调控方式

真核生物基因表达在转录水平上的调控是各级调控中最重要的一步，主要涉及3种因素的相互作用，即RNA聚合酶、顺式作用元件和反式作用因子。

1．RNA聚合酶 基因转录是RNA聚合酶催化RNA合成的过程，在转录过程中，RNA聚合酶与启动子的结合是基因转录起始的重要步骤。

（1）真核生物RNA聚合酶的特点：①能识别基因的启动子，但不能直接与启动子结合；②借助蛋白质复合物，通过蛋白质-蛋白质相互作用间接结合启动子而发挥转录活性。

（2）真核生物RNA聚合酶的类别：真核生物至少有三类RNA聚合酶——RNA聚合酶Ⅰ、RNA聚合酶Ⅱ和RNA聚合酶Ⅲ，其中RNA聚合酶Ⅱ负责转录能编码蛋白质的mRNA。相应地，有三类转录因子，分别配合三类RNA聚合酶。

2．顺式作用元件（*cis*-acting element） 是指与相关基因同处一个DNA分子上，能与转录因子结合，调控转录效率的DNA序列，如启动子、增强子和沉默子。顺式作用元件可位于基因的5′上游区、3′下游区或基因内部，位于5′上游区者占多数。真核基因的启动子及其上游元件也有一些核心序列，如TATA盒、CAAT盒，可直接影响RNA聚合酶和（或）转录因子的基因转录活性。

（1）启动子（promoter）：是RNA聚合酶以及转录因子结合并启动基因转录的DNA序列，这段序列是精确、有效转录所必需的顺式作用元件。真核生物Ⅱ类基因的启动子一般位于转录起始位点的上游，只能近距离（一般在100 bp以内）作用，具有方向性。

Ⅱ类基因启动子的结构特点（图14-12）：①TATA盒。Ⅱ类基因的启动子一般在基因转录起始位点上游-25～-30 bp附近的TATA盒（TATAbox），富含AT序列，其核心序列为TATAAAA或TATATAT，负责确定基因转录的起始点。TATA盒一旦缺失，可引起转录起

始位点 1 ~ 2 bp 的漂移。②上游启动子元件。在 TATA 盒上游 -30 ~ -110 bp 附近的 CAAT 盒和 GC 盒是上游启动子元件（upstream promoter element，UPE），GC 盒（GGGCGG）和 CAAT 盒（GGCCAAT）与相应的转录因子结合，负责控制基因转录的频率和强度。

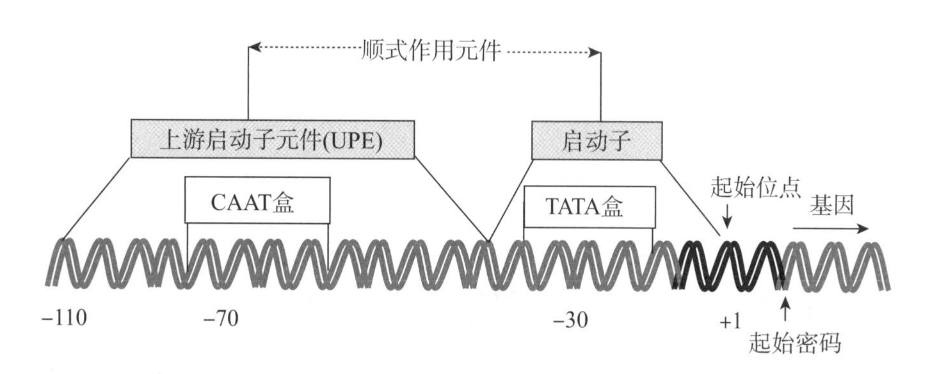

图 14-12 真核生物Ⅱ类基因的启动子

不同基因具有不同的上游启动子元件，其位置也不相同，因此可产生不同的调控作用。典型的启动子由 TATA 盒、CAAT 盒和（或）GC 盒组成，这类启动子通常只有一个转录起始位点及较高的转录活性。不含 TATA 盒但富含 GC 盒的启动子，一般有数个分离的转录起始位点；不含 TATA 盒也不含 GC 盒的启动子，一般有一个或多个转录起始位点，大多转录活性很低或无转录活性，只是在胚胎发育、组织分化或再生过程中发挥转录活性。

（2）增强子（enhancer）：是指能增强启动子的转录活性，决定基因的时间、空间特异性表达的顺式作用元件，一般可增强基因的转录效率达 10 ~ 200 倍，甚至 600 ~ 1000 倍，其作用是通过与反式作用因子的相互作用实现的。

增强子通常为 100 ~ 200 bp 的 DNA 短片段，其特点为：①位置灵活不固定。增强子可以位于基因的上游、下游或内含子的内部，距离目标基因可远可近。②无方向性，但有相位性。增强子可以调控上游基因，也可以调控下游基因，将增强子方向倒置依然能活化靶基因转录。③有细胞或组织特异性，但无基因特异性。增强子只在合适的细胞或组织中才能发挥作用，但增强子对基因没有偏倚和选择性。④本身没有转录活性。增强子只能增强启动子的转录活性，本身不具备转录活性，不能用增强子替代启动子。

增强子的基本核心元件常为 8 ~ 12 bp，可以单拷贝或多拷贝串联形式存在，它们是特异的转录激活因子结合部位。作用机制可用环化学说加以解释，即增强子与细胞内的增强子因子（enhancer factor）（一种反式作用因子）结合，引起 DNA 变构折叠成环，从空间上靠近启动子，从而增强启动子的转录活性。

（3）沉默子（silencer）：是指通过与特异的转录因子结合后，对转录起阻抑作用的顺式作用元件，属于负性调节元件。沉默子的作用可不受序列方向的影响，也能远距离发挥作用。还有些 DNA 序列既可作为正性，又可作为负性调节元件发挥顺式调节的作用，这取决于与其结合的转录因子的性质。真核基因转录起始的调节以正性调节为主。

3．反式作用因子（*trans*-acting factor） 是指能直接或间接与顺式作用元件识别、结合，激活另一基因转录的蛋白质，大多数是 DNA 结合蛋白质，有些不能直接与 DNA 结合，可通过蛋白质 - 蛋白质相互作用参与 DNA- 蛋白质复合物的形成来调节基因表达。反式作用因子可以通过影响 RNA 聚合酶的活性调节基因转录，因此基因在转录水平上的调控实际上是通过顺式作用元件和反式作用因子的相互作用实现的。顺式作用元件的各种核苷酸序列是反式作用因子的作用靶点。

（1）反式作用因子的分类：根据顺式作用元件的种类，反式作用因子可分为两类。一类是识别启动子TATA盒的反式作用因子，称为通用转录因子（general transcription factor，TF）或基本转录因子，相对应于RNA聚合酶Ⅰ、Ⅱ和Ⅲ的TF，分别称为TFⅠ、TFⅡ和TFⅢ（详见第十二章RNA合成）。另一类是识别上游启动子元件的反式作用因子，即特异转录因子（special transcription factors）。基本转录因子是促进RNA聚合酶与启动子结合、在启动子处组装形成转录前起始复合体所必需的一组蛋白质因子。在真核生物中，转录因子大多是以蛋白质复合物形式发挥作用，通过蛋白质-蛋白质相互作用与不同的顺式作用元件结合，调节靶基因的表达。在大多数情况下，同一个基因通常由几个反式作用因子共同调控。特异转录因子能对基本转录因子起增效作用，如Sp1与GC盒结合后可使转录效率提高10～25倍。特异转录因子决定该基因的时间、空间特异性表达，包括转录激活因子和抑制因子，前者与启动子近端元件或增强子结合，后者与沉默子结合，分别起活化和抑制转录的功能。

（2）反式作用因子的结构特点：反式作用因子至少包括两种不同的结构域，一种是DNA结合结构域（DNA binding domain，BD），另一种是转录激活结构域（transcription activation domain，AD）。有些反式作用因子可能只含有其中一种结构域，这种反式作用因子的活性依赖两个互补蛋白质共存于同一细胞，并互相结合得以实现。此外，很多反式作用因子还包含一个介导蛋白质-蛋白质相互作用的结构域，最常见的是二聚化结构域，二聚体的形成对它们行使功能具有重要意义。

1）DNA结合结构域：是反式作用因子与DNA结合的一段肽链，一般由60～90个氨基酸残基组成。DNA结合结构域通常含有1个以上的结构模序。目前已经发现多种参与DNA结合的结构模体（structural motif），这里只介绍比较重要的4种，其中螺旋-转角-螺旋和锌指结构在所有生命领域的调节蛋白质与DNA结合中都起着重要的作用，而同源域和RNA识别模序则在一些真核生物调节蛋白质中发挥着重要作用。

典型的锌指（zinc finger）结构见图14-3a。典型的C2H2（C：Cys、H：His）锌指由30个氨基酸残基组成，可以折叠成手指状二级结构，其中有2个半胱氨酸（Cys）残基和2个组氨酸（His）残基分别位于正四面体的四个顶点，与四面体中心的锌离子配价结合，故名锌指。锌指可插入顺式作用元件的DNA大沟之中，结合启动子上游调控元件中的GC盒。

螺旋-转角-螺旋（helix-turn-helix，HTH）见图14-13b。螺旋-转角-螺旋是研究得比较清楚的反式作用因子DNA结合区的一种结构模序，大约由60个氨基酸残基组成2个α螺旋和位于2个螺旋之间的β转角。两个螺旋具有不同的功能：靠近N端的螺旋能穿过双螺旋DNA的大沟，与DNA中戊糖磷酸骨架非特异性结合；靠近C端的螺旋能直接与靶DNA双螺旋大沟特异性结合。

同源结构域（homeodomains）是在真核生物发育过程中被鉴定出来的一种DNA结合结构域，由60个氨基酸残基组成，因为它是在同源基因（调节身体模式发展的基因）中被发现的，故称为同源结构域。同源结构域高度保守，现已在包括人类在内的多种生物体的蛋白质中被发现。该结构域的DNA结合片段与螺旋-转角-螺旋模序有关。编码该结构域的DNA序列被称为同源异形框（homeobox）。

RNA识别模序（RNA recognition motif，RRM）存在于一些真核基因激活因子中，在结合DNA和RNA方面发挥双重作用。当RNA识别模序与DNA中的特定结合位点结合时，这些激活因子会诱导转录。有时，同一个激活因子会受特定lncRNA的调节，这些lncRNA与DNA竞争结合蛋白质因子，并减少基因转录。还有一些具有RRM基序的蛋白质可与mRNA、rRNA或其他较小的非编码RNA结合。RRM由90～100个氨基酸残基组成，排列成一个四链反平行β片层，夹在两个α螺旋上（图14-13c）。RRM可能作为还具有其他DNA结合基序的DNA结合调节蛋白质的一部分存在。

2）转录激活结构域：是蛋白质-蛋白质相互作用的结构基础。在真核生物中，基因表达

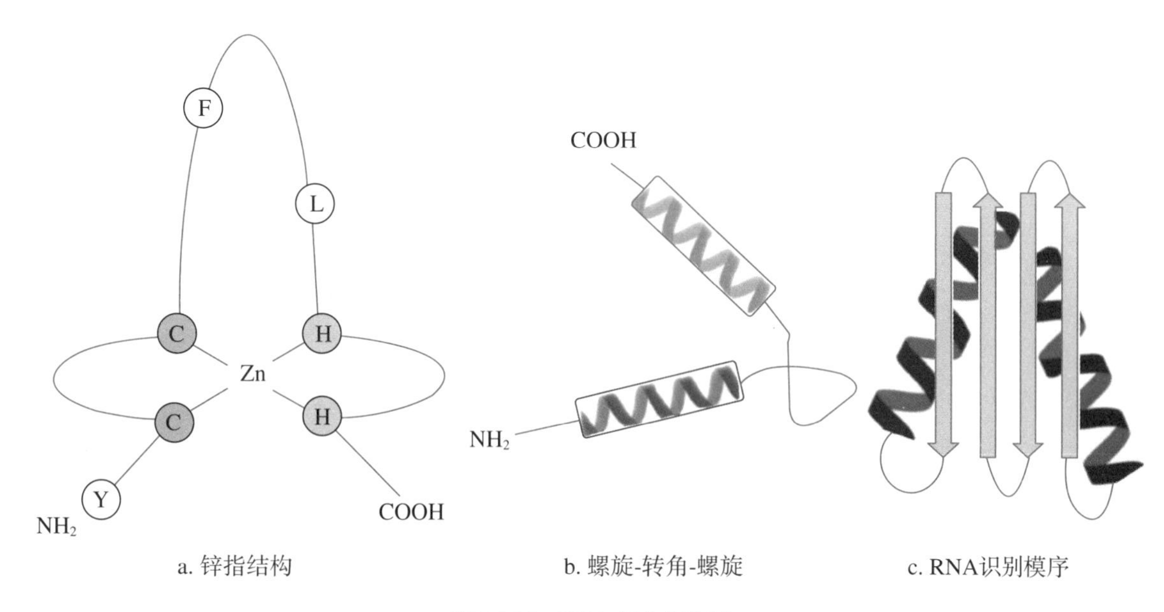

图 14-13　DNA 结合结构域

的转录调控通常以蛋白质复合体的方式为 RNA 聚合酶提供“脚手架”，因此反式作用因子不一定都有 DNA 结合结构域，但应具备蛋白质相互作用结构域。转录激活结构域是为反式作用因子相互作用提供的作用靶点，一般由 30 ～ 100 个氨基酸残基组成，可分为 3 种类型。①酸性激活结构域（acidic activation domain）：是含酸性氨基酸的保守序列，形成带负电荷的螺旋区；②富含谷氨酰胺结构域（glutamine-rich domain）：在转录因子的 N 端有两个转录激活区，其中谷氨酰胺（Gln）残基含量达 25%，主要结合 GC 盒；③富含脯氨酸结构域（proline-rich domain）：脯氨酸残基达 20% ～ 30%，与转录的激活有关。上游因子的转录激活作用，或是直接作用于转录起始复合物（包括 RNA 聚合酶和通用转录因子），刺激转录活性；或是通过蛋白质 - 蛋白质相互作用的介导，间接作用于转录复合物。

3）蛋白质 - 蛋白质相互作用结构域：很多转录因子不仅包含用于 DNA 结合的结构域，还包含用于与 RNA 聚合酶、其他调节蛋白质或同一调节蛋白质的其他亚基相互作用的蛋白质 - 蛋白质相互作用的结构域。绝大多数反式作用因子常通过蛋白质 - 蛋白质相互作用形成二聚体（dimer）或多聚体（polymer）之后才能与 DNA 序列结合。与 DNA 结合模序一样，介导蛋白质 - 蛋白质相互作用的结构模序往往属于几个常见类型之一，其中 2 个重要的类型是亮氨酸拉链和碱性螺旋 - 环 - 螺旋。

亮氨酸拉链（leucine zipper）（图 14-14a）是一种两性螺旋，由可以形成螺旋的 30 个氨基酸残基组成，一系列疏水氨基酸残基集中在螺旋的一侧。这些螺旋的一个显著特征是每隔 6 个氨基酸残基出现 1 个亮氨酸残基，沿疏水表面形成一条直线。两个具有亮氨酸拉链的反式作用因子可以通过亮氨酸残基的疏水作用相互结合形成同源或异源二聚体。具有亮氨酸拉链的调节蛋白质通常具有单独的 DNA 结合结构域，该结构域具有高浓度的碱性（Lys 或 Arg）残基，可与 DNA 骨架的带负电荷的磷酸盐相互作用。

碱性螺旋 - 环 - 螺旋（basic helix-loop-helix）（图 14-14b）经常出现在一些真核调节蛋白质中，这些调节蛋白质与多细胞生物发育过程中基因表达的控制有关。这些蛋白质含有由约 50 个氨基酸残基构成的对 DNA 结合和蛋白质二聚化都很重要的保守区域。该区域可以形成两个短的两性 α 螺旋，由可变长度的环连接，即螺旋 - 环 - 螺旋模序（不同于与 DNA 结合相关的螺旋 - 转角 - 螺旋模序）。两种多肽的螺旋 - 环 - 螺旋模序相互作用形成二聚体。在这些蛋白质中，DNA 的结合由富含碱性残基的相邻短氨基酸序列介导，类似于含有亮氨酸拉链的蛋白质中的单独 DNA 结合区域。

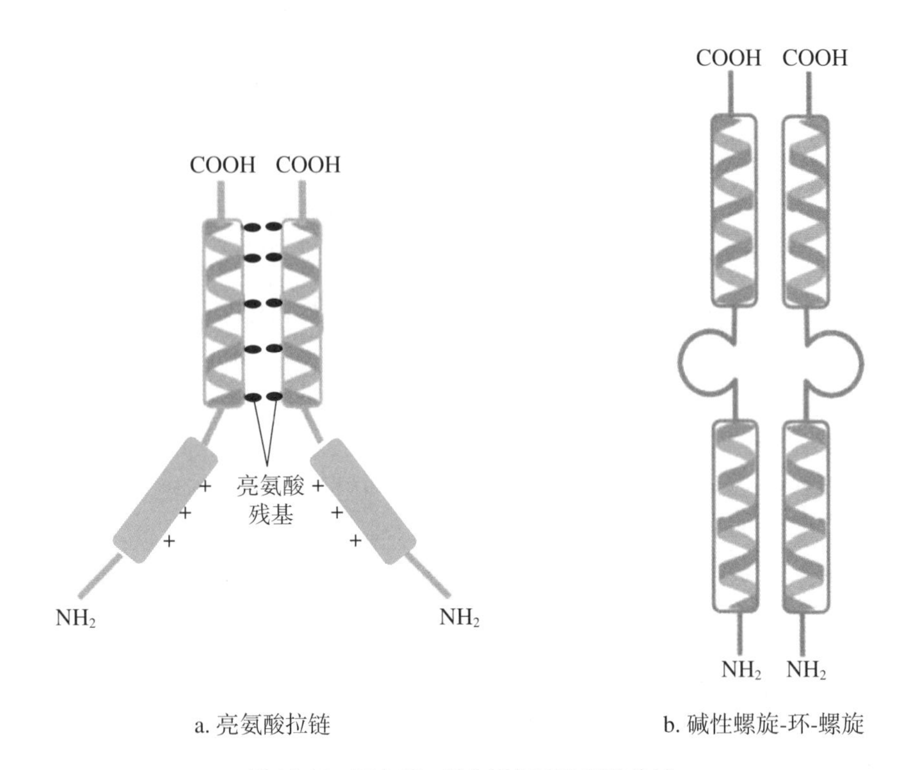

图 14-14 蛋白质 - 蛋白质相互作用结构域

(3) 反式作用因子的活化方式：有两类。一类是天然具有活性的活化方式，另一类是需要诱导的活化方式。能够诱导反式作用因子活化的因素包括热应激、病毒感染或生长因子刺激等，这些诱导因素可能通过修饰（如磷酸化修饰）或结合小分子配体，使原本不具有活性的蛋白质变成有活性的蛋白质。

4. 转录调控中 3 种因素的相互作用 在真核生物中，基因表达的转录调控涉及 RNA 聚合酶、顺式作用元件（如启动子、增强子）和反式作用因子的相互作用。例如，RNA 聚合酶Ⅱ与反式作用因子 TFⅡD、TFⅡB 及 TFⅡE 结合形成蛋白质复合物，然后 TFⅡD 与启动子 TATA 盒结合，TFⅡA 参与 TFⅡD 与 TATA 盒的结合，TFⅡB 帮助 RNA 聚合酶Ⅱ与启动子结合，最后由 TFⅡE 帮助 RNA 聚合酶Ⅱ起始基因的转录（图 14-15）。

真核基因表达转录水平调控是复杂、多样的，不同顺式作用元件可产生多种类型的转录调控方式，多种转录因子也可结合相同或不同的顺式作用元件。特异的转录因子在结合 DNA 前一般需要通过蛋白质 - 蛋白质相互作用形成二聚体复合物。组成二聚体的单体不同，与 DNA 结合的能力就有可能不同，对转录激活过程所产生的效果就可能不一样，表现为正性调节和负性调节。

(1) 正性调节：有 4 种促进转录调控的模式。① DNA 成环靠近 RNA 聚合酶的结合位点，促进转录。例如，反式作用因子与增强子结合，然后利用 DNA 的柔韧性弯曲成环，使增强子区域与 RNA 聚合酶结合位点靠近，通过直接接触发挥正性调节作用。②反式作用因子使 DNA 变构。反式作用因子与顺式作用元件（如增强子）结合后，使 DNA 发生扭曲或弯折，从而有利于转录因子和 RNA 聚合酶的结合，促进转录的起始。③反式作用因子沿着 DNA 滑动。反式作用因子可以先结合到 DNA 的一个特异位点上，然后沿着 DNA 链滑动到另一个特异位点，影响基因的转录。④反式作用因子的连锁反应。一种反式作用因子与其顺式作用元件结合，可以促进另一种反式作用因子与邻近顺式作用元件结合，依此类推，顺序激活顺式作用元件，进

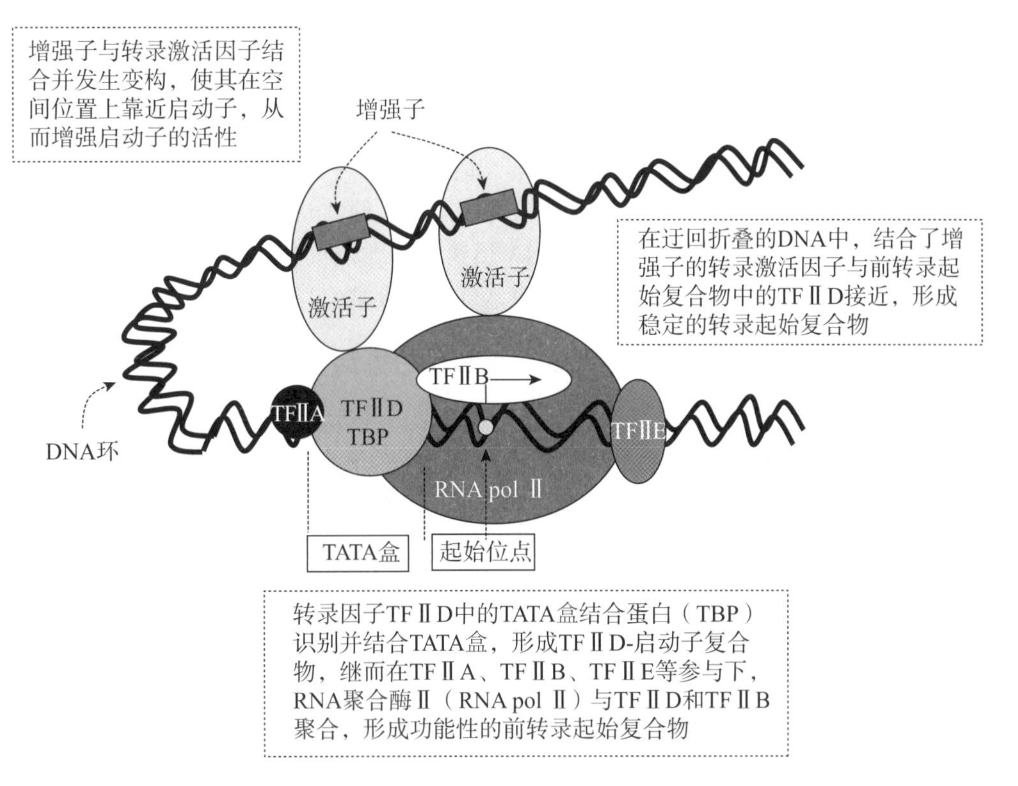

图 14-15　真核基因表达的转录调控中 3 种因素的相互作用

而影响基因转录。

（2）负性调节：有 3 种转录负性调节模式。①抑制性反式作用因子与活化性反式作用因子的 DNA 结合位点有部分重叠，通过竞争结合方式抑制基因转录。②抑制性反式作用因子和活化性反式作用因子分别与各自 DNA 结合位点结合，但两种蛋白质互相之间发生结合，从而将活化性反式作用因子的活性位点遮蔽。③抑制性反式作用因子直接与转录因子结合，虽然转录因子能够结合启动子，但激活 RNA 聚合酶的活性被封闭，因此基因转录受抑制。

四、转录后水平对真核基因表达的调控

真核基因的初级转录产物含有内含子序列，称作前信使 RNA（precursor mRNA，pre-mRNA）或核不均一 RNA（heterogeneous nuclear RNA，hnRNA），从 hnRNA 到成熟 mRNA 再到作为翻译模板的过程，需要经过一系列的剪接、加帽、加尾及运输，这些环节的影响因素均能调节基因的表达。

（一）剪接作用可产生成熟的 mRNA 分子

RNA 剪接（RNA splicing）是指真核基因的初级转录产物移除内含子并重新拼接外显子的过程。RNA 剪接是特定蛋白质的序列特异性识别、切割和重新连接的过程，剪切位点具有一定的保守性：内含子 5′ 端的开头两个碱基是 GT，3′ 端的末尾两个碱基是 AG，被称作 GTAG 法则。

根据外显子的连接顺序形成两种剪接方式：组成型剪接和选择型剪接。①组成型剪接（constitutive splicing）：是指经剪切后的外显子按照编码蛋白质的顺序规范地拼接成为成熟 mRNA，使一个基因只生成一种成熟 mRNA，产生一种肽链；②选择型剪接（alternative splicing）：是指一个基因的转录产物经剪切后以不同组合方式将外显子拼接起来，结果产生一种以上成熟 mRNA，并指导合成一种以上的多肽链。选择型剪接一般是可诱导型基因根据细胞需要所采取的剪接方式。可见，一个基因经过剪切加工可能产生一种或一种以上的蛋白质。

最新研究发现，有些基因转录后生成的非编码 RNA 并不进入胞质溶胶，而是滞留在细胞核内形成“核斑”。当细胞处于应激状态（如病毒感染）时，这些滞留的非编码 RNA 就会被剪切，使具有编码蛋白质功能的那部分 mRNA 迅速转移到胞质溶胶中作为蛋白质翻译的模板，从而避免耗费时间来制造新的 mRNA，这种方式能最迅速地对应激做出反应。

（二）前信使 RNA 的 5′ 端加帽促进 mRNA 的稳定和转运

真核生物的 mRNA 在转录后要经过加帽（capping）反应，从而在 mRNA 的 5′ 端加上一个特殊结构，即 7- 甲基鸟苷三磷酸（详见第十二章 RNA 合成），这种帽子结构具有如下作用：①可以保护 mRNA 免受 5′- 核酸外切酶的降解，增加 mRNA 的稳定性；②可以为蛋白质合成提供识别标志，并促进蛋白质合成起始复合体的生成，从而提高翻译效率。mRNA5′ 端甲基化的帽子结构还可以参与 mRNA 从细胞核向胞质溶胶的转运。

（三）前信使 RNA 的 3′ 端加尾增加 mRNA 的稳定性和翻译效率

能与核糖体结合的大多数真核生物 mRNA 在 3′ 端都有一个多聚腺苷酸尾（polyA tail），这种 polyA 尾是转录后加上去的，加尾信号是 AAUAAA（详见第十二章 RNA 合成）。polyA 尾一方面能帮助 mRNA 从胞核进入胞质溶胶，另一方面还能稳定 mRNA，防止 3′- 核酸外切酶的水解。一般而言，3′ 端尾越长，翻译效率越高。在成熟的卵母细胞中还发现 3′-poly（A）尾结构可以促进翻译的开始。此外，3′ 端 poly（A）尾结构与 5′ 端帽子结构的协同作用影响着翻译的启动。

（四）转录后基因沉默是真核生物基因表达调控的一种重要方式

基因沉默（gene silencing）是指生物体内特定的基因因某种原因不表达或表达减少的现象。基因沉默是基因表达调控的一种重要方式，也是生物体的自我保护机制。目前研究较集中的是小分子 RNA，特别是非编码 RNA（non-coding RNA，ncRNA）引起的转录后基因沉默。

1．RNA 干扰（RNA interference，RNAi） 是指利用干扰小 RNA（small interfering RNA，siRNA）介导 mRNA 降解的过程。siRNA 是一类长 20 ～ 25 个核苷酸的双链 RNA（double-stranded RNA，dsRNA），由 Dicer（由核酸内切酶和解旋酶等组成）加工而成。siRNA 参与 RNA 诱导沉默复合物（RNA-induced silencing complex，RISC）的形成，RISC 通过 Dicer 的解旋酶活性将双链 RNA 变成两条互补的单链 RNA，然后单链 RNA 与互补的靶 mRNA 结合，Dicer 的核酸内切酶再将靶 RNA 分子切断，导致靶 mRNA 降解，阻断翻译过程，进而抑制相关基因的表达。

RNAi 是一种发生在转录后水平的由 siRNA 介导抑制基因表达的调控机制，是生物体固有的一种对抗外源基因侵害的自我保护现象。这种 siRNA 既可以是内源的，又可以是外源导入的，它以序列特异性地结合靶 mRNA 为主要特征进行基因表达调控。由此发展起来的 RNAi 技术则是将预先设计好的外源性双链 RNA 导入细胞后达到高效和特异性抑制靶 mRNA 表达的目的，因此它是研究功能基因组的有力工具，是基因敲除的补充手段。

2．微 RNA（microRNA，miRNA） 是长度为 19 ～ 25 个核苷酸的非蛋白质编码的小 RNA 分子，可通过诱导 mRNA 降解或通过位阻效应干扰蛋白质的翻译。miRNA 广泛存在于真核生物中，miRNA 由 RNA 聚合酶Ⅱ转录生成，其初始转录产物是具有 5′ 帽子结构和 polyA 尾的局部发夹结构，在细胞核内由 RNA 聚合酶Ⅲ、Drosha、DGCR8 及一个双链 RNA 结合蛋白构成的“微处理器（microprocessor）”复合物进行处理及加工。Drosha 从发夹结构的前体 miRNA 中的一条链末端切下长约 11 个核苷酸长度的片段，切割后的产物成为成熟 miRNA，3′ 端有 2 个碱基突出，5′ 端为磷酸基团。成熟 miRNA 转运到胞质溶胶可与其他蛋白质一起形成 RISC（沉默体复合物），该复合物与其靶基因 mRNA 分子的 3′ 端非编码区域（3′ UTR）碱基不完全匹配，引起靶基因 mRNA 的降解或抑制 mRNA 的翻译来调控基因的转录后表达。miRNA 可直接调控人类 30% 的基因表达，目前已可通过人工合成 miRNA 特异性抑制基因表达，对疾病进程进行控制，如 miRNA 抑制病毒复制和应用于肿瘤治疗。

siRNA 和 miRNA 在调控基因表达方面的差异：① siRNA 是针对 mRNA 编码区的双链小分子 RNA，一般由长双链 RNA 经核酸酶 Dicer 的切割而产生，解链后与靶 mRNA 通过序列互补结合，诱导 mRNA 的降解，从而调节基因的表达水平。② miRNA 是非编码的单链小分子 RNA，可能是由较大的单链前体 RNA 经 Dicer 酶切后产生的，一般靶向 mRNA 的非翻译区，通过翻译抑制调控基因的表达。③ Dicer 对二者的加工过程不同，siRNA 对称地来源于双链 RNA 的前体的两侧臂，而 miRNA 是不对称加工，仅剪切前体 miRNA 的一个侧臂，其他部分降解。④在作用位置上，siRNA 可作用于 mRNA 的任何部位，而 miRNA 主要作用于靶基因 3′ UTR。⑤在作用方式上，siRNA 只能导致靶基因的降解，即为转录水平后调控，而 miRNA 可抑制靶基因的翻译，也可以导致靶基因降解，即在转录水平后和翻译水平起作用。

3. 长非编码 RNA（long non-coding RNA，lncRNA） 是长度大于 200 个核苷酸的非编码 RNA，是 RNA 聚合酶 Ⅱ 转录的副产物。近年的研究表明，lncRNA 参与了 X 染色体沉默、基因组印记、染色质修饰、转录激活、转录干扰、核内运输等多种重要的调控过程。在转录后水平，lncRNA 与编码蛋白基因的转录物形成互补双链，既可干扰 mRNA 的剪切，形成不同的剪切形式，又可在 Dicer 的作用下产生内源性 siRNA，引起转录体降解。

五、真核基因表达在翻译水平和翻译后水平可受到多种因素的调控

真核基因表达在翻译水平的调控表现在对翻译起始的调控上，主要是针对核糖体和 mRNA 的相互作用，有利于核糖体和 mRNA 结合的因素能促进翻译，妨碍核糖体与 mRNA 结合的因素能抑制翻译。

（一）翻译起始是真核生物基因表达的一个重要调控点

在翻译起始阶段，许多蛋白质因子都起着非常重要的作用，其中帽结合蛋白质（cap binding protein，CBP）对核糖体与 mRNA 的结合起着关键的作用。真核生物的核糖体不能直接结合 mRNA 序列，CBP 异源二聚体与成熟 mRNA 的 5′ 端帽子结构结合后，核糖体才能结合到 mRNA 上。然而，核糖体与 mRNA 结合并不意味着翻译的开始，机体还有另外的机制控制翻译的起始。

1. eIF2 的修饰导致蛋白质合成速率下降 在真核生物翻译起始复合体的形成过程中（详见第十二章 RNA 合成），与 GDP 结合的真核起始因子 2（eukaryotic initiation factor-2，eIF2）从 48S 复合物上释放出来后处于失活的状态，它需要借助鸟嘌呤核苷酸转换因子（guanine nucleotide exchange factor，GEF）将 GDP 替换出来，再与新的 GTP 结合后成为活化的 eIF2 进入下一个循环。条件的变化会活化某些特殊蛋白质激酶，使得从 48S 复合物上释放出来的与 GDP 结合的 eIF2 被磷酸化。这个被磷酸化的 eIF2 将会紧密地与 GEF 结合在一起，不能释放出 GDP。这样，eIF2 将不会被循环利用，导致了蛋白质合成速度的迅速下降。

2. AUG 旁侧序列对翻译起始的影响 翻译的起始位点是 mRNA 可读框中的第一个

AUG，即起始密码子。研究发现，AUG 旁侧序列与翻译起始效率有着密切关系，一般脊椎动物和植物 mRNA 在 AUG 下游 + 4 位是 G，对核糖体有效识别 AUG 非常重要，是翻译起始所必需的，如 ANNAUGG。

3．mRNA5′ 非翻译区对翻译起始的影响 mRNA5′ 非翻译区（5′UTR）与翻译起始的关系非常密切，若 5′UTR 富含 GC 序列，就容易形成环状结构，一旦 AUG 位于环结构中，核糖体就很难移动到 AUG 位置，从而抑制翻译起始；如果 5′UTR 富含 AT 序列，不易环化，AUG 暴露充分，就有利于翻译起始。

4．mRNA 本身结构对翻译起始的影响 mRNA 本身的分子结构也参与翻译起始的调控。mRNA 分子一旦发现成熟前终止密码子（premature termination codon，PTC）出现，就会启动降解机制，诱导异常转录产物的降解，从而避免截短型蛋白质的产生。这种 PTC 介导的 mRNA 降解机制需要外显子连接复合物（exon junction complex，EJC）的帮助，因为真核生物在 mRNA 剪切和拼接过程中将一组 EJC 分子黏附在 RNA 分子上，如果基因发生突变，EJC 分子群就会出现在剪接后 mRNA 的错误位置上。位于 mRNA 错误位置上的 EJC 能诱导无义介导的 mRNA 降解（nonsense-mediated mRNA decay，NMD）途径，使 mRNA 降解。

（二）翻译后的加工修饰可调控蛋白质的活性

翻译后水平的调控主要是蛋白质本身的各种加工修饰及折叠剪切等。蛋白质的合成是核糖体沿着 mRNA 模板的密码子信息将一个个氨基酸连接起来形成的多肽链，虽然有的多肽链本身就具有生物学活性，但大多数多肽链需要加工处理后才具有生物学活性，如氨基酸的糖基化、磷酸化、乙酰化等修饰及蛋白质的折叠。信号肽对于蛋白质的定位非常重要，可以将蛋白质带到特定位置，然后被切掉，释放有活性的蛋白质。

思考题

1．解释结构基因和调节基因，叙述真核基因的结构特点。
2．解释基因表达的概念。举例说明基因表达的组织特异性和阶段特异性。
3．解释操纵子的基本结构特点。说明乳糖操纵子的工作原理。
4．解释顺式作用元件和反式作用因子的概念。举例说明二者之间相互作用的基本特点。
5．说明基因表达的多级调控特点。
6．说明 miRNA 在基因表达调控中的作用。
7．叙述表观遗传在基因表达调控中的作用。

（杨 洁 葛 林）

第十五章

基因、组学与医学

第十五章数字资源

第一节 概 述

从简单的病毒、细菌到高等的动物及植物细胞，决定 RNA 和蛋白质结构的信息以基因为基本单位贮存在 DNA（某些病毒为 RNA）分子中。生物体的生长、发育、衰老、死亡以及多种疾病的发生都与基因的结构和功能密切相关。基因和基因组的结构与功能研究是现代分子生物学的核心内容，可为认识生命及疾病的本质奠定基础。

一、基因是遗传的基本功能单位

1865 年，奥地利遗传学家 G. Mendel 通过豌豆杂交实验发现生物体的遗传性状是由“遗传因子”决定的。1909 年，丹麦生物学家 W. Johannsen 提出使用“gene”一词，用于指任何一种生物中控制遗传性状而其遗传规律又符合孟德尔定律的遗传因子。基因既是遗传的功能单位，能产生特定的表型效应，又是一个独立的结构单元。1944 年，美国生物化学家 O. Avery 通过肺炎双球菌转化实验证明遗传物质的本质是 DNA。1952 年，A. Hershey 和 M. Chase 利用病毒证实了 DNA 是遗传物质的携带者。G. W. Beadlle 和 E. L. Tatum 提出“一个基因一种酶”的假说，认为基因对性状的控制是通过基因控制酶的合成来实现的。1953 年，J. D. Watson 和 F. H. Crick 建立著名的 DNA 双螺旋结构模型，证实了基因就是 DNA 分子的一个区段，每个基因由成百上千个脱氧核苷酸组成。从 1961 年开始，M. Nirenberg 和 H. G. Khorana 等发现相邻的核苷酸三联体可以编码一个氨基酸，至 1967 年破译了全部 64 个密码子，从而将核酸密码与蛋白质合成联系起来。J. D. Watson 和 F. H. Crick 等提出了遗传信息从 DNA 传递至 RNA，再由 RNA 指导蛋白质合成的中心法则（central dogma）。1970 年，H. M. Temin 在劳斯肉瘤病毒中发现逆转录酶，进一步发展了中心法则。基因的化学本质和分子结构的确定具有划时代的意义，它为基因的复制、表达和调控等方面的研究奠定了基础，开创了分子遗传学的新纪元。20 世纪 90 年代以来，科学家对基因的认识随着遗传学、生物化学和分子生物学领域研究的不断深入而日趋完善，逐渐形成了基因的现代概念。不同领域对相关概念的解释不完全一致，但本质是相同的。

二、基因组学和其他组学的发展揭示了生命活动的规律

1920 年，德国科学家 H. Winkles 使用“genes”和“chromosomes”两个词组合成“genome”，

用于描述生物的全部基因和染色体，认为生物体的全部遗传信息贮存于该生物体内 DNA（部分病毒是 RNA）序列中。不同生物体 DNA 贮存的遗传信息量的大小和复杂程度各不相同。

1985 年，美国科学家率先提出人类基因组计划（human genome project，HGP），并于 1989 年成立了国家人类基因组研究中心。1990 年，美国国会正式批准启动人类基因组计划，目的在于测定人类 24 条染色体（单倍体：22 条常染色体及 X、Y 性染色体）约 30 亿个碱基对的精确序列，发现所有人类基因并确定其在染色体上的位置和核苷酸排列顺序，破译人类全部遗传信息。人类基因组计划与曼哈顿原子弹计划和阿波罗登月计划并称为 20 世纪三大科学工程。

在人类基因组计划执行期间，生命科学的研究开始从单纯的揭示基因组结构信息向基因功能诠释方向转变。与此同时，随着生命科学分析技术的进步，尤其是转录、翻译水平实验技术的不断发展与完善，不仅极大地推动了功能基因组学的迅猛发展，更催生了以转录物组学、蛋白质组学和代谢物组学为代表的“组学”研究浪潮。

蛋白质组（proteome）的概念最早由澳大利亚麦考瑞大学学者 M. R. Wilkins 和 K. L. Williams 提出，词汇源于蛋白质（protein）和基因组（genome）两个词的杂合，即“一个细胞或一个组织基因组所表达的全部蛋白质”。随着微阵列技术大规模应用于基因表达水平的研究，转录物组学（transcriptomics）开始作为一门新学科在生物科学前沿领域广泛应用。代谢物组学（metabolomics）是继基因组学和蛋白质组学之后新近发展起来的一门学科，是系统生物学的重要组成部分。代谢物组学的概念来源于代谢物组。代谢物组是指某一生物或细胞在一特定生理时期内所有的低分子量代谢产物，代谢物组学则是对某一生物或细胞在一特定生理时期内所有低分子量代谢产物同时进行定性和定量分析的一门新学科。它是以组群指标分析为基础，以高通量检测和数据处理为手段，以信息建模与系统整合为目标的系统生物学的一个分支。基因组学和蛋白质组学分别从基因和蛋白质层面探寻生命的活动，而实际上细胞内许多生命活动是发生在代谢物层面的，如细胞信号释放、能量传递、细胞间通信，都是受代谢物调控的。基因与蛋白质的表达紧密相连，而代谢物则更多地反映了细胞所处的环境，这又与细胞的营养状态、药物和环境污染物的作用以及其他外界因素的影响密切相关。因此有人认为“基因组学和蛋白质组学告诉你什么可能会发生，而代谢物组学则告诉你什么确实发生了”。

有机体内脂质和糖类参与了大量的生命活动，具有非常重要的生理功能。脂质分子、多糖分子与其他化合物（如蛋白质）的相互作用，构成了复杂的代谢过程，对生物体疾病的发生、发展具有重要影响。随着技术的进步，人们会越来越多地关注脂质和糖类，脂质组学（lipidomics）和糖组学（glycomics）等概念相继被提出，但由于脂质分子和糖类分子结构与类型的多样性、复杂性，以及相应分析手段的滞后，阻碍了人们对其复杂的代谢网络和功能调控进行规模性、整体性的系统研究。值得注意的是，过去的 10 余年间，科学家逐渐开始理解人体微生物的作用不止是帮助机体消化，它们对于全球的物质循环，乃至整个生态系统的稳定运转都起着举足轻重的作用。微生物组失衡与糖尿病等人类慢性疾病、区域性生态破坏、农业生产力下降以及影响气候变化的大气扰动等相关联。微生物组学（microbiomics）的研究已经成为各国科学家及政府关注的焦点。继 2016 年美国提出国家微生物组学计划以来，我国也在积极推进中国微生物组学计划的发展与实施。

第二节 基因的结构特点与基因组

一、基因与基因的结构

（一）基因是遗传信息贮存和传递的基本结构单位

基因（gene）是编码蛋白质或 RNA 分子的 DNA 序列，是细胞或生物个体遗传信息贮存和传递的基本结构单位，并作为基本功能单位决定遗传性状的表达。基因的化学本质是 DNA，极少数生物体（如 RNA 病毒）的遗传物质是 RNA、朊病毒的遗传物质是蛋白质。现代分子生物学将基因表述为核酸分子中贮存遗传信息的基本单位，是 RNA 和蛋白质等相关遗传信息的基本存在形式，即一个基因是 DNA 分子中具有特定核苷酸排列顺序的一个区段，它贮存了特定 RNA 或多肽链的序列信息及表达这些信息所需的全部核苷酸序列。

（二）基因的结构具有复杂性

1953 年，J. D. Watson 和 F. H. Crick 提出并建立 DNA 双螺旋结构模型，揭示了生物界遗传性状的奥秘。"基因"为 DNA 双螺旋分子中含有特定遗传信息的一段核苷酸序列。基因的功能通过 DNA 结构中所蕴含的两部分信息完成：一是可以表达为蛋白质或功能 RNA 的可转录序列，又称结构基因（structural gene）；二是为表达这些结构基因（合成 RNA）所需要的启动子、增强子等调控序列（regulatory sequence）（图 15-1）。

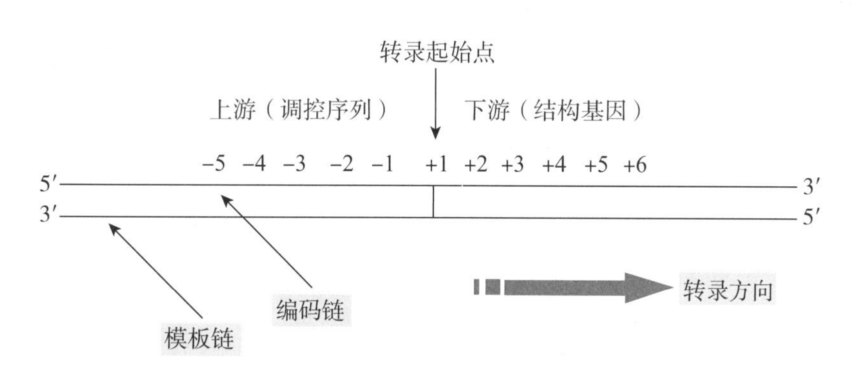

图 15-1　行使基因功能的基本结构

1. 原核生物基因结构特点　原核生物基因通常是由多个功能相关的结构基因串联在一起，受同一调控序列调控而构成原核生物基因表达和调控特有的基本单位，即操纵子（operon）。这些串联排列的功能相关基因被同时转录，产生能编码多个功能相关蛋白质多肽链的 mRNA 序列，称为多顺反子 mRNA，使这些功能相关基因协同表达。

原核生物基因的编码信息是连续的，其结构基因中没有内含子，转录生成的 mRNA 无需被剪接加工而直接作为模板用于指导合成多肽链。

原核生物基因的调控序列中主要包括启动子（promoter）和转录终止信号。启动子一般位于转录起始点的上游，不被转录，仅提供转录起始信号。不同基因的启动子具有共有序列（consensus sequence）（图 15-2）。原核生物不同基因的启动子序列存在较大差异，其启动子序列越接近共有序列，则起始转录的作用越强，称为强启动子；反之，称为弱启动子。除启动子

Note

元件外，某些原核生物基因的调控序列中尚存在正性调控元件，如正性调控蛋白质结合位点；还存在负性调控元件，如操纵序列（operator，O）。正性调控蛋白质可识别并结合正性调控元件而加快转录的启动；阻遏物（repressor）则识别并结合操纵基因，经阻止 RNA 聚合酶结合或移动而抑制转录的起始。

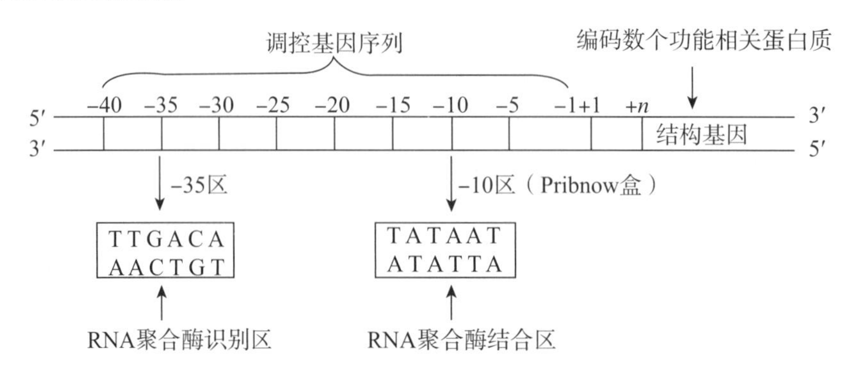

图 15-2 原核生物基因的基本结构

2．真核生物基因结构特点 真核生物基因由一个结构基因和与之相关的转录调控序列组成，为单顺反子（monocistron）转录单位。转录产生仅表达单条多肽链的 mRNA 序列，称为单顺反子 mRNA。真核生物的许多功能性蛋白质复合物由几条多肽链组成，因此需要多个基因协同表达。

真核生物结构基因的编码信息是不连续的，由编码氨基酸的序列（即外显子）和非编码序列（即内含子）相间排列组成，因而真核生物基因的这种存在形式被称为断裂基因（split gene）。外显子的大小差别相对较小，而内含子的大小差别相对较大，可相差几倍、几十倍甚至上千倍。不同的真核生物结构基因中外显子的数量不同，少则数个，多则数十个。通常，真核生物结构基因的两端总是外显子，内含子插于外显子之间，外显子数量一般比内含子多 1 个。外显子的数量和特征是描述一个基因结构特征的重要指标之一。结构基因转录时，将其外显子和内含子同时转录而产生初级转录物（primary transcript），也称 mRNA 前体（原始名称为 hnRNA），初级转录物借剪接（splicing）机制去除由内含子转录的序列后，而将由外显子转录的序列拼接为连续的编码序列，最终形成成熟 mRNA（mature mRNA）。内含子和外显子的划分不是绝对的，有时，部分由内含子转录的序列会被保留在成熟的 mRNA 序列中；有时，某些由外显子转录的序列在剪接过程中也被去除。所以，选择性剪接可形成不同的 mRNA，翻译出不同的多肽链，从而导致一个基因编码几条多肽链。mRNA 的选择性剪接过程是真核生物基因表达调控的重要环节。虽然由内含子转录的序列在 mRNA 的剪接成熟过程中一般都被去除，但是内含子并不是无用的序列，其中含有许多调控结构基因表达的信息，如某些内含子序列包含增强子、沉默子。低等真核生物基因的内含子分布差别很大，有的酵母的结构基因较少见内含子，有的则较常见。病毒的结构基因常与宿主基因的结构特征相似，感染细菌的病毒（噬菌体）的基因与细菌基因的结构特征相似，其结构基因是连续的。

真核生物基因的调控序列统称为顺式作用元件（*cis*-acting element），包括启动子、增强子、负性调节序列等。启动子是位于结构基因上游的一段非编码序列，与转录起始密切相关。启动子序列包含其位于转录起始点上游 25 ～ 30 bp 处的核心元件 TATA 盒（TATA box）及其上游的 CAAT 盒和 GC 盒。增强子（enhancer）可位于转录起始点上游或下游，甚至可位于本基因之外或某些内含子序列中，是真核生物基因中非常重要的调控序列。增强子是通过启动子来增强邻近结构基因转录效率的调控序列，其作用与所在的位置和方向基本无关，且无种属特异性，对异源性启动子也能发挥调节作用，但有明显的组织细胞特异性。增强子中含有多个能被反式作用因子（*trans*-acting factor）识别并结合的顺式作用元件，反式作用因子与这些顺式作用元件结合后能够增强邻近结构基因的转录效率。增强子主要通过改变邻近DNA模板的螺旋结构，使其两侧范围内染色质结构变得疏松，为RNA聚合酶和反式作用因子提供一个可与顺式作用元件相互作用的结构而发挥作用（图15-3）。

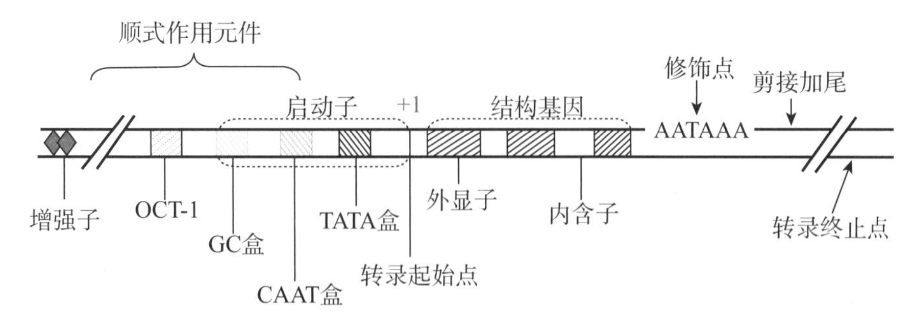

图15-3 真核生物基因结构模式图

负性调节序列如沉默子（silencer）或称为抑制子是真核生物基因内可抑制基因转录的特定序列，当其结合一些反式作用因子时，对基因转录起阻遏作用，使基因表达沉默。其作用不受位置和方向的影响，其活性呈现组织细胞特异性。

二、基因组复杂程度与物种进化程度有关

基因组（genome）是指一个物种的单倍体染色体数目及所包含的全部遗传物质。基因组除细胞核DNA（核基因组）外，也包含细胞器DNA，如动物细胞的线粒体DNA或植物细胞的叶绿体DNA。基因组中的基因只占其DNA序列的一部分，基因间存在间隔序列。病毒（包括噬菌体）、细菌以及真核生物基因组的结构、大小、组织形式及其所贮存的遗传信息量有巨大的差别。一般情况下，生物体的进化程度越高，其基因组越复杂。病毒基因组很小，结构简单，有的病毒基因组由DNA组成，有的由RNA组成。病毒基因组中蛋白质编码基因占基因组序列的90%以上，原核生物基因组中的蛋白质编码区约占基因组DNA序列的50%，人类基因组包含细胞核DNA（22条常染色体和2条性染色体）和线粒体DNA所携带的所有遗传信息，蛋白质编码区不超过基因组DNA序列的2%。部分已测基因组的大小列于表15-1。

表15-1 部分生物体基因组大小

生物体种类	基因组大小（bp）
病毒SV40	5.2×10^3
噬菌体ΦX174	5.4×10^3
噬菌体λ	5×10^4
大肠埃希菌	4×10^6
酵母	2×10^7
拟南芥	1×10^8
水稻	3.8×10^8
玉米	5.4×10^9
秀丽隐杆线虫	8×10^7
阿米巴变形虫	6.7×10^{11}
黑腹果蝇	2×10^8
小白鼠	3×10^9
人	3×10^9

Note

（一）病毒基因组中绝大部分为编码序列

病毒是最简单的非细胞生物，具有特殊的结构组成和与功能相适应的基因组。完整的病毒颗粒包括外壳蛋白和内部的基因组 DNA 或 RNA，有些病毒的外壳蛋白外面有一层由宿主细胞构成的被膜（envelope），被膜内含有病毒基因编码的糖蛋白。病毒的基因组很小，但不同的病毒之间基因组差异很大，如乙肝病毒（HBV）DNA 只有 3.2 kbp，而痘病毒基因组达 300 kbp 以上。病毒基因组除 DNA 外，还可以由 RNA 组成，每种病毒只含有一种核酸。且病毒基因组 DNA 或 RNA 有单链也有双链，有闭合环状也有线性分子。此外，除逆转录病毒基因组有两个拷贝外，目前已发现的所有病毒基因组都是单倍体。

病毒基因组有连续的也有不连续的，不连续的基因组称为分段基因组，指病毒基因组是由数个不同的核酸分子组成，如常见的流感病毒基因组由 8 个节段组成。病毒基因有连续的和间断的两种，一般来说，感染细菌的病毒基因组基因为连续的，而感染真核生物的病毒基因组基因具有内含子，为间断的（图 15-4）。

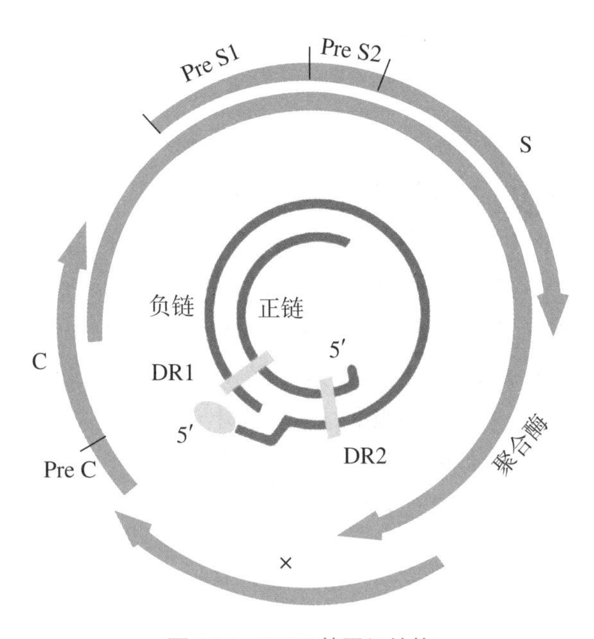

图 15-4 HBV 基因组结构

病毒基因组的编码序列占基因组大小的 90% 以上，大部分病毒基因用于编码蛋白质。且病毒基因组 DNA 序列中功能相关的基因往往聚集在一个或特定几个部位上，形成一个功能单位或转录单元。值得注意的是，病毒基因组上存在大量重叠基因（overlapping gene）。重叠基因是指同一段 DNA 片段能够以两种或两种以上的阅读方式进行转录，从而编码两种或两种以上的多肽。重叠基因有利于病毒利用有限的基因序列编码较多的蛋白质，以满足病毒繁殖和执行不同功能的需要。

（二）原核生物基因组多以操纵子形式存在

细菌等原核生物基因组通常仅由一条环状双链 DNA 分子组成，小于真核生物基因组，且结构简单。虽然与少量蛋白质结合，但主要以裸露的核酸形式存在，并不形成典型的染色体结构，只是习惯上仍称之为染色体。细菌染色体相对聚集而形成一个致密区域，经“类组蛋白”等蛋白质介导而附着于细菌细胞质膜内表面的某一点，染色体 DNA 被压缩成拟核（nucleoid）结构。拟核结构无核膜包裹，占据了细菌细胞内相当大的一部分空间（图 15-5）。细菌基因组只有一个复制起始位点，很少存在重复序列；非编码区很小，主要含调控序列。编码序列在基因组中所占的比例远大于真核生物基因组，但小于病毒基因组，有较完善的表达调控系统；其中的编码序列一般不重叠，除编码 rRNA 的基因是多拷贝外，蛋白质编码序列多为单拷贝基因；基因序列中无内含子，每一个转录产物有一个完整而连续的可读框（open reading frame，ORF），并以操纵子形式转录产生多顺反子 mRNA，然后分别翻译成各结构基因编码的多肽链。数个操纵子可以由一个共同的调节基因（regulatory gene），即调节子（regulon）所调控。此外，原核生物 DNA 分子中还具有多种功能识别区域，如复制起始区、复制终止区、转录起始区及位于操纵子下游末端的转录终止序列，这些区域往往存在反向重复序列等特殊序列。细菌基因组中还存在可移动的 DNA 序列，包括插入序列（insertion sequence，IS）和转座子（transposon）。在细菌细胞内还存在另一种遗传物质——质粒（plasmid），它是细菌染色体外的共价闭合环状 DNA 分子，能独立复制。质粒作为细菌基因组的一部分，增加了细菌基因组的遗传信息量。

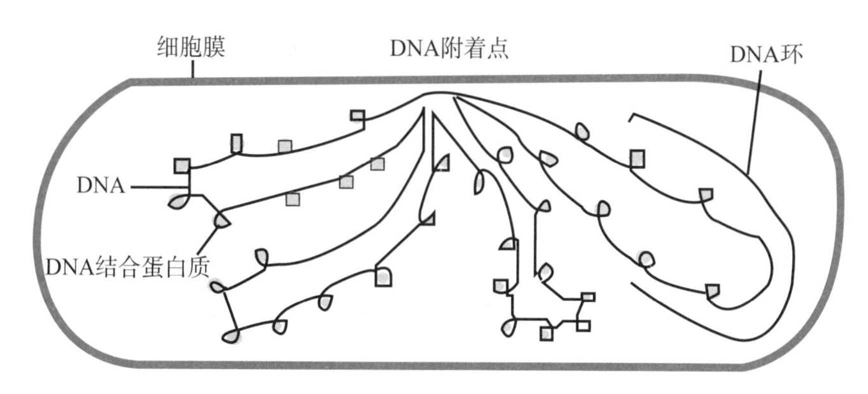

图 15-5 原核生物基因组拟核结构

（三）真核生物基因组结构庞大且复杂

真核生物基因组结构庞大，基因信息的组织形式非常复杂，包括核基因组和线粒体或叶绿体基因。核基因组含有巨大量的遗传信息，其 DNA 分子与组蛋白和非组蛋白结合，以高度折叠、紧密卷曲的方式存在于细胞核内。动物细胞的线粒体基因是指线粒体中的遗传物质，基因组较小，是裸露的双链 DNA 分子，主要呈环状，但也有线性分子。

1．细胞核基因组结构特点

（1）核基因组：真核生物细胞有细胞核，核基因组 DNA 一般长 10^9 bp 以上，其线状 DNA 与组蛋白、非组蛋白结合组装成染色质（chromatin）或染色体（chromosome），外有核膜包裹。通常所说的真核生物基因组实际上主要指细胞核基因组。

细胞核 DNA 与蛋白质结合。核基因组 DNA 以其负电荷与带正电荷的碱性蛋白质——组蛋白（H1、H2A、H2B、H3 和 H4）结合并被有序压缩。首先，组蛋白 H2A、H2B、H3 和 H4 各 2 分子形成八聚体，DNA 分子环绕该八聚体核心而形成核小体（nucleosome），此为有序压缩的第一步，压缩效率为 6 ~ 7 倍；其次，核小体折叠呈锯齿状而形成直径为 30 nm 的纤维，将 DNA 压缩约 40 倍；直径 30 nm 的纤维进一步盘绕形成辐射状环，又将 DNA 压缩约 40 倍；最后，将 DNA 压缩了 10^3 ~ 10^4 倍。H1 组蛋白则与 DNA 结合而稳定核小体并帮助形成更加紧密复杂的结构（图 15-6）。

组蛋白的甲酰化、乙酰化、磷酸化、ADP- 核糖化及泛素化等共价修饰影响染色质（细胞间期核中解螺旋染色体的形态表现）结构和基因的功能。在全部 5 种组蛋白中，只有 H2A 接受泛素化修饰，H3 与 H4 被乙酰化修饰，可激活或抑制基因转录。

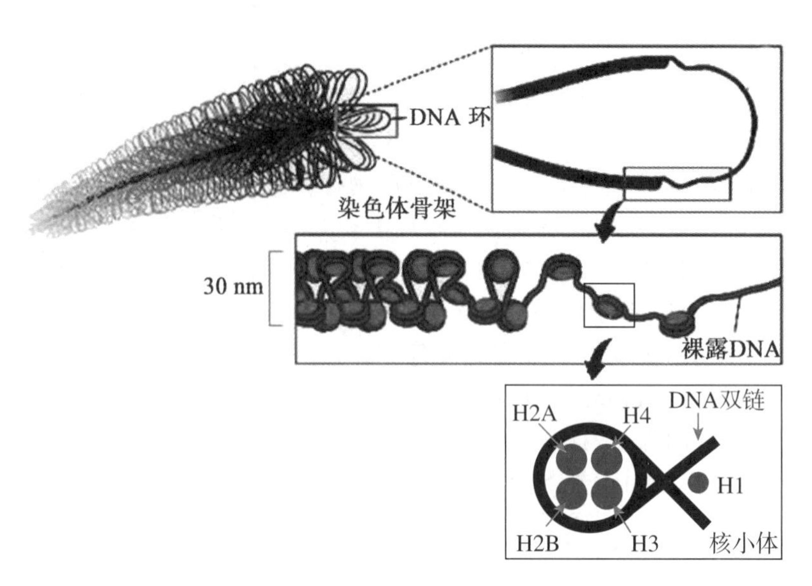

图 15-6 真核生物细胞核基因组 DNA 有序压缩形成染色质

染色质 DNA 结构中存在活化与非活化区域。染色质活化区域内的一些短核苷酸序列（100 ~ 300 bp）构象的改变导致其对 DNA 酶Ⅰ（DNase Ⅰ）高度敏感。高度敏感区域通常位于活化基因的上游，是非组蛋白转录调节因子的结合区域。

（2）真核生物核基因组中存在重复序列：真核生物核基因组结构庞大，存在大量重复序列。其中，除编码组蛋白、免疫球蛋白的结构基因及 rRNA、tRNA 基因外，大部分都是非编码序列。其功能主要与基因组的结构、组织以及基因表达的调控有关。现已发现一些重复序列的特征与遗传病和肿瘤的发生有密切联系。

高度重复序列（highly repetitive sequence）通常由 2 ~ 300 bp 的短碱基序列组成，重复频率可达 10^6。高度重复序列在基因组 DNA 中所占的比例呈种属差异，一般占 10% ~ 30%。高度重复序列包括两种类型：①反向重复序列（inverted repeat sequence），即两个序列相同的互补拷贝在同一 DNA 链上呈反向排列。有的重复序列之间存在一段间隔序列；有的重复序列反向串联在一起，中间没有间隔序列。反向重复序列通常不具有转录活性，是染色体的结构成分，散在分布于整个基因组中，常见于基因组调控区内，可能参与调控 DNA 的复制、转录；转座子中大都含有反向重复序列。②卫星 DNA（satellite DNA），即 DNA 分子中一类呈串联排列散在分布的重复序列。所有卫星 DNA 均由一短序列（2 ~ 70 bp）串联排列几次、几十次而成。重复次数具有高度的个体特异性，故也被称为可变数目串联重复序列（variable number of tandem repeat，VNTR）。由 2 ~ 6 个核苷酸组成的串联重复序列称为微卫星 DNA（microsatellite DNA）或短串联重复序列（short tandem repeat，STR），可重复高达 50 次。微卫星 DNA 常在双链 DNA 的一条链中由 AC 构成，另一条 DNA 链对应为 TG 重复序列。除 AC 重复序列外，其他类型为 CG、AT 或 CA 重复序列。卫星 DNA 的多态性由其重复次数和重复单位的不同所决定。在任何基因座上，同一种微卫星 DNA 在两条染色体的重复数目完全不同，因此决定了特定微卫星拷贝数的杂合性（heterozygosity）。微卫星拷贝数的杂合性是一种遗传特征，通过聚合酶链反应（polymerase chain reaction，PCR）扩增 AC 重复序列已经成为建立基因连锁图谱的基本方法，通过测定微卫星标记的位置可确定染色体上致病基因的相对位置。由 6 ~ 12 个核苷酸组成的串联重复序列称为小卫星 DNA（minisatellite DNA）。存在于染色体末端的端粒 DNA 是一个小卫星 DNA 家族，主要由串联的核苷酸序列（TTAGGG）重复若干次而成，其总长度可达 10 ~ 15 kbp。端粒在 DNA 复制、染色体末端保护以及控制细胞寿命等方面起重要作用，端粒的功能与重复序列长度直接相关。

中度重复序列（moderately repetitive sequence）指单倍体基因组内少于 10^6 拷贝的重复序列，不成簇分布。不同的中度重复序列的长度和拷贝数差别较大，由几百至几千个碱基对组成，平均长度为 300 bp。在基因组 DNA 中可重复 10^2 ～ 10^5 次。中度重复序列中有一部分是编码 rRNA、tRNA、组蛋白及免疫球蛋白等的结构基因，另外一些可能与基因表达调控有关。根据中度重复序列的长度，将其分为短散在核元件与长散在核元件。①短散在核元件（short interspersed nuclear element，SINE）：长度为 70 ～ 300 bp，在基因组内拷贝数达 10^4 ～ 10^5。以 *Alu* 序列家族为代表，由于每个单位长度中有一个限制性核酸内切酶 *Alu* Ⅰ的酶切位点，从而将其切成长约 130 bp 和 170 bp 的两段，因而定名为 *Alu* 序列（或 *Alu* 家族）。*Alu* 序列的平均长度为 300 bp（< 500 bp），与单拷贝序列间隔排列，在每个单倍体基因组中的拷贝数为 10^5 左右。*Alu* 序列家族只存在于灵长类动物基因组中，既高度保守，又具有种属特异性。*Alu* 序列是人类基因组中含量最丰富的一种中度重复序列，人类 *Alu* 序列探针只能用于检测人类基因组序列。平均每 4 ～ 5 kbp DNA 就有一个 *Alu* 序列。在已建立的人类基因组文库中，90% 以上的克隆能与人类 *Alu* 序列探针杂交。②长散在核元件（long interspersed nuclear element，LINE）：哺乳动物基因组含 2 万～ 5 万拷贝的长度为 5 ～ 7 kbp 的长散在核元件。以 *Kpn* Ⅰ序列家族为代表，用限制性核酸内切酶 *Kpn* Ⅰ消化人类基因组 DNA，可检测到 4 个不同长度的 DNA 片段，其长度分别为 1.2 kbp、1.5 kbp、1.8 kbp、1.9 kbp，因而定名为 *Kpn* Ⅰ序列（或 *Kpn* Ⅰ家族）。*Kpn* Ⅰ序列比 *Alu* 序列更长，且不均一。*Kpn* Ⅰ重复序列之间的间隔距离大于 10 kbp。中度重复序列比高度重复序列具有更高的种属特异性，用作探针可区分不同种属哺乳动物细胞的 DNA。中度重复序列可能参与初级转录物的加工和成熟而调控基因转录，其所具有的转座功能可改变基因组的稳定性，如 *Alu* 序列插入导致的基因突变是多发性神经纤维瘤的直接原因。

单拷贝序列（unique sequence）又称非重复序列，基因组 DNA 序列中只有单一的拷贝或少数几个拷贝。一般长度为 800 ～ 10 000 bp，多为结构基因，其两侧为间隔序列和散在分布的重复序列。

（3）真核生物核基因组中存在多基因家族和假基因：真核生物核基因组的最主要特点是常存在多基因家族和假基因。

多基因家族（multigene family）是由某一祖先基因经过重组和变异所产生的一组基因。它们的核苷酸序列高度同源、功能相似，可成簇地分布在同一染色体上，也可成簇地分散在不同的染色体上，不同的家族成员编码一组功能密切相关的蛋白质。但多基因家族中不同基因的结构和功能均存在差异，这是真核生物基因表达及各种生理功能的精细调控的基础。人类珠蛋白基因簇包括 α- 珠蛋白基因簇和 β- 珠蛋白基因簇，其中均含有珠蛋白假基因（ψ），它们在两条染色体上成簇排列。α- 珠蛋白基因簇位于 16 号染色体短臂，其基因以 $5'$-$\zeta2$-$\psi\zeta1$-$\psi\alpha2$-$\psi\alpha1$-$\alpha2$-$\alpha1$-$\psi\rho$-$\theta1$-$3'$ 顺序排列；β- 珠蛋白基因簇位于 11 号染色体短臂，其基因以 $5'$-$\psi\beta2$-ε-$G\gamma$-$A\gamma$-$\psi\beta1$-δ-β-$3'$ 顺序排列。在个体发育的不同阶段表达不同的珠蛋白，组合成不同的血红蛋白以适应个体的功能需要（图 15-7）。

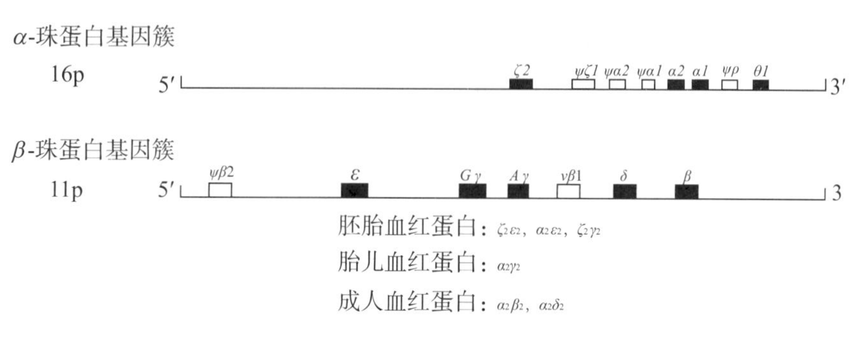

图 15-7 人类珠蛋白多基因家族

Note

假基因：多基因家族中的某些成员原来可能是有功能的基因，在长期的进化过程中，由于被随机修饰，如缺失、易位或点突变等而改变了结构，成为无功能基因，它们不表达有活性的基因产物，这些基因称为假基因（pseudogene），用 ψ 表示。大多数真核生物基因组中都存在假基因，如珠蛋白多基因家族中存在 $\psi\zeta$、$\psi\alpha2$、$\psi\alpha1$、$\psi\rho$、$\psi\beta2$、$\psi\beta1$ 等假基因。

2．染色体重组 在同源染色体之间可发生等量信息交换，如果同源染色体具有不同等位基因，由此产生遗传基因连锁的差别（图 15-8）。同源染色体排列发生误差，可导致不等基因信息交换。除不等交换与转座机制影响基因的结构外，在同源与非同源染色体之间的相似序列可偶然进行配对，此种配对的发生意外地导致了变异体（variant）遍及一类重复序列家族，致使基因转变，使 DNA 家族重复序列得到匀化，此种情况称为基因转变（gene conversion）。处于 S 期的人体细胞含四倍体 DNA，每条姐妹染色单体经过半保留复制，包含相同的基因信息。基因交换可以在这些姐妹染色单体之间发生。

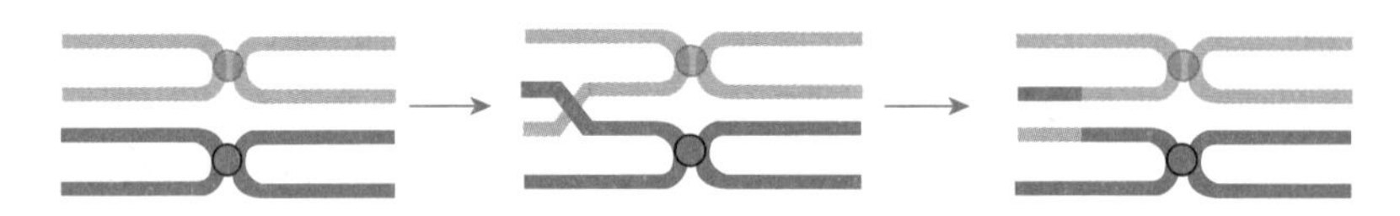

图 15-8 同源染色体的等量信息交换

3．线粒体基因组 线粒体是动物细胞内的一种重要细胞器，是生物氧化的场所，一个细胞可拥有数百至上千个线粒体。线粒体 DNA（mitochondrial DNA，mtDNA）可以独立编码线粒体中的一些蛋白质，因此 mtDNA 是核外遗传物质。mtDNA 的结构与原核生物的 DNA 类似，是双链环状分子。线粒体基因的结构特点也与原核生物相似，无内含子，仅含少量的非转录序列。人类 mtDNA 全长 16 569 bp，包括一个被称为 D 环（displacement loop，D loop）的非编码区域，D 环区域主要包含转录调控元件。整个基因组含 37 个基因，其中 13 个基因编码呼吸链蛋白质的部分亚基，另有 22 个基因编码 mt-tRNA 的基因，2 个编码 mt-rRNA（16S 和 12S）的基因（图 15-9）。线粒体编码基因所携带的遗传密码与标准遗传密码略有差别，如密码子 AUA 为起始密码子并编码甲硫氨酸，UGA 编码色氨酸（Trp），AGA 与 AGG 均为终止密码子。大约 900 种参与线粒体功能的不同蛋白质由核基因组编码，转录后经细胞质核糖体合成蛋白质，输入线粒体并组装成功能性蛋白质。

人类卵细胞提供了其受精卵的全部线粒体 DNA，故线粒体基因突变所致疾病通常由母亲传给下一代全体成员，其遗传性状仅由女性传递。

（四）转座子增加了基因组结构的多样性

转座子（transposon，Tn）又称转座元件（transposable element）或可移动的基因元件（mobile gene element），是指能够在一个 DNA 分子内部或两个 DNA 分子之间移动的 DNA 片段。转座子的两端具有反向（或同向）重复序列，这个重复序列可能是转位酶的识别位点。转座子的中间部分有编码转位酶的结构基因。在真核生物基因组中，编码序列在染色体中的位置比较固定，但有一些重复序列往往是可移动的。真核生物基因组中可移动元件的结构与原核生物基因组中的转座子相似。转座子能够反复插入基因组中许多位点的特殊 DNA 序列中，通过 DNA 介导转座的人类基因组转座子极为少见；而真核生物基因组中的另外一些转座子与细菌 DNA 中的可转移成分不同，绝大多数通过逆转录转座（retrotransposition），即它们的 RNA 转录产物在细胞内转变成互补 DNA（cDNA），然后在不同的染色体位置整合而进入基因组。

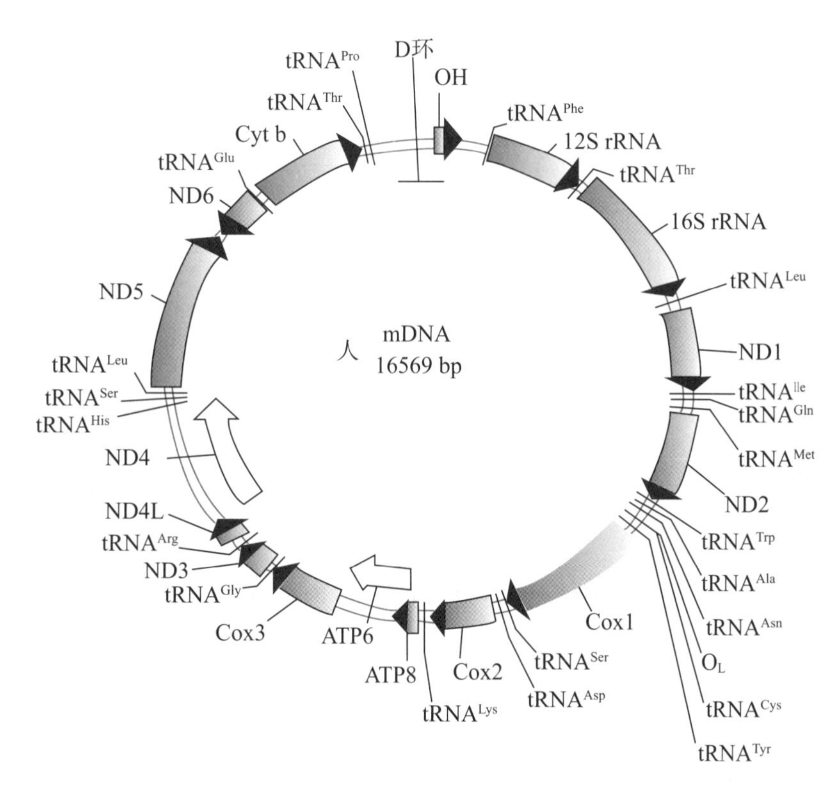

图 15-9 人类线粒体基因结构

三、人类基因组计划具有划时代意义

美国于 1990 年正式启动人类基因组计划，耗资 30 亿美元，在 13 年内完成。1997 年，美国国立卫生研究院将国家人类基因组研究中心变更为国家人类基因组研究所，成立了由美国、英国、日本、法国、德国和中国科学家组成的国际人类基因组测序协会。截至 2003 年，人类基因组计划的测序工作已经完成。人类基因组计划建立了完整的人类基因图谱，对研究复杂疾病基因的性状具有重要的价值，必将推动后基因组学的发展；为认识生命的起源、生物进化、个体生长发育规律、种属之间及个体之间差异的原因、疾病产生的机制和诊治等奠定了坚实的科学基础，同时也将对现代生物学技术、制药工业、社会经济等领域产生重要影响。

（一）人类基因组计划完成了遗传图、物理图、转录图和序列图

分布于 22 条常染色体和 2 条性染色体上的人类基因组 DNA 不能被直接测序，故必须首先将基因组进行分解，使之成为较易操作的小的结构区域，这个过程简称为作图（mapping）。根据使用的标志和研究手段的不同，人类基因组计划实际上要完成四张图谱，即遗传图、物理图、转录图和序列图（图 15-10），最终确定人类基因组 DNA 序列所含 30 亿个核苷酸的排列顺序。

1. 遗传图（genetic map） 又称连锁图（linkage map）。两个或更多的基因出现在同一染色体上共同遗传称为连锁。连锁图是指基因根据重组频率在染色体上的线性排列或分布，即指以具有遗传多态性（在一个遗传位点上具有一个以上的等位基因，在群体中的出现频率皆高于 1%）标记为“路标”、以遗传学距离厘摩（centimorgan，cM）为“图距”的基因组图。人类基因组计划中所指的遗传作图（genetic mapping）是指确定连锁的遗传标志在一条染色体上的线性排列顺序。标志位点间的图距以 cM 为单位，即在减数分裂事件中两个位点之间进

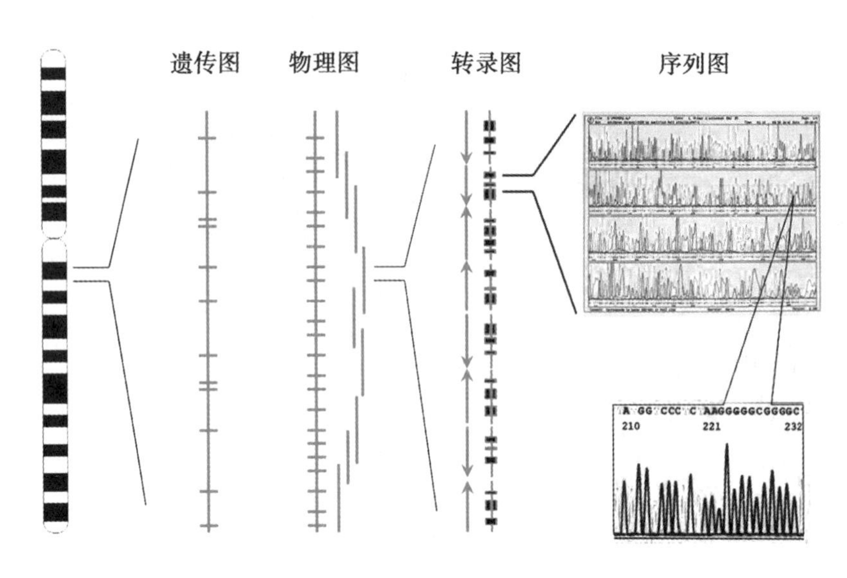

图 15-10 人类基因组计划完成的四张图谱

行交换、重组的百分率，1% 的重组率称为 1 cM。在人类基因组的描述中，1 cM 大约相当于 10^6bp。由于限制性片段长度多态性（restriction fragment length polymorphism，RFLP）、重复序列如微卫星 DNA 及单核苷酸多态性等遗传标志的应用，遗传制图已于 1994 年完成，确定了标志密度为 0.7 cM 的线性遗传图。

2．物理图（physical map） 是指标示各遗传标志之间物理距离的图谱。人类基因组计划中的物理图是指染色体上限制性核酸内切酶识别位点或序列标签位点（sequence tagged site，STS）等的位置图，即以 STS 为路标、以 DNA 实际长度（即 bp、kbp、Mbp）为图距的基因组图谱。1 cM 的遗传学距离大约相当于 1 Mbp 的 DNA 物理距离。因限制性核酸内切酶在 DNA 链上的酶切位点是以特异的识别序列为基础的，核苷酸序列不同的 DNA，经酶切后就会产生不同长度的 DNA 片段，由此构成独特的酶切图谱。STS 是指染色体定位明确、可经 PCR 扩增的单拷贝序列。DNA 物理图是 DNA 分子的结构特征之一，旨在每间隔 100 kbp 的距离确定一个 STS，构建能覆盖每条染色体的大片段 DNA 的克隆重叠群（contig），这些相连重叠群中的每个克隆片段都含有一个 STS，以此确定两个相邻 STS 间的物理联系。已经完成的人类基因组物理图涵盖了 40 000 个以上的 STS，平均图距达 100 kbp。

3．转录图（transcription map） 又称 cDNA 图或表达序列图，是以表达序列标签（expression sequence tag，EST）为标志绘制的图谱。因为蛋白质决定了生物体的遗传性状和生命活动，而已知的所有蛋白质都是由 mRNA 序列中的遗传密码编码的。将 mRNA 逆转录成 cDNA 并进行测序，就可获得大量的 EST。将这些 EST 片段进行染色体定位，最终绘制成一张可表达的基因图，即转录图。转录图包括了几乎所有基因表达的 mRNA 序列，可以依次了解不同基因在不同时间、不同组织的表达水平（基因的时空特异性表达），以及生理、病理状态下基因表达的差异。来自不同组织或器官的 EST 可为基因的功能研究提供有价值的信息，并为基因的鉴定提供候选基因。

4．序列图（sequence map） 即基因组 DNA 的核苷酸排列顺序图，是基因组在分子水平最详尽的物理图。人类基因组计划的最终目标是测定人类 24 条染色体上由 3×10^9 个核苷酸组成的全部 DNA 序列。在遗传图和物理图的基础上，精细分析各克隆的物理图谱（逐个克隆法），将其切割成易于操作的小片段，构建酵母人工染色体（yeast artificial chromosome，YAC）或细菌人工染色体（bacterial artificial chromosome，BAC）文库，将所有克隆逐个进行亚克隆测序而获取各片段的碱基序列，再根据重叠的核苷酸顺序将已测定序列依次排列，获得人类基因组的序列图谱；也可采用鸟枪法进行基因组测序，即在一定作图信息的基础上，绕过大片段连续克隆系的构建而直接将基因组分解成小片段进行随机测序，以超级计算机组装基因组核苷酸序列。

（二）人类基因组计划揭示了人类基因组的特征

人类基因组计划的完成破译了许多人类基因组的奥秘，解读出许多人类基因组的特征。

1. 编码功能性蛋白质基因的特征 人类基因组序列中功能性蛋白质的编码基因约为1.9万个，仅占基因组序列的1%～2%，外显子序列仅占极少的比例。与其他种属比较：①各种属间蛋白质编码基因的外显子大小相对比较恒定，但人类功能性蛋白质编码基因的数量更多，结构更复杂，承担着更为复杂的生物学功能；②人类蛋白质编码基因的内含子碱基数变化较大，内含子在人类基因序列中所占比例约为24%。随着研究的深入，功能性蛋白质编码基因的数量可能增加。

2. 转座子与单核苷酸多态性位点数量 人类基因组序列中大约有100个编码基因是经逆转录转座机制进入DNA结构的，目前此类基因的功能仍未明确。在非脊椎动物细胞内很少发现转座基因。人类基因组含有数量众多的单核苷酸多态性位点，为基因组作图提供了具有重要价值的信息。

3. 其他 人类基因组序列的50%为重复序列，此为人类基因组计划的完成发挥了重要作用。重复序列可经转座子、假基因及片段复制等方式生成。人类基因组序列中基因家族种类特别丰富。人类基因组中至少有近1/3的基因具有选择性剪接结构，其剪接修饰频率明显高于低等生物。人类不同染色体之间的基因数量、CpG岛数量以及重组率均存在明显差别。例如，含最丰富基因染色体的基因数量是含稀少基因染色体的基因数量的4倍以上，产生此种差异的原因及意义仍不明确。

（三）人类基因组计划促进了相关学科的发展

人类基因组计划实现了对人类基因组的破译和解读，对于认识各种基因的结构和功能、了解基因表达及调控方式、理解生物进化的基础、阐明所有生命活动的分子机制及促进相关学科的发展具有重要意义。

1. 推动了生物技术进步 HGP所获得的庞大的DNA序列信息将为生物技术的研究提供指导性依据。HGP的大规模运作也将推动生物技术的基础研究与应用研究并肩走向操作的规模化和自动化，这无疑会使生物技术在未来经济发展中占据越来越重要的位置。

2. 促进了医学研究发展 随着人类基因组计划的完成，许多基因被确定为疾病相关候选基因，现已成功分离到亨廷顿病、进行性假肥大性肌营养不良、哮喘、乳腺癌等70余种遗传病或遗传相关疾病的致病基因。目前，多基因遗传病已成为疾病基因组学研究的重点；遗传病的基因定位，尤其是对多基因复杂性状的基因位点将可以进行全基因组的定位扫描，使得确定致病基因的工作更为容易。例如肿瘤、高血压、糖尿病等都在吸引着众多的医学家和药物学家从分子水平突破对这些疾病的传统认识，从而改变诊治方式。HGP使人类在了解致病机制和发现新药物方面迈出了至关重要的一步，为基因诊断及基因药物的开发提供了重要的理论基础和设计原则。

3. 推动了模式生物基因组研究 人类基因组计划的实施带动了小鼠、秀丽隐杆线虫、果蝇、酵母、水稻、拟南芥等模式生物以及大肠埃希菌等50余种微生物全基因组破译和一些其他生物DNA图谱的绘制，模式生物的基因组研究又推动HGP向纵深发展，可为人类致病基因的研究提供有价值的参考。

4. 促进了学科交叉与重组 HGP的研究过程中诞生了许多新学科和新领域，其中包括以跨物种、跨群体的DNA序列比较为基础，利用模式生物与人类基因组之间编码序列的组成及结构上的同源性，研究物种起源、进化、基因功能演化、差异表达和定位、克隆人类致病基因的比较基因组学，以及蛋白质组学、医学基因组学、药物基因组学和生物信息学等。

5. 创建了生物信息学 随着HGP实施过程中基因组信息的爆炸性增长和计算机科学及其技术的迅速发展，采用计算机进行基因组信息资料的获取、积累、组织、比较、解释及应用，从而创建和完善了生物信息学（bioinformatics），即用数学和信息学方法对生物信息进行贮存、检索和分析。由数据库、计算机网络和应用软件组成的生物信息应用体系是分析数量巨大的基因组信息的基础。美国、欧洲和日本建立了多生物基因组序列的大型数据库，这三大信息中心经网络连接不同国家、地区的基因组实验室，研究人员可使用多种不同的分析系统对基因鉴定、蛋白质模体、调控元件、重复序列、核苷酸组成等进行全面系统分析。序列相似性比较是鉴别未知序列的强有力工具。局部序列比对检索基本工具（basic local alignment search tool，BLAST）作为生物信息学领域的重要成员，具有DNA、RNA、蛋白质序列分析以及序列相似性比对的功能，在基因组学及相关领域研究中发挥着引擎作用。生物信息学的发展将推动生命科学的巨大变革，加速揭示生命现象的本质，促进多学科快速发展。

6. 引发了不容忽视的社会问题 HGP的完成从本质上触及生命的奥秘。基因专利已在世界范围内被广泛承认，从而拉开了一场国家研究机构与私营公司、发达国家之间及发达国家与发展中国家之间的“基因争夺战”的序幕。随着HGP的深入，如果某一个体的基因缺陷被泄密，该个体将可能因此在升学、就业、保险等方面受到歧视。随着“生命天书”的解读，不同人种之间的基因差异可能成为“种族优越论”的依据而导致种族歧视，并可能被据此研制具有种族针对性的细菌或病毒等基因武器。

第三节 组学与医学

单纯某一方面研究无法诠释全部生物医学问题，人们越来越认识到从整体的角度出发去研究人类组织细胞结构、基因、蛋白及其分子间相互的作用，通过整体分析反映人体组织和器官功能和代谢的状态，去探索人类疾病的发病机制是至关重要的。各种组学依托大数据平台，有利于医学家从分子水平上发现疾病的发病机制，探索精准的和崭新的治疗模式。毫无疑问，各种组学及组学相关技术的不断进步极大地促进了医学科学的蓬勃发展。

一、基因组学广泛应用于阐明疾病发病机制

基因组学（genomics）是阐明整个基因组的结构、结构与功能的关系以及基因与基因之间的相互作用的科学领域。基因组学系统探讨基因的活动规律，从整体水平上研究一种组织或细胞在同一时间或同一条件下所表达基因的种类、数量、功能及在基因组中的定位，或同一细胞在不同状态下基因表达的差异。基因组学的研究内容主要包括结构基因组学（structural genomics）、功能基因组学（functional genomics）和比较基因组学（comparative genomics）。结构基因组学是以全基因组测序为目标，确定基因组的组织结构、基因组成及基因定位的基因组学的一个分支。它代表基因组分析的早期阶段，以建立具有高分辨率的生物体基因组的遗传图谱、物理图谱及转录图谱为主要内容，以及研究蛋白质的组成和结构。功能基因组学往往被称为后基因组学（postgenomics），它利用结构基因组所提供的信息和产物，发展和应用新的实验手段，通过在基因组或系统水平上全面分析基因的功能，使得生物学研究从对单一基因或蛋白质的研究转向对多个基因或蛋白质同时进行系统的研究。比较基因组学是基于基因组图谱和测

序基础上，对已知的基因和基因组结构进行比较，以了解基因的功能、表达机制和物种进化的学科。利用模式生物基因组与人类基因组之间编码顺序上和结构上的同源性，克隆人类疾病基因，揭示基因功能和疾病分子机制，阐明物种进化关系，以及基因组的内在结构。

基因组学特别是人类基因组计划的实施，使医学家对疾病有了新的认识。从疾病和健康的角度考虑，人类疾病大多直接或间接地与基因相关。基因组学目前已被广泛用于阐明疾病发病机制。将基因组学研究结果与基因定位克隆技术相结合，可将疾病的相关位点定位于某一染色体区域，然后根据该区域的基因、EST或模式生物所对应的同源区的已知基因等有关信息直接进行基因突变筛查，从而有效地将疾病的表型与基因关联起来。该技术是发现和鉴定疾病基因的重要手段之一，而且它也不仅仅局限于遗传病研究，现在已更多地运用于肿瘤易感基因的克隆。单核苷酸多态性（single nucleotide polymorphism，SNP）是指在基因组上单个核苷酸的变异，包括转换、颠换、缺失和插入，而形成的遗传标记，其数量很多，多态性丰富。SNP位点的发生是疾病易感性的重要遗传学基础。疾病基因组学的研究将在全基因组SNP制图基础上，通过比较患者和对照人群之间SNP的差异，鉴定与疾病相关的SNP，从而彻底阐明各种疾病易感人群的遗传学背景。

此外，一系列基因组学相关技术，如DNA序列测定、转座子诱变技术、全基因组关联分析（genome-wide association study，GWAS）、连锁分析、生物芯片，也已广泛应用于疾病的诊断、治疗及致病机制研究中。镰状细胞贫血、β-珠蛋白生成障碍性贫血（β-地中海贫血）、脆性X综合征等基因突变疾病，猫叫综合征、神经性耳聋等染色体遗传病均通过基因组学技术手段明确了致病相关基因，为疾病的诊断和治疗提供了新的理论依据。

二、转录物组学有助于揭示疾病的基因表达调控规律

转录物组（transcriptome）指生命单元在某一生理条件下细胞内所有转录产物的集合，包括信使RNA、核糖体RNA、转运RNA及非编码RNA。有些情况下也用于指所有的RNA，或者只是信使RNA。转录物组学（transcriptomics）是在整体水平上研究细胞编码基因转录情况及转录调控规律的学科。转录物组学主要阐明生物体或细胞在特定生理或病理状态下表达的所有种类的mRNA及其功能。目前，转录物组学的研究涉及基因转录区域、转录因子结合位点、染色质修饰位点以及DNA甲基化位点等。利用转录物组学的理论及技术研究疾病的转录物组信息，系统、全面地阐明其基因表达调控规律，构建基因调控网络，已经成为医学研究领域的热点。转录物组学不仅可应用于疾病的诊断，还可研究癌症的发生机制及寻找相应的肿瘤标志物。如孤独症是由一组不稳定的基因造成的一种多基因病变，通过比对正常人群和患者的转录物组的不同，筛选出与疾病相关的具有诊断意义的特异性表达差异基因。

单细胞转录物组分析以单个细胞为特定研究对象，提取单个细胞的mRNA进行逆转录生成cDNA，预扩增放大后进行高通量测序分析，能揭示该细胞内整体水平的基因表达状态和基因结构信息，准确反映细胞间的异质性，深入了解其基因型和表型之间的相互关系。此外，单细胞转录物组还有助于研究基因表达调控网络，监控人类疾病进程，持续追踪肿瘤生理学和病理学的动态基因。单细胞转录物组学研究在发育生物学、基础医学、临床诊断和药物开发等领域都发挥重要作用。

Note

三、蛋白质组学有利于寻找疾病相关标志物与治疗靶点

蛋白质组学（proteomics）是以细胞、组织或机体在特定时间和空间上表达的所有蛋白质（即蛋白质组）为研究对象，分析细胞内动态变化的蛋白质组成、表达水平与修饰状态，了解蛋白质之间的相互作用与联系，并在整体水平上研究蛋白质调控的活动规律的学科领域，故又称为全景式蛋白质表达谱（global protein expression profile）分析。蛋白质组学主要研究细胞内所有蛋白质的组成及其活动规律，包括表达蛋白质组学和功能蛋白质组学。表达蛋白质组学主要是研究、比较不同来源的组织样品，如正常组织、肿瘤组织或肿瘤不同阶段的病理组织，通过电泳及质谱等技术发现不同样品蛋白质表达量的差异。功能蛋白质组学主要是研究蛋白质-蛋白质或蛋白质-DNA/RNA之间的相互作用、蛋白质的转录后修饰等，功能蛋白质组学有助于了解在整体系统中蛋白质的相互作用网络及其在复杂的细胞信号通路中的作用（图15-11）。

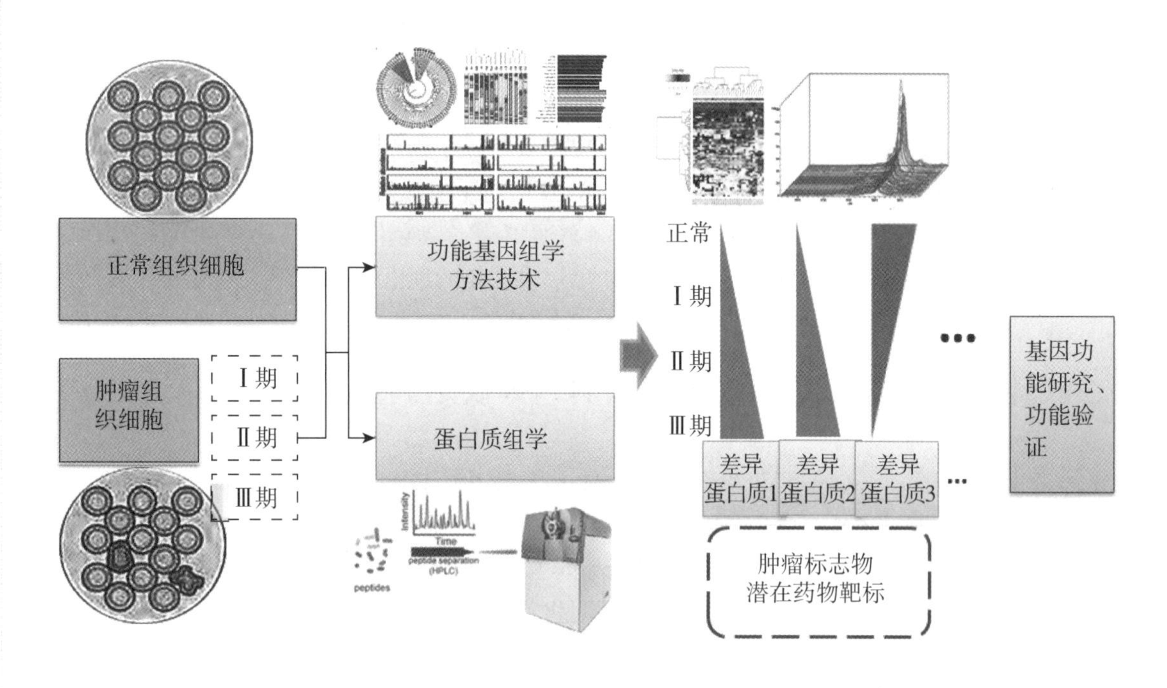

图15-11 蛋白质组学在肿瘤细胞发病机制研究中的应用

蛋白质组学的研究能够全面、动态、定量地观察疾病，尤其是肿瘤在发生、发展过程中蛋白质种类和数量的变化，有助于寻找疾病相关的特异性标志物，探索疾病的发病机制与治疗途径，发现潜在的药物治疗特异靶点。近年对肝细胞肝癌的蛋白质组学及分子生物学的研究发现，尿激酶型纤溶酶原激活是肝癌预后的一个不利因素，且该激活途径可作为肝癌治疗的潜在治疗靶点。此外，对人肝癌HepG2细胞的最新研究发现，氧化还原酶在肿瘤细胞中较正常细胞下调约58%，氧化还原酶可能是肝癌新的预后标志。食管鳞状上皮细胞癌蛋白质组研究发现，食管鳞状上皮细胞癌中α-辅肌动蛋白4（actinin alpha 4，ACTN4）和67 kDa层粘连蛋白受体（laminin receptor，67LR）的表达水平从肿瘤Ⅰ期到Ⅲ期逐渐升高，且ACTN4的过表达与肿瘤的侵袭、转移有关，但67LR的过表达则与肿瘤组织的恶性程度有关。因此，这两种蛋白可以作为食管鳞状上皮细胞癌诊断和治疗的潜在靶点。此外，蛋白质组学在药物研发、中药现代化、高原医学以及遗传病发病机制研究等方面发挥着重要的作用。蛋白质组学作为后基因组时代研究的一个重要内容，目前已广泛深入到生命科学、医学、药学等各个领域。蛋白质组学技术的不断发展为疾病（尤其是肿瘤疾病）的研究提供了新的思路，为阐明疾病的发病机

制、发现疾病相关标志物及治疗靶标提供了强有力的技术支持。

四、代谢物组学为研究疾病发生机制、诊断与预后判断提供技术支撑

代谢物组学（metabolomics）是测定一个生物或细胞中所有小分子（Mr < 1 kDa）组成，描绘其动态变化规律，建立系统代谢图谱，并确定这些变化与生物过程的联系的学科领域。不同物种代谢物数量差异较大，植物的代谢物数量多达 20 万种，而动物只有约 2500 种，微生物只有约 1500 种。以肿瘤学研究为例，代谢物组学在疾病动物模型的确证、药物的筛选、药效及毒性检测、作用机制和临床评价等方面有着广泛的应用（图 15-12）。

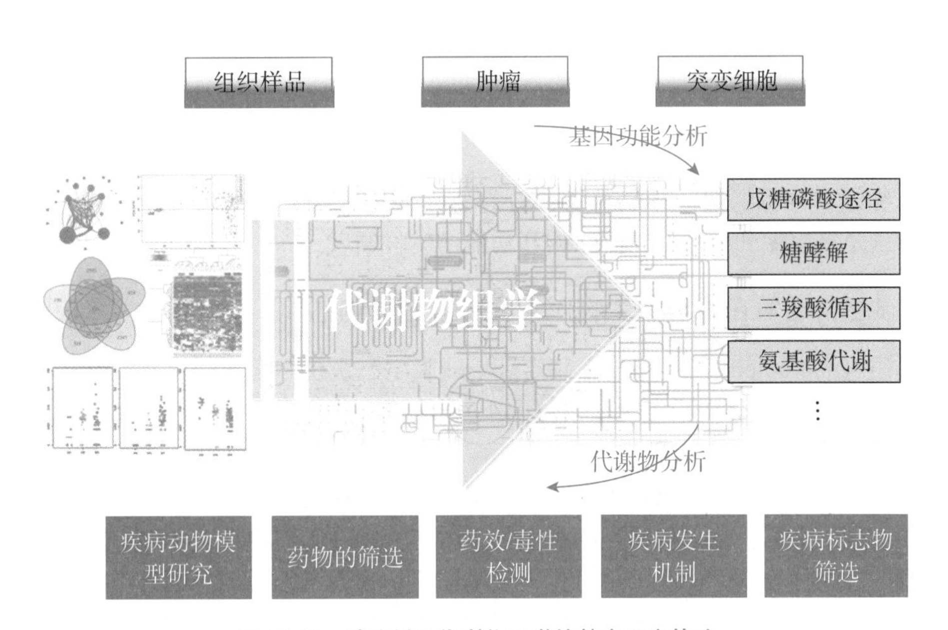

图 15-12　肿瘤样品代谢物组学的基本研究策略

代谢物组学已广泛应用于各种疾病的研究，如代谢紊乱、冠心病、膀胱炎、高血压和精神疾病。代谢物组学在疾病研究中的应用主要包括疾病发生机制研究、病变标志物的发现、疾病的诊断、治疗和预后的判断等。肿瘤细胞代谢物组学的研究为揭示肿瘤的发生机制、筛选肿瘤相关标志物等提供了强有力的技术支撑。此外，总结肿瘤细胞的代谢特征，还可为肿瘤的靶向治疗提供实验依据。生长迅速的恶性肿瘤细胞糖酵解率通常比正常组织高近 200 倍，一系列代谢物组学实验也发现氧化应激是遗传不稳定致癌的主要原因之一。因此，对氧化应激相关代谢产物的研究为新型肿瘤相关标志物的发现、肿瘤诊断与治疗提供了新的研究思路。此外，代谢物组学还广泛应用于病原体感染的诊断、治疗方面。利用代谢物组学研究巨细胞病毒感染后各个时间段人胚肺成纤维细胞内代谢产物的变化，发现成纤维细胞内糖酵解、三羧酸循环、嘧啶核苷酸生物合成等代谢途径受到明显干扰。通过检测支原体感染后的人胰腺细胞的代谢改变，发现细胞精氨酸、嘌呤代谢及能量相关代谢发生显著改变。这些结果均表明代谢物组学在病原体感染的临床检测中具有十分重要的意义。

Note

五、其他组学助力医学的发展

（一）脂质组学有助于揭示脂质在生命活动中的重要作用

脂质组学（lipidomics）是对生物样本中的脂质进行全面、系统的分析，从而揭示其在生命活动和疾病中发挥的作用的学科领域。脂质组学的发展有利于促进脂质生物标志物的发现和疾病的诊断。多种代谢性疾病（如糖尿病、阿尔茨海默病）的脂质组学相关研究已广泛开展。近期对脂质组学的研究发现，脂肪代谢酶 GPAM 和相应脂肪代谢改变对乳腺癌患者生存率和激素受体状态有影响。对卵巢癌细胞的脂质组学分析发现，卵巢癌中的硫脂成分异常升高。脂质组学从细胞脂质代谢水平研究疾病、肿瘤的发生及发展过程的变化规律，寻找疾病相关的脂质生物标记物，明确脂质分子在疾病发生过程中的作用。通过脂质组学与代谢物组学技术的整合运用并与其他组学之间相联系，对探索、了解脂质分子在生物体中的作用具有重要的意义。

（二）糖组学是了解糖类生物学功能的重要手段

糖组（glycome）指一个生物体或细胞中全部糖类的总和，包括简单的糖类和缀合的糖类。糖缀合物（糖蛋白和糖脂等）中的糖链部分有庞大的信息量。糖组学（glycomics）是研究所有糖类（特别是多聚糖和糖蛋白）的结构和功能的学科领域。

（三）微生物组旨在解析微生物对人类健康的影响

微生物组（microbiome）是指一个特定环境或者生态系统中全部微生物及其遗传信息，包括其细胞群体和数量、全部遗传物质（基因组），它涵盖微生物群及其全部遗传与生理功能，其内涵包括微生物与其环境和宿主的相互作用。人类基因组计划在 2003 年完成以后，许多科学家已经认识到解密人类基因组基因并不能完全掌握人类疾病与健康的关键问题，因为人类自身体内存在数量巨大的、与人体共生的微生物菌群，特别是肠道内存在 1000 余种共生微生物，其遗传信息的总和称为微生物组，也可称为元基因组，它们所编码的基因有 100 万个以上，与人类的健康密切相关。2007 年底，美国国立卫生研究院宣布将投入 1 亿 1500 万美元正式启动人类微生物组计划。由美国主导的、多个欧洲国家及日本和中国等十几个国家参加的人类微生物组计划将使用新一代 DNA 测序仪，进行人类微生物组 DNA 的测序工作。这是人类基因组计划完成之后的一项规模更大的 DNA 测序计划，目标是通过绘制人体不同器官中微生物元基因组图谱，解析微生物菌群结构变化对人类健康的影响。如肠道微生物组（gut microbiome）主要是以肠道菌群（gut microbiota）为研究对象，研究人体肠道微生物如何影响人体健康和营养状况。越来越多的研究表明，肠道微生物生态及其与宿主间平衡的破坏可能导致多种疾病发生，如肥胖、营养不良和糖尿病等代谢性疾病，炎性肠病和溃疡性结肠炎等慢性肠道感染性疾病，以及结肠癌和肝癌等恶性肿瘤。肠道微生物组学研究还发现，与癌旁正常黏膜上皮相比，结肠癌组织中梭杆菌属细菌含量明显升高。因此，在人类癌症诊治过程中，将癌症相关微生物作为重要的治疗因素，并采取对应的治疗措施，有可能延缓或终止肿瘤的恶化进展。肠道微生物组学的研究无疑对监测、预防和治疗肠道疾病、肿瘤和其他系统性疾病具有重要意义。

第四节　基因诊断

随着分子生物学与分子遗传学的迅速发展，人们逐渐认识到大多数疾病的发生都与基因改变而引起的表型改变有关。无论是人体自身基因结构和功能的改变，还是由于外源性致病菌、病毒引起的基因表达变化，都可以导致疾病发生。1976年，美国加州大学华裔科学家 Y. W. Kan 博士利用核酸杂交首次对一例 α- 珠蛋白生成障碍性贫血患者进行诊断，开创了基因诊断的历史先河。目前，基因诊断已经广泛应用于各种疾病的诊断，在疾病的鉴别、分型和预后等方面都凸显出特殊的优势。

一、基因诊断是从分子水平上确定疾病的病因

基因诊断（gene diagnosis）是以 DNA 或 RNA 为材料，通过检查基因的存在、缺陷或表达异常，对人体状态和疾病做出诊断的方法与过程，即检测 DNA 或 RNA 质和量的变化。

传统的疾病诊断主要根据患者的临床表现结合检测结果进行判断，但大部分疾病的临床表现缺乏特异性，很多疾病可能要到中、晚期才会被检测到，这样就会错过最佳的治疗时期。而基因诊断直接以疾病相关基因或外源性致病基因为检测对象，通过现代分子生物学技术进行科学分析，不完全依赖于疾病发展到一定阶段出现的特征性表型，具有特异性强、灵敏性高和适用范围广等特点。

二、基因诊断的基本步骤

临床上可用于基因诊断的样品来源广泛，如血液、唾液、尿液、精液、羊水、腹水、活检组织和毛发。根据检测目的不同，被检样品为提取的基因组 DNA 或 RNA，经过 PCR 等手段快速扩展目的片段，再结合分子杂交、基因芯片、DNA 测序等技术进行检测（图 15-13）。

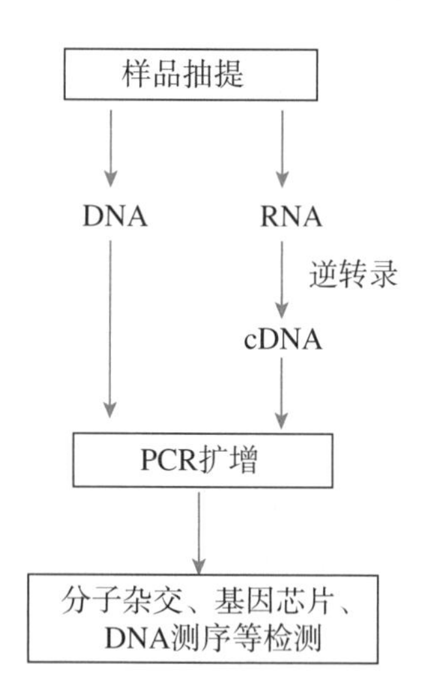

图 15-13　基因诊断的基本步骤

三、基因诊断的常用技术

基因诊断包括检测个体的基因组 DNA 序列特征、基因突变、基因表达的异常或外源基因等。常用于基因诊断的基本方法主要有核酸杂交技术、PCR、DNA 测序和基因芯片技术等（第二十三章常用分子生物学技术）。通过这些技术或技术的联用，又可以将基因诊断分为分子检测、基因表达检测、染色体检测和生化检测等类别。

Note

（一）分子检测

分子检测旨在寻找基因组中一个或多个基因的变化，具体又分为不同类型。

1．单变异检测 旨在寻找基因中的特定变异。已知的变异体会导致特定疾病（如血红蛋白β链基因的一个点突变导致其第6位谷氨酸被缬氨酸取代，形成异常血红蛋白HbS，进而导致镰状细胞贫血）。这种方法通常用于检测已知有特定变异的家族遗传病成员，以确定他们是否发生基因突变。

案例 15-1

某患者，女性，15岁，美籍非洲裔，间歇性两侧大腿和臀部疼痛并不断加重，服用布洛芬不能解除疼痛。患者最近感觉疲乏，排尿时尿道经常有烧灼感，T38.2 ℃，结膜和口腔黏膜稍微苍白，WBC7.2×10^9/L（升高），血红蛋白73 g/L（降低）。

问题：

1．该患者患有何种疾病？其发生的分子机制是什么？

2．根据该病发生的分子机制，如何进行诊断？

2．单基因检测 旨在寻找一个基因中的序列或结构的变化。这些检测通常用于确认（或排除）一个特定的致病基因，特别是用于疾病的致病基因存在许多变异，包括基因的片段插入、缺失或重复，如亨廷顿病、家族性高胆固醇血症。

3．基因群检测 旨在寻找多个基因的变异。这种类型的检测通常用于患者的症状可能与一系列广泛的疾病表型相符合，或当怀疑的疾病可能是由许多基因的变异造成的。例如，引起癫痫的遗传因素很复杂，有单纯的遗传，也有染色体畸形造成，就可以采取基因群检测方式确定致病基因。

4．全外显子组测序/全基因组测序 当单基因或基因群检测未能提供诊断结果或遗传原因不明时，可以通过全外显子组测序（whole exome sequencing，WES）或全基因组测序（whole genome sequencing，WGS）分析个体的大部分DNA以发现基因变异。相较于前面的方法，全外显子组或全基因组测序往往更具成本和时间效益。

（二）基因表达检测

基因表达检测通过基因芯片或转录组测序等方式检测在不同组织或细胞中的基因表达情况，通过分析细胞中mRNA的表达水平，确定相应基因表达的活跃程度。某些基因的过表达或低表达常与特定遗传病或癌症的发生相关联。

（三）染色体检测

染色体检测是对整条染色体进行分析，以确定其大片段变化。可以发现的变化包括：染色体的额外拷贝，如三体；或缺失拷贝，如单体；染色体大片段的增加（复制）或缺失（删除）；染色体片段的重排（易位）。某些遗传病与特定的染色体变化有关，如威廉姆斯综合征（Williams syndrome）是由于缺失部分7号染色体引起的，可通过染色体检测对此类疾病进行诊断。

（四）生化检测

生化检测并不直接分析DNA，而是研究由基因产生的蛋白质或酶的数量或活性水平。这些物质的异常可能表明基于遗传病的DNA发生了变化。如低水平的生物素酶活性提示由生物素酶（biotinidase，BTD）基因变异引起的生物素酶缺乏症。

四、基因诊断在医学中的应用

（一）遗传病的基因诊断

遗传病的基因诊断目前主要用于遗传筛查和产前诊断。特别是对于单基因遗传病，基因诊断可提供最终确诊，并通过遗传筛查的结果，对有遗传缺陷或潜在遗传风险的个体给予遗传咨询和婚育指导。基因诊断还可以对胎儿进行遗传病的产前诊断。传统的产前诊断是检查孕妇绒毛细胞或羊水细胞核型或酶活性，但灵敏度不高。现在从绒毛细胞、羊水细胞或胎儿脐血中抽提 DNA，进行 PCR 或核酸杂交分析，容易得到满意的诊断结果。与一般的细胞学和生化检查相比，基因诊断耗时少、准确性高，取样时对受试者的创伤较小，如无创产前筛查。无创产前筛查（noninvasive prenatal testing，NIPT）是相对羊膜腔穿刺术、绒毛活检术而言，利用孕妇外周血中胎儿的 DNA、RNA 或胎儿细胞，进行胎儿遗传病检测的非侵入性产前检测。该方法由香港中文大学的卢煜明教授首次提出，目前主要应用于 21 三体、18 三体、13 三体的筛查。目前，对于遗传病的基因诊断有以下两种策略：

1. 直接诊断法　当被检测基因的正常序列和结构比较明确或被检测基因的改变与疾病发生有直接因果关系时，可以采取 PCR 或核酸杂交技术直接检测导致疾病发生的多种基因突变，从而直接揭示遗传缺陷，该诊断策略比较可靠，但由于多数致病基因的确切基因结构和致病分子机制尚不清楚，故应用具有一定的局限性。

2. 间接诊断法　对于一些致病基因未知或基因结构、致病机制不明确的疾病，只能通过与致病基因连锁的遗传标志进行连锁分析，寻找有基因缺陷的染色体，并判断被检者是否具有这条染色体。

（二）感染性疾病的基因诊断

过去对感染性疾病的诊断主要通过直接或培养后观察病原体的形态、生化特性并结合患者的临床表现进行诊断，这对于发病初期或病原体在体外无法培养时有一定局限性。随着高通量测序技术的发展，各种生物的基因组、转录组数据大量积累，通过比较基因组学研究，可从分子水平区分各种病原体，这为感染性疾病的基因诊断提供了有利条件。采用核酸杂交技术，针对病原体特异的核苷酸序列设计探针来进行杂交，或应用 PCR 技术扩增病原体基因的保守序列，能够对大多数感染性疾病做出明确的病原体诊断，也能诊断出带菌者和潜在性感染，并能对病原体进行分类、分型鉴定。

新型冠状病毒感染（Corona Virus Disease 2019，COVID-19）是由新型冠状病毒（SARS-CoV-2）感染引起的急性呼吸道传染病。对于新型冠状病毒的检测方法主要有定量聚合酶链反应（qPCR）及病毒基因测序，目前临床最常用的是 qPCR，可以用鼻咽拭子、痰液、下呼吸道分泌物以及粪便、血液等为标本进行核酸提取，经逆转录后再通过 qPCR 对病毒的目的基因进行检测。

（三）肿瘤的基因诊断

肿瘤的产生常涉及多个基因的变化，这就为肿瘤特异性分子诊断的临床应用带来了困难，因此肿瘤基因诊断不如遗传病、感染性疾病的分子诊断开展得普遍，但随着近年来分子生物学理论及技术的发展，临床诊断工作也在逐步进行，可采用以下策略：

1. 检测肿瘤相关基因　如癌基因、抑癌基因、肿瘤转移基因、肿瘤转移抑制基因等基因

Note

突变及表达异常的检测。

2．检测肿瘤特异性基因（标志物基因）或 mRNA 如与获得性免疫缺陷综合征有关的人类免疫缺陷病毒（HIV），与鼻咽癌有关的 EB 病毒，与宫颈癌有关的人乳头瘤病毒（HPV），与肝癌有关的乙型肝炎病毒（HBV）、丙型肝炎病毒（HCV）等的检测。

3．检测肿瘤相关病毒的基因 遗传性乳腺癌高危家族中常有抑癌基因乳腺癌易感基因（breast cancer susceptibility gene，*BRCA*）的突变。另一个与乳腺癌相关的重要基因 *HER*2 通常在部分乳腺癌患者中会有 20% ~ 30% 的扩增。在非小细胞型肺癌（NSCLC）中，主要检测表皮生长因子受体（epidermal growth factor receptor，*EGFR*）基因突变 / 扩增、*ALK* 基因融合、*C-MET* 基因突变 / 扩增或者 *HER*2 过表达。

（四）基因诊断在法医学中的应用

基因诊断在法医学上的应用主要是开展个人识别和亲子鉴定。除部分同卵双生子外，人与人之间的某些 DNA 序列特征具有高度的个体特异性和稳定性，即存在多态性，称为 DNA 指纹（DNA finger printing），STR 和小卫星 DNA 等是重要的多态性标志。这些重复序列在不同个体间的重复次数不同，因此具有个体特异性。在不同个体中，重复序列两侧 DNA 片段的碱基序列是相同的，因此可用同一种限制性内切酶将不同个体的重复序列从其两侧切下来。由于重复单位数目不同，因而获得的酶切片段长度不同。也可以采用 PCR 在序列一致区用相同的引物扩增重复序列，得到不同长度的 DNA 重复序列扩增产物。目前，检测基因组中短串联重复序列遗传特征的 PCR-STR 技术在个体识别和亲子鉴定中逐渐占据了主导地位，基本上取代了基于 DNA 印迹法的 DNA 指纹技术。

第五节 基因治疗

一、基因治疗是基因缺陷所致疾病治疗的最佳选择

随着分子生物学技术的飞速发展，人们开始利用各种基因技术治疗遗传病。1990 年 9 月，在马里兰州贝塞斯达国家保健研究所医疗中心，一位患遗传性腺苷脱氨酶（adenosine deaminase，ADA）缺乏症的 4 岁女孩接受了人类历史上首次基因治疗，即以腺病毒为载体，将正常 *ADA* 基因导入患儿白细胞中，表达正常的 ADA，纠正了 ADA 缺乏导致的抵抗力下降，这项实验的成功开启了遗传病基因治疗的先河。

案例 15-2

某患儿，男性，1.5 岁。反复皮肤真菌感染，使用各种抗真菌药治疗均无效。血液生化检查结果显示 IgA 和 IgM 数值低下，血小板聚集功能差，红细胞中腺苷脱氨酶活性低，X 线检查发现胸、腰椎扁平。确诊为 ADA 缺乏症。

问题：

1．该病是什么类型的疾病？目前常用和最新的治疗手段是什么？

2．若采用基因治疗，其基本原理和程序是什么？

3．该病在基因治疗过程中，携带基因治疗的载体是什么？目的基因是什么？接受目的基因的靶细胞是什么？

（一）基因治疗是以基因转移为基础的治疗技术

基因治疗（gene therapy）是指通过在特定的靶细胞中表达原本不表达的基因，或采取特定方式关闭、抑制异常表达基因，以达到治疗疾病目的的治疗方案。在基因治疗中，通过采用特定技术，将具有功能的外源基因或其他遗传物质导入患者体内，从而使患者由于基因缺陷所致的临床症状得到减轻、代偿或纠正。因此，基因治疗是以基因转移为基础的一项治疗技术，它的开展需要以下前提：①基因治疗的对象必须是不得不选择基因治疗的患者，要确切了解患者疾病发生的分子机制和缺陷基因，并能对患者做出正确的诊断。②能在体外获得正常有功能的基因或遗传物质。③具有较方便的手段将有正常功能的外源基因或遗传物质导入患者体内。④进入患者体内的外源基因或遗传物质能比较长期、稳定地表达目的蛋白质，并发挥其生物学功能。

（二）基因治疗的策略

在基因治疗中，外源性功能基因或遗传物质就像临床上使用的药物一样发挥作用。根据发挥作用机制的不同，基因治疗的策略可以分为以下 4 种。

1．基因置换（gene replacement）或基因矫正（gene correction） 是指将正常的外源基因导入特定的细胞，通过基因同源重组，用导入的正常基因置换基因组内原有的缺陷基因，从而使致病基因得到永久的更正。该方案是对缺陷基因进行精确的原位替换或修复，不涉及任何基因组的改变，因而是最理想的基因治疗。

2．基因增补（gene augmentation） 又称基因添加，是通过导入外源基因，使靶细胞表达本身不表达的基因。但是由于目前尚无法做到基因在基因组中的准确插入，导致增补基因的整合位点是随机的，而这种随机的方式可能导致基因组正常结构的改变，甚至可能导致新的疾病发生。

3．基因干预（gene interference） 又称为基因失活（gene inactivation）或基因沉默（gene silencing），是指采用特定的方式抑制某个基因的表达，以达到治疗疾病的目的。较常用的方法是采用反义核酸、核酶或 RNA 干扰技术、基因编辑技术等来抑制或阻断基因的表达。

4．自杀基因（suicide gene） 是指在肿瘤的治疗过程中，向肿瘤细胞内导入编码某些特殊酶类的基因以诱发肿瘤细胞“自杀”。这些基因编码的酶能够使无毒或低毒的药物前体转化为细胞毒性代谢物，诱导肿瘤细胞产生“自杀”效应，从而达到清除肿瘤细胞的目的。自杀基因还可以利用肿瘤细胞的特异性启动子序列（如肝癌的甲胎蛋白启动子序列）以激活抑癌基因、毒蛋白基因等“细胞毒性基因”，以达到对肿瘤细胞的杀伤作用。

二、基因治疗的基本程序

基因治疗的基本过程可分为 6 个步骤：①选择并获得治疗基因；②选择携带治疗基因的载体；③选择基因治疗的靶细胞；④在细胞或整体水平导入治疗基因；⑤基因表达的筛选；⑥输回体内。

（一）正确选择对疾病有治疗作用的特定目的基因是基因治疗的首要问题

一般根据疾病的类型选取相应的目的基因作为治疗基因。如对于单基因缺陷的遗传病，其野生型基因即可用于基因治疗；对于血管栓塞性疾病，可选用血管内皮生长因子基因以刺激侧支循环的建立，改善栓塞部位的血液供应；对于恶性肿瘤，可选用特定的反义核酸或通过基因编辑技术抑制过度活化的原癌基因表达。获取目的基因的方法包括人工合成、基因克隆、人体

Note

基因组的降解、PCR 扩增等。

（二）选择适当的基因工程载体将目的基因导入细胞内并表达

大分子 DNA 不能主动进入细胞，因此选定了目的基因后，还需要选择适当的基因工程载体将目的基因导入细胞内并表达。非病毒载体（包括阳离子多聚物载体、脂质体载体和纳米颗粒载体等）本身可以生物降解的方式自然地从靶细胞中被清除，因此在基因治疗中具有较广阔的应用前景。目前基因治疗主要采用的还是病毒载体，因为病毒具有高效感染靶细胞的能力，且能将自身 DNA 送入靶细胞中。在基因治疗中使用的病毒载体剔除了复制必需的基因和致病基因，消除了病毒感染和致病能力，而病毒原有的复制和包装等功能将由包装细胞（packaging cell）完成。包装细胞是经过特殊改造的细胞，转染和整合了病毒复制以及包装所需要的基因。在治疗过程中，病毒载体先导入体外培养的包装细胞，进行复制并包装成新的病毒颗粒，获得足量的重组病毒后才能用于基因治疗。目前用作基因转移载体的病毒有逆转录病毒（retrovirus）、腺病毒（adenovirus）、腺相关病毒（adeno-associated virus，AAV）、单纯疱疹病毒（herpes simplex virus，HSV）等（图 15-14）。

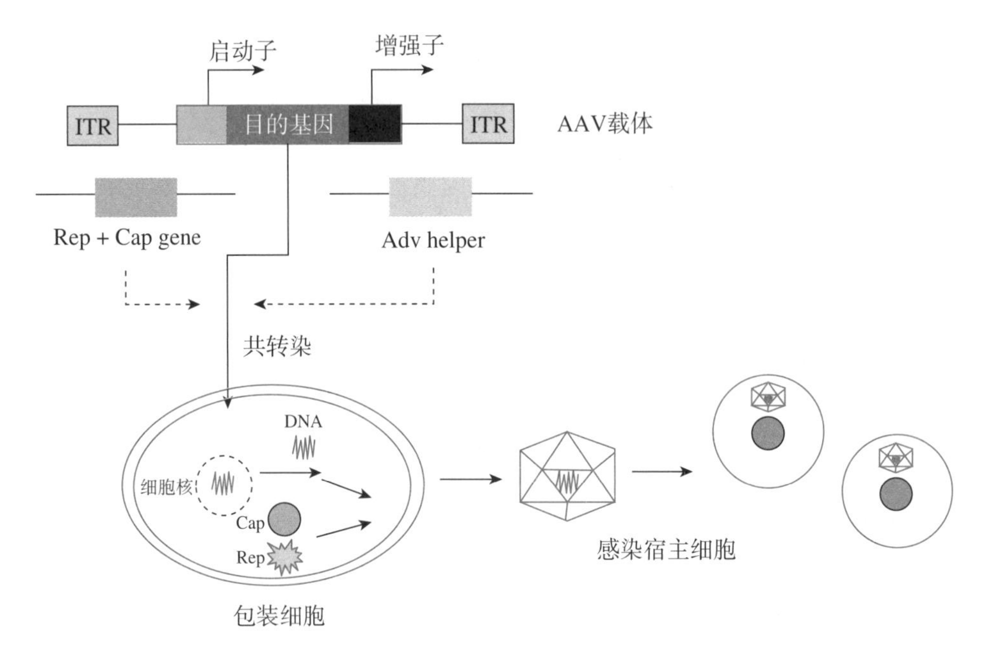

图 15-14 用于基因治疗的腺相关病毒（AVV）的包装及感染过程

（三）基因治疗的靶细胞主要是体细胞

基因治疗可选择的靶细胞包括生殖细胞和体细胞，但目前只能使用体细胞。用于转基因的体细胞必须含量丰富、取材方便、容易培养且寿命较长。目前可选择的靶细胞有淋巴细胞、造血干细胞、上皮细胞、角质细胞、成纤维细胞、肝细胞、肌肉细胞、内皮细胞和肿瘤细胞等。

（四）回体法是目前最常用的基因转移方式

根据导入基因的途径，基因治疗有两种方式：一种是体内（*in vivo*）疗法，即将外源基因直接导入体内有关的组织和器官，使其进入相应的细胞并进行表达，但存在转移和表达效率低等困难。另一种是回体法，或间接体内（*ex vivo*）疗法，即在体外将目的基因导入靶细胞内使其高效表达，再将靶细胞回输到患者体内，使外源基因在体内表达，从而达到治疗目的，这是目前最常用的方式（图 15-15）。

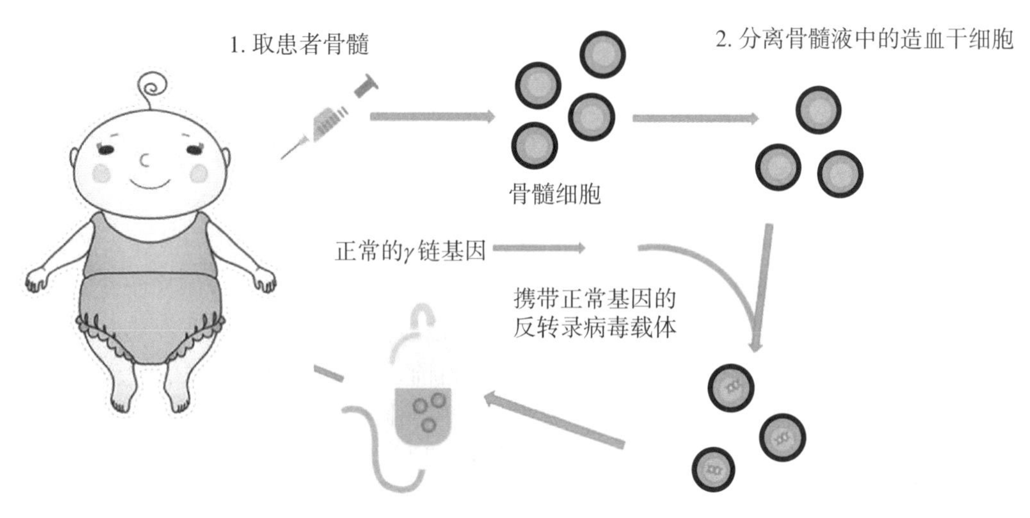

图 15-15　回体法（间接体内疗法）的基本程序

（五）利用载体中的标记基因对转染细胞进行筛检

在体外培养的细胞中，转基因效率很难达到 100%，所以需要利用载体中的标记基因对转染细胞进行筛选。例如，将带有标记基因 *neo*^{r}（新霉素磷酸转移酶 2 基因）的载体转染细胞后，向培养基中加入药物 G418，未被转染的细胞将无法存活，最后只有转染成功的细胞存活下来。

（六）将目的基因修饰的细胞回输体内

将目的基因修饰的细胞以不同的方式回输体内以发挥治疗效果。如淋巴细胞可经静脉回输入血；造血细胞可采用自体骨髓移植法；皮肤成纤维细胞经胶原包裹后可埋入皮下组织中。

三、基因编辑技术在基因治疗领域展现出极大的应用前景

当前，基因治疗领域取得的重大进展多是基于病毒载体完成，但使用病毒载体始终存在目的基因随机整合导致靶细胞癌变的风险。而基于靶向核酸内切酶的基因编辑技术（gene editing technology）在理论上可以精确地进行基因的修改。基因编辑技术的基本原理涉及靶向切断特定基因位点上的两条 DNA 链，从而激活靶细胞 DNA 损伤修复机制中的非同源末端连接和同源重组功能，借此实现对目的基因的敲除、敲入、敲减（减少基因表达）和单碱基编辑操作，这是基因治疗领域的另一主要发展方向。2019 年，LIU 团队在 CRISPR/Cas9 系统上开发出了引导编辑（prime editor，PE）精准基因编辑工具，对靶向基因进行特定 DNA 修饰，可实现 12 种单碱基的任意转换与增减，理论上可修复 89% 的人类遗传病基因。目前，该技术成果已经成功应用于人类细胞、斑马鱼、小鼠以及细菌的基因组精确修饰。因此，以 CRISPR/Cas9 为基础的基因编辑技术在一系列基因治疗的应用领域展现出极大的应用前景。

四、基因治疗已被广泛应用于临床疾病的治疗

作为一门新兴学科，基因治疗已经在极短的时间内从实验室过渡到临床应用，不仅应用于如血友病、囊性纤维病和家族性高胆固醇血症等遗传病的治疗，而且广泛应用于各种获得性疾病的治疗，如癌症、心血管疾病和感染性疾病。

（一）单基因遗传病的基因治疗

目前最常用的方法是导入与突变基因同源的正常基因，当缺陷的基因被导入的正常基因纠正后，细胞就会得到生长优势，而未接受转基因的细胞则被自然淘汰。例如血友病作为单基因遗传病，基因治疗是其唯一治愈手段。A 型血友病也被称为因子Ⅷ缺乏或经典血友病，是一种由凝血因子Ⅷ缺失或缺陷引起的 X 连锁遗传病，目前，重度 A 型血友病的护理标准是每周 2 ~ 3 次静脉输注凝血因子Ⅷ的预防性治疗方案。而基于腺相关病毒（AAV）的基因疗法，可通过向患者体内递送凝血因子Ⅷ功能基因以恢复Ⅷ的产生，从而消除或减少静脉凝血因子Ⅷ输注需求。

（二）多基因遗传病的基因治疗

随着人类对疾病分子机制的深入了解，以及对疾病相关基因的分离和功能研究，基因治疗逐渐被用于如恶性肿瘤、心血管疾病、糖尿病发病原因更为复杂的疾病的治疗。肿瘤的种类和数量众多，目前缺乏有效的治疗手段，预后差，所以对基因治疗这类新型疗法的临床应用具有很强的迫切性，当前主要有以下几种基因治疗策略。

1．肿瘤的细胞因子基因疗法　细胞因子基因治疗属于免疫基因治疗中的一种。一方面可以将某些细胞因子转入肿瘤细胞，提高其免疫原性，从而使肿瘤细胞更易被机体的免疫系统杀灭。另一方面可以直接调节免疫细胞的免疫功能。如将 *IL*-2 或 *TNF* 基因转入肿瘤浸润淋巴细胞（tumor infiltrating lymphocyte，TIL）再输回体内，使 TIL 细胞聚集到癌变病灶，表达 IL-2 或 TNF，形成局部高浓度的 IL-2 或 TNF 而杀死肿瘤细胞，避免全身使用 TNF 时的不良反应。

2．修正肿瘤相关基因的功能　通过基因转染的方法将正常的抑癌基因导入肿瘤细胞，使之表达正常的抑癌基因产物，可以在一定程度上抑制肿瘤的恶性表现。

3．*TK* 基因疗法　*TK* 基因的编码产物胸腺嘧啶核苷激酶可将开环鸟苷的衍生物 Gancilovir（GCV）转变成有毒的代谢产物，后者能杀死正在分裂的细胞。

4．*MDR*-1 基因多药耐药基因疗法　当对肿瘤实施大剂量根治性化疗以彻底杀灭体内肿瘤细胞时，常由于造血干细胞不能耐受而使患者死于造血衰竭，为此人们尝试用多药耐药 1（multidrug resistance 1，*MDR*-1）基因转入造血干细胞中，再移植给患者，使患者在接受大剂量化疗时体内造血干细胞能经受住考验并逐渐恢复造血功能。

（三）感染性疾病的基因治疗

针对一些严重危害人类健康的感染性疾病（如获得性免疫缺陷综合征、乙型肝炎），可以通过破坏病毒的基因组或基因表达的调控途径，常采用特异的反义 RNA、反义 DNA 或核酶技术来封闭病毒结构蛋白的 mRNA，以特异抑制或阻止病毒基因的表达。

五、基因治疗必将突破重重障碍成为临床治疗领域的关键技术

经过 20 余年的努力，科学家们在基因治疗领域取得了很大的进步，获得了一些成功，但

是仍然存在一些亟待解决的问题。例如：①哺乳动物细胞中基因表达调控的机制尚未完全阐明。②如何使外源基因的表达随体内生理信号的变化而得以精确调控。③外源基因的整合是否会导致宿主基因失活或癌基因激活。④若在体内表达大量原来不存在的蛋白质，可能会导致严重的免疫反应。⑤目前的基因治疗临床试验中，限于伦理问题，多选择常规治疗失败或晚期肿瘤患者为治疗对象，难以客观地评价基因治疗效果。

现阶段基因治疗的发展正处于腾飞拐点，各种新的基因治疗药物逐渐上市并进入临床，例如，2018 年 8 月，Alnylam 制药公司研发的 patisiran 是全球首款获批的 RNAi 治疗药物，用于治疗转甲状腺素蛋白淀粉样变性伴多发性神经病（transthyretin amyloid polyneuropathy，ATTR-PN）。2022 年 8 月，首款 β- 地中海贫血基因疗法药物 zynteglo（beti-cel）也获批上市，用于治疗需要接受常规血红细胞输注的 β- 地中海贫血患者。相信不久的将来，会有越来越多的基因治疗药物被应用于临床，造福更多的患者。

思考题

1. 试比较原核生物基因组和真核生物基因组的异同点。
2. 试述真核生物基因组重复序列的特征。
3. 试述人类基因组计划的研究内容和意义。
4. 举例说明基因组学和蛋白质组学在医学研究中的作用。
5. 试述基因诊断在医学中应用。
6. 简述基因治疗的基本步骤。

（何 涛）

第十六章

重组 DNA 技术

第十六章数字资源

DNA 重组（DNA recombination）是指 DNA 分子内或分子间发生的遗传信息的重新组合过程。在自然界，DNA 重组广泛存在，包括同源重组、位点特异重组、转座重组等类型，构成了生物的基因变异、物种进化和演变的遗传基础。体外通过人工 DNA 重组可获得重组体 DNA，是基因工程中的关键步骤。重组 DNA 技术（recombinant DNA technology）是指通过体外操作，将不同来源的两个或两个以上的 DNA 分子重组组合，并在适当细胞中扩增形成新的功能分子的技术。重组 DNA 技术可组合不同来源的 DNA 信息，该技术的发展使人们可以随心所欲地进行基因的分离、分析、切割和连接等操作，从而创造出自然界可能从未存在过的遗传修饰生物体，为在分子水平研究生物奥秘提供了可操作的模型。同时，该技术在生物制药、基因诊断、基因治疗等方面都得到了广泛应用。

第一节　重组 DNA 技术相关概念和常用工具

一、重组 DNA 技术是重要的 DNA 操作技术

（一）重组 DNA 技术又称基因工程

重组 DNA 技术又称分子克隆（molecular cloning）、DNA 克隆（DNA cloning）或基因工程（genetic engineering）。通过该技术，在体外可将目的基因与载体连接成具有自我复制能力的 DNA 重组体，进而通过转化或转染宿主细胞，实现目的基因在宿主细胞中扩增、表达。

（二）目的基因是重组 DNA 技术的靶标基因

重组 DNA 的目的主要是获得足够量的特异基因，以对其结构、功能进行分析甚至改造，或为了获得特异基因表达产物（RNA、多肽或蛋白质）。这些人们所感兴趣的特异基因或 DNA 序列就是目的基因，或称为目的 DNA（target DNA）。目的基因主要有 cDNA 和基因组 DNA 两种类型。cDNA 是在体外经逆转录合成，与 RNA（通常指 mRNA 或病毒 RNA）互补的 DNA 序列。基因组 DNA（genomic DNA）则是含有生物体整套遗传信息的 DNA 序列。在进行 DNA 克隆时，目的基因和载体连接构成重组体。相对于载体 DNA 而言，目的基因又被称为外源 DNA。

（三）载体是运载目的基因的工具

载体（vector）是指可以携带目的外源 DNA 片段，实现外源 DNA 在宿主细胞中扩增或

表达蛋白质的 DNA 分子，按其功能可分为克隆载体和表达载体两大类，有的载体兼有克隆和表达两种功能。克隆载体（cloning vector）携带目的基因并在宿主细胞中大量扩增。表达载体（expression vector）主要用于目的基因在宿主细胞中的表达。两种载体分工不同，在结构上的要求也略有差异。理想载体应具备以下特点：①在宿主细胞中能够稳定地遗传；②自身含有复制子，可在宿主细胞中独立复制；③有合适的大小，既方便操作，又足以容纳外源 DNA 的插入；④带有遗传标志，便于重组子的筛选；⑤具有多个限制性酶切位点（多克隆位点）；⑥对于表达载体，应具有能与宿主细胞相适应的启动子、增强子等调控元件。

（四）宿主细胞是重组体扩增的场所

宿主细胞（host cell）是重组体得以复制、扩增的场所。理想的宿主细胞应该具备以下性能：①有较强接纳外源 DNA 分子的能力；②具有限制性核酸内切酶缺陷，不易降解外源 DNA；③具有 DNA 重组缺陷，保持外源 DNA 在宿主细胞中的完整性；④不易在非培养条件下生长，以保证安全。

二、重组 DNA 技术中的载体种类多样

重组 DNA 技术中常用的载体包括质粒、噬菌体、黏粒、病毒载体、穿梭质粒和人工染色体等。

（一）质粒是基因工程中最常用的载体

质粒（plasmid）是天然存在于细菌染色体外的闭合环状双链 DNA 分子。质粒具有以下特点：①分子量小，拷贝数高，能在宿主细胞内稳定存在；②具有独立的复制起始点（*ori*）；③带有一定的遗传学标志，如质粒携带的氨苄西林抗性基因（Amp^R）可使宿主细胞在含有氨苄西林的培养基中存活，作为筛选标记；④具有一定数量的限制性核酸内切酶识别位点（多克隆位点）。

质粒有严紧型和松弛型两种。严紧型质粒在每个宿主细胞中只有 1 ～ 10 个拷贝，只能随着细菌染色体复制；而松弛型质粒拷贝数为 10 ～ 500，能独立于染色体而自主复制。用于基因工程的质粒多为松弛型质粒，是以天然细菌质粒的各种元件为基础重新组建的人工质粒。

常用的质粒载体有 pBR322 和 pUC18（图 16-1）。pBR322 质粒带有氨苄西林抗性基因和四环素抗性基因（Tet^R）两种遗传学标志。pUC18 质粒含有氨苄西林抗性基因和 *lacZ* 基因（编码 β- 半乳糖苷酶 α 链），具有双功能检测特性。

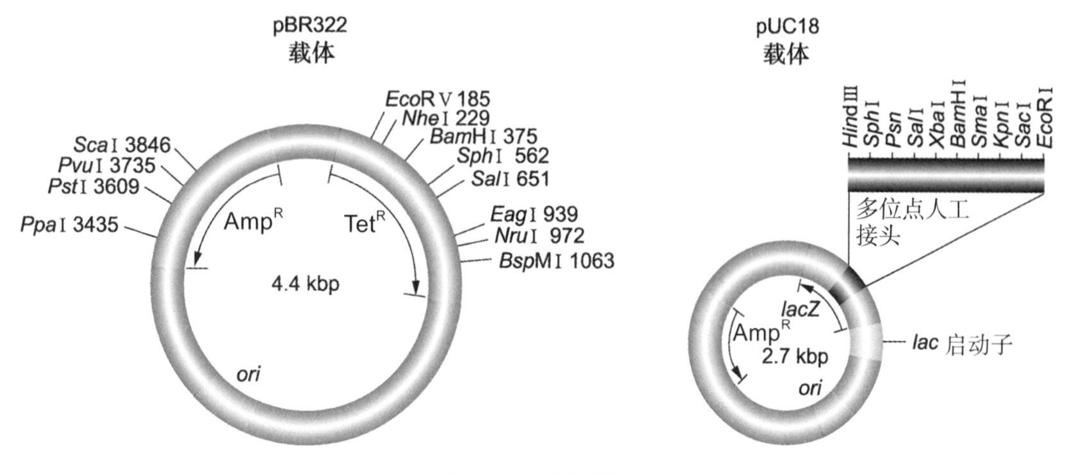

图 16-1　质粒载体

（二）噬菌体是应用广泛的克隆载体

噬菌体（phage）是特异感染细菌的病毒，其结构简单，基因组外包被着蛋白质衣壳。噬菌体按生活周期分为溶菌型（lytic）和溶原型（lysogenic）两种类型。溶菌型噬菌体感染细菌后大量增殖，直至宿主裂解，噬菌体得以释放，继续感染其他细菌。溶原型噬菌体将自身基因组整合到细菌染色体中，伴随宿主的增殖而复制。常用噬菌体载体有λ噬菌体和M13噬菌体。

野生型λ噬菌体基因组大小为48.5 kbp，为线性DNA双链结构，两端分别带有12 bp的单链突出末端（cos位点）。进入大肠埃希菌后，通过黏端的连接而形成环状，支持溶菌和溶原两种生活周期。λ噬菌体有大约1/3的基因组序列是非必需的，可以用于外源DNA的重组，常用的λ噬菌体有插入型和置换型两类，插入片段有一定大小限制。重组后的λ噬菌体DNA长度必须在野生型DNA的75%～105%范围内（40～53 kbp）才能被正确包装入衣壳，感染大肠埃希菌（图16-2）。λ噬菌体一直被作为构建基因组文库和cDNA文库的克隆载体，在分子生物学的发展中发挥了重要作用。野生型M13噬菌体为丝状单链结构。进入大肠埃希菌后，经过复制转变为双链复制型，复制得到大量单链，包装成噬菌体颗粒排出。M13噬菌体曾经被广泛用于单链外源DNA的克隆和制备单链DNA以进行DNA序列分析、体外定点突变和核酸杂交等。

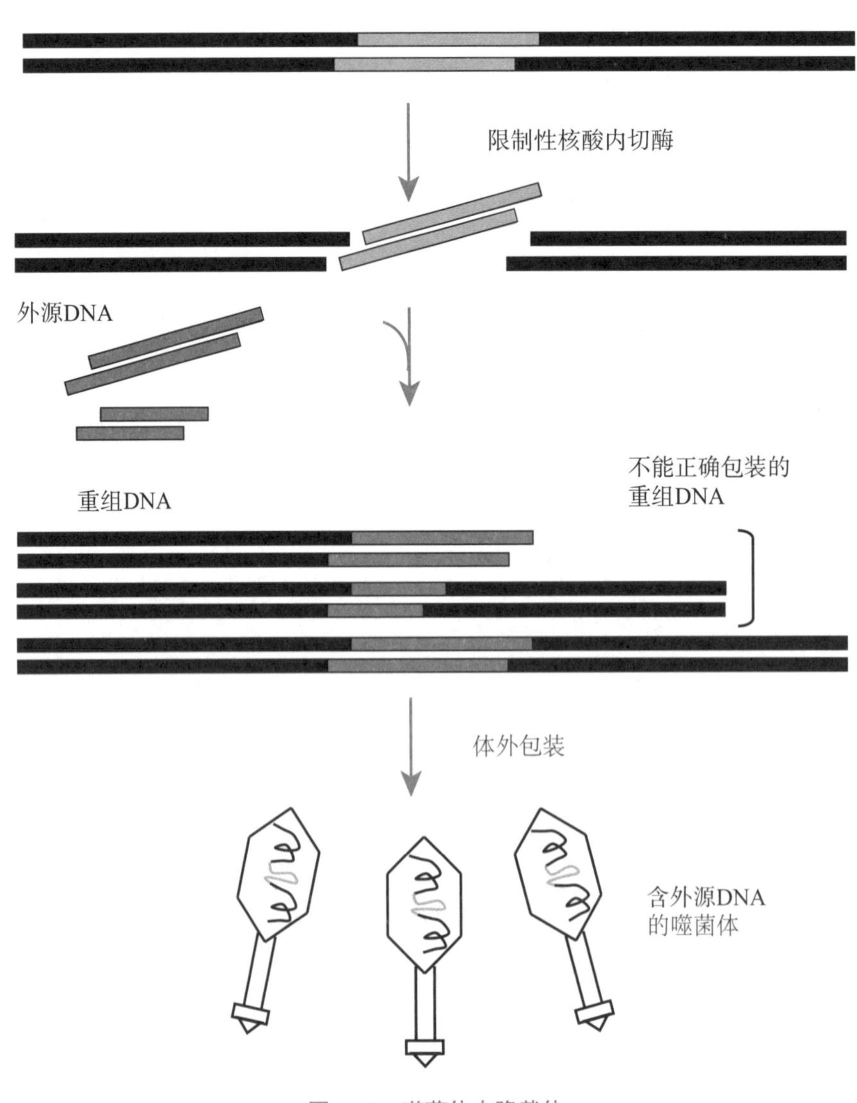

图16-2 噬菌体克隆载体

（三）黏粒是质粒与噬菌体组成的杂合载体

黏粒（cosmid）又称柯斯质粒，是λ噬菌体DNA与细菌质粒的杂合体，可容纳高达40 kbp的DNA片段。黏粒含有质粒的复制起始点、多个酶切位点、遗传学标志和λ噬菌体的cos位点，目的DNA可被包装入噬菌体蛋白质衣壳。黏粒生长时不形成噬菌斑，而是在选择性培养基上形成菌落。黏粒兼有λ噬菌体和质粒两方面的优点，它本身大小为4～6 kbp，但能够携带较大的外源DNA片段，而且能被包装成具有感染能力的噬菌体颗粒。黏粒主要用于真核细胞基因组文库的构建。

（四）病毒载体是以病毒为基础的基因载体

在哺乳动物基因转移过程中，病毒（virus）载体是十分便利的工具。其中逆转录病毒（retrovirus）和腺病毒（adenovirus）是两种最常用的哺乳动物病毒载体。

逆转录病毒是一类以单链RNA分子为基因组的包装病毒。感染后，病毒基因组逆转录成双链DNA，整合到宿主基因组中并表达蛋白质。慢病毒（lentivirus）是一种常用的逆转录病毒，其基因组为RNA。慢病毒基因进入细胞后，在胞质溶胶中逆转录为DNA，进入细胞核整合到基因组中。整合后的DNA转录成mRNA，回到胞质溶胶中，表达目的蛋白质，或者产生小RNA。慢病毒介导的基因表达或小RNA干扰作用持续且稳定，并随细胞基因组的分裂而分裂。

腺病毒包含二十面体包囊和线性双链DNA基因组，生活周期不像常规病毒那样整合到宿主的基因组中，而是以附加体的方式单独在宿主细胞核中复制。

腺相关病毒（adeno-associated virus，AAV）是一类细小病毒，基因组为单链DNA，对分裂和非分裂的细胞均具有感染能力。在人类和小鼠中，AAV感染可以介导外源基因发生低频率（不高于2%）的定向整合。AAV是一种高效、安全的体内及体外基因转导工具。与其他常用病毒工具载体相比，AAV具有感染过程温和、免疫原性小以及长效稳定表达的特点，因此AAV主要用于定位注射和整体注射实验，在整体水平的研究中应用广泛。

（五）穿梭质粒是能在两种不同的生物体内复制的载体

穿梭质粒（shuttle plasmid）是含有不止一个复制起始点的人工质粒，能携带插入序列在不同种类的宿主细胞中繁殖。穿梭载体（shuttle vector）是指能在两种不同的生物中复制的载体，含有不止一个复制起始点，能携带插入序列在不同种类宿主中繁殖，在原核生物和真核细胞中都能复制和表达。穿梭载体不仅具有细菌质粒的复制原点及选择标记基因，还有真核生物的自主复制序列、选择标记性状及多克隆位点。

（六）人工染色体是含有天然染色体基本功能单位的人工载体

人工染色体（artificial chromosome）是一类大容量新型载体，容量高达500 kbp，可以满足真核生物基因组文库的构建及真核基因的克隆、表达等研究需求，实际上也是一种穿梭基因载体。目前常用的有酵母人工染色体（YAC）、细菌人工染色体（BAC）、噬菌体人工染色体（PAC）和哺乳动物人工染色体（MAC）。BAC和PAC由于不含着丝粒和端粒，它们并不是严格意义上的染色体。YAC和MAC含有哺乳动物染色体的基本功能单位，如着丝粒、复制点和端粒，能稳定遗传，从而成为基因治疗和制备转基因动物的良好载体。

三、重组DNA技术需要酶作为工具

重组DNA技术中需要一些工具酶用于DNA片段的切割、拼接、组合和修饰。常用的工具酶主要有以下几种。

(一)限制性核酸内切酶是最重要的工具酶

限制性核酸内切酶(restriction endonuclease,RE),简称限制性内切酶或限制酶,是能识别DNA特异序列并在识别位点或其周围切割双链DNA的一类酶。限制性核酸内切酶主要存在于原核生物中,它与甲基化酶共同组成原核生物的限制-修饰体系(restriction-modification system),准确地限制外源DNA的进入,保护自身DNA,维持着遗传稳定性。

1. RE的命名 RE采用属名与种名相结合的命名方法。第1个字母取自产生该酶的细菌属名的首字母,用大写斜体表示;第2、3个字母是该细菌种名的前两个字母,用小写斜体表示;第4个字母(有时无)代表菌株,用大写或小写字母表示。罗马数字代表来自同一菌株不同的编号,通常表示该酶发现的先后次序。例如,从流感嗜血杆菌d株(*Haemophilus influenzae d*)中先后发现3种RE,因而分别命名为*Hin*d Ⅰ、*Hin*d Ⅱ和*Hin*d Ⅲ。

2. RE的分类 根据酶结构及与DNA作用的特异性,可将RE分为Ⅰ、Ⅱ、Ⅲ 3种类型。Ⅰ型酶与Ⅲ型酶为复合功能酶,同时具有限制和DNA修饰两种作用,常在识别位点附近切割DNA,切割位点特异性较低,难以预测。重组DNA技术中最常用的是Ⅱ型酶,它能在DNA分子内部特异位点识别并切割双链DNA分子,因而被广泛用作“分子剪刀”。重组DNA技术中所说的RE通常指Ⅱ型酶。

3. RE的识别位点和切割位点 RE的识别位点通常是由4～6个碱基对形成的反向对称结构,即回文序列(palindromic sequence)。大多数酶进行错位切割,在DNA双链上产生单链突出的5′黏端(cohesive end),如*Bam*H Ⅰ;或产生3′位点,如*Pst* Ⅰ;还有一些酶切割DNA双链得到平末端(blunt end),如*Sma* Ⅰ。表16-1列举了部分Ⅱ型RE的识别位点及切割位点。

表16-1 限制性核酸内切酶

名称	识别序列及切割位点
切割后产生5′黏端	
*Bam*H Ⅰ	5′···G▼GATCC···3′
*Eco*R Ⅰ	5′···G▼AATTC···3′
*Hin*d Ⅲ	5′···A▼AGCTT···3′
Hap Ⅱ	5′···C▼CGG···3′
Cla Ⅰ	5′···AT▼CGAT···3′
切割后产生3′黏端	
Apa Ⅰ	5′···GGGCC▼C···3′
Pst Ⅰ	5′···CTGCA▼G···3′
切割后产生平末端	
Sma Ⅰ	5′···CCC▼GGG···3′
*Eco*R Ⅴ	5′···GAT▼ATC···3′

来源不同但可识别和切割相同位点的RE称为同切点酶(isoschizomer),又称同裂酶(isoschizomerase)。同切点酶识别并进行相同的切割,形成相同的末端。由于来源不同,其酶切反应条件可能并不一致。另外,有些RE虽然识别序列不同,但能产生相同的黏端,这样的酶互称为同尾酶(isocaudarner),所产生的相同黏端称为配伍末端(compatible end)。例如*Bam*H Ⅰ和*Bgl* Ⅱ在切割不同序列后可产生相同的5′黏端,便于重组DNA分子连接反应的进行。

*Bam*H Ⅰ识别并切割 DNA 片段
5′···G▲GATCC···3′
3′···CCTAG▲G···5′

*Bam*H Ⅰ切割产生的 5′ 黏端
5′···G
3′···CCTAG

Bgl Ⅱ识别并切割 DNA 片段
5′···A▲GATCT···3′
3′···TCTAG▲A···5′

Bgl Ⅱ切割产生的 3′ 黏端
GATCT···3′
A···5′

连接酶连接两者切割产生的配伍末端形成新的序列
5′···GGATCT···3′
3′···CCTAGA···5′

（二）DNA 连接酶催化目的基因与载体的连接

DNA 连接酶（DNA ligase）催化不同的 DNA 分子通过 5′ 端磷酸基与 3′ 端羟基之间形成 3′,5′- 磷酸二酯键的连接反应。原则上，不同来源的 DNA 都能连接，这是 DNA 重组的基础。主要有大肠埃希菌 DNA 连接酶、T4 噬菌体 DNA 连接酶和 *Tsc* DNA 连接酶等，分别由 NAD^+ 和 ATP 提供能量。

（三）DNA 聚合酶催化 DNA 扩增

DNA 聚合酶（DNA polymerase）以游离的 3′-OH 为起始催化脱氧核苷酸的聚合反应。DNA 重组中使用的 DNA 聚合酶主要有 DNA 聚合酶Ⅰ、克列诺酶、*Taq* DNA 聚合酶（*Taq* DNA polymerase）。

DNA 聚合酶Ⅰ具有 5′→3′ 聚合酶活性、5′→3′ 和 3′→5′ 核酸外切酶活性，主要参与 DNA 修复过程和用于合成双链 cDNA 分子或填补 3′ 端等。克列诺酶是大肠埃希菌 DNA 聚合酶Ⅰ经枯草杆菌蛋白酶水解得到的较大片段。克列诺酶具有完整的 5′→3′ 聚合酶活性和 3′→5′ 外切酶活性，主要用于 cDNA 第二链的合成和 DNA 测序等反应。*Taq* DNA 聚合酶从耐热菌 *T. aquaticus* 中分离得到，该酶在高温下仍保持较高活性，最适反应温度为 75 ~ 80 ℃，主要用于聚合酶链反应在体外扩增 DNA。

（四）逆转录酶催化合成 cDNA

逆转录酶（reverse transcriptase）是以 RNA 为模板的 DNA 聚合酶，广泛用于 cDNA 的合成过程。常用的逆转录酶包括禽类髓细胞瘤病毒逆转录酶和 Moloney 鼠白血病病毒逆转录酶，两者都具有 RNA 酶 H 活性，可以特异性降解 RNA-DNA 杂交分子中的 RNA 链。

（五）其他

在 DNA 重组过程中，还涉及其他许多工具酶的作用。简要介绍以下几种：

1．碱性磷酸酶（alkaline phosphatase） 能除去 5′ 端的磷酸基，防止载体自身环化，提高重组效率。

2．多核苷酸激酶（polynucleotide kinase） 能在多核苷酸 5′-OH 处加入磷酸基团。

3．末端转移酶 末端脱氧核苷酸转移酶（terminal deoxynucleotidyl transferase，TdT）简称末端转移酶，能够在 DNA 片段的 3′-OH 上加入脱氧核苷酸，反应需 Mg^{2+} 参与，可用于探针标记以及在载体和目的基因片段上形成同聚物尾，便于连接。

Note

第二节 重组 DNA 技术的基本原理

重组 DNA 技术过程主要包括以下几个步骤：①目的基因的分离获取（分）；②载体的选择和修饰（选）；③目的 DNA 与载体的连接（连）；④重组 DNA 转入宿主细胞（转）；⑤重组体的筛选与鉴定（筛）；⑥目的基因的表达（表），见图 16-3。

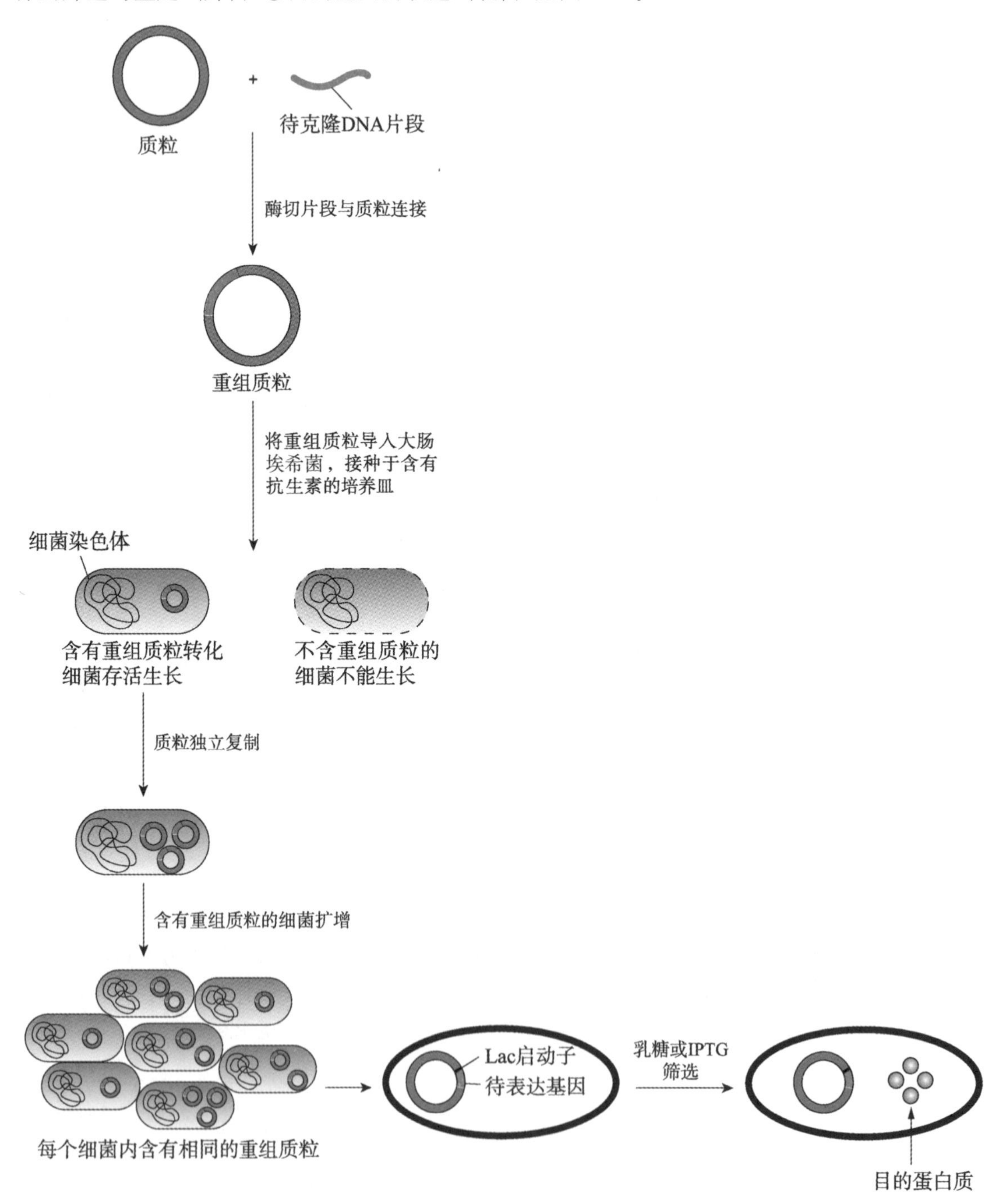

图 16-3 以质粒为载体的基因克隆过程

一、目的基因的分离获取是基因工程的第一步

分离获取目的基因的主要方法有以下几种。

（一）化学合成法可直接合成目的基因

如果核苷酸的序列已知，或基因产物的氨基酸序列已知，可推导出编码的核苷酸序列，则可用化学方法（DNA 合成仪）将这段 DNA 序列合成出来。目前，化学合成的片段长度有限，较长的片段则需分段合成，然后用 DNA 连接酶连接。但是用这种方法制备目的基因（尤其是较大的 DNA 片段）成本较高。

（二）从基因组文库获取目的基因

基因组文库（genomic library）是包含某种细胞全部基因随机片段的重组 DNA 分子集合体。构建基因组文库，从中筛选、鉴定出特定基因组 DNA 是获得目的基因的一种有效方法。在构建基因组文库的过程中，首先分离得到基因组 DNA，其次经过适当的酶切反应，如 Sau3A 进行部分消化（控制消化时间和条件），对基因组 DNA 进行切割并分离纯化得到 15 ~ 40 kbp 的小片段；回收的 DNA 片段与适当载体连接；最后将所有重组体引入宿主细胞进行扩增，从而获得基因组 DNA 文库。使用时，通过杂交筛选即可鉴定得到目的基因。理想的基因组文库，克隆与克隆之间应该有一定的重叠，以保证能够从基因组文库中筛选得到完整的基因。

（三）从 cDNA 文库获取目的基因

以某种细胞特定状态下全部 mRNA 为模板，逆转录合成 cDNA，继而复制成双链 cDNA，然后与适当载体连接得到的 cDNA 重组分子集合体称为互补 DNA 文库（cDNA library），简称 cDNA 文库。构建 cDNA 文库并从中筛选出目的基因是获得全长 cDNA 片段的有效方法。cDNA 文库比基因组文库小得多。不同种类及不同状态下的细胞含有不同的 mRNA，可以构建不同的 cDNA 文库。也可以通过逆转录反应和聚合酶链反应，根据已知序列设计引物，直接获得 cDNA，而不必筛选 cDNA 文库。

（四）聚合酶链反应是获取目的基因的常用方法

聚合酶链反应（polymerase chain reaction，PCR）是一种在体外高效、特异地扩增目的基因的方法。特异性扩增反应的前提是目的基因序列已知，可以通过在基因序列两端设计引物，在耐热 DNA 聚合酶（如 *Taq* DNA 聚合酶）的催化下，使 DNA 分子变性 - 退火 - 延伸，循环反复进行，达到指数扩增的效果。对于未知序列，可以借助同源序列设计简并引物。GenBank 数据库为全世界科研人员免费提供海量核酸序列，使得 PCR 日益便捷，从而成为获得目的基因的首选方法。

二、载体的选择和修饰是根据目的基因片段决定的

载体的选择主要依据实验目的。如果构建重组体是为了使目的基因在宿主细胞中大量扩增、克隆或进行序列分析，则选择克隆载体。克隆载体的选择相对容易，一般只要求插入片段大小与载体容量相适应即可。

若构建重组体的目的是表达特定的基因，则应该选择合适的表达载体。表达载体除含有克隆载体的主要元件外，还需含有与宿主细胞相适应的启动子、核糖体结合位点和终止子等调控元件以及特殊的筛选标志。表达载体的选择相当复杂，基因表达产物的分离纯化策略、生物学特性以及载体的转化效率都应当纳入考虑之中。其中绿色荧光蛋白（green fluorescence protein，GFP）融合表达载体应用相当广泛，可通过荧光显微镜下观察的绿色荧光来显示目的

蛋白质的分布以及动态表达水平。此外，标签蛋白质融合表达载体可以利用标签蛋白质抗体与融合蛋白质的相互作用，达到间接分离分析的目的。

当天然载体无法满足实验要求时，可以对其进行一定的修饰。实际上，许多实用载体都是经人工修饰得来的，如黏粒、穿梭质粒和人工染色体。

三、目的DNA与载体连接形成重组DNA

要使目的DNA片段在宿主细胞内扩增，则需要将目的基因与载体连接形成重组DNA。依据目的DNA和线性化载体末端的特点，可采用不同的连接策略形成重组体。常用连接的方法有以下4种。

（一）黏端连接是最常用的连接方法

带有相同黏端的DNA分子可通过碱基互补配对而退火，再通过磷酸二酯键连接形成DNA重组体。黏端连接效率比较高，是目前最常用的连接方式。为防止载体DNA两端黏端自身环化，可采用碱性磷酸酶处理酶切后的载体，去除其5′端磷酸基团，也可采用双酶切的方法在载体两端产生不同黏端。

（二）平端连接可实现平端目的基因和平端载体的连接

若目的DNA两端和线性化载体两端均为平端，二者也可在DNA连接酶的作用下连接，其连接结果有载体自连、载体与目的DNA连接和目的DNA自连，但是连接效率都较低。为了提高连接效率，可提高目的DNA片段、DNA连接酶和相应辅因子的浓度。

（三）人工接头连接可提高连接效率

人工接头（linker）是含有特定RE酶切位点的寡核苷酸片段。将人工接头与目的片段连接后，用相应RE切割可产生黏端，方便连接。

（四）同聚物加尾连接是一种人工黏端连接

DNA分子暴露的3′-OH末端是末端转移酶作用的良好底物，在该酶的作用下，可以将脱氧核苷酸逐一加到3′-OH末端上，生成某一脱氧核苷酸的同聚物尾（homopolymeric tail）。目的DNA片段与载体可通过互补的同聚物尾相连接。末端之间的空隙可在导入宿主细胞后自行修复。

四、重组DNA分子导入宿主细胞使其得以扩增

目的DNA片段与载体体外连接成重组体后，需要将其导入宿主细胞中扩增。将重组体导入宿主细胞常用的方法有转化、转染、感染等。

（一）转化可使重组DNA导入原核细胞

转化（transformation）是指将质粒或其他外源DNA导入细菌、真菌的过程。转化常用的细胞是大肠埃希菌。大肠埃希菌经过一定的处理后，处于容易接受外源DNA的状态，称为感受态细胞（competent cell）。目前制备各种感受态细胞的最常用方法是$Cacl_2$法。这一方法是通过钙离子使大肠埃希菌的细胞膜结构发生变化，通透性增加，从而使其具有摄取外源DNA的

能力。

转化细菌的另一种方法是电穿孔（electroporation）法。将外源DNA与大肠埃希菌混合于电穿孔杯中，在高频电流的作用下，细胞壁出现许多微孔，使外源DNA进入细胞。

（二）转染可使重组DNA导入真核细胞

转染（transfection）指非病毒载体（一般为质粒）进入真核细胞（尤其是动物细胞）的过程。转染进入真核细胞的DNA可以被整合到宿主细胞基因组中，实现稳定转染（stable transfection）；也可以在染色体外存在，进行短暂转染（transient transfection）。常用的细胞转染方法有磷酸钙共沉淀法、DEAE-葡聚糖法、脂质体融合法、多聚赖氨酸法、显微注射法、电穿孔法等。此外，将噬菌体DNA直接导入感受态细胞的过程也称为转染。

（三）感染是重组病毒载体入侵受体细胞的过程

感染（infection）也称转导（transduction），是指病毒载体介导外源基因整合入宿主细胞（尤其是细菌）的过程。

五、重组体的筛选与鉴定

外源基因导入宿主细胞后，需要筛选转化体，区分含有目的基因的重组子与空载体和非目的基因的重组子，继而达到对目标重组子的特异性扩增。DNA重组体转化体的筛选鉴定方法如下。

（一）遗传学标志筛选法是最常用的筛选方法

绝大多数的载体上携带遗传学标志，赋予宿主细胞新的遗传学性状，从而有利于重组子的筛选。

1. 抗药性标志筛选 许多载体携带抗生素抗性基因，如氨苄西林抗性基因、四环素抗性基因、卡那霉素抗性基因（kan^r）。在宿主细胞不含抗生素抗性基因的情况下，只有转化细胞才能在含有相应抗生素的培养基上生长，从而实现筛选目的。

2. 插入失活（insertional inactivation）筛选 当外源DNA插入遗传学标志基因片段中时，会导致遗传学标志基因失活。通过对比有或无抗生素培养时宿主细胞的生长情况，区分是否含有重组子。这种方法适用于含有两个以上遗传学标记的重组子的筛选。

3. 营养缺陷型的互补筛选 当重组DNA分子与宿主细胞的营养缺陷互补时，可以利用营养缺陷宿主细胞对重组子进行筛选，这就是营养缺陷型的互补筛选，又称标志补救（marker rescue）。酵母咪唑甘油磷酸脱水酶基因（*his*）表达产物与酵母组氨酸合成有关。利用携带含有*his*基因的重组子可以使转化细胞在缺乏组氨酸的培养基上生长，筛选重组子。

4. α-互补筛选 有些质粒含有β-半乳糖苷酶部分基因（*lacZ*），可编码该酶的α链（N端）。而突变型大肠埃希菌可以表达该酶的ω片段（C端）。这种质粒转化突变型大肠埃希菌后，由于基因互补，可产生β-半乳糖苷酶，分解利用半乳糖，这就是α-互补（α-complementation）效应。在含有诱导剂IPTG（异丙基硫代-β-D-半乳糖苷）和底物X-gal（5-溴-4-氯-3-吲哚-β-D-半乳糖苷）的培养基中，转化细胞由于表达了完整的β-半乳糖苷酶，可以分解底物X-gal，形成蓝色菌落。而当外源基因插入*lacZ*基因区域后，会因插入失活不能合成完整的β-半乳糖苷酶，X-gal不被分解，而导致白色菌落的产生（图16-4）。这种蓝白菌落筛选是大肠埃希菌表达系统中极其重要的重组子筛选方法。

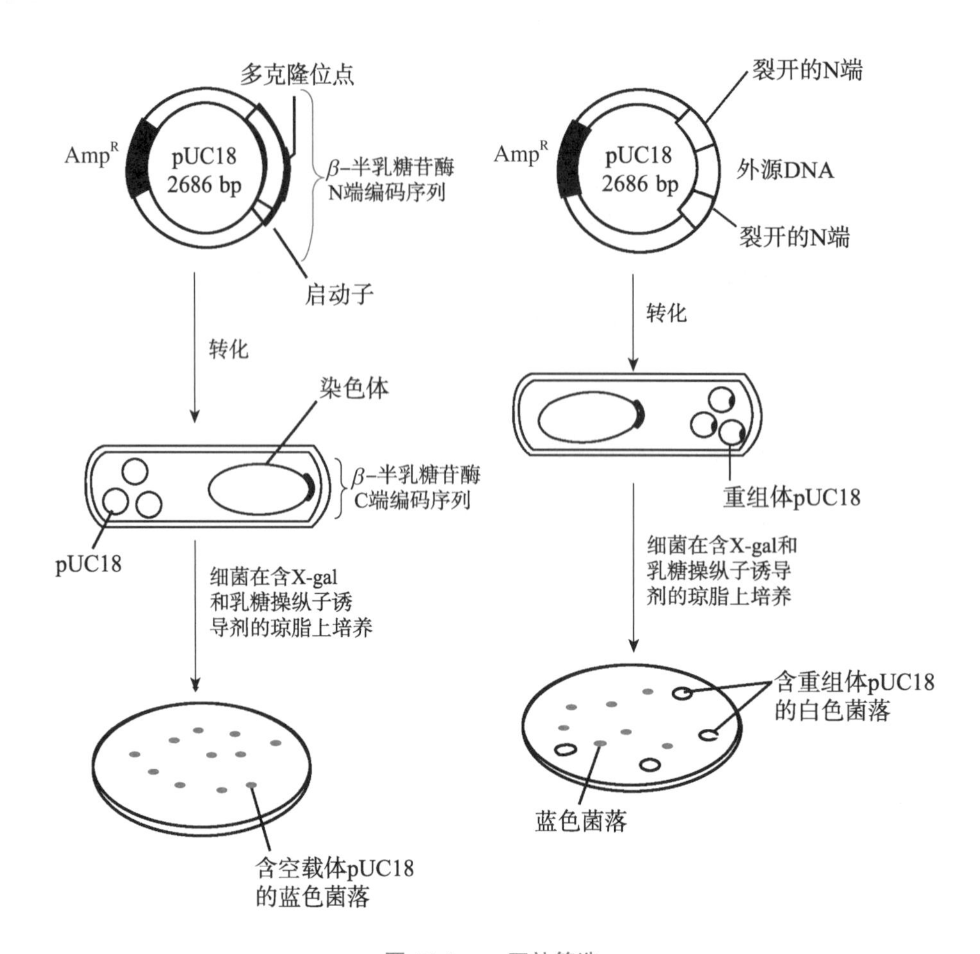

图 16-4 α- 互补筛选

(二) 核酸杂交筛选法可直接筛选和鉴定目的基因的克隆

核酸杂交筛选法利用带有放射性核素或生物素标记的探针与目的 DNA 片段杂交，从各种重组菌落、cDNA 文库或基因组文库中准确筛选出目的基因。这种方法的使用前提是已知基因信息，从而可以设计杂交探针，且得到的目的基因筛选结果与其表达无关。菌落核酸杂交筛选过程如图 16-5 所示。

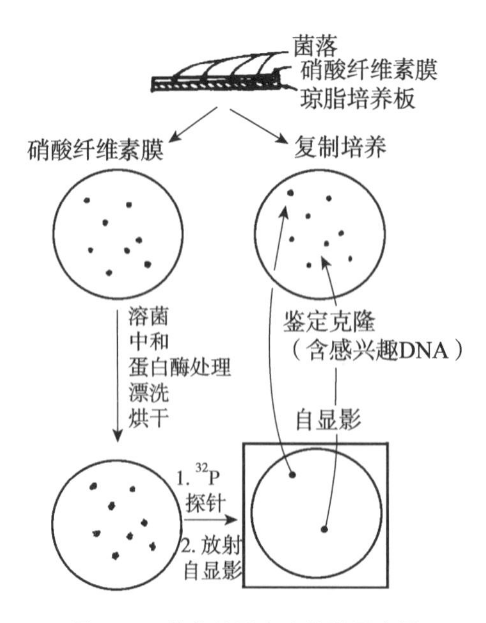

图 16-5 菌落核酸杂交筛选示意图

（三）PCR/DNA 序列测定是最准确的鉴定目的基因的方法

重组子中的目的基因可以通过 PCR 实现特异扩增而获得，继而进行 DNA 测序，得到目的基因序列的全部信息。而对于已知序列的基因，可以设计特异性酶切位点，对扩增产物进行酶切鉴定，筛选出含有目的基因的克隆。

（四）外源基因是否表达需要进行表达产物鉴定

免疫学方法广泛用于外源基因表达产物的鉴定。当外源基因的表达产物已知时，可以使用相应的抗体，结合放射自显影、化学发光和各种显色反应来实现外源基因表达产物的鉴定。

六、目的基因的表达

（一）外源基因在原核细胞的表达

大肠埃希菌是最常用的原核表达体系，其优点在于培养简单、迅速、经济。但是在表达真核基因时，会出现无法剪切内含子和无法正确折叠、修饰蛋白质而形成不溶性包涵体（inclusion body）的情况，给目的蛋白质的分离造成不便。

由于原核表达系统无法剪切内含子，因此来源于真核细胞的目的基因必须为 cDNA 片段。载体需具备与宿主细胞匹配的原核启动子、SD 序列和转录终止子等调控元件。目的基因与载体在连接时一般将目的基因 5′ 端连接在 SD 序列的 3′ 端下游。要提高外源基因表达，可以从提高翻译水平、使细菌生长与外源基因表达分开、提高蛋白质稳定性等方面入手。其中融合蛋白质（fusion protein）是一种优化原核表达系统的手段，融合蛋白质基因表达的蛋白质 N 端由原核 DNA 编码，C 端由克隆的真核 DNA 编码。融合蛋白质的优越性在于：①较稳定，不易被细菌蛋白酶水解；②如果带有信号肽序列，可产生分泌型产物；③可利用原核部分蛋白质的抗体进行分离纯化；④原核部分蛋白质可用蛋白酶切除，释放出天然的真核蛋白质。

（二）外源基因在真核细胞的表达

真核表达系统包括酵母、昆虫和哺乳类动物细胞表达体系等。真核表达系统与原核表达系统相比，目的基因的扩增周期较长，培养要求较高，然而在表达真核基因方面具有较强的优越性。真核表达载体必须能满足外源基因在真核细胞的复制、转录和翻译方面的需求，载体包括 RNA 和 DNA 病毒载体、穿梭质粒等。穿梭质粒含有细菌和真核细胞复制起点，能携带插入序列在细菌和真核细胞中表达。此外，载体上还必须有其他诸如启动子、增强子等 DNA 元件（顺式作用元件）。为了研究 DNA 一级结构的某个区段或单核苷酸位点的改变对基因表达调节和（或）蛋白质结构功能的改变的影响，可以使用定点突变（site-directed mutagenesis）技术。通过 PCR 等方法向目的 DNA 片段中引入包括碱基的添加、删除、点突变等。定点突变能迅速、高效地提高 DNA 所表达的目的蛋白质的性状及表征。

真核细胞转染的主要方法有磷酸钙共沉淀法、电穿孔法、DEAE- 葡聚糖法、脂质体融合法和显微注射以及病毒感染等。外源基因一般使用药物进行筛选。许多载体带有 neo^{r} 基因，编码氨基糖苷磷酸转移酶，可使药物 G418 失活，从而达到筛选目的。真核生物基因在真核细胞中表达时，表达产物对细胞本身影响不大，蛋白质也很少遭受宿主细胞的降解，可以持续表达，一般无须诱导。对宿主细胞持续培养后，可在细胞或上清液中直接获得表达产物，为目的蛋白质分离纯化提供了便利。

Note

第三节　重组 DNA 技术在医学中的应用

知识拓展

基因工程胰岛素

早期用于临床治疗的胰岛素是从动物胰脏中分离出来的多肽蛋白质类激素，因动物源性胰岛素与人胰岛素在结构上有差异，注射后效用较低，甚至可能引起免疫反应。随着分子生物学技术的发展，1979 年科学家克隆了胰岛素基因，使得基因重组人胰岛素成为可能。在基因重组技术的快速发展下，1982 年全球第一个基因工程药物大肠埃希菌重组人胰岛素被批准上市，随后酵母菌重组的人胰岛素相继上市，并广泛用于治疗糖尿病。

用基因工程生产人胰岛素的方法有人胰岛素原表达法，即先合成胰岛素原，再将胰岛素原转变为有活性的胰岛素。另外，还有 A 链和 B 链分别表达法，即先分别制备胰岛素的 A 链和 B 链，纯化后再在体外融合成完整的人胰岛素。目前主要采用人胰岛素原表达的途径，且根据临床需求，对胰岛素进行修饰后生产了具有不同药效的基因工程胰岛素。

重组 DNA 技术是分子医学的核心技术，它可以将不同来源的含某种特定基因的 DNA 片段进行重组，以改变生物基因类型和获得特定基因产物，极大地促进了生命科学和医学的发展。目前已广泛应用于医学研究、生物制药、疾病诊断与防治、法医学鉴定、物种的修饰与改造等领域。

一、重组 DNA 技术广泛用于生物制药

案例 16-1

某患者，男性，67 岁，乏力、头晕、精神差 1 个月余，1 周内加重，伴食欲缺乏，每日尿量减少，无血尿、尿频、尿痛、高热。既往有糖尿病史、慢性肾病史。体格检查：BP 122/78 mmHg，P 92 次 / 分，心率齐，面色苍白，结膜苍白，眼睑水肿，消瘦，无肝大、脾大。血常规检查：血肌酸酐 465 μmol/L，RBC 2.6×10^{12}/L，Hb 86 g/L；尿蛋白 ++。诊断为肾性贫血。治疗贫血的药物采用重组人促红素（rHuEPO）。

问题：

1. 为什么采用重组人促红素治疗肾性贫血？
2. 生产重组人促红素的基本原理什么？

生物活性蛋白质在生物学和医学研究方面具有重要的理论和应用价值。利用基因工程技术克隆蛋白质基因，使其在宿主细胞中大量表达，既可以获得那些来源特别有限的蛋白质，又可以获得自然界本不存在的一些蛋白质。基因工程技术在大量生产生物活性蛋白质和疫苗方面

有着传统的生物提取法无法比拟的优越性，而且在疾病的预防和治疗上发展迅速并得到广泛应用。重组人胰岛素就是全球第一个利用重组 DNA 技术生产的基因工程产品。目前上市的基因工程药物已有数百种，表 16-2 中仅列出部分重组 DNA 医药产品。

基因工程药物主要包括激素类药物、细胞因子类药物、基因工程抗体、基因工程受体、基因工程疫苗和寡核苷酸药物等，它们对预防和治疗人类的肿瘤、各种传染病、遗传病、心血管疾病、糖尿病、类风湿关节炎等具有重要作用。如基因工程干扰素 α2a、干扰素 α2b、干扰素 γ 和干扰素 β 已应用在抗病毒感染、抗肿瘤等方面。人源化单克隆抗体在临床诊断、实验室诊断及肿瘤靶向治疗方面也有大量应用。曲妥珠单抗（商品名赫赛汀）就是一种重组人源化 IgG 型单克隆抗体，能特异性地作用于人表皮生长因子受体 -2（HER2）的细胞外部位。此抗体含人 IgG 框架，其轻链可变区由鼠源部分组成，可以识别 p185 糖蛋白，而重链恒定区和大部分轻链区均是人源部分。曲妥珠单抗进入人体后能选择性地与 p185 糖蛋白结合，是抗 HER2 的单克隆抗体，它通过将自己附着在 HER2 上来阻止人体表皮生长因子与 HER2 结合，从而阻断癌细胞的生长，临床上主要用于治疗 HER2 过度表达的转移性乳腺癌。

基因工程疫苗对疾病的预防具有重要作用。临床上有基因工程细菌疫苗（如基因工程伤寒菌疫苗）、基因工程病毒疫苗（如基因工程狂犬病疫苗）、核酸疫苗等。新一代乙肝疫苗就是纯化了的基因工程表达抗原，该病毒颗粒亚单位既保留免疫原性，又能激活机体免疫系统，还剔除了病毒的潜在致病性，通过生产，可以得到大量高纯度的疫苗。近年来，因新型冠状病毒肆虐，重组新型冠状病毒疫苗应运而生，有腺病毒载体疫苗、重组蛋白疫苗等，并对预防新冠感染发挥了重要作用。

表 16-2　基因工程医药产品

产品名称	功能及应用
组织胞浆素原激活剂	抗凝，溶解血栓
凝血因子Ⅷ / Ⅸ	促进凝血，治疗血友病
粒细胞 - 巨噬细胞集落刺激因子	刺激白细胞生成
促红细胞生成素	刺激红细胞生成，治疗贫血
白细胞介素	刺激各类白细胞，调节免疫
超氧化物歧化酶	抗组织损伤
胰岛素	治疗糖尿病
干扰素	抗病毒及某些肿瘤
人源化单克隆抗体	临床或实验室诊断，肿瘤靶向治疗
重组 HPV 疫苗	预防 HPV 感染
重组乙肝疫苗	预防乙型肝炎
重组 B 亚单位霍乱疫苗	预防霍乱
重组新型冠状病毒疫苗	预防新冠感染

二、重组 DNA 技术是研究疾病相关基因及其功能的技术基础

疾病相关基因的功能研究目的是确定人类疾病发生、发展及转归的机制，进而研发新的诊断技术、治疗干预措施及药物。基因功能研究主要有以下手段。

Note

1. DNA 序列比对及功能诠释 采用生物信息学的方法，通过同源序列比对，获得基因的生物学信息，从而推断其功能。

2. 利用基因工程细胞研究基因功能 通过构建基因工程细胞，诱导特异基因的高表达，或者使用 RNA 干扰及反义 RNA 技术抑制特定基因在细胞中的表达，从而研究基因功能。

3. 研究蛋白质相互作用 以重组 DNA 技术构建的酵母双杂交和噬菌体展示体系是高通量研究蛋白质相互作用的常用手段。研究蛋白质相互作用的技术还包括亲和层析、免疫共沉淀等。

4. 借助基因修饰动物来研究基因功能 通过转基因技术或基因敲除技术建立特定的动物模型，研究目的基因功能。基因靶向技术就是通过同源重组定向地从染色体上移除或移入特定基因。在动物（主要是小鼠）受精卵或胚胎干细胞中表达外源基因、敲入或敲除基因，即可获得基因修饰动物品系（见第二十三章常用分子生物学技术）。目前已经建立了许多人类疾病的基因修饰动物模型，用于研究癌症、糖尿病、肥胖、心脏病、衰老及炎症等。

三、重组 DNA 技术可用于基因诊断和基因治疗

人类大多数疾病都与基因变异有关。人体自身基因结构与功能发生异常，以及外源性病毒、细菌的致病基因在人体的异常表达均可以引起疾病。采用各种分子生物学技术和重组 DNA 技术从基因水平检测和治疗疾病，已成为现代分子医学的重要内容之一。

基因诊断（gene diagnosis）是通过分析基因及其表达产物——DNA、RNA 和蛋白质对疾病做出诊断的方法。基因诊断在临床上主要用于遗传病、感染性与传染性疾病、恶性肿瘤等的预测和诊断。另外，基因诊断还广泛应用于法医学中的亲子鉴定和个体识别等。

采用分子生物学技术和原理，在核酸水平上展开的对疾病的治疗称为基因治疗（gene therapy）。基因治疗是指通过基因转移技术，直接或间接地将目的基因导入患者靶器官或细胞，通过改变患者细胞的基因表达情况而实现治疗目的的新型治疗方法。进行基因治疗的前提是对该疾病的分子机制已有深刻认识。基因诊断和基因治疗详见第十五章相关内容。

思考题

1. 设计原核系统表达胰岛素重组蛋白质的实验，简述其基本过程和可能用到的载体、工具酶。

2. 如果在真核系统表达胰岛素重组蛋白质，其过程和可能用到的载体、工具酶与原核系统有何不同？

3. 获取目的基因有哪些基本方法？

4. 鉴定和筛选重组子有哪些方法？

5. 思考重组 DNA 技术在医学中的可能应用及利弊。

6. 某一质粒载体有 Tet^R 和 Amp^R 的表型，在 Amp^R 基因中有一 *Eco*R Ⅰ 的酶切位点，现用 *Eco*R Ⅰ 切割载体进行基因重组，如何用抗性变化筛选含有插入片段的重组体？

（龙石银）

第十七章

细胞信号转导

第十七章数字资源

案例 17-1

某疾控中心接医院报告出现一例感染性腹泻病例，患者以呕吐、腹泻为主，伴低热，血清学凝集试验为O139阳性。经省、市、区三级疾控中心复核，该病例的血清学凝集试验为O139阳性，诊断为霍乱。

问题：

1．霍乱是由什么微生物感染所致？

2．霍乱导致腹泻的机制是什么？

第一节 概 述

生物与自然是一个和谐的整体，作为其中的一部分，生物体只有对自然界的信息和变化或刺激做出适当的反应，才能得以生存、繁殖、延续。单细胞生物作为由一个细胞组成的个体，对外界刺激能通过反馈调节，直接迅速地做出反应。随着生物进化，出现了多细胞生物，进而出现了多器官生物，各细胞、器官之间必须有方便、快捷的信息网络，才能彼此协调、默契配合，作为一个完善的整体，统一、协调地发挥各自的功能，以适应内、外环境的变化。

在应对内、外环境变化时，生物体内细胞间的相互识别、相互反应和相互作用称为细胞通信（cell communication）。而针对内、外源性信息，生物体内所发生的多种分子活性的变化，引起细胞功能改变的过程称为信号转导（signal transduction），其最终目的是使机体在整体上对内、外环境的变化做出最为适宜的反应，或者满足生物体发育的需求。信号转导的实质就是机体内一部分细胞发出信号，另一部分细胞接收信号并将其转变为细胞功能变化的过程。

阐明细胞信号转导的机制就意味着认清细胞在整个生命过程中的增殖、分化、代谢及死亡等诸方面的表现和调控方式，进而理解机体生长、发育和代谢的调控机制。从这个角度看，生命现象是信息在同一或不同时空传递的现象，信息系统的进化是生命进化的核心内容：一方面，信息物质（如核酸和蛋白质信息）在不同世代间的传递维持了种族的延续；另一方面，生物信息系统的存在使生物体得以适应内、外环境的变化，维持个体的生存。

第二节 信号分子

细胞信号转导是通过多种分子相互作用的一系列有序反应，将来自细胞外的信息传递到细胞内引起多种生物效应的过程。体内细胞所感受的外源信号主要是化学信号，化学信号通讯系统的建立是生物为适应环境变化而不断变异、进化的结果，多细胞生物中的单个细胞会接受来自其他细胞的信号或者所处微环境的信息，并做出应答。在细胞间或细胞内进行信息传递的化学物质称为信号分子（signal molecule）。目前已知的生物体内信号分子有神经递质、激素、细胞因子等。根据作用部位不同，信号分子可以分为细胞外信号分子和细胞内信号分子。

一、细胞外信号分子在细胞间传递信号

（一）可溶性信号分子是主要的细胞外信号分子

可溶性信号分子根据化学性质可以分为：①亲水性信号分子，包括蛋白质、肽类、氨基酸及其衍生物；②亲脂性信号分子，主要包括类固醇激素和脂肪酸衍生物；③气体信号分子，其主要代表是 CO 和 NO。

1．神经递质 以旁分泌的方式，通过神经递质将信息由上一个神经元传给下一个神经元。根据化学本质不同可分为四类：①胆碱类，如乙酰胆碱；②胺类，如儿茶酚胺类；③氨基酸类，如 γ- 氨基丁酸、5- 羟色胺；④肽类，如脑啡肽。

2．激素（hormone） 多由特殊分化的细胞（内分泌腺）产生，在细胞外发挥作用，又称第一信使。激素的作用方式一般以内分泌为主，通过血液循环将激素携带的信息传给远端的靶细胞。激素根据化学性质不同可分为两类：①水溶性激素，主要为蛋白质、肽类（如生长因子、细胞因子、胰岛素）和氨基酸及其衍生物（如儿茶酚胺类、甲状腺激素）；②脂溶性激素，为类固醇激素（包括糖皮质激素、盐皮质激素和性激素）和脂肪酸衍生物（如前列腺素）。

3．细胞因子（cytokine） 属于局部化学介质，多由一般细胞分泌，其作用方式以自分泌和旁分泌为主，经扩散作用传播，又名旁分泌信号（paracrine signal）。

目前已鉴定的具有促进细胞生长、分化作用的蛋白质或多肽类的细胞因子称为生长因子（growth factor，GF）。生长因子的表达失调多与肿瘤的发生有关，有些癌基因的表达产物就是生长因子或生长因子受体。

4．气体分子 如 NO、CO、H_2S 是目前备受关注的信号分子，对维持心血管系统处于健康的舒张状态、调节血压、调节冠状动脉基础张力和心肌血流灌注具有重要作用。

（二）膜结合信号分子通过细胞间接触传递信号

细胞质膜外表面的一些单纯蛋白质、糖蛋白、蛋白聚糖分子常携带特定的信息，相邻细胞可通过这些分子的特异性识别和相互作用传递信号。发出信号的细胞膜表面分子即为膜结合性信号分子（配体），能特异地识别和结合靶细胞膜表面分子（受体），受体识别配体以后，将信号传入靶细胞内，实现膜表面分子接触通讯。相邻细胞间黏附因子的相互作用、T 淋巴细胞与 B 淋巴细胞表面分子、膜表面的 Notch 受体与配体分子的相互作用等就属于膜表面分子接触通讯。

二、细胞内信号分子介导细胞内的信号传递

细胞外的信号经过受体转换进入细胞内，通过一些蛋白质分子和小分子活性物质继续传递，最终至效应分子产生生物效应。这些在细胞内传递信号的分子称为信号转导分子，主要有小分子第二信使、酶、信号转导蛋白质三大类，它们依序相互作用，形成上游和下游关系。

（一）小分子第二信使结合并激活下游信号分子

将细胞外信号在细胞内转导的细胞内小分子物质称为第二信使（second messenger），主要有三类，第一类是核苷酸，如环腺苷酸（cAMP）、环鸟苷酸（cGMP）；第二类是脂质及其衍生物，如甘油二酯（DG）、三磷酸肌醇（IP_3）、磷脂酰肌醇-3,4,5-三磷酸（PIP3）；第三类是无机离子，如 Ca^{2+}。近年发现一些气体（如 NO、CO、H_2S）也具有第二信使的作用。第二信使传递信号的机制具有相似之处：①在完整细胞中的浓度或分布可在细胞外信号的作用下发生迅速改变。细胞接收信号后，细胞内相应第二信使的浓度迅速升高；完成信号传递后，被细胞内相应的水解酶迅速清除，信号传递终止，细胞回到初始状态；②类似物可模拟细胞外信号的作用；③阻断其变化可阻断细胞对相应外源信号的反应；④作为别构效应剂在细胞内有特定的靶蛋白质分子。

（二）酶通过酶促反应传递信号

细胞内信号的转导需要一些酶的参与。作为信号转导分子的酶主要有两大类，一类是催化小分子信使生成和转化的酶，如腺苷酸环化酶（AC）、鸟苷酸环化酶（AG）、磷脂酶C（PLC）、磷脂酶D（PLD）；另一类是蛋白质激酶与蛋白质磷酸酶，蛋白质激酶（protein kinases）是催化 ATP 的 γ-磷酸基转移至靶蛋白质特定氨基酸残基上的一类酶，主要有酪氨酸蛋白质激酶和丝/苏氨酸蛋白质激酶；蛋白质磷酸酶（protein phosphatase）使磷酸化的蛋白质/酶发生去磷酸化，与蛋白质激酶的作用相反，共同构成了蛋白质/酶活性的调控系统。无论蛋白质激酶对其下游分子的作用是正调节还是负调节，蛋白质磷酸酶都将对蛋白质激酶所引起的变化产生衰减或终止效应。依据蛋白质磷酸酶所作用的氨基酸残基不同，它们被分为蛋白质丝/苏氨酸磷酸酶和蛋白质酪氨酸磷酸酶。少数蛋白质磷酸酶具有双重作用，可同时除去蛋白质酪氨酸和丝/苏氨酸残基上的磷酸基团。

（三）信号转导蛋白质通过蛋白质相互作用传递信号

除第二信使和作为信号转导分子的酶外，信号转导途径中还有许多没有酶活性的蛋白质，它们通过分子间相互作用被激活、或激活下游分子而传导信号，这些信号转导分子称为信号转导蛋白质（signal transduction protein），主要包括 G 蛋白、衔接蛋白和支架蛋白质。

第三节　受　体

受体（receptor）是指细胞中能识别信号分子，并与之特异结合引起相应生物效应的蛋白质。根据其亚细胞定位不同，可以将受体分为细胞膜受体和细胞内受体。

细胞膜受体接受的是不能通过生物膜的分子量较大的亲水性信号分子，而细胞内受体接受的则是可以通过生物膜的亲脂性信号分子和小分子的亲水性信号分子。

无论是何种受体，只有在识别特异的信号分子并与之结合后，才能被激活，引起相应的生物效应。

Note

一、细胞膜受体识别细胞外信号分子并传递信号

细胞膜受体接受的配体常为分子量较大的亲水性信号分子。根据功能域的不同和转换信号的方式差异，细胞膜受体主要分为离子通道型受体、G 蛋白偶联受体和酶偶联受体。

（一）离子通道型受体主要将化学信号转换为电信号

离子通道型受体主要存在于神经系统、肌肉等部位的可兴奋细胞，其信号分子是神经递质，为环状结构的蛋白质，属于配体依赖性离子通道。离子通道型受体分为阳离子通道型受体（如乙酰胆碱、谷氨酸和 5- 羟色胺的受体）和阴离子通道型受体（如甘氨酸和 γ- 氨基丁酸的受体）。

离子通道型受体的作用规律为：当神经递质与受体结合后，受体变构，受体本身即为离子通道，变构激活后导致通道开放，形成膜内外的离子流动，引起膜电位变化以传递信息。

以乙酰胆碱的 N 型受体为例，该受体由 5 个亚基围成钠离子通道，2 分子乙酰胆碱的结合可以使受体处于通道开放状态，然而这种开放状态的时限十分短暂，在几十毫微秒内又回到关闭状态。然后乙酰胆碱与之解离，受体则恢复到初始状态，做好重新接受配体的准备。

（二）G 蛋白偶联受体通过 G 蛋白（guanylate binding protein，G protein）向下游传递信号

G 蛋白偶联受体（G protein coupled receptor，GPCR）由 7 个跨膜 α 螺旋组成，N 端在细胞膜外，C 端在细胞膜内，胞质溶胶面第 3 个环与 G 蛋白偶联（图 17-1）。

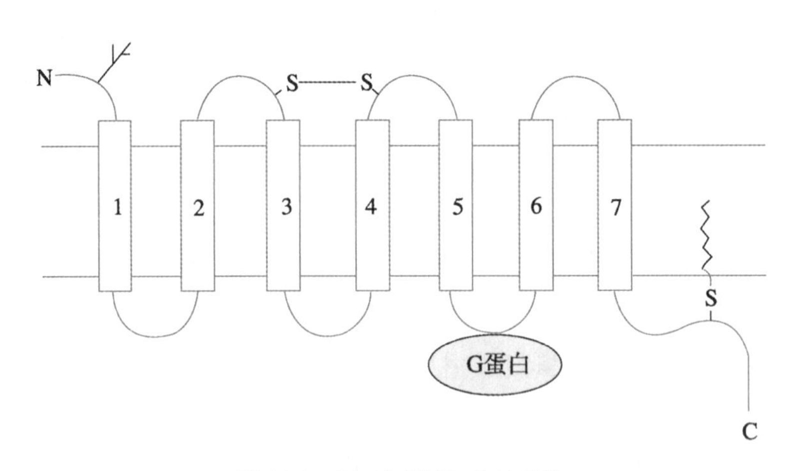

图 17-1 G 蛋白偶联受体的结构

人类基因组编码超过 1000 种 G 蛋白偶联受体，大约 350 种可以识别激素、生长因子和其他内源性配体，其他约 500 种作为嗅觉和味觉受体，还有一些尚未确定配体的 G 蛋白偶联受体，称为孤儿受体。此类受体由配体激活别构后，不能直接将信息传入膜内，需通过中间物介导方能实现信息传递，这个中间物即 G 蛋白。

人的 G 蛋白约有 200 种，G 蛋白家族成员包括三聚体 G 蛋白（如 cAMP-PKA 途径中的 Gs 和 Gi）、小分子量 G 蛋白（如 Ras/MAPK 信号途径中的 Ras 蛋白）以及其他功能的小 G 蛋白（如囊泡运输途径中的 ARF 和 Rab、细胞周期调控中的 Rho、蛋白质合成中的起始和延伸因子）。尽管不同的 G 蛋白在结构、细胞内定位和功能上各不相同，但拥有一些共同特征，所有的 G 蛋白在受信号刺激后被激活，经短暂时间后，又可以进行自我失活，恰如一个内置定

时器的二进制“分子开关”。

G 蛋白活化和失活的过程称为 G 蛋白循环（图 17-2）。以三聚体 G 蛋白为例，三聚体 G 蛋白以 α、β 和 γ 亚基三聚体的形式存在于细胞质膜内侧，其中发挥激活作用的主要是 α 亚基。当 G 蛋白处于三聚体状态时无活性，此时 α 亚基结合 GDP；信号刺激受体后，G 蛋白活化，α 亚基与 GDP 亲和力下降，GDP 被 GTP 所取代，α 亚基与 $\beta\gamma$ 亚基解聚，α 亚基与 GTP 结合而活化（α-GTP），作用于下游的各种效应分子，进一步传递信号。α 亚基具有 GTP 酶活性，水解 GTP 生成 GDP，α-GDP 再与 $\beta\gamma$ 亚基重新聚合形成三聚体，G 蛋白失活。

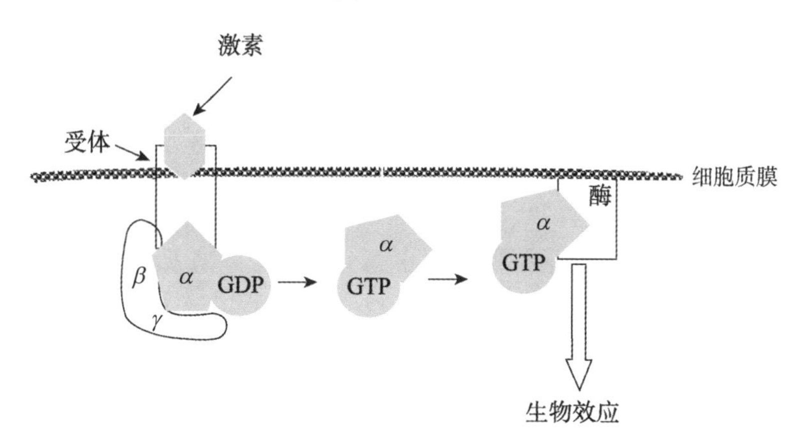

图 17-2 G 蛋白的作用

不同 G 蛋白活化和失活的开关机制相同。G 蛋白与 GTP 结合后，分子构象改变，并暴露出两个重要的区域“开关 1”（switch 1）和“开关 2”（switch 2），这两个区域能够识别并结合特异的下游蛋白质分子。决定 G 蛋白构象的关键因素是 GTP 的 γ- 磷酸与 G 蛋白中 P 环（P-loop）的结合。对于 Ras 蛋白，GTP 的 γ- 磷酸中的氧原子分别与 P 环中的 Lys、开关 1 中的 Thr^{35} 和开关 2 中的 Gly^{60} 以氢键相连。这些氢键像弹簧一样把下游靶蛋白质固定在 G 蛋白的活性位置（图 17-3）。一旦 GTP 水解，氢键断裂，多肽链松弛，开关 1 和开关 2 被重新掩藏，G 蛋白则失活，信号传递被关闭。此外，GTP 中鸟嘌呤的氧与 Ala^{146} 之间氢键的形成决定了 G 蛋白只能识别 GTP 而不是 ATP。

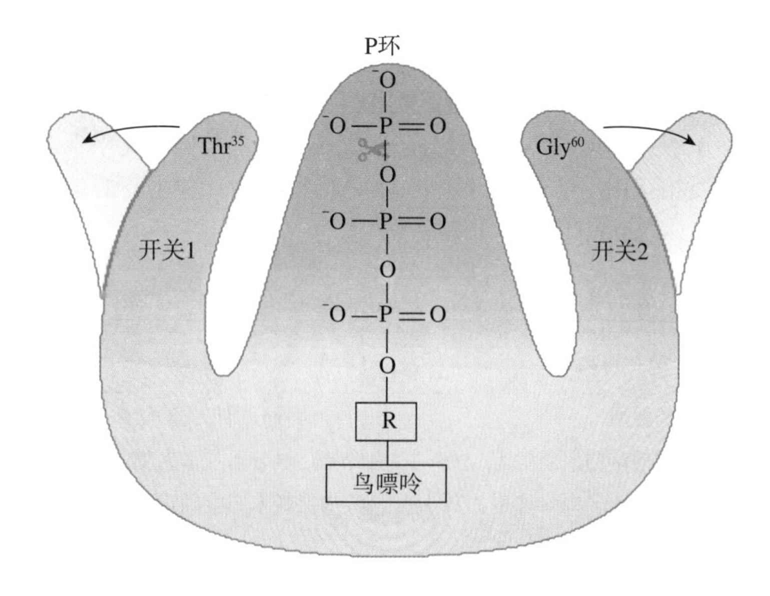

图 17-3 G 蛋白对 GTP 的识别和结合

Note

（三）酶偶联受体通过直接或间接激活蛋白质激酶传递信号

已知的酶偶联受体至少有 6 类：①酪氨酸激酶型受体；②酪氨酸激酶结合型受体；③鸟苷酸环化酶型受体；④丝氨酸 / 苏氨酸激酶型受体；⑤酪氨酸磷酸酶型受体；⑥组氨酸激酶连接型受体（与细菌的趋化性有关）。下面对前三种受体做简要介绍。

1．酪氨酸激酶型受体（tyrosine kinase receptor，TKR） 是催化型的跨膜糖蛋白，本身具有酪氨酸激酶（tyrosine kinase，TK）活性。其结构包括与配体结合的胞外域、由疏水氨基酸构成的跨膜区以及具有蛋白质激酶活性和自身磷酸化功能的膜内区。各类含 TK 结构域受体的结构模式见图 17-4。

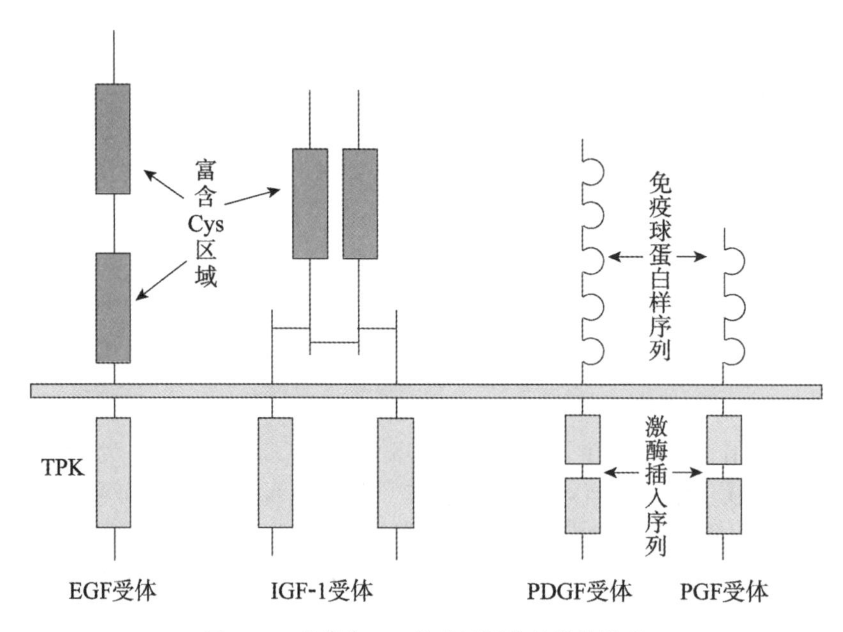

图 17-4 各类含 TK 结构域受体的结构模式

该类受体与配体结合后，受体别构后发生二聚化，进而激活胞内区的蛋白质酪氨酸激酶活性，引发自身磷酸化，通过衔接蛋白（adaptor）募集下游的信号分子使之磷酸化，启动下游信号转导。

不同的信号途径使用的衔接蛋白也不同。分析现有的衔接蛋白，发现其结构的共性为：①大部分衔接蛋白由两个或两个以上的蛋白质相互作用结构域构成，一方面识别并结合磷酸化的受体，另一方面识别并募集下游的信号分子；②衔接蛋白结构中几乎不含其他功能结构。目前已经确认的蛋白质相互作用结构域超过 40 种。表 17-1 为几种主要的蛋白质相互作用结构域及其识别和结合的模体（motif）。

表 17-1 蛋白质相互作用结构域的种类及其识别的模体

蛋白质相互作用结构域	识别的结构	作用
SH2 结构域	磷酸化的酪氨酸	介导信号分子与含磷酸酪氨酸的蛋白质分子的结合
SH3 结构域	富含脯氨酸的结构	介导信号分子与富含脯氨酸的蛋白质分子的结合
PH 结构域	肌醇磷脂类分子或一些蛋白质分子（如 PKC 和 G 蛋白的 $\beta\gamma$ 亚基）	其功能尚未完全确定
PTB 结构域	含磷酸酪氨酸的结构	介导信号分子与含磷酸酪氨酸的蛋白质分子结合，其结合模体与 SH2 结构域有差别

2．酪氨酸激酶结合型受体（tyrosine kinase associated receptors） 其配体多为细胞因子，这类受体又称细胞因子受体超家族。

酪氨酸激酶结合型受体的结构为单次跨膜蛋白质，本身不具有TK活性，但与配体结合后发生二聚化而激活，通过连接并激活胞内蛋白质酪氨酸激酶活性（如JAK），启动下游信号转导。

3．鸟苷酸环化酶（guanylate cyclase，GC）型受体 为具有GC活性的蛋白质，是催化型受体，分为膜受体和可溶性受体。膜受体存在于心血管系统的组织细胞，为具有GC活性的单次跨膜糖蛋白，多由同源四聚体组成，胞外区是配体结合部位，胞内区为鸟苷酸环化酶催化功能域。可溶性受体存在于脑、肺、肝、肾等组织，为具有GC活性的胞质溶胶内可溶性蛋白质，是由α和β亚基构成的异二聚体。

该类受体与配体结合后，受体变构发生二聚化或四聚化，进而激活胞内区的鸟苷酸环化酶活性，产生第二信使，启动下游信号转导。

二、细胞内受体通过分子迁移传递信号

细胞内受体分布于胞质溶胶或细胞核内，其配体为亲脂性信号分子和小分子的亲水性信号分子。细胞内受体的本质多为转录因子，其结构包括激素结合域、DNA结合域和转录激活域。受体与配体结合后被激活，在核内启动信号转导并影响基因转录。这类受配体调控、属于转录因子超家族的细胞内受体统称为核受体（nuclear receptor）。核受体按其功能可分为：①类固醇激素受体家族，包括糖皮质激素、盐皮质激素、性激素受体等。类固醇激素受体位于胞质溶胶或细胞核内，未与配体结合前与热激蛋白质（heat shock protein，Hsp）结合形成复合物，处于非活化状态，阻止受体向细胞核的移动及其与DNA的结合。配体（激素）与受体结合后，受体构象发生变化，Hsp与受体解离，暴露出受体核内转移部位及DNA结合部位，激活的受体二聚化并转移入核，与DNA上的激素应答元件（hormone response element，HRE）相结合或与其他转录因子相互作用，增强或抑制靶基因转录。②非类固醇激素受体家族，包括甲状腺激素、维生素D和维A酸受体等。此类受体位于胞质溶胶或细胞核内，不与Hsp结合，多以同源或异源二聚体的形式与DNA或其他蛋白质结合，配体入核与受体结合后，激活受体并经HRE调节基因转录。③孤儿受体（orphan receptor），其在结构上与受体非常类似，因未发现其特异性配体，故得名，常见于核受体家族。孤儿受体可能作为组成性转录因子而参与激素的生物学作用。

三、受体与信号分子结合具有共同的特点

受体与信号分子的结合具有以下共同特点：

1．高度亲和力 生物体内发挥作用的信号分子有效浓度都非常低（$\leqslant 10^{-7}$mol/L），受体与信号分子的这种高度亲和力保证了极低浓度的信号分子也能与受体结合引起生物效应。

2．高度专一性 不同的受体所识别和结合的信号分子不同，受体的这种选择性是由其结构不同所致的，受体与信号分子这种高度特异的识别和结合保证了细胞间信息传递的精确性。

3．可逆性 信号分子与受体通过非共价键结合，其结合是可逆的，二者结合时引发生物效应，当完成信息传递后，二者解离，受体又恢复原有状态。

4．饱和性 信号分子与受体结合后产生的生物效应与二者结合量呈正比，因此，信号分子与受体结合后产生的生物效应不仅取决于信号分子的数量，而且与受体的数量及二者的亲和

Note

力有关。由于受体的数量有限，故其作用有饱和现象。

第四节 主要的信息传递途径

根据信号分子作用的受体不同，生物体内信息传递的方式可分为细胞膜受体介导的信息传递途径（跨膜信息传导）和细胞内受体介导的信息传递途径。

一、细胞膜受体介导的信息传递途径

细胞膜受体介导的信息传递途径的基本规律为：配体与受体结合后使受体变构，通过第二信使激活效应蛋白质或直接激活效应蛋白质，产生生物效应。该途径的关键分子包括：

1．配体 通过这条途径发挥作用的配体为不能通过生物膜的分子量较大的亲水性信号分子，如蛋白质类、肽类、儿茶酚胺类和各种细胞因子。

2．膜受体 主要为G蛋白偶联受体和酶偶联受体。

3．第二信使 受体激活后介导产生的细胞内小分子物质，主要有cAMP、cGMP、IP_3、Ca^{2+}、DG等。

4．效应蛋白质 发挥作用的效应蛋白质均为蛋白质激酶，可以产生化学修饰的级联反应（cascade reaction），使生物效应逐级放大。主要的蛋白质激酶有依赖cAMP的蛋白质激酶A（protein kinase A，PKA）、cGMP依赖性蛋白质激酶（cGMP dependent protein kinase，PKG）、Ca^{2+}/钙调蛋白依赖性蛋白质激酶（Ca^{2+}/calmodulin-dependent protein kinase，Ca^{2+}/CaM-PK）、依赖DG和Ca^{2+}的蛋白质激酶C（protein kinase C，PKC）、蛋白质酪氨酸激酶等。

蛋白质激酶主要可分为蛋白质丝氨酸/苏氨酸激酶和蛋白质酪氨酸激酶两类（表17-2）。蛋白质激酶在信号转导中的主要作用有两个方面：①通过磷酸化调节蛋白质的活性。绝大多数信号途径可逆激活的共同机制是通过相关蛋白质的磷酸化和去磷酸化实现的，有些蛋白质在磷酸化后具有活性，有些则在去磷酸化后具有活性。②通过蛋白质的逐级磷酸化，使信号逐级放大，引起细胞内显著的效应。

蛋白质激酶信号的衰减是由蛋白质磷酸酶完成的，蛋白质磷酸酶是催化磷酸化的蛋白质分子发生去磷酸化反应的一类酶分子。它们与蛋白质激酶的作用相反，共同构成了磷酸化与去磷酸化这一重要的蛋白质活性的开关系统。

表17-2 人蛋白质激酶的种类及磷酸化部位

名称	磷酸化部位	举例
蛋白质丝氨酸/苏氨酸激酶	丝氨酸或苏氨酸的羟基	蛋白质激酶A（PKA），丝裂原激活的蛋白质激酶（MAPK）
蛋白质酪氨酸激酶	酪氨酸的酚羟基	表皮生长因子受体（EGFR） JAK酪氨酸激酶

5．生物效应 膜受体介导的信息传递所引发的生物效应主要表现为影响细胞内的物质代谢、影响基因表达的调控、影响膜的通透性等。

（一）离子通道型受体介导的信号通路

离子通道型受体介导的信号通路的配体主要是神经递质。该途径介导的信号通路引起的细胞应答主要是去级化与超级化，最终效应是细胞膜电位改变。这类受体信号通路是将化学信号

转变为电信号而影响细胞功能。典型的代表是乙酰胆碱通过N型乙酰胆碱受体接受的信号通路。介导离子通道型受体信号通路的通道可以是阳离子通道，例如乙酰胆碱、谷氨酸和5-羟色胺的受体，也可以是阴离子通道，如甘氨酸和γ-氨基丁酸的受体。阳离子通道和阴离子通道的差别是构成亲水性通道的氨基酸组成不同，因而通道表面携带的电荷不同。

（二）G蛋白偶联受体介导的信息传递途径

G蛋白偶联受体介导的信息传递途径的基本规律为：配体与受体结合后，通过G蛋白介导，激活膜内侧的酶，由该酶产生第二信使，第二信使接着激活效应蛋白质（蛋白质激酶），蛋白质激酶使下游的蛋白质逐级磷酸化，使信号逐级放大，引起细胞内显著的效应。

根据第二信使和效应蛋白质的不同，G蛋白偶联受体介导的信息传递途径可分为以下两种方式：

1．cAMP-PKA途径

（1）信号转导途径的系统组成

1）配体：通过这条途径发挥作用的激素有肾上腺素、胰高血糖素、甲状旁腺素、前列腺素、多巴胺、5-HT、促肾上腺皮质激素、促肾上腺皮质激素释放激素和黄体生成素等。

2）受体：该途径的受体为G蛋白偶联受体，属于7次跨膜的受体。

3）转导体：该途径中的转导体是G蛋白，是由α、β和γ亚基组成的异三聚体。G蛋白的α亚基又分为多种，如作用于腺苷酸环化酶使其活性升高的$G\alpha_s$、使腺苷酸环化酶活性下降的$G\alpha_i$和$G\alpha_q$。G蛋白的β亚基和γ亚基也有生物学功能。

4）腺苷酸环化酶（adenylate cyclase，AC）：是一种膜结合蛋白质，其活性部位位于细胞膜的胞质溶胶面。$G\alpha_s$可以结合GTP被活化，活化的$G\alpha_s$-GTP进一步刺激AC催化ATP生成cAMP。一旦$G\alpha_s$-GTP中的GTP被水解为GDP，引起$G\alpha_s$与AC解离，导致AC失活。$G\alpha_i$的作用则相反。

5）第二信使为cAMP，是下游效应蛋白质的激活剂，由腺苷酸环化酶催化产生，经磷酸二酯酶降解，以保持cAMP的动态平衡（图17-5）。

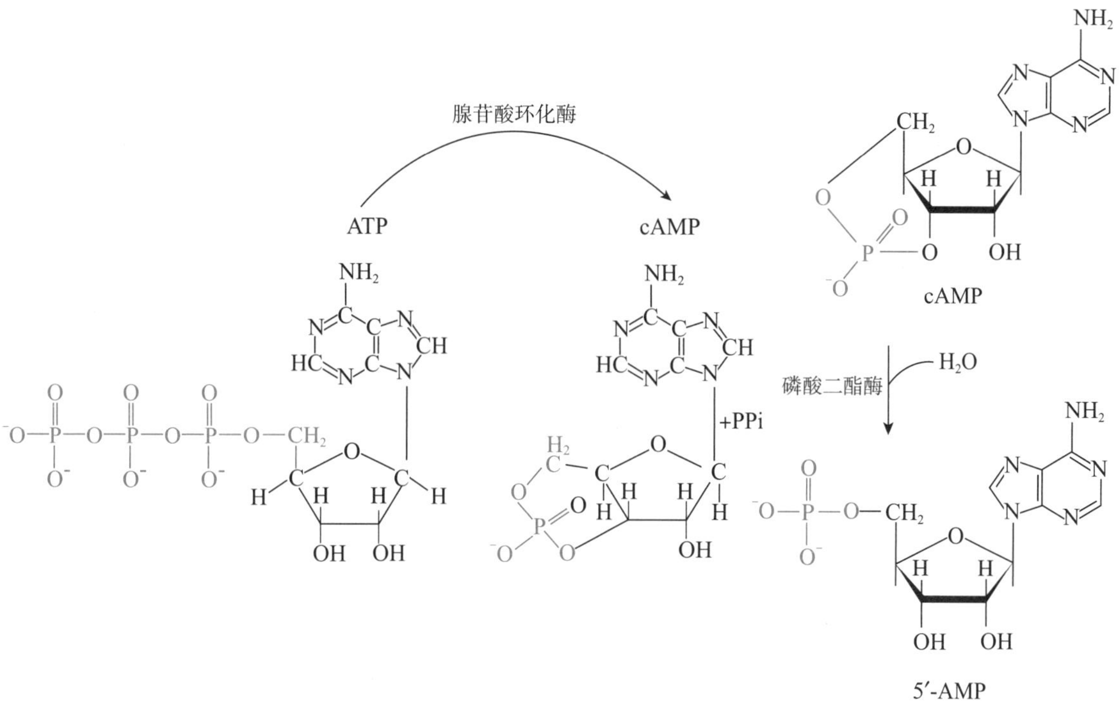

图17-5　cAMP的生成与降解

6）效应蛋白质及其作用：该途径的效应蛋白质为cAMP依赖性蛋白质激酶A（cAMP dependent protein kinase），也称为蛋白质激酶A（PKA）。它由两个催化亚基和两个调节亚基组成。在没有cAMP时，以四聚体的钝化复合体形式存在。当cAMP与调节亚基结合后，引起调节亚基构象改变，使调节亚基和催化亚基解离，释放出催化亚基。活化的PKA催化亚基可使细胞内某些蛋白质的丝氨酸或苏氨酸残基磷酸化，改变这些蛋白质的活性，进而影响下游相关基因的表达。

（2）信号转导途径的基本过程：以肾上腺素为例介绍cAMP-PKA途径的基本过程。①常见的肾上腺素受体有4种，包括$\alpha1$受体、$\alpha2$受体、$\beta1$受体和$\beta2$受体，这些受体分布于不同的组织中，对肾上腺素的反应也不同。其中$\beta1$受体和$\beta2$受体具有非常相似的机制，统称为β受体。分布在肝、肌肉和脂肪组织的β肾上腺素受体参与调节糖和脂类的代谢。肾上腺素与β受体结合后，受体变构，激活膜内侧的G蛋白。②活化的G蛋白的$G\alpha_s$亚基进一步激活膜内侧的腺苷酸环化酶。③腺苷酸环化酶可催化细胞内ATP生成cAMP，cAMP作为第二信使与PKA的调节亚基结合，使调节亚基和催化亚基解离，释放出催化亚基。④在肝中，活化的PKA催化亚基可以磷酸化磷酸化酶b激酶使之激活，活化的磷酸化酶b激酶进一步磷酸化糖原磷酸化酶b，使细胞内糖原磷酸化酶活性增高，糖原分解为葡萄糖，释放进入血液使血糖升高。

研究表明，cAMP-PKA途径的起始阶段受到脂筏的调节，许多信号蛋白质（包括产生第二信使的腺苷酸环化酶）位于脂筏中，如β-肾上腺素受体、G蛋白、腺苷酸环化酶以及PKA被隔离在同一脂筏中，它们集合在一起，提供了一个非常完整的信号单位。这种隔离具有重要的生理意义，当膜被环糊精处理后，胆固醇被去除，脂筏随即瓦解，信号途径也被破坏。由此可见，脂筏结构在信号传递中具有重要的作用。

信号传导系统随着激素或其他刺激的终止而被关闭，关闭信号的机制是所有信号途径所通用的。以β-肾上腺素受体途径为例介绍几种关闭信号的机制。①激素浓度的回落，当肾上腺素在血液中的浓度低于受体的K_d值时，激素与受体分离，受体失活，不再激活下游的$G\alpha_s$，信号途径被终止。② $G\alpha_s$-GTP中的GTP被水解为GDP，$G\alpha_s$亚基与$G\alpha_{\beta\gamma}$亚基结合，$G\alpha_s$失活，不能刺激AC催化生成cAMP。$G\alpha_s$失活的速度依赖于其GTPase的活性，单独的$G\alpha_s$亚基GTPase活性很弱，而GTP酶激活蛋白质（GTPase activator proteins，GAPs）可以强烈地激活其GTPase活性，加速$G\alpha_s$的失活，GAPs还接受其他因素的调控，从而对β-肾上腺素受体途径提供了精细的调控机制。③磷酸二酯酶对cAMP的降解。此外，在信号途径的末端，蛋白质磷酸酶使磷酸化的蛋白质去磷酸化也是关闭信号途径的一个反应。人类基因组中编码蛋白质磷酸酶的基因大约有150种，远远低于蛋白质激酶的数量，一个蛋白质磷酸酶可以催化大约200种磷酸基团水解。当cAMP的浓度降低和PKA失活后，蛋白质磷酸化和去磷酸化之间的平衡会向着去磷酸化的方向倾斜。

细胞中还存在另一种信号传递的关闭机制，即受体的脱敏作用。与上述关闭机制不同的是，受体的脱敏作用能够在信号刺激持续存在时减弱信号的传递。

β-肾上腺素受体的脱敏作用是通过蛋白质激酶磷酸化受体中与$G\alpha_s$结合的结构域而完成的。当β-肾上腺素受体持续与肾上腺素结合时，该受体位于细胞膜胞质面羧基末端的几个丝氨酸残基会被β-肾上腺素受体激酶（β-adrenergic receptor kinase，β-ARK）磷酸化，抑制信号传递。其详细的机制是激活的PKA可以磷酸化β-ARK，使之激活，并通过G蛋白的$G\alpha_{\beta\gamma}$将磷酸化的β-ARK招募至细胞膜受体处，从而催化受体的磷酸化。磷酸化的受体为β-拦阻蛋白（β-arrestin）提供结合位点，受体与β-拦阻蛋白结合后能够封闭受体上与$G\alpha_s$结合的位点，阻碍受体和$G\alpha_s$的结合。此外，β-拦阻蛋白与受体的结合还能够隔离受体，有利于细胞利用内吞作用从质膜清除受体至小的细胞内囊泡（如核内体）。拦阻蛋白-受体复合物在囊泡形成时招募网格蛋白质和其他的囊泡蛋白质，引发膜内陷，导致肾上腺素受体保留在核内体中。此时受体因不能与肾上腺素结合而失活。这些受体最终将脱磷酸化，并重新转运至质膜，恢复对肾上腺素的敏感性。β-ARK 是 G 蛋白偶联受体激酶（G protein-coupled receptor kinases，GRKs）家族成员，该家族其他成员均可磷酸化 G 蛋白羧基末端结构域，在受体的脱敏作用中与 β-ARK 有相似的功能。

2．IP_3/DG-PKC 途径

（1）信号转导途径的组成

1）配体：通过这条途径发挥作用的激素有去甲肾上腺素、促甲状腺激素释放激素、抗利尿激素、血管紧张素Ⅱ、乙酰胆碱等。

2）受体：G 蛋白偶联受体。

3）转导体：含有 α_q 亚基 G 蛋白（$G\alpha_q$），可以作用于磷脂酶 C，使其活性升高。

4）磷脂酶 C（phospholipase C，PLC）：PLC 为磷脂酰肌醇特异的磷脂酶，可将磷脂酰肌醇-4,5-二磷酸（phosphatidylinositol-4，5-biphosphate，PIP_2）分解为第二信使——甘油二酯（diglyceride，DG）和肌醇三磷酸（inositol triphosphate，IP_3）。

5）第二信使：IP_3、Ca^{2+}、DG。DG 和 Ca^{2+} 是 PKC 的激活剂。IP_3 是钙通道的激活剂，一方面作用于内质网的 IP_3 受体，使钙通道开放，贮存于内质网的 Ca^{2+} 释放入胞质溶胶，使胞质溶胶中的 Ca^{2+} 升高；另一方面，IP_3 还能作用于细胞膜的钙通道，引起细胞外 Ca^{2+} 内流，也使胞质溶胶中的 Ca^{2+} 升高；IP_3 很快被磷脂酶水解为肌醇，肌醇与 CDP-DG 重新合成磷脂酰肌醇，再磷酸化成 PIP2，以备再次信息传递。升高的 Ca^{2+} 与钙调蛋白（calmodulin，CaM）结合后激活下游的效应蛋白质——Ca^{2+}/钙调蛋白依赖性蛋白质激酶（Ca^{2+}/calmodulin-dependent protein kinase，Ca^{2+}/CaM-PK）。

6）效应蛋白质及其作用：该途径的效应蛋白质为 PKC、CaM-PK，其生物效应是使下游蛋白质中的丝氨酸 / 苏氨酸磷酸化，调节代谢或影响基因表达。

（2）信号转导途径的基本过程：①受体与激素结合后别构激活 G 蛋白，通过 $G\alpha_q$ 介导激活膜内侧的 PLC；② PLC 可催化 PIP2 水解产生 IP_3 和 DG，IP_3 和 DG 作为第二信使继续发挥信号转导作用；③ IP_3 作为钙通道的激活剂，引起内质网和细胞膜的钙通道开放，使胞质溶胶中的 Ca^{2+} 升高，进而激活下游的效应蛋白质 CaM 激酶，通过级联反应，产生逐级放大效应；④ DG 在 Ca^{2+} 协助下引起 PKC 持久活化，PKC 能磷酸化下游靶蛋白质，引发广泛的生物效应。PKC 有几种同工酶，分布在不同的组织，催化下游靶蛋白质，包括细胞支架蛋白质、酶、核蛋白等，具有广泛的生物学功能，如神经、免疫功能、细胞分裂的调节。

脂筏在 Ca^{2+} 信号转导中的时空调节作用已被大量研究所证实，破坏脂筏会减缓激动剂诱导的钙波传播。脂筏还可以通过多种方式影响离子通道类的信号效应物：调控离子通道在细胞膜表面的定位、影响 G 蛋白与离子通道的偶联以及改变通道对配体的亲和力。

（三）酶偶联受体介导的信息传递途径

1．受体型酪氨酸激酶（receptor tyrosine kinase，RTK）途径　基本规律为：配体与受体结合后，受体本身即为效应蛋白质，具有蛋白质酪氨酸激酶活性，经过细胞内的许多转换步骤，产生级联放大效应。

（1）信号转导途径的组成

1）配体：胰岛素、肽类生长因子，如表皮生长因子（epidermal growth factor，EGF）、血小板源性生长因子（platelet-derived growth factor，PDGF）、胰岛素样生长因子（insulin-like growth factor，IGF）、神经生长因子（nerve growth factor，NGF）、成纤维细胞生长因子（fibroblast growth factor，FGF）、血管内皮生长因子（vascular endothelial growth factor，VEGF）和肝配蛋白（ephrin）。

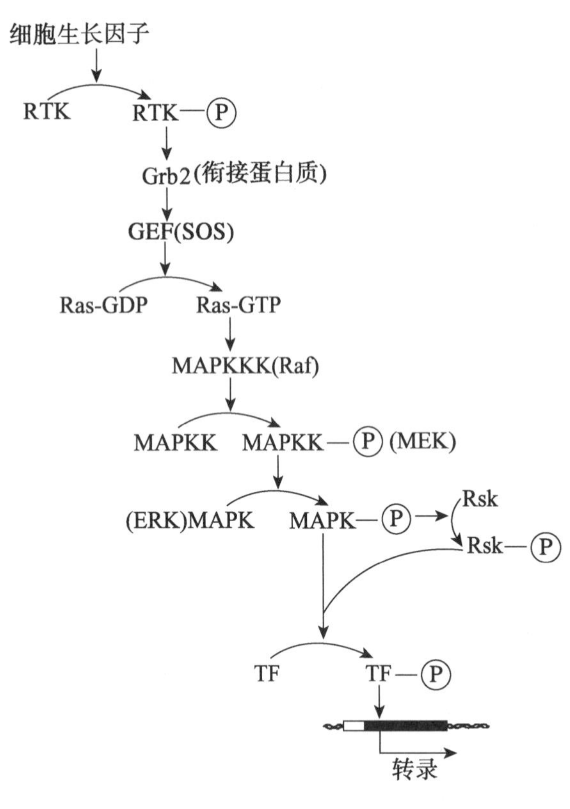

图 17-6　RTK-Ras-MAPK 途径

2）受体：RTK 型受体激活后即可发挥效应蛋白质的作用。

3）效应蛋白质及其作用：RTK 受体及其下游的蛋白质激酶通过多种途径逐级磷酸化细胞内某些蛋白质，进一步影响相关基因的表达。在此主要介绍 Ras-MAPK 途径和 PI3K-AKT 途径。

（2）信号转导途径的基本过程

1）RTK-Ras-MAPK 途径：EGF 是一种具有促进创伤后表皮愈合作用的多肽，其受体为典型的 RTK 受体，该途径的信号转导过程如图 17-6 所示：① EGF 与受体结合后，引起受体构象的改变，形成二聚体，激活胞内区的酪氨酸激酶活性，发生自身磷酸化。②磷酸化的 EGF 受体通过其特异的衔接蛋白——生长因子结合蛋白质 2（growth factor binding protein 2，Grb2）募集鸟嘌呤核苷酸转换因子（guanine nucleotide exchange factor，GEF），如 SOS（son of sevenless）而磷酸化 Ras。衔接蛋白 Grb2 分子中含有 SH2 和 SH3 结构域，Grb2 通过 SH2 结构域结合磷酸化的 RTK，通过 SH3 结构域与富含脯氨酸的 SOS 蛋白质分子结合，将 SOS 招募至生长因子受体复合物中。Ras 是一种小分子量 G 蛋白，分子量大约为 20 kDa，只有一条多肽链，Ras 结合 GTP 时为活性状态，而结合 GDP 时为失活状态。SOS 为 Ras 的正调节因子，促进 Ras 蛋白释放 GDP、结合 GTP。③活化的 Ras 可磷酸化下游分子 Raf 使之活化，Raf 属于 MAPKK 激酶（MAPKK kinase，MAPKKK）。④ Raf 作为级联反应的第一分子，可磷酸化 MEK，MEK 属于 MAPK 激酶（MAPK kinase，MAPKK）。⑤活化的 MEK 作用于 ERK 胞外信号调节蛋白质激酶（extracellular signal regulated protein kinase），ERK1 为丝裂原活化蛋白质激酶（mitogen activated protein kinase，MAPK），属丝氨酸 / 苏氨酸蛋白质激酶。⑥活化的 MAPK 进入细胞核，可使许多转录因子活化，调节靶基因的表达，最终调节细胞生长和分化。

2）RTK-PI3K-AKT 途径：EGF 受体胞内段有多个酪氨酸磷酸化位点，除招募衔接蛋白 Grb2 外，还可以招募磷脂酰肌醇 -3- 激酶（PI3K），其信号转导程序如图 17-7 所示：

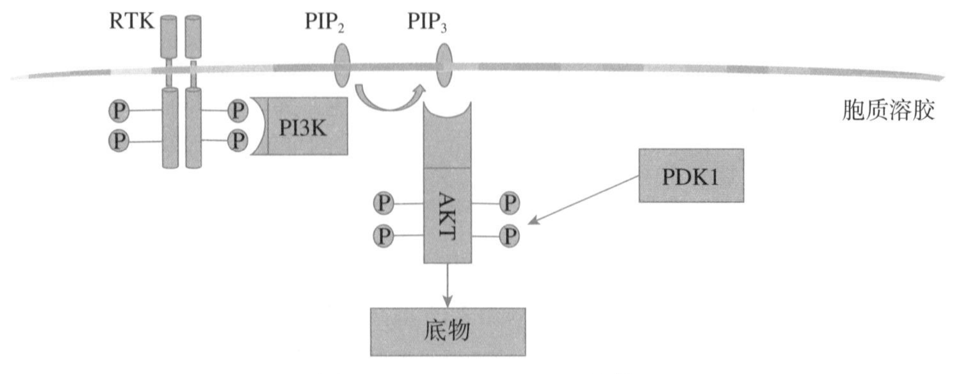

图 17-7　RTK-PI3K-AKT 途径

RTK：受体型酪氨酸激酶；PIP_2：磷脂酰肌醇 -4,5- 二磷酸；PIP_3：磷脂酰肌醇 -3,4,5- 三磷酸；AKT：蛋白质激酶 B；PI3K：磷脂酰肌醇 -3- 激酶；PDK1：蛋白质激酶

① PI3K 的 SH2 结构域结合受体磷酸化的酪氨酸，PI3K 随之被激活。② PI3K 可以催化膜脂质 PIP_2 磷酸化生成 PIP_3。③蛋白质激酶 B（PKB）通过与 PIP_3 结合而锚定在质膜上，并被蛋白质激酶（PDK1）磷酸化而激活。PKB 也称为 AKT，是原癌基因 *AKT* 的产物。④活化的 AKT 可以磷酸化下游多种靶蛋白质，是一种丝氨酸 / 苏氨酸蛋白质激酶，调控的下游蛋白质涉及细胞代谢调节、细胞生长等多种效应。

2．JAK-STAT 途径 基本规律为：激素与受体结合后，受体本身虽然不是效应蛋白质，但可以偶联细胞内的蛋白质酪氨酸激酶，使其活化而产生级联放大效应。

（1）信号转导途径的组成

1）配体：干扰素、白介素（IL-2、IL-6）等细胞因子。

2）受体：蛋白质酪氨酸激酶结合型受体。

3）效应蛋白质及其作用：细胞内的蛋白质酪氨酸激酶为非受体型蛋白质酪氨酸激酶，如 JAK 激酶（just another kinase，janus kinase，JAK）。活化的 JAK 激活其底物信号转导子和转录激活子（signal transducer and activator of transcription，STAT），STAT 激活一系列下游蛋白质，调节基因表达。

（2）信号转导途径的基本过程：JAK 是一类非受体型酪氨酸激酶家族，已发现 4 个成员。

JAK 的底物为 STAT，具有 SH2 和 SH3 两类结构域。STAT 被 JAK 磷酸化后发生二聚体化，然后穿过核膜进入核内调节相关基因的表达，这条信号途径称为 JAK-STAT 途径（图 17-8）。

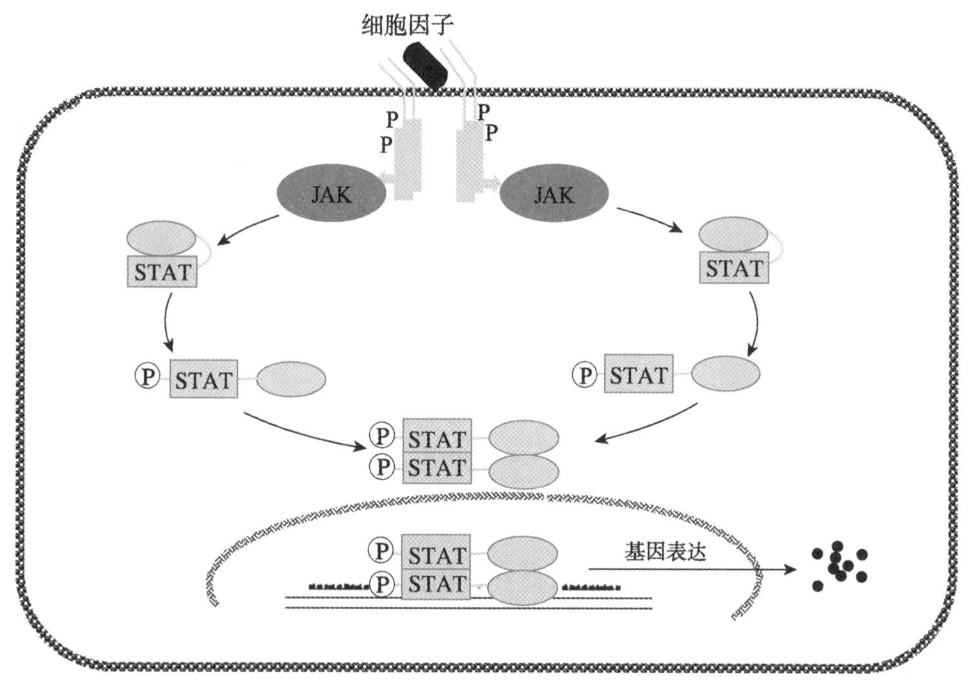

图 17-8 JAK-STAT 途径
JAK：JAK 激酶；STAT：信号转导子和转录激活子

3．cGMP-PKG 途径 基本规律为：配体与受体结合后（受体本身具有鸟苷酸环化酶活性），受体的胞外区与激素结合后变构，激活胞内区的鸟苷酸环化酶，产生第二信使，由第二信使接着激活效应蛋白质，引起细胞内显著的效应。

（1）信号转导途径的组成

1）配体：心房利尿钠肽（atrial natriuretic peptide，ANP）、NO 等。

2）受体：鸟苷酸环化酶型受体。

3）鸟苷酸环化酶：可以催化 GTP 生成 cGMP。

Note

4）第二信使cGMP：由鸟苷酸环化酶催化产生，由磷酸二酯酶降解，二者共同保持cGMP的动态平衡。

5）效应蛋白质及其作用：蛋白质激酶G，即cGMP依赖性蛋白质激酶，为含调节区和催化区的一条肽链，当调节区与cGMP结合后，酶蛋白发生别构，催化区表现出催化活性，可使细胞内某些蛋白质的丝氨酸/苏氨酸残基磷酸化，进而影响相关基因的表达。

（2）信号转导途径的基本过程：心房利尿钠肽为心房分泌的调节血压的激素，可作用于血管平滑肌和肾小管。其信号转导过程如图17-9所示：心房利尿钠肽与受体结合后，受体别构，进而激活受体胞内区的鸟苷酸环化酶活性，活化的鸟苷酸环化酶可以催化GTP生成cGMP，cGMP作为第二信使进一步激活蛋白质激酶G（PKG），活化的PKG可使细胞内某些蛋白质的丝氨酸或苏氨酸残基磷酸化，改变这些蛋白质的活性，调节相关基因的表达。ANP经血液循环运送至肾后，升高的cGMP可以促进肾对水和Na^+的排出。ANP与血管平滑肌上鸟苷酸环化酶型受体结合后，引起血管舒张、血压降低。

位于小肠上皮细胞质膜上的鸟苷酸环化酶受体可以与鸟苷肽（guanylin）结合而激活，调节小肠Cl^-分泌。此外，大肠埃希菌（*E.coli*）和某些革兰氏阴性菌产生的耐热性内毒素也可以激活小肠上皮细胞的鸟苷酸环化酶受体，升高的cGMP促进Cl^-分泌，抑制小肠对水的再吸收，导致腹泻。

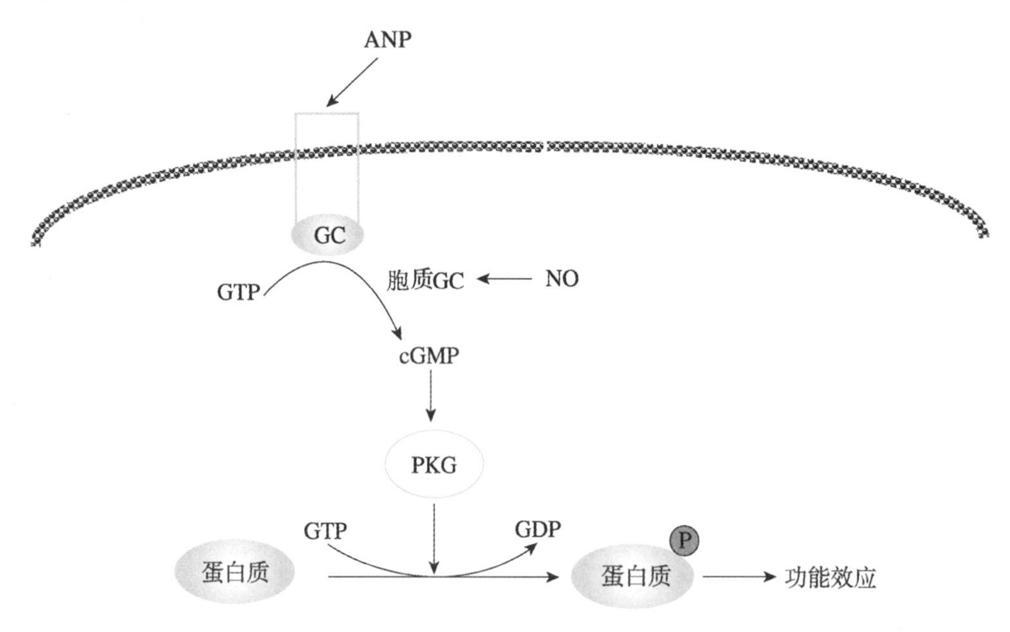

图17-9 cGMP-PKG途径

ANP：心房利尿钠肽；GC：鸟苷酸环化酶；PKG：蛋白质激酶G

4．核因子κB（nuclear factor κB，NF-κB）途径 静息状态下，NF-κB蛋白质二聚体与NF-κB抑制蛋白（inhibitor of NF-κB，IκB）结合成三聚体而滞留于胞质溶胶中。胞外刺激如肿瘤坏死因子（tumor necrosis factor，TNF）、白介素-1（interleukin-1，IL-1）等促炎细胞因子可以激活IκB激酶（IκB kinase，IKK），活化的IKK可使细胞内IκB磷酸化后经泛素化途径降解，从而释放出NF-κB。NF-κB以二聚体形式进入细胞核内发挥功能，调节多种细胞因子、免疫应激基因的表达（图17-10）。该途径与免疫反应、应激反应、炎症的发生及细胞凋亡有关。病毒感染、佛波酯、活性氧中间体、PKA、PKC等可直接激活NF-κB系统。

5．转化生长因子β（transforming growth factor β，TGF-β）途径 基本规律为：配体与受体结合后，受体本身即为效应蛋白质，具有丝氨酸/苏氨酸蛋白质激酶活性，经过许多细胞内的转换步骤，产生级联放大效应。

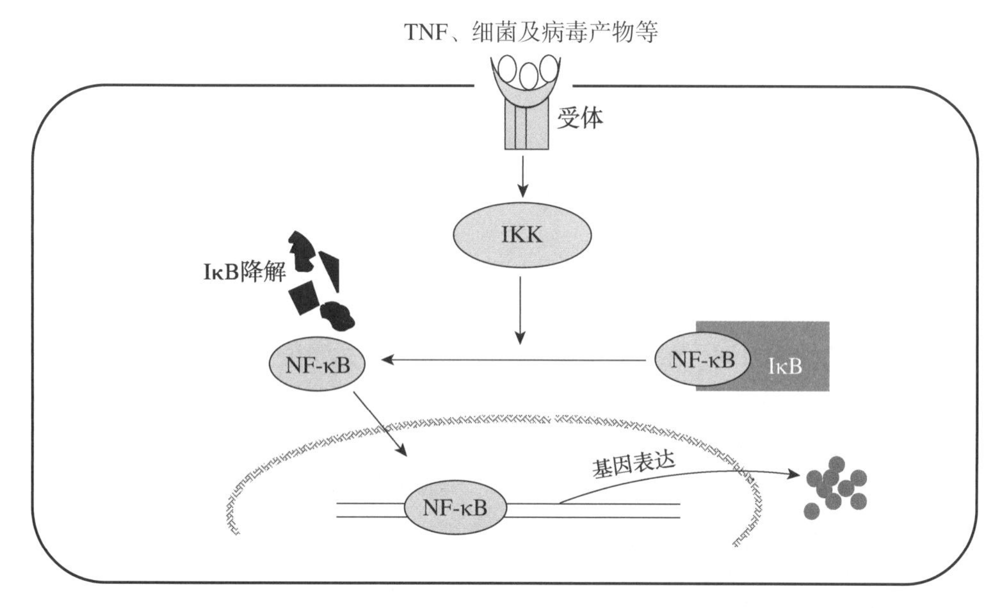

图 17-10　NF-κB 途径

TNF：肿瘤坏死因子；IKK：IκB 激酶；NF-κB：核因子 κB；IκB：IκB 激酶

TGF-β 途径由以下因子组成：

（1）配体：TGF-β、活化素、骨形态蛋白质等。

（2）受体：转化生长因子 β 受体Ⅰ（TβR Ⅰ）和Ⅱ（TβR Ⅱ），为丝氨酸 / 苏氨酸蛋白质激酶型受体。

（3）效应蛋白质及其作用：激酶型受体和其下游的转录因子 Smad 家族。

TGF-β 参与调节增殖、分化、迁移、凋亡等多种细胞反应。当 TGF-β 与受体结合后，受体别构形成二聚体，激活受体胞内区的丝氨酸 / 苏氨酸蛋白质激酶，活化的受体进而磷酸化受体型 Smad（R-Smad），激活的受体型 Smad 与共同介质型 Smad（Co-Smad）结合形成活化的转录因子进入细胞核，调节相关基因的表达（图 17-11）。

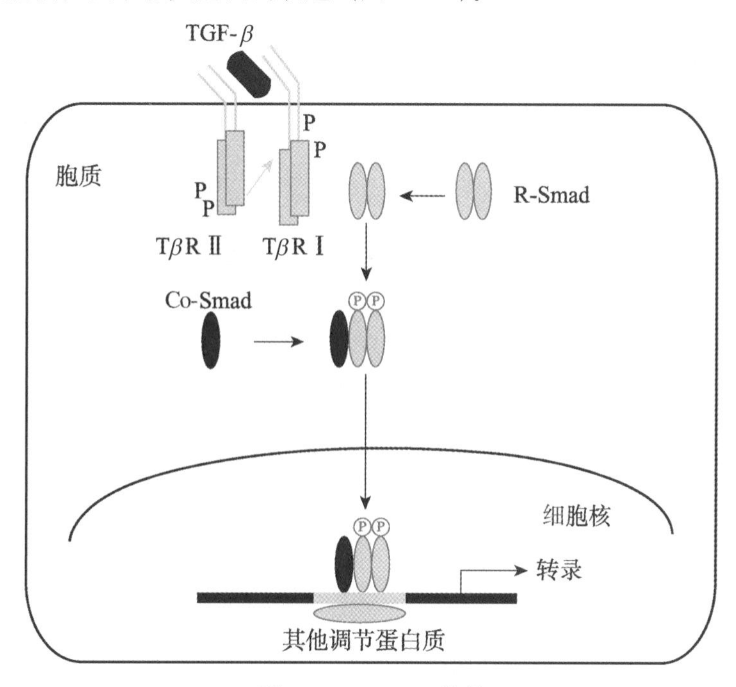

图 17-11　TGF-β 途径

R-Smad：受体型 Smad；Co-Smad：共同介质型 Smad

Note

二、细胞内受体介导的信息传递途径

细胞内受体介导的信息传递途径由两部分组成：

1．激素 主要有类固醇激素（糖皮质激素、盐皮质激素、性激素）、维生素 D、维 A 酸和甲状腺激素。

2．受体 属于胞内受体，是已知最大的一类转录因子家族，可分为核内受体和胞质溶胶内受体，例如糖皮质激素的受体位于胞质溶胶，而维 A 酸和甲状腺激素的受体位于核内。

以糖皮质激素的受体为例，在没有激素作用时，受体与热激蛋白质形成无活性复合物，阻止了受体向细胞核的转移及后续与 DNA 的结合。当激素与受体结合后，受体构象发生变化，与热激蛋白质解聚，暴露出受体核内转移部位及 DNA 结合部位。激素 - 受体复合物向核内转移，作为转录因子结合于 DNA 上的激素应答元件，调节基因表达（图 17-12）。

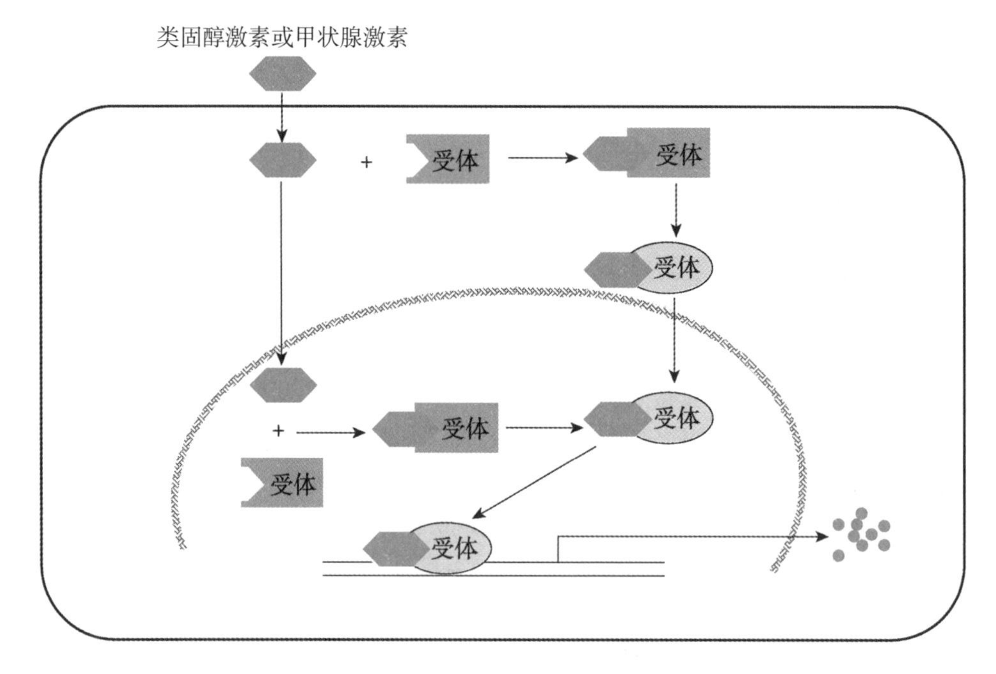

图 17-12 细胞内受体介导的信息传递途径

第五节 信号转导的基本规律

细胞信号转导过程包括细胞接受外界信号刺激，信号分子跨膜转导入细胞内，在细胞内由级联反应将信号转导到细胞各个部分，最后产生各种应答效应。细胞信号转导具有如下基本特征。

一、信号转导具有高度的专一性和敏感性

信号转导具有高度的专一性和敏感性。专一性依赖于信号分子和受体之间严格的分子识别，例如酶 - 底物、抗原 - 抗体之间的识别与结合。与单细胞生物相比，多细胞生物的信号转导具有更强的特异性，这与某些受体分子或者信号途径仅存在于一些特定的细胞有关。例如，

肝细胞缺乏促甲状腺激素释放素受体，因此促甲状腺激素释放素可以引发腺垂体细胞而非肝细胞的信号反应。尽管肝细胞和脂肪细胞都分布有肾上腺素受体，但肾上腺素在肝中调控糖原代谢，在脂肪细胞中调控甘油三酯分解代谢，这与肾上腺素敏感的糖原代谢酶类主要分布于肝细胞中有关。

信号转导的高度敏感性与 3 个因素有关：信号分子（配体）与受体的高度亲和力、信号分子和受体相互作用的协同效应以及信号转导的级联放大效应。亲和力的大小一般用解离常数 K_d 来衡量，通常为 10^{-7}mol/L 或者更低，这意味着受体可以识别低至纳摩尔浓度的信号分子。协同效应使得配体即使浓度变化很小，也可以引起受体活性较大的改变，例如 Hb 结合氧分子时的协同效应。受体传递细胞信号后，会逐级激活转导途径中的酶，称为酶的级联放大效应，在数毫秒内完成几个数量级的信号放大效应。

另外，受体被激活后会触发一个反馈调节而关闭受体或者将受体从细胞表面移除，因此当信号持续存在时，受体系统会变得不敏感并不再对信号产生反应。当刺激信号降落低于一定的阈值后，受体系统又重新恢复敏感性。例如人的视觉、嗅觉和味觉的转导，系统会通过受体脱敏而适应持续的信号刺激。

二、信号传递涉及双向反应

信号的传递和终止实际上就是信号转导分子的数量、分布、活性转换的双向反应。如 AC 催化成 cAMP 而传递信号，磷酸二酯酶则将 cAMP 迅速水解为 5′-AMP 而终止信号传递。以 Ca^{2+} 为细胞信使时，Ca^{2+} 可以从其存储部位迅速释放，然后通过细胞钙泵作用恢复初始状态。PLC 催化 PIP2 分解成 DG 和 IP 而传递信号，DG 激酶和磷酸酶分别催化 DG 和 IP 转化而重新合成 PIP2。蛋白质信号转导分子则是通过与上游、下游分子的迅速结合与解离而传递信号或终止信号传递，或者通过磷酸化作用和去磷酸化作用在活性状态和无活性状态之间转换而传递信号或终止信号传递。因此，信号通路的异常有可能是正向反应，也有可能是逆向反应的异常。

三、信号转导具有多样性和交叉联系

一种细胞外信号分子可通过不同的信号通路影响不同的细胞。对于受体而言，一种受体并非只服务于一种信号的转导。另外，一条信号转导途径的激活并非只依赖于一种受体。

细胞内的信号途径并不是各自独立存在的，一条信号转导途径中的功能分子可以影响和调节其他途径，不同的信号转导途径也可以参与调控相同的生物学效应，不同的信号转导的交叉联系能够维持细胞和有机体的稳态。信号的整合性能够使细胞或者有机体受到多个信号刺激时产生一个适宜联合需求的统一反应。

四、信号蛋白质的结构域具有模块化的特征

信号蛋白质或酶分子的模块化结构域是执行信号转导过程中的蛋白质 - 蛋白质相互作用或行使催化功能的结构基础。模块化结构域在选择性激活信号途径的过程中发挥着关键作用，通过它们，能够将目标蛋白质招募到激活的受体，并调节随后的信号复合体的组装。很多信号蛋白质结构中具有多个结构域，分别识别不同的信号蛋白质、细胞骨架或细胞质膜中的某些特定

特征。例如，蛋白质酪氨酸激酶是通过模块化的 Src 同源域 2（Src homology 2 domain，SH2）识别下游信号分子中磷酸化的酪氨酸基序而招募下游信号分子，这是信号转导中极为常见的蛋白质 - 蛋白质相互作用，并通过磷酸化或者去磷酸化反应对其进行调节。

信号蛋白质的模块化允许细胞混合或者匹配一组信号分子以创建不同功能或者不同细胞定位的多酶复合体。通过非酶促的衔接蛋白质将几种级联反应的酶结合在一起，保证了它们能在特定的时间和特定的细胞定位进行反应。此外，很多蛋白质 - 蛋白质相互作用中所涉及的肽段处于内在无序状态，能够根据所结合的蛋白质种类进行相应的折叠，因此某个信号蛋白质可能在不同的信号途径中具有不同的功能。

五、信号途径具有局域化的特征

细胞信号转导最后一个值得注意的特征是信号转导系统往往局限在一个细胞内进行反应。信号系统的各个组分（包括受体、G 蛋白、蛋白质激酶等）往往被限定在一个特殊的亚细胞结构（如脂筏）中，在该细胞内即可完成对整个信号途径的调控，不会对距离较远的细胞产生影响。

脂筏也称膜脂筏（membrane raft），是流动的脂质双分子层中特殊性质的脂质分子和蛋白质聚集在一起形成的细胞膜表面微结构域，富含胆固醇、神经鞘磷脂和饱和脂肪酸磷脂。鞘磷脂具有较长的饱和脂肪酸链，与胆固醇的亲和力较高，两者能紧密相互作用，所以脂筏区域结构致密，类似有序液体，流动性较小。脂筏周围的环境主要由不饱和的磷脂构成，流动性较大，因此脂筏就像有序的“竹筏”漂浮于无序的磷脂“海洋”中。

脂筏是膜蛋白质的停泊平台，主要富含两类内在的膜蛋白质：一类是由两个共价连接的长链饱和脂肪酸（两个软脂酰基或者一个软脂酰基与一个十四碳酰基）锚定在膜上的蛋白质；另一类是糖基磷脂酰肌醇锚定蛋白质（GPI anchored protein）。这些蛋白质的存在使得脂筏具有重要的功能，主要参与物质转运和细胞信号转导。

脂筏结构可以用原子力显微镜观察到，根据电镜下的形态特征，脂筏可分为平坦状脂筏和陷窝状脂筏两类。它们的直径都在 25 ~ 100 nm。陷窝状脂筏实际上属于一种特化的脂筏结构。陷窝主要由陷窝蛋白（caveolin）结合胆固醇、鞘脂而成，陷窝蛋白为陷窝的主要骨架蛋白质，属于整合膜蛋白质。

研究发现，同一信号途径的膜受体和信号蛋白质被共同分割到一个脂筏内，通过陷窝蛋白与胆固醇结合，使得膜向内凹陷，形成穴样内陷，进而将外部信号转导入胞内。脂筏陷窝通过募集受体和下游的信号调节因子发挥信号募集平台作用，能改变整条信号途径的级联效应。

第六节　信号转导与疾病

生物体内信号转导过程中任何环节的异常都能引起细胞代谢和功能的紊乱。信号分子、受体及其相关分子的含量和结构的异常可导致疾病。

一、受体异常激活和失活可导致疾病

临床导致糖尿病的原因至少有 3 种：胰岛 β 细胞功能减退，胰岛素分泌不足；胰岛素受体数量减少；胰岛素受体结构异常导致受体与胰岛素的亲和力降低或受体功能丧失。甲状腺激

素分泌过多可引起以能量代谢紊乱为主要表现的甲状腺功能亢进，而甲状腺细胞表面受体对促甲状腺激素的敏感性降低则是某些先天性甲状腺功能减退的原因。

在肝细胞及肝外组织的细胞膜表面广泛存在着低密度脂蛋白（low density lipoprotein，LDL）受体，它能与血浆中富含胆固醇的LDL颗粒相结合，并经过受体介导的内吞作用进入细胞。人LDL受体为160 kDa的糖蛋白，由839个氨基酸残基组成，其编码基因位于19号染色体上。家族性高胆固醇血症（familial hypercholesterolemia，FH）是由于基因突变引起的LDL受体缺陷症，呈常染色体显性遗传。目前发现，LDL受体有150余种突变。因LDL受体数量减少或功能异常，其对血浆LDL的清除能力降低，患儿出生后血浆LDL含量即高于正常，发生动脉粥样硬化的危险性也显著升高。纯合子FH系编码LDL受体的等位基因均有缺陷，发病率约为1/100万，早发动脉粥样硬化，在儿童期即可出现冠状动脉狭窄和心绞痛，常在20岁前就因严重的动脉粥样硬化而过早死亡。杂合子FH为编码LDL受体等位基因的单个基因突变所致，发病率约为1/500，患者LDL受体量为正常人的一半，血浆LDL含量为正常人的2～3倍，患者多于40～50岁发生冠心病。

二、细胞内信号转导分子的异常激活和失活可导致疾病

信息传递途径的任何干扰都可诱发严重的细胞功能异常：霍乱所引起的严重水、电解质代谢紊乱是由霍乱弧菌分泌的霍乱毒素所致，霍乱毒素可催化小肠上皮G蛋白的α_s亚基ADP核糖化后，丧失GTP酶活性，不能水解GTP，使与GTP结合的G蛋白的α_s亚基处于持续活化状态，持久激活下游的腺苷酸环化酶，小肠上皮细胞内cAMP大为升高，将Cl^-、HCO^-与水分子不断分泌入肠腔，造成严重脱水和电解质代谢紊乱。

破伤风毒素和百日咳毒素也是通过作用于G蛋白而导致受累细胞功能异常。由于不同的毒素在细胞膜上的受体不同，故这些毒素作用于不同的细胞产生不同的症状。与霍乱毒素产生的修饰作用相反，百日咳毒素的修饰导致G蛋白与它相结合的受体分离，使信号阻滞。

此外，已经证实G蛋白基因突变可以导致一些遗传病，如色盲、色素性视网膜炎、家族性促肾上腺皮质激素抗性综合征、先天性甲状腺功能减退或功能亢进。假性甲状旁腺功能减退症（pseudohypoparathyroidism，PHP）是由于靶器官对甲状旁腺激素（parathyroid hormone，PTH）的反应性降低而引起的遗传病。PTH受体与$G\alpha_s$偶联，PHP1A型的发病机制是编码$G\alpha_s$等位基因的单个基因突变，患者$G\alpha_s$ mRNA可比正常人降低50%，导致PTH受体与腺苷酸环化酶之间信号转导脱偶联。

三、细胞信号转导分子是重要的药物治疗潜在靶点

随着对受体、信息转导途径与疾病关系的研究不断深入，人们逐渐认识到针对受体水平和受体后信号转导的异常环节进行疾病治疗的重要性及可行性，并提出了抗信号转导治疗（anti-signal transduction therapy）的概念，即通过一些化学物质或反义核苷酸等，针对信息途径中的异常环节来阻断不正常的信息传递，达到治疗疾病的目的。

PKC参与调节多种细胞功能，能被佛波酯和其他促癌剂激活，也可被某些抗癌物抑制，因此PKC的特异性抑制剂（如卡弗他丁C）是一种潜在的肿瘤化疗药物。蛋白质酪氨酸激酶是大多数生长因子的受体，可促进细胞增殖。该激酶的抑制剂木黄酮（genistein）对细胞的生长、分化有抑制作用。虽然至今抗信号转导治疗尚未完全用于临床，很多研究机构正在寻找更

Note

为特异的 PTK 抑制剂，以期进行抗信号转导治疗。

多数肿瘤的发生与肿瘤细胞过度表达生长因子样物质、生长因子样受体及相关的信号转导分子有关，从而导致了细胞生长失控、分化异常（表 17-3）。肿瘤发生、发展的机制常涉及多种单次跨膜受体介导的信号转导途径的异常，许多癌基因或抑癌基因的编码产物都是这类信号转导途径的关键分子，尤其是各种蛋白质酪氨酸激酶。如 MAPK 信号转导途径控制着细胞的增殖、分化和凋亡等过程，可以将此信号转导途径作为靶点进行干预，是目前肿瘤治疗的策略之一。

表 17-3　与人肿瘤发生相关的信号分子

蛋白质类型	癌基因	产物性质
分泌蛋白质	*SIS*	C-SIS 是 PDGF B 链，生长因子
	KS/HST	KS/HST 与 FGF 有关，生长因子
	WN1	WNT 与 wingless 有关，生长因子
	IN2	INT2 与 FGF 有关，生长因子
跨膜蛋白质	*ERBB*	C-ERBB 是 EGF 受体激酶，生长因子受体
	NEU	NEW（ERBB2）是 EGF 样受体激酶，生长因子受体
	KIT	C-KIT 是受体激酶，生长因子受体
	FMS	C-FMS 是 CSF- Ⅰ受体激酶，生长因子受体
	MAS	MAS 是血管紧张素受体，生长因子受体
连膜蛋白质	*RAS*	C-RAS 是 GTP 结合蛋白质
	GSP，*GIP*	GSP/GIP 是 Gαs 和 Gαi
	SRC	SRC 是酪氨酸激酶
胞质蛋白质	*ABL*	C-ABL 是胞质溶胶酪氨酸激酶
	FPS	C-FPS 是胞质溶胶酪氨酸激酶
	RAF	C-RAF 是胞质溶胶丝氨酸 / 苏氨酸激酶
	MOS	C-MOS 是胞质溶胶丝氨酸 / 苏氨酸激酶
	CRK	CRK 是 SH2/SH3 调节子
	VAV	VAV 是 SH2 调节子
核内蛋白质	*MYC*	C-MYC 是 HLH 蛋白质，转录因子
	MYB	C-MYB 是转录因子
	FOS	C-FOS 是亮氨酸拉链蛋白质，转录因子
	JUN	C-JUN 是亮氨酸拉链蛋白质，转录因子
	REL	C-REL 属 NF-κB 家族，转录因子
	ERBA	C-ERBA 甲状腺激素受体，转录因子

靶向受体的抗肿瘤药举例

贝伐珠单抗（bevacizumab）用于治疗转移性结直肠癌，属于人源化抗 -VEGF 单克隆抗体，商品名为阿瓦斯汀。其治疗直肠癌的机制是通过与血管内皮生长因子（VEGF）

特异性结合，阻止其与受体相互作用，发挥对肿瘤血管的抑制作用。

曲妥珠单抗（trastuzumab）商品名为赫赛汀，用于治疗HER2过度表达的转移性乳腺癌，是一种重组DNA衍生的人源化单克隆抗体，可选择性地作用于人表皮生长因子受体-2（HER2）的细胞外部位，从而阻断癌细胞的增殖，还可以刺激身体自身的免疫细胞去摧毁癌细胞。

知识拓展

VEGF/VEGFR通路靶向药物与肿瘤抗血管新生治疗

20世纪70年代初，美国哈佛大学的Judah Folkman（1933—2008）发现肿瘤的生长和转移依赖新生血管的长入并提出阻断肿瘤血管新生抑制肿瘤生长的新假说，由此开创了血管新生研究领域。血管新生（angiogenesis）不仅与肿瘤关系密切，其过度生成或不足还与糖尿病微血管并发症、肥胖、心血管疾病、眼科疾病、类风湿关节炎、阿尔茨海默病、不育等重要疾病的发生和发展相关。血管内皮细胞的增殖和定向迁移是血管新生的关键，在多个促进内皮细胞增殖和迁移的生长因子中，VEGF是核心刺激分子，VEGF与其受体VEDFR1或VEGFR2特异性结合，激活受体胞内侧酪氨酸激酶活性，将增殖迁移信号传入细胞，因此靶向阻断VEGF及其受体是肿瘤抗血管新生治疗的常见策略。2004年2月美国FDA批准阿瓦斯丁（avastin）用于结直肠癌的治疗，成为首个被批准用于临床的血管生长抑制剂，阿瓦斯丁是针对VEGF人工合成的一种重组人源化IgG1型单克隆抗体，特异性结合于VEGF后，能阻碍后者与内皮细胞表面受体Flt-1及KDR结合，使VEGF不能发挥促进血管内皮细胞增殖以及肿瘤内血管新生的作用。随后，小分子靶向药物酪氨酸激酶抑制剂（如吉非替尼、索拉非尼）通过靶向抑制VEGFR和肿瘤细胞生长因子的受体，具有抑制血管新生和肿瘤细胞增殖的双重作用，被用于多种肿瘤的治疗。

思考题

1. 胰岛素能够调控基因表达、糖原代谢和葡萄糖转运，请阐述胰岛素发挥这些调控作用时涉及的信号转导过程。

2. 以雌激素为例阐述核受体在细胞信号转导和基因表达调控中的作用。

3. 结合癌基因一章的学习，阐述*RAS*基因突变诱导细胞过度增殖和癌变的信号转导机制。

（高国全　周　倜）

第四篇

专 题 篇

第十八章

癌基因与抑癌基因

第十八章数字资源

第一节　概　述

细胞的生长、增殖和分化是细胞最基本而又最重要的行为，同时也是一个受许多基因精细调控的复杂过程。肿瘤的发生是一个多阶段逐步演变的过程，常伴随多种基因产物表达量及活性变化，导致细胞发生一系列改变并向恶性方向发展。广义上，影响肿瘤发生的基因分为两大类：原癌基因（proto-oncogene）表达产物是一类正调节信号，能促进细胞生长和增殖，抑制细胞分化；抑癌基因（tumor suppressor gene）表达产物为负调节信号，发挥细胞生长和增殖、诱导细胞凋亡、促进细胞分化的作用。原癌基因和抑癌基因作为细胞生长和增殖的调控基因，在功能上相互拮抗、相互协调，对维持细胞的正常生长和增殖状态至关重要。一旦调节失去平衡，如原癌基因被激活转变为癌基因（oncogene）和（或）抑癌基因缺失及突变均可引起肿瘤发生。这一过程可由于先天遗传缺陷而较早发生，也可由于后天的各种环境因素作用导致体细胞基因突变而在生命较晚时期发生（图 18-1）。

原癌基因和抑癌基因均是细胞正常基因的成分，在细胞增殖、分化、凋亡的调节中发挥着重要的生理功能。因此，原癌基因和抑癌基因的异常不仅与肿瘤的发生、发展密切相关，而且与非肿瘤疾病的发生密切相关。例如，许多原癌基因在心血管疾病（如原发性高血压、动脉粥样硬化）、自身免疫性疾病（如类风湿关节炎）、甚至创伤组织修复（如受损肝组织的再生）等疾病过程中均异常表达。因此，深入研究原癌基因和抑癌基因的功能以及与疾病的关系，不但可以从细胞和分子水平重新认识疾病的发病机制，还可以找到真正的药物作用靶点，开发出新的早期诊断方法和有效的治疗药物。本章主要介绍癌基因和抑癌基因的基本概念、部分原癌基因的表达产物生长因子的作用机制，并阐述它们在肿瘤异常生长和增殖中的作用及机制。

第二节　原癌基因与癌基因

一、原癌基因是细胞的正常基因

原癌基因是细胞的正常基因，其编码的蛋白质包括生长因子、生长因子受体、重要的信号转导蛋白质和调节蛋白质、细胞周期调节蛋白质、核内转录因子等，对维持细胞的正常生长、分化和凋亡起重要的调节作用。原癌基因一般处于相对静止或低水平的稳定表达状态。当受到致癌因素，如化学致癌剂（烷化剂和多环芳烃类等）、物理辐射和病毒感染等作用后，原癌基

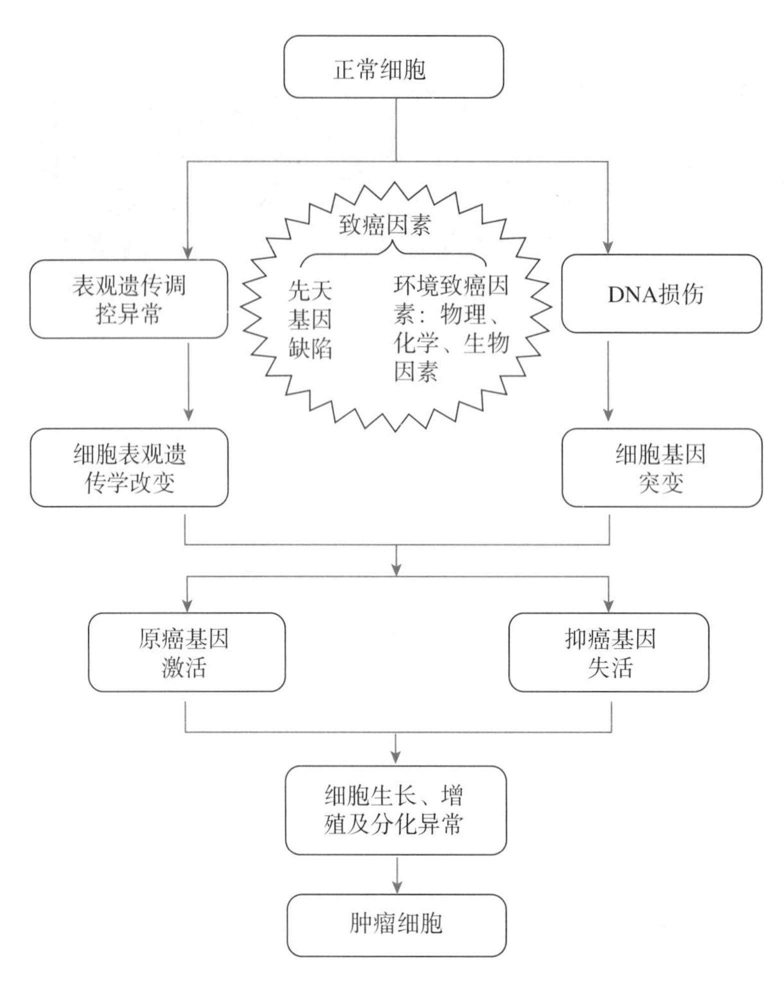

图 18-1　促进正常细胞向肿瘤细胞转化的因素

因发生突变或者过度表达时，原癌基因被激活为癌基因，其表达产物的数量、结构和功能异常改变，导致细胞生长刺激信号的过度或持续出现，诱发肿瘤发生。

某些病毒的基因组也携带癌基因，能导致肿瘤发生，称为肿瘤病毒。1910 年，F. Rous 首次发现病毒可导致鸡肉瘤，提出了病毒导致肿瘤的观点，该病毒被命名为劳斯肉瘤病毒（Rous sarcoma virus，RSV）。RSV 中的基因 *SRC* 可使正常细胞发生恶性转化，后来发现它在正常细胞也存在，而且是编码关键性调控蛋白质的基因。习惯上，将肿瘤病毒中含有的致癌基因称为病毒癌基因（viral oncogene，v-onc）。

二、原癌基因可根据其表达产物的功能和生物化学特性进行分类

目前已经发现百余种原癌基因，所编码的产物大多是参与多种信号转导通路级联传递的分子。根据原癌基因表达产物的功能和生物化学特性，可将其分为 6 类。

1. 表达生长因子类的原癌基因　包括 *SIS*、*HST*、*FGF-5*、*INT-1* 和 *INT-2* 等基因。例如，原癌基因 *SIS* 编码的蛋白质产物与血小板源性生长因子（PDGF）的 B 链结构相似，其所形成的二聚体也可与细胞膜表面的 PDGF 受体结合。如果 *SIS* 异常活化，可引起 PDGF 受体过度激活，进而持续释放细胞增殖信号。肿瘤细胞通常大量产生和分泌多种生长因子，例如，在卵巢癌细胞中转化生长因子 -α（TGF-α）的合成和分泌量均异常增加，并作为一种持续刺激生长增殖的自身信号。

2. 表达生长因子受体类的原癌基因　原癌基因所表达的跨膜生长因子受体类，包括酪氨酸蛋白质激酶（tyrosine protein kinases，TPKs）和非酪氨酸蛋白质激酶型受体两种。表达酪氨酸蛋白质激酶型受体的原癌基因有 *ERBB*、*SAM*、*FMS*、*TRK* 和 *MET* 等。该类基因的表达产物为单次跨膜蛋白质，胞外部分在结合配体后会与另外一个 TPK 分子形成二聚体，同时激活细胞内结构域的酪氨酸蛋白质激酶活性，进而激活 MAPK、JAK-STAT、Smad 等通路，这些通路的异常活化可导致细胞发生癌变。表达非酪氨酸蛋白质激酶型受体的原癌基因有 MPL 和 MAS 等。非酪氨酸蛋白质激酶型受体本身虽然不具有酪氨酸蛋白质激酶活性，但与特异性的生长因子配体结合后，可再与细胞内可溶性的酪氨酸蛋白质激酶结合，通过后者使底物磷酸化。肿瘤细胞中的生长因子受体类可由于过表达或基因突变引起的激酶活性增加，而处于一种非配体依赖性激活状态，在细胞内反复传递生长信号，使细胞发生恶性转化。

3. 表达细胞内酪氨酸蛋白质激酶类的原癌基因　包括 *ABL*、*SRC*、*FYN*、*SYN*、*LCK*、*REL* 等。人 *SRC* 位于染色体 20q11.23，转录产物为 4.0 kbp、分子量约为 60 kDa，即 p60src。SRC 家族蛋白质具有酪氨酸蛋白质激酶活性，但缺乏跨膜结构域，只能通过其 N 端与某些细胞跨膜蛋白质的胞质溶胶一侧结构域相结合，发挥信号转导作用。SRC 蛋白在大多数细胞和组织中的表达水平较低，在肿瘤细胞中呈现过表达及酶活性升高，导致细胞恶性转化。

4. 表达丝氨酸 / 苏氨酸蛋白质激酶类的原癌基因　其产物包括转化生长因子 TGF-β 受体和细胞内丝氨酸 / 苏氨酸蛋白质激酶，如 *RAF*、*MOS*、*ROS*、*COT* 及 *PIM*-1。TGF-β 受体介导的信号通路对细胞的生长、分化和免疫功能都有重要的调节作用。RAF 蛋白是 ERK1/2 信号通路中的重要分子，其上游分子为 RAS，RAF 可以使下游蛋白质分子的丝氨酸 / 苏氨酸磷酸化而被激活，参与细胞增殖。

5. 表达 G 蛋白类的原癌基因　例如 *RAS* 家族（*H-RAS*、*K-RAS*、*N-RAS*），它们表达的功能性产物是小 G 蛋白。RAS 蛋白主要定位于细胞膜上，PKC 使 RAS 磷酸化后，RAS 与细胞膜的结合减弱而发生位置改变，移至内质网、高尔基体和线粒体等处。RAS 是多信号通路中的重要开关分子，它的异常活化会导致下游信号转导通路的过度激活。

6. 表达核内转录因子的原癌基因　细胞外生长信号经跨膜及细胞内的级联传递，最终引起核内转录因子活化，启动生长相关的基因转录。许多原癌基因的编码产物是与基因调控序列结合的反式作用因子，其表达产物定位于细胞核。这些原癌基因主要包括 *FOS* 家族、*JUN* 家族、*MYC* 家族、*MYB* 家族等。在细胞受到生长信号刺激后，这些核内转录因子的表达量或者活性显著升高，并上调其靶基因的表达，促进细胞生长和增殖。人 *C-MYC* 位于染色体 8q24.21，由 3 个外显子和 2 个内含子组成，仅第 2 个外显子和第 3 个外显子编码含 439 个氨基酸残基的 C-MYC 蛋白质。*C-MYC* 基因在多种肿瘤中发生突变、基因扩增和染色体易位改变，而被异常活化。

三、生长因子是一类常见的原癌基因表达产物

原癌基因的表达产物在细胞生长分化中起重要作用，有许多原癌基因的表达产物是生长因子（growth factor，GF）。生长因子是一类由细胞分泌，对细胞生长、增殖和分化起调节作用的多肽类分子。生长因子作为细胞外的信号分子，参与了多种生理和病理过程，如胚胎发育、血管生成、创伤修复、免疫调节及纤维增生性疾病和肿瘤等。R. Levi-Montalcini 和 S. Cohen 因分别对神经生长因子和表皮生长因子的研究工作，获得了 1986 年诺贝尔生理学或医学奖。目前已经发现了数十种不同组织来源的生长因子（表 18-1）。

表 18-1 人体内常见的生长因子

生长因子	组织来源	主要功能
表皮生长因子（epidermal growth factor，EGF）	颌下腺、肾	促进表皮和上皮细胞生长
神经生长因子（nerve growth factor，NGF）	颌下腺、神经元	营养交感神经和神经元
促红细胞生成素（erythropoietin，EPO）	肾	促进红细胞成熟和增殖
肝细胞生长因子（hepatocyte growth factor，HGF）	肝	促进肝细胞生长、上皮细胞生长和迁移
胰岛素样生长因子（insulin-like growth factor，IGF-1，IGF-2）	胎盘、胎肝、血浆	具有胰岛素样作用
血小板衍生生长因子（platelet-derived growth factor，PDGF）	血小板、血管、胶质细胞	促进间质形成及胶质细胞和血管内皮细胞生长
转化生长因子 α（TGF-α）	肿瘤细胞、转化细胞、胎盘	类似于 EGF
转化生长因子 β（TGF-β）	血小板	对细胞生长起促进（或抑制）作用
血管内皮生长因子（vascular endothelial growth factor，VEGF）	平滑肌、肿瘤	促进血管内皮细胞生长及血管生成

同一种生长因子可对多种细胞的生长和分化起调节作用。因此，一些生长因子的生物学功能可相互叠加、协同或拮抗。

（一）生长因子有 3 种作用机制

与其他胞外信号分子一样，根据作用的距离范围，生长因子的作用模式有内分泌（endocrine）、旁分泌（paracrine）和自分泌（autocrine）3 种。内分泌作用是指少数生长因子由细胞分泌后，经血液运送至其他远端靶组织发挥作用。旁分泌作用是生长因子分泌后，无需血液远距离输送，通过扩散而作用于分泌细胞邻近的其他靶细胞。自分泌作用则是生长因子被细胞合成和分泌到细胞间隙，再结合到细胞自身的受体上，调节细胞的功能。生长因子发挥作用以旁分泌和自分泌为主。原癌基因编码的生长因子常通过自分泌作用引起肿瘤细胞自身的增殖信号转导通路持续激活。

生长因子作为细胞外信号分子（第一信使），通过与细胞质膜受体结合，将其信号传入细胞内，并通过细胞内信号分子的级联传递将信号传至核内或直接作用于 DNA 顺式作用元件，启动与细胞增殖与分化相关基因表达，实现细胞功能的调节。有些生长因子介导的信号转导通路间还存在相互交叉和相互作用，由此形成复杂的信号转导网络，对细胞的功能起精确的调节作用。

（二）生长因子的表达水平、结构和功能异常与疾病密切相关

生长因子对维持机体正常的生理功能非常重要，其表达受到严格的时间特异性和空间特异性调控。生长因子的表达水平、结构和功能异常与很多疾病密切相关。原癌基因的表达产物有许多是生长因子，如 EGF、PDGF 和 VEGF。在正常情况下，它们对维持细胞的生长与分化起十分重要的作用。当原癌基因被激活后，其表达产物的"质"和"量"的异常可导致细胞生长、增殖和凋亡失控，并引起肿瘤。以下通过 EGF 和 PDGF 及其相应受体 EGFR 和 PDGFR，说明生长因子的主要功能及其参与肿瘤发生的机制。

1. EGF *EGF* 基因位于人染色体 4q25，mRNA 为 4.8 kbp，所合成的 EGF 前体分子（含 1217 个氨基酸残基）经剪切后产生含 53 个氨基酸残基的活性肽，分子量为 6.2 kDa。EGF 分

子中的 3 对二硫键对其空间结构形成及生物活性起重要作用（图 18-2）。

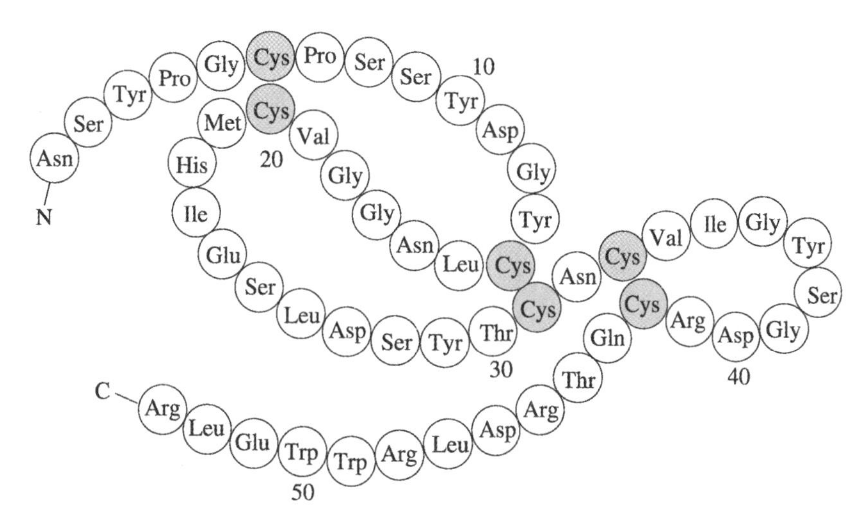

图 18-2 EGF 的一级结构及空间结构

EGF 的主要功能是促进表皮和上皮细胞生长和分化，如胚胎发育、器官分化和成熟。EGF 缺乏的小鼠因多种脏器发育障碍而在出生后短期内死亡。向体外培养的多种细胞中加入 EGF，均可明显促进细胞的生长。

EGF 通过 EGF 受体（EGFR、ERBB-1、HER-1）发挥作用，其他生长因子受体家族成员还有 ERBB-2（HER-2 或 NEU）、ERBB-3（HER-3）和 ERBB-4（HER-4）。EGFR 为跨膜糖蛋白，由 *C-ERBB*-1 基因编码，分子量为 170 kDa。EGF 与 EGFR 结合后，使 EGFR 发生二聚体化和磷酸化而被激活。EGF/EGFR 所介导的下游信号转导通路包括 RAS/MAPK、PI3K/AKT 和 PLC/PKC 通路等，具有广泛的促进细胞增殖、血管生成等作用。

乳腺癌、非小细胞肺癌、直肠癌等都有 *EGF*、*EGFR* 和 *HER-2* 的基因过表达和突变，并与肿瘤的转移、复发及对放疗和化疗的敏感性有关。肿瘤细胞膜表面高浓度的 EGFR 单体分子在无配体结合时也可以形成二聚体，并且二聚体可自我激活，进而激活下游的信号通路。EGFR 胞外区的基因突变可形成 3 种缺失突变体（EGFRv Ⅰ、EGFRv Ⅱ、EGFRv Ⅲ），以 EGFRv Ⅲ最常见。缺失突变体虽然失去了配体结合区，但是却保持了无配体结合下的酪氨酸蛋白质激酶活性，仍然可以释放刺激细胞过度增殖的信号效应。EGFR 胞内区的基因突变主要发生在编码酪氨酸激酶的前 4 个外显子（18、19、20、21），以外显子 19 的缺失性突变及外显子 21 突变（Leu858Arg）更为常见。

2．PDGF 是由 2 条多肽链通过二硫键连接形成的二聚体，主要包括 PDGF-AA、PDGF-BB 和 PDGF-AB 3 种类型。编码 A 链和 B 链的基因分别位于第 7 号和第 22 号染色体，产物的分子量为 16 kDa 和 14 kDa。每条多肽链含 4 个反向平行的 β 片层通过 3 对二硫键形成可结合和激活 PDGFR 的核心结构域。血浆内 PDGF 含量较低，半衰期短（一般为几分钟）。

PDGF 可与靶细胞膜上特异的 PDGF 受体（PDGFR）结合。PDGFR 为酪氨酸蛋白质激酶型受体，有 PDGFR-α 和 PDGFR-β 两种。PDGF-BB 能与 PDGFR-β 特异结合，PDGF-AA 和 PDGF-AB 则与 PDGFR-α 结合。PDGF-AA/PDGFR-α 主要促进间质细胞和成纤维细胞增殖；而 PDGF-BB/PDGFR-β 则主要与血管内皮细胞等增殖有关，PDGF-BB 敲除小鼠有血管生成障碍，PDGF-BB 还可促进血管内皮细胞合成和分泌 VEGF。

PDGF 和（或）PDGFR 异常可引起纤维增生性疾病（肺纤维化、多发性硬化等）、血管增生性疾病（动脉硬化、肺动脉高压等）及肿瘤。在乳腺癌、肺癌等肿瘤中，癌细胞过度合成和分泌的 PDGF 通过旁分泌作用，促进病灶中上皮来源的肿瘤细胞生长；而自分泌性激活多见

Note

于胶质瘤和肉瘤等。PDGF 的致癌作用还与细胞外基质形成和促进肿瘤的血管生成、浸润转移有关。

PDGF/PDGFR 介导的信号转导通路包括 TPK/RAS/MAPK、PI3K/AKT 等。应用 PDGF 拮抗剂、重组可溶性受体及 PDGFR 胞内区酪氨酸蛋白质激酶抑制剂等可阻断这些异常激活的信号转导途径，进行肿瘤的靶向治疗。

四、原癌基因有多种激活机制

正常情况下，细胞中含有的原癌基因所表达产物的“质”和“量”受到严格的调控，它们可维持细胞的生理功能，并无致癌作用；当被各种致癌因素以不同方式激活后，则转变成具有细胞转化作用的癌基因。原癌基因的激活可由 DNA 序列本身的改变引起；也可在 DNA 序列正常情况下，由表观遗传学修饰（甲基化、乙酰化）异常导致的表达失调而激活。原癌基因激活的机制主要有下述几种方式。

（一）点突变可使基因所编码的氨基酸发生改变

在致癌因素的作用下，原癌基因编码序列上的单个碱基缺失或插入或被置换，称为点突变（point mutation）。突变可使基因所编码的氨基酸发生改变，而导致表达蛋白质的结构和功能异常。对常见的结肠癌、乳腺癌、胰腺癌等实体肿瘤的基因组测序结果显示：平均每种肿瘤中有 30 ～ 60 种基因突变。其中，95% 的突变为单个碱基置换，并且以错义突变率最高，约占 90%。现已发现，超过 20% 的肿瘤组织中有 *RAS* 基因的点突变，突变位置涉及第 12 位、第 13 位和第 61 位密码子等。其中，较常见的是第 12 位密码子突变，致使编码产物由正常的 GGC（编码甘氨酸）突变为 GTC（编码缬氨酸）。氨基酸的改变使 RAS 蛋白的 GTP 酶活性丧失，进而 RAS 一直处于活化状态，不断传递生长分化信号，导致细胞不可控制地增殖，诱发细胞发生癌变。利用体外基因定点突变改变该密码子进行其他氨基酸替换，也可使 GTP 酶活性在不同程度上降低或丧失。

（二）获得启动子和增强子使原癌基因表达水平异常增加

在原癌基因序列上插入外源性启动子和增强子，使原癌基因表达水平异常增加，是病毒致癌的一种常见方式。逆转录病毒感染后，其所含有的具有启动子和增强子作用的长末端重复序列（long terminal repeat，LTR）通过与细胞基因组整合，可插入某些原癌基因附近，使该基因过度表达，导致肿瘤的发生（图 18-3）。例如，禽类白细胞增生病毒（avian leukocytosis virus，

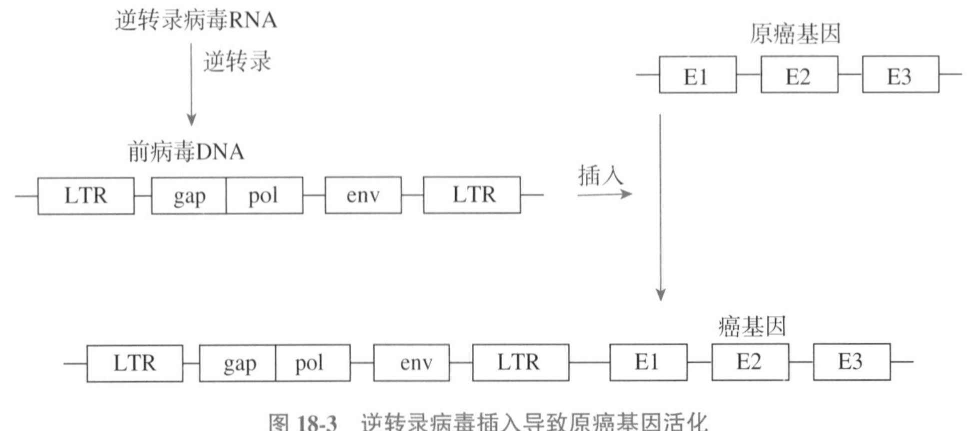

图 18-3 逆转录病毒插入导致原癌基因活化

ALV）前病毒的 LTR 整合到宿主细胞的 *C-MYC* 基因的上游，会使 *C-MYC* 癌基因过度表达。

（三）染色体的易位或重排使基因激活

原癌基因从它所在染色体的正常位置易位（translocation）至另一个染色体上，使其转录的调控环境发生改变而被激活。主要有两种类型：①原癌基因移至强启动子或者增强子附近导致其表达量显著增加；②原癌基因在易位后与另外一个基因融合，导致其产物的致癌能力增强。例如，慢性髓细胞性白血病（chronic myelocytic leukemia，CML）患者染色体的易位为 t（9；22）（q34：q11）（图 18-4）。

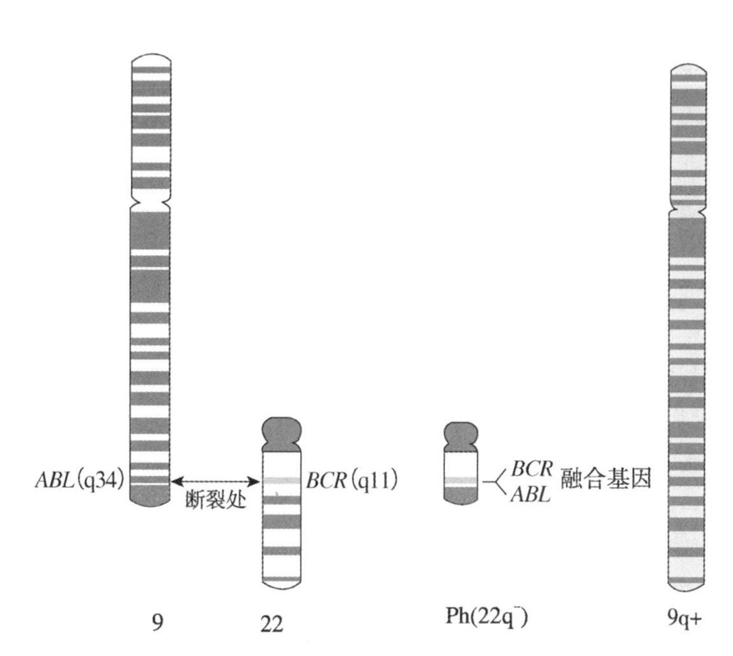

图 18-4　慢性髓细胞性白血病的 Ph 染色体和 *BCR-ABL* 融合基因

这种易位使约 95% 的 CML 患者出现特征性的费城（Ph）染色体。该染色体上游 *ABL* 基因（编码酪氨酸蛋白质激酶）易位到 *BCR* 基因（含转录激活序列）下游后形成 *BCR-ABL* 融合基因。*BCR-ABL* 融合基因产物酪氨酸蛋白质激酶活性显著增加，导致 CML 发生。*BCR-ABL* 融合基因和 Ph 染色体的检查可辅助诊断 CML，并作为判定临床疗效的一个指标。伊马替尼（imatinib）是一种酪氨酸蛋白质激酶抑制剂，临床上作为靶向抗肿瘤药用于 CML 治疗，取得了非常好的疗效；但有的 CML 患者病情复发后产生对伊马替尼的耐药性，推测与酪氨酸蛋白质激酶基因再次发生了突变有关。

（四）基因扩增导致编码产物过度表达

基因扩增（gene amplification）指细胞核内染色体倍数不发生改变，只是有选择性地复制部分染色体的区域，产生大量该段 DNA 的拷贝。原癌基因扩增后，会导致编码产物过度表达，进而引起细胞增殖失控。在人类恶性肿瘤中，细胞周期蛋白 D1（cyclin D1）、表皮生长因子受体（EGFR）及 *C-MYC* 基因扩增现象较常见。*C-MYC* 基因在肝癌、结肠癌、乳腺癌及小细胞肺癌等多种肿瘤细胞中均有不同程度的扩增。原癌基因扩增会导致细胞的染色体核型发生改变，利用荧光原位杂交进行分析，可观察到原癌基因的染色体基因位点附近出现均匀染色区及染色体外的双微体。

（五）DNA 甲基化程度降低使基因转录激活

位于 DNA 转录调控区及启动子上的 CpG 重复序列（又称 CpG 岛）常被 DNA 甲基转移酶甲基化为 5- 甲基胞嘧啶（m^5C）。在正常细胞中，DNA 甲基化具有调节基因表达和沉默的重要作用。在癌细胞中，低甲基化（hypomethylation）既可以发生在整个基因组，又可以发生在原癌基因的启动子中，前者降低染色体结构稳定性，后者则激活原癌基因，均可导致癌变发生。原癌基因低甲基化是基因转录激活的特征之一，如乳腺癌、宫颈癌、卵巢癌等细胞基因组的整体甲基化水平降低。乳腺癌 *C-MYC* 的低甲基化使该基因表达产物增加而引起细胞异常增殖，并与乳腺癌的转移潜能和临床分期有关。

（六）组蛋白乙酰化水平改变影响基因转录

构成核小体的组蛋白的乙酰化水平增加，促进原癌基因的转录。组蛋白富含赖氨酸，赖氨酸在翻译后的乙酰化修饰使其 ε- 氨基所带正电荷减少，与带负电荷的 DNA 结合能力降低，染色质结构从致密状态转变为有利于转录的松解状态。乙酰化水平取决于组蛋白乙酰转移酶（histone acetyltransferase，HAT）和组蛋白去乙酰化酶（histone deacetylase，HDAC）的表达或者活性调控。HAT 可促进基因转录，而 HDAC 则抑制基因转录，二者失衡与肿瘤的发生有关。两种酶除以组蛋白为作用底物外，还有许多非组蛋白分子底物。HAT 和 HDAC 的表达有细胞定位及组织特异性。例如，在脑胶质瘤细胞中，*C-MYB* 原癌基因序列结合的组蛋白在异常 HAT 作用下乙酰化程度增加，并使 C-MYB 蛋白质产物大量表达，导致肿瘤恶性生长和转移。上述癌基因的激活方式表明，不同的原癌基因被激活方式有所不同，而同一种原癌基因也可有多种激活方式。例如，*RAS* 基因的激活方式主要为点突变，而 *C-MYC* 基因的激活方式主要有基因扩增、基因重排、DNA 甲基化程度及组蛋白乙酰化水平异常等。

第三节　抑癌基因

一、抑癌基因负性调节细胞增殖

抑癌基因又称为肿瘤抑制基因，是防止或者阻止癌症发生的基因，其作用包括抑制细胞过度生长和增殖、诱导细胞凋亡、调控细胞周期检查点和参与 DNA 损伤修复等。当抑癌基因发生缺失或突变时，细胞增殖失控，显著增加癌症发生的风险。

抑癌基因与原癌基因一样，也是正常细胞基因组中的成员。抑癌基因的发现源于 20 世纪 60 年代 H. Harris 的杂合细胞致癌性研究，当肿瘤细胞与正常细胞融合后，所获杂交细胞如果保留某些正常亲本的染色体，接种这些细胞的动物就不表现肿瘤恶性表型；而当杂合细胞丢失一条或者几条染色体后，实验动物出现肿瘤恶性表型，表明正常染色体上存在某些抑制肿瘤恶性表型的基因。

作为某一种组织或细胞的抑癌基因，常须满足以下条件：该基因在正常组织或细胞中有稳定表达；在发生肿瘤的相应组织或细胞中有缺失或突变；将该基因导入相应癌变组织或者肿瘤细胞中可抑制肿瘤恶性表型。

案例 18-1

美国好莱坞著名影星安吉丽娜·朱莉的母亲、外祖母、姨母都患有乳腺癌和卵巢癌等癌症，她的母亲等三位家人均因癌症去世。在检测出携带胚系 *BRCA1* 基因突变后，医生判断其患卵巢癌的风险是 50%，患乳腺癌的风险是 87%。考虑她的家族史和极高的发病风险，2013 年，37 岁的朱莉接受了预防性双侧乳腺切除术；2015 年，39 岁的朱莉接受了双侧卵巢和输卵管切除术。

问题：

1．*BRCA* 是什么基因？

2．为什么 *BRCA* 基因突变后会有很高的乳腺癌及卵巢癌患病风险？

3．乳腺癌的发生常伴随哪些基因的突变？

二、抑癌基因在肿瘤发生中发挥作用

目前已经发现的抑癌基因包括广义上的肿瘤转移抑制基因、DNA 修复基因及促细胞凋亡基因等数百种，一些非编码 RNA 基因（如某些 microRNAs 基因）也属于抑癌基因。抑癌基因一般先在某个特定的肿瘤组织中被发现，并由此而命名。但必须指出的是，最初在某种肿瘤中发现的抑癌基因并不意味着其与别的肿瘤无关。恰恰相反，在多种组织来源的肿瘤细胞中往往可以检测出同一抑癌基因的突变、缺失和表达异常等，说明抑癌基因的变构成为某些肿瘤发生的共同致癌途径。

引起抑癌基因失去功能的原因有：①基因突变使抑癌基因表达产物含量降低和（或）失去活性。②表达产物的磷酸化程度改变及表达产物与癌基因产物结合使其活性被抑制等。③调控抑癌基因表达的启动子区甲基化、乙酰化水平异常，也可导致这些抑癌基因表达下降，引起肿瘤发生。④杂合性丢失导致抑癌基因彻底失活。杂合性是指一对等位基因是杂合状态，杂合性丢失导致某一特殊基因正常的两个成对等位基因出现不同的基因组变化；常反映丧失该基因的一个等位基因的部分或全部基因组序列。

视网膜母细胞瘤基因（retinoblastoma gene，*RB*）、*TP53* 基因、第 10 号染色体缺失的磷酸酶及张力蛋白同源基因（phosphatase and tensin homolog deleted on chromosome ten gene，*PTEN*）、乳腺癌易感基因（breast cancer susceptibility gene，*BRCA*）、腺瘤性结肠息肉病基因（adenomatous polyposis coli gene，*APC*）等都属于抑癌基因（表 18-2）。其中，*RB*、*TP53*、*PTEN* 基因是 3 个重要的具有广谱抑癌作用的基因，它们的作用机制研究得也较清楚，以下重点说明。

表 18-2　常见的人抑癌基因及编码产物

基因名称	染色体定位	相关肿瘤	编码产物及功能
TP53	17p13.1	多种肿瘤	转录因子 p53，细胞周期负调节和 DNA 诱发凋亡
RB	13q14.2	视网膜母细胞瘤、骨肉瘤	转录因子 p105 Rb
PTEN	10q23.3	胶质瘤、膀胱癌、前列腺癌、子宫内膜癌	磷脂类信使的去磷酸化，抑制 PI3K-AKT 通路

Note

续表

基因名称	染色体定位	相关肿瘤	编码产物及功能
BRCA	17q21	乳腺癌、卵巢癌等	转录因子
APC	5q22.2	结肠癌、胃癌等	G 蛋白，细胞黏附与信号转导
p16	9p21	肺癌、乳腺癌、胰腺癌、食道癌、黑素瘤	p16 蛋白，细胞周期检查点负调节
p21	6p21	前列腺癌	抑制 CDK1、CDK2、CDK4 和 CDK6
DCC	18q21	结肠癌	表面糖蛋白（细胞黏附分子）
NF1	7q12.2	神经纤维瘤	GTP 酶激活剂
NF2	22q12.2	神经鞘膜瘤、脑膜瘤	连接膜与细胞骨架的蛋白质
VHL	3p25.3	小细胞肺癌、宫颈癌、肾癌	转录调节蛋白
WT1	11p13	肾母细胞瘤	转录因子

注：*TP53*：tumor protein p53 gene，肿瘤蛋白 p53 基因；*DCC*：deleted gene in colorectal carcinoma，结肠癌缺失基因；*NF*：neurofibromalosis gene，神经纤维瘤基因；*VHL*：von Hippel-Lindau tumor suppressor，von Hippel-Lindau 肿瘤抑制基因；*WT*：Wilms tumor gene，Wilms 瘤基因；*RB*：retinoblastoma gene，视网膜母细胞瘤基因；*PTEN*：phosphatase and tensin homolog deleted on chromosome ten gene，第 10 号染色体缺失的磷酸酶及张力蛋白同源基因；*BRCA*：breast cancer susceptibility genes，乳腺癌易感基因；*APC*：adenomatous polyposis coli gene，腺瘤性结肠息肉病基因。

（一）*RB* 基因主要通过调控细胞周期检查点而发挥其抑癌功能

RB 基因是第一个被鉴定的抑癌基因，是 Knudson 于 1971 年对儿童视网膜母细胞瘤的遗传学研究中被发现的。*RB* 基因位于染色体 13q14，含 27 个外显子，其 mRNA 长 4.7 kb，编码产物 RB 蛋白为含 928 个氨基酸残基的单链分子，分子量约为 105 kDa。RB 又称为 p105（pRB），定位于核内。

RB 的结构和功能高度保守。RB 及后来被发现的其他家族成员 p107 和 p130，统称为“口袋蛋白质”。因为 RB 的 A、B 两个结构域组成“口袋”样功能区（图 18-5），通过该功能区与多种蛋白质分子结合，并依靠分子间的相互作用发挥 RB 对细胞周期的负调控功能。*RB* 基因的抑癌作用可被许多病毒癌基因编码蛋白质所封闭，如腺病毒的 E1A 蛋白、SV40 的大 T 抗原和人乳头瘤病毒 16（HPV16）的 E7 蛋白等都可与“口袋”样功能区结合，使之被占位性失活。

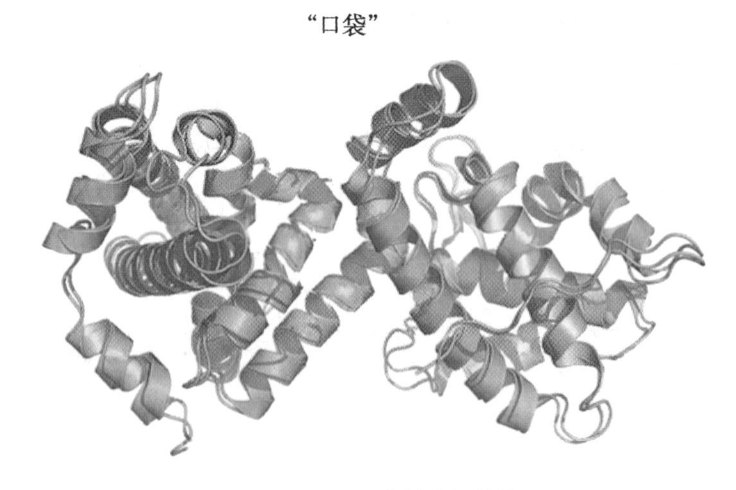

图 18-5 RB 蛋白的空间结构

RB 基因的表达和 RB 的磷酸化程度影响其对细胞周期、分化和发育等的调控。正常情况下，RB 在机体的几乎所有细胞中都有表达。*RB* 基因敲除小鼠在出生 2 周后死亡，说明 RB 为

小鼠生存所必需。现已发现，乳腺癌、肺癌、膀胱癌、骨肉瘤、非小细胞肺癌等有 *RB* 基因的缺失或突变，而在肿瘤细胞中转染野生型 *RB* 基因后，则可使细胞的恶性程度发生逆转。

蛋白质磷酸化及蛋白质分子间的相互作用是细胞周期的重要事件。RB 有非磷酸化（有活性）与磷酸化（无活性）两种形式，两种形式的变换与细胞周期密切相关。RB 的磷酸化部位主要为“口袋”区和羧基末端。在 G1 期，非磷酸化的 RB 与转录因子 E2F-1 形成复合物，使 E2F-1 的转录激活功能丧失，E2F-1 依赖性的相关基因不能表达，如二氢叶酸还原酶、胸苷激酶，进而阻止细胞从 G1 期进入 S 期。当周期蛋白依赖性蛋白质激酶（cyclin-dependent protein kinase，CDK）与周期蛋白结合被激活后，可使 RB 磷酸化程度增加，不再结合 E2F-1。于是，被释放的 E2F-1 发挥转录激活作用，细胞进入 S 期的增殖状态。因此，*RB* 基因的缺失或突变使细胞丧失了对该关卡的“守卫”，导致细胞周期进程失控，细胞异常增殖（图 18-6）。

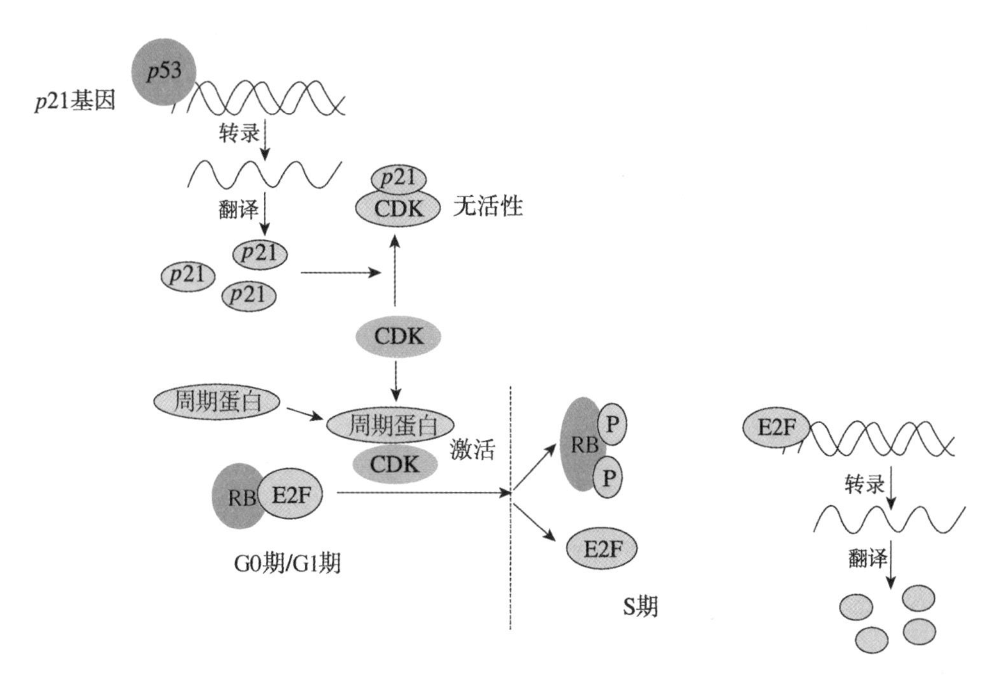

图 18-6 RB 抑制细胞增殖的作用
CDK：周期蛋白依赖性蛋白质激酶

（二）*TP53* 基因主要通过调控 DNA 损伤应答和诱发细胞凋亡而发挥其抑癌功能

TP53 基因是目前研究最多的、也是迄今发现在人类肿瘤中发生突变最广泛的抑癌基因。50% ～ 60% 的人类各系统肿瘤中发现有 *TP53* 基因突变。

TP53 基因于 1979 年被首次发现，1989 年野生型（wild type）的 *TP53* 基因才被确定为抑癌基因。后来发现，*TP53* 基因家族成员还有 *TP63* 基因和 *TP73* 基因，结构和功能与 *TP*53 基因相似。人 *TP53* 基因位于染色体 17p13，全长 16 ～ 20 kb，含有 11 个外显子，mRNA 长 2.8 kb，其表达产物 p53 蛋白由 393 个氨基酸残基组成，以四聚体形式存在，具有转录因子活性。

p53 蛋白的主要功能性结构域包括：

1．转录激活结构域（1 ～ 44） 位于氨基端，具有转录激活作用，调控多种靶基因（如 *p21*）的转录。小鼠双微基因（*MDM2*）编码的 E3 泛素连接酶可与该结构域结合，抑制 p53 的转录因子功能。

2．脯氨酸结构域（58 ～ 101） 富含脯氨酸，参与 DNA 损伤后引起的细胞凋亡。

3．DNA 结合结构域（102 ～ 292） 又称核心区，由第 5 ～ 8 外显子编码，可与 DNA 的特异序列结合。

Note

4．寡聚化结构域（325 ~ 356） 与 p53 四聚体的形成有关。两个 p53 单体通过该结构域内的 β 片层结合为二聚体，两个二聚体再通过紧接着的 α 螺旋聚合成四聚体。

5．细胞定位调节结构域位于羧基端 有富含亮氨酸的核定位信号（NLS，316 ~ 324）及核输出信号（NES，370 ~ 376 和 380 ~ 386）。

野生型 *TP53* 基因对抑制肿瘤形成、维持细胞正常生长的保护作用极为重要。因此，它又被称为"基因组卫士"。p53 抑制肿瘤的作用主要有以下几个方面（图 18-7）：

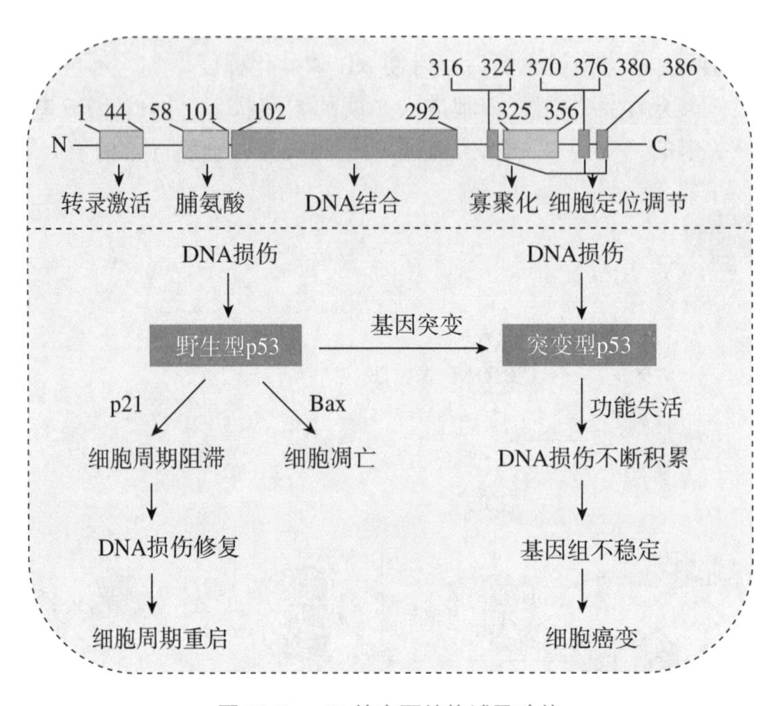

图 18-7 p53 的主要结构域及功能

（1）监控 DNA 的完整性：染色体 DNA 损伤后，p53 含量及活性应激性升高。例如，紫外线照射损伤后，p53 的 Ser^{15} 和 Ser^{37} 位点在 ATR 和 ATM 蛋白质激酶作用下发生磷酸化，使 p53 的转录激活功能增强，并启动细胞 DNA 修复系统，同时使细胞周期阻滞于 G1 期，便于细胞在此期间对损伤的染色体 DNA 进行修复。

（2）诱导细胞凋亡：如果 p53 不能诱导修复损伤的染色体 DNA，则诱导细胞发生凋亡。p53 诱导凋亡作用与上调 *BAX*、*FASL*、*BID*、*NOXA* 等促凋亡基因表达、下调抗凋亡蛋白 *BCL-2* 等基因表达有关。

（3）抑制细胞周期：p53 可通过上调 *p21* 基因的表达抑制细胞周期。p53 与 *p21* 基因的转录调控序列结合，促进 *p21* 基因表达。p21 是 CDK 的通用抑制剂，通过与 CDK 结合而阻断其与细胞周期蛋白的结合，使细胞周期阻滞于 G1 期。p53 的这种作用还间接地使 RB 保持非磷酸化状态，抑制细胞从 G1 期向 S 期转变。

（4）抑制原癌基因的表达：p53 可下调多种原癌基因的表达，如抑制 *C-MYC*、*C-FOS*、*C-JUN* 和增殖细胞核抗原（proliferating cell nuclear antigen，*PCNA*）等基因表达。

正常细胞中的 *TP53* 基因所表达的 p53 蛋白含量很低，半衰期只有 20 ~ 30 min，一般不易检测到。但在细胞增殖与生长时，p53 可升高 5 ~ 100 倍以上，所检测到的 p53 实际是突变型或应激性升高的 p53。

TP53 基因的缺失和突变，使 p53 蛋白含量和结构异常，失去抑制细胞增殖作用。*TP53* 基因的突变类型有点突变、移码突变和基因重排等。据统计，*TP53* 基因的点突变占全部突变的 40% 以上，并且 95% 的突变发生在其 DNA 结合结构域编码区域。基因突变引起 p53 空间构

象改变，失去稳定性和抑癌基因功能。在多种肿瘤中检测到的 *TP53* 基因密码子 *CGC* 突变为 *CTC*，使 Arg^{175} 被替换为 Leu^{175}，p53 因此失去功能。*TP53* 基因突变位点的数量与位置是评估患者对肿瘤治疗敏感性的重要指标。

p53 也是去乙酰化酶 HDAC3（HDACs 的 I 类家族中的成员）的一个底物。在恶性黑色素瘤中，HDAC3 的表达及酶活性增加，使乙酰化 p53（乙酰化位点为 Lys^{370}、Lys^{382}）减少，并影响到它的功能。利用 RNA 干扰技术下调 *HDAC3* 基因表达或加入 HDAC3 抑制剂（如 M275），可恢复乙酰化 p53 的活性，抑制肿瘤生长，促进细胞凋亡。

（三）PTEN 主要通过抑制 PI3K/AKT 信号途径而发挥其抑癌功能

PTEN 基因是继 *TP53* 基因后发现的另一个与肿瘤发生关系密切的抑癌基因。人的 *PTEN* 基因定位于 10q23，共有 9 个外显子和 8 个内含子，mRNA 长度为 5.15 kb，编码产物 PTEN 蛋白由 403 个氨基酸残基组成，分子量约为 56 kDa。

PTEN 主要包括 3 个结构功能域：

1. N 端磷酸酶结构域　是 PTEN 发挥肿瘤抑制活性的主要功能区。

2. C2 区　PTEN 通过该区结合于膜磷脂，参与 PTEN 在细胞膜的有效定位和胞内细胞信号转导。

3. C 端　对 PTEN 调节自身的稳定性和酶活性具有重要作用。

PTEN 是迄今发现的第一个具有双特异性磷酸酶活性的抑癌基因，其编码产物 PTEN 具有磷脂酰肌醇 -3,4,5- 三磷酸 3- 磷酸酶活性，催化水解磷脂酰肌醇 -3,4,5- 三磷酸（PIP_3）的 3-磷酸成为 PIP_2，而 PIP_3 是胰岛素、表皮生长因子等细胞生长因子的信号转导分子，从而抑制 PI3K/AKT 信号通路，发挥负调节细胞生长增殖的作用（图 18-8）。

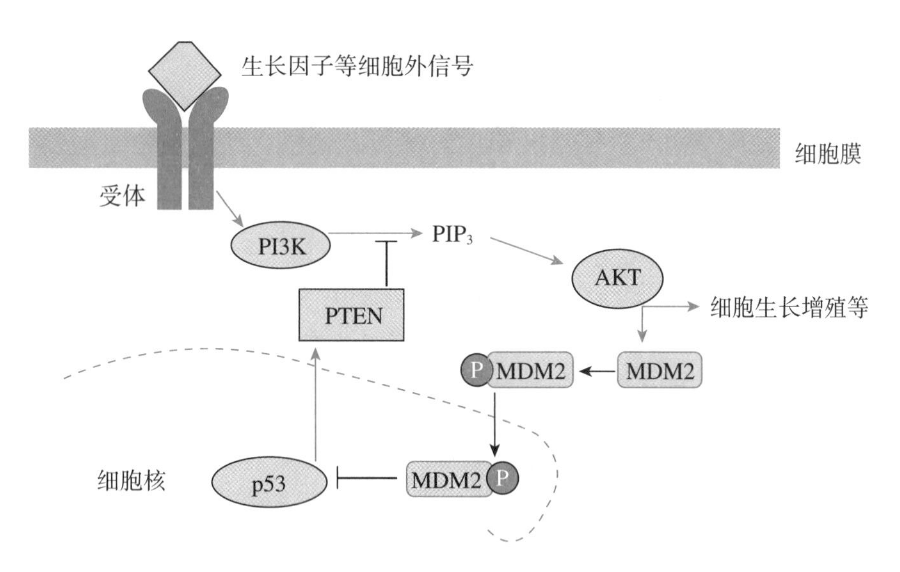

图 18-8　PTEN 通过阻断 PI3K/AKT 信号途径抑制细胞增殖

知识拓展

miRNA 与癌基因和抑癌基因的表达调控

miRNA 可起到“癌基因”或“抑癌基因”的作用，参与肿瘤的生长、增殖和凋亡等过程。肿瘤细胞中的 miRNA 编码序列常位于染色体缺失、扩增等变异区。不同肿瘤类型中 miRNA 的表达谱有很大差异，并直接影响靶基因的表达水平。在肿瘤细胞中，有些 miRNA 编码序列发挥癌基因功能，可检测到这些 miRNA 表达量增高；反之，有些 miRNA 编码序列具有抑癌基因的作用，可检测到这些 miRNA 表达量降低。例如，miR-15a 和 miR-16-1 调控的靶基因为抗凋亡蛋白基因 *BCL-2*，通过减少 BCL-2 蛋白表达而促进细胞凋亡。约 50% 的慢性淋巴细胞白血病患者中有 miR-15a 和 miR-16-1 的缺失或突变，使细胞凋亡受到抑制。与 mRNA 相比，miRNA 不容易降解，相对稳定，可用于肿瘤患者血液、组织等临床样品的检测及抗肿瘤靶向治疗。

临床应用

肿瘤靶向药物

肿瘤靶向药物只对肿瘤细胞起作用，其作用机制是通过靶向肿瘤分子病理过程的关键调控分子，阻止肿瘤细胞生长和转移。根据药物的作用靶点和性质，将肿瘤靶向药物分为单克隆抗体和小分子抑制剂。单克隆抗体能特异性识别肿瘤相关抗原，介导抗体和补体依赖的细胞毒性作用，杀死肿瘤细胞。常见靶点有表皮生长因子受体（EGFR）、人表皮生长因子受体 2（HER2）、B 淋巴细胞抗原 CD20 等，代表药物有利妥昔单抗、曲妥珠单抗、帕妥珠单抗等。小分子抑制剂主要分为酪氨酸激酶抑制剂和丝氨酸 / 苏氨酸激酶抑制剂。常见小分子抑制剂靶点有 EGFR、血管内皮细胞生长因子受体（VEGFR）、BCR-ABL 融合蛋白质、哺乳动物雷帕霉素靶蛋白质（mTOR）等，代表药有吉非替尼、索拉非尼、伊马替尼、曲美替尼、依维莫司等。

思考题

1．什么是抑癌基因，抑癌基因的失活方式有哪些？

2．论述原癌基因、抑癌基因和肿瘤发生的关系。

3．论述 *TP53* 基因的生物学功能及其与肿瘤发生的关系。

4．患者女性，65 岁，乏力、头晕半年，查体发现脾大，外周血象检查提示贫血，白细胞计数 45×10^9/L，血和骨髓涂片检查可见大量中幼、晚幼粒细胞，费城（Ph）染色体呈阳性，诊断为慢性髓细胞性白血病（CML）。请回答：

（1）该患者原癌基因激活的机制主要是哪种形式？

（2）哪种药在临床上可作为靶向抗肿瘤药用于 CML？

（3）试举例说明原癌基因异常激活的其他方式。

（谢书阳）

第十九章

血液的生物化学

案例 19-1

某患者，女性，40 岁，疲乏无力、食欲缺乏 3 年余。患者主诉久坐站立时“眼冒金星”，月经不规律，经期约 10 d 以上，月经量大。育有 1 女，6 岁。患者曾于社区诊所按照“贫血”治疗，口服铁剂（药名不详）1 个月余，因消化道不适未坚持服用。无高血压、糖尿病等家族病史。近 2 个月，患者自感头晕、疲乏无力加重，出现心悸、呼吸急促，于昨日清晨洗漱后晕倒。门诊检查：甲床、口腔黏膜苍白，唇周发黄，面色苍白，心率 105 次 / 分。RBC 3.05×10^{12}/L，WBC 5.30×10^{9}/L，PLT 118×10^{12}/L，Hb 63 g/L，血清铁 4.66 μmol/L，尿常规（-），粪便隐血试验（-）。

问题：

1. 该患者初诊“贫血”，以铁剂治疗的依据是什么？

2. 结合病史，患者为什么会出现甲床、口腔黏膜苍白，唇周发黄，面色苍白的临床症状？

3. 造成该类疾患的最常见原因是什么？

第一节　血液是一种复杂的混合物

血液（blood）是在心血管系统内循环流动的红色、不透明、具有黏性的液体，由液态的血浆（plasma）与血细胞（红细胞、白细胞及血小板）等有形成分组成。正常人体血液总量约占体重的 8%，血浆占全血体积的 50% ～ 60%，血细胞占全血体积的 40% ～ 50%。

离体的血液在不加抗凝剂的情况下，静置凝固后析出的淡黄色透明液体称为血清（serum）。若将离体的血液加入适量的抗凝剂后离心，可使血细胞下沉，浅黄色的上清液即为血浆。血液凝固的机制是血浆中可溶性的纤维蛋白原（fibrinogen）在一系列凝血因子的作用下转变为不溶性的纤维蛋白。故血清与血浆的主要区别是血清中不含纤维蛋白原。

正常人体血液的比重为 1.050 ～ 1.060，其大小主要取决于血液内的血细胞数和蛋白质的浓度。血液的 pH 7.40 ± 0.05，渗透压在 37 ℃时约为 770 kPa（310 mOsm/L）。

红细胞是血液中最主要的细胞，由骨髓中的造血干细胞定向分化而成。成熟红细胞除细胞膜和胞质溶胶外，无其他细胞器，因而失去了核酸、蛋白质的合成及有氧氧化能力，但是成熟红细胞保留了糖无氧氧化、戊糖磷酸途径及谷胱甘肽（glutathione，GSH）代谢系统，这些代谢反应可为红细胞提供能量，保护红细胞及保证红细胞的气体运输作用。

成熟红细胞中，血红蛋白（hemoglobin，Hb）占红细胞内蛋白质总量的95%，它是血液运输 O_2 的最重要物质，和 CO_2 的输送也有一定的关系。血红蛋白是由4个亚基组成的四聚体，每一亚基由1分子珠蛋白（globin）与1分子血红素（heme）缔合而成。

血红素也可以作为其他蛋白质［如肌红蛋白（myoglobin，Mb）、过氧化氢酶、过氧化物酶］的辅基。一般细胞均可合成血红素，且合成通路基本相同。在人红细胞中，血红素的合成从早幼红细胞开始，直到网织红细胞阶段仍可合成，而成熟红细胞不再有血红素的合成。

第二节　血液的化学成分与功能

一、血液的化学成分

血液不断地与各器官、组织之间进行物质交换，各种物质不断出入血液，所以血液的化学成分非常复杂。在生理情况下，血液中各种化学成分的含量相对恒定，仅在一定范围内波动，但在病理情况下，血液中某些化学成分的含量可能会发生改变。

正常人体血液的含水量为77%～81%，其余为可溶性固体和少量 O_2、CO_2 等气体。血浆含水较多，占93%～95%，红细胞含水较少，约为65%。血液中的固体成分十分复杂，可分为无机物和有机物两大类。无机物以电解质为主，重要的阳离子有 Na^+、K^+、Ca^{2+}、Mg^{2+}，重要的阴离子有 Cl^-、HCO_3^-、HPO_4^{2-} 等。

血液中的有机物包括蛋白质、非蛋白质含氮化合物、糖类和脂类等。非蛋白质含氮化合物主要有尿素、尿酸、肌酸、肌酸酐、氨基酸、多肽、胆红素和氨等，这些化合物中所含的氮总称为非蛋白质氮（non-protein nitrogen，NPN）。正常人血中非蛋白质氮含量为14.28～24.99 mmol/L。非蛋白质含氮物质主要是蛋白质和核酸代谢的终产物，如尿素、尿酸，由血液运输到肾排出。当肾功能严重障碍时，血中NPN含量增高。尿素是NPN中含量最多的一种物质，血尿素氮（blood urea nitrogen，BUN）的含量约占NPN总量的50%，故临床上也常将BUN水平作为判断肾排泄功能的指标。

血浆中葡萄糖、乳酸、酮体、脂类等的含量与糖代谢和脂质代谢密切相关。血浆中的脂类全部以脂蛋白的形式存在，还有一些微量物质，如酶、维生素、激素。血液中某些成分常受食物影响，因此常采用饭后8～12 h的空腹血液进行分析。血液中主要化学成分及正常参考值列于表19-1。

表19-1　正常成年人血液的主要化学成分

化学成分	分析材料	正常参考值
蛋白质		
总蛋白质	血清	60～80 g/L
清蛋白	血清	35～55 g/L
球蛋白	血清	20～30 g/L
血红蛋白	全血	男：120～160 g/L　女：110～150 g/L
纤维蛋白原	血浆	2～4 g/L

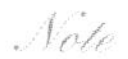

续表

化学成分	分析材料	正常参考值
非蛋白质含氮物质		
非蛋白质氮	全血	14.28 ~ 24.99 mmol/L
尿素氮	血清	1.7 ~ 8.3 mmol/L
尿酸	血清	男：0.15 ~ 0.42 mmol/L　女：0.09 ~ 0.35 mmol/L
肌酸	血清	0.23 ~ 0.53 mmol/L
肌酐	血清	0.08 ~ 0.18 mmol/L
氨基酸氮	血清	2.6 ~ 5.0 mmol/L
氨	全血	6 ~ 35 μmol/L（那氏试剂法）
总胆红素	血清	1.7 ~ 17.1 μmol/L
不含氮的有机物		
葡萄糖	血清	3.9 ~ 6.1 mmol/L
乳酸	全血	0.6 ~ 1.8 mmol/L
甘油三酯	血清	0.45 ~ 1.69 mmol/L
总胆固醇	血清	2.85 ~ 5.69 mmol/L
磷脂	血清	41.98 ~ 71.04 mmol/L
酮体	血清	< 33 μmol/L
无机物		
Na^+	血清	135 ~ 145 mmol/L
K^+	血清	3.5 ~ 5.5 mmol/L
Ca^{2+}	血清	2.1 ~ 2.7 mmol/L
Mg^{2+}	血清	0.8 ~ 1.2 mmol/L
Cl^-	血清	100 ~ 106 mmol/L
HCO_3^-	血浆	22 ~ 27 mmol/L
无机磷	血清	1.0 ~ 1.6 mmol/L

知识拓展

人造血液

“血荒”是威胁人类生命的一个重要的医学问题。在人造器官的启发下，科学家们开始尝试人造血液。

1966 年初，美国医生 L. Clark 在实验室中首次发现能像血液一样给机体提供氧气的一种白色液体——氟化碳。21 世纪初，美国一家医药公司用牛源血红蛋白制造了一款动物血液人造血——“血纯”，与各种血型都具有较高的兼容性。2016 年，中国的一个科研团队通过干细胞技术成功制备出“人工红细胞”，其与天然红细胞的血红蛋白含量、携氧能力等各项指标基本一致，是目前最适宜临床应用的干细胞来源的人造红细胞。

随着医学技术的发展和进步，我们已经离“天然”人造血越来越近了。终有一天，人类必将彻底解决血源不足的问题。

二、血液的基本功能

血液在全身血管内不断流动，联系各种组织、器官，维持机体内环境的相对稳定。血液的生理功能主要表现在以下几个方面。

1．运输及代谢调节功能 血液具有运输 O_2、CO_2、营养物质、代谢产物及代谢调节物的功能。除部分小分子无机化合物及中分子有机化合物可直接溶于血液被运输外，大多数物质以特异结合形式存在于血液中。血浆中的清蛋白和某些蛋白质能与多种物质（包括药物）结合而起运输作用。

2．维持内环境稳定 人体内环境的稳定离不开血液的平衡调节作用。血浆及红细胞内的缓冲系统可在一定限度内维持血液 pH 的稳定。血浆中的缓冲体系可有效地减轻进入血液中的酸性或碱性物质对血浆 pH 的影响。血浆中的蛋白质，特别是清蛋白，是维持血浆胶体渗透压的主要成分。另外，血液还参与体温调节，在中枢神经系统控制下，与肺、肾及皮肤等组织和器官配合，共同维持体温恒定。

3．免疫功能 血液中的白细胞（如粒细胞和单核细胞）具有吞噬功能，淋巴细胞则与特异性抗体的生成和细胞免疫有关。血液中的补体系统是一蛋白酶系，被激活后参与免疫反应的效应阶段作用。因此，血液是机体免疫系统的重要组成部分，有防御异物、预防感染的作用。

4．凝血与抗凝血功能 血液中的各种凝血因子参与血液凝固，防止大出血。抗凝血因子可以防止血管阻塞，保证血流通畅。

第三节 血浆蛋白质

一、血浆蛋白质的分类与特性

（一）血浆蛋白质的多种分类方法

血浆蛋白质是血浆中含量最多的可溶性固体成分，是血浆中各种蛋白质的总称，正常含量为 60 ~ 80 g/L。血浆蛋白质种类很多，据目前所知有 200 余种。通常按分离方法和生理功能将血浆蛋白质进行分类。不同的方法可将血浆蛋白质分离成不同的组分，常用的方法包括电泳和超速离心等。

电泳是最常用的分离蛋白质的方法，由于电泳的支持物不同，其分离程度差别很大。临床常采用简单快速的醋酸纤维素薄膜电泳，以 pH 8.6 的巴比妥溶液为缓冲液，可将血清蛋白质分成 5 条区带：清蛋白（albumin）、α_1- 球蛋白、α_2- 球蛋白、β- 球蛋白和 γ- 球蛋白（图 19-1）。正常成年人血浆中清蛋白是最主要的蛋白质，浓度达 35 ~ 55 g/L，占血浆总蛋白质的 57% ~ 68%。球蛋白的浓度为 20 ~ 30 g/L。正常的清蛋白 / 球蛋白比值（albumin/globulin, A/G）为（1.5 ~ 2.5）：1。临床上常用 A/G 对肝疾患与免疫相关疾患加以区分。例如，慢性肝炎或肝硬化患者肝合成清蛋白的能力下降，而同时球蛋白产生增加，A/G 下降，甚至出现 A/G 倒置。

用分辨率较高的聚丙烯酰胺凝胶电泳法可将血浆蛋白质分为 30 余条区带。用等电聚焦电泳与聚丙烯酰胺凝胶电泳组合的双向电泳，分辨率更高，可将血浆蛋白质分成 100 余种。

血浆蛋白质多种多样，各种血浆蛋白质有其独特的功能。除按分离方法分类外，也采用功能分类法。由于有些蛋白质功能尚不清楚，所以难以对全部血浆蛋白质做出十分恰当的分类。

目前，按其生理功能可将血浆蛋白质分类列于表 19-2。

A

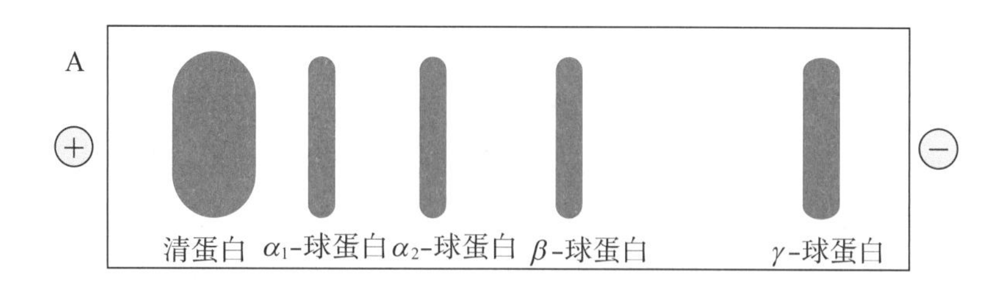

B

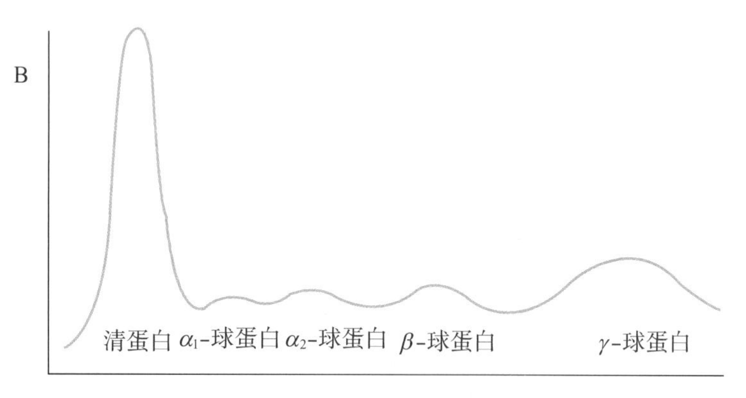

图 19-1 血清蛋白质的醋酸纤维素薄膜电泳图谱
A：染色后的图谱；B：光密度扫描后的电泳峰

表 19-2 人血浆蛋白质的分类（按生理功能）

种类	血浆蛋白质
载体蛋白	清蛋白、载脂蛋白、运铁蛋白、血浆铜蓝蛋白
免疫防御系统蛋白	IgG、IgM、IgA、IgD、IgE 和补体 C1 ~ C9 等
凝血和纤溶蛋白	凝血因子Ⅶ、Ⅷ，凝血酶原，血纤维蛋白溶解酶原等
酶	脂蛋白脂肪酶等
蛋白酶抑制剂	α_1- 抗胰蛋白酶、α_2- 巨球蛋白等
激素	促红细胞生成素、胰岛素等
参与炎症反应的蛋白质	C 反应蛋白质、α_1- 酸性糖蛋白等

（二）血浆蛋白质的特性

1．在肝合成 如清蛋白、纤维蛋白原和纤连蛋白。还有少量蛋白质在其他组织和细胞合成，如 γ- 球蛋白由浆细胞合成。

2．均为分泌型蛋白质 血浆蛋白质在肝细胞内粗面内质网核糖体上合成，分泌入血浆前经历了剪切信号肽、糖基化、磷酸化等翻译后修饰加工过程，成为成熟蛋白质。

3．几乎都是糖蛋白 仅清蛋白、视黄醇结合蛋白质和 C 反应蛋白质等少数不含糖。糖蛋白中所含的寡糖链携带可起识别作用的生物学信息。

4．半衰期不同 正常成年人血浆清蛋白和触珠蛋白的半衰期分别为 20 d 和 5 d 左右。

5．具有遗传多态性 多态性是指在同种属或人群中，一种蛋白质至少有两种表型。ABO 血型是广为人知的多态性，另外 α_1- 胰蛋白酶抑制剂（α_1-antitrypsin）、触珠蛋白（haptoglobin，Hp）、运铁蛋白（transferrin）、铜蓝蛋白（ceruloplasmin）和免疫球蛋白等均具

Note

有多态性。

6．一些是急性时相蛋白质 在机体发生急性炎症或某些组织损伤（如急性心肌梗死、外伤、手术）时，某些血浆蛋白质水平升高，这些蛋白质被称为急性时相蛋白质。这些蛋白质包括C反应蛋白质（由于与肺炎球菌的C-多糖起反应而得名）、纤维蛋白原、α_1-胰蛋白酶抑制剂、α_1-酸性糖蛋白等。急性时相蛋白质的变化与疾病进程相关，因此用于某些临床疾病的早期诊断和鉴别诊断。例如，C反应蛋白质是一种主要的急性反应期的指示蛋白质，在炎症或组织损伤后6～8 h迅速上升，最高可达正常值的数十倍至数百倍，在致病因素消除后，C反应蛋白质可很快恢复正常。另外，当患慢性炎症或肿瘤时，这些蛋白质在血浆中的水平也可升高。

二、不同血浆蛋白质的功能

（一）清蛋白是维持血浆胶体渗透压的主要物质

清蛋白主要在肝合成，肝每日合成清蛋白的量约为12 g，占肝合成蛋白质总量的25%，为分泌蛋白质量的约50%。清蛋白最初是以前清蛋白形式合成，进入粗面内质网腔后，信号肽被切除，随后N端的一个六肽片段在分泌过程中也被切除。成熟的清蛋白为单一多肽链，由585个氨基酸残基组成，分子量约为66 kDa。和其他多数血浆蛋白质不同的是，清蛋白不含任何糖基，其结构紧密，呈球状。清蛋白的主要功能之一是维持血浆胶体渗透压。血浆胶体渗透压的75%～80%取决于清蛋白的浓度。当血浆中清蛋白浓度过低时，血浆胶体渗透压下降，导致水分在组织间隙潴留，出现水肿。清蛋白的另一个主要功能是它能结合多种配体，如游离脂肪酸、甲状腺激素、皮质醇、胆红素、铜离子，还能与一些药物（如磺胺、青霉素、阿司匹林）结合。清蛋白与这些物质的结合增加了这类物质在血浆中的溶解性，并在这些物质的转运中起着十分重要的作用。

（二）免疫球蛋白和补体

免疫球蛋白（immunoglobulin，Ig）又称抗体，是人体受到细菌、病毒或异种蛋白质等抗原刺激后，由浆细胞产生的一类具有特异性免疫作用的球状蛋白质。补体是一类蛋白酶的总称，可对外来携带抗原的细胞（如细菌）膜蛋白质进行水解，使细胞膜溶解，即所谓的杀伤作用。免疫球蛋白与特异抗原结合，形成抗原-抗体复合物，此复合物的形成可激活补体系统，使之行使杀伤功能。因此，免疫球蛋白与补体的作用密切相关。

（三）触珠蛋白可与血红蛋白结合

触珠蛋白是血浆中一种重要的糖蛋白，又称结合珠蛋白，可与细胞外的血红蛋白通过非共价键牢固结合。每个单体分子可结合2分子血红蛋白。当血管内因溶血而出现血红蛋白时，触珠蛋白即与之结合形成Hp-Hb复合物，后者因分子量较大（约155 kDa），不易通过肾小球滤出，从而防止了血红蛋白中铁的丢失。Hp-Hb复合物可被巨噬细胞吞噬和分解。当发生严重溶血时，触珠蛋白结合血红蛋白的量达到饱和，未被结合的血红蛋白自肾小球滤出，在肾小管内沉积，引起肾损伤，即血红蛋白尿性肾病。

（四）金属结合蛋白类

1．运铁蛋白和铁蛋白 运铁蛋白是一种糖蛋白，在肝细胞合成，分子量约为76 kDa，含糖量为5.9%，约占血清总蛋白质的3%，正常血清含量为1.8～4.0 g/L。运铁蛋白的主要功能是运输铁。自由铁离子对机体有毒，与运铁蛋白结合后即无毒性，1 分子运铁蛋白可与 2 个 Fe^{3+} 结合。运铁蛋白与铁的结合还可防止铁离子自肾丢失。铁蛋白（ferritin）是一种含铁蛋白质，主要存在于肝、脾、骨髓等脏器。铁蛋白是铁贮存的主要形式，在铁平衡中起重要作用。当体内铁增加时，铁蛋白将铁摄入并且将二价铁转为无害的三价铁贮存，避免细胞内高浓度的游离铁对细胞的毒性作用；当机体需要铁时，可以动员铁蛋白中的贮存铁释放。血清中含有微量的铁蛋白，正常情况下含量稳定。血清铁蛋白水平是判断机体缺铁或铁过载的指标。

2. 血浆铜蓝蛋白　是一种含铜的蛋白质，因呈现蓝色而得名。血浆铜蓝蛋白属于 α_2- 球蛋白，分子量为 160 kDa，血浆中浓度为 150 ~ 600 mg/L。血浆中 90% 的铜与血浆铜蓝蛋白结合（其余 10% 与清蛋白结合），每分子血浆铜蓝蛋白可牢固结合 6 个铜离子。血浆铜蓝蛋白具有氧化酶活性，可将 Fe^{2+} 氧化为 Fe^{3+}，以利于铁离子与运铁蛋白结合，参与体内铁的运输与动员。铜是许多重要酶的辅因子，例如细胞色素氧化酶、酪氨酸酶、铜依赖超氧化物歧化酶。正常成年人体内含铜约 100 mg，铜主要分布于骨、肝、肾和肌肉组织中。血浆铜蓝蛋白在肝中合成，肝病时，血浆铜蓝蛋白合成减少，血浆铜蓝蛋白含量下降（< 200 mg/L）。

（五）血浆酶类

血浆中有很多酶，根据来源不同可将血浆酶分成三类。

1. 血浆功能性酶　是血浆蛋白质的固有成分，在血浆中发挥特异的催化作用，如凝血酶系、纤溶酶、血浆铜蓝蛋白（铁氧化酶）、脂蛋白脂肪酶、血浆前激肽释放酶、磷脂酰胆碱胆固醇酰基转移酶和肾素。脂蛋白脂肪酶来自肝外组织，纤溶酶原可能来自嗜酸性粒细胞，其余几乎均由肝合成后分泌入血。当肝功能下降时，这些酶在血浆中的活性即下降。

2. 外分泌酶　此类酶来源于外分泌腺，只有极少量逸入血浆，如淀粉酶（来自唾液腺和胰）、脂肪酶（来自胰）、蛋白酶（来自胃和胰）和前列腺酸性磷酸酶。它们在血浆中的活性与其分泌腺体的功能状态有关。

3. 细胞酶　这类酶在细胞内催化有关的代谢过程，当细胞更新或细胞破坏时，可有少量进入血液。因此，其在血浆中活性的升高常提示有关脏器细胞的损坏或细胞膜通透性的改变，对血浆中的这些酶活性的测定常有助于相关脏器病变严重程度的诊断。例如血清中谷丙转氨酶活性的升高提示肝或肌组织存在损伤。

（六）血浆蛋白酶抑制剂

血浆蛋白酶抑制剂均属于糖蛋白，它们能抑制血浆中的蛋白酶、凝血酶、纤溶酶、补体成分以及白细胞在吞噬或破坏时释放出的组织蛋白酶等，对体内的一些重要生理过程起着调节作用。蛋白酶抑制剂能抑制血浆中蛋白酶的活性，防止蛋白酶对组织结构蛋白的水解，对机体起保护作用。α_1- 胰蛋白酶抑制剂是血浆中主要的蛋白酶抑制剂，它除能抑制胰蛋白酶的作用外，还可以抑制多种丝氨酸蛋白酶的活性。

第四节　红细胞的代谢特点与血红蛋白的生物合成

一、不同阶段的红细胞代谢特点各有不同

红细胞是血液中最主要的细胞，由骨髓中的造血干细胞定向分化而成。在红细胞发育过程中，经历了原始红细胞、早幼红细胞、中幼红细胞、晚幼红细胞、网织红细胞等阶段，最终

才发育成为成熟红细胞。在成熟过程中，红细胞发生一系列形态和代谢的变化。早幼红细胞和中幼红细胞有细胞核、线粒体等细胞器，可以合成核酸和蛋白质，能通过有氧氧化供能，并且能分裂增殖。晚幼红细胞则失去合成DNA的能力，不再进行分裂。网织红细胞无细胞核和DNA，但仍残留少量RNA和线粒体，故仍可合成蛋白质及通过有氧氧化供能。成熟红细胞除细胞膜和胞质溶胶外，无其他细胞器，丧失了核酸、蛋白质的合成及有氧氧化能力，只保留了糖无氧氧化、戊糖磷酸途径及谷胱甘肽代谢系统，这些代谢反应可为红细胞提供能量，保护红细胞及保证红细胞的气体运输作用。本节重点介绍成熟红细胞的代谢特点。

（一）糖代谢以无氧氧化为主

红细胞通过易化扩散的方式从血浆中摄取葡萄糖。血液循环中的红细胞每日大约从血浆中摄取30 g葡萄糖，其中90% ~ 95%用于糖无氧氧化和甘油酸-2,3-二磷酸（2,3-bisphosphoglycerate，2,3-BPG）支路进行代谢，5% ~ 10%通过戊糖磷酸途径进行代谢。

1．糖无氧氧化 红细胞内存在催化糖无氧氧化所需要的全部酶和中间代谢物。糖无氧氧化基本反应和其他组织相同，是成熟红细胞获得能量的唯一途径，1分子葡萄糖经无氧氧化生成2分子ATP，通过这一途径，可使红细胞内ATP浓度维持在1 ~ 2 mmol/L。红细胞中生成的ATP主要用于下述几个方面，以维持红细胞的形态、结构、功能和生命。

（1）维持红细胞膜上钠泵的正常运行：Na^+和K^+一般不易通过细胞膜，钠泵通过消耗ATP将Na^+泵出、K^+泵入红细胞，以维持红细胞的离子平衡以及细胞容积和双凹圆盘状形态。如果红细胞内缺乏ATP，则钠泵功能受阻，Na^+进入红细胞多于K^+排出，红细胞内吸入更多水分而成球形，容易溶血。

（2）维持红细胞膜上钙泵的正常运行：钙泵可将红细胞内的Ca^{2+}泵入血浆，以维持红细胞内的低钙状态。正常情况下，红细胞内的Ca^{2+}浓度很低（约20 μmol/L），而血浆中Ca^{2+}浓度为2 ~ 3 mmol/L。血浆内的Ca^{2+}可经被动扩散进入红细胞。当缺乏ATP时，钙泵不能正常运行，钙将聚集并沉积于红细胞膜，使膜失去柔韧性而变脆，红细胞流经狭窄部位时易破碎。

（3）维持红细胞膜上的脂质与血浆脂蛋白中的脂质进行交换：红细胞膜的脂质处于不断更新中，此过程需消耗ATP。当缺乏ATP时，脂质更新受阻，红细胞的可塑性降低，易被破坏。

（4）用于谷胱甘肽、NAD^+的生物合成。

（5）用于葡萄糖的活化，启动糖无氧氧化过程。

2．2,3-BPG支路

（1）2,3-BPG是红细胞内能量的贮存形式：2,3-BPG支路是指在红细胞糖酵解中，由甘油酸-1,3-二磷酸（1,3-bisphosphoglycerate，1,3-BPG）经2,3-BPG转变为甘油酸-3-磷酸的侧支途径（图19-2）。

催化此反应的酶是二磷酸甘油酸变位酶和2,3-BPG磷酸酶。

正常情况下，2,3-BPG对二磷酸甘油酸变位酶的负反馈作用大于对磷酸甘油酸激酶的抑制作用，所以2,3-BPG支路仅占糖酵解的15% ~ 20%，但由于2,3-BPG磷酸酶的活性较低，致使2,3-BPG的生成大于分解，造成红细胞内2,3-BPG含量较高，浓度接近5 mmol/L，比红细胞内其他糖酵解中间产物浓度高出数十倍到数百倍。2,3-BPG氧化时可生成ATP，故2,3-BPG是红细胞内能量的贮存形式。

（2）2,3-BPG参与血红蛋白运氧功能的调节：2,3-BPG最主要的功能是降低血红蛋白对O_2的亲和力，调节血红蛋白的运氧功能。2,3-BPG不结合氧合血红蛋白，而是通过与去氧血红蛋白结合来降低血红蛋白对O_2的亲和力。2,3-BPG与血红蛋白的结合可以表示为：

$$HbO_2 + 2,3\text{-BPG} \rightleftharpoons Hb\text{-}2,3\text{-BPG} + O_2$$

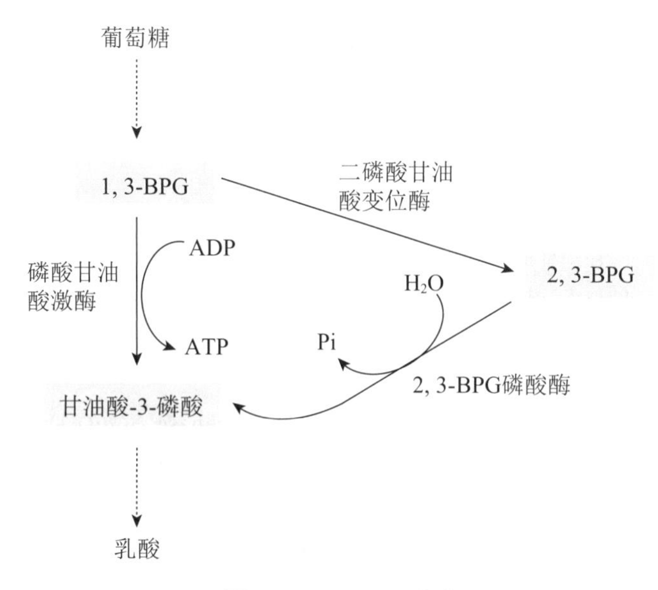

图 19-2　2,3-BPG 支路

2,3-BPG 能进入去氧血红蛋白（T 态）分子对称中心的空穴内，其负电基团与空穴侧壁的 2 个 β 亚基上的正电基团形成离子键（图 19-3），从而使去氧血红蛋白分子的 T 态构象更稳定，降低血红蛋白与 O_2 的亲和力。当血液流经氧分压较低的组织时，红细胞的 2,3-BPG 能显著地增加 O_2 释放，以供组织需要。在氧分压相同的条件下，随 2,3-BPG 浓度的增大，HbO_2 释放 O_2 增多。人体能通过改变红细胞内 2,3-BPG 的浓度来调节对组织的供氧。静脉血红细胞的 2,3-BPG 水平高于动脉血；在高原、气道阻塞、心力衰竭或贫血等情况下，红细胞 2,3-BPG 水平升高。

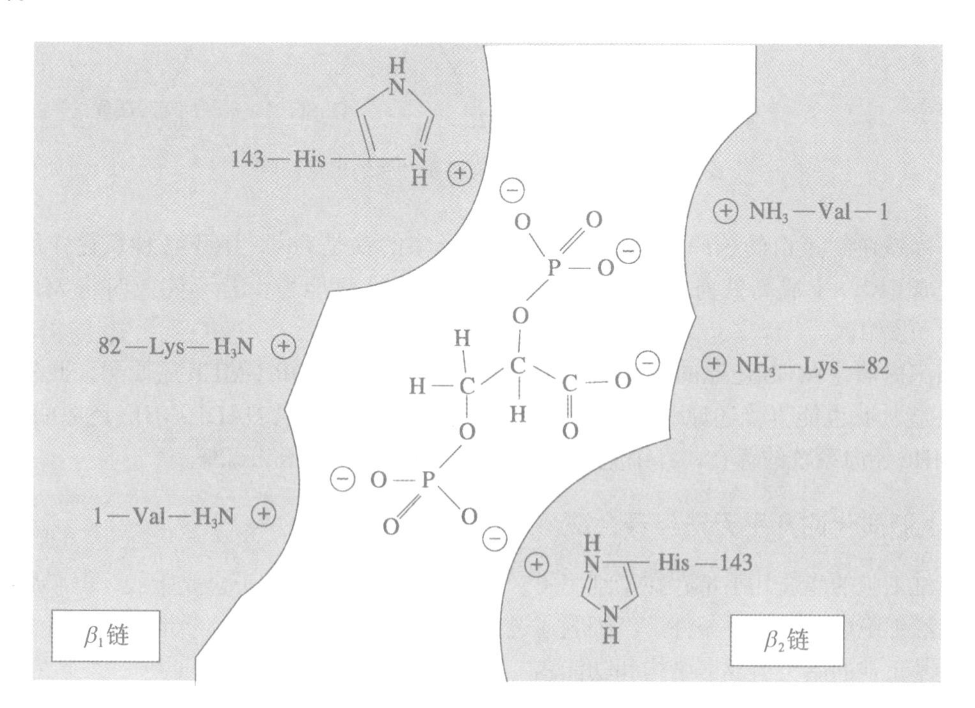

图 19-3　2,3-BPG 与血红蛋白的结合

另外，胎儿血红蛋白 HbF（由 $\alpha_2\gamma_2$ 组成）与 2,3-BPG 的结合能力比成年人血红蛋白与 2,3-BPG 的结合能力弱，原因是其 γ 亚基第 143 位是 Ser 而不是 His，Ser 不能与位于空穴中的 2,3-BPG 形成离子键，故胎儿血红蛋白对氧的亲和力比成年人血红蛋白对氧的亲和力高，以利

于胎儿通过胎盘从母体血中获得 O_2。

3．戊糖磷酸途径和氧化还原系统 红细胞中 5% ～ 10% 的葡萄糖沿戊糖磷酸途径分解，其生理意义是为红细胞提供 $NADPH + H^+$，用于维持谷胱甘肽还原系统和高铁血红蛋白的还原。

（1）谷胱甘肽的氧化还原：谷胱甘肽有还原型（GSH）和氧化型（GSSG）两种形式。还原型谷胱甘肽的重要功能是保护红细胞膜蛋白、血红蛋白及酶的巯基免受氧化剂的毒害，从而维持细胞的正常功能。当红细胞内生成少量 H_2O_2 时，GSH 在谷胱甘肽过氧化物酶的催化下，将 H_2O_2 还原成 H_2O，而自身氧化生成 GSSG，从而阻止其他细胞成分被氧化，起到保护作用。由 $NADPH + H^+$ 作为供氢体，GSSG 在谷胱甘肽还原酶的催化下，又重新还原成 GSH（图 19-4）。

葡萄糖 -6- 磷酸脱氢酶（glucose-6-phosphate dehydrogenase，G6PD）是戊糖磷酸途径的关键酶，葡萄糖 -6- 磷酸脱氢酶缺乏的患者，因戊糖磷酸途径不能正常进行，导致 $NADPH + H^+$ 生成障碍，使谷胱甘肽不能维持于还原状态，因而红细胞膜蛋白、血红蛋白及酶的巯基得不到保护而被氧化，易发生溶血。这类患者如食用某些食物（如蚕豆）或服用某些药物（如伯氨喹、磺胺类及阿司匹林），可以导致 H_2O_2 和超氧化物大量生成而引起溶血。

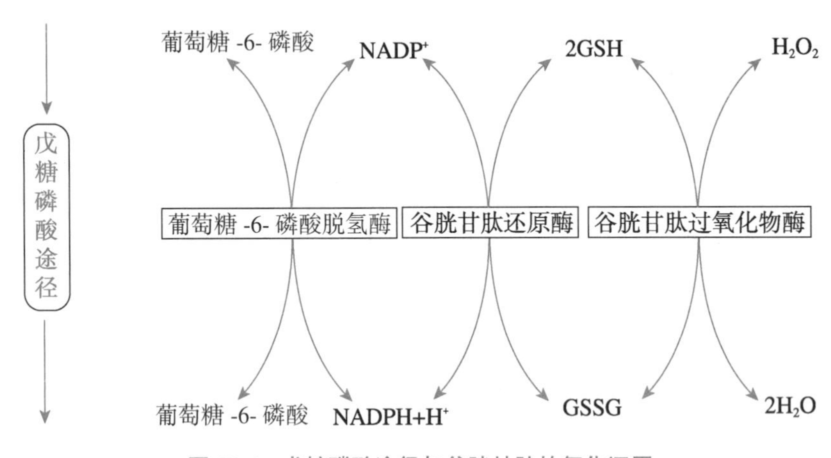

图 19-4 戊糖磷酸途径与谷胱甘肽的氧化还原

（2）高铁血红蛋白的还原：正常血红蛋白分子中的铁是 Fe^{2+}，由于各种氧化作用，可将 Fe^{2+} 氧化成 Fe^{3+}，生成高铁血红蛋白（MHb）。MHb 无携氧能力，若不能及时将 MHb 还原，可致缺氧和发绀。

红细胞内催化 MHb 还原的酶有 NADH-MHb 还原酶、NADPH-MHb 还原酶。此外，维生素 C 和谷胱甘肽也能直接还原 MHb。这些 MHb 还原系统中，以 NADH-MHb 还原酶最重要。由于有 MHb 还原系统的存在，红细胞内 MHb 只占 Hb 总量的 1% ～ 2%。

（二）脂质代谢几乎无法自身合成

成熟红细胞的脂质几乎都存在于细胞膜。成熟红细胞已不能从头合成脂酸，但膜脂的不断更新却是红细胞生存的必要条件。红细胞通过主动掺入和被动交换，不断地与血浆进行脂质交换，维持其正常的脂类组成、结构和功能。

二、血红蛋白的生物合成分为血红素与珠蛋白合成两部分

血红蛋白是红细胞中最主要的成分，由珠蛋白和血红素组成。体内多种细胞内都能合成血

红素，合成的血红素可分别作为肌红蛋白、细胞色素、过氧化物酶等的辅基。血红蛋白中的血红素主要在骨髓的幼红细胞和网织红细胞中合成，成熟红细胞不能合成血红素。

（一）血红素的生物合成

合成血红素的基本原料有琥珀酰辅酶 A、甘氨酸和 Fe^{2+}。合成的起始和终末阶段均在线粒体内，中间阶段在胞质溶胶内进行。多种因素可以调节血红素的生物合成。其反应步骤大致如下。

1. *δ*- 氨基 -*γ*- 酮戊酸（*δ*-aminolevulinic acid，ALA）的生成　在线粒体内，琥珀酰辅酶 A 和甘氨酸在 ALA 合酶（ALA synthase）的催化下，缩合生成 ALA。ALA 合酶是血红素生物合成的关键酶和限速酶，其辅酶是磷酸吡哆醛。

COOH–CH_2–CH_2–C(=O)~SCoA（琥珀酰辅酶A） + CH_2NH_2–COOH（甘氨酸） → COOH–CH_2–CH_2–C(=O)–CH_2NH_2（ALA） + CO_2 + HSCoA

（ALA合酶，磷酸吡哆醛）

2. 卟胆原的生成　生成的 ALA 由线粒体进入胞质溶胶。在 ALA 脱水酶（ALA dehydratase）的催化下，2 分子 ALA 脱水缩合成 1 分子卟胆原（porphobilinogen，PBG）。ALA 脱水酶含有巯基，铅等重金属对其有抑制作用。

2 ALA → PBG + 2 H_2O（ALA脱水酶）

3. 尿卟啉原Ⅲ及粪卟啉原Ⅲ的生成　在胞质溶胶中，4 分子卟胆原由卟胆原脱氨酶（又称尿卟啉原Ⅰ同合酶）催化，脱氨缩合生成 1 分子线状四吡咯，后者再由尿卟啉原Ⅲ同合酶催化，环化生成尿卟啉原Ⅲ。尿卟啉原Ⅲ进一步经尿卟啉原Ⅲ脱羧酶催化，脱羧生成粪卟啉原Ⅲ。

4. 血红素的生成　胞质溶胶中生成的粪卟啉原Ⅲ扩散进入线粒体，经粪卟啉原Ⅲ氧化脱羧酶作用，使侧链氧化脱羧，生成原卟啉原Ⅸ，再由原卟啉原Ⅸ氧化酶催化进一步脱氢氧化，生成原卟啉Ⅸ。最后通过亚铁螯合酶（ferrochelatase）（又称血红素合成酶）的催化，原卟啉Ⅸ与 Fe^{2+} 螯合生成血红素（图 19-5）。铅等重金属对血红素合成酶具有抑制作用。

5. 血红素生物合成的调节　血红素的合成受多种因素的调节，其中最主要的调节步骤是 ALA 的生成。ALA 合酶是血红素合成过程的限速酶，其活性受下列因素影响。

（1）血红素：对 ALA 合酶有反馈抑制作用。正常情况下，血红素合成后迅速与珠蛋白结合形成血红蛋白，没有过多的血红素堆积。过量的血红素可以抑制 ALA 合酶的合成，并别构抑制 ALA 合酶的活性，另外还通过氧化生成高铁血红素强烈抑制 ALA 合酶，从而减慢血红素的生成速度。

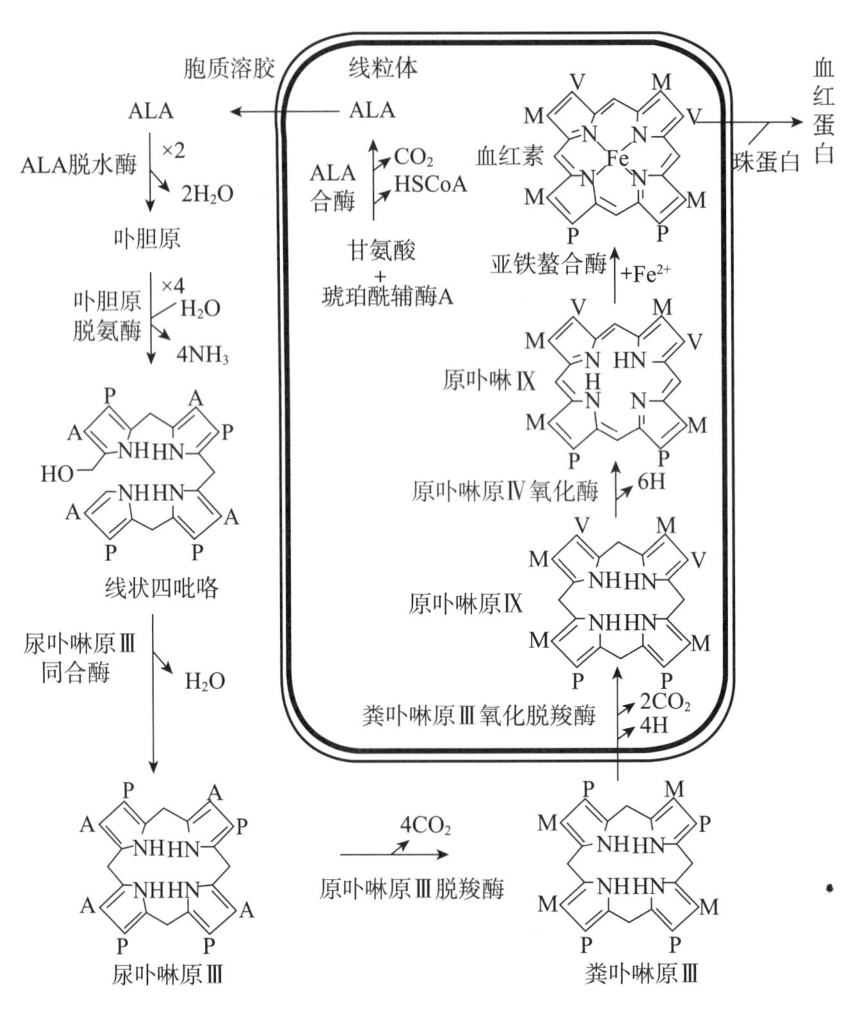

图 19-5 血红素的生物合成

A：—CH_2COOH；P：—CH_2CH_2COOH；M：—CH_3，V：—$CHCH_2$

（2）促红细胞生成素（erythropoietin，EPO）：是由肾产生的一种糖蛋白，由 166 个氨基酸残基组成，分子量为 34 kDa。促红细胞生成素经血液循环运到骨髓等造血组织后，可诱导 ALA 合酶的合成，从而促进血红素的合成。当血细胞比容降低或机体缺氧时，促红细胞生成素分泌增多，促进血红素和血红蛋白合成，以适应机体运输氧的需要。慢性肾炎、肾功能不良患者常见的贫血现象与促红细胞生成素合成量的减少有关。

（3）某些固醇类激素：雄激素及雌二醇等都是血红素合成的促进剂。临床上应用丙酸睾酮及其衍生物治疗再生障碍性贫血。

（4）杀虫剂、致癌物及药物：这些物质可诱导 ALA 合酶的合成。原因是这些物质在肝细胞内进行生物转化时需要细胞色素 P-450，它含有血红素辅基，在此情况下 ALA 合酶合成增多，可促进血红素合成，使这些物质更好地进行生物转化。此外，铅可抑制 ALA 脱水酶及亚铁螯合酶，导致血红素生成的抑制。

临床应用

促红细胞生成素

促红细胞生成素（EPO）是由肾和肝分泌的一种对红细胞生成有增强作用的体液性因子，化学本质是一种由166个氨基酸组成的分子量为34 kDa的糖蛋白激素。

EPO临床上可用于治疗肾功能不全合并的贫血、获得性免疫缺陷综合征本身或对其治疗所引起的贫血、恶性肿瘤伴发的贫血以及风湿病所引起的贫血等。1985年，科学家应用基因重组技术在实验室获得重组人EPO。近期研究表明，EPO和EPO受体广泛分布于神经系统，EPO可通过抗凋亡、抗氧化、抗神经毒性、调节免疫、促进神经再生、促血管生成和神经营养等方式来发挥神经保护作用，临床研究亦提示EPO有望应用于脑损伤或神经退行性疾病的治疗。

（二）珠蛋白的合成

珠蛋白肽链是组成血红蛋白的基本结构，每个血红蛋白分子由2条α类及2条非α类（β类）珠蛋白肽链组成，分别由α珠蛋白基因簇及β珠蛋白基因簇基因编码。人α珠蛋白基因簇位于第16号染色体，包含3个按排列顺序依次表达的功能基因，分别为ζ、α_2、α_1基因（图19-6）。β珠蛋白基因簇第11号染色体上包括5个基因，分别为ε、G_γ、A_γ、δ、β基因。它们按在染色体上的排列顺序，在个体发育的不同阶段依次表达。在个体发育的不同阶段，血红蛋白中珠蛋白的组成是不同的（图19-6）。珠蛋白在有核红细胞及网织红细胞中合成，其过程与一般蛋白质相同，而血红素对其合成有促进作用，可以协调两者的生成比率。

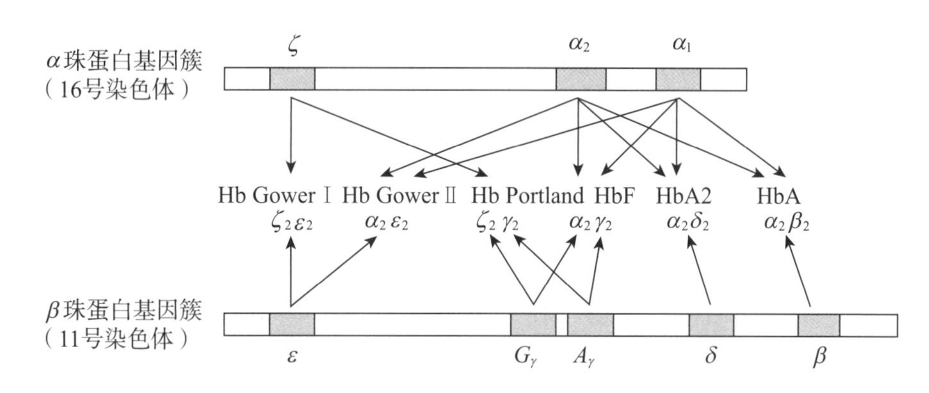

图19-6　珠蛋白基因家族及其表达产物

Hb Gower Ⅰ（$\zeta_2\varepsilon_2$）为最早的胚胎血红蛋白，胚胎血红蛋白还包括Hb Gower Ⅱ（$\alpha_2\varepsilon_2$）、Hb Portland（$\zeta_2\gamma_2$）；HbF（$\alpha_2\gamma_2$）为胎儿血红蛋白，HbA2（$\alpha_2\delta_2$）及HbA（$\alpha_2\beta_2$）为成人血红蛋白

（三）血红蛋白的合成

每个血红蛋白分子含有4条珠蛋白肽链，每条折叠的珠蛋白肽链结合1个亚铁血红素，形成具有四级空间结构的四聚体。正常成年人的血红蛋白主要为HbA（占95%），其次为HbA2（占2% ~ 3%）和HbF（< 2%）。新生儿和婴儿的HbF水平显著高于成年人，新生儿HbF占Hb总量的70%左右，1岁后逐渐降至成年人水平。

HbA由2条α链和2条β链聚合而成。α链含141个氨基酸残基，β链含146个氨基酸残基，两种肽链的氨基酸序列虽然相差很大，但都能卷曲成相似的球状立体结构，都有一个空隙容纳一个血红素。在珠蛋白肽链合成后，容纳血红素的空隙一旦形成，血红素立刻与之结合，并使珠蛋白折叠成其最终的立体结构，再形成稳定的 $\alpha\beta$ 二聚体，最后 2 个二聚体构成有功能的 $\alpha_2\beta_2$ 四聚体（图 19-7）。

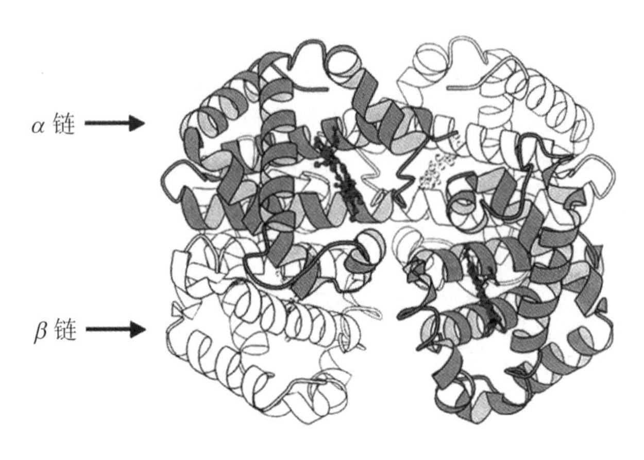

图 19-7 血红蛋白四级结构示意图

思考题

1. 血浆和血清的主要区别是什么？
2. 简述血红素合成的主要过程及调节因素。
3. 简述 2,3-BPG 调节血红蛋白携氧功能的机制。
4. 为什么清蛋白能最有效地维持血浆胶体渗透压？
5. 血浆清蛋白降低的可能原因有哪些？
6. 临床上为什么可通过血液非蛋白氮及肌酸酐含量的测定来反映机体的肾功能？

（赵春澎）

第二十章

肝的生物化学

案例 20-1

某患者，男性，65岁，因“皮肤、巩膜黄染20 d”入院。20 d前患者出现皮肤、巩膜黄染，伴腹胀、厌油、食欲缺乏，上腹部偶有不适，尿呈深茶色，粪便呈灰白色。体格检查：右侧上腹部扪及肿大的胆囊，张力稍高，墨菲征（-）。生化检查：总胆红素211.1 μmol/L（正常值3.4 ~ 17.1 μmol/L），直接胆红素183.6 μmol/L（正常值0 ~ 3.5 μmol/L），间接胆红素9.8 μmol/L（正常值3.4 ~ 13.6 μmol/L），血浆清蛋白44.2 g/L（正常值35 ~ 45 g/L），甲胎蛋白2.9 μg/L（正常值< 20 μg/L），尿胆红素（++），尿胆原（-），尿胆素（-），粪胆素原（-）。腹部B超：肝内、外胆管明显扩张，胆囊肿大。

问题：

1. 此患者所患何种类型黄疸？判断依据是什么？
2. 此类黄疸的治疗方案如何？
3. 简述胆红素的代谢过程。

第一节 概 述

肝是人体内重要的器官之一。成年人肝约重1500 g，占体重的2.5%，是人体内最大的腺体。肝的形态结构和细胞成分有许多特点，肝具有肝动脉和门静脉双重血液供应。肝动脉将肺吸收的氧运至肝内，门静脉将消化道吸收的养分首先运入肝加以转化。与此相对应，肝也有两条输出通路：通过肝静脉与体循环相连接、通过胆管系统与肠道相连接。同时，肝组织还有丰富的血窦，此处血流缓慢，肝细胞与血液接触面积大且时间长。这为物质交换提供了良好的条件。

此外，肝细胞含有丰富的线粒体、内质网、高尔基复合体、核糖体、溶酶体及过氧化物酶体等，为肝细胞的蛋白质合成和生物转化等提供了保障。肝所含酶系种类多，有600余种，有的甚至仅存在于肝细胞中，如尿素合成酶系，因此肝被喻为“人体的化工厂”。

总之，肝因其独特的形态结构及化学组成成为物质代谢的重要场所，使其不仅在糖、脂肪、蛋白质、维生素和激素代谢方面发挥重要作用，而且具有分泌、排泄和生物转化等重要功能。

Note

第二节 肝在物质代谢中的作用

肝是人体的物质和能量代谢中心，以适当比例和形式向肝外组织输出营养物质、调节代谢，并处理过剩氨成为尿素，经肾排泄。

一、肝是维持血糖浓度恒定的重要器官

肝在糖代谢中的作用主要是通过糖原合成、分解及糖异生作用来维持血糖浓度恒定。肝有较强的糖原合成与分解能力，餐后血糖浓度增高，肝将过剩的血糖合成糖原储存于肝内，降低血糖浓度。肝糖原储存量可达肝重的 5% ~ 6%，过多的糖在肝内转变为甘油三酯。空腹血糖浓度下降，肝糖原被迅速分解为葡萄糖 -6- 磷酸，在肝葡萄糖 -6- 磷酸酶的催化下，水解成葡萄糖以补充血糖。肝也是糖异生作用的主要器官，可将甘油、丙氨酸和乳酸等转化为糖原或葡萄糖，作为血糖的补充来源。因此，虽然肝糖原的储存有限（饥饿十几小时后即可消耗尽），但正常人饥饿十几小时甚至更久并无低血糖现象发生。而当肝严重损伤时，肝维持血糖浓度的能力下降，易出现空腹低血糖及餐后高血糖现象。

二、肝在脂质代谢中具有重要作用

肝在脂质的消化、吸收、合成、分解及运输等过程中均起重要作用。

肝所分泌的胆汁中含有胆汁酸盐。胆汗酸盐是一种表面活性物质，可乳化脂类，促进脂质的消化和吸收。肝细胞损伤（如肝炎、肝癌等肝病）时，肝分泌胆汁的能力下降，会出现脂质消化、吸收不良，产生厌油腻和脂肪泻等症状。肝可利用糖和某些氨基酸合成甘油三酯。肝还是人体中合成胆固醇及磷脂的重要器官，血液中的胆固醇和磷脂主要来源于肝，肝合成的胆固醇占全身合成胆固醇总量的 75% 以上。此外，肝还能够利用甘油三酯、磷脂、胆固醇及载脂蛋白合成极低密度脂蛋白（VLDL）和高密度脂蛋白（HDL），并分泌入血，它们是血浆甘油三酯和胆固醇等的重要运输形式。

同时，肝具有很强的脂肪酸 β 氧化以及转化和排出胆固醇的能力。生成胆汁酸是肝降解胆固醇的主要途径。肝内脂肪酸 β 氧化产生的乙酰辅酶 A 可为肝细胞提供能量，其余大部分则转化为酮体，供肝外组织利用，是肝通过血液向脑、肌肉及心脏等供应能量的补充形式。

临床应用

非酒精性脂肪肝

在临床上，当肝细胞中脂肪蓄积量超过肝湿重的 5% 时，称为脂肪肝。其中，成年人非酒精性脂肪肝的发病率为 20% ~ 33%。肝细胞能够合成甘油三酯，但不储存甘油三酯，而是以 VLDL 的形式分泌入血。正常情况下，脂肪在肝中的合成与分泌处于动态平衡，当营养不良、中毒、必需脂肪酸、胆碱或蛋白质缺乏时，可引起肝细胞 VLDL 合成障碍，而当摄入过量的高脂类、高糖饮食或胰岛素抵抗时，则导致肝细胞合成甘油三酯的量超过其合成与分泌 VLDL 的能力。此外，磷脂合成障碍则导致脂肪运输障碍，这

些因素均可导致甘油三酯在肝细胞中堆积，发生非酒精性脂肪肝。轻度脂肪肝是可逆的，可通过改善饮食、增强运动、禁烟酒等方式改善。

三、肝具有活跃的蛋白质代谢功能

（一）绝大多数血浆蛋白质在肝中合成

肝蛋白质代谢十分活跃，其更新速度远远大于肌肉等组织。肝除合成其自身的结构蛋白质外，还合成多种蛋白质分泌入血。除 γ- 球蛋白外，血浆蛋白质几乎都在肝合成，如清蛋白、纤维蛋白原及凝血酶原。

清蛋白就是其中最重要的一种，肝细胞合成清蛋白的能力很强且极迅速，从合成到分泌的全过程仅需 20 ~ 30 min。正常成年人肝每日大约合成清蛋白 12 g，约占肝合成蛋白质总量的 25%。血浆蛋白质中以清蛋白的浓度最高，它是维持血浆胶体渗透压的主要成分。所以，当肝功能严重受损时，血浆胶体渗透压可因清蛋白的合成不足而降低，正常人血浆中清蛋白与球蛋白的比值（A/G）为 1.5 ~ 2.5，当肝功能受损时，该比值会下降甚至发生倒置（低于 1.0），这种变化可作为某些肝病的辅助诊断指标。

肝也可以合成血浆蛋白质中的多种凝血因子（如纤维蛋白原、凝血酶原、凝血因子Ⅷ、凝血因子Ⅸ、凝血因子Ⅹ），因此肝功能损伤常导致凝血功能障碍。

胚胎肝细胞可合成一种与血浆清蛋白分子量相似的甲胎蛋白（α-fetoprotein，AFP），胎儿出生后其合成受到抑制，正常人血浆中很难检出。原发性肝癌细胞中，甲胎蛋白基因失去阻遏，血浆中可再次检出此种蛋白质，因此 AFP 对原发性肝癌的诊断具有一定的意义。

（二）肝对血浆蛋白质具有更新作用

除清蛋白外的血浆蛋白质都是含糖基的蛋白质，它们在肝细胞膜唾液酸酶的作用下，失去糖基末端的唾液酸，即可迅速被肝细胞上的特异性受体（肝结合蛋白质）所识别，并经胞吞作用进入肝细胞而被溶酶体清除，所以，血浆球蛋白的更新时间都较短。肝硬化患者血浆 γ- 球蛋白的更新时间延长，可能与肝细胞受体减少有关。

（三）肝是氨基酸分解及其代谢产物清除的重要器官

肝内氨基酸的分解代谢十分活跃。由蛋白质消化吸收和组织蛋白质降解产生的氨基酸，很大部分极迅速地被肝细胞摄取，经转氨基、脱氨基、转甲基、脱硫及脱羧基等作用转变为酮酸或其他化合物，进一步经糖异生作用转变为糖，或氧化分解。除亮氨酸、异亮氨酸及缬氨酸这 3 种支链氨基酸主要在肝外组织（如肌肉组织）进行分解代谢外，其余氨基酸（特别是酪氨酸、苯丙氨酸和色氨酸等芳香族氨基酸）都主要在肝中进行分解代谢。当肝功能障碍时，会引起血中多种氨基酸含量升高，甚至从尿中丢失。肝的转氨酶含量显著高于其他组织，故当肝细胞膜通透性增强（如急性肝炎）时，大量肝细胞内的酶逸出进入血液。因此，血浆丙氨酸氨基转移酶活性异常增高是肝病的诊断指标之一。肝接受各种来源的氨基酸，并且调节氨基酸比例，将适用于其他器官平衡的氨基酸混合物通过血液输送给相应器官。肝也利用某些氨基酸合成多种含氮化合物，如嘌呤、嘧啶、烟酸、肌酸、胆碱。肝还是清除氨基酸代谢产物的重要器官。无论是肝自身或其他组织氨基酸代谢产生的氨，还是由肠道细菌腐败作用产生并吸收入血

Note

的氨，都可由肝通过鸟氨酸循环合成尿素，这是体内解氨毒的主要方式。体内与鸟氨酸循环有关的酶主要存在于肝细胞内，而且活性极强，所以肝细胞损伤时，血中与鸟氨酸循环有关的酶（如鸟氨酸氨基甲酰转移酶和精氨酸代琥珀酸裂解酶）的活性都可增高，测定这些酶在血清中的活性也有助于肝病的诊断。当肝功能严重损害时，由于合成尿素的能力降低，可使血氨浓度增高，导致肝性脑病。

肝也是胺类物质的重要解毒器官，胺类物质的主要来源是肠道细菌对氨基酸（特别是芳香族氨基酸）的分解作用，其中一些属于"假神经递质"，它们的结构类似儿茶酚胺类神经递质，能抑制后者的合成，并取代或干扰这些脑神经递质的正常作用。所以，当肝功能严重受损或有门 - 腔静脉分流时，这些芳香胺类不能被及时清除，从而对中枢神经系统功能产生严重影响，也可导致肝性脑病。此外，肝功能障碍引起血中芳香族氨基酸堆积，它们通过血脑屏障的量异常增高，致脑内各种神经递质代谢失衡，这也与肝性脑病的发生有一定关系。

肝性脑病（hepatic encephalopathy）是由于急、慢性肝细胞功能衰竭或门 - 体静脉分流术之后，使来自肠道的有毒产物绕过肝，未被解毒而进入体循环，导致人体代谢的严重紊乱、中枢神经系统功能障碍，从而引起神经精神症状或昏迷。引起肝性脑病的肝病有急慢性重型病毒性肝炎、肝硬化、中毒性肝病（毒物、药物和乙醇等）、原发性肝癌、门 - 体静脉分流术后以及妊娠急性脂肪肝等疾病。肝性脑病的发病机制十分复杂，尚未完全阐明。一般认为，肝衰竭时存在多方面的代谢紊乱，肝性脑病也因综合性因素所致。这些因素主要包括：①脑水肿。此现象多见于急性肝性脑病。有研究认为，血脑屏障通透性增高，使血液循环中的毒性物质进入脑脊液，抑制脑细胞膜上的 Na^+-K^+-ATP 酶，谷氨酰胺迅速堆积于脑星形胶质细胞，与脑水肿的形成有关。②高血氨抑制大脑能量代谢。在急、慢性肝衰竭时，血氨过高，干扰糖的有氧氧化，合成 ATP 减少。③高血氨干扰神经递质传递。谷氨酸在肠道细菌的作用下，经脱羧生成 γ- 氨基丁酸（GABA）。肝衰竭或门 - 体静脉分流时，血浆 GABA 增高，在血脑屏障通透性增加的情况下，GABA 进入中枢神经系统，与突触后神经元 GABA 受体结合，使大脑活动受到抑制。此类受体也可与苯二氮䓬类和巴比妥类药物结合，使其作用被抑制。此外，谷氨酸属于大脑兴奋性神经递质，其突触功能的正常发挥需要突触前神经末梢与邻近星形胶质细胞形成谷氨酸 - 谷氨酰胺循环，也称神经元 - 星形胶质细胞运输。脑内氨含量的增加或减少损害了谷氨酸 - 谷氨酰胺循环，使谷氨酸突触失调，加强了对大脑的抑制作用。④氨基酸代谢失衡。芳香族氨基酸（如苯丙氨酸、酪氨酸、色氨酸）主要在肝分解，肝衰竭或门 - 体静脉分流时，血中芳香族氨基酸增加，高血氨也促使脑摄取芳香族氨基酸，其中酪氨酸是 5- 羟色胺的前体，使 5- 羟色胺合成增加，致 5- 羟色胺调节紊乱，这与门 - 体静脉分流后的神经精神症状有关。

四、肝在维生素的吸收、储存和转化等方面具有重要作用

脂溶性维生素的吸收需要胆汁酸盐的协助，故胆管阻塞时容易引起脂溶性维生素吸收障碍，如维生素 K 吸收障碍所致凝血时间延长就是其临床表现之一。肝是维生素 A、E、K 及 B_{12} 的主要储存场所。例如，肝内维生素 A 的储存量足够维持身体几个月的需要。血浆中的维生素 A 与视黄醇结合蛋白质、前清蛋白以 1∶1∶1 结合而运输。视黄醇结合蛋白质由肝合成，肝病、锌缺乏和蛋白质营养障碍均可使该复合物减少，造成血浆中维生素 A 水平降低，直至出现夜盲症。此外，肝还直接参与多种维生素的代谢过程。胡萝卜素转变为维生素 A、维生素 PP（烟酰胺）转变为 NAD^+ 或 $NADP^+$、泛酸转变为辅酶 A 以及维生素 B_1 转化为硫胺素焦磷酸的过程等均在肝中进行。尽管人类肝几乎不储存维生素 D，但可催化维生素 D 在 C-25 位羟化，且具有合成维生素 D 结合蛋白质的能力。血浆中 85% 的维生素 D 代谢物与维生素 D 结合

蛋白质结合而运输。肝病时，维生素 D 结合蛋白质合成减少，可导致血浆总维生素 D 代谢物水平降低。

五、肝和许多激素的灭活与排泄密切相关

许多激素在发挥调节作用之后，主要在肝内被分解转化而降低或失去活性，此过程称为激素灭活。灭活过程对激素作用的时间长短及强度具有调节作用。水溶性激素与肝细胞膜上的特异受体结合，通过胞吞作用进入肝细胞，进行代谢转化。类固醇激素可与葡萄糖醛酸或活性硫酸结合，丧失活性，再随胆汁或尿液排出。胰岛素、甲状腺素、肾上腺素及其他蛋白质或多肽类激素等也可在肝内灭活。当肝功能严重损害时，体内多种激素因灭活减弱而堆积，会不同程度地引起激素调节紊乱。如雌激素水平过高导致局部小动脉扩张，可出现蜘蛛痣、肝掌；醛固酮和血管升压素水平升高，可出现水钠潴留。

第三节 肝的生物转化作用

人体内有些代谢产物需要排泄到体外。机体在将其排出体外之前，需进行氧化、还原、水解和结合反应，使其极性增强，易溶于水，可随胆汁或尿液排出体外，这一过程称为生物转化(biotransformation)。机体内生物转化过程主要在肝中进行，其他组织（如肾、肠）也有一定的生物转化功能。

体内需进行生物转化的物质可按来源分为内源性和外源性两大类。内源性物质包括激素、神经递质及胺类等具有强烈生物学活性的物质，以及氨和胆红素等对机体有毒性的物质。外源性物质包括食品添加剂、色素、药物、误食的毒物及蛋白质在肠道的腐败产物（如胺类物质）等。

生物转化的生理意义在于它对体内这些物质进行改造，使其生物学活性降低或丧失，或使有毒物质降低甚至失去其毒性。更重要的是，生物转化可使物质的溶解度增高，促使它们从胆汁或尿液中排出体外。应该指出的是，有些物质经肝生物转化后，反而毒性增加或溶解度降低，不易排出体外。有些药物（如环磷酰胺、磺胺类、水合氯醛、硫唑嘌呤和大黄）需经生物转化才能成为有活性的药物。所以，不能将肝生物转化作用简单地看作是“解毒”作用。因此，掌握异源物的生物转化知识对于理解药物治疗学、药理学、毒理学、肿瘤研究以及药物辅料非常重要。

肝生物转化包括两相反应，第一相反应为氧化（oxidation)、还原（reduction)、水解(hydrolysis）反应；第二相反应为结合（conjugation）反应。通过第一相反应，一方面可使一些代谢产物由无活性转变为生物活性化合物，从这种意义上讲，这些物质可称为“药物前体”或“致癌剂前体”。另一方面，有些被转化物质水溶性增加，生物学活性降低。有些物质还需进一步与葡萄糖醛酸、硫酸等极性更强的物质结合，以增加溶解度，这些结合反应就属于第二相反应。实际上，许多物质的生物转化反应非常复杂，往往需要经历不同的转化反应，最终水溶性（极性）增加，易于排泄。

一、氧化反应是一类最常见的第一相反应

氧化反应由肝细胞内多种氧化酶系所催化。

Note

（一）微粒体单加氧酶系是氧化异源物最重要的酶系

微粒体单加氧酶（monooxygenase）在生物转化的氧化反应中最为重要。它以存在于微粒体中的细胞色素 P-450（cytochrome P-450，Cyt P-450）为传递体，这类酶催化多种脂溶性物质接受分子氧中的一个氧原子，生成羟基化合物、环氧化合物以及其他含氧的化合物。许多这样的产物很不稳定，可进一步经过分子重排、断链或其他反应而形成多种产物。细胞色素 P-450 酶类至少有 14 个酶家族，人体组织含 30 ～ 60 种。单加氧酶催化的基本反应可用图 20-1 表示。

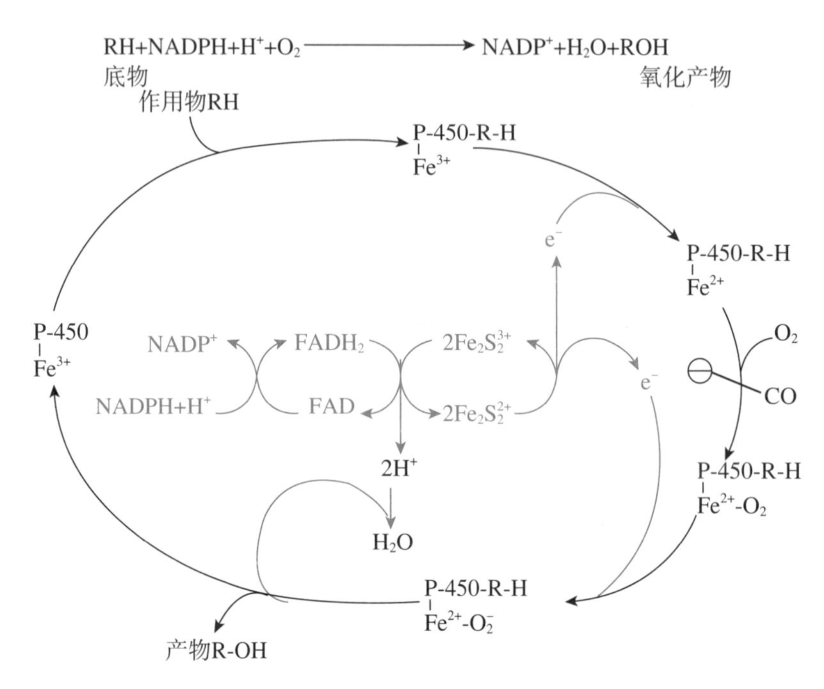

图 20-1 单加氧酶系的反应过程

例如，苯胺可在 N 原子上加氧生成毒性更强的苯羟胺，后者可进一步经分子重排而生成对氨基苯酚。芳香烃加氧后可生成不稳定的环氧化合物，进一步经分子重排转变为酚类化合物，也可以加水形成邻苯二醇类化合物，还可与谷胱甘肽（glutathione，GSH）形成结合物。多种芳香烃的环氧化合物是致癌物质，可与 DNA 发生共价结合，引起基因突变而发生癌变。若环氧化合物分子重排形成酚类，即丧失致癌活性，并进一步与葡萄糖醛酸或硫酸结合而排出。环氧化合物与谷胱甘肽结合也可消除其致癌活性，并可以这种形式或与氨基酸结合的形式随尿排出。环氧化合物的水化产物邻苯二醇类化合物本身虽已丧失致癌活性，但也可能进一步加氧形成新的致癌环氧化合物，有一定致癌活性。可见，生物转化过程并非都能解除毒性或消除致癌活性，有时反而将无活性的物质转变为有毒的物质或致癌物质（图 20-2）。

有些细胞色素 P-450（如 CYP1A1）主要参与环氧芳香烃类化合物代谢，在肿瘤发生中起重要作用。如肺癌发生过程中，吸烟吸入的环氧芳香烃类化合物是致癌剂前体，被 CYP1A1 转变为活性致癌物。而且，吸烟可增强此酶活性，吸烟者的组织和细胞中 CYP1A1 活性明显高于不吸烟者。一些报道还表明，吸烟孕妇胎盘中 CYP1A1 活性可能改变环氧芳香烃类化合物代谢，影响胎儿健康。而另一种 CYP2E1 可被乙醇诱导，CYP2E1 参与包括烟草中致癌剂前体在内的多种异源物的代谢，因此大量饮酒可能因激活 CYP2E1 而增加对致癌剂的易感性。

单加氧酶系重要的生理意义在于参与药物和毒物的转化。其羟化作用不仅加强底物的水溶性，有利于排泄，而且参与体内许多代谢过程，如维生素 D_3 的活化（羟化）、胆汁酸及类固醇激素合成过程中所需的羟化等。单加氧酶系的特点是此酶可诱导生成。长期服用巴比妥类催眠药的患者会产生耐药性。又如口服避孕药的妇女如果同时服用利福平，由于利福平是细胞色素P-450的诱导剂，可使其氧化作用增强，加速避孕药的排出，降低避孕药的效果。

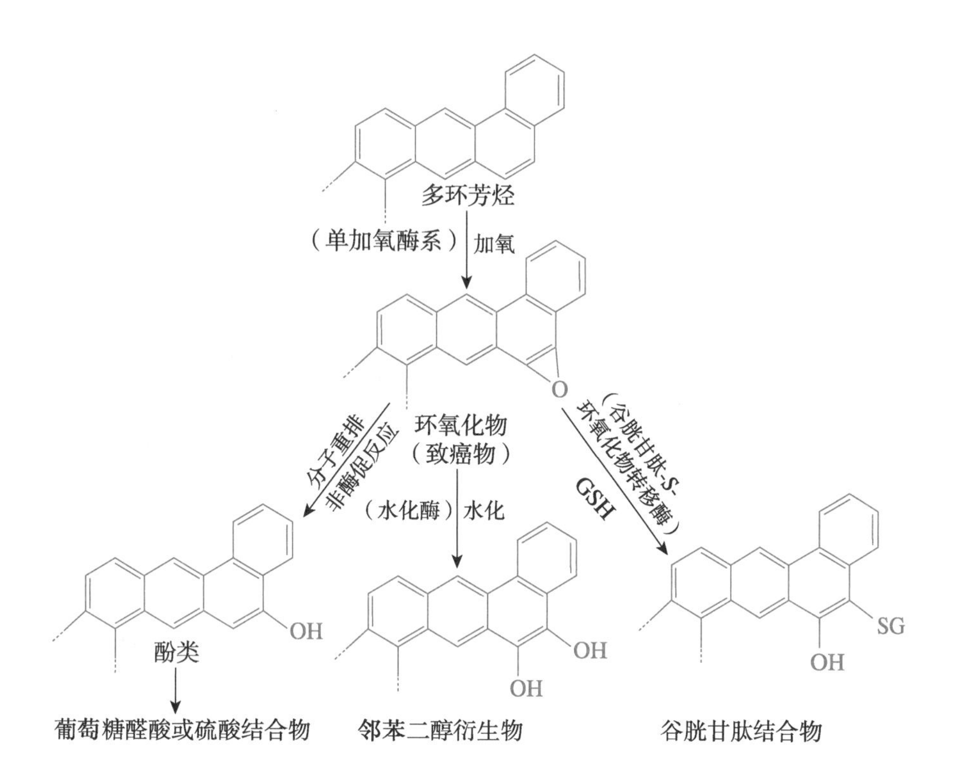

图 20-2　多环芳烃的生物转化过程

（二）线粒体单胺氧化酶系氧化脂肪族和芳香族胺类

单胺氧化酶（monoamine oxidase，MAO）是另一类重要的参与生物转化的氧化酶，它是一类存在于线粒体的黄素蛋白，催化胺类的氧化脱氨基反应，生成相应的醛类，后者可进一步受胞质溶胶中的醛脱氢酶催化脱氢成酸。肠道细菌作用于蛋白质、肽类和氨基酸，可产生多种氨基酸的脱羧产物——胺类物质，如组胺、酪胺、尸胺和腐胺，它们主要由肠壁细胞和肝细胞以上述氧化脱氨方式进行处理，丧失生物活性，反应通式如下：

$$RCH_2NH_2 + O_2 + H_2O \xrightarrow{\text{单胺氧化酶}} RCHO + NH_3 + H_2O_2$$

单胺氧化酶催化胺类脱氨基

（三）胞质溶胶中的脱氢酶系将乙醇最终氧化为乙酸

胞质溶胶中含有以 NAD^+ 为辅酶的醇脱氢酶（alcohol dehydrogenase，ADH）和醛脱氢酶（aldehyde dehydrogenase，ALDH），分别使醇或醛脱氢，氧化生成相应的醛或酸类。

$$CH_3CH_2OH + NAD^+ \xrightarrow{\text{醇脱氢酶}} CH_3CHO + NADH + H^+$$

$$CH_3CHO + HAD + H_2O \xrightarrow{\text{醛脱氢酶}} CH_3COOH + NADH + H^+$$

醇脱氢酶与醛脱氢酶的脱氢反应

Note

例如，人们都知道大量饮酒会损伤肝。这是因为乙醇被吸收后 90% ～ 98% 在肝代谢，而人血中乙醇的清除率为 100 ～ 200 mg/（kg・h）。体重 70 kg 的成年人每小时可代谢 7 ～ 14 g 乙醇，超量摄入的乙醇，除经 ADH 氧化外，还可诱导微粒体乙醇氧化系统（microsomal ethanol oxidizing system，MEOS）。MEOS 是乙醇 -P-450 单加氧酶，其催化的产物是乙醛。只有当血液中乙醇浓度很高时，此系统才显示出催化作用。乙醇持续摄入或慢性乙醇中毒时，MEOS 活性可经诱导增加 50% ～ 100%，代谢乙醇总量的 50%。值得注意的是，乙醇诱导 MEOS 活性不但不能使乙醇氧化产生 ATP，反而增加对氧和 NADPH 的消耗，使肝内能量耗竭，并且还可促进脂质过氧化，造成肝细胞损伤。

二、硝基还原酶和偶氮还原酶是第一相反应主要的还原酶

肝细胞微粒体中含有的还原酶系主要是硝基还原酶和偶氮还原酶两类，它们可接受 NADPH 的氢，将硝基化合物和偶氮化合物还原成胺类。

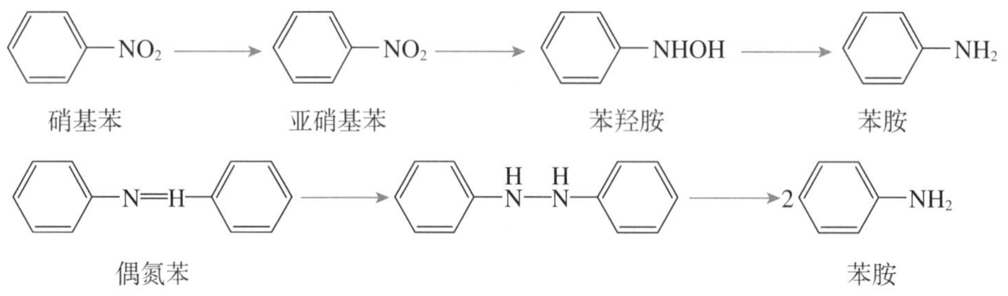

$C_6H_5-NO_2$ → C_6H_5-NO → C_6H_5-NHOH → $C_6H_5-NH_2$

硝基苯　亚硝基苯　苯羟胺　苯胺

$C_6H_5-N=H-C_6H_5$ → $C_6H_5-NH-NH-C_6H_5$ → $2\ C_6H_5-NH_2$

偶氮苯　苯胺

硝基和偶氮化合物还原为胺类

三、水解反应可降低或消除脂质、酰胺或糖苷类化合物的生物学活性

肝细胞微粒体及胞质溶胶中含有许多水解酶类，可以催化不同类型物质（如脂质、酰胺类及糖苷类化合物）的水解反应。许多物质经水解后即丧失或减弱其生物活性，通常需进一步经其他反应（特别是结合反应）才能排出体外。例如，进入人体的乙酰水杨酸（阿司匹林），首先经水解反应转化为水杨酸，进一步氧化为羟基水杨酸，然后与葡萄糖醛酸等结合，完成生物转化。

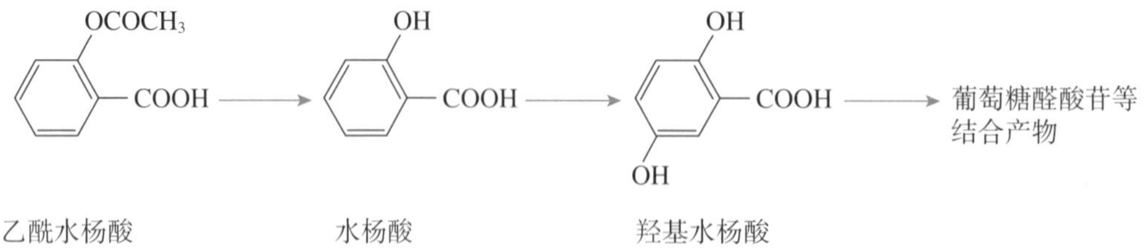

乙酰水杨酸（$OCOCH_3$，COOH）→ 水杨酸（OH，COOH）→ 羟基水杨酸（OH，COOH，OH）→ 葡萄糖醛酸苷等结合产物

乙酰水杨酸的水解反应

四、结合反应是生物转化的第二相反应

结合反应是体内最重要的生物转化方式。含有羟基、羧基或氨基等功能基团的药物、毒物

或激素可在肝细胞内与某种物质结合，从而遮盖其功能基团，增强其极性和水溶性，使之失去生物学活性。参加结合反应的物质有葡萄糖醛酸、硫酸、谷胱甘肽、甘氨酸、乙酰辅酶A及甲硫氨酸等。其中，葡萄糖醛酸、硫酸和酰基结合反应最为重要，尤其以葡萄糖醛酸的结合反应最为普遍。

1．葡萄糖醛酸结合反应　肝细胞微粒体中含有活性较强的葡萄糖醛酸基转移酶，它能以尿苷二磷酸葡萄糖醛酸（UDPGA）为供体，将葡萄糖醛酸基转移到胆红素、类固醇激素、吗啡、可卡因、苯巴比妥类药物等多种含极性基团（如—OH、$—NH_2$、—COOH、—SH）的化合物分子上，形成葡萄糖醛酸结合物，从而排出体外。

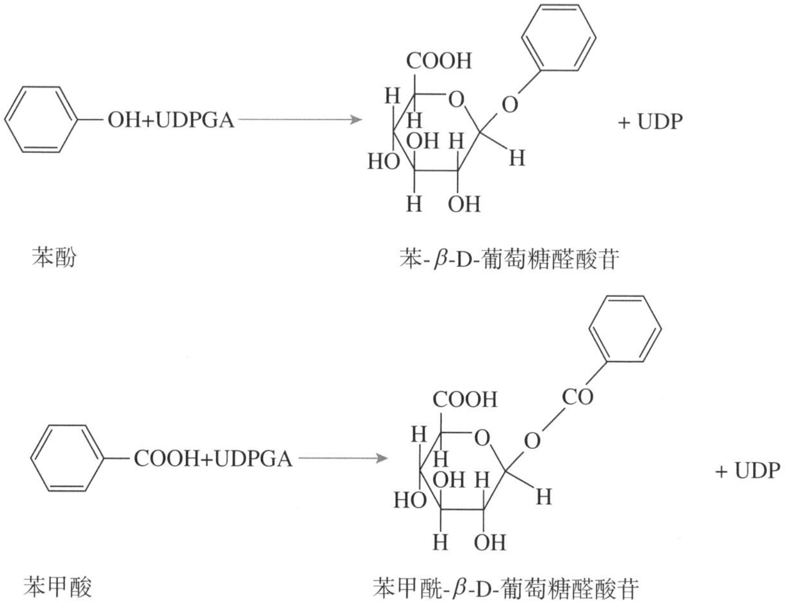

OH+UDPGA → + UDP

苯酚　　苯-β-D-葡萄糖醛酸苷

COOH+UDPGA → + UDP

苯甲酸　　苯甲酰-β-D-葡萄糖醛酸苷

葡萄糖醛酸结合反应

2．硫酸结合反应　这也是一种常见的结合方式。肝胞质溶胶中的硫酸转移酶能够以3′-磷酸腺苷-5′-磷酰硫酸（PAPS）为活性硫酸供体，将硫酸基转移到多种醇、酚或芳胺类物质的羟基上，形成硫酸酯类化合物，增加其水溶性，易于排出。如雌酮可通过此结合反应而灭活。

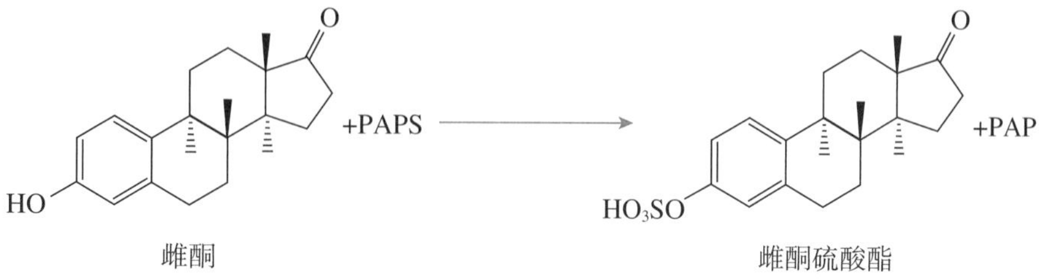

+PAPS → +PAP

雌酮　　雌酮硫酸酯

硫酸结合反应

3．酰基结合反应　肝胞质溶胶中富含乙酰转移酶，可将乙酰辅酶A的乙酰基转移给芳胺化合物。例如，大部分磺胺类药物及抗结核药异烟肼在肝内就是以这种方式丧失其抑菌功能，并从尿中排出的。

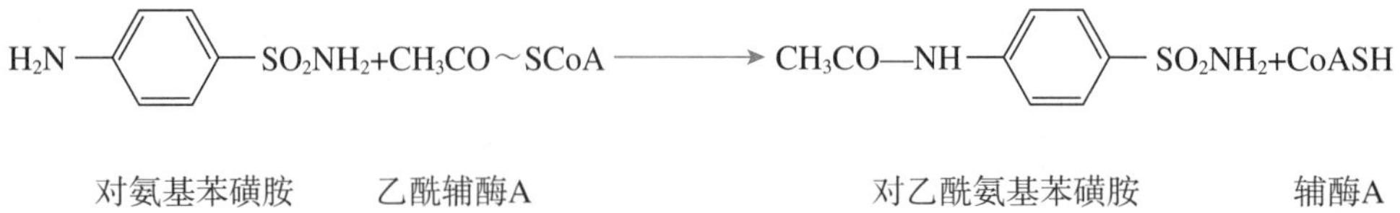

Note

H_2N—C₆H₄—SO_2NH_2+CH_3CO～SCoA ⟶ CH_3CO—NH—C₆H₄—SO_2NH_2+CoASH

对氨基苯磺胺 乙酰辅酶A 对乙酰氨基苯磺胺 辅酶A

酰基结合反应

4．甲基结合反应 肝胞质溶胶及微粒体中还含有多种甲基转移酶，可将甲基从 *S*- 腺苷甲硫氨酸转移到被结合物的羟基、巯基或氨基上，生成相应的甲基衍生物。例如，烟酰胺可甲基化生成 N- 甲基烟酰胺。当大量服用烟酰胺时，由于消耗甲基，引起胆碱和磷脂酰胆碱合成障碍，是导致脂肪肝发生的原因之一。

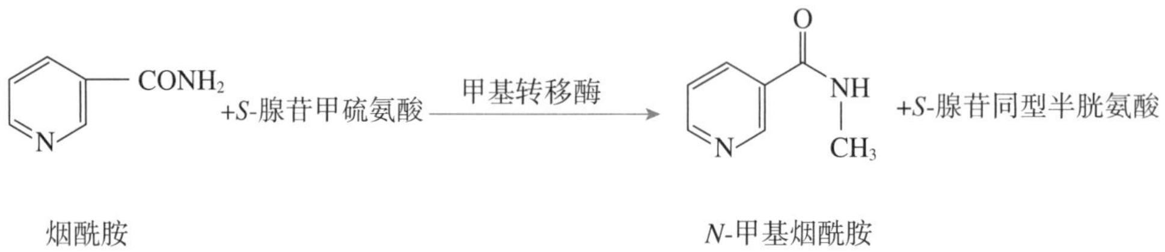

烟酰胺（$CONH_2$）+*S*-腺苷甲硫氨酸 —甲基转移酶→ *N*-甲基烟酰胺（C(=O)NH—CH_3）+*S*-腺苷同型半胱氨酸

烟酰胺 *N*-甲基烟酰胺

甲基结合反应

5．谷胱甘肽结合反应 谷胱甘肽在肝胞质溶胶谷胱甘肽 *S*- 转移酶的催化下，可与许多卤代化合物和环氧化合物结合，生成含谷胱甘肽的结合产物，参与对致癌物、环境污染物、抗肿瘤药物等的生物转化，降低这些物质对细胞的损伤。多环芳烃的生物转化过程中就含这一类结合反应。

6．甘氨酸结合反应 甘氨酸在肝细胞线粒体酰基转移酶的催化下，可与含羧基的外来化合物结合。本章第四节将介绍的游离型胆汁酸向结合型胆汁酸的转变即属于此类反应。

值得注意的是，由于肝的生物转化受遗传、年龄、性别以及其他内外因素影响，不同人在不同情况下对异源物的转化能力不同。因此，在临床中，药物治疗的剂量、毒性反应及副作用应考虑到个体差异、年龄和性别等，在研究对致癌剂前体的敏感性时，同样需注意遗传以及一些诱导因素。

第四节 胆汁与胆汁酸代谢

一、胆汁可分为肝胆汁和胆囊胆汁

胆汁（bile）由肝细胞分泌，贮存于胆囊，经胆总管流入十二指肠。正常人每日分泌量为 800 ~ 1000 ml。肝细胞初分泌的胆汁清澈透明，呈金黄色，比重较低（1.009 ~ 1.013）；进入胆囊后，因水分和其他一些成分被胆囊壁吸收而逐渐浓缩，呈暗褐色或棕绿色，比重增高（1.026 ~ 1.032），称为胆囊胆汁。

胆汁的主要有机成分是胆汁酸盐（bile salt）、胆色素、磷脂、脂肪酸、黏蛋白和胆固醇等。其中，胆汁酸盐的含量最高，除胆汁酸盐与消化作用有关外，其余多属排泄物。进入机体的药物、毒物、染料及重金属盐等都可随胆汁排出。因此，胆汁既是消化液，又是排泄物。

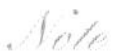

胆结石

胆管系统发生的结石称为胆结石。胆结石可发生于胆囊、胆总管、肝总管和肝内胆管。按化学成分分为胆固醇结石、胆色素结石和混合结石。其中 80% 的胆囊结石为胆固醇结石。胆汁中含有胆固醇，由于胆固醇的溶解度较低，胆囊内易形成胆固醇结石，在欧美国家的患病率可达 20%。尽管胆固醇溶解度低，但胆汁中的胆固醇可形成胆固醇 - 磷脂 - 胆盐微团而溶解。当肝分泌胆固醇过饱和胆汁时，过量的胆固醇从溶液中结晶析出，导致结石形成。由于胆汁与结晶核的接触时间的关系，以及胆囊中胆汁的浓缩，因此结晶体通常形成于胆囊而非胆管。临床上可通过口服鹅脱氧胆酸盐与熊脱氧胆酸盐，减少胆汁中胆固醇并溶解结石中的胆固醇。分泌胆固醇过饱和胆汁具有遗传倾向性，女性多于男性，且与肥胖相关。

二、胆汁酸是胆汁的主要成分

胆汁酸盐（简称胆盐，主要指胆汁酸的钠盐或钾盐）是胆汁的重要成分，它们在脂质的消化、吸收及调节胆固醇代谢方面起着重要的作用。

（一）胆汁酸有游离型、结合型及初级、次级之分

胆汁酸（bile acid）是体内一大类胆烷酸的总称。正常人胆汁酸按结构分为游离型胆汁酸（free bile acid）和结合型胆汁酸（conjugated bile acid）。游离型胆汁酸包括胆酸（cholic acid）、鹅脱氧胆酸（chenodeoxycholic acid）、脱氧胆酸（deoxycholic acid）、石胆酸（lithocholic acid）。游离型胆汁酸分别与甘氨酸或牛磺酸结合的产物，如甘氨胆酸、牛磺胆酸、甘氨鹅脱氧胆酸及牛磺鹅脱氧胆酸，称为结合型胆汁酸（表 20-1）。90% 以上的胆汁酸以结合型胆汁酸的形式存在，其中甘氨酸结合型与牛磺酸结合型的比例约为 3∶1。

表 20-1　胆汁酸的分类

按结构分类	按来源分类	
	初级胆汁酸	次级胆汁酸
游离型胆汁酸	胆酸 鹅脱氧胆酸	脱氧胆酸 石胆酸
结合型胆汁酸	甘氨胆酸 牛磺胆酸 甘氨鹅脱氧胆酸 牛磺鹅脱氧胆酸	甘氨脱氧胆酸 牛磺脱氧胆酸 甘氨石胆酸 牛磺石胆酸

胆汁酸根据来源分为初级胆汁酸（primary bile acid）和次级胆汁酸（secondary bile acid）。初级胆汁酸在肝内以胆固醇为原料直接合成，包括胆酸、鹅脱氧胆酸及其与甘氨酸或牛磺酸的结合产物。初级胆汁酸进入肠道后，在肠道细菌的作用下通过水解和脱氧反应，生成脱氧胆酸、石胆酸及其与甘氨酸和硫磺酸形成的结合产物称为次级胆汁酸（图 20-3）。

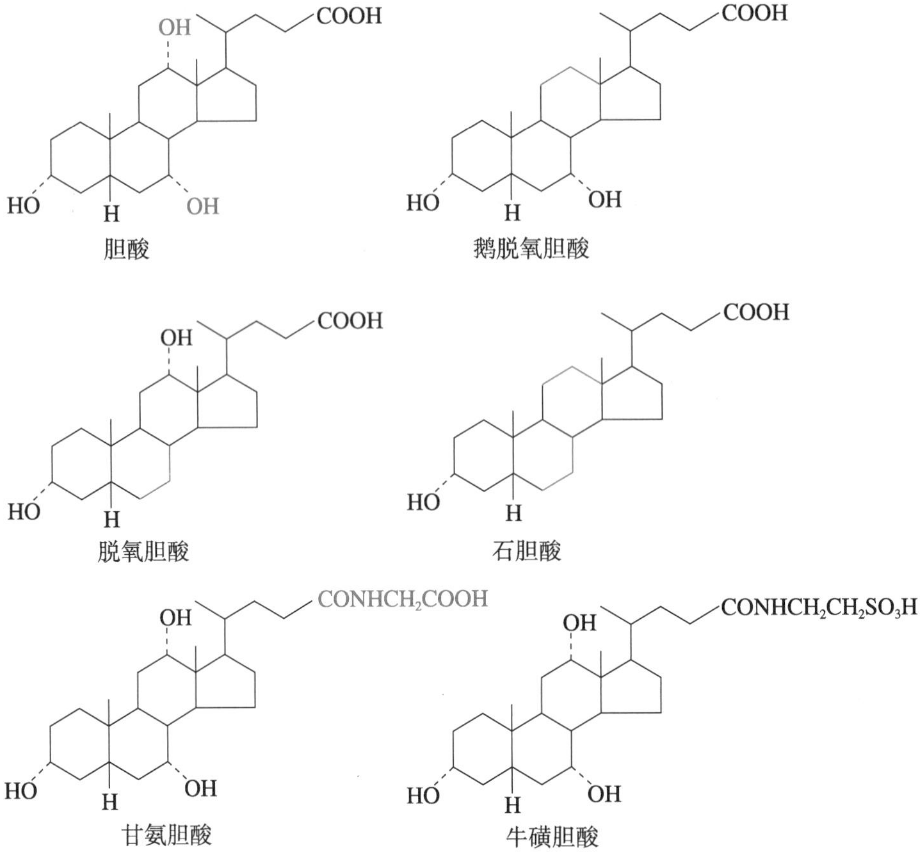

Note

胆酸　　鹅脱氧胆酸

脱氧胆酸　　石胆酸

甘氨胆酸　　牛磺胆酸

图 20-3　胆汁酸的结构式

（二）初级胆汁酸在肝内以胆固醇为原料合成

肝细胞以胆固醇为原料合成初级胆汁酸，这是肝清除胆固醇的主要方式。在肝细胞内，由胆固醇转变为初级胆汁酸的过程很复杂，需经羟化、加氢及侧链氧化断裂、加水等许多酶促反应才能完成。催化该反应的酶类主要分布于微粒体及胞质溶胶中。胆固醇在 7α- 羟化酶（微粒体及胞质溶胶）的催化下生成 7α- 羟胆固醇，以后再进行 3α（3β- 羟基→ 3- 酮→ 3α- 羟基）及 12α 羟化、加氢还原，最后经侧链氧化断裂，并与辅酶 A 结合形成胆烷酰辅酶 A，如未进行 12α- 羟化，则形成鹅脱氧胆酰辅酶 A。两者再经加水，辅酶 A 被水解，则分别形成胆酸与鹅脱氧胆酸，胆烷酰辅酶 A 或鹅脱氧胆酰辅酶 A 与甘氨酸或牛磺酸结合，分别生成结合型初级胆汁酸（图 20-4，图 20-5）。

胆固醇 7α- 羟化酶是胆汁酸生成的关键酶，它受胆汁酸的反馈抑制，因此减少胆汁酸的肠道吸收，可促进肝内胆汁酸的生成，从而降低血清胆固醇含量。相反，高胆固醇饮食则能够诱导胆固醇 7α- 羟化酶的表达。同时，胆固醇 7α- 羟化酶也是一种单加氧酶，维生素 C、皮质激素、生长激素可促进其羟化反应。另外，甲状腺素能通过激活侧链氧化的酶系，促进肝细胞合成胆汁酸。所以，甲状腺功能亢进的患者血清胆固醇浓度偏低，而甲状腺功能低下的患者血清胆固醇含量偏高。

（三）次级胆汁酸的生成及胆汁酸的肠肝循环

初级胆汁酸随胆汁流入肠道，协助脂类物质消化、吸收时，又在小肠下段和大肠受肠道细菌作用，结合型胆汁酸经水解变为游离型胆汁酸。游离型初级胆汁酸在肠道细菌的作用下，脱

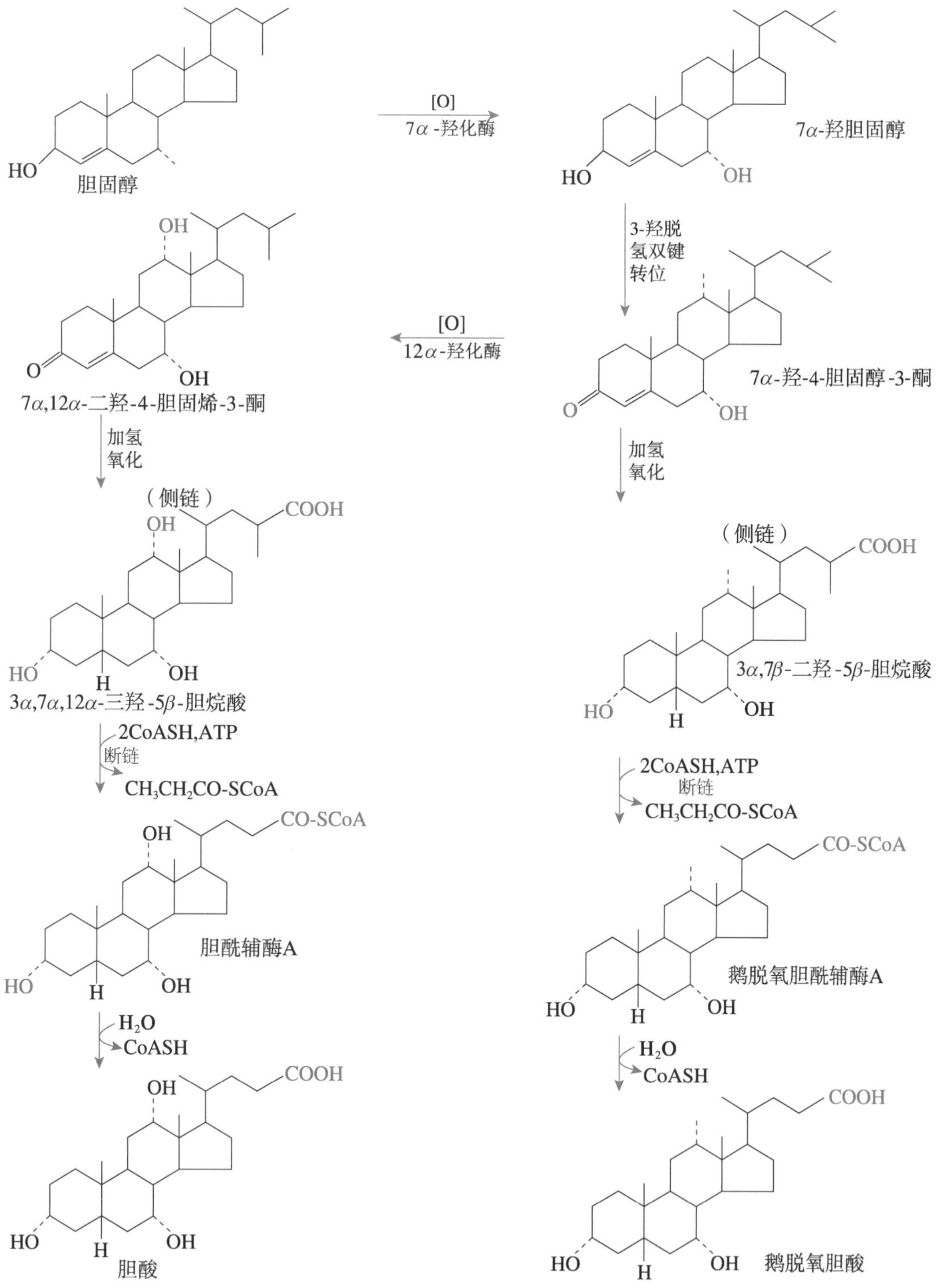

图 20-4　游离型初级胆汁酸的生成

去 7α- 羟基转变为次级胆汁酸。胆酸转变为脱氧胆酸，鹅脱氧胆酸转变为石胆酸。

人体内每日合成胆固醇 1 ～ 1.5 g，其中 0.4 ～ 0.6 g 在肝内转变为胆汁酸。胆汁酸是机体内胆固醇代谢的主要终产物。肝和胆囊的胆汁酸池含胆汁酸 3 ～ 5 g，但正常人每日胆汁酸的分泌量可高达 30 g，这是由于肠内胆汁酸的 95% 由肠道重吸收，经门静脉重新回到肝，肝细胞将游离型胆汁酸再合成为结合型胆汁酸，并将重吸收的及新合成的结合型胆汁酸一同排入肠道，这一过程称为胆汁酸的肠肝循环（enterohepatic circulation of bile acid）。人体正是通过每

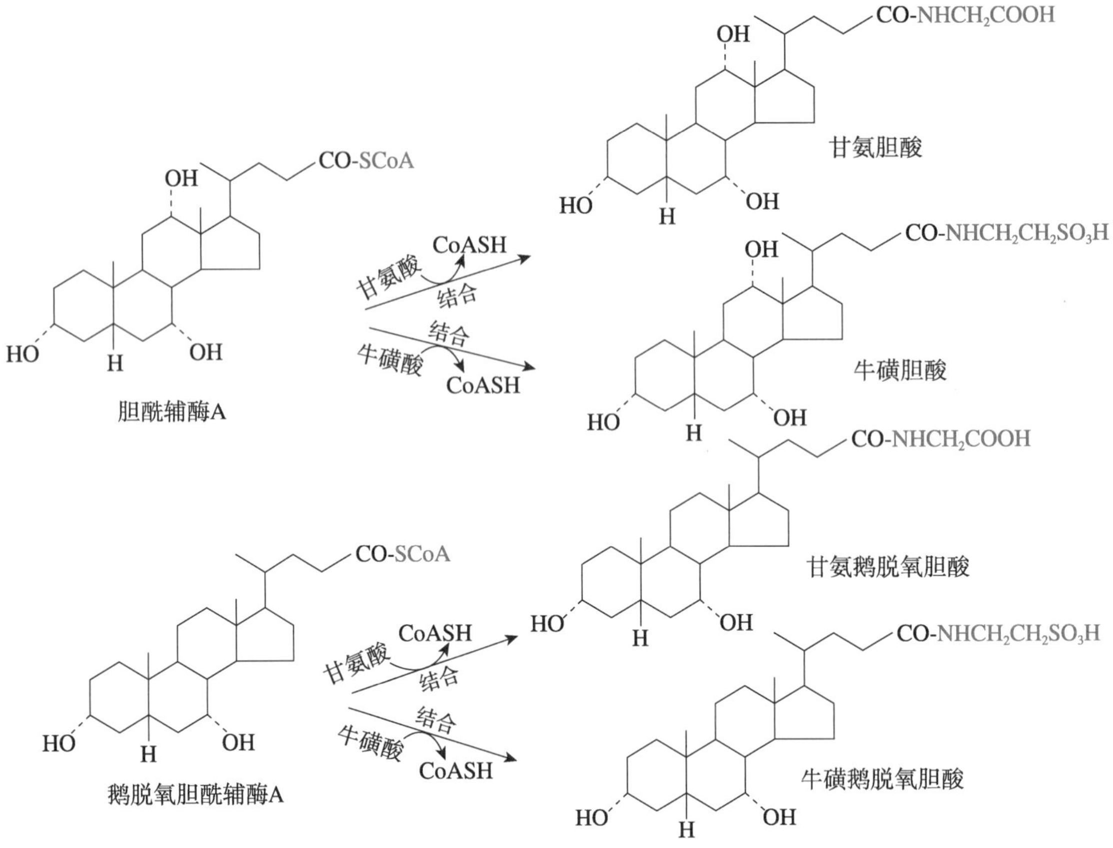

胆酰辅酶A（CO-SCoA）+ 甘氨酸 → 结合，CoASH → 甘氨胆酸（CO-NHCH$_2$COOH）

胆酰辅酶A（CO-SCoA）+ 牛磺酸 → 结合，CoASH → 牛磺胆酸（CO-NHCH$_2$CH$_2$SO$_3$H）

鹅脱氧胆酰辅酶A（CO-SCoA）+ 甘氨酸 → 结合，CoASH → 甘氨鹅脱氧胆酸（CO-NHCH$_2$COOH）

鹅脱氧胆酰辅酶A（CO-SCoA）+ 牛磺酸 → 结合，CoASH → 牛磺鹅脱氧胆酸（CO-NHCH$_2$CH$_2$SO$_3$H）

图 20-5　结合型初级胆汁酸的生成

次饭后 2 ～ 4 次肠肝循环，补充肝合成胆汁酸能力的不足，使有限的胆汁酸最大限度地发挥作用，满足人体对胆汁酸的生理需要（图 20-6）。

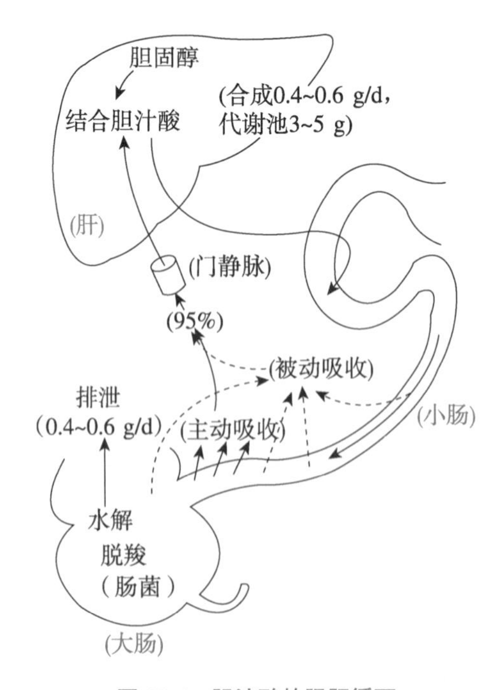

图 20-6　胆汁酸的肠肝循环

胆汁酸分子内既含亲水的羟基和羧基，又含疏水的甲基和烃核，因此具有亲水和疏水两个界面，属于表面活性分子，能降低油和水两相之间的表面张力，促进脂质乳化、吸收。另外，胆汁酸还具有防止胆结石生成的作用。胆固醇难溶于水，当随胆汁排入胆囊储存时，胆汁在胆囊中被浓缩，胆固醇易于沉淀析出，但因胆汁中含胆汁酸盐与磷脂酰胆碱，可使胆固醇分散形成可溶性微团而不易沉淀形成结石。

第五节　胆色素代谢与黄疸

知识拓展

无β脂蛋白血症

无β脂蛋白血症也称为Bassen-Kornzweig综合征，是一种罕见的常染色体隐性遗传代谢病。载脂蛋白B（apoB）是脂蛋白的关键组分，其48 kDa剪接体被肠上皮细胞用以乳糜微粒的集合，而100 kDa的剪接体对肝极低密度脂蛋白的富集非常重要。微粒体甘油三酯转移蛋白（microsomal triglyceride transfer protein，MTP）能够将甘油三酯、磷脂和胆固醇酯转运至内质网与新合成的apoB结合。MTP突变是无β脂蛋白血症的基础，MTP的大亚基具有脂质转移活性，其突变使MTP与apoB的结合能力降低，导致含有apoB的脂蛋白组装分泌减少。因此，该病以血清中缺乏含apoB的脂蛋白为特征，血清胆固醇极低，表现为甘油三酯、脂溶性维生素（特别是维生素E）严重吸收不良，易发生apoB在肠细胞和肝细胞中的聚集。

胆色素（bile pigment）是铁卟啉化合物在体内分解代谢的主要产物，包括胆红素（bilirubin）、胆绿素（biliverdin）、胆素原（bilinogen）和胆素（bilin）。正常时主要随胆汁及粪便排出。胆红素是人胆汁的主要色素，呈橙黄色。胆色素代谢异常时可导致高胆红素血症，甚至引发黄疸。

一、胆红素是铁卟啉化合物的降解产物

（一）胆红素主要来源于衰老的红细胞

胆红素是铁卟啉化合物降解的产物。体内含铁卟啉的化合物有血红蛋白、肌红蛋白、细胞色素、过氧化氢酶及过氧化物酶等。正常成年人每日产生250 ~ 350 mg胆红素，其中80%以上来自衰老红细胞中血红蛋白的分解，其他则部分来自造血过程中某些红细胞的过早破坏（无效造血）及铁卟啉酶类的分解。肌红蛋白由于更新率低，所以比例很小。

（二）血红素加氧酶和胆绿素还原酶催化胆红素的生成

体内红细胞不断地进行新陈代谢。人类红细胞寿命平均为120 d，正常体重为70 kg成年人每小时有（1 ~ 2）$\times 10^8$个红细胞被破坏，衰老的红细胞由于细胞膜的变化而被肝、脾、骨髓的单核巨噬细胞识别并吞噬，释放出约6 g血红蛋白，血红蛋白进一步分解为珠蛋白和血红素，每一个血红蛋白分子含4个血红素分子。血红蛋白分解成的珠蛋白部分被分解为氨基酸，可再利用，血红素则在上述单核巨噬系统细胞微粒体中血红素加氧酶（hemeoxygenase，HO）

Note

的催化下转变为胆绿素。胆绿素在胞质溶胶胆绿素还原酶（biliverdin reductase，BVR）的催化下，还原成胆红素。

$$血红蛋白 \xrightarrow{-珠蛋白} 血红素 \xrightarrow[HO]{+O_2-Fe-CO} 胆绿素 \xrightarrow[BVR]{+2H} 胆红素$$

胆红素的生成过程

血红素加氧酶催化血红素生成胆绿素时，需分子氧的参与，并需要NADPH-细胞色素P-450还原酶传递电子。血红素加氧酶和Fe^{3+}的血红素（即高铁血红素）结合，形成酶-高铁血红素复合体，来自NADPH-细胞色素P-450还原酶的第一个电子将该复合体还原，使Fe^{3+}转化为Fe^{2+}，此转变有利于O_2分子和Fe^{2+}结合，从而形成相对稳定的亚铁-氧合血红素-酶复合体。反应中的第二个电子激活结合状态的氧分子，这时血红素转化为α-羟血红素（α-hydroxyheme），α-羟血红素在O_2分子和电子的作用下，转化为氯铁血红素，同时放出CO，O_2分子和电子再次作用于氯铁血红素，将其转化成Fe^{3+}-胆绿素复合体，此复合体接受一个电子，使Fe^{3+}还原为Fe^{2+}，这时Fe^{2+}和胆绿素从复合体中释放出来，释放出的血红素加氧酶则与血红素结合，继续进行血红素的降解反应。上述过程表明，分解1 mol血红素需要3 mol的O_2和5 mol电子，在此循环反应中，血红素加氧酶能反复催化血红素的分解（图20-7）。

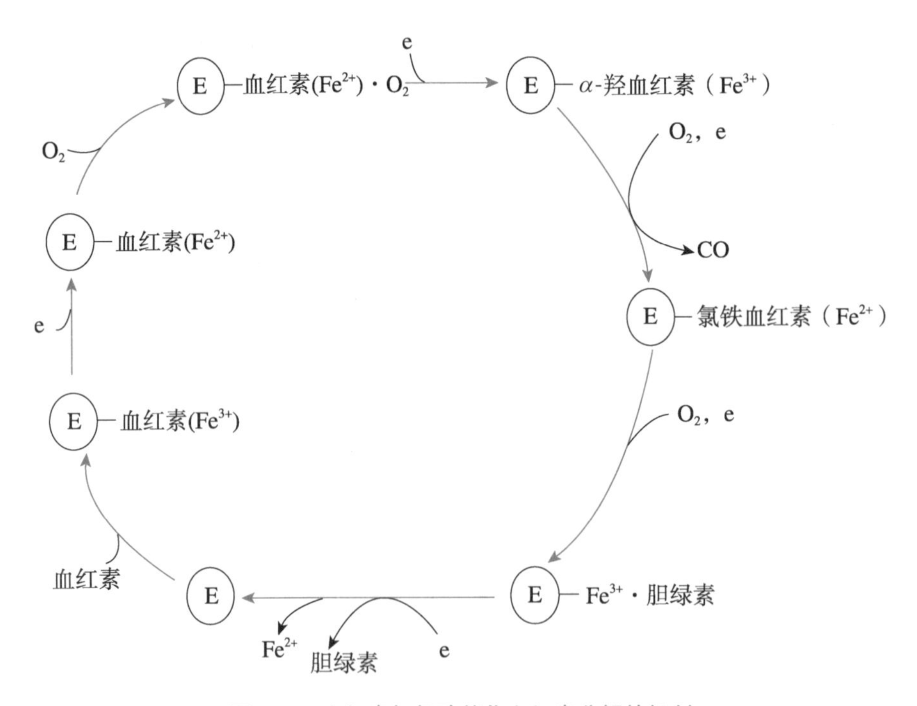

图20-7 血红素加氧酶催化血红素分解的机制

血红素中的铁进入体内铁代谢池，可供机体再利用或以铁蛋白形式储存，该反应所产生的CO是体内内源性CO的主要来源，曾被认为仅作为废气从呼吸道排出体外。但随着NO信号分子功能的发现，最近的研究也基本确认了CO有舒张血管平滑肌的作用。而体内含有大量的胆绿素还原酶，可迅速将生成的胆绿素还原成胆红素，因此体内一般没有胆绿素的累积，胆绿素只是胆红素生成过程中的一个中间产物。胆红素是一种毒性物质，可造成神经系统不可逆的损害。但近年的研究发现，胆红素具有很强的抗氧化功能，其作用甚至大于超氧化物歧化酶（superoxide dismutase，SOD）和维生素E。血红素加氧酶是血红素氧化及胆红素形成的关键酶，也是一种应激蛋白。最近的研究发现，其在氧化应激状态下被诱导后，可加速胆红素的生成，抵抗外来氧化因素对机体的损伤。

（三）血液中的胆红素与清蛋白结合而运输

胆红素有醇式和酮式两种结构（图 20-8），分子内含有 2 个羟基或酮基、4 个亚氨基和 2 个丙酸基，均为亲水基团，理应溶于水。但实际上，在生理 pH 条件下，胆红素分子的亲水基团在分子内，而疏水基团暴露于分子表面，呈亲脂疏水的性质。所以在单核巨噬细胞生成的胆红素穿透出细胞，进入血液后与血浆清蛋白结合而运输。胆红素对清蛋白有极高的亲和力，每一个清蛋白分子具有一个与胆红素高亲和力的结合部位及一个低亲和力的结合部位，因此，1 分子清蛋白可结合 2 分子胆红素。100 ml 血浆中含清蛋白约 4 g，可结合 25 mg 胆红素；正常人血浆胆红素浓度不超过 10 mg/L，故血浆清蛋白结合自由胆红素的储备能力是很大的。超过此量的自由胆红素与低亲和力结合部位松散结合，此种结合易分离。胆红素 - 清蛋白复合物的生成增加了其在血浆中的溶解度，有利于运输。同时这种结合又限制了胆红素自由透过各种生物膜，使其不致对组织和细胞产生毒性作用。自由胆红素则可扩散入组织和细胞。由于胆红素与清蛋白的结合方式为非特异性和可逆结合，当清蛋白的胆红素结合部位被其他物质占据时，可使胆红素从血浆向组织扩散，如某些有机阴离子（如磺胺类药、脂肪酸、胆汁酸、水杨酸类）可与胆红素竞争结合清蛋白分子上的高亲和力结合部位，此时如血中胆红素浓度过高，可使胆红素游离出来，容易进入脑组织而出现中毒症状（如胆红素脑病）。

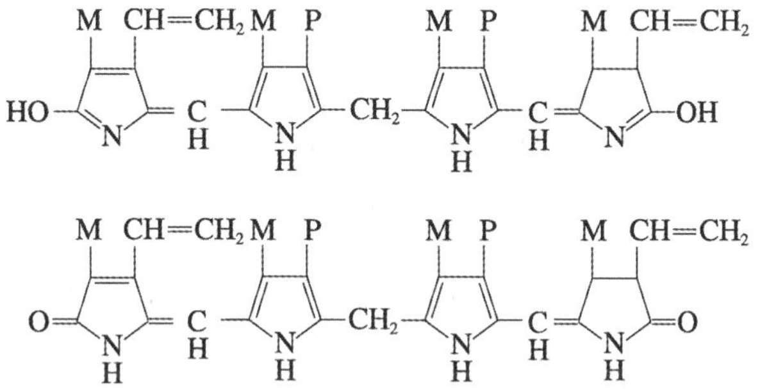

胆红素（醇式）

胆红素（酮式）

图 20-8　胆红素的醇式和酮式结构

二、胆红素在肝细胞内转变为结合胆红素

（一）胆红素在肝细胞中与 Y 蛋白和 Z 蛋白形成复合物

胆红素代谢主要在肝内进行。血浆清蛋白运输的胆红素并不直接进入肝细胞，而是在肝血窦中先与清蛋白分离，然后才被肝细胞膜表面的特异性受体所识别，摄取入肝细胞。肝细胞内具有两种配体蛋白（ligandin），即 Y 蛋白与 Z 蛋白。胆红素进入肝细胞后，与其结合形成复合物。Y 蛋白比 Z 蛋白对胆红素的亲和力强，胆红素优先与 Y 蛋白结合，只有在与 Y 蛋白结合达饱和时，Z 蛋白的结合量才增多。磺溴酞钠（sulfobromophthalein sodium，BSP）、甲状腺素等皆可竞争与 Y 蛋白的结合，影响胆红素的代谢。生理性的新生儿非溶血性黄疸就是由于在这一时期缺少 Y 蛋白。许多药物能诱导 Y 蛋白的生成，加强胆红素的转运，如临床上常用苯巴比妥诱导肝细胞合成 Y 蛋白，以消除新生儿黄疸。

（二）胆红素在内质网中结合葡萄糖醛酸生成结合胆红素

胆红素被载体蛋白结合后，摄入肝细胞内，即以“胆红素 -Y 蛋白”或“胆红素 -Z 蛋白”的形式被运送至滑面内质网，在 UDP- 葡萄糖醛酸基转移酶（UDP glucuronyl transferase，UGT）的催化下与载体蛋白脱离，转而与葡萄糖醛酸以酯键结合，生成葡萄糖醛酸胆红素。因胆红素有 2 个自由羧基，故可与 2 分子葡萄糖醛酸结合，主要生成胆红素葡萄糖醛酸二酯，仅有少量胆红素葡萄糖醛酸一酯生成，胆红素与葡萄糖醛酸的这种结合反应也可在肾与小肠黏膜中进行。这种胆红素称为结合胆红素（conjugated bilirubin），结合胆红素的水溶性增强，有利于从胆汁排出，也不会渗透通过细胞膜，因此毒性也随之降低。相应地，未与葡萄糖醛酸结合的胆红素则称为游离胆红素（free bilirubin）。苯巴比妥类药物可诱导葡萄糖醛酸基转移酶的生成。

三、胆红素在肠中转化为胆素原和胆素

直接胆红素随胆汁排出，进入十二指肠，自回肠末段起，在肠道细菌的作用下，脱去葡萄糖醛酸基，再逐步被还原成中胆红素原（mesobilirubinogen）、粪胆素原（stercobilinogen）及 D- 尿胆素原（D-urobilinogen），统称胆素原（bilinogen）。胆素原无色，可随粪便排出体外，在肠道下段，接触空气后分别被氧化成 L- 尿胆素（L-urobilin）、粪胆素（stercobilin）和 D- 尿胆素（D-urobilin），统称胆素。胆素呈黄褐色，是粪便颜色的主要来源。当胆管完全梗阻时，结合胆红素入肠受阻而不能形成胆素原和胆素，粪便呈灰白色；而新生儿由于肠道细菌不健全，胆红素未被肠道细菌作用而直接出现在粪便中，使粪便呈现橘黄色。

在生理情况下，肠道中形成的胆素原有 10% ~ 20% 可被肠黏膜细胞重吸收，然后经门静脉进入肝内，除小部分胆素原进入体循环外，大部分重新回到肝中，肝细胞可将重吸收的胆素原不经任何转变地从胆汁中排入肠道，形成胆素原的肠肝循环（enterohepatic circulation of bilinogen）（图 20-9）。进入体循环的小部分胆素原可以通过肾小球滤出，由尿排出，即为尿胆

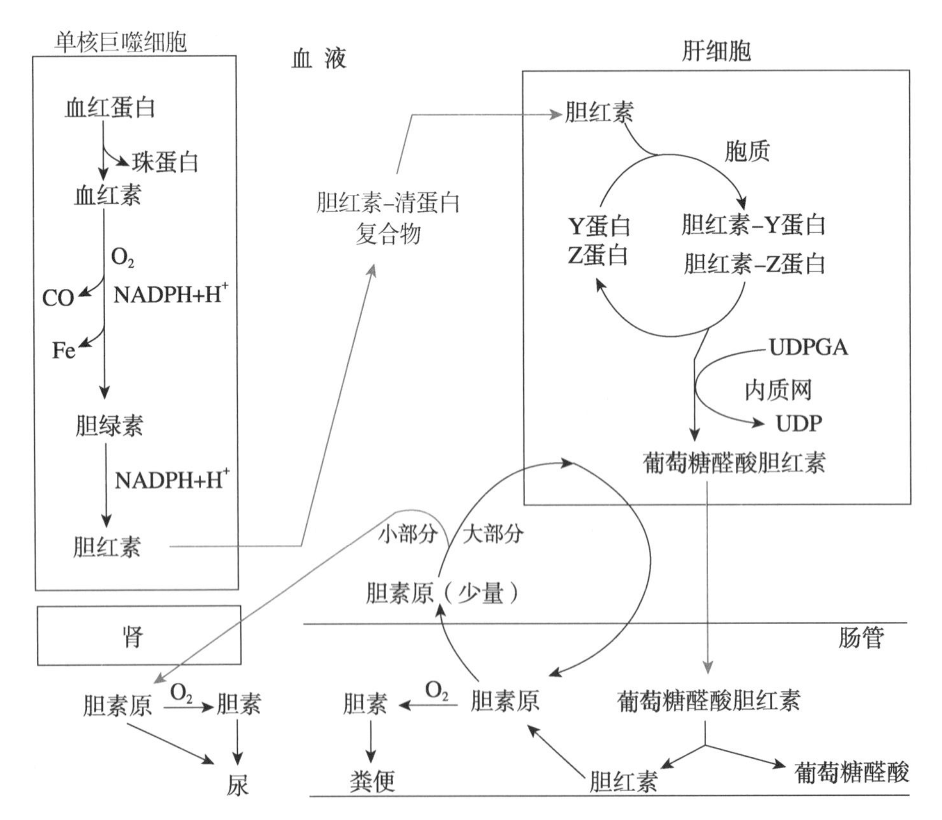

图 20-9 胆红素的形成及胆素原的肠肝循环

素原。正常成年人每日从尿中排出的尿胆素原有 0.5 ~ 4.0 mg。尿胆素原与空气接触后被氧化成尿胆素，它是尿中主要的色素。尿胆素原、尿胆素、尿胆红素在临床上称“尿三胆”，但正常人尿中不出现胆红素，如出现，则是黄疸。

四、血清胆红素与黄疸

正常人体中胆红素以两种形式存在，即游离胆红素与结合胆红素，两者在结构上不同，与重氮试剂反应性不同，游离胆红素与重氮试剂反应（血清凡登白试验）缓慢，必须在加入乙醇后才产生明显的紫红色，又称为间接胆红素（indirect bilirubin），而结合胆红素却可与重氮试剂直接、迅速地起颜色反应，称为直接胆红素（direct bilirubin）。两者的区别列于表 20-2。

表 20-2　直接胆红素与间接胆红素的区别

性质	直接胆红素（结合胆红素）	间接胆红素（游离胆红素）
与葡萄糖醛酸结合	结合	未结合
与重氮试剂反应	迅速、直接反应	慢速、间接反应
水中溶解度	大	小
经肾随尿排出	能	不能
通透细胞膜对脑的毒性作用	无	大

正常人由于胆色素正常代谢，血清中胆红素含量很少，其总量为 3.4 ~ 17.1 μmol/L。间接胆红素约占 4/5，其余为直接胆红素。凡能引起胆红素生成过多，或使肝细胞对胆红素摄取、结合、排泄过程发生障碍的因素，均可使血中胆红素浓度升高，称为高胆红素血症。胆红素在血清中含量过高，则可扩散入组织，组织被黄染，称作黄疸（jaundice）。由于巩膜或皮肤含有较多的弹性蛋白，后者与胆红素有较强的亲和力，故易被黄染。一般当血清胆红素浓度为 34.2 μmol/L 以上时，肉眼才能观察到巩膜或皮肤被黄染的现象，即临床所称的黄疸。如胆红素浓度超过 17.1 μmol/L，但未达到 34.2 μmol/L，肉眼尚不能观察到巩膜或皮肤黄染，则称为隐性或潜伏性黄疸（latent jaundice）。

根据发病机制不同，可将黄疸分为三类，临床上分别称为溶血性黄疸（hemolytic jaundice）、肝细胞性黄疸（hepatocellular jaundice）和阻塞性黄疸（obstructive jaundice）。

1. 溶血性黄疸　也称肝前性黄疸，是由于红细胞大量破坏，在肝巨噬细胞内生成胆红素过多，超过肝摄取、结合与排泄的能力。因此，血清间接胆红素浓度异常增高，直接胆红素浓度改变不大，血清凡登白试验间接胆红素阳性，尿中胆红素阴性，由于肝对胆红素的摄取、结合和排泄增加，过多的胆红素进入肠道，胆素原的肠肝循环增多，导致尿胆素原升高。感染（如恶性疟）、药物、自身免疫反应（如输血不当）等各种引起大量溶血的原因都可造成溶血性黄疸。

2. 肝细胞性黄疸　也称肝源性黄疸，肝细胞受损害，处理与排泄胆红素的能力降低。一方面，肝不能将间接胆红素全部转变为直接胆红素，使血中间接胆红素堆积；另一方面，肝细胞肿胀，使小胆管堵塞或小胆管与肝血窦直接相通，直接胆红素反流入血，血中直接胆红素浓度增加。此时，血清凡登白试验呈双相反应阳性，尿中胆红素阳性。此外，由于经肠肝循环的胆素原可经过损伤的肝细胞进入体循环，因此尿胆素原升高或正常，粪胆素原正常或减少，血清转氨酶增高。肝炎、肝硬化等肝病引起的黄疸就属于这一类。

Note

3．阻塞性黄疸 也称肝后性黄疸，是由于胆汁排泄通道受阻，使小胆管或毛细胆管因压力增高而破裂，以致胆汁中的直接胆红素逆流入血，由此引起黄疸。此时，血中间接胆红素变化不大，直接胆红素浓度增高。血清凡登白试验呈即刻反应阳性，由于直接胆红素易溶于水，故可从肾排出，出现尿中胆红素阳性，尿胆素原降低，血中碱性磷酸酶及胆固醇浓度增高，有灰白色或白陶土色粪，还可有脂肪泻与出血倾向。阻塞性黄疸可因先天性胆管闭锁引起，也可由于胆管结石、胆管炎症、胰腺癌、十二指肠肿瘤及原发性胆汁性肝硬化等原因所致。各种类型黄疸的血、尿、粪的改变情况列于表 20-3 中。

表 20-3 各种黄疸时血、尿、粪的改变

指标	正常	溶血性黄疸	肝细胞性黄疸	阻塞性黄疸
血清胆红素				
总量	< 10 mg/L	> 10 mg/L	> 10 mg/L	> 10 mg/L
直接胆红素	0 ~ 8 mg/L		↑↑↑	↑↑↑
间接胆红素	< 10 mg/L	↑↑	↑	
尿三胆				
尿胆红素	不一定	-	++	++
尿胆素原	少量	↑	升高或正常	↓
尿胆素	不一定	↑	升高或正常	↓
粪便颜色	正常	深	变浅或正常	完全阻塞时呈白陶土色

注：- 表示阴性；++ 表示阳性；↑、↑↑、↑↑↑ 分别代表增加的程度。

思 考 题

1．试述肝在人体脂质代谢中的作用，并分析非酒精性脂肪肝发生的生物化学机制。
2．试分析肝病患者腹水生成的生物化学机制。
3．什么是生物转化？试述其反应类型及影响因素。
4．简述乙醇对肝细胞损伤的生物化学机制。
5．简述胆汁酸的生成过程及其肠肝循环的生理意义。
6．简述肝在调节体内胆固醇代谢中所发挥的重要作用。
7．何为黄疸？试说明 3 种类型黄疸产生的原因及生化改变。

（生 欣）

第二十一章

维 生 素

第一节 概 述

维生素（vitamin）是人体的重要营养素之一，是维持人体的生长、发育、代谢等所必需的，通常体内不能合成或合成量很少，必须由食物供给的一类小分子有机化合物。在体内，维生素既不参与构成生物体的组织成分，也不是体内的能量物质，但在调节物质代谢和维持生理功能等方面却发挥着重要的作用。机体缺乏维生素会导致严重的疾病发生；适量摄取维生素可以维持代谢平衡和机体需求；而过量摄取维生素可能导致中毒。

人类对维生素的认识来源于生活和生产实践。早在公元 7 世纪初，我国医药典籍就收录有关于维生素缺乏病以及食物防治的详细记载。唐代名医孙思邈首先利用猪肝治疗因缺乏维生素 A 导致的夜盲症；同时，有关脚气病也有详细的研究，可用车前子、防风、大豆或用谷皮煮粥（富含维生素 B_1）进行防治。在 17 世纪欧洲的航海记录中，记载了许多海员患坏血病的相关描述，发现利用橘子汁、柠檬汁或储存在酒里的新鲜蔬菜能够有效地改善和治疗坏血病。后来研究发现，坏血病是因维生素 C 缺乏引起的疾病，故称之为维生素 C 缺乏病。

各种维生素的名称一般是按发现的先后顺序进行命名的，即在“维生素”之后加上英文字母 A、B、C、D、E 等。某些维生素最初被发现时以为只有一种，但后来证明可能是数种维生素混合存在，便在字母的右下方注以数字区别，如维生素 B_1、B_2、B_6、B_{12}。在维生素的发现过程中，常出现同物异名者，有些化合物还曾被命名为维生素，但后来证明并非维生素，这就是维生素的名称字母（或阿拉伯数字）编号不连续的主要原因。目前，维生素的种类繁多，化学组成和结构差异很大，按其溶解性质不同，可分为脂溶性维生素（lipid-soluble vitamin）和水溶性维生素（water-soluble vitamin）两大类。

第二节 脂溶性维生素

脂溶性维生素是一类疏水性化合物，主要包括维生素 A、D、E、K。它们不溶于水而易溶于脂肪或脂性溶剂，在摄取食物中多与脂质共同存在，并随脂质一同吸收。脂溶性维生素吸收后，在血液中能与脂蛋白或特异的结合蛋白质相结合而进行运输，可在肝内大量储存，无须每日供给。当因胆管阻塞、胆汁酸盐缺乏或长期腹泻造成脂质吸收不良时，脂溶性维生素的吸收也随之减少，甚至会引起相应的缺乏症。脂溶性维生素的生物化学作用多种多样，除直接影响特异的代谢过程外，大多还与细胞内核受体相结合，从而影响特定基因的表达。

Note

一、维生素 A

（一）化学本质及性质

维生素 A（vitamin A）又名视黄醇（retinol），是一种具有脂环的不饱和一元醇，由 *β*- 白芷酮环和 2 分子异戊二烯构成。天然维生素 A 包括 A_1 及 A_2 两种，维生素 A_1 即视黄醇，维生素 A_2 又称 3- 脱氢视黄醇，化学结构上 A_2 比 A_1 多一个双键。维生素 A_1 和 A_2 的生理功能相同，但 A_2 的生理活性只有 A_1 的一半。由于维生素 A 的侧链含有 4 个双键，故可形成数种顺反异构体。在体内，维生素 A 的活性形式主要包括视黄醇、视黄醛和视黄酸。视黄醇可被氧化成视黄醛，视黄醛中最重要的代表性化合物为 9- 顺视黄醛及 11- 顺视黄醛（图 21-1）；视黄醛在视黄醛脱氢酶的催化下，能不可逆地氧化生成视黄酸。

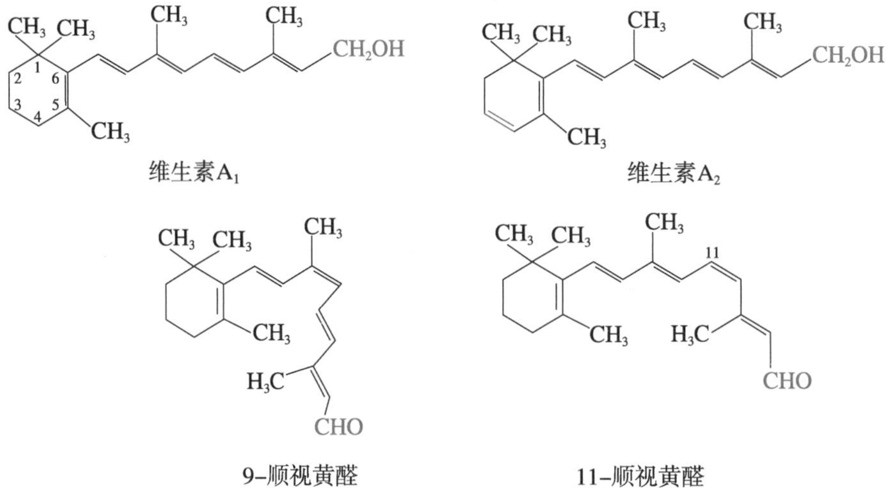

维生素 A_1　　维生素 A_2

9–顺视黄醛　　11–顺视黄醛

图 21-1　维生素 A 的结构式

动物性食品是维生素 A 的丰富来源，如肝脏、乳制品、肉类、蛋黄、鱼肝油。动物性维生素 A 主要以酯的形式存在，在小肠内被酶促水解生成游离的视黄醇，被摄取后在小肠黏膜细胞内重新酯化，并参与乳糜微粒的生成。在乳糜微粒中，视黄醇酯被肝细胞和其他组织所摄取，视黄醇酯在肝细胞内储存，应机体需要向血中释放游离视黄醇。血浆中的维生素 A 是非酯化型，它与特异的转运蛋白——视黄醇结合蛋白质（retinol binding protein，RBP）相结合而转运。约 95% 的 RBP 再与甲状腺素视黄质转运蛋白（transthyretin，TTR）相结合，形成视黄醇 -RBP-TTR 复合体。当运输至靶组织后，视黄醇与细胞表面特异受体结合进入细胞。在细胞内，视黄醇与细胞视黄醇结合蛋白质（cellular retinol binding protein，CRBP）相结合。肝细胞内过多的视黄醇则转移到肝内星形细胞，以视黄醇酯的形式储存，其储存量可达体内视黄醇总量的 50% ～ 80%（约 100 mg）。

植物中不存在维生素 A，但含有被称为维生素 A 原的多种胡萝卜素，其中以 *β*- 胡萝卜素（*β*-carotene）最为重要（图 21-2），如胡萝卜、红辣椒、菠菜。*β*- 胡萝卜素是抗氧化剂，能直接与活性氧反应，防止脂质过氧化作用，还能预防某些退行性疾病的发生，如衰老和白内障。小肠黏膜细胞中存在 *β*- 胡萝卜素 -15,15′- 双加氧酶，可催化 1 分子 *β*- 胡萝卜素断裂为 2 分子视黄醇。由于小肠黏膜分解吸收 *β*- 胡萝卜素的能力有限，每 6 分子 *β*- 胡萝卜素可获得 1 分子视黄醇。

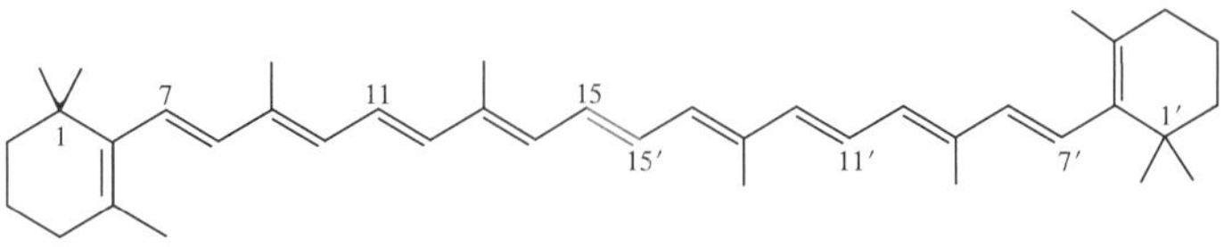

图 21-2　*β*- 胡萝卜素的结构式

（二）生理功能

1．构成视觉细胞内的感光物质　在视觉细胞内存在不同的视蛋白，可与 11- 顺视黄醛生成相应的视色素。锥状细胞内有视红质、视青质和视蓝质等，可感受强光及颜色；杆状细胞内有视紫质，可感受弱光或暗光。视紫质由 11- 顺视黄醛和视蛋白结合而生成。当视紫质感光时，11- 顺视黄醛发生光学异构作用，转变为全反式视黄醛，并引起视蛋白构象变化。视蛋白是 G 蛋白偶联受体，通过一系列反应产生视觉神经冲动。上述过程产生的全反式视黄醛，少量经异构酶的作用，可缓慢地异构重新生成 11- 顺视黄醛；而大部分全反式视黄醛被眼内的视黄醛还原酶还原，生成全反式视黄醇，经血液循环至肝被转变为 11- 顺视黄醇，然后又随血液循环返至视网膜，被氧化生成 11- 顺视黄醛，参与合成新的视紫质，从而完成一轮视循环（图 21-3）。

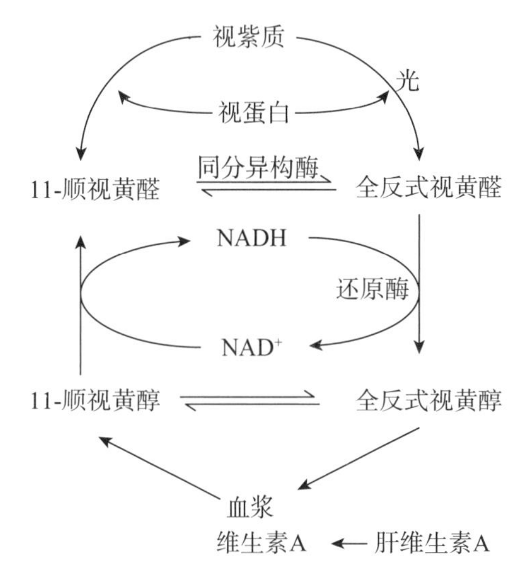

图 21-3　杆状细胞的视循环

2．维持上皮组织的结构完整　呼吸系统、消化系统及生殖系统中，分泌黏液具有润滑和保护作用，而糖蛋白是某些上皮细胞分泌黏液的重要成分之一。视黄基磷酸盐是视黄醇的衍生物，参与糖蛋白的合成。当维生素 A 缺乏时，分泌黏液减少，上皮组织干燥、增生和过度角质化，显著影响眼、呼吸道、消化道、尿道及生殖系统等黏膜上皮。如皮脂腺角质化，出现毛囊丘疹、泪腺上皮不健全，导致泪液分泌减少，进而发展成眼干燥症。因此，在维持上皮组织的正常形态与生长方面，维生素 A 具有重要的参与作用。

3．视黄酸对胚胎发育和基因表达具有调节作用　全反式视黄酸又称全反式维甲酸（all-*trans* retinoic acid，ATRA），是维生素 A 的代谢中间产物，由维生素 A 的醇羟基氧化转变为醛基，进一步氧化生成羧基（图 21-4）。ATRA 具有广泛的生理学和药理学活性，在人体生长发育和细胞分化，尤其是精子生成、黄体酮前体形成、胚胎发育等过程中发挥重要的调控作用。ATRA 能与细胞内核受体相结合，后被转运并结合到染色质 DNA 的特定部位，调节某些基因

Note

的表达，进而调控细胞的生长、发育、分化。此外，ATRA 可促进上皮细胞生长与分化，参与上皮组织的正常角质化过程；如使角质化过度的表皮正常化，常用于银屑病的治疗。

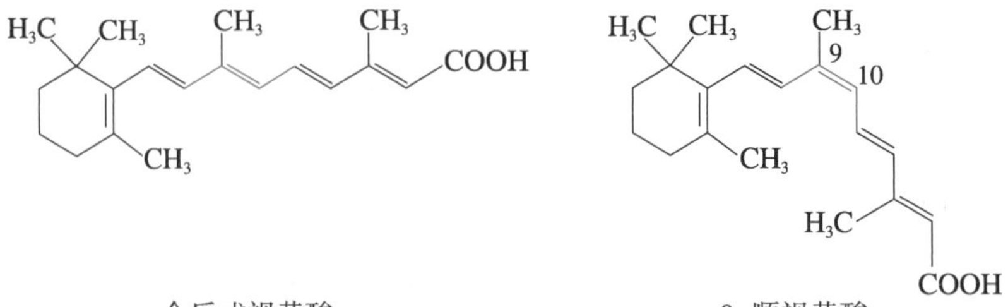

全反式视黄酸　　9–顺视黄酸

图 21-4　视黄酸的结构式

4．维生素 A 和胡萝卜素的抗氧化作用　维生素 A 和胡萝卜素是机体内重要的抗氧化剂，可捕获活性氧自由基，防止脂质过氧化。

5．其他作用　流行病学调查表明，膳食中维生素 A 的摄入量与癌症的发生呈负相关。动物实验表明，摄入维生素 A 及其衍生物 ATRA，可诱导肿瘤细胞分化和凋亡，增加肿瘤细胞对化疗药物的敏感性，拮抗化学致癌物质的作用。

（三）维生素 A 与疾病

维生素 A 缺乏病是因体内维生素 A 缺乏引起的全身性疾病，其主要病理变化是全身上皮组织显现角质化病变。眼部症状出现较早且显著，因 11- 顺视黄醛得不到足够的补充，视紫质合成减少，暗适应能力降低；继之结膜、角膜干燥，最后角膜软化，常见夜盲症（night blindness）、眼干燥症（xerophthalmia）及角膜软化症（keratomalacia）等，故维生素 A 又名抗干眼病维生素。

正常成年男性每日维生素 A 的平均需要量为 560 μg/L，女性约为 480 μg/L。肝是维生素 A 代谢和储存的主要器官，胆汁中的胆酸盐能乳化脂类，促进维生素 A 的吸收。长期过量摄入维生素 A，持续数月或数年，儿童与成年人均会产生毒性，中毒症状主要包括骨痛、鳞状皮炎、严重头痛、肝大、恶心与腹泻等。

二、维生素 D

（一）化学本质及性质

维生素 D（vitamin D）是环戊烷多氢菲类化合物，属于类固醇衍生物，主要包括维生素 D_3 和维生素 D_2。维生素 D_3 又称胆钙化醇（cholecalciferol），主要存在于鱼油、肝、牛奶及蛋黄中，人体皮肤储存有从胆固醇转变而来的 7- 脱氢胆固醇（即维生素 D_3 原），在日光浴或 270 ～ 300 nm 紫外线照射下被激活，转化为维生素 D_3。在植物油和酵母中，含有不被人体吸收的麦角固醇（即维生素 D_2 原），在紫外线照射下，分子内 B 环断裂，可转变为能被人体吸收的维生素 D_2 [又称麦角钙化醇（ergocalciferol）]（图 21-5）。

食物中的维生素 D_3 在小肠被吸收后，掺入乳糜微粒经淋巴入血；在血浆中与一种特异的载体蛋白质——维生素 D 结合蛋白质（vitamin D binding protein，DBP）相结合，而后被运输至肝。在肝细胞微粒体中，由 25- 羟化酶的催化作用进行维生素 D_3 羟基化反应，生成 25- 羟维生素 D_3，即 25-(OH)-D_3。25-(OH)-D_3 是血浆中维生素 D_3 的主要存在形式，也是肝内维生

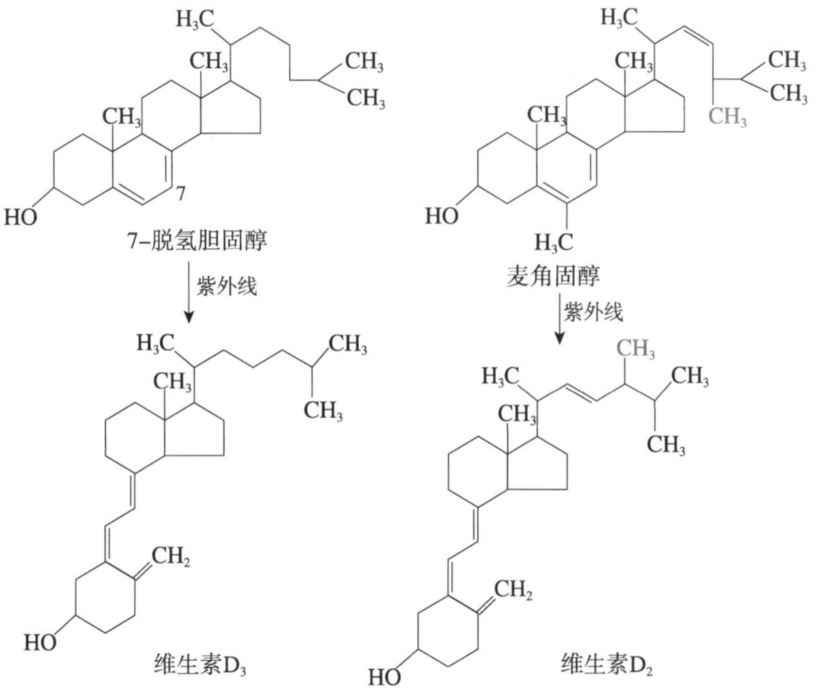

图 21-5　维生素 D_2 和维生素 D_3 的形成过程

素 D_3 的主要储存形式。当 25-(OH)-D_3 被转运到肾，经肾小管上皮细胞线粒体内 1α- 羟化酶催化作用，生成维生素 D_3 的活性形式 1,25-$(OH)_2$-D_3。目前，认为 1,25-$(OH)_2$-D_3 是一种类固醇激素，经血液运输至靶细胞，发挥钙、磷代谢的快速调节作用。此外，肾小管上皮细胞还存在 24- 羟化酶，可催化 25-(OH)-D_3 羟化反应，生成无活性的 24,25-$(OH)_2$-D_3。1,25-$(OH)_2$-D_3 可通过诱导 24- 羟化酶和阻遏 1α- 羟化酶的生物合成，以控制其自身的生成量（图 21-6）。肝内的维生素 D_3 主要通过结合葡萄糖醛酸或硫酸，以胆汁形式排出体外。

（二）生理功能

1．体内调节钙与磷代谢　1,25-$(OH)_2$-D_3 与甲状旁腺素、降钙素共同调节体内的钙、磷平衡。1,25-$(OH)_2$-D_3 的靶器官是小肠黏膜、骨骼和肾小管，其主要生理功能是促进细胞吸收钙和磷，提高血钙、血磷的浓度，促进新骨生成和骨牙钙化。1,25-$(OH)_2$-D_3 通过与靶细胞内特异的核受体结合，进入细胞核，调节钙结合蛋白基因、骨钙蛋白基因等的表达水平。1,25-$(OH)_2$-D_3 通过信号转导系统使钙通道开放，能增强 Ca-ATP 酶的活性，促进 Ca^{2+} 吸收；1,25-$(OH)_2$-D_3 还能促进钙盐更新，有利于新骨生成和肾小管细胞重吸收钙和磷。

2．影响细胞分化　大量研究证明，肾外组织细胞具有将 25-(OH)-D_3 羟化生成 1,25-$(OH)_2$-D_3 的能力。皮肤、大肠、前列腺、乳腺、心脏、脑、骨骼肌、胰岛 β 细胞、活化的 T 淋巴细胞与 B 淋巴细胞、单核细胞等均存在维生素 D 受体，1,25-$(OH)_2$-D_3 具有调节这些组织细胞分化的功能。

（三）维生素 D 与疾病

当维生素 D 缺乏或转化障碍时，儿童易患佝偻病（rickets），成年人可患软骨病或骨质疏松症，故维生素 D 又被称为抗佝偻病维生素。婴幼儿常因体内维生素 D 不足，引起全身性钙、磷代谢失常，以致钙盐不能正常沉积于骨骼，可能发生骨骼畸形。当维生素 D 缺乏时，肠道钙、磷吸收减少，导致血中钙、磷浓度也下降。此外，维生素 D 缺乏还可引起自身免疫性疾病，如低日照与大肠癌、乳腺癌的高发病率（或高死亡率）存在一定的相关性。

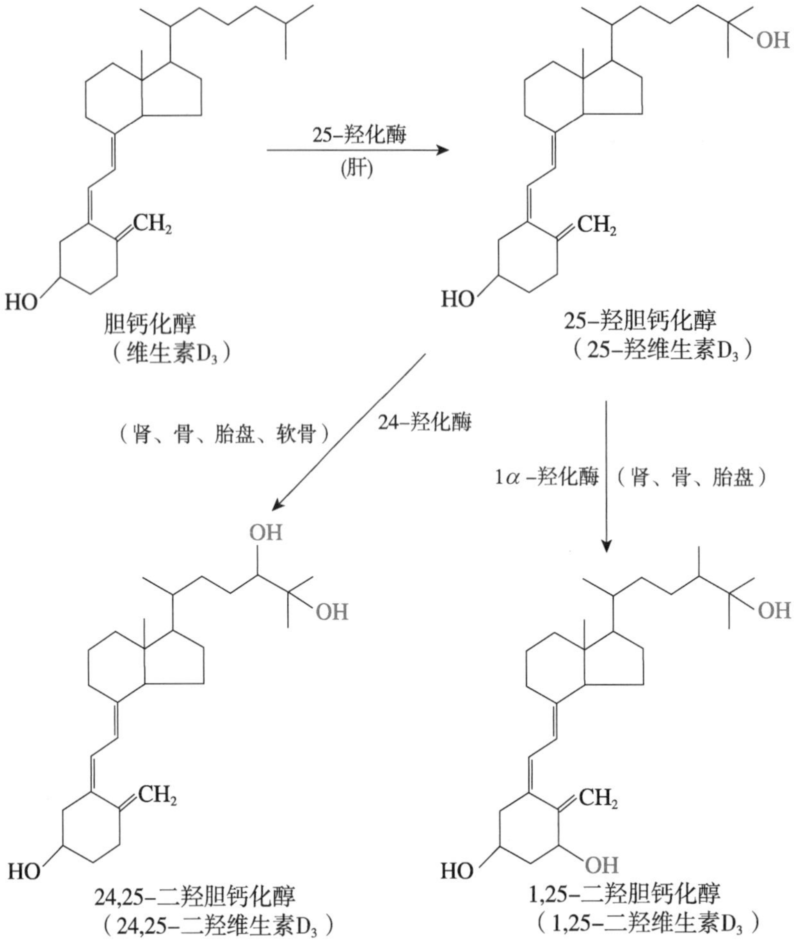

胆钙化醇（维生素D_3）

25-羟化酶（肝）

25-羟胆钙化醇（25-羟维生素D_3）

24-羟化酶（肾、骨、胎盘、软骨）

1α-羟化酶（肾、骨、胎盘）

24,25-二羟胆钙化醇（24,25-二羟维生素D_3）

1,25-二羟胆钙化醇（1,25-二羟维生素D_3）

图 21-6 维生素 D_3 的代谢

正常成年人每日维生素 D 的需要量为 5 ～ 10 μg。长期服用维生素 D，超过 600 μg/d 时，可能引起中毒症状，主要表现为异常口渴，厌食、恶心、呕吐、腹泻、嗜睡、血钙升高、高钙尿症、高血压及软组织钙化等。

三、维生素 E

（一）化学本质及性质

维生素 E（vitamin E）是苯骈二氢吡喃的衍生物，与动物生育有关，故称生育酚（tocopherol）。天然存在的生育酚有数种，根据化学结构分为生育酚及生育三烯酚（tocotrienol）两类（图 21-7），每类又可根据甲基的数目和位置不同分为 α、β、γ 和 δ 四种。维生素 E 主要存在于植物油、油性种子和麦芽中。自然界中，以 α- 生育酚分布最广，生理活性最高；若以它为基准，则 β- 生育酚、γ- 生育酚和 α- 生育三烯酚的生理活性分别为 40%、8% 及 20%。在无氧条件下，维生素 E 对热和酸稳定，对氧气十分敏感，对碱不稳定，极易自身氧化，是动物体内最有效的抗氧化剂。作为抗氧化剂，δ- 生育酚的作用最强，而 α- 生育酚的作用最弱。在机体内，维生素 E 广泛分布于细胞膜、血浆脂蛋白和脂库中。

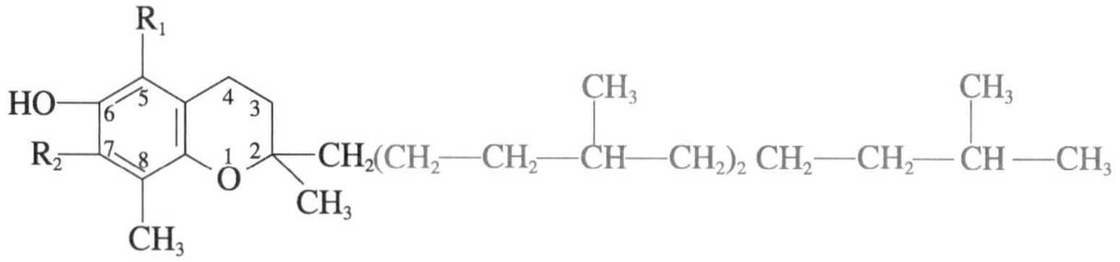

生育酚

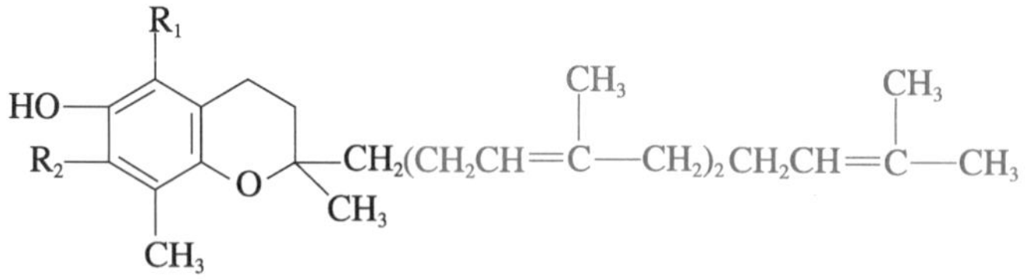

生育三烯酚

图 21-7　维生素 E 的结构式

（二）生理功能

1．与动物的生殖功能有关　生育酚能促进性激素分泌，增加男性精子的活力和数量；生育酚能促进女性雌激素浓度升高，提高生育能力。维生素 E 对生育作用的机制尚未明确，可能是抑制孕酮的氧化，增强了孕酮的作用效果，或者通过促性腺激素而产生作用。

2．抗氧化作用　维生素 E 是体内重要的脂溶性抗氧化剂和自由基清除剂之一。在机体代谢过程中常会产生自由基，具有强氧化性，如羟基自由基（$^{\cdot}OH$）、超氧阴离子自由基（$^{\cdot}O_2^-$）、过氧化合物自由基（$ROO^{\cdot}$）。维生素 E 能捕捉自由基形成生育酚自由基；在维生素 C、谷胱甘肽（glutathione，GSH）和 NADPH 的作用下，生育酚自由基还原反应生成生育醌（即还原性维生素 E）。维生素 E 与硒（Se）能协同作用于谷胱甘肽过氧化物酶，强化抗氧化作用能力。此外，维生素 E 能对抗生物膜磷脂中多不饱和脂肪酸的过氧化反应，避免产生脂质过氧化物，保护生物膜的结构与功能。

3．促进血红素合成　维生素 E 能够提高血红素合成的关键酶 *δ*- 氨基 -*γ*- 酮戊酸（aminolevulinic，ALA）合酶和 ALA 脱水酶的活性，从而促进血红素合成。研究证明，当人体血浆维生素 E 水平较低时，红细胞的氧化性溶血将会增加；若供给维生素 E，则可延长红细胞的寿命。

4．调节基因表达　维生素 E 具有调节信号转导过程、细胞周期调节和基因表达的重要作用。如上调或下调生育酚摄取和降解的相关基因，又如调控脂质摄取和动脉硬化、细胞黏附与炎症的相关基因的表达。此外，在抗炎和维持正常免疫功能、抑制细胞增殖、抑制 LDL 氧化从而降低心血管疾病的危险性等方面，维生素 E 都具有一定的作用。

（三）维生素 E 与疾病

当维生素 E 缺乏时，男性睾丸萎缩不产生精子，女性胚胎与胎盘萎缩引起流产，阻碍脑垂体调节卵巢分泌雌激素等，诱发更年期综合征、卵巢早衰。临床常用维生素 E 治疗先兆流产和习惯性流产。此外，严重的脂质吸收障碍或肝损伤可引起维生素 E 缺乏症，主要表现为红细胞数量减少。体外试验显示红细胞脆性增加，表现为贫血，偶可引起神经功能障碍。

正常成年人每日维生素 E 的需要量为 14 mg，一般不易缺乏维生素 E。过量服用维生素 E（大于 400 mg/d），可能发生头痛、眩晕、恶心、视物模糊、月经过多或闭经，甚至因血小板聚集而引起血栓性静脉炎、肺栓塞，增加出血性卒中风险。

四、维生素 K

（一）化学本质及性质

维生素 K（vitamin K）是 2- 甲基 -1,4- 萘醌的衍生物。维生素 K 是黄色晶体，熔点为 52 ～ 54 ℃，通常呈油状液体或固体，不溶于水，易溶于油脂、醚等有机溶剂。自然界广泛存在的维生素 K 有叶绿基甲萘醌（phytylmenaquinone）和甲基萘醌（menaquinone）两种（图 21-8）。叶绿基甲萘醌又称维生素 K_1，主要存在于深绿色蔬菜，如菠菜、生菜、甘蓝、莴苣和豆油。甲基萘醌又称维生素 K_2，是人体肠道细菌的代谢产物。维生素 K_1 和维生素 K_2 不溶于水，溶于脂溶剂，对热稳定，易被碱和紫外线分解。膳食中维生素 K 主要由小肠吸收入淋巴系统，吸收能力取决于胰腺和胆囊的功能，吸收后随乳糜微粒（CM）进行相关代谢。人工合成的维生素 K_3 和维生素 K_4 能溶于水，可口服和注射。

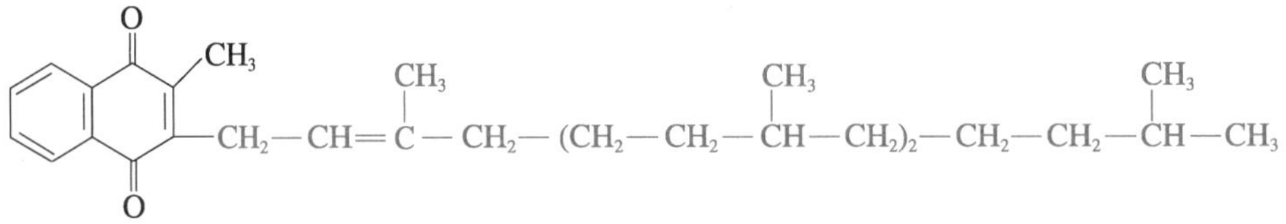

维生素K_1

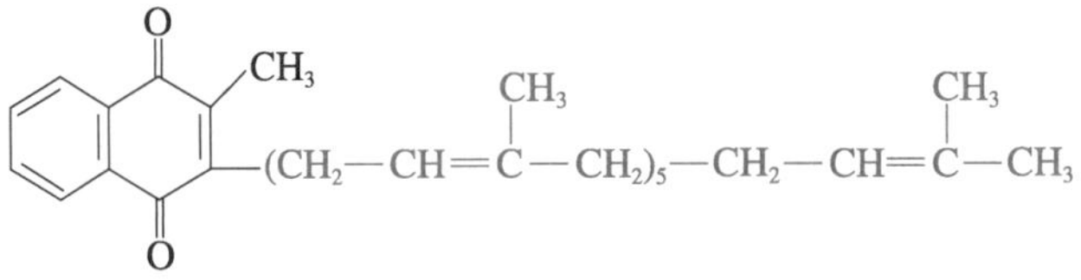

维生素K_2

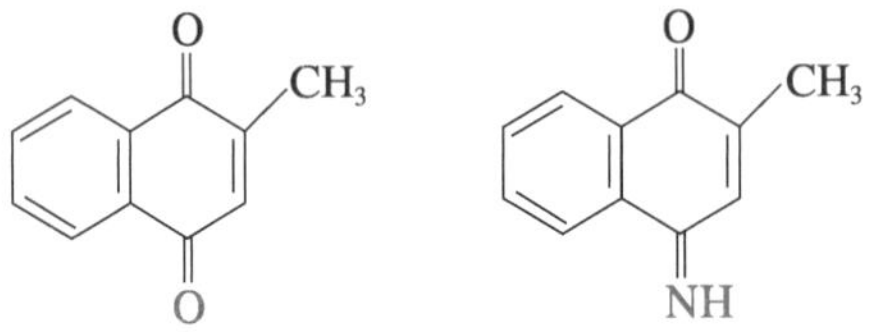

维生素K_3　　维生素K_4

图 21-8　维生素 K 的结构式

（二）生理功能

1．维生素 K 参与凝血因子合成　血液中的凝血因子Ⅱ、Ⅶ、Ⅸ、Ⅹ在肝中初合成时，由无活性的前体组成，经 γ- 谷氨酰羧化酶作用，将其分子中 4 ～ 6 个谷氨酸残基羧化为 γ- 羧基谷氨酸残基（γ-carboxyglutamic acid，Gla），即转变为具有生物功能的活性形式。上述反应由 γ- 羧化酶催化，其中 γ- 谷氨酰羧化酶的辅酶是维生素 K。Gla 具有较强的 Ca^{2+} 螯合能力，此为凝血因子发挥生理活性所必需。此外，肝内合成某些抗凝血因子（如蛋白 C 和蛋白 S），也需依赖维生素 K 的激活作用。

2．对骨代谢具有重要作用　在肝、骨等组织中广泛存在维生素 K 依赖蛋白质，如骨钙蛋白和骨基质 Gla 蛋白。研究表明，年老者或女性的骨盐密度与维生素 K 的服用剂量呈正相关。

3．减少动脉硬化　大剂量维生素 K 可以降低动脉硬化的危险性。

（三）维生素 K 与疾病

成年人每日的维生素 K 需要量为 60 ～ 80 μg。维生素 K 广泛分布于动、植物组织，且体内肠道细菌也能合成，故一般不易缺乏。维生素 K 因具有促进凝血因子合成的功能，故又称凝血维生素。维生素 K 缺乏，机体中凝血酶原的合成将减少，临床表现为继发性出血（如伤口出血）、大片皮下出血和中枢神经系统出血等。当胰腺疾病、胆管阻塞，或长期服用广谱抗生素时，可能引起维生素 K 缺乏。维生素 K 不能通过胎盘，新生儿肠道中无细菌，可能出现维生素 K 缺乏。大量进食富含维生素 K_1 的膳食，尚未发现中毒性反应者。服用超剂量的维生素 K_2 可能导致新生儿溶血性贫血、卟啉尿症、高胆红素血症和肝中毒；成年人则可能诱发心脏病和肺病。

第三节　水溶性维生素

水溶性维生素主要包括 B 族维生素（如 B_1、B_2、PP、泛酸、B_6、叶酸、生物素及 B_{12}）和维生素 C 等。大部分水溶性维生素通过转变为活性辅酶或辅基，参与各类物质的合成或分解代谢过程。在体内，水溶性维生素的储存量很少，必须经常从食物中摄取。体内超量的水溶性维生素可由尿排出，体内蓄积很少，中毒现象少有发生。

一、维生素 B_1

（一）化学本质及性质

维生素 B_1（vitamin B_1）由含硫的噻唑环和含氨基的嘧啶环所组成，故又名硫胺素（thiamine）。维生素 B_1 极易溶于水，人体内肠道细菌可少量合成，而人体自身不能合成，主要来源于食物补给。维生素 B_1 主要存在于种子的外皮和胚芽之中，以米糠、麦麸、豆类、胚芽、酵母含量丰富。维生素 B_1 耐热，在酸性溶液中较为稳定。如在 pH 3.5 以下，即使加热到 120 ℃也不被破坏，但在中性或碱性溶液中易被分解。维生素 B_1 经小肠吸收入血，然后在肝及脑组织中由硫胺素焦磷酸激酶催化，转变生成硫胺素焦磷酸（thiamine pyrophosphate，TPP）。TPP 是维生素 B_1 在体内的活性形式，占体内硫胺素总量的 80%（图 21-9）。在代谢反应中，TPP 常为羧化酶的辅酶（酰基载体），也是 α- 酮酸脱羧酶和转酮醇酶的辅基。

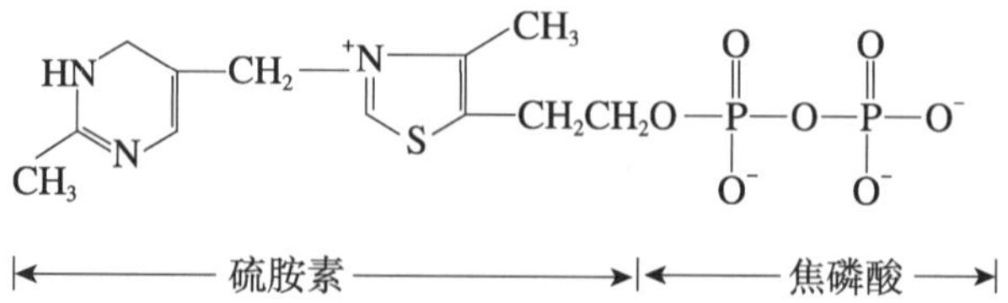

硫胺素　焦磷酸

图 21-9　硫胺素焦磷酸的结构式

（二）生理功能

1. 在糖代谢中具有重要作用　维生素 B_1 与糖代谢关系密切。正常情况下，机体所需要的能量主要依靠糖代谢产生的丙酮酸氧化供给。TPP 是 α- 酮酸脱氢酶复合体的辅酶，参与线粒体内 α- 酮酸的氧化脱羧反应，并转移醛基，如丙酮酸、α- 酮戊二酸和支链氨基酸。TPP 噻唑环上的 S 原子与 N 原子之间的碳原子十分活跃，易于释放出 H^+ 形成碳负离子（carbanion），

碳负离子与 α- 酮酸羧基结合，形成不稳定的中间产物，进而实现 α- 酮酸脱羧反应。

当 TPP 缺乏时，丙酮酸脱氢酶活性降低，乙酰辅酶 A 和能量生成较少，导致丙酮酸和乳酸堆积，影响细胞的正常功能。在三羧酸循环中，TPP 缺乏会降低 α- 酮戊二酸脱氢酶复合体的活性，影响 α- 酮戊二酸的氧化脱羧。此时，以糖有氧氧化供能为主的神经组织表现为能量来源不足，以及神经细胞膜鞘磷脂合成受阻，可导致慢性末梢神经炎和其他神经肌肉症状。此外，在戊糖磷酸途径中，TPP 也是转酮酶的辅酶，参与转糖醛基反应。

2．与神经传导有关 乙酰胆碱由乙酰辅酶 A 与胆碱合成，而乙酰辅酶 A 主要来源于丙酮酸氧化脱羧反应。当维生素 B_1 缺乏时，乙酰辅酶 A 来源减少，从而影响乙酰胆碱的合成，影响神经信号传导。此外，胆碱酯酶催化乙酰胆碱的水解，维生素 B_1 可抑制胆碱酯酶的活性。

（三）维生素 B_1 与疾病

维生素 B_1 缺乏（TPP 不足）会导致糖代谢障碍，致使血液中丙酮酸和乳酸含量增多，严重影响神经组织供能，产生脚气病（beriberi）。临床表现为胃肠蠕动缓慢、消化液分泌减少、食欲缺乏、消化不良等；严重时表现为多发性神经炎、皮肤麻木、四肢无力及水肿、心力衰竭、肌肉萎缩及下肢水肿等症状，故维生素 B_1 又名抗脚气病维生素。

正常成年人每日对维生素 B_1 的需要量为 1.2 ~ 1.5 mg。维生素 B_1 缺乏的常见原因可能是吸收障碍（如慢性消化紊乱、长期腹泻）、需求量激增（如感染、手术后、甲状腺功能亢进、长期发热）或酒精中毒等。维生素 B_1 超量服用，由尿液排出，可能出现头晕、腹泻、水肿、心律失常等症状。

二、维生素 B_2

（一）化学本质与性质

维生素 B_2（vitamin B_2）是核醇与 6,7- 二甲基异咯嗪的缩合物，为黄色针状结晶物，又名核黄素（riboflavin），如图 21-10 所示。在核黄素的异咯嗪环上，第 1 位及第 10 位的两个 N 原子与活泼的共轭双键相连，能反复接受或释放 1 对 H 原子，既可作为受氢体，又可作为供氢体，因而具有可逆的氧化还原特征。维生素 B_2 微溶于水，可溶于 NaCl 溶液，易溶于低浓度 NaOH 溶液；在强酸溶液中较为稳定，耐热、耐氧化，在光照及紫外线照射下易降解为无活性产物。在波长 450 nm 处，还原型核黄素及其衍生物均有吸收峰，可用作定量分析。

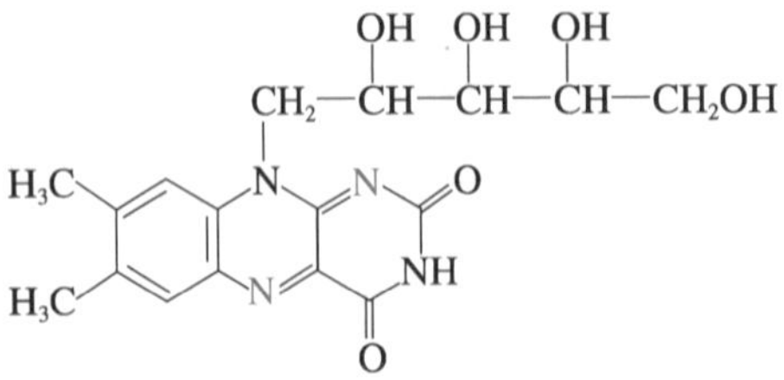

图 21-10 核黄素的结构式

维生素 B_2 广泛存在于动、植物中，在酵母、肝、肾、蛋类、奶制品及大豆中含量较为丰富。食物中的维生素 B_2 主要在小肠上段通过转运蛋白主动吸收。在小肠黏膜中，吸收后的核黄素由黄素激酶催化，转变为黄素单核苷酸（flavin mononucleotide，FMN）。然后，在焦磷酸化酶的催化下，FMN 与 ATP 进一步生成黄素腺嘌呤二核苷酸（flavin adenine dinucleotide,

FAD)。FMN 和 FAD 是核黄素的活性形式。

（二）生理功能

在体内的氧化还原反应中，FMN 和 FAD 具有传递氢原子的作用，是体内多种氧化还原酶（如琥珀酸脱氢酶、脂肪酰辅酶 A 脱氢酶、黄嘌呤氧化酶）的辅酶，这些酶被称为黄素蛋白或黄酶。至此，FMN 和 FAD 广泛参与三羧酸循环、脂肪酸β氧化、氨基酸氧化、嘌呤碱转化为尿酸、芳香族化合物羟化以及呼吸链电子传递等。此外，FAD 还作为辅酶参与色氨酸转变为烟酸的过程；FMN 作为辅基参与维生素 B_6 转变为磷酸吡哆醛反应；FAD 作为谷胱甘肽还原酶的辅酶参与体内抗氧化体系，维持还原型 GSH 的浓度等。

（三）维生素 B_2 与疾病

维生素 B_2 微量缺乏时无明显症状。当维生素 B_2 严重缺乏时，可能导致口腔、唇、眼、皮肤、生殖器的炎症和功能障碍，称为核黄素缺乏症。儿童长期缺乏维生素 B_2 可能导致生长迟缓，伴随轻、中度缺铁性贫血。此外，用光照疗法治疗新生儿黄疸时，核黄素可能遭到破坏，引起新生儿维生素 B_2 缺乏症。正常成年人每日对维生素 B_2 的需要量为 1.2 ~ 1.5 mg。当维生素 B_2 超量摄入时，无明显毒性，但机体贮存能力有限，超过肾阈值则以黄色尿液排出体外。

三、维生素 PP

（一）化学本质及性质

维生素 PP 包括烟酸（nicotinic acid）和烟酰胺（nicotinamide），又名尼克酸和尼克酰胺，二者均属于氮杂环吡啶衍生物（图 21-11），体内的烟酸易转化为烟酰胺。烟酸为白色针状结晶。烟酸、烟酰胺均溶于水及乙醇，化学性质比较稳定；在酸、碱、氧、光或加热条件下，不易被破坏。维生素 PP 广泛存在于自然界，以酵母、花生、谷类、肉类和动物肝中含量丰富。体内的色氨酸能转变生成维生素 PP，但效率较低，60 mg 色氨酸仅能转变为 1 mg 烟酸，且需要维生素 B_1、B_2 和 B_6 的代谢参与。

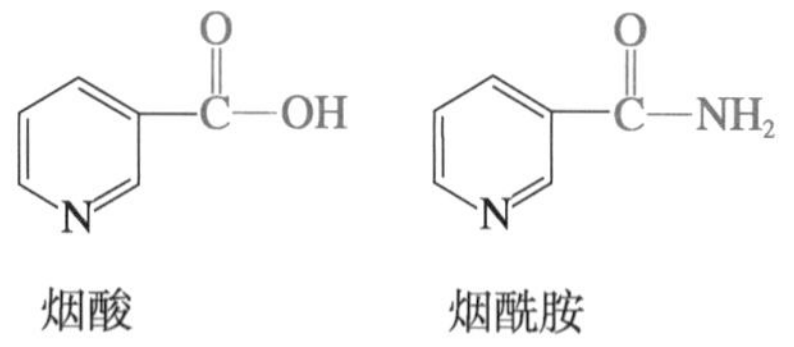

烟酸　　烟酰胺

图 21-11　烟酸和烟酰胺的结构式

食物中的维生素 PP 均以烟酰胺腺嘌呤二核苷酸（nicotinamide adenine dinucleotide，NAD^+）（又称辅酶Ⅰ）或烟酰胺腺嘌呤二核苷酸磷酸（nicotinamide adenine dinucleotide phosphate，$NADP^+$）（又称辅酶Ⅱ）的辅酶形式存在。食物消化后，经胃及小肠吸收，以烟酸的形式经门静脉进入肝。运输到组织细胞后，维生素 PP 再重新合成辅酶 NAD^+ 和 $NADP^+$ 活性形式。过量的烟酸被甲基化，生成 N′- 甲基烟酰胺和 2- 吡啶酮，由尿液排出，也可与甘氨酸结合生成烟酰甘氨酸。

Note

（二）生理功能

1. NAD^+ 和 $NADP^+$ 是维生素 PP 在体内的活性形式 在体内的氧化还原反应中，NAD^+ 和 $NADP^+$ 是多种不需氧脱氢酶的辅酶，氮杂环分子结构中 N_1 与 C_4 原子部分具有传递氢原子的作用，广泛参与体内的各种氧化还原反应。在生物氧化过程中，递氢体 NAD^+ 和 $NADP^+$ 参与葡萄糖酵解、三羧酸循环、戊糖磷酸合成、脂肪酸 β 氧化、氨基酸代谢及嘌呤、嘧啶的合成代谢等。以 NAD^+ 为辅酶，常见如苹果酸脱氢酶、异柠檬酸脱氢酶和乳酸脱氢酶；以 $NADP^+$ 为辅酶，常见如葡萄糖 -6- 磷酸脱氢酶和葡萄糖酸 -6- 磷酸脱氢酶。

2. 烟酸能抑制脂肪动员 烟酸能抑制激素敏感性甘油三酯酶（HSL）的活性，从而抑制脂肪动员，减少肝合成极低密度脂蛋白（VLDL）。烟酸还能增强脂蛋白脂肪酶（LPL）的活性，促进血浆甘油三酯水解，降低 VLDL 浓度，使 VLDL 向 LDL 转化减少，从而降低总胆固醇和 LDL 胆固醇。

（三）维生素 PP 与疾病

维生素 PP 缺乏病称为糙皮病（pellagra）。患者早期症状为体重减轻、疲劳、乏力、记忆力差、失眠、烦躁等；如不及时治疗，严重时则可出现皮炎、舌炎、腹泻和痴呆等症状；痴呆是神经组织变性的结果，可能是缺乏多种维生素，给予烟酸可见效。故维生素 PP 又称抗糙皮病维生素。此外，抗结核药异烟肼与维生素 PP 的结构相似，两者具有拮抗作用。长期服用异烟肼可能引起维生素 PP 缺乏。正常成年人每日对维生素 PP 的需要量为 15 ～ 20 mg。服用大剂量烟酸（2 ～ 4 g/d）可能引起血管扩张、皮肤潮红、恶心、呕吐、胃肠不适、心律失常等反应。长期服用量超过 500 mg/d，可能造成肝损伤。

四、维生素 B_6

（一）化学本质及性质

维生素 B_6（vitamin B_6）属于吡啶衍生物，基本结构式是 2- 甲基 -3- 羟基 -5- 甲基吡啶，主要包括吡哆醇（pyridoxine）、吡哆醛（pyridoxal）及吡哆胺（pyridoxamine）。维生素 B_6 易溶于水和乙醇，稍溶于脂溶剂，对光和碱均敏感。吡哆醇耐热，吡哆醛和吡哆胺不耐高温。人体肠道细菌可以合成维生素 B_6，但其量甚微，主要从食物中摄取补充。维生素 B_6 广泛分布于动、植物食品之中，肝、肉类、鱼、全麦、坚果、豆类、蛋黄和酵母中含量尤为丰富。在小肠消化时，维生素 B_6 磷酸酯必须由非特异性碱性磷解酶水解，生成小分子吡哆醇、吡哆醛及吡哆胺。体内维生素 B_6 以磷酸酯存在，主要活性形式是磷酸吡哆醛（pyridoxal phosphate）和磷酸吡哆胺（pyridoxamine phosphate）（图 21-12），两者可相互转变。吡哆醛和磷酸吡哆醛是维生素 B_6 在血液中的主要运输形式。磷酸吡哆醛的主要储存场所是肌肉组织，常与糖原磷酸化酶相结合。

（二）生理功能

1. 磷酸吡哆醛是多种酶的辅酶 磷酸吡哆醛是体内百余种酶的辅酶，在代谢过程中发挥着重要作用。磷酸吡哆醛与多数氨基酸代谢有关，如转氨基、脱羧基、侧链裂解、转硫化作用、血红素与烟酸合成代谢，以及参与某些神经介质（5- 羟色胺、牛磺酸、多巴胺、去甲肾上腺素和 γ- 氨基丁酸）的合成代谢。如磷酸吡哆醛是谷氨酸脱羧酶和转氨酶的辅酶，谷氨酸脱羧酶催化谷氨酸脱羧生成大脑抑制性神经递质 γ- 氨基丁酸，因而临床常用维生素 B_6 治疗婴

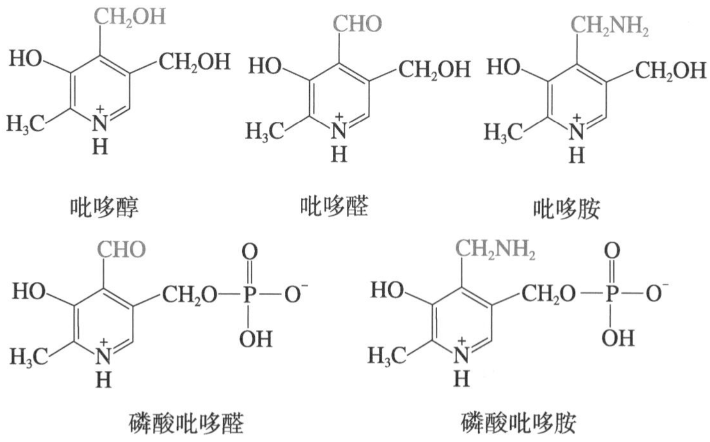

吡哆醇　吡哆醛　吡哆胺

磷酸吡哆醛　磷酸吡哆胺

图 21-12　维生素 B_6 及焦磷酸酯的结构式

儿惊厥、妊娠呕吐和精神焦虑等。磷酸吡哆醛还是血红素合成的关键酶——δ- 氨基 -γ- 酮戊酸（ALA）合酶的辅酶；当维生素 B_6 缺乏时，血红素合成受阻，可出现小细胞低血色素性贫血和血清铁增高。

磷酸吡哆醛还参与同型半胱氨酸向甲硫氨酸的转化过程。高同型半胱氨酸血症（hyperhomocysteinemia）是心血管疾病的一个风险因素。同型半胱氨酸除甲基化生成甲硫氨酸外，还可在磷酸吡哆醛的参与下转变为半胱氨酸。已知 2/3 以上的高同型半胱氨酸血症与维生素 B_6、叶酸和维生素 B_{12} 缺乏有关。维生素 B_6 干预，可降低血浆同型半胱氨酸的含量。

2．磷酸吡哆醛可终止类固醇激素的作用　磷酸吡哆醛可将类固醇激素 - 受体复合物从 DNA 中移去，终止激素的作用。当维生素 B_6 缺乏时，可增加人体对雄激素、雌激素、皮质激素和维生素 D 作用的敏感性，这对于前列腺、乳腺和子宫的激素依赖性癌症的发展可能存在重要的影响作用。

（三）维生素 B_6 与疾病

食物中富含维生素 B_6，维生素 B_6 缺乏病较少发生。当维生素 B_6 缺乏时，较轻者临床表现为食欲缺乏、失重、呕吐等；严重缺乏者临床表现可能有贫血、关节炎、忧郁、衰弱、头痛、脱发、易感染等。维生素 B_6 缺乏时，皮肤损害可能表现为脂溢性皮炎、结膜炎、口炎和舌炎，故维生素 B_6 又称为抗皮炎维生素。

正常成年人每日对维生素 B_6 的需要量为 1.5 ～ 2.0 mg。过量服用维生素 B_6 可引起中毒，造成神经损伤。此外，抗结核药异烟肼能与磷酸吡哆醛的醛基结合，使其失去辅酶作用，故在服用异烟肼时，需补充维生素 B_6。

五、泛酸

（一）化学本质及性质

泛酸（pantothenic acid）又称遍多酸、维生素 B_5，因在生物界广泛存在而得名。泛酸为淡黄色黏稠的油状物，易溶于水和乙醇，中性溶液中对热稳定，遇酸、碱易被破坏。食物中维生素 B_5 无所不在，常以游离或结合形式存在。富含泛酸的食物主要有动物内脏、肉类、豆类、坚果、蘑菇、绿叶蔬菜等。泛酸在肠内被吸收后，经磷酸化并与半胱氨酸反应生成 4′- 磷酸泛酰巯基乙胺。4′- 磷酸泛酰巯基乙胺是辅酶 A（coenzyme A，CoA）及酰基载体蛋白质（acyl

Note

carrier protein，ACP）的组成部分。体内泛酸的活性形式是辅酶 A 和 ACP（图 21-13），参与酰基的转移反应。

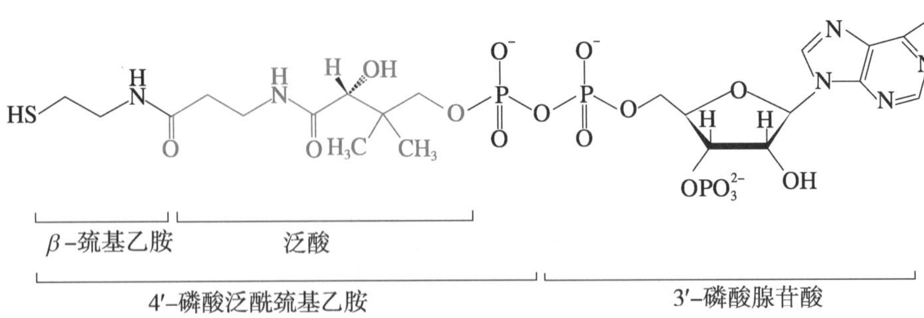

β-巯基乙胺 泛酸
4′-磷酸泛酰巯基乙胺 3′-磷酸腺苷酸

图 21-13 辅酶 A 的结构式

（二）生理功能

1. 作为酰基载体参与物质代谢 辅酶 A 和 ACP 构成酰基转移酶的辅酶，作为酰基载体，广泛参与糖、脂质、蛋白质代谢及肝的生物转化作用，70 余种酶需辅酶 A 或 ACP。常见代谢中间物，如三羧酸循环中的乙酰辅酶 A 和琥珀酰辅酶 A，又如脂肪酸代谢反应中的脂肪酰辅酶 A（或 ACP）、烯脂酰辅酶 A、羟脂酰辅酶 A、酮脂酰辅酶 A 和丙酰辅酶 A。此外，辅酶 A 作为酰基载体还参与了多种活性物质的生物合成，并提供底物或代谢中间物原料，如酮体、胆固醇、褪黑激素、亚铁血红素、乙酰胆碱以及抗体合成。

2. 辅酶 A 被广泛用作治疗各种疾病的重要辅助药物 在白细胞减少症、原发性血小板减少性紫癜、功能性低热、肝炎、肝性脑病、冠状动脉硬化等疾病治疗过程中，泛酸用作辅助药物。

（三）泛酸与疾病

正常成年人每日对泛酸的需要量约为 5.0 mg。食物中泛酸普遍存在，典型的泛酸缺乏症罕见。泛酸缺乏时，早期症状表现为易疲劳，引发胃肠功能障碍；严重缺乏时，可能出现肢神经痛综合征，临床表现为足趾麻木、步行时摇晃、周身酸痛等。若病情继续恶化，则会产生易怒、脾气暴躁、失眠等症状。

六、生物素

（一）化学本质及性质

生物素（biotin）又称维生素 H、维生素 B_7，是由噻吩环和尿素结合而成的双环化合物，并带有一戊酸侧链。生物素为无色针状结晶体，耐酸，不耐碱，溶于温水，而不溶于乙醇、乙醚及氯仿，高温或氧化剂可使其失活。生物素广泛分布于肝、肾、蛋黄、酵母、蔬菜和谷类中，肠道细菌也能合成，供给人体需要。生物素能迅速从胃肠道吸收，血液中 80% 的生物素以游离形式存在，分布于全身各组织，以肝、肾含量居多。过量的生物素由尿液排出，仅少量代谢为生物素硫氧化物和双降生物素。生物素作为辅基，与羧化酶蛋白质分子中赖氨酸残基（ε- 氨基）以酰胺键形式共价结合，形成生物胞素（biocytin）残基，羧化酶则转变成有催化活性的酶（图 21-14）。

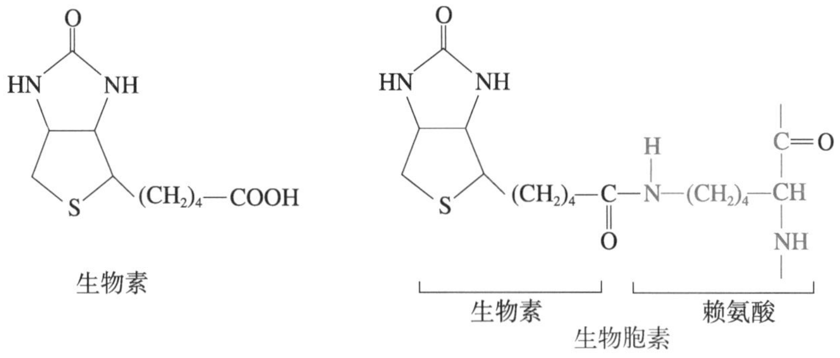

图 21-14 生物素和生物胞素的结构式

（二）生理功能

1．生物素是体内多种羧化酶的辅基 生物素是体内多种羧化酶的辅基，如丙酮酸羧化酶、乙酰辅酶 A 羧化酶和丙酰辅酶 A 羧化酶，参与 CO_2 的固定过程，在脂肪合成、糖类等代谢反应中发挥 CO_2 分子载体的作用。此外，生物素能促进蛋白质的合成，还参与维生素 B_{12}、叶酸、泛酸的代谢等。

2．生物素参与细胞信号转导和基因表达 最新研究证明，已知的人基因组中存在 2000 余个基因编码的产物，其具体功能依赖于生物素参与。此外，生物素还可使组蛋白生物素化，从而影响细胞周期、转录和 DNA 损伤修复。

（三）生物素与疾病

正常成年人每日对生物素的需要量约为 40 μg。生物素来源广泛，肠道细菌也能少量合成，故少有缺乏症出现。生物素缺乏时，主要临床症状是疲劳、食欲缺乏、恶心、呕吐、皮炎及脱屑性红皮病。新鲜鸡蛋中含有一种抗生物素卵蛋白（avidin），能与生物素结合，而阻碍其吸收；蛋清加热后，蛋白质结构被破坏而失去作用。此外，长期服用抗生素能抑制肠道的正常菌群，可能引起生物素缺乏。

七、叶酸

（一）化学本质及性质

叶酸（folic acid）因在绿叶中含量十分丰富而得名。叶酸由 2- 氨基 -4- 羟基 -6- 甲基蝶啶、对氨基苯甲酸及 *L*- 谷氨酸结合而成，故又称蝶酰谷氨酸。叶酸为黄色结晶，微溶于水，易溶于稀乙醇溶液，不溶于脂溶剂；在酸性溶液中不稳定，在中性及碱性溶液中耐热，对光敏感。叶酸广泛存在于肝、酵母、鲜果、蔬菜、坚果及大豆类食品中，肠道细菌也能少量合成。植物中的叶酸多含 7 个谷氨酸残基，谷氨酸之间以 γ- 肽键相连；仅牛奶和蛋黄的叶酸为蝶酰单谷氨酸（图 21-15）。食物在常温下储存，所含叶酸易损失。

食物中的蝶酰多谷氨酸能被小肠黏膜上皮细胞分泌的蝶酰谷氨酸羧基肽酶水解，生成蝶酰单谷氨酸和谷氨酸。叶酸存在主动吸收和扩散被动吸收两种方式，主要吸收部位在小肠上段。通常，还原型叶酸的吸收率较高，谷氨酰基越多，则吸收率越低，葡萄糖和维生素 C 可促进其吸收。叶酸吸收后，在小肠上皮黏膜细胞二氢叶酸（FH_2）还原酶的作用下生成叶酸的生理活性形式——5,6,7,8- 四氢叶酸（FH_4）；二氢叶酸还原酶的辅酶为 NADPH（图 21-16）。含单

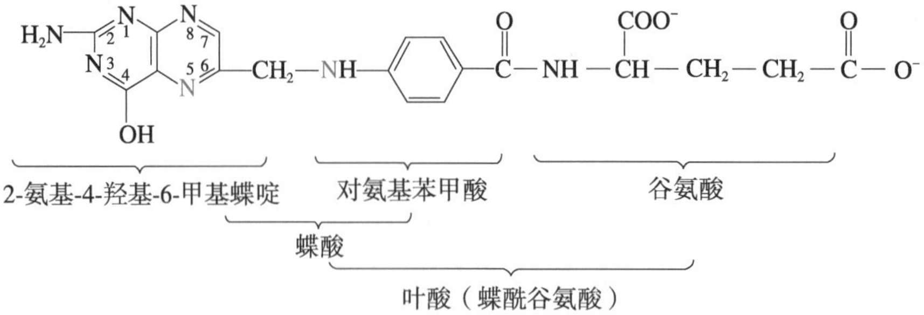

图 21-15 叶酸的结构式

谷氨酸的 N^5-CH_3-FH_4 是叶酸在血液中的主要形式。体内叶酸多分布于肠壁、肝、骨髓等组织，FH_4 主要以多谷氨酸形式存在。

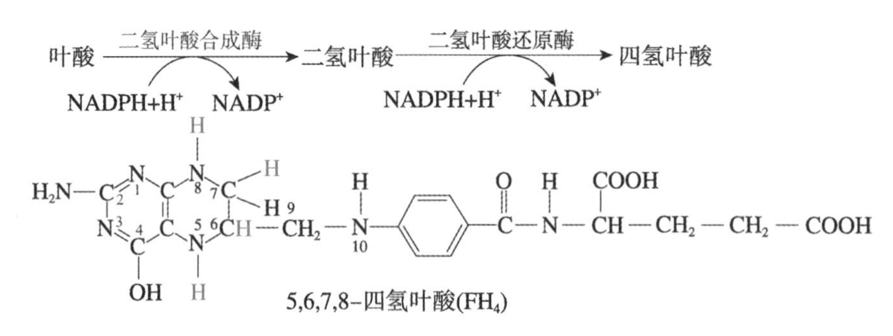

图 21-16 四氢叶酸的生成及结构式

（二）生理功能

1．FH_4 是体内一碳单位转移酶的辅酶 FH_4 分子中的 N^5 位、N^{10} 位是携载一碳单位的部位。一碳单位在体内参与丝氨酸、甘氨酸和泛酸的生物合成，也参与嘌呤和嘧啶核苷酸的从头合成和某些分子的甲基化反应。

2．FH_4 与核酸代谢密切相关 叶酸是介导一碳单位转移极其重要的辅助因子，对嘌呤和嘧啶的从头合成影响甚大。如磺胺类药物，因与对氨基苯甲酸产生竞争性抑制作用，影响二氢蝶酸合酶的活性，进而干扰二氢叶酸的合成，致使嘌呤和嘧啶合成受阻，达到抑制细菌生长和繁殖的目的。又如抗癌药甲氨蝶呤和氨基蝶呤，因分子结构与叶酸相似，能抑制二氢叶酸还原酶的活性，使 FH_4 合成减少，进而抑制体内嘌呤和胸腺嘧啶核苷酸的合成，因此具有抑制肿瘤细胞增殖的作用。

3．FH_4 影响甲硫氨酸的生成 同型半胱氨酸转变为甲硫氨酸需要 FH_4 和维生素 B_{12} 的参与。如同型半胱氨酸不能顺利转变为甲硫氨酸，可引起高同型半胱氨酸血症（hyperhomocysteinemia）。除参与合成蛋白质外，甲硫氨酸还可转变为 *S*- 腺苷甲硫氨酸，是活性的甲基供体，广泛参与 DNA 甲基化和其他多种甲基化反应。体内的 DNA 低甲基化反应可能增加某些癌症（如结肠癌、直肠癌）发生的风险性。

（三）叶酸与疾病

正常成年人每日对叶酸的需要量约为 320 μg；孕妇每日叶酸的总摄入量应大于 350 μg。叶酸食物来源丰富，一般不易发生叶酸缺乏症。叶酸缺乏可能与胎儿神经管畸形（无脑儿、脑膨出、脊柱裂）、巨幼细胞贫血、同型半胱氨酸血症、动脉粥样硬化、唇腭裂以及肿瘤等疾病的发生风险存在一定的相关性。当吸收不良、代谢失常或需要量增多、或长期服用肠道抑菌药物时，可能造成叶酸缺乏。叶酸缺乏时，DNA 合成受到抑制，骨髓幼红细胞 DNA 合成减少，细胞分裂速度降低，细胞体积变大，细胞核内染色质疏松，称为巨幼红细胞。该细胞的细胞膜易破碎，造成贫血，称为巨幼细胞贫血（megaloblastic anemia）。叶酸缺乏时，同型半胱氨酸不能顺利转变为甲硫氨酸，引起高同型半胱氨酸血症，可能导致血栓闭塞性心脑血管疾病、厌食症或神经性厌食症、老年血管性痴呆、抑郁症等疾病的发生。

八、维生素 B_{12}

（一）化学本质及性质

维生素 B_{12}（vitamin B_{12}）又称钴胺素（cobalamin），是目前所知唯一含金属元素的维生素。维生素 B_{12} 是一种含有钴原子的多环系化合物，4 个还原性的吡咯环交联形成 1 个咕啉环（与卟啉环相似）。维生素 B_{12} 为粉红色结晶，微溶于水和乙醇，不溶于丙酮、乙醚和氯仿。在弱酸（pH 4.5 ~ 5.0）环境下，维生素 B_{12} 的水溶液相当稳定；而在强酸、碱性环境下，则极易分解。体内维生素 B_{12} 的主要存在形式是氰钴胺素、羟钴胺素、甲钴胺素和 5′- 脱氧腺苷钴胺素。前二者是药用维生素 B_{12} 的常见形式；后二者具有辅酶功能，也是血液中存在的主要形式（图 21-17）。

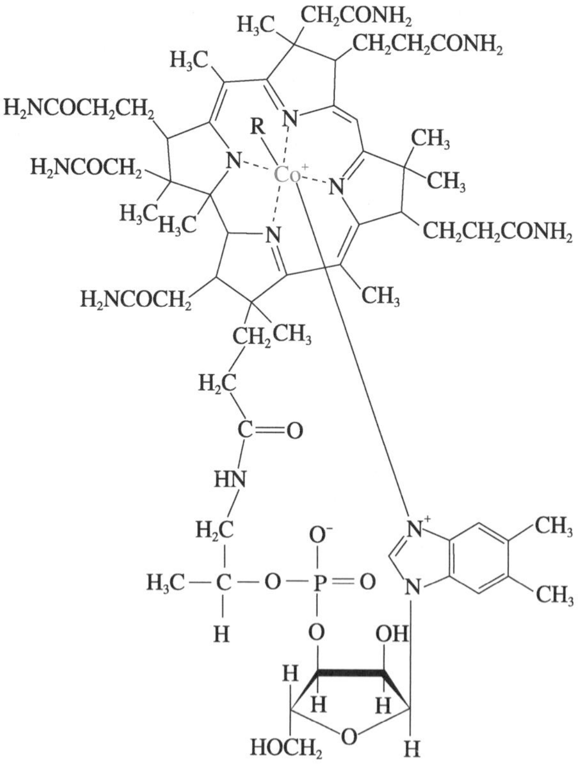

图 21-17　维生素 B_{12} 的结构式

动物性食物中广泛存在维生素 B_{12}，植物中无维生素 B_{12}。动物性食品是维生素 B_{12} 的主要来源，如动物内脏、肉类、蛋类，豆制品经发酵会产生少量维生素 B_{12}。人体肠道细菌也可少量合成维生素 B_{12}。食物中的维生素 B_{12} 常与蛋白质结合而存在。在胃酸或胃蛋白酶的作用下，维生素 B_{12} 与蛋白质分离，并与来自唾液的亲钴蛋白质相结合。在十二指肠内，亲钴蛋白质 -

维生素 B_{12} 复合物经胰蛋白酶水解，游离出维生素 B_{12}；维生素 B_{12} 再与一种由胃黏膜细胞分泌的内因子（intrinsic factor，IF）紧密结合，生成 IF- 维生素 B_{12} 复合物，被回肠吸收。IF 因子是一种分子量为 50 kDa 的糖蛋白，按 1∶1 比例与维生素 B_{12} 结合。当胰腺功能障碍时，亲钴蛋白质 - 维生素 B_{12} 复合物不能被分解而排出体外，可导致维生素 B_{12} 缺乏。在小肠黏膜上皮细胞内，维生素 B_{12} 与 IF 分开，维生素 B_{12} 再与钴胺素传递蛋白Ⅱ（transcobalamin Ⅱ，TC Ⅱ）相结合而存在于血液之中。维生素 B_{12}-TC Ⅱ复合物与细胞表面受体相结合进入细胞；在细胞内，维生素 B_{12} 再转变成羟钴胺素、甲钴胺素，或进入线粒体转变成 5′- 脱氧腺苷钴胺素。此外，肝中还有其他的钴胺素结合蛋白质，如钴胺素传递蛋白Ⅰ（transcobalamin Ⅰ，TC Ⅰ），可与维生素 B_{12} 结合，储存于肝内。过量维生素 B_{12} 主要从尿液排出体外，部分从胆汁排出。

（二）生理功能

1．维生素 B_{12} 是甲基转移酶的辅酶 维生素 B_{12} 作为甲基转移酶的辅酶，参与甲硫氨酸、胸腺嘧啶等的合成代谢。如甲硫氨酸合成酶（辅酶维生素 B_{12}）催化同型半胱氨酸甲基化生成甲硫氨酸，一碳单位 N^5-CH_3-FH_4 是甲基的供体。当维生素 B_{12} 缺乏时，N^5-CH_3-FH_4 的甲基不能转移出去，其后果：一是甲硫氨酸生成减少，二是影响四氢叶酸的还原再生。由于组织中游离的四氢叶酸含量减少，一碳单位代谢受阻，导致核酸合成障碍，产生巨幼细胞贫血，故维生素 B_{12} 又称为抗恶性贫血维生素。此外，因同型半胱氨酸堆积，可造成高同型半胱氨酸血症，增加患动脉硬化、血栓生成和高血压的危险性。

2．维生素 B_{12} 影响脂肪酸的合成 在奇数碳原子脂肪酸 β 氧化过程中，5′- 脱氧腺苷钴胺素是 L- 甲基丙二酰辅酶 A 变位酶的辅酶，参与催化 L- 甲基丙二酰辅酶 A 转变为琥珀酰辅酶 A。当维生素 B_{12} 缺乏时，L- 甲基丙二酰辅酶 A 大量堆积，其分子结构与脂肪酸合成的直接原料丙二酰辅酶 A 的结构相似，干扰脂肪酸的正常合成；在脂肪酸合成中，L- 甲基丙二酰辅酶 A 可代替丙二酰辅酶 A 合成支链脂肪酸，破坏细胞膜的结构。此外，维生素 B_{12} 缺乏导致的神经疾患，是因脂肪酸合成异常而影响髓鞘质的转换，使髓鞘变性退化，进而引发进行性脱髓鞘。

（三）维生素 B_{12} 与疾病

正常成年人每日对维生素 B_{12} 的需要量约为 2.0 μg。动物性食品富含维生素 B_{12}，正常肝中储存的维生素 B_{12} 可供 6 年之需，故维生素 B_{12} 缺乏症少见。若出现食欲缺乏、消化不良、舌炎、失去味觉等症状，可能是维生素 B_{12} 缺乏，偶见于内因子先天缺乏者，或胃酸分泌减少、胃切除、萎缩性胃炎者，或影响维生素 B_{12} 吸收的年长者，也见于严重吸收障碍的患者，或长期素食者。当维生素 B_{12} 严重缺乏时，可能导致巨幼细胞贫血（恶性贫血）、高同型半胱氨酸血症，以及神经与周围神经退化、末梢神经炎、进行性脱髓鞘等神经疾病的发生。

九、硫辛酸

（一）化学本质及性质

硫辛酸（lipoic acid）的氧化型分子结构是 5-［3-（1,2- 二硫杂环）］戊酸，具有双硫五元环结构，具有显著的亲电子和与自由基反应的能力，可被还原为二氢硫辛酸（图 21-18）。硫辛酸为淡黄色晶体，熔点为 45 ~ 47.5 ℃，具有旋光性，易溶于乙醇、氯仿、乙醚，水中溶解度为 1.0 g/L（20 ℃）。人体内可合成硫辛酸，也可从食物中大量摄取，常与维生素 B_1 共存，尤以菠菜、西兰花、番茄、豌豆以及动物内脏中含量较高。硫辛酸在体内经肠道吸收后进入细胞，因兼具脂溶性与水溶性的特性，全身通行无阻，能到达任何一个细胞部位，参与代谢反应与抗氧化作用。

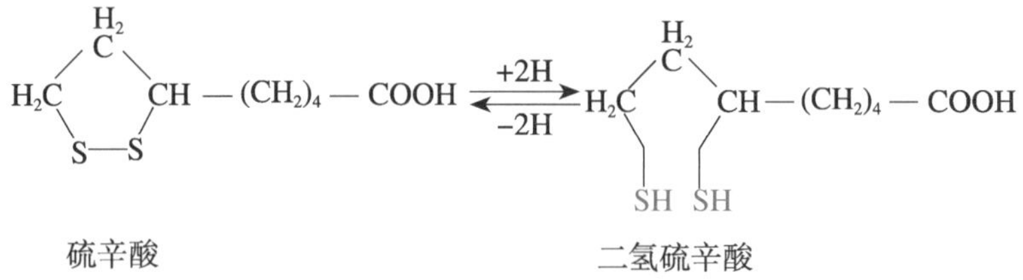

$$\text{硫辛酸 (1,2-二硫戊环-3-基)}-(CH_2)_4-COOH \underset{-2H}{\overset{+2H}{\rightleftharpoons}} HS-CH_2-CH_2-CH(SH)-(CH_2)_4-COOH \text{ (二氢硫辛酸)}$$

硫辛酸　　二氢硫辛酸

图 21-18　硫辛酸的氧化还原

机体内的硫辛酸常以氧化型和还原型（6,8- 二巯基辛酸）两种形式存在，可通过氧化 - 还原循环而转换形式。硫辛酸常不游离存在，类似生物素作用过程，而是以其羧基与酶蛋白分子（如二氢硫辛酸乙酰转移酶）的赖氨酸残基 ε-NH_2，以酰胺键共价相结合（结构上与生物胞素十分相似）；催化形成硫辛酰胺键的酶，需要 ATP 参与并作为反应产物，生成硫辛酰胺 - 酶偶联物、AMP 和焦磷酸。在体内代谢中，硫辛酸常与 TPP、NAD^+ 等辅酶共同参加转移酰基或氢反应。

（二）生理功能

1．硫辛酸参与转酰基作用　硫辛酸是 α- 酮酸氧化脱羧酶和转羟乙基酶的辅酶，作为酰基载体，在代谢反应中具有转运酰基和氢的作用。如在葡萄糖的有氧氧化反应中，硫辛酸是丙酮酸脱氢酶复合物和 α- 酮戊二酸脱氢酶复合体的重要辅助因子；分别催化丙酮酸氧化脱羧成乙酰辅酶 A 和 α- 酮戊二酸氧化脱羧成琥珀酰辅酶 A，参与转酰基和转移氢的过程。此外，硫辛酸也是甘氨酸脱羧酶的辅酶，参与将甘氨酸裂解转化为一碳单位。

2．其他作用　基于氧化型和还原型的变换，硫辛酸可以直接对羟基自由基、单线态氧等自由基发挥直接清除作用；同时具有保护巯基酶，免受重金属离子的破坏作用。此外，硫辛酸能够再生内源性抗氧化剂，如维生素 C、维生素 E、辅酶 Q_{10} 与谷胱甘肽，从而提升机体的整体抗氧化能力。

（三）硫辛酸与疾病

正常成年人每日对硫辛酸的需要量为 20 ～ 50 mg。人体内能合成硫辛酸，同时从食物中可以大量摄取。目前尚未发现人类的硫辛酸缺乏症。硫辛酸常被临床用作急性及慢性肝炎、肝硬化、肝性脑病、脂肪肝、糖尿病等治疗过程的辅助药物。

十、维生素 C

（一）化学本质及性质

维生素 C（vitamin C）是 L- 己糖酸内脂，一种含有 6 个碳原子的酸性多羟基化合物，因具有防治坏血病（维生素 C 缺乏病）的功能，又称为 L- 抗坏血酸（ascorbic acid）。维生素 C 是无色无臭的片状结晶体，味酸，久置颜色渐变微黄，易溶于水，不溶于脂溶剂。因其分子中 C_2 及 C_3 位上两个相邻的烯醇式羟基，易解离释放出 H^+，虽无羧基，却具有有机酸的化学性质。维生素 C 具有共轭双键，紫外吸收在波长 243 nm 处具有最大吸收峰。维生素 C 的结构与葡萄糖相似，因而具有糖类的化学性质反应。

人类和其他灵长类动物体内不能合成维生素 C，必须从食物中摄取。维生素 C 广泛存在于新鲜蔬菜及水果中，尤以樱桃、柠檬、猕猴桃、鲜枣、山楂、刺梨及番茄等含量丰富。植物中含有维生素 C 氧化酶，能将维生素 C 氧化灭活为二酮古洛糖酸，故久存的蔬菜或水果中维生素 C 的含量大为减少。干种子中虽不含维生素 C，但一经发芽，便可合成，故豆芽是维生素 C 的极好来源。维生素 C 具有较强的还原性，故极不稳定，易被热或氧化剂所破坏，在中性或碱性溶液中尤甚，烹饪不当可使维生素 C 大量丧失。维生素 C 通常在小肠上段（十二指肠和空肠上部）被吸收，而仅有少量被胃吸收。维生素 C 可以氧化脱氢生成脱氢维生素 C，并使许多物质还原，故维生素 C 还具有还原剂的性质。脱氢维生素 C 又可以接受氢再还原成维生素 C（图 21-19）。在细胞内和血液中，还原型维生素 C 是维生素 C 的主要存在形式，血液中脱氢维生素 C 仅为维生素 C 含量的 1/15。

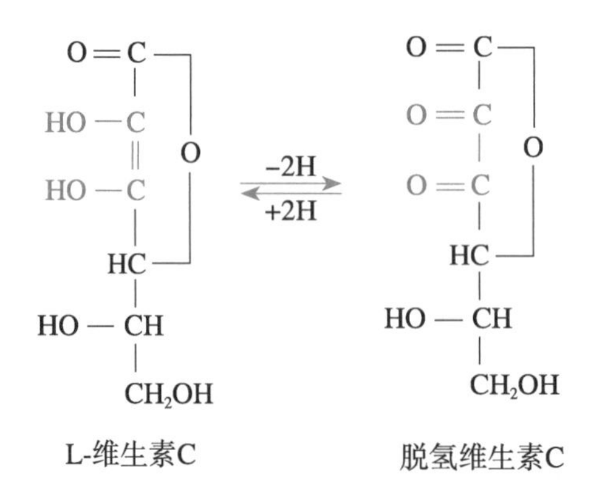

图 21-19 维生素 C 的氧化与还原

（二）生理功能

1．参与体内多种羟化反应 维生素 C 是多种羟化酶维持活性所必需的辅助因子之一，以参与体内的物质代谢。羟化反应是体内许多重要化合物合成或分解的必经步骤，如胶原合成、类固醇合成与转化、肉碱合成、芳香族氨基酸羟化，以及许多有机药物或毒物的生物转化，均需要羟化作用。

（1）依赖维生素 C 的含铁羟化酶参与胶原前体蛋白翻译后水平的加工修饰：如胶原脯氨酸羟化酶及胶原赖氨酸羟化酶，分别催化前胶原分子中脯氨酸和赖氨酸残基的羟化反应，促进成熟胶原分子的生成。此外，脯氨酸羟化酶也是骨钙蛋白和补体 C1q 生成所必需的。

（2）维生素 C 是胆汁酸合成关键酶（7α- 羟化酶）的辅酶：参与体内 40% 的胆固醇转变为胆汁酸的反应过程。此外，维生素 C 还参与肾上腺皮质类固醇合成过程中的羟化反应。

（3）维生素 C 参与芳香族氨基酸的代谢转化：如苯丙氨酸羟化为酪氨酸，酪氨酸转变为儿茶酚胺或分解为尿黑酸，以及色氨酸转变为 5- 羟色胺。

（4）维生素 C 参与体内肉碱的合成过程：肉碱（carnitine）以赖氨酸为底物，经过五步酶促反应而合成，其中有两步羟基化反应，均需要维生素 C 的参与。

2．参与体内多种氧化还原反应

（1）维生素 C 具有保护巯基的作用，维持酶分子巯基处于还原状态（—SH）。如维生素 C 可在谷胱甘肽还原酶的催化下，将氧化型谷胱甘肽（GSSG）还原成还原型谷胱甘肽（GSH）。GSH 能清除细胞膜中的脂质过氧化物，从而维持生物膜的正常功能（图 21-20）。

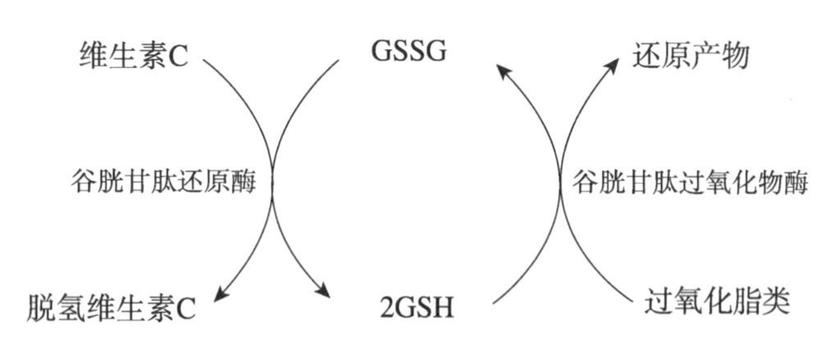

图 21-20　维生素 C 与谷胱甘肽的氧化还原反应

（2）维生素 C 能将红细胞中的高铁血红蛋白（MHb）还原为血红蛋白（Hb），恢复其运输氧的能力。

（3）维生素 C 能使肠道内难以吸收的三价铁（Fe^{3+}）还原成易于吸收的二价铁（Fe^{2+}），促进食物中的铁吸收，故维生素 C 是治疗贫血的重要辅助药物。

（4）维生素 C 能保护维生素 A、E 及 B 类免遭氧化作用；维生素 C 作为供氢体，参与叶酸转变成 FH_4 的过程。

（5）维生素 C 作为抗氧化剂，影响细胞内活性氧敏感的信号转导系统（如 NF-κB 和 AP-1），从而调节基因表达和细胞功能，促进细胞分化。此外，维生素 C 还是重要的活性氧清除剂。

3．增强机体的免疫力　维生素 C 具有促进淋巴细胞增殖和趋化作用，并能提高吞噬细胞的吞噬能力、促进免疫球蛋白合成，从而提高机体的免疫力。临床上将维生素 C 应用于心血管疾病、感染性疾病等的支持性治疗。

（三）维生素 C 与疾病

机体在正常状态下可储存一定量的维生素 C，故维生素 C 缺乏的症状需 3 ~ 4 个月方出现。早期表现为易激惹、厌食、体重不增、面色苍白、倦怠无力，可伴低热、呕吐、腹泻、易感染或伤口不易愈合等症状。严重缺乏维生素 C 时，胶原蛋白不能正常合成，细胞连接障碍，叶酸和铁代谢障碍，可能引发坏血病（scurvy），临床表现为毛细血管脆性增加、牙齿松动、牙龈腐烂、骨骼脆弱易折断以及创伤不易愈合等。此外，由于脂肪酸 β 氧化作用减弱，患者出现倦怠、乏力是坏血病的症状之一。同时，患者尿中可能出现大量的对羟苯丙酮酸，机体的免疫力和应急能力均下降。

正常成年人每日对维生素 C 的需要量约为 85 mg。维生素 C 的需要量易受到某些因素的影响，如吸烟可造成血中维生素 C 降低，阿司匹林可干扰白细胞摄取维生素 C，口服避孕药和皮质类固醇可能降低血浆维生素 C 水平。此外，过量摄入的维生素 C 可随尿液排出体外。

各种维生素的活性形式、功能以及缺乏症列于表 21-1。

表 21-1　主要维生素的活性形式、功能以及缺乏症

名称	别名	活性形式	主要生理功能	主要缺乏症
维生素 A	抗干眼病维生素 视黄醇	11- 顺视黄醛 视黄醇 视黄酸	构成视觉细胞内的感光物质 维持上皮组织的结构完整 胚胎发育和基因表达调节 抗氧化作用	夜盲症 眼干燥症 角膜软化症等
维生素 D	抗佝偻病维生素 钙化醇	1,25-$(OH)_2$-D_3	调节与促进钙、磷代谢 影响细胞分化	佝偻病（儿童） 软骨病、骨质疏松症等
维生素 E	生育酚	α- 生育酚 α- 生育三烯酚	与动物生殖功能有关 抗氧化作用 促血红素合成 调节基因表达	未见典型病症 临床治疗先兆流产和习惯性流产

Note

续表

名称	别名	活性形式	主要生理功能	主要缺乏症
维生素 K	抗凝血维生素	维生素 K_1 维生素 K_2	参与凝血因子合成 具有骨代谢调节作用 降低动脉硬化风险	继发性出血（如伤口） 大片皮下出血 中枢神经系统出血等
维生素 B_1	抗脚气病维生素 硫胺素	硫胺素焦磷酸 （TPP）	α- 酮酸氧化脱羧酶的辅酶 与神经传导有关	脚气病 多发性神经炎
维生素 B_2	核黄素	FMN FAD	多种氧化还原酶的辅酶 递氢体	核黄素缺乏症 口角炎、舌炎、唇炎等
维生素 PP	烟酰胺、烟酸 抗糙皮病维生素	NAD^+ $NADP^+$	多种脱氢酶的辅酶，递氢体 烟酸能抑制脂肪动员	糙皮病
维生素 B_6	吡哆醛、吡哆醇、 吡哆胺 抗皮炎维生素	磷酸吡哆醛 磷酸吡哆胺	转氨酶的辅酶 终止类固醇激素作用	高同型半胱氨酸血症 脂溢性皮炎、结膜炎等
泛酸	遍多酸 维生素 B_5	CoA-SH ACP-SH	作为酰基载体参与物质代谢 辅酶 A 被广泛用作辅助药物	缺乏症少见
叶酸		四氢叶酸 （FH_4）	体内一碳单位转移酶的辅酶 FH_4 与核酸代谢密切相关 FH_4 影响甲硫氨酸的生成	神经管畸形 巨幼细胞贫血 同型半胱氨酸血症等
生物素	维生素 H 维生素 B_7	生物胞素	多种羧化酶的辅基 参与细胞信号转导和基因表达	缺乏症少见
维生素 B_{12}	钴胺素	甲钴胺素 5′- 脱氧腺苷钴 胺素	甲基转移酶的辅酶 维生素 B_{12} 影响脂肪酸的合成	巨幼细胞贫血 高同型半胱氨酸血症 末梢神经炎等
维生素 C		还原型维生素 C 脱氢维生素 C	参与体内多种羟化反应 参与体内多种氧化还原反应 增强机体免疫力	坏血病
硫辛酸		氧化型硫辛酸 还原型硫辛酸	参与转酰基作用 参与抗氧化作用	未见缺乏症

思考题

1. 引起维生素缺乏的常见原因有哪些？

2. 人体缺乏维生素 A、D、K、B_1、B_{12}、C 和叶酸时，会出现哪些疾病或症状？试分别阐述其生化机制。

3. 简述同型半胱氨酸血症的可能发病机制。

4. 试述因维生素缺乏导致贫血的类型和主要原因。

（朱德锐）

第二十二章

矿物质

第二十二章数字资源

第一节　概　述

矿物质（minerals）是人体内无机物的总称，地壳中自然存在的化合物或天然元素，也是人体必需的元素。人体自身无法产生与合成矿物质，必须从食物或水中摄入，每日矿物质的摄取量也是基本确定的，但随着年龄、性别、身体状况、环境等因素有所不同。矿物质不能在代谢中被彻底分解，除非被排出体外。目前发现人体所必需的矿物质有20余种。根据它们在体内的含量和人体每日对它们的需要量不同可分为两大类：含量大于体重0.01%、每日膳食需要量在100 mg以上者为常量元素或宏量元素（macroelement），包括钙、磷、镁、钾、钠、氯、硫7种；含量低于此量者为微量元素（microelement，trace element）。目前公认的必需微量元素有铁、铜、锌、锰、铬、钼、钴、钒、镍、锡、氟、碘、硒和硅，共计14种（世界卫生组织，1973年）。一般来说，人体对矿物质的需要量随年龄增长而增加。不同矿物质的人体需要量不同，有些矿物质在日常食物中大量存在，易于通过食物获取，因此不易缺乏。有些矿物质受地域、环境、饮食习惯、人体状态和疾病等因素影响，容易造成缺乏或摄入过多，如碘、锌、硒、钙、氟。由于人体每日对不同矿物质都有一定的需要量，如矿物质摄入过少，可引起缺乏症；摄入过多，则引起中毒。二者都可能造成机体生理功能异常，甚至危害生命。

第二节　常量元素

一、钙

1．钙的代谢　钙（calcium，Ca）是位于元素周期表中第20位、第4周期ⅡA族的碱土金属元素，原子量为40.08。钙是人体内含量最丰富的矿物质，食物是人体摄取钙元素的主要来源。食物中含钙量各有差异，奶和奶制品是钙的最佳来源，钙主要在小肠近段被吸收。正常成年人体内含有钙总量为1000～1200 g，占人体重量的1.5%～2.0%。人体中的钙99%集中在骨骼和牙齿中，主要以羟基磷灰石［hydroxyapatite，$Ca_{10}(PO_4)_6(OH)_2$］的形式存在，少量以无定形的磷酸钙［$Ca_3(PO_4)_2$］形式存在，是羟基磷灰石的前体。甲状旁腺激素（parathyroid hormone，PTH）、降钙素（calcitonin，CT）、1,25-$(OH)_2$-D_3 3种激素相互影响、相互制约、相互协调，使机体与外环境之间、各组织与体液之间、钙库与血钙之间的钙平衡保持相对稳定（表22-1）。1,25-$(OH)_2$-D_3是维生素D在体内的活性形式，它对钙、磷代谢总的作用为升高血钙和血磷，作用的靶器官主要是小肠、骨和肾。PTH是维持血钙在正常水平最重要的调节激

Note

素，主要靶器官是骨和肾小管。CT的作用是抑制钙、磷的重吸收，降低血钙和血磷，作用的靶器官主要为骨和肾。钙主要通过肠道和泌尿系统排泄，经汗液也有少量排出。

表 22-1 1,25-$(OH)_2$-D_3、甲状旁腺激素和降钙素对钙磷代谢的调节

激素	小肠吸收钙	溶骨	成骨	血钙	血磷	尿钙	尿磷
1,25-$(OH)_2$-D_3	↑↑	↑	↑	↑	↑	↓	↓
甲状旁腺激素	↑	↑↑	↓	↑	↓	↓	↑
降钙素	↓	↓↓	↑	↓	↓	↑	↑

注：↑：增加；↓：降低。

2. 钙的生理功能 钙是构成骨骼的重要成分。钙对于保证骨骼的正常生长发育和维持骨健康起着至关重要的作用。钙离子是重要的第二信使（second messenger），参与细胞代谢，调节酶的活性，对于中枢神经系统的基因表达、突触传递和神经元兴奋性是极其重要的。内质网释放进入胞质溶胶的钙离子，还可以与钙离子结合蛋白质（calcium binding protein）结合。钙调蛋白（calmodulin，CaM）是最重要的与钙结合的蛋白质，CaM还调节肌肉收缩和舒张、影响细胞周期、调节神经系统的功能、调节细胞运动。钙离子即凝血因子Ⅳ，参与外源性和内源性凝血过程，调节血小板功能和兴奋分泌偶联等。此外，钙还可参与调控生殖细胞的成熟和受精。

3. 钙与疾病 钙缺乏症是较常见的营养性疾病，儿童时期生长发育旺盛，对钙需要量较多，儿童长期摄入钙不足，并常伴随蛋白质和维生素D缺乏，可引起生长迟缓、骨骼变性，发生佝偻病（rickets）。成年人35岁以后骨质会逐渐丢失。特别是妇女绝经以后，由于雌激素分泌减少，骨质丢失速度加快，如果体内同时缺乏钙，则易发生骨质疏松症（osteoporosis）。

二、磷

1. 磷的代谢 磷（phosphorus，P）是位于元素周期表中第15位、第3周期ⅤA族的非金属元素，原子量为30.95。人主要通过食物摄取丰富的磷，磷的吸收分为主动吸收和被动吸收两种机制。吸收部位主要在小肠，其中以十二指肠及空肠吸收速度最快。正常成年人体内含磷量600～700 g，约占体重的1%。正常人血磷浓度为0.97～1.6 mmol/L（30～35 mg/L）。体内磷的平衡取决于体内和体外环境之间磷的交换，即磷的摄入、吸收和排泄三者之间的相对平衡。

磷在体内的代谢受到3种激素的调节。甲状旁腺激素（PTH）、1,25-$(OH)_2$-D_3、降钙素（CT）都对骨和肾的磷代谢有调控作用，而1,25-$(OH)_2$-D_3还能直接促进小肠吸收磷。磷主要通过肾排出，未经肠道吸收的磷从粪便排出。人体内小肠、骨骼、肾和血液的钙磷代谢与动态平衡见图22-1所示。

2. 磷的生理功能 磷是构成骨骼和牙齿的重要成分，磷在骨骼和牙齿中的存在形式主要是无机磷酸盐，成分是羟基磷灰石［$Ca_{10}(PO_4)_6(OH)_2$］。作为磷的储存库，其重要性与骨骼、牙齿中的钙盐相同，具备构成机体支架和承担负重作用。血中钙和磷浓度之间有一定的关系，当血钙、磷浓度以100 ml中的毫克数表示时，正常情况下其乘积在35～40，即［Ca］×［P］= 35～40，如小于30，则反映骨质钙化停滞。

体内磷以有机磷酸酯的形式参与物质代谢及其调节。ATP和肌酸磷酸等高能磷酸化合物作为能量载体，在生命活动中发挥重要作用。体内许多重要物质和代谢中间产物都含有磷，如

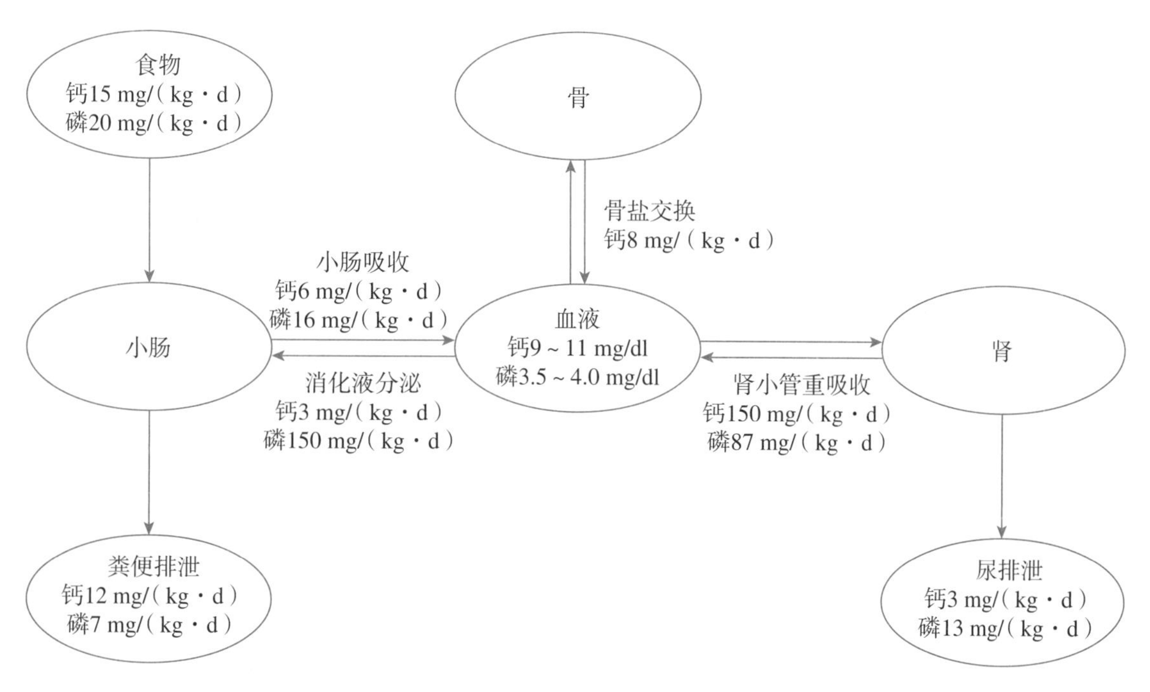

图 22-1　人体内钙磷代谢与动态平衡

核酸、核苷酸的组分、磷脂、辅酶或辅基、高能磷酸化合物（ATP、CTP、UTP 和 GTP）、磷酸葡萄糖和磷酸果糖。在细胞内信号传递过程中，细胞内的 cAMP 和 cGMP 等都是重要的第二信使，参与调节机体的各种生命活动。磷脂是一类含有磷酸的类脂，是细胞膜结构的组成成分。磷脂参与形成脂蛋白，参与脂质物质的运输和代谢。磷酸基团是许多辅酶或辅基的组成成分，作为酶的辅因子参与体内的物质代谢。无机磷酸盐组成体内重要的缓冲体系，参与体内酸碱平衡的调节。

3．磷与疾病　较少出现膳食性磷缺乏，只有在静脉营养补充过度而未补磷的特殊情况下才会出现相应的磷缺乏症。当医用口服、灌肠或静脉注射大量磷酸盐后，可引起高血磷。高血磷可减少尿钙丢失，降低血钙离子浓度，导致 PTH 释放增加，形成继发性甲状旁腺激素升高。PTH 促进肾小管对钙的重吸收，抑制对磷的重吸收，对骨骼产生不良作用，最终导致肾性骨萎缩性损害。此外，高血磷还可引起非骨组织的钙化作用。

三、钾

1．钾的代谢　钾（potassium，K）是位于元素周期表中第 19 位、第 4 周期ⅠA 族的碱土金属元素，原子量为 39.10。人体钾主要来源于食物，蔬菜和水果是钾的最好来源，其中马铃薯含钾量最高。在食物中，钾与磷酸、硫酸、柠檬酸和其他有机阴离子形成钾盐。正常人血浆钾浓度为 3.5 ～ 5.3 mmol/L，红细胞钾浓度约为 150 mmol/L，远高于血浆钾浓度，因此血钾测定时一定要防止溶血。吸收的钾通过钠泵（sodium-potassium adenosine triphosphatase，Na^+-K^+-ATP 酶）将 3 个 Na^+ 转到细胞外，2 个 K^+ 泵到细胞内，使细胞内保持较高浓度的钾。摄入的钾 80% ～ 90% 经肾排出，10% 左右通过粪便排出，也可通过皮肤排出少量。肾是维持钾平衡的主要调节器官，由远端肾小管所排泄，醛固酮可促进钾的排泄。

2．钾的生理功能　钾在细胞内渗透压的维持中起重要作用，钾增加可以减少尿钠的重吸收，增加尿钠排泄，降低静脉血容量。补钾对高血压及正常血压者具有降压作用，从而减少脑卒中风险。在葡萄糖和氨基酸穿过细胞膜合成糖原和蛋白质时，必须有适量的钾离子参与。

ATP 的合成也需要一定量的钾。钾可维持神经肌肉的应激性和正常功能。钾对骨骼健康也是有益的。一些食物（如肉类）可以产生过多酸性产物，体内钙盐可以缓冲这些酸性产物导致的骨钙丢失，补充钾盐可以防止由此造成的骨丢失。

3．钾与疾病 正常情况下，一般不会由于膳食原因引起营养性钾缺乏。由于疾病或其他原因需长期禁食或少食，而静脉补液中少钾或无钾时，易发生钾摄入不足。钾损失过多常见于频繁呕吐、腹泻、胃肠引流、长期食用轻泻药等。肾小管功能障碍可使钾从尿中大量丢失。大量出汗也使钾大量丢失。人体内钾总量减少可引起钾缺乏症，导致神经、肌肉、消化、心血管、泌尿、中枢神经系统等发生功能性或病理性改变。主要表现为肌无力、瘫痪、心律失常、横纹肌溶解以及肾功能障碍等。

四、镁

1．镁的代谢 镁（magnesium，Mg）是位于元素周期表中第 12 位、第 3 周期Ⅶ A 族的碱土金属元素，原子量为 24.31。镁是人体细胞内重要的矿物质之一，正常成年人体内的镁总量约 25 g。由于叶绿素是镁卟啉的螯合物，所以绿色蔬菜富含镁。食物中的镁主要在空肠末段与回肠被吸收，通过被动吸收机制完成。体内调节镁平衡的 3 个器官是小肠、骨和肾。肾是维持机体镁平衡的重要器官，肾对镁的处理包括滤过和重吸收。健康成年人从食物中摄取的镁多从胆汁、胰液和肠液分泌到肠道，其中 60% ～ 70% 随粪便排出，部分从汗液和脱落的皮肤细胞丢失，其余从尿中排出。

2．镁的生理功能 镁是许多酶的激活因子，参与 300 余种依赖 ATP 的酶促反应，主要涉及蛋白质合成、DNA 和 RNA 合成、糖的无氧酵解和有氧氧化、氧化磷酸化、神经肌肉兴奋性、信号转导和血压调节等。镁是骨细胞结构和功能所必需的元素，参与维持骨骼生长与影响骨的吸收。镁对神经肌肉兴奋和抑制作用与钙相同，体内的镁和钙既有协同，又有拮抗作用。此外，镁还是细胞内液的主要阳离子，可以维持体内的酸碱平衡和参与物质的主动运输。

3．镁与疾病 慢性酒精中毒引起的营养不良、长期静脉营养而忽视镁供给、烧伤、急慢性肾病、哺乳损失等都会造成镁缺乏。长期消耗、慢性疾病或炎症也常伴有体内低镁，如阿尔茨海默病、哮喘、多动症、高血压、心血管疾病。镁缺乏时，可以引起神经肌肉兴奋性亢进、共济失调和肌肉震颤等。骨矿物质内稳态依赖于镁离子参与，镁缺乏可能引起骨质疏松。在正常情况下，因机体的调节作用，一般不易发生镁中毒。在肾或肾上腺皮质功能不全、糖尿病早期、大量注射或口服镁制剂等情况下，可能导致镁中毒，主要表现为腹泻、肌无力、嗜睡、心脏传导阻滞等。

五、钠和氯

1．钠和氯的代谢 钠（sodium，Na）是位于元素周期表中第 11 位、第 3 周期Ⅰ A 族的碱土金属元素，原子量为 22.99；氯（chlorine，Cl）是位于元素周期表中第 17 位、第 3 周期Ⅶ A 族的卤族元素，原子量为 35.45。氯化钠是人们日常生活中不可缺少的必需物质，正常成年人体内钠的含量为 45 ～ 50 mmol/kg，主要分布于细胞外液 50%，骨骼 40% ～ 45%，其余 10% 在细胞内液。氯是细胞外液的主要阴离子，血清氯浓度为 98 ～ 106 mmol/L。人体每日从食物中摄取氯化钠 8 ～ 15 g，在肠道几乎全部被吸收，小肠吸收钠的容量很大，钠摄入多时吸收也多。细胞膜可将钠从细胞内输送到细胞外，而将钾输送到细胞内。大部分钠在醛固酮的控制下以氯化物和磷酸形式从肾通过尿液排出。氯在体内的变化和钠一致。

2．钠和氯的生理功能　钠是维持细胞渗透压的必需元素。在稳定条件下，钠可促使细胞膜随意地通过水分调节细胞间液与细胞内液之间的渗透压平衡。人体细胞外的钠以离子形式存在，参与调节体液的酸碱平衡，即与 Cl^- 或 HCO_3^- 结合，调节体液的 pH；钠对血浆的渗透压有重要作用。此外，钠对血浆与细胞间液量、体细胞的电子活性、心血管系统的反应等都不可或缺。

3．钠和氯与疾病　人体每日摄取氯化钠不能低于 6 g。如果摄入量过少，可能出现骨骼软化、全身乏力、恶心、疲倦或嗜睡，甚至昏迷，称为低钠综合征。但过量摄入可能会导致原发性高血压。

六、硫

1．硫的代谢　硫（sulfur，S）是位于元素周期表中第 16 位、第 3 周期ⅥA 族的非金属元素，原子量为 32.065。机体主要通过摄入含硫有机物质，主要是从蛋白质中的甲硫氨酸和半胱氨酸获得硫。甲硫氨酸是人体营养必需氨基酸，植物可以利用无机硫合成甲硫氨酸，但哺乳动物只能通过食物获得甲硫氨酸。机体内硫大部分存在于含硫有机物中，体内有许多重要的含硫物质，除蛋白质外，体内重要的含硫化合物还有甲硫氨酸、半胱氨酸、S- 腺苷甲硫氨酸、牛磺酸、硫胺素、泛酸、生物素、谷胱甘肽、硫辛酸、硫酸软骨素、硫酸氨基葡萄糖、金属硫蛋白及铁硫簇等。

体内的硫随含硫化合物进行代谢。体内的含硫氨基酸主要有 3 种，即甲硫氨酸、半胱氨酸和胱氨酸。这三种氨基酸的代谢是相互联系的，甲硫氨酸可以转变为半胱氨酸和胱氨酸，半胱氨酸和胱氨酸也可以互变，但后两者不能变为甲硫氨酸，所以甲硫氨酸是必需氨基酸。

半胱氨酸代谢可以生成牛磺酸。半胱氨酸首先氧化成磺酸丙氨酸，再脱去羧基生成牛磺酸。牛磺酸是结合胆汁酸的组成成分，随胆汁排出体外。含硫氨基酸可以氧化分解产生硫酸根，半胱氨酸是体内硫酸根的主要来源。体内的硫酸根一部分以无机盐形式随尿排出，另一部分则经 ATP 活化成活性硫酸根，即 3′- 磷酸腺苷 -5′- 磷酰硫酸（3′-phospho-adenosine-5′-phosphosulfate，PAPS）。

甲硫氨酸与 ATP 作用，可以生成 S- 腺苷甲硫氨酸（S-adenosyl methionine，SAM）。此反应由甲硫氨酸腺苷转移酶催化。SAM 的甲基非常活泼，可以转移到另一分子上形成许多重要产物，而 SAM 即变成 S- 腺苷同型半胱氨酸，后者进一步脱去腺苷，生成同型半胱氨酸（homocysteine，也称高半胱氨酸）。同型半胱氨酸可以接受 N5- 甲基四氢叶酸提供的甲基，重新生成甲硫氨酸，形成一个循环过程，称为甲硫氨酸循环（methionine cycle）。这个循环的生理意义是由 $N^5\text{-}CH_3\text{-}FH_4$ 供给甲基合成甲硫氨酸，再通过此循环的 SAM 提供甲基，以进行体内广泛存在的甲基化反应，由此，$N^5\text{-}CH_3\text{-}FH_4$ 可看作体内甲基的间接供体。

硫主要以硫酸盐的形式从尿排出，尿中硫酸盐的排出可以反映机体硫的摄入情况。

2．硫的生理功能　体内硫以含硫氨基酸的形式参与蛋白质的组成，蛋白质中两个半胱氨酸残基之间的巯基形成二硫键，对维持蛋白质的结构具有重要作用。体内许多重要酶的活性均与其分子上巯基的存在直接有关，故有巯基酶之称。有些毒物，如芥子气、重金属盐，能与酶分子的巯基结合而抑制酶活性，从而发挥其毒性作用。二巯丙醇可以使结合的巯基恢复原来状态，所以有解毒作用。

硫酸软骨素是共价连接在蛋白质上形成蛋白聚糖的一类糖胺聚糖。硫酸软骨素广泛分布于动物组织的细胞外基质和细胞表面，参与许多重要的生理功能，如细胞增殖、迁移和浸润。

谷胱甘肽（glutathione，GSH）是由谷氨酸、半胱氨酸和甘氨酸组成的三肽，参与体内许多重要的氧化还原反应，保护膜脂、血红蛋白和LDL等免受过氧化物氧化。

含硫氨基酸代谢产生的PAPS的性质活泼，可使某些物质形成硫酸酯。例如，类固醇激素可形成硫酸酯而被灭活，一些外源性酚类化合物也可以形成硫酸酯而排出体外。

甲硫氨酸代谢产生的SAM在甲基转移酶的作用下，可将甲基转移至另一种物质，使其甲基化，如肾上腺素、肌酸、肉碱和磷脂酰胆碱，因此SAM是重要的烷化剂。

铁硫簇又称铁硫中心（iron-sulfur center，Fe-S），是铁硫蛋白（iron-sulfur protein）的辅基，Fe-S与蛋白质结合为铁硫蛋白，参与体内生物氧化过程。

硫辛酸是线粒体脱氢酶的辅酶，参与物质在线粒体代谢。在临床上辅助用药可以预防自由基造成的细胞损伤、减少氧化应激反应、降低血糖和增加其他抗氧化剂的作用。

3．硫与疾病 饮食中蛋白质含量低可造成机体硫缺乏，饮食中的植物如生长在缺硫土壤中可造成植物硫缺乏。正常饮食摄入的含硫化合物不会引起体内硫过多。由于环境污染造成的SO_2增多可引起呼吸系统疾病，如支气管炎、支气管痉挛和肺阻力增加。

第三节 微量元素

一、铁

1．铁的代谢 铁（iron，Fe）是位于元素周期表中第26位、第4周期Ⅷ族的金属元素，原子量为55.84。铁是人体内含量最丰富的必需微量元素。铁在体内分布很广，以肝、脾含量最高。75%的铁存在于铁卟啉（ferric porphyrin）化合物中，25%存在于其他含铁化合物中。成年男性平均含铁量约为50 mg/kg，女性为30 mg/kg。铁的吸收部位主要在十二指肠及空肠上段，少数在胃。影响铁吸收的因素很多，如胃酸、维生素C和谷胱甘肽（glutathione，GSH）、半胱氨酸，以及能与铁离子络合的物质如氨基酸、柠檬酸、苹果酸，均能促进Fe^{3+}还原为Fe^{2+}，有利于铁的吸收，这也是临床补铁药研制和应用的原理；又如鞣酸、草酸、植酸、含磷酸的抗酸药，可与铁形成不溶性或者不能被吸收的铁复合物，从而影响铁的吸收。在肠黏膜上皮细胞内，吸收的铁重新氧化为Fe^{3+}，并与铁蛋白相结合。人体内的铁分为两类：一类是储存铁，又分为铁蛋白和含铁血黄素；另一类为功能铁，包括血红蛋白、肌红蛋白、含铁酶及转铁蛋白中所含的铁。通常，体内排铁量很少，主要通过肠道、脱落的皮肤细胞、胆汁、尿液和汗液等途径排出。女性月经期或哺乳期也会丢失部分铁。

2．铁的生理功能 铁作为血红蛋白和肌红蛋白的成分，参与氧和二氧化碳的转运。铁在血液中与运铁蛋白（transferrin）相结合而进行运输。铁蛋白和含铁血黄素是铁的储存形式，主要储存于肝、脾、骨髓、小肠等器官。铁还参与构成多种金属酶和蛋白质的辅因子，功能涉及能量代谢、DNA合成、细胞循环阻滞和细胞凋亡等。铁缺乏可影响血红蛋白的合成而导致贫血。铁参与过氧化氢酶、过氧化物酶、细胞色素氧化酶等的合成，并激活琥珀酸脱氢酶、黄嘌呤氧化酶等的活性。实验表明，铁缺乏时，还可能造成机体免疫机制受损、抗体产生受抑制或白细胞功能障碍等，易导致感染的发生。

3．铁与疾病 铁缺乏可引起小细胞低血色素性贫血，除铁摄入不足外，常见的原因有急性大量失血、慢性小量失血（如消化道溃疡、妇女月经失调出血）、儿童生长期、以及妇女妊娠期或哺乳期得不到铁的额外补充。长期过量的铁摄入可能会导致血色素沉着病（罕见病），患者多种组织中铁的沉积水平异常升高，引起器官损伤，如肝硬化、肝肿瘤、糖尿病、心力衰竭及皮肤色素沉着。

二、锌

1. 锌的代谢　锌（zinc，Zn）是位于元素周期表中第30位、第4周期ⅡB族的金属元素，原子量为65.39。锌广泛分布于各组织中，成年人的锌含量约为2.5 g，其中60%存在于肌肉中，30%存在于骨骼中。正常人全血锌含量为90 ~ 110 μmol/L（4 ~ 8 mg/L），80%存在于红细胞中。头发含锌量为125 ~ 250 μg/g，其量可反映人体锌的营养状况。动物性食物含锌丰富且吸收率高，肠腔内存在锌特异结合因子，能促进锌的吸收。锌在体内主要以各种含锌蛋白质的形式存在，很少以离子形式存在。入血后，锌主要与清蛋白或转铁蛋白相结合，最后运输至肝及全身。人体内锌主要随胰液、胆汁排入肠腔，由粪便排出，部分锌可从尿、乳汁或汗腺排出。

2. 锌的生理功能　锌主要以含锌蛋白质的形式发挥作用。体内含锌蛋白质有3000余种，占基因组编码蛋白质基因的10%，其中包括各种酶类、转录因子、含锌信号分子、转运或贮存蛋白质，以及参与DNA修复、复制或翻译的蛋白质，如锌指蛋白，此外还有一些功能不清的蛋白质也含有锌。锌作为蛋白质的辅因子，比维生素更为常见。

锌是体内多种酶的组成成分，人体内重要的含锌酶有碳酸酐酶、乳酸脱氢酶、谷氨酸脱氢酶、碱性磷酸酶、超氧化物歧化酶、胸苷激酶、RNA聚合酶及DNA聚合酶等。在固醇类激素及甲状腺激素受体的DNA结合区存在锌参与形成的锌指结构，该结构有助于蛋白质与DNA的相互作用。因此，锌在基因表达调控过程中发挥重要的作用。

3. 锌与疾病　体内锌缺乏的主要原因是动物蛋白质摄入不足，食物中的植酸、纤维素和磷酸可影响锌的吸收。过量饮酒、胃肠道疾病和肾病也可导致锌缺乏。锌的缺乏可能导致体内多方面的功能障碍，如伤口愈合迟缓、性器官发育不全、生长发育不良，儿童可能出现缺锌性侏儒症、生长发育迟缓和睾丸萎缩等症状。单核细胞和T细胞都需要在锌的辅助下产生细胞因子，因此锌缺乏可能导致人体免疫力降低。唾液中的味多肽含有锌，是味蕾正常发育所必需的，当锌缺乏时，味觉的敏感性减退。此外，缺锌可能引起皮炎、消化功能减退、免疫力降低、脱发及神经精神障碍等。

三、碘

1. 碘的代谢　碘（iodine，I）是位于元素周期表中第53位、第5周期ⅦA族的非金属卤族元素，原子量为126.91。碘是人类发现的第二种必需微量元素。成年人体内含碘量为20 ~ 50 mg，其中约30%集中于甲状腺，用于合成甲状腺激素，其余的碘则分布于其他组织之中。人体摄入碘80% ~ 90%源自食物，10% ~ 20%来源于饮用水。食物中的无机碘溶于水形成碘离子，在胃和小肠能被迅速吸收。碘的主要吸收部位是小肠。成年人每日的适宜需碘量为150 μg，最低生理需碘量为60 μg；妊娠期或哺乳期妇女的需碘量约为175 μg/d。碘主要通过肾排泄，占总排泄量的85%，其他由肠道、汗腺、乳腺等排出。

2. 碘的生理功能　碘在体内的最主要作用是参与甲状腺激素的合成。这些激素（甲状腺素、三碘甲腺原氨酸）的主要作用是调节成年人的基础代谢率和促进儿童的生长发育。此外，碘还具有重要的抗氧化功能，碘可与活性氧竞争细胞成分，并中和羟自由基，防止细胞遭受破坏。因此，碘在预防癌症方面具有积极的作用。

3. 碘与疾病　碘缺乏病是指由于长期碘摄入不足而引起的一类疾病，这类疾病常具有地区性的特点，故称为地方性甲状腺肿或地方性呆小病。地方性甲状腺肿以甲状腺代谢性肿大、

Note

甲状腺功能无明显改变为特征。地方性呆小病是全身性疾病，表现为生长发育停滞、智力低下、聋哑及神经运动障碍等。若从食物过量摄入含碘量高的食物，或在治疗甲状腺肿等疾病过程中使用过量的碘剂，则会发生碘过量，常见导致高碘性甲状腺肿、碘致性甲状腺功能亢进症等疾病的发生。

四、硒

1．硒的代谢 硒（selenium，Se）是位于元素周期表第34位、第4周期ⅥA族的非金属元素，原子量为78.96。硒属于人体必需的微量元素之一。人体含硒14～21 mg。硒主要在十二指肠被吸收，入血后大部分硒与α-球蛋白和β-球蛋白相结合而运输，小部分硒与VLDL相结合而运输。硒在全身所有的软组织中均有分布，以肝、胰、肾和脾含量较多。成年人每日需硒量为30～50 μg，海洋生物、肝、肾、肉及谷类是硒的良好膳食来源，正常摄入一般不会缺硒。过量的硒主要随尿液或汗液排出。

2．硒的生理功能 硒在体内以硒代半胱氨酸的形式存在于近30种蛋白质中，将这些含硒代半胱氨酸的蛋白质称为含硒蛋白质（selenoprotein），如谷胱甘肽过氧化物酶、硫氧还蛋白还原酶、碘化甲腺原氨酸脱碘酶、硒蛋白P等。

谷胱甘肽过氧化物酶是重要的含硒抗氧化蛋白，通过还原型谷胱甘肽（GSH）降低细胞内过氧化物的含量，从而保护所有生物膜不被氧化降解，并能加强维生素E的抗氧化作用。硒还可促进人体生长发育，保护心血管和心肌，增强机体免疫力，解除体内重金属的毒性作用，并以辅基的形式参与酶的催化功能。临床研究表明，补充硒还可降低某些癌症的发生危险性。

3．硒与疾病 缺硒可以引发多种疾病，如糖尿病、心血管疾病、某些癌症。缺硒与克山病的发生有密切关系。克山病（又称地方性心肌病）是由于地域性生长的庄稼中含硒量较低，引起以心肌坏死为主的一种地方病。此外，缺硒与大骨节病有关。硒摄入过多可致中毒，急性硒中毒可能表现出头痛、头晕、无力、恶心、脱发、高热及手指震颤等症状。

五、铜

1．铜的代谢 铜（copper，Cu）是位于元素周期表中第29位、第4周期ⅠB族的金属元素，原子量为63.54。铜属于人体必需的微量元素。铜有一价（Cu^+）和二价（Cu^{2+}）两种氧化状态。正常成年人体内含铜量为80～110 mg。体内肝、肾、心脏和脑中含铜量最高，其次为脾、肺和肠。铜经消化道被吸收，吸收部位主要在十二指肠和小肠上段。铜被吸收进入血液后，与血浆清蛋白疏松结合，形成铜-氨基酸-清蛋白络合物进入肝。该络合物中的部分铜离子与肝生成的α_2-球蛋白相结合，形成血浆铜蓝蛋白，再由肝进入血液和各组织。血浆铜蓝蛋白是运输铜的基本载体。成年人每日需铜量为1～3 mg，妊娠期妇女和生长期的青少年略有增加。过量的铜主要随胆汁排泄。

2．铜的生理功能 铜是体内多种含铜酶的辅基，如血浆铜蓝蛋白，其作用是将铁氧化并促进其与转铁蛋白相结合。血浆铜蓝蛋白实际上是一种含铜的亚铁氧化酶，常见含有铜的酶类如作为电子转运装置的细胞色素氧化酶，参与合成去甲肾上腺素的多巴胺-β-羟化酶与酪氨酸酶，以及超氧化物歧化酶、单胺氧化酶、赖氨酰氧化酶。此外，铜通过增强血管生成素对内皮细胞的亲和力，促进血管内皮生长因子和相关细胞因子的表达与分泌，从而促进血管生成。

3．铜与疾病 铜缺乏症相对少见。铜缺乏的特征性表现为小细胞低血色素性贫血、骨骼脱盐、白细胞减少、出血性血管改变、高胆固醇血症和神经疾患等。铜摄入过多也会出现中毒现象，如蓝绿粪便以及唾液、行动障碍、肾功能异常等。肝豆状核变性（即 Wilson 病）是一种常染色体隐性遗传病，因铜在体内的吸收增加而排泄减少，导致铜在肝、脑、角膜、肾等组织器官中沉积，造成危害。门克斯（Menkes）病是一种比较少见的 X 染色体相关遗传病，与铜转运的缺陷有关，可导致血液、肝、脑中铜含量降低，造成组织中铜酶的活性下降。

六、锰

1．锰的代谢 锰（manganese，Mn）是位于元素周期表中第 25 位、第 4 周期Ⅶ B 族的金属元素，原子量为 54.94。正常成年人体内含锰量为 12 ～ 20 mg。锰在自然界分布甚广，食物中的锰主要在小肠被吸收。成年人每日摄入锰量 2.0 ～ 3.0 mg 即可维持其在体内的平衡。锰在体内主要储存于脑、肾、肝中，在亚细胞结构中以线粒体含锰最多。锰主要随胆汁经肠道排泄，只有极少量随尿排出。

2．锰的生理功能 锰是精氨酸酶、脯氨酸酶、超氧化物歧化酶等多种酶的组成成分。锰又是脱羧酶、碱性磷酸酶、醛缩酶等多种酶的激活剂。它不仅参与糖和脂质代谢，而且与蛋白质、DNA 和 RNA 的生物合成密切相关。

3．锰与疾病 缺锰时动物的生长发育受到影响，过量摄入锰可引起中毒。

七、钴

1．钴的代谢 钴（cobalt，Co）是位于元素周期表中第 27 位、第 4 周期Ⅷ族的金属元素，原子量为 58.93。正常成年人体内含钴量为 1.1 ～ 1.5 mg。钴主要由消化道和呼吸道吸收，从食物中摄入的钴必须经肠道细菌合成维生素 B_{12} 后才能被吸收和利用。肝、肾和骨骼中的钴含量较高，钴主要通过尿液排泄。

2．钴的生理功能 钴是维生素 B_{12}（钴胺素）的组成成分。体内的钴主要以维生素 B_{12} 的形式发挥作用，促进红细胞的正常成熟和参与造血，还参与一碳单位的代谢等。

3．钴与疾病 钴缺乏可使维生素 B_{12} 功能缺失，最终可能引起巨幼细胞贫血。由于人体排钴能力强，很少有钴蓄积的现象发生，钴中毒多因治疗贫血所引起。

八、氟

1．氟的代谢 氟（fluorine，F）是位于元素周期表中第 9 位、第 2 周期Ⅶ A 族的非金属卤族元素，原子量为 19.00。正常成年人体内的含氟总量为 2 ～ 6 g，其中 90% 积存于骨骼及牙齿中，少量存在于指甲、毛发、神经、肌肉中。氟主要从胃肠道和呼吸道被吸收，氟的吸收速度很快，吸收率也很高。氟每日的生理需要量为 0.5 ～ 1.0 mg。80% 以上的氟随尿排泄，其余部分随粪便排出。

2．氟的生理功能 氟在骨骼及牙齿的形成及钙、磷代谢中具有重要的作用。氟可被羟基磷灰石吸附，生成氟磷灰石，可以强化牙齿，防止龋齿的发生。为防止龋齿和骨骼因脱骨盐而形成的骨质疏松症，饮用水中应添加一定量的氟。此外，氟还可直接刺激细胞膜中的 G 蛋白，从而激活腺苷酸环化酶或磷脂酶 C，启动细胞内 cAMP 或磷脂酰肌醇信号转导系统，引起广泛的细胞内生物学效应。

3．氟与疾病 缺氟可致骨质疏松，易发生骨折，牙釉质受损易碎。氟过多又可对机体造成危害，如长期饮用含氟 2 mg/L 以上的水，牙釉质呈现斑纹，久之牙被侵蚀，可形成氟斑牙和氟骨症。此外，过多的氟还可能导致骨脱钙和白内障，并影响肾上腺或生殖腺等器官的功能。

九、铬

1．铬的代谢 铬（chromium，Cr）是位于元素周期表中第 24 位、第 4 周期ⅥB 族的金属元素，原子量为 52.00。正常成年人体内含铬量约为 60 mg，铬广泛分布于所有组织。铬经口腔、呼吸道、皮肤及肠道吸收，主要通过尿排出。

2．铬的生理功能 胰岛素发挥作用必须有铬的参与。铬调素为一种分子量约为 1500 Da 的多肽，每分子铬调素可紧密结合 4 个铬离子（Cr^{3+}）。铬调素通过促进胰岛素与其受体结合和受体激酶信号转导，增强胰岛素的生物学效应。铬能与体内核蛋白、甲硫氨酸、丝氨酸等结合，在蛋白质代谢中起重要作用。

3．铬与疾病 铬缺乏的主要症状为葡萄糖耐量减低，为胰岛素的有效性降低的结果。铬缺乏还可引起生长停滞、动脉粥样硬化和冠心病等。

十、钼

1．钼的代谢 钼（molybdenum，Mo）是位于元素周期表中第 42 位、第 5 周期ⅥB 族的金属元素，原子量为 95.94。成年人适宜摄入量为 60 μg/d，最高可耐受摄入量为 350 μg/d。膳食及饮水中的钼化合物极易被吸收，但因硫酸根（SO_4^{2-}）可与钼形成硫酸钼，从而影响钼的吸收。同时，硫酸根还可抑制肾小管对钼的重吸收，导致肾排泄增加。因此，体内含硫氨基酸的增加可促进尿中钼的排泄。钼除主要通过尿排泄外，尚可有小部分随胆汁排出。

2．钼的生理功能 钼是正常人体内黄嘌呤氧化酶、醛氧化酶及亚硫酸盐氧化酶的辅基，钼酶催化一些底物的羟化反应。如黄嘌呤氧化酶催化次黄嘌呤转化为黄嘌呤，然后转化成尿酸；醛氧化酶催化各种嘧啶、嘌呤、蝶啶及有关化合物的氧化和解毒；亚硫酸盐氧化酶催化亚硫酸盐向硫酸盐的转化。此外，钼还具有明显的防龋作用，同时对尿结石的形成也具有强烈的抑制作用。

3．钼与疾病 钼缺乏主要见于遗传性钼代谢缺陷。人体缺钼时，尿中尿酸、黄嘌呤、次黄嘌呤的排泄量增加，易患肾结石。现已发现缺钼地区的人群中食管癌和痛风的发病率增加。钼不足还可能表现为生长发育迟缓，甚至死亡。过量的钼可能导致体内能量代谢过程出现障碍，如心肌缺氧而灶性坏死，或增大缺铁性贫血的风险概率；过量的钼也可能加速氧化动脉壁中的弹性物质（缩醛磷脂），致使体重下降、毛发脱落、动脉硬化、结缔组织变性，从而引发皮肤病、龋齿等疾病。

十一、镍

1．镍的代谢 镍（nickel，Ni）是位于元素周期表中第 28 位、第 4 周期Ⅷ族的金属元素，原子量为 58.70。镍是亲铁元素，地壳表层中的镍多与铁共生。富含镍的食物主要包括巧克力、坚果、干豆、谷类、丝瓜、洋葱、海带、大葱、蘑菇及茄子等，但动物性食物中含镍较少。镍经消化道和呼吸道被吸收，在血液中镍主要与清蛋白相结合而运输，镍通过肠道从粪便排出。正常成年人含镍量为 6 ~ 10 mg，镍主要分布于肾、肺、脑、脊髓、软骨、皮肤和结缔组织等。

2. 镍的生理功能 镍与多种酶的活性有关，参与激素的调节作用和新陈代谢，维持生物大分子的结构稳定性。镍能够激活胰岛素，可能是胰岛素分子的辅酶或辅基。镍参与维生素 B_{12} 和叶酸代谢；镍具有刺激生血的功能，但作用机制尚未阐明。此外，镍可与钙、铁、铜、锌等 13 种必需元素发生作用，它们的相互作用既有协同性，又具有拮抗性的特征。

3. 镍与疾病 人体缺镍容易引起糖尿病、贫血、肝硬化、头痛、肾衰竭、慢性尿毒症等疾病。过量镍的危害主要是引起肿瘤。此外，镍在心血管疾病中也具有一定的作用，如心肌梗死患者的血清中镍含量显著升高，可作为诊断指标。

十二、钒

1. 钒的代谢 钒（vanadium，V）是位于元素周期表中第 23 位、第 4 周期ⅤB 族的金属元素，原子量为 50.94，呈淡银灰色。钒具有耐盐酸和硫酸的性质，在空气中不被氧化。钒进入人体存在两条途径：一是经饮食摄入，二是经呼吸道和皮肤进入。富含钒的食物有红薯、土豆、山药、芋头、木薯、西米、人参果、胡萝卜、豆油、谷物油以及橄榄油等。在人体内，钒的总量为 25 mg 左右，主要分布于内脏中。

2. 钒的生理功能 钒参与造血功能，可促进血液中红细胞的成熟，促进血红蛋白再生。钒可促进脂质代谢，抑制胆固醇合成，减轻诱发动脉硬化的程度。钒也能促进心脏糖苷对肌肉的作用，使心血管收缩，增强心室肌的收缩力。

3. 钒与疾病 钒缺乏可引起贫血。钒既可促进铁的利用，增加血红蛋白的再生，又可增加红细胞数量。缺钒也可能导致心肌缺血，引起心脏病、龋齿、糖尿病等疾病的发生。

十三、锡

1. 锡的代谢 锡（tin，Sn）是位于元素周期表中第 50 位、第 5 周期ⅥA 族的金属元素，原子量为 118.71。富含锡的食物有鸡胸肉、牛肉、羊排、黑麦、燕麦、龙虾、蘑菇、花生和牛奶等。在人体内，无机锡主要存储于骨骼、肾、脂肪、皮肤、肝、肺及脾等处。血浆中锡浓度约为 33 μg/L。有机锡一般可通过呼吸道、消化道黏膜和皮肤进入体内，在人体内具有蓄积作用，以骨骼蓄积最多。大多数无机锡化合物由肠道排出，约 90% 有机锡化合物随粪便排出。

2. 锡的生理功能 锡为人体必需微量元素，与黄素酶的活性有关，可促进蛋白质及核酸合成，并能促进机体生长发育。在胸腺激素中，锡具有抗肿瘤作用。有机锡（如三烷基锡和四烷基锡）可抑制氧化磷酸化过程的磷酸化环节，影响线粒体功能。

3. 锡与疾病 人体内缺乏锡的症状很少，目前未见报道。无机锡一般毒性较小，但锡过量可能缩短动物的寿命，促使肝的脂肪变性及肾血管的变化。急性无机锡中毒多见于食用铁罐头的食品等。有机锡化合物是剧烈的神经毒物，毒性大。急性有机锡中毒主要表现为皮肤及黏膜刺激症状、肝胆症状和中枢神经系统症状等。此外，锡中毒可能引起血清中的钙含量降低。

Note

十四、硅

1．硅的代谢 硅（silicon，Si）是位于元素周期表中第14位、第3周期ⅣA族的类金属元素，旧称“矽”，原子量为28.086。硅的化学性质具有一定的惰性，不溶于水、硝酸和盐酸，溶于氢氟酸和碱液。在蔬菜和粮食中，硅含量比肉类丰富，多以单硅酸［$Si(OH)_4$］和固体SiO_2形式存在。天然谷物类是富含硅的食物，如燕麦、荞麦、青稞、薏米、大麦、小麦和稻谷。胚胎组织的硅含量为18～180 mg/kg，成年人组织的硅含量为23～460 mg/kg，在主动脉、气管、肌腱、骨及皮肤等的结缔组织中硅含量较高。硅主要通过呼吸道与消化道进入人体，人对硅的吸收率仅为1%，绝大部分没有被消化道吸收的硅直接随粪便排出，一小部分被吸收的硅也由尿排出体外。

2．硅的生理功能 硅是人体必需微量元素之一。硅能维持骨骼、软骨和结缔组织的正常生长，对心血管具有保护作用。硅是成骨细胞的主要成分之一，硅与骨骼的生长、骨的钙化及结构有关，主要通过促进胶原的合成而影响骨的形成过程。硅可以促进结缔组织细胞形成软骨基质，主要是使胶原含量增加，促进细胞外骨架网状结构的形成。此外，硅还是一种与长寿有关的微量元素。

3．硅与疾病 硅缺乏影响胶原形成，引起骨质发育不良；硅缺乏可能与动脉粥样硬化及冠心病相关；硅缺乏还可能导致过早衰老。长期吸入大量含硅的粉尘可引起硅沉着病（如尘肺，也称矽肺）、肺结核以及肺肿瘤等疾病发生。

思考题

1．钙、磷在人体内的主要作用有哪些？钙、磷代谢受到哪些激素的调控？
2．哪些微量元素的缺乏可引起贫血？它们的作用机制是什么？
3．什么是必需微量元素？综述各种必需微量元素的生理功能。
4．微量元素钒刺激造血功能的作用是怎样实现的？
5．为什么硅能作为结缔组织的组分起着结构的作用？
6．为什么食用马口铁制作容器的罐头食品容易引起锡中毒？

（廖之君）

第二十三章

常用分子生物学技术

第一节　概　述

人们通常将研究生物大分子的结构、功能及代谢调控的科学称为分子生物学。生物大分子是由某些基本结构单位按照一定的顺序和方式连接而成的多聚体。在医学研究领域，生物大分子主要是指蛋白质、核酸和聚糖。因此，广义地说，分子生物学是生物化学的一个重要组成部分，而且是生物化学研究发展过程中必然产生的一门分支学科，是随着生物化学的不断发展、研究水平的不断深入而产生的。同时，分子生物学也是集多个生物相关学科（如生物化学、遗传学、细胞生物学、微生物学）之大成，使多个领域在分子水平上相互渗透、相互联系，因此分子生物学也成为众多生命学科的共同语言与工具。

分子生物学理论离不开分子生物学技术的产生和发展，二者相互促进，有力地推动了整个生命科学的发展。因此，了解分子生物学技术的原理和方法，对于加深理解现代分子生物学的基本理论和研究现状、深入认识疾病的发生及发展机制、应用和拓展基于分子生物学的诊断和治疗方法极有帮助。本章概括介绍目前常用的分子生物学技术及其在医学上的应用。

第二节　分子杂交与印迹技术

分子杂交（molecular hybridization）是分子生物学的重要技术之一，通常指核酸杂交，它以 DNA 的变性和复性为理论基础，是不同来源的单链核酸通过碱基互补形成杂合双链的过程。1975 年，E.Southern 将电泳凝胶中的 DNA 分子转移（印迹）于固定化介质，并利用同位素标记的核酸探针在介质上直接进行 DNA 杂交检测分析，建立了 DNA 印迹法，用于 DNA 定性和定量分析。随后，用于 RNA 定性和定量分析的该方法被称为 RNA 印迹法。与前两者核酸分子探针不同，蛋白质印迹法采用抗体为探针检测特定蛋白质，因此又称免疫印迹法（immunoblotting）。

一、核酸探针技术

探针（probe）是分子杂交的技术基础，一般指核酸探针，是带有标记的单链 DNA 或者 RNA 片段（20 ~ 500 bp），能够与特定核苷酸序列发生互补杂交，用于检测核酸样品中可能存在的特定核酸分子。核酸探针既可以是人工合成的寡核苷酸片段，又可以是基因组 DNA 片段、cDNA 片段或 RNA 片段，探针的浓度须大于待测核酸的浓度，以保证探针与待测核酸充

Note

分杂交。常用的探针标记方法有放射性核素标记法和非放射性标记法两大类，标记的主要目的是方便检测杂交后的特定核酸分子。

（一）放射性核素标记法

用于标记核酸探针的放射性核素主要是 ^{32}P，还有 ^{3}H、^{35}S 等。^{32}P 常以 α-^{32}P-dATP 或 α-^{32}P-dGTP 的形式掺入合成探针，用于放射自显影检测。放射性核素标记探针具有灵敏度高、本底低、定量准确、检测所需时间短等优点，缺点是存在放射线污染危害，操作者需要采取特殊防护，污染物处置要求高，不适用于普通实验室。另外，放射性核素半衰期短，如 ^{32}P 的半衰期只有 14.3 d，标记的探针最好在 1 周内使用。

（二）非放射性标记法

生物素（biotin）、地高辛（digoxin）、荧光素（luciferin）是常见的核酸探针非放射性标记物。生物素可与 dNTP 上的碱基结合，同时偶联碱性磷酸酶（AP）或辣根过氧化物酶（HRP），通过底物的酶促反应显色来检测特定核酸分子。地高辛与生物素酶促反应标记近似，不同之处是地高辛可特异结合 dUTP，提高了反应灵敏度。荧光探针标记是根据荧光共振能量转移（fluorescence resonance energy transfer，FRET）现象设计的化学标记法，一般是探针的 5′ 端连接荧光报告基团（reporter，R），3′ 端连接淬灭基团（quencher，Q），当荧光报告基团和淬灭基团非常接近时，报告基团发出的荧光被淬灭基团吸收，因此检测不到荧光信号；当探针被切断或分子杂交导致探针空间结构改变时，荧光报告基团和淬灭基团分开，荧光报告基团发出的荧光可被检测到。常用的荧光探针有 TaqMan 探针和分子信标（molecular beacon）（图 23-1），其特点是特异性强且可采用多色荧光探针，能够在一个反应中实现对多种核酸的同时检测。总之，非同位素标记的探针保存时间较长、本底低、避免了放射性核素的污染，近年来得到广泛应用和快速发展，缺点是不及放射性核素标记探针敏感。

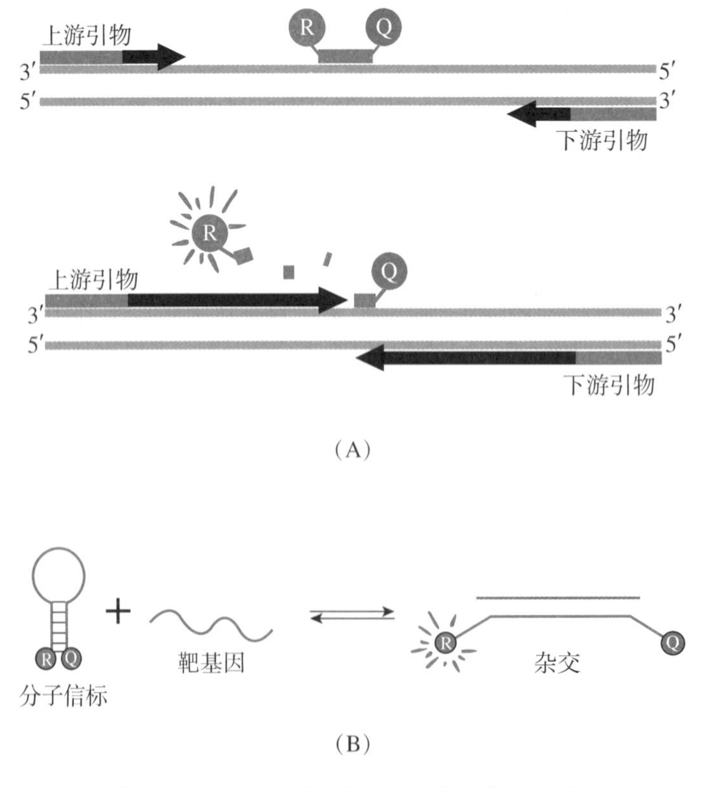

图 23-1 TaqMan 探针（A）与分子信标（B）

二、分子杂交方法与印迹技术

分子杂交按其反应环境分为液相杂交和固相杂交两类。液相杂交是杂交时待测核酸样品与探针都在溶液中。固相杂交是将待检测的核酸样品预先结合到固体支持物上，再与液体中的探针进行杂交反应，杂交反应后杂交分子留在支持物上。固体支持物的种类有硝酸纤维素（nitrocellulose，NC）膜、尼龙膜、化学激活膜、乳胶颗粒、磁珠和微孔板等。固相杂交的优点是通过漂洗能除去未杂交的游离探针，留在支持物上的杂交分子容易被检测，能防止待测DNA的自我复性，故被广泛应用。

印迹法（blotting）是将电泳和分子杂交技术结合起来的一种实验方法。其中，从凝胶到硝酸纤维素膜或尼龙膜的分子转移过程类似于用吸墨纸吸收纸张上的墨迹，因此称为印迹技术。印迹法也从早年的毛细吸附转移改良为电转移和真空吸引转移等，大大缩短了分子转移所需时间。根据检测样品种类不同，分为DNA印迹法、RNA印迹法和蛋白质印迹法。

（一）DNA印迹法

DNA印迹法（Southern blotting）又称Southern印迹法。DNA分子经限制性内切酶切割，在琼脂糖凝胶上电泳使DNA片段按大小分开，变性后，从凝胶中转印到固体支持物（NC膜或尼龙膜）上，经固定后，在固体支持物上与特异性的核酸探针进行杂交，然后用放射自显影的方法或酶促反应显色检测DNA。DNA印迹法可用于克隆基因的酶切图谱分析、基因组中基因的定性及定量分析、基因突变分析及限制性片段长度多态性（restriction fragment length polymorphism，RFLP）分析等研究中。

（二）RNA印迹法

RNA印迹法（Northern blotting）又称Northern印迹法。操作过程和DNA印迹法基本相似。由于RNA分子小，不需要酶切就可直接电泳，电泳在变性条件下进行，以去除RNA中的二级结构。然后将经电泳分离的RNA转移到NC膜或尼龙膜上，用特异性cDNA或反义RNA探针进行杂交，并检测杂交信号。RNA印迹法常用于特异mRNA和非编码RNA的定性、定量分析，比较不同组织和细胞中基因表达的差异。近年来，RNA印迹法由于技术复杂有被逆转录聚合酶链反应（RT-PCR）技术（详见本章第三节）取代的趋势，但因为其特异性强、假阳性率低，仍被认为是最可靠的RNA定量分析方法。

（三）蛋白质印迹法

蛋白质印迹法（Western blotting）又称Western印迹法。它是当前分子生物学实验室最常用技术之一。操作过程是将待测杂蛋白质样品预先变性处理，经聚丙烯酰胺凝胶（SDS-PAGE）电泳分离不同蛋白质或多肽后，电转移到NC膜或尼龙膜上，目的蛋白质的检测通过抗原-抗体反应实现。特异性抗体作为第一抗体首先与膜上目的蛋白质孵育结合，然后用辣根过氧化物酶（HRP）或碱性磷酸酶（AP）标记的第二抗体（抗抗体）与第一抗体再结合，采用底物显色反应或增强化学发光法（enhanced chemiluminescence，ECL）检测特异蛋白质条带的信号（图23-2）。蛋白质印迹法用于对目的蛋白质的定性和半定量分析，也是蛋白质-蛋白质相互作用研究的基础实验。

除上述3种基本印迹技术外，还有一些分子杂交方法用于核酸和蛋白质的分析，例如，斑点杂交（dot hybridization）是将RNA或DNA变性后直接点样在硝酸纤维素膜或尼龙膜上，烘烤固定，探针放在杂交液内进行杂交。此方法简便、快速，可在一张膜上同时进行多个样品的检测，适用于特定基因的定性分析。又如，原位杂交（*in situ* hybridization）是经适当方法

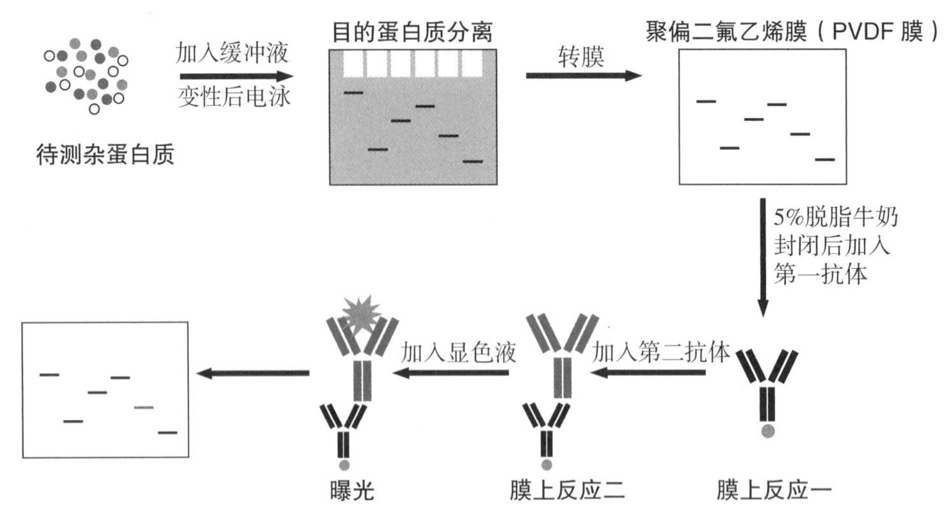

图 23-2 蛋白质印迹法工作原理

处理，将核酸固定在细胞涂片或组织切片中，再用标记的核酸探针与切片中的核酸进行杂交。原位杂交可确定含有特定核酸序列的细胞类型，可检出基因和基因产物的亚细胞定位，确定染色体中特定基因的位置，为临床染色体病诊断提供了方法。荧光原位杂交（fluorescence *in situ* hybridization，FISH）具有快速、检测信号强、可以多重染色等优点，在分子细胞遗传学领域受到广泛重视。此外，原位杂交与免疫组织化学（immunohistochemistry）技术结合应用，也可进行特定蛋白质表达的细胞定位和定量分析，是分子病理学诊断的常用技术。

第三节 聚合酶链反应技术

一、聚合酶链反应技术的基本原理

聚合酶链反应（polymerase chain reaction，PCR）是 20 世纪 80 年代 K. Mullis 等建立的一种在体外通过酶促反应扩增特异 DNA 片段的技术。其基本原理是模拟生物体内 DNA 复制过程，用耐热的 *Taq* DNA 聚合酶取代 DNA 聚合酶 Ⅰ，用合成的 DNA 引物（primer）替代 RNA 引物，利用 DNA 高温时变性解链、低温时与引物结合退火、中间温度时新生链合成延伸等特性使 DNA 得以复制。反复进行变性、退火、延伸的循环，就可使特异 DNA 片段在数小时内扩增几十甚至数百万倍。PCR 具有特异性强、灵敏度高、操作简便、对待检材料质量要求低等特点，能够快速扩增任何目的基因，被誉为 20 世纪分子生物学研究领域重大的发明之一，K.Mullis 也因贡献卓著而获得 1993 年诺贝尔化学奖。

PCR 的基本过程包括模板变性、模板与引物退火和引物延伸 3 个步骤。具体如下：将 PCR 体系升温至 95 ℃左右，双链的 DNA 模板解开成两条单链，此过程为变性（denaturation）；然后将温度降至引物的 T_m 值以下，一对上、下游引物各自与两条单链 DNA 模板的互补区域结合，此过程称为退火（annealing）；将反应体系的温度升至 70 ℃左右，*Taq* DNA 聚合酶催化 4 种脱氧核糖核苷酸（dNTP）按照模板 DNA 序列的互补方式依次加至引物的 3′ 端，形成新生的 DNA 链，此过程称为延伸（extension）。每一次循环使反应体系中的 DNA 分子数增加约 1 倍。理论上，30 次循环 DNA 产量达 2^{30} 拷贝，约为 10^9 拷贝。由于实际上扩增效率达不到 2 倍，因而应为（$1+R$）^{n}，R 为扩增效率（图 23-3）。

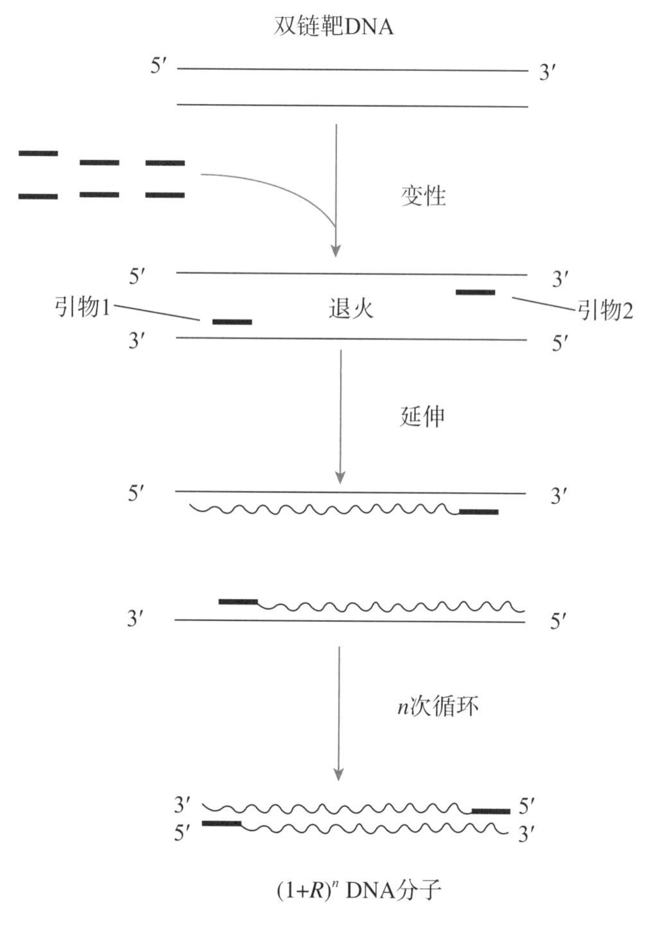

图 23-3 PCR 扩增靶 DNA 序列

二、参与 PCR 反应体系的因素及其作用

PCR 反应体系由模板 DNA、特异性寡核苷酸引物、耐热的 *Taq* DNA 聚合酶、dNTP、含有必需离子的反应缓冲液等组成。反应温度与时间、循环次数、PCR 仪等因素也影响 PCR 反应。

（一）模板 DNA

模板 DNA 也称为靶序列，可以是单链 DNA 或双链 DNA。模板 DNA 来源广泛，可以从细胞、细菌、病毒、组织、病理标本、考古标本中提取。在一定范围内，PCR 的产量随模板 DNA 浓度的升高而显著增加，但模板浓度过高会导致反应的非特异性增加。一般基因组 DNA 作模板时用 1 μg 左右，质粒 DNA 作模板时用 10 ng 左右。

（二）引物

引物决定 PCR 扩增产物的特异性与长度，引物设计决定 PCR 的成败，通常使用 Oligo7、PrimerPremier6 等软件辅助设计。引物的设计应遵循以下几个原则：

（1）引物长度一般为 18 ～ 30 个核苷酸。引物过短会降低 PCR 产物的特异性，引物过长则会导致退火不完全、引物与模板结合不充分，使扩增产物明显减少。

（2）4 种碱基应随机分布，避免出现连续 3 个相同的碱基，导致错误互补。引物中 G + C 含量通常为 40% ～ 60%。G + C 含量过高会造成退火温度过高。

(3) 引物自身不应存在互补序列而引起自身折叠。两引物间不应存在多于4个有互补性的连续碱基，以免产生引物二聚体。

(4) 引物与非特异性靶区之间的同源性不应超过70%或有连续8个互补碱基同源，否则易导致非特异性扩增。

(5) 引物3′端是引发延伸的起始点，应避免该区域出现错配。而引物5′端对扩增特异性影响不大，可以引入修饰，如限制性内切酶酶切位点、荧光素标记、突变位点、启动子序列、蛋白质结合DNA序列。

(6) PCR体系引物浓度一般为0.1 ～ 1.0 μmol/L。引物浓度过高会产生错误引导或产生引物二聚体；引物浓度过低则降低产量。

(三) DNA聚合酶

耐热*Taq* DNA聚合酶是从在70 ～ 75 ℃温泉中生活的一种耐热菌中分离提纯的，该酶的活性在95 ℃处理20 s并经过50个反应周期后仍可保持在65%以上，而且错配率在1/1000以下。它的发现使PCR循环能够连续完成，不必担心酶变性。目前多使用高保真的*Taq* DNA聚合酶。

(四) dNTP

dNTP为PCR的合成原料。4种dNTP浓度应相等，通常混合后的浓度范围为20 ～ 200 μmol/L，在此范围内，PCR产物的量、反应的特异性与保真性之间的平衡最佳。浓度过高，易导致错误碱基的掺入；浓度过低，会降低反应产量。

(五) 缓冲液

缓冲液为PCR反应提供合适的酸碱度与某些离子，反应缓冲液一般含10 ～ 50 mmol/L Tris-HCl (pH 8.3 ～ 8.8)、50 mmol/L KCl和0.5 ～ 2 mmol/L Mg^{2+}。Mg^{2+}浓度对*Taq* DNA聚合酶至关重要，它可影响酶的活性和专一性、退火和解链温度、产物的特异性以及引物二聚体的形成等。

(六) PCR循环参数

1. 变性温度和时间 变性温度过高或时间过长会导致DNA聚合酶活性丧失，而变性温度过低或时间过短则会导致DNA模板变性不完全，使引物无法与模板结合。通常情况下，95 ℃变性30 s即可使各种DNA分子完全变性。

2. 退火温度和时间 退火温度由引物的长度及G + C含量决定，一般以比引物的T_m值低5 ℃为最佳。提高退火温度可减少引物与模板的非特异结合；反之，则可增加PCR的敏感性。通常退火温度和时间分别为37 ～ 55 ℃、20 ～ 40 s。

3. 延伸温度和时间 延伸温度取决于所用的*Taq* DNA聚合酶的最适温度，通常为70 ～ 75 ℃。延伸时间则取决于扩增片段的长度，可以500 bp/30 s为基准，根据目的片段的长度计算反应时间。

4. 循环次数 PCR的循环次数主要取决于模板DNA的浓度，一般为23 ～ 35次，此间PCR产物的积累即可达到最大值。随着循环次数的增加，dNTP与引物浓度降低，DNA聚合酶活性降低，产物浓度过高、变性不完全，扩增产物增加不呈指数方式，出现平台效应。过多的循环次数也会增加非特异性产物量及碱基错配数。因此，在得到足够产物的前提下，应尽量减少循环次数。

三、PCR 的发展与应用

PCR 与多种分子生物学技术相结合形成 PCR 衍生技术，包括逆转录聚合酶链反应（RT-PCR）、定量聚合酶链反应（qPCR）、多重聚合酶链反应（多重 PCR）、反向聚合酶链反应（反向 PCR）、原位聚合酶链反应（原位 PCR）等，进一步提高了 PCR 反应特异性，扩大了其应用范围。例如，逆转录聚合酶链反应（reverse transcription PCR，RT-PCR）以 RNA 为模板，在逆转录酶的作用下合成 cDNA，再以 cDNA 为模板进行 PCR 扩增，是一种快速、简便、高灵敏性检测 mRNA 表达的方法。又如，定量聚合酶链反应（quantitative PCR，qPCR）是在 PCR 反应体系中加入荧光报告基团或使用 TaqMan、分子信标等荧光探针，动态监测 PCR 反应过程中的产物量变化，消除了产物堆积或 PCR 循环参数对定量分析结果的干扰，可实现 DNA、mRNA 和非编码 RNA 快速准确的定量分析。

PCR 技术应用主要涵盖以下几个方面：

1. DNA 和 RNA 的微量分析 PCR 的主要用途是扩增微量的 DNA 或由 RNA 逆转录得到的 cDNA。在实际工作中，1 滴血液、1 根毛发或 1 个细胞足以满足 PCR 的检测需要，因此 PCR 技术成为临床基因诊断的主导方向，广泛应用于各种微生物感染的临床病原学诊断、致病基因和基因多态性分析诊断、法医鉴定及亲子鉴定等。例如，取咽拭子进行新型冠状病毒的核酸检测。

2. 获得目的基因片段 基因工程是生物制药和改造动、植物的重要途径，其核心技术是克隆含目的基因的 DNA 重组体（详见第十六章重组 DNA 技术）。PCR 技术是获得目的基因片段的最主要方式。此外，PCR 技术也是基因芯片和 DNA 测序的基础技术（详见本章第三、四节）。

3. 基因的定点突变 将待诱变的碱基设计在引物中，PCR 扩增后相应 DNA 的碱基就产生了定点突变或插入、缺失等。利用这种方法可以改变蛋白质中特定的氨基酸，用于生物学、基础医学研究，也可以用于制备基因敲入和敲除的模式生物，对分子病进行深入研究。

4. 测定基因的表达水平 RT-PCR 和 qPCR 技术结合可定量测定基因的表达水平，用于监测肿瘤、感染性疾病、代谢性疾病等多种疾病的标志物变化，对疾病的病因、发病机制、疗效和预后评估以及新药开发具有重要的研究价值和临床意义。

第四节 核酸序列分析技术

知识拓展

核酸序列分析技术发展史

核酸序列分析是分子生物学更新发展迅速的一类技术。1977 年，英国科学家 F. Sanger 创建了双脱氧合成末端终止法，并完成了 ΦX174 DNA 全序列 5386 个核苷酸的测定。同年，美国的 A. Maxam 和 W. Gilbert 合作创立了化学降解法（Maxam-Gilbert 法），并用该法测定了 SV40 DNA 的 5224 个核苷酸。这两种 DNA 测序方法开启了 DNA 测序技术的第一次飞跃，三人共同获得 1980 年诺贝尔化学奖。1990 年，被誉为生命科学“登月计划”的人类基因组计划开始实施，推动了第二代基于 PCR 的高通量测序技术的发展。近年来，全基因组、转录物组和单细胞测序技术的发展，带动了第三代单分子实时测序技术的兴起，满足了快速、低成本和多种类核酸测序的需求。核酸序列分析不但揭晓了人类遗传信息密码，还为基因组学研究和精准医疗奠定了基础。

Note

一、双脱氧合成末端终止法

双脱氧合成末端终止法（Sanger 法）是一种试管内的复制 DNA 互补链并比较逐个核苷酸延伸链的分析方法。其基本原理是利用 2′，3′- 双脱氧核苷酸（ddNTP）的 3′ 位不含羟基，无法形成 3′，5′- 磷酸二酯键，因此当 ddNTP 掺入新合成的链中时，会使 DNA 合成终止于此处。Sanger 法在四个反应管中都加入待测的单链 DNA 模板、DNA 聚合酶、四种 dNTP。除此之外，每管还要加入一种带放射性核素标记的 ddNTP，即 A 管加入 ddATP，T 管加入 ddTTP，G 管加入 ddGTP，C 管加入 ddCTP。以 A 管为例，当模板上碱基是 T 时，反应体系中有两种碱基（dATP 和 ddATP）可与之配对。如果是 dATP 与之配对，引物的延伸还能继续下去。如果是 ddATP 与之配对，引物的延伸就会到此终止。总体结果是，这四个反应管中含有一系列长度只差一个核苷酸的 DNA 聚合链。通过超薄的聚丙烯酰胺凝胶电泳和放射自显影，可根据电泳条带位置确定待测分子 DNA 碱基序列（图 23-4）。

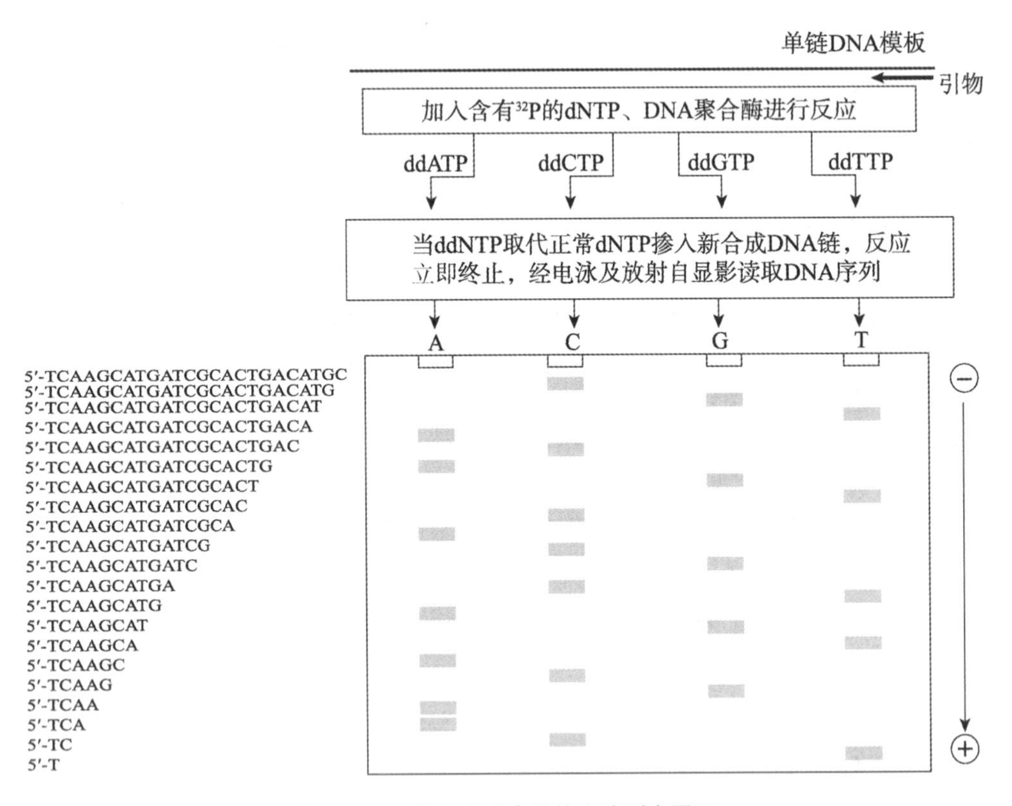

图 23-4 双脱氧合成末端终止法测序原理

在 Sanger 法基础上发展起来的自动激光荧光测序技术也属于第一代测序技术。它的原理是将放射性核素标记的 4 种 ddNTP 转换为 4 种不同荧光染料标记的 ddNTP，通过毛细管电泳时，不同长度 DNA 片段上的荧光基团被激光激发，由荧光数据采集系统识别，并直接翻译成 DNA 序列。第一代测序技术有上千碱基对的读长和高达 99.9% 的准确率，但其测序速度较慢、成本高，无法满足大规模的测序要求。

二、全基因组高通量测序

高通量测序（high-throughput sequencing，HTS）又称下一代测序（next generation sequencing，NGS），是对传统测序的一次革命性改变，它能够同时对数百万个短序列核酸分子进行测序，具有快速和低成本的优势，适用于全基因组测序（whole genome sequencing，WGS）、全外显子组测序（whole exome sequencing，WES）、转录物组测序（transcriptome sequencing，RNA-seq）和染色质免疫沉淀测序（chromatin immunoprecipitation sequencing，ChIP-SEQ）等，在基因检测、人类遗传病筛查诊断、生物遗传多样性和个体化用药指导等方面具有广泛应用。

第二代全基因组高通量测序的主要原理是：先将基因组DNA片段化并在两端加上接头，构建基因组DNA模板文库；利用文库接头特性，在玻璃、磁珠等表面固化各种模板DNA片段；经过桥式PCR（bridge PCR）或乳液PCR（emulsion PCR）将模板DNA扩增成簇（cluster），每个簇拥有数千个相同的单分子模板；随后，以簇为单位进行边合成边测序（sequencing by synthesis，SBS）（图23-5）。根据SBS技术不同又分为可逆末端终止法、焦磷酸法、连接法和半导体芯片法等。可逆末端终止法在二代测序应用普遍，它是在4种dNTP上标记不同的荧光基团和可逆终止基团，使得DNA合成每增加一个dNTP，即触发一次延伸终止，激光扫描、读取不同的荧光信号，然后剪切末端dNTP上标记的荧光基团和终止基团，DNA链合成继续。经此四步循环不断读取DNA序列。

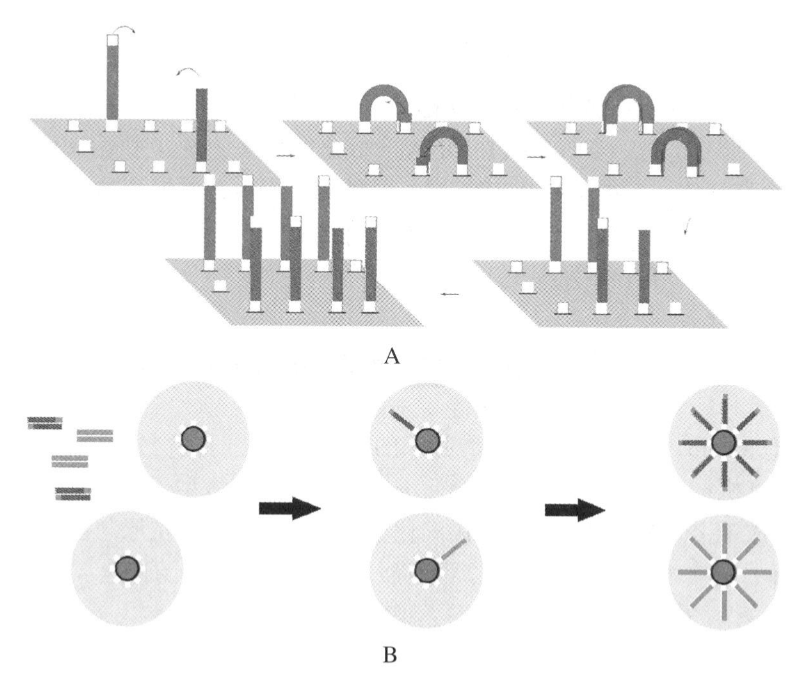

图23-5 桥式PCR（A）和乳液PCR（B）

人类基因组30亿碱基对中大约有30 Mb外显子序列，虽然只占全基因组的1%序列，但包含了近85%的致病突变。全外显子组高通量测序首先利用序列捕获或靶向技术富集全基因组外显子区域DNA，再进行高通量测序。与全基因组高通量测序对比，它的覆盖度更深、数据准确性更高、更加简便和经济，对研究已知基因内部的碱基替换、插入、缺失等突变具有较大优势。

转录物组测序技术即RNA-seq，是利用新一代高通量测序平台对mRNA、小分子RNA、非编码RNA等进行逆转录，构建cDNA文库，再进行测序和生物信息学分析，用于分析转录本的结构和表达水平、反映特定病理生理过程中相关基因的表达差异以及鉴定疾病发展和预后的生物分子标记物等。单细胞转录物组测序（single cell transcriptome sequencing，scRNA-seq）是RNA-seq技术的发展和应用，主要检测某个细胞在某一生理功能状态下所有转录的RNA产物集合，可明确细胞间的差异、细胞与微环境的相互作用，对于理解细胞的起源、功能和变异至关重要。基于液滴技术的单细胞平台凭借其细胞通量高、周期短及成本低的优势成为目前主流的单细胞转录物组测序平台。

第二代测序技术日趋成熟，但也有不可忽略的弊端，其读长较短，给序列组装带来困难。另外，第二代测序依赖PCR扩增技术，因此影响PCR的诸因素也会影响测序结果，例如，序列的G + C含量过高会降低测序效率，甚至导致错误中断。

三、单分子实时测序

单分子测序又称第三代测序技术，以单分子实时测序（single molecule real time sequencing，SMRT-Seq）为代表，它在直径为10 ~ 50 nm微孔（SMRT cell）内固定单个DNA聚合酶和DNA模板复合物，一旦携带不同荧光基团的dNTP结合DNA模板，激发的荧光信号就被共聚焦荧光显微镜实时监测和收集，再通过生物信息学分析得出相应位置上的DNA序列。数十万个SMRT cell并行DNA合成反应，实现了DNA单分子水平的边合成边测序。进一步优化SMRT技术方法，如利用两端互补发夹结构接头可使DNA模板环化，循环测序降低错误率；又如dNTP标记的荧光基团从碱基转移到磷酸分子上，使得DNA聚合酶合成3′,5′-磷酸二酯键与切除荧光标签同步进行，实现以天然DNA合成速度测序。该方法测序读长可达到20 kb，速度约每秒10个核苷酸，不再需要PCR扩增，降低测序成本，并提高测序通量产出。单分子测序可获取更直接、真实的遗传信息，包括RNA直接测序（不必逆转录cDNA）和修饰的核酸测序，在表观遗传学研究领域发挥更大的优势。

第五节 生物芯片技术

生物芯片（biochip）是20世纪末发展起来的新型规模化的生物分子分析技术，通过微电子、微加工、计算机技术在硅片或玻璃为介质的芯片表面构建微型生物化学分析系统，每平方厘米可密集排列成千上万个生物分子，利用固化核酸杂交或蛋白质抗原与抗体、配体与受体等专一性结合原理，以实现对细胞、DNA、蛋白质及其他生物组分的快速、敏感、高效的自动化检测处理。

一、基因芯片

基因芯片（gene chip）是指在固体表面（玻璃片或尼龙膜）高密度而有序地固定寡核苷酸片段或DNA克隆片段探针，与带有荧光标记的样品mRNA、cDNA或基因组DNA进行杂交，通过荧光检测每个探针分子的杂交信号，进而快速获取批量样品核酸定性定量表达结果以及序列信息。该技术也被称作DNA微阵列（DNA microarray）。根据其制作方法，可分为原位合成型DNA微阵列和点样型DNA微阵列两种形式。原位合成DNA微阵列是采用显微光蚀刻技术或压电打印技术，在芯片的特定区域原位合成寡核苷酸，寡核苷酸的长度受链内互补序列及 T_m 等因素的影响，一般在 25 bp 以内。点样型 DNA 微阵列（微点阵）采用 PCR 扩增成千上万个 DNA 克隆或预先合成寡核苷酸 DNA，直接打印到芯片上。其加工工艺相对简单，所用的支持物介质主要是玻璃、尼龙膜等。玻片需经多聚赖氨酸包被等特殊处理，应用较为普遍。

基因芯片技术适用于规模化 DNA 序列测定、突变检测、新基因发现、基因表达差异分析、病原微生物感染和肿瘤基因诊断、产前遗传病筛查和早病筛查、药物研究与开发、法医鉴定、食品与环境检测等多个领域。以分析肿瘤细胞与周边正常细胞基因组表达差异为例，其基本检测过程如图 23-6 所示。①芯片的制备：支持物的预处理，全基因组 DNA 芯片制备；②样品的准备：提取肿瘤细胞和正常细胞总 RNA，其中 mRNA 逆转录为 cDNA 的同时进行荧光标记（如正常细胞来源标记绿色，肿瘤细胞来源标记红色）；③分子杂交：等量混合两种细胞 cDNA，与 DNA 芯片上的探针阵列进行分子杂交；④检测分析：杂交反应后洗去未杂交分子，在两组不同激发光检测下，呈现绿色荧光的位点代表该基因只在正常组织中表达，而呈现红光的位点代表该基因只在肿瘤细胞表达，呈现黄光（红光和绿光互补色）的位点表示该基因在正常和肿瘤细胞中都表达。使用计算机分析相关数据，可提供肿瘤细胞起源、分级、分期、进展情况等方面的分子生物学信息，有助于预测肿瘤预后和判断靶向治疗的可行性等。

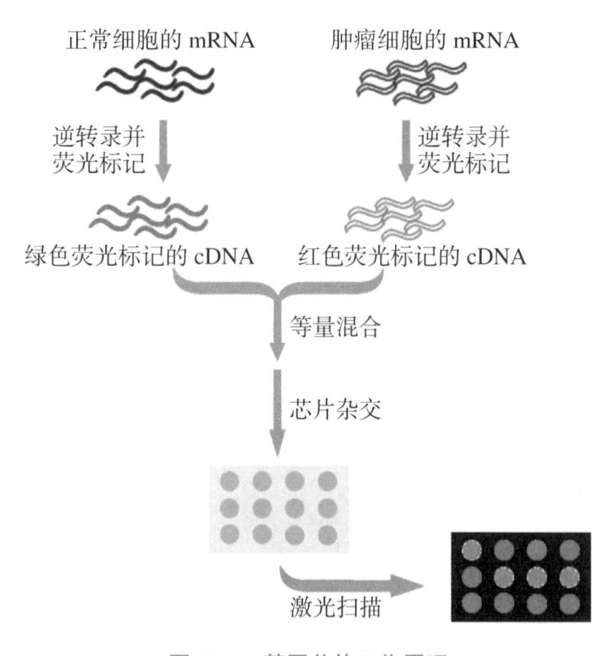

图 23-6　基因芯片工作原理

二、蛋白质芯片

蛋白质芯片（protein chip）的制作原理类似于基因芯片，所不同的是蛋白质芯片所用的固化探针是提纯的已知蛋白质多肽（如酶、抗原、抗体、受体、配体、细胞因子），用于捕获能与之专一性结合的待测蛋白质（存在于体液或细胞组织等）。检测原理包括直接检测和间接检测模式。直接检测模式是将待测蛋白质用荧光素或同位素标记，结合到芯片的蛋白质就会发出特定的信号；间接检测模式类似于酶联免疫吸附分析（enzyme-linked immunosorbent assay，ELISA），采用双抗体的形式，通过酶联标记第二抗体进行显色或发光检测。该方法操作简单、成本低廉，可多次重复检测。

除荧光和同位素检测手段外，近年来，蛋白质芯片与质谱技术结合，发展出蛋白质芯片-表面加强的激光离子解析飞行时间质谱（surface enhanced laser desorption/ionization time-of-flight mass spectrometry，SELDI-TOF-MS）技术，该技术可使吸附在蛋白质芯片上的靶蛋白质离子化，在电场力的作用下计算出其质量电荷比，与蛋白质数据库配合使用，能够确定蛋白质片段的分子量和相对含量、等电点、糖基化位点、磷酸化位点等多重信息。蛋白质芯片已成为蛋白质组学重要的研究手段之一，在生理和病理生理不同状态下检测蛋白质表达谱、蛋白质化学修饰、蛋白质-蛋白质相互作用，为蛋白质功能与调控、临床诊断、筛选药物的蛋白质靶点提供有力支撑，具有广阔的应用前景。

第六节　克隆动物和基因修饰动物制备技术

一、克隆动物和核转移技术

克隆是英语“clone”的音译，即无性繁殖系。克隆动物（cloning animal）是生物体通过体细胞的核移植技术进行无性繁殖以及由无性繁殖获得与核供体动物遗传性状完全一致的后代个体以及组成的种群。克隆动物技术又称为核转移技术，主要包括4个步骤：①促排卵制备成熟的卵细胞，去除卵细胞核作为受体细胞；②选择成熟体细胞作为供体细胞进行细胞核移植，将供体细胞的细胞核与去核的卵细胞融合成一个杂合细胞；③将“核质融合”的卵细胞在体外发育成胚胎并移植到代孕动物的子宫发育直至出生；④通过基因型检测和杂合子后代交配，获得纯合子转基因动物（图23-7）。

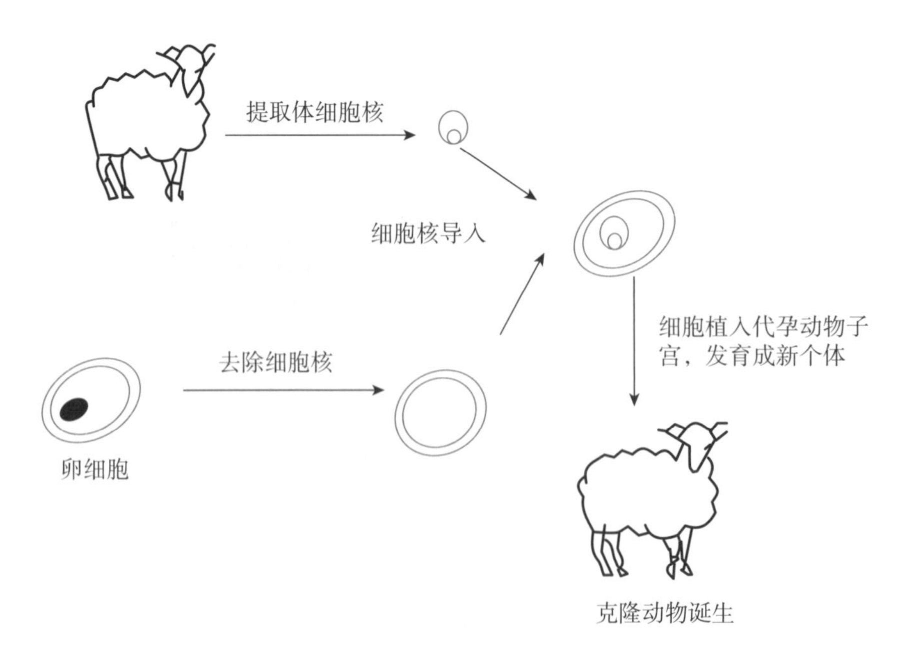

图23-7　克隆动物原理

知识拓展

克隆动物的研究进展

1997 年 2 月，苏格兰 Roslin 研究所和 PPL Therapeutics 生物技术公司的 Lan Wilmut 和 Keith Campbell 及其团队宣布克隆了多莉（Dolly）羊。多莉是首次报道从成年动物的乳腺细胞 DNA 克隆而来的动物。多莉的诞生证明一个分化成熟的体细胞所提供的遗传信息能够激活早期胚胎干细胞的发育分化，这是生物技术及其理论的重大进展，为探讨动物生长发育、致病机制、遗传环境等问题开辟了新途径，可应用于培育和保存物种资源。近年来，体细胞克隆牛、猪、鼠等动物模型相继问世。2017 年 12 月，体细胞克隆猴“中中”和“华华”在中国科学院神经科学研究所（上海）诞生，标志着我国在非人灵长类动物模型研究中处于国际领先地位，为衰老、肿瘤、脑疾病等人类复杂生理和疾病研究提供了更为理想的动物模型。

二、基因修饰动物及其制备技术

基因修饰动物是指某些遗传性状通过基因修饰手段而被人为改造的动物。根据基因修饰策略不同，基因修饰动物可分为转基因动物、基因敲除和敲入动物、基因沉默或敲减动物。

（一）转基因动物

转基因动物（transgenic animal）是指将外源基因导入动物的受精卵或胚胎干细胞（embryonic stem cell，ESC，ES cell），再将受精卵或注入囊胚后的胚胎干细胞植入到代孕动物的输卵管或子宫中培育出的动物（图 23-8）。在转基因动物中，外源基因与动物本身的基因组随机整合并随细胞分裂而增殖，传至下一代。也有人先将外源基因导入精子或卵细胞，再让导入外源基因的精子或卵细胞形成受精卵，进而培育成转基因动物。转基因动物可使外源基因在动物组织和细胞中获得高水平表达，改变动物的特定遗传性状，创造基因功能相关疾病研究所需要的动物模型。例如，将大鼠的生长激素基因导入小鼠受精卵培育的转基因小鼠，其体重是普通小鼠的 2 倍，成为超级鼠。利用转基因技术还可将人体内许多活性肽和生长因子的基因转入动物，从动物体内提取这些基因的产物。如将人类的基因转入奶牛，从牛奶里提取人类基因的产物。转基因动物就像工厂一样，可以源源不断地提供人类需要的产品，因此被称为动物工厂或生物工厂。

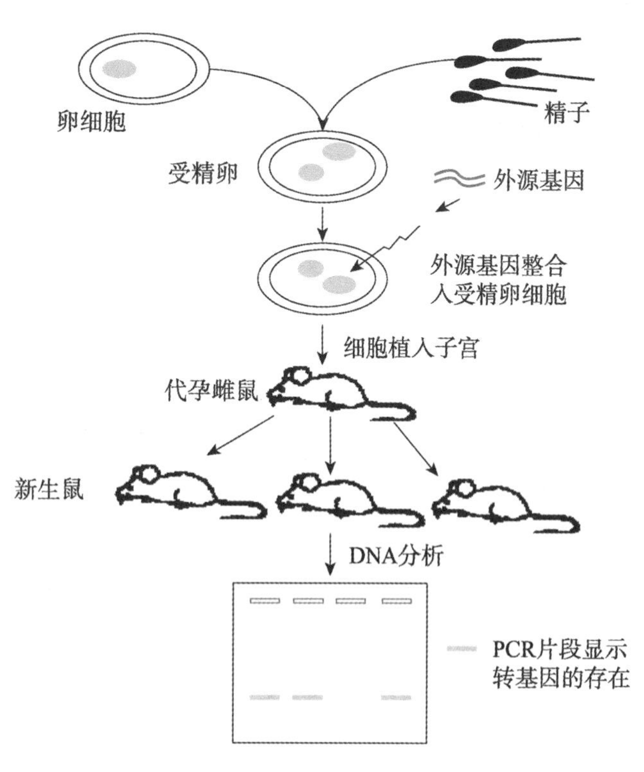

图 23-8　转基因动物原理

转基因动物不同于克隆动物，克隆动物的遗传信息完全来自于提供细胞核的动物，即克隆动物是供核动物的复制品。而转基因动物是在动物的受精卵或胚胎干细胞内插入外源基因并获得表达，产生后代的方式仍然是有性繁殖。尽管转基因动物具有生物医药研究应用巨大价值，而且避免了克隆动物的伦理问题，但由于外源基因插入宿主基因组存在随机性、破坏性、不稳定性等问题，导致转基因动物在基因功能研究领域仍存在不足。

（二）基因敲除和基因敲入动物

基因敲除（gene knock-out）和基因敲入（gene knock-in）是后基因组时代研究基因在体内功能的最直接和有效的手段。采用精准位点的基因缺失或获得策略，观察基因在细胞、组织、器官和生物个体导致的遗传表型变化，可从正、反两方面比较和鉴定基因功能。

1．基因靶向技术 基因敲除和基因敲入的核心技术是基因靶向（gene targeting），即通过DNA定点同源重组的特性对基因组中某一基因进行改造的技术。定点同源重组的原理是当导入的外源DNA序列与细胞染色体DNA存在相同或相近序列时，该染色体区域内会发生DNA同源重组，外源DNA替代染色体固有DNA整合到相应位点基因组中，从而实现对染色体DNA上某一基因的定向修饰和改造。基因敲除或基因剔除，即通过DNA定点同源重组，定向地去除基因组中的某一基因或缺失突变，所以也称为基因靶向灭活。基因敲入是用某一基因替换另一基因，或将一个设计好的基因片段插入基因组的特定位点，使之表达并发挥功能。基因敲入与转基因技术最大的区别是基因敲入能定点替换生物体固有基因，而转基因技术的固有基因仍然存在，外源基因只是随机插入基因组。如果基因敲除和敲入技术运用到小鼠的未分化胚胎干细胞，就可以通过干细胞移植技术建立基因敲除或敲入模式动物，并稳定遗传给后代。以制备基因敲除小鼠模型为例，基本过程见图23-9。

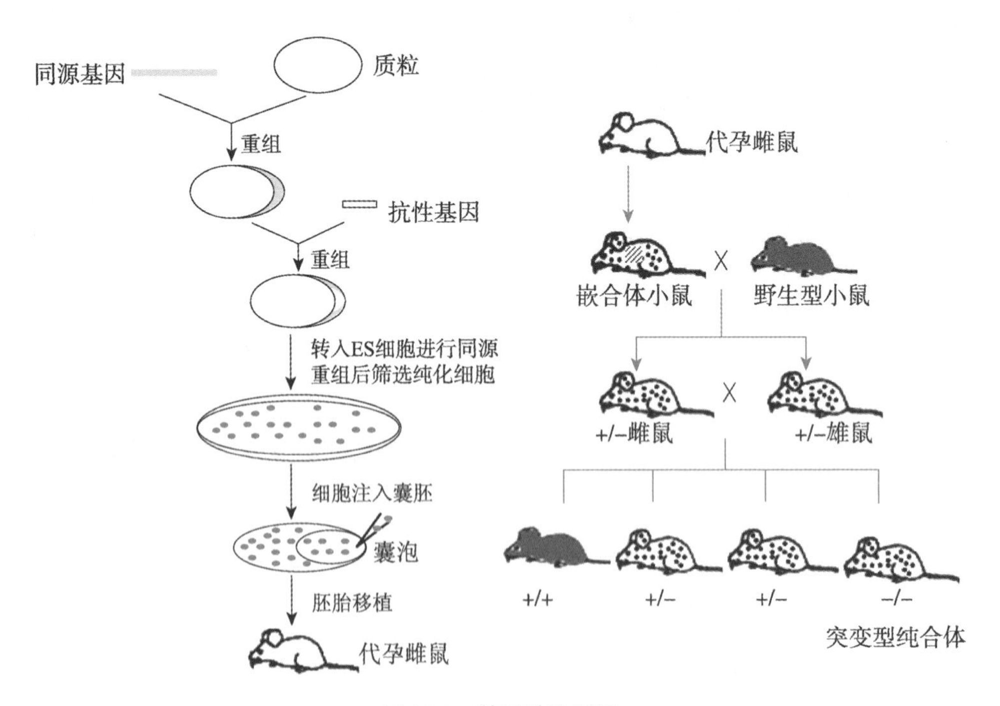

图23-9 基因敲除原理

知识拓展

基因靶向技术的建立

1987年，美国科学家M. Capecchi和O. Smithies分别独立开发了基因靶向技术。该技术可以使特定基因精确导入小鼠胚胎干细胞。它们来源于减数分裂过程中姐妹染色单体交叉互换同源区域。生殖细胞中同源重组比较常见，但是在体细胞中比较罕见，外源DNA序列往往随机整合到宿主基因组。Capecchi和Smithies发明了筛选出同源重组细胞的方法，即“加减法”，包括筛选出缺失特定基因的细胞（基因敲除）和敲入工程化改造基因的细胞（基因敲入）。英国科学家M. J. Evans发明的胚胎干细胞技术也为基因靶向技术的实现奠定了重要基础。这三位科学家因基因靶向技术获得了2007年诺贝尔生理学或医学奖。

2. 条件性基因敲除技术 利用全能性胚胎干细胞建立的完全基因敲除动物也存在一些不足，如有些重要基因敲除后引起动物胚胎停育；同一基因在不同组织和细胞功能的特异性无法鉴别。为了克服这些缺点，条件性基因敲除（conditional gene knock-out）技术应运而生，它可以在动物生长发育的不同阶段以及不同组织和细胞上选择性敲除基因，敲除效果精准、可靠，实现基因敲除的时空调控。Cre/LoxP重组酶系统是常用的条件性基因敲除技术，Cre是噬菌体编码的DNA重组酶，可特异性识别由34 bp组成的回文序列（称为LoxP位点），将其从中间切断，产生基因重组。将LoxP作为标记插入待敲基因两侧或内含子中，其本身并不影响待敲基因表达，只有当Cre酶存在时，介导两个Loxp位点之间的序列被删除或倒位，起到基因敲除的作用。借助这一原理，条件性基因敲除小鼠模型制备过程包括：①利用基因靶向技术制备待敲基因被LoxP位点锚定的flox小鼠；② flox小鼠与特定组织细胞表达Cre重组酶的转基因工具鼠交配；③通过基因型鉴定筛选Cre^+/flox模型鼠；④采用他莫昔芬等诱导剂启动Cre表达，在特定阶段或特定组织和细胞敲除靶基因，条件性基因敲除小鼠构建成功。条件性基因敲除技术的优势在于能客观、系统、动态地研究基因功能，但制备动物周期长、费用高，较难满足临床技术快速转化的需求。

3. 基因编辑技术 基因编辑（gene editing）技术就像一把基因的手术刀，借助特异的DNA双链断裂激活细胞天然修复机制，能够在动物和活细胞中快捷、高效地编辑任何基因，有望直接应用于临床精准药物与基因治疗研究。基因编辑技术经历了第一代锌指核酸酶（zinc-finger nuclease，ZFN）技术和第二代转录激活样效应因子核酸酶（transcription activator-like effector nuclease，TALEN）技术，目前应用的成簇规律间隔短回文重复（clustered regulatory interspaced short palindromic repeat，CRISPR）技术具有高效、周期短、价格低等优势，可实现对靶基因多个位点或多个基因同时敲除或敲入，进行点突变和基因替代等。CRISPR/Cas9系统由核酸内切酶Cas9和指导RNA（guide RNA，gRNA）两部分组成。gRNA是单链嵌合RNA，由具有茎环发夹结构的tracrRNA和能与靶DNA序列结合的crRNA组成。其基本工作原理为：①定位。在gRNA/Cas9复合物参与下，crRNA辨认待编辑基因相对保守的PAM序列（NGG），并与其上游的序列碱基互补配对。②切断。tracrRNA起支架作用，启动Cas9在PAM上游切断DNA双链，形成双链DNA损伤（DSB）。③修补。凭借细胞自身的DNA修复系统，包括非同源末端连接（NHEJ）和同源重组修复（HDR），可以将断裂DNA重新连接并引入基因修饰（图23-10）。以基因敲除为例，在待敲除基因的上、下游各设计一条gRNA（gRNA1、gRNA2），将其与含有Cas9蛋白编码基因的质粒一同转入细胞，Cas9酶表达会促使

Note

该基因上、下游的DNA双链断裂，生物体自身DNA损伤应答机制随即将断裂上、下游两端的序列连接起来，实现细胞中靶基因敲除。如果在此基础上为细胞引入一个修复的模板质粒（供体DNA分子），细胞就会按照提供的模板在修复过程中引入DNA片段或定点突变，从而实现基因的替换或者突变。

知识拓展

基因编辑技术的建立和应用

2022年10月，诺贝尔化学奖授予法国科学家Charpentier和美国女科学家Doudna，以表彰他（她）们在CRISPR/Cas9基因组编辑方法研究领域的贡献。CRISPR/Cas是原核生物的免疫系统，可对整合到自身DNA中的外来遗传物质产生抗性，是一种获得性免疫。基于此技术进行的基因工程改造，能够以极高精度改变动物、植物和微生物的DNA，有望带来基因治疗等医学领域的重要突破。

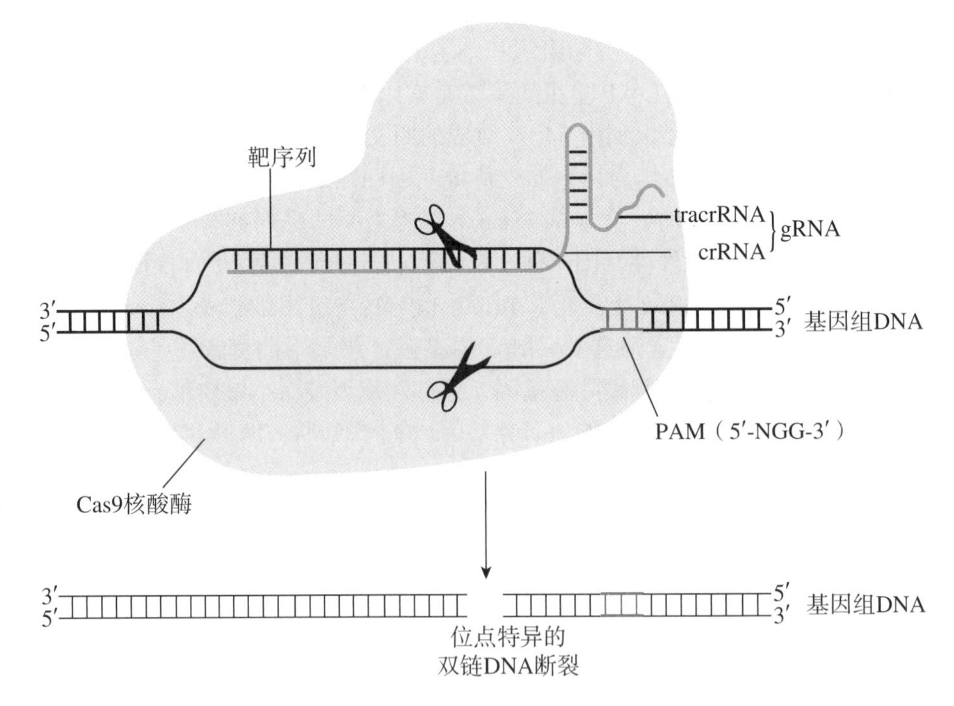

图23-10 基因编辑技术原理

（三）基因沉默或敲减动物

利用基因沉默（gene silencing）或基因敲减（gene knock-down）技术，将特定启动子驱动的siRNA或miRNA载体通过慢病毒包装介导，感染整合到动物的基因组中，稳定表达，对靶基因的表达形成抑制。与基因敲除相比，基因沉默技术具有简单、易操作、周期短等优势，因此已开始作为一种有效的工具用于制备短期动物模型和相关基因功能研究。由于该技术可能对靶基因的相似序列发生作用，导致脱靶或基因组整合不稳定性，沉默效果较弱，因此，目前基因沉默技术在细胞水平应用更为普遍（详见本章第七节）。

第七节 RNA 干扰技术

RNA 干扰（RNA interference，RNAi）也被称为转录后基因沉默（post transcriptional gene silencing，PTGS），是指由双链小分子 RNA（double-strand RNA，dsRNA）诱发的特异性降解同源序列 mRNA 分子的一种生物学过程，从而使基因表达沉默并产生相应的基因表型缺失。

知识拓展

RNA 干扰现象的发现

RNA 干扰现象是 1990 年 Jorgensen 研究小组在研究转基因牵牛花的相关工作时偶然发现的。随后，科学家们发现 RNA 干扰现象普遍存在于生物界。1998 年，美国科学家 C. C. Mello 和 A. Fire 发表在 *Nature* 上的研究证明，线虫中的 dsRNA 能有效地降低目标基因的表达活性，从而阐明了 RNA 干扰现象的机制。2001 年，人们在哺乳动物细胞中发现同样的机制，此后 RNAi 逐渐成为一项重要的基因功能研究技术，并发展成为一种新型的疾病治疗方法。为此，这两位科学家获得了 2006 年诺贝尔生理学或医学奖。

一、RNA 干扰的分子机制

RNA 干扰是多步骤、多因素参与的过程。当外源基因（如病毒基因、人工导入基因、转座子）随机整合到宿主细胞基因组内，并利用宿主细胞进行转录时，常产生一些 dsRNA。宿主细胞作为自身保护机制随即对这些 dsRNA 迅即产生反应。

（一）起始阶段

胞质溶胶中存在一类核酸内切酶 Dicer，可以将 dsRNA 切割成多个长度为 21 ~ 23 bp 的小片段 RNA，这种小分子 RNA 被称为干扰小 RNA（small interfering RNA，siRNA）。每个 siRNA 分子含有正义和反义两条链，3′ 端有 2 个碱基突出。

（二）效应阶段

siRNA 分子结合至由多种蛋白质参与构成的核酶复合物，形成 RNA 诱导沉默复合物（RNA-induced silencing complex，RISC）。在 ATP 的参与下，siRNA 解离成单链，形成活化的 RISC，正义链被移除，RISC 在反义链 siRNA 的引导下结合至靶基因 mRNA 分子的特定部位（互补序列），并在距离 5′ 端 10 ~ 11 位碱基之间对 mRNA 分子进行切割，从而达到抑制 mRNA 翻译为蛋白质的目的，造成基因表达沉默（图 23-11）。

（三）放大效应

mRNA 降解的片段反过来作为依赖 RNA 的 RNA 聚合酶（RNA dependent RNA polymerase）的模板，促进 dsRNA 合成，加入 RNA 干扰的启动阶段，从而放大 RNA 的干扰效果。

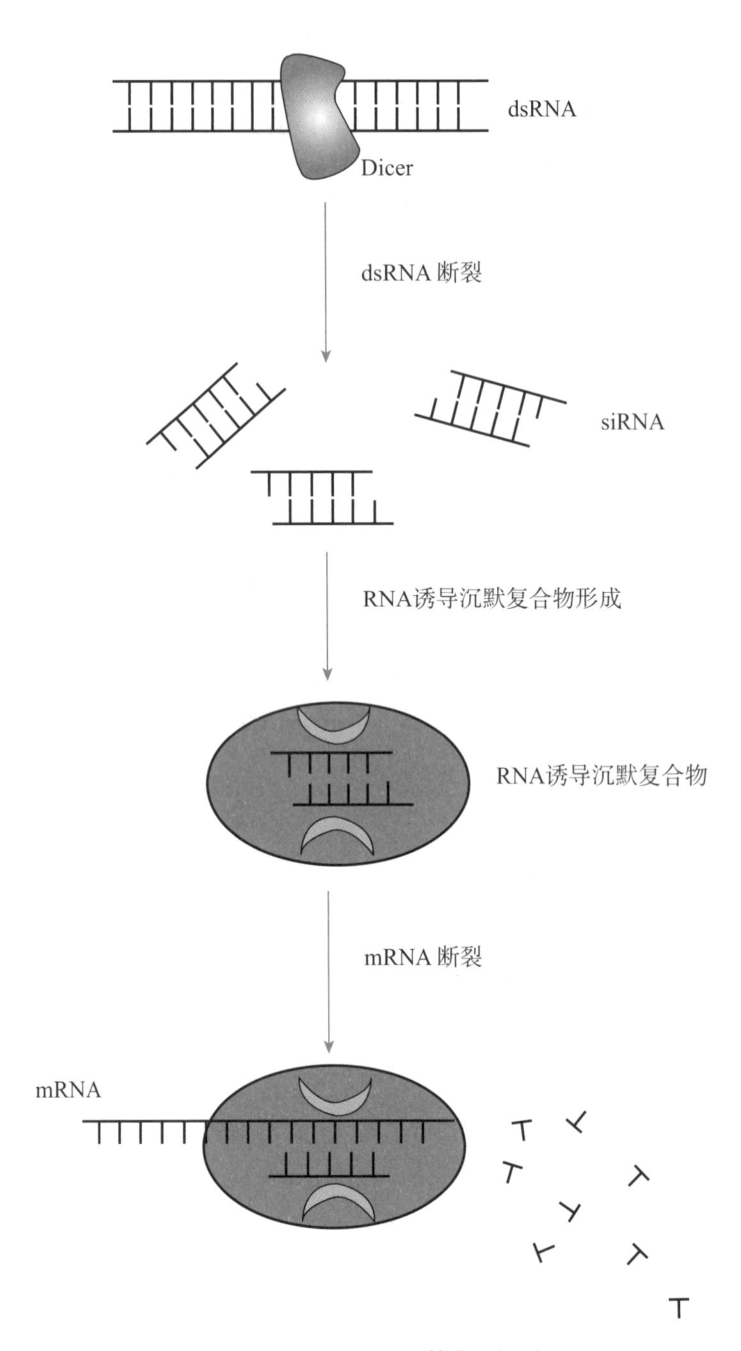

图 23-11 siRNA 的作用机制

二、RNA 干扰技术在医学与研究中的应用

(一) 功能基因组学研究

RNA 干扰技术经常被用于研究某一特定基因的功能，可用于以培养细胞株或模式生物为对象的生物学研究。含有与目的基因互补序列的 dsRNA 经合成后导入细胞或生物体内，被作为外源性遗传物质识别，从而激活细胞或生物体的 RNAi 通路。利用这个机制，可以使某个目的基因的表达很大程度地被抑制，研究由此带来的生物学效应可以揭示该基因的生理功能。由于 RNAi 并不能完全地废止目的基因的表达，因此这项技术经常被称作基因敲减，以区别于基

因被彻底去除的基因敲除过程。

（二）药物开发

大多数药物属于靶基因的抑制剂，RNAi 模拟了药物的作用，因此成为药物开发研究的一个有力工具，在药物标靶的筛选和确认方面已获得了广泛的应用。同时那些在标靶实验中证实有效的 siRNA 或 dsRNA 本身可以被进一步开发成 siRNA 药物。

（三）诊断与治疗

RNAi 技术在医学上的应用主要以抗病毒治疗为中心开展，siRNA 在病毒感染的早期阶段能有效地抑制病毒的复制，阻断病毒基因和相关宿主基因表达，选择病毒基因组中与人类基因组无同源性的序列作为 siRNA 靶点，可在抑制病毒复制的同时避免对正常组织的毒性反应及副作用。另外，siRNA 敲减病毒宿主受体或辅助受体可使病毒基因难于进入细胞。siRNA 也常被认为是一个比较有前景的癌症治疗途径，通过沉默肿瘤细胞中上调表达的基因或者是参与细胞增殖、转移、侵袭等关键信号通路的基因来抑制肿瘤细胞的生长并促使其凋亡。

三、RNA 干扰技术的基本流程

（一）siRNA 的设计

确定了目的基因后，需要选取合适的 siRNA 序列。常使用 siDirect、DSIR 等网站辅助设计。RNAi 目标序列的选取应遵循以下几个方面的原则：

（1）从靶 mRNA 分子的起始密码下游 50 ~ 100 bp 处开始寻找腺苷酸二联体序列（AA），并选取其 3′ 端相邻的 19 个核苷酸序列作为潜在的 siRNA 靶位点。

（2）G + C 含量在 45% ~ 55% 的 siRNA 要比那些 G + C 含量偏高的更为有效。

（3）设计 siRNA 时不要针对靶 mRNA 分子的 5′ 或 3′ 非编码区，因为这些区域结合有丰富的调控蛋白质因子，可能影响 RISC 复合物结合。

（4）通常，一个基因需要设计多个靶序列的 siRNA，以便找到最有效的 siRNA 序列。作为阴性对照的 siRNA 应该和选中的 siRNA 序列有相同的组成，但是与 mRNA 没有明显的同源性。通常的做法是将选中的 siRNA 序列打乱。

（二）siRNA 的制备

比较常用制备的 siRNA 方法有化学合成法、体外转录法、长片段 dsRNA 消化法、表达载体法和表达框架法。

1．化学合成法　根据设计的序列人工合成 siRNA。其优点是可以得到高质量的 siRNA 且满足特殊设计要求。但是价格较贵，不适用于 siRNA 筛选阶段的研究。

2．体外转录法　以 DNA 序列为模板合成相应的 siRNA。其成本低，效率高，可短时间制备多种 siRNA。但是 siRNA 的获得量比较低。

3．长片段 dsRNA 消化法　选择长度为 200 ~ 1000 nt 的靶 mRNA 序列作为模板，通过体外转录得到长片段 dsRNA，然后用 RNase Ⅲ或者 Dicer 进行消化，得到各种 siRNA 的混合物，直接用于干扰实验。这种方法能保证靶基因表达得到有效的抑制，缺点是不够精准，可能使同源基因发生非特异性的基因沉默。

4．表达载体法　克隆 siRNA 表达载体，利用 RNA pol Ⅲ启动子操纵一段编码短发夹结构的 dsRNA（short hairpin RNA，shRNA）在哺乳细胞中表达。shRNA 与 siRNA 的区别是 shRNA 可以通过 DNA 载体形式导入细胞，并持续地在细胞内抑制靶基因的表达，而 siRNA 导入细胞后很快被降解，因此 shRNA 适用于较长时间的研究。但 shRNA 制备涉及基因克隆过程，周期相对较长，不适合筛选阶段使用。

5．表达框架法 siRNA 表达框架（siRNA expression cassettes，SECs）是指通过 PCR 获得的一段 siRNA 表达模板，其结构包括 RNA pol Ⅲ的启动子和终止子中间加入一段 shRNA 编码基因。SECs 可被直接导入细胞内，表达并抑制靶基因。它的优势是在短时间内可制备多种不同的 siRNA 表达框架，成为筛选研究的有效工具。缺点是 PCR 产物的细胞转染效率较低，PCR 合成过程中的碱基错配不易被发现，导致结果不理想。

（三）siRNA 的导入

siRNA 或其表达载体及框架导入细胞的方法与外源 DNA 分子（如质粒）导入的方式基本一致，常用的转染方法包括磷酸钙共沉淀法、电穿孔法、脂质体法等。

（四）siRNA 作用的检测

1．mRNA 水平检测 siRNA 转染细胞后与靶 mRNA 分子结合，在 RISC 复合物的作用下将靶 mRNA 分子切割、降解。细胞转染后经过适当时间的培养，提取细胞内总 RNA，通过 RT-PCR 的方法检测细胞内靶 mRNA 分子的相对含量，观察 siRNA 的基因沉默效应。

2．蛋白质水平检测 靶 mRNA 分子的降解导致特异蛋白质翻译过程受到了抑制，基因产物含量下降或缺失。将转染的细胞经过适当时间的培养后制备细胞裂解液，提取细胞内的总蛋白质，通过蛋白质印迹法检测细胞内特异性蛋白质的含量，以判断 siRNA 的基因敲减效果。

第八节 生物大分子的相互作用研究技术

一、蛋白质－蛋白质相互作用

蛋白质是生命的物质基础，超过 80% 的细胞内蛋白质以复合物的形式存在。这些蛋白质-蛋白质相互作用（protein-protein interactions，PPIs）广泛参与细胞的生物学过程，如 DNA 复制、RNA 剪接、蛋白质翻译与折叠、蛋白质定位与分泌、细胞周期调控与分化、细胞代谢与信号转导、细胞增殖与衰老凋亡以及细胞之间联系。PPIs 的结构基础是侧链氨基酸残基之间的非共价结合，这些结合有些是暂时性的，也有些是持续性的。研究 PPIs 对于推断细胞内的蛋白质功能、鉴定蛋白质复合物以及寻找药物靶标等具有重要意义。目前常用的 PPIs 技术手段包括免疫共沉淀、谷胱甘肽转移酶沉降法、酵母双杂交、荧光共振能量转移、噬菌体展示及质谱分析等。

（一）免疫共沉淀

免疫共沉淀（co-immunoprecipitation，Co-IP）是研究 PPIs 的经典方法，以抗原和抗体特异性结合为基础，可确定细胞生理条件下两种蛋白质之间的相互作用。其基本原理是：当细胞在非变性条件下被裂解时，细胞内许多天然蛋白质复合物被保留下来。向溶液中加入一种已知蛋白质（Y）的特异性抗体，孵育后再加入可与抗体 Fc 段结合的细菌蛋白质 protein A/G- 琼脂糖珠或磁珠，继续孵育。如果细胞中存在与已知蛋白质 Y 相结合的目标蛋白质 X，就会形成

“X-Y-Y 抗体 -proteinA/G- 琼脂糖珠或磁珠”复合物，通过离心沉淀或磁性分离和洗脱等步骤，收集复合物蛋白，进行 SDS-PAGE 电泳分离蛋白质，蛋白质印迹法检测目标蛋白质 X。这种方法常用于测定两种感兴趣蛋白质是否存在体内结合（图 23-12）。如与质谱技术结合，也可用于确定一种特定蛋白质的未知结合蛋白质。Co-IP 技术的优势在于实时检测细胞生理状态下的蛋白质相互作用，但由于蛋白质复合物中有些蛋白质是直接结合，有些则是间接结合，Co-IP 技术不能分辨，因此检测两个蛋白质是否有直接相互作用需要 GST-pull down 实验进一步验证。

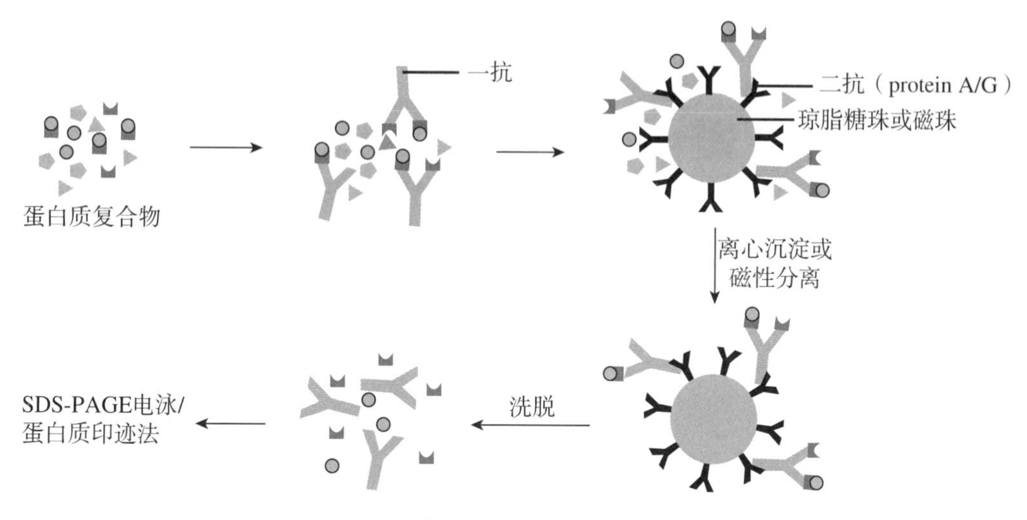

图 23-12　免疫共沉淀（Co-IP）工作原理

（二）谷胱甘肽转移酶沉降法

谷胱甘肽转移酶沉降法（glutathione-S-transferase pull down，GST-pull down）是以亲和纯化为基础，用于测定两种或更多种蛋白质之间直接相互作用的体外研究方法。其基本原理是：①先构建以 GST 为标签的已知蛋白质（Y）cDNA 表达质粒，在原核细胞表达并纯化该融合蛋白质 Y-GST；②将纯化的目标蛋白质（X）或含 X 的细胞裂解液与 Y 在试管中混合孵育，如果二者有相互作用，就会形成 X-Y-GST 蛋白质复合物；③向试管中继续加入还原型谷胱甘肽（GSH）偶联的固相琼脂糖珠，利用酶与底物的亲和力，沉淀下拉 X-Y-GST-GSH- 琼脂糖珠蛋白质复合物；④以低盐漂洗去除未结合蛋白质，高盐洗脱蛋白质复合物，通过蛋白质印迹法或质谱技术检测洗脱物中是否存在目标蛋白质 X。

GST 是比较常用的标签，具有洗脱纯度高、收集蛋白质特异性强的优点。6×His、Flag、生物素也可以作为沉降的标签，对应各自亲和纯化琼脂糖珠（树脂）。GST-pull down 既可验证两种已知蛋白的直接互作，也可利用已知蛋白质同时捕获几种未知结合蛋白质。由于该方法是体外蛋白质结合实验，所以常与 Co-IP 技术互为补充。另外，如果融合表达的 GST- 已知蛋白质肽链过长，可能会改变原蛋白质的天然折叠结构，影响与目标蛋白质的结合。

（三）酵母双杂交

酵母双杂交系统（yeast two-hybrid system）是在真核模式生物酵母中进行的高灵敏度蛋白质相互作用的技术，基于酵母特征性转录因子转录激活调控机制结合报告基因技术而建立。酵母的转录激活因子一般包含 2 个独立的功能结构域——DNA 结合结构域（binding domain，BD）和转录激活结构域（activation domain，AD），只有当 2 个结构域靠近结合时，才能发挥转录激活功能。分别构建已知蛋白质又称“诱饵（bait）”与 BD 融合的 cDNA 表达质粒以及目标蛋白质又称“猎物（prey）”与AD融合的cDNA表达质粒，共同转染酵母细胞，如果“诱饵”与“猎物”蛋白质存在相互作用，将使BD和AD在空间上足够接近并驱动酵母报告基因的表达（图23-13）。

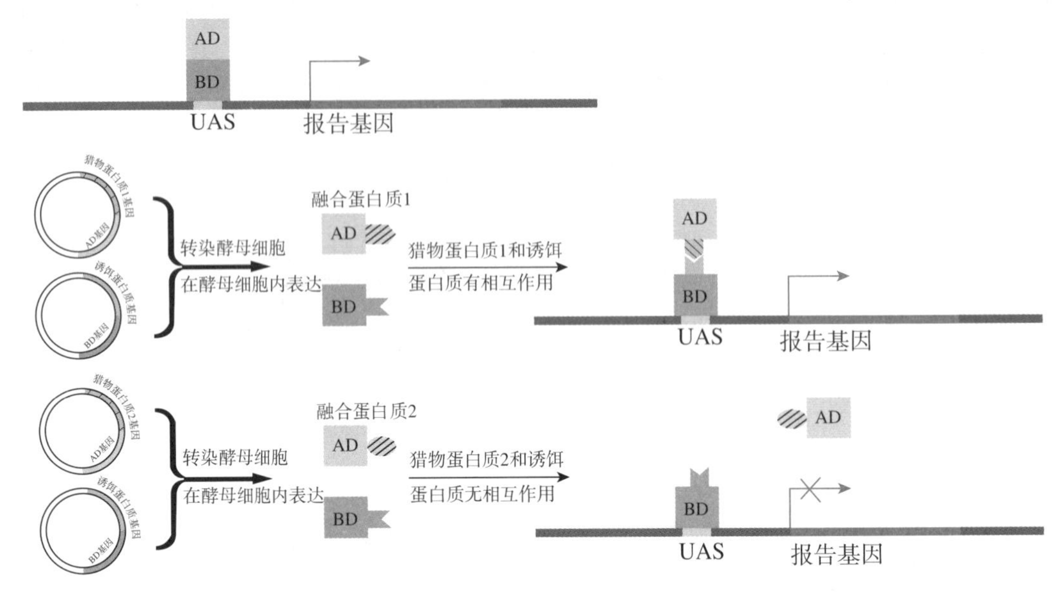

图 23-13 酵母双杂交工作原理

人工酵母株中包含β-半乳糖苷酶（*lacZ*）或合成His/Leu/Trp相关报告基因。前者通过培养基蓝白斑生长筛选、后者通过在缺乏相应氨基酸的培养基中进行营养缺陷性生长筛选均可获得蛋白质互作阳性克隆。酵母繁殖速度快、易操作、成本低，可以高通量评估大量蛋白质互作情况，尤其适用于cDNA猎物文库蛋白质与诱饵蛋白质互作的筛选，但存在假阳性率偏高的情况。

二、蛋白质－核酸的相互作用

许多重要的生物过程离不开蛋白质与核酸的相互作用，如DNA染色质结构组装、DNA复制与修复、RNA的转录和加工转运、核糖体蛋白质翻译、基因表达调控。而近年来发现的非编码RNA序列，如siRNA、lncRNA、snoRNA和mRNA非翻译区，通过与RNA结合蛋白质的相互作用调控细胞稳态。因此，研究蛋白质-核酸相互作用对于探索遗传信息传递规律、个体及细胞的生长发育、差异化的调节和演变机制，以及遗传、肿瘤、感染、免疫等相关疾病的病因研究至关重要。经典的用于研究DNA-蛋白质相互作用的方法包括染色质免疫沉淀、电泳迁移率变动分析、DNA足迹法（DNA footprinting）等。用于研究RNA-蛋白质相互作用的方法又分为两类：一类是检测与目标蛋白质结合的RNA，即以蛋白质为中心的技术（protein-centric approach），另一类是检测与目标RNA结合的蛋白质，即以RNA为中心的技术（RNA-centric approach），前者包括RNA免疫沉淀等技术，后者开发了RNA-pull down等一系列体外、体内实验技术，是对生物大分子相互作用研究技术的进一步融合和发展。

（一）染色质免疫沉淀

染色质免疫沉淀（chromatin immunoprecipitation，ChIP）是一种利用抗原-抗体之间反应的特异性来确定目标蛋白质是否与特定基因组区域DNA相结合的技术。其基本原理是在活细胞状态下加入交联剂甲醛固定蛋白质 -DNA 复合物，通过超声处理或核酸酶消化，将 DNA- 蛋白质复合物（染色质蛋白质）切断成 200 ~ 1000 bp 的 DNA 片段，使用目的蛋白质特异性抗体从细胞裂解液中免疫沉淀与该蛋白质交联的 DNA 片段，纯化后确定 DNA 片段的序列。特异性 DNA 序列的富集表示目的蛋白质与体内基因组上的相关区域相结合。

（二）电泳迁移率变动分析

电泳迁移率变动分析（electrophoretic mobility shift assay，EMSA）也称凝胶迁移试验（gel shift assay），是一种简单、快速、敏感的用于测试与特定 DNA 序列相互作用的蛋白质体外技术，目前也用于研究 RNA 序列与 RNA 结合蛋白质的相互作用。该技术是基于靶蛋白质一旦与 DNA/ 寡核苷酸 /RNA 片段结合，分子量和电荷均发生改变，导致在非变性聚丙烯酰胺凝胶上的电泳迁移率滞后的现象。先以放射性核素（如 ^{32}P）或生物素末端标记 DNA/ 寡核苷酸 / RNA 片段作为探针，将蛋白质（如核或细胞提取物）与标记的核酸探针进行孵育，然后将孵育产物在非变性聚丙烯酰胺凝胶上进行电泳，分离核酸 - 蛋白质复合物和未结合探针，放射自显影或显色后分析各样品的迁移率。引入竞争性反应，通过加入含有目标蛋白质结合位点的其他 DNA/RNA 片段作为特异性竞争探针，以及序列不相关 DNA/RNA 片段作为非特异性竞争探针，可以确定蛋白质 -DNA 结合位点的特异性。如果提前加入特定结合蛋白质的抗体一起电泳，还可以观察到超迁移（super shift）滞后现象。

（三）RNA 免疫沉淀

RNA 免疫沉淀（RNA immunoprecipitation，RIP）采用紫外线（UV）照射或甲醛处理的方式，将活细胞内蛋白质与 RNA 交联在一起，以目标蛋白质的特异性抗体把相应的 RNA- 蛋白质 - 蛋白质抗体 - 磁珠复合物沉淀下来，经过蛋白酶 K 消化和 RNA 提取纯化后，对结合在复合物上的 RNA 进行 RT-qPCR 定性、定量检测或 RNA-seq 测序分析。

（四）RNA-pull down

体外转录 RNA，末端标记能与树脂 / 磁珠结合的生物素标签。一种方法是加入细胞提取物，洗脱与 RNA 诱饵结合的蛋白质，使用蛋白质印迹法或质谱分析。另一种方法是使用 Cy5 染料标记的体外转录 RNA，将其与重组人蛋白质微阵列杂交。通过荧光读数检测捕获 Cy5 RNA 的蛋白质。蛋白质微阵列方法不需要细胞提取物，并且能够发现直接与目标 RNA 互作的蛋白质。操作简单且高效，特别适用于特定 RNA 的诱变研究。

此外，体内试验可采用紫外线交联活细胞 RNA- 蛋白质复合物，利用大多数 mRNA 具有 polyA 尾的结构特征，使用寡聚 dT 偶联的磁珠共价结合 mRNA- 蛋白质复合物，经过漂洗和洗脱纯化后，质谱检测结合蛋白质，对 mRNA 的 3′ 端结合蛋白质鉴定及其基因表达调控研究很有帮助。

思考题

1. 根据核酸杂交的原理试述其在医学领域的可能应用。
2. 试述如何提高 PCR 产物的特异性与产量。
3. 简述二代测序技术的基本原理。
4. 试比较克隆动物、转基因动物、基因敲除 / 敲入和基因编辑技术的异同点。
5. 试述 RNA 干扰技术的工作原理。

Note

6. 假如利用 Co-IP 方法筛选到蛋白质 A 与蛋白质 B 有相互作用，其中蛋白质 B 是一种未知蛋白质。请设计实验方案，证明两种蛋白质存在直接相互作用以及蛋白质 B 在细胞中执行的功能。

（王子梅）

名词释义

1. cDNA 文库（cDNA library）：是以某种细胞特定状态下全部 mRNA 为模板，逆转录合成 cDNA，继而复制成双链 cDNA，然后与适当载体连接得到的 cDNA 重组分子集合体。
2. CRISPR/Cas 系统（CRISPR/Cas system）：是原核生物的一种获得性免疫系统，用于抵抗存在于噬菌体或质粒的外源遗传元件的入侵。RNA 锚定到 CRISPR 的间隔序列上，帮助 Cas（CRISPR-associated）蛋白识别并切割外源 DNA。还有一些 RNA 引导的 Cas 蛋白负责切割外源 RNA。
3. DNA 变性（DNA denaturation）：在高温、过酸或过碱等理化条件下，DNA 双链碱基对之间的氢键断开，碱基堆积力遭到破坏，但不伴随共价键的断裂，原来的一条 DNA 双链解开形成两条单链，这种现象称为 DNA 变性。
4. DNA 重组（DNA recombination）：是 DNA 分子内或分子间发生的遗传信息的重新共价组合过程。DNA 重组包括同源重组、特异位点重组和转座重组等类型，广泛存在于各类生物。体外通过人工 DNA 重组可获得重组体 DNA，是基因工程中的关键步骤。
5. DNA 复性（DNA renaturation）：DNA 的变性是一个可逆过程，在变性因素缓慢去除后，两条解离的 DNA 互补链再次互补结合形成双螺旋，这个过程称为 DNA 复性。
6. DNA 复制（DNA replication）：当细胞增殖时，双链 DNA 分别作为模板指导子代 DNA 新链的合成，从而使亲代 DNA 的遗传信息准确地传至子代。这种以亲代 DNA 为模板指导子代 DNA 合成的过程称为 DNA 复制。
7. DNA 聚合酶（DNA polymerase）：全称为依赖 DNA 的 DNA 聚合酶或 DNA 指导的 DNA 聚合酶（DNA-dependent DNA polymerase，DDDP 或 DNA pol），是以单链 DNA 为模板，催化以 dNTP 为原料按 5′ → 3′ 方向延长 DNA 新链的酶。
8. DNA 连接酶（DNA ligase）：是在复制的终止阶段，催化连接 DNA 链 3′-OH 末端和相邻 DNA 链 5′-P 末端的酶，使二者生成磷酸二酯键，从而将两段相邻的 DNA 链连接成一条完整的链。
9. DNA 损伤（DNA damage）：许多环境因素（如放射线、化学诱变剂）可导致 DNA 出现组成或结构的变化。
10. DNA 修复（DNA repair）：是当 DNA 序列中出现局部损伤或错误时，去除异常序列后进行 DNA 局部合成以弥补缺损的修复过程。
11. DNA 依赖的 RNA 聚合酶（DNA-dependent RNA polymerase，DDRP）：是以 DNA 双链中的一条链作为模板，催化合成 RNA 的酶，在原核细胞和真核细胞中都存在。合成反应以 DNA 为模板，以 ATP、GTP、UTP 和 CTP 为原料，还需要 Mg^{2+} 作为辅基，并不需要引物。依赖 DNA 的 RNA 聚合酶缺乏 3′ → 5′ 外切酶活性，所以没有校正功能。
12. DNA 印迹法（Southern blotting）：也称 Southern 印迹法，是对 DNA 样品中特定序列进行

Note

定性、定量分析的技术。通过将电泳分离的DNA片段变性为单链后转移至膜性材料，在含有探针的溶液中进行杂交反应，可对特定DNA片段进行定性和定量分析。

13. DNA足迹（DNA footprinting）：是利用与DNA结合的蛋白质经常保护DNA免受酶裂解的现象来检测DNA-蛋白质的相互作用的一种生化技术。该技术可以在特定的DNA分子上定位蛋白质结合位点。
14. G蛋白偶联受体（G protein-coupled receptor，GPCR）：具有7个跨膜α-螺旋，直接与异源三聚体G蛋白偶联结合的一类重要的细胞表面受体，依靠活化G蛋白转导细胞外信号，也称七次跨膜受体。
15. G蛋白循环（G protein cycle）：是在G蛋白偶联受体介导的信号通路中，G蛋白在有活性和无活性状态之间的连续转换。其关键机制是受体不断促进G蛋白释放GDP、结合GTP，而使其激活；而G蛋白的效应分子又不断激活其GTP酶活性，促进GTP水解为GDP，而使其恢复到无活性状态。
16. MAPK途径（MAPK pathway）：是以促丝裂原活化蛋白质激酶（mitogen-activated protein kinase，MAPK）为代表的信号转导途径，其主要特点是具有MAPK级联反应。
17. P/O比值（phosphate/oxygen ratio）：是在氧化磷酸化过程中，每消耗1/2 mol O_2（1 mol氧原子）所消耗的无机磷的摩尔数（或ADP摩尔数），即生成ATP的摩尔数。
18. RNA编辑（RNA editing）：是在mRNA水平上改变遗传信息的过程，即在初级转录物上增加、删除或取代某些核苷酸而改变遗传信息的过程。最终可导致产生不同于基因编码的氨基酸序列。
19. RNA复制（RNA replication）：是以RNA为模板合成RNA的过程。
20. RNA干扰（RNA interference，RNAi）：也被称为转录后基因沉默（post transcriptional gene silencing，PTGS），是指靶向RNA分子以抑制基因表达，特别是特异性降解靶mRNA分子的一种生物学过程。siRNA、miRNA均可介导RNA干扰。
21. RNA剪接（RNA splicing）：是从DNA模板链转录出的前体RNA分子中除去内含子，并将外显子连接起来而形成成熟的RNA分子的过程。
22. RNA印迹法（Northern blotting）：也称Northern印迹法，是通过检测RNA或mRNA分子，对基因表达进行分析的技术。利用RNA印迹法可以对某一组织或细胞中已知的特异mRNA的表达水平进行分析，也可以比较不同组织和细胞中的同一基因的表达情况。
23. SD序列：是位于mRNA的起始密码子AUG上游8 ~ 13个核苷酸处的一段由4 ~ 9个核苷酸组成的共有序列，核心序列AGGA可被核糖体小亚基特异性识别和结合，调控翻译起始。
24. SH2结构域（SH2 domain）：是可与某些蛋白质（如受体酪氨酸激酶）的磷酸化酪氨酸残基紧密结合的蛋白质结构域，可启动信号转导通路中的多蛋白质复合物的形成。
25. 癌基因（oncogene）：是能导致细胞发生恶性转化和诱发癌症的基因。绝大多数癌基因是细胞内正常的原癌基因突变或表达水平异常升高转变而来，某些病毒也携带癌基因。
26. 氨基酸残基（amino acid residue）：是两个或两个以上的氨基酸之间经脱水形成肽时，在肽链中由肽键连接的氨基酸失水后剩余部分。
27. 氨基酸代谢库（amino acid metabolic pool）：是体内分布于各组织及体液中参与代谢的游离氨基酸的总和。可作贮存或被利用。
28. 氨基酸的等电点（isoelectric point，pI）：在某一pH条件下，氨基酸解离成阳离子和阴离子的程度及趋势相等，所带净电荷数为零，成为兼性离子，它在电场中既不向负极移动，也不向正极移动。此时，氨基酸所处环境的pH称为该氨基酸的等电点。
29. 巴斯德效应（Pasteur effect）：有氧氧化抑制无氧氧化的现象。

30. 斑点杂交（dot hybridization）：将 RNA 或 DNA 变性后直接点样在硝酸纤维素膜或尼龙膜上，烘烤固定，在含有探针的杂交液中进行杂交反应，主要用于基因缺失或拷贝数改变的检测。
31. 半保留复制（semi-conservative replication）：是在 DNA 合成过程中，以亲代 DNA 两条链为模板合成两个完全相同子代 DNA 分子的过程。其中每一个子代 DNA 分子包含一条亲代链和一条新合成的链，具有高保真性。
32. 半不连续复制（semidiscontinuous replication）：在 DNA 复制过程中，一条新链的合成方向与解链的方向相同，能连续合成；而另一条新链的合成方向与解链方向相反，不能连续合成。这种复制方式称为半不连续复制。
33. 胞质溶胶（cytosol）：细胞质的连续水相，含有溶解的溶质，不包括线粒体等细胞器。
34. 必需基团（essential group）：酶分子中与酶活性密切相关的化学基团称为必需基团。必需基团有的位于活性中心内，有的位于活性中心外。
35. 别构调节（allosteric regulation）：细胞内有些酶活性中心以外的某个部位可与一些代谢物分子可逆性结合，引起酶的空间构象发生改变，进而影响酶的催化活性的调节方式。
36. 补救合成（salvage synthesis）：体内细胞通过碱基的磷酸核糖化或核苷的磷酸化生成核苷酸的过程，称为补救合成途径。
37. 不可逆抑制（irreversible inhibition）：有些抑制剂通常与酶活性中心以共价键牢固结合，不能用透析、超滤等方法将其除去，这种抑制作用称为不可逆抑制。
38. 操纵子（operon）：原核生物几个功能相关的结构基因紧密串联在一起，受同一个控制区调节，从而形成的基因表达及调控基本单位。
39. 长非编码 RNA（long non-coding RNA，lncRNA）：是长度大于 200 个核苷酸的非编码 RNA，不直接参与基因编码和蛋白质合成，但是可在表观遗传水平、转录水平和转录后水平调控基因的表达。
40. 超二级结构（supersecondary structure）：若干相邻的比蛋白质结构域或亚基小的二级结构单元通过空间折叠靠近和彼此相互作用，形成规则的二级结构聚集体，是三级结构的局部结构，如蛋白质模体和结构域。
41. 重组 DNA 技术（recombinant DNA technology）：又称分子克隆（molecular cloning）或 DNA 克隆（DNA cloning），是在体外应用酶学方法将不同来源的 DNA 与载体连接成具有自我复制能力的 DNA 重组体，进而通过转化或转染宿主细胞实现目的基因在宿主细胞中的扩增、表达的方法。
42. 重组修复（recombination repair）：依靠重组酶系将与 DNA 损伤处互补的正常母链段移至损伤部位缺口处，进行重组，形成新的单链，提供正确的模板，最后由 DNA 聚合酶和连接酶完成修复。
43. 沉默子（silencer）：是通过与特异的转录因子结合后，对转录起阻抑作用的顺式作用元件，属于负性调控元件。
44. 初级胆汁酸（primary bile acids）：由肝细胞以胆固醇为原料合成的胆汁酸及其与甘氨酸或牛磺酸的结合产物，包括胆酸、鹅脱氧胆酸、甘氨胆酸、牛磺胆酸、甘氨鹅脱氧胆酸和牛磺鹅脱氧胆酸。
45. 次级胆汁酸（secondary bile acids）：初级胆汁酸经肠菌作用产生的胆汁酸及其结合产物，包括脱氧胆酸、石胆酸、甘氨脱氧胆酸、牛磺脱氧胆酸、甘氨石胆酸、牛磺石胆酸。
46. 从头合成（*de novo* synthesis）：是体内细胞利用磷酸核糖、氨基酸和一碳单位等简单物质合成嘌呤核苷酸的过程。
47. 错义突变（missense mutation）：由于碱基突变，代表一种氨基酸的密码子改变为代表另一种氨基酸的密码子的突变类型。其结果是一个不同的氨基酸掺入多肽链的相应位置。

48. 代谢池（metabolic pool）：体内的每一种代谢物不论是内源性的还是外源性的，汇聚在一起形成的总和。

49. 代谢物组学（metabolomics）：是测定一个生物或细胞中所有小分子组成，描绘其动态变化规律，建立系统代谢图谱，并确定这些变化与生物过程的联系的学科领域。

50. 单纯酶（simple enzyme）：是分子组成中仅含有蛋白质的酶，如脲酶、核糖核酸酶和淀粉酶。

51. 单核苷酸多态性（single nucleotide polymorphism，SNP）：基因组上单个核苷酸的变异，包括转换、颠换、缺失和插入，而形成的遗传标记，其数量很多，多态性丰富。SNP 位点的发生是疾病易感性的重要遗传学基础。

52. 单顺反子（monocistron）：是只编码一条多肽链的遗传功能单位，见于多数真核生物，其蛋白质编码基因的初级转录物加工成一个 mRNA 分子，翻译出一条多肽链。

53. 单体酶（monomeric enzyme）：是由一条多肽链组成的酶，如核糖核酸酶、溶菌酶。

54. 胆固醇的逆向转运（reverse cholesterol transport，RCT）：高密度脂蛋白（HDL）将肝外组织细胞中的胆固醇通过血液循环转运到肝，在肝中转化为胆汁酸后排出体外。

55. 胆汁酸的肠肝循环（enterohepatic circulation of bile acid）：在肝细胞合成的初级胆汁酸，随胆汁进入肠道并转变为次级胆汁酸。肠道中约 95% 胆汁酸可经门静脉被重吸收入肝，并与肝新合成的胆汁酸一起再次被排入肠道，构成胆汁酸的肠肝循环。

56. 蛋白质靶向输送（protein targeting）：也称蛋白质分拣（protein sorting），是蛋白质合成后在细胞内被定向输送到其发挥作用部位的过程。

57. 蛋白质变性（protein denaturation）：在某些物理或化学因素作用下，蛋白质的空间结构被破坏（不包括一级结构中氨基酸排列顺序的改变），导致蛋白质理化性质的改变、生物学活性丧失的现象。

58. 蛋白质 - 蛋白质相互作用（protein-protein interaction，PPI）：是两个或两个以上的蛋白质分子通过非共价键相互作用并发挥功能的过程。广泛参与体内的生物学过程，如细胞间的联系、代谢与发育的调控。

59. 蛋白质的等电点（isoelectric point，pI）：在某一 pH 条件下的溶液中，蛋白质解离成阴、阳离子的趋势相等，净电荷数为零，即为兼性离子。此时溶液的 pH 称为蛋白质的等电点。

60. 蛋白质的合成（protein synthesis）：DNA 结构基因中储存的遗传信息通过转录生成 mRNA，再指导相应氨基酸序列的多肽链合成过程。在这一过程中，多肽链上氨基酸的排列顺序是由 mRNA 上 3 个为一组的核苷酸序列决定的，这一过程也称为翻译（translation）。

61. 蛋白质二级结构（protein secondary structure）：蛋白质分子中某一段肽链的局部空间结构，即该段肽链主链骨架原子的相对空间位置，并不涉及氨基酸残基侧链的结构，如 α 螺旋、β 片层和 β 转角。

62. 蛋白质复性（protein renaturation）：如果蛋白质的变性程度较轻，在去除变性因素后，部分蛋白质恢复或部分恢复其原来的空间构象和生物学活性的现象，称为蛋白质复性。

63. 蛋白质三级结构（protein tertiary structure）：整条肽链中全部氨基酸残基的相对空间位置，即整条肽链中所有原子在三维空间的排布位置。

64. 蛋白质四级结构（protein quaternary structure）：蛋白质分子中各亚基的立体排布及亚基之间的相互作用，称为蛋白质四级结构。

65. 蛋白质一级结构（protein primary structure）：蛋白质多肽链上从 N 端至 C 端的氨基酸排列顺序。蛋白质分子中二硫键的位置属于一级结构范畴。

66. 蛋白质印迹法（Western blotting）：又称 Western 印迹。将蛋白质经聚丙烯酰胺凝胶电泳分离后转移到硝酸纤维素膜上，通过抗原 - 抗体反应对目的蛋白质进行定性、定量分析，也称为免疫印迹法（immunoblotting）。
67. 蛋白质组学（proteomics）：以细胞、组织或机体在特定时间和空间上表达的所有蛋白质为研究对象，分析细胞内动态变化的蛋白质组成、表达水平与修饰状态，揭示蛋白质之间的相互作用及其调控规律的学科领域。
68. 氮平衡（nitrogen equilibrium）：摄入食物的含氮量与排泄物（尿与粪）中含氮量之间的关系。
69. 低密度脂蛋白（low density lipoprotein，LDL）：是在血液中由 VLDL 经 IDL 转化而来的一种血浆脂蛋白，其中的主要脂质是胆固醇及胆固醇酯，载脂蛋白为 apoB-100。它是机体转运肝合成的内源性胆固醇到全身组织的主要运输形式。
70. 底物水平磷酸化（substrate level phosphorylation）：代谢物在氧化分解过程中，因脱氢或脱水而引起分子内部能量重新分布产生高能键，直接将代谢物分子中的高能键的能量转移给 ADP（或 GDP）生成 ATP（或 GTP）的反应。
71. 第二信使（second messenger）：是细胞受第一信使刺激后产生的，在细胞内传递信息的小分子化学分子，又称为细胞内信号分子，如钙离子、环腺苷酸（cAMP）、环鸟苷酸（cGMP）、环腺苷二磷酸核糖、甘油二酯（diglyceride，DG）、肌醇 -1,4,5- 三磷酸（inositol triphosphate，IP3）、花生四烯酸、磷脂酰神经酰胺、一氧化氮和一氧化碳。
72. 点突变（point mutation）：是 DNA 分子上单个碱基的改变，广义的点突变包括碱基替换、单碱基插入或缺失。
73. 电泳（electrophoresis）：是带电颗粒在电场中向着与其电性相反的电极移动的现象。
74. 端粒（telomere）：是真核生物线性染色体两端的天然结构，呈膨大粒状，由染色体末端 DNA 与蛋白质组成。
75. 端粒酶（telomerase）：是一种 RNA- 蛋白质复合体，它可以自身的 RNA 为模板，通过逆转录过程对末端 DNA 链进行延长，由三部分组成：端粒酶 RNA、端粒酶协同蛋白、端粒酶逆转录酶。
76. 断裂基因（split gene，interrupted gene）：是基因在真核生物基因组存在的主要形式。表现为编码序列（外显子）不连续，而被若干个非编码序列（内含子）隔开。
77. 多胺（polyamine）：是由某些氨基酸经脱羧基作用产生的含有多个氨基的链状化合物，包括腐胺、精胺和亚精胺。多胺具有促进细胞增殖、生长等作用，在生长旺盛的组织（如胚胎、肿瘤组织）中含量较高。
78. 多功能酶（multifunctional enzyme）：有些酶在进化过程中由于基因融合，多种催化功能相关的酶融合成一条多肽链，也称为串联酶（tandem enzyme）。如哺乳动物参与脂肪酸合成代谢的脂肪酸合酶，即是 7 种具有不同催化功能的酶融合在一条多肽链中形成的多功能酶。
79. 多基因家族（multigene family）：是由某一祖先基因经过重复和变异所产生的一组在结构上相似、功能相关的基因。
80. 多酶复合物（multienzyme complex）：在某些代谢途径中，几种具有不同催化功能的酶彼此嵌合在一起形成整体，称为多酶复合物，也称为多酶体系（multienzyme system）。例如，催化丙酮酸脱氢脱羧反应的丙酮酸脱氢酶复合物就是由 3 种酶和 5 种辅助因子组成的多酶复合物。
81. 多顺反子（polycistron）：是携带了几条多肽链的编码信息，受同一个控制区调控的一组基因，多见于原核生物。一个多顺反子通常包括数个功能上有关联的基因，它们串联排列，

Note

共同构成编码区，共用一个启动子和一个转录终止信号序列，几个编码基因在转录合成时仅产生一条 mRNA 长链，为几种不同的蛋白质编码。

82. 多肽链（polypeptide chain）：是许多氨基酸之间以肽键连接形成的一种长链结构。

83. 翻译后加工（post-translational processing）：新生肽链转变成为有特定空间构象和生物学功能的蛋白质的过程，包括肽链的折叠和二硫键的形成、肽链的剪切、肽链中某些氨基酸残基侧链的修饰、肽链聚合及连接辅基等。

84. 反竞争性抑制作用（uncompetitive inhibition）：抑制剂只能与酶底物复合物结合所形成的可逆抑制作用。当酶 - 底物复合物（ES）与抑制剂（I）结合后，产物不能生成。

85. 反馈抑制（feedback inhibition）：是代谢途径终产物可作为别构效应剂使催化该途径的关键酶受到抑制，从而使代谢途径减弱的代谢调节方式。

86. 反式作用因子（*trans*-acting factor）：能直接或间接与顺式作用元件识别、结合，激活另一基因转录的蛋白质。反式作用因子大多数是 DNA 结合蛋白质，有些不能直接与 DNA 结合，可通过蛋白质 - 蛋白质相互作用参与 DNA- 蛋白质复合物的形成来调节基因表达。

87. 反向重复序列（inverted repeat sequence）：由两个相同顺序的互补拷贝在同一 DNA 链上反向排列而成，反向重复的单位长度约为 300 bp 或略短，其总长度约占人基因组的 5%，多数是散在的，而非群集于基因组中。

88. 反义 RNA（antisense RNA）：是与特定 mRNA 互补的单链 RNA 分子，通过与 mRNA 杂交阻断 30S 小亚基对起始密码子的识别及与 SD 序列的结合，抑制翻译起始。

88. 泛素（ubiquitin）：是一种由 76 个氨基酸残基组成的小分子蛋白质，由于普遍存在于真核细胞中而得名，其一级结构高度保守。泛素参与细胞内的短寿命蛋白质和折叠错误的蛋白质的快速降解途径。

89. 非竞争性抑制作用（non-competitive inhibition）：抑制剂与酶的结合能力同与酶底物复合物结合能力相同所形成的可逆抑制作用，是混合性抑制的一种特殊情况。非竞争性抑制时酶最大速度减小，米氏常数值不变。抑制程度取决于抑制剂的浓度。其特点是双倒数图表现为在不同抑制剂浓度下，所有直线交横轴于一点。

90. 分子伴侣（molecular chaperone）：广泛存在于从细菌到人的细胞中，是蛋白质合成过程中形成空间结构的控制因子，在新生肽链的折叠和穿膜进入细胞器的转位过程中起关键作用。有些分子伴侣可以与未折叠的肽链（疏水部分）部分进行可逆的结合，防止肽链降解或侧链非特异性聚集，辅助二硫键的正确形成，有些则可以引导某些肽链正确折叠并集合多条肽链成为较大的结构。常见的分子伴侣包括热激蛋白质 70（heat shock protein 70，Hsp70）家族和伴侣蛋白（chaperonin）。

91. 分子病（molecular disease）：是由于基因或 DNA 分子的缺陷，致使蛋白质合成出现异常，从而导致蛋白质的功能异常，并出现相应的临床症状的遗传病。DNA 分子的此种异常有些可随个体繁殖而传给后代，如镰状细胞贫血。

92. 辅基（prosthetic group）：结合蛋白质中与蛋白质共价结合的非蛋白质部分，包括有机分子或金属离子。如脂蛋白的脂质、糖蛋白的糖链、金属蛋白质中的金属离子、某些结合酶中共价连接的辅酶。

93. 辅酶（coenzyme）：是与脱辅酶结合的有机辅因子，如辅酶Ⅰ和辅酶Ⅱ，本身无催化作用，但一般在酶促反应中有传递电子、质子或某些功能基团等的作用。

94. 复制叉（replication fork）：在 DNA 半保留复制过程中，解开的两条单链模板和尚未解旋的 DNA 双链模板形成的 Y 字形叉状结构。

95. 复制起点（replication origin）：复制是从 DNA 分子上的某一特定位点开始的，这一位点称为复制起点。

96．复制子（replicon）：含有一个复制起始点的 DNA 独立复制单元。质粒、细菌染色体和噬菌体等通常只有一个复制起点，因而其 DNA 分子就构成一个复制子；真核生物和大多数古菌的基因组 DNA 有多个复制起点，因而含有多个复制子。

97．甘油 -3- 磷酸穿梭（glycerol-3-phosphate shuttle）：胞质溶胶中糖酵解产生的磷酸二羟丙酮被 NADH 还原为甘油磷酸，通过线粒体外膜到达线粒体内膜的膜间隙，再由位于线粒体内膜的甘油 -3- 磷酸脱氢酶（辅基为 FAD）催化重新生成磷酸二羟丙酮和还原型黄素腺嘌呤二核苷酸的过程。甘油 -3- 磷酸穿梭主要存在于肌肉和神经组织。

98．甘油酸 -2,3- 二磷酸支路（2,3-bisphosphoglycerate shunt pathway，2,3-BPG shunt pathway）：红细胞糖酵解途径中，在甘油酸 -1,3- 二磷酸处形成分支，生成中间产物甘油酸 -2,3- 二磷酸，再转变为甘油酸 -3- 磷酸而返回糖酵解的过程。红细胞内此旁路占糖酵解的 15% ～ 50%，主要生理功能是调节血红蛋白运氧。

99．感染（infection）：也称转导（transduction），是致病微生物（如病毒、细菌、真菌）入侵机体组织或细胞的过程。在分子生物学中，是指以病毒载体介导外源基因整合入宿主细胞（尤其是细菌）的过程。

100．干扰小 RNA（small interfering RNA，siRNA）：是受内源或外源双链 RNA 诱导后，细胞内产生的一类双链 RNA。在特定情况下，通过一定酶切机制，这些 RNA 可转变为具有特定长度（21 ～ 23 个碱基）和特定序列的小片段 RNA。siRNA 参与 RNA 诱导沉默复合物（RNA-induced silencing complex，RISC）组成，与特异的靶 mRNA 完全互补结合，导致靶 mRNA 降解，阻断翻译过程。

101．冈崎片段（Okazaki fragment）：是沿着后随链的模板链合成的不连续的新 DNA 片段。复制完成后，这些不连续片段经过去除引物，填补引物留下的空隙，连接成完整的 DNA 长链。真核生物的冈崎片段长度为 100 ～ 200 个核苷酸残基，而原核生物的冈崎片段长度为 1000 ～ 2000 个核苷酸残基。

102．高氨血症（hyperammonemia）：当肝功能严重损伤或尿素循环相关酶遗传性缺陷时，尿素合成发生障碍，血氨浓度升高，此种现象称为高氨血症。

103．高度重复序列（highly repetitive sequence）：是真核基因组中存在的有数千到几百万个拷贝的 DNA 重复序列。这些重复序列的长度为 6 ～ 200 bp，不编码蛋白质或 RNA。

104．共价修饰（covalent modification）：又称化学修饰（chemical modification）。一些酶肽链上的某些基团在其他酶的催化下，与某些化学基团发生共价结合，同时也可以在另一种酶的催化下，可逆地去掉已结合的化学基团，从而引起酶活性发生改变。

105．寡聚酶（oligomeric enzyme）：是由多个相同或不同的亚基组成的酶，如蛋白质激酶 A、乳酸脱氢酶。

106．关键酶（key enzyme）：在多个酶催化的代谢途径中，会有一个或几个酶活性易于受外界刺激而改变活性，进而对整条代谢途径的反应速率产生重大影响。这些因环境因素的作用表现出催化活性变化，进而调整代谢途径反应速率的酶。这些酶通常是催化不可逆反应的酶，或是催化代谢途径中限速反应的酶（活性低），或是通过构象或结构改变而活性发生改变的酶。

107．合成酶（synthetase）：是催化缩合反应需要 ATP 或其他核苷三磷酸作为能源物质的酶。

108．合酶（synthase）：是催化缩合反应不需核苷三磷酸作为能源物质的酶。

109．核不均一 RNA（heterogeneous RNA，hnRNA）：真核生物 mRNA 的初级转录产物。需经过 5′ 端加帽，3′ 端加尾，减去内含子并连接外显子、甲基化修饰以及核苷酸编辑等复杂的加工过程，才能成为成熟的 mRNA。

110．核苷酸切除修复（nucleotide excision repair）：由特异的酶系统识别 DNA 损伤结构，在损

Note

伤部位的两端切开DNA链，去除两个切口之间的10余个核苷酸，再由DNA聚合酶催化合成新的DNA填补缺口，最后由连接酶连接，完成修复。

111．核酶（ribozyme）：具有催化活性的RNA。

112．核内小RNA（small nuclear RNA，snRNA）：是真核生物细胞核内的小分子RNA，长度为100～215个核苷酸。与蛋白质组成核小核糖核蛋白颗粒参与胞质溶胶中的mRNA前体的剪接，是真核生物转录后加工过程中RNA剪接体的主要成分。研究较多的为7类，由于含U丰富，故编号为U1～U7。

113．核仁小RNA（small nucleolar RNA，snoRNA）：位于核仁的核内小RNA，根据结构分为C/D盒的snoRNA和H/ACA盒的snoRNA两类。前者参与前体rRNA的加工和RNA的甲基化修饰等，后者参与tRNA的假尿嘧啶化（pseudouridylation）。比如核仁小RNA U3属于C/D盒类，与核仁内前体rRNA的位点特异性剪切和28S rRNA的成熟有关。

114．核仁小核糖核蛋白（small nucleolar ribonucleoprotein，snoRNP）：是核仁小RNA与相关蛋白质构成的复合体，参与前体rRNA的加工、某些RNA的甲基化修饰和tRNA的稀有碱基修饰等过程。

115．核酸（nucleic acid）：是以核苷酸或脱氧核苷酸为基本组成单位的生物大分子，包括核糖核酸（RNA）和脱氧核糖核酸（DNA）两种，具有携带和传递遗传信息的功能。

116．核酸的一级结构（nucleic acid primary structure）：构成DNA或RNA的核苷酸或脱氧核苷酸自5′端至3′端的排列顺序，也就是碱基的排列顺序。

117．核酸杂交（nucleic acid hybridization）：将不同来源的RNA单链或DNA单链放在同一溶液中，只要两种单链分子之间存在一定程度的碱基互补配对关系，单链分子间就可能形成异源双链体（heteroduplex）的现象。异源双链体可以在不同来源的DNA单链之间形成，也可以在不同来源的RNA单链之间形成，还可以在一条DNA单链和一条RNA单链之间形成。

118．核糖核酸（ribonucleic acid，RNA）：是由4种核苷酸（AMP、UMP、GMP、CMP）通过3′，5′-磷酸二酯键连接形成的生物大分子，参与遗传信息的复制与表达。

119．核糖体（ribosome）：是由rRNA与核糖体蛋白质共同构成的复合体，由大亚基和小亚基组成，是蛋白质合成的场所。

120．核糖体RNA（ribosomal RNA，rRNA）：构成核糖体的RNA，真核生物核糖体有28S、18S、5.8S和5S 4种，原核生物核糖体有23S、16S和5S 3种。

121．核小核糖核蛋白（small nuclear ribonucleoprotein，snRNP）：由核内小RNA与一些蛋白质构成的复合体，参与RNA剪接等重要的生物学过程。比如5种核小核糖核蛋白是剪接体的主要组成部分；U7snRNP则参与组蛋白前信使RNA的茎环结构的加工。

122．核小体（nucleosome）：是染色质的基本组成单位，由DNA和5种组蛋白共同构成，核小体中的5种组蛋白包括H1、H2A、H2B、H3和H4，H2A、H2B、H3和H4各2分子构成八聚体的核心蛋白，双链DNA缠绕在这一核心蛋白上形成核小体的核心颗粒，核小体的核心颗粒之间再由DNA（约60 bp）和组蛋白H1构成的连接区相连形成串珠样的结构。

123．后随链（lagging strand）：复制的方向与解链方向相反，不能连续合成的子链称为后随链。

124．呼吸链（respiratory chain）：代谢物脱下的成对氢原子（2H）经过一系列有序排列于线粒体内膜上的酶和辅酶复合体的传递和催化，最终与氧结合生成水，这一系列传递氢或电子的酶和辅酶构成呼吸链，也称为电子传递链（electron transfer chain）。

125．黄疸（jaundice）：胆红素在血清中含量过高，可扩散入组织，组织被黄染的现象。

126．活化能（activation energy）：在一定的温度条件下，1 mol 底物从基态转变成过渡态所需的自由能，即过渡态中间产物比基态底物高出的能量。
127．活性中心（active center）：是酶分子中构成特定的具有三维结构的区域，能够特异地结合底物并催化底物转变为产物。
128．基因（gene）：是编码蛋白质或 RNA 等具有特定功能产物的遗传信息基本单位，是染色体或基因组的一段 DNA 序列（对以 RNA 作为遗传信息载体的 RNA 病毒而言则是 RNA 序列）。
129．基因靶向（gene targeting）：是通过 DNA 定点同源重组，改变基因组中的某一特定基因，从而在生物活体内研究此基因的功能的实验手段。
130．基因表达（gene expression）：是细胞将储存在 DNA 中的遗传信息（基因）通过转录和翻译转变为具有生物学活性的分子（RNA 或蛋白质）的过程。
131．基因表达调控（gene expression regulation）：生物体为适应环境变化和维持自身生存、生长和发育的需要，调控基因的表达。
132．基因沉默（gene silencing）：是生物体内特定的基因因为某种原因不表达或表达减少的现象。基因沉默是基因表达调控的一种重要方式，也是生物体的自我保护机制。
133．基因敲除（gene knock-out）：是通过 DNA 定点同源重组，定向地去除基因组中的某一基因的技术。基因敲除技术在医学中主要用于建立基因敲除动物，研究基因的功能和疾病发生的机制。
134．基因敲入（gene knock-in）：是利用基因靶向使某一基因替代基因组中的另一基因，让其表达产物在生物体内发挥作用，以研究其功能的技术。
135．基因诊断（gene diagnosis）：以 DNA 或 RNA 为材料，通过检查基因的存在、缺陷或表达异常，对人体状态和疾病做出诊断的方法与过程，也就是检测 DNA 或 RNA 质和量的变化。
136．基因治疗（gene therapy）：是通过基因转移技术直接或间接地将目的基因导入患者靶器官或靶细胞，通过改变患者细胞的基因表达情况而实现治疗目的的新型治疗方法。
137．基因组（genome）：是一种生物体具有的所有遗传信息的总和，包括编码基因、非编码基因和线粒体（或叶绿体）DNA。
138．基因组文库（genomic library）：是包含某种细胞全部基因随机片段的重组 DNA 分子集合体。构建基因组文库，从中筛选、鉴定出特定基因组 DNA 是获得目的基因的一种有效方法。
139．基因组学（genomics）：是阐明整个基因组结构、结构与功能的关系以及基因之间相互作用的学科领域。
140．激活剂（activator）：有些物质能使酶由无活性变为有活性或增强酶的活性。
141．激素水平代谢调节（metabolic regulation of hormone level）：由内分泌细胞与器官合成并分泌激素，激素能与特定的细胞或组织的受体特异结合，通过一系列细胞信号转导反应对其代谢途径进行调节，从而引起代谢改变，这种调节方式称为激素水平代谢调节。
142．极低密度脂蛋白（very low density lipoprotein，VLDL）：是肝细胞利用自身合成的 apoB-100 及 apoE 与甘油三酯、磷脂和胆固醇组装成的一种血浆脂蛋白，并直接分泌入血液循环，是机体转运内源性甘油三酯和胆固醇的主要形式。
143．假基因（pseudogene）：是基因组中存在的一段与正常基因非常相似但不能表达的 DNA 序列。假基因根据其来源分为经过加工的假基因和未经过加工的假基因两种类型。
144．减色效应（hypochromic effect）：DNA 复性导致 A_{260} 减小，这一现象称为减色效应。
145．剪接体（spliceosome）：是在前信使 RNA 剪接过程中形成的剪接复合物。剪接体的主要

Note

组成是蛋白质和核内小 RNA（snRNA）。前信使 RNA 的剪接在剪接体完成。

146．碱基切除修复（base excision repair）：是由细胞内能识别受损核酸位点的一种特异的糖苷酶将受损的碱基水解去除，再由核酸内切酶将无碱基位点的磷酸核糖去除，然后由 DNA 聚合酶 I 进行修复合成，最终由 DNA 连接酶连接使 DNA 结构恢复正常的过程。

147．结构模体（structural motif）：是核酸或蛋白质分子在空间结构上形成的具有某种功能的亚序列或亚结构。如蛋白质分子中的锌指结构、亮氨酸拉链和 $\beta\alpha\beta$ 结构。

148．结构域（domain）：是在蛋白质分子中，在二级结构或超二级结构基础上，多肽链在三级结构层次上形成的紧密的局部折叠区域，具有并执行特定功能。

149．结合胆红素（conjugated bilirubin）：是胆红素在肝细胞内与葡萄糖醛酸结合生成的胆红素。结合胆红素的水溶性增强，有利于从胆汁排出，不会渗透入细胞膜，因此毒性也随之降低。

150．结合酶（conjugated enzyme）：除蛋白质部分外，还含有非蛋白质部分的酶。其中，蛋白质部分称为脱辅基酶（apoenzyme），非蛋白质部分称为辅因子（cofactor），辅因子可以是小分子有机物质，也可以是金属离子。酶蛋白与辅因子结合后所形成的复合物称为全酶（holoenzyme）。

151．解链温度（melting temperature）：DNA 在解链过程中 260 nm 吸光度的变化达到最大变化值一半时所对应的温度称为 DNA 的解链温度，或称熔解温度，用 T_m 表示。

152．解旋酶（helicase）：复制起始时，利用 ATP 供能，使双链 DNA 解开形成单链 DNA 模板的酶。

153．竞争性抑制作用（competitive inhibition）：有些抑制剂和底物结构相似，共同竞争酶的活性中心，从而影响酶与底物的正常结合。这种抑制作用称为竞争性抑制作用。

154．聚合酶链反应（polymerase chain reaction，PCR）：是一种在体外高效特异地扩增目的基因的方法。以 DNA 为模板，以一对与模板互补的寡核苷酸片段为引物，反复进行变性、退火和延伸，在 DNA 聚合酶的作用下，使目的 DNA 片段得到扩增。

155．抗代谢物（antimetabolite）：一些嘌呤、嘧啶、氨基酸或叶酸等的结构类似物，主要以竞争性抑制干扰或阻断核苷酸的合成代谢，从而进一步阻止核酸以及蛋白质的合成，进而抑制细胞的增殖。

156．抗体酶（abzyme）：是一类同时具有抗体和酶的特性的抗体，又称为催化性抗体（catalytic antibody）。

157．可变剪接（alternative splicing）：有些 mRNA 的初级转录物在不同的组织中可因剪接方式的不同而产生具有不同遗传密码的 mRNA，从而翻译生成不同的蛋白质产物的现象，又称为选择性剪接。

158．可读框（open reading frame，ORF）：从 mRNA 的 5′ 端起始密码子 AUG 开始，至 3′ 端终止密码子（不包括终止密码子）的一段能编码并翻译出氨基酸序列的核苷酸序列。可读框通常代表某个基因的编码序列。

159．可逆抑制（reversible inhibition）：抑制剂与酶以非共价键结合，可以采用透析、超滤等方法除去抑制剂而恢复酶的催化活性，这种抑制作用称为可逆抑制。

160．克隆动物（cloning animal）：生物体通过体细胞进行无性繁殖以及由无性繁殖形成的基因型完全相同的后代个体组成的种群。

161．矿物质（mineral）：是构成人体组织和维持正常生理功能必需的各种元素的总称。

162．酶（enzyme）：是自然界存在的、或人工合成的能够催化特定化学反应的蛋白质。也有学术观点认为酶的组成除催化性蛋白质外，还应包括催化性的 RNA（核酶）等生物催化剂。

163. 酶活性（enzyme activity）：是酶催化一定化学反应的能力，也称为酶活力。
164. 酶特异性（enzyme specificity）：一种酶只作用于一种或一类化合物，进行特定的化学反应，生成特定的产物。
165. 酶原（proenzyme，zymogen）：是细胞初合成的、没有酶活性的酶的前体。
166. 酶原激活（zymogen activation）：是酶原在特定部位和特定环境下，形成或暴露酶的活性中心，转变成有活性的酶的过程。
167. 米氏常数（Michaelis constant）：K_m 被称为米氏常数，表示在特定酶浓度条件下，反应速率达到最大反应速率一半（$V_{max}/2$）时的底物浓度。
168. 密码子简并性（codon degeneracy）：是同一个氨基酸由不同的密码子所编码的特性。编码同一个氨基酸的不同密码子的差别大多数是在密码子第 3 个碱基上，但也可能在其他的位置，比如 Ser 共有 6 个密码子：UCU、UCC、UCA、UCG、AGU 和 AGC。
169. 免疫共沉淀（co-immunoprecipitation，Co-IP）：是以抗体和抗原之间的专一性作用为基础的用于研究蛋白质之间相互作用的经典方法，是确定两种蛋白质在完整细胞内生理性相互作用的有效方法。
170. 内含子（intron）：是位于外显子之间、可以被转录在前体 RNA 中，但经过剪接被去除，最终不存在于成熟 RNA 分子中的核苷酸序列，又被称为间插序列。
171. 逆转录（reverse transcription）：是在逆转录酶的催化下，以 RNA 为模板生成 DNA 的过程。
172. 柠檬酸 - 丙酮酸穿梭（citrate-pyruvate shuttle）：乙酰辅酶 A 和草酰乙酸在线粒体合成柠檬酸，进入胞质溶胶后再裂解生成乙酰辅酶 A 和草酰乙酸的过程。乙酰辅酶 A 用于合成脂肪酸，是脂肪酸合成原料的来源。草酰乙酸则转变成丙酮酸后可再进入线粒体。
173. 苹果酸 - 天冬氨酸穿梭（malateaspartate shuttle）：胞质溶胶中的 $NADH + H^+$ 在苹果酸脱氢酶催化下使草酰乙酸还原为苹果酸，后者通过线粒体内膜上的转运蛋白进入线粒体，又在线粒体内苹果酸脱氢酶催化下重新生成草酰乙酸和 $NADH + H^+$。$NADH + H^+$ 进入 NADH 氧化呼吸链，生成 2.5 分子 ATP。草酰乙酸不能穿过线粒体内膜，在谷草转氨酶的催化下，与谷氨酸进行转氨基作用，生成天冬氨酸和 α- 酮戊二酸，由转运蛋白转运至胞质溶胶再进行转氨基作用生成草酰乙酸和谷氨酸的循环过程。
174. 启动子（promoter）：是转录开始时，依赖 DNA 的 RNA 聚合酶（简称 RNA pol）与模板 DNA 分子结合的特定部位。启动子一般位于转录起始位点的上游。原核细胞的启动子含有 RNA pol 特异性结合和转录起始所需的保守序列。在真核细胞，RNA pol 一般不直接结合启动子，而是通过通用转录因子结合到启动子的 DNA 双链上。
175. 前导链（leading strand）：是在 DNA 半不连续复制过程中，沿着模板链的 $3' \rightarrow 5'$ 方向以连续方式合成的 DNA 新链。
176. 染色质免疫沉淀（chromatin immunoprecipitation，ChIP）：是一种用于研究细胞中蛋白质和 DNA 之间相互作用的免疫沉淀实验技术，其目的是确定特定蛋白质是否与特定基因组区域结合。
177. 肉碱穿梭（carnitine shuttle）：胞质溶胶中脂肪酰辅酶 A 进入线粒体的机制。胞质溶胶中肉碱与脂肪酰辅酶 A 在肉碱脂肪酰转移酶 1 催化下生成脂肪酰肉碱，脂肪酰肉碱借助线粒体内膜上的脂肪酰 - 肉碱 / 肉碱协同转运蛋白转运到线粒体基质。位于内膜上的肉碱脂肪酰转移酶 2 催化其重新转变为脂肪酰辅酶 A 进行 β 氧化，而肉碱重回到线粒体膜外侧。
178. 乳糜微粒（chylomicron，CM）：是小肠黏膜细胞合成的一种血浆脂蛋白，后经淋巴系统进入血液循环，它是机体转运外源性甘油三酯及胆固醇的主要形式。

Note

179．乳酸循环（lactic acid cycle）：在肌肉组织中的肌糖原经无氧氧化产生乳酸，乳酸经血液入肝，乳酸在肝内异生为葡萄糖，葡萄糖释放入血液后又可被肌肉摄取，这就构成了一个循环过程，称为乳酸循环，也称为 Cori 循环（Cori cycle）。

180．三羧酸循环（tricarboxylic acid cycle，TAC cycle）：从乙酰辅酶 A 与草酰乙酸缩合生成含有 3 个羧基的柠檬酸开始，再经过 4 次脱氢和 2 次脱羧，最终生成草酰乙酸而构成的循环反应过程，也称为柠檬酸循环（citric acid cycle）。由于三羧酸循环最早由 Krebs 提出，故此循环又称为 Krebs 循环。

181．生糖氨基酸（glucogenic amino acid）：在人体内，能转变成糖的氨基酸称为生糖氨基酸，包括甘氨酸、丝氨酸、缬氨酸、组氨酸、精氨酸、半胱氨酸、脯氨酸、丙氨酸、谷氨酸、谷氨酰胺、天冬氨酸、天冬酰胺、甲硫氨酸 13 种氨基酸。

182．生糖兼生酮氨基酸（glucogenic and ketogenic amino acid）：在人体内既能转变成糖，又能转变成酮体的氨基酸称为生糖兼生酮氨基酸，有异亮氨酸、苯丙氨酸、酪氨酸、苏氨酸、色氨酸 5 种氨基酸。

183．生酮氨基酸（ketogenic amino acid）：在人体内能转变成酮体的氨基酸称为生酮氨基酸，有亮氨酸和赖氨酸两种氨基酸。

184．生物超分子（biosupramolecule）：是由蛋白质分子之间或蛋白质分子与其他分子（如核酸、脂质或多糖）之间通过非共价键结合形成的复合物，如核糖体和多酶体。

185．生物超分子体系（biosupramolecular system）：是两个或多个生物超分子通过分子间相互作用连接组装的复合物。该复合物具有超出单一生物大分子各功能以外的新功能。如基因转录起始阶段的转录起始复合物、蛋白质翻译过程形成的核糖体多分子复合物、蛋白质降解过程中形成的酶底物复合体和信号转导过程中形成的受体配体复合体。

186．生物芯片（biochip）：是通过微电子、微加工技术在芯片表面构建的微型生物化学分析系统，以实现对细胞、DNA、蛋白质及其他生物组分的快速、敏感、高效处理。

187．生物氧化（biological oxidation）：是物质在生物体内氧化分解生成 CO_2 和 H_2O 并释放能量的过程。

188．生物转化（biotransformation）：是机体对异源物及某些内源性的代谢产物或生物活性物质进行的氧化、还原、水解和结合反应，使其极性增强，易溶于水，可随胆汁或尿液排出体外的过程。

189．生长因子（growth factor）：是一类由细胞合成和分泌的类似于激素的信号分子，多数为肽类（含蛋白类）物质，具有调节细胞生长与分化的作用。

190．适应性表达（adaptive expression）：生物体内一些基因表达容易受环境因素影响，根据生长、发育及繁殖的需要，有规律地、选择性地适度表达。若环境信号刺激能激活相应的基因表达上调，称为诱导性表达（inducible expression），这类基因属可诱导基因（inducible gene）；若环境因素能下调或抑制基因的表达，称为阻遏性表达（repressible expression），此类基因属于可阻遏基因（repressible gene）。

191．受体（receptor）：是细胞中能识别信号分子，并与之特异结合引起相应生物效应的蛋白质。根据存在部位不同，可以将受体分为细胞膜受体和细胞内受体。

192．受体酪氨酸激酶（receptor tyrosine kinase，RTK）：是具有细胞外受体结构域的酪氨酸激酶，当膜外信号物质结合受体后，激活其细胞内的激酶活性域，从而对底物的酪氨酸残基进行磷酸化。

193．双向复制（bidirectional replication）：DNA 双链从复制起点向两个方向解链，形成两个延伸方向相反的复制叉，因此复制是沿两个方向同时进行的，这种复制方式称为双向复制。

194．水溶性维生素（water-soluble vitamin）：是一类溶于水而不溶于脂肪和有机溶剂的有机分子，在体内主要构成酶的辅因子，包括B族维生素（维生素B_1、维生素B_2、维生素B_6、维生素B_{12}、维生素PP、泛酸、生物素与叶酸）和维生素C。

195. 顺式作用元件（*cis*-acting element）：是与相关基因同处于一个DNA分子上，能与转录因子结合，调控转录效率的DNA序列，如启动子、增强子和沉默子，又被称为顺式调节元件（*cis*-regulator element，CRE）。
196. 松弛蛋白质（relaxation protein）：又称单链结合蛋白质（single strand binding protein，SSB），也称为单链DNA结合蛋白质，是一类可以结合单链模板DNA的蛋白质，可以在复制过程中维持模板处于单链状态并保护单链模板免受细胞内核酸酶的降解。
197. 肽键（peptide bond）：是由一个氨基酸的羧基与另一个氨基酸的氨基脱水缩合形成的酰胺键。
198. 探针（probe）：是带有放射性核素或其他标记（荧光、生物素等）的核酸片段，它具有特定的序列，能够与待测的核酸片段互补结合，因此可用于检测核酸样品中存在的特定基因。
199. 糖酵解（glycolysis）：是1分子葡萄糖在胞质溶胶一系列酶的催化下生成2分子丙酮酸的过程。
200. 糖异生（gluconeogenesis）：是由非糖物质（乳酸、甘油、生糖氨基酸等）转变为葡萄糖或糖原的过程。
201. 糖原（glycogen）：是葡萄糖通过糖苷键聚合形成的寡糖或多糖，是动物体内贮存糖的形式。
202. 糖原合成（glycogenesis）：体内由葡萄糖合成糖原的过程称为糖原合成。
203. 天冬氨酸-精氨酸代琥珀酸支路（aspartate-argininosuccinate shunt）：是在线粒体和胞质溶胶之间，连接鸟氨酸循环和三羧酸循环的代谢途径。天冬氨酸出线粒体在胞质溶胶中与瓜氨酸生成精氨酸代琥珀酸，精氨酸代琥珀酸是尿素循环的中间产物，可裂解成精氨酸和延胡索酸。精氨酸继续参与尿素循环，延胡索酸转变成苹果酸进入线粒体参与三羧酸循环，苹果酸在线粒体进一步转变成草酰乙酸和天冬氨酸，进行再循环。
204. 同工酶（isoenzyme）：是催化相同化学反应，但酶蛋白的分子结构、理化性质和免疫学特性各不相同的一组酶。
205. 酮体（ketone body）：是脂肪酸在肝线粒体不完全氧化的中间产物，包括乙酰乙酸（acetoacetic acid）、β-羟丁酸（β-hydroxybutyric acid）和丙酮（acetone）3种有机化合物。酮体是肝向肝外组织输送能量的一种有效形式。
206. 退火（annealing）：是热变性后的单链核酸经过缓慢降温后形成互补双链的过程，可发生在同一来源或不同来源核酸链之间，可以形成双链DNA分子、双链RNA或DNA-RNA杂交分子。
207. 脱氧核糖核酸（deoxyribonucleic acid，DNA）：是由4种脱氧核苷酸（dAMP、dTMP、dGMP、dCMP）通过3′,5′-磷酸二酯键连接形成的生物大分子，携带遗传信息。
208. 外显子（exon）：断裂基因中被内含子隔开的编码序列。在转录后经过剪接被连接在一起，生成成熟的信使核糖核酸（mRNA）分子，进而作为模板指导蛋白质的合成。外显子既是指基因的DNA编码序列，又是指其转录产物的核苷酸序列。
209. 微RNA（microRNA，miRNA）：是真核生物中广泛存在的一类长度为22个核苷酸的非编码RNA分子。通过特异性结合靶信使核糖核酸（mRNA）抑制转录后的基因表达，在调控基因表达和调控细胞性状等方面发挥主要作用。
210. 维生素（vitamin）：是维持生物体（包括人）生长、代谢等必需，但体内不能合成或合成量很少，必须由食物供给的一类小分子有机化合物。按其溶解特性的不同，分为脂溶

Note

性维生素和水溶性维生素两大类。

211. 卫星 DNA（satellite DNA）：是真核细胞染色体具有的高度重复核苷酸序列，主要存在于染色体的着丝粒区，通常不被转录，在人基因组中可占 10% 以上。由于其碱基组成中 GC 含量少，具有不同的浮力密度，在氯化铯密度梯度离心后呈现出与大多数 DNA 有差别的“卫星”条带而得名。

212. 无氧氧化（anaerobic oxidation）：是葡萄糖或糖原在无氧或缺氧情况下分解生成乳酸和 ATP 的过程。

213. 无义突变（nonsense mutation）：碱基的置换使氨基酸的密码子突变为终止密码子，从而使肽链的合成提前终止，这种突变称为无义突变。

214. 细胞水平代谢调节（metabolic regulation of cell level）：主要通过细胞内代谢物浓度的变化，对酶的活性和含量进行调节，这种调节方式称为细胞水平代谢调节，也称为原始调节。

215. 细胞质（cytoplasm）：细胞膜内、但在细胞核外的细胞内容物，包括线粒体等细胞器。

216. 限制性核酸内切酶（restriction endonuclease，RE）：简称限制性内切酶或限制酶，是能识别 DNA 特异序列并在识别位点或其周围切割双链 DNA 的一类酶。

217. 协同效应（cooperative effect）：寡聚体蛋白质中一个亚基与其配体结合后，影响其他亚基与配体的结合能力。如果是促进作用，称为正协同效应；反之，称为负协同效应。

218. 信号序列（signal sequence）：是决定蛋白质靶向输送的特征性序列，存在于新生肽链的 N- 端或其他部位，可被细胞转运系统识别并引导蛋白质转移到细胞内或细胞外的特定部位。

219. 信号转导途径（signal transduction pathway）：是信号分子与其在细胞的受体结合以后所引起的一系列有序的酶促级联反应过程。

220. 信使 RNA（messenger RNA，mRNA）：是一类从 DNA 模板链转录而来、携带 DNA 编码链的遗传信息、在核糖体上指导蛋白质生物合成的单链 RNA 分子。

221. 血浆脂蛋白（plasma lipoprotein）：是脂质与载脂蛋白结合形成的复合体，一般呈球形，表面为载脂蛋白、磷脂和胆固醇的亲水基团，这些化合物的疏水基团朝向球内，内核为甘油三酯、胆固醇酯等疏水脂质。血浆脂蛋白是血浆脂质的运输和代谢形式。

222. 血糖（blood sugar）：血液中的葡萄糖。

223. 血脂（plasma lipid）：血浆中的脂质。血脂主要包括甘油三酯、各类磷脂、胆固醇和胆固醇酯以及游离脂肪酸。

224. 亚基（subunit）：组成蛋白质四级结构的组成单位。许多有生物活性的蛋白质由两条或多条多肽链组成，每条多肽链都具有完整的三级结构，称为亚基。

225. 氧化磷酸化（oxidative phosphorylation）：是在生物氧化过程中，代谢物脱下的氢经呼吸链氧化生成水的同时，所释放出的能量驱动 ADP 磷酸化生成 ATP 的偶联过程。

226. 一碳单位（one carbon unit）：某些氨基酸在分解代谢过程中可以产生含有一个碳原子的基团，总称为一碳单位。CO_2 不属于一碳单位。

227. 移码突变（frameshift mutation）：因 mRNA 可读框中插入或缺失了非 3 的倍数的核苷酸，使得后续密码子阅读方式改变的一种突变。

228. 遗传密码（genetic code）：在 mRNA 可读框内，每相邻的 3 个核苷酸组成一组可以编码一种氨基酸的三联体结构，也称为密码子（codon）。

229. 抑制剂（inhibitor，I）：是与酶结合使酶催化活性降低或丧失，而不引起酶蛋白变性的一类化合物。

230. 引发酶（primase）：是复制过程中一种特殊的依赖 DNA 的 RNA 聚合酶，该酶不同于转录中的 RNA 聚合酶，该酶以复制起点的 DNA 序列为模板、NTP 为原料，催化合成短片段的 RNA 引物。

231. 引发体（primosome）：在复制的起始阶段，是由引发酶、解旋酶、DnaC 蛋白以及 DNA 的复制起始区域共同构成一个复合结构。

232. 营养必需氨基酸（nutritionally essential amino acid）：人体内有 9 种氨基酸不能自身合成，这些体内需要而又不能自身合成，必须由食物供应的氨基酸称为营养必需氨基酸，包括赖氨酸、色氨酸、缬氨酸、亮氨酸、异亮氨酸、苏氨酸、甲硫氨酸、苯丙氨酸和组氨酸。

233. 营养必需脂肪酸（nutritionally essential fatty acid）：是机体需要但是自身不能合成、必须由膳食摄入的脂肪酸，常见的必需脂肪酸包括亚油酸、亚麻酸、花生四烯酸等，均为多不饱和脂肪酸。

234. 营养非必需氨基酸（nutritionally non-essential amino acid）：除 9 种必需氨基酸外，其余 11 种在体内可以合成，不一定需要由食物供应的氨基酸。

235. 有氧氧化（anaerobic oxidation）：是葡萄糖或糖原在有氧的条件下彻底氧化成二氧化碳和水并产生 ATP 的过程。有氧氧化是糖氧化分解供能的主要方式。

236. 原位杂交（*in situ* hybridization）：将核酸保持在细胞或组织切片中，经适当方法处理细胞或组织，将标记的核酸探针与细胞或组织切片中的核酸进行杂交，是一种直接进行基因定位的方法。

237. 运铁蛋白（transferrin，TRF）：是能与金属铁结合的一类分子量为 76 ～ 81 kDa 的糖蛋白，又称转铁蛋白，是血浆中主要的含铁蛋白质，负责运载由消化道吸收的铁和由红细胞降解释放的铁。

238. 载脂蛋白（apolipoprotein，apo）：脂蛋白中的蛋白质部分，分为 A、B、C、D、E 等几大类，在血浆中起运载脂质的作用，还能识别脂蛋白受体、调节血浆脂蛋白代谢酶的活性。

239. 增强子（enhancer）：能增强启动子的转录活性，决定基因的时间、空间特异性表达的顺式作用元件，能够在相对于启动子的任何方向和任何位置（上游或下游）发挥作用。

240. 增色效应（hyperchromic effect）：DNA 由双螺旋变为单链的过程中，有更多的共轭双键得以暴露，使得 DNA 在波长 260 nm 处的吸光度增加，这种现象称为 DNA 的增色效应。

241. 整体水平代谢调节（integrated regulation）：是在神经系统的控制下，通过各种激素的互相协调而对机体代谢进行综合调节的调节方式。

242. 脂肪动员（fat mobilization）：是储存在脂肪组织中的脂肪在各种脂肪酶的作用下被水解为游离脂肪酸和甘油，水解产物释放入血并被机体组织利用的过程。

243. 脂溶性维生素（lipid-soluble vitamin）：为疏水性化合物，易溶于脂质和有机溶剂，常随脂质被吸收，包括维生素 A、维生素 D、维生素 E 和维生素 K。

244. 中度重复序列（moderately repetitive sequence）：真核基因组中重复数十至数千次的核苷酸序列，通常占整个单倍体基因组的 1% ～ 30%。少数在基因组中成串排列在一个区域，大多数与单拷贝基因间隔排列。

245. 肿瘤抑制基因（tumor suppressor gene，TSG）：是一类能抑制细胞过度生长和增殖、诱导细胞凋亡、负调控细胞周期并抑制肿瘤发生的基因。当抑癌基因缺失或突变时，失去功能，使细胞增殖失控，并导致肿瘤的发生。

246. 转氨基作用（transamination）：在转氨酶的催化下，某一种氨基酸脱去其氨基，转变成相应的 α- 酮酸，而作为受体的 α- 酮酸则因接受氨基而转变成其相应的另一种氨基酸。

247. 转氨脱氨基作用（transdeamination）：是转氨基和 L- 谷氨酸氧化脱氨基两种脱氨基方式协同作用，使氨基酸脱下氨基生成相应的 α- 酮酸的过程。

Note

248．转化（transformation）：是通过直接从周围环境中摄取并掺入外源遗传物质引起细胞遗传改变的现象。在分子生物学中，转化是指将质粒或其他外源 DNA 导入宿主细胞，并使其获得新的表型的过程。

249．转基因动物（transgenic animal）：是将外源基因导入动物的受精卵，再将受精卵植入代孕的动物的输卵管或子宫中培育出的动物。其制备步骤主要包括转基因表达载体的构建、外源基因的导入和鉴定、转基因动物的获得和鉴定、转基因动物品系的繁育等。

250．转录（transcription）：是生物体以 DNA 为模板合成 RNA 的过程，意指将 DNA 的碱基序列转抄为 RNA 序列。

251．转录物组学（transcriptomics）：是对细胞、组织或机体基因组在特定时间和空间转录产生的全部转录物的种类、结构和功能进行研究的学科领域，包括对其表达水平、时空分布、相互作用及其调控规律等方面的分析。

252．转录因子（transcription factor，TF）：可直接结合或间接作用于基因启动子、增强子等特定顺式作用元件，形成具有 RNA 聚合酶活性的动态转录复合体的蛋白质因子。绝大多数转录因子由其编码基因表达后进入细胞核，通过识别、结合特异的顺式作用元件而增强或降低相应基因的表达。转录因子也被称为反式作用蛋白或反式作用因子。

253．转染（transfection）：是植物、动物细胞通过细胞膜摄取外源遗传物质引起自身遗传改变的现象，通常可引起癌变。在分子生物学中，转染是指非病毒载体（一般为质粒）进入真核细胞（尤其是动物细胞）的过程。

254．转运 RNA（transfer RNA，tRNA）：是在蛋白质合成过程中，按照 mRNA 指定的顺序将氨基酸携带并运送到核糖体进行肽链合成的 RNA。

255．组成型表达（constitutive expression）：生物体内一些基因的表达，参与生命全过程，在生物体所有细胞中持续表达，产物对生命的组成和功能的体现是必需的，也称为基本基因表达。以组成性方式表达的基因，称作持家基因（housekeeping gene）。

256．最大反应速率（maximum velocity，V_{max}）：是酶被底物完全饱和时的反应速率。

257．最适 pH（optimum pH）：是酶催化活性最高时反应体系的 pH。

258．最适温度（optimum temperature）：是酶促反应速率最大时反应体系的温度。

（李 斌 鄢 雯）

医学生物化学与分子生物学大事记

1757 J. Black 发现 CO_2。

1774 J. Priestly 和 C. W. Scheele 分别发现 O_2。

1776—1778 C. W. Scheele 从天然产物中分离出甘油、柠檬酸、苹果酸、乳酸、尿酸。

1779 I. Housz 证明绿色植物生成 O_2 时需要光，植物可利用 CO_2。

1783 A. L. Spallanzani 证明蛋白质在胃中的消化作用是化学反应而不是机械过程。

1789 L. Lavoisier 研究生物体内的“燃烧”，后人称其为生物化学之父。

1804 J. D. de Saussure 首次指出了光合作用气体交换在化学计量上是收支平衡的。

1806 Vauguelin 和 Robiquet 首次分离出第一个氨基酸——天冬酰胺。

1810 Gay-Lussac 推导出乙醇发酵的反应式。

1815 Biot 发现了分子的旋光性。

1828 F. Wöhler 由无机化合物氨及氰酸铅合成了第一个有机化合物——脲。

1830—1840 J. von Liebig 将食物成分分为糖、脂肪、蛋白质等种类，提出“代谢”一词，证明动物体温形成是食物在体内“燃烧”的缘故，最先撰写两本生物化学专著。

1833 Payen 和 Persoz 提纯了麦芽淀粉糖化酶（淀粉酶），并证明它是热不稳定的，认为酶在生物化学中具有极其重要的作用。

1835 J. J. Berzelius 提出了发酵的催化性质的假说，随后证明乳酸是肌肉活动的产物。

1838 Schleiden 和 Schwann 发表了细胞学说；G. J. Mulder 对蛋白质进行了初步的系统研究。

1842 J. R. Mayer 发表了热力学第一定律，阐明其在生物机体研究中的应用。

1846 C. Bernard 从肝中分离出糖原并证明它被转变为血糖，发现了糖原异生作用的过程。

1857 L. Pasteur 证明发酵作用是由微生物引起的，推翻了自生论。

1857 R. A. von Kölliker 发现了肌肉细胞内的线粒体。

1862 J. von Sachs 证明淀粉是光合作用的产物。

1864 E. F. Hoppe-Seyler 第一次结晶出第一个蛋白质——血红蛋白。

1869 F. Miescher 从脓液中分离出当时他称之为“核素”的核酸。

1872 E. F. W. Pflüger 证明不仅血液与肺消耗 O_2，所有动物组织都消耗 O_2。

1877 W. Kühe 提出使用“enzyme”一词，并将“酶”和“细菌”两者区别开来；德国出版了首份生物化学专业杂志——《生理化学杂志》。

1886 C. A. MacMunn 发现细胞色素。

1890 Christiaan Eijkman 发现脚气病与食物中缺乏米糠有关，从此开始了对 B 族维生素的研究。

1893 W. Ostwald 证明了酶是催化剂。

1894 E. Fischer 证实了酶的专一性，并用“锁钥原理”解释酶与底物之间的关系，1902 年获诺贝尔化学奖。

Note

1897 E. Buchner 首次证明离开活细胞的“酿酶”仍具有活性，极大地促进了生物体内糖代谢的研究。

1901 H. M. De Vrier 的著作《突变论》两卷于 1901 年、1903 年先后出版。

1901—1904 J. J. Abel、J. Takamine 和 Aldrich 第一次分离出激素肾上腺素，Stoltz 合成了这个激素（1905）。

1902 E. Fischer 及 Hofmeister 证明了蛋白质是多肽，分别提出蛋白质分子结构的肽键理论；A. E. Garrod 发现黑尿症（现称苯丙酮尿症）是一种由于代谢途径异常而致的遗传病；W. M. Bayliss 和 E. H. Starling 提取出“肠促胰液肽（secretin）”并将其命名为“激素（hormone）”。

1903 Neuberg 首先使用“生物化学（biochemistry）”一词。

1905 Harden 和 Young 证明乙醇发酵需要磷酸盐，第一次浓缩获得了第一辅酶，以后证明这个辅酶是 NAD；Knoop 指出脂肪酸的 β 氧化作用。

1906 C. Eijkman 证明脚气病是一种营养缺乏症，可用稻米水的可溶解成分医治，1929 年获诺贝尔生理学或医学奖。

1907 Fletcher 和 Hopkins 证明在缺氧条件下肌肉收缩时定量地将葡萄糖转变成乳酸。

1908 A. Carrel 在美国成功地在体外培养了温血动物的细胞，此后，组织培养方法应用于生物学研究的许多方面。1912 年 A. Carrel 获诺贝尔生理学或医学奖。

1909 W. Johannsen 提出了“基因（gene）”“基因型（genotype）”“表型（phenotype）”等遗传学的基本概念；Srensen 证明了 pH 对酶作用的影响；F.P. Rous 发现了肿瘤病毒（鸡劳斯肉瘤病毒），1966 年 F. P. Rous 因此获诺贝尔生理学或医学奖。

1911 C. Funk 在英国从米糠中分离出具有活性的抗脚气病的维生素 B 白色晶体，并提出了“vitamin”这个词。

1912 F. G. Hopkins 用实验肯定了维生素的存在，并提出“营养缺乏症”的概念；C. Eijkman 用实验证实糙米含维生素 B_1，有治疗多发性神经炎的作用。两人为此于 1929 年共同获得诺贝尔生理学或医学奖。

1913 Michaelis 和 Menten 发展了酶作用的动力学理论。

1915—1922 E. V. Mc Collum 发现维生素 A 及维生素 D，证明其与软骨病有关，并将维生素分为水溶性和脂溶性两大类。

1917 McCollum 证明小鼠眼干燥症是因缺乏维生素 A 引起的。

1921 F. G. Banting 和 C. H. Best 在 J. R. Macleod 的指导下提取出纯胰岛素，并成功地应用于糖尿病治疗，1923 年 F. G. Banting 与 J. R. Macleod 共同获得诺贝尔生理学或医学奖。

1923 Keilin 重新发现细胞色素，并证明在呼吸时它可变为氧化态；T. Svedberg 发明了第一台超速离心机。

1925 O. Meyerhof 发现从肌肉中提取出来的一组酶可使肌糖原转变为乳酸；D.Keilin 发现细胞色素在细胞呼吸中起氧化还原作用。

1926 J. B. Sumner 第一个取得纯酶——尿素酶的结晶，并证明酶的蛋白质本质。

1928 A. Fleming 发现青霉素对细菌的抑制作用；H. L. Florey 和 E. B. Chain 提纯了青霉素，并在实验和临床上证实了青霉素的疗效。1945 年，三人共同获得诺贝尔生理学或医学奖。

1929 C. H. Fiske 与 Y. SubbaRow 和 K. Lohmann 分别独立地从肌肉提取液中分离出 ATP。后来 K. Lohmann 又阐明了 ATP 的化学结构；C. F. Cori 和 G. T. Cori 发现了肌糖原、血乳酸、肝糖原及血糖之间转化的循环过程，后称 Cori 循环。B. A. Houssay 发现脑下垂体对糖代谢的影响是通过控制胰岛素的生成而实现的。1947 年，后三人共同获得诺贝尔生理学或医学奖。

1930 Northrop 分离出结晶胃蛋白酶，并证明它是蛋白质。

1930—1935 Edsall 和 Von Muralt 从肌肉中分离出肌球蛋白。

1931 Engelhardt 发现磷酸化作用与呼吸作用的偶联；中国生物化学家吴宪提出蛋白质变性理论。

1933 H. A. Krebs 发现尿素合成的鸟氨酸循环；1937 又提出代谢的共同途径——柠檬酸循环假说，并得到了证实。与 F. A. Lipmann 共同阐明了糖有氧氧化的 3 个阶段。为此，他们两人共同获得 1953 年诺贝尔生理学或医学奖。H. C. Urey 开始用重元素放射性核素标记代谢物进行生物体内代谢途径的研究；T. Peisong 发现在植物中细胞色素氧化酶的存在和作用。

1934 J. A. Folling 发现苯丙酮尿症是由于缺乏苯丙氨酸羟化酶所致。

1935 G. G. Embden 和 J. K. Parnas 等阐明了糖酵解过程的全部 12 个步骤；Schoenheimer 和 Rittenberg 首次将放射性核素示踪用于糖类及类脂物质的中间代谢物的研究。

1936 A.E. Mrsky 和 L.C. Pauling 发展了氢键理论，并提出氢键在蛋白质结构中起着使多肽键形成稳定构型的作用。

1937 Lohmann 和 Schuster 证明硫胺素是丙酮酸羧化酶辅基的组成成分。

1937—1938 Warburg 证明 ATP 的形成是与甘油醛 -3- 磷酸的脱氢作用相偶联的。

1939—1941 Lipmann 提出了 ATP 在能量传递循环中具有中心作用的假说。

1939—1942 Engelhart 和 Lyubimova 发现肌球蛋白的 ATP 酶活性。

1940 A. J. P. Martin 和 R. L. M. Synge 开发并应用了分配色谱法。1952 年他们共同获得诺贝尔化学奖。

1941 G. W. Beadle 和 E. L. Tatum 共同提出“一个基因一个酶”的假说，开辟了生化遗传学的研究。

1944 O. T. Avery、C. M. Macleod 和 M. McCarty 报道了肺炎双球菌的转化实验，证明不同品系的肺炎双球菌之间的转化因子是 DNA 而不是蛋白质，即 DNA 是遗传物质。B. McClintock 提出“可移动基因学说”，于 1983 年获诺贝尔生理学或医学奖。

1945 W. Astbury 使用了“分子生物学”这个术语；Brand 用化学法及微生物法首次对 β- 乳球蛋白的全部氨基酸组成进行了分析。

1946 J. Lederberg 和 E. L. Tatum 发现细菌的有性繁殖以及细菌的基因重组和转导现象，推动了分子遗传学的发展。1958 年他们共同获得诺贝尔生理学或医学奖。

1947—1950 Lipmann 和 Kaplan 分离并鉴定了 CoASH。

1949 L. C. Pauling 等用电泳法证明镰状细胞贫血是因为有异常血红蛋白的存在，并推证这种血红蛋白的生成受基因控制，引入了分子病的概念。

1949—1950 Sanger 发展了 2,4- 二硝基氟苯法；Edman 发展了异硫氰酸苯脂法鉴定肽链的 N 端。

1950 Pauling 和 Corey 提出了 α 角蛋白的 α 螺旋结构学说；Pauling 于 1954 年获诺贝尔化学奖。

1950—2007 S. Yamanaka 和 J. B. Gurdon 由于发现成熟细胞可被重编程、恢复多能性，因此获得 2012 年诺贝尔生理学或医学奖。

1951 Lehninger 证明从 NADH 到氧的电子传递是氧化磷酸化作用的直接能量来源。

1952—1954 Zamenik 等发现了核蛋白粒，以后称为核糖体，是蛋白质合成的部位。

1953 Sanger 和 Thompson 完成了胰岛素 A 链及 B 链氨基酸序列的测定；V. du Vigneaud 首次在实验室合成了多肽激素——催产素及加压素；J. D. Watson 和 F. H. C. Crick 合作提出 DNA 结构的双螺旋模型，完满地解释了 DNA 作为遗传物质的功能，开创了分子遗传学的新时代。1962 年他们与 M. H. F.Wilkins 共同获得诺贝尔生理学或医学奖。

Note

1954 M. Calvin 用 ^{14}C 示踪实验阐明了植物光合作用中的“卡尔文循环”，即三碳植物中同化 ^{12}C 化学反应的公共途径，1961 年获诺贝尔化学奖。

1955 Benzer 完成了基因精细结构图谱，并肯定一个基因是具有许多突变位点的；Ocho 和 Grunberg-Manago 发现多核苷酸磷酸化酶；M.B. Hoagland 建立了蛋白质合成的无细胞体系。

1956 E. W. Sutherland 发现了 cAMP，随后阐明 cAMP 是多种激素在细胞水平上起作用的“第二信使”，1971 年获诺贝尔生理学或医学奖。G. Gamov 提出了三联体密码子的假设，并提出有 64 个密码子的推论。Ubarger 报道了从苏氨酸合成异亮氨酸时，终产物异亮氨酸能抑制合成链中的第一个酶。

1957 Vogel、Magasanik 等提出酶合成中的遗传阻遏。A. Kornberg 发现 DNA 聚合酶，为研究 DNA 的离体合成提供了重要条件，1959 年他与 S. Ochoa 共同获得诺贝尔生理学或医学奖。

1958 Crick 提出分子遗传的中心法则；Meselson 和 Stahl 为 DNA 半保留复制模型提出了实验证明；Stem、Moore 和 Spackman 设计出氨基酸自动分析仪，加快了蛋白质的分析工作。

1959 M. F. Perutz 完成了血红蛋白的晶体结构分析；张明宽获得世界上第一个哺乳动物体外受精成功的“试管兔子”。

1959 Uchoa 发现了细菌的多核苷酸磷酸化酶，成功地合成了核糖核酸，研究并重建了将基因内的遗传信息通过 DNA 中间体翻译成蛋白质的过程。他和 Kornberg 分享了当年的诺贝尔生理学或医学奖，而后者的主要贡献在于实现了 DNA 分子在细菌细胞和试管内的复制。

1961 O. Shimomura、M. Chalfie 和 R. Y.Tsien 因为在绿色荧光蛋白（GFP）研究和应用方面做出的突出贡献，获得了 2008 年诺贝尔化学奖。

1962 J. Monod 等提出酶促反应的机制是酶分子发生变构效应的假说；P. D. Mitchell 提出化学渗透偶联假说；Jacob 和 Monod 提出了操纵子学说，1965 年共同获得诺贝尔生理学或医学奖；M. Nirenberg 和 H. Matthei 发现了苯丙氨酸的遗传密码为 UUU，这是第一个被破译的遗传密码。

1964 Littlefield 等利用突变细胞株和 HAT 选择培养液解决了分离杂交瘤细胞的难点。HAT 筛选培养液是根据次黄嘌呤核苷酸和嘧啶核苷酸生物合成途径设计的。

1965 王应睐、汪猷等完成了牛胰岛素的人工合成；Jacob 和 Monod 由于提出并证实了操纵子作为调节细菌细胞代谢的分子机制而与 Iwoff 共同获得诺贝尔生理学或医学奖。Jacob 和 Monod 还首次提出存在一种与染色体脱氧核糖核酸序列相互补，能将编码在染色体 DNA 上的遗传信息带到蛋白质合成场所并翻译成蛋白质的信使核糖核酸，即 mRNA 分子。他们的这一学说对分子生物学的发展起到极其重要的指导作用。

1966 确定了组成蛋白质的 20 种氨基酸的全部遗传密码。

1967 Edman 和 Begg 发明多肽氨基酸序列分析仪；世界上有 5 个实验室几乎同时发现了 DNA 连接酶。1970 年，具有更高活性的 T4 DNA 连接酶被发现。

1968 R. W. Holley、H. G. Khorana、M. W. Nirenberg 因合成了核酸，揭开了遗传密码的奥秘而获得 1968 年诺贝尔生理学或医学奖。同年，Okazaki 提出 DNA 不连续复制的学说。

1969 Weber 应用 SDS- 聚丙烯酰胺凝胶电泳技术测定了蛋白质分子量；B. Merrifield 等人工合成了含有 124 个氨基酸的、具有酶活性的牛胰核糖核酸酶。

1970 D. Baltimore 和 H. M. Temin 各自独立从鸡肉瘤病毒中发现逆转录酶，因此获得 1975 年诺贝尔生理学或医学奖。

1970—1979 L. Hartwell、T. Hunt 和 P. Nurse 发现了细胞周期的关键分子调节机制，其中一个称为“启动器”（start）的基因对控制每个细胞周期的初始阶段具有主要作用。L. Hartwell 还引入了一个概念——“检验点”（checkpoint），对于理解细胞周期很有帮助，获得 2001 年诺贝尔生理学或医学奖。

1970—1979 Robert J. Lefkowitz 和 B. K. Kobilka 因在 G 蛋白偶联受体研究中取得突出成就，获得 2012 年诺贝尔化学奖。

1971 P. Berg 首次完成 DNA 的体外重组，在基因工程基础研究方面取得杰出成果，1980 年获诺贝尔化学奖；G. Blobe 第一次提出蛋白质带有控制其在细胞中传输和定位的信号及其分子机制，并于 1999 年获诺贝尔生理学或医学奖。

1972 Singer 提出了生物膜结构的流动镶嵌模型。

1973 最早在人体进行基因治疗试验，第二例基因治疗在 1980 年，两次均未成功。20 世纪 80 年代初期，Joyner 等最先在体外成功地通过逆转录病毒载体把细菌新霉素磷酸转移酶基因转入造血干细胞；S. N. Cohen 提出以嵌合质粒的方式将外源基因克隆到细菌中的方法；Moore 和 Stein 设计出氨基酸序列自动测定仪。

1973—1998 B. A. Seutler 和 J. A. Hoffmann 认定免疫系统中的“受体蛋白”，可确认微生物侵袭并激活先天免疫功能，构成人体免疫反应的第一步。R. M.Steinman 发现免疫系统中的“树突状细胞”及其在适应性免疫反应中的作用，构成免疫反应的后续步骤。三人因此共同获得 2011 年诺贝尔生理学或医学奖。

1974 R. D. Kornberg 等提出了核小体的结构模型。

1974—1986 S. Brenner、R. Horvitz 和 John Sulston 发现器官发育和细胞死亡过程中基因变化规律，并发现了与之相关的一些基因，证实了人体内也存在相应的基因。对这些基因的研究有助于研究针对癌症、获得性免疫缺陷综合征和阿尔茨海默病等疾病的新疗法，三人获得 2002 年诺贝尔生理学和医学奖。

1975 Hughes 分离出具有类吗啡作用的脑啡肽；C. Milstein 和 G. Kohler 成功获得了世界上第一株能稳定分泌单一抗体的杂交瘤细胞株。G. Blobel 发现了蛋白质带有控制其在细胞中传输和定位的信号，“地址标签”信号肽引导新合成的蛋白质分子到达细胞内恰当的地点，这一机制被称为蛋白质导向。G. Blobel 获得 1999 年诺贝尔生理学或医学奖。

1976 第一个 DNA 重组技术规则问世；Maxam 和 Gilbert 建立了快速测定大片段 DNA 序列的化学法；世界著名的生物技术公司 Genentech 公司成立，1978 年，Genentech 公司的科学家们成功地把编码人胰岛素两条链的基因转到一个载体上，并在大肠埃希菌中得到了表达，从而获得了世界上第一种基因工程蛋白质药物，1979 年该公司的科学家又克隆并表达了人类生长激素基因，再次证明利用 DNA 重组技术可以在微生物中大量表达外源蛋白质，Genentech 公司在 1982 年被正式批准生产、销售世界上第一种基因工程蛋白质药物“重组人胰岛素”。

1976—1993 T. Lindahl、P. Modrich 和 Aziz Sancar 由于对揭示细胞 DNA 修复机制的贡献，获得 2015 年诺贝尔化学奖。

1976—1999 J. E. Rothman、R. Schekman 和 T. C. Südhof 揭示了细胞内运输体系的精细结构和控制机制。三人因此共同获得 2013 年诺贝尔生理学或医学奖。

1977 Sanger 提出了应用双脱氧合成末端终止法测定 DNA 序列的方法，与 Gilbert 在 1980 年获诺贝尔化学奖；H. W. Boyer 等利用重组 DNA 的方法将基因导入大肠埃希菌中并成功表达，揭开了分子生物学新的一页；R. J. Roberts 与 P. A. Sharp 在真核生物基因组中发现断裂基因，于 1993 年共同获得诺贝尔生理学或医学奖。

1978 R. G. Edwards 成功地通过体外受精使世界第一例试管婴儿诞生，于 2010 年获诺贝尔生理学或医学奖。

1978—1984 E. Blackburn、C. Greider 和 J. Szostak 由于发现了端粒酶，解决了在细胞分裂时染色体如何完整地自我复制以及染色体如何受到保护以免于退化的问题，三人因此获得 2009 年诺贝尔生理学或医学奖。

1979 M. Goldberg 和 D. S. Hogness 发现真核生物的 DNA 启动子的 TATA 盒。

1980 王应睐、汪猷、王德宝等完成了酵母丙氨酸 tRNA 的人工合成。A. Ciechanover、A. Hershko 和 I. Rose 发现了泛素介导的蛋白质降解途径，获得 2002 年诺贝尔化学奖。

1981 T. R. Cech 等发现了核酶，于 1989 年获诺贝尔化学奖；第一台商业化生产的 DNA 自动测序仪诞生。

1982 C. J. Tabin 及 E. P. Reddy 等分别发现并首次证实人类癌基因中的一个点突变导致了肿瘤的产生；S. B. Prusiner 首先用“prion（朊病毒）”一词描述蛋白质感染因子，揭示了一种新的感染方式，于 1997 年获诺贝尔生理学或医学奖；B. J. Marshall 和 J. R. Warren 发现了导致胃溃疡和消化性溃疡的真正元凶——幽门螺杆菌，于 2005 年获诺贝尔生理学或医学奖。

1983 S.L.Woo 和 J. H. Robson 建立了检测苯丙酮尿症的基因诊断方法；基因工程 Ti 质粒用于植物转化，第一株转基因植物问世。F. Barré-Sinoussi 和 L. Montagnier 因发现了人类免疫缺陷病毒，1984 年 H. Z. Hausen 因发现了导致宫颈癌的罪魁祸首——人乳头瘤病毒，三人共同获得 2008 年诺贝尔生理学或医学奖。

1984 K. B. Mullis 创建 PCR 法扩增 DNA，M. Smith 创建寡核苷酸碱基定点突变技术，二人于 1993 年共同获得诺贝尔化学奖。

1984 A. J. Jeffreys 等报道了一种通过 DNA 识别每个人的“指纹”法。

1984—1998 J. C. Hall、M. Rosbash 和 M. W. Young 因在“生物节律的分子机制”方面的发现，获得 2017 年诺贝尔生理学或医学奖。

1985 M. Capecchi、O. Smithies 和 M. J. Evans 的一系列突破性发现为“基因靶向”技术的发展奠定了基础，使深入研究单个基因在动物体内的功能并提供相关药物实验的动物模型成为可能。三人因此共同获得 2007 年诺贝尔生理学或医学奖。

1986 S. Cohen 与 R. Lcvi-Montalcini 发现了神经生长因子和表皮生长因子；Beachy 研究组率先将外壳蛋白基因用于培育抗病毒的植物新品种；美国生物学家诺贝尔奖获得者 Dulbecco 首先倡议，从整体上研究人类的基因组，分析人类基因组的全部序列以获得人类基因所携带的全部遗传信息；1987 年，美国国立卫生研究院和能源部联合提出了人类基因组计划，并于 1990 年正式实施。

1986—2001 W. G. Kaelin Jr.、P. J. Ratcliffe 和 G. L. Semenza 发现了细胞如何感知和适应氧气变化机制，获得 2019 年诺贝尔生理学或医学奖。

1988 P. Whyte、K. J. Buchkovich 和 J. M. Horowitz 等发现癌基因的活化或一种抗癌基因的钝化是肿瘤产生的前提。

1989 J. M. Bishop 与 H. E. Varmus 证明癌症的起因是致癌基因而不是病毒。

1990 Rosenberg 等利用逆转录病毒载体将基因导入肿瘤浸润淋巴细胞，并将其输回体内进行跟踪，美国国立卫生研究院及其下属重组 DNA 顾问委员会批准了美国第一例临床体细胞基因治疗方案，1990 年 9 月 14 日，该临床试验正式开始；Hirata 和 Kane 等在研究酵母液泡 H^+-ATPase 的分子量 69 kDa 亚基基因 *VMA1* 时，首先发现蛋白质剪接现象；R. Henderson 第一个用冷冻电镜解析出膜蛋白结构，2017 年与 J. Dubochet、J. Frank 共同获得诺贝尔化学奖。

1991 White 等首次获得纯合的转基因绵羊；在第一次国际基因定位会议上，转基因动物技术被公认是遗传学中继连锁分析、体细胞遗传和基因克隆之后的第四代技术，被列为生物学发展史上126年中第14个转折点。同年，中国开始了基因治疗的临床研究。在基因治疗的管理方面，1993年5月5日，原卫生部药政司颁布了人体细胞及基因治疗临床研究质控要点作为基因治疗的管理依据。

1992 R. F. Furchgott、L. J. Ignarro 和 F. Murad 三人发现一氧化氮（NO）为心血管系统的信号分子，首次发现一种气体可在人体中成为讯号分子，于1998年共同获得诺贝尔生理学或医学奖；同年，Yoshinori Ohsumi 的实验第一次证明了在酵母细胞中同样存在自噬现象，这也成为了自噬领域的一个突破性发现，于2016年获诺贝尔生理学或医学奖。

1992—1996 J. P Alison 和 T. Honjo 分别作为免疫调节关键蛋白 CTLA-4 与 PD-1 的首度阐明者，发现负性免疫调节治疗癌症的疗法，获得2018年诺贝尔生理学或医学奖。

1994 A. G. Gilman 与 M. Rodbell 由于发现了 G 蛋白以及在细胞信号转导方面的作用，共同获得诺贝尔生理学或医学奖；Perler 等对与蛋白质剪接有关的成分进行规范化的定义和命名。

1997 I. Wilmut 等第一次克隆出成年的哺乳动物绵羊 Dolly。

1998 A.Z.Fire 和 C. C .Mello 发现了 RNA 干扰现象，两人于2006年获诺贝尔生理学或医学奖；日本采用核移植技术培育出克隆牛，经人工授精，产出第二代克隆牛，证实了克隆牛具有繁殖能力；2周后，英、美等国培育出克隆鼠。

2000 果蝇和拟南芥的基因组测序完成；C. Venter、Celera 公司和人类基因组计划相继宣布，人类基因组草图完成。

2000—2005 V. Ramakrishnan、T. Steitz 和 A.Yonath 利用高分辨率晶体解析对核糖体在蛋白质合成功能中的结构基础进行阐述，共同获得2009年诺贝尔化学奖。

2001 Craig Venter 公布了绘制人类蛋白质组图谱的计划；开始肿瘤靶向治疗的研究；R. D. Kornberg 第一次获得真核生物转录机构完整活动的晶体图片，使了解基因的转录过程成为可能，因在真核转录的分子基础领域的研究贡献，获2006年诺贝尔化学奖。

2002 水稻、小鼠、疟原虫和按蚊基因组测序完成；中国台湾首次育成以外源基因转殖的克隆猪。

2003 中国科学家宣布联手启动“中华人类基因组单体型图”计划；中、美、日、德、法、英六国科学家联合宣布完成人类基因组序列图。

2004 鸡（Gallus gallus）基因组测序完成。

2005 联合国通过《关于人类的克隆宣言》；多国科学家宣布完成水稻基因组序列全图谱的绘制；德国科学家绘制出首张人类蛋白质互作图谱；耶鲁大学科学家首次详细描绘出细胞信号转导网络。

2006 首次发现动物癌症可以传染；世界上首次 RNAi 临床试验获得成功；首次证明每个脑细胞都有自我更新能力。

2010 S. Pbo 发表了尼安德特人基因组序列，由此建立了古基因组学。S. Pbo 在已灭绝原始人类基因组和人类进化方面的发现而获得2022年诺贝尔化医学奖。

2012 E. Charpentier 开发基因组编辑方法——CRISPR/cas9，获得2020年诺贝尔化学奖。

2013 P. Lansdorp 研发出了一种称为 Strand-seq 的新型测序方法，这种单细胞测序新方法能分别对单细胞的双亲 DNA 模板链进行测序，获得高分辨率的姊妹染色体交换图谱。

2015 H. Khatter 等利用高分辨率单颗粒低温电子显微镜以及原子模型构建的方法，获得了人类核糖体接近原子水平的结构。

2016 N. Benvenisty 等成功地产生一种新类型的胚胎干细胞，它只携带单拷贝人类基因组，而不是通常在正常干细胞中发现的两个拷贝人类基因组。

Note

2017 C. Tomasetti 提供证据证实随机的不可预测的 DNA 复制“错误”导致将近 2/3 的致癌突变。

2018 美国格莱斯顿研究所首次使用 CRISPR 技术操纵细胞的基因组，将老鼠的皮肤细胞变成了诱导多能干细胞。

2018 覃重军等创造出世界第一个真核细胞——单条染色体的酿酒酵母菌。

2018 在单细胞尺度上揭晓了每个基因何时启动并诱导细胞分化。

2019 J. Sima、A. Chakraborty 和 V. Dileep 首次在基因组中精确确定了调控染色质结构和 DNA 复制时间的特定 DNA 序列，揭示了 DNA 复制过程是如何被调节的。

2019 K. N. Mohni、S. R. Wessel 和 R.X.Zhao 研究鉴别出保持基因组完整性的新型 DNA 修复机制。

2020 AlphaFold 人工智能系统在国际蛋白质结构预测竞赛（CASP）上击败了其余参赛选手，精确预测了蛋白质的三维结构，其准确性可与冷冻电子显微镜（cryo-EM）、X 射线晶体学等实验技术相媲美。

2020 Nakane 等报道了迄今为止使用单粒子冷冻电子显微镜（cryo-EM）的方法获得的最清晰图像，首次确定了蛋白质中单个原子的位置结构生物学的基本原理，即一旦研究人员能够以足够的分辨率直接观察到大分子，就有可能理解其三维结构与生物功能之间的联系。

2022 一个由近 100 名研究人员组成的国际性的科学组织——端粒到端粒（Telomere-to-Telomere，T2T）联盟，在《科学》上发表了 6 篇论文，表示他们测出了那些高度重复的 DNA 序列，并获得了迄今为止最完整的人类基因组 T2T-CHM13，其中包括 30.55 亿个碱基对，由 22 条常染色体和 X 染色体无缝组装而成。

2023 K. Katalin 和 W. Drew 在核苷碱基修饰方面的发现，使针对新冠病毒感染的有效倍使核糖核心（mRNA）疫苗的开发成为可能。

（贺俊崎）

中英文专业词汇索引

A

B

Note

C

D

E

F

G

H

I

J

Note

K

L

M

N

Note

O

P

Q

R

S

Note

T

W

X

Y

Note

Z